정밀기계설계

정밀
기계설계

장인배 저

머리말

1992년에 MIT 기계과의 슬로컴 교수가 저술한 **정밀기계설계(Precision Machine Design)**에서는 정밀기계는 수동조작기계 → 단순 서보제어 → 매핑과 서보제어 → 계측프레임의 도입 순으로 패러다임이 시프팅되었다고 설명하였다. 이후로 30년의 시간이 흐른 현재에 와서는 반도체 및 디스플레이 산업을 중심으로 하여 초정밀 메카트로닉스 시스템의 구현을 위한 설계원리에 대한 패러다임의 시프팅이 꾸준히 진행되어 → 반력의 상쇄 → 영강성 제진 → 써모 메카트로닉스와 같은 새로운 초정밀설계 패러다임들이 속속 도입되고 있다. 기계, 전자, 제어 및 계측과 같은 다학제 기반의 복잡 시스템으로 이루어지는 노광기와 같은 초정밀 시스템을 설계하기 위해서는 목표 사양에 적합한 패러다임을 도입하고 수학 및 공학적인 이론해석을 통하여 해당 사양의 충족 여부를 미리 검증해야만 시행착오 없이 짧은 시간 내로 목표사양을 만족하는 시스템을 설계할 수 있다. 비록, 델프트 공대의 슈미트 교수 등이 저술한 **고성능 메카트로닉스의 설계(The design of high performance mechatronics)**를 통해서 반력의 상쇄나 영강성 제진과 같은 새로운 패러다임이 소개되었지만, 정밀기계설계라는 한 권의 책으로 정확한 구속이론을 포함하는 정밀기계설계 이론들과 최신의 설계 패러다임들을 체계적으로 다룰 필요가 있었다.

저자는 2005년에 미국의 버지니아 주립대학교에 교환교수로 나가 있던 시기에 슬로컴 교수의 정밀기계설계 책을 완역하였다. 이를 강원대학교 대학원과 세계 최대의 메모리반도체 기업의 재직자교육에 사용하면서 만들었던 강의록은 매해 기업체들이 원하는 이슈들과 새로운 설계이론들을 추가하다 보니, 이제는 원래의 책과 내용이 많이 달라졌다. 또한 저자는 앞서 언급한 두 권의 책들 이외에도 다수의 설계 관련 서적들을 번역하여 출간해왔으며, 이를 통해서 설계엔지니어들에게 최신의 설계이론을 우리말로 접할 수 있는 기회를 제공해주려고 노력해왔다. 하지만 대부분의 설계 책들이 매우 두껍고, 수식은 복잡하고, 필요한 내용은 깊이 숨겨져 있어서, 현업에 종사하느라 정신없이 바쁜 일상 속에서 설계 엔지니어들이 정밀기계설계 이론을 공부한다는 것은 결코 쉬운 일이 아니다.

저자는 학부에서 기계설계학을 공부하고 대학원에서 설계를 전공하는 대학원생들이나 반도체 및 디스플레이 분야의 기구설계 엔지니어들이 필요로 하는 초정밀 설계이론과 새로운 설계 패러다임을 어려운 수식 없이 쉽게 풀어서 한 권의 책으로 쓰는 것을 목표로 삼았다. 따라서 이 책에 제시되어 있는 대부분의 수식과 예제들은 선형화 및 단순화된 모델을 기반으로 하여 현장에서 즉시 사용할 수 있는 약식계산방법을 제시하려고 노력하였다. 하지만 이는 초기설계 단계에서만 활용 가능한 방법이므로, 설계가 완성되고 나면 별도의 정확한 설계검토가 필요하다는 것을 명심하고 이 책을 공부하기 바란다.

1장에서는 초정밀 설계기술의 발전과 패러다임 시프팅이라는 주제로부터 시작하여 기계설계의 다양한 기본 원리, 금속 및 비금속소재, 도면의 작성과 검도, 끼워맞춤과 공차 등의 주제들에 대한 논의를 통하여 기계설계에 필요한 기초지식을 익힌다.

2장에서는 기계설계의 패러다임, 과제의 기획과 관리, 기계설계의 방법론, 개념설계와 의사결정, 상세설계와 설계검증 그리고 설계사례 고찰 등의 주제를 통해서 기계설계 방법론에 대해서 논의한다.

3장에서는 탄성평균화설계에서 기구학적 설계로의 전환, 2차원 물체의 구속, 3차원 물체의 구속, 기구학적 커플링의 설계, 플랙셔 기구, 정확한 구속이론의 적용사례 등의 주제를 통해서 정확한 구속설계의 원리에 대해서 살펴본다.

4장에서는 결합용 나사의 표준, 볼트체결의 역할, 볼트의 조임과 풀림, 설계사례 고찰 등의 주제를 통해서 기계설계 시 가장 문제가 많이 일어나는 볼트조인트 설계에 대해서 논의한다.

5장에서는 탄성과 강성, 스프링, 구조물의 강성 등의 주제를 통해서 정밀기계설계의 매우 중요한 주제들 중 하나인 강성설계에 대해서 논의한다.

6장에서는 동적 시스템의 기초, 동적 요소의 주파수응답, 동적 시스템의 감쇄, 진동의 차폐, 반력의 상쇄 등의 주제에 대한 논의를 통해서 동적 시스템의 설계 시 고려해야 하는 다양한 문제들에 대해서 살펴본다.

7장에서는 회전축 설계, 베어링의 종류와 개요, 구름요소 베어링, LM 가이드, 미끄럼 베어링, 공기정압 베어링, 자기 베어링 등의 주제를 통해서 회전축과 베어링에 대해서 살펴본다.

8장에서는 모터와 작동기, 감속과 동력전달, 스테이지 설계, 서보 시스템 설계, 부가설비 등의 주제를 통해서 이송 시스템 설계방법에 대해서 살펴본다.

9장에서는 광학일반, 광학기구 기초, 굴절형 광학요소들의 설치와 고정, 반사형 광학요소의 설치와 고정, 온도변화와 응력, 상용 광학기구의 사례, 3D 라이다용 광학기구 설계사례 등의 주제를 통해서 광학기구 설계방법에 대해서 논의할 예정이다.

마지막으로 10장에서는 측정과 오차, 오차의 통계학, 동차변환행렬, 기계 시스템에서 발생하는 오차의 원인, 센서의 설치와 고정, 오차할당 모델 등의 주제에 대한 논의를 통해서 오차할당의 원리와 기법에 대해서 살펴볼 예정이다.

이 책을 기획하는 단계에서는 센서와 계측, 열전달과 환경관리 그리고 공압과 진공을 주제로 하는 장들을 포함시키려 하였다. 하지만 설계 엔지니어들이 두려움 없이 이 책을 펼쳐볼 수 있도록 책의 분량을 줄이는 과정에서 제외하였다. 이 주제들에 대해서는 다른 책에서 다룰 수 있기를 기대한다.

20세기의 정밀공학이 마이크로미터를 넘어서 나노미터의 문을 열어가는 시대였다고 한다면 21세기는 나노미터의 시대를 넘어서 피코미터로 들어가는 시대이며, 정밀기계설계가 필요로 하는 패러다임들도 그에 따라서 달라져야만 한다. 이 책은 초정밀 기구설계 엔지니어들에게 시행착오를 줄이고 기구의 신뢰성을 극대화시킬 수 있는 올바른 설계 패러다임을 제시하는 것을 목표로 하고 있다. 이를 통해서 우리나라의 초정밀 기구설계 역량이 세계 최고의 수준을 넘볼 수 있기를 기대한다.

다양한 기술자문과 실무과제들을 통해서 저자는 수많은 엔지니어들과 함께 고민하고, 토론하고, 공부하면서 해결책들을 찾아왔다. 이 책은 그 오랜 노력의 산물이기에, 저자와 함께하며, 도움을 주거나, 도움을 받거나, 공감하거나, 또는 반발했던 모든 엔지니어들에게 이 자리를 빌려서 감사를 드린다.

마지막으로, 이 책을 혼자서 저술하다 보니 의도치 않게 다양한 독선과 오류들이 있으리라고 생각한다. 이에 대해서는 독자 여러분들의 너그러운 양해와 제언을 부탁드리는 바이다.

2021년 3월
강원대학교 메카트로닉스공학 전공
장인배 교수

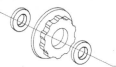

CONTENTS

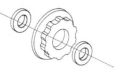

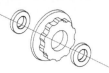

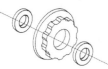

Chapter 09 광학기구설계

Chapter 10 오차할당의 원리와 기법

01

기계설계의 기초

기계설계의 기초

1.1 초정밀 설계기술의 발전과 패러다임 시프팅

패러다임은 시대적으로 보편성을 가진 사고의 유형, 규칙, 가치관, 기술 등의 모범이라고 정의할 수 있다. 패러다임은 시간이 흐름에 따라서 계속 변하며, 전형적으로 S-커브 형태의 주기성을 갖는다. 새로운 패러다임이 도입된 초기에는 문제해결이 느리게 진행되며, 몇몇의 초기 개척자들만이 사용한다. 패러다임의 전성기인 중기에는 문제해결이 매우 성공적으로 잘 수용되며, 패러다임이 가지고 있는 문제점은 잠재되어 잘 나타나지 않는다. 패러다임의 쇠퇴기인 말기에 들어서면 잠재되어 있던 문제들이 노출되지만, 많은 경우 유연한 패러다임의 변환이 어렵기 때문에 새로운 패러다임에 밀려나게 되며, 이를 **패러다임 시프팅**이라고 부른다.

현대생활의 필수품인 핸드폰의 경우에도 유선 전화기에서 무선전화기를 거쳐서 스마트폰으로 이어지는 패러다임 시프팅이 진행되고 있으며, 정밀기계설계의 분야에서도 이런 패러다임 시프팅이 꾸준히 진행되고 있다.

슬로컴 교수의 정밀기계설계[1]에서는 설계의 난이도가 높아질수록 기존의 패러다임을 이용한 해결책에 소요되는 비용이 기하급수적으로 증가하지만, 결국 넘어설 수 없는 벽을 만나게 되고, 이를 극복하기 위해서는 새로운 패러다임이 도입되어야 한다고 지적하면서, 정밀기계는 **수동조작기계**에서 출발하여 **단순 서보제어, 매핑과 서보제어** 그리고 **계측프레임 도입**의 순서로 발전한다고 제시하였다.

---

1   Alexander H. Slocum, Precision Machine Design, Prentice Hall, 1992.

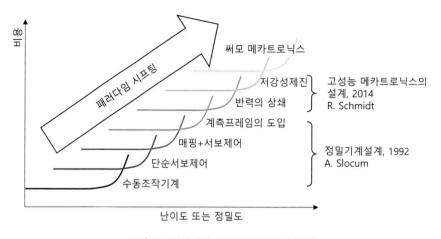

그림 1.1 정밀기계설계의 패러다임 시프팅

20세기를 마이크로미터(10^{-6}[m])의 시대라고 부른다면 21세기는 나노미터(10^{-9}[m])를 넘어서 피코미터(10^{-12}[m])를 바라보는 시대로 발전하고 있다. 정밀기계설계의 패러다임도 이에 발맞춰 시프팅되고 있으며, 슈미트 교수의 고성능메카트로닉스의 설계[2]에서는 나노미터 수준의 정밀도를 구현하기 위해서는 **반력의 상쇄**와 **저강성**(또는 영강성) **제진**이 도입되어야 한다고 제시하였다. 최근 들어서, 극자외선노광(EUVL)기술[3]이 도입되면서, 반도체 패턴의 임계치수는 7[nm]와 3[nm]를 거쳐서 서브나노미터의 시대를 바라보고 있다. 소위 피코미터의 극한정밀 가공을 실현시키기 위해서는 결국 열전달이나 열 교란에 의한 불확실성을 극복해야만 하기에 정밀기계설계는 **써모 메카트로닉스**라고 부르는 새로운 패러다임을 마주보고 있는 실정이다.

이렇게 설계의 패러다임은 반도체 및 디스플레이 산업을 중심으로 하여 초정밀 메카트로닉스 시스템 구현을 위한 설계원리에 대한 패러다임의 시프팅이 꾸준히 진행되고 있는데, 과거의 지식에 안주하여 새로운 기술의 도입을 주저한다면 결국 엄청난 노력과 자금이 투입되지만, 설계사양을 충족시키지 못하는 쓸모없는 결과를 내놓게 되는 것이다. 저자는 오랜 기간 동안 반도체 장비나 디스플레이 노광장비 등의 개발을 자문하는 과정에서 이런 시행착오들을 여러 번 경험하였다. 기계, 전자, 제어 및 계측과 같은 다학제 기반의 복잡 시스템으로 이루어지는 노광기와 같은 초정밀 시스템을 설계하기 위해서는 목표 사양에 적합한 패러다임을 도입하고 수학 및 공학적인 이론

---

2   R. Schmidt. 저, 장인배 역, 고성능메카트로닉스의 설계, 동명사, 2015.
3   https://www.asml.com/en/products/euv-lithography-systems

해석을 통하여 해당 사양의 충족 여부를 미리 검증해야만 시행착오 없이 짧은 시간 내로 목표사양을 만족하는 시스템을 설계할 수 있다.

1.2 기계설계의 기본 원리

기계는 동력을 입력하면 인간에게 유효한 일을 출력하는 장치로서, 동력을 입력하고 이를 원하는 운동으로 변환시켜주기 위해서 베어링을 포함하는 다양한 기계요소들이 사용된다. 기계를 설계하기 위해서는 기본적으로 상대운동을 이루는 기계의 각 부분들 사이의 **기구학**적 관계, 기계의 각 부분에 가해지는 힘에 대한 **기계역학**, 재료나 부품 내부에서 생기는 응력과 변형에 대한 **재료역학**, 기계를 이루는 각 부품에 대한 재료와 열처리 등의 후처리에 대한 **재료학**, 기계 구성요소들의 특성에 대한 **기계요소학**, 기계 구성품들을 제작하는 방법에 대한 **기계공작법** 등과 같은 기초지식들을 숙지하고 있어야만 한다.

이와 더불어서 특정한 목적의 기계(시스템)를 설계하기 위해서는 해당 기계의 작동원리를 설명하는 동역학, 열역학, 유체역학 등의 전문지식, 서보(메카트로닉스) 시스템 설계에 필요한 계측 및 제어 관련 전문지식, 생명공학, 의공학 등 다양한 융합 및 복합학문에 대한 전문지식 등이 필요하다.

1.2절에서는 자연의 법칙, 동일가치설계, 단순성과 복잡성, 생-브낭의 원리, 황금사각형, 기능분리, 아베의 원리, 자가의 원리, 안정성, 대칭성, 삼각형 구조의 강성, 부하경로, 굽힘응력과 전단응력의 회피, 중력과의 싸움, 직선운동과 회전운동, 버니어의 원리 등의 주제를 통해서 기계설계 시 고려해야만 하는 다양한 설계원리들에 대해서 설명하고 있다. 마지막으로 기계설계 시의 고려사항들에 대해서 논의하면서 이 절을 마무리하기로 한다.

그림 1.2 (a)에서는 한 벤처회사의 개발기술 사례를 보여주고 있다. 기술개발의 동기는 모터사이클이 주행 중에 사고 등에 의해서 넘어지면 운전자가 튕겨져 나가면서 큰 부상을 입을 위험이 있으므로 넘어지지 않는 모터사이클을 만들어야 한다는 미션에서 출발하여 차체의 하부에 두 개의 자이로스코프 플라이휠을 탑재하여 차체의 자세안정성을 높이는 방법을 개발하였다. 하지만 이는 기계설계의 기본 원리를 무시한 설계사례로서, 모터사이클이 안정적인 조향성능을 얻기 위해서는 스스로 기울어져야만 하는데, 자이로스코프로 인해서 선회 시 자세를 기울이기가 극도로

어려워지므로, 조향 자체가 어려운 매우 위험한 일종의 살인도구를 만들게 되었다. **그림 1.2** (b)에서는 모터사이클 전문회사에서 제시한 자세안정 기술의 사례를 보여주고 있는데, 앞바퀴의 조향 각 조절을 통해서 모터사이클의 자세를 안정화시킬 수 있다는 것을 보여주고 있다. 이 사례에서 알 수 있듯이, 올바른 설계원리의 이해와 적용은 설계엔지니어에게 무엇보다도 중요한 일이며, **아는 만큼 보인다**라는 명제를 가슴에 깊이 새기고 설계원리의 탐구를 게을리하지 말아야 한다.

(a)[4] (b)[5]

그림 1.2 모터사이클 자세안정 기술의 사례(컬러 도판 p.746 참조)

1.2.1 자연의 법칙

기계설계를 시작하면서 현존하는 시스템의 물리모델이나 시스템의 개념을 도출할 때에 공학적인 판단을 위해서는 가정을 단순화시켜야만 한다. 특히 시스템의 거동을 예측하는 수학적인 모델을 만들 때에는 **자연의 법칙**을 적용시킨다. 따라서 설계 엔지니어는 **표 1.1**에 제시되어 있는 것과 같은 뉴턴의 법칙들, 암페어의 법칙, 패러데이의 법칙, 렌츠의 법칙 등과 같은 자연의 법칙들에 친숙해야만 한다.

그런데 자연의 법칙들은 종종 상식의 선에서는 이해하기 어려운 경우가 많다. 예를 들어, **그림 1.3** (a)에 도시되어 있는 것처럼, 구리소재의 실린더 속으로 자석을 낙하시키면 어떤 일이 벌어지는가? 자석에서 방출되는 자기장이 구리 표면에 와동전류[6]를 생성하면서 자석의 낙하운동 에너지가 전기에너지를 거쳐서 열에너지로 소산되므로, 자석의 낙하속도가 매우 느려지게 된다. 이는

---

4   litmotors.com

5   https://www.youtube.com/watch?v=mWsBRgq7pk8

6   eddy current.

매우 신기한 현상으로 느껴지지만 **그림 1.3** (b)의 낙하식 놀이기구를 정지시키는 메커니즘이나 헬스클럽의 자전거 운동기구의 페달부하 부가기구 등과 같이 우리의 실생활에서 이미 널리 사용되고 있다.

표 1.1 뉴턴의 3법칙

번호	명칭	설명
1법칙	관성의 법칙	물체에 외력이 작용하여 상태를 변화시키지 않는다면 기존의 모멘텀과 방향을 보존한다.
2법칙	가속도의 법칙	물체의 모멘텀 변화는 가해진 외력에 비례하며, 외력이 작용한 직선방향을 추종한다.
3법칙	작용-반작용의 법칙	하나의 물체가 다른 물체에 힘을 가하면 두 번째 물체는 크기가 같고 방향은 반대인 힘을 첫 번째 물체에 가한다.

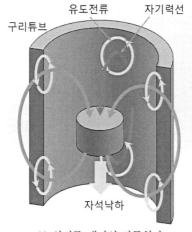

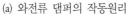

(a) 와전류 댐퍼의 작동원리   (b) 낙하식 놀이기구의 사례[7]

그림 1.3 렌츠의 법칙(컬러 도판 p.746 참조)

이처럼 자연의 법칙은 상식과는 다른 경우가 매우 많으며, 리처드 파인만은 그의 강의[8]에서 '페르마의 최소시간원리를 설명하면서 무엇이 빛으로 하여금 그렇게 하도록 만들었을까?'라는 질문을 통해서 자연법칙의 신비함을 강조하였다.

---

7   www.lotteworld.com
8   R. Feynman, Lectures on Physics, Addison-Wesley, 1963.

1.2.2 동일가치 설계

현대적인 기계(시스템)는 구조물, 동력원, 동력전달기구, 검출요소, 제어장치, 전기배선 등 다양한 구성성분들로 이루어지며, 특히 반도체/디스플레이 장비들의 경우에는 여기에 광학설비와 환경조절 챔버 등이 추가된다. 이런 시스템을 구성할 때에는 어느 특정한 구성성분에 타 성분들에 비해서 더 높은 수준의 사양값을 배정한다 하여도 여타 구성요소들의 성능이 이를 뒷받침하지 못하면 원하는 사양을 구현할 수 없는 것이다. 자원을 투입할 때에 가장 가성비를 높일 수 있는 방법은 **동일가치 설계원리**를 적용하는 것이다.

예를 들어, 직선이송 시스템에서 ±1[μm]의 위치측정 정확도를 가지고 있는 리니어 인코더는 ±1[μm]의 안내면 위치반복도를 가지고 있는 직선안내 베어링과 동일한 가치를 가지고 있으며, 또한 안내면의 열팽창을 ±1[μm] 이내로 유지시켜주는 항온 챔버와도 동일한 가치를 갖는다.

여기서 주의할 점은, 모든 경우에 동일가치가 적용되는 것은 아니라는 것이다. 예를 들어, **그림 1.4**에 도시되어 있는 갠트리를 구비한 직선이송 시스템의 힘전달 경로는 스테이지, 지지 베어링, 베이스 및 갠트리 등으로 구성된다. 이 경우, 지지 베어링의 수직방향 강성은 약 $10^7 \sim 10^8$[N/m]인 반면에 여타 구조물들의 수직방향 강성은 일반적으로 이보다 $10 \sim 100$배 더 크게 설계한다. 이는 베어링의 강성을 높여서 베어링에 의해 발생하는 오차를 줄이기는 매우 어렵지만 구조물의 강성은 많은 자원을 투입하지 않고도 비교적 손쉽게 높여서 총 오차에서 구조물에 할당하는 오차값을 쉽게 줄일 수 있기 때문이다.

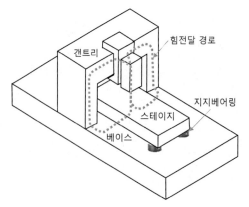

그림 1.4 갠트리가 설치된 이송 시스템의 힘전달 루프 사례

동일가치 설계는 기계, 전자, 제어 및 광학 등의 다중기술이 통합된 반도체/디스플레이 생산 장비와 같은 복잡 시스템에서 각 구성요소들의 가치를 직접 비교할 수 없는 경우의 가치판단에 매우 유용한 기법으로서, 오차할당의 원리로 구체화된다.

1.2.3 단순성과 복잡성

기구 설계 시 내부적으로는 복잡성을 갖더라도 외형적으로는 단순하게 설계해야만 한다. 부품 수가 많거나 형상이 복잡한 설계는 기계의 신뢰성과 내구성을 저하시킨다. 설계자가 고민을 많이 할수록, 지식이 많을수록 설계는 단순해진다. **그림 1.5**에서는 카메라 필름 이송기구의 설계사례를 보여주고 있다. 카메라 필름을 영상평면에서 바르게 펼치기 위해서는 필름 지지용 롤러가 그림에서와 같이 4자유도를 가져야만 한다. 즉, 2자유도만 구속하면 된다. 그런데 (a)에 도시되어 있는 기존의 설계에서는 이를 구현하기 위해서 너무나 많은 숫자의 부품과 조인트들이 사용되었다. 하지만 3장에서 설명할 정확한 구속이론을 사용하면 (b)에서와 같이 동일한 기능을 수행하면서도 극단적인 단순한 설계가 가능하다. 세련된 설계는 최소한의 부품과 복잡성만으로 필요한 기능을 수행하도록 만드는 것이다. 일반적으로 복잡성을 내부에 숨기기 위해서는 부품을 직접 제작하기보다는 기성품을 구매하고, 기구를 모듈화하여 명확히 분리된 구획으로 나누며, 표준품을 사용하는 방법이 사용된다. 예를 들어, 기성품으로 구매한 깊은홈 볼 베어링은 단지 회전지지 요소로 사용되지만, 그 내부에는 매우 복잡한 작동원리가 숨겨져 있다.

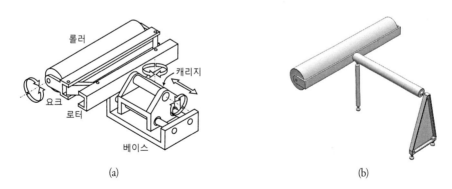

(a)   (b)

그림 1.5 카메라 필름 이송기구의 사례[9]

---

9   D. Blanding 저, 장인배 역, 정확한 구속, 도서출판 씨아이알, 2016.

1.2.4 생-브낭의 원리

생-브낭[10]의 원리에 따르면, 물체에 작용하는 하중의 영향은 작용점으로부터의 거리가 멀어질수록 급격하게 감소한다. 따라서 하중은 작용점 바로 인근에만 작용한다. 물체를 고정하기 위해서 자주 사용하는 볼트의 경우, 누름력은 볼트가 설치된 인근영역에만 작용하며, 볼트 직경의 3~4배만 떨어져도 거의 아무런 힘도 가하지 못하게 된다. 따라서 볼트로 물체를 고정하기 위해서는 볼트 직경의 3~4배 이내의 간격으로 매우 촘촘하게 볼트를 설치해야만 한다.

그림 1.6에서는 단면변화가 있는 시편을 인장시켰을 때 단면응력의 변화양상을 보여주고 있다. 그림에서는 시편에 성형된 노치부의 깊이는 서로 동일하지만 곡률이 서로 다른 경우를 보여주고 있다. 그림에 따르면 노치부 곡률이 작을수록 노치부 인근에서는 급격한 힘의 변화가 나타나게 되며, 국부응력의 급격한 증가현상이 발생하는데, 이를 **응력집중**이라고 부른다. 응력집중 현상은 급격한 단면변화가 있는 부분이나 하중 작용점의 근접위치 그리고 재료의 불연속이 있는 위치 등에서 나타나며, 설계응력보다 2~3배 이상 큰 응력이 작용할 우려가 있으므로 하중 전달기구의 설계 시에는 응력집중에 따른 파손에 유의하여야 한다.

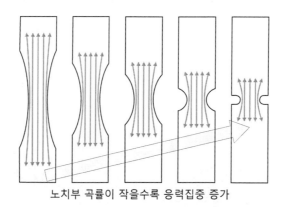

노치부 곡률이 작을수록 응력집중 증가

그림 1.6 인장시편의 노치부에 작용하는 응력집중현상

1.2.5 황금사각형

그림 1.7 (a)에 도시되어 있는 것처럼, 직사각형을 잘라서 정사각형을 만들면 계속해서 동일한

---

10   Saint-Vernant.

비율의 직사각형이 남게 되는 직사각형을 **황금사각형**이라고 부르며, 길이/폭의 비율이 1.618의 값을 가지고 있다. 그림의 구도에서도 안정적인 비율로 간주하는 이 황금사각형은 실생활에서도 신용카드의 길이/폭 비율로 사용되고 있다. 많은 경우, 기계구조에서도 정사각형에 비해서 황금비율이 안정성이 높기 때문에 설계 엔지니어는 기구의 설계 시 본능적으로 이 황금사각형의 비율을 사용해야 한다.

그림 1.7 (b)에 도시된 직선운동 테이블의 경우, 길이/폭의 비율이 황금사각형 비율을 유지하는 경우에는 이송용 스크루가 두 가이드 사이의 어느 위치에 설치되어도 부드러운 구동이 가능하다. 반면에, 길이/폭의 비율이 이보다 작아지면 이송용 스크루가 편측에 설치된 경우에 구동력의 편하중이 테이블을 선회시켜서 보행문제를 유발하여, 이송기구의 내구성과 신뢰성을 저하시킨다.

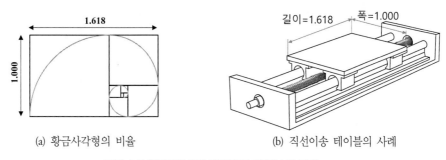

(a) 황금사각형의 비율   (b) 직선이송 테이블의 사례

그림 1.7 황금사각형과 직선운동 테이블의 사례

1.2.6 기능분리

다수의 기능들이 조합된 시스템에서 설계상의 각 기능들은 서로 독립적으로 작용해야 한다. 이를 **기능분리의 원칙** 또는 **기능독립의 원칙**이라고 부른다. 이를 구현하기 위해서 시스템의 각 기능들을 구동, 안내(또는 지지), 고정 등의 기본기능으로 분리하여 독립된 전용의 기계요소를 사용하여 구현해야 한다. **그림 1.8**에서는 카메라 삼각대의 롤-피치-요 3자유도 회전각도 조절기구 설계 사례를 통해서 기능통합과 기능분리의 개념을 설명하고 있다. (a)의 경우 카메라 하부에 설치된 구체를 조인트 중심으로 활용하며, 하나의 조임기구로 이를 고정하는 기능통합의 설계개념을 사용하였다. 이 경우에는 조임기구를 풀고 카메라의 롤-피치-요 3자유도를 한 번에 조절한 다음에 다시 조임기구를 조여서 카메라를 고정할 수 있다. 이렇게 기능을 통합하여 설계하면 기구가 단순화되어 제작비용의 절감이 가능하지만, 카메라의 위치를 고정하기 위해서 조임기구를 조

이는 순간 카메라의 방향이 틀어져버리기 때문에 정확한 방향으로 카메라를 고정하기가 어렵다. 마찬가지로, 기구설계 시 기능을 통합하면 기구성능의 저하를 피할 수 없다. (b)의 경우에는 롤-피치-요 3개의 방향별로 별도의 각도조절 기구를 사용하는 기능분리의 설계개념을 사용하고 있다. 이 경우에는 카메라의 롤-피치-요 3자유도를 개별적으로 조절할 수 있기 때문에 카메라의 자세를 정확하게 조절할 수 있다. 따라서 기능분리 설계는 기구의 개별성능 극대화를 실현할 수 있지만, 부품의 숫자가 많아지기 때문에 기구의 내구성과 신뢰성이 저하될 우려가 있으며, 제작비용이 증가한다는 문제를 가지고 있다.

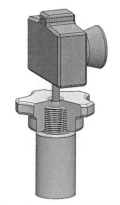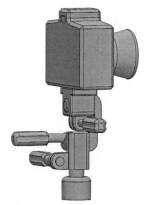

(a) 각도조절 기능이 통합된 설계사례   (b) 각도조절 기능이 방향별로 분리된 설계사례

그림 1.8 카메라 삼각대의 롤-피치-요 3자유도 회전각도 조절기구 사례

기능분리와 기능통합은 서로의 장점과 단점이 엇갈리는 상반된 설계개념이므로, 적용사례별로 득실을 비교하여 적용할 설계원리를 결정하는 것이 타당하다. 하지만 정밀기계설계 시에는 기구의 작동 정확도가 중요하기 때문에 기본적으로 기능분리설계를 사용할 것을 권한다.

1.2.7 아베의 원리

독일의 물리학자인 에른스트 아베는 변위측정기의 이송축과 측정해야 할 시편을 동축선상에 위치시켜야 시차에 의한 오차를 피할 수 있다고 제시하였으며, 이를 **아베의 원리**라고 부른다. **그림 1.9** (a)에 도시되어 있는 마이크로미터의 경우에는 측정축과 이송축이 동축선상에 배치되어 아베의 오차가 발생하지 않으며, 이송용 나사의 백래시 이외에는 오차가 개입되지 않아서 한 눈금의 측정 분해능이 10[μm]에 이른다. 반면에 **그림 1.9** (b)에 도시되어 있는 버니어캘리퍼스의 경우에는 외측 측정면의 위치와 슬라이더 이송축이 분리되어 있어서 슬라이더의 요-방향 유격에 의한 각도오차가 외측 측정위치까지의 팔길이만큼 증폭되어 측정오차가 발생한다. 이로 인하여 버니어캘리퍼스의 측정 분해능은 100[μm][11]에 불과하다.

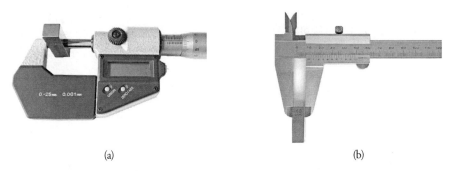

(a)   (b)

그림 1.9 (a) 측정축과 이송축이 동축선상에 배치되어 있는 마이크로미터, (b) 측정축이 이송축과 분리되어 아베의 오차가 발생하는 버니어캘리퍼스

버니어캘리퍼스는 아베오차의 가장 대표적인 사례일 뿐이며, 온도, 압력, 전압, 전류 등 다양한 물리량의 측정에서도 이와 동일한 원리가 적용된다. 따라서 물리량 측정 시에 아베의 오차가 발생하는 것을 방지하기 위해서는 측정용 센서를 가능한 한 측정대상 공정에 근접하여 설치하여야 한다.

1.2.8 자가의 원리

그림 1.10에 도시되어 있는 도어힌지는 힌지 중앙에 경사면이 성형되어 있어서 도어가 닫히면 도어가 경사면을 따라서 위로 올라가게 된다. 화장실 도어에 이 경사힌지를 설치하면 화장실 문을 잠근 경우에만 도어가 닫힌 상태를 유지하며, 도어의 잠금이 열리면 힌지는 도어의 중력에 의해서 자동으로 경사면을 따라서 회전하면서 약간 열리게 된다. 따라서 화장실에 사람이 없는 경우에는 자동적으로 도어가 개방되어 화장실이 사용가능 상태임을 직관적으로 알 수 있다.

---

11 일부 모델의 경우에는 50[μm].

그림 1.10 경사힌지를 사용하여 스스로 열리는 도어힌지의 사례[12]

이렇게 기계가 스스로 작동하도록 만드는 설계원리를 **자가의 원리**라고 부른다. 앞서 예시한 도어의 경사힌지나, 압력을 넣으면 스스로 밀봉이 이루어지는 레이디얼 타이어와 같은 구조를 **자립 시스템**이라고 부른다. 연속가변형 변속기(CVT)는 출력축의 부하에 따라서 자동으로 속도를 변속한다. 후륜구동 자동차의 차동기어는 자동차 선회 시 내륜과 외륜의 회전속도 차이를 스스로 조절한다. 이렇게 스스로 평형상태를 맞추는 기능을 **자동평형**이라고 부른다. 압축코일 스프링을 과도한 힘으로 누르면 서로 접촉하면서 파손을 막는다. 이를 **자기방어**라고 부른다. 3차원 좌표측정기는 주기적으로 원점복귀를 수행하여 측정오차가 누적되는 것을 방지한다. 이를 **자기점검**이라고 부른다. 자가의 원리는 기계의 신뢰성을 향상시켜주는 매우 세련된 설계원리이므로 항상 자가의 원리를 적용할 수 있는가에 대해서 검토해야 한다.

1.2.9 안정성

1.2절에서는 모터사이클의 사례를 통해서 기계작동성능과 안정성 사이에는 밀접한 관계가 있음을 언급하였다. 동적 시스템은 **그림 1.11**에 도시되어 있는 것처럼, **불안정, 준안정** 그리고 **안정**의 세 가지 상태로 구분할 수 있다. (a)에 도시된 불안정 시스템의 경우에는 마치 원통 위에 볼이 놓여 있는 상태와 같아서, 외란에 의해서 원통이 흔들리면 볼은 아래로 떨어져버린다. 모터사이클은 조향작동을 위해서는 반드시 차체가 기울어야만 하는 대표적인 불안정 시스템이다. 따라서 **그림 1.2** (a)에서와 같이, 모터사이클의 안정성을 높이면 조향이 어려워지게 된다. (b)에 도시된 준안정 시스템의 경우에는 마치 평판 위에 볼이 놓여 있는 경우에 해당한다. 외란이 평판을 흔들

12 ttnet.net

면 볼은 움직이지만 멀리 도망가지는 못하며, 그렇다고 다시 원위치로 돌아오지도 못한다. (c)에 도시된 안정 시스템은 마치 원통 속에 볼이 놓여 있는 상태와 같아서, 외란에 의해서 원통이 흔들리면 볼이 약간 움직이겠지만, 곧장 원래의 위치로 돌아오게 된다.

(a) 불안정상태　　　(b) 준안정상태　　　(c) 안정상태

그림 1.11 안정성의 원리

비행기의 사례를 통해서 안정성이 갖는 의미를 살펴볼 수도 있다. 현대적인 전투기들은 **그림 1.12** (a)에 도시되어 있는 것처럼, 주날개나 꼬리날개가 아래를 향하도록 설계된다. 이는 원통 위에 볼이 놓여 있는 것과 같은 불안정 구조이다. 이는 비행기의 안정적인 비행을 어렵게 만들지만 전투기동시 극단적인 선회기동이 가능하여 도그파이팅이나 미사일 회피기동 등에 유리하다. 반면에 여객기의 경우에는 **그림 1.12** (b)에 도시되어 있는 것처럼, 주날개나 꼬리날개가 위를 향하도록 설계된다. 이는 원통 내부에 볼이 놓여 있는 것과 같은 안정구조이다. 따라서 비행기는 목적지를 향하여 매우 안정적으로 직선비행을 할 수 있으며, 선회 후에도 스스로 수평자세를 찾아가게 된다. 조금 더 설명하자면, 제1차 세계대전 시 복엽기들의 날개구조는 준안정상태에 가깝도록 설계되었으며, 제2차 세계대전 시의 전투기들은 주날개는 약간 위로 향한 반면에 뒷날개는 직선형태인 준안정-안정상태로 설계되었다. 예외적으로 독일의 수투카 급강하 폭격기나 미국의 콜세어 전투기같은 비행기들은 주날개가 아래로 향했다가 중간에서 꺾여서 다시 위로 향한 형태의 불안정-안정 구조를 가지고 있다.

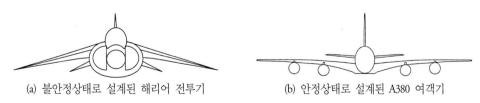

(a) 불안정상태로 설계된 해리어 전투기　　　(b) 안정상태로 설계된 A380 여객기

그림 1.12 비행기의 안정성 설계사례

제어 시스템의 경우, 귀환제어로 시스템을 설계하는 경우에는 시스템을 불안정하게 설계하여야 제어마진이 넓어져서 귀환제어의 제어성이 좋아진다. 세그웨이 형태의 전동휠 탈것들이 시스템을 불안정하게 설계하고 귀환제어로 시스템을 안정화시켜서 응답성을 향상시킨 가장 대표적인 사례들이다. 반면에 노광기용 스테이지와 같은 최신의 초정밀 고속제어 시스템에서는 전향제어를 사용한다. 이런 경우에는 시스템을 안정하게 설계하여야 전향제어 시 불안정현상이 발생하지 않는다. 따라서 동적 시스템의 설계 시 안정성과 응답성 사이에는 밀접한 관계가 있음을 명심하여야 한다.

1.2.10 대칭성

건축물이나 교량과 같은 구조물의 설계 시에는 **대칭성**을 중요시하며, 일반적으로 대칭성은 안정성과 신뢰성을 높이는 긍정적인 효과를 가지고 있다. 하지만 대칭성이 항상 도움이 되는 것만은 아니기 때문에 이에 대해서는 긍정적인 측면과 부정적인 측면을 모두 고려하여 득실을 판단해야만 한다.

구조물의 경우에는 대칭적으로 설계하면 하중을 균등하게 분산시켜주기 때문에 대칭구조가 도움이 된다. 하지만 **그림 1.13**에 도시되어 있는 것과 같이 베어링에 지지된 회전축의 경우에는 고정측 베어링과 활동측 베어링으로 기능을 분리하여 비대칭적으로 설계해야만 한다.[13] 이때 고정측 베어링은 회전을 제외한 5자유도를 구속하고, 활동측 베어링은 회전방향과 축방향을 제외한

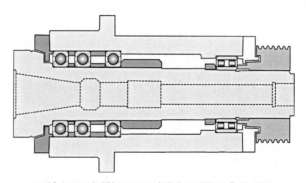

그림 1.13 비대칭 구조로 설계된 스핀들 주축의 사례

---

13 이에 대해서는 7장에서 보다 자세히 살펴볼 예정이다.

4자유도만을 구속하도록 설계된다. 이는 회전축이 작동 중에 열팽창을 수용하기 위한 방편이다. 회전축을 포함한 대부분의 베어링 지지구조에서 대칭설계는 베어링과 안내면에 심각한 손상을 입힐 우려가 있으므로 극도의 주의가 필요하다. 따라서 대칭성의 적용 시에는 득실을 따져야만 한다.

1.2.11 삼각형 구조의 강성

반도체나 디스플레이 생산용 공정장비들은 일반적으로 강철 각관이나 알루미늄 프로파일과 같은 막대요소를 결합하여 박스형 프레임 구조를 만들고 그 속에 공정설비들과 반송용 로봇을 탑재한 구조를 가지고 있다. 이를 일반적으로 **트러스 구조**라고 부르며, **그림 1.14**에 도시되어 있는 담장 출입문의 사례를 통해서 트러스 구조의 강성문제에 대해서 살펴볼 수 있다. (a)에서는 사각형의 프레임에 십자형으로 보강재를 덧대었지만, 이 보강재는 구조강성을 높여주지 못하기 때문에 출입문의 자유단이 자중에 의해서 아래로 처지게 된다. 반면에 (b)와 (c)의 경우에는 대각선으로 압축용 부재나 인장용 부재를 설치하여 사각형 구조를 보강하였으며, 이 구조들은 출입문의 자중을 효과적으로 지지하기 때문에 자유단의 처짐이 방지되고 구조물의 강성이 향상된다.

일반적으로 삼각형 구조는 구조물의 강성을 증가시켜준다. 특히 트러스 구조의 경우에는 막대의 숫자(B)와 조인트의 숫자(J) 사이에 다음의 식이 충족되면 정확한 구속조건이 성립된다.[14]

$$B = 2J - 3$$

이 공식은 최초에 삼각형 구조에서 출발하여 조인트 추가를 통해서 만들어지는 모든 2차원 트러스 구조에 적용된다. 이를 활용하면 구조물의 강성을 극대화시키면서 최소한의 막대요소를 사용하는 최적구조를 설계할 수 있다.

삼각형 리브는 주물이나 용접구조의 구조보강에도 자주 사용된다. 하지만 보강재는 하중을 다른 방향으로 분산시켜줄 뿐 그 하중 자체가 없어지는 것은 아니므로 힘전달 경로에 대한 세심한 고찰은 언제나 중요하다.

----

14 D. Blanding 저, 장인배 역, 정확한 구속, 도서출판 씨아이알, 2016.

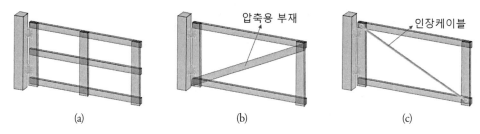

그림 1.14 삼각형 구조를 사용한 구조물 강성증대방안

1.2.12 부하경로

　뉴턴의 3법칙인 작용-반작용의 법칙에 따르면 기계 내에서 작동기가 힘을 가하면 부하경로를 따라서 힘이 전달되는 루프가 형성되면서 작용력과 반작용력 사이에 평형이 이루어진다. 이 힘전달 경로를 **부하경로**라고 부르며, 부품, 구조물, 조립체 등의 설계 시 이 부하전달경로를 고려해야만 한다. **그림 1.15**에서는 자전거용 브레이크와 핸들 사이에서 만들어지는 부하경로를 보여주고 있다. 손가락(작동기)으로 브레이크 레버(동력전달기구)를 잡아당기면 레버조인트(안내기구)를 중심으로 레버가 회전하면서 브레이크와이어(동력전달기구)를 잡아당기며, 이때의 반작용력은 손바닥을 거쳐서 핸들로 전달되면서 부하경로의 폐곡선이 완성된다. 이렇게 만들어진 부하경로를 토대로 하여 경로를 구성하는 각 구성성분들의 기능을 분석하여 최적의 성능을 구현하도록 설계를 다듬을 수 있다.

　부하경로의 설계 시에는 다음의 원칙들을 고려하는 것이 바람직하다.

- 경로길이는 가능한 한 짧게
- 부하는 되도록 직접 전달되도록
- 직선적으로, 최소한 평면적으로 작용하도록
- 대칭적으로
- 과도구속이 없도록
- 국부적으로 닫힌 경로를 갖도록
- 해석이 쉽도록 설계한다.

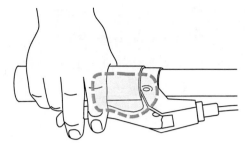

그림 1.15 자전거의 브레이크와 핸들 사이에서 형성되는 부하경로

1.2.13 굽힘응력과 전단응력의 회피

막대형 부재의 임의단면에 작용하는 단위면적당 힘을 **응력**(σ)이라고 부르며, 임의단면에 대해서 수직방향으로 작용하는 힘을 **수직응력**, 단면방향으로 작용하는 힘을 **전단응력** 그리고 단면상의 한 방향을 축선으로 하는 회전방향 작용력을 **굽힘**(또는 휨)**응력**이라고 부른다. **그림 1.16**에서는 한쪽 끝이 벽체에 고정되어 있는 외팔보의 자유단에 수직방향 하중이 부가된 경우와 수평방향 하중이 부가된 경우에 보의 임의단면 내부응력을 보여주고 있다.

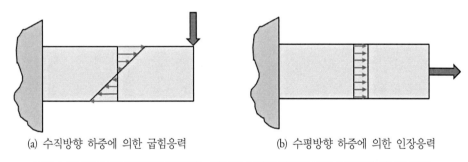

(a) 수직방향 하중에 의한 굽힘응력   (b) 수평방향 하중에 의한 인장응력

그림 1.16 외팔보의 자유단에 작용하는 하중에 의하여 막대형 부재의 내부에 생성된 응력

막대의 자유단에 수직하중이 부가되는 (a)의 경우, 외팔보의 상부표면에는 인장응력이 작용하며, 하부표면에는 압축응력이 작용한다. 단면 내부에서는 상부표면에서 중앙으로 갈수록 인장응력이 점차로 감소하여 중립면에서 0이 되며, 중립면에서 하부표면으로 갈수록 압축응력이 점차로 증가하게 된다. 따라서 막대의 상부와 하부표면에는 높은 응력이 부가되는 반면에 내부소재에 부가되는 응력은 낮아서 하중지지에 기여하지 못하므로, 소재의 활용도가 낮아져서 하중의 지지에 필요 이상으로 두꺼운 소재를 사용해야만 한다는 것을 알 수 있다. 반면에, 막대의 자유단에

수평하중이 부가되는 (b)의 경우에는 단면 내부에 가해지는 응력이 균일하게 분포되므로 단면 내의 모든 소재가 인장하중의 지지에 기여하고 있다는 것을 확인할 수 있다.

일반적으로 소재는 인장-압축방향에 비해서 전단방향으로의 하중지지에도 취약성을 가지고 있다. 강철소재의 경우, 종탄성계수(영계수, Y)는 Y≈200[GPa]인 반면에 횡탄성계수(G)는 G≈80[GPa]에 불과하다. 즉, 어떤 부재에 동일한 하중이 전단방향으로 가해지면 인장-압축방향에 비해서 약 2.5배 더 많이 변형된다는 뜻이다.

대부분의 소재는 인장-압축방향의 응력에 대해서는 큰 하중을 견딜 수 있는 반면에, 굽힘이나 전단응력에 대해서는 매우 취약한 특성을 가지고 있다. 그러므로 부하를 전달하는 구조물이나 기구물을 설계할 때에는 소재에 인장-압축응력이 가해지도록 설계해야 한다.

1.2.14 중력과의 싸움

만유인력에 의해서 생성되는 힘인 **중력**은 모든 물체가 스스로 지구 중심방향으로 힘(자중)을 가하도록 만든다. 물체는 자중으로 인하여 변형을 일으키며 기계의 구동부에 힘을 가하여 마찰과 마멸을 유발한다. 설계 엔지니어들은 중력을 극복하고 기계의 작동 내구성과 신뢰성을 높이기 위해서 많은 노력을 기울이고 있다.

그림 1.17 (a)에서는 디스플레이 생산장비에 사용되는 중량이 수 톤에 달하는 챔버의 뚜껑을 들어 올리는 개폐기구의 설계사례를 보여주고 있다. 뚜껑이 크기 때문에 양측에 가각 LM 가이드와 볼스크루로 구동되는 직선이송 시스템을 설치하였으며, 하부에 설치된 모터로 볼스크루를 회전시켜서 뚜껑을 들어 올리도록 설계하였다. 언뜻 보기에는 매우 합리적인 설계로 보이겠지만, **그림 1.17** (b)에서와 같이 볼스크루 너트에 가해지는 뚜껑의 자중이 볼스크루를 휘게 만들고, 볼스크루와 너트 사이의 부정렬을 유발하기 때문에 뚜껑을 들어 올리는 과정에서 이송용 너트가 빠르게 마모된다.

그림 1.17 (c)에서는 볼스크루 구동 모터를 상부에 설치하여 뚜껑을 잡아당기는 방식의 뚜껑 개폐장치의 개념을 보여주고 있다. 이 경우에는 모터가 볼스크루를 회전시켜서 뚜껑을 잡아당기는 과정이 중력의 도움을 받아 볼스크루의 나사부를 곧게 펴주기 때문에 너트 마모가 감소하여 기계의 내구성과 신뢰성이 향상된다.

중력은 기계 시스템에 도움을 주기도, 해를 끼치기도 한다. 설계 엔지니어는 중력과 싸우려 하지 말고 중력의 도움을 받을 수 있는 방법을 탐구해야 한다.

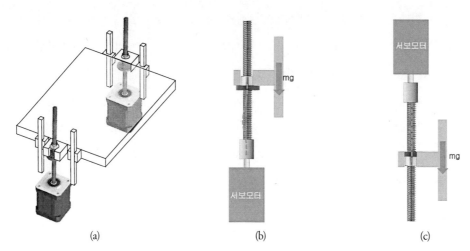

그림 1.17 챔버 뚜껑 개폐기구의 설계사례(컬러 도판 p.747 참조)

1.2.15 직선운동과 회전운동

공학수학을 필두로 하여 역학이나 많은 공학이론들에서 직교좌표계를 사용한다. 이로 인하여 설계 엔지니어들은 직교 좌표계에 친숙함을 느끼며, 기구설계 시에 직선운동기구를 사용하려는 경향이 많다. 하지만 동력원으로 많이 사용되는 모터는 회전운동기구이므로, 이를 직선운동으로 변환시키기 위해서는 볼스크루나 타이밍벨트 등의 동력변환요소들이 사용되며, LM 가이드와 같은 직선안내기구들이 필요하다. 일반적으로 직선운동 방식의 안내기구와 구동기구들은 구조가 복잡하고 비싼 경향이 있다. 반면에 동일한 기능을 회전운동 방식으로 구현하면 동력변환에 편심 캠 정도의 단순환 회전요소가 필요할 뿐이며 운동의 안내에도 볼 베어링(또는 핀)이 설치된 링크기구로 충분하기 때문에 안내기구와 구동기구의 구조가 상대적으로 단순하고 염가이다.

그림 1.18에서는 그린시트[15] 고속절단기의 사례를 보여주고 있다.[16] (a)의 경우에는 볼스크루를 사용한 직선왕복기구를 사용한 사례로서, 볼스크루를 고속으로 정-역 구동하여 짧은 스트로크로 그린시트를 절단하는 과정에서 볼스크루와 LM 가이드의 특정 위치가 집중적으로 마모되어 내구

---

15 소결전의 세라믹 박막.
16 실제로 제작된 목업의 사례는 그림 1.33 참조.

수명이 짧아지는 문제를 가지고 있다. 반면에, (b)의 경우에는 편심캠과 커넥팅로드를 사용하여 절단날이 설치된 스테이지를 상하로 구동하며 두 개의 평행 링크를 사용하여 절단날의 수직방향 직선운동을 지지한다. 이렇게 구현된 이송기구는 링크기구의 회전운동을 사용하여 직선운동을 구현했기 때문에 절단날의 수평방향 기생운동이 존재하지만, 스트로크가 짧기 때문에 기생운동을 허용 가능한 수준으로 제한할 수 있으며, 링크의 고정위치 조절을 통해서 절단날의 진입-진출 각도를 미세하게 조절할 수 있다. 특히 이송기구가 회전운동으로만 이루어지기 때문에 직선이송 기구에 비해서 내구성과 신뢰성이 월등하다는 장점이 있다. 이 외에도 반도체의 픽앤플레이스 기구, 칩마운터 등과 같은 다양한 미소 스트로크 직선 안내기구에 회전운동 기반의 링크형 안내 기구를 활용할 수 있으며, 이를 통해서 기구의 단순화와 내구성 및 신뢰성의 향상을 이룰 수 있을 것이다.

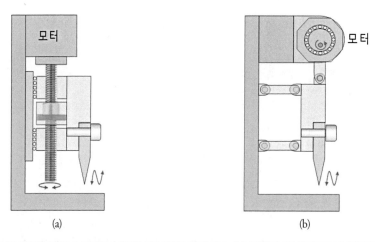

그림 1.18 (a) LM 가이드와 볼스크루를 사용한 직선운동 안내기구, (b) 편심캠-커넥팅로드와 이중링크기구를 사용한 직선운동 안내기구

1.2.16 버니어의 원리

그림 1.19 (a)에 도시되어 있는 버니어캘리퍼스는 어미자 눈금과 아들자 눈금의 피치 차이로 인하여 아들자의 위치이동시 한 번에 한 눈금만 아들자와 어미자의 눈금이 일치하기 때문에 눈금 분해능을 향상시킬 수 있다. 이 **버니어의 원리**는 리니어스케일과 같은 측정기에서 분해능 향상을 위하여 자주 사용되는 기법이다. **그림 1.19** (b)에서는 회전운동을 직선운동으로 변환시키는 일종

의 운동변환 감속기 형태로 구현하여 이송위치 정밀도를 향상시킨 미분나사를 보여주고 있다. 하나의 몸체로 연결되어 있는 좌측 나사의 피치는 N_1이며, 우측 나사의 피치는 N_2라고 한다면, 이 나사가 1회전하면 좌측과 우측에 조립되어 있는 너트들 사이의 간격은 나사의 회전방향에 따라서 나사 1회전당 $(N_2 \pm N_1)$만큼 변하게 된다. 이 미분나사는 회전-직선운동 변환과 더불어서 감속이 이루어지는 일정의 감속기로서 운동의 분해능을 높일 수 있을 뿐만 아니라 감속비율만큼 동력의 증폭이 이루어지지만, 미분나사를 동력의 증폭에 사용한 사례는 아직 잘 알려져 있지 않다. **그림 1.18** (c)에서는 저자가 버니어의 원리를 감속기에 적용하여 발명한 고비율 감속기인 버니어드라이브의 구조를 보여주고 있다. 그림에서 하부의 안기어는 하우징에 고정되어 있으며 잇수는 $N+2$개이고, 상부의 안기어는 출력축에 연결되어 있으며, 잇수는 N개라면, 두 안기어를 동시에 물고 있는 두 유성기어를 장착한 캐리어가 1회전할 때마다 상부의 출력안기어는 유성기어의 회전과 반대방향으로 $2/N$회전한다. 이를 통해서 성공적으로 고비율 감속기가 구현되었다. 하지만 기어 설계에 대해서 지식을 가지고 있는 설계자라면 버니어 드라이브가 가지고 있는 설계의 모순을 금방 알아차릴 수 있을 것이다. 이 기어설계상의 모순[17]을 해결한 방법에 대해서는 각주에 제시된 참고문헌을 참조하기 바란다.

버니어의 원리는 분해능 향상과 동력의 증폭 그리고 운동의 감속 등에서 다양한 가능성을 가지고 있는 설계원리이다.

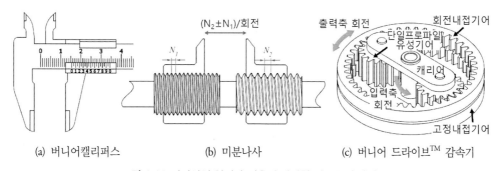

(a) 버니어캘리퍼스   (b) 미분나사   (c) 버니어 드라이브™ 감속기

그림 1.19 버니어의 원리가 적용된 다양한 기구들의 사례[18]

---

17 이를 퍼거슨의 패러독스라고 부른다.
18 장재혁, 장인배, Design of High Ratio Gear Reducer using vernier differential theory, Trans. ASME Journal of Mechanical Design, 2020.

1.2.17 기계설계 시 고려사항

1.2절에서는 기계설계에 적용되는 다양한 기본 원리들에 대해서 살펴보았다. 이 외에도 추가적으로 다음의 몇 가지 사항들에 대해서 세심하게 고려해야만 한다.

표 1.2 기계설계 시 고려사항[19]

항목	설명
합목적성	제시된 사양서의 충족
계산성	이론적 계산이 가능한 설계
신뢰성	고장이 없고 확실한 기능 발휘
가공성과 생산성	구조가 간단하고 취급 및 가공이 용이
독창성	타인의 지적재산권을 침해하지 않으며 새로운 지적재산권 설정이 가능
경제성	제작비가 싸고 대량생산이 가능
표준성과 호환성	규격부품 및 표준수 사용
유지보수	수명이 길고 수리와 유지비용이 저렴
소음	작동소음이 크지 않고 조용한 기계설계
운반성	운반 및 설치가 가능한 크기와 중량
미관성	형상, 색체 등 외관을 아름답게 설계

이상과 같은 고려항목들에 대해서 꼼꼼하게 점검해야만 산업적/상업적으로 사용이 가능한 기계 시스템을 만들 수 있다. 개발단계에서는 매우 잘 작동하지만 막상 판매하거나 생산라인에 설치하면 오래지 않아 문제를 일으키는 기계들을 자주 접한다. 이런 경우에는 1.2절에서 설명한 설계원리들을 위배하였거나 반드시 고려해야만 하는 고려사항들 중 일부가 무시되었기 때문일 가능성이 높다.

1.3 소 재

설계 엔지니어가 상이한 모든 유형의 재료들에 대해서 친숙할 필요는 없지만, 기계 및 기구에 자주 사용되는 재료 그룹들의 기본적인 성질들에 대해서는 숙지하고 있어야 한다. 1.3.1절에서는

---

19   정선모, 한동철, 장인배, 표준기계설계학, 동명사, 2005를 참조하여 재구성하였다.

기계재료에 가장 많이 사용되는 금속소재들인 강철 및 주철, 스테인리스강 그리고 알루미늄 함금에 대해서 대표적인 조성들의 특징에 대해서 살펴보기로 한다. 1.3.2절에서는 금속소재의 부하특성인 응력과 변형률, 응력집중, 사용응력과 허용응력 그리고 설계 시 사용해야 하는 안전율에 대해서 살펴보며, 다양한 정밀기계용 소재들의 중요한 기계적 성질들이 도표로 제시되어 있다. 1.3.3절에서는 폴리머 소재의 성질에 대해서 살펴보며, 일반적인 폴리머 소재들과 더불어서 최근 들어 사용이 늘어나고 있는 3D 프린팅용 폴리머 소재와 MEMS에 많이 사용되고 있는 폴리머 소재들에 대해서도 간략하게 논의되어 있다. 그리고 광학기구에서 주로 사용되는 광학유리, 광학 플라스틱과 광학 크리스털, 반사경소재, 광학기구용 기계소재, 접착제 및 실란트 등에 대해서는 9.2절에서 따로 논의되어 있다.

1.3.1 금속소재

금속은 판처럼 얇게 펼칠 수 있으며, 실처럼 가늘게 뽑을 수 있는 성질인 전성과 열전도 및 전기전도성을 가지고 있는 물질이다. 비록 다양한 신소재들이 개발되고 있지만 높은 강도와 내구성을 갖추고 있으며, 비교적 생산비가 싸기 때문에 아직까지는 금속을 완전히 대체할 만한 재료는 없는 실정이다.

이 절에서는 현대산업에서 가장 널리 사용되는 대표적인 금속소재들인 강철 및 주철, 스테인리스강 그리고 알루미늄 함금들에 대해서 살펴보기로 한다. 강철 및 주철은 기계부품과 구조물의 기본소재로서 탄소의 함량에 따라서 기계적 성질을 자유롭게 조절할 수 있다. 철에 크롬을 첨가한 합금인 스테인리스강은 내부식이라는 중요한 성질을 가지고 있기 때문에, 화학물질을 다루거나 청정 환경이 필요한 경우에 널리 사용되고 있다. 알루미늄은 대표적인 경량금속으로서, 합금 조성에 따라서 기계적 성질이나 성형성을 다양하게 조절할 수 있다.

이 절에서 제시되어 있는 각종 소재들의 기계적 특성은 야금방법, 가공과정, 열처리 및 표면처리 등에 의해서 크게 변하므로, 제시된 값들은 참고용으로만 사용하는 것이 바람직하며, 중요한 용처의 경우에는 실제로 제작한 부품에 대한 실측값을 사용하는 것이 안전하다.

1.3.1.1 강철 및 주철

순철(Fe)은 매우 무른 소재이기 때문에 주로 탄소(C)와 인(P)을 첨가하여 기계적 성질을 변화시킨다. 특히 철에 탄소를 첨가하면 경도가 높아지면서 순철보다 단단해진다. 여기서 탄소의 함량이 2% 미만이면 **강철**(탄소강)이라고 부르며, **주철**은 2~4%의 탄소를 함유한 철합금을 지칭한다. 강철은 탄소함량의 증가에 비례하여 경도가 높아지며, 내마모성이 향상되지만, 가공성이 나빠진다. 이런 문제를 극복하기 위해서 열처리를 통해서 연질소재의 표면 경도만 높인 **표면경화강**이 사용된다.

주철은 탄소와 더불어서 규소를 높은 비율로 섞어서 용융 온도를 낮추고 유동성을 높여 주조성능을 향상시킨 철합금이다. 주조는 기계의 구조물을 제작하는 값싸고 효율적인 방법이며 강도가 높고 강철에 비해서 녹이 덜 슬기 때문에 기계부품에서 취사용구까지 널리 사용된다. 탄소와 규소함량이 작고 급랭되면 내마모성이 우수하지만 부서지기 쉬운 시멘타이트가 만들어진다. 이 주철은 조직이 치밀하고 하얀색을 띠기 때문에 **백주철**이라고 부른다. 반면에 탄소와 규소함량이 높고 천천히 냉각되면 탄소가 유리되어 검은 색깔의 흑연이 석출된다. 이 주철은 연하지만 잘 깨지지 않는 성질을 가지고 있으며, 흑연으로 인하여 회색을 띠기 때문에 **회주철**이라고 부른다. **표 1.3**에는 대표적인 탄소강과 주철들의 조성과 기계적 특성 및 용도를 보여주고 있다. 여기서 인장강도는 극한인장강도를 의미한다. 즉, 이 하중으로 소재를 잡아당기면 소재가 파손된다는 뜻이다.

표 1.3 탄소강 및 주철의 종류와 성질 및 용도

종류	탄소함량(%)	인장강도[kgf/mm^2]	연신율(%)	용도
극연강	<0.12	37>	25	철판, 철사, 못, 파이프, 와이어, 리벳
연강	0.13~0.20	37~43	22	관, 강봉, 파이프, 철골, 철교, 볼트, 리벳
반연강	0.20~0.30	43~49	18~20	기어, 레버, 강판, 볼트, 너트, 파이프
반경강	0.30~0.40	49~54	14~18	철골, 강판, 차축
경강	0.40~0.50	54~59	10~14	차축, 기어, 캠, 레일
최경강	0.50~0.70	59~69	7~10	축, 기어, 레일, 스프링, 단조공구, 피아노선
탄소공구강	0.60~1.50	49~89	2~7	목공구, 석공구, 수공구, 절삭공구, 게이지
표면경화강	0.08~0.20	44~49	15~20	기어, 캠, 축류
백주철	C3.4%+Si0.7%	17	0	베어링 표면
회주철	C3.4%+Si1.8%	35	0.5	엔진 실린더블록, 플라이휠, 기계구조물

1.3.1.2 스테인리스강

철(Fe)에 크롬(Cr)이 12% 이상 함유된 합금인 **스테인리스강**은 표면이 공기(산소)와 접하게 되면 산화크롬(Cr_2O_3)의 얇고 치밀한 부동태 피막이 형성되어 부식으로부터 표면을 보호한다. 하지만 탄소의 함량이 높으면 탄소가 크롬의 부동태화 능력을 떨어트려서 내부식성이 저하된다. 스테인리스 소재는 칼이나 주방기구, 의료기구 등에 널리 사용되었으며, 불산이나 인산을 포함한 다양한 부식성 화학약품들을 사용하는 반도체 및 디스플레이 생산용 클린룸 환경에서도 다량이 사용되고 있다. 하지만 스테인리스강은 조성별 성질이 크게 다르며, 특히 STS304를 제외하고는 염산이나 황산에 취약하기 때문에 스테인리스 소재를 사용하는 경우에는 구체적인 조성을 선정하는 과정에서 세심한 주의가 필요하다. 슬로컴 교수의 정밀기계설계[20]에서는 살균을 위해서 염소를 사용하는 수영장 방수격벽으로 염산에 내부식성이 없는 스테인리스강 소재를 사용하여 건물이 붕괴된 사례를 예시하였다.

스테인리스강은 오스테나이트계, 마르텐사이트계, 페라이트계 등으로 구분할 수 있으며, 자주 사용되는 스테인리스강의 유형별 조성과 특성 및 주요 적용분야는 **표 1.4**에 요약되어 있다.

표 1.4 스테인리스강의 유형별 특성

계열	품번	조성	인장강도 [kgf/mm²]	연신율 (%)	성질	용도
오스테나이트	STS304	Cr 18%+Ni 8%+Fe	52	40	내식성 우수, 용접가능, 비자성체	판, 봉, 철사, 화학공업, 부엌용품, 선박용품
오스테나이트	STS316	Cr 18%+Ni 2.5%+Mo 3.5%+C 0.08%+Fe	52	40	내염기성 우수, 비자성체	식품가공기, 열교환기, 화학, 석유, 제지, 염색
마르텐사이트	STS410	Cr 13%+C 0.1%+Fe	54	25	고강도, 강자성체, 용접 성 불량, 내열성 양호	펌프, 축, 볼트, 식기 및 칼
페라이트	STS430	Cr 18%+C 0.1%+Fe	45	22	내식성 취약, 용접성 불량, 저온취성	취사용 기구, 가전용품, 건축내장재
마르텐사이트	STS630	Cr 17%+Ni 4%+Cu 4% +Nb 0.15~0.45%+Fe	93 ~131	10~16	성형성, 용접성, 내식성 우수	단일열처리 축, 터빈부품
마르텐사이트	STS631	Cr 17%+Ni 7%+Al 0.75~1.5%+Fe	103 ~123	44	성형성, 용접성, 내식성 우수	이중열처리 스프링, 와셔, 기계부품

20　A. Slocum, Precision Machine Design, Prentice-Hall, 1992.

1.3.1.3 알루미늄 합금

알루미늄(Al)은 경량의 비철금속으로서, 열전도도와 전기전도도가 높으며, 값이 싸고 다루기가 쉬워서 비행기나 우주선의 구조물 주방기구 및 건축용 내장재, 고전압 송전선 등과 같이 현대산업에 광범위하게 사용되고 있다. 알루미늄은 표면이 공기(산소)와 접하게 되면 산화알루미늄(Al_2O_3)의 얇고 치밀한 부동태막이 형성되기 때문에 내부식성이 양호하여 식품용 캔과 호일 등에도 사용되고 있다. 특히 순수 알루미늄은 강도가 낮고 전기전도도가 높아 반도체의 배선용 소재로 사용되고 있지만, 기계적으로는 강도가 낮아서 사용하기 곤란하다. 알루미늄의 이런 단점을 극복하기 위해서 다양한 조성의 합금들이 개발되었으며, 이들을 통칭하여 **두랄루민**[21]이라고 부른다. 알루미늄 합금들은 알루미늄의 강도를 높여서 기계적 성질을 향상시켜주지만, 많은 유형의 합금들이 시효경화성을 가지고 있으므로, 이를 사용하여 정밀부품을 제작하면 시간이 경과함에 따라서 치수나 형상이 변할 우려가 있으므로, 주의하여야 한다. 특히 가장 강도가 높은 A7075의 경우, 응력부식균열에 따른 자연균열이 일어날 우려가 있다. 자주 사용되는 알루미늄(합금)들의 유형별 조성과 특성 및 주요 적용분야는 **표 1.5**에 요약되어 있다.

표 1.5 알루미늄 합금의 유형별 특성

계열	품번 예시	조성	인장강도 [kgf/mm²]	연신율 (%)	성질	용도
1000	A1100	Al 99% 이상	9	35~45	저강도, 고가공성 내식성, 산화피막성 양호	가공용 판재, 캔, 배선소재
2000	A2024	Al+Cu+Mg	19	20~22	내식성, 용접성 나쁨 절삭성 양호	절삭부품, 광학부품, 나사류, 피팅, 항공기 구조물
3000	A3003	Al+Mn	11	30~40	성형성과 용접성 양호, 고강도 비시효경화형 합금	저장탱크, 화학장치, 판금물
4000	A4032	Al−Si	19	30	낮은 용융온도, 내열성, 내마모성	단조용 피스톤, 실린더헤드, 용접선 및 납땜재료
5000	A5052	Al+Mg	19	25~30	주조가공용 비시효경화형합금 내식성, 내해수성 우수	선박 및 해양구조물 유압튜브, 가전제품
6000	A6061	Al+Mg+Si	12.5	25~30	내부식성, 열간가공성이 뛰어난 시효경화형합금	압출 프로파일, 섀시, 철도차량, 파이프
7000	A7075	Al+Zn	23	17~16	최고의 강도를 갖춘 시효경화형 합금	탱크 장갑판, 항공기 및 기타 구조물, 용접구조물

---

21 원래는 독일의 야금기술자인 Alfred Wilm이 1903년에 개발한 알루미늄-구리합금의 상품명이었다.

1.3.2 금속소재의 기계적 성질

1.3.1절에서는 현대산업에서 가장 널리 사용되는 금속소재인 강철 및 주철, 스테인리스강 그리고 알루미늄합금의 종류와 특성에 대해서 개략적으로 살펴보았다. 금속소재를 기계부품이나 구조소재로 사용하면 하중을 지지하고 동력을 전달하는 과정에서 소재 내부에서 작용하는 힘이 소재를 변형시키고 파손시키기도 한다. 구조나 부품의 파손은 기계를 고장 낼 뿐만 아니라 인명과 재산의 손실이 초래될 수도 있으므로, 극도의 주의가 필요하다. 따라서 기구설계 엔지니어는 부하에 의해서 소재 내부에서 일어나는 응력과 변형률 그리고 소재의 단면형상 변화에 의해서 유발되는 응력집중현상 등에 대해서 이해하여, 안전하며 내구성능을 갖춘 기계를 설계할 수 있어야 한다.

1.3.2.1 응력과 변형률

응력(σ)[22]은 물체에 인장, 압축, 굽힘, 비틀림 등의 외력이 가해진 경우에 물체 내부에 생기는 저항력이다. **그림 1.20**에 도시되어 있는 것처럼 길이는 ℓ이며, 단면적은 A인 봉형 물체의 양단에 힘 F가 작용하고 있다고 가정하자. 물체의 단면적 전체가 균일하게 힘을 전달한다고 가정하여 구한 공칭응력(σ)는 힘을 단면적으로 나눈 값과 같으며, **변형률**(ε)[23]은 이 작용력에 의해서 늘어난 길이($\Delta\ell$)를 물체의 길이(ℓ)로 나눈 값과 같다.

$$\sigma = \frac{F}{A}\,[\text{kgf/mm}^2]$$

$$\varepsilon = \frac{\Delta\ell}{\ell}$$

여기서 응력의 단위는 $[\text{N/m}^2]$ 또는 [Pa]를 사용하는 것이 올바른 일이지만, 파스칼 단위는 직관성이 부족하여 엔지니어들이 계산실수를 자주 하게 된다. 따라서 기계설계 시에는 상대적으로 직관성이 더 높은 $[\text{kgf/mm}^2]$ 또는 $[\text{kgf/cm}^2]$ 단위를 더 많이 사용한다. 이 책에서는 설계의 직관성을 높이기 위해서 응력의 단위로 $[\text{kgf/mm}^2]$을 사용하기로 한다. 예를 들어, 강철의 극한강도가 $40[\text{kgf/mm}^2]$이라는 뜻은 단면적이 $1[\text{mm}^2]$인 봉재에 $40[\text{kg}]$을 매달면 봉재가 끊어진다는 뜻이다.

22　stress.

23　strain.

이 값에 9.81×10⁶을 곱하면 [Pa＝N/m²] 단위의 값을 얻을 수 있다.

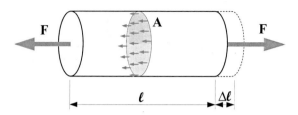

그림 1.20 봉형 물체의 양단에 가해지는 힘에 의해서 생성되는 응력과 변형

    그림 1.21에서는 인장 시험기를 사용하여 강철소재 인장시편을 잡아당긴 경우에 나타나는 전형적인 **응력-변형률선도**를 보여주고 있다. 시편을 잡아당기면 시편이 늘어나면서 내부응력이 증가하게 된다. 이때에 응력과 변형률 사이에는 비례관계가 성립되며, 이를 **후크의 법칙**이라고 부른다.

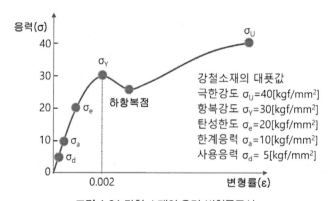

그림 1.21 강철 소재의 응력-변형률곡선

$$\sigma = \varepsilon E$$

    이때의 비례계수 E를 **영계수**[24]라고 부르며, 강철소재의 경우에는 대략적으로 약 20,000～21,000[kgf/mm²][25]의 값을 가지고 있다. 하지만 이 비례관계가 적용되는 범위가 불확실하기 때문

24　Young's modulus.
25　이는 195～205[GPa]에 해당한다.

에 영계수는 주로 약식계산에 국한하여 사용된다. **탄성한도**(σ_e)는 외력을 없애면 변형이 없어지고 원래의 길이로 돌아오는 한계점이며, **항복강도**(σ_Y)는 응력이 유지 또는 감소해도 변형률이 증가하기 시작하는 점으로, 편의상 $\varepsilon = 0.002$를 기준으로 자주 사용한다. **극한강도**(σ_U)는 소재가 파단되는 한계응력값이다. 기계나 부품은 단면의 형상이 균일하지 않으며, 소재 내부의 조성에도 편차가 존재하고, 충격하중, 반복하중, 크리프 등 다양한 불확실성이 존재하기 때문에 기구 설계 시 결코 앞서 제시한 탄성한도, 항복강도 및 극한강도의 응력이 소재에 부가되도록 설계해서는 안 된다.

표 1.6 금속재료들의 기계적 성질[26]

재료	종탄성계수E [kgf/mm²]	횡탄성계수G [kgf/mm²]	탄성한도 σ_e [kgf/mm²]	항복점 σ_Y [kgf/mm²]	극한강도 σ_U[kgf/mm²]		
					인장강도	압축강도	전단강도
연강	21,000	8,100	18~23	20~30	37~45	37~45	30~38
반경강	21,000	8,100~8,400	28~36	30~40	48~62	48~62	40~
경강	21,000	8,100~8,400	50~	-	100~	100~	65~70
스프링강	21,000	8,500	50~	-	~100	-	-
스프링강(담금질)	21,500	8,800	75~	-	~170	-	-
니켈강(2.5%)	20,900	-	33~	38	56~67	-	-
주강	21,500	8,300	20~	21~	35~70	35~70	-
주철	10,000	3,800	-	-	12~24	60~85	13~26
주물황동	8.000	-	6.5	-	15	10	1.5
압연황동	-	-	-	-	30	-	-
인청동	9,300	4,300	-	40	23~39	-	-
주물알루미늄	6,750	2,000	-	-	6~9	-	-
압연알루미늄	7,300	-	4.8	-	15	-	-
포금	9,000	4,000	9	-	25	-	24

　　기계와 구조물이 충분한 안전성을 유지하면서 기능을 발휘하려면 하중 작용위치에 생기는 응력이 재료의 허용한계응력을 넘어서는 안 된다. 이때에 **한계응력**[27]은 재료에 실제로 부가해도 내구성에 문제를 일으키지 않을 최대응력으로 정의된다. 한계응력은 일반적으로 탄성한도의 절반 내외를 사용하지만, 하중과 응력의 종류와 성질, 재료의 신뢰도, 부재의 형상 및 사용상태, 가공방

26　정선모, 한동철, 장인배, 표준기계설계학, 동명사, 2015.
27　일반적인 기계설계 책에서는 허용응력이라는 용어를 사용하지만, 이를 진짜로 허용하는 응력으로 오해하는 경향이 있어서 이 책에서는 한계응력이라는 용어로 대체하였다.

법 및 가공정밀도, 열처리와 표면처리 등에 따라서 실제 설계 시 적용하는 사용응력은 이보다도 더 작은 값을 사용하게 된다.

잘 훈련된 설계엔지니어들은 강철소재의 응력 대푯값들을 외우고 있다. 물론, 사용하는 소재의 조성과 열처리 및 표면처리 정도에 따라서 응력값들은 크게 달라지지만, 초기 설계 시 이런 대푯값들을 사용한 약식 계산은 매우 유용하며 중요한 의사결정에 도움을 준다. **그림 1.21**의 우측에는 일반 강철소재의 극한강도, 항복강도, 탄성한도, 한계응력 및 사용응력 대푯값들을 예시하여 보여주고 있다. 이 값들은 연강의 중간값 정도에 해당하며, 기구설계 시 보수적인 계산결과를 제공해준다.

지금부터 응력을 사용한 너클 조인트의 설계사례에 대해서 살펴보기로 하자. 너클 조인트는 **그림 1.22**에 도시되어 있는 것처럼, 포크, 아이, 핀의 3부분으로 구성되어 있으며, **그림 1.23**에서는 너클 조인트에서 일어날 수 있는 아홉 가지 파괴모드들과 이 파괴모드들이 일어나는 하중조건식들을 보여주고 있다. 그림에서 P는 너클 조인트의 파단하중이며, d는 자루부분의 직경, d_1은 핀의 외경 또는 포크와 아이의 내경이다. d_2는 포크와 아이의 외경이고, b는 포크의 편측두께, a는 아이의 두께를 나타낸다. 그리고 σ_t는 한계인장응력, σ_c는 한계압축응력, τ는 한계전단응력인데, 약식 설계 시에는 $\sigma_t = \sigma_c = 2\tau \simeq 10\,[\text{kgf/mm}^2]$로 놓고 계산한다. 예를 들어, $d = 10\,[\text{mm}]$라 가정하여 자루부분의 파단하중을 계산해보면,

$$P = \frac{\pi}{4}d^2\sigma_t = \frac{\pi}{4}10^2 \times 10 = 785\,[\text{kgf}]$$

이다. 핀의 직경 결정 시 1.2.2절에서 설명한 동일가치 설계이론을 적용한다면 자루 부분의 파단하중과 동일한 하중에서 핀이 파단되도록 설계하는 것이 바람직하다. 따라서

$$P = 2\frac{\pi}{4}d_1^2\tau = 2\frac{\pi}{4}10^2 \times 5 = 785\,[\text{kgf}]$$

로부터, 핀의 직경이 10[mm]가 되어야 한다는 것을 알 수 있다. 물론, **그림 1.23**에 제시되어 있는 모든 부위의 파단하중들을 정확히 일치시키는 것은 어려운 일이며, 약식 계산으로 비선형의 파단하중을 정확히 예측할 수도 없지만, 응력에 대한 보수적인 계산을 통해서 초기 설계단계에서 안

전성을 확보한 설계안을 도출할 수 있다.

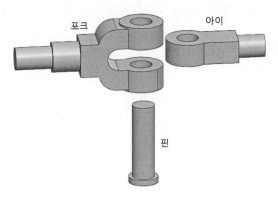

포크   아이

핀

그림 1.22 너클 조인트의 사례

포크 자루부위 인장파단	핀 전단파단	아이 내경 인장전단파단
$P = \dfrac{\pi}{4} d^2 \sigma_t$	$P = 2\dfrac{\pi}{4} d^2 \tau$	$P = a(d_2 - d_1)\tau$
포크 내경 인장전단파단	핀 굽힘파단	아이 양측면 인장파단
$P = 2b(d_2 - d_1)\tau$	$P = \dfrac{3\pi d_1^3 \sigma_b}{4(3a + 4b)}$	$P = 2b(d_2 - d_1)\sigma_t$
포크 내경 압축전단파단	포크 양측면 인장파단	아이 내경 압축전단파단
$P = 2bd_1\sigma_c$	$P = 2b(d_2 - d_1)\sigma_t$	$P = ad_1\sigma_c$

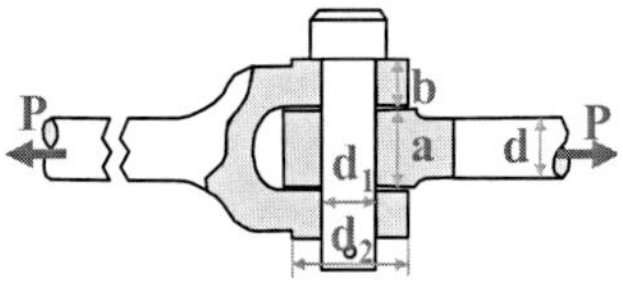

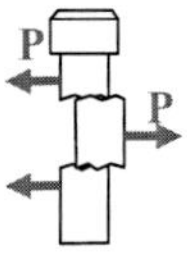

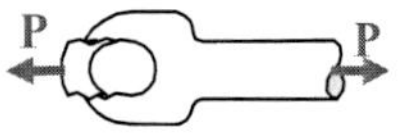

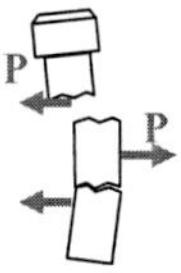

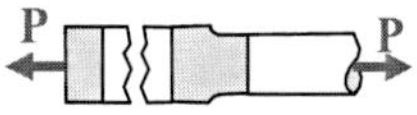

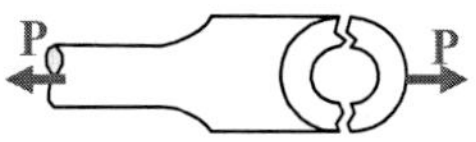

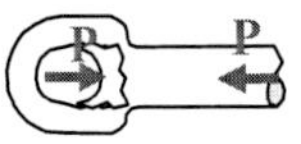

그림 1.23 너클 조인트의 아홉 가지 파괴모드 계산사례[28]

---

28   정선모, 한동철, 장인배, 표준기계설계학, 동명사, 2015를 참조하여 재구성하였다.

1.3.2.2 응력집중

1.2.4절에서는 물체에 작용하는 하중의 영향이 작용점으로부터의 거리가 멀어질수록 급격하게 감소한다는 생-브낭의 원리를 소개하였다. 이로 인하여 단면형상이 급격하게 변하는 위치에서는 큰 응력이 발생하게 되며, 이를 **응력집중**현상이라고 부른다. **그림 1.24** (a)에서는 중앙에 구멍이 뚫려 있는 판재를 양단으로 잡아당기는 경우에 판재 내부에서의 응력의 분포를 작용력선의 형태로 보여주고 있다. 그림에 따르면 구멍에 의해서 직선으로 전달되던 작용력이 구멍 주위에서는 좌우로 우회하며, 생-브낭의 원리에 의해서 우회된 응력은 구멍의 좌우측 경계면을 따라서 최단거리로 전달됨을 알 수 있다. 이로 인하여 구멍의 좌우측 경계면은 이보다 먼 곳보다 응력이 집중되며, 이런 응력집중은 **그림 1.24** (b)의 도표에 도시되어 있는 것처럼, 구멍의 직경이 작을수록, 증가한다는 것을 알 수 있다. 이는 일반적인 상식과는 반대되는 사례이므로 주의할 필요가 있다. 여기서 **응력집중계수** α는 최대응력을 평균응력으로 나눈 값으로 정의되며, 실제의 값은 노치의 형상, 작용하중, 소재의 균일성 등 다양한 조건에 의해서 결정된다.

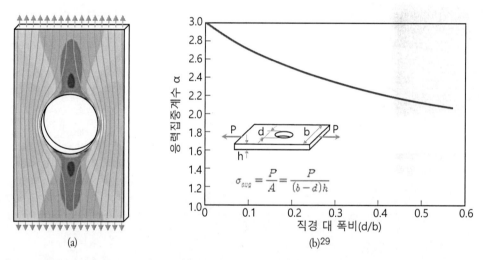

그림 1.24 중앙에 구멍이 뚫린 판재를 양단에서 잡아당기는 경우에 발생하는 응력집중현상(컬러 도판 p.747 참조)

응력집중현상은 부품과 구조물을 파괴하여 생명과 재산을 손실시키는 심각한 문제이나 설계 엔지니어들이 자주 이를 간과하여 많은 사고들이 발생하고 있기 때문에 이에 대해서는 몇 가지

---

29 정선모, 한동철, 장인배, 표준기계설계학, 동명사, 2015를 참조하여 재구성하였다.

사례들을 통해서 그 심각성을 강조하려고 한다.

첫 번째 사례는 알렉산더 킬랜드 호텔의 침몰사고이다.[30] 북대서양에서 석유시추 시설로 사용되던 부유식 해상 플랫폼을 호텔로 개조하여 사용하였는데(**그림 1.25** (a)) 1980년 3월 27일 저녁에 74[km/h]의 강풍과 12[m]의 파도에 의해서 다섯 개의 다리를 지지하는 구조물 중 하나가 파손되면서 해상 플랫폼이 기울었으며, 15분 만에 뒤집히며 침몰되었다. 이 사고로 인하여 123명이 사망하였는데, 사고의 원인은 **그림 1.25** (b)에 도시되어 있는 것처럼, D-6 구조물에 설치되어 있는 수중 음향계와 배수구가 응력집중에 의한 피로파괴 되었기 때문이다.[31] 파이프 구조에 구멍을 뚫고 무엇인가를 설치하려면 응력집중 문제를 고려해야 함이 당연하지만, 무책임한 설계엔지니어가 응력집중을 유발하는 두 가지 요소를 서로 인접하여 배치하였기 때문에 이런 참사가 발생한 것이다.

(a) 알렉산더 킬랜드 수상호텔[32]

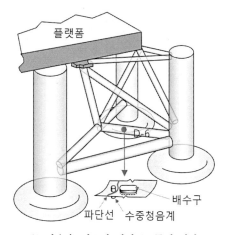

(b) 파손을 일으킨 지지구조물의 형상

그림 1.25 알렉산더 킬랜드 호텔 침몰사고의 사례

두 번째 사례는 반도체 웨이퍼 반송용 로봇의 타이밍벨트 구동기구에서 벌어진 사례이다. **그림 12.26** (a)에 도시되어 있는 것처럼 모터축의 한쪽이 평면으로 가공(일명 D-컷)되어 있으며, 타이밍기어는 두 개의 무두볼트를 사용하여 모터축에 고정하도록 설계되었다. 이 경우 하나의 무두볼트

30 https://en.wikipedia.org/wiki/Alexander_L._Kielland_(platform)
31 보다 더 직접적인 원인은 필렛용접의 불량이었지만, 구조설계 시에는 이런 문제들을 고려하여 매우 보수적으로 설계해야 한다.
32 https://www.youtube.com/watch?v=fNI6_8JQXzQ

는 모터축의 평면부와 정렬을 맞춰서 고정되며, 다른 하나는 이와 직각방향으로 모터축을 조인다. 그런데 조립 과정에서 모터축 평면부와 고정용 볼트의 정렬이 어긋나면, 로봇 작동과정에서 볼트 가 풀려버리게 된다. 이를 개선하기 위해서 **그림 1.26** (a)와 같이 타이밍 기어에 직경 0.5[mm] 크 기의 편심구멍을 뚫고 평면 가공된 모터축과 평행하게 스프링 핀을 끼워 넣으면 볼트 풀림과 무 관하게 회전동력을 전달할 수 있을 것이라고 기대하였다. 하지만 실제는 심각한 응력집중이 생성 되어 타이밍풀리가 파손되는 결과가 초래되었다. 이 사례의 올바른 해결방안은 축과의 접촉면이 평면으로 가공된 무두볼트를 축의 평면가공부와 정확히 평행을 맞춰서 조립하거나, 또는 **그림 1.26** (b)에 도시된 것과 같이 무두볼트의 앞면에 한쪽 면이 평면으로 가공된 볼을 끼워 넣은 형태 의 무두볼트를 사용하는 것이다.

(a)   (b)[33]

그림 1.26 응력집중에 의한 타이밍풀리 파손사례

세 번째는 웨이퍼 열처리용 히터판에 삽입된 웨이퍼 지지용 핀의 파손사례이다. 가열된 히터판 이 웨이퍼 뒷면과 접촉하여 오염을 일으키는 것을 최소화하기 위해서 히터판에 다수의 핀을 삽입 하여 웨이퍼와 히터 사이에 좁은 틈새를 만든다. 이를 위하여 **그림 1.27** (a)에서와 같이 세라믹 소재의 핀을 사용하였는데, 사용과정에서 열응력에 의하여 핀의 단차위치에 파손이 발생하였다. **그림 1.27** (c)에 따르면, 단차가 있는 원형 물체에서 일어나는 응력집중은 직경비(D/d)가 클수록, 그리고 모서리반경 대 직경비(r/d)가 작을수록 급격하게 증가하는데, 이 사례에서는 두 가지 조건

---

33 www.norelem.de ball end thrust screws without head with flattened ball.

이 함께 적용되어 사태가 악화된 것이다. 이를 해결하기 위해서는 **그림 1.27** (b)에서와 같이 r/d를 크게 만들어 응력집중을 완화하고, D 부분의 허리에 반원형 홈을 성형하여 D/d를 줄이면 응력집중에 의한 파손 문제를 해결할 수 있다.

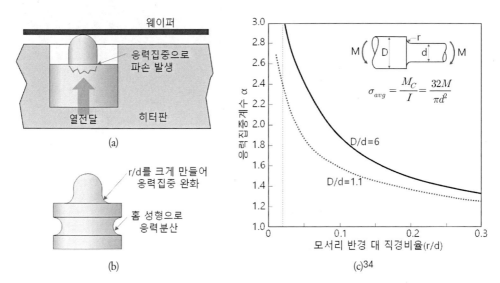

그림 1.27 웨이퍼 열처리용 히터판에 삽입된 웨이퍼 지지용 핀의 파손사례

1.3.2.3 크리프와 피로파괴

그림 1.28 (a)에 도시되어 있는 것처럼, 재료가 고온에서 장시간 하중을 받으면 재료 내의 응력이 일정하게 유지되어도 시간이 지남에 따라서 변형률이 증가하는 현상을 **크리프**[35]라고 부른다. 크리프 곡선은 3개의 구간으로 나뉘는데, **1기 크리프**는 천이크리프라고도 부르며 초기변형이 일어난 이후에 탄성 및 소성변형이 일어나는 기간이다. **2기 크리프**에 들어서면, 시간이 증가함에 따라서 변형률이 선형적으로 증가하며, **3기 크리프**에 이르게 되면 변형속도가 가속되어 파단에 이르게 된다. **그림 1.28** (b)에서는 미국의 무역센터 빌딩 붕괴사례를 보여주고 있다. 보수적으로 설계된 빌딩구조는 항공기 충돌에 의해서 골조가 절반 이상 파손되어도 구조하중을 버틸 수 있었다. 하지만 항공유가 타면서 철골구조가 고온에 노출되자 크리프가 급격하게 진행되어 약 한 시

---

34   정선모, 한동철, 장인배, 표준기계설계학, 동명사, 2015를 참조하여 재구성하였다.

35   creep.

간 만에 두 동의 빌딩들이 모두 붕궤되었다. 따라서 고온에 노출되는 소재에 부가하는 응력은 매우 보수적으로 결정해야 한다.

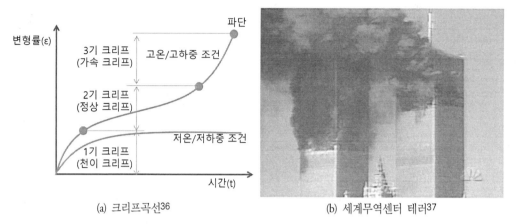

(a) 크리프곡선[36]　　　　　　　　　　(b) 세계무역센터 테러[37]

그림 1.28 고온부하에 의한 크리프현상

　　기계에 반복하중이 가해지면 임의의 한 점에서 미세균열이 발생하며, 그 균열이 확대되어 극한 강도보다 훨씬 더 작은 값에서 **피로파괴**가 발생한다. 하지만 이런 반복하중도 일정한 값 이하로 유지되면, 무한히 많은 사이클이 부가되어도 피로파괴가 발생하지 않는 한계응력 값을 **피로한도**라고 부른다. **그림 1.29**에서는 연강과 두랄루민의 응력-반복 사이클 로그 그래프(일명 S-N곡선)를 보여주고 있다. 그림에 따르면 연강의 경우에는 부가된 반복응력이 약 $20\sim30[\mathrm{kgf/mm^2}]$ 이하이면 피로수명이 급격하게 증가하여 무한수명에 근접함을 알 수 있다. 반면에, 두랄루민은 피로한도가 없기 때문에 부가된 반복응력이 아무리 작더라도 언젠가는 피로수명에 도달하게 된다.

36　정선모, 한동철, 장인배, 표준기계설계학, 동명사, 2015를 참조하여 재구성하였다.
37　https://gifer.com/en/Nb1t

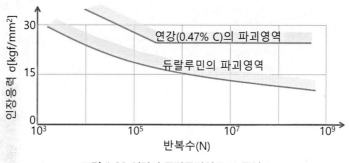

그림 1.29 연강과 두랄루민의 S-N 곡선[38]

영국 하빌랜드社가 1952년에 개발한 세계 최초의 제트여객기인 코멧은 피로파괴로 인한 재앙의 유명한 사례이다. **그림 1.30** (a)에 도시되어 있는 이 제트여객기는 제2차 세계대전 당시에 개발되었던 제트엔진 기술을 적용하여 개발되었으며, 런던-뉴욕 간을 6시간 만에 주파하는 탁월한 성능과 무사고 비행의 안정성으로 세계 여객기 시장을 주도하였다. 하지만 2년여의 운행기간이 지나고 나서 1954년 1월에 한 대가 추락하였다. 이 사고의 원인을 조사하는 도중에 4월에 또 한 대가 추락하였다. 이에 해당 기종의 항공기 전체를 운항정지 시킨 후에 총체적인 사고조사를 시행한 결과, **그림 1.30** (b)에서와 같이 사각형 창문 모서리의 리벳 부위가 응력집중에 의한 피로파괴를 일으킨 것으로 판명되었다. 이후에 총체적인 재설계를 통해서 1958년에 타원형 창문을 갖춘 새로운 디자인의 비행기가 나왔지만, 세계 여객기 시장의 주도권은 미국으로 넘어가서 다시는 되찾지 못하게 되었다. 이 사고는 비행기체의 피로파괴에 대한 경각심을 일깨워주는 대표적인 사례가 되었으며, 창문은 사각형이어야만 한다는 고정된 사고가 낳은 안타까운 사고이기도 하다.

---

38 정선모, 한동철, 장인배, 표준기계설계학, 동명사, 2015를 참조하여 재구성하였다.

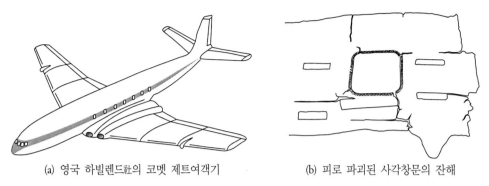

| (a) 영국 하빌렌드社의 코멧 제트여객기 | (b) 피로 파괴된 사각창문의 잔해 |

그림 1.30 코멧 제트여객기의 피로파괴 사례

1.3.2.4 안전율

안전율(S_f)은 기초강도(σ_s)와 허용응력(σ_a) 사이의 비율이다. 재료시험을 통해서 기초강도를 구하고, 사용조건을 감안하여 안전율을 결정하여야 한다.

$$S_f = \frac{기초강도}{허용응력} = \frac{\sigma_s}{\sigma_a}$$

여기서 기초강도는 **표 1.7**에 제시되어 있는 것처럼, 사용재료의 종류, 형상, 기계에 작용하는 하중의 종류와 환경 등의 작동조건에 따라서 항복점, 극한강도, 피로한도, 크리프, 좌굴한도 등을 사용한다.

표 1.7 기초강도 적용기준

기초강도 기준	하중의 종류	적용 대상
극한강도	정하중	항복점이 불확실한 주철, 콘크리트
항복강도	정하중	항복점이 명확한 연강
피로한도	반복하중	편진 또는 양진 반복하중
충격응력	충격하중	부하가 단속적이며 충격적으로 작용하는 경우
크리프한도	고온정하중	장시간 고온 정하중에 노출
좌굴하중	압축하중	길이가 긴 축

안전율을 선정할 때에는 소재의 균질성에 대한 신뢰도, 하중계산의 정확도, 응력계산의 정확

도, 응력의 종류와 성질, 불연속 부분의 존재, 사용 중 예측할 수 없는 변화 그리고 가공품질 등을 고려해야만 한다. 약식계산 만으로 설계를 진행하는 기계설계의 초기단계에는 하중계산이나 응력계산의 정확도가 떨어지기 때문에 보수적으로 안전계수 값을 산정하지만, 설계가 완료된 이후에 유한요소해석을 통해서 보다 정확한 하중 및 응력집중 상황이 검증되면 안전계수 값을 줄일수 있다. 언윈은 재료의 극한강도를 기초강도로 사용하여 **표 1.8**에 제시되어 있는 것과 같은 경험적 안전율을 제안하였다.

표 1.8 언윈의 경험적 안전율[39]

소재	정하중	반복하중		변동하중 및 충격하중
		편진	양진	
주철	4	6	10	12
강철 및 연철	3	5	8	15
목재	7	10	15	20
석재 및 벽돌	20	30	-	-

강철소재를 기준으로 **표 1.8**을 살펴보면, 정하중 안전계수는 3, 편진 안전계수는 5, 양진 안전계수는 8 그리고 변동 및 충격하중 안전계수는 15임을 확인할 수 있다. 강철소재(S45C)의 항복강도는 약 50$[kgf/mm^2]$ 정도이므로, 여기에 언윈의 안전율을 적용하여 하중별 허용응력을 산출해보면 다음과 같다.

정하중: $\sigma_a = \dfrac{\sigma_Y}{S_f} = \dfrac{50}{3} = 16.7\,[kgf/mm^2]$

편진 동하중: $\sigma_a = \dfrac{\sigma_Y}{S_f} = \dfrac{50}{5} = 10\,[kgf/mm^2]$

양진 동하중: $\sigma_a = \dfrac{\sigma_Y}{S_f} = \dfrac{50}{8} = 6.25\,[kgf/mm^2]$

변동하중 및 충격하중: $\sigma_a = \dfrac{\sigma_Y}{S_f} = \dfrac{50}{15} = 3.3\,[kgf/mm^2]$

---

39 정선모, 한동철, 장인배, 표준기계설계학, 동명사, 2015.

이 결과를 살펴보면 기계에 변동하중이나 충격하중이 부가되는 것은 매우 위험한 일이라는 것을 알 수 있다. 따라서 기계설계 시에는 이런 하중이 부가되지 않도록, 또는 최소한 충격을 완화시킬 수 있도록 설계해야만 한다는 것을 알 수 있다. 그리고 양진 변동하중 역시 기계에 매우 유해하다는 것도 확인할 수 있다. 여기서 **양진**이란, 소재에 인장하중과 압축하중이 번갈아 작용하는 것을 의미한다. 반면에 **편진**은 소재에 작용하는 하중이 변하여도 인장이나 압축상태의 어느 한쪽만이 부가되며, 부하반전이 일어나지 않는 경우를 말한다. 기계에 부가되는 동하중은 되도록 편진이 되도록 설계하는 것이 바람직하며, 이를 위해서 기계나 소재에 미리 특정한 방향으로 하중을 부가하는 방법이 자주 사용된다. 이를 **예하중**이라 부른다.

안전율은 보수적인 설계의 지표이다. 안전율이 작다고 해서 기계가 즉시 파손되는 것은 아니며 모든 기계가 파손되는 것도 아니다. 대량생산된 기계에서 안전율이 줄어들면 파손이 발생하는 확률이 높아지고 파손이 발생하는 시기도 앞당겨지는 것이다.

반도체 생산 공장에서 웨이퍼 품(FOUP)을 이송하는 물류용 무인주행 차량은 1990년대에 제안된 설계개념을 지금까지 사용하면서 꾸준한 개량을 통해서 주행속도를 높여왔다. 하지만 근본적인 설계변경 없이 기존의 구동체계를 사용하면서 주행속도를 2배 이상 높이다 보니 최초에 보수적으로 설계했던 개념보다 안전율이 절반 이하로 줄어들게 되었다. 이로 인하여 피로파손 발생확률이 높아지며, 바퀴소재 마모로 인한 클린룸 파티클 증가의 악순환이 계속되고 있다.

기계나 부품이 파손되면 재산의 손실과 더불어 인명의 손실이 초래될 우려가 있다. 특히 이런 파손이 인간에 유해한 경우에 설계 엔지니어들은 충분히 보수적으로 안전율을 산정해야만 한다.

1.3.2.5 정밀기계용 소재들의 기계적 성질

지금까지는 소재의 응력에 대해서 살펴봤다. 하지만 응력 이외에도 영계수, 비중, 열전도도, 비열 및 열팽창계수와 같은 기계적 성질들도 정밀기계의 기계적 성질에 큰 영향을 끼치기 때문에 주요 소재들에 대해서 이러한 기계적 성질들의 의미와 활용방법들을 숙지할 필요가 있다. **표 1.9**에서는 정밀기계에 자주 사용되는 주요 소재들의 다양한 기계적 성질들을 제시하고 있다.

표 1.9 정밀기계에 사용되는 다양한 소재의 성질들[40]

소재	영계수 E [kgf/mm^2]	비중 ρ [ton/m^3]	열전도도 K [W/m/°C]	비열 CP [J/kg/°C]	열팽창계수 α [μm/m/°C]
알루미늄(6061-T651)	6,800	2.70	167	896	23.6
알루미늄(주조201)	7,100	2.77	121	921	19.3
산화알루미늄(99.9%)	38,600	3.96	38.9	880	8.0
산화알루미늄(99.5%)	37,200	3.89	35.6	880	8.0
산화알루미늄(96%)	30,300	3.72	27.4	880	8.2
베릴륨(순수)	29,000	1.85	140	190	11.6
구리(무산소동)	11,700	8.94	391	385	17.0
구리(쾌삭동)	11,500	8.94	355	415	17.1
구리(베릴륨동)	12,500	8.25	118	420	16.7
구리(황동)	11,000	8.53	120	375	19.9
화강암	1,900	2.60	1.6	820	6
철(40계열 주조)	12,000	7.30	152	420	11
철(인바)	15,000	8.00	11	515	**0.8**
철(슈퍼인바)	15,000	8.00	11	515	**0**
철(1018 강철)	**20,000**	**7.90**	**60**	**465**	**11.7**
철(303 스테인리스)	19,300	8.00	16.2	500	17.2
철(440C 스테인리스)	20,000	7.80	24.2	460	10.2
폴리머 콘크리트	4,500	2.45	0.83~1.94	1250	14
제로도	9,100	2.53	1.64	821	**0.05**
탄화실리콘	39,300	3.10	125	-	4.3
질화실리콘	35,000	3.31	15	700	3.1
탄화텅스텐	55,000	14.50	108	-	5.1
산화지르코늄	17,300	5.60	2.2	-	10.5

후크의 법칙에 따르면, 응력(σ)과 변형률(ε) 사이에는 선형의 비례관계를 가지고 있으며, 이 비례상수 E를 탄성계수 또는 **영계수**라고 부른다. 영계수는 일반적으로 [GPa]의 단위를 사용하며, 이를 이 책에서 약식계산에 주로 사용하는 [kgf/mm^2]의 단위로 변환하기 위해서는 여기에 100을 곱하면 된다.[41] 예를 들어, 강철의 영계수 $E = 200$[GPa]는 20,000[kgf/mm^2]에 해당한다.

비중(ρ)은 기계설계 시 부품이나 구조물의 무게를 산출할 때에 중요하게 사용되는 값이다. 예

40　A. Slocum, Precision Machine Design, Prentice-Hall, 1992. 일부 편집.
41　정확하게 계산하려면 1,000을 곱하고 9.81로 나누어야 한다.

를 들어, 디스플레이 장비의 베이스로 자주 사용되는 화강암의 비중은 $\rho = 2.6[\text{ton/m}^3]$이다. 8G 디스플레이 제작용 노광기의 베이스 블록이 폭(B) 4[m], 길이(L) 9[m], 높이(H) 0.8[m]라면, 이 베이스블록의 무게는 체적에 비중을 곱하여 다음과 같이 구할 수 있다.

$$m = \rho \times B \times L \times H = 2.6 \times 4 \times 9 \times 0.8 = 74.88[\text{ton}]$$

조금 더 나가서, 이 베이스가 설치될 팹(FAB)의 바닥 하중지지용량이 2[ton/m²]이라면, 바닥 보강공사가 필요하겠는가? 베이스의 점유면적이 4×9＝36[m²]이므로, 베이스의 단위면적당 하중은 2.08[ton/m²]으로서 베이스의 무게만 생각한다면 바닥의 하중지지용량에 비해서 베이스블록의 무게가 아주 조금 넘어서며, 건물은 10 이상의 안전계수를 가지고 있기 때문에 별도의 보강이 필요 없을 것으로 생각할 수 있겠지만, 베이스 위에는 갠트리와 스테이지, 광학계 등이 추가되므로 이를 감안한다면 바닥 보강공사가 필요함을 알 수 있다.

열전도도(K)는 물질의 열전달 특성을 나타내는 상수값이다. 단면적이 A이며 길이는 ℓ인 물체의 열전도도가 K이고, 물체 양단의 온도 차이가 ΔT라면, 이 물체를 통과하는 열량 q는 다음 식을 사용하여 계산할 수 있다.

$$q = \frac{K}{\ell} A \Delta T$$

위 식을 약간 수정하면 물체 양단의 온도차 ΔT를 다음 식으로 나타낼 수 있다.

$$\Delta T = i \times R_H$$

여기서 $i = q/A$로서, 단위면적당 통과열량이며, $R_H = \ell/K$는 열전달저항이다. 이 식을 사용하면 열전달 문제를 등가의 저항회로처럼 계산할 수 있다. 예를 들어, 2[W]의 열을 방출하는 조명이 탑재된 카메라 모듈이 단면적이 100[mm²]이며 두께는 25[mm]인 알루미늄 6061 소재로 제작된 연결기구(K＝167[W/m/℃])에 의해서 갠트리에 설치되어 있다고 한다면 연결기구 양단의 온도 차이를 다음과 같이 계산할 수 있다.

$$\Delta T = i \times R_H = \frac{2}{10^{-4}} \times \frac{25 \times 10^{-3}}{167} = 2.994 [℃]$$

갠트리 구조를 사용하는 초정밀 시스템에서 약 3[℃]의 온도 차이는 심각한 열팽창과 공기온도 교란을 유발한다. 따라서 조명의 열이 갠트리로 전달되기 전에 워터재킷 등을 사용하여 이를 냉각시켜야만 함을 알 수 있다.

조금 더 나아가서, 이 기구에 병렬로 동일한 단면적과 두께를 갖는 구리(K=355[[W/m/℃])로 제작된 연결기구를 설치하면 저항의 병렬연결과 마찬가지로 총 열전달 저항은 다음과 같이 계산할 수 있다.

$$\frac{1}{R_{H,total}} = \frac{1}{R_{H,Al}} + \frac{1}{R_{H,Cu}} \rightarrow R_{H,total} = \frac{R_{H,Al} \times R_{H,Cu}}{R_{H,Al} + R_{H,Cu}}$$

여기서 $R_{H,Al} = \frac{25 \times 10^{-3}}{167} = 1.5 \times 10^{-4}$이며, $R_{H,Cu} = \frac{25 \times 10^{-3}}{355} = 0.7 \times 10^{-4}$이다. 이를 위 식에 대입하여 등가저항을 구하면, $R_{H,total} = 0.477 \times 10^{-4}$이며, 이를 사용하여 연결기구 양단의 온도 차이 ΔT를 계산해보면 다음과 같다.

$$\Delta T = \frac{2}{10^{-4}} \times 0.477 \times 10^{-4} = 0.954 [℃]$$

따라서 연결기구의 단면적이 증가하거나 열전도도가 높은 소재를 사용하면 카메라 고정구 양단의 온도 차이를 줄일 수 있다는 것을 알 수 있다.

비열(C_P)은 단위질량의 물질을 온도 1[℃] 높이는 데 드는 열에너지[J]를 말한다. 예를 들어, 알루미늄(6061)의 비열 $C_{P,Al} = 896[J/kg/℃]$이고, 비중 $q_{Al} = 2.7[g/cm^3]$인 반면에 히터판 소재로 자주 사용되는 AlN 소재의 비열 $C_{P,AlN} = 1,003[J/kg/℃]$이며, 비중 $\rho_{AlN} = 3.26[g/cm^3]$이다.

$$\Delta T = \frac{Q}{C_P \times m} = \frac{Q}{C_P \times \rho \times V}$$

여기서 $\Delta T[^\circ C]$는 온도 상승량, $Q[J]$는 투입된 열에너지, $m[kg]$은 질량 그리고 $V[cm^3]$는 체적이다. 예를 들어, $V = 1,500[cm^3]$의 체적을 가지고 있는 300[mm] 웨이퍼용 히터 판에 $Q = 1[KJ]$의 열에너지를 투입한 경우 알루미늄 히터판의 온도 상승량 $\Delta T_{Al} = 0.276[^\circ C]$인 반면에 세라믹(AlN) 히터판의 온도 상승량 $\Delta T_{AlN} = 0.204[^\circ C]$에 불과하다는 것을 알 수 있다.

그러므로 써모싸이클링을 통해서 주기적으로 온도를 변화시켜야만 하는 웨이퍼 열처리용 히터판 소재를 세라믹으로 만드는 경우보다 알루미늄으로 만드는 경우에 동일한 열에너지를 투입하고도 약 35%나 온도를 더 높일 수 있다는 것을 알 수 있다.[42]

열팽창계수(α)는 길이 1[m]인 소재의 온도가 1[°C] 변했을 때의 길이변화 값으로 정의된다. 앞의 카메라 모듈 사례의 경우에 두께 25[mm]인 알루미늄(6061) 연결기구는 3[°C] 온도 차이에 의해서 다음과 같이 열팽창이 발생한다.

$$\Delta \ell = \alpha \times \ell \times \Delta T = 23.6 \times 25 \times 10^{-3} \times 3 = 1.77 [\mu m]$$

만일 이 광학계가 기준위치 표식[43]을 탐지하는 현미경이어서 열팽창에 의한 카메라 위치편차의 허용 값이 10[nm]라면, 이 광학계 지지부의 허용온도편차는 다음과 같이 계산된다.

$$\Delta T = \frac{\Delta \ell}{\alpha \times \ell} = \frac{10 \times 10^{-3}}{23.6 \times 25 \times 10^{-3}} = 0.017 [^\circ C]$$

따라서 10[nm]의 위치편차 허용 값을 구현하기 위해서는 앞서 설명한대로 워터재킷을 사용하여 조명을 냉각하여 연결기구 양단의 온도 차이를 0.017[°C] 이내로 관리해야 한다는 것을 알 수 있다.

표 1.9를 살펴보면 열팽창계수가 매우 작거나 0인 소재들을 찾을 수 있다. 금속 소재로는 슈퍼인바와 비금속 소재로는 제로도가 이런 목적에 자주 사용된다. 금속소재인 슈퍼인바는 상온에서 열팽창계수가 0이 되도록 조성이 맞춰진 합금이다. 따라서 상온 이외의 온도에서 이 소재의 열팽창계수는 0이 아니라는 것을 명심해야 한다.

---

42 이는 예일 뿐이다. 실제로는 금속성 입자에 의한 웨이퍼의 오염을 경계하여 금속성 척을 사용하지 않는다.
43 fiducial mark.

1.3.3 폴리머

탄소 원자에 수소나 여타의 원소들이 결합된 단위체들이 사슬 형태로 연결된 형태를 고분자 또는 **폴리머**라고 부른다. 이런 고분자 화합물들을 통칭하여 **수지**라고 부르는데, 식물이나 동물에서 만들어지는 수지를 천연수지, 석유 추출물 등에서 인위적으로 만들어지는 수지를 합성수지 또는 플라스틱으로 구분한다.

또한 합성수지는 고분자 사슬의 배열구조에 따라서 길게 이어진 사슬형 구조와 이 사슬들이 서로 얽혀있는 그물구조로 나눌 수 있다. 사슬구조의 경우에는 구조결합력이 약하기 때문에, 외부에서 힘이나 열을 가하면 쉽게 변형된다. 이런 유형의 합성수지들을 **열가소성 플라스틱**이라고 부르며, 스티로폼에 사용되는 폴리스티렌, 파이프 등에 사용되는 폴리염화비닐(PVC), 전선피복이나 약품용기에 사용되는 폴리에틸렌(PE), 섬유로 사용되는 나일론, 투명판재로 만들어지는 아크릴 등이 여기에 해당한다. 반면에 그물구조의 경우에는 구조결합력이 매우 강하기 때문에, 외부의 힘이나 열에 의해서 잘 변형되지 않으며, 취성을 갖는다. 이런 유형의 합성수지들을 **열경화성 플라스틱**이라고 부르며, 회로기판에 사용되는 페놀수지, 주방용기에 사용되는 멜라민수지, 방수재료로 사용되는 에폭시수지, 단추 등에 사용되는 요소수지 등이 여기에 해당한다.

1.3.3.1 일반 폴리머

표 1.10에서는 대표적인 폴리머소재들의 물성값들을 보여주고 있다. 일상생활에서 가장 보편적이고 널리 사용되는 플라스틱인 **ABS 수지**는 아크릴로니트릴(A), 폴리부타디엔(B), 스티렌(S)의 세 가지 성분으로 이루어진 삼원공중합체로서 넓은 범위의 물성을 가지고 있다. 수지 성분들 중에서 아크릴의 첨가량을 늘리면 경도, 인장강도, 탄성률, 내충격성 및 내열성이 증가하며, 고주파 절연성이 저하된다. 고무성분인 부타디엔의 첨가량을 늘리면 인장강도, 탄성률 및 경도가 감소하지만 내마모성과 내충격성이 향상된다. 마지막으로 스티렌의 첨가량을 늘리면 용융 유동성이 높아져서 성형성이 좋아지지만 유연해진다. ABS 수지는 치수안정성과 내충격성이 좋고 플라스틱들 중에서 제일 도금하기 좋다. 전기적 성질, 내화학성, 내유성 등도 뛰어나고 열변형이 일어나는 온도 역시 85[℃] 이상으로 플라스틱들 중에서 높은 편이다. 가전제품의 하우징, 자동차의 내/외장재, 사무기기 등에서 매우 광범위하게 사용되고 있다.

표 1.10 폴리머들의 기계적 성질

소재	극한강도[kgf/mm²]	영계수[kgf/mm²]	50[mm] 소재연신율(%)	푸아송 비(ν)
ABS 수지	2.8~5.5	140~280	75~5	-
ABS 수지(강화)	10	750	-	0.35
아세탈	5.5~7.0	140~350	75~25	-
아세탈(강화)	13.5	1000	-	0.35~0.40
아크릴	4.0~7.5	140~350	50~5	-
셀룰로오스(섬유소계 수지)	1.0~4.8	40~140	100~5	-
에폭시	3.5~14	350~1,700	10~1	-
에폭시(강화)	7~140	2,100~5,200	4~2	-
플루오로카본	0.7~4.8	70~200	300~100	0.46~0.48
나일론	5.5~8.3	140~280	200~60	0.32~0.40
나일론(강화)	7.0~21	200~1,000	10~1	-
페놀 수지	2.8~7.0	280~2,100	2~0	-
폴리카보네이트	5.5~7.0	250~300	125~10	0.38
폴리카보네이트(강화)	11	600	6~4	-
폴리에스터	5.5	200	300~5	0.38
폴리에스터(강화)	11~16	830~1,200	3~1	-
폴리에틸렌	0.7~4	10~14	1000~15	0.46
폴리프로필렌	2~3.5	70~120	500~10	-
폴리프로필렌(강화)	4~10	360~600	4~2	-
폴리스티렌	1.4~8.3	140~400	60~1	0.35
폴리스티렌(강화)	0.7~5.5	1.4~400	450~40	-

아세탈(또는 폴리아세탈)의 화학명은 폴리옥시메틸렌44으로서, 우수한 내피로성, 내크리프성, 내마모성, 내유기약품성, 내알칼리성, 내구성 등을 갖춘 대표적인 엔지니어링플라스틱으로서, 전반적인 기계적 특성이 우수하여 기계부품, 기계구조물 등으로 사용된다. 하지만 사출 가공 시 결정화속도가 빠르고 수축률이 높기 때문에 균일한 치수관리를 위해서는 금형온도 관리가 매우 중요하다. 아세탈은 전기, 전자, 반도체의 절연용 부품, 내마모성이 필요한 각종 운동부의 안내면, 치수안정성이 요구되는 기어, 카메라부품 등에 널리 사용된다.

셀룰로오스는 고등식물과 조류의 세포막을 구성하는 섬유를 주성분으로 하는 단순 다당류로서, 목재, 면, 마 등에서 채취할 수 있다. 산에 의해서 가수분해 되지만 물에는 녹지 않고, 화학약

44　PolyOxyMethylene.

품에도 저항성이 강하다. 셀룰로오스는 무겁고 약하며, 내열성도 취약하지만, 환경호르몬이 배출되지 않으며, 알레르기 반응도 없는 친환경소재여서 안경테(일명 뿔테)와 같은 신변용품으로 유용하며, 종이, 섬유, 목재, 단열재 등 다양한 형태로 변형되어 일상생활에 널리 사용된다.

하나의 분자 속에 2개 이상의 에폭시기를 가진 화학물을 **에폭시수지**라고 부르며, 경화제와 충전재를 조합하여 다양한 특성을 가진 경화수지를 만들 수 있다. 대표적인 에폭시수지인 비스페놀A-에피클로로히드린수지는 기계적, 전기적 특성과 내약품성이 뛰어난 기본수지로서, 도료, 접착제, 구조재, 전자기판, 반도체 밀봉재 등과 같이 거의 모든 분야에 사용되고 있다. 이 외에도 에폭시노볼락수지, 지환식 에폭시수지, 지방족 에폭시수지, 이절환 에폭시수지, 글리시딜에스테르형 에폭시수지, 취소화 에폭시수지 등 다양한 형태의 에폭시수지들이 사용되고 있다. 에폭시 수지를 경화시키기 위해서 지방족 디아민, 폴리아민 및 방향족 디아민, 산무수물 등이 사용되는데, 지방족 디아민은 상온경화제이나 독성이 강해서 사용에 제약이 있다. 반면에 방향족 디아민은 반응성이 약하고 고온에서 경화시켜야 한다. 산무수물을 사용하는 경우에는 경화에 고온에서 오랜 시간이 필요하지만, 성형품은 내열성이 뛰어나다. 에폭시 수지의 물성은 수지의 종류와 사용되는 경화제의 조합에 따라서 다르지만, 일반적으로 금속 접착성과 함침성이 우수하며, 경화시 휘발분을 생성하지 않기 때문에 수축이 작고 치수 안정성이 우수하다. 특히 기계적 성질이나 전기 절연성이 우수하기 때문에 전자기판을 포함한 각종 전기절연재로 널리 사용된다.

플루오로카본[45]은 불소-탄소 결합을 가지고 있는 유기화합물의 총칭으로서, 정식 명칭은 이불화 폴리비닐리덴(PVDF)[46]이다. 개발 초기에는 강력한 압전현상 때문에 관심을 받았는데, 내마모성, 내약품성, 내방사선성, 내자외선성 등 여러 극한상황에 대한 내구성을 가지고 있다. 주로 시트나 필름, 판재, 파이프, 선재 등으로 만들어 반도체 제조장비나 리튬이온전지를 포함하여 식품, 전자, 의료 등의 기계부품으로 사용되고 있다. 특히 1971년 쿠레하화학社에서 시가라는 상품명으로 낚싯줄을 생산하여 판매한 이후로 낚싯줄의 대표적인 소재로 자리 잡게 되었다.

1939년 미국의 듀폰社에서 개발한 이후로 엔지니어링 플라스틱 중에서 가장 생산량이 많은 소재인 폴리아미드 수지를 일명 **나일론**[47]이라고 부른다. 폴리아미드는 기계적 강도, 내열성, 내마모성, 내약품성, 자기소화성(난연성) 등 우수한 특성을 가지고 있으며, 가공성이 우수하기 때문에

---

45 Fluoro carbon.
46 PolyVinylidine DiFluoride.
47 Nylon.

공중합과 유리섬유를 포함한 다른 재료와의 복합화로 600종 이상의 개량화가 이루어졌다. 특히 나일론을 유리섬유로 복합화하면 탄성률이 순수 나일론의 2~3배로 증가하며, 열변형 온도는 190[℃]로 상승하기 때문에 내열재료로 이용되고 있다.

석탄산의 일종인 페놀과 포름알데히드를 가열 축합시킨 열경화성의 합성수지를 **페놀수지**라고 부른다. 갈색의 고체로서 일명 베이클라이트라고도 부르며, 내산, 내유, 내수, 내열, 전기절연성 등을 갖추고 있다. 외관이 칠기와 유사하기 때문에 접시, 공기, 쟁반 등의 식기 도료로도 사용된다. 하지만 60[℃] 이상의 온도에서는 강도가 낮아지고 충격에 부서지기 쉬우며, 페놀이 용출되면서 냄새가 난다.

폴리카보네이트[48]는 비스페놀A가 카보네이트 결합으로 이어져서 만들어진 열가소성 플라스틱이다. 우수한 강도, 내열성, 내충격성을 갖춘 엔지니어링 플라스틱으로서, 가시광선에 대해 높은 투과율을 가지고 있으며, 투명하기 때문에 보안경이나 렌즈와 같은 광학소재로 사용된다. 또한 내충격성이 강하기 때문에 전투기 캐노피용 방탄유리나 자동차 헤드라이트 덮개유리로도 널리 사용되고 있다.

폴리에스터[49]는 불포화 다염기산류인 무수말레인산이나 무수프탈산 등과 다가알코올인 프로필렌글리콜 등과의 에스테르 반응을 통해서 얻어진 합성수지이다. 강화 플라스틱은 경량으로 강도가 크기 때문에 소형선박이나 차량의 외장재, 안전모, 건축용 골판재 등으로 사용되며, 절연성이 뛰어나서 절연테이프, 커패시터용 마일러필름 등의 소재로 사용된다. 유리섬유를 첨가하여 제조한 강화플라스틱은 레이더돔, 안테나 덮개 등에 사용된다.

폴리에틸렌[50]은 에틸렌을 단량체로 중합하여 얻는 고분자 수지로서 폴리프로필렌과 더불어 세계적으로 생산량이 많은 수지제품이다. 분자량이 백만 이상인 초고분자량 폴리에틸렌(UHMWPE)은 내마모성, 내화학성이 우수하여 베어링이나 기어와 같은 기계부품, 방탄조끼, 초강성 밧줄 등에 사용된다. 0.94[g/cm³] 이상의 밀도를 가지고 있는 고밀도 폴리에틸렌(HDPE)은 생산과정에서 낮은 가지화도를 갖도록 중합하여 폴리에틸렌 사슬이 조밀하게 쌓인 구조를 갖는다. 사슬 간의 인력이 강하여 인장강도가 높다. 대용량 액체보관용기, 쓰레기통, 보관함, 배수관 등에 사용된다. 0.91~0.94[g/cm³] 범위의 밀도를 가지고 있는 저밀도 폴리에틸렌(LDPE)은 인장강도가 낮지만 연

---

48 Polycarbonate.
49 Polyester.
50 Polyethylene.

성이 강화된 소재로서 비닐포장재로 가장 널리 사용된다. 발포가공을 통해서 충격방지용 폼으로 만들 수 있다.

폴리프로필렌[51]은 탄소 3개로 이루어진 프로필렌 단량체가 사슬성장 중합을 통해서 얻어지는 열가소성 고분자 수지로서 폴리에틸렌과 유사한 특성을 가진다. 다양한 가공법이 개발되면서 가장 저렴하고 우수한 물성의 재료들이 개발되어 고가의 엔지니어링플라스틱 소재들을 대체해 나가고 있다. 폴리프로필렌은 폴리에틸렌보다 밀도가 낮지만($0.895 \sim 0.920[g/cm^3]$), 기계적으로는 강하면서도 유연하여 플랙셔와 같은 유연메커니즘으로 유용하게 사용된다. 자동차의 범퍼, 휀더, 배터리 외장재, 계기판 등에 사용되며, 자동차용 플라스틱 소재들 중에서 차지하는 비율이 가장 높다. 폴리프로필렌은 또한 기저귀, 부직포, 섬유, 테이프, 일회용 주사기, 수술용 봉합사 등 수많은 분야에서 널리 사용되고 있다.

폴리스티렌[52]은 스티렌의 라디칼 중합으로 얻어지는 비결정성의 고분자로, 플라스틱 소재들 중에서 표준이 되는 수지이다. 스티렌 수지들 중에서 가장 가공하기 쉽고 성형성이 뛰어나다. 무색투명하며 높은 굴절률을 가진다. 전기절연성이 좋고 착색이 쉬우며, 인쇄성과 접착성도 좋다. 하지만 벤젠, 휘발유 및 솔벤트에 약하며, 태양광선이나 자외선을 받으면 쉽게 열화된다.

1.3.3.2 3D 프린팅 소재

쾌속조형[53]이라고도 부르는 **3D 프린팅** 기술은 1984년에 찰스 헐에 의해서 개발되었으며, 자동차, 항공우주, 의료산업 등에서 산업에 활용 가능성이 증명되면서 지속적으로 발전하게 되었다. 특히 2010년대에 들어서 장비의 단순화와 범용화를 통하여 염가의 장비가 출현하였고, 학생교육과 개인 취미생활에 활용되기 시작하면서 패션, 완구, 엔터테인먼트 등으로 적용분야가 크게 확장되었다.

3D 프린팅은 열가소성 플라스틱의 용융증착기법(FDM)을 이용한 적층방식, 고분자 파우더를 적층하면서 소결하는 분말소결방식, 액상의 레진을 빛으로 굳히는 광경화 적층방식 그리고 금속분말을 적층하면서 레이저로 소결하는 레이저소결방식 등이 있다. 이 외에도 노즐에서 플라스틱

51　Polypropylene.
52　Polystylen.
53　Rapid prototyping.

수지를 분사한 후에 자외선램프로 경화시키는 폴리젯 적층방식도 사용되고 있다.

열가소성 플라스틱을 사용하는 용융증착기법은 프린터의 구조가 단순하고 소재가 필라멘트 형태로 공급되어 사용이 편리하기 때문에 근래에 들어서 학생 실습용으로 널리 사용되고 있는 실정이다. 하지만 표면 마무리나 정밀도의 측면에서는 광경화 적층방식이나 폴리젯 방식이 큰 장점을 가지고 있다. 레이저 소결방식은 플라스틱이나 모래, 알루미늄 등 다양한 분말소재를 레이저로 융착시켜 적층시킬 수 있다. 하지만 장비나 원료의 가격이 비싸기 때문에 범용으로 사용하기에는 어려움이 있다.

표 1.11 3D 프린팅에 사용되는 주요 소재들

유형	소재	특징
열가소성 플라스틱	PLA(폴리아크릴산)	• 식물성 전분에서 추출한 친환경 원료 사용 • 균열이나 수축이 적고 점착성이 우수함 • 고온에서 변형, 출력 후 서포트제거와 후가공이 어려움 • 적층무늬 방향으로의 충격에 취약, 습기에 취약
	ABS 수지	• 내구성과 내열성이 높음. 아세톤에 용융됨 • 표면 거칠기가 뛰어나며 가격이 저렴 • 열 수축에 의한 뒤틀림이 심함
	PVA(폴리비닐알코올)	• 물에 녹는 플라스틱 소재로 서포트에 사용 • 일반노즐 사용 시 탄화로 인한 노즐 막힘 발생 • 필라멘트 소재가 습기에 매우 취약함
	폴리카보네이트	• 내열성, 유연성, 가공성 등이 우수한 투명소재 • 강도와 내열성이 높으며, 후가공이 어려움
	엔지니어링플라스틱(PEEK)	• 350[℃] 이상의 고온에서 용융되며 심한 냄새 • 고강도 고기능 소재로, 높은 강도, 탄성, 내충격성, 내마모성, 내열성, 내화학성 등을 고루 갖춤 • 기계부품, 의학용 임플란트, 골절보조구조 등
고분자분말	폴리아미드	• 공급분말의 대부분이 사용 후 버려짐(재사용 안 됨) • 190[℃] 이상의 높은 열변형온도, 난연성
	알루마이드	• 알루미늄 분말과 폴리아미드 분말 혼합물 • 고온안정성이 탁월함
레진	자외선 경화형 레진	높은 강도와 내충격성
	페인트형 레진	매끈한 표면과 미관
금속분말	티타늄	• 분말 레이저 소결기법으로 프린팅 • 경량, 최고강도
	스테인리스강	• 동 함침분말 사용, 저렴한 가격 • 고강도

1.3.4 MEMS용 소재

실리콘 기반의 웨이퍼 위에 포토레지스트를 도포한 후에 노광·현상·식각공정을 사용하여 마이크로전자회로 패턴을 성형하던 반도체 기술의 초창기부터, 소위 **마이크로머시닝**이라고 부르는 **MEMS**(마이크로 전자기계 시스템) 및 **MOEMS**(마이크로 광학전자기계 시스템) 가공기술이 발전하기 시작했다. MEMS 가공에는 실리콘, 유리, 세라믹, 폴리머 그리고 복합소재들뿐만 아니라 금, 백금, 티타늄, 텅스텐 등의 금속소재에 이르기까지 다양한 소재들을 사용하여 압력센서, 마이크로폰, 가속도 및 기울기 센서, 자기 나침반, 잉크젯 헤드, 마이크로스캐너, 마이크로유체 디바이스, 바이오센서 등 현대생활에서 없어서는 안 되지만 일반인들이 인식하지 못하는 다양한 유비쿼터스 소자들을 만들어냈다. MEMS용 소재로는 실리콘, 산화실리콘, 질화실리콘, 탄화실리콘 등 실리콘 기반의 소재들, 금, 은, 백금, 알루미늄, 티타늄, 텅스텐, 구리 등 금속 소재들, PMMA, 폴리프로필렌, 아크릴 등의 폴리머 소재들 그리고 유리 및 용융수정, 다이아몬드, 갈륨비소 등 복합소재들과 같은 다양한 소재들이 사용되고 있다. **표 1.12**에서는 MEMS용 소재들의 기계적 성질이 제시되어 있다.

표 1.12 MEMS용 소재들의 기계적 성질들[54]

소재	영계수 E [kgf/mm^2]	비중 ρ [ton/m^3]	열전도도 K [W/m/°C]	비열 CP [J/kg/°C]	열팽창계수 α [μm/m/°C]
Si	16,000	2.4	157	700	2.6
SiO$_2$	7,300	2.2	1.4	1,000	0.55
Si$_3$N$_4$	32,300	3.1	19	700	2.8
SiC	45,000	3.2	500	800	4.2
수정	10,700	2.65	1.4	787	0.55
다이아몬드	103,500	3.5	990~2,000	600	1.0
GaAs	7,500	5.3	0.46	350	5.9
AlN	34,000	3.26	160	710	4.0
Al$_2$O$_3$(92%)	27,500	3.62	36	800	6.57
폴리이미드	250	1.42	0.12	1,090	20
PMMA	300	1.3	0.2	1,500	70

---

54 Nadim, An introduction to microelectromechanical systems Engineering, Artech House, Inc. 2004. 표 2.1을 일부 발췌하여 재편집하였다.

실리콘은 단결정 웨이퍼의 형태로 대량생산되어서 고품질의 웨이퍼를 손쉽게 얻을 수 있으며, 취급 및 가공 인프라가 잘 구비되어 있고 가공방법이나 기계적 성질에 대한 연구도 매우 충실하게 이루어졌기 때문에 전기, 기계, 열, 광학 및 유체소자로 널리 활용되고 있다. MEMS용 실리콘 웨이퍼로는 주로 직경이 100[mm](두께 525[μm])와 150[mm](두께 650[μm])인 소재가 널리 사용되고 있으며, 이보다 대형의 웨이퍼는 집적회로 대량생산에 주로 사용된다. 실리콘 산화물(SiO_2)과 질화물(Si_3N_4)은 뛰어난 전기절연성과 단열성을 가지고 있으며 불화수소산(HF)을 사용하여 실리콘(Si) 대비 높은 선택도를 가지고 식각할 수 있다.

금, 은, 알루미늄, 니켈, 크롬, 구리 등의 금속들은 전위측정과 전기신호 전달을 위해서 박막 형태로 사용되며, 스퍼터링, 기화, 화학기상증착 등의 기법으로 증착한다. 기본적인 전기배선에는 알루미늄이 가장 일반적으로 사용되지만, 고온이나 부식성 환경에서는 금, 티타늄 및 텅스텐 등으로 대체된다. 알루미늄은 가시광선 반사성이 좋으며 금은 적외선 반사에 사용된다. 금, 백금 및 이리듐은 전기화학 반응이나 생체전위 측정용 전극으로 유용하다.

PMMA(폴리메틸메타아크릴레이트), 폴리프로필렌, 폴리염화비닐, 아크릴 등의 열가소성 플라스틱들이 MEMS용 모재로 널리 사용된다. 이들은 유리전이온도 이상으로 가열한 후에 가압 몰딩하여 미세유로를 성형하는 방식이 바이오케미컬 분야에서 널리 사용되고 있다. 이들은 염가이며 제작이 용이하기 때문에 사용이 늘고 있지만, 기계적 강도는 취약하다. 포토레지스트나 폴리이미드와 같은 자외선 경화형 폴리머를 스핀코팅한 후에 자외선으로 경화시키면 MEMS용 몰드나 영구구조체로 사용할 수 있다. 하지만 200[℃] 이상의 고온에는 견디지 못한다.

유리나 용융수정은 실리콘과의 접착이 용이하며 투명하기 때문에 매우 유용한 소재이다. 하지만 불화수소산(HF) 식각이나 초음파 드릴링은 가공 정밀도에 한계가 있다. 이들은 광학소자나 랩온어칩 등에 사용되고 있다.

여타 다양한 소재들이 MEMS 분야에 사용되고 있으며, 새로운 소재의 활용이 꾸준히 시도되고 있다. 이에 대한 보다 자세한 내용은 전문 서적들을 참조하기 바란다.

마지막으로, 소재들의 단면치수가 수 마이크로미터에 불과한 MEMS 구조물에서는 **크기효과**[55]가 존재한다. 즉, 구조형상의 치수가 마이크로미터 수준으로 줄어들면 소재의 변형이나 파단 메커니즘이 변하게 되며, 일발적인 벌크소재에서의 영계수나 극한강도 등이 적용되지 않는다. 따라

---

55 size effect.

서 MEMS 구조체의 설계 시에는 물성값 적용에 세심한 주의를 기울여야만 한다.

1.4 도면의 작성과 검도

기계설계는 수학을 사용하여 기계나 부품의 성능을 계산하여 도표로 결과를 정리하고, 이 기계나 부품을 실제로 제작할 수 있도록 도면으로 제시하는 학문이다. 즉, 도면은 기계설계의 최종 결과물에 해당하는 출력물이다. 따라서 기계나 부품이 의도한 성능을 완벽하게 구현할 수 있도록 도면이 작성되어야 한다. 하지만 설계과정에서의 이론적 오류, 도면작성과정에서의 실수, 재료, 가공, 열처리와 표면처리 등 실제 제작과정에서 일어나는 다양한 문제들에 대한 노하우 등 다양한 인자들이 도면과 실제 제작된 기계나 부품 사이의 차이를 만들어낸다. 따라서 숙련되고 경험이 많은 엔지니어가 설계과정에서의 **설계검토**[56]와 제도 결과물의 **검도**[57] 등을 시행하여 다양한 개선안들을 제시하고, 이를 적용하여 보다 신뢰성과 생산성이 높은 기계나 부품을 만들 수 있도록 설계 엔지니어들을 오랜 기간 동안 수련시켜야만 한다.

현재 출시되어 있는 다양한 상용 CAD 툴들은 매우 세련된 기능을 갖추고 있어서 초심자가 그려도 매우 그럴듯한 그림이 만들어지며, 기계설계에 대한 이해가 없는 타 전공의 사람들이 보면 심지어 당장 제작할 수 있는 상태인 것처럼 보일 수도 있다. 하지만 실제로 가공 및 조립이 가능하며, 신뢰성과 내구성을 갖추고 필요한 기능을 원활하게 수행할 수 있는 진정한 기계는 엄격한 설계이론과 원칙에 의거하여 만들어지며, 이를 도면에서 완벽하게 담아내야만 한다.

1.4.1 제도통칙

이 책에서 기계제도와 관련된 모든 내용들을 자세히 설명하는 것은 불가능한 일이며, 이 책의 목적에도 부합하지 않는다. 따라서 제도에서 반드시 지켜야만 하는 중요한 규칙과 원칙들에 대해서 간략하게 살펴보기로 하며, 자세한 내용은 기계제도 전문서적을 참조할 것을 추천한다.

설계[58]에서는 기계가 작동하는 공학적 원리의 타당성, 가공의 용이성, 작동의 신뢰성 등을 고

---

56 design review.
57 drawing review.
58 design.

려하여 기계나 부품의 형상을 결정하는 종합적인 창작과정인 데 반하여, **제도**59는 설계된 물품을 제작자가 정확하게 가공할 수 있도록 형상과 치수 그리고 다듬질 및 후처리 등의 가공방법 등이 기입된 2차원의 도면을 작성하는 작업이다. 따라서 기계제도는 설계자의 의도를 제작자에게 정확하게 전달하고, 도면의 형태로 정보를 보존하는 실천적 수단으로 사용되어야 하며, 제도 과정에서 임의로 설계자의 의도를 해석하거나 왜곡하는 일이 일어나서는 안 된다.

기계나 부품을 제작하는 작업자(독도자)가 도면을 보고 의문이나 오해 없이 설계자(제도자)의 의도를 완전히 이해시키기 위해서 미리 약속된 제도방법을 **제도통칙**이라고 부른다.

제도 통칙에서는 제도의 공통적인 기본사항으로 도면의 크기, 도면의 형식, 치수단위, 척도, 투상법, 단면도, 글자, 치수 등에 대한 것을 규정하고 있다. **그림 1.31**에서는 도면의 양식사례를 보여주고 있다. 도면에 그려야 할 양식으로는 중심마크, 윤곽선, 표제란, 구역표시, 재단마크 등이 있다. 특히 표제란은 도면의 우측 아래 구석에 배치하며, 크기와 양식은 ISO 7200에 규정되어 있다. 이 외에 자세한 제도 통칙은 이 책의 범주를 넘어서므로 보다 자세한 내용은 기계제도 전문서적60을 참조하기 바란다.

물체에 광선을 비추어 투상면에 나타난 물체의 그림자로 형상을 표시하는 방법을 **투상법**이라고 부른다. **그림 1.32**에서는 물체의 여섯 면에 대한 명칭을 보여주고 있다. 우선, 물체의 형상이 가장 잘 나타나는 방향을 정면으로 잡아야 하며, 이 방향에서 본 도면을 **정면도**라 부른다. 이를 기준으로 하여 위에서 내려다본 도면은 **평면도**, 좌측에서 바라본 도면은 **좌측면도**, 우측에서 바라본 도면은 **우측면도**, 뒤에서 바라본 도면은 **배면도** 그리고 아래에서 바라본 도면은 **저면도**라고 부른다.

3차원의 물체를 2차원의 형태로 나타내기 위해서는 이들 중에서 적어도 3개의 도형을 사용해야 하며, 일반적으로 기계나 건축 등의 산업분야에서는 **3각법**을 사용하여 물체를 나타낸다. 3각법은 **그림 1.32** (b)에서와 같이 물체의 정면도와 평면도 및 우측면도를 사용하여 도형을 나타내는 방법으로서, 평면도는 정면도의 위에, 우측면도는 정면도의 우측에 배치하여 나타낸다. 하지만 경사부품의 경우에는 경사면의 실제모양을 투사하여 그리는 것이 부품의 모양을 더 명확하게 나타낼 수 있다. 이런 경우에는 3각법을 사용하는 대신에 보조 투상도를 사용하여 물체를 나타낸다.

---

59 drawing.
60 이철수, 기계제도, 북스힐, 2018.

투상법은 원칙일 뿐이며, 물체를 보다 명확하게 나타내기 위해서 다양한 변형이 가능하다. 도면은 작업자가 제작할 부품의 형상을 명확하게 인식할 수 있도록 도와주는 도구이다. 숙련된 설계 엔지니어는 제도통칙이 허가하는 한도 내에서 창의적으로 도면을 그려야 하며, CAD에서 제공하는 도면작성 기능에 안주하지 말아야 한다.

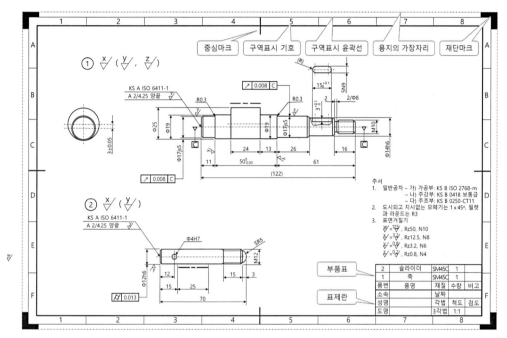

그림 1.31 도면의 양식

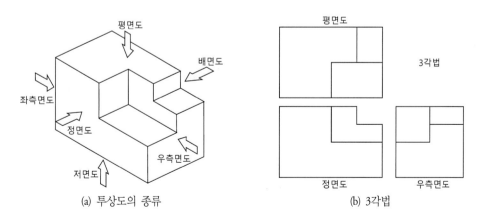

(a) 투상도의 종류   (b) 3각법

그림 1.32 투상도의 종류와 3각법

1.4.2 CAD

과거 수작업으로 도면을 그리던 시절에는 마분지에 연필로 밑그림을 그린 후에 그 위에 반투명 트레이싱지를 붙이고 먹줄펜을 사용하여 도면을 작성하였다. 완성된 도면을 감광지 위에 올려놓고 빛을 조사한 후에 이를 현상하면 먹줄로 그린 선은 흰색으로, 배경은 청색으로 색상이 반전되어 인화된 복사도면이 만들어지는데, 이를 소위 **청사진**이라고 부른다. 이 청사진의 원본으로 사용하는 트레이싱 도면은 먹줄로 그리는 과정에서 수정이 불가능하므로 단 하나의 실수도 용납되지 않기 때문에, 도면의 작성에 오랜 시간과 노력이 필요하며, 오류가 발견되면 처음부터 다시 그려야만 하였다.

컴퓨터지원설계(Computer Aided Design)라는 뜻을 가진 **CAD**가 기계공학 분야에 도입되어 널리 사용된 것은 약 30여 년 정도 되었으며, 오토캐드[61]나 클라리스캐드[62]와 같은 초기 2D 제도 시스템에서 시작하여 솔리드웍스,[63] 솔리드엣지,[64] 인벤터[65] 등과 같은 3D 공간기능 모델러로 발전하게 되었고, 현재는 단순 설계개념을 넘어서서, 동작분석, 구조해석, 열 유동이나 전자기장 해석 등과 같은 성능해석까지도 통합되는 단계에 이르게 되었다.[66] 또한 CAD 패키지들은 전문화를 통해서 건축설계, 기계설계, 조형설계 등으로 특화되었기 때문에, 설계목적(또는 분야)에 따라서 사용할 패키지를 선정하는 추세이다.

CAD는 컴퓨터의 그래픽 기능을 활용하여 기계의 설계나 제도를 수행하는 수단이다. CAD설계 과정은 일반적으로 고객의 요구사양을 실현하기 위한 원리, 구조 및 기구 등을 발굴하여 시스템의 구조를 완성하는 **개념설계**, 계획서에 근거하여 주어진 사양을 충족시키는 각 부품이나 모듈들에 대한 상세한 형상, 치수, 재질, 공차 등의 기술적 정보가 기입된 부품도와 조립도를 작성하는 **상세설계** 그리고 마지막으로 설계된 부품이나 모듈의 제조방법, 가공에 사용할 기계, 공구, 가공조건 등 생산에 필요한 정보를 추가하는 **생산설계**의 단계로 이루어지며, 이를 기반으로 시제품을 생산하여 시험과 평가를 거친 후에 잘못된 오류를 수정하고 성능을 보완하여 양산제품을 생산한다.

---

61 https://en.wikipedia.org/wiki/AutocAD
62 https://en.wikipedia.org/wiki/Claris_CAD
63 https://en.wikipedia.org/wiki/SolidWorks
64 https://en.wikipedia.org/wiki/Solid_Edge
65 https://en.wikipedia.org/wiki/Autodesk_Inventor
66 위에 열거된 소프트웨어의 사례들은 저자가 친숙한 소프트웨어들을 나열한 것들일 뿐이며, 결코, 대표성을 가지지는 못한다.

표 1.13 CAD 패키지들의 사례

명칭	웹사이트	명칭	웹사이트
Thinkercad	www.thinkercad.com	Patchwork 3D	www.patchwork3d.com
Solidworks	www.solidworks.com	Onshape	www.onshape.com
AutocAD	www.autodesk.com	KeyCreator	www.kubotek3d.com
FreeCAD	www.freecadweb.org	Solid Edge ST9	www.plm.automation.siemens.com
TurbocAD	www.cadandgraphics.com	SketchUP	www.sketchup.com
Creo Parametric 3D Modeling	www.ptc.com	AutocAD Mechanical	www.autodesk.com
IronCAD	www.ironcad.com	SpaceClaim	www.spaceclaim.com
Moment of Inspiration	www.moi3d.com	DesignCAD 3D Max	www.turbocad.com
Shapr3D	www.shapr3d.com	CATIA 3DEXPERIENCE	www.3ds.com
Fusion 360	www.autodesk.com	Creo Elements/Direct	www.ptc.com
BricsCAD	www.bricsys.com	Meshlab	www.meshlab.net
OpenSCAD	www.openscad.com	CLMS IntelliCAD	www.intellicadms.com
VariCAD	www.varicad.com	ZW3D	www.zwsoft.com
SolveSpace	www.solvespace.com	SolidFaceCAD	www.solidface.com
Blender	www.blender.org	KOMPAS-3D	www.ascon.net
BRL-CAD	www.brlcad.org	NX for Design	www.plm.automation.siemens.com
Meshmixer	www.meshmixer.com	AC3D	www.inivis.com
DesignSpark Mechanical	www.rs-online.com	K-3D	www.k-3d.org
Inventor	www.autodesk.com	Geomagic Design	www.geomagic.com
Rhino	www.rhino3d.com	ZBrush 4R7	www.pixologic.com

CAD설계 단계에서 **컴퓨터지원해석**(CAE) 과정을 통해서 컴퓨터상에서 모의실험을 수행하여 설계상의 문제점을 발견하면 시행착오를 방지하여 제품의 개발시간을 크게 단축할 수 있다. CAE 를 통해서 품질결함이 없는 최적의 제품과 제조공정을 설계하고 생산성을 향상시키며 제조비용을 절감할 수 있다. 또한 근래에 들어서는 CAE가 공학해석의 범주를 넘어서, 비용해석, 제품계획, 공정관리 등 제품개발의 전주기 통합 툴로 발전하고 있다.

CAD로 설계된 부품을 수치제어 공작기계를 사용하여 가공하기 위해서는 공구의 종류, 가공방법, 공구경로 생성 등의 보다 구체적인 수치제어 공작기계 운용계획이 수립되어야 하며, **컴퓨터지원생산**(CAM)에서는 이런 기능을 지원하고 있다.

그림 1.33에서는 CAD 모델러(Solid works)를 사용하여 시스템을 설계한 다음에 3D 프린터용 CAM 소프트웨어(Z-suite)와 레이저 절단기용 CAM 소프트웨어(Corel-Laser)를 사용하여 제작한 MLCC용 그린시트 고속절단기 목업을 보여주고 있다.

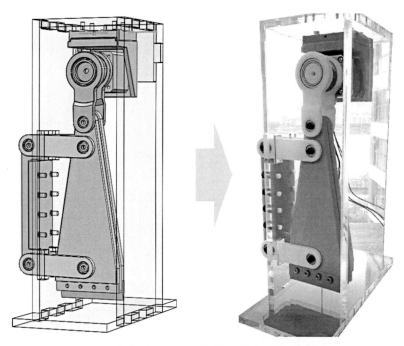

그림 1.33 솔리드 모델러를 사용한 설계사례

3D 모델러를 사용하여 새로운 기계의 개별 부품과 조립체를 3차원으로 그리는 방식의 설계는 기계설계 엔지니어의 설계 시간과 노력을 크게 줄여주었다. 특히 시스템 조립도면에서는 간섭검사가 가능하기 때문에, 개별 부품을 따로 그리던 과거의 설계에서 자주 발생하던 조립설계오류를 크게 줄일 수 있게 되었다. 하지만 설계는 오랜 고민과 시행착오의 산물이기 때문에, **설계 시간의 단축은 설익은 개념의 섣부른 구체화를 촉진시켜준다는 심각한 부작용을 낳게 되었다.** 기존 설계를 조금 수정하는 변형설계에서는 CAD가 작업의 편리성과 신속성을 제공해주는 강력한 도구이다. 하지만 설계자의 공학적인 고찰이 필요한 적용설계나 설계자의 창의성이 필요한 창조설계의 경우에는 CAD가 자유로운 사고를 방해하는 족쇄로 작용하게 된다는 점을 명심해야 한다. 컴퓨터는 조작자가 입력한 내용을 표시해주는 도구일 뿐이다. 창의적인 설계과정은 종이 위에 개념을 스케치하고 이 개념을 지배하는 방정식을 풀어가는 과정을 통해서 이루어지며, 개념설계 단계에서 CAD는 단지 보조적인 수단으로 사용해야만 한다.

과거 수작업으로 도면을 그리던 시절에는 A0용지를 사용하여 1:1의 실척으로 부품을 그리고, 이를 청사진으로 복제하여 작업장에 전달하였다. 이때에는 작업자가 제작과정에서 부품의 치수와 비율을 도면으로 직접 비교할 수 있었다. 하지만 CAD와 프린터가 일상화된 현대에 와서는 일반 프린터로 A4 용지(또는 A3 용지)에 도면을 프린트하여 현장에 전달하며, 이 과정에서 도면의 척도가 무시되는 상황이 발생하게 되었다. 이로 인하여 가공 및 제작과정에서 오류가 발생하는 것을 자주 목격한다. 이런 문제를 해결하기 위해서는 프린트 용지의 종류에 따른 척도를 도면에 표기해주는 것도 대안이 될 수 있다.

1.4.3 설계검토

설계검토[67]는 설계된 기구나 시스템이 요구된 사양을 충족하며, 내구성과 신뢰성을 갖추고 올바른 기능을 수행하는가를 종합적으로 검토하는 행위이다. 설계검토를 수행하기 위해서는 동역학, 열역학 등 기구의 작동과 관련된 역학적 이론, 기계설계이론, 제어나 계측 관련 이론 등과 같은 설계이론들과 더불어서 요구된 사양과 안전 및 환경기준 등의 설계조건들을 숙지하고 있어야만 한다. 이를 기반으로 하여 설계원리의 타당성, 조립 및 작동의 신뢰성, 제작의 용이성, 재료의 선정, 표면 거칠기, 열처리 및 표면처리 등의 타당성을 검토해야만 한다. 설계검토 과정에서 기계나 시스템의 성능과 신뢰성이 대부분 결정되기 때문에 설계검토에는 많은 시간과 노력이 필요하다. 설계검토를 단순히 임원진 앞에서 수행하는 통과의례 성격의 진도보고라고 생각한다면 나중에 큰 낭패를 보게 되며, 불행히도 저자는 이런 경우를 너무나 많이 보았다.

정밀기계의 설계 시에는 필요한 정밀도 수준에 따라서 올바른 설계 패러다임이 적용되어야만 한다. **그림 1.1**에 제시되어 있는 것처럼, 기계의 정밀도는 패러다임 시프팅을 통해서 향상되었다. 설계 검토 시에는 우선적으로 필요한 성능 수준에 합당한 올바른 설계 패러다임이 적용되었는지에 대해서 검토해야만 한다. 공학적인 설계원리에 대한 검토는 설계검토 과정에서 가장 먼저, 가장 세밀하게 수행되어야만 한다. 체계적인 설계와 검토를 용이하게 도와주기 위해서 오차할당 기법이 사용되고 있으며, 이에 대해서는 10장에서 살펴볼 예정이다.

설계검토 시에는 가치분석에 따라서 모든 결정이 이루어져야만 한다. 예를 들어, 기계 내에서 가장 정밀한 부품은 베어링이다. 따라서 사용하는 베어링의 오차운동보다 정밀하게 부품을 제작(가공)할 필요가 없다. 깊은홈 볼 베어링을 사용하는 회전축의 표면을 폴리싱 연마한다 하여도 결코 회전축의 오차운동을 나노미터 단위까지 줄일 수는 없을 것이다.

---

67 Design Review.

시스템이 어떻게 가공, 조립, 사용 및 유지보수되는지에 대해서 마음속으로 상상해봐야만 한다. 어떤 부품을 조립하기 위해서 손이 3개가 필요하다면 그 부품의 조립에는 두 명이 필요하다. 부품을 아래에서 위로 조립해야 한다면 누군가가 그 부품 아래로 들어가야만 하며, 부품에 깔릴 위험이 있다. 모든 부품을 위에서 아래로, 또는 한쪽 방향에서 조립할 수 있어야 한다. 또한 기계 시스템 구성품들의 유지보수 주기가 각기 다르다면, 매달 또는 매주 기계를 정비해야만 하는 문제가 발생하게 되므로, 구성품의 유지보수 주기를 서로 맞춰야만 한다.

기계를 구성하는 요소부품의 숫자가 많을수록 기계의 내구성과 신뢰성이 떨어진다. **그림 1.5**에 도시된 카메라필름 이송기구의 사례에서와 같이, 조립부품의 숫자와 복잡성을 최소화하여야 한다. 이를 위해서 기준면의 확보와 **그림 1.34**에 도시된 것처럼, 스스로 위치를 찾아가는 끼워맞춤 부품들을 사용할 기회를 늘려야만 한다. **스냅-인 부품**을 사용하면 기구의 복잡성과 부품의 숫자를 최소화시킬 수 있다. 작은 조각부품들의 남용이나 나사체결을 피하기 위해서 노력해야 한다. 하지만 여기서 주의할 점은 나사체결을 피하기 위해서 용접하거나 주물을 사용하는 것은 올바른 일이지만, 나사체결을 사용하면서 나사의 숫자를 최소화하면 조인트의 강성이 저하된다. 나사는 탄성평균화 설계가 적용되는 주요 부품이므로, 조인트강성이 필요한 곳의 나사체결 숫자를 줄이면 소수의 볼트에 과도한 하중이 부가되어 시스템의 안정성이 떨어지게 된다. 이 주제에 대해서는 4장에서 자세히 논의할 예정이다.

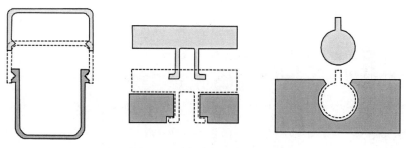

그림 1.34 스냅-인 부품의 설계사례

그림 1.35에서는 반도체 팹의 물류설비인 무인반송용 대차의 주행로를 설치하기 위한 레이스웨이 고정기구물의 설계개선 사례를 보여주고 있다. (a)와 (b)는 기존의 설계사례이며, (c)에서는 개선된 고정방식을 보여주고 있다. 팹의 천정에는 T형 슬롯이 성형된 몰드바라고 부르는 구조물이 격자 형태로 설치되어 있으며, 이 몰드바의 배치와 팹의 반도체 장비 설치위치 사이에는 정렬

이 맞춰지지 않는다. 따라서 장비의 설치위치에 맞춰서 베이라고 부르는 대차의 주행경로를 설치하기 위한 중간 매개체로 레이스웨이라고 부르는 알루미늄 프로파일을 몰드바에 고정해야만 한다. 1990년대에 3차원 감각이 부족하며 초창기 2차원 CAD 툴을 사용하던 설계자는 이를 (a)에서와 같이 봉형 고정구와 'ㄷ'자의 판금물을 사용하여 레이스웨이를 붙잡도록 설계하였다. 이로 인하여 작은 조각의 남용과 다수의 볼팅이 필요하다는 문제가 있었지만, 별다른 개선 없이 오랜 기간 동안 이를 그대로 사용해왔다. 저자는 국내의 초대형 팹 신규건설 과정에서 레이스웨이 시공에 너무 많은 인력과 시간이 소요되므로 이를 간소화할 방안을 제시해 달라는 요청을 받고 건설현장을 방문하여 설계검토를 수행한 결과 (a)에 도시되어 있는 도면상의 표현과는 달리, (b)에서와 같이 레이스웨이를 몰드바와 직각방향으로 설치하여야 임의위치에 베이를 설치할 수 있다는 것을 발견하였다. 이에 저자는 (c)에서와 같이 플랜지가 설치된 레이스웨이를 사용할 것을 제안하였다.68 이를 사용하면, 중간부품 없이 직접 레이스웨이를 몰드바에 고정할 수 있으며, 고정점도 2개소로 늘어나기 때문에 설치과정이 단순화되고 고정강성도 높아진다는 것을 알 수 있다. 이 개선안은 곧장 적용되어 시공과정에서의 시간과 인력을 크게 절감할 수 있었다.

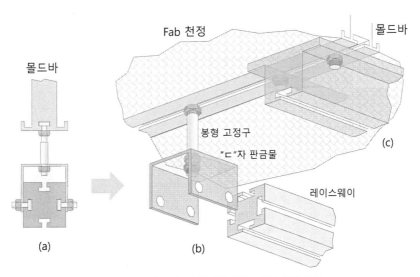

그림 1.35 반도체 팹 천정의 레이스웨이 설치사례

---

68 이를 현재 T-레이스웨이라고 부르고 있다.

설계검토를 위해서는 설계원리에 대한 올바른 이해와 다양한 제조공정에 대한 지식이 필요하다. 슬로컴 교수의 정밀기계설계[69] 7장에서는 제조과정 고찰을 통한 다양한 설계개선 사례들을 제시하고 있으니, 이를 참조하기 바란다.

1.4.4 도면의 검도

도면검토는 가공도면을 출도하기 전에 최종적으로 시행하는 검토행위이다. 이 단계를 넘어서면 실제로 기계나 부품의 가공 및 제작이 시행되기 때문에 도면에 존재하는 모든 오류는 치명적이며, 시간과 비용의 손실이 초래되므로 세심하고 철저한 검도가 필요하다.

그림 1.36에서는 우리 주변에서 자주 접하는 일상적인 도면의 사례를 보여주고 있다. 도면에 말풍선을 사용하여 오류들을 적시하였듯이 다양한 오류들이 발견된다. 특히 ISO에서 규정한 표면 거칠기 표시법을 사용하지 않고 다듬질 삼각기호를 사용하여 표면 거칠기를 표시한 것은 과거 우리나라의 산업발전기에 일본 도면을 여과 없이 카피하던 악습의 흔적이다. 도면은 설계자의 얼굴이다. 설사 설계와 표기된 수치 값에는 아무런 오류가 없다고 하더라도 제도통칙을 정확히 준수하지 않았다면 도면을 받아본 작업자는 설계자의 능력을 의심하게 될 것이다. 나의 무식이 나도 모르는 사이에 도면을 통해서 세상에 널리 퍼지지 않도록 설계 엔지니어는 각별한 노력과 주의가 필요하며, 그런 도면이 출도되어 기업과 조직의 무능을 의심받지 않도록 검도에 각별한 노력이 필요하다.

도면을 검도하기 위해서는 기본적으로 제도통칙을 숙지하고 있어야 하며, 다음과 같은 사항들이 미리 준비되어야 한다.

- 설계사양서와 사용조건
- 공정과 기계요소 데이터시트, 소재 데이터시트
- 설계리뷰 관련 검토의견서
- 설계표준서 또는 회사의 표준설계지침서
- 유사 설계도면

---

69 A. Slocum, Precision Machine Design, Prentice-Hall, 1992.

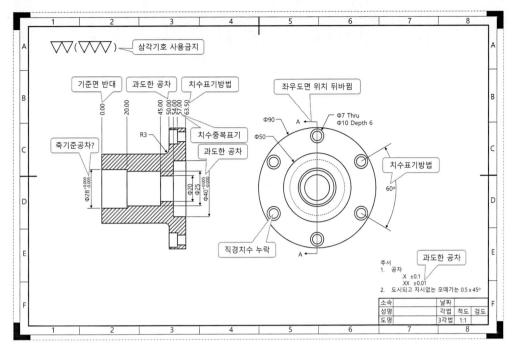

그림 1.36 생각 없이 그린 도면의 사례

이를 근거로 하여 일반적인 주의사항 준수 여부, 구조와 기능의 검토, 도형검도, 치수, 공차 및 기호 검토 등이 수행되어야 한다.

일반적인 주의사항은 다음과 같다.

- 제도 통칙을 준수하였는가?
- 표제란과 부품란에 필요한 내용이 모두 기입되었는가?
- 부품 번호의 부여와 기입이 올바른가?
- 부품의 명칭이 적절한가?
- 규격품에 대한 호칭방법은 올바른가?
- 조립작업에 필요한 주의사항을 기록하였는가?

이상의 항목들을 검토하여 하나도 문제가 없다면 구조와 기능의 검토로 넘어가게 된다.

- 제품의 기능, 성능 및 형상을 충분히 이해하고 제도했는가?
- 부품은 제작이 용이한가? 가공방법을 고려했는가?
- 형상은 조립이 가능한가?
- 적합한 재료를 사용했는가?
- 열처리나 표면처리가 올바르게 지정되었는가?

의외로 많은 경우에 설계자가 기계 시스템 전체의 작동원리를 이해하지 못한 상태에서 부품의 설계를 변경하는 사례가 발생하고 있다. 이는 기계의 신뢰성을 저하시킬 수 있으며, **그림 1.25**의 사례에서와 같이 인명과 재산의 손실을 초래할 수도 있으니 이에 대한 세심한 확인이 필요하다.

도형의 검토과정에서는 다음의 사항들을 점검해야 한다.

- 투상도는 올바른가? 척도는 적절한가?
- 누락된 형상, 단면도, 도형 및 치수 등은 없는가?
- 도형의 배치는 적절한가?
- 모양이 불분명한 곳은 없는가?

치수, 공차 및 기호에 대한 검토과정에서는 다음의 사항들을 꼼꼼하게 체크해야만 한다.

- 치수와 보조선의 기호는 올바르게 표시되었는가?
- 기준면에 대해서 치수가 표시되어 있는가?
- 누락이나 중복치수, 계산을 해야 하는 치수는 없는가?
- IT 등급에 의거하여 공차를 선정하였는가?
- 끼워맞춤 조건이 고려되었는가?

그림 1.37에서는 도형에 대한 치수 표기방법을 비교하여 보여주고 있다. (a)에서는 도형치수를 개별 선분에 대해서 지정하였으며, 반면에 (b)의 경우에는 좌측과 하단을 기준으로 하여 치수가 표기되어 있다는 것을 알 수 있다. 일반부품의 경우에는 기준면의 확보가 중요하지 않을 수도 있겠지만, 끼워맞춤이나 공차관리가 필요한 부품의 경우에는 기준면에 대해서 치수가 표기되어

야 한다.

IT 등급을 고려한 공차의 선정과 끼워맞춤 조건의 고려에 대해서는 다음 절에서 살펴보기로 한다.

도면검도는 오랜 경험과 숙련이 필요한 고난도의 작업이며, 기업의 수익창출에 직접적인 영향을 끼치는 중요한 업무이다. 따라서 가장 노련한 엔지니어가 도면의 검토에 투입되어야 하며 도면의 출도는 원칙에 의거하여 엄격하게 통제되어야만 한다. 하지만 안타깝게도 기계설계와 제도를 충실하게 학습하고 오랜 실무경험을 갖춘 전문설계엔지니어의 숫자는 턱없이 부족한 것이 우리나라의 현실이다. 또한 납기에 쫓겨서 설계검토와 도면검도에 충분한 시간과 노력을 투자하지 않고 도면을 출도하여 고가의 장비를 운전도 못 해보고 폐기처분하는 일들을 수없이 보아왔고, 이 책을 저술하는 지금 현재도 그런 일들이 주변에서 진행 중이다. 설계의 창의성이 기계의 성능 향상에 도움이 된다면, 설계의 완벽성은 기계의 신뢰성 있는 작동에 필수적인 조건이다. 성능의 퀀텀 점프도 중요한 일이지만 기계의 신뢰성이 담보되지 않는다면 아무런 가치가 없는 것이므로, 설계검토와 도면의 검도에 많은 시간과 노력을 기울여야 한다.

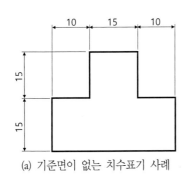 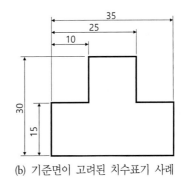

(a) 기준면이 없는 치수표기 사례　　(b) 기준면이 고려된 치수표기 사례

그림 1.37 치수표기방법의 비교

1.5 끼워맞춤과 공차

기계부품의 대량생산과 표준화를 위해서는 기계부품의 원래 목적을 방해하지 않는 범위 내에서 각 부분치수에 일정한 양 또는 음의 오차를 허용해야만 한다. 이를 통해서 조립 또는 끼워맞춤 부품들 사이에는 호환이 가능해져야만 대량생산이 가능해진다. 이렇게 끼워맞춤이 필요했던 최

초의 대량생산품은 머스킷 소총이다. 이 소총의 격발장치는 방아쇠, 공이 및 스프링 등을 포함하여 약 20개의 부품으로 이루어진다. 초창기 머스킷 소총의 격발장치는 대장장이들이 일일이 수작업으로 제작하였기 때문에 호환성이 없었다. 때문에 대량생산을 위해서는 수많은 격발장치 부품들을 제작한 다음에 일일이 부품들을 맞춰가면서 서로 들어맞는 부품들을 선별하여 조립해야만했고, 이 과정에 많은 시간과 노력이 필요하였다.

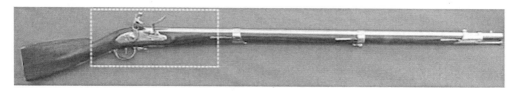

그림 1.38 호환 가능한 격발장치를 갖춘 최초의 머스킷 소총인 M1777의 외형[70]

1723년 프랑스의 기욤데샹은 프랑스 전쟁장관 앞에서 50개의 격발장치를 분해하여 부품들을 뒤섞은 후 다시 완벽히 작동하는 50개의 격발장치를 조립하였고, 1727년에는 호환성을 갖춘 격발장치 660개를 납품할 수 있었다.[71]

1.5.1 끼워맞춤

끼워맞춤은 축과 구멍 사이의 조립관계를 기준으로 현장맞춤방식, 표준게이지방식 그리고 현재 사용되는 한계게이지방식으로 구분할 수 있다. **현장맞춤** 방식은 초창기 머스킷 소총의 경우와 같이 구멍을 가공한 다음에 축을 현장 다듬질 방식으로 일일이 끼워 맞추기 때문에 호환성이 나쁘고 대량생산이 어렵다. **표준게이지** 방식은 구멍 가공 시 표준축, 축가공시 표준구멍을 사용하여 가공 적합도를 검사하는 방법이다. 이 방식을 사용하여 기욤데샹은 성공적으로 머스킷 소총의 격발장치를 대량생산할 수 있었지만, 검수자의 관용도에 따라서 품질의 편차가 크게 발생한다는 문제를 극복할 수 없었다. 현재 표준으로 사용되는 **한계게이지** 방식은 1898년 문헌에서 존재가 최초로 언급되었으며,[72] 제2차 세계대전 중인 1943년에 전조 가공된 나사부품의 품질검사를 위한

70 www.open.edu/openlearn/ocw/pluginfile.php/390591/mod_oucontent/oucontent/9492/4092408c/2a0ecc6a/t174_blk1_f01_29.eps.jpg

71 https://www.open.edu/openlearn/science-maths-technology/introducing-engineering에 수록된 내용을 참조하여 요약하였다.

스냅 게이지의 사진이 잡지에 소개되었다.[73] **그림 1.39**의 모식도에서, 수공구 형태인 스냅 게이지에는 표면에 나선형 홈이 새겨진 4개의 휠들이 서로 다른 간격으로 설치되어 있다. 상부 휠들 사이의 틈새는 검사대상 나사 직경의 상한값이며, 하부 휠들 사이의 틈새는 나사 직경의 하한값을 갖는다. 따라서 검사대상 나사가 상부 간극은 통과하고, 하부 간극은 통과하지 못하여야 합격품으로 판정받게 된다. 이런 검사기법의 특성 때문에 한계게이지를 일명 **고노게이지**[74]라고도 부른다.

구멍의 내경과 축의 외경을 검사하는 한계게이지의 경우에는 **그림 1.40**에 도시되어 있는 것처럼, 최대 허용치수와 최소 허용치수로 가공된 구멍검사용 **플러그 게이지**와 축 검사용 **스냅 게이지**를 사용하여 각각 가공의 적합도를 검사한다. 구멍 검사용 플러그 게이지의 경우, 통과측 플러그의 직경은 표준 치수보다 허용공차만큼 작게 가공되어 있으며, 멈춤측 플러그의 직경은 표준 치수보다 허용 공차만큼 크게 가공되어 있다. 따라서 가공된 구멍이 통과측 플러그는 들어가지만 멈춤측 플러그는 들어가지 않는다면 합격품이며, 통과측 플러그가 들어가지 않거나 멈춤측 플러그가 들어간다면 불합격품이다. 반면에 축 검사용 스냅 게이지의 경우, 통과측 스냅의 폭은 표준 치수보다 허용 공차만큼 넓게 가공되어 있으며, 멈춤측 스냅의 폭은 표준 치수보다 좁게 가공되어 있다. 따라서 가공된 축이 통과측 스냅은 지나가지만, 멈춤측 스냅에는 걸린다면 합격품이며, 통과측 스냅에 걸리거나 멈춤측 스냅을 통과한다면 불합격품이다. 플러그 게이지나 스냅 게이지 모두 멈춤측에는 붉은색 선이 표시되어 있다.

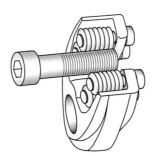

그림 1.39 1943년 최초로 소개된 나사부품 품질검사용 스냅 게이지의 모식도

---

72 Grimshaw, Robert (1898). Shop Kinks. New York: Norman W. Henley & Co. p.147.
73 "Snap Gage for Checking Threads Combines Go-no-Go Limits" Popular Mechanics, December 1943.
74 gono gage.

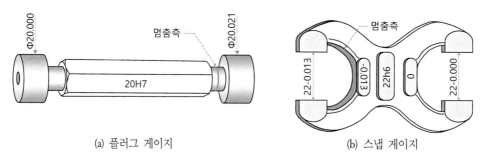

| (a) 플러그 게이지 | (b) 스냅 게이지 |

그림 1.40 한계게이지의 사례(컬러 도판 p.748 참조)

1.5.2 공차

실제로 다듬질된 부품의 치수를 **실제치수**라 하며, 다듬질에 의한 오차의 허용 범위를 **한계치수**라고 부른다. 그리고 한계치수의 위치수를 **최대치수**, 아래치수를 **최소치수**라고 부르며, 이 위치수와 아래치수 사이의 차이를 **공차**라고 부른다. 실제로 가공된 축과 구멍을 끼웠을 때에 조립이 헐거운 조합의 치수 차이를 **틈새**라고 부르며, 조립 시 간섭이 발생하는 조합의 치수 차이를 **죔새**라고 부른다. 다수의 부품들을 조립하는 경우에는 확률적으로 부품들 사이에 틈새가 생길 수도, 죔새가 생길 수도 있다. 만일 다수의 부품을 검사하였을 때에 죔새는 없고 항상 틈새만 나타나는 경우의 끼워맞춤 조합을 **헐거운끼워맞춤**이라고 부른다. 만일 일부 부품은 틈새가 존재하고, 나머지 부품에서는 죔새가 존재하는 경우에는 **중간끼워맞춤**이라고 부른다. 마지막으로 모든 부품의 검사과정에서 틈새는 없고 죔새만 나타나는 경우를 **억지끼워맞춤**이라고 부른다.

표 1.14의 사례에 따르면, 직경 50mm인 구멍이 가지고 있는 내경공차와 동일한 직경을 가지고 있는 축의 외경공차 사이의 상관관계에 따라서 틈새나 죔새가 발생할 수 있으며, 이를 헐거운끼워맞춤, 중간끼워맞춤 그리고 억지끼워맞춤으로 구분할 수 있다는 것을 알 수 있다. 예를 들어, $\phi 50^{+0.025}_{-0.000}$인 구멍에 $\phi 50^{-0.025}_{-0.050}$인 축을 끼워 넣으면 위치수차나 아래치수차 모두 틈새가 발생하므로 헐거운 끼워맞춤이다. $\phi 50^{+0.025}_{-0.000}$인 구멍에 $\phi 50^{+0.050}_{+0.034}$인 축을 끼워 넣으면 위치수차나 아래치수차 모두 죔새가 발생하므로 억지끼워맞춤이다. 그리고 $\phi 50^{+0.025}_{-0.000}$인 구멍에 $\phi 50^{+0.011}_{+0.005}$인 축을 끼워 넣으면 위치수는 죔새가, 아래치수는 틈새가 발생하므로 중간끼워맞춤이 형성된다. 여기서 주의할 점은 이 공차는 단일부품에 대한 것이 아니고 대량생산하는 부품에서 일어나는 확률적인 상관관계라는 점이다.[75] 즉, 중간끼워맞춤 조건이라는 것은 조립했을 때에 어떤 조합에서는

억지끼워맞춤이 이루어지며, 다른 조합에서는 헐거운 끼워맞춤이 이루어진다는 뜻이다.

표 1.14 끼워맞춤의 종류와 틈새/죔새 계산사례

종류	정의	도해	실례[mm]	
			구멍	축
헐거운 끼워맞춤	구멍의 최소치수 >축의 최대치수	틈새	최대 A=50.025 최소 B=50.000	최대 a=49.975 최소 b=49.950
			최대틈새: A−b=0.075 최소틈새: B−a=0.025	
억지 끼워맞춤	구멍의 최대치수 ≤축의 최소치수	죔새	최대 A=50.025 최소 B=50.000	최대 a=50.050 최소 b=50.034
			최대죔새: a−B=0.050 최소죔새: b−A=0.009	
중간 끼워맞춤	구멍의 최소치수 ≤축의 최대치수 구멍의 최대치수 >축의 최소치수	틈새 죔새	최대 A=50.025 최소 B=50.000	최대 a=50.011 최소 b=49.995
			최대죔새: a−B=0.011 최대틈새: A−b=0.030	

1.5.3 IT 공차등급

앞 절에서는 동일한 공칭직경과 서로 다른 공차영역을 가지고 있는 구멍과 축의 공차관계에 따라서 발생하는 끼워맞춤의 유형에 대해서 살펴보았다. 예를 들어, $\phi50^{+0.025}_{-0.000}$ 나 $\phi50^{+0.011}_{-0.005}$ 와 같이 공차의 범위를 지정하는 방법에 대해서 지금부터 살펴보기로 하자.

IT 공차등급은 ISO 286에 정의되어 있는 국제 공차등급으로서, IT01등급과, IT0등급에서 IT16 등급에 이르는 총 18개의 등급으로 이루어져 있다. 이 IT 등급의 공차값은 다음의 산식에 의해서 결정된다.

$$\text{Tolerence}[\mu\text{m}] = 10^{0.2 \times (IT_{grade} - 1)} \times (0.45 \times \sqrt[3]{D} + 0.001 \times D)$$

여기서 D[mm]는 직경이나 길이와 같이 공차 범위를 구하고자 하는 대상물의 공칭치수이며,

---

75 이에 대해서는 10.2.2절 정규분포와 스튜던트-t 분포를 참조하기 바란다.

IT_{grade} 는 정수로 지정되는 IT 공차등급값이다. **표 1.15**에서는 0~500[mm]의 치수 범위에 대한 공차 범위를 보여주고 있다. IT0~IT4등급은 주로 게이지류에 적용되며, 끼워맞춤 부품에 대해서는 IT5~IT10등급을 주로 사용한다. 그리고 IT11~IT16등급은 끼워맞춤이 없는 부품의 공차에 적용한다. 일반 가공부품의 경우 외경치수는 IT6등급이 지정되며, 내경치수는 IT7등급이 지정된다. 내경보다 외경의 공차등급이 한 등급 더 작게 지정되는 이유는 내경보다 외경의 가공과 측정이 용이하여 구멍과 동일한 가공비용을 투입하여도 더 높은 공차를 구현할 수 있기 때문이다. 예를 들어, 동일가치설계의 기준에 따르면, 일반 가공된 직경이 $\phi 50$인 구멍의 공차는 IT7=25[μm]로 지정하며, 동일한 직경의 축 공차는 IT6=16[μm]로 지정하여야 한다.

표 1.15 IT 등급의 공차영역(기준치수[mm], 공차[μm])

초과	이하	IT4	IT5	IT6	IT7	IT8	IT9
-	3	3	4	6	10	14	25
3	6	4	5	8	12	18	30
6	10	4	6	9	15	22	36
10	18	5	8	11	18	27	43
18	30	6	9	13	21	33	52
30	50	7	11	16	25	39	62
50	80	8	13	19	30	46	74
80	120	10	15	22	35	54	87
120	180	12	18	25	40	63	100
180	250	14	20	29	46	72	115
250	315	16	23	32	52	81	130
315	400	18	25	36	57	89	140
400	500	20	27	40	63	97	155

동일한 IT 등급으로 지정된 다양한 크기의 부품들은 동일한 가공난이도를 가지고 있다. 예를 들어, IT6등급인 길이가 50[mm]인 부품의 공차역 16[μm]과 길이가 500[mm]인 부품의 공차역 40[μm]은 동일한 가공 난이도를 가지고 있다는 뜻이다. 우리는 도면에 $500^{+0.005}_{-0.005}$와 같이 ± 0.005라는 공차값을 넣은 도면을 자주 볼 수 있다. 이는 IT 등급을 적용하지 않은 공차값으로서, 만일 IT 등급을 적용한다면 IT3=9.028[μm]에 해당하는 값이다. 즉, 길이가 500[mm]인 부품을 게이지블록의 정밀도로 가공해야만 한다는 뜻이다.[76] 정밀한 기계라고 해서 모든 구성부품들을 정밀하게

가공해야 하는 것은 아니며, 예를 들어 사용하는 베어링의 오차운동보다 더 정밀하게 회전축의 외경을 연마한다 해서 회전축의 오차운동이 감소하는 것도 아니다.

끼워맞춤이 필요한 정밀가공품의 경우에는 내경부품에 대해서 IT6등급, 외경부품에 대해서 IT5등급을 지정하며, 고정밀 가공품의 경우에는 내경부품에 대해서 IT5등급, 외경부품에 대해서 IT4등급을 지정할 것을 권장한다. 레이저 반사경이나 광학렌즈, 웨이퍼 척이나 레티클과 같은 초정밀 가공품의 경우에는 일반적으로 IT3등급 이하의 공차를 지정하지만, 이는 극히 예외적인 사례일 뿐이다. 타이밍벨트로 구동되는 웨이퍼 반송용 로봇을 설계하면서 도면에 350±0.005와 같은 황당한 공차값을 기입하는 만용을 부리지 말기를 당부한다.

1.5.4 끼워맞춤 규칙

앞 절에서는 공칭치수에 대한 공차역을 선정하는 기준인 IT등급에 대해서 살펴보았다. **끼워맞춤 규칙**은 주어진 공차역을 위치수와 아래치수에 배분하는 원칙을 말한다. 이렇게 공칭치수에 위치수와 아래치수가 배분되면 $\phi 50^{+0.025}_{-0.000}$와 같이 도면에 공칭치수, 위치수 및 아래치수를 모두 숫자로 표기할 수 있다. 하지만 이렇게 도면에 공차값들을 모두 숫자로 표기하면 글자가 너무 작아지고 도면의 표기가 복잡해져서 오독의 위험이 있다. 따라서 규약을 통해서 알파벳 문자로 공차역을 표기하는 방법이 사용되고 있다. 내경측 치수의 경우에는 알파벳 문자 대문자를, 외경측 치수의 경우에는 알파벳 문자 소문자를 사용하여 공차역을 표기한다.

그림 1.41에 도시되어 있는 것처럼, 내경측 치수의 경우에는 아래치수가 공칭치수와 일치하는 경우를 H로 표기하며, 알파벳이 A인 경우가 내경치수가 가장 크며, 알파벳이 A~H로 진행함에 따라서 내경치수의 크기가 점차로 감소하여 H인 경우의 아래치수는 0이 된다. 이후로 Js~X로 진행하면서 내경치수의 크기는 공칭치수보다 점차로 더 작아지게 된다. 반면에, 외경측 치수의 경우에는 위치수가 공칭치수와 일치하는 경우를 h로 표기하며, 알파벳이 a인 경우가 외경치수가 가장 작으며, a~h로 진행함에 따라서 외경치수의 크기가 점차로 증가하여 h인 경우에 위치수는 0이 된다. 이후로 js~x로 진행하면서 외경치수의 크기는 공칭치수보다 점차로 더 커지게 된다.

---

76 이 치수와 공차를 가공 및 검수하기 위해서는 엄청난 비용이 소요된다.

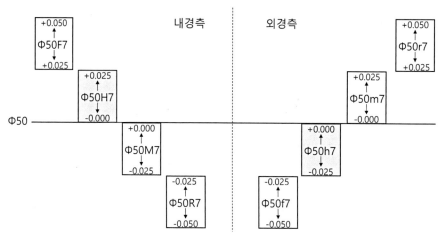

그림 1.41 내경 공차역과 외경 공차역의 알파벳 표기방법 사례

구멍과 축의 사례처럼 끼워맞춤 부품을 가공하려면 구멍이나 축 중에서 어느 한쪽을 기준으로 가공하여야 한다. ISO와 KS에서는 구멍이나 축의 어느 한쪽 공차를 0.000으로 지정하여 기준으로 삼는 **편측공차방식**을 사용하고 있다.

구멍기준방식의 경우에는 구멍(내경치수)의 아래치수를 0.000으로 지정하고 끼워맞춤의 유형에 따라서 축(외경)의 공차영역을 지정하는 방법이다. KSB 0401에서는 H6~H10의 5종류 구멍을 기준구멍으로 지정하여 다양한 공차역을 가지고 있는 축을 결합하는 것으로 규정하고 있다. **표 1.16** (a)에서는 일반적으로 사용하는 구멍기준 끼워맞춤의 조합을 보여주고 있다. 예를 들어, 내경이 $\phi 50 H7$ 구멍의 경우에 억지끼워맞춤 조합으로는 외경이 $\phi 50 f6$나 $\phi 50 g6$인 축을 사용하며, 중간끼워맞춤 조합으로는 $\phi 50 h6$, $\phi 50 js6$, $\phi 50 k6$, $\phi 50 m6$ 그리고 $\phi 50 n6$인 축들을 사용하며, 헐거운끼워맞춤 조합으로는 $\phi 50 d6$, $\phi 50 t6$, $\phi 50 u6$ 그리고 $\phi 50 x6$인 축들을 사용할 수 있다. 표에서 괄호로 표기된 공차역들도 사용할 수는 있지만 일반적으로 추천하지는 않는다. 또한 7등급의 공차역을 가지고 있는 축들을 사용할 수도 있겠지만, 동일가치설계의 개념에 위배되는 일이다.

축기준방식의 경우에는 축(외경치수)의 위치수를 0.000으로 지정하고 끼워맞춤의 유형에 따라서 구멍(내경)의 공차영역을 지정하는 방법이다. KSB 0401에서는 h5~h9의 5종류 축을 기준축으로 지정하여 다양한 공차역을 가지고 있는 구멍을 결합하는 것으로 규정하고 있다. **표 1.16** (b)에서는 일반적으로 사용하는 축기준 끼워맞춤의 조합을 보여주고 있다. 예를 들어, 외경이 $\phi 50 h6$

인 축의 경우에 억지끼워맞춤 조합으로는 내경이 $\phi50\,F7$, $\phi50\,G7$인 구멍을 사용하며, 중간끼워맞춤 조합으로는 $\phi50H7$, $\phi50Js7$, $\phi50K7$, $\phi50M7$ 그리고 $\phi50N7$인 구멍들을 사용하며, 헐거운끼워맞춤 조합으로는 $\phi50P7$인 구멍을 사용할 수 있다. (a)에서와 마찬가지로, 표에서 괄호로 표기된 공차역들도 사용할 수는 있지만 일반적으로 추천하지는 않는다. 또한 6등급이 공차역을 가지고 있는 구멍들을 사용할 수도 있겠지만, 이 또한 (a)의 경우와 마찬가지로 기계의 정밀도를 크게 향상시켜주지는 못하면서도 가공비가 증가하기 때문에, 동일가치설계의 개념에 위배된다.

구멍기준방식과 축기준방식은 각각이 장점과 단점을 가지고 있지만, 스냅게이지보다 플러그게이지의 가격이 상대적으로 염가이므로, 구멍기준방식을 사용하는 것이 비용절감에 도움이 된다.

표 1.17과 **표 1.18**에서는 각각 자주 사용되는 구멍(내측)치수 허용차 기준값과 축(외측)치수 허용차 기준값을 표로 나열하여 보여주고 있다. 이를 사용하면 IT 등급과 공차역의 환산 없이 즉시 필요한 공차역의 값을 찾아서 사용할 수 있다.

표 1.16 일반적으로 사용하는 끼워맞춤 조합[77]

(a) 구멍기준 끼워맞춤

구멍기준	헐거운끼워맞춤						중간끼워맞춤				억지끼워맞춤						
	b	c	d	e	f	g	h	js	k	m	n	p	r	s	t	u	x
H6						5	5	5	5	5							
					6	6	6	6	6	6	(6)	(6)					
H7				(6)	6	6	6	6	6	6	6	(6)	(6)	6	6	6	6
				7	7	(7)	7	7	(7)	(7)	(7)	(7)	(7)	(7)	(7)	(7)	(7)
H8					7		7										
				8	8		8										
				9	9												
H9			8	8			8										
		9	9	9			9										
H10		9	9	9													

(b) 축기준 끼워맞춤

축 기준	헐거운끼워맞춤						중간끼워맞춤				억지끼워맞춤						
	B	C	D	E	F	G	H	Js	K	M	N	P	R	S	T	U	X
h5							6	6	6	6	6	6					
h6					6	6	6	6	6	6	6	6					
				(7)	7	7	7	7	7	7	7	7					
h7				7	7	(7)	(7)	(7)	(7)	(7)	(7)	(7)	(7)	(7)			
				8			8										
h8			8	8	8		8										
			9	9			9										
h9			8	8			8										
		9	9	9			9										
	10	10	10														

---

77 정선모, 한동철, 장인배, 표준기계설계학, 동명사, 2015.

표 1.17 구멍(내측)치수 허용차 기준값(구멍치수[mm], 공차[μm])

초과	–	3	6	10	18	30	50	80	120	180	250	315
이하	3	6	10	18	30	50	80	120	180	250	315	400
D8	+34 +20	+48 +30	+62 +40	+77 +50	+98 +65	+119 +80	+146 +100	+174 +120	+208 +145	+242 +170	+271 +190	+299 +210
D9	+45 +20	+60 +30	+76 +40	+93 +50	+117 +65	+142 +80	+174 +100	+207 +120	+245 +145	+285 +170	+320 +190	+350 +210
D10	+60 +20	+78 +30	+98 +40	+120 +50	+149 +65	+180 +80	+220 +100	+260 +120	+305 +145	+355 +170	+400 +190	+440 +210
E7	+24 +14	+32 +20	+40 +25	+50 +32	+61 +40	+75 +50	+90 +60	+107 +72	+125 +85	+146 +100	+162 +110	+182 +125
E8	+28 +14	+38 +20	+47 +25	+59 +32	+73 +40	+89 +50	+106 +60	+126 +72	+148 +85	+172 +100	+191 +110	+214 +125
E9	+39 +14	+50 +20	+61 +25	+75 +32	+92 +40	+112 +50	+134 +60	+159 +72	+185 +85	+215 +100	+240 +110	+265 +125
F6	+12 +6	+18 +10	+22 +13	+27 +16	+33 +20	+41 +25	+49 +30	+58 +36	+68 +43	+79 +50	+88 +56	+98 +62
F7	+16 +6	+22 +10	+28 +13	+34 +16	+41 +20	+50 +25	+60 +30	+71 +36	+83 +43	+96 +50	+108 +56	+119 +62
F8	+20 +6	+28 +10	+35 +13	+43 +16	+53 +20	+64 +25	+76 +30	+90 +36	+106 +43	+122 +50	+137 +56	+151 +62
G6	+8 +2	+12 +4	+14 +5	+17 +6	+20 +7	+25 +9	+29 +10	+34 +12	+39 +14	+44 +15	+49 +17	+54 +18
G7	+12 +2	+16 +4	+20 +5	+24 +6	+28 +7	+34 +9	+40 +10	+47 +12	+54 +14	+61 +15	+69 +17	+75 +18
H6	+6 0	+8 0	+9 0	+11 0	+13 0	+16 0	+19 0	+22 0	+25 0	+29 0	+32 0	+36 0
H7	+10 0	+12 0	+15 0	+18 0	+21 0	+25 0	+30 0	+35 0	+40 0	+46 0	+52 0	+57 0
H8	+14 0	+18 0	+22 0	+27 0	+33 0	+39 0	+46 0	+54 0	+63 0	+72 0	+81 0	+89 0
H9	+25 0	+30 0	+36 0	+43 0	+52 0	+62 0	+74 0	+87 0	+100 0	+115 0	+130 0	+140 0
H10	+40 0	+48 0	+58 0	+70 0	+84 0	+100 0	+120 0	+140 0	+160 0	+185 0	+210 0	+230 0
JS6	±3	±4	±4.5	±5.5	6.5	±8	±9.5	±11	±12.5	±14.5	±16	±18
JS7	±5	±6	±7	±9	±10	±12	±15	±17	±20	±23	±26	±28
K6	0 -6	+2 -6	+2 -7	+2 -9	+2 -11	+3 -13	+4 -15	+4 -18	+4 -21	+5 -24	+5 -27	+7 -29
K7	0 -10	+3 -9	+5 -10	+6 -12	+6 -15	+7 -18	+9 -21	+10 -25	+12 -28	+13 -33	+16 -36	+7 -40
M6	-2 -8	-1 -9	-3 -12	-4 -15	-4 -17	-4 -20	-5 -24	-6 -28	-8 -33	-8 -37	-9 -41	+10 -46
M7	-2 -12	0 -12	0 -15	0 -18	0 -21	0 -25	0 -30	0 -35	0 -40	0 -46	0 -52	0 -57
N6	-4 -10	-5 -13	-7 -16	-9 -20	-11 -24	-12 -28	-14 -33	-16 -38	-20 -45	-22 -51	-25 -57	-26 -62
N7	-4 -14	-4 -16	-4 -19	-5 -23	-7 -28	-8 -33	-9 -39	-10 -45	-12 -52	-14 -60	-14 -66	-16 -73
P6	-6 -12	-9 -17	-12 -21	-15 -26	-18 -31	-21 -37	-26 -45	-30 -52	-36 -61	-41 -70	-47 -79	-51 -87
P7	-6 -16	-8 -20	-9 -24	-11 -29	-14 -35	-17 -42	-21 -51	-24 -59	-28 -68	-33 -79	-36 -88	-41 -98

표 1.18 축(외측)치수 허용차 기준값(구멍치수[mm], 공차[μm])

초과 이하	− 3	3 6	6 10	10 18	18 30	30 50	50 80	80 120	120 180	180 250	250 315	315 400
d8	-20 -34	-30 -48	-40 -62	-50 -77	-65 -98	-80 -119	-100 -146	-120 -174	-145 -208	-170 -242	-190 -271	-210 -299
d9	-20 -45	-30 -60	-40 -76	-50 -93	-65 -117	-80 -142	-100 -174	-120 -207	-145 -245	-170 -285	-190 -320	-210 -350
e7	-14 -24	-20 -32	-25 -40	-32 -50	-40 -61	-50 -75	-60 -90	-72 -107	-85 -125	-100 -146	-110 -162	-125 -182
e8	-14 -28	-20 -38	-25 -47	-32 -59	-40 -73	-50 -89	-60 -106	-72 -126	-85 -148	-100 -172	-110 -191	-125 -214
e9	-14 -39	-20 -50	-25 -61	-32 -75	-40 -92	-50 -112	-60 -134	-72 -159	-85 -185	-100 -215	-110 -240	-125 -265
f6	-6 -12	-10 -18	-13 -22	-16 -27	-20 -33	-25 -41	-30 -49	-36 -58	-43 -68	-50 -79	-56 -88	-62 -98
f7	-6 -16	-10 -22	-13 -28	-16 -34	-20 -41	-25 -50	-30 -60	-36 -71	-43 -83	-50 -96	-56 -108	-62 -119
f8	-6 -20	-10 -28	-13 -35	-16 -43	-20 -53	-25 -64	-30 -76	-36 -90	-43 -106	-50 -122	-56 -137	-63 -151
g5	-2 -6	-4 -9	-5 -11	-6 -14	-7 -16	-9 -20	-10 -23	-12 -27	-14 -32	-15 -35	-17 -40	-18 -43
g6	-2 -8	-4 -12	-5 -14	-6 -17	-7 -20	-9 -25	-10 -29	-13 -34	-14 -39	-15 -44	-17 -49	-18 -54
h4	0 -3	0 -4	0 -4	0 -5	0 -6	0 -7	0 -8	0 -10	0 -12	0 -14	0 -16	0 -18
h5	0 -4	0 -5	0 -6	0 -8	0 -9	0 -11	0 -13	0 -15	0 -18	0 -20	0 -23	0 -25
h6	0 -6	0 -8	0 -9	0 -11	0 -13	0 -16	0 -19	0 -22	0 -25	0 -29	0 -32	0 -36
h7	0 -10	0 -12	0 -15	0 -18	0 -21	0 -25	0 -30	0 -35	0 -40	0 -46	0 -52	0 -57
h8	0 -14	0 -18	0 -22	0 -27	0 -33	0 -39	0 -46	0 -54	0 -63	0 -72	0 -81	0 -89
h9	0 -25	0 -30	0 -36	0 -43	0 -52	0 -62	0 -74	0 -87	0 -100	0 -115	0 -130	0 -140
js5	±2	±2.5	±3	±4	±4.5	±5.5	±6.5	±7.5	±9	±10	±11.5	±12.5
js6	±3	±4	±4.5	±5.5	6.5	±8	±9.5	±11	±12.5	±14.5	±16	±18
js7	±5	±6	±7	±9	±10	±12	±15	±17	±20	±23	±26	±28
k5	+4 0	+6 +1	+7 +1	+9 +1	+11 +2	+13 +2	+15 +2	+18 +3	+21 +3	+24 +4	+27 +4	+29 +4
k6	+6 0	+9 +1	+10 +1	+12 +1	+15 +2	+18 +2	+21 +2	+25 +3	+28 +3	+33 +4	+36 +4	+40 +4
m5	+6 +2	+9 +4	+12 +6	+15 +7	+17 +8	+20 +9	+24 +11	+28 +13	+33 +15	+37 +17	+43 +20	46 +21
m6	+8 +2	+12 +4	+15 +6	+18 +7	+21 +8	+25 +9	+30 +11	+35 +13	+40 +15	+46 +17	+52 +20	+57 +21
n5	+8 +4	+13 +8	+16 +10	+20 +12	+24 +15	+28 +17	+33 +20	+38 +23	-	-	-	-
n6	+10 +4	+16 +8	+19 +10	+23 +12	+28 +15	+33 +17	+39 +20	+45 +23	+52 +27	+60 +31	+66 +34	+73 +37
p6	+12 +6	+20 +12	+24 +15	+29 +18	+35 +22	+42 +26	+51 +32	+59 +37	+68 +43	+79 +50	+88 +56	+98 +62

1.5.5 표면 거칠기의 선정과 표기

표면 거칠기는 표면의 수직방향으로 나타나는 기하학적 불균일로서 표면의 윤곽형상에는 영향을 끼치지 못하는 편차값이다. ISO 25178 파트6에서는 표면 거칠기를 측정하기 위한 세 가지 방법인 직선윤곽법, 영역편차법 그리고 영역적분법 등이 정의되어 있다.[78]

그림 1.42에서는 다듬질 가공이 끝난 부품의 표면 일부를 보여주고 있다. 표면형상은 2차원적인 표면의 형태를 나타내며, 그중 일부 구간에 대해서 길이방향에 대한 높이 프로파일을 측정한 것이 **표면윤곽**이다. 표면윤곽 측정을 통해서 가공 중 발생한 채터링 등에 의한 표면의 파형특성을 검출할 수 있다. 이보다 더 좁은 구간에 대해서 더 세밀하게 높이편차를 측정한 것이 바로 표면 거칠기이다. 표면은 다듬질 방법과 정도에 따라서 산과 골의 높이 차이나 산과 산 사이의 거칠기 간격 등이 결정된다. 거칠기의 발생은 확률적인 문제이므로 개별 거칠기의 산과 골 사이의 높이 차이보다는 중심선에 대한 높이편차의 평균값인 **평균 거칠기**(R_a)를 일반적으로 사용한다.

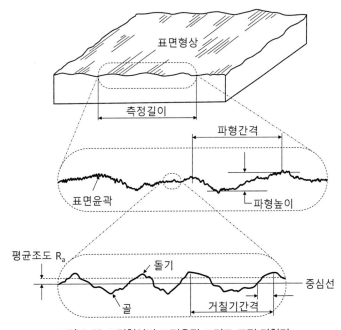

그림 1.42 표면형상과 표면윤곽 그리고 표면 거칠기

---

78 R. Leach, S. Smith 저, 장인배 역, 정밀공학, 도서출판 씨아이알, 2019.

$$R_a = \frac{1}{l} \int_0^l z(x)dx$$

여기서 l은 측정구간의 길이, x는 측정방향 위치, z는 높이방향 변위이다. 윤곽측정에는 날카로운 탐침을 사용하는 접촉식 스타일러스와 공초점 유채색 현미경이나 위상시프트간섭계 등을 사용하는 광학식 측정방법들 그리고 원자 수준의 높이편차를 측정하는 주사프로브현미경(SPM)이나 원자작용력 현미경(AFM) 등이 사용된다. 보다 구체적인 표면 거칠기 측정방법은 이 책의 범주를 넘어서므로, 전문 서적79을 참조하기 바란다.

표면 거칠기는 소재 가공의 마지막 단계에서 표면의 다듬질 정도를 정의하는 정량적인 값이기 때문에, 가공방법과 그에 따른 제조비용에 큰 영향을 끼친다. 따라서 다듬질 방법별로 구현할 수 있는 표면 거칠기의 수준을 숙지하는 것은 도면 작성 시 표면 거칠기의 선정에 도움이 된다. **표 1.19**에서는 다양한 가공방법들이 구현 가능한 표면 거칠기의 범위를 예시하여 보여주고 있다.

일반적으로 도면의 좌상단에 표면 거칠기 기호를 표기한다. **그림 1.43**에서는 표면 거칠기 기호와 각 거칠기 등급별 주요 적용사례들을 예시하여 보여주고 있다. 여기서, 거칠기 부호의 위에 표기된 숫자는 평균 거칠기(R_a)값이다. 일반적으로 고속 밀링기를 사용하여 황삭 가공한 표면은 $R_a = 12.5$ 내외이며, 정삭가공을 시행하면 $R_a = 3.2 \sim 6.3$의 값이 구현된다. 여기서 표면 거칠기 값이 대략적으로 어느 정도 수준인지를 알아두는 것에 실용설계에 많은 도움이 된다. 일반적으로 HB 연필로 다듬질된 금속 표면을 그었을 때에 흑연이 묻어나는 표면은 거칠기가 대략적으로 10 $[\mu\mathrm{m}]$ 이상이며, 연필이 미끄러지는 표면은 거칠기가 대략적으로 $10[\mu\mathrm{m}]$ 미만이다. 따라서 $R_a = 12.5$인 표면도 매우 매끄럽고 양호한 표면이며, 밀링 정삭가공 만으로도 LM 가이드 안내면을 포함한 대부분의 기계부품들의 다듬질 가공이 충분하다.

그림 1.42에 도시되어 있는 것처럼, 표면 거칠기 표면윤곽 사이에는 아무런 연관관계가 없다. 즉, 표면 거칠기가 양호하다고 하여 표면윤곽이 정밀한 것은 아니라는 뜻이다. 베어링 끼워맞춤 표면이나 LM 가이드 안내면 등에 $R_a = 1.6$ 같은 연삭표면을 지정하는 사례를 자주 볼 수 있다. 하지만 이런 요소들의 조립 정밀도는 표면 거칠기가 아니라 표면윤곽에 의해서 결정되기 때문에 고품질의 표면 거칠기를 지정하면 추가로 고가의 연삭가공공정이 추가되어 기계의 제작비용만

---

79 Introduction of surface roughness measurement, keyence.com.

높아질 뿐, 기계의 성능이나 신뢰성 향상에는 아무런 도움이 되지 않는다. 심지어는 고품질의 표면조도를 지정하면 입고검수에도 많은 비용이 소요된다. 검수 문제에 대해서는 1.5.7절에서 따로 논의할 예정이다.

표 1.19 다양한 가공방법들이 구현할 수 있는 표면 거칠기의 범위

대분류	가공방법	평균 거칠기(Ra[μm])
주조	샌드캐스팅	
	영구주형주조	
	인베스트먼트주조	
	다이캐스팅	
성형	열간압연	
	단조	
	냉간압연, 드로잉	
	롤러버니싱	
절삭	플래너, 셰이핑	
	드릴링	
	밀링	
	보링, 터닝	
	브로칭	
	리밍	
연마	연삭	
	호닝	
	전해연마	
	폴리싱	
	래핑	
	슈퍼피니싱	
미세가공	마이크로방전가공	
	마이크로밀링	
	마이크로몰딩	
	마이크로연삭	
	에칭	

(평균 거칠기 눈금: 100, 10, 1, 0.1, 0.01)

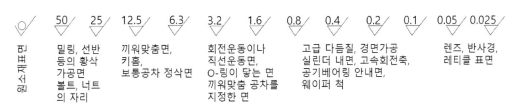

거칠기 등급	주요 적용사례
50 / 25	밀링, 선반 등의 황삭 가공면 볼트, 너트의 자리
12.5 / 6.3	끼워맞춤면, 키홈, 보통공차 정삭면
3.2 / 1.6	회전운동이나 직선운동면, O-링이 닿는 면 끼워맞춤 공차를 지정한 면
0.8 / 0.4 / 0.2 / 0.1	고급 다듬질, 경면가공 실린더 내면, 고속회전축, 공기베어링 안내면, 웨이퍼 척
0.05 / 0.025	렌즈, 반사경, 레티클 표면

(특별히 규정하지 않음)

그림 1.43 표면 거칠기 등급과 주요 적용사례

마지막으로, 과거에는 표면 거칠기 대신에 ▽, ▽▽, ▽▽▽와 같은 다듬질기호(삼각기호)를 표기하였다. 하지만 동일한 다듬질기법으로도 구현 가능한 표면 거칠기의 수준이 큰 편차를 가지고 있으며, 특히 ISO에서는 다듬질 기호를 사용하지 않는다는 것을 명심하기 바란다.

1.5.6 기하공차

치수공차에는 길이치수 공차와 각도치수 공차가 있지만, 이런 치수공차로는 기하학적인 형상을 규정할 수 없다. 따라서 치수와 공차만을 사용하여 부품의 형상을 나타내는 경우, 부품의 윤곽형상 편차를 규제할 수 없기 때문에, 원하는 제품을 제작하기 어렵고 다른 부품과의 조립이 불가능하거나 원활한 기능수행에 장애요인이 발생할 가능성이 있다. 이런 문제를 해결하기 위해서 KS A ISO1101(기하공차의 종류와 기호)에서는 형상, 자세, 위치 및 흔들림 등에 대한 규격을 제정하였다. **기하공차**는 개별 부품의 성능보다는 부품과 부품 간의 기능 및 호환성이 중요한 경우에 사용하는 공차이다. 따라서 기하공차에서는 형체의 치수와는 관계없이 이론적으로 정확한 모양, 자세 또는 위치에서의 편차를 규정한다. 특히 기하공차와 치수공차는 서로 관계없는 것으로 취급한다. 따라서 표면조도나 치수공차가 정밀하다고 해서 기하공차의 품질이 향상되는 것이 아니고, 그 반대로 기하공차를 정밀하게 지정한다고 해서 표면조도나 치수공차가 좋아지는 것도 아니다.

기하공차를 지정하기 위해서는 이론적으로 정확한 기하학적 기준을 설정해야 하는데, 이를 **데이텀**(기준면 또는 기준선)이라고 부르며, **그림 1.44**에 도시되어 있는 것처럼, 정삼각형 기호를 사용하여 지시한다. 주조제품과 같이 표면 전체를 데이텀으로 지정하기 어려운 경우에는 부품과 접촉하는 점이나 선을 데이텀으로 규정하는데, 이를 **데이텀 표적**이라고 부르며, 점인 경우에는 X 표식을, 선인 경우에는 ✕━━✕와 같이, 2개의 X표 식 사이를 가는 실선으로 연결한다.

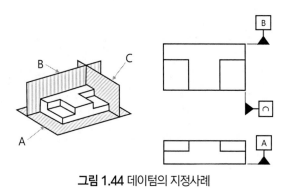

그림 1.44 데이텀의 지정사례

그림 1.45에서는 **최대실체 공차방식**의 개념을 보여주고 있다. 데이텀 표적이 중심축선인 경우, 직경이 12[mm]인 핀 축의 진직도 기하공차값이 0.01이라는 것은 핀 축의 직경공차값과는 무관하게, 거리가 12.01[mm]인 두 평행한 직선 사이에 임의형상의 핀 축이 들어갈 수 있다는 것을 의미한다.

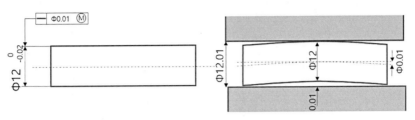

그림 1.45 최대실체 공차방식에 다른 핀 축의 기하공차

표 1.20에서는 기하공차의 유형과 의미를 요약해서 보여주고 있다. **형상**을 나타내는 기하공차는 진직도, 편평도, 진원도 및 원통도가 있다. 여기서, 편평도는 데이텀(기준면)에 대한 최대편차인 반면에, 진직도, 진원도 및 원통도는 직선 형태인 데이텀 표적(기준선)에 대한 최대편차이다. **자세**를 나타내는 기하공차로는 평행도, 직각도 및 각도가 있다. 이들 모두 데이텀(기준면)에 대한 측정대상 표면(평면)의 편차로 정의된다. **윤곽**을 나타내는 기하공차로는 선의 윤곽과 면의 윤곽이 있다. 선의 윤곽은 데이텀 표적(기준선)에 대한, 임의의 함수를 가지고 있는 곡선의 편차를 나타내며, 면의 윤곽은 데이텀(기준면)에 대한, 임의의 함수를 가지고 있는 곡면의 편차를 나타낸다. **흔들림**을 나타내는 기하공차로는 원주 흔들림과 온 흔들림이 있다. 원주 흔들림은 회전하는 물체의 특정 단면에서 데이텀 표적(기준점)에 대한 회전 흔들림을 나타낸다. 반면에 온 흔들림은 회전하는 물체의 데이텀 표적(기준선)에 대한 회전 흔들림을 나타낸다. 원주 흔들림과 온 흔들림의 차이는 비유로 말해서 진원도와 원통도의 차이라고 생각하면 이해하기 쉬울 것이다. 마지막으로 **위치**를 나타내는 기하공차로는 위치, 동심도 및 대칭도가 있다. 위치는 데이텀 표적(기준점)에 대한 특정 형상의 중심위치 편차를 나타낸다. 반면에 동심도와 대칭도는 데이텀 표적(기준선)에 대한 원이나 표면의 위치편차를 나타낸다.

그림 1.46에서는 기하공차가 기입된 도면의 사례를 보여주고 있다. 1.5.7절에서 자세히 살펴보겠지만, 기하공차는 가공과 검수가 매우 어려운 공차이므로, 남용 시 부품의 제작비용이 크게 상승하게 된다. 따라서 기하공차는 반드시 필요한 곳에 제한적으로 사용해야 한다.

표 1.20 기하공차의 유형과 의미

유형	심벌	도면표기방법	공차영역	유형	심벌	도면표기방법	공차영역
형상	진직도	─── · 0.10	0.10만큼 떨어진 두 평행선	윤곽	선의윤곽	⌒ 0.10 A	실제윤곽에서 0.10만큼 떨어진 두 직선
	편평도	▱ 0.10	0.10만큼 떨어진 두 평면		면의윤곽	⌓ 0.10 A	실제윤곽에서 0.10만큼 떨어진 두 평면
	진원도	○ 0.10	0.10만큼 떨어진 두 동심원	흔들림	원주 흔들림	↗ 0.10 A	0.10만큼 떨어진 동심원
	원통도	⌭ 0.10	0.10만큼 떨어진 두 원통		온 흔들림	↗↗ 0.10 A	0.10만큼 떨어진 동심원통
자세	평행도	// 0.10 A	0.10만큼 떨어진 두 평면	위치	위치	⊕ Φ0.35 A B C Φ6±0.10	LMC의 Φ055영역 MMC의 Φ035영역 실제중심
	직각도	⊥ 0.10 A	0.10만큼 떨어진 두 평면 90°		동심도	◎ 0.10 A	데이텀 축에서 0.10이내
	각도	∠ 0.10 15°	0.10만큼 떨어진 두 평면 15° A		대칭도	═ 0.10 A	중심선에서 대칭으로 0.10만큼 이동

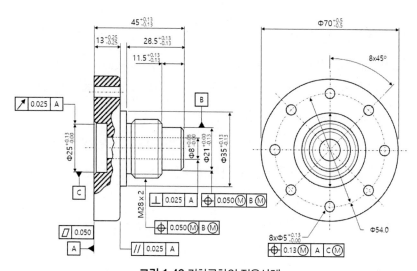

그림 1.46 기하공차의 적용사례

1.5.7 가공품의 검수

제작이 완료된 기계나 부품에 대해서 제작자의 출고검사와 주문자의 입고검사가 시행된다. 이 때에 도면에 표기된 모든 치수에 대해서 검사가 이루어지며, 특히 공차에 대해서는 측정방법까지 지정되어야 한다. **그림 1.47** (a)에서는 **그림 1.46**에 예시된 부품의 가공 후 검수를 위한 검수도면을 보여주고 있으며, (b)에서는 해당 부품에 대한 검수확인표가 예시되어 있다.[80] 만일 검수확인표상의 항목들 중에서 단 하나만이라도 제시된 사양값을 충족시키지 못한다면 해당 부품은 반품 처리된다.

그런데 **그림 1.47**의 검수확인표를 살펴보면, 3차원 좌표측정기에서 측정해야 하는 항목이 6개에 달한다. 3차원 좌표측정기는 시간당 사용비용이 밀링 가공기만큼이나 비싸고 측정 소요시간이 길기 때문에, 만일 모든 부품에 대해서 전수검사를 해야만 한다면, 이 부품은 제작비용보다 검수 비용이 더 많이 들 수도 있다.

만일 올바른 검수가 이루어지지 않는다면 가공업자들이 고가의 정밀 다듬질을 시행하려 하지 않을 것이다. 실제로 타이밍벨트로 구동되는 반송용 로봇의 베이스로 사용되는 1,500×150×20[mm] 크기의 비교적 얇고 긴 (60계열)알루미늄 판형 부품의 LM 레일 설치면에 편평도 0.005[mm]의 기하공차를 지정한 사례가 있었다. 이는 가공이 불가능할 뿐만 아니라 가공된다 하여도 운반 및 조립과정에서 휘어버리며, 검수에도 매우 많은 비용이 들 것이다. 하지만 입고검수를 제대로 시행하지 않았기 때문에 발주와 납품이 오랜 기간 동안 지속되었으며, 해당 부품의 구입에 많은 비용이 지출되었다. 더 중요한 점은 타이밍벨트 구동기구는 시효변형(늘어짐)과 마멸로 인한 백래시 때문에 이런 기하공차가 의미 없다는 것이다.

객관적이고 신뢰성 있는 검수를 보장받기 위해서는 형상에 알맞은 측정방식이 지정되어야 한다. 지금부터는 다양한 치수측정 기구들과 방법들에 대해서 살펴보기로 한다.

---

80 사실, 이 검수확인표도 잘못 되어 있다. 버니어캘리퍼스는 0.1[mm] 단위까지밖에 측정 신뢰도가 확보되지 않는다. 0.01[mm] 단위까지 검수하기 위해서는 마이크로미터를 사용해야만 한다. 하지만 현장에서는 디지털 버니어캘리퍼스를 사용하여 0.01[mm] 단위의 부품치수를 검수하고 있으며, 이로 인해서 품질문제가 발생할 우려가 있다.

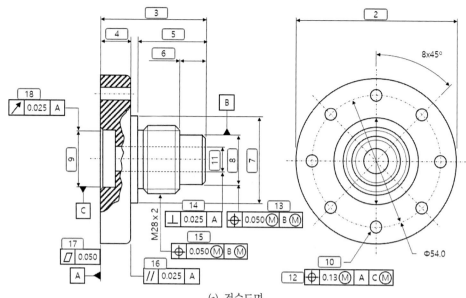

(a) 검수도면

번호	형식	조건	단위	상한	하한	측정결과					측정방법
						1	2	3	4	5	
1	외관	표면상태	-	-	-						육안검사
2	외경	70	mm	70.5	69.5						버니어캘리퍼스
3	길이	45	mm	45.13	44.87						버니어캘리퍼스
4	길이	13	mm	13.25	12.75						버니어캘리퍼스
5	길이	28.5	mm	28.63	28.37						버니어캘리퍼스
6	길이	11.5	mm	11.63	11.47						버니어캘리퍼스
7	외경	35	mm	35.13	34.87						버니어캘리퍼스
8	외경	21	mm	21.00	20.87						버니어캘리퍼스
9	내경	25	mm	25.13	25.00						버니어캘리퍼스
10	내경	5	mm	5.13	5.00						버니어캘리퍼스
11	내경	8	mm	8.08	8.00						마이크로미터
12	위치	-	mm	+0.13	-0.13						3차원좌표측정기
13	위치	-	mm	+0.05	-0.05						3차원좌표측정기
14	직각도	-	mm	+0.025	-0.025						3차원좌표측정기
15	위치	-	mm	+0.05	-0.05						3차원좌표측정기
16	평행도	-	mm	+0.025	-0.025						3차원좌표측정기
17	편평도	-	mm	+0.05	-0.05						3차원좌표측정기
18	원주흔들림	-	mm	+0.025	-0.025						3차원좌표측정기

(b) 검수확인표

그림 1.47 그림 1.46에 도시된 부품에 대한 검수도면과 검수확인표의 사례

1.5.7.1 수공구를 이용한 측정

부품의 검수에 사용되는 수공구로는 버니어캘리퍼스와 마이크로미터가 가장 일반적이다. **그림 1.48** (a)에 도시되어 있는 **버니어캘리퍼스**는 사용이 편리한 측정공구이지만, 이송축과 측정축 사이가 떨어져 있으며, 어미자와 아들자 사이에 유격이 존재하여 측정과정에서 아베오차가 발현된다. 또한 측정 기구를 손으로 잡고 있기 때문에 온도편차도 유발된다. 이로 인해서 측정의 정확도는 0.1[mm]로 제한된다. 따라서 원칙적으로는 버니어캘리퍼스의 측정값은 소수점 첫째 자리까지만 읽고, 나머지는 버리는 것을 원칙으로 한다. 디지털 측정기술의 발전으로 인해서 현재 판매되는 디지털 버니어캘리퍼스는 소수점 셋째 자리까지 표시해주고 있다. 하지만 아베오차를 극복할 수 없기 때문에, 아무리 디지털캘리퍼스가 정밀하게 표시된다 하여도 측정 정확도는 ±0.05[mm]에 불과하다는 것을 명심해야 한다. 또한 버니어캘리퍼스는 함부로 다루는 측정공구이다 보니 사용 과정에서 떨어트리고 부딪치면서 영점이 변하게 된다. 이런 경우에는 게이지블록을 사용하여 옵셋값을 확인하여 측정 시마다 일일이 이를 반영해야 하는데, 이는 실수하기도 쉽고 번거롭기 때문에, 주기적으로 게이지블록을 사용하여 버니어캘리퍼스의 측정정확도를 확인하여, 측정 편차가 0.05[mm] 이상 벗어나면 미련 없이 새것으로 교체하는 것이 바람직하다.

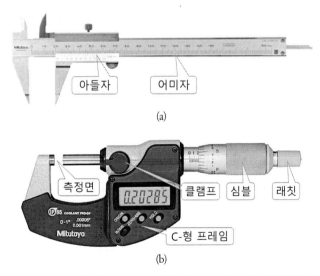

그림 1.48 대표적인 측정용 수공구인 버니어캘리퍼스와 마이크로미터의 사례[81]

그림 1.48 (b)에 도시되어 있는 **마이크로미터**는 이송축과 측정축이 동축선상에 위치하기 때문에, 측정과정에 아베오차가 개입하지 않아서 측정의 정확도는 0.01[mm]에 이른다. 버니어캘리퍼스의 경우와 마찬가지로 디지털 표시기가 아무리 정밀하게 표시한다 하여도 소수점 둘째 자리까지만 읽고 나머지는 버려야 한다. 마이크로미터 역시 측정 시에 손으로 잡으면 체온에 의해서 측정값에 편차가 유발될 우려가 있다. 따라서 오랜 시간 측정을 수행하는 경우에는 마이크로미터의 프레임을 바이스로 고정하고 회전 노브만을 손으로 돌리는 방법이 더 정확하다. 마이크로미터의 이송축은 정밀 나사로 가공되어 있으며, 암나사와 수나사 사이에는 전형적으로 약 20[μm] 정도의 백래시가 존재한다. 따라서 마이크로미터의 측정면이 물체와 접촉한 상태에서 추가적으로 약간의 예하중을 부가하여 이 백래시를 없앤 이후에 치수값을 읽어야만 한다. 마이크로미터의 몸체에 해당하는 심블[82] 뒤쪽에는 라쳇이라고 부르는 직경이 작은 노브가 붙어 있다. 측정 시에 마이크로미터 헤드가 물체와 접촉하면 이 라쳇을 두 번 정도 더 돌려서 예하중을 부가한 이후에 측정을 수행한다. 만일 심블을 직접 돌려서 헤드와 물체를 접촉시키면 과도한 예하중이 부가되어 마이크로미터의 영점이 변하게 된다. 대부분의 마이크로미터는 클램프를 사용하여 몸체와 C-형 프레임 사이의 고정위치를 조절할 수 있다. 그러므로 마이크로미터를 사용할 때에는 게이지블록 등을 사용하여 항상 영점을 확인하고 영점이 변해 있으면 이를 다시 맞춘 이후에 측정을 수행해야만 한다.

그림 1.49에 도시되어 있는 것처럼, 삼각형 형태의 진원도 오차가 존재하는 원형물체를 2점식 측정공구로 측정하면 어느 각도에서나 동일한 치수가 측정된다. 안타깝게도 선반가공물들은 많

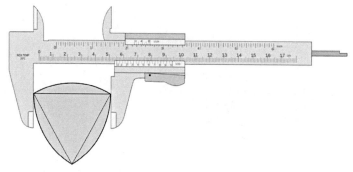

그림 1.49 삼각형 형태의 진원도 오차가 존재하는 물체를 2점식 측정공구로 측정하는 경우에 발생하는 문제

---

82   thimble.

은 경우, 3점 물림 방식의 연동척에 물어서 가공하기 때문에 척에서 부품을 **빼내는** 순간에 탄성 복원이 일어나면서 삼각형 형태의 진원도 오차가 발생하게 된다. 따라서 원형물체에 대한 직경을 측정하는 경우에는 **그림 1.50**에 도시되어 있는 것과 같은 3점 측정 방식의 측정공구들을 사용해서 여러 각도에 대해서 반복측정을 시행해야 한다.

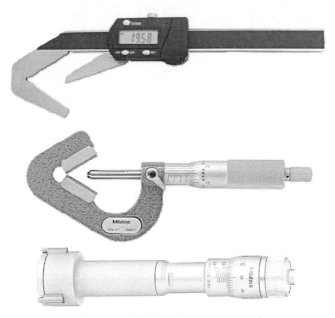

그림 1.50 3점접촉 방식 측정공구들의 사례[83]

작은 부품이라면 손으로 들고 측정할 수 있겠지만, 부품의 크기가 커지거나 기준면에 대한 치수측정이 필요하다면 **그림 1.51**에서와 같이 화강암 정반 위에서 높이게이지를 사용하여 측정을 수행한다. 높이게이지 역시 버니어캘리퍼스 형태와 리니어스케일을 갖춘 마이크로미터가 사용되고 있다. 또한 이들을 교정하기 위한 높이교정기구(일명 하이트마스터)도 함께 사용된다.

표 1.21에서는 높이측정의 기준면으로 자주 사용되는 화강암 정반의 규격과 (편평도)등급을 예시하여 보여주고 있다. 화강암은 생성된 지 수억 년이 지났기 때문에 내부 잔류응력이 없어서 표면 편평도의 경년변화가 매우 적다. 또한 주철 정반에 비해서 열팽창이 작고 표면경도가 크기 때문에 측정의 기준면으로 널리 사용되고 있다.

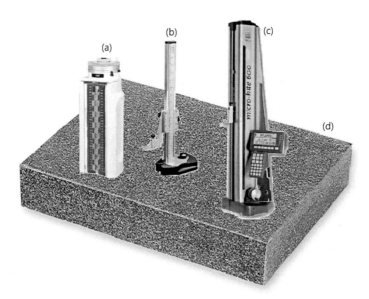

그림 1.51 화강암 정반 위에서의 높이측정에 사용되는 측정공구들. (a) 높이교정기구,[84] (b) 버니어 높이게이지,[85]
(c) 마이크로 높이게이지,[86] (d) 화강암정반

표 1.21 화강암 정반의 규격과 편평도 등급[87]

가로×세로×높이[mm]	중량[kg]	00급[μm]	0급[μm]	1급[μm]
300×300×100	27	2	4	7
450×300×100	41	2	4	7
500×500×100	75	2	4	7
600×450×100	81	3	5	9
600×600×130	135	3	5	10
750×500×130	141	3	5	10
900×600×150	300	3	6	11
1,000×750×180	340	3	6	12
1,000×1,000×200	450	4	7	13
1,200×900×200	800	4	7	14
1,500×1,000×200	900	4	8	16
2,000×1,000×250	1,500	5	9	18
2,000×1,500×250	2,000	5	10	20
2,400×1,200×250	2,000	5	10	21
3,000×1,500×300	4,000	6	12	25

84   www.mitutoyo.com

85   www.mitutoyo.com

86   www.tesatechnology.com

87   cas21.co.kr

1.5.7.2 3차원 좌표측정기와 반전법

3차원 좌표측정기(일명 CMM)는 주로 공기 베어링에 지지되며 x, y 및 z방향으로의 정밀 이송이 가능한 3축 이송기구와 촉발식 프로브를 갖춘 윤곽측정기구로서, 부품의 기하공차 측정에 주로 사용된다. 3차원 좌표측정기는 구조물의 형태와 이송축의 배치에 따라서 **그림 1.52**에 도시되어 있는 것처럼, 여섯 가지 형태로 구분된다. (a)의 고정테이블 외팔보암 방식은 소형, 경량, 고속이며, 접근성이 양호하지만 아베오차가 증폭된다. (b)의 이동브리지 방식은 중간급 좌표측정기에 널리 사용되는 구조로서, 접근성이 용이하지만, 시편무게에 제한이 있으며, 보행현상이 발생할 우려가 있다. (c)의 지주식은 열린 C형 구조물의 열변형문제가 있으며, 테이블의 이송방향과 시편상의 좌표가 서로 반대방향이기 때문에 작동에 숙련된 조작자가 필요하다. (d)의 이동식 램 수평암 방식은 엔진의 실린더블록과 같은 시편 속으로의 프로브 고속 침투성이 양호하지만, 고유주파수가 낮고 아베오차가 크게 발현된다. (e)의 이동테이블 수평암 방식은 외팔보의 진동문제가 존재한다. 마지막으로 (f)의 갠트리 방식은 시편 무게에 영향을 받지 않으며 구조강성이 높아서 초정밀 시스템과 대형 시스템에 적합하다.

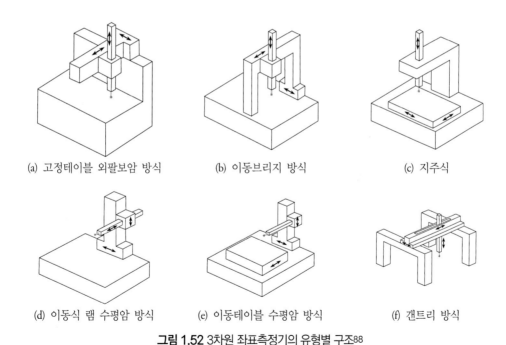

(a) 고정테이블 외팔보암 방식　　　(b) 이동브리지 방식　　　(c) 지주식

(d) 이동식 램 수평암 방식　　　(e) 이동테이블 수평암 방식　　　(f) 갠트리 방식

그림 1.52 3차원 좌표측정기의 유형별 구조[88]

---

88 A. Slocum, Precision Machine Design, Prentice-Hall, 1992. 1장 내용을 참조하여 재구성하였다.

정밀등급 3차원 좌표측정기들은 공기 베어링을 사용하므로 이송축 안내면들은 연삭이나 스크래핑 등의 표면다듬질을 통하여 표면조도를 $R_a = 1[\mu m]$ 내외로 맞출 수 있지만, 편평도를 $1[\mu m]$ 수준으로 맞추는 것은 매우 어려운 일이다. 예를 들어, 1,000×1,000[mm] 크기를 갖는 0등급 평면의 편평도는 $7[\mu m]$에 달한다. 또한 **그림 1.53**에서 알 수 있듯이 수평방향 안내면은 중력의 영향을 받아 처지기 때문에 진직도나 편평도는 이보다 더 커지게 된다. 이렇게 편평도가 큰 안내면을 사용하여 $1[\mu m]$ 내외의 측정 정확도를 구현하기 위해서는 안내면 진직도를 보정하는 방법이 필요하다.

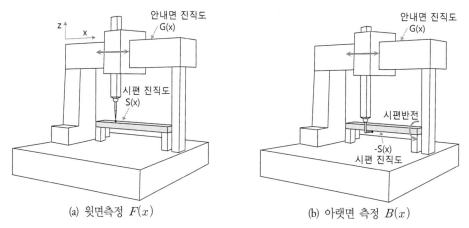

(a) 윗면측정 $F(x)$ (b) 아랫면 측정 $B(x)$

그림 1.53 3차원 좌표측정기의 안내면 진직도 보정을 위한 반전법 적용사례

반전법[89]은 정밀 측정 장비에서 반복적으로 발생되는 오차를 측정값으로부터 소거하기 위해서 고안된 방법으로서, 기계요소의 정확도를 꾸준히 높여 온 주된 방법들 중 하나이다. 반전법은 정밀 직선운동 스테이지의 제작 시 이송축 안내면 진직도의 측정 및 보정에도 사용된다. 안내면의 수평(x)방향 위치별 수직(z)방향 높이편차를 진직도라 부르며, 안내면의 진직도는 $G(x)$, 막대형 직선자 시편의 측정표면 진직도를 $S(x)$라 하자. **그림 1.53** (a)에서와 같이 직선자 시편을 안내면 방향(x)과 평행하게 설치한 후에 탐침을 위에서 아래로 향한 자세로 측정을 시행하여 일정한 x 방향 간격마다 직선자 시편의 높이(z)를 측정하여 $F(x)$를 구한다. 그런 다음, **그림 1.53** (b)에서와 같이 직선자 시편을 180° 뒤집어놓고 탐침을 아래에서 위를 향한 자세로 동일한 측정을 시행

---

89   reversal technique.

하여 $B(x)$를 구한다. 이렇게 측정된 $F(x)$와 $B(x)$는 각각 다음과 같은 값을 갖는다.

$$F(x) = G(x) + S(x), \ B(x) = G(x) - S(x)$$

따라서 위의 두 식을 더하여 반으로 나누면 안내면의 진직도가 구해지며, 두 식을 빼서 반으로 나누면 직선자 시편의 진직도가 수해진다.

$$G(x) = \frac{B(x) + F(x)}{2}, \ S(x) = \frac{B(x) - F(x)}{2}$$

그림 1.54에서는 1[m] 길이의 시편에 대해서 반전법을 적용하여 측정한 측정값과 이를 사용하여 구한 진직도 프로파일을 보여주고 있다.

x[mm]	0	100	200	300	400	500	600	700	800	900	1,000
F(x)[μm]	0	2	4	5	1	-4	-2	1	3	3	0
B(x)[μm]	0	2	3	3	4	5	6	4	-1	-3	0
G(x)[μm]	0	2	3.5	4	2.5	0.5	2	2.5	1	0	0
S(x)[μm]	0	0	0.5	1	-1.5	-4.5	-4	-1.5	2	3	0

(a) 측정 및 계산결과 표

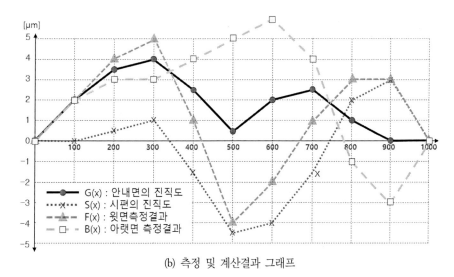

(b) 측정 및 계산결과 그래프

그림 1.54 반전법을 사용하여 측정한 안내면과 막대형 직선자 시편의 진직도 프로파일

이상에서 살펴본 것처럼, 기하공차의 검수에 필수적으로 사용되는 3차원 좌표측정기는 정밀한 제작과 민감한 교정이 필요한 고가의 장비로서 운영에 매우 세심한 주의가 필요하다 특히 온도변화와 진동에 취약하기 때문에 항온실에서 운영되며, 바닥진동에 대한 차폐가 필요하다. 만일 설계된 부품에 다수의 기하공차가 지정되어 있다면 부품의 검수비용이 해당 부품의 가공비용보다 더 비싸질 수 있다는 점을 명심해야 한다.

1.5.7.3 각도 측정을 이용한 진직도와 편평도 측정

3차원 좌표측정기에 설치할 수 있는 부품이라면 좌표측정기를 사용하여 진직도나 편평도 측정이 가능하지만, 대형의 부품이나 매우 무거운 중량물 또는 바닥면의 진직도나 편평도를 측정하기 위해서는 **그림 1.55**에 도시되어 있는 광학식 경사계(오토콜리메이터)나 전자식 경사계를 사용하는 각도측정기법을 사용해야 한다.

(a)   (b)

그림 1.55 (a) 광학식 경사계[90]와 (b) 전자식 경사계[91]의 사례

그림 1.56 (a)에 도시되어 있는 것처럼, 경사계를 사용하여 각 위치별로 경사 각도를 측정한 결과가 **그림 1.56** (b)의 표시값 행에 표시되어 있다. 미소각 정리에 따르면 각 위치별 높이 차이 $H(i) = \sum_{j=1}^{i} \left[L \times (\theta_j - \theta_{j-1}) \right]$ 과 같이 계산된다. 이를 사용하여 경사계에서 표시된 위치별 각도값으로부터 위치별 높이 $H(i)$와 진직도 프로파일을 계산할 수 있다. 또한 상용 경사계에서는

---

90 www.trioptics.com.sg
91 www.wylerag.com

이를 미리 환산하여 **그림 1.56** (b)에서와 같이 [mm/m]의 값으로 표시해준다. 이 사례에서는 100[mm] 간격으로 경사측정을 시행하였으므로, 이 표시값에 $L = 0.1$[m]를 곱해주면 실제의 높이 차이가 되며, 이를 적산하면 **그림 1.56** (b)의 각 위치별 높이값들이 얻어진다. **그림 1.56** (b)에 따르면 이 물체의 진직도는 최대편차값인 0.01임을 알 수 있다.

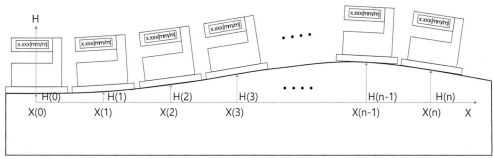

(a) 전자식 경사계를 사용한 진직도 측정방법

위치[m]	0.0	0.1	0.2	0.3	0.4	0.5	0.6	0.7	0.8	0.9	1.0
표시값[mm/m]	0.000	0.010	0.020	0.020	0.030	0.020	0.000	-0.020	-0.30	-0.20	0.00
높이 H[mm]	0.000	0.001	0.003	0.005	0.008	0.010	0.010	0.008	0.005	0.003	0.000

(b) 전자식 경사계로 측정한 높이 편차와 이를 누적하여 구한 각 위치별 높이

그림 1.56 전자식 경사계를 사용한 높이측정 사례

그림 1.57에서는 각도측정기법을 사용하여 2차원 편평도를 측정한 사례가 도시되어 있다. 우선 측정할 평면에 오일펜을 사용하여 측정기를 놓을 격자선을 그린 다음에 기준경사계와 측정경사계를 사용하여 모든 위치에 대하여 순차적으로 경사값을 측정한다. 상용 경상계의 경우에는 편평도 측정을 위한 원격측정 기능과 자동변환 프로그램을 제공한다.

예를 들어, 8세대 디스플레이 패널의 크기는 2,500×2,200[mm]에 달하며, 이를 고정하는 세라믹 또는 그라나이트 소재의 척은 패널을 어느 방향으로도 붙잡을 수 있도록 2,500×2,500[mm]의 크기로 제작한다. 이 척의 편평도를 0.05[mm/m^2] 이내로 관리하기 위해서는 편평도 측정과 국부래핑 작업을 반복해야만 한다.[92] 문제는 척의 크기가 매우 커서 측정할 위치가 매우 많다는 것과 측정기를 이동하여 위치시키기 위해서는 척의 위에 가로대를 설치하고 작업자가 그 위에 엎드려서

---

92 디스플레이 노광기의 편평도 사양은 광학계의 초점심도와 패턴마스크의 크기에 의해서 결정된다.

경사계를 일일이 움직여야 한다는 것이다. 납품 후 인수검사를 위해서는 클린룸 내에서 가로보 대신에 설치한 사다리 위에 엎드려서 이틀 동안 경사계를 일일이 움직여 가면서 편평도를 측정하고, 측정값이 사양에 미달하여 이를 재검사하는 상황을 상상해보면 공포스러울 것이다. 저자가 참여한 개발그룹에서 독일의 기업에 위탁하여 설계 및 제작한 8G 디스플레이용 척의 출고 전 편평도 검수과정에서 실제로 이런 상황이 발생하였으며, 해당 척은 사양 미달로 폐기되었다.[93] 설계검토 과정에서 저자는 해당 척의 구조상 취약성에 대해서 수차례 문제를 제기하였으나 해당 기업에서는 이를 반영하지 않고 제작을 강행하였으며, 위기관리를 위해서 우리 개발그룹에서는 일본의 기업에 우리의 설계 개념을 반영한 척을 별도로 주문하였다. 결과적으로 독일 소재의 기업은 척을 제외한 스테이지 시스템만 납품하였고, 척은 일본소재 기업에서 납품받는 형식으로 무사히 시스템을 완성시킬 수 있었다. 이를 통해서 개발 과제는 성공판정을 받았지만, 스테이지 시스템을 제작했던 독일 기업은 대표이사가 교체되는 파란을 겪었다.

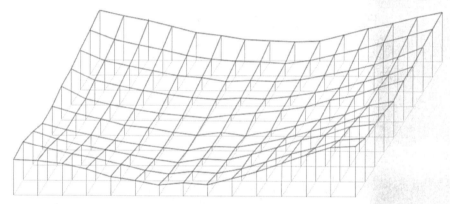

그림 1.57 각도측정기법을 사용한 2차원 편평도 측정사례(컬러 도판 p.748 참조)

검수측정은 시간과 노력이 많이 소요되는 힘들고 정교한 작업이다. 이를 통해서 합격과 불합격 또는 납품과 반품이 결정되므로, 인간적 요인 없이 객관적으로 측정이 이루어질 수 있도록 올바른 측정방법과 올바른 측정 범위를 지정하여야 한다. 또한 도면에 써넣은 모든 치수와 공차, 특히 기하공차는 검수대상이 되며, 이로 인하여 제작비용과 검수비용이 증가하게 되므로, 항상 최소한의 공차만을 지정하기 위한 설계자의 노력과 고찰이 필요하다.

---

93 실제로는 척의 표면에서 크랙이 발견되었다.

02

기계설계의
방법론

기계설계의 방법론

산업현장에서 수행되는 기계설계의 진행과정을 살펴보면 엔지니어는 비학문적인 경험과 노하우를 중시하고 소위 선진사라고 부르는 외국 메이저 업체들의 설계를 베끼듯이 따라한다. 여기에 기계설계를 전공하지 않은 임원의 감성적인 설계평가가 더해지면 설계 자체가 비공학적으로 변질되면서 기본사양조차도 충족시키지 못하는 결과물이 나오게 된다.

기계설계를 전공한 엔지니어조차도 명확한 설계방법론에 대한 이해가 부족하거나 이를 적용한 경험이 부족하여 시행착오를 거듭하기 때문에 산업현장에서 올바른 설계방법론의 효용성이 의심받으며, 배척되는 악순환이 계속되고 있다.

하지만 기계설계는 명확한 전략의 수립에서 출발하여 이론적 기초하에서 체계적인 방법을 사용하여 진행되며, 결과물은 객관적으로 평가되는 잘 짜인 시나리오이다. 새로운 설계나 제품을 개발하는 과정에는 다수의 설계엔지니어들과 조직 및 기업들이 참여하기 때문에 이 시나리오가 불분명하거나, 오류가 있거나, 빠진 게 있다면 설계의 진행이 원활하지 못하며, 과제에 참여하는 다수의 조직이나 기업들 사이에 마찰이 발생하며, 결과물이 원하는 성능을 구현하지 못하게 된다.

따라서 기계설계를 성공적으로 수행하기 위해서는 설계방법론적인 전략의 수립이 필요하다. 2.1절에서는 최신 설계기술인 플랫폼과 모듈화설계를 기반으로 하는 현대설계의 패러다임 시프팅에 대해서 이해하고 메카트로닉스 기반의 다학제적 복잡 시스템을 설계하는 과정에서 필요한 체계적인 설계기법들을 살펴보기로 한다. 2.2절에서는 과제의 기획과 관리에 대해서 논의며, 최신의 노광기술인 극자외선 노광기술을 개발했던 EUV LLC의 과제관리 사례를 살펴본다. 2.3절에서는 기계설계에 사용되는 이시카와 도표와 창의설계의 도구인 TRIZ와 ARIZ를 중심으로 하여

기계설계 방법론에 대해서 논의할 예정이다. 2.4절에서는 신제품 개발의 초기단계에 수행되는 개념설계와 의사결정의 방법론에 대해서 논의한다. 2.5절에서는 상세설계와 설계검증, 2.6절에서는 제품개발의 실패와 성공사례들에 대한 고찰을 수행하면서 이장을 마무리할 예정이다.

2.1 기계설계의 패러다임

기계공학은 현대에 와서 전자, 제어 및 계측 등 다학제 학문분야와의 통합을 통해서 메카트로닉스로 발전하면서 생산용 기계와 소비제품 모두에서 제품의 기술 수준과 복잡성이 높아지고 제품의 개발주기도 빨라지게 되었다. 이 과정에서 기계설계의 난이도와 복잡성은 다학제적 메카트로닉스 기술의 도입을 통해서 극단적으로 높아지게 되었다. 또한 제품시장의 글로벌화로 인하여 중소기업의 제품도 세계기업들과의 경쟁을 피하기 어렵게 되면서 설계 엔지니어들은 제품의 성능과 신뢰성 등의 경쟁력을 갖춘 염가의 제품을 조기에 출시하도록 압박을 받게 되었다. **그림 2.1**에서는 2000년 이후의 1[GB]당 메모리 가격의 변화 양상을 보여주고 있다. 그림에 따르면 불과 20년 만에 메모리 가격은 1/10,000 이상 하락하였다. 이를 지원하기 위해서 엔지니어들은 무어의 법칙에 따라서 꾸준히 집적도를 높여왔으며, 생산 장비의 고성능화와 제조기술의 혁신을 실현해왔다.

현대설계에서는 복잡 시스템의 개발에 **플랫폼** 개념을 채용한 모듈화 설계기술이 도입되었으며, 개별 모듈들을 전문기업들에 분산하여 개발시키는 동시 병렬 공학적 기법을 사용하여 제품의 성능을 극대화하고 제품의 개발주기를 극단적으로 줄일 수 있게 되었다. 이렇게 복잡 시스템을 모듈화시켜서 동시 병렬방식으로 개발하기 위해서는 모듈들 사이를 연결하는 하드웨어, 전기전자 및 소프트웨어 등으로 이루어진 모듈 간 인터페이스를 정교하게 설계해야만 한다.

새로운(또는 기존 시스템의 성능을 개선한) 시스템을 개발하기 위해서는 과제의 기획단계에서 시스템과 이를 구성하는 모듈들의 요구사양을 결정하고, 개별 사양들을 세부 기능항목으로 분해한 이후에 이 기능항목들에 필요한 성능지표를 배정하여, 전체 시스템을 구성하는 기능적 요소의 리스트와 이들이 구현해야 하는 성능지표를 규정한 스프레드시트를 작성해야만 한다. 이런 작업을 **할당**[1]이라고 부르며, 과제의 기획단계에서는 기능의 할당, 오차의 할당, 자금의 할당, 인력의 할당 그리고 일정의 할당 등과 같이 다양한 할당작업이 이루어진다. 특히 정밀기계(시스템)의 오차할당에 대해서는 10장에서 살펴볼 예정이다. 올바른 사양의 선정과 기능적인 모듈분리 그리고 이를 실행할 정확한 자금, 일정 및 인력투입 계획의 수립이 시스템 개발단계에서 가장 중요하며, 개발과제의 성공과 실패가 거의 이 단계에서 결정된다고 하여도 과언이 아니다. 따라서 과제의 기획에는 충분한 시간과 인력이 투입되어야 하며, 공학적인 원리탐구를 통해 적용할 기술과 실현 가능성을 판단해야만 한다.

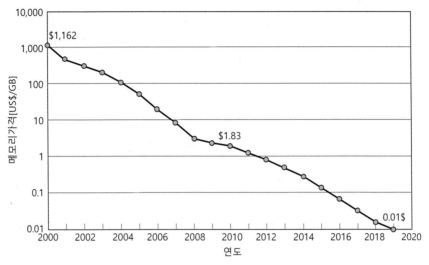

그림 2.1 2000년대 메모리 가격의 변화[2]

이런 개발과제를 기획하기 위해서는 기계, 전자, 제어 및 계측 등 다분야에 전문지식과 오랜 설계경험을 쌓은 일반설계 엔지니어들이 필요하다. 하지만 대학의 기존 교육과정은 학과와 전공 이라는 벽으로 학문영역의 확장을 가로막고 있기 때문에 다학제적 지식을 쌓기가 매우 어려워서 대학교육과정을 통해서 일반설계엔지니어를 양성하는 것은 현실적으로 어려운 일이다. 기업에서 는 상명 하복식 업무처리문화 때문에 전문 설계엔지니어의 의견을 청취하는 대신에 오래전에 현 업에서 멀어져 행정업무에 매몰되어 있는 상위직급 엔지니어들이 순전히 행정적 관점에서 과제 를 기획하고, 납기일정이 촉박하다는 이유로 세심한 사양 선정과 계획수립 이전에 덜컥 발주부터 내는 사례가 빈번하다. 부정확하고 불분명한 사양으로 이루어진 부실한 과업지시서로 인하여 납

---

1 budgeting.
2 H. Butler, Position Control in Lithographic Equipment, IEEE Control Systems, 2011을 참조하여 재구성하였다.

품 이후에 발생하는 성능미흡에 대한 분쟁이 발생하지만, 책임소재가 불분명한 상태에서 개발과제가 실패로 끝나버리는 사례를 자주 경험한다. 또한 모듈 간 인터페이스 정의가 불분명하여 사양문제에 대해 모듈 제작사 간 또는 부서 간의 핑퐁게임이 무한 반복되는 사례도 빈번하게 일어난다. 이런 구조적 문제를 극복하기 위해서는 체계적인 학습과 경험을 쌓은 일반설계 엔지니어가 과제의 기획 단계부터 깊숙이 참여하여 사양의 선정과 기능항목의 분류를 도와주어야 한다. 저자는 다양한 기업과의 자문활동을 통하여 일반설계엔지니어로서의 경험을 쌓았으며, 이 책을 저술하는 현재도 다양한 기업과의 자문활동을 통해서 반도체 및 디스플레이 장비를 비롯한 다양한 정밀 시스템의 설계와 개발에 참여하고 있다. 설계의 대상이 다학제적 복잡 시스템으로 진화하고 있으며, 설계의 패러다임은 모듈화와 동시병렬설계를 요구하고 있을 뿐만 아니라 치열한 글로벌 경쟁으로 인하여 실패가 용납되지 않는 상황에서 과제를 단기간에 시행착오 없이 한 번에 성공시키기 위해서는 과제 기획단계에서 일반설계엔지니어의 능력과 조언이 매우 중요하지만, 이를 지원할 일반설계 엔지니어는 매우 소수이며, 이를 양성할 체제나 방법이 마땅치 않은 안타까운 상황이다.

과거의 자동차 설계는 프레임 위에 엔진과 변속기, 조향장치 등을 얹은 기계골조를 완성한 이후에 그 위에 진흙을 붙여가면서 외관을 디자인하는 방식의 선 기계설계, 후 디자인 방식으로 설계되었다면, 감성디자인이 중요시되는 현대에 와서는 (좀 과장되게 표현하면) 외관디자인이 완료된 이후에 그 속에 모든 기계 시스템을 우겨넣는 방식으로 설계의 패러다임이 변하게 되었다. 반도체나 디스플레이 공정장비와 같은 정밀 메카트로닉스 장비의 경우에도 계측프레임과 센서를 우선배치하고(모듈화) 전선 및 배관 등의 설치경로를 확보한 다음에(인터페이스설계) 구조물을 배치하는 역설계 방식으로 패러다임이 전환되었다.

2.1.1 플랫폼과 모듈화 설계

그림 1.1에서 설명했던 것처럼, 정밀기계의 성능은 측정, 매핑 및 서보제어 등의 패러다임 시프팅을 통해서 순차적으로 향상되었으며, 계측프레임이 도입되면서 위치결정 정확도가 서브마이크로미터의 영역으로 들어가게 되었다. 계측프레임이 제성능을 발휘하려면 측정이 용이하도록 기계 시스템이 설계되어야만 한다. 따라서 인코더나 간섭계와 같은 위치측정용 센서가 우선적으로 배치되어야 하며, 아베오차를 최소화하는 구조와 정렬을 위한 기준면이 확보되어야 한다.

또한 측정기술과 제어기술의 급속한 발전으로 인하여 신제품에 비해서 과거에 도입하여 운영

중인 시스템의 생산성이나 작동성능이 부족한 경우에 모듈형 요소를 교체함으로써 업그레이드가 가능하도록 플랫폼의 개념이 사용되었다면, 시스템을 반영구적으로 사용할 수 있으며, 이를 통해서 꾸준한 생산성의 향상과 경비절감이 가능해진다.

모듈화는 그림 2.2에 도시되어 있는 것처럼, 기존의 일체형 시스템의 개념을 추출하여 **캡슐화** 과정을 통해서 모듈화하는 설계기법이다. 이 과정에서 모듈의 수가 증가하면 인터페이스 비용이 증가하지만, 개별 모듈들의 캡슐화는 **기술밀봉**을 통해서 정보의 은폐성을 높여서 핵심기술의 손쉬운 복제를 막아준다. 개발적인 측면에서는 복잡도가 감소하여 개발과 시험이 용이해진다. 관리의 측면에서는 개별 모듈의 최적 작동성능 관리가 용이하며, 고장 발생 시 모듈단위에서 고장의 원인을 파악하고, 해당 모듈을 백업 모듈로 교체하는 방식의 신속한 대응이 가능해지므로, 정지시간을 최소화시킬 수 있다.

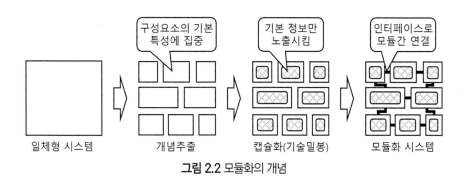

그림 2.2 모듈화의 개념

그림 2.3에서는 플랫폼 기반의 모듈화설계가 잘 이루어진 ASML社의 액침형 심자외선(193[nm]) 노광기인 NXT 시리즈를 보여주고 있다. 전 세계의 심자외선 노광기 시장을 점령하고 있는 이 시리즈의 노광기는 2007년에 XT:1900i가 최초로 출시된 이래로 꾸준한 성능 업그레이드를 통해서 생산성과 분해능을 지속적으로 향상시켜왔다.

특히 그림에서 확인할 수 있듯이 NXT 시리즈는 플랫폼 업그레이드를 통해서 시간당 웨이퍼 처리량을 꾸준히 늘려왔으며, 2023년 현재는 시간당 처리량(wph)이 300장을 상회하고 있다. 반도체 노광기를 비롯한 현대적인 복잡 시스템의 설계방법론은 플랫폼기반의 모듈화설계로 패러다임이 시프팅되었다. 모듈화 설계를 위해서는 복잡 시스템을 다수의 명확하게 구분된 모듈들로 구분해야만 하며, 주변의 모듈들과는 기계적 인터페이스, 전자적 인터페이스, 소프트웨어적 인터페이스 등을 통해서 결합되어야만 한다. **그림 2.4**에서는 모듈 간의 인터페이스에 사용되는 멀티커넥션 시스템의 사례를 보여주고 있다. 이 커넥터에서는 유체, 공압, 진공 및 전기신호들의 연결을 한 번의 조작으로 연결 및 분리시킬 수 있다.

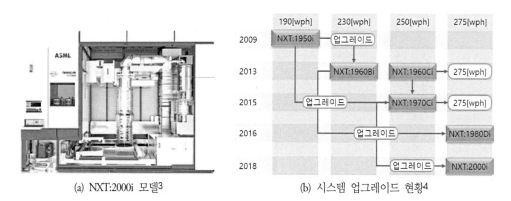

(a) NXT:2000i 모델3   (b) 시스템 업그레이드 현황4

그림 2.3 모듈화 설계된 ASML社 Twinscan NXT 시리즈의 업그레이드를 통한 생산성 향상 사례(컬러 도판 p.748 참조)

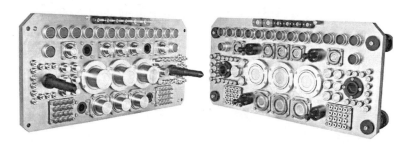

그림 2.4 모듈 간 인터페이싱을 위한 멀티커넥션 시스템의 사례5(컬러 도판 p.749 참조)

이렇게 모듈화 설계를 진행하면 시스템을 구성하는 모든 모듈들의 개발 및 제작을 각기 다른 전문 공급업체들에 맡길 수 있고, 각 업체들은 각자의 본사에서 해당 모듈의 개발을 진행할 수 있다. 또한 모듈 간 인터페이스가 명확하게 정의되어 있기 때문에 전체 시스템을 조립하지 않은 상태에서도 각자의 시험 지그를 사용하여 주어진 사양에 대한 개별시험을 수행할 수 있다. 중요 모듈들은 다른 모듈에 영향을 주지 않으면서 설치 및 분해가 가능하므로 사용자 사이트에서의

---

3   www.asml.com
4   Ron Kool, DUV Products and Business Opportunity, Investor Day ASML small talk 2018를 참조하여 재구성하였다.
5   www.staubli.com

설치시간이 크게 줄어든다. 중요 모듈들을 해체 및 교체할 수 있으므로 시험 및 수리가 용이하며, 필요시에는 모듈교체를 통한 수리나 업그레이드가 가능하므로 신규구입을 위한 대규모 투자 없이도 최고의 성능을 유지할 수 있다.

모듈화 설계의 대표적인 사례들 중 하나는 소위 피카티니레일(MIL-STD-1913)을 기반으로 하는 돌격소총의 진화이다. 제2차 세계대전 말기에 독일에서 개발된 연사형 돌격소총인 STG44는 강력한 화력과 연사력으로 깊은 인상을 주었고, 칼리시니코프 소총이나 M16 소총과 같은 연사식 돌격소총의 시대를 열어주었다. 하지만 현대전장은 전격전보다는 국지전 성격이 강해졌으며 신속대응군이 주, 야간 전투를 비롯하여 시가전, 산악전, 사막전 등 다양한 전투환경에 투입되므로, 이에 대응하기 위해서 개인전투장비들도 워리어 플랫폼으로 발전하게 되었다. 다양한 길이의 총열과 길이조절이 가능한 개머리판을 비롯하여 도트사이트나 광학식 조준경, 양각대, 유탄발사기, 보조손잡이 등을 자유롭게 설치하여 하나의 플랫폼으로 개인화기, 분대지원화기 및 저격소총 등으로 변신할 수 있어서 군수지원의 편이성과 전술운용의 유연성을 높일 수 있게 되었다. **그림 2.5**에서는 국내기업에서 모듈화 플랫폼의 개념을 채용하여 개발한 소총의 외관을 보여주고 있다. 플랫폼 기반의 모듈화설계는 A380(비행기), GMT 및 E-ELT(천체망원경), LHC(강입자 충돌기)와 같은 현대적인 복잡 시스템의 개발에 큰 성공을 견인하였다.

그림 2.5 모듈화 플랫폼 개념을 채용하여 설계된 DSAR15P 소총의 외관[6]

6   www.da-san.co.kr

2.1.2 메카트로닉스 시스템

1969년 야스카와社에 근무하던 데쓰로 모리에 의해서 최초로 작명된 용어인 **메카트로닉스**는 전기와 기계 시스템의 통합을 위하여 출발하였다. 이후로 메카트로닉스는 로보틱스, 전자공학, 컴퓨터, 통신, 시스템공학, 제어 및 생산공학 등으로 급속하게 외연을 넓혀 나갔으며, 현대에 와서는 기계공학과 메카트로닉스의 경계가 없어지는 단계에 이르게 되었다. 메카트로닉스 시스템은 **그림 2.6**에 도시되어 있는 것처럼, 플랜트→계측→디지털연산→작동기의 순환루프로 구성된다. 플랜트는 원하는 상태로 제어 및 조절해야 하는 공정을 의미하며, 플랜트의 거동특성을 고찰하기 위해서는 기계, 유체, 열, 화학, 전자, 의공학 등의 융합 학문적 지식이 필요하다. 계측은 플랜트에서 어떤 일이 일어나는지를 감시하는 공정으로서, 측정대상의 물리량을 전기신호로 변환시키는 에너지변환의 이론과 신호처리 이론에 대한 지식이 필요하다. 디지털 연산은 측정된 물리량을 근거로 하여 PID 제어와 같은 복잡한 의사결정 알고리즘을 실시간으로 실행하는 과정으로서, 소프트웨어와 전자회로에 대한 지식을 필요로 한다. 최근 들어서는 딥러닝 기반의 인공지능 알고리즘을 탑재한 디지털 영상처리기술이 메카트로닉스의 중요한 영역으로 자리 잡게 되면서 디지털연산의 중요성이 더욱 높아지게 되었다. 디지털연산의 결과는 전력증폭기를 통해서 작동기로 전달되어 제어 대상인 플랜트를 원하는 상태로 변화시키기 위한 일을 수행하며, 동력제어나 에너지변환과 관련된 지식이 필요하다. 이처럼 메카트로닉스 시스템은 다학제적 융합학문의 성격이 강하다.

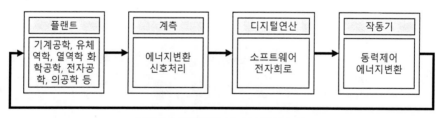

그림 2.6 메카트로닉스 시스템의 구성

그림 2.7에서는 메카트로닉스를 코어학문과 경계학문으로 구분하여 이들의 상관관계를 보여주고 있다. 메카트로닉스의 기반에는 기계공학이 자리 잡고 있으며, 전자공학, 제어공학 및 컴퓨터공학을 포함한 4개의 학문분야들이 **코어학문**을 이룬다. 이 코어학문들 사이의 융합을 통해서 전자기계, 제어회로, 디지털제어 및 전산설계 등의 **경계학문**들이 발전하였고, 현재에 와서는 이들

모두가 융합된 메카트로닉스가 기계공학을 의미하는 단계로 접어들고 있다. 이런 다학제적 융합 과정을 통해서 전자산업, 자동차, 의료산업 등 제조업 전반에서 기술의 혁신과 부가가치의 창출이 가속화되고 있다.

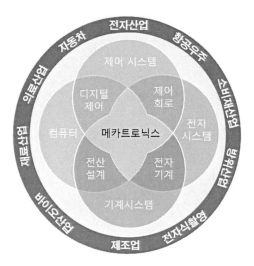

그림 2.7 메카트로닉스 시스템의 학문영역과 적용분야(컬러 도판 p.749 참조)

고성능메카트로닉스의 설계[7]의 공저자인 아이크 교수는 2008년에 발표한 메카트로닉스의 전망이라는 세미나자료[8]에 따르면, 과거 일본에서 창안한 메카트로닉스의 개념은

- 생산 최적화를 위한 기계 및 전자기술의 계획적인 응용과 효율적인 통합
- 다분야와 통합된 접근방식의 계획적인 응용과 효율적인 통합
- 제품과 공정설계의 계획적인 응용과 효율적인 통합

등을 수행하는 것이었다. 일본은 이런 개념에 기초하여 생산기술을 혁신하여 1970~1980년대에 세계 공장이라는 칭송을 받으면서 산업의 꽃을 피웠었다. 하지만 세계적인 기술평준화로 인하여 생산기술의 혁신은 저임금 기반의 세계 공장이라는 중국에 밀려나면서 일본의 산업은 쇠락하게

---

7   R. Schmidt. 저, 장인배 역, 고성능메카트로닉스의 설계, 동명사, 2015.

8   Jan van Eijk, Perspectief in Mechatronica, TUDelft, 2008.

되었고, 메카트로닉스도 개념의 전환을 모색하게 되었다. 유럽인들은 메카트로닉스를

• 제품과 공정의 설계에 있어서 정밀기계공학, 전자제어 그리고 체계적인 사고의 시너지 있는 통합을 통해서 기존에 없던 새로운 개념과 신산업을 창출하는 것

이라고 정의하고 있다.

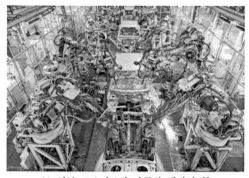
(a) 일본 도요타社의 자동차 생산라인[9]

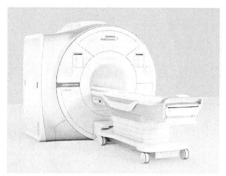
(b) 독일 씨멘스社의 MRI[10]

그림 2.8 메카트로닉스의 패러다임 시프팅(컬러 도판 p.749 참조)

네덜란드는 인구가 1,700만 명에 불과한 작은 나라로서, 과거 상업과 농업에 의존하던 약소국이었다. 이들은 첨단 산업국가로 발돋움하기 위해서 1990년대 초부터 델프트공대, 에인트호벤공대 그리고 트웬테공대가 연합하여 약 20여 년 동안 1,200명의 메카트로닉스 전문 인력을 양성하였으며, 필립스社에서도 메카트로닉스 인력양성과정을 사내에 개설하여 1,000여 명의 전문 인력을 양성하였다. 이들은 다양한 메카트로닉스 산업분야들 중에서, 특히 정밀기계 분야에 집중하였다. 이를 통해서 ASML社가 현재 반도체 노광기의 세계시장을 독점하는 상황에 이르렀으며, 세계적으로도 초정밀 신기술의 개발은 네덜란드 국립연구소인 TNO에 의뢰하는 실정이다. 아이크 교수는 자신의 세미나자료를 통해서 네덜란드의 정밀기계설계 기술은 세계 최고 수준으로서, 유럽, 미국 및 일본을 최소한 5년 정도는 앞서고 있다고 자평하고 있다.

---

9 https://www.youngertoyota.com/blogs/67/uncategorized/corolla-production-at-toyota-mississippi/
10 https://www.siemens-healthineers.com/magnetic-resonance-imaging

우리나라는 반도체와 디스플레이산업분야에서 세계적인 강점을 가지고 있는 산업생산국가이다. 하지만 일본의 사례에서 알 수 있듯이 생산최적화로는 추격자들을 뿌리치기 힘들다. 이를 해소하기 위해서는 메카트로닉스를 기반으로 하여 새로운 개념과 신산업 창출을 통해서 기술적 초격차를 이루어야 한다. 우리가 정밀기계설계 분야에서 벤치마킹할 대상인 네덜란드는 메카트로닉스 기반의 초정밀 설계기술을 습득한 엔지니어를 양성하여 기술적 초격차를 실현하였다. ASML社에서 출시한 극자외선노광기(EUVL)는 초정밀 메카트로닉스 정밀설계기술이 집약된 대표적인 사례이다. 이 책을 읽는 여러분들에게 우리나라의 미래가 걸려 있다.

2.1.3 시스템 엔지니어링과 V-모델

제1차 세계대전 당시의 무기체계들은 구조와 원리가 비교적 단순하여 한 사람이 주도하여 비행기나 전함의 설계를 완성할 수 있었다. 하지만 불과 30년이 지난 2차 세계대전에 이르러서는 폭격기의 경우 엔진(또는 가스터빈), 항법장치, 조종장치, 랜딩기어, 조준경 등과 같이 고도의 기술력과 전문지식이 필요한 복잡 시스템으로 발전하였으며, 이는 전차나 전함의 경우에도 유사하였다. 현대적인 복잡 시스템은 한 사람이 시스템 전체를 이해하는 것이 불가능한 단계에 이르렀으며, 이를 시행착오나 실패 없이 개발하기 위해서는 **그림 2.9**에 도시된 것처럼, **V-모델**을 기반으로 하는 매우 세련된 **시스템 엔지니어링** 기법이 필요하게 되었다.

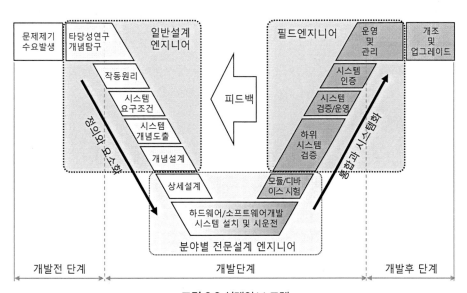

그림 2.9 설계의 V-모델

설계는 크게 개발 전 단계, 개발단계 및 개발 후 단계로 구분할 수 있다. 개발 전 단계에서는 기존의 시스템에 대한 문제제기나 새로운 시스템에 대한 수요발생으로부터 과제가 기획된다. 개발단계가 시작되면 문제를 정의하고 문제를 해결하기 위한 기능적 방안들을 요소화시켜야 한다. 이를 위해서 필요수요를 충족시켜주기 위한 기능적 요구조건들에 대한 개념탐구와 타당성 연구가 수행된다. 이를 통해서 다양한 작동원리들이 제안되며, 시스템의 요구조건들도 완성된다. 그러면, 이들을 충족시키기 위한 시스템의 개념 도출과 이를 구현하기 위한 시스템에 대한 개념설계가 수행된다. 상세설계가 수행되기 전의 개발 초기단계에서는 꼼꼼한 사양의 선정과 세심한 공학적 고찰이 필요하며, 복잡 시스템에 대한 다분야의 지식과 오랜 경험을 갖춘 **일반설계엔지니어**들이 전반적인 관점에서 시스템의 기능성에 대한 설계를 수행한다. 일단 개념설계가 완성되고 나면, 특정한 분야의 상세설계를 수행하는 분야별 **전문설계엔지니어**들이 투입되어 특정한 분야의 세부사항들에 대한 상세설계를 수행하며, 모든 설계가 완료된 시점이 V-모델의 가장 아래쪽 꼭짓점이 된다. 이후 개발품의 실제 제작과 설치 및 시운전 등의 시스템 통합과 시스템화 과정이 이루어지는데, 우선 모듈 단위의 디바이스 시험이 수행된다. 상세설계에서부터 모듈단위의 디바이스 시험까지는 전문설계엔지니어의 활동 영역이다. 이후로는 **필드엔지니어**의 업무영역인 하위 시스템 검증, 시스템 검증 및 운영, 시스템 인증, 시스템의 운영 및 관리 등의 본격적인 시스템 운영과 관련된 활동들이 수행된다. 모든 개발활동과정에서의 개선의견들이 일반설계엔지니어에게 피드백 되어야 하며, 이를 향후의 개발활동에 반영하여야 한다.

설계의 V-모델을 살펴보면 체계적이며 시행착오 없이 제품의 개발과제를 수행하기 위해서는 각 개발단계별로 일반설계엔지니어, 전문설계엔지니어 그리고 필드엔지니어와 같이 매우 전문화된 직군의 엔지니어들이 필요하며, 이들의 역할이 모두 중요하다는 것을 알 수 있다.

2.1.4 동시병렬공학

엔지니어는 제품의 개발과정에서 항상 모순된 요구조건과 마주치게 된다. 시장의 선점을 위해서는 제품의 개발시간을 단축해야 하며, 소비자의 구매 욕구를 끌어내기 위해서는 기능을 추가하고 제품의 성능을 향상시켜야만 한다. 하지만 이익을 증가시키기 위해서는 제조비용을 절감해야만 한다. 이는 전형적인 트리즈(TRIZ) 모순명제에 해당하며, 현명한 엔지니어들은 시스템의 모듈화와 메카트로닉스화, 전문역량을 갖춘 엔지니어들의 V-모델을 사용한 분업화 그리고 **동시병렬공학**적 개발기법의 적용 등을 통해서 이런 모순적 상황을 해결하였다.

메모리 기술은 임계치수(또는 최소선폭)의 감소를 통해서 집적도를 높여왔다. 기존의 기술혁신은 더 짧은 파장의 광원을 사용하는 방식으로 진행되었지만, 심자외선(DUV)광원에 이르러서 193[nm]에서 157[nm]로 전환하려던 노력이 실패하면서[11] 뜻하지 않게 193[nm] 광원을 20년 넘게 사용하게 되었으며, 이런 상황에서 무어의 법칙을 지속시키기 위해서 위상시프트 마스크, 다중패터닝기술, 3차원 적층기술 등의 다양한 기술개발이 이루어졌다. 현재에 와서는 노광용 광원이 극자외선(EUV: 13.5[nm])으로 전환이 시작되면서 10[nm]대였던 임계치수는 7[nm]와 5[nm]를 지나서 어느덧 3[nm]대를 바라보게 되었다. 이 과정에서 반도체 공정은 엄청난 기술적 압박을 받게 되었으며, 3차원 반도체를 제작하기 위한 초박형 웨이퍼 연마(CMP)기술, 얕은 도랑 소자격리(STI) 구조 속에 틀어박힌 나노파티클을 세정하는 웨이퍼 세정기술, 두께가 수백~수십[μm]에 불과한 초박형 웨이퍼들을 접합하기 위한 정렬 및 접합기술, 나노 수준의 미세패턴 검사기술 등 헤아릴 수 없는 극초정밀 기술들에 대한 개발이 시급하게 필요한 실정이다.

하이테크 전자산업의 빠르게 변하는 기술수요를 지원하기 위해서 반도체업계에서는 동시공학 로드맵 기법을 사용하고 있다. **그림 2.10**에서는 저자가 참여했던 디스플레이용 패터닝장비 개발 과제의 로드맵을 간략화하여 보여주고 있다. 그림 상단의 숫자는 월단위로 시간을 표시하고 있다. 대면적 디스플레이용 패터닝장비의 개발과 관련된 사전검토는 오래전부터 수행되었지만, 기구 제작에만 수백억 원이 소요되며, 광학설비에도 추가적으로 수백억 원이 소요되는 거대 프로젝트이기 때문에 경제성과 운용방안 등의 검토를 통해서 정말로 필요하다고 판단이 서기 전까지는 개발과제를 시작하지 못한다. 하지만 일단 과제를 진행시키기로 결정된다면 대규모의 인력을 투입하여 최단시간 내로 개발을 진행시켜야만 하기 때문에 과제의 실행에는 세밀한 계획이 필요하다. 과제의 진행을 세밀하게 관리하기 위한 네비게이터 성격의 로드맵 스프레드시트를 작성하는 것으로 과제가 시작된다. 과제는 일반설계엔지니어들의 브레인스토밍으로부터 시작된다. 기능과 사양을 정의하고 제시된 사양에 대한 구현 가능한 기술들을 검토하여 예비 사양서를 작성한다. 이 과정에서 장납기 부품들에 대한 검색이 병행되며, 가장 오랜 기간이 소요되는 부품부터 발주를 진행시켜야 한다. 이 사례에서는 바 미러라고 부르는 막대형 광학부품의 납기가 6개월 가까이 되었기 때문에 개념설계가 진행되는 동안에 외형치수를 결정한 후에 선발주하여 세라믹 소재를

---

11 157[nm] 광원을 사용한 노광기의 개발이 완료된 이후의 성능시험과정에서 개선할 수 없는 복굴절 현상이 발견되었다.

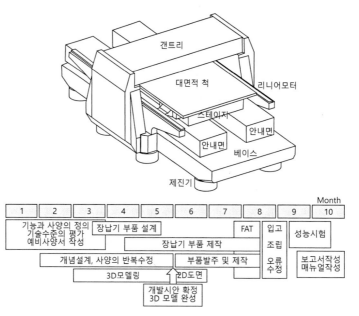

그림 2.10 동시병렬공학적 개념의 제품개발 로드맵 사례

노에 집어넣었고, 소재가 노에서 나올 때까지 상세설계를 수행하였다. 이와 병행하여 개념설계가 수행되었으며, 개념설계 과정에서 다양한 실행시나리오를 만들고 폐기하면서 사양을 반복하여 수정하였다. 개념설계 과정과 병행하여 다양한 시나리오에 대한 설계안들이 3D 모델링되었으며, 최종적으로 과제가 개시되어 5개월이 경과한 시점에서 개념설계가 완성되었다. 물론, 개념설계 과정에서 납기에 문제가 있는 부품이나 모듈들에 대한 설계와 발주는 시간을 역산하여 진행되었고, 일단 발주가 나간 모듈들은 과제진행 스프레드시트상에서 설계의 제한조건으로 적용되었다. 개념설계의 완료와 동시에 3D 모델링도 완성되며, 곧장 2D 드로잉이 진행되었다. 일부 핵심부품에 대해서는 직접 도면을 작성하지만 모듈화된 부분들은 3D 모델 자체를 모듈개발업체에 전달하여 해당 기업의 전문설계엔지니어가 이를 수행하도록 하여 개발속도를 높였다. 7월 3주차~8월 2주차 사이에 모든 모듈들에 대한 출고검사를 진행하며, 8월 3주차~9월 1주차 사이에 모듈들이 설치 사이트에 입고되어 검수 및 조립을 진행하였다. 이후 9월 2주차~10월 2주차 사이에 성능시험을 거치면 개발과제는 종료되었으며, 이후 운영과제로 전환되었다. 과제를 수행하는 과정에서 위기대응전략(플랜B)도 함께 운영되었으며,[12] 큰 시행착오 없이 개발과제가 성공적으로 완료되었다.

---

12 1.5.7.3절에서 소개한 대면적 척의 사례.

그림 2.10의 사례에서 알 수 있듯이 동시공학 로드맵 기법은 매우 복잡하고 성능사양이 높은 시스템을 상상할 수 없을 정도로 짧은 시간 내로 개발할 수 있도록 만들어주는 위력적인 기법이다. 스프레드시트로 만들어지는 로드맵은 개발의 초기단계에는 기능과 사양을 정의하고 실현 가능한 기술 수준을 평가하는 도구로 사용되지만, 과제가 구체화되어감에 따라서 내용이 늘어나고, 일정계획도 세밀해진다.13 특히 모든 사안들에 대해서 완료되어야 하는 마일스톤을 지정하고 엄격하게 관리하므로 서, 과제 운영과정에서 일어날 불의의 사태를 미연에 방지한다.

그림 2.10의 로드맵을 살펴보면 10개월의 개발과제 중 절반의 기간 동안 도면을 거의 그리지 않고 개념설계와 사양 반복수정을 거듭했다는 것을 알 수 있다. 이 분야에 경험이 없는 프로젝트 리더가 이 상황을 본다면 아마 숨이 넘어갈 것이다. 하지만 실력 있고 경험 많은 일반설계 엔지니어들이 충분한 시간을 가지고 고심을 거듭하여 모든 사항에 대해서 빠짐없이 고민하였다면, 시행착오가 거의 발생하지 않기 때문에 남은 절반의 시간만으로도 도면의 작성과 제작 그리고 설치와 시험까지 충분히 완료할 수 있는 것이다.

2.2 과제의 기획과 관리

2.2.1 설계의 흐름도

기계(시스템)설계는 기능과 사양의 정의, 기술 수준의 평가, 예비사양서 작성, 개념설계, 개발시안의 확정, 상세설계, 설계추적 및 서식자료의 작성 등의 순서로 이루어진다.

마케팅 부서로부터 전달받은 고객의 수요나 자체적인 기술개발 로드맵에 의해서 제품개발 프로젝트가 기획되면 개발대상 제품의 **기능과 사양을 정의**하는 작업이 시작된다. 일반적으로 마케팅부서에서는 모든 항목들이 완벽한 제품을 요구하지만, 이를 모두 수용하기에는 기술 난이도가 너무 높거나, 기계가 너무 복잡하고 비대해지거나, 너무 비싸져서 제품으로서의 경쟁력을 잃어버릴 우려가 있다. 또한 개별 모듈들을 개발하는 부서나 협력업체는 자신들의 사양을 보수적으로 책정하기 위해서 주변 모듈에서 자신이 담당하는 모듈로 전달되는 인터페이스 사양을 과도하게 요구하는 경향이 있으며, 이로 인하여 개념설계 과정에서 적용할 기술의 난이도가 너무 높아지게

---

13 그림 10.37 참조.

된다. 예를 들어, 광학계를 담당하는 부서에서 초점심도가 200[nm]인 광학계를 설계하면서, 이를 숨기고 광학계를 탑재할 갠트리와 위치이송 스테이지 사이의 위치 안정성을 50[nm]로 유지해달라고 요구한다면 스테이지 제작에 적용할 기술의 난이도가 필요 이상으로 높아지게 되며, 이로 인하여 제작비용도 크게 증가해버린다. 기능과 사양을 정의하는 과정은 개발대상 제품의 정체성을 결정하는 작업이므로 매우 세심한 고려가 필요하며, 사양결정에 참여하는 엔지니어들은 팽팽한 긴장감 속에서 부서 간의 이해를 따지게 될 우려가 있다. 이런 경우에 필요한 사양을 정확하게 산출하고 이를 분배하는 체계적이고 객관적인 기술이 필요하며, 이것이 10장에서 논의할 오차할당 기법이다.

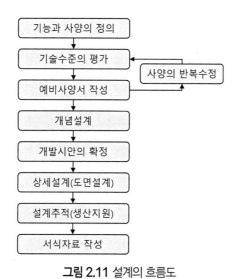

그림 2.11 설계의 흐름도

일단 사양이 정의되고 나면, 이를 구현하기 위하여 사용 가능한 기술들을 나열하고 이들의 구현 가능성에 대한 **기술 수준 평가**를 시행한다. 자사가 보유한 기술과 인력을 평가하여 플랜별로 난이도를 살펴봐야 한다. 이 과정에서 만일 외부로부터의 기술도입이 필요하다면 기술도입과 관련된 타당성 조사도 함께 수행하여야 한다. 최종적으로 적용할 기술이 결정되고 나면, 이를 근거로 하여 구현 가능한 사양서를 다시 작성하며, 이를 **예비사양서**라고 부른다. 이 예비사양서의 수치값들은 최초에 정의했던 사양값과는 다를 것이다. 따라서 예비사양서를 기반으로 개발한 제품의 상품성이나 기대성능에 대한 검토를 통해서 애초의 요구성능을 최대한 충족시켜주는 사양값으로의 반복수정이 이루어진다. 이 과정에서 예비사양서를 만들 때에 적용하려던 기술로는 더 이상 변경된 사양을 충족시킬 수 없게 된다면, 다시 새로운 플랜에 대한 기술 수준 평가를 반복해야만 한다. 예를 들어, 웨이퍼 이송용 스테이지의 직선안내 베어링으로 LM 가이드를 사용할 것을 가정하여 위치결정 정밀도를 250[nm]로 산정한 예비사양서를 작성하였으나, **사양의 반복수정** 과정에서 웨이퍼 이송용 스테이지의 위치결정 정밀도가 100[nm] 미만이 되어야 한다면, 결국은 LM 가이드를 포기하고 공기 베어링을 사용하여야 한다. 이런 경우에는 LM 가이드 사용을 가정하여 작성했던 모든 세부사항들은 폐기되며, 공기 베어링 시스템을 기반으로 하여 모든 세부항목들을 다시 계획해야만 한다.

개발제품의 사양이 최종적으로 완성되고 나면, **개념설계**가 시작된다. 개념설계 과정에서는 기존의 설계를 기준으로 삼고 최소한의 설계변경으로 요구성능을 충족시키는 설계방법인 변형설계, 기존의 작동방식에서 벗어나 새로운 작동방식을 도입하여 성능을 크게 향상시키는 설계방법인 적용설계 그리고 이전에 존재하지 않았던 완전히 창의적인 개념을 도입하여 성능의 퀀텀 점프를 이루는 창조설계와 같은 다양한 설계개념들을 만들어내야 한다. 비록 최종적으로는 단 하나의 설계안이 채용될 것이고, 꿈같은 개념들이 허황되게 보일지라도, 이 단계에서 설계 엔지니어는 결코 실망하지 않고 다양한 개념들을 끊임없이 만들어내야만 한다. 이를 통해서 설계자의 창의성이 향상되며, 기업은 기술적 초격차를 유지할 수 있는 동력을 얻게 된다.

다양한 설계개념들에 대하여 어느 정도 설계가 구체화되고 나면, 이들을 상호 비교하여 가장 유력한 개념설계를 선정해야 한다. 설계안들의 비교에는 선형가중기법이나 계층적 분석법이 사용되며, 이 단계에서는 객관적인 평가를 통해서 사심 없이 설계안을 선정하는 것이 매우 중요하다. 저자는 공학적으로 타당하며, 객관적으로도 월등한 설계안을 제쳐두고 팀장이 선호하는 엉뚱한 설계안을 채택하여 개발과제가 망가지는 것을 수없이 보아왔다.

확정된 시안에 대한 **상세설계**는 솔리드 모델러를 사용한 입체설계와 이를 2차원 제작도면으로 변환하는 과정이다. 이 과정에서 수행되는 설계검토와 도면의 검도에 대해서는 각각 1.4.3절과 1.4.4절의 내용을 참조하기 바란다.

이후에 설계도면이 발주되고 부품과 모듈이 제작되어 V-모델의 우측 가지로 넘어가게 되면, **설계추적**이 시작된다. 이 단계에서는 제작 및 조립된 시스템의 운영과정에서 발견되는 설계오류나 개선사항들을 취합하여 필수적인 항목들은 재설계를 해야 하며, 이외의 사안들은 노하우로 축적하여 이후의 설계에 반영해야 한다.

마지막으로, 각 단계별로 필요한 작업지시서, 시험방법, 사용자 매뉴얼, 유지보수 매뉴얼 등의 서식자료들을 작성해야 한다. 개발된 장비에 대해서 가장 잘 파악하고 있는 설계자가 이런 서식 자료들을 작성하는 것이 원칙이다. 하지만 안타깝게도 많은 엔지니어들이 도면은 잘 그려도 글은 쓰기를 어려워한다.

이상과 같은 설계과정의 다양한 단계들은 V-모델 및 동시병렬공학과 유기적인 연관관계를 가지고 체계적으로 수행되어야만 한다.

2.2.2 과제의 기획

과제기획 업무는 기업의 비전에 맞춰서 기술개발 로드맵을 작성하고, 과제를 탐색하며, 기술을 센싱하는 **선행적 기획업무**와 개발이 확정된 과제의 실행계획을 작성하는 **실천적 기획업무**로 구성된다. 하지만 과제탐색과 발굴을 포함한 선행적 기획업무는 이 책의 범주를 넘어서기 때문에 이 책에서는 다루지 않으며, 일단 과제가 결정된 이후의 실천적 과제기획 프로세스에 대해서 살펴보기로 한다.

특정 기술 또는 장비의 개발에 대한 의뢰가 들어오면 **그림 2.12**에 도시된 것처럼, 부분별 전문가들로 이루어진 개발기획 위원회를 구성하는 것으로 과제의 기획이 시작된다. 이들의 자유로운 의사소통(또는 브레인스토밍)을 통해서 개발품의 기능과 사양의 정의(또는 과제의 정의), 경쟁사와 고객사의 기술탐색, 과제에 대한 로드맵과 일정계획의 작성 및 검토, 과제수행의 위험성평가 등을 수행하며, 이와 병행하여 기획부서에서는 투입할 인력과 이들의 운용계획, 자금의 확보 및 투입계획, 협력사의 탐색 등을 수행한다.

이 단계에서의 정의되는 기능과 사양은, 예를 들어 $1,500 \times 850[mm]$의 크기와 $200[\mu m]$ 두께를 가지고 있는 유리기판을 $100[mm/s]$의 속도와 $\pm 1[\mu m]$의 정확도로 레이저 절단가공이 가능한 스테이지 시스템의 개발과 같이 구체적인 수치항목이 들어간 명제 형태의 과업지시문이다. 물론, 이보다 더 상세한 사양정의도 가능하겠지만, 사양의 구체성은 설계의 자유도를 속박하기 때문에, 구체적인 모듈별 또는 기능별 사양값 추출은 예비사양서 작성과정에서 개념설계와 병행하여 도출하는 것이 타당하다.

기술의 수요처인 고객 또는 고객사는 과제기획 단계에서 정확한 요구조건을 제시하지 못하며, 납품 이후에 요구조건을 변경하는 사례가 빈번하기 때문에, 기능과 사양의 정의과정에서는 해당 장비나 기술의 수요처인 고객 또는 고객사와의 긴밀한 사전협의가 필요하다. 이와 더불어서 경쟁사의 제품 사양과 적용기술에 대한 검토도 충실하게 수행되어야만 한다. 경쟁사의 제품을 제치고 신규개발제품을 납품하기 위해서는 가격, 성능 및 신뢰성의 측면에서 비교우위가 있어야만 한다. 예외적으로 24시간 즉시대응체제를 요구하는 반도체나 디스플레이장비의 경우에는 문제 발생 시 빠른 대응도 중요한 선정기준들 중 하나이다. 하지만 현재 우리나라의 인건비 수준은 더 이상 낮은 가격을 장점으로 내세울 수 없는 상황이므로, 성능과 신뢰성의 측면에서 비교우위를 확보할 수 있도록 제품을 기획하여야만 한다.

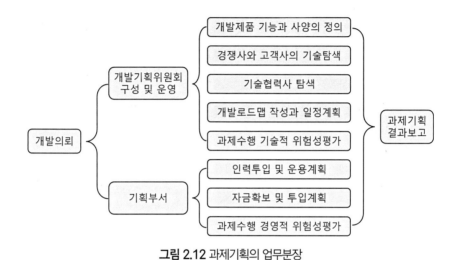

그림 2.12 과제기획의 업무분장

과제의 성공적인 수행을 위해서는 자사의 개발역량을 판단하여 기술내재화 항목들과 외주개발항목들을 분류하여야 하며, 외주개발을 위한 협력사도 물색하여야 한다. 많은 경우, 특수 기술을 보유한 외주기업은 많지 않으며, 해당 기업이 경쟁사와 독점적 공급계약을 맺은 경우가 많다. 이런 경우에는 외주개발이 불가능해지며, 기술내재화가 불가피해진다. 따라서 기술 협력사 탐색도 기획단계에서 매우 중요한 과업이다.

개발 로드맵 작성과정에서는 **그림 2.11**에 도시된 것처럼, 기능과 사양의 정의, 예비사양서 작성, 개념설계와 사양의 반복수정 등에 충분한 시간을 할애하여야 한다. 납기가 촉박하다는 이유로 이 단계를 건너뛰고 공학적 고려 없이 발주부터 내는 경우에는 과제의 위험성이 매우 높아지게 된다. 2.2.1절에서 설명한 설계의 흐름도를 이해하고, 이를 반영하여 올바른 개발 로드맵 작성과 일정계획을 수립하여야 한다.

기술개발이나 제품개발이 항상 성공할 수는 없다. 따라서 객관적인 기술 수준의 평가와 위기관리 능력이 필요하며, 이를 종합하여 과제수행의 기술적 위험성(성공가능성)을 평가해야만 한다. 예를 들어, 개발과제의 성공확률이 90% 이상이라면 제품의 경쟁력은 낮지만, 개발의 위험성도 매우 낮은 **보수적인 플랜**으로서 주로, 시장을 지배하는 대기업에서 많이 채택하는 솔루션이다. 성공확률이 70% 수준이라면, 제품의 경쟁력이 높아 경쟁사 대비 비교우위를 확보할 수 있지만, 개발의 위험성도 높은 **도전적 플랜**으로서, 주로 중견기업에서 많이 채택하는 솔루션이다. 성공확률이 50% 미만이라면, 첨단 기술들을 집약하여 성능의 퀀텀점프를 목표로 하는 **공격적 플랜**으로서, 개발의 위험성이 매우 높지만, 성공 시에는 기존의 시장을 파괴할 수 있기 때문에 아직 시장에 진입하지 못한 스타트업 기업이 자주 채택하는 솔루션이다.

이상의 개발기획위원회 활동과 더불어서 기획부서에서는 인력투입 및 운용계획, 자금확보 및 투입계획 그리고 과제수행과정에서 예상되는 각종 경영적 위험성을 평가하여야 한다. 이런 기획부서의 업무활동은 이 책의 범주를 넘어서므로, 자세히 다루지 않는다.

이상의 과제기획 활동이 완료되면 보고서 형태로 결과물을 정리하여 과제기획 결과를 경영진에 보고하며, 과제의 진행여부에 대한 경영진의 판단을 받게 된다. 경영진에서는 정말로 필요해지기 전까지는 대규모의 투자를 미루어야 하며, 일단 과제의 진행을 결정하게 되면 최단기간 내에 제품개발을 완료할 수 있도록 최대한의 인력과 자금을 투입하여야 한다.

2.2.3 과제의 관리

과제의 관리는 실행 중인 과제를 관리하는 업무로서, 일정관리, 인력관리, 진도관리, 자금관리, 협력업체 관리, 성과관리 등 과제수행 전반을 업무 범위로 설정한다.

일정관리는 과제수행 단계와 업무를 세분화하여 **그림 2.10**에 도시되어 있는 것처럼, 세부업무의 시작과 종료시점을 로드맵의 형태로 작성한 후 이를 관리하는 업무이다. 과제수행의 초기에는 로드맵에 열거된 항목의 숫자가 작지만, 과제가 진행되어감에 따라서 수행하는 업무가 구체화, 세분화되기 때문에 로드맵을 사용하여 관리해야 하는 항목들이 기하급수적으로 증가하게 된다. 과제 수행과정에서 생기는 각종 지연요인들을 찾아내어 일정계획을 수정하며, 과제 종료일을 지킬 수 있도록 위기관리를 하여야 한다.

인력관리는 과제에 참여하는 인력의 수급과 배치 및 운영을 관리하는 업무이다. 일반적으로 과제수행에 충분한 인력이 투입되기는 어렵기 때문에 제한된 인력을 적기에 적소에 배치하여 과제수행 과정에서 인력부족으로 인하여 병목현상이 발생하지 않도록 효율적으로 인력을 운영하여야 한다.

진도관리는 과제를 세분화(또는 모듈화)하여 세부과제들의 개발 진도를 모니터링하는 업무이다. 개발과정에서 예상치 못한 문제가 발생하여 특정 세부과제의 진도가 지연되면 과제 전체의 성공을 담보할 수 없어지게 된다. 대부분의 조직들에서는 개발업무의 지연 또는 실패를 감추고 내부에서 해결하려 노력하면서 시간을 허비하기 때문에 개발지연이 외부로 알려지는 시점에서는 이를 해결하기가 너무 늦어버리고 과제 전체가 실패하게 된다. 따라서 수시로 설계검토나 진도보고 등을 통해서 지연상황이나 위기상황의 발생 여부를 모니터링하여야 하며, 지연발생 초기단계부터 플랜B를 마련하여 적극적으로 대응하여야 한다. 과제진도를 관리하는 과제관리자(PM)의 이런 능력이 과제의 성패에 절대적인 영향을 끼친다.

자금관리는 과제수행에 소요되는 자금을 관리하는 업무이다. 대부분의 경우 과제의 총 비용은 과제수행 전에 결정되지만 과제수행 과정에서 시행착오나 일정지연 등으로 추가적인 자금소요가 발생하게 된다. 또한 개발과제를 수행하는 과정에서 세부과제별로 더 많은 자금을 확보하기 위해서 과잉사양을 제시하는 경향이 있으며, 이를 다 수용하기에는 자금이 항상 부족하게 된다. 하지만 특정한 세부과제에 더 많은 자금이 투입된다고 하여서 시스템 전체의 성능이 향상되는 것은 아니기 때문에, 동일가치 설계의 개념에 기초하여 자금을 배정하는 노력이 필요하다.

협력업체는 모듈제품을 개발하여 공급하는 업체와 요소제품을 납품하는 업체로 나눌 수 있다. 전자는 개발과제의 세부업무를 분담하는 협력업체이므로, 과제 수행과정에서 설계검토나 진도보고의 의무를 가지고 있다. 반면에 요소제품 납품업체는 납기관리와 입고검수만으로도 충분하다. 하지만 장납기 요소제품의 경우에는 중간단계에서 반드시 진도점검을 시행하여야 한다. 3개월 납기를 약속하고 납품 전날 이런저런 이유를 대면서 납기를 연기하는 사례를 자주 경험하게 된다. 따라서 납기지연이 개발일정에 심각한 영향을 끼칠 수 있는 경우에는 계약서에 반드시 지체보상금 조항을 명기하여야 한다.

성과관리는 개발과정에서 도출되는 기술이나 노하우에 대해서 지적재산권을 설정하는 등의 개발 결과물의 부가가치를 극대화시키는 업무이다. 기술의 밀봉을 통해 타인이 이를 역설계할 수 없도록 만들 수 있는 경우에는 노하우로 분류하여 사내기밀로 다루어야 하며, 기술이 외부로 드러나서 타인이 용이하게 역설계할 수 있는 경우에는 지적재산권을 설정하여 이를 법적으로 보호받아야 한다. 개발된 기술에 대한 적절한 보호수단이 마련되지 않는다면 즉시 타인이 이를 복제한다는 것을 명심하고 성과관리에 세심한 노력을 기울여야 한다.

지금부터 과제관리의 사례로서, 극자외선노광기의 초기개발을 담당했던 EUV LLC社의 사례를 살펴보기로 한다.14

1997년에 극자외선 노광기술에 대한 진보된 연구개발을 수행하기 위해서 인텔社의 주도로 모토롤라社, AMD社, 마이크론社, 인피니언社 등이 기금을 출연하여 로렌스버클리 국립연구소(LBNL), 로렌스 리버모어 국립연구소(LLNL), 샌디아 국립연구소(SNL) 등으로 이루어진 극자외선 유한회사(EUV LLC)15가 설립되었다. EUV LLC는 자금의 조달과 프로그램 관리의 책임을 맡았다. 기술개발을 가속화하고 장비 개발과 관련된 위험을 줄이기 위한 세부목표를 수립하였고 이를 운영하였다. 값비싼 프로젝트를 수행하기 위해서 공동으로 출연하여 만들어진 가상회사가 이루어낸 기술개발 및 산업체 이전의 가속화 성공사례는 하이테크 전자산업의 기술실현을 위한 새로운 패러다임을 제시해주었다.

그림 2.13에서는 EUV LLC, 가상국립연구소, 반도체장비 제조업체 그리고 공급업체 등 네 개조직의 상호 연관관계를 보여주고 있다. 이 모델에서 가상국립연구소는 연구, 개발 및 엔지니어링을 수행하며, EUV LLC는 과제관리를 담당하여 프로그램의 추진과 기술의 판매를 수행하였다.

EUV LLC의 조직은 그림 2.14에 도시되어 있는 것처럼, 중앙사무소, 이사회, 자문단, 조정위원회와 작업그룹, 반도체장비 제조업체 및 요소와 하위 시스템 공급업체의 대표자, 가상국립연구소 등으로 구성되었다.

- 이사회는 자금조달과 EUV LLC 프로그램 전반의 운영을 관장하며, 각 회원사의 고위직으로 구성되었다. 정기회의를 통하여 기술진보를 검토하고 비즈니스와 공급자 이슈들을 논의하였다.
- EUV LLC 사무소는 프로그램 관리, 자금조달, 레지스트평가, 마스크패터닝 공정개발 등 과제 전반의 진행을 관리하였으며, 영업관리, 사업발굴, 운영관리, 법무보좌 등의 일간운영을 수행하였다.

---

14 Vivek Bakshi, EUV Lithography, SPIE, 2018의 2장 내용을 참조하였다.
15 Extreme Ultraviolet Limited Liability Company.

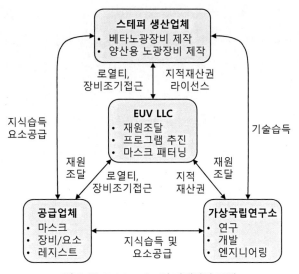

그림 2.13 EUV LLC社의 과제관리 모델[16]

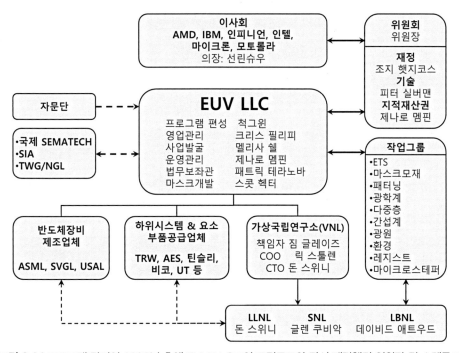

그림 2.14 프로그램 말기인 2003년 초에 EUV LLC社의 조직구조와 당시 재직했던 위원장 및 스텝들[17]

---

16   Vivek Bakshi, EUV Lithography, SPIE, 2018.
17   Vivek Bakshi, EUV Lithography, SPIE, 2018.

- 위원회는 재정, 경영, 기술 및 지적재산권 위원회가 구성되었다. 재정위원회는 가상국립연구소, 하도급업체, EUV LLC 운영사무소 등의 지출관리, 예산제안서 검토, EUV LLC 재정충당을 위한 지분판매 등을 검토하였다. 경영위원회는 자금조달과 경영계획의 수립, 공동개발 협약의 체결, 새로운 회원사 모집 등을 검토하였다. 기술위원회는 기술적 목표설정, 기술진보의 검토, 자금배정, 개별 기술 프로젝트들의 위험성 평가 등을 수행하였다. 지적재산권위원회는 발명과 기술진보에 대한 검토와 발명 아이템들에 대한 특허출원 또는 영업비밀 등을 분류하였다.
- 작업그룹은 공학시험장치(ETS) 개발, 마스크 모재개발, 마스크 패터닝 기술개발, 광학설계와 제작, 다중층코팅, 극자외선 광원개발 등 핵심 기술분야를 기준으로 결성하였다.
- 가상국립연구소는 미국 에너지성 산하의 세 개의 국립연구소들의 연합체로 구성되었으며, 이들은 주어진 개발과제를 실제로 수행하는 업무를 맡았다. 로렌스버클리 국립연구소는 마이크로노광장비와 공학시험장비용 개별 광학부품들과 투사광학계 박스의 극자외선 간섭, 결함검사와 분석, 극자외선 산란문제연구 등을 책임졌다. 로렌스리버모어 국립연구소는 광학설계, 다중층코팅, 마스크모재, 광학부품과 투사광학계 박스의 가시광선 계측과 엔지니어링, 콘덴서설계 등을 책임졌다. 샌디아 국립연구소는 시스템엔지니어링, 환경관리, 광원개발, 10× 축소 마이크로스테퍼의 실험, 모델링, 레지스트 개발 등을 책임졌다.
- 외부자문단은 프로그램 추진, 정치적 문제, 경영 등의 조언을 수행하였다.

6년간 수행된 EUV LLC 프로그램은 체계적인 과제관리를 통해서 전반적으로 뛰어난 기술적 진보와 엄청난 양의 기술정보 축적을 통해서 설정된 거의 모든 기술적 목표를 달성하였다. 비록 여러 가지의 이유 때문에 프로그램이 의도치 않게 조기 종료되었으며, 재난적인 상황들이 발생하여 기술이전이 원활하지는 않았지만, EUV LLC社는 개발된 기술을 반도체장비 제조업체인 실리콘밸리그룹리소그래피(SVGL)社에 판매하였으며, 이후에 이 권리는 2002년에 네덜란드의 ASML社에서 승계하여 상용화를 진행하였다. 결국 ASML社는 상용 극자외선 노광기의 개발에 성공하였으며, 2018년 이후로 상용 EUV 스캐너 장비의 판매가 시작되었다.

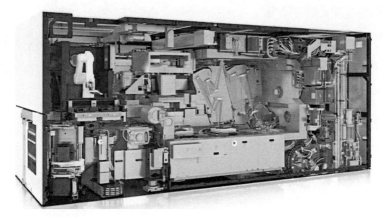

그림 2.15 ASML社의 극자외선 노광기인 NXE:3400C의 사례[18](컬러 도판 p.750 참조)

2.3 기계설계의 방법론

기계설계는 단순한 드로잉이나 제도와는 다른, 공학기반의 설계이론 실천과정이다. 또한 기계설계는 좌충우돌 과정에서 번쩍 하고 떠오르는 유레카 스타일의 발명이 아니고, 수학과 공학 기반의 잘 훈련된 체계적인 사고의 결과물이다. 이론적 고민 없는 단순 드로잉으로 인하여 수많은 인명과 재산의 손실이 발생한다. 설계 엔지니어는 잠재적 살인자일 수 있다는 고민과 책임감을 가지고 설계에 임할 것을 부탁한다.

기계를 설계하기 위해서는 수많은 표준 기계요소 부품들과 공산품들, 센서와 작동기들 등의 유형과 활용방법에 대해서 숙지하고 있어야만 한다. 이는 단시간의 학습과 실습만으로는 결코 성취할 수 없는 일이기 때문에 기계설계 엔지니어는 오랜 기간 동안 다양한 분야의 정보를 습득하고 이를 체계적으로 기억하기 위해서 노력해야만 한다.

훌륭한 설계 엔지니어는 정보수집을 게을리 하지 말아야 한다. 오랜 시간을 공들여서 개발한 개발품과 동일하거나 더 나은 제품이 매우 싼 가격으로 시장에서 이미 팔리고 있는 사례를 몇 차례 보아왔다. 특허기술 검색도 매우 중요하다. 엄청난 시간과 노력을 들여서 개발한 신제품이 의도했던 의도하지 않았던 기존 제품의 특허를 침해하였다면 상품화가 불가능하다. 따라서 개발과제를 시작하기 전에 미리 특허 맵을 작성하고 경쟁기술을 분석해야만 한다.

---

18 asml.com

앞에서 여러 차례 복잡 시스템의 개발은 모듈화를 통해서 이루어진다고 설명하였다. 따라서 혼자의 힘으로 기계, 전자, 소프트웨어, 가공, 제작, 시험 등의 모든 분야를 수행할 수는 없기 때문에 설계 엔지니어는 네트워킹이 매우 중요하다. 당면한 사안이나 과제에 대한 해결방안을 모른다면 정말로 어려운 과제이겠지만, 누군가가 과거 유사한 사례에서의 해결방법을 알고 있다면 단한 번의 질문과 대답만으로 문제를 해결할 수 있다. 또한 내가 담당하는 모듈에서는 해결하기 어려운 문제나 인터페이스 변경만으로도 인접 모듈에서는 쉽게 해결할 수 있는 경우도 자주 발생한다. 하지만 네트워킹은 인간관계에 해당하기 때문에 일방적인 도움은 기대하기 어려우며, 평소에 남의 요구에 적극적으로 도와주어야 내가 필요할 때에 도움을 받을 수 있는 것이다.

기계설계과정에서 검토해야만 하는 다양한 사항들을 빠짐없이, 그리고 실수 없이 검토하여야 하며, 기술적 모순상황에 대한 현명한 해결이 필요하다. 이를 위해서 체계적인 설계방법론인 이시카와 도표와 창의적인 설계방법론인 TRIZ 및 ARIZ에 대해서 살펴보기로 한다.

2.3.1 이시카와 도표

일명 **인과도표**라고도 부르는 **이시카와 도표**는 결과에 영향을 미치는 여러 원인들을 중심선의 양쪽에 사선으로 연결하여 그리기 때문에 생선뼈 모양과도 유사하다 하여 **어골도**라고도 부른다. 이 방법을 결과에 이르는 주된 원인들을 빠짐없이 나타낼 수 있기 때문에 브레인스토밍 과정에서 문제를 체계적으로 분석하여 해결책을 탐색하는 훌륭한 도구이다.

그림 2.16에서는 이시카와 도표의 작성방법을 보여주고 있다. 우선, 해결하고자 하는 문제들을 오른쪽에 나열한 다음, 왼쪽으로부터 큰 수평선을 그린다. 문제에 영향을 끼치는 주원인들을 찾아내어 사선의 끝에 이름을 붙여 배치한다. 이 사례의 경우에 기계는 작업을 수행하는 데 관여하는 장비, 컴퓨터, 도구 등을 의미한다. 방법은 프로세스를 수행하는 방법, 절차, 규칙 등의 요구사항들이다. 사람은 프로세스와 관련된 모든 사람이며, 재료는 최종제품의 생산에 사용되는 원자재와 소모품들이다. 측정은 기계의 작동을 감시하고 품질을 평가하는 모든 행위이다. 환경은 프로세스가 운영되는 위치, 시간, 온도 등의 조건이다. 주원인들에 영향을 끼치는 부원인들을 찾아내어 주원인의 측면에 곁가지 형태로 배치한다. 이시카와 도표를 완성하고 나면, 원인과 결과 사이의 인과관계를 검토하고, 결과에 가장 심각한 영향을 끼치는 원인들을 분류하여 해결방안을 토의한다.

이시카와 도표를 사용하면 인과관계를 체계적으로 분석할 수 있기 때문에 설계과정에서 자칫 간과하거나 무시할 수 있는 사안들을 빠짐없이 검토할 수 있도록 도와준다.

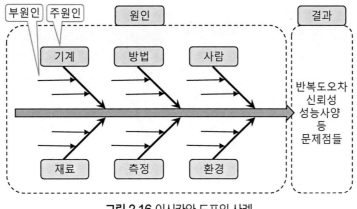

그림 2.16 이시카와 도표의 사례

2.3.2 TRIZ와 ARIZ

TRIZ[19]는 러시아의 과학자인 겐리히 알츠슐러가 개발한 창의적 문제해결기법으로, 기술적인 문제를 해결하는 방법에는 공통된 법칙과 패턴이 있다는 전제에 바탕을 두고 있다. 따라서 이 기법은 모든 사람들이 문제를 창의적으로 해결할 수 있는 일반적이고 체계적인 문제 해결책을 제시한다는 점에서 큰 의의가 있다.

TRIZ는 주어진 문제에 대하여 가장 이상적인 결과를 제시하고, 그 결과를 얻는 데 관건이 되는 모순을 찾아내어 그 모순을 극복할 수 있는 해결안을 얻을 수 있도록 생각하는 방법이라고 정의할 수 있다. 알츠슐러는 **40가지의 발명원리**, **76가지의 표준해** 그리고 **39가지의 기술적 표준용어**에 따른 **모순테이블**을 제시하였으며, 이를 활용하여 창의적 문제해결에 도달할 수 있다.

그림 2.17에서는 알츠슐러가 제시한 40가지의 발명원리를 성질에 따라서 임의로 분류하여 보여주고 있다. 이 발명의 원리가 언제 어느 상황에서 적용되는지를 검색하기 위해서 **표 2.1**에 제시되어 있는 39가지 기술표준용어를 사용하여 만든 **표 2.2**의 모순테이블이 사용된다. **표 2.2**의 수평축 상단에 적시된 번호와 수직축 좌단에 적시된 번호는 모두 **표 2.1**의 기술표준용어들에 해당하는 번호를 의미한다. 그리고 **표 2.2**에 제시되어 있는 1~40까지의 숫자들은 **그림 2.17**에 제시되어 있는 발명의 원리를 의미한다. 지금부터 이들을 활용하는 방법에 대해서 살펴보기로 하자.

---

19 теория решения изобретательских задач: The Theory of Inventive Problem Solving.

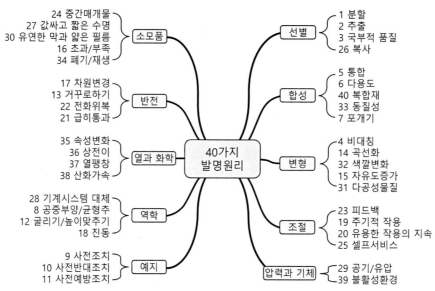

그림 2.17 40가지 발명의 원리[20]

표 2.1 39가지 기술적 표준용어[21]

번호	특성	번호	특성	번호	특성	번호	특성
1	움직이는 물체의 무게	11	응력(또는 압력)	21	동력	31	물체가 생성한 유해인자
2	정지상태 물체의 무게	12	형상	22	에너지손실	32	제조의 편이성
3	움직이는 물체의 길이	13	물체 구성요소의 안정성	23	물질의 손실	33	작동의 편이성
4	정지상태 물체의 길이	14	내구력	24	정보의 손실	34	유지보수의 편이성
5	움직이는 물체의 면적	15	움직이는 물체의 작용시간	25	시간손실	35	적응성 또는 다양성
6	정지상태 물체의 면적	16	정지물체의 작용시간	26	물질의 양	36	장치의 복잡성
7	움직이는 물체의 부피	17	온도	27	신뢰성	37	감지 및 측정의 난이성
8	정지상태 물체의 부피	18	조도	28	측정정밀도	38	자동화의 확장
9	속도	19	움직이는 물체의 에너지이용	29	제조정확도	39	생산성
10	힘(또는 강도)	20	정지물체의 에너지이용	30	물체가 영향받는 유해인자	-	-

---

20 http://blog.daum.net/sh1080/15474741를 참조하여 재구성하였다.

21 en.wikipedia.org/wiki/TRIZ를 참조하여 재구성하였다.

표 2.2 모순 테이블[22]

(39×39 모순 테이블: 행과 열은 각각 1번부터 39번까지의 특성으로 구성되어 있으며, 각 교차점에는 해당하는 발명의 원리 번호들이 기재되어 있다.)

그림 **2.18**에서는 소총의 설계과정에서 모순 테이블의 활용사례를 보여주고 있다. 휴대성이 높고 사격의 정확도도 높은 소총을 개발하기 위해서는 측정의 정확성과 작동의 용이성이 서로 상충되는 기술적 모순을 만나게 된다. 이런 경우, **표 2.2**의 모순테이블에서 개선하려는 특성(수직축)으로는 28번 측정정밀도를 선정하고, 이로 인하여 악화되는 특성(수평축)에서는 33번 작동의 편이성을 선정한다. 이들 행과 열이 만나는 위치에는 1, 13, 17 및 34번이 적시되어 있으며, 이 번호에 해당하는 발명의 원리를 찾아보면 분할, 거꾸로 하기, 차원 변경 그리고 폐기 및 재생이 제시되어 있다. 초보 엔지니어들은 여기서 생각이 막혀버리겠지만, 경험이 많고 창의설계에 숙련된 엔지니어라면, '개머리판 중 일부를 총열 구획으로 분할한다(분할). 총열 중 일부와 약실을 개머리판 속으로 집어넣는다(거꾸로 하기). 방아쇠 앞에 있는 탄창을 손잡이 뒤로 옮긴다(차원 변경). 개머리판

22　en.wikipedia.org/wiki/TRIZ를 참조하여 재구성하였다.

의 용도를 약실로 사용한다(폐기 및 재생).' 등의 생각을 통해서 불법 소총의 개념을 도출할 수 있을 것이다.

TRIZ는 이해하기 쉽고 정형화된 발명의 원리를 제시해주기 때문에 창의설계를 수련하는 과정에서 활용하기에 좋은 도구이다. 하지만 제시된 원리가 전부는 아니며, 자유로운 사고를 방해할 우려가 있기 때문에 비정형화된 창의적 문제해결 방법인 **ARIZ**[23]가 개발되었다. ARIZ는 기술적으로 상충하는 모순요소를 발굴하여 모순을 심화시키며, 문제해결을 위해 필요한 X-요소를 발굴해가는 비정형적 사고실험 방법이다. ARIZ의 활용 사례로 증강현실 휴대기기용 문자입력 단말기의 사례[24]를 살펴보기로 하자.

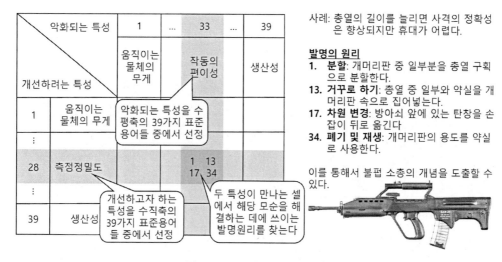

그림 2.18 모순 테이블의 활용사례

증강현실 휴대용 단말기가 구글안경과 같은 형태로 발전해나가는 경우, 문자정보 입력장치는 휴대성과 조작성을 동시에 필요로 한다.

- 기술모순 1: 별도의 입력장치를 가지고 다니면 조작성이 좋지만 휴대성이 떨어진다.
- 기술모순 2: 시선인식 등의 기술을 사용하여 입력장치를 없앤다면 휴대성은 높지만 문자정보

---

23 алгоритм решения изобретательских задач: Algorithm of Inventive Problem Solving.

24 장수안, 창의적 문제해결 알고리즘(ARIZ)을 활용한 증강현실 휴대기기용 문자입력장치, 서문여고 아이디어대회 금상, 2012, 휴먼테크논문(고교부문), 2013.

입력속도가 현저히 떨어진다.

따라서 별도의 문자판을 휴대하지 않고도 휴대폰에 버금가는 속도로 문자정보를 입력할 수 있는 장치 X-요소가 필요하다. 이 기술적 모순에서 도구[25]는 문자입력장치이며, 생성물[26]은 휴대성과 조작성이 된다. 기술모순 2를 해결할 문제로 선정하여 다음의 세 가지 상황을 분석하였다.

1) 서로 상충하는 모순요소: 조작성이 뛰어난 입력기법은 있지만 휴대성이 뛰어난 자판형 입력장치는 없다.
2) 모순이 심화된 상황: 자판을 사용하여 문자정보를 입력하면 조작성이 뛰어나지만, 자판형 입력장치는 휴대가 불편하다. 자판형 입력장치가 없는 상황에서는 입력속도가 현저히 저하되어 조작성이 떨어진다.
3) 문제해결을 위해서 X-요소가 해야 할 일: 별도의 자판형 입력장치를 사용하지 않고, 문자정보 입력속도를 저하시키지 않으면서, 휴대성이 뛰어난 어떤 X-요소가 필요하다.

이런 모순상황을 해결하기 위한 이상해결책으로 X-요소를 손바닥이라고 가정하여 모순상황을 기술해보면, "손바닥은 문자 입력 시 자판의 기능을 수행해야 하며, 그 이외의 시간에는 자판으로 작용하지 않아도 된다." 이를 보다 구체적으로 기술해보면, "안경형 증강현실장치를 착용하고 손바닥을 바라보면, 손바닥은 자판의 기능을 갖춰야 한다." 이를 정리해보면, "손바닥에 생성된 가상자판은 문자를 입력하는 동안 스스로 자판 간에 명확하게 물리적 경계선이 구분된 자판이 되어야 하며, 그 이외의 시간에는 자판으로 작용하지 않아도 된다."

그림 2.19 (a)의 손바닥 가상자판은 물리적 구획이 불명확하여 정확성이 떨어진다. 이를 해결하기 위해서 ARIZ에서는 유사문제의 해결안을 활용할 것을 권하고 있다. 우리의 선조들은 손가락 마디를 꼽아가면서 60간지를 세었다. 즉, 손가락마디를 꼽아가면서 60을 셀 수 있다는 뜻이다. 엄지손가락을 제외한 나머지 네 손가락 마디는 3×4 자판과 동일한 구획을 가지고 있다. 따라서 이상적인 해결책으로 그림 2.19 (b)에서와 같이 손가락 마디마다 문자를 배정한다면 이를 엄지손

---

25 tool.
26 product.

가락으로 짚어가는 과정을 사용하여 문자를 입력할 수 있을 것이다.

- 문제해결방안: 안경형 증강현실장치를 착용하고 손가락을 바라보면 가상자판 입력모드가 활성화되고, 손가락 마디를 누르는 엄지손가락의 위치와 동작을 검출하여 문자정보를 입력한다.

이 개념이 최초로 도출되었던 2012년 당시에는 증강현실, 영상인식 그리고 인공지능 관련 기술들이 발달하지 못하여 이런 형태의 입력장치를 실현시키기에 무리가 많았었다. 하지만 현재는 초창기 구글안경 시대보다 모든 기술들이 혁신적으로 발전하였기 때문에 머지않아서 손가락 마디를 자판입력장치로 활용하는 방법이 상용화될 것으로 기대된다.

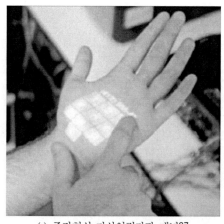
(a) 증강현실 가상입력자판 개념27

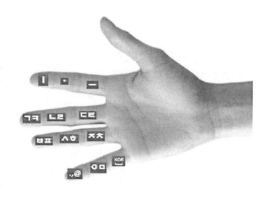
(b) 손가락 마디를 자판으로 활용하는 방안28

그림 2.19 손을 가상현실 입력장치로 활용하는 두 가지 방안

이상에서 살펴본 바와 같이 TRIZ나 ARIZ는 기술적 모순상황을 찾아내어 이를 해결할 방안을 찾는 효과적인 도구이다. 하지만 단순히 기법만 익혔다고 해서 창의적인 해결방안을 기계적으로 찾아낼 수 있는 것은 결코 아니다. 올바른 해결책을 찾아내기 위해서는 오래 생각하고 고민하는 노력이 필요하다.

---

27 http://www.toxel.com/tech/2010/03/05/using-body-as-an-input-surface/
28 장수안, 창의적 문제해결 알고리즘(ARIZ)을 활용한 증강현실 휴대기기용 문자입력장치, 서문여고 아이디어대회 금상, 2012, 휴먼테크논문(고교부문), 2013.

2.4 개념설계와 의사결정

설계안이 확정되지 않은 개념설계 단계에서는 브레인스토밍을 통하여 다양한 설계안을 만들어내어야 하며, 이를 객관적으로 평가하여 최선의 솔루션을 선택해야만 한다. 개념설계를 수행하기 위해서는 이루고자 하는 기능적 요구조건이 무엇인가를 명확히 해야만 하며, 소재 및 부품 등의 가용자원을 정의해야 한다.

개념설계 과정에서는 보수적인 설계안부터 거칠지만 성능의 퀀텀 점프를 이룰 수 있는 와우(Wow) 해결방안까지 다양한 설계안을 만들어내야 한다. **브레인스토밍**은 이 단계에서 아이디어들을 도출하는 데 효과적인 도구로 알려져 있다. 일반적으로 변형설계 방식으로 만들어진 설계안들은 성능의 향상은 많지 않으나 기존의 설계에서 크게 벗어나지 않기 때문에 실패의 위험이 작은 보수적인 설계안으로 취급된다. 적용설계 방식으로 만들어진 설계안은 성능의 비약적인 향상이 가능하지만, 핵심 기능요소가 변경되므로 설계의 도전성과 더불어서 위험성이 커진다. 창조설계의 경우에는 첨단기술과 신기술들을 집약하여 성능의 퀀텀점프를 목표로 하는 공격적인 와우 설계안이다. 따라서 개발의 위험성이 매우 높지만 성공하면 기존의 시장을 파괴할 수 있는 위력을 가질 수 있다.

개념설계과정에서는 이런 다양한 설계안을 만들어내고, 이들의 장점과 단점을 고찰하여 객관적으로 설계안을 선정하는 과정이 필요하다. 하지만 안타깝게도 현업에서는 무사안일주의에 빠져서 변형설계에 집착하며, 도전적인 개념을 비난하거나, 심지어 공격하는 사례가 빈번하게 발생한다. 하지만 변형설계에 안주해서는 결코 훌륭한 설계엔지니어로 성장할 수 없으며, 특히 미래에 기술벤처를 창업할 목표를 가지고 있는 엔지니어라면, 지금 당장은 변형설계를 수행하고 있더라도, 적용설계와 창조설계 시안을 만드는 훈련을 꾸준히 하여 미래에 자신만의 시장파괴 아이템을 개발할 수 있는 능력을 쌓아나가야 한다.

개념설계는 과제의 정의에서 출발한다. 2.2.2절에서 설명했던 과제의 기획을 통해서 정의된 명제 형태의 사양을 받게 되면 기능적 요구조건들을 나열하고, 이 조건들을 지배하는 설계인자들을 도출하며, 이에 대한 예비계산을 수행하여야 한다. 이를 통해서 기계가 무엇을 어떻게 수행해야 하는지가 결정된다.

표 2.3에서는 웨이퍼 반송용 로봇의 개념설계 단계에서 기능탐구를 수행한 사례를 보여주고 있다. 예를 들어, 반송용 로봇의 기능을 작동속도, 스트로크, 위치결정 정확도 및 고유주파수로

선정하였다 하자. 보수적인 설계안의 경우에는 사용조건 변화에 따라서 수동적으로 설계변경만을 시행하기 때문에, 주요 기능들에 대해서 현재 사용되는 로봇의 사양값들을 거의 그대로 가져오게 된다. 도전적 설계안의 경우에는 보수적인 설계안에 비해서 속도는 두 배로 증가시키면서도 위치결정 정확도는 절반으로 낮추는 것을 목표로 하였다. 마지막으로 공격적 설계안에서는 작동속도는 보수적 설계안에 비해서 네 배로 높이면서도 위치결정 정확도는 1/10만큼으로 줄였다. 개념설계를 시작하기 전에, 이런 목표들이 과연 공학적으로 타당하게 설정되었는가를 검토해야만 한다. 세 가지 설계안의 로봇들이 동일한 질량(m)을 가지고 있다면 가속성능에 의한 작용력이 보수적 설계안($F = m \times a$)에 비해서 도전적 설계안은 두 배($F = m \times 2a$), 공격적 설계안은 네 배($F = m \times 4a$)가 작용하게 된다. 그럼에도 불구하고 위치 정확도를 제시된 사양값으로 맞추기 위해서는 시스템의 강성이 보수적인 설계안($k = F/\Delta x$)에 비해서는 도전적 설계안의 강성은 네 배($k_1 = 2F/(0.5\Delta x) = 4k$), 공격적 설계안의 강성은 40배($k_2 = 4F/(0.1\Delta x) = 40k$)가 더 높아져야만 한다. 이로 인하여 고유주파수는 보수적인 설계($f = \sqrt{k/m}/(2\pi)$)에 비해서 도전적인 설계는 두 배($f_1 = \sqrt{4k/m}/(2\pi) = 2f = 50[\text{Hz}]$), 공격적인 설계는 6.32배($f_2 = \sqrt{40k/m}/(2\pi) = 6.32f = 158[\text{Hz}]$)가 되어야만 함을 알 수 있다. 따라서 **표 2.3**에 제시되어 있는 도전적인 설계와 공격적인 설계의 성능사양(고유주파수)은 근본적으로 불합리하게 정의되었다는 것을 알아차릴 수 있다. 이상의 과정을 통해서 기능과 사양에 대한 고찰이 완료되고 공학적으로 타당한 목표사양값들이 선정되었다는 것이 확인하고 나면, 본격적으로 개념설계를 시작할 수 있다.

표 2.3 웨이퍼 반송용 로봇의 개념설계 단계에서의 기능탐구 사례

주요기능	보수적 설계안	도전적 설계안	공격적 설계안	지배인자
가속성능[m/s²]	2	4	8	$F = ma$
스트로크[m]	1.5	1.5	2	$\Delta x = \ell\theta$
위치정확도[μm]	10	5	1	$F = k\Delta x$
고유주파수[Hz]	25	30	60	$f = \dfrac{1}{2\pi}\sqrt{\dfrac{k}{m}}$

개념설계에서는 부품 또는 모듈 간의 기능적인 관계와 물리적인 구조 등을 정의한다. 정밀기계설계의 경우, 이 단계에서 진실도, 정밀도, 분해능과 같은 성능지표와,29 작동의 명확성, 구조의 견실성, 안전 등과 같은 기계의 신뢰성, 설계의 난이도 및 가공의 난이도, 제작비용과 같은 과제

수행의 용이성 등이 구체화된다. 이 과정에서 간과했던 항목들은 반드시 나중에 뒤통수를 치므로, 이 단계에서 꼼꼼하게 고려해야만 한다.

2.4.1 신제품 개발 시 고려사항들

개념설계를 수행하는 과정에서 개발제품에 대한 구체적인 기능과 사양이 결정된다. 따라서 이 단계에서는 필요한 모든 항목들을 빠짐없이 고려하는 세심함이 무엇보다도 중요하다. 반도체 웨이퍼용 스테이지와 같은 정밀기계의 설계에서는 신제품의 기능과 사양을 정의하는 단계에서 다음과 같은 사항들을 고려해야만 한다.[30]

- 형상: 전체적인 크기와 차지하는 면적은 얼만한가?
- 기구학: 어떤 종류의 메커니즘이 필요하며, 반복도, 진실도 및 분해능은 어느 정도인가?
- 동특성: 어떤 힘이 발생되고 그 힘들이 시스템과 구성요소들에 끼치는 잠재적인 영향은 어떤 것인가? 반력상쇄나 능동제진이 필요한가?
- 구조: 계측프레임이 설치되었는가? 센서를 위한 기준면이 확보되었는가? 아베오차의 영향은 최소화되었는가?
- 모듈화: 구성요소들이 적절하게 구분되었는가? 유지보수가 원활하게 모듈이 구성되었는가?
- 소요동력: 어떤 유형의 작동기를 사용할 수 있으며, 작동 환경(공조 시스템 등)을 조절하기 위해서는 어떤 시스템이 필요한가?
- 발열: 열원들은 안전하게 관리되는가? 열원으로부터 전도, 대류 및 복사를 통한 열전달이 시스템 성능에 끼치는 영향이 고려되었는가?
- 재료: 어떤 종류의 재료가 기계의 성능을 극대화시킬 수 있는가? 환경온도에 따른 열팽창의 영향은 고려되었는가?
- 환경: 개발된 장비는 어떤 환경조건을 필요로 하는가? 별도의 환경챔버가 필요한가?
- 센서와 제어: 어떤 종류의 센서와 제어 시스템이 필요한가? 기계 시스템의 소요 비용을 절감하고 신뢰도를 높이기 위해서는 이들을 어떻게 사용해야 하는가?

---

29 10.2절 참조.
30 A. Slocum, Precision Machine Design, Prentice-Hall, 1992. 1장 내용을 참조하여 반도체용 스테이지에 맞게 재구성하였다.

- 인터페이스: 스테이지에는 어떤 유형의 배선과 배관이 연결되는가? 연결된 케이블들의 휨강성이 시스템의 작동성능에는 어떤 영향을 끼치는가?
- 지원설비: 시스템의 원활한 작동을 위해서 어떤 지원설비가 필요한가? 이들의 진동이 시스템의 성능에 영향을 끼치지 않겠는가?
- 청결: 시스템 구성요소들 중에서 파티클을 생성하거나 퍼트리는 인자들은 없는가?
- 안전: 조작자, 환경 및 기계를 보호하기 위해서는 무엇이 필요한가?
- 인간공학: 기계를 조작, 유지 및 보수하기 용이하게 만들기 위해서는 모든 설계 인자들을 어떻게 결합해야 하는가?
- 생산성: 기계의 구성요소들을 경제적으로 생산할 수 있는가?
- 조립: 기계를 경제적으로 조립할 수 있는가?
- 품질관리: 필요한 수량의 제품을 꾸준한 품질로 생산할 수 있는가? 장비 간 매칭문제가 발생하지 않겠는가?
- 운송: 제품을 고객의 공장까지 운송할 수 있는가? 분해 운송 후 조립하는 방식의 설계는 필요치 않는가?
- 관리: 서비스 주기는 얼마나 되어야 하며, 고객의 공장에서 다른 기기에는 어떤 영향을 끼치는가?
- 비용: 이 프로젝트를 완료하는 데 지출 가능한 비용은 얼마인가?
- 일정: 이 과제에 할당된 시간은 얼마나 되는가?

개념설계를 구체화하는 과정에서 이와 같이 다양한 고려항목들에 대한 꼼꼼한 검토가 필요하다. 만일 단 한 가지라도 사양을 충족시키지 못하는 항목이 발견된다면, 나머지 모든 사양들을 충족한다 하여도 해당 설계안은 폐기되어야만 한다. 설계가 이미 많이 진행되어서 돌아갈 수 없다거나 납기시간이 촉박하다는 이유로 문제가 있는 설계안을 밀어붙이다가 실패한 사례를 저자는 여러 번 보아왔다.

2.4.2 세 가지 설계방법

기계를 백지상태에서부터 설계하는 경우는 거의 없다. 또한 기존의 기계와 동일하게 데드카피해서 기계를 설계해서도 안 된다. 기계설계는 기존 설계들을 충분히 고찰한 이후에 일부의 기능들을 보완하거나 변경하는 방식으로 이루어진다. 따라서 기계설계는 기존 설계와의 차별성에 따라서 변형설계, 적용설계 및 창조설계로 나눌 수 있다.

변형설계는 기존의 설계가 잘 작동하며, 단지 새로운 용도를 위해서 규모만 바꾸는 경우에 사용하는 방법이다. 예를 들어, 이미 잘 작동하는 로봇의 스트로크를 100[mm] 늘린다거나, 이 로봇의 작동속도를 높이기 위해서 출력이 50% 더 큰 모터를 설치하는 등과 같이 기존의 도면에서 부재의 길이를 바꾸거나 취부 치수를 바꾸는 간단한 설계이다. 아마도 대학을 졸업하고 처음으로 입사하여 맡게 되는 설계업무의 대부분이 이 변형설계에 속할 것이다.

하지만 공학적 고려 없이 단순히 크기만 늘리거나 줄이면 고유진동수가 변하거나 응력집중이 심해져서 기계가 취약해진다. 또한 근본적인 설계개선 없이 기계의 작동속도를 높이면 기계의 마모가 심해지고, 최초의 설계보다 안전계수가 줄어들어 내구성과 신뢰성이 떨어지게 된다. **그림 2.3**에 제시되어 있는 것처럼, 반도체용 노광기의 시간당 처리속도가 비약적으로 빨라지면서, 동일한 팹의 생산성은 2000년대 초반에 비해서 현재에 와서는 두 배 정도 높아지게 되었다. 이에 따라서 전공정이나 후공정 장비들, 웨이퍼 반송용 로봇 그리고 웨이퍼 풉 반송용 무인반송차량 등의 작동속도가 매우 빨라지게 되었다. 하지만 근본적인 설계혁신 없이 변형설계 방법에 의존하다 보니 어느덧 장비의 내구성과 신뢰성이 저하되는 악순환을 겪고 있다.

또 다른 사례로 **그림 2.20**에 도시되어 있는 이중벽 주름관 사출성형기의 사례를 살펴보기로 하자. 이중벽 주름관은 내벽은 매끈한 튜브이지만 외벽은 올록볼록한 주름이 링 형태로 성형되어 있으므로, 구조강성이 강하여, 기존의 콘크리트 하수관을 빠르게 대체하고 있다. 1970년대에 처음으로 이 유형의 파이프 생산기가 발명되었을 때에는 **그림 2.20** (a)에서와 같이 한 쌍의 금형어레이들이 상하로 배치되어 캐터필러처럼 함께 이동하면서 파이프를 사출하였다. 이 방식은 바닥 점유면적이 좁다는 장점을 가지고 있어서 지금도 직경 300[mm] 이하의 파이프 생산에 널리 사용되고 있다. 하지만 생산하는 파이프의 직경이 이보다 더 커지면 장비가 좁고 높아지게 되어 불안정해진다. 실제로 20여 년 전에 국내업체에서 수직형 대구경 주름관 사출성형기를 공학적 안전성 고려 없이 변형설계 방식으로 제작하였다. 저자는 안전성에 문제가 있음 지적하였으나, 업체는 제작을 강행하였고, 약 5미터 높이에 20미터 길이로 완성된(폭이 2미터에 불과한) 사출성형 장비는 기동과 동시에 넘어져 버렸다. 다행히 아무도 다치지 않았지만, 해당 업체는 재산상의 손실과 일정지연을 감수해야만 했다. 현재는 대구경 주름관의 사출에는 **그림 2.20** (b)에서와 같이, 무게중심이 낮고 바닥 점유면적이 넓은 수평형 사출성형기를 사용하고 있다.

(a) 수직형 사출성형기[31]

(b) 수평형 사출성형기[32]

그림 2.20 이중벽주름관사출성형기의 사례(컬러 도판 p.750 참조)

적용설계는 기존의 설계도 쓸 만하지만, 성능의 향상을 위해서 근본적인 설계개선이 필요한 경우에 활용하는 기법이다. **그림 2.21**에서는 ASML社의 트윈스캔™ 노광기의 스테이지 위치측정에서 있었던 적용설계의 사례를 보여주고 있다.

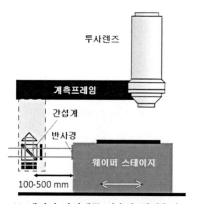
(a) 레이저 간섭계를 사용한 위치측정

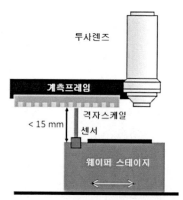
(b) 2차원 인코더를 사용한 위치측정

그림 2.21 트윈스캔™ 웨이퍼스테이지의 위치측정방식[33](컬러 도판 p.750 참조)

임계치수가 50[nm] 내외였던 2010년대 이전에는 웨이퍼 스테이지 위치결정 정확도 요구조건이 5[nm] 내외였으므로, 레이저 간섭계로 웨이퍼 스테이지의 위치를 측정하여 제어할 수 있었다. 하

31 https://www.beierextrusion.com/corrugated-pipe-extrusion-line/
32 https://www.directindustry.com/prod/zhongyun-group/product-179113-1889235.html
33 R. Schmidt. 저, 장인배 역, 고성능메카트로닉스의 설계, 동명사, 2015.

지만 2010년대 중반을 넘어서면서 임계치수는 10[nm]대에 근접하게 되었고, 이로 인하여 웨이퍼 스테이지는 2[nm] 미만의 위치결정 정확도를 요구받게 되었다. 하지만 대기중에서 광선은 경로상의 공기온도 변화에 따라서 굴절률이 변하며, 이로 인해서 전형적으로 1[μm/m/℃]의 측정오차가 발생하게 된다. 따라서 다른 오차요인이 없다는 가정하에서도 약 500[mm]를 움직이는 웨이퍼 스테이지의 광선경로 내 공기온도를 ±0.001[℃] 이내로 관리해야만 2[nm] 미만의 위치정확도를 구현할 수 있다. 이는 현실적으로 실현 불가능한 사양이므로, ASML社에서는 계측프레임의 하부에 특수 제작된 2차원 인코더를 설치한 다음에, 웨이퍼 스테이지의 네 귀퉁이에서 위를 바라보는 방향으로 위치측정용 헤드를 설치하는 방식으로 설계를 변경하였다. 이를 통해서 전체 스트로크 범위에 대해서 광선경로는 15[mm] 미만의 일정한 거리를 유지하게 되었고, 이를 통해서 온도조절 사양을 ±0.015[℃]로 완화시킬 수 있었다.

창조설계에서는 동일한 기능을 더 뛰어난 성능으로 구현하기 위해서 회전방식 스크루형 동력 전달장치 대신에 리니어모터를 사용하거나, 공기 베어링 대신에 자기부상 베어링을 사용하는 것과 같이, 완벽하게 새로운 접근방법을 사용한다. **그림 2.22**에서는 ASML社 트윈스캔™ 노광기의 스테이지 지지 및 이송구조에서 있었던 창조설계의 사례를 보여주고 있다.

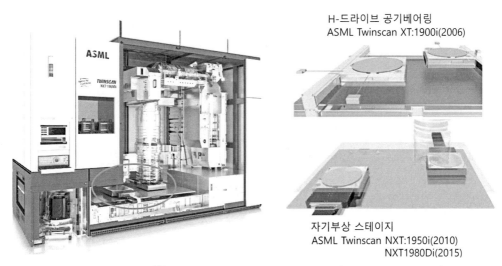

H-드라이브 공기베어링
ASML Twinscan XT:1900i(2006)

자기부상 스테이지
ASML Twinscan NXT:1950i(2010)
NXT1980Di(2015)

그림 2.22 트윈스캔™ 웨이퍼스테이지의 지지 베어링 변화34(컬러 도판 p.751 참조)

---

34 asml.com

기존의 스테이지는 3자유도($z - \theta_x - \theta_y$)는 공기 베어링으로 지지하고 3자유도($x - y - \theta_z$)는 리니어모터로 구동하는 기능분리 설계를 채택하였다. 공기 베어링 스테이지에서 사용되는 전형적인 H-드라이브 구조는 스테이지의 구동에 막대 형태의 X-바가 사용되므로, 이동질량이 증가하여 응답속도의 한계가 존재하였다. 노광기의 시간당 웨이퍼 처리속도를 높이기 위해서는 웨이퍼 스테이지의 이송속도와 응답속도를 기존의 공기 베어링 스테이지보다 두 배 이상 높여야만 하였다. 이를 위해서 기존의 공기 베어링 지지형 H-드라이브 방식에서 탈피하여 할박 어레이 영구자석을 장착한 반발식 자기부상 스테이지를 개발하였다. 이 자기부상 스테이지는 6자유도 제어가 가능하여 부상과 이송의 기능을 통합시킬 수 있어서, 스테이지 이송에 무거운 X-바가 필요 없으며, 이를 통해서 웨이퍼 스테이지의 이송속도와 응답속도를 크게 높일 수 있게 되었다.

2.4.3 스케치의 중요성

냉전시대에 미국의 고고도 정찰기인 U-2기가 소련상공과 북한상공에서 각각, SAM미사일에 의해서 격추되자 미국은 급하게 미사일보다 빠르게 비행하는 고고도 정찰기를 개발할 필요가 생겼다. 록히드마틴社의 스컹크웍스팀은 마하 3.2의 속도로 비행하는 도중에 발생하는 압력, 속도 및 높은 표면온도 등과 같은 작동조건을 견디기 위해서 새로운 엔진, 골격, 외벽 및 제어기법 등을 개발해야만 했다. 세계 최초의 스텔스기인 SR-71(블랙버드)은 드로잉 작업을 기반으로 하여 약식해석과 모델시험기법이 적절히 조합되어 2년이라는 단기간에 설계되어 1962년에 실전배치되었다.

인공위성의 등장과 더불어서 더 이상 위험을 무릅쓰고 적국의 상공을 비행할 필요가 없어지자 SR-71은 퇴역하게 되었고, 스텔스 기능을 갖춘 공격기의 필요성이 제기되었다. 이에 록히드마틴社에서는 헤브블루팀을 결성하여 U-2와 SR-71의 개발 경험을 토대로 2년 반의 작업을 통해서 스텔스 기능을 갖춘 폭격기인 F-117(나이트호크)을 개발하여 1978년에 실전배치하였다. 이 비행기의 개발에는 최초로 전산설계와 전산해석 기법이 도입되었다. 문제는 이 당시 컴퓨터의 연산능력 한계로 인하여 익형을 극도로 단순화시켜 삼각형과 사각형의 조합으로 만들었기 때문에, SR-71처럼 아름다운 비행기를 설계했던 엔지니어들이 갑자기 기괴하고 흉측한 괴물을 만들게 되었다.[35]

---

35 이는 저자의 개인적인 의견이므로 혹시 다른 의견을 갖는 독자들의 너른 양해를 구하는 바이다.

시간이 더 흘러서 1980년대에 이르러서는 F-15의 후속기 개발을 위한 진보된 전술전투기(ATF) 개발프로그램을 통해서 F-22의 개발이 시작되었으며, 우여곡절 끝에 2005년에 실전 배치되었다. 이 당시에는 컴퓨터 설계 툴들의 발전으로 인하여 해석 모델의 제한은 없어졌지만, CAD 설계의 틀에 얽매이다 보니 항공기의 외형상 아름다움은 여전히 SR-71에 미치지 못함을 알 수 있다.

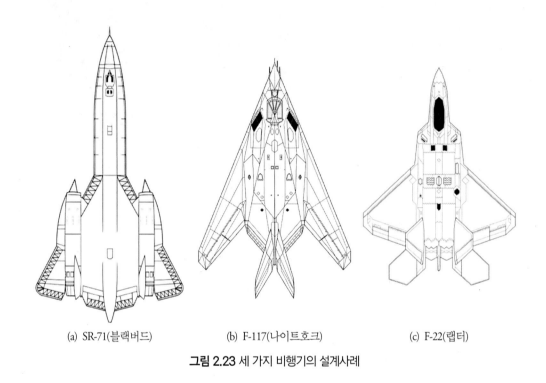

(a) SR-71(블랙버드)　　　　(b) F-117(나이트호크)　　　　(c) F-22(랩터)

그림 2.23 세 가지 비행기의 설계사례

개념설계 과정에서는 스케치를 통해서 예비적인 부품의 크기결정 및 계산 등과 같은 작업을 수행하여 대략적인 조립도를 그려낸다. 따라서 개념을 대략적인 비율의 드로잉으로 스케치할 수 있는 능력은 큰 가치가 있다. 스케치를 통해서 팀 전체가 동일한 개념을 공유할 수 있으므로 아이디어와 주요소들에 대한 설계를 스케치해놓으면 아이디어를 구현한 모델들을 가상으로 만들어놓고 이를 서로 비교할 수 있다.

그림 2.24에서는 저자가 개념설계 단계에서 스케치한 몇 가지 사례들을 보여주고 있다. 첫 번째 사례는 차량용 시트의 안락성을 평가하기 위한 컴포트더미의 설계사례이다. 국내 완성차 제조업체의 의뢰를 받아서 시트에 앉은 인체의 관절좌표를 측정하여 자세의 안락성을 평가하기 위한 더미를 설계하는 과정에서 스케치로 개념설계를 수행하였으며, 완성된 개념설계를 솔리드 모델

러로 도면화하였고 최종적으로 실물을 제작하였다. 그림을 통해서 확인할 수 있듯이 개념설계된 스케치와 실제 제작된 실물 사이에는 비율이나 형상에 거의 차이가 없다는 것을 확인할 수 있다.

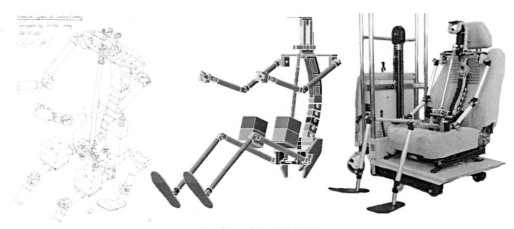

(a) 컴포트더미 설계사례36

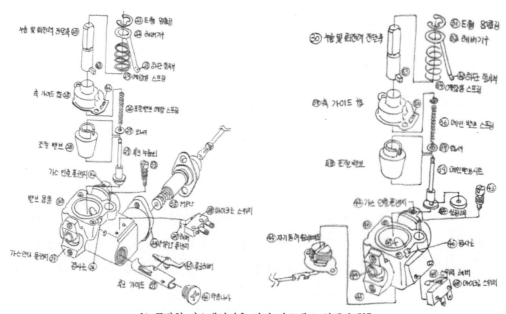

(b) 쿡탑형 가스레인지용 안전 가스밸브 설계사례37

그림 2.24 스케치를 활용한 개념설계사례

---

36 장인배 외, Pelvis assembly for dummy model, US Patent 7712387.
37 장인배 외, 빌트인형 가스레인지의 안전가스밸브유닛, 특허1005086440000, WO2004047132.

두 번째 사례는 국내 가전제품 제조업체의 의뢰를 받아서 싱크대의 상판에 매립하여 설치하는 쿡탑형 가스레인지용 안전가스밸브를 설계한 사례이다. 기존의 가스밸브들은 노브가 수평방향으로 위치하여 길이의 제약이 없으므로 다단 화력조절과 불꽃 꺼짐 감지 및 자동 가스차단기능을 구현하기에 충분한 공간이 있었으나, 쿡탑형 가스밸브의 경우에는 약 30[mm] 이내의 높이에 이 기능들을 모두 집어넣어야 했었다. 이를 구현하기 위해서 다양한 설계안들을 제안해야 했으며, 기존의 밸브설계들과 경쟁모델들의 설계들을 고려하여 두 가지의 새로운 설계안을 고안하였다. 개념설계 과정에서 스케치는 강력한 설계도구로 활용되었으며, 스케치로 완성된 최종 설계안은 거의 동일한 형상의 시제품으로 제작되어 현재 양산에 적용되고 있다.

연필과 종이는 설계엔지니어에게 가장 강력한 도구이다. 세상에 존재하지 않는 개념과 기구를 흰 종이 위에 연필로 그려가면서 "만약에 … 라면(what if)" 시나리오를 엮어볼 수 있다. 특히 설계 자로 하여금 너무 빨리 설계를 확정짓지 않도록 도와준다. 2.1.4절에서 설명했듯이 개념설계에 충분한 시간을 주어야 설계과정에서 발생 가능한 문제들을 충분히 파악하여 공학적으로 완벽한 설계안을 도출할 수 있다.

솔리드 모델러는 일반적으로 개념설계에 도움을 주지 못하여 오히려 자유로운 개념설계를 방해하는 도구로 간주된다. 솔리드 모델러는 스케치처럼 자유로운 선과 면을 그리기가 불편하다. "연결되지 않은, 모양이 불분명한, 또는 상관관계가 불확실한 뭔가를 어떤 미지의 구동력을 사용하여 움직인다"와 같이 개념마저 모호한 단계에서 솔리드 모델러를 사용하여 함부로 원통이나 육면체를 그려놓은 순간에 설계개념이 고착화될 우려가 있다.

솔리드 모델러는 초보자가 기구를 그려도 너무나 완벽한 모양을 만들어준다. 비전문가의 눈에는 곧장 제작하여 쓸 수 있을 것처럼 보이지만, 마치 건담 플라스틱 모델은 언뜻 보면 너무나 훌륭한 메커니즘처럼 보이지만 꼼꼼히 살펴보면 실제 로봇에 적용할 만한 메커니즘은 하나도 없는 것처럼, 공학적인 고려가 없다면, 또한 기구설계의 원칙이 지켜지지 않았다면, 도면은 만화나 다름없는 그림일 뿐이다.

훌륭한 설계엔지니어가 되기 위해서는 스케치에도 많은 시간과 노력을 기울여야 한다. 머릿속의 개념을 그림으로 풀어낼 수 있는 능력은 스케치능력의 향상과 더불어서 같이 발전하게 된다.

2.4.4 선형가중기법

개념설계 과정에서 만들어진 다수의 설계방안들을 객관적으로 평가하는 체계적인 방법들이 개발되어 있으며, 대부분의 경우에는 평가항목별로 가중치를 부여하여 점수를 매긴다. 하지만 설계안의 숫자가 많지 않다면 가장 간단한 방법인 **선형가중기법**만으로도 충분히 신뢰성 있는 평가결과를 얻을 수 있다.

표 2.4에서는 웨이퍼 반송용 로봇의 개념설계 평가사례를 보여주고 있다. 표에서 항목별 성능이 기본 설계안과 동일하면 0점, 기본 설계안보다 우수하면 +1점, 기본 설계안보다 열등하면 –1점을 부여한다. 기본 설계안으로는 가장 일반적인 단일암 스카라 로봇을 설정하였다. 이 구조는 적당한 응답성과 정밀도를 가지고 있으며, 단순한 구조로 설계가 용이하다. 이 로봇의 모든 항목 평가점수를 0점으로 놓고 개념설계를 통해서 제시된 세 가지 설계 시안들에 대해서 비교평가를 수행하였다. 보수적 설계 시안에서 제안된 단일구동 이중암 스카라 방식은 하나의 암이 하나의 구동기로 작동되지만 이중암 구조를 채택하고 있어 강성이 높아 정확도를 향상시킬 수 있지만 비용이나 생산성은 상대적으로 열세여서 총점은 0점으로 기본설계와 동일하다. 도전적 설계 시안

표 2.4 선형가중기법을 이용한 개념설계(스케치)의 평가사례

평가항목	기본 설계안	보수적 설계안	도전적 설계안	공격적 설계안
개념설계 스케치				
특징	단일암 스카라 단순한 구조	이중암 스카라 고강성	이중암 스카라 고강성/고속	자기부상 스테이지 고속/무분진
정확도	0	+	+	+
모듈화	0	0	0	+
강성	0	+	+	0
작동속도	0	0	+	+
혁신성	0	0	0	+
비용	0	-	-	-
생산성	0	-	-	-
제어성	0	0	+	+
신뢰성	0	0	0	-
총점	0	0	+2	+2

인 이중구동 이중암 스카라 방식은 강성과 정확도가 높고 작동속도도 빠르기 때문에 제작비용과 생산성의 단점을 극복하고 +2점을 받았다. 공격적 설계 시안인 반발식 자기부상 스테이지 2개를 조합하여 사용하는 웨이퍼반송 로봇[38]은 혁신성과 모듈화 및 단순한 구조 등의 장점이 있지만, 비용과 생산성 그리고 신뢰성에서 감점요인이 있어서 총점은 도전적 설계 시안과 동일한 +2점 이라는 것을 알 수 있다. 이런 경우에 이미 웨이퍼 반송용 로봇을 생산하는 기업이라면 도전적 설계 시안을 채택하는 것이 올바른 선택일 것이며, 아직 시장에 진입하지 못한 신생기업이라면 혁신적 설계 시안을 선택하는 것이 타당할 것으로 생각된다. 여기서 주의할 점은 **표 2.4**의 설계 시안과 배정된 점수는 저자가 제시하는 사례일 뿐이며, 실제의 웨이퍼 반송용 로봇에 적용하기에 는 더 많은 고찰이 필요하다.

실제의 경우, 이 채점표가 신뢰성을 얻기 위해서는 최소한 20명 이상[39]이 채점에 참여하는 것 이 바람직하며, 설계 시안에 대한 브리핑 시에 편향된 설명은 편향된 결과를 만들어내므로 되도 록 균형 잡힌 특징설명이 필요하다.

2.4.5 계층적 분석법

선형가중기법은 평가항목별 가중치가 없으므로, 예를 들어 정확도와 비용이 동일한 중요도를 갖는가에 대한 의문이 생기게 된다. 이런 문제를 해결하기 위해서 설계가 진행되는 각 단계마다 주요 특성들의 상대적인 중요도를 결정하는 방법인 **계층적 분석법**(AHP)[40]이 제안되었다.

계층적 분석법에서는 우선 대표특성을 선정하며, 각 대표특성들에 대한 하위특성을 구분해나가 는 방식으로 평가항목들을 세분화한다. 그리고 각 단계별로 대표특성들의 상대적인 중요도를 비교 하여 가중치를 부여한다. 여기서 상대적 중요도에 따른 가중치 배정은 평가위원회의 논의를 통해서 결정하는 것이 바람직하다. 계층적 분석법의 적용방법을 살펴보기 위해서 저자가 2008년경에 반도 체 제조업체의 자문의뢰를 받아서 수행했던 분석사례를 예시하고 있다. **그림 2.25**에서는 계층적 분 석법을 적용하여 450[mm] 웨이퍼[41] 이송용 스테이지 개발에 사용할 베어링을 선정하기 위한 평가

---

38 장인배, 김의석, 발명특허 출원.
39 가우시안 분포에 근접한 스튜던트-t 분포를 얻기 위함이다. 10.2.2절 참조.
40 Analytical Hirachy Method.
41 450[mm] 웨이퍼는 현재의 300[mm] 웨이퍼를 대체하여 생산성을 크게 높여줄 것으로 기대되는 차세대 웨이퍼로서 2000년대 중반부터 반도체업계에 많은 관심을 받아왔다. 하지만 반도체 업계의 구조조정으로 인하여 도입이 차일 피일 미루어지게 되었으며, SEMATECH 체제가 붕궤된 현재로서는 도입이 매우 불분명하다.

항목의 계층별 구성과 각 단계별 항목들에 대한 상대적 중요도 배점현황을 보여주고 있다.

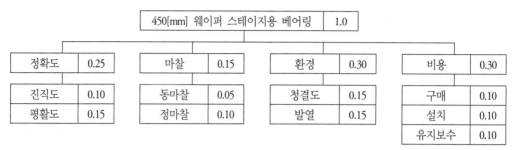

그림 2.25 450[mm] 웨이퍼 스테이지용 베어링의 선정에 계층적 분석법을 적용하기 위한 평가항목과 가중치 부여사례

표 2.5에서는 450[mm] 웨이퍼 스테이지를 지지할 세 가지 베어링들에 대한 평가사례를 보여주고 있다. 평가점수를 부여하는 기준에 대해서 슬로컴 교수의 정밀기계설계에서는

- 1점: 중요도가 동일함
- 3점: 한쪽이 다른 쪽보다 약간 중요함
- 5점: 한쪽이 다른 쪽보다 더 중요함
- 7점: 한쪽이 다른 쪽보다 훨씬 더 중요함
- 9점: 절대적으로 중요함

으로 정의하고 있다. 하지만 저자가 실제로 계층적 분석법을 사용하여 다수의 엔지니어들에게 설계 시안 평가를 요청하여본 결과, 점수 부여를 매우 어려워하는 것을 여러 번 경험하였다. 따라서 저자는 선형가중기법에서와 유사하게, 기본이 되는 한 가지 설계 시안의 모든 항목들에 3점을 부여한 다음에 나머지 설계 시안에 대해서

- 1점: 성능이 열등함
- 2점: 성능이 약간 부족함
- 3점: 성능이 동일함, 또는 판단이 서지 않음
- 4점: 성능이 약간 우월함
- 5점: 성능이 탁월함

의 방식으로 채점하는 방식을 사용하고 있으며, 훨씬 더 수월하게 평가결과를 얻을 수 있었다.

표 2.5에서는 450[mm] 웨이퍼를 지지하는 세 가지 유형의 베어링인 구름 볼 베어링, 공기 베어링 및 자기부상 베어링에 대해서 5점식 평가방법을 사용하여 평가한 사례를 예시하여 보여주고 있다. 특히 구름볼 베어링을 평가의 기준으로 삼아서 모든 평가항목들에 대해서 일괄적으로 3점을 부여하였고, 공기 베어링 및 자기부상 베어링의 상대적인 성능점수를 부여하는 방식으로 평가를 수행하였다. 실제의 경우에는 선형가중기법의 경우에서와 마찬가지로 20명 이상이 채점에 참여하여야 결과의 신뢰성을 확보할 수 있다.

계층적 분석법에서는 평가항목별 점수에 상대적 중요도 비율을 곱하여 총점을 산출하는 방식으로 각 설계안들의 상대적 우열을 가린다. 표 2.6에서는 표 2.5의 채점결과에 가중치를 곱하여 총점을 구한 결과를 보여주고 있다. 채점 결과에 따르면, 웨이퍼 스테이지 지지용 베어링으로 공기 베어링에 비해서 자기부상 베어링이 근소하게 우세하므로, 자기부상 베어링을 사용하여 스테이지를 개발하는 것이 타당하다고 추천하였다. 하지만 2008년 당시, 자문을 의뢰했던 반도체 기업에서는 이 결과를 믿으려 하지 않았으며, 결과적으로는 450[mm] 웨이퍼 자체가 도입되지 않았기 때문에 개발과제는 취소되었다. 하지만 불과 2년이 흐른 뒤인 2010년에 ASML社에서는 자기부상형 웨이퍼 스테이지(트윈스캔 NXT:1950i)를 상용화하였다.

표 2.5 계층적 분석법을 사용하여 450[mm] 웨이퍼를 지지하는 스테이지용 베어링의 유형별 평가를 시행한 사례[42]

평가항목	진직도	평활도	동마찰	정마찰	청결도	발열	구매	설치	유지보수
구름 볼 베어링	3	3	3	3	3	3	3	3	3
공기 베어링	4	4	5	5	4	5	3	2	2
자기부상 베어링	5	5	5	5	5	3	1	4	4

표 2.6 표 2.5의 채점 값들에 가중치를 곱하여 총점을 구한 결과

평가항목	진직도	평활도	동마찰	정마찰	청결도	발열	구매	설치	유지보수	총점
가중치	0.10	0.15	0.05	0.10	0.15	0.15	0.10	0.10	0.10	
구름 볼 베어링	3×0.1＝0.3	0.45	0.15	0.30	0.45	0.45	0.30	0.30	0.30	2.70
공기 베어링	4×0.1＝0.4	0.60	0.25	0.50	0.60	0.75	0.30	0.20	0.20	3.4
자기부상 베어링	5×0.1＝0.5	0.75	0.25	0.50	0.75	0.45	0.10	0.40	0.40	3.6

----

42   실제에서는 1~9점 방식으로 평가하였다.

2.5 상세설계와 설계 검증

다양한 개념설계들에 대한 평가를 통해서 한 가지 설계안이 선정되고 나면, 과제관리자(PM)가 선정되고 본격적으로 상세설계를 위한 설계팀이 조직된다(개념설계 단계부터 설계팀이 조직되기도 한다).

상세설계의 초기단계에서는 선정된 개념설계에 대한 검토를 통해서 설계 선정과정에서 빼먹거나 무시한 결정적인 기술적 문제가 없는지를 확인해야 한다. 그리고 예비계산을 통해서 대략적인 성능분석을 수행하여야 한다. 반도체나 디스플레이용 정밀 시스템의 경우에는 이를 통해서 시스템의 성능에 영향을 끼치는 다섯 가지 구성인자인 기구, 동역학, 환경, 계측 및 제어 그리고 (노광과 같은) 공정이 생성하는 오차요인들을 할당하여 분배하는 오차할당이 수행되며, 각 구성요소들의 정량적 성능목표들이 확정된다.[43] 이를 통해서 소요동력, 작동속도, 위치결정 정확도 등 대부분의 세부사양값들이 지정된다.

이렇게 세부사양값들이 지정되고 나면, 이를 구현하기 위해서 사용할 베어링, 작동기, 센서, 제어 시스템 등의 요소부품들을 선정한다. 여기서는 **가치분석**이 중요하다. 동일가치설계의 개념에 따라서 기계의 주요 구성요소들에 대한 가치분석을 수행해야만 한다. 전체적인 성능지표보다 유난히 높거나 유난히 낮은 요소들은 비용을 증가시키거나 장비의 성능을 저하시키는 요인으로 작용한다. 또한 전선과 캐리어, 밀봉장치, 벨로우즈, 기타 안전장치들을 설치하기 위한 공간 확보를 고려하여 기구, 전기 및 계측요소들을 선정 및 배치하여야 한다.

이 단계에서 모듈화와 기계적 인터페이스, 전자적 인터페이스, 소프트웨어적 인터페이스 등과 같은 인터페이스의 설계가 장비의 조립과 메인티넌스를 용이하게 해주어 제품의 경쟁력을 높여준다. 또한 지적재산권의 침해를 피하고 개발기술에 대한 독점권을 설정하기 위해서는 상세설계 단계에서 기존기술 및 특허에 대한 상세한 검색과 검토가 필요하다.

상세설계 과정에서는 솔리드 모델러를 사용하여 설계를 진행시키며 스프레드시트를 사용하여 개발상황을 점검한다. 설계검토 위원회가 구성되어 주기적으로 1.4.3절에서 설명했던 설계검토를 수행한다.

설계검토 과정에서는 설계의 공학적 완성도 이외에도 다음과 같은 다양한 사항들을 점검해야

---

43 오차할당에 대해서는 10장에서 자세히 논의할 예정이다.

만 한다. 항목별로 검토결과 문제가 없다면 스프레드시트에 청색으로 표기하고, 의심스럽거나 문제가 있다면 붉은색으로 표기하여 집중적으로 관리하여야 한다.

- 기계의 안전성 검토: 구조안전성, 화재안전성, 환경안전성, 각종 안전시설 설치 여부
- 규정준수 여부: 산업안전보건법, 전자파인증, 기타 고객사 사내규정 준수 여부
- 센서, 구성부품, 커넥터, 케이블 캐리어 등 솔리드모델러에서 표현하기 어려운 요소들의 처짐이나 끼임
- 조립순서와 조립가능성, 사용할 공구와 정렬기준면 등 조립 관련 시나리오 점검
- 유체배관 리크 발생 시 안전대책
- 구매부품의 발주와 검수, 입고 및 관리계획
- 사용자 편이성, 유지보수 편리성
- 모듈시험 및 제작자의 출고검사와 주문자의 입고검사 관리계획
- 기계 및 전자 하드웨어-소프트웨어 통합계획
- 성능지표들을 충족시키기 위해서 필요한 온도, 습도, 진동 등의 환경적 요구조건들에 대한 검토
- 선적조건
- 예상치 못한 오류 발생 시의 대책(플랜 B)과 위기관리방안

설계검토가 완료되고 모든 사항들에 대한 스프레드시트가 청색으로 표기되었다면 최종적인 설계점검을 수행하고, 이 또한 이상이 없다고 판단되면 시제품 생산도면(2D) 도면의 작성을 시작한다. 시제품 생산도면에 대한 설계검토는 1.4.4절에서 설명하였으니 이를 참조하기 바란다.

설계가 완료되고 제작이 진행되는 과정에서는 제작과정의 감시, 시험계획의 작성 및 시험지원 방안 마련, 필요하다면 전용 운반 지그나 전용 조립공구의 설계 등 다양한 지원활동이 수행되어야 한다. 마지막으로 엔지니어들이 제일 싫어하는 일이지만, 사용자 매뉴얼과 정비 매뉴얼 등의 서식자료 역시 제작된 장비에 대해서 가장 잘 아는 설계자가 만들어야 하는 문서이다.

2.6 설계 사례 고찰

이 절에서는 저자가 관여했던 몇 가지 스테이지 시스템의 개발 사례들과 물류용 무인반송차량의 개발 사례에 대해서 살펴보기로 한다.

처음의 두 가지 사례는 대면적 스테이지 장비로서 일차로 개발된 시스템도 그 당시 주어진 사양에 맞춰서 잘 제작되었으나 이후에 기술발전으로 인하여 정밀도의 향상이 요구되자 이에 대응하여 진보된 설계기법을 적용하여 성능이 향상된 장비를 개발한 성공사례들이다.

이후의 설계사례들은 다양한 이유 때문에 충분한 공학적 고려 없이 개발을 강행하다가 벌어진 개발 실패 사례들이다. 대부분의 교과서에서는 성공사례만 제시할 뿐 실패사례들에 대해서는 고찰이 부족하다. 하지만 설계 엔지니어들이 현업에서 벌어지는 실패사례들을 학습하고 이를 되풀이하지 않기 위해서 노력하는 자세가 매우 중요하기 때문에, 성공사례들과 더불어서 실패사례들을 함께 제시하고 있다. 이를 통해서 공학적 고려가 없는 섣부른 판단과 성급한 시행이 얼마나 위험한지를 살펴볼 수 있다.

이 절의 예시사례들은 기업비밀 보호를 위해서 실제의 시스템을 극단적으로 단순화시켰으며, 일부는 고의로 모양을 변경하였다. 아울러 사양값들도 개략적으로만 제시하고 있다. 이에 대해서는 독자들의 양해를 구하는 바이다.

2.6.1 대면적 스테이지 개발 사례

그림 2.26에서는 2010년대 초반에 제작되었던 대면적 스테이지 장비의 사례를 보여주고 있다. 척의 크기가 약 3,000×3,000[mm]에 달하는 엄청난 크기의 스테이지를 작동 범위 전체에 대해서 ±200[nm] 수준으로 위치결정 정확도를 확보하여야 하는 과제였다. 시스템 개념설계 단계부터 과제관리 스프레드시트를 만들어 관리하였으며, 철저한 디자인리뷰를 통해서 설계상의 예상되는 문제들을 사전에 발견하여 관리하였다. 이를 통해서 1.5.7.3절에서 예시했던 척의 취약성을 미리 감지하여 위기관리 플랜을 실행하였으며, 개발과제는 기한 내에 성공적으로 마무리되었다.

대면적 스테이지 장비에는 전통적으로 열팽창계수가 작고 시효변형이 없는 그라나이트(화강암) 구조물을 사용하여왔다. 따라서 이 시스템은 베이스, 갠트리, 갠트리포스트 및 안내면 등 모든 구조물들과 척 및 스테이지 그리고 X-바와 같은 모든 이동체를 그라나이트 소재로 제작하였다. 그라나이트는 취성 때문에 가공이 어려워서 복잡한 형상이나 다수의 볼팅부를 제작할 수 없어서 전체적으로 단순한 형상을 갖도록 설계하였다. 또한 열전도율이 낮아서 구조물에 대한 능동 온도 제어는 시행하지 않았으며, 환경챔버를 만들고 챔버 내부의 온도를 23±0.01[℃]로 관리하였다. 저자는 이 시스템의 설계과정에서 반력제어 시스템을 설치할 것을 권고하였으나, 안타깝게도 이 시스템에는 적용하지 못하였다. 제작된 시스템은 운영 과정에서 메인티넌스 등의 이유로 작업자가 환경챔버 안으로 들어가면 온도교란이 발생하였고, 다시 안정상태에 이르기까지 여러 시간이 소요되었다. 또한 스테이지를 고속으로 작동시키면 능동형 제진기가 탑재되었음에도 불구하고 진동에 의하여 위치편차가 사양한계 이상까지 증가하였다. 그라나이트 소재의 취성 때문에 안전계수를 크게 설계하는 바람에 갠트리의 크기가 증가하였고, 이로 인하여 갠트리 하부의 공기유동 정체구역에서 레이저 간섭계의 광선경로 굴절로 인한 측정오차가 발생하는 등 온도제어에 어려움을 겪었다. 하지만 스테이지는 척면적 전체에 대하여 ±200[nm] 이내의 위치결정 정확도를 유지하였으며, 성공적으로 사용되었다.

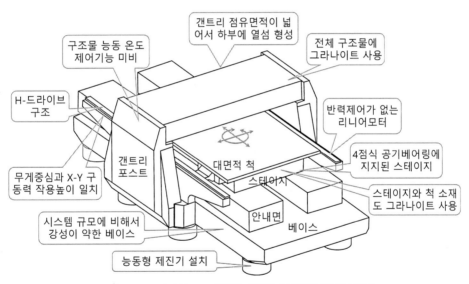

그림 2.26 그라나이트로 제작한 대면적 스테이지 장비의 사례

그림 2.27에서는 2010년대 후반에 제작되었던 대면적 스테이지 장비의 사례를 보여주고 있다. 척의 크기가 약 2,000×2,000[mm]이어서 **그림 2.26**의 시스템보다는 크기가 작았지만, 작동 범위 전체에 대해서 ±50[nm] 수준으로 위치결정 정확도를 확보하여야 하였기에 과제의 난이도는 더 높았었다. 이 시스템은 개념설계 단계부터 오차할당을 통해서 모든 구성요소들의 허용오차값을

지정하여 관리하였으며, 이를 과제관리용 스프레드시트로 통합하여 운영하였다. 시스템은 모듈화하여 각 모듈들의 개발을 세계 각지의 전문기업에 위탁하였고, 세심한 인터페이스 관리를 통해서 모듈 간의 조립과 운영상의 문제를 사전에 검토하였다. 또한 마일스톤 방식으로 과제의 진행을 점검하였으며, 이를 통해서 위기관리 플랜들을 마련하여 시행하였다.[44] 이를 통해서 개발과제는 최단기간 내에 큰 시행착오 없이 성공적으로 마무리되었다.

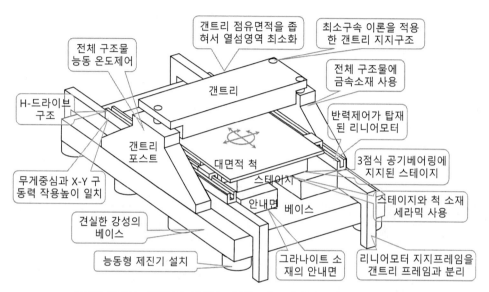

그림 2.27 금속-세라믹-그라나이트 복합소재로 제작한 스테이지 장비의 사례

앞서 개발한 시스템에서 그라나이트 소재의 느린 열응답 특성 때문에 어려움을 겪었던 경험 때문에, 새로운 시스템에서는 갠트리와 갠트리포스트 그리고 베이스는 금속으로 제작하며, 스테이지, 척 그리고 X-바는 세라믹으로 제작하였다. 그리고 모든 구조물과 이동체 그리고 모터 및 발열원들은 23±0.001[℃]로 온도가 제어되는 물을 순환시켜서 온도를 조절하였다. 이와 더불어서, 23±0.01[℃]로 공기온도가 제어되는 환경챔버로 시스템을 둘러싸서 온도교란이 유입되지 않도록 환경을 통제하였다. 이를 통해서 작업자가 환경챔버를 출입하여도 불과 수십분 이내에 패터닝 작업을 시작할 수 있게 되었다. Y-방향(길이방향) 스테이지 구동용 리니어모터의 고정 프레임을

---

44 5.1.2절의 사례에서는 이 시스템의 설계리뷰 과정에서 사양값 할당오류를 발견하고 이를 바로잡은 사례를 설명하고 있다.

갠트리 베이스와 분리하여 별도로 외부에 설치하고, 평형질량을 이용한 반력상쇄기구를 함께 설치하였기 때문에 스테이지의 고속작동에도 전혀 진동이 발생하지 않았다. 이를 통해서 스테이지는 척면적 전체에 대해서 수십 나노미터 이내의 위치 결정 정확도를 유지하였으며, 제시된 사양에 부합하는 초정밀 작업을 수행할 수 있었다.

　그림 2.28에서는 앞의 두 사례와는 다른 조직에 의해서 제작된 이중갠트리 구조의 대면적 스테이지 장비의 사례를 보여주고 있다. 워크스페이스의 크기는 3,000×3,000[mm]로서, 그림 2.26과 유사하였지만, 이송기구의 자유도가 베이스와 갠트리에 분산되어 배치되는 구조를 사용하였다. 저자는 개념설계 단계에서 오차할당을 통해서 시스템 요구사양들을 일일이 적시하였으나, 실제 시스템의 설계과정에서는 개발시간의 부족과 설계인력의 부족 등 현실적인 문제를 들어 이 사양들을 반영하지 않았다. 또한 그림 2.26에 도시된 구조가 해당 사양을 충족시킬 수 있으니 이 설계를 참조할 것을 추천하였지만, 이 또한 받아들여지지 않았다. 이들은 과거 다른 목적으로 사용하던 저정밀 스테이지 시스템의 구조를 그대로 사용하였으며, 갠트리 위를 이동하는 스테이지에 많은 기능을 집어넣으려다 보니 이동질량이 수 톤에 달하게 되었다. 이로 인하여 헤드의 이동에 따라서 전체 시스템의 무게중심이 변하고, 수평도 역시 변하게 되었다.

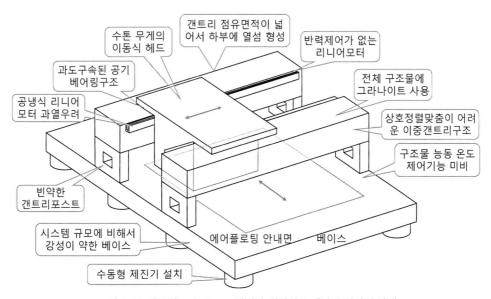

그림 2.28 이중갠트리 구조로 설계된 대면적 스테이지 장비의 사례

그라나이트로 제작된 갠트리와 베이스 사이를 빈약한 갠트리포스트로 지지하였으며, 체결용 인서트 구멍 가공의 어려움 때문에 연결이 매우 취약해져서 시스템의 반복도와 신뢰도가 심각하게 저하되는 결과가 초래되었다. 이 사례는 변형설계 수준의 보수적인 설계기법에 익숙한 조직이 적용설계가 필요한 수준의 도전적인 난이도를 가지고 있는 과제를 별다른 공학적 고려 없이 경험으로 밀어붙여서 벌어진 일종의 참사였다.

2.6.2 레이저 가공기의 사례

금속 박판에 레이저로 미세패턴을 가공하는 장비가 디스플레이나 PCB용 금속 마스크 제작에 사용되고 있다. 스테이지 설계능력이 없었던 레이저 업체에서는 전문 스테이지 제작업체에 레이저 광학계를 제외한 시스템 전체의 개발을 위탁하였다. 개발의뢰 과정에서 납기일정이 촉박하다는 이유로 세심한 사양도출과정을 생략하고 발주부터 하였으며, 명확한 사양이나 오차할당 없이 레이저로 가공해서 만들어야 하는 제품의 정밀도 사양을 과업 지시서에 적시해놓았다. 이렇게 제작된 스테이지 시스템이 **그림 2.29**에 도시되어 있다. 이 시스템은 적층방식으로 제작되었기 때문에, 제시된 정밀도 사양을 스테이지에 탑재된 인코더 상에서 정확하게 맞출 수 있었지만, 아베 오차로 인하여 갠트리 위에 설치된 광학계와 가공시편 사이에서는 이보다 10배 이상 더 큰 상대

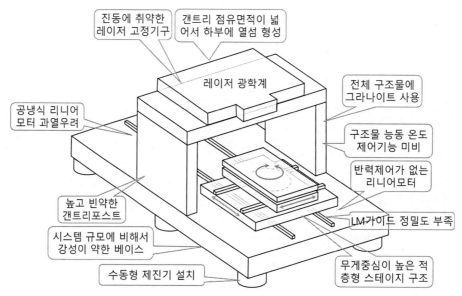

그림 2.29 적층형 스테이지를 사용한 레이저 미세패턴가공기의 사례

오차가 발생하였다. 또한 반력제어 수단이 설치되지 않아서 스테이지 가감속 시 발생하는 과도오차는 이보다도 더 심하여 가공기로 사용이 불가능한 상황이 발생하였다. 개발된 스테이지의 성능에 대한 책임소재 공방이 잠시 있었지만, 과업지시서 상의 사양이 불명확하여 스테이지 업체에 책임을 묻기는 어려웠다. 이를 해결하기 위해서 능동형 제진기 설치를 포함하여 상당히 많은 시간과 비용을 추가로 지출하였으나, 결국은 제작된 장비 전체를 폐기하고 처음부터 다시 설계하게 되었다.

2.6.3 고속물류 시스템

반도체 팹이 대형화되고 웨이퍼 처리공정이 복잡해짐에 따라서 웨이퍼 이동시간이 크게 증가하게 되었다. 웨이퍼 대기시간은 곧장 원가에 반영되기 때문에 기존의 물류설비보다 주행속도를 두 배 이상 높이는 공격적인 개발과제가 탑다운 방식으로 시작되었다.

기존의 바퀴 추진방식 무인반송차량의 경우에는 모터의 토크한계와 바퀴의 직경제약 때문에 주행속도 향상에 한계가 있었다. 이를 타개하기 위해서 고속 작동과 고출력이 가능한 리니어모터를 사용하자는 방안이 제안되었다. 언뜻 보기에 바퀴는 대차를 지지하며, 추진력은 별도의 리니어모터가 수행하므로, 기능이 분리되어 바퀴마모도 감소하고 고속주행도 가능할 것으로 생각되었다. 이에 곧장 개발과제의 진행이 결정되었다.

그림 2.30에서는 리니어모터로 추진되는 고속 무인 반송차량의 개념도를 보여주고 있다. 일반적으로 반도체업계에서 널리 사용되는 리니어모터인 공심형 리니어모터는 고속작동이 가능하며, 코일과 영구자석 사이에 견인력이 발생하지 않지만, 고출력을 구현할 수 없다. 반면에 철심형 고출력 리니어모터는 고속작동에 한계가 있으며, 철심과 영구자석 사이에 강력한 견인력이 작용하여 연질 우레탄 라이닝이 코팅된 바퀴나 판금구조물 차체로는 이를 견딜 수 없다. 따라서 리니어모터를 이용한 고속/고출력 이송장치는 공학적으로 구현이 불가능한 개념이었다. 저자는 이 개념의 문제점들을 지적하였으나 받아들여지지 않았고 설계와 제작이 강행되었다. 수십 미터 길이의 시험용 레일을 포함하여 시험용 대차가 제작되었으나, 대차의 구조안정성, 최고속도, 진동특성 등 그 어느 항목도 만족스럽지 못한 결과를 얻지 못하였으며, 제작된 시험장치는 폐기되었다.

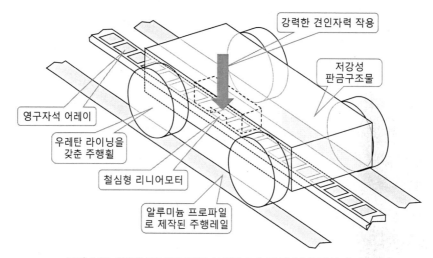

강력한 견인자력 작용

저강성 판금구조물

영구자석 어레이

우레탄 라이닝을 갖춘 주행휠

철심형 리니어모터

알루미늄 프로파일로 제작된 주행레일

그림 2.30 철심형 리니어모터를 사용한 고속 무인반송차량의 개념도

03

정확한
구속설계

정확한 구속설계

3.1 탄성평균화 설계에서 기구학적 설계로의 전환

탄성평균화[1]는 외부에서 부가되는 큰 부하를 지지하면서 변형을 방지하기 위해서 다수의 구속 (과도구속)을 이용하는 방법이다. 이를 통해서 다수의 접촉점들에 하중이 분산되어 변형이 감소 하며 강성은 증가한다. **그림 3.1**에 도시되어 있는 것처럼, 다수의 볼트들을 사용한 플랜지의 체결 이나, 다수의 볼들을 사용한 볼 베어링 그리고 다수의 접촉면들을 사용하는 커빅 커플링 등이 탄성평균화설계의 대표적인 사례들이다.

탄성평균화설계에서는 다수의 접촉점들이 시스템의 과도구속을 유발한다. 이로 인하여 개별 접촉점들에 부가되는 평균 접촉응력은 낮으며, 탄성변형에 의해서 개별 접촉위치들이 가지고 있 는 오차가 평균화된다. 그리고 사용(길들임)과정에서 접촉표면의 돌출부들이 마모되기 때문에 길 들임 과정이 끝난 시스템의 경우, 반복도는 가공 정확도를 접점 수의 제곱근으로 나눈 값에 비례 한다. 예를 들어, 13개의 볼들을 사용하며 가공 정확도가 $10[\mu m]$ 수준인 볼 베어링의 반복도는 $10/\sqrt{13}=2.77[\mu m]$이다.[2]

탄성평균화 이론은 현재도 기계설계의 주류이론으로 사용되고 있으며, 기계의 정밀도와 구조 강성을 높이는 데 큰 기여를 하였다. 하지만 근원적으로 탄성평균화 이론이 가지고 있는 비결정 성 때문에 마이크로미터 이하(또는 수백 나노미터 수준)의 반복도를 구현하기에는 한계가 있다.

---

1   elastic averaging.
2   이는 매우 이상적인 사례일 뿐이다.

(a) 플랜지 볼팅3

(b) 볼 베어링4

(c) 커빅커플링5

그림 3.1 탄성평균화 개념이 적용된 설계사례들

그림 **3.2**에 도시되어 있는 칼럼이 4개인 프레스의 경우에는 각각의 칼럼마다 2개의 가이드부시가 사용되었기 때문에 총 8개의 가이드부시가 프레스 판의 수직방향 직선운동을 안내하고 있다. 이를 단순화하여 설명하면, 프레스 판의 수직방향 1자유도를 안내하기 위해서 8개의 자유도를 구속한 셈이다. 하지만 이로 인하여 이로 인하여 가이드부시 베어링의 걸림 및 안내봉 긁힘과 프레스 판의 보행6현상 등의 문제가 일어날 수 있다. 이런 과도구속에 의한 문제를 가공과 조립에 의존하여 해결하기 위해서는 상당한 노력을 기울여야 한다. 하지만 기구학적인 관점에서 우측의 그림에서와 같이 3개의 가이드부시들을 수평방향에 대해서 예압 하중만 부가한 채로 고정을 풀어놓으면 과도구속이 해소된다. 이를 통해서 고정된 5개의 가이드부시들이 5자유도를 구속하면 프레스 판은 안정적으로 수직운동을 수행할 수 있다.

정확한 구속7 이론에 기반을 둔 기구학적 설계방법이 소개된 지는 많은 시간이 지났지만, 근원적으로 구속강성이 부족하여 공작기계를 중심으로 하는 주류산업에 적용되지 못하고 광학기기를 중심으로 하는 측정기 등으로 활용 분야가 제한되었다. 하지만 1960년대를 전후로 광학분야의 발전과 1970년대를 넘어서면서 태동된 반도체 산업의 급격한 발전과정에서 기존 기계설계 이론의 근간을 이루었던 탄성평균화 설계이론이 가지고 있는 비결정성 문제가 정밀도 향상의 걸림돌로 작용하게 되었다.

---

3   savasco.co.za

4   skf.com

5   http://www.34639091.com/english/product/84/index.html

6   http://www.34639091.com/english/product/84/index.html

7   직선운동 시스템의 Yaw 운동을 보행(walking)이라고 부른다.

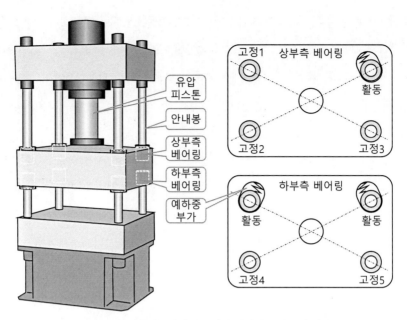

그림 3.2 4칼럼에 8개의 베어링이 설치된 프레스의 사례

탄성평균화설계의 과도구속에 의한 비결정성 문제를 극복하는 것이 정확한 구속 또는 기구학적 설계의 중요한 목적이다. 계측 프레임과 같은 민감한 부품이나 시스템을 치수가 변하는 지지기구나 가공공차로부터 분리하여, 정밀 수가공이나 현합조립과 같은 소위 손기술에 의존하지 않도록 만들기 위해서 이런 설계방법이 사용된다. 이렇게 만들어진 정확한 구속 메커니즘의 정확도는 가공공정에 일부 의존하지만, 이를 손쉽게 보정할 수 있다. 반면에 반복도는 마찰, 표면조도, 오염 및 열오차와 같은 인자들에만 영향을 받는다. **표 3.1**에서는 다양한 위치결정 기구들의 성능을 서로 비교하여 보여주고 있다.

표 3.1 다양한 위치결정기구들의 성능비교

커플링의 유형	접촉방식	반복도	강성	하중지지용량
핀조인트	표면접촉	>수$[\mu\mathrm{m}]$	높음	높음
탄성평균화	혼합접촉	>1$[\mu\mathrm{m}]$	높음	매우 높음
준 기구학적설계	직선접촉	>수백~수십[nm]	중간 이상	중간 이상
기구학적 설계	점접촉	>수십~수[nm]	낮음	낮음

기구학적 설계이론에서는 하나의 자유도를 하나의 접촉으로 구속하는 최소구속의 개념을 사용하여야 과도구속이 상쇄되며, 위치결정성이 높아진다고 설명하고 있다. 따라서 물체가 가지고 있는 6개의 자유도(x, y, z, θ_x, θ_y, θ_z)에서 기계가 필요로 하는 자유도의 수를 뺀 수만큼의 접촉으로 물체를 구속하여야 한다. 이를 **정확한 구속조건**이라고 부르며, 이를 사용해서 위치결정성과 반복성을 획기적으로 높일 수 있다.

그림 3.3에서는 정확한 구속조건이 적용된 이각대[8] 플랙셔들을 사용하여 고정한 반사경의 사례를 보여주고 있다. 21세기 들어서 급격하게 발전하고 있는 초정밀 메커니즘 설계의 중심에는 정확한 구속설계가 자리 잡고 있다. 비록 이 설계기법이 강성의 한계 때문에 주류 설계이론으로 사용되지는 못하지만, 초정밀 광학장비를 중심으로 해서 반도체와 디스플레이 분야의 다양한 공정장비들에서 성공적으로 활용되고 있다.

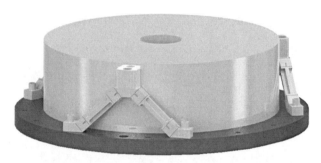

그림 3.3 이각대 플랙셔기구를 사용하여 정확한 구속조건으로 지지한 반사경의 사례

이 장에서는 2차원 물체의 구속에 대한 고찰을 통해서 자유도의 의미, 자유도를 구속하는 올바른 방법, 2차원 미세조절기구에 대해서 살펴본다. 뒤이어 3차원물체의 구속에 대한 고찰을 통해서 1자유도~6자유도의 정확한 구속방법에 대해서 논의하며, 헤르츠의 탄성이론에 대해서도 소개한다. 플랙셔기구에서는 박판형 플랙셔와 모놀리식 플랙셔기구의 설계원리에 대해서 살펴보며, 마지막으로 광학기구에서 사용되는 정확한 구속설계 사례들을 살펴보면서 이 장을 마무리하기로 한다.

---

8   biped.

3.2 2차원 물체의 구속[9]

물체는 3차원 공간상에서 6자유도를 가지고 있으며, 이 물체의 구속조건을 다루기 위해서는 공간기구학적 고찰이 필요하다. 하지만 물체의 구속조건에 집중하여 살펴보기 위해서 이 절에서는 문제를 단순화하여 2차원 평면 내에서 운동하는 물체에 대한 구속방법에 대하여 살펴보기로 한다. 이를 통해서 자유도와 이를 구속하는 기본적인 원리에 대해서 이해하고, 이를 확장하여 다음 절에서는 3차원 물체의 구속에 대해서 살펴보기로 한다.

3.2.1 2차원 공간에서의 자유도

이 절에서는 2차원 공간 내에서 물체의 자유도와 구속에 대해서 살펴보기로 한다. 좌표계는 **그림 3.4**에 도시된 것처럼, 수평방향으로 x 및 y축이 배치되며, 수직방향이 z방향이다. 2차원 물체는 고정된 평면 위에 놓인 판형 물체로 정의한다. 이 판형 물체는 평면과 접촉을 유지하는 상태에서 x 및 y방향으로의 병진운동(T_x 및 T_y)과 z방향으로의 회전운동(R_z)으로 구성된 3자유도만이 존재한다. 이렇게 물체가 자유롭게 움직일 수 있는 방향의 숫자를 **자유도**라고 부른다. 만일 이 물체를 고정된 외부구조물에 접촉시키면 물체의 운동이 제한되며, 이를 **구속**이라고 부른다.

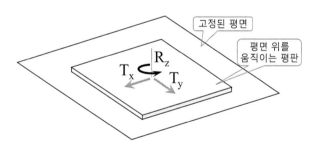

그림 3.4 3자유도를 가지고 평면 위를 움직이는 평판의 사례

3.2.2 2차원 물체의 자유도 구속

만일 **그림 3.4**에서 정의된 평판과 고정된 평면 사이에 **그림 3.5** (a)에서와 같이 링크기구를 연결하면 평판은 링크의 길이방향(T_y)으로는 움직일 수 없으며, 그 직각방향(T_x)으로만 움직일 수

9   이 절의 내용은 D. Blanding 저, 장인배 역, 정확한 구속, 도서출판 씨아이알, 2016을 참조하여 재구성하였다.

있다. 이렇게 평판의 움직임을 구속하는 방향을 **구속직선**이라고 부른다. 이로 인하여 평판은 T_x 와 R_z 방향으로의 2자유도만이 존재한다. 단순 접촉점도 구속장치로 활용할 수 있다. **그림 3.5** (b) 에서는 원주기둥과 고정력을 이용하여 평판의 y방향 자유도(T_y)를 구속한 사례를 보여주고 있다. 여기서는 원주기둥과 평판 사이의 접촉을 유지시켜주기 위해서 스프링과 같이 위치가 고정되지 않는 요소를 사용하여 고정력(누름력)을 부가해야만 한다. 이 경우에도 (a)에서와 마찬가지로 T_x와 R_z 방향으로의 2자유도가 존재한다. **그림 3.5** (a) 및 (b)의 좌측 상단에는 각각 **등가구속선도**가 도시되어 있다. 등가구속선도에서 사각형은 평판을 의미하고 아령형상의 심벌은 양단에 1자유도 회전조인트가 장착된 구속요소를 의미한다. 이때에 아령형 회전조인트의 자유단측은 고정된 평면에 연결되어 있다고 가정한다. 이 등가구속선도를 활용하면 물체의 자유도와 구속상태를 손쉽게 확인할 수 있다.

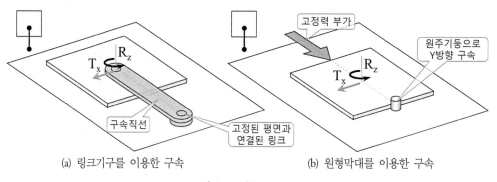

(a) 링크기구를 이용한 구속 (b) 원형막대를 이용한 구속

그림 3.5 1자유도 구속[10]

평판과 고정된 평면 사이에 **그림 3.6**에서와 같이 2개의 링크기구를 연결하면 평판은 2자유도가 구속된다. (a)의 경우와 같이 링크기구를 서로 평행하게 y방향으로 설치하면 평판은 y방향으로의 병진운동(T_y)과 더불어서 z방향으로의 회전운동(R_z)이 구속되며 x방향으로의 병진운동(T_x)만이 자유도를 갖는다. 반면에, (b)의 경우와 같이 x방향과 y방향으로 서로 직교하여 링크기구를 설치하면, z방향으로의 회전운동(R_z)만이 자유도를 갖는다. 특히 두 링크기구들의 연장선이 서로 교차하는 회전중심위치를 **순간회전중심**이라고 부른다. 이름이 의미하는 대로, 물체가 움직이

---

10 D. Blanding 저, 장인배 역, 정확한 구속, 도서출판 씨아이알, 2016을 참조하여 재구성하였다.

면 구속직선의 위치가 이동하면서 교차점의 위치도 변하게 된다. 하지만 링크기구가 미소운동을 하는 경우에는 순간회전중심의 위치이동은 무시할 정도로 작다. **그림 3.6** (b)에 도시된 교차링크의 교차각도가 90° 이외의 다른 각도인 경우에도 기능적으로는 동일한 순간중심을 형성한다. 하지만 교차각도가 0°에 근접하면 **그림 3.6** (a)의 평행링크처럼 작용하며, 180°에 근접하면 **그림 3.8** (a)에 도시된 과도구속 조건에 근접하게 된다. 따라서 순간회전중심을 이루는 링크기구의 교차각도는 대략적으로 45~135°의 범위를 갖도록 배치하여야 한다.

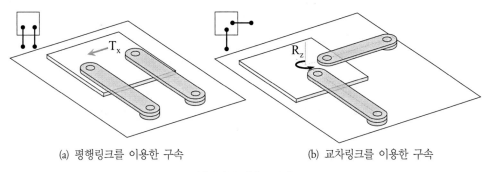

(a) 평행링크를 이용한 구속   (b) 교차링크를 이용한 구속

그림 3.6 2 자유도 구속11

물체의 자유도를 완전히 구속하는 것은 공학적으로 매우 중요한 일이다. **그림 3.7**에서는 2차원 공간 내에서 평판형 물체가 가지고 있는 3개의 자유도(T_x, T_y, R_z)를 완전하고, 정확하게 구속하는 방법을 보여주고 있다. **그림 3.7**에서 서로 평행한 링크기구들은 각각 y방향 병진운동(T_y)과 z방향 회전운동(R_z)을 구속하고 있으며, 이들과 직교하여 배치된 링크기구는 x방향 병진운동(T_x)을 구속하여 결과적으로 평판형 물체가 가지고 있는 3개의 자유도가 모두 구속된다는 것을 알 수 있다. 이 사례에서는 하나의 자유도를 구속하기 위해서 단 하나의 구속기구가 사용되었다는 것을 알 수 있다. 이렇게 하나의 자유도를 구속하기 위해서 단 하나의 구속기구만이 사용된 경우를 **정확한 구속**이라고 부른다. 여기서, 두 개의 평행 링크들 사이의 간격이 좁다면 T_x 구속링크와 T_y 구속링크가 이루는 순간회전중심에 대한 평판의 회전운동 모멘트를 효과적으로 지지할 수 없을 것이다.

---

11 D. Blanding 저, 장인배 역, 정확한 구속, 도서출판 씨아이알, 2016을 참조하여 재구성하였다.

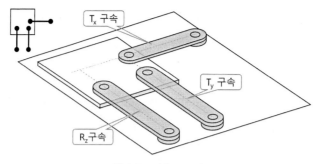

그림 3.7 3자유도 구속[12]

물체의 구속을 설계하는 과정에서 다양한 형태의 부정확한 구속이 발생할 수 있다. **그림 3.8**에서는 부정확한 구속에 의해서 **과도구속** 또는 **과소구속**이 일어나는 사례를 보여주고 있다. (a)의 경우와 같이 한 쌍의 링크나 원주기둥을 동일 구속선상에 배치하면, 두 개의 구속요소들이 하나의 자유도를 통제하기 위해서 서로 간섭하게 된다. 이를 과도구속조건이라고 부른다. 과도구속은 (b)의 경우와 같이 **유격**이나 **간섭**의 발생을 피할 수 없다. 이로 인하여 덜그럭거리면서 위치가

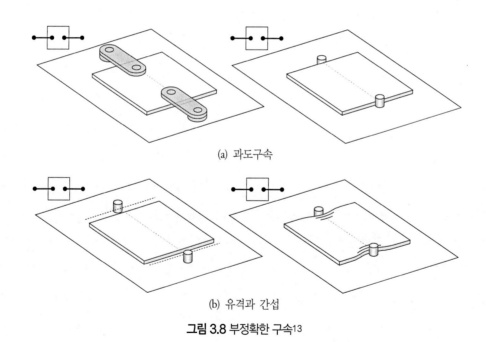

(a) 과도구속

(b) 유격과 간섭

그림 3.8 부정확한 구속[13]

12 D. Blanding 저, 장인배 역, 정확한 구속, 도서출판 씨아이알, 2016을 참조하여 재구성하였다.
13 D. Blanding 저, 장인배 역, 정확한 구속, 도서출판 씨아이알, 2016을 참조하여 재구성하였다.

부정확해지거나 너무 꽉 끼어서 조립이 되지 않을 수도 있다. 물론, 완벽한 치수관리를 통해서 이런 문제를 극복할 수 있겠지만, 높은 가공비용이 발생한다. 그리고 온도변화와 같은 약간의 외부요인 변화만으로도 내부응력이 생성되며, 심각한 경우에는 파손이 발생하게 된다.

3.2.3 올바른 고정력 부가방법

링크기구를 사용하여 물체를 고정하면 겉보기로는 정확한 구속이 이루어지지만, 조인트 연결에 사용되는 핀이나 베어링의 유격이나 간섭으로 인하여 위치결정의 정확도가 훼손되거나 원활한 작동이 방해를 받게 된다. 따라서 구멍에 핀을 삽입하거나 베어링을 사용하는 형태의 구속기구는 중간 정도(마이크로미터 이상)의 위치결정 정밀도가 필요한 경우에 자주 사용되고 있다. 하지만 극도로 높은(마이크로미터 이하~수십 나노미터) 위치결정 정밀도가 필요한 경우에는 (3.5.3절에서 논의할 예정인) 모놀리식 플랙셔 형태의 링크기구 이외에는 링크기구를 사용할 수 없다. 이런 경우에는 **그림 3.5** (b)에 도시된 것처럼 접촉과 고정력을 사용하여야 한다. 2차원 물체의 3자유도를 정확하게 구속하기 위해서는 3개의 구속요소 모두를 접촉점으로 설계하는 것이 바람직하다.

그림 3.9 (a)에 도시된 것과 같이 V형 홈과 평면으로 이루어진 3점 접촉기구를 사용하여 물체를 고정하는 사례를 살펴보기로 하자. 그림에서 상부의 V-형 홈이 성형된 물체가 이동물체이며 두 개의 볼들이 설치된 하부물체는 위치가 고정된 위치라고 간주하자. 물체를 정확하게 구속하기 위해서는 **그림 3.9** (b)에서와 같이, 각 접촉점마다 접선과 수직하는 방향으로 고정력이 부가되어야 한다. 그런데 각 접촉점들의 개별적인 고정력은 벡터 형태로 합산되므로, 모든 접촉점들의 접촉을 유지하기 위해서 필요한 힘은 **그림 3.9** (c) 및 (d)에서와 같이 하나의 고정력으로 대체할 수 있다. 예를 들어, 광학부품이나 잉크젯 헤드 카트리지와 같이, 높은 위치결정 정확도와 반복도가 필요하면서도 자주 교체해야만 하는 물체의 경우에는 이 방식이 매우 유용하다.

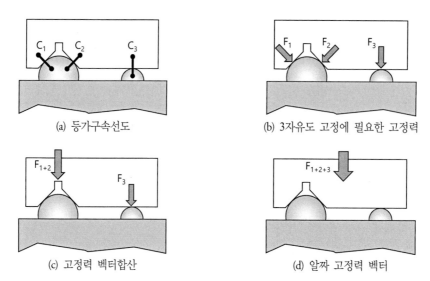

(a) 등가구속선도   (b) 3자유도 고정에 필요한 고정력

(c) 고정력 벡터합산   (d) 알짜 고정력 벡터

그림 3.9 3자유도 고정기구의 등가구속선도와 이를 구정하기 위해서 필요한 고정력14

고정력을 부가하는 방법은 크게 **정압예압**방식과 **정위치예압**방식으로 나눌 수 있다. 정압예압 방식은 **그림 3.10**의 (a)와 (b)에서처럼, 중력이나 스프링력 등을 사용하여 일정한 힘으로 물체에 예압을 가하는 방법이다. 이 방법은 열팽창 등으로 인하여 물체의 치수가 변하여도 고정력은 거의 변하지 않는다는 장점을 가지고 있지만, 고정강성이 부족하여 충격력이나 진동에 의해서 접촉상태가 변할 가능성이 있다. 반면에 정위치예압방식은 **그림 3.10**의 (c)와 (d)에서처럼, 나사나 편심캠 등의 강체를 사용하여 일정한 위치로 물체에 변위를 가하는 방법이다. 이 방법은 접촉강성이 매우 높아서 충격력이나 진동에 대하여 접촉을 잘 유지시켜 주지만, 과도한 충격이나 열팽창 등으로 인해서 접촉위치가 영구적으로 변형되면 누름력이 없어지고 유격이 생겨버린다. 이런 예하중 부가방식에 따른 문제에 대해서는 4.3.5절에서 자세히 살펴볼 예정이며, 앵귤러 볼 베어링의 조립예하중부가나 타이밍벨트의 조립예하중부가 등에서도 동일하게 발생한다.

---

14 D. Blanding 저, 장인배 역, 정확한 구속, 도서출판 씨아이알, 2016을 참조하여 재구성하였다.

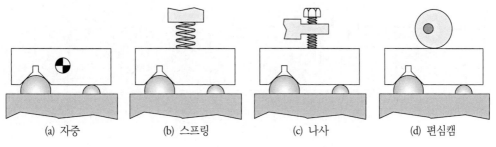

(a) 자중   (b) 스프링   (c) 나사   (d) 편심캠

그림 3.10 다양한 고정력 부가방법들[15]

그림 **3.11**에서는 등가구속을 이루는 세 개의 구속요소인 C_1, C_2 및 C_3 중 하나가 접촉을 이루지 못하는 상황을 보여주고 있다. (a)의 경우는 C_1과 C_2는 접촉하고 있지만 C_3는 분리되어 있는 상태이다. 이 경우에는 C_1과 C_2가 교차하는 위치에 순간회전중심 IC_{1-2}가 형성되며, 물체는 이를 중심으로 회전할 수 있다. 이 상황에서 물체가 정확한 구속을 이루기 위해서는 시계방향으로 회전하여 C_3 접촉이 이루어지도록 고정력이 작용하여야 한다. (b)의 경우는 C_2와 C_3는 접촉하고 있지만 C_1은 분리되어 있는 상태이다. 이 경우에는 C_2와 C_3가 교차하는 위치에 순간회전중심 IC_{2-3}이 형성되며, 물체는 이를 중심으로 회전할 수 있다. 이 상황에서 물체가 정확한 구속을 이루기 위해서는 반시계방향으로 회전하여 C_1 접촉이 이루어지도록 고정력이 작용해야 한다. 마지막으로 (c)의 경우에는 C_1과 C_3는 접촉하고 있지만, C_2는 분리되어 있는 상태이다. 이 경우에는 C_1과 C_3가 교차하는 위치에 순간회전중심 IC_{1-3}이 형성되며, 물체는 이를 중심으로 회전할 수 있다. 이 상황에서 물체가 정확한 구속을 이루기 위해서는 반시계방향으로 회전하여 C_2 접촉이 이루어지도록 고정력이 작용해야 한다.

---

15   D. Blanding 저, 장인배 역, 정확한 구속, 도서출판 씨아이알, 2016을 참조하여 재구성하였다.

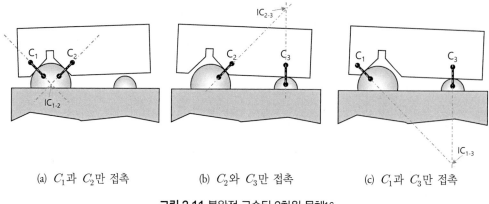

(a) C_1과 C_2만 접촉   (b) C_2와 C_3만 접촉   (c) C_1과 C_3만 접촉

그림 3.11 불완전 구속된 2차원 물체[16]

그림 3.12 (a)에서는 **그림 3.11**에서 제시된 세 가지의 회전 요구조건들을 함께 보여주고 있다. 어떤 경우라도 물체가 정확한 구속을 이루도록 만들기 위해서는 이 모멘트들 모두가 필요하다. 따라서 물체에 작용하는 알짜 고정력의 작용방향은 세 개의 순간회전중심 모두에 대해서 화살표 방향으로 회전모멘트를 생성할 수 있어야만 한다. **그림 3.12** (b)에서는 접촉점들에 마찰력이 작용하지 않는 경우에 세 개의 회전모멘트를 모두 생성할 수 있는 알짜 고정력 작용방향의 허용윈도

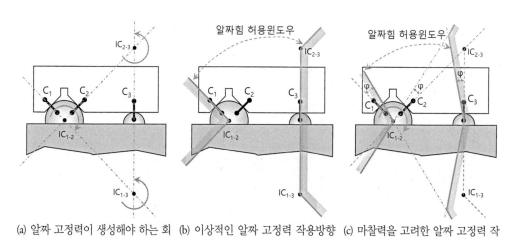

(a) 알짜 고정력이 생성해야 하는 회   (b) 이상적인 알짜 고정력 작용방향   (c) 마찰력을 고려한 알짜 고정력 작
    전모멘트의 방향   허용윈도우   용방향 허용윈도우

그림 3.12 정확한 구속을 구현하기 위한 알짜 고정력의 작용방향[17]

---

16 D. Blanding 저, 장인배 역, 정확한 구속, 도서출판 씨아이알, 2016을 참조하여 재구성하였다.

17 D. Blanding 저, 장인배 역, 정확한 구속, 도서출판 씨아이알, 2016을 참조하여 재구성하였다.

우를 보여주고 있다. 그림에서와 같이 허용 범위 내에서 위에서 아래로 작용하는 힘벡터는 위치가 고정된 두 개의 볼들에 대해서 물체가 올바르게 고정되도록 하중을 가해준다.

그런데 **그림 3.11**에서 물체가 회전하여 완전한 접촉을 이루기 위해서는 고정력이 작용하는 접촉점 표면에서 미끄럼이 발생해야 한다. 이를 위해서는 고정력에 의한 접촉표면의 마찰을 이겨내야만 한다. 접촉표면에 수직으로 작용하는 힘은 F_N이고, 표면의 마찰계수는 μ라고 한다면 표면에서 접선방향으로 미끄럼 운동이 일어나려면 수평방향 작용력 F_H는 다음 조건을 만족해야만 한다.

$$F_H > \mu \times F_N$$

따라서 고정력이 F_N과 F_H가 이루는 마찰각도 ϕ보다 큰 각도로 작용해야만 접촉점에서 발생하는 마찰력을 이기고 완전한 접촉을 이룰 수 있다. 이때의 마찰각도 ϕ는 다음 식으로 주어진다.

$$\phi = \tan^{-1}\left(\frac{F_H}{F_N}\right) = \tan^{-1}(\mu)$$

따라서 **그림 3.12** (b)의 이상적인 허용윈도우는 **그림 3.12** (c)에서와 같이 마찰각 ϕ만큼 각도를 좁혀야만 한다. 알짜 고정력 벡터가 향하는 방향은 이렇게 만들어진 허용윈도우 밖의 어떤 영역도 통과해서는 안 된다. 알짜힘이 허용윈도우 내를 향하는 경우에는 물체가 어떤 상태로 두 개의 볼들 위에 놓이더라도 고정력이 가해지면 즉시 스스로가 자리를 잡으면서 정확한 구속조건을 이루게 된다.

3.2.4 2차원 미세조절기구[18]

2차원 기준면에 대해서 물체의 3자유도 위치를 조절하는 미세조절장치는 광학식 포토마스크나 이미지센서, 잉크젯 헤드 카트리지 등과 같이, 미세정렬이 필요한 기구에서 필수적으로 사용되고 있다. 대변위 작동기에 의해서 이미 거의 원하는 위치에 근접한 물체를 높은 정확도로 위치

---

18 이 절의 내용은 H. Soemers, Design Principles for Precision Mechanisms, Delft Press., 2011의 2장 내용 중 일부를 참조하여 재구성하였다.

를 조절하기 위해서 미세조절기구가 사용된다.

그림 3.13에서는 3개의 나사식 조절기구를 사용하여 평판형 물체의 3자유도를 조절하는 수동 조절기구의 두 가지 사례를 보여주고 있다. 그림에는 도시되어 있지 않지만, 올바른 방향으로 고정력이 부가되고 있다고 가정한다.

그림 3.13 (a)의 배치를 사용하여 u_1, u_2 및 u_3를 조절하여 물체의 자유도인 x, y 및 φ를 조절하는 경우를 살펴보기로 하자. 이 경우에는 u_1을 조절하면 물체는 x방향으로 움직이지만, u_2와 u_3를 조절하면 x, y 및 φ가 모두 움직인다. 따라서 물체를 원하는 위치로 조절하기 위해서는 지루한 반복작업을 수행하거나 다음의 행렬식을 사용하여 자동화된 조절메커니즘을 구성하여야 한다.

$$\begin{bmatrix} u_1 \\ u_2 \\ u_3 \end{bmatrix} = \begin{bmatrix} 1 & 0 & a \\ 0 & 1 & -e \\ 0 & 1 & e \end{bmatrix} \cdot \begin{bmatrix} x \\ y \\ \varphi \end{bmatrix}$$

여기서는 미소변위만 조절한다고 가정하여 $\sin\varphi \approx \varphi$, $\cos\varphi \approx 1$이라고 간주하였다.

그림 3.13 (b)에서는 수동조절이 훨씬 더 용이한 배치를 보여주고 있다. 이 경우에는 우선 u_1을 조절하여 x방향 위치를 맞춘 다음에 u_2 및 u_3를 동시에 구동하여 y방향 위치를 맞춘다. 마지막으로 u_3를 조절하여 φ방향 회전을 조절한다. 하지만 이 배치에서도 여전히 약간의 상호의존성이 존재한다. 그리고 다음의 행렬식을 사용하면 자동화된 조절 메커니즘을 구성할 수 있다.

$$\begin{bmatrix} u_1 \\ u_2 \\ u_3 \end{bmatrix} = \begin{bmatrix} 1 & 0 \\ 0 & 1 & 0 \\ 0 & 1 & -e \end{bmatrix} \cdot \begin{bmatrix} x \\ y \\ \varphi \end{bmatrix}$$

그림 3.13의 조절기구는 좌표계별 위치조절의 상호의존성이 존재하며, 나사조절기구와 이동물체 사이의 마찰력에 의해서 위치조절 정밀도와 신뢰성이 떨어진다. 이런 문제들을 해결하기 위해서는 유연메커니즘(플랙서)을 사용하여 좌표계별 조절기능을 분리하여야 한다.

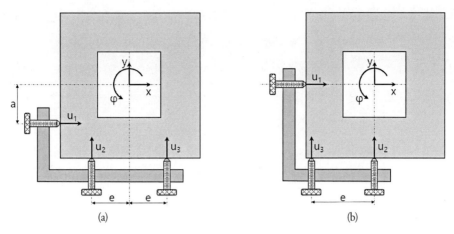

그림 3.13 나사식 조절기구를 사용한 2차원 물체의 3자유도 미세조절기구 사례[19]

그림 3.14에서는 유연메커니즘을 사용하여 좌표계별로 독립적인 조절이 가능하도록 설계된 3
자유도 미세조절기구의 두 가지 사례를 보여주고 있다. 그림에는 도시되어 있지 않지만, 각 이송
축마다 예하중 부가용 스프링 등을 사용하여 고정력이 부가되고 있다. **그림 3.14**의 (a)와 (b)는 병
렬안내방식이 유발하는 기생운동에서 차이를 가지고 있다. (a)에서는, 예를 들어 x축 이송을 위한
두 개의 플랙셔들이 서로 반대방향으로 배치되어 있기 때문에 x축 방향으로의 변위가 커지면 φ방

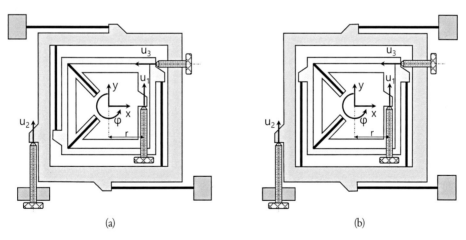

그림 3.14 유연메커니즘을 사용한 2차원 물체의 3자유도 미세조절기구 사례[20]

19 H. Soemers, Design Principles for Precision Mechanisms, Delft Press., 2011을 참조하여 재구성하였다.
20 H. Soemers, Design Principles for Precision Mechanisms, Delft Press., 2011을 참조하여 재구성하였다.

향으로의 미소회전운동이 발생한다. 반면에 (b)에서는, 예를 들어 x축 이송을 위한 두 개의 플랙셔들이 동일방향으로 배치되어 있기 때문에 x축 방향으로의 변위가 커지면 y방향으로의 미소운동이 발생한다. 따라서 이런 미세운동 메커니즘은 정말로 미소변위에 대해서만 적용하는 것이 바람직하다. 그리고 다음의 행렬식을 사용하면 자동화된 조절 메커니즘을 구성할 수 있다.

$$\begin{bmatrix} u_1 \\ u_2 \\ u_3 \end{bmatrix} = \begin{bmatrix} 1 & 0 & r \\ 0 & 1 & 0 \\ -1 & 0 & 0 \end{bmatrix} \cdot \begin{bmatrix} x \\ y \\ \varphi \end{bmatrix}$$

여기에 사용된 플랙셔기구 설계에 대해서는 3.5절에서 자세히 논의하기로 한다.

그림 3.13 및 **그림 3.14**에 도시된 미세조절기구들은 최소구속의 원리에 맞춰서 설계되었지만, 강성의 측면에서는 방향별 지지강성이 서로 다르기 때문에 진동이나 충격과 같은 외부 교란에 대하여 취약한 방향이 존재한다. 또한 조절기구의 강성이 부족하면 조절기구의 정확도 저하나 조절시간의 증가 등과 같은 부정적인 영향이 발생한다. **그림 3.15**에서는 120° 간격으로 3개의 조절용 스크루들이 배치된 조절기구의 사례를 보여주고 있다. 이 조절기구는 하나의 나사만 조절하여도 모든 좌표계들이 변한다. 따라서 수동조절은 매우 어렵지만, 조절과정이 자동화된 경우에는 원하는 위치를 작동기 좌표계로 변환하여 조절하기 때문에 큰 문제가 되지 않는다.

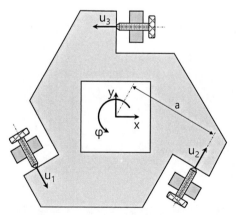

그림 3.15 최대강성을 갖춘 미세조절기구의 사례[21]

21　H. Soemers, Design Principles for Precision Mechanisms, Delft Press., 2011을 참조하여 재구성하였다.

이 조절기구의 좌표변환행렬은 다음과 같이 주어진다.

$$\begin{bmatrix} u_1 \\ u_2 \\ u_3 \end{bmatrix} = \begin{bmatrix} \dfrac{1}{2} & -\dfrac{\sqrt{3}}{2} & a \\ \dfrac{1}{2} & \dfrac{\sqrt{3}}{2} & a \\ -1 & 0 & a \end{bmatrix} \cdot \begin{bmatrix} x \\ y \\ \varphi \end{bmatrix}$$

이런 미세조절에는 **그림 3.16**에 도시된 전동식 나사조절기구가 널리 사용되고 있다. 이 전동기구에는 압전구동방식 초음파모터가 내장되어 있어서 나사기구의 미세 회전각도 조절이 가능하며, 수동조절도 가능하다.

그림 3.16 압전 초음파모터가 내장된 전동식 나사조절기구의 사례[22]

3.3 3차원 물체의 구속

3.2절에서는 2차원 평면 내에서 운동하는 물체에 대한 구속방법에 대하여 살펴보았다. 이를 통해서 자유도와 구속 그리고 과도구속과 정확한구속의 개념을 익혔다. 이 절에서는 공간을 확장하여 3차원 물체의 구속에 대해서 살펴보기로 한다.

3.3.1 자유도

이 장에서는 **그림 3.17**에 도시되어 있는 것처럼, 수평방향을 x 및 y방향으로 지정하고 수직방

22 physikinstrumente.com

향을 z방향으로 지정한 직교좌표계를 사용한다. 또한 x방향으로의 회전(θ_x)을 **피치**, y방향으로의 회전(θ_y)을 **롤** 그리고 z방향으로의 회전(θ_z)을 **요**라고 부른다. 이렇게 정의된 3차원 공간 내에서 물체는 3개의 병진자유도와 3개의 회전자유도를 가지고 있다. 만일 허공에 떠 있는 자유물체의 y, z 및 θ_x, θ_y, θ_z의 5자유도를 구속한다면 이 물체는 x방향으로의 **자유도**만을 갖게 된다. 물체의 x, y 및 z방향으로의 병진운동 자유도를 T라고 표시하며(T_x, T_y, T_z), θ_x, θ_y, θ_z방향으로의 회전운동 자유도를 R로 표시(R_x, R_y, R_z)하기로 한다.

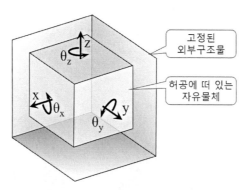

그림 3.17 허공에 떠 있는 물체의 6자유도

3.3.2 3차원 물체의 1자유도 구속

그림 3.17에서 정의된 허공에 떠 있는 자유물체와 고정된 외부구조물 사이에 **그림 3.18** (a)에서와 같이 링크기구를 연결하면 물체는 링크기구의 길이방향(T_z)으로는 움직일 수 없지만, x, y 및 θ_x, θ_y, θ_z방향으로는 자유롭게 움직일 수 있다. 즉, 1자유도가 구속된다. 이 구속선도에서 아령형 회전조인트의 한쪽은 허공에 떠 있는 물체와 연결되어 있으며, 다른 한쪽은 고정된 외부구조물과 연결되어 있다고 가정한다. **그림 3.17**에서 T_z방향의 운동을 구속하기 위해서 사용된 아령형상의 링크기구는 3.2.2절에서 설명한 것처럼, 양단에 회전조인트가 장착된 구속요소로서, 2차원 구속에서와는 달리 **그림 3.18** (b)에 도시된 것과 같이 3자유도 회전(θ_x, θ_y, θ_z)이 가능한 볼형 회전조인트가 설치되어 있다고 가정한다.

1자유도 구속기구에 사용되는 아령형상의 구속기구는 다양한 형태로 구현할 수 있다. **그림 3.19**에서는 등가의 구속기구들을 보여주고 있다. 압축 고정력이 가해지는 막대나 인장 고정력이 가해지는 와이어로프도 1자유도 구속기구로 작용하며, 양단에 볼이 설치된 와이어로프에 스프링으로 예하중을 가하는 구조도 1자유도 구속기구로 사용할 수 있다. 특히 (c)의 경우에는 와이어로 프 대신에 강철봉을 사용하여도 무방하다.

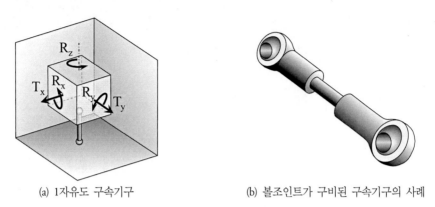

(a) 1자유도 구속기구   (b) 볼조인트가 구비된 구속기구의 사례

그림 3.18 3차원 물체의 1자유(T_z)도 구속기구 사례

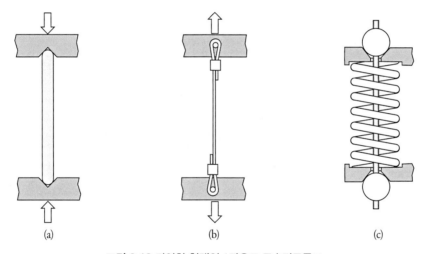

(a)   (b)   (c)

그림 3.19 다양한 형태의 1자유도 구속기구들[23]

길이조절 또는 위치조절이 가능한 구속장치가 필요하다면, **그림 3.20** (a)에 도시되어 있는 것처럼, 구형의 조인트 중 하나를 너트로 만들고 다른 하나의 구형 조인트는 나사머리로 만든다. 일반적으로 이 장치는 정밀한 위치조절에 사용되므로, 가는나사를 사용한다. 그리고 고정력을 부가하

23　D. Blanding 저, 장인배 역, 정확한 구속, 도서출판 씨아이알, 2016을 참조하여 재구성하였다.

기 위해서 **그림 3.19** (c)에서와 마찬가지로 압축 스프링을 이들 둘 사이에 설치한다. 특히 매우 미세한 조절이 필요한 경우에는 **그림 3.20** (b)에서와 같이, 미분나사를 사용할 수 있다. 미분나사는 한쪽 나사의 피치가 다른 쪽 나사의 피치와 약간 다른 두 개의 나사로 구성된다. 예를 들어, 좌측의 나사는 M4×0.7이며, 우측의 나사는 M5×0.8이라면, 이들 두 나사의 피치 차이는 0.1[mm]이므로, 이 미분나사는 1회전당 0.1[mm]만큼의 간격이 넓어지거나 좁아지게 된다.

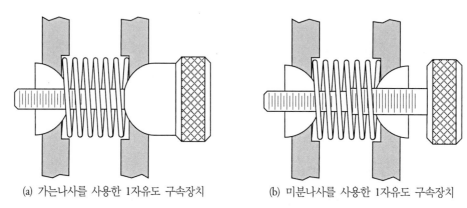

(a) 가는나사를 사용한 1자유도 구속장치   (b) 미분나사를 사용한 1자유도 구속장치

그림 3.20 위치조절이 가능한 1자유도 구속장치의 사례[24]

3.3.3 3차원 물체의 다자유도 구속

헤일은 그의 박사학위논문에서 3차원 공간에서 물체의 정확한 구속을 위한 17가지 **등가구속선도**를 제시하였다.[25] 이에 따르면, 구속할 자유도의 수에 따라서 조합할 수 있는 정확한 구속의 유형은 제한되어 있다.

3.3.3.1 2자유도의 구속

2자유도의 정확한 구속은 **그림 3.21**에 도시되어 있는 것처럼, 2개의 병진운동(2T) 구속과 하나의 병진운동과 하나의 회전운동을 구속(1T/1R)하는 두 가지의 방법이 존재한다. **그림 3.21** (a)의 경우에는 서로 교차하는 두 개의 구속기구가 각각 T_x와 T_z의 병진운동을 구속한다. 반면에, **그림 3.21** (b)의 경우에는 서로 평행한 두 개의 구속기구들이 병진운동 T_z와 회전운동 R_y를 구속한다.

---

24 D. Blanding 저, 장인배 역, 정확한 구속, 도서출판 씨아이알, 2016을 참조하여 재구성하였다.

25 L. Hale, Principles and Techniques for Design Precision Machines, Ph.D Thesis, 1999.

2자유도 구속기구의 대표적인 사례는 **그림 3.22**에 도시된 **바이패드 플랙셔**이다. 링크기구의 양단에 설치된 서로 직교하는 플랙셔들이 볼 조인트처럼 작용하며, 이 링크기구 두 개가 **그림 3.21** (a)처럼 서로 교차되어 있으므로 두 개의 병진자유도(2T)를 구속할 수 있다. **그림 3.3**에서는 3개의 바이패드가 120° 간격으로 배치되어 반사경의 6자유도를 구속한 사례를 보여주고 있다. 이런 유형의 바이패드 플랙셔 기구는 천체망원경용 반사경의 고정에서부터 극자외선노광용 반사경 고정에 이르기까지 초정밀 광학계의 고정에 널리 사용되고 있다.

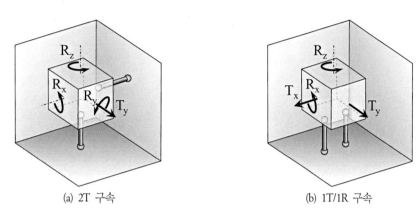

(a) 2T 구속   (b) 1T/1R 구속

그림 3.21 2자유도를 정확하게 구속하는 두 가지 방법[26]

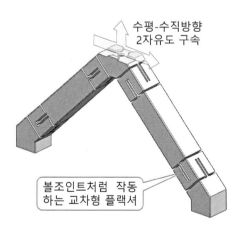

그림 3.22 2T 구속용 바이패드 플랙셔의 사례[27]

---

26 L. Hale, Principles and Techniques for Design Precision Machines, Ph.D Thesis, 1999를 참조하여 재구성하였다.

27 L. Hale, Principles and Techniques for Design Precision Machines, Ph.D Thesis, 1999를 참조하여 재구성하였다.

3.3.3.2 3자유도의 구속

3자유도의 정확한 구속은 **그림 3.23**에 도시되어 있는 것처럼 네 가지 유형이 가능하다. **그림 3.23** (a)의 경우에는 3개의 구속기구들이 한 면에 배치되어 있으며, 이로 인하여 T_z와 R_x 및 R_y가 구속된다. **그림 3.23** (b)와 (c)의 경우에는 한 면에 2개의 구속기구가 배치되어 있으며, 이와 직교한 다른 면에 하나의 구속기구가 배치된다. 이로 인하여 (b)의 경우에는 T_x, T_z 및 R_y가 구속되며, (c)의 경우에는 T_y, T_z 및 R_y가 구속된다. **그림 3.23** (d)에서는 세 개의 면들에 각각 하나씩 구속기구가 배치되어 있다. 이로 인하여 T_x, T_y 및 T_z의 병진운동은 모두 구속되며, R_x, R_y 및 R_z의 회전자유도는 모두 유지된다.

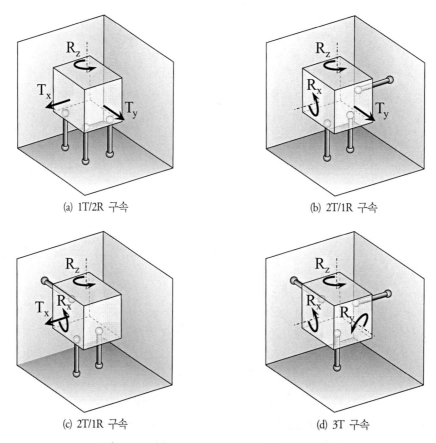

(a) 1T/2R 구속

(b) 2T/1R 구속

(c) 2T/1R 구속

(d) 3T 구속

그림 3.23 3자유도를 정확하게 구속하는 네 가지 방법[28]

---

28 L. Hale, Principles and Techniques for Design Precision Machines, Ph.D Thesis, 1999를 참조하여 재구성하였다.

그림 3.24에서는 그림 1.5 (b)에 도시되었던 카메라필름 이송기구의 최소구속설계 사례와 이에 대한 등가구속선도를 함께 보여주고 있다. 그림 3.24 (a)에 도시된 기구물의 우측에 설치되어 있는 A형 구조물은 그림 3.24 (b)에서 볼 수 있듯이 두 개의 구속기구들이 서로 교차된 것처럼, 두 방향으로의 병진운동(2T)을 구속하는 기능을 수행한다.

(a) 3자유도 필름이용 링크기구의 사례   (b) 등가구속선도(2T/1R 구속)

그림 3.24 카메라필름 이송기구의 사례[29]

3.3.3.3 4자유도의 구속

4자유도의 정확한 구속은 그림 3.25에 도시되어 있는 것처럼 네 가지 유형이 가능하다. 그림 3.25 (a)의 경우에는 3개의 구속기구들이 한 면에 배치되어 있으며, 나머지 하나의 구속기구는 이와 직각된 면에 배치된다. 이로 인하여 T_x와 R_z를 제외한 모든 자유도들이 구속된다. 그림 3.25 (b)와 (c)의 경우에는 두 면에 각각 2개의 구속기구들이 배치되어 있으며, 이로 인하여 (b)의 경우에는 T_y 및 R_x를 제외한 모든 자유도들이 구속되며, (c)의 경우에는 T_x 및 R_x를 제외한 모든 자유도들이 구속된다. 그림 3.25 (d)에서는 하나의 면에는 두 개의 구속기구들이 배치되어 있으며, 두 개의 면들에는 각각 하나씩 구속기구가 배치되어 있다. 이로 인하여 R_x 및 R_z의 회전자유도를 제외한 모든 자유도들이 구속된다. 그림 3.26에서는 4자유도 구속기구의 사례들을 보여주고 있다. V-형 홈 위를 이동하는 아령형 기구물은 아령의 축선방향에 대해서 자유롭게 회전할 수 있다. 하지만 그림 3.26 (a)의 경우에는 V-형 홈방향으로의 직선운동 자유도를 가지고 있으며, 이는 그림 3.25 (b)와 등가이다. 그림 3.26 (b)의 경우에는 아령형 기구물의 구체가 각각 서로 직교하는 두 V-형 홈을 따라 이동하며, 이로 인하여 아령형 기구물은 순간회전중심에 대해서 회전운동

29　D. Blanding 저, 장인배 역, 정확한 구속, 도서출판 씨아이알, 2016을 참조하여 재구성하였다.

(R_z)을 하게 된다. 이는 **그림 3.25** (d)와 등가이다.

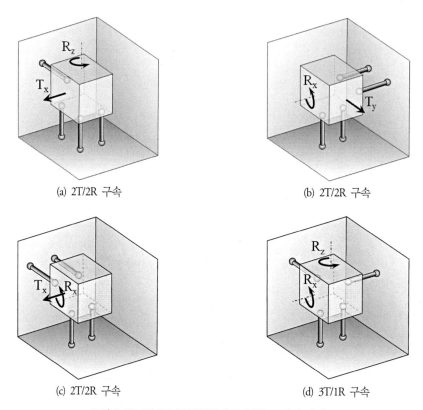

(a) 2T/2R 구속

(b) 2T/2R 구속

(c) 2T/2R 구속

(d) 3T/1R 구속

그림 3.25 4자유도를 정확하게 구속하는 4가지 방법[30]

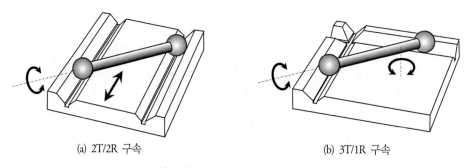

(a) 2T/2R 구속

(b) 3T/1R 구속

그림 3.26 4자유도 구속기구의 사례[31]

30　L. Hale, Principles and Techniques for Design Precision Machines, Ph.D Thesis, 1999를 참조하여 재구성하였다.
31　D. Blanding 저, 장인배 역, 정확한 구속, 도서출판 씨아이알, 2016을 참조하여 재구성하였다.

3.3.3.4 5자유도의 구속

5자유도의 정확한 구속은 **그림 3.27**에 도시되어 있는 것처럼 네 가지 유형이 가능하다. **그림 3.27** (a)의 경우에는 3개의 구속기구들이 한 면에 배치되어 있으며, 나머지 2개의 구속기구는 이와 직각된 면에 배치된다. 이로 인하여 T_x를 제외한 모든 자유도들이 구속된다. **그림 3.27** (b)와 (c) 의 경우에는 두 면에 각각 2개의 구속기구들이 배치되어 있으며, 나머지 1개의 구속기구는 이와 직각된 면에 배치된다. 이로 인하여 R_x를 제외한 모든 자유도들이 구속된다. **그림 3.27** (d)에서는 하나의 면에는 세 개의 구속기구들이 배치되어 있으며, 두 개의 면들에는 각각 하나씩 구속기구 가 배치되어 있다. 이로 인하여 R_z의 회전자유도를 제외한 모든 자유도들이 구속된다.

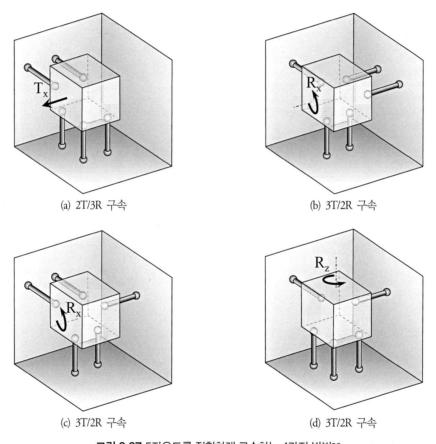

(a) 2T/3R 구속   (b) 3T/2R 구속

(c) 3T/2R 구속   (d) 3T/2R 구속

그림 3.27 5자유도를 정확하게 구속하는 4가지 방법[32]

---

32   L. Hale, Principles and Techniques for Design Precision Machines, Ph.D Thesis, 1999를 참조하여 재구성하였다.

그림 3.28 (a)에서는 두 개의 V-형 안내기구와 하나의 평판형 안내기구를 사용하여 한 쌍의 평행한 봉형 안내면 위에서 이동하는 접촉식 1자유도 직선운동 안내기구를 구현한 사례를 보여주고 있다. 그리고 그림 3.28 (b)에서는 5개의 공기 베어링들과 다수의 예하중 부가용 영구자석들을 사용하여 비접촉식 1자유도 직선운동 안내기구를 구현한 사례를 보여주고 있다. 이들은 그림 3.27 (a)와 등가이다.

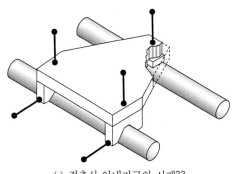

(a) 접촉식 안내기구의 사례[33]   (b) 공기 베어링 스테이지의 사례[34]

그림 3.28 5자유도 정확한 구속장치의 사례(컬러 도판 p.751 참조)

3.3.3.5 6자유도의 구속

6자유도의 정확한 구속은 그림 3.29에 도시되어 있는 것처럼 두 가지 유형이 가능하다. 그림 3.29 (a)의 경우에는 2개의 구속기구들이 서로 직교하는 3개의 면들에 배치되어 있다. 이를 통하여 모든 자유도가 완전히 구속된다. 그림 3.29 (b)의 경우에는 서로 직교하는 3개의 면들에 각각 3개, 2개 및 1개의 구속기구들이 배치되며, 이를 통하여 모든 자유도들이 구속된다.

정확한 구속조건을 사용한 6자유도의 구속은 고정장치의 높은 반복도를 구현하기 위한 경제적이고 신뢰성 있는 방법이다. 그림 3.30에서는 6자유도 구속장치의 두 가지 사례를 보여주고 있다. 두 경우 모두 상판에는 3개의 볼들이 접착, 브레이징 또는 나사체결방식으로 설치된다. 그림 3.30 (a)의 경우, 볼과 2점접촉을 이루는 V 그루브 3개를 서로 120° 간격으로 배치하였다. 이를 통하여 6점접촉이 형성되면서 상판의 6자유도가 구속된다. 이때에 구속의 중심은 세 개의 볼들이 이루는

---

33 D. Blanding 저, 장인배 역, 정확한 구속, 도서출판 씨아이알, 2016을 참조하여 재구성하였다.
34 www.h2wtech.com

도심이 된다. **그림 3.30** (b)의 경우에는 볼과 평면, 볼과 V-그루브 그리고 볼과 사면체 그루브가 서로 120° 각도를 이루고 배치되어 있다. 이들이 서로 조합되어 6점 접촉이 이루어지면서 상판의 6자유도가 구속된다. 특히 이 경우를 **켈빈클램프**라고 부른다. 이때에 사면체와 접촉하는 볼의 중심 위치가 x 및 y방향의 위치를 결정하며, V 그루브와 접촉하는 볼의 중심위치가 R_z를 결정한다. 그리고 평면과 접촉하는 볼의 중심위치가 z를 결정한다. R_x와 R_y는 사면체 그루브와 평면 그리고 V-그루브와 평면 사이의 상관관계에 의해서 결정된다.

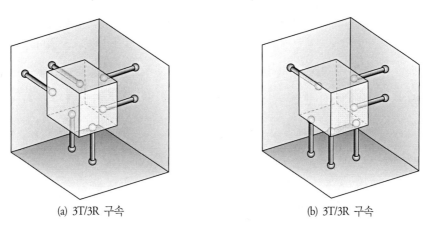

(a) 3T/3R 구속　　　　　　　　　　　　　　(b) 3T/3R 구속

그림 3.29 6자유도를 정확하게 구속하는 두 가지 방법[35]

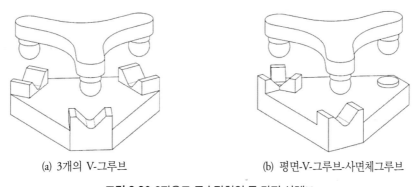

(a) 3개의 V-그루브　　　　　　　　(b) 평면-V-그루브-사면체그루브

그림 3.30 6자유도 구속장치의 두 가지 사례[36]

35　L. Hale, Principles and Techniques for Design Precision Machines, Ph.D Thesis, 1999를 참조하여 재구성하였다.

36　Hale, Principles and Techniques for Designing Precision Mechanisms, Ph.D. Thesis, 1999.

여기서 제시된 6자유도 구속장치는 예하중이 작용하여야 접촉점의 마찰력을 이기고 고정위치에 안착된다. 예하중은 스프링이나 자석을 사용한 정압예압 방식을 추천하며, 정위치예압을 가하는 경우에는 점접촉 위치에 눌림이 발생할 우려가 있다. 접촉위치에서의 응력과 피로부식이 조절된다면, 이 기구의 반복도는 표면조도의 절반까지 구현할 수 있으며, 정확도는 마찰과 미세눌림에 의해서 제한된다. 볼의 직경이 작아야 반복정밀도가 높아지지만, 볼의 직경이 작으면 결합강성이 낮아진다. 마찰계수가 작은 소재를 사용하고 표면윤활을 하여야 반복도를 줄일 수 있다. V-그루브의 홈 각도가 90°이어야 수직방향과 반경방향의 강성을 동일하게 만들 수 있다. 마지막으로, 접촉면에 이물질이 침착되지 않게 유의하여야 한다.

그림 3.30의 6자유도 구속장치는 초정밀 광학기구의 지지에 널리 사용되고 있다. 하지만 광학기구의 크기가 커지고 무게가 늘어나면 변형을 최소화하기 위해서 접촉점의 수를 증가시켜야만 한다. 이에 대응하기 위해서 휘플트리 구조가 제안되었다. 이에 대해서는 9.4절의 설계사례 고찰을 통해서 살펴보기로 한다.

3.3.3.6 헤르츠 탄성이론

구체와 평면은 개념상 한 점에서만 접촉한다. 따라서 이 접촉점에서 발생되는 응력값을 계산해보면 무한대가 되며, 이로 인하여 소재 표면에 눌림자국이 발생한다는 결론에 이르게 된다. 상용유한요소해석 툴에서도 이와 유사한 결론을 내준다. 하지만 실제로는 볼 베어링이나 LM 가이드를 아무런 문제없이 사용하고 있다. **헤르츠 탄성이론**에 따르면, **그림 3.31**에서와 같이, 강철 구체를 평면에 F의 힘으로 누르면 접촉점은 즉시 좁은 면적으로 변형되면서 압력을 분산시켜준다. 이때의 최대응력과 작용력 사이에는 다음과 같은 관계가 성립된다.

$$\sigma_{max} = \frac{1}{\pi} \sqrt[3]{\frac{6FE^2}{r^2}} \, [\mathrm{N/m^2}]$$

여기서 E는 소재의 영계수, r은 볼의 반경이다. 예를 들어, 강철소재의 평면($E = 200[\mathrm{GPa}]$) 위에서 직경 12[mm] 크기의 강철볼($E = 200[\mathrm{GPa}]$)을 100[N]의 힘으로 누른다면, 강철 표면의 접촉위치에서 발생하는 최대응력은 다음과 같다.

$$\sigma_{max} = \frac{1}{\pi} \sqrt[3]{\frac{6 \times 100 \times (200 \times 10^9)^2}{0.006^2}} = 2.78 \times 10^9 [\text{N/m}^2]$$

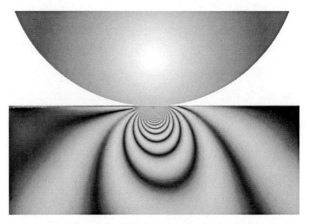

그림 3.31 강철 구체와 접촉하는 평면의 내부에 생성되는 응력[37]

이를 통해서 강구와 접촉하는 표면에는 높지만 유한한 응력이 가해진다는 것을 알 수 있다. 접촉한계응력은 탄성변형의 한계응력과는 다르며, 일반적으로 표면 경화된 강철표면과 표면 경화된 강철 볼은 $3 \times 10^9 [\text{N/m}^2]$을 버틸 수 있다. 이는 볼이 20[mm] 높이에서 떨어질 때에 발생되는 응력이다. 따라서 정확한 구속조건을 사용하여 점접촉을 유지하고 있는 구속장치를 설계할 때에는 사용조건에 따라서 발생하는 접촉응력에 대한 세심한 고찰이 필요하다.

헤르츠 탄성이론에 따르면 구체의 직경이 증가하면 접촉응력이 크게 감소하므로 기구학적 커플링의 하중지지용량을 증가시킬 수 있다. **그림 3.32**에서는 전통적인 볼과 V-그루브 대신에 직경이 1[m]인 구체의 일부분을 사용하는 소위 **카누볼**[38] **조인트**를 도시하고 있다. 앞서 12[mm] 직경의 강철볼을 직경 1[m]인 카누볼로 대체하면 접촉응력은

$$\sigma_{max} = \frac{1}{\pi} \sqrt[3]{\frac{6 \times 100 \times (200 \times 10^9)^2}{0.5^2}} = 1.46 \times 10^8 [\text{N/m}]$$

37   www.tribonet.org/wiki/tags/hertz-contact-equations/의 그림을 수정하여 사용하였다.
38   canoe ball.

으로 직경 12[mm] 크기의 강철봉을 사용한 경우보다 약 20배 정도 감소한다는 것을 알 수 있다. 그런데 볼의 직경 증가는 하중지지용량을 증가시킬 수 있지만, 위치결정 정확도와 반복도의 감소를 초래한다.

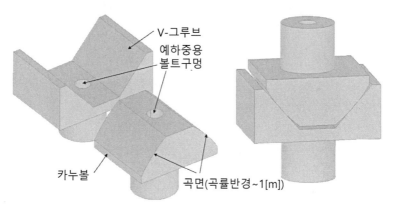

그림 3.32 카누볼 조인트의 사례[39]

3.4 기구학적 커플링의 설계

켈빈 클램프와 같은 기구학적 커플링은 높은 반복도로 6자유도를 고정하는 위치결정 정확도가 높고 경제적인 방법이다. 위치고정에 결정성을 부여하면 성능의 예측이 가능하며, 설계 및 가공비용을 절감할 수 있다. 하지만 기구학적 커플링은 점접촉에 의존하므로 접촉응력이 매우 높고, 접촉부위에 윤활층이 존재하지 않는다. 이로 인하여 분해-결합이 자주 수행되는 경우에는 점부식이 발생할 우려가 있다. 이를 방지하기 위해서는 세라믹과 같은 부식저항성 소재를 사용하여야 한다.

표면 경화된 강철 볼과 강철 그루브를 사용하여 허용접촉응력의 80%로 탈착시험을 수행한 결과 수십 사이클 범위 내에서는 50[nm]의 반복도를 구현할 수 있었지만, 이후에는 반복도가 증가하여 수백[nm]에 이르게 된다.[40]

39 R. Leach, S. Smith 저, 장인배 역, 정밀공학, 도서출판 씨아이알, 2019.
40 A. Slocum, Precision Machine Design, Prentice-Hall, 1992.

3.4.1 위치결정 메커니즘

기구학적 커플링은 점접촉을 기반으로 설계되므로 하중지지 용량은 헤르츠 접촉응력에 영향을 받는다. 따라서 물체의 자중이나 예하중을 받으면 헤르츠 접촉응력이 국부 변형을 유발하며, 접촉면 방향으로의 움직임이 강요되지만, 표면마찰이 이 움직임을 방해한다. 이 표면마찰이 기구학적 커플링의 반복도를 저하시키는 주요 원인으로 작용한다. 커플링을 탈착할 때마다 각 접촉점들의 초기 안착위치와 부가된 힘의 정확한 방향 사이의 복잡한 상관관계에 따라서 커플링의 안착위치가 달라진다.

표면마찰이 기구학적 커플링의 위치결정 반복도를 제한하기 때문에 높은 표면경도와 낮은 마찰계수가 필요하다. 커플링 표면에 오일피막을 도포하거나 테플론™ 박막, 저마찰금속 박막 또는 세라믹 박막 등을 코팅하여 표면마찰을 줄일 수 있다. 일반적으로는 경질 폴리싱된 세라믹이나 탄화텅스텐 표면이 사용되지만, 탈착횟수가 많은 경우에는 스테인리스강철이나 세라믹과 같은 내부식성 소재들을 사용한다. 일반 강철소재는 프레팅 마모에 취약하기 때문에 탈착횟수가 작은 용도에만 국한하여 사용해야 한다.

3.4.2 기구학적 커플링의 위치 안정성

위치 안정성은 기구학적 커플링의 위치 유지능력이다. **그림 3.33**에서는 3개의 그루브를 사용한 6자유도 구속 커플링의 평면도가 제시되어 있다. 이 평면도에는 세 개의 볼들의 중심을 연결한 삼각형과 세 개의 볼들의 접촉력 벡터들의 연장선들이 이루는 삼각형이 도시되어 있다. 이 두 개의 삼각형들의 도심이 서로 일치하면 안정성과 총강성이 극대화된다. 특히 정적인 안정성을 구현하기 위해서는 접촉력 벡터들의 연장선이 삼각형을 형성해야 한다. 특히 접촉력 벡터들의 연장선이 정삼각형으로 배치되었을 때에는 두 수평방향으로의 위치결정 반복도가 동일하지만, 삼각형이 변형되면 삼각형의 폭이 좁은 방향으로의 반복도는 저하되고 높이가 높은 방향으로의 반복도는 향상된다.

V-그루브들의 배치에 따라서는 접촉력 벡터들이 삼각형을 형성하지 못하는 경우가 생기게 된다. 만일 이런 경우가 발생한다면 예하중 부가를 통해서 위치 안정성을 확보할 수는 있겠지만, 위치결정 반복도는 실현되지 못한다.

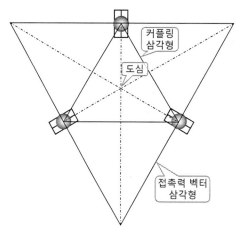

그림 3.33 3개의 V-그루브를 사용한 6자유도 구속 커플링의 기하학적 안정성[41]

그림 3.34에서는 수직방향으로 배치되는 6자유도 구속용 클램프 기구의 설계사례들과 각각의 접촉력 벡터들의 연장선이 이루는 세 가지 도형을 보여주고 있다. (a)의 경우에는 접촉력 벡터들이 삼각형을 이루고 있기 때문에 안정성과 반복도가 모두 안정적으로 구현된다. (b)의 경우에는 위치안정성은 확보되지만 반복도는 구현되지 못한다. (c)의 경우에는 위치안정성이나 반복도 모두 제대로 구현하기가 어렵다. 특히 (b)의 사례는 로렌스리버모어 국립연구소에서 레이저핵융합장치에 사용할 목적으로 직경 1.6[m] 크기의 렌즈들을 조립하는 과정에서 실제로 제작되었으며 1996년 미국 정밀학회에서 논문으로 발표하는 과정에서 학회 원로들에게 격한 비판을 받았다.

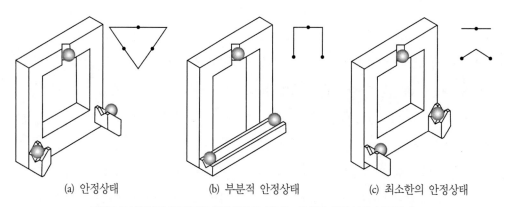

(a) 안정상태   (b) 부분적 안정상태   (c) 최소한의 안정상태

그림 3.34 접촉력 벡터들의 연장선들이 이루는 도형과 안정성의 상관관계[42]

41 A. Slocum, Precision Machine Design, Prentice-Hall, 1992을 참조하여 재구성하였다.

3.4.3 소재와 가공

기구학적 커플링에 예하중을 가하면 접촉점이 변형되면서 헤르츠 접촉(면접촉)으로 전환된다. 이 과정에서 기하학적 형상조건 때문에 눌림 표면과 평행방향으로의 상대운동이 필요하지만, 마찰로 인하여 이 운동이 제한된다. 따라서 기구학적 커플링을 사용하여 높은 수준의 반복도를 구현하기 위해서는 커플링 접촉계면의 변형과 마찰을 세심하게 관리해야 한다. 기구학적 커플링에 사용하는 소재는 다음과 같은 성능을 결정한다.

- 최대응력과 그에 따른 커플링의 하중지지용량
- 커플링 계면에서의 마찰특성
- 커플링 계면에서의 부식특성

표면 조도는 반복도에 큰 영향을 끼치기 때문에 일반적으로 고정밀 커플링 기구의 접촉표면은 경면 연마하여 사용한다. 하지만 반복된 탈착과정에서 표면에 버니싱이 발생하면서 반복도가 저하된다. 표면의 마찰과 부식도 정밀도에 영향을 끼치기 때문에, 세척 후에 표면에 얇은 그리스 윤활막을 도포하여 관리한다.

경질 연마된 강철 표면을 사용하면 수[μm]~수백[nm] 수준의 반복도를 구현할 수 있다. 질화티타늄과 같은 경질금속을 코팅하면 표면부식을 방지할 수 있지만, 고응력하에서 파손이 발생될 가능성이 있다.

경질 연마된 강철표면과 강철 볼을 사용하면 두 표면 사이의 미소 돌기들이 원자단위에서 서로 융착 되었다가 서로 분리될 때에 융착된 부위가 찢겨나가면서 표면의 경도와 조도가 변하게 된다. 이를 **프레팅 효과**라고 부르며, 표면의 성질과 표면 윤곽형상을 변화시켜서 반복도를 저하시킨다. 프레팅을 억제하기 위해서는 스테인리스 강철을 사용하거나 세라믹과 같은 이종소재를 사용해야만 한다.

조립 또한 기구학적 커플링의 반복도에 영향을 끼친다. 한 쌍으로 제작된 기구학적 커플링의 탈착 시 위치반복도는 수십[nm] 수준까지 어렵지 않게 구현할 수 있지만, 다른 쌍의 커플링과 호환 시의 위치결정 반복도를 서브마이크로미터 수준으로 낮추는 것은 어려운 일이다. 이를 위해

---

42 A. Slocum, Precision Machine Design, Prentice-Hall, 1992를 참조하여 재구성하였다.

서는 정밀한 공차관리와 세심한 치구설계, 조립과정에서의 온도 및 환경관리 등의 노력이 필요하다.

3.5 플랙셔 기구

이 절에서는 미소운동을 지지하기 위해서 특화된 기구인 플랙셔에 대해서 살펴보기로 한다. 여기서 물체의 **미소운동**이란 구속직선들의 위치가 허용 가능한 수준의 작은 이동만을 일으키는 운동으로 정의한다.

플랙셔 피봇이라고도 부르는 **플랙셔 힌지**는 두 강체 사이의 유연체라고 부르는 얇은 영역으로서 외부하중이 가해지면 플랙셔 힌지는 굽어지면서 상대회전운동을 일으킨다. 이를 스프링의 특성으로 이해할 수도 있겠지만, 스프링은 적당한 수준의 강성과 유연성을 갖춘 탄성체를 의미하는 반면에, 플랙셔는 특정한 방향에 대해서는 매우 유연하지만 여타의 방향에 대해서는 매우 강한 특성을 갖도록 만든 요소이다. 따라서 플랙셔를 설계할 때에는 의도한 방향의 강성은 0이며, 여타 방향의 강성은 1인 이진수적인 강성특성을 가지고 있는 이상체로 간주하는 것이 도움이 된다.

플랙셔 힌지는 일반적인 회전조인트에 비해서 마찰손실이 없고 윤활이 필요 없으며, 콤팩트하여 소형의 기구에 적용할 수 있고, 제작이 용이하고 조립이 필요 없으며, 메인티넌스가 필요 없다는 등의 수많은 장점을 가지고 있다. **표 3.2**에서는 플랙셔 메커니즘의 장점과 단점들을 비교하여 보여주고 있다.

플랙셔 힌지는 미세조절 스테이지의 이송, 광학정렬장치, 변위 및 힘 증폭기구 등을 포함하는 민간 분야와 군사 분야에서 수많은 적용사례들을 가지고 있다. 특히나, 플랙셔 힌지가 광범위하게 적용되는 분야는 준강체 부재들 사이를 연결하는 조인트로 플랙셔 힌지 이외에는 별다른 방법이 없는 마이크로 전자기계 시스템(MEMS) 분야이다.

이 절에서는 판재의 굽힘에 대한 이론적 고찰을 통해서 플랙셔 기구의 설계원리에 대해서 살펴보며, 이어서 박판형 플랙셔와 모놀리식 플랙셔의 설계원리와 설계사례에 대해서 살펴보기로 한다.

표 3.2 플랙셔 메커니즘의 장단점43

장점	• 측정의 반복도는 측정에 의해서 제한되며, 플랙셔 수명기간 내내 노이즈가 없다. • 플랙셔 내의 힘과 응력을 정확히 예측할 수 있으며, 성능 예측에 이를 사용한다. • 응력과 응력이력을 예측할 수 있으며, S/N과 변형률-수명법을 사용하여 신뢰성 있는 수명예측이 가능하다. • 모놀리식 가공방법으로 플랙셔를 제작할 수 있으므로, 계면마모와 클램핑 잔류응력 등의 문제가 없다. • 대칭성을 확보하여 온도변화와 특정 방향으로의 온도구배에 대한 민감성을 줄일 수 있다. • 가공 및 조립공차가 성능을 떨어트리지 않는다. 하지만 이로 인하여 운동 궤적이 예정 경로를 벗어날 수 있다.
단점	• 주어진 운동 범위와 하중지지용량에 대해서, 플랙셔는 비교적 점유면적이 크다. • 구동력이 변위에 비례한다. • 구속강성과 자유강성의 비율이 여타 유형의 베어링들에 비해서 월등히 낮다. • 플랙셔의 운동방향과 구동방향이 일치해야만 하고, 되도록 강성중심을 구동해야 한다. • 대부분의 금속소재 플랙셔들은 응력 의존성과 약간의 히스테리시스를 가지고 있으며, 불의의 과부하로 인하여 영구변형을 일으킬 우려가 있다. 이를 방지하기 위해서 멈춤 기구를 설치하기도 한다.

3.5.1 판재의 굽힘

그림 3.35에서는 고정된 외부구조물에 하부가 고정되어 있는 얇은 판재를 보여주고 있다. 이런 유형의 소재는 굽힘방향(x)에 대해서는 매우 유연하지만 여타의 방향(y 및 z방향)에 대해서는 매우 강하여 굽힘 대비 인장강성의 비율은 10배 이상이 된다.

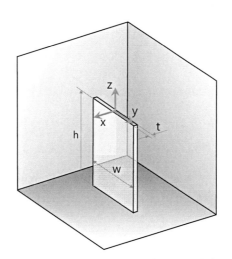

그림 3.35 하부가 고정되어 있는 얇은 판재

---

43   R. Leach, S. Smith 저, 장인배 역, 정밀공학, 도서출판 씨아이알, 2019.

박판형 플랙셔의 z방향 및 x방향 강성은 다음과 같이 쉽게 계산할 수 있다.

$$z\text{방향 강성: } K_z = \frac{AE}{h} = \frac{wtE}{h}$$

$$x\text{방향 강성: } K_x = \frac{3\left(\dfrac{wt^3}{12}\right)E}{h^3} = \frac{wt^3E}{4h^3}$$

따라서 굽힘방향 강성 대비 길이방향 강성의 비율은 다음과 같이 주어진다.

$$\frac{K_x}{K_z} = \frac{\dfrac{t}{h}}{\dfrac{1}{4}\left(\dfrac{t}{h}\right)^3} = 4\left(\frac{h}{t}\right)^2$$

만일 두께(t)가 0.5[mm]이며, 길이는 25[mm]인 박판의 경우라면, $h/t = 50$이므로, $K_z/K_x = 10,000$이 됨을 알 수 있다. 이 얇은 판재는 x, θ_y, θ_z방향에 대해서는 유연하고, y, z 및 θ_x방향에 대해서는 매우 강하다. 따라서 얇은 판재는 **그림 3.23** (b)의 2T/1R 구속기구와 등가라는 것을 알 수 있다.

3.5.2 박판형 플랙셔

이상적인 **박판형 플랙셔**는 두 방향의 병진운동과 한 방향의 회전운동을 구속하는 3자유도 구속기구이다. **그림 3.36**에 도시되어 있는 것처럼, 일반적으로 박판형 플랙셔를 고정하기 위해서는 누름판을 사용해야 한다. 누름판은 나사를 조일 때에 나사머리의 회전 마찰력에 의해서 플랙셔의 고정위치가 틀어질 가능성을 없애주며, 나사머리의 누름력을 균일하게 분산시켜준다.

플랙셔 작동 시 발생하는 표면인장력에 의한 마이크로슬립을 방지하기 위해서는 판형 플랙셔를 고정하는 누름판의 두께(a)와 폭(b) 그리고 고정용 볼트 사이의 간격(c)을 다음 조건에 맞춰서 세심하게 결정해야만 한다.

$$c < d + \frac{5a}{3}, \ b > d + 2a$$

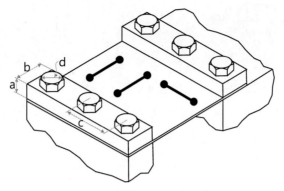

그림 3.36 박판형 플랙셔의 고정[44]

박판형 플랙셔에 압축하중이 가해지면 좌굴이 발생할 우려가 있다. 플랙셔의 중앙부에 보강판을 설치하여 중앙부를 보강하면 최대허용압축응력을 크게 증가시킬 수 있으므로 좌굴발생을 방지하여, 구조안정성이 향상된다. **표 3.3**에서는 박판형 플랙셔의 강성계산을 위한 기본 공식들이 제시되어 있다. 표에 따르면, 박판형 플랙셔 중앙부에 길이 h의 5/6만큼을 보강판으로 덧대는 경우 보강판에 의한 질량증가로 인해서 고유주파수가 낮아질 수 있으니 이에 대한 주의가 필요하다. 다음 식을 사용하면, 질량이 m인 보강판을 설치한 플랙셔의 고유주파수를 계산할 수 있다.

표 3.3 박판형 플랙셔의 기본 계산식[45]

유형	판형 스프링	중앙부가 보강된 판형스프링
길이방향 강성	$K_z = \dfrac{Etw}{h}$	$K_z = \dfrac{3Etw}{h}$
두께방향 강성	$K_x = \dfrac{Ewt^3}{h^3}$	$K_x = 1.2\dfrac{Ewt^3}{h^3}$
굽힘응력	$\sigma_{\theta_y} = 3\dfrac{Etx}{h^2}$	$\sigma_{\theta_y} = 3\dfrac{Etx}{h^2}$
좌굴하중	$F_{buckle} = \dfrac{4\pi^2 EI}{h^2}$	$F_{buckle} = \dfrac{36\pi^2 EI}{h^2}$

---

44 D. Blanding 저, 장인배 역, 정확한 구속, 도서출판 씨아이알, 2016을 참조하여 재구성하였다.

45 H. Soemers, Design Principles for Precision Mechanisms, Delft Press., 2011을 참조하여 재구성하였다.

$$f_e = \frac{1}{2\pi} \cdot \sqrt{\frac{24EI}{m\ell^3}} \, [\text{Hz}]$$

그림 3.37에서는 정확한 구속이 이루어진 6자유도 구속기구의 사례를 도시하고 있다. 기구의 상단에 설치된 박판형 플랙셔가 3자유도를 구속하고 있으며, 하단에 설치된 볼 조인트와 원추형 구멍 사이의 접촉이 나머지 3자유도를 구속하고 있다. 그런데 볼이 원추형 구멍에 안착되려면 수직방향의 고정력이 필요하다. 이런 설계에서 고정력을 부가하기 위해서 박판형 플랙셔를 리프 스프링처럼 사용하면 안 된다. 이 구속장치가 올바르게 작동하려면, 플랙셔는 평면을 유지하여야 하며, 구속력을 부가하기 위해서는 평판이 활처럼 휘어야 한다. 이 두 가지 기능은 서로 상충되므로 기능분리 설계의 원리를 적용하여 두 장의 평판을 사용하여 하나는 플랙셔 기구로, 다른 하나는 고정력을 부가하는 스프링으로 사용해야만 한다.

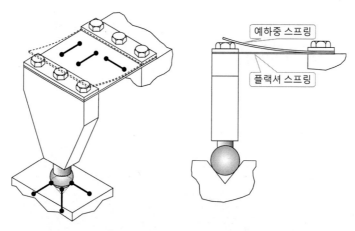

그림 3.37 6자유도 구속기구의 사례[46]

3.5.2.1 평행판 플랙셔기구

그림 3.38에 도시된 것처럼 두 장의 판형 플랙셔를 평행하게 배치하면 비교적 작은 변위에 대해서 그림 3.27 (a)와 등가인 직선 병진운동(T_x)을 갖는 1자유도 직선 안내기구를 만들 수 있다. 앞서 설명했듯이 판형 플랙셔는 3자유도 구속기구이므로 두 장의 플랙셔를 사용하여 제작한 이

---

46   D. Blanding 저, 장인배 역, 정확한 구속, 도서출판 씨아이알, 2016을 참조하여 재구성하였다.

안내기구는 6자유도가 구속된다. 이로 인해 x방향 안내에는 1자유도만큼 과도구속이 존재한다. **그림 3.39**에서는 **평행판 플랙셔** 안내기구의 정확한 구속설계사례가 제시되어 있다. 중앙에 잘록하게 홈이 형성된 박판형 플랙셔는 서로 직교하는 두 개의 구속장치에 해당하며, 평판형 플랙셔는 서로 직교하는 두 면에 배치된 세 개의 구속장치에 해당한다. 하지만 제작비용과 내구신뢰성 등의 다양한 이유 때문에 과도구속을 감수하고 **그림 3.38**과 같은 평행판 플랙셔 안내기구를 사용한다. 따라서 이런 평행판 플랙셔 안내기구의 조립 시에는 과도구속에 따른 기생운동의 발생을 방지하기 위해서, 조립의 평행도와 직각도 관리에 세심한 주의를 기울여야만 한다.

그림 3.38 (a)와 같이 이동물체의 상부표면위치에서 구동력 F가 작용하면, 수평 작용력과 더불어서 두 플랙셔에 서로 반대방향으로의 수직력이 생성되며, 이로 인하여 이동물체는 θ_y 방향으로 미세회전운동을 일으킨다. Δx가 작은 경우에는 이를 무시할 수 있지만, 변위가 플랙셔 두께의 10배 이상이 되면, 이 영향을 무시할 수 없다. 이런 경우에 **그림 3.38** (b)에서와 같이 작용력 F가 가해지는 위치를 플랙셔 길이의 절반, 즉 $a = h/2$가 되도록 만들면 더 이상 미세회전이 발생하지 않는다.

그림 3.38 (a)의 평행판 플랙셔기구에 x방향으로 힘 F를 가하면 변위 Δx가 발생한다. 이로 인하여 평행판은 'S'자로 휘어지면서 $-z$방향으로도 미소하게 움직이는데, 이를 플랙셔의 길이가 줄어드는 효과라 하여 **단축효과**라고 부른다.

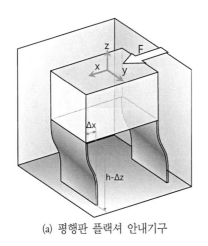
(a) 평행판 플랙셔 안내기구

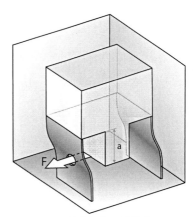
(b) 회전방지 구동위치

그림 3.38 평행판 플랙셔를 사용한 1자유도 직선 안내기구의 사례

$$\Delta z = -\,0.6\frac{(\Delta x)^2}{h}$$

예를 들어, $h=25$[mm]인 평행판 플랙셔를 x방향으로 1[mm]만큼 이송한 경우의 단축효과는 -0.024[mm]에 불과하다. 따라서 z방향 정밀도 기준이 매우 높은 경우를 제외하고는 단축효과를 무시하여도 된다.

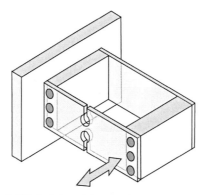

그림 3.39 박판형 플랙셔를 사용한 5자유도 정확한 구속장치의 사례

만일 단축효과를 완전히 보상한 스테이지가 필요하다면, **그림 3.40**에서와 같은 **이중 스테이지** 구조를 사용하여야 한다. 그림에서 점선은 플랙셔의 변형이 없는 이송 스테이지와 보조 스테이지의 평형상태를 나타낸다. 모든 플랙셔들이 완벽하게 동일하다면 이송 스테이지에 가한 힘이 모든 플랙셔들에 동일하게 분배되며, 이로 인하여 보조 스테이지는 이송스테이지 스트로크의 절반($\Delta x/2$)만큼 움직이게 된다. 이로 인하여 ①번과 ④번 플랙셔는 $+z$방향으로 단축효과($\Delta z = 0.6(\Delta x/2)^2/h$)를 생성하며, ②번과 ③번 플랙셔는 $-z$방향으로 단축효과($\Delta z = -\,0.6(\Delta x/2)^2/h$)를 생성한다. 이를 통해서 단축효과를 완벽하게 보상할 수 있다.

하지만 불행히도 4개의 박판형 플랙셔들을 완벽히 평행하게, 그리고 길이를 완벽히 동일하게 조립하는 것은 매우 어려운 일이다. 또한 겉보기에는 똑같아 보여도 플랙셔들 간의 강성이 약간 다를 수 있으며, 이로 인하여 단축효과가 완벽하게 상쇄되지 않을 수도 있다. 따라서 박판형 플랙셔기구에서는 단축효과 보상을 위한 이중 스테이지 구조가 거의 사용되지 않는다. 반면에, 3.5.3절에서 살펴볼 모놀리식 플랙셔에서는 (거의) 완벽하게 평행하며, 길이도 동일한 평행플랙셔기구를 만들 수 있으므로, 이중 스테이지 구조가 자주 사용된다.

박판형 플랙셔는 일상적인 변형에 의해서 생성된 응력에 대해서 거의 무한수명을 가지고 있다. 하지만 운반, 잘못된 취급, 기계의 오작동 등에 의해서 과도한 변형이 부가되면 파손될 우려가 있다. 이런 불의의 사고를 방지하기 위해서는 일정한도 이상의 변형을 기계적으로 구속하는 변위 제한기구가 설치되어야 한다. **그림 3.40**의 이송 스테이지는 ①번과 ④번 플랙셔를 고정하는 구조물이 이송스테이지의 변위를 제한하는 멈춤쇠의 역할을 하고 있음을 알 수 있다.

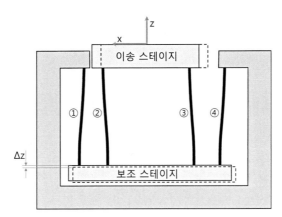

그림 3.40 단축효과 보상을 위한 이중 스테이지 구조[47]

3.5.2.2 교차판 플랙셔기구

그림 3.41에 도시된 것처럼 고정물체와 이동물체 사이에 두 장의 판형 플랙셔를 서로 직교하여 병렬로 연결하면 3개의 병렬운동과 2개의 회전운동을 구속하고, 비교적 작은 변위에 대해서 회전운동만을 허용하는 1자유도 회전 안내기구를 만들 수 있다. 여기서 병렬이라는 뜻은 두 물체 사이를 이중으로 연결했다는 것을 의미한다. 이 기구는 **그림 3.27** (c)의 등가 모델에 해당한다. 하지만 앞서 설명했듯이 판형 플랙셔는 3자유도 구속기구이므로 두 장의 플랙셔를 사용하여 제작한 이 교차형 안내기구도 6자유도가 구속되었으므로, R_x 방향 안내에는 1자유도만큼 과도구속이 존재한다. 따라서 이런 **교차판 플랙셔** 안내기구의 조립 시에는 과도구속에 따른 기생운동의 발생을 방지하기 위해서, 조립의 평행도와 직각도 관리에 세심한 주의를 기울여야만 한다.

---

47 H. Soemers, Design Principles for Precision Mechanisms, Delft Press., 2011을 참조하여 재구성하였다.

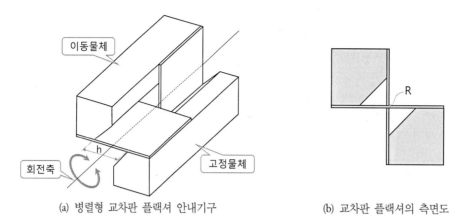

(a) 병렬형 교차판 플랙셔 안내기구   (b) 교차판 플랙셔의 측면도

그림 3.41 병렬형 교차판 플랙셔를 사용한 1자유도 회전 안내기구의 사례[48]

교차판 플랙셔의 회전강성 K_θ는 다음 식으로 주어진다.

$$K_\theta = \frac{2EI}{h}$$

여기서 h는 박판형 플랙셔의 길이이다.

일부 설계자들이 교차판 플랙셔의 2차원 형상을 오해하거나 R점에서 교차하는 두 장의 플랙셔들이 서로 연결된 구조를 만들기 위해서 방전가공을 사용하여 모놀리식 구조를 만들기도 한다. 하지만 그 결과는 재앙을 초래한다. 이동물체의 회전에 의해서 연결부에 발생하는 최대굽힘응력과 조인트 강성이 엄청나게 증가한다. **그림 3.42**에서는 상용으로 판매되는 교차판 플랙셔의 사례를 보여주고 있다.

그림 3.42 상용 교차판 플랙셔의 사례[49]

---

48 D. Blanding 저, 장인배 역, 정확한 구속, 도서출판 씨아이알, 2016을 참조하여 재구성하였다.

그림 3.43에 도시되어 있는 직렬형 교차 플랙셔는 두 장의 박판형 플랙셔를 서로 직교하여 직렬로 연결한 구조로서, 2방향의 병진운동과 3방향의 회전운동을 허용한 채로, 절곡선 방향으로의 병진운동 1자유도만을 구속(1T 구속)하는 기구이다. **그림 3.43** (a)에서는 중간물체를 사용하여 두 장의 박판형 플랙셔를 연결한 구조로서, 두 박판의 연장면들이 서로 교차하는 직선이 병진운동을 구속하는 구속방향이 된다. **그림 3.43** (b)에서는 중간물체를 사용하지 않고 한 장의 박판형 플랙셔를 절곡하였다. 절곡선의 절곡반경이 작다면, 절곡선 자체가 강체인 중간물체처럼 작용한다. 하지만 이를 위해서는 전형적으로 절곡반경이 박판 두께의 절반 이하로 유지되어야 한다. 만일 절곡반경이 이보다 크다면, 절곡부위의 비틀림과 굽힘에 의한 강성손실이 증가한다.

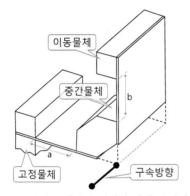

(a) 중간체로 연결한 직렬형 박판 플랙셔

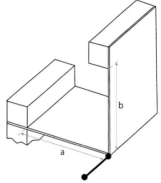

(b) 절곡하여 제작한 직렬형 박판 플랙셔

그림 3.43 직렬형 박판 플랙셔를 사용한 1자유도 구속기구의 사례[50]

직렬형 교차 플랙셔의 구속방향 강성은 다음과 같이 나타낼 수 있다.

$$K = \left(\frac{a^3 + b^3}{3EI} + \frac{6}{5} \frac{a+b}{GA} \right)^{-1}$$

여기서 a와 b는 각각 박판의 길이이며, A는 단면적으로, 두 박판의 단면적은 동일하다고 가정하였다. 직렬형 플랙셔의 사잇각은 반드시 90°일 필요는 없지만, 결코 0°에 근접해서는 안 된다.

49   www.flexpivots.com
50   D. Blanding 저, 장인배 역, 정확한 구속, 도서출판 씨아이알, 2016을 참조하여 재구성하였다.

3.5.2.3 6자유도 구속기구

그림 3.44에서는 3개의 박판형 플랙셔들을 사용하여 **그림 3.29** (a)와 등가인 6자유도 구속기구를 구현한 사례를 보여주고 있다. 여기서 서로 연결된 2개의 물체들은 각각 광학요소들을 장착하고 있다. 상부물체에 장착된 광학요소는 하부물체에 장착된 광학요소에 대해서 매우 정확하게 정렬되어야만 한다. 이 정렬은 전용 치구 위에서 매우 조심스럽게 수행된다. 일단 정렬이 맞춰지고 나면, 나사를 조여서 플랙셔들을 해당 위치에 고정한다. 일단 플랙셔들이 고정되고 나면, 조립체를 치구에서 분리해도 두 물체들 사이의 정렬은 변하지 않는다.

이런 연결은 화학적 접착보다 결합성능이 더 우수하기 때문에 **기계적인 접착**이라고 부르며, 재활용이 가능하고, 조이자마자 즉시 굳어버리는 특성이 있다.

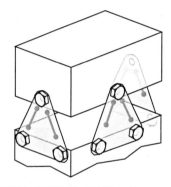

그림 3.44 박판형 플랙셔들을 사용한 6자유도 구속장치의 사례

3.5.3 모놀리식 플랙셔

박판형 플랙셔들을 조립하여 구속장치를 설계하면 조립과정에서 세심한 주의를 기울여야 한다. 하지만 나노미터 수준의 반복도와 더불어서 단축효과에 의한 기생운동을 정확히 예측하기 위해서는 한 덩어리의 모재를 국부적으로 얇게 가공하여 플랙셔를 제작해야 한다. 이런 방식으로 제작한 플랙셔들을 통칭하여 **모놀리식**[51] **플랙셔**라고 부른다.

모놀리식 플랙셔는 제작방법에 따라서 구현 가능한 형상들이 결정되기 때문에, 우선 가공방법에 대해서 살펴본 다음, 모놀리식으로 제작된 중요한 유형의 플랙셔들에 대해서 살펴보기로 한다.

---

51   monolithic.

3.5.3.1 모놀리식 플랙셔의 가공

모놀리식 플랙셔를 가공하는 가장 값싸고 빠른 방법은 **밀링**과 **선삭**을 사용한 절삭가공이다. 절삭가공 시에는 공구가 가공물에 절삭력을 가하기 때문에 **그림 3.45** (a)에 도시된 것처럼, 플랙셔의 얇고 유연한 부분의 가공 시에는 모재의 변형과 진동에 의해서 소재의 치수가 변하거나, 심각한 경우에는 가공과정에서 소재가 파손될 우려가 있다. 따라서 고속가공기를 사용하여 절삭량을 줄이고 절삭력을 최소화시켜야만 한다.

그림 3.45 (b)에 도시된 것처럼, 인접한 두 개의 구멍들을 드릴가공 후 리밍가공하여 노치형 플랙셔를 제작한다. 그런데 드릴가공이나 리밍가공 과정에서 구멍 표면과 직각방향으로 가해지는 가공력이 노치부위를 변형시킬 우려가 있다. 이런 경우에는 첫 번째 구멍의 드릴가공 및 리밍가공이 끝난 이후에 이 구멍에 원통형 핀을 삽입하여 두 번째 구멍가공 시 노치부위에 가해지는 힘을 지지하도록 만든다.

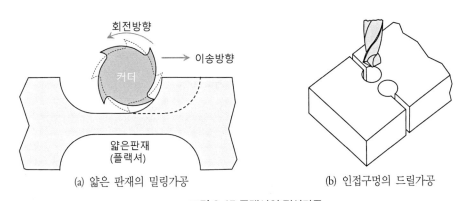

(a) 얇은 판재의 밀링가공   (b) 인접구멍의 드릴가공

그림 3.45 플랙셔의 절삭가공

클램프나 치구를 사용하여 소재를 고정할 수 없는 경우에는 강체지지 링크들 사이에 소재가 연결된 브리지를 조금 남겨놓고 가공한 다음에 모든 플랙셔들의 가공이 끝나고 나면, 이 브리지를 수가공으로 조심스럽게 제거하여야 한다. 이 방법 대신에는 저온용융합금이나 광학용 왁스를 녹여서 틈새를 메운 후에 얇은 부위를 가공하고, 마지막으로 이 합금이나 왁스를 녹여서 제거하여 플랙셔를 완성한다. 배치생산 또는 대량생산공정에서는 중간가공형상과 정확하게 일치하는 전용 치구를 제작하여 사용한다. 이 치구가 노치부를 지지하면 후속가공 과정에서 노치영역의 변형을 방지해준다.

와이어방전가공은 얇은 도선에 고전압 펄스를 부가하여 도선과 가공물 사이에 방전을 일으키면 가공물의 표면에 국부적으로 고온이 발생하면서 표면이 부식되는 비기계식 가공방법이다. 이때에 사용되는 도선은 0.05~0.3[mm] 직경의 황동, 동, 텅스텐 등의 소재를 사용하며, 가공력이 매우 작기 때문에, 지지구조물 없이도 **그림 3.46**에 도시된 것과 같이, 매우 얇은 틈새나 노치구조를 가공할 수 있다. 이 공정의 가장 큰 단점은 비싼 장비가격과 비교적 느린 가공속도이다.

노광 기반의 **전기화학적 식각**은 박판형 플랙셔를 대량생산하는 매우 효과적인 방법이다. 여기에는 전해식각, 플라스마 식각과 증착 그리고 MEMS 공정 등이 포함된다. 이런 유형의 플랙셔들은 하드디스크 헤드 지지구조, MEMS 가속도계, 카메라 초점조절기구 등에 사용되고 있다. 염가의 노광용 패턴마스크를 사용하여 노광을 시행한 후에 패턴을 식각하여 거의 임의형상을 가지고 있는 얇은 금속박막을 제작할 수 있다. 금속식각의 경우에는 가공 가능한 최대두께가 0.5~1[mm]로 제한되며, 판재가 두꺼워지면 양면에칭기법을 사용하여야 한다. 이런 경우에, 양면 식각의 정렬편차로 인하여 **페더링**이라고 부르는 단차 프로파일이 판재의 측면에 나타나게 된다.

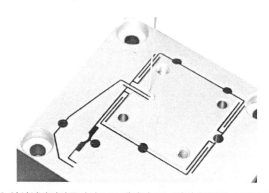

그림 3.46 와이어방전가공방식으로 제작된 모놀리식 플랙셔 스테이지의 사례[52]

그림 3.47 (a)에서는 금속 박판을 식각하여 제작한 트리스켈리온 플랙셔를 보여주고 있다. 주로 렌즈 초점조절기구에 사용되는 이 플랙셔는 1자유도가 과도구속되어 있기는 하지만 모놀리식으로 제작되어 플랙셔의 길이를 정확하게 일치시킬 수 있기 때문에, 광축을 따라서 안정적인 1자유도의 직선운동을 한다.

(a) 렌즈 초점조절기구의 사례[53]

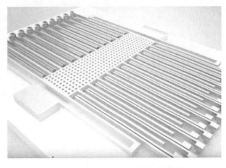

(b) MEMS 가속도계의 사례[54]

그림 3.47 식각 방식으로 제작된 플랙셔기구의 사례

그림 3.47 (b)에는 가장 성공적인 MEMS 기반의 플랙셔 소자인 가속도계가 도시되어 있다. MEMS 공정은 반도체 노광기와 반도체 생산공정을 거의 그대로 사용하기 때문에, 대부분의 경우 실리콘 웨이퍼를 모재로 사용한다. MEMS 소자는 초기 투자비용이 크기 때문에 대량생산을 전제로 하지 않으면 경제성을 확보하기 어렵다. 하지만 MEMS 가공기법은 기계장치와 전자회로를 일체화시킬 수 있다는 강력한 장점을 가지고 있다.

전기도금은 용융 몰딩한 왁스소재 형틀 표면에 무전해 니켈도금을 시행하여 이 형틀의 껍질 형상으로 플랙셔를 제작하는 기법이다. 가장 대표적인 적용사례는 벨로우즈 커플링이다. 이 벨로우즈 커플링은 비틀림 동력전달이나 유연 진공배관에 널리 사용된다.

마지막으로 폴리머 적층가공 방법으로도 플랙셔 기구를 제작할 수 있다. 적층가공 분야에서는 아크릴로니트릴부타딘스트릴(소위 ABS) 소재가 가장 널리 사용된다. 금속소재 적층가공 방식도 빠르게 발전하고 있으며, 여타의 가공방법으로는 제작이 불가능한 모놀리식 플랙셔 설계에서 큰 가능성을 보여주고 있다. **그림 3.48**에서는 소형 원심분리기용 모터의 유연지지구조를 적층가공방식의 모놀리식 플랙셔로 제작한 사례를 보여주고 있다. 이 설계에서는 모터의 무게중심 위치를 중심으로 롤-방향과 피치-방향 강성이 최소가 되도록 플랙셔 기구가 설계되었다. 이로 인하여 로터에 삽입되는 시료튜브의 무게 차이로 인한 언밸런스에 대해서 자체 밸런싱이 이루어지므로, 고속 회전 시 진동이 최소화된다.

---

53 D. Blanding 저, 장인배 역, 정확한 구속, 도서출판 씨아이알, 2016을 참조하여 재구성하였다.

54 www.analog.com

그림 3.48 적층가공방법으로 제작된 소형 원심분리기용 모터의 유연지지구조 사례[55]

3.5.3.2 모놀리식 플랙셔의 설계

모놀리식 플랙셔는 판형 플랙셔에 비해서 회전중심이 명확하며 일체형으로 제작되어 기생운동이 작고 위치결정 정확도와 반복도가 뛰어나다. 특히 원형, 포물선형, 쌍곡선형, 필렛 모서리형 등 다양한 형상의 유연단면들에 대해서 닫힌 형태의 방정식이 유도되어 있기 때문에 유연성이나 회전정밀도 등에 대한 정밀한 해석이 가능하여, 위치결정성이 뛰어난 단면형상으로 제작할 수 있다.[56]

표 3.4에서는 단면형상에 따른 주요 특성들을 요약하여 보여주고 있다. 두께함수는 최소두께가 t이고 높이는 h인 플랙셔 단면의 높이방향(y방향) 함수이다. 길이방향 유연성은 플랙셔에 y방향으로 인장력이나 압축력을 가했을 때의 유연성으로서 $\Delta y = F \times C_y$의 관계를 갖는다. 회전유연성은 플랙셔의 중앙 위치에 지면과 수직한 z방향의 모멘트 M_z가 부가되었을 때의 회전유연성으로서, $\theta_z = M_z \times C_{\theta_z}$의 관계를 갖는다. 이를 통해서 다양한 단면형상들을 사용하여 모놀리식 플랙셔를 설계할 수 있다.

원형단면 힌지는 모놀리식 플랙셔의 기본 형태로서, 회전방향 유연성(C_{θ_z})이 크고 길이방향 유연성(C_y)은 작으며, 회전중심이 명확하여 위치결정성이 매우 높다. 하지만 노치부 응력집중 때문에 내구수명이 취약하다. 필렛 모서리형 힌지는 회전방향 유연성(C_{θ_z})이 크고 내구수명이 양호하지만, 회전중심이 불명확하기 때문에, 위치결정성이 상대적으로 떨어진다는 단점을 가지고 있다.

55 장인배 외, 초소형 원심분리기, 발명특허 10-2020-0089637.
56 N. Lobontiu 저, 장인배 역, 유연 메커니즘: 플랙셔 힌지의 설계, 도서출판 씨아이알, 2018.

타원형이나 포물선형 힌지는 원형단면 힌지의 장점과 필렛 모서리형 힌지의 장점을 결합한 힌지 형상으로서, 회전중심이 비교적 명확하면서도 내구성능이 양호하다는 특징을 가지고 있어서, 초정밀 위치결정이 필요한 모놀리식 플랙셔에 널리 사용할 가치가 있다.

표 3.4 단면형상에 따른 힌지구조의 주요 특성들[57]

명칭	형상		특징
원형		두께함수	$t(y) = t + 2\left[r - \sqrt{y(2r-y)}\right]$
		길이방향 유연성	$C_y = \dfrac{1}{Ew}\left[\dfrac{2(2r-t)}{\sqrt{t(4r+t)}}\arctan\sqrt{1+\dfrac{4r}{t}} - \dfrac{\pi}{2}\right]$
		회전유연성	$C_{\theta_z} = \dfrac{24r}{Ewt^3(2r+t)(4r+t)^3}\Big[t(4r+t)(6r^2+4rt+t^2) + 6r(2r+t)^2\sqrt{t(4r+t)}\arctan\sqrt{1+\dfrac{4r}{t}}\Big]$
타원형		두께함수	$t(y) = t + 2c\left[1 - \sqrt{1 - \left(1 - \dfrac{2y}{c}\right)^2}\right]$
		길이방향 유연성	$C_y = \dfrac{h}{4Ewc}\left[\dfrac{4(2c+t)}{\sqrt{t(4c+t)}}\arctan\sqrt{1+\dfrac{4c}{t}} - \pi\right]$
		회전유연성	$C_{\theta_z} = \dfrac{12h}{Ewt^2(2c+t)(8c^2+t^2)}\Big[6c^2+4ct+t^2 + \dfrac{6c(2c+t)^2}{\sqrt{t(4c+t)}}\arctan\sqrt{1+\dfrac{4c}{t}}\Big]$
포물선형		두께함수	$t(y) = t + 2c\left(1 - 2\dfrac{y}{h}\right)^2$
		길이방향 유연성	$C_y = \dfrac{h}{\sqrt{2}\,Ew\sqrt{ct}}\mathrm{arccot}\sqrt{\dfrac{t}{2c}}$
		회전유연성	$C_{\theta_z} = \dfrac{3h}{4Ewt^3(2c+t)^2}\Big[2t(6c+5t) + 3\sqrt{\dfrac{2t}{c}}(4c^2+t^2)\mathrm{arccot}\sqrt{\dfrac{t}{2c}}\Big]$
필렛 모서리형		두께함수	$t(y) = \begin{cases} t + 2\left(r - \sqrt{y(2r-y)}\right), & y\in[0,\ r] \\ t, & y\in[r,\ h-r] \\ t + 2\left[r - \sqrt{(h-y)\{2r-(h-y)\}}\right], & y\in[h-r,\ r] \end{cases}$
		길이방향 유연성	$C_z = \dfrac{1}{Ew}\left[\dfrac{h-2r}{t} + \dfrac{2(2r+t)}{\sqrt{t(4r+t)}}\arctan\sqrt{1+\dfrac{4r}{t}} - \dfrac{\pi}{2}\right]$
		회전유연성	$C_{\theta_z} = \dfrac{12}{Ewt^3}\Big[h-2r + \dfrac{2r}{(2r+t)(4r+t)^3}\big\{t(4r+t)(6r^2+4rt+t^2) + 6r(2r+t)^2\sqrt{t(4r+t)}\,\mathrm{artan}\sqrt{1+\dfrac{4r}{t}}\big\}\Big]$

57　N. Lobontiu 저, 장인배 역, 유연 메커니즘: 플랙셔 힌지의 설계, 도서출판 씨아이알, 2018을 참조하여 재구성하였다.

그림 3.49에서는 근래에 사용이 늘고 있는 교차형 힌지구조를 보여주고 있다. 3.4.2.2절의 교차판 플랙셔 설계에서 설명했듯이, 서로 직교하는 교차판 구조의 교차점을 공유한 모놀리식 교차형 힌지는 회전강성이 크게 증가하여 플랙셔로서의 기능이 저하된다는 문제가 있다. 하지만 내구수명이 양호하며, 회전중심이 명확하여 위치결정성이 높다는 장점 때문에, 고하중용 플랙셔 기구에 널리 사용되고 있는 실정이다.

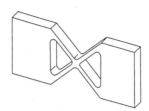

그림 3.49 모놀리식구조로 제작된 교차형 힌지구조

모놀리식 플랙셔를 사용한 이송기구들은 부족한 강성을 보완하고 위치정밀도를 확보하기 위해서 **그림 3.50**의 사례에서와 같이 병렬기구를 사용하는 경향이 있다. 이는 심각한 과도구속을 유발하기 때문에, 소재의 선정, 작동온도환경의 세밀한 관리 등이 필요하며, 설계과정에서 유한요소해석을 포함한 세심한 고찰이 필요하다. 이런 초정밀 스테이지의 설계와 관련되어서는 플레밍58과 수칭송59의 서적을 추천한다.

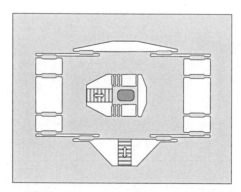

그림 3.50 병렬기구를 사용하여 과도구속 설계된 초정밀 플랙셔 스테이지의 사례[60]

58   A. Fleming, K. Leang, Design, Modeling and Control of Nanopositioning Systems, Springer, 2014.

59   Qingsong Xu, Design and Implementation of Large Range Compliant Micropositioning Systems, Siley, 2016.

3.6 정확한 구속이론의 적용사례

이 절에서는 정확한 구속이론을 사용하여 지지부품의 원하는 위치와 방향을 유지하면서도 지지부품에 부가되는 응력에 의한 영향을 최소화시켜야만 하는 대표적인 분야인 광학용 지지기구들에 대해서 살펴보기로 한다.[61]

인공위성이나 유도미사일에 탑재되는 광학장치는 중력가속도의 수십 배 이상의 극한상태와 고열에 노출된다. 광학부품과 하우징 사이에 지지기구를 사용하는 가장 큰 목적은 보관 및 운송을 포함하여 광학기구의 사용기간 동안 온도변화나 기계적 가진에 대해서 광학기기 내에서 렌즈, 시창, 필터, 셀, 프리즘 또는 반사경과 같은 광학소자들의 위치와 방향을 구속하는 것이다. 이때에 광학소자들을 구속하는 기구들이 광학부품에 응력, 표면변형 및 복굴절 등을 유발하여 광학성능을 변화시키지 않도록 하려면 기구학적 접속기구들을 사용하여 정확한 구속을 실현해야 한다. 하지만 점접촉 기구에는 작은 작용력만 가하여도 응력이 매우 커지기 때문에 광학요소들을 진정한 기구학적 방식으로 고정하는 것은 현실적으로 불가능하다.

광학요소의 고정에 사용하는 준 기구학적 구속기구도 정확한 구속이론에 따라서 여섯 개의 힘을 가하지만, **그림 3.51**에 도시된 것처럼, 작은 면적의 접촉부위를 사용하여 작용력을 분산시킨다. 하지만 완벽하게 준 기구학적 위치결정면들 사이의 정렬을 맞추는 것은 현실적으로 매우 어렵다. 이로 인하여 광학요소 설치과정에서 고정력을 부가하면 광학표면이 변형을 일으킨다. 래핑 다듬질을 통해서 평면들 사이의 편차를 $0.5[\mu m]$ 이내로 관리할 수 있으며, 단일점 다이아몬드 선삭을 통해서 이 편차를 $0.1[\mu m]$ 이하로 줄일 수 있다.

그림 3.52에서는 준기구학적인 3점접촉 구속기구를 사용하여 렌즈를 마운트에 고정하는 간단한 방법이 도시되어 있다. 여기서는 셀 내측의 턱에 세 장의 마일러 패드를 설치하고 그 반대편에 예하중을 부가하는 3장의 스프링 클립들을 설치하였다. 미리 지정된 클립의 변형을 통하여 렌즈에 원하는 예하중을 부가하기 위해서 클립과 셀 사이에 설치되는 스페이서들은 현합가공을 사용하여 조립한다. 누름쇠가 각 접촉점에 부가해야 하는 고정력은 다음 식을 사용하여 구할 수 있다.

---

60 A. Fleming, K. Leang, Design, Modeling and Control of Nanopositioning Systems, Springer, 2014를 참조하여 재구성하였다.

61 이 절의 내용은 P. Yoder 저, 장인배 역, 광학기구설계, 도서출판 씨아이알, 2017의 내용 중 일부를 추출하여 재구성하였다.

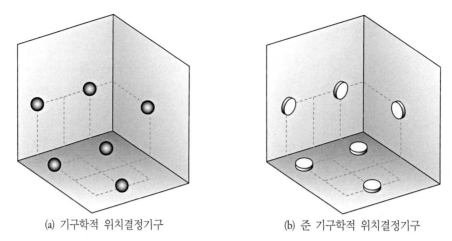

(a) 기구학적 위치결정기구   (b) 준 기구학적 위치결정기구

그림 3.51 광학요소의 고정에 사용되는 위치결정기구[62]

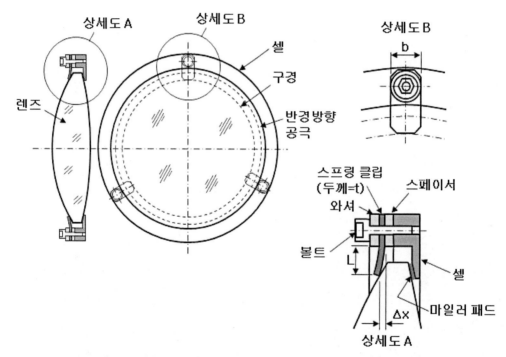

그림 3.52 외팔보 누름쇠를 사용하여 준기구학적으로 고정한 렌즈의 사례[63]

---

62 P. Yoder 저, 장인배 역, 광학기구설계, 도서출판 씨아이알, 2017.

63 P. Yoder 저, 장인배 역, 광학기구설계, 도서출판 씨아이알, 2017.

$$F = \frac{W \times a}{N}$$

여기서 W[kg]는 렌즈의 자중, a[m/s^2]는 렌즈에 가해지는 가속도, 그리고 N은 접촉점의 숫자이다. 예를 들어, 렌즈의 무게는 0.1[kg]이며 이 렌즈에 가해지는 최대가속이 100[m/s^2]인 경우에 누름쇠가 각 접촉점에 부가하는 고정력은

$$F = \frac{0.1 \times 100}{3} = 3.33 [\text{N}]$$

임을 알 수 있다. 이 하중을 부가하기 위한 누름쇠의 변형량은 다음 식을 사용하여 구할 수 있다.

$$\Delta z = \frac{(1 - \nu_M^2)(4FL^3)}{E_M bt^3}$$

$E_M = 1.27 \times 10^{11}$[Pa], $\nu_M = 0.35$이며, $L = 10$[mm], $b = 6$[mm], $t = 0.5$[mm]인 베릴륨동(BeCu) 소재의 누름쇠를 사용하는 경우에 필요한 예하중을 부가하기 위해서는

$$\Delta z = \frac{(1 - 0.35^2)(4 \times 3.33 \times 0.01^3)}{(1.27 \times 10^{11}) \times (6 \times 10^{-3}) \times (5 \times 10^{-4})^3} = 0.123 \times 10^{-3} [\text{m}] = 0.123 [\text{mm}]$$

만큼 변형이 일어나도록 누름쇠를 설치하여야 한다.

그림 3.53에서는 화강암이나 금속소재로 제작된 대형 광학정반을 기구학적으로 지지하기 위한 모놀리식 플랙셔기구들을 보여주고 있다. 이들은 **그림 3.29** (b)에 제시되어 있는 것처럼, 1T 구속, 2T 구속 및 3T 구속을 이루는 세 가지 모놀리식 플랙셔들을 사용하여 광학정반을 지지하고 있다. 정반의 무게가 수 톤에 달하기 때문에, 플랙셔 기구의 힌지강성은 미세 위치결정기구들에 비해서 상대적으로 높게 설계되지만, 1번 플랙셔를 기준위치로 하여 환경온도변화에 대해서 신뢰성 있는 위치결정 정확도를 구현할 수 있다.

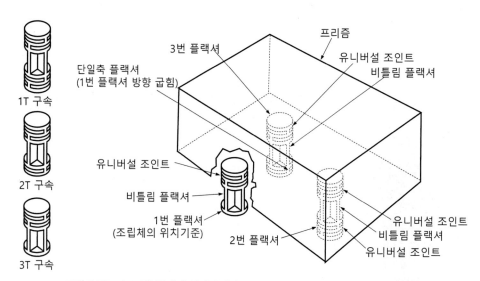

그림 3.53 모놀리식 플랙셔 위치결정기구를 사용한 광학정반 지지기구의 사례[64]

---

64 P. Yoder 저, 장인배 역, 광학기구설계, 도서출판 씨아이알, 2017을 참조하여 재구성하였다.

04

볼트조인트
설계

볼트조인트 설계

4.1 서 언

정밀기계를 설계하고 제작하는 과정에서 용접, 리벳, 볼트, 핀, 접착 그리고 끼워맞춤 등 다양한 결합방법이 사용되고 있지만, 가장 일반적으로 사용되는 결합요소는 볼트(또는 나사)이다.[1] 볼트로 부품을 결합하면 분해와 조립이 용이하기 때문에 기구설계자들이 매우 선호하는 결합요소이다. 하지만 볼트로 연결된 접합부는 수학적 모델링이 어렵기 때문에, 구조해석의 신뢰성이 떨어진다. 정밀기계를 포함한 모든 산업현장에서는 사용 중에 볼트조인트의 풀림이나 파손이 빈번하게 일어나고 있으며, 이로 인하여 재산상의 손실뿐만 아니라 인명의 손실까지도 발생하는 실정이다. 따라서 볼트조인트는 매우 보수적으로 설계해야만 하는 분야이다. 이 장에서는 결합용 나사의 기본 특징들과 볼트체결기구의 기본 설계원칙들을 살펴보는 것으로 시작하여 나사체결 역학, 볼트조인트 설계, 나사의 조임과 풀림 등에 대해서 차례로 살펴본다. 그리고 마지막으로 볼트조인트와 관련된 몇 가지 설계사례 고찰로 이 장을 마무리하겠다. 기구설계를 수행하는 엔지니어들은 볼트조인트 설계에 대한 올바른 이해를 통해서 안전하고 신뢰성 높은 기계를 설계하여야 한다.

---

1 몸통에 나사산이 성형되어 있으며, 나사를 조이기 위한 머리부가 성형되어 있는 요소를 볼트라고 부른다.

4.2 결합용 나사의 특징

몸통에 나사산이 성형되어 있으며, 나사를 조이기 위한 머리부가 성형되어 있는 요소를 볼트라고 부른다. 일부에서는 직경이 작으면 나사, 직경이 크면 볼트로 구분하여 부르는데, 이는 표준과는 아무런 관계가 없다. 이 장에서는 나사산의 의미가 강한 경우에는 **나사**로, 그리고 조임의 의미가 강한 경우에는 **볼트**라는 명칭을 사용하기로 한다.

나사의 분류나 기본적인 설계원리 등에 대해서는 기계설계학[2]을 참조하기 바라며, 이 장에서는 결합용 나사의 활용방법에 집중하여 논의하기로 한다.

4.2.1 나사의 표준

결합용 나사는 기계부품의 접합 또는 위치조정에 사용되는 나사로서, 주로 나사산의 각도가 60°인 삼각나사가 사용된다. 일명 **메트릭볼트**라고 부르는 **미터보통나사**와 **미터가는나사**는 ISO 261 및 262 그리고 ISO 965-1 등에서 정의되어 있다. 미터가는나사는 미터보통나사와 바깥지름은 동일하지만 피치가 더 작은 나사로서, 미터보통나사보다 골지름이 크기 때문에 강도가 더 크다.

그림 4.1에는 볼트와 너트의 주요 구성부 명칭이 도시되어 있다. 볼트의 호칭은 M8×1.25×25 육각머리볼트와 같이, 나사부의 바깥지름-피치-나사부의 길이-머리모양의 순서로 표기한다.

그림 4.1 볼트와 너트의 주요 구성부 명칭

표 4.1에서는 자주 사용되는 미터보통나사와 미터가는나사의 피치, 바깥지름 및 골지름을 요약하여 보여주고 있다. 표에서 확인할 수 있지만, 의외로 나사의 종류가 많지 않다. 예를 들어, M15의 경우 미터가는나사에 M15×1.0가 규정되어 있기는 하지만 일반적으로 사용되지 않는다는 점에 주의하여야 한다.

---

2   정선모, 한동철, 장인배, 표준기계설계학, 동명사, 2015.

표 4.1 미터보통나사와 미터가는나사의 규격(단위: mm)

미터보통나사			미터가는나사		
호칭치수	바깥지름	골지름	호칭치수	바깥지름	골지름
M1×0.25	1.000	0.729	M1×0.2	1.000	0.783
M2×0.4	2.000	1.567	M2×0.25	2.000	1.729
M2.5×0.45	2.500	2.023	M2.5×0.35	2.500	2.121
M3×0.5	3.000	2.459	M3×0.35	3.000	2.621
M4×0.7	4.000	3.242	M4×0.5	4.000	3.459
M5×0.8	5.000	4.134	M5×0.5	5.000	4.459
M6×1.0	6.000	4.917	M6×0.75	6.000	5.188
M8×1.25	8.000	6.647	M8×0.75	8.000	7.188
M10×1.5	10.000	8.376	M8×1.0	8.000	6.917
M12×1.75	12.000	10.106	M10×0.75	10.000	9.188
M16×2.0	16.000	13.835	M10×1.0	10.000	8.917
M20×2.5	20.000	17.294	M10×1.25	10.000	8.647
M24×3.0	24.000	20.752	M12×1.0	12.000	10.917
M30×3.5	30.000	26.211	M12×1.25	12.000	10.647
M36×4.0	36.000	31.670	M12×1.5	12.000	10.376
M42×4.5	42.000	37.129	M16×1.0	16.000	14.917
M48×5.0	48.000	42.587	M16×1.5	16.000	14.376
M56×5.5	56.000	50.046	M20×1.0	20.000	18.917
M64×6.0	64.000	57.505	M20×1.5	20.000	18.376

그림 **4.2**에서는 **UTS볼트**와 메트릭볼트의 외형을 서로 비교하여 보여주고 있다. UTS나사는 1948년 영국, 미국, 캐나다의 3국 협정에 의해서 정해진 나사로서, 유니파이나사 또는 ABC나사라고도 부른다. UTS볼트는 외형이 메트릭볼트와 매우 유사하기 때문에 숙련된 엔지니어도 주의하지 않으면 이를 혼용할 우려가 있다. 메트릭 나사구멍에 UTS볼트를 끼우면 약간 유격이 크다고 느껴지며, 두 바퀴까지는 쉽게 조여진다. 그리고 뻑뻑해지지만 공구를 사용하면 세 바퀴까지는 조여진다. 하지만 이후에는 조여지지도, 풀리지도 않으며, 억지로 빼내려 하면 볼트가 끊어져버린다.3 따라서 조립현장에 UTS볼트가 반입되는 것을 철저하게 통제해야만 하며, UTS나사를 구분하는 훈련이 필요하다.

---

3 이런 경우에 끊어진 나사를 제거하기 위해서는 밀링이나 방전가공을 시행한다.

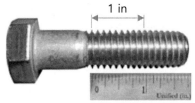

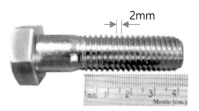

(a) 3/4-10 UTS볼트의 외형   (b) M16×2.0 메트릭볼트의 외형

그림 4.2 UTS볼트와 메트릭볼트의 외형비교[4]

4.2.2 볼트의 강도와 한계인장하중

표 4.2에서는 볼트의 소재와 등급에 따른 한계인장응력과 항복응력을 제시하고 있다. 표에 따르면, 볼트는 소재에 따라서 인장강도값이 3배 이상 차이를 나타낸다. 따라서 하중조건과 공간적 제약을 고려하여 볼트의 크기와 강도 그리고 사용할 볼트의 숫자를 결정해야만 한다.

일명 **고장력 볼트**라고 부르는 고등급 볼트를 적용하여 사용하는 볼트의 수를 줄이면 가공비, 소재비 및 조립비용을 줄일 수 있어서 매우 매력적인 대안이라고 생각하기 쉽다. 하지만 볼트는 전형적인 탄성평균화 기능요소이다. 따라서 되도록 많은 숫자의 볼트를 사용하여 하중을 분산시켜야 하며, 이를 통해서 확률적으로 불량볼트가 사용되어도 시스템의 파손을 막을 수 있다. 또한 고등급 볼트를 강하게 조여 놓으면 충격하중에 부러지기 쉽다.

표 4.2 볼트의 소재와 등급에 따른 한계인장응력과 항복응력(단위: kgf/mm^2)

소재	재질	등급	한계인장강도	항복응력
강철	SS400	4.8	40	24
	SCM435	8.8	80	64
		9.8	90	72
		10.9	100	90
		12.9	120	100
스테인리스	STS304	A2-50	50	21
		A2-60	60	45
		A2-70	70	60
	STS316	A4-80	80	60

---

4   www.fastenal.com/en/78/screw-thread-design

볼트의 등급은 **그림 4.3**에서와 같이 머리 위나 옆에 타각하여 표시하도록 규정하고 있다. 저자는 LM 가이드의 레일을 고정하는 볼트가 파손된 사례를 검토하는 과정에서 레일 내에 다양한 등급의 볼트가 혼용된 사례를 경험하였다. 이런 일이 벌어진 원인을 조사해보니 볼트 제조업체에 따라서 동일등급으로 표기된 볼트의 인장하중이 큰 차이가 발생한다는 것을 발견하였다. 특정 업체의 볼트를 주문하였는데, 납품업자가 제조업체가 다른 볼트를 납품하기도 하였다. 심지어 실제 사용된 소재의 등급과는 무관하게 주문에 맞춰 등급 표기만 다르게 타각한 것으로 의심되는 사례도 있었다. 따라서 고등급 볼트를 사용해야 하는 경우에는 반입된 볼트에 대해서 반드시 샘플검사를 통해서 인장강도를 확인할 것을 추천한다.

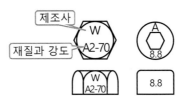

그림 4.3 볼트의 등급표기 방법

표 4.3에서는 ISO 898-1에서 규정되어 있는 미터보통나사의 **한계인장하중** 값들을 각 등급별로 제시하고 있다. 한계인장하중은 볼트에 소성변형이 발생하는 하중의 90% 하중에 해당하는 값이

표 4.3 미터보통나사의 한계인장하중[kgf][5]

호칭치수	4.8등급	8.8등급	9.8등급	10.9등급	12.9등급
M5	440	820	923	1,180	1,380
M6	623	1,160	1,310	1,670	1,950
M8	1,140	2,120	2,380	3,040	3,550
M10	1,800	3,370	3,770	4,810	5,630
M12	2,610	4,890	5,480	7,000	8,180
M16	4,870	9,100	10,200	13,000	15,200
M20	7,600	14,700	N/A	20,300	23,800
M24	10,900	21,200	N/A	29,300	34,200
M30	17,400	33,700	N/A	46,600	54,400

5   원래 용어는 허용인장하중이지만, 해당하중의 부가를 허용한다는 뜻으로 오해하는 경우가 많아서 한계라는 용어로 바꾸었다. 한계토크는 표 4.5에 제시되어 있다.

다. 따라서 **실제 사용 시에는 절대로 볼트에 한계인장하중 값에 근접한 하중을 부가해서는 안된다.** 표 4.3에 제시되어 있는 한계인장하중 값을 1.3.2.4절에서 제시한 안전율로 나눈 하중이 볼트에 부가되어야 한다. 대략적으로, 정하중의 경우에는 안전계수 4, 동하중의 경우에는 안전계수 8, 충격하중의 경우에는 안전계수 12를 추천한다. 볼트는 절대로 파손되어서는 안 되는 요소이며, 설사 일부가 파손된다고 하여도 시스템이 분해되어서는 안 된다. 따라서 볼트조인트의 설계는 보수적으로 수행되어야 하며, 필요 이상으로 많이 사용해야 한다.

4.2.3 볼트체결구조의 기본 설계원칙

4.2.3.1 힘전달경로와 구조강성

그림 **4.4**에 도시된 것처럼, 물체를 고정하는 볼트 체결구조의 힘 전달경로 내에 포함된 모든 요소들은 직렬 연결된 스프링처럼 작용한다. 이 사례에서는 힘전달 경로가 볼트머리-헬리컬와셔-평와셔-덮개판-베이스판-나사탭 계면-볼트 몸체로 이루어진다고 가정하자. 이 경우 볼트체결구조의 총강성은 다음 식으로 계산할 수 있다.

$$\frac{1}{K_{Total}} = \frac{1}{K_{볼트머리}} + \frac{1}{K_{헬리컬와셔}} + \frac{1}{K_{평와셔}} + \frac{1}{K_{덮개판}} + \frac{1}{K_{베이스판}}$$
$$+ \frac{1}{K_{나사탭}} + \frac{1}{K_{볼트몸체}}$$

예를 들어, $K_{볼트머리} = K_{덮개판} = K_{베이스판} = 1 \times 10^5 [\text{kgf/mm}]$이며, $K_{볼트몸체} = 5 \times 10^4 [\text{kgf/mm}]$, $K_{평와셔} = K_{나사탭} = 2 \times 10^4 [\text{kgf/mm}]$ 그리고 $K_{헬리컬와셔} = 1 \times 10^4 [\text{kgf/mm}]$라 하자. 이를 사용하여 총강성을 계산해보면, $K_{total} = 4 \times 10^3 [\text{kgf/mm}]$가 된다. 즉, 볼트체결구조의 총강성은 힘전달 경로를 구성하는 가장 약한 요소인 헬리컬와셔의 강성보다 더 작아진다는 것을 알 수 있다.[6] 볼트체결구조에서 와셔는 경계면의 숫자를 증가시켜서 총강성을 감소시킨다. 와셔는 볼트를 조일 때에 계면의 마찰을 줄이고 조임하중을 고르게 분산시켜주는 역할을 할 뿐이다.

6　볼트 몸체의 강성보다는 1/100 이상 감소했다는 것을 알 수 있다.

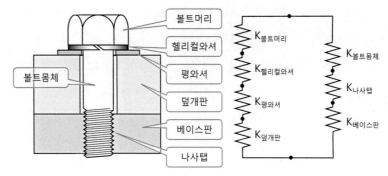

그림 4.4 볼트 체결구조의 힘전달 경로

그림 4.5에서는 융커시험기로 횡방향 진동을 부가하여 헬리컬(스프링) 와셔를 삽입한 경우와
삽입하지 않은 경우에 대한 볼트 풀림시험을 수행한 결과를 보여주고 있다. 그림에 따르면, 헬리
컬와셔를 사용한 볼트조인트는 횡방향 가진이 부가되자마자 급격하게 조임력이 없어지고 불과
150~200회의 반복가진에 의해서 풀려버렸다. 반면에 와셔 없이 체결한 볼트조인트는 횡방향 가
진에 대하여 비교적 서서히 조임력이 감소하였으며, 헬리컬 와셔를 사용한 경우보다 약 3배 정도
의 가진 사이클 동안 예하중을 유지하고 있음을 알 수 있다. 결론적으로 헬리컬 와셔는 조인트
강성을 약화시키며, 조임력 유지에도 도움이 되지 않는 요소이다. 단지 볼트 조임 시의 마찰력을

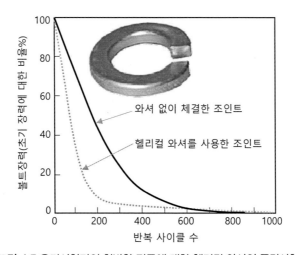

그림 4.5 융커시험기의 횡방향 진동에 대한 헬리컬 와셔의 풀림시험7

---

7   www.youtube.com/watch?v=j2yYj2JbdAl

감소시켜주어 분해와 조립을 용이하게 도와주는 요소일 뿐이다.[8] 분해가 필요 없는 구조물의 조립 시에는 헬리컬 와셔를 절대로 사용해서는 안 된다.

구조물의 체결에는 5[mm] 이하의 볼트를 사용하지 않는다. **그림 4.6**에서는 스트로크가 500[mm] 내외인 웨이퍼 반송용 로봇의 구동에 타이밍벨트를 사용한 사례를 보여주고 있다. 이 사례에서 모터 하우징과 베이스판 사이의 고정기구와 벨트 장력조절장치의 고정기구 모두에 M3 나사들을 사용하였다. 하지만 M3 나사들은 조임력이 부족하여 결코 이들을 고정할 수 없기 때문에 오래지 않아 나사가 풀리고 벨트는 장력을 잃어버렸다. 반도체장비나 로봇 등과 같은 정밀, 고속 작동기들에서 M5 이하의 작은 나사들이 남용되고 있다. 설치공간이 협소하여 어쩔 수 없는 경우가 아니라면 결코 작은 나사들을 체결용으로 사용하지 말 것을 권한다.

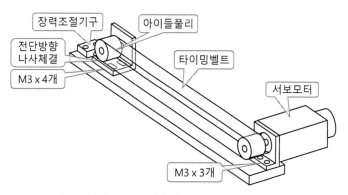

그림 4.6 타이밍벨트를 사용한 로봇 구동기구의 고정사례

4.2.3.2 응력원추

1.2.4절에서 소개했던 셍-브낭의 원리에 따르면 볼트 체결구조 내에서 볼트체결에 의해서 생성된 누름압력은 넓은 면적에 작용하지 못하며 좁은 영역에 집중된다. 유한요소 해석을 통한 실제의 누름압력 작용영역은 **그림 4.7** (a)와 같이 비선형적인 형상을 나타내면서 볼트의 축선에서 멀어질수록 누름 압력이 급격하게 감소하지만, 기계설계 시에는 **그림 4.7** (b)에서와 같이 볼트 머리의 끝단에서 45°로 내리그어서 만든 원추형 영역, 또는 볼트 직경의 4~5배의 영역 중 좁은 영역

---

8   불행히도 산업현장에서는 구조물 조립 시에도 헬리컬 와셔와 평와셔를 이중으로 사용하도록 규정하고 엄격하게 관리하고 있다. 이로 인하여 구조물 조립강성이 감소하고 사용 중에 볼트가 풀려버리는 어이없는 상황들이 반복되고 있다.

에 균일하게 작용한다고 가정한다. 이때에 생성된 원추형상의 영역을 **응력원추**라고 부른다.

우리는 기구물들의 볼트체결구조에서 **그림 4.8**과 같이 머리자리를 사용하는 경우를 자주 볼수 있다. 하지만 머리자리를 지정하면 볼트의 누름압력이 작용하는 응력원추 영역이 줄어들며, 플랜지 두께를 감소시켜서 **그림 4.8**에서와 같이 볼트를 세게 조일수록 플랜지 계면의 배가 불러오는 바닥 들뜸을 초래한다. 기본적으로 볼트 머리가 누르는 플랜지의 두께는 최소한 볼트 직경의 2배 이상 두껍게 설계해야 한다. 그리고 머리자리는 기구 작동 시 간섭이나 걸림이 발생하거나 체결용 볼트의 길이가 볼트 직경의 10배 이상으로 너무 길어지는 경우를 제외하고는 지정하지말아야 한다.

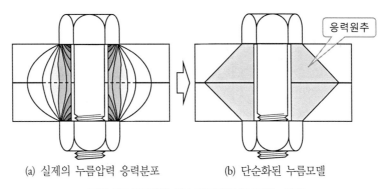

(a) 실제의 누름압력 응력분포　　　　　(b) 단순화된 누름모델

그림 4.7 볼트체결 시 누름압력이 작용하는 영역

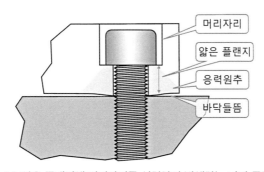

그림 4.8 얇은 플랜지에 머리자리를 설치하여 발생하는 바닥 들뜸 현상

길이가 긴 물체나 면적이 넓은 판재를 견고하게 고정하기 위해서는 **그림 4.9** (a)에서와 같이 이 응력원추들의 사이가 서로 벌어지지 않도록 볼트의 간격을 설정해야 한다. 또한 이 과정에서 볼트들을 일직선으로 배치하면 누름력이 직선으로 배치된 소재의 바닥 들뜸으로 인하여 시소처

럼 흔들릴 우려가 있기 때문에 충분한 플랜지 두께를 확보함과 동시에 **그림 4.9** (b)와 같이 지그재그 형태로 볼트들을 배치해야 한다. 다수의 볼트를 사용하여 물체를 체결하면 개별 볼트들의 강성들이 병렬로 작용하며, 이를 통해서 계면의 조립강성은 개별 볼트들의 강성을 합산한 값이 된다.

$$K_{total} = N \times K_{bolt}$$

여기서 N은 하나의 계면을 체결하기 위해서 사용한 볼트의 숫자이며, K_{bolt}는 개별 볼트의 강성이다.

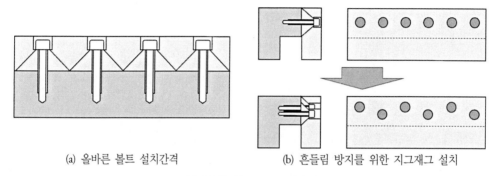

(a) 올바른 볼트 설치간격   (b) 흔들림 방지를 위한 지그재그 설치

그림 4.9 올바른 볼트 설치방법

4.2.3.3 인장하중과 전단하중

설치방식에 따라서 볼트에는 다양한 종류의 하중이 부가될 수 있다. 기본적으로 볼트조인트에는 충분한 예하중을 부가하기 때문에 항상 축방향 **인장하중**이 부가된다. 여기에 조립상태나 외력 작용 등에 의해서 추가적인 인장/압축하중, 비틀림 모멘트 그리고 전단하중 등이 부가될 수 있다. 그런데 볼트조인트는 **전단하중**에 매우 취약하기 때문에, 기본적으로 볼트조인트에는 전단하중이 부가되지 않도록 설계해야 한다.

전단력 $P = 100[kgf]$가 작용하는 볼트조인트에서 필요한 체결력(F)은 다음과 같이 계산할 수 있다.

$$F > \frac{P}{\mu} \times S_f$$

여기서 μ는 계면의 정지마찰계수로서, 강철표면의 경우 약 0.3이다. S_f는 안전계수로서, 동하중의 경우를 가정하여 8로 잡으면,

$$F > \frac{100}{0.3} \times 8 \simeq 2,700[\mathrm{kgf}]$$

이를 10.9등급 M10 볼트로 체결한다고 가정하자. **표 4.2**에 따르면 10.9등급 볼트의 한계인장응력 $\sigma_u = 100[\mathrm{kgf/mm^2}]$이다. 계면에서 미끄럼이 발생하지 않는다는 가정하에 정하중 안전계수 4를 적용하면 허용인장응력 $\sigma_a = \sigma_u / 4 = 25[\mathrm{kgf/mm^2}]$이 발생할 때까지 볼트를 조일 수 있다. **표 4.1**에 따르면 M10 볼트의 골지름은 8.376[mm]이므로, 이를 사용하면 다음과 같이 M10 볼트의 누름력을 구할 수 있다.

$$F_{M10} = \frac{\pi}{4} d_1^2 \times \sigma_a = \frac{\pi}{4} \times 8.376^2 \times 25 = 1,377[\mathrm{kgf}]$$

따라서 M10 볼트 2개를 사용하면 필요한 체결력을 충족시킬 수 있다는 것을 알 수 있다. 하지만 이는 단지 이상적인 결과일 뿐이며, 실제로 이 전단력을 지지해야 한다면 보수적으로 M10 볼트 4개를 사용하여야 한다.

그림 4.10에서는 전단방향 진동에 의한 볼트풀림문제가 심각하게 발생하는 초음파 용접기의

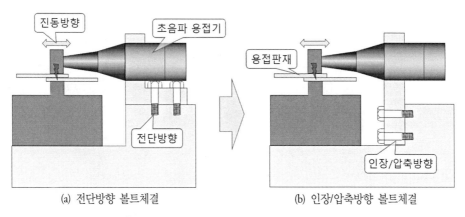

(a) 전단방향 볼트체결   (b) 인장/압축방향 볼트체결

그림 4.10 볼트체결 방향에 의해 발생된 볼트풀림 사례

사례를 보여주고 있다. 초음파 용접기는 고주파 진동에 의한 마찰열로 물체를 용접하는 기구이다. **그림 4.10** (a)에서와 같이 초음파 용접기의 진동방향과 볼트의 설치방향이 서로 직각으로 배치되어 있는 경우에는 진동에 의해서 용접기 하우징을 고정하는 볼트에 전단력이 작용한다. 이로 인하여 볼트가 자주 풀리기 때문에 제품불량이 많아지고 관리자가 수시로 기기를 점검 및 관리해야 하는 어려움이 있었다. 하지만 이를 **그림 4.10** (b)에서와 같이 진동력이 볼트에 인장/압축방향으로 힘을 가하도록 볼트의 설치위치를 변경하고 나서는 볼트 풀림문제가 크게 개선되었다.

4.2.3.4 기능분리설계

앞 절에서 설명한 것처럼, 볼트 체결구조는 인장응력을 받도록 설계하는 것이 원칙이다. 하지만 어쩔 수 없이 전단응력이 부가된다면 1.2.6절에서 설명한 기능분리 설계를 적용하여 전단력 지지기능과 체결기능을 분리하여야 한다. **그림 4.11**에서는 핀 조인트를 사용하여 전단력을 지지하는 기능분리설계의 사례를 보여주고 있다. **그림 4.11** (a)의 경우처럼, 볼트와 인접한 위치에 테이퍼핀이나 평행핀을 설치하여 전단력을 지지하는 것이 일반적인 방법이다. 하지만 핀 설치공간이 부족한 경우에는 **그림 4.11** (b)에서와 같이 스프링핀을 설치하고 그 중앙으로 볼트를 설치하여 공간을 절약할 수 있다. 하지만 이 설계에서는 볼트머리의 누름면적을 확보하기 위해서 평와셔가 필요할 것이다. **그림 4.11** (c)에서는 어깨붙이볼트를 사용한 설계사례를 보여주고 있다. 어깨붙이볼트의 연삭한 몸통부분을 계면을 관통하여 설치하여 핀 역할을 수행하도록 하며, 나사부분이 체결력을 제공한다. 핀을 설치할 구멍은 리밍 다듬질이 필요하다. 핀 결합은 축기준 시스템을 사용하며, 일반적으로 베이스판의 구멍공차는 억지-중간끼워맞춤, 덮개판의 공차는 중간-헐거운끼워맞춤을 사용한다. **그림 4.10**의 사례에서도 전단방향으로 체결된 볼트구조와 병렬로 핀을 설치하면 볼트의 풀림문제를 개선할 수 있다.

(a) 테이퍼핀   (b) 스프링핀   (c) 어깨붙이볼트

그림 4.11 기능분리 설계개념이 사용된 전단력 지지기구

그림 4.12에서는 웨이퍼레벨 패키징에 사용되는 볼그리드 어레이 픽업공구의 밀핀과 밀핀 안내구멍 사이의 정렬사례를 보여주고 있다. 적층형 칩의 층간연결에 볼그리드 어레이가 자주 사용된다.[9] 다수의 볼들을 동시에 집어서 적층할 칩의 위에 내려놓는 픽앤플레이스 공구는 볼들을 잡아당기는 진공노즐과 그 중앙에 볼들을 인착위치로 밀어내는 밀핀, 밀핀들이 고정되어 있는 볼 누름판 그리고 밀핀을 상하로 이송시키는 상하이송기구로 이루어진다. 밀핀이 노즐 측벽과 닿으면 마찰에 의한 파티클 생성, 페이스트 오염 등의 문제가 발생하므로 어레이 형태로 배치된 다수의 밀핀들은 진공노즐과 정확히 정렬이 맞춰져야 한다. 하지만 밀핀과 진공노즐 사이의 정렬을 정확히 맞춘 후에 상하 이송기구를 관통하여 누름판 고정나사를 조이는 순간에 나사머리와 상하 이송기구 사이의 마찰력에 의해서 정렬이 틀어져버린다. 이를 해결하기 위해서 위치정렬용 핀을 설치한 결과 나사의 조임과 위치정렬의 기능이 분리되어 더 이상 정렬 틀어짐 문제가 발생하지 않게 되었다.

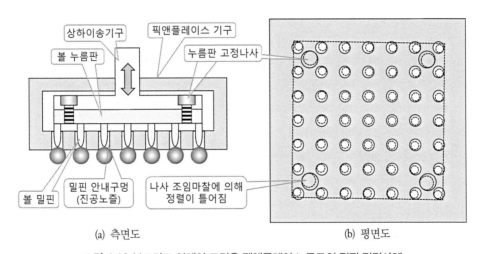

(a) 측면도　　　　　　　　　　　(b) 평면도

그림 4.12 볼그리드 어레이 조립용 팩앤플레이스 공구의 밀핀 정렬사례

4.3 볼트체결의 역학

볼트를 올바르게 조인다는 것은 볼트의 탄성을 최대한 활용한다는 것을 의미한다. 볼트의 조임

9　시춘쿠 저, 장인배 역, 웨이퍼레벨 패키징, 도서출판 씨아이알, 2019.

과정은 볼트에 축방향으로 예하중을 부가하는 것이므로 볼트는 스프링처럼 거동한다고 가정하여야 한다. 볼트조인트는 다음과 같은 목적으로 사용된다.

- 바닥판과 누름판 사이의 연결강성을 증가시켜서 인장, 압축, 굽힘 및 전단하중을 지지한다.
- 밀봉기구의 리크를 방지한다.
- 기구물에 부가되는 정하중, 동하중 및 충격하중을 견디면서 결합을 유지하고 풀림을 방지한다.

이 절에서는 볼트체결구조에서 발생하는 다양한 역학적 문제에 대해서 살펴보기로 한다. 4.3.1절에서는 안전계수를 고려한 볼트 인장하중의 계산방법과 볼트조인트의 하중-변형선도 작도법과 그 활용방법에 대해서 논의한다. 4.3.2절에서는 생-브낭의 원리에 따른 나사산의 하중집중 현상과 이를 해소하는 방법 그리고 나사 한계토크의 의미를 살펴본다. 볼트조인트에 부가되는 동하중은 볼트의 피로파괴를 유발한다. 4.3.3절에서는 피로한도선도의 작도법과 그 활용법에 대해서 살펴본다. 4.3.4절에서는 볼트조인트에 충격하중이 가해지는 경우에 볼트의 단면형상별 충격흡수능력을 계산하여 서로 비교해보며 이를 통해서 어떤 단면형상이 충격흡수에 유리한가를 논의한다. 마지막으로 볼트의 중요한 용도 중 하나인 예압방법과 관련되어서, 정위치 예압방식과 정압 예압방식의 차이점과 적용방법에 대해서 논의하면서 이 절을 마무리하기로 한다.

4.3.1 볼트작용력 설계

앞서 예시했던 10.9등급 M10 볼트에 대해서 살펴보기로 하자. **표 4.2**에 따르면, 10.9등급 볼트의 한계인장응력 $\sigma_u = 100[\text{kgf/mm}^2]$이며 M10 볼트의 골지름은 8.376[mm]이므로, M10 볼트에 부가할 수 있는 이론적 인장하중과 전단하중은 다음 식을 사용하여 계산할 수 있다.

$$F_{tensile} = \frac{\pi}{4} d_1^2 \times \sigma_u \times S_f$$

$$F_{shear} = \frac{\pi}{4} d_1^2 \times \tau_u \times S_f$$

여기서 한계전단응력(τ_u)은 허용인장응력(σ_u)의 절반이라고 간주한다.[10] **표 4.4**에서는 정하중의 경우에는 안전계수 4, 동하중의 경우에는 안전계수 8, 충격하중의 경우에는 안전계수 12를 가정하여, 부가된 하중의 유형별로 M10 볼트 하나가 견딜 수 있는 한계인장하중($F_{tensile}$)과 한계전단하중(F_{shear})을 요약하여 보여주고 있다.[11]

표 4.4 10.9등급 M10 볼트의 인장/전단하중[kgf] 계산사례

항목	한계하중	정하중	동하중	충격하중
안전계수 S_f	1	4	8	12
$F_{tensile}$[kgf]	5,510	1,378	689	459
F_{shear}[kgf]	2,755	689	344	230

볼트체결구조에서는 볼트 조임을 통해서 볼트조인트에 예하중을 부가하여야 하며, 외력의 변동에 따라서 볼트조인트에 실제로 부가되는 하중이 증가 또는 감소할 수 있다. 이를 정확히 예측할 수 있어야 필요한 볼트의 등급과 안전한 볼트 조임토크를 결정할 수 있다. **그림 4.13**에서는 볼트와 누름소재 사이의 **하중-변형선도**를 보여주고 있다.

볼트조인트는 **그림 4.13** (a)에서와 같이 두께 합이 h인 판재를 직경이 d, 골지름이 d_1인 볼트로 조이며, 볼트조임에 의해서 영향을 받는 범위를 등가 실린더로 환산했을 때의 등가실린더 외경은 d_m, 내경은 d_i이다. **그림 4.13** (b)에서는 이 볼트조인트의 볼트부와 누름소재부의 강성, 작용력 및 변형률 계산식을 보여주고 있다. 여기서 E는 소재의 영계수이며, 작용력 계산에 사용된 $F_B = \dfrac{1}{2}F_{tensile}$을 사용하였다.[12] **그림 4.13** (c)에서는 (b)에서 구한 결과들을 사용하여 그린 하중변형선도를 보여주고 있다. 볼트조인트에 아무런 외력이 가해지지 않는다면 이 평형상태가 유지되며, 누름소재에 가해지는 힘 F_B가 볼트조인트의 예하중이다. 만일 이 조인트에 추가적인 외력이 가해진다면 평형점의 위치는 변하게 된다. **그림 4.13** (d)에서는 두 판재 사이에 동적압력($F_{Dynamic}$)이 부가된 경우의 하중-변형선도를 보여주고 있다. 이 동적압력에 의해서 볼트는

---

10 이는 기계설계 시 일반적으로 사용하는 가정이다.

11 실제로는 이 힘의 상당 부분을 볼트의 조임 시에 사용하므로 이 볼트가 견딜 수 있는 추가적인 외력은 이보다 작아진다.

12 동하중이 부가되는 볼트의 경우, 조임력(F_B)은 $F_{tensile}$의 1/2~2/3 정도를 사용한다. 이 사례에서는 1/2을 사용하였다.

$\varepsilon_{Dynamic}$만큼 추가로 늘어나게 되며, 이로 인하여 원래 ε_F만큼 압축되었던 누름소재는 $\varepsilon_F - \varepsilon_{Dynamic}$만큼으로 변형률이 감소하게 된다. 만일 $(\varepsilon_F - \varepsilon_{Dynamic}) < 0$이 된다면 판재를 누르는 예하중이 상실되므로, 볼트는 풀려버리게 된다.

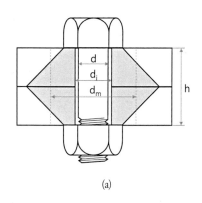

(a)

항목	볼트	누름소재
단면적	$A_B = \dfrac{\pi}{4}d_1^2$	$A_F = \dfrac{\pi}{4}(d_m^2 - d_i^2)$
강성	$K_B = \dfrac{A_B E}{h}$	$K_F = \dfrac{A_F E}{h}$
작용력	$F_{BT} = F_B + F_{Dynamic}$	$F_{FT} = F_F - K_F\varepsilon_{Dynamic}$
변형률	$\varepsilon_{BT} = \dfrac{F_B}{K_B} + \varepsilon_{Dynamic}$	$\varepsilon_F = \dfrac{F_B}{K_F} - \varepsilon_{Dynamic}$

(b)

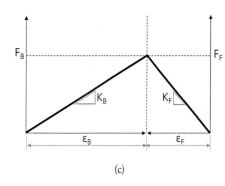

(c)

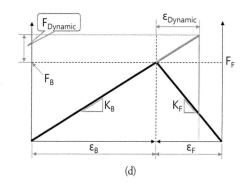

(d)

그림 4.13 볼트와 누름소재 사이의 하중-변형선도

그림 4.14에서는 10.9등급 M10 볼트를 사용하여 동적 내압이 가해지는 압력용기의 플랜지 볼트조인트를 설계한 사례를 보여주고 있다. 내압이 부가되는 강철소재($E = 21,000[\text{kgf/mm}^2]$) 플랜지의 내경은 300[mm]이며, 외경은 350[mm]이고 30개의 강철소재($E = 21,000[\text{kgf/mm}^2]$) M10 볼트들을 사용하여 $F_B = 344.5[\text{kgf}]$의 예하중으로 조립하였다. 이 압력용기에 내압이 $P_i = 10[\text{kgf/cm}^2]$만큼 가해지는 경우에, 볼트조인트는 안전성을 평가해보기로 하자.

내압 $10[\text{kgf/cm}^2] = 0.1[\text{kgf/mm}^2]$이며, 압력이 부가되는 면적 $A = \dfrac{\pi}{4} \times 300^2$이므로 압력용기의 내압이 볼트 하나에 가해지는 힘은 다음과 같이 계산할 수 있다.

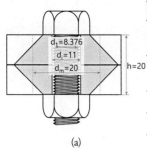

항목	볼트	누름소재
단면적	$A_B = \frac{\pi}{4} \times 8.376^2 = 55.1$	$A_F = \frac{\pi}{4}(20^2 - 11^2) = 219.1$
강성	$K_B = \frac{55.1 \times 21,000}{20} = 57,856$	$K_F = \frac{219.1 \times 21,000}{20} = 230,082$
작용력	$F_{BT} = 344.5 + 235.6 = 580.1$	$F_{FT} = 344.5 - 230,082 \times 0.0041 < 0$
변형률	$\varepsilon_{BT} = 0.006 + 0.0041 = 0.0101$	$\varepsilon_{FT} = 0.0015 - 0.0041 < 0$

(a)   (b)

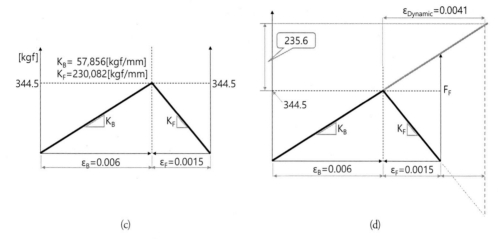

(c)   (d)

그림 4.14 압력용기 플랜지의 볼트조인트 설계사례

$$F_{Dynamic} = \frac{1}{30} \times \frac{\pi}{4} D_i^2 \times P_i = \frac{1}{30} \times \frac{\pi}{4} \times 300^2 \times 0.1 = 235.6 \, [\mathrm{kgf}]$$

이 힘을 **그림 4.14** (c)의 평형상태에 추가하면 **그림 4.14** (d)와 같이 평형점이 오른쪽 위로 이동하게 된다. 이때의 $\varepsilon_{Dynamic} = \frac{235.6}{57856} = 0.0041$ 로서, $\varepsilon_F = F_B / K_F - \varepsilon_{Dynamic} < 0$ 이므로, 압력용기에 내압이 가해지면 볼트의 조립 예하중이 상실되어 볼트가 풀려버리며, 압력은 파열된다.

이 문제를 해결하기 위해서 볼트의 조임 토크를 높여서 $F_B = \frac{2}{3} \times 689 = 516.75 \, [\mathrm{kgf}]$ 로 증가시킨다면 내압 작용 시에 볼트의 인장응력은

$$F_{BT} = F_B + F_{Dynamic} = 516.75 + 235.6 = 752.35 > 689 \, [\mathrm{kgf}]$$

가 되어버리며, 10.9등급 M10 볼트의 동하중에 대한 허용인장력을 넘어서게 된다. 이로 인하여 파손에 대한 볼트의 안전성을 보장할 수 없게 된다. 이 문제의 해결방법은 체결볼트의 숫자를 늘리는 것이지 결코 조임토크를 증가시키는 것이 아님을 명심하여야 한다.

4.3.2 나사산의 하중분포

생-브낭의 원리에 따르면 힘은 최단경로를 따라서 전달된다. 볼트 체결구조에서 나사산이 전달하는 작용력의 비율도 이로 인하여 심함 편중이 발생하게 된다. **그림 4.15**에 도시되어 있는 볼트 체결구조에서 볼트가 아래쪽으로 당겨지고 있다면, 체결나사의 첫 번째 산이 전체 작용력의 약 1/3을 지지하고 두 번째 나사산은 전체 하중의 약 1/4를 지지한다는 것을 알 수 있다. 따라서 일반적인 나사결합체에 과도한 하중이 부가되면, 첫 나사산 주변에서 파손이 일어나기 쉽다.

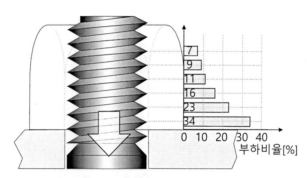

그림 4.15 볼트의 나사산에 부가되는 작용력의 비율

나사산의 앞쪽에서 집중되는 하중분포상태를 분산시키면 볼트의 파손을 방지할 수 있다. **그림 4.16**에서는 **나사산의 하중분포**를 분산시키기 위한 두 가지 방법들이 제시되어 있다. 강철소재 너트를 사용하는 경우에는 **그림 4.16** (a)에 도시된 것처럼 너트의 안쪽 살을 파내서 나사산을 지지하는 너트부의 단면적을 줄여주면 앞쪽에 위치한 나사산들의 강성이 감소하여 조임력이 부가되면 쉽게 변형되면서 하중집중이 줄어든다. **그림 4.16** (b)에 도시된 것처럼 알루미늄과 같은 저강성 소재의 얇은벽 너트를 사용하여도 조임력이 부가되었을 때에 쉽게 변형되면서 앞쪽 나사들의 하중집중률이 감소하게 된다.

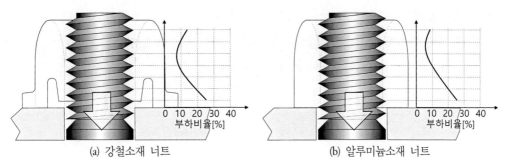

(a) 강철소재 너트　　　　　　　　　　　　(b) 알루미늄소재 너트

그림 4.16 나사산에 부가되는 작용력 분포의 개선

그림 4.17에서는 유압실린더를 사용한 당김기구에서 발생한 넥 파손사례를 보여주고 있다. 물체를 고압으로 압착하기 위해서 판재를 아래쪽으로 잡아당기는 형태의 유압기구가 사용되고 있다. 그런데 사용과정에서 피스톤로드에 가해지는 강한 인장력 때문에 나사부가 시작되는 넥 부분의 파손이 발생하였다. 이는 첫 나사산에 응력이 집중되어 발생한 문제임이 명확했으므로, **그림 4.17** (b)에서와 같이 플랜지의 경계부 허리를 잘록하게 만드는 응력분산형상을 제안하였다. 유한요소해석결과 이를 통해서 넥 부분의 응력을 크게 절감할 수 있다는 것이 판명되었다.13

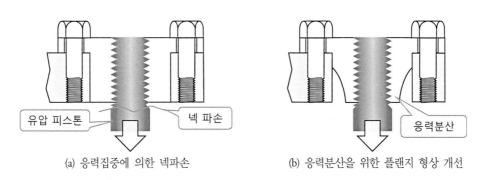

유압 피스톤　　　　　넥 파손　　　　　　　　　　　　　　　　　응력분산

(a) 응력집중에 의한 넥파손　　　　　　(b) 응력분산을 위한 플랜지 형상 개선

그림 4.17 응력집중에 의해서 넥부위가 파손된 유압실린더 로드의 사례

그림 4.18에서는 일반적으로 많이 사용되는 소형 기어를 보여주고 있다. 무엇이 문제일까? 사진 속의 탭 부분을 살펴보면 보스부에 4주기 정도의 나사산이 성형되어 있다는 것을 알 수 있다. 축에 기어를 끼우고 무두볼트를 조이면 처음에는 기어가 축에 고정된다. 하지만 한 번 분해했다

---

13 실제로는 저자가 제시한 공학적 해결책을 무시하고, 가공비가 매우 비싸며 조립은 되지만 분해가 되지 않는 어이없는 비공학적인 설계가 적용되었다.

다시 조립하면 볼트가 헛돌면서 더 이상 조여지지 않게 된다. 그 이유는 앞서 설명했듯이 조임력의 대부분이 안쪽의 두 나사산에 집중되어 나사산을 소성변형시키며, 한 번 분해했다 다시 조립할 때에는 나머지 두 나사산마저 변형되기 때문이다. 따라서 올바른 설계는 탭이 성형될 보스부의 허리를 되도록 두껍게 만들어 성형되는 나사산의 숫자를 최대한 늘리는 것이다.

그림 4.18 소형기어 고정을 위해 보스부에 성형된 나사산의 사례

볼트를 사용하여 기계(부품)를 조립하는 경우에 기계(부품)에 탭을 성형한다. 이 경우에 올바른 탭 성형깊이는 볼트와 너트(또는 탭이 성형된 부품)의 소재에 따라서 달라진다. 일반적으로 볼트와 너트가 동일한 소재이면 탭 성형깊이(H)를 볼트의 직경(d)과 같게 만든다(H=d). 만일 너트가 볼트보다 약한 소재라면 탭 성형깊이를 볼트직경의 1.5배에서 2배 정도로 만든다(H=1.5~2d). 하지만 앞에서 설명한 것처럼, 볼트를 한 번 조였다 분해하면 첫 번째 두 나사산이 변형되어 더 이상 역할을 못하며, 분해와 조립이 반복될수록 변형되는 나사산의 숫자가 많아지게 된다. 이 때문에, 자주 분해, 조립하는 부위의 탭은 나사 직경의 2배 이상으로 설계해야 한다(H>2d).[14]

표 4.5에서는 미터보통나사의 등급별 한계 조임토크를 제시하고 있다. 10.9등급 M10 볼트의 사례를 사용하여 이 표에 제시된 한계토크의 의미를 살펴보기로 하자. 표에서 10.9등급 M10 볼트의 한계토크를 찾아보면 $T=81.8[\text{Nm}]=8,338[\text{kgfmm}]$임을 알 수 있다. 기계설계학[15]에서 제시되어 있는 볼트 조임식으로부터 토크와 축력 사이의 상관관계식을 찾아보면,

---

14 이는 매우 대략적인 경험값일 뿐이다. 보다 정량적인 탭 깊이 결정방법에 대해서는 기계설계학을 참조하기 바란다.
15 정선모, 한동철, 장인배, 표준기계설계학, 동명사, 2015.

$$T = \frac{F_B}{\eta} \frac{p + \mu\pi d_2}{\pi d_2 - \mu p} \times \frac{d_2}{2}$$

이므로, 볼트에 작용하는 축방향 작용력을 구해보면,

$$F_B = T \times \eta \times \frac{\pi d_2 - \mu p}{p + \mu\pi d_2} \times \frac{2}{d_2}$$

이며, 여기서 M10 나사의 피치원직경 $d_2 = (d + d_1)/2 = (10 + 8.376)/2 = 9.188$[mm]이며, 피치 $p = 1.5$[mm], $\eta = 0.49$는 삼각나사의 조임효율, 윤활상태에서의 마찰계수 $\mu = 0.13$으로 놓고 위 식을 풀어보면,

$$F_B = 8,338 \times 0.49 \times \frac{\pi \times 9.188 - 0.13 \times 1.5}{1.5 + 0.13 \times \pi \times 9.188} \times \frac{2}{9.188} = 4,854 [\mathrm{kgf}]$$

이는 **표 4.3**에 제시되어 있는 10.9등급 M10 나사의 한계인장하중에 해당하는 값임을 알 수 있다. 이 표에 제시되어 있는 한계토크는 안전계수가 전혀 고려되지 않은 토크값이며, 심지어는 나사의 조임효율($\eta = 0.49$)까지 고려하여 결정된 값이다. 따라서 나사의 실제 조임토크는 **표 4.5**에 제시되어 있는 한계토크를 안전계수로 나눈 값을 기준으로 하여 4.3.1절에서 설명한 하중-변형선도를 고려하여 결정하여야 한다.

불행히도 **표 4.5**의 일반 명칭은 미터보통나사의 허용토크이다. 명칭에 허용이라는 단어가 들어있다 보니 현장에서는 이를 허용값으로 받아들여서 실제로 이 토크로 부품을 조립한다. 이런 오해를 방지하기 위해서 저자는 이 표의 명칭에 **한계토크**라는 용어를 사용하였다. 현장의 조립부서에서는 볼트의 풀림을 가장 큰 불량으로 생각하기 때문에 볼트 조립 시에 **표 4.5**의 한계토크까지 조이려는 경향이 있다. 저자가 기업 자문과정에서 경험한 볼트 파손사고의 상당 부분이 과도한 조임토크에 의한 것으로 추정되기에, 조립부서에 이 조임토크를 절반 이하로 낮추도록 권고하였으나, 볼트풀림 발생 시의 책임소재를 물으며 강하게 반발하는 것을 경험하였다. 볼트의 풀림이 염려되면 록타이트™를 사용하여야 한다. 조임토크는 예하중을 부가하기 위한 목적으로 결정하

는 값이지 결코 풀림방지를 목적으로 한계토크값을 사용해서는 안 된다.

표 4.5 미터보통나사의 한계조임토크[16]

크기	8.8등급		9.8등급		10.9등급		12.9등급	
단위	N·m	kgf·mm	N·m	kgf·mm	N·m	kgf·mm	N·m	kgf·mm
M5	7.0	714	7.8	795	10.0	1,019	11.7	1,193
M6	11.8	1,203	13.3	1,356	17.0	1,733	19.9	2,029
M8	28.8	2,936	32.3	3,293	41.3	4,210	48.3	4,924
M10	57.3	5,841	64.1	6,534	81.8	8,338	95.7	9,755
M12	99.8	10,173	111.8	11,397	142.8	14,557	166.9	17,013
M16	247.5	25,229	277.4	28,277	353.6	36,045	413.4	42,141
M20	499.8	50,948	N/A	N/A	690.2	70,357	809.2	82,487
M24	865.0	88,175	N/A	N/A	1,195.4	121,855	1,395.3	142,232
M30	1,718.7	175,199	N/A	N/A	2,376.6	242,263	2,774.4	282,813

4.3.3 피로한도

볼트조인트에 동하중이 부가되면, 동하중의 크기와 유형에 따라서 피로파괴가 일어날 우려가 있다. **표 4.6**에서는 일반적으로 사용되는 탄소강의 양진피로한도(σ_f), 항복응력(σ_Y) 그리고 한계응력값(σ_u)들을 제시하고 있다. 볼트조인트의 피로파괴 발생 여부를 판단하기 위해서는 **표 4.6**에 제시된 데이터를 사용하여 **그림 4.19**과 같은 **피로한도선도**를 그려봐야만 한다.

표 4.6 탄소강의 응력특성(단위: kgf/mm²)

소재의 유형	양진피로한도(σ_f)	항복응력(σ_Y)	한계인장응력(σ_u)
SM15C	16~24	22~32	>38
SM25C	17~25	22~35	>45
SM35C	20~30	23~38	>52
SM45C	22~30	31~44	>58
SM55C	23~30	32~47	>66
SCM435	31	72~108	80~120

---

16 원래 용어는 허용토크지만, 해당하중의 부가를 허용한다는 뜻으로 오해하는 경우가 많아서 한계라는 용어로 바꾸었다.

그림 **4.19**에서는 **그림 4.14**에 도시되어 있는 SCM435 소재 10.9등급 M10 볼트조인트에 대한 피로한도 판정사례를 보여주고 있다. 여기서는 동하중을 고려하여 안전계수 $S_f = 8$로 선정하였다. 피로선도는 한계응력①을 수평축 절편으로 사용하고 피로한도③를 수직축 절편으로 사용하는 선분과 항복응력②을 수평축 및 수직축 절편으로 사용하는 두 선분이 서로 겹치는 영역이 피로한도영역이다. 이 그래프에 평균응력과 변동응력에 의한 좌표점 $(\sigma_m, \beta\sigma_r)$을 찍었을 때에 피로한도영역 내에 위치하면 이 조인트는 피로파괴에 대해서 안전하지만, 영역 밖으로 나간다면 피로파괴의 위험이 있는 것이다. 저탄소강 볼트 소재의 노치계수 β는 일반적으로 2~4를 사용하며, 이 사례에서는 $\beta = 3$을 사용하기로 한다. 피로선도에서 가로좌표 σ_m은 다음 식을 사용하여 구할 수 있다.

$$\sigma_m = \frac{\sigma_0 + \sigma_d}{2} = \frac{6.25 + 4.28}{2} = 5.625$$

그리고 세로좌표인 $\beta\sigma_r$은 다음 식을 사용하여 구할 수 있다.

$$\beta\sigma_r = \beta\frac{\sigma_d - \sigma_0}{2} = 3 \times \frac{4.28 - 6.25}{2} < 0$$

따라서 $(\sigma_m, \beta\sigma_r)$ 좌표값은 (5.625, 0)이며, **그림 4.19**에서는 이 위치를 ☆로 표기하여놓았다. 그림에서 ☆표의 위치는 피로한도영역 내에 위치하므로 이 볼트조인트는 피로파괴에 대해서 안전하다는 것을 확인할 수 있다.

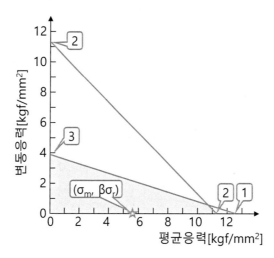

항목	공칭값	적용값	평균하중	$F_B = 344.5\,[\mathrm{kgf}]$
한계응력	$\sigma_u = 100$	① $\sigma_u/S_f = 12.5$	평균응력	$\sigma_0 = F_B/A = 6.25$
항복응력	$\sigma_Y = 90$	② $\sigma_Y/S_f = 11.25$	변동하중	$F_{Dynamic} = 235.6$
피로한도	$\sigma_f = 31$	③ $\sigma_f/S_f = 3.875$	변동응력	$\sigma_d = F_{Dynamic}/A = 4.28$

그림 4.19 그림 4.14에 도시된 SCM435 소재 10.9등급 M10 볼트조인트에 대한 피로한도 판정사례

4.3.4 충격하중

볼트조인트에 **충격하중**이 가해지면 충격에너지가 볼트의 탄성에너지로 전환된다. 볼트가 이 탄성에너지를 흡수할 여력이 있으면 충격하중에 견디지만, 그렇지 못하다면 볼트가 파손되어버린다. 따라서 충격하중을 받는 볼트조인트의 경우에는 탄성에너지 흡수능력이 큰 형태로 볼트조인트를 설계하여야 한다.

볼트와 같은 봉재에 인장력 $F_{tensile}$을 가하여 봉재의 길이가 δ만큼 늘어나면, 이 봉재가 탄성에너지로 저장하는 에너지의 양은

$$E = \frac{1}{2} K_{tensile} \delta^2$$

이다. 여기서 봉재의 강성은

$$K_{tensile} = \frac{AE}{h} = \left(\frac{\pi}{4}d_1^2\right) \times \frac{E}{h}$$

와 같이 주어진다. 여기서 d_1은 나사의 골지름 , 또는 허리부의 직경이며, h는 볼트 몸통부의 길이다.

4.3.1절에서 사례로 사용되었던 SCM435 소재의 10.9등급 M10 볼트의 사례를 사용하여 일반볼트와 넥다운 볼트의 충격흡수 능력에 대해서 살펴보기로 한다.

그림 4.20 (a)에서는 몸통 전체에 나사산이 성형되어 있는 일반적인 M10 볼트를 344.5[kgf]의 축력이 작용하도록 조인 후에 이 조인트에 추가적으로 235.6[kgf]의 충격하중이 부가된 경우에 이 볼트가 흡수하는 에너지의 양을 보여주고 있다. 이 볼트가 흡수하는 에너지는 중간의 그래프에서 음영 처리된 단면적으로서, $E_B = 1.899$[kgfmm]임을 알 수 있다.[17] **그림 4.20** (b)에서는 소위 **넥다운 볼트**라고 부르는 허리가 잘록한 충격흡수용 볼트의 단면을 보여주고 있다. 허리부의 직경 $d_1 = $

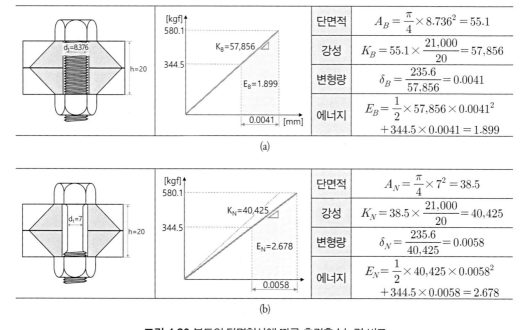

(a)

(b)

그림 4.20 볼트의 단면형상에 따른 충격흡수능력 비교

---

17 ×0.00981을 하면 Joule로 변환된다.

7[mm]인 넥다운 볼트를 사용한 경우에 대해서 동일한 축력이 작용하도록 조인 후에 동일한 충격하중을 부가한 경우에 이 볼트에 흡수된 에너지를 계산해보면, $E_N = 2.678$[kgfmm]로서 무려 41%나 더 많은 충격 에너지를 흡수한다는 것을 알 수 있다.

즉, 강성이 작은 볼트가 강성이 큰 볼트에 비하여 동일한 외력에 대한 흡수에너지가 더 크다는 것을 알 수 있다. 따라서 일정한 충격에너지가 작용하는 시스템의 경우에 강성이 작은 볼트가 강성이 큰 볼트보다 파손에 대해서 더 안전하다. 하지만 현장에서 볼트가 파손되면 무조건 더 강한 볼트를 사용하려는 경향이 있다. 이로 인해서 파손문제는 더 심각해진다.

정하중에 의하여 볼트 파손이 발생한다면 사용하는 볼트의 숫자를 늘려야 하고, 동하중에 의한 볼트가 파손된다면 조임 토크를 검토해봐야 하듯이 충격하중에 의하여 볼트가 파손된다면 저강성 볼트를 사용하는 것이 정석이다. 다시 말하면, 충격하중이 가해지는 부위의 볼트조인트에는 직경이 작은(강성이 작은) 볼트를 다수 사용하는 것이 직경이 큰(강성이 큰) 볼트를 소수 사용하는 것보다 안전하다는 뜻이다.

4.3.5 정위치예압과 정압예압

볼트조인트는 나사의 조임작용을 통해서 누름판에 예하중을 부가하는 장치이며, 4.3.1절에서 살펴보았듯이, 이 과정에서 볼트와 누름판은 탄성체처럼 거동한다. 그런데 볼트의 강성이 매우 강하기 때문에, 필요한 예압을 부가하기 위하여 정확한 조임각도를 맞추는 것은 매우 어려운 일이다. **그림 4.21**에는 **정위치예압**과 **정압예압**의 등가 스프링모델이 제시되어 있다. 이를 통해서 볼트조인트에 정압예압을 부가할 때에 발생하는 문제점을 살펴보고 정압예압의 효용성에 대해서도 논의하기로 한다.

4.3.1절의 사례에서와 같이, SCM435 소재로 만든 10.9등급 M10 볼트로 20[mm] 두께의 판재를 고정하는 경우, 정위치예압 방식으로 누름판에 $F_B = 344.5$[kgf]의 예하중을 부가하려면 볼트를 예하중 없이 판재에 밀착시킨 상태에서 몇 도나 더 돌려야 하는가? 4.3.1절의 사례에 따르면 볼트에 $F_B = 344.5$[kgf]의 예하중을 가했을 때의 변형률 $\varepsilon_B = 0.006$이므로, $\delta_B = h \times \varepsilon_B = 20 \times 0.006 = 0.12$[mm]이다. M10 미터 보통나사의 피치는 1.5[mm]이므로 비례식($1.5 : 360° = 0.12 : x°$)을 사용하여 계산해보면, 0.12[mm]만큼 나사를 인장시키기 위해서는 볼트를 밀착상태에서 약 29°를 더 돌려야 한다. 그런데 문제는 밀착상태가 정확히 어느 위치인지 파악하기 어려우며, 조임각도 변화

에 따른 예하중 변화가 매우 크기 때문에 조임토크를 각도로 정확히 조절하는 것은 매우 어려운 일이다. 또한 온도변화로 인하여 열팽창(또는 수축)이 발생하면 예압하중이 크게 증가하거나, 예압하중이 없어질 수도 있다.

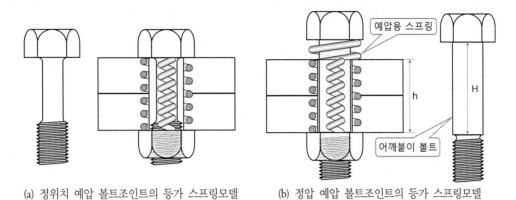

(a) 정위치 예압 볼트조인트의 등가 스프링모델   (b) 정압 예압 볼트조인트의 등가 스프링모델

그림 4.21 정위치 예압과 정압예압의 개념도

지금부터는 정압예압을 부가하기 위해서 누름판을 어깨붙이 볼트와 예압용 (접시18)스프링을 사용하여 조이는 방법에 대해서 살펴보기로 하자. **그림 4.22**에서는 정압예압을 부가하기 위해서 사용할 접시스프링의 제원을 보여주고 있다.

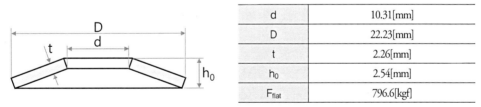

d	10.31[mm]
D	22.23[mm]
t	2.26[mm]
h_0	2.54[mm]
F_{flat}	796.6[kgf]

그림 4.22 접시스프링의 제원

이 접시스프링은 최대압축($\delta_{max} = h_0 - t = 2.54 - 2.26 = 0.28$[mm])되었을 때의 누름력 $F_{flat} = 796.6$[kgf]이다. 따라서 필요한 예하중인 344.5[kgf]를 부가하기 위한 접시스프링 누름량 δ는 다음의 식을 사용하여 구할 수 있다.

---

18   belleville spring.

$$\delta = F_B \times \frac{h_0 - t}{F_{flat}} = 344.5 \times \frac{0.28}{796.6} = 0.121 \, [\text{mm}]$$

그러므로 두께 $h_0 = 2.54[\text{mm}]$인 접시스프링을 $h = 2.54 - 0.121 = 2.419[\text{mm}]$가 되도록 누르면 필요한 누름력이 부가된다. 따라서 20[mm] 두께의 누름판을 누르기 위해서는 $H = 20 + 2.419[\text{mm}]$ 길이의 어깨붙이볼트를 사용하면 된다. 하지만 상용 어깨붙이볼트의 어깨길이는 0.1[mm] 단위로 생산된다.[19] 따라서 실제로는 몸통길이가 22.4[mm]인 어깨붙이볼트가 사용될 것이다. 이로 인하여 실제로 부가되는 누름력은 다음 식을 사용하여 계산할 수 있다.

$$F = (h_0 - 2.4) \times \frac{F_{flat}}{h_0 - t} = 0.14 \times \frac{796.6}{0.28} = 398.3 \, [\text{kgf}]$$

이는 설계값인 344.5[kgf]에 비해서 약 16% 더 큰 값이다. 하지만 볼트 조임기구에서 이 정도의 오차는 충분히 수용이 가능하다. 정압 예압방법에서는 볼트의 조립토크와 판재 누름압력 사이의 기능이 분리되어 있다. 따라서 어깨붙이볼트가 풀리지 않게 접착제를 발라서 조여주는 것만으로도 정확한 예압을 부가할 수 있다. 정압예압 구조는 충격이나 열팽창에 의해서 볼트가 파손되는 것을 막아준다. 하지만 접시스프링의 강성은 볼트강성에 비해서 약 100배 더 작기 때문에 볼트조인트의 고유주파수를 크게 낮추는 문제가 있다. 따라서 진동하는 동적 시스템에 정압예압을 사용할 때에는 동특성에 대한 세심한 검토가 필요하다.

그림 4.23에서는 알루미늄 소재의 진공챔버 플랜지 고정기구에서 발생한 볼트파손 사례를 보여주고 있다. 하우징으로 사용된 A6062 소재의 열팽창계수 $\alpha_{A6062} = 23.6[\text{mum/m}^\circ\text{C}]$이며, 플랜지의 두께는 50[mm]였다. 이 하우징을 고정하는 볼트로 사용된 STS304 소재의 열팽창계수 $\alpha_{STS304} = 17.2[\mu\text{m/m}^\circ\text{C}]$였다.[20] 이 하우징은 주기적으로 상온에서 150[℃] 사이를 오갔으며, 이 과정에서 볼트의 풀림이나 볼트파손이 반복되었다. 상온(23[℃])과 고온(150[℃]) 사이에서 두 소재의 열팽창 길이 차이는 다음 식을 사용하여 계산할 수 있다.

---

19 kr.misumi-ec.com 참조.
20 표 1.9 참조.

$$\Delta L = L(\alpha_{A6062} - \alpha_{STS304})\Delta T$$
$$= 0.05 \times (23.6 \times 10^{-6} - 17.2 \times 10^{-6}) \times (150 - 23)$$
$$= 40.6 \times 10^{-6} [\mu m]$$

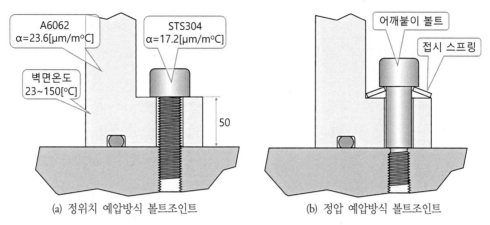

(a) 정위치 예압방식 볼트조인트   (b) 정압 예압방식 볼트조인트

그림 4.23 알루미늄 소재 진공 챔버의 온도상승에 다른 볼트 파손문제와 정압예압 체결기구 적용방안

이를 변형률로 환산해보면 다음과 같다.

$$\varepsilon_{Dynamic} = \frac{\Delta L}{L} = \frac{40.6 \times 10^{-6}}{50 \times 10^{-3}} = 0.0008$$

만일 볼트를 한계인장하중에 근접하게 조였다면, 4.3.1절에서 설명한 하중-변형선도상에서 열팽창률 차이로 인해 추가된 $\varepsilon_{Dynamic} = 0.0008$의 변형률에 의해서 볼트의 취약한 응력집중 부위가 소성변형을 일으켜서 변형되거나(볼트풀림) 한계하중을 넘어섰을(볼트파손) 것이다. 이를 해결하는 가장 단순한 방법은 조임토크를 줄여서 하중-변형선도상에서 볼트가 수용할 수 있는 열팽창 마진을 넓히는 것이다. 하지만 볼트 조임토크의 불확실성 때문에 정위치 예압방식으로는 볼트풀림 문제까지 완벽하게 해결할 수는 없다. **그림 4.23** (b)에서와 같이 어깨붙이볼트와 접시스프링을 사용하여 정압예압 누름기구를 구현하면 열팽창에 따른 길이변화의 수용(접시스프링)과 조임토크의 유지(어깨붙이볼트) 사이에는 기능이 완전히 분리되어 더 이상 온도변화에 의한 플랜지 볼트의 풀림이나 파손은 발생하지 않는다.

4.4 볼트의 조임과 풀림

볼트조인트의 고질적인 문제는 **볼트풀림**을 방지하는 완벽한 방법이 없다는 것이다. 올바르게 설계된 볼트조인트라도 가공과정, 조립과정 및 사용과정에서 일어나는 다양한 문제들 때문에 풀리거나 파손되어버린다. 이로 인하여 인명의 손실과 재산의 손실이 발생할 수 있기 때문에, 볼트조인트의 설계도 중요하지만, 조립 또는 설치행위와 관련되어서도 매우 세심한 고려가 필요하다.

볼트조인트의 신뢰성은 조립과정에 심하게 의존한다. 예를 들어, LM 가이드용 레일의 조립작업은 다음의 순서로 진행된다. ① 오일스톤을 사용하여 레일이 안착될 표면과 탭 부위의 거스러미를 문질러 제거하고, ② 안착할 표면의 이물질을 닦아낸 이후에, ③ LM 레일을 안착시키고 레일을 폭방향으로 문질러서 레일과 고정면 사이에 끼인 이물질을 밀어내고, ④ 볼트를 중앙에서 좌우로 교차하여 가볍게 조인 다음에 ⑤ 고무망치를 사용하여 볼트 헤드를 두드려 마찰에 의한 끼임을 풀어주고, ⑥ 2차로 볼트를 순서에 따라 조이며, ⑦ 다시 고무망치로 볼트 헤드를 두드려 마찰에 의한 끼임을 풀어주고 나서, ⑧ 토크렌치를 사용하여 마지막으로 볼트들을 동일한 토크로 조이고, ⑨ 볼트헤드에 아이마킹을 시행한다. 볼트 조임과정과 병행하여 레일 정렬측정은 반복하여 수행된다. 이는 매우 번거롭고 시간이 많이 걸리는 지루한 작업이다. 하지만 일단 조립이 끝나고 나면 결과물은 아무렇게나 조립한 안내면과 외형상 아무런 차이가 없기 때문에, 볼트조임과 관련된 검수는 토크렌치를 사용한 조임토크 검사와 볼트 머리와 와셔 및 하우징을 잇는 직선을 그리는 아이마킹을 시행한 이후에 이 마킹의 정렬이 틀어졌는지를 육안으로 검사하는 방법 이외에는 별다른 방법이 없는 실정이다. 문제는 볼트조인트가 즉시 문제를 일으키지 않는다는 것이다. 올바른 조립순서를 무시하고 조립한 기구라고 하여도 몇 달에서 몇 년 이상 작동할 수 있으며, 다만 정상 조립된 기구에 비해서 풀림이나 파손의 확률이 높아질 뿐이다.

그림 4.24에서는 볼트 풀림의 원인과 발생비율을 보여주고 있다. 이에 따르면, 조립지침을 따르는 작업자의 성실성이 볼트조인트의 신뢰성에 절대적인 영향을 끼친다는 것을 알 수 있다. 올바르게 설계된 기구가 조립 잘못 때문에 풀리거나 파손되는 경우를 매우 자주 접한다. 이 절에서는 볼트조립의 기본 원칙과 올바른 조임순서, 정확한 체결토크 부가방법 등에 대해서 살펴보며, 볼트의 파손과 풀림문제와 풀림방지 와셔의 효용성에 대한 논의로 마무리하겠다.

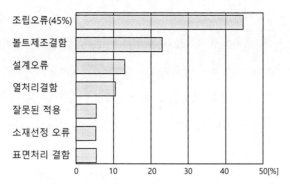

그림 4.24 볼트조인트의 파손과 풀림에 대한 원인별 발생비율[21]

4.4.1 볼트의 설치

평면에 드릴링으로 구멍을 뚫고 태핑으로 나사산을 성형하면 구멍 주변에 수십[μm] 높이의 융기부가 형성된다. 이 융기부를 눈으로는 확인할 수 없지만, **오일스톤**이라고 부르는 표면 다듬질용 막대형 숫돌을 사용하여 표면을 문지르면 구멍 주변의 융기부들이 갈려나간 모습을 확인할 수 있다. 만일 이런 융기부들을 제거하지 않고 그냥 누름판을 얹은 후에 볼트를 조인다면 이 융기부의 좁은 면적이 누름판과 바닥판 사이의 계면을 형성하며, 외부 충격 등에 의해서 이 융기부가 변형되면 볼트가 풀려버린다. 따라서 볼트 설치의 첫 번째 순서는 볼트조인트가 맞닿을 계면과 볼트구멍 주변의 거스러미와 융기부들을 제거하는 것이다. **그림 4.25**에서는 표면 다듬질용 막대형 숫돌들의 사례를 보여주고 있다.

그림 4.25 표면 다듬질용 숫돌들의 사례[22](컬러 도판 p.752 참조)

21 SKF, Bolt-tightening Handbook, Catalogue No. TSI 1101 AE, 2001.

22 www.falcontool.com

볼트 조임과정은 마찰과의 싸움이다. 암나사와 수나사 사이의 좁고 긴 나선형 접촉면과 볼트머리와 누름판 사이의 링형 접촉면에서 일어나는 마찰과 국부적인 끼임에 의해서 볼트 체결력은 크게 변한다. 마찰에 의한 조임토크의 불확실성을 줄이기 위해서는 탭 구멍 속에 남아 있는 이물질을 완전히 제거해야 하며, 나사산 표면을 윤활시켜야 한다. 록타이트^{TM}와 같은 혐기성 실란트는 굳기 전의 액체상태에서는 윤활제로 작용하며, 다 조여진 이후에 기체와의 접촉이 차단되면 경화되어 접착제처럼 작용한다.

볼트 조임과정에서 윤활유를 사용한다고 하여도 눌림자국과 같은 국부적인 형상결함에 의한 끼임은 막을 수 없다. 이런 경우에는 타격으로 응력이 집중된 끼임위치를 소성변형시켜야 한다. 이런 목적으로 공압식이나 전기식 충격렌치가 사용되지만, LM 레일의 조립과 같은 정밀부품의 조립에는 충격렌치 대신에 연질의 고무망치나 경질의 우레탄 망치를 사용하여 볼트 헤드를 두드려서 끼임을 풀어줘야 한다.

그림 4.26에서는 과도한 토크로 조여서 배나옴 변형이 발생한 LM 레일의 사례를 과장하여 도시하고 있다. 정밀 직선안내기구에 자주 사용되는 LM 가이드에서 LM 레일은 안내 기준면의 역할을 하는데, 조립의 편이성과 점유공간 최소화를 위해서 LM 레일의 중앙에 볼트 조임구멍을 성형해놓았다. LM 레일을 약하게 고정시켜놓으면 작동 중 마이크로슬립에 의해서 위치가 변할 우려가 있다. 반면에 너무 세게 조여 놓으면 배나옴이 발생하여 작동 중 걸림현상에 의한 운동의 정체가 발생할 우려가 있다. 따라서 LM 레일의 조립에는 토크조절이 불확실한 충격렌치를 사용해서는 안 되며, 앞서 열거한 9단계의 조립순서를 철저하게 준수하여야만 한다.

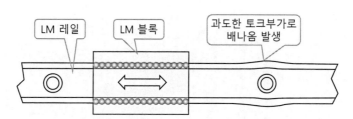

그림 4.26 과도한 토크로 조여서 배나옴이 발생한 LM 레일의 사례

볼트의 풀림을 방지하기 위해서는 볼트 체결 시에는 다음 사항들 중 하나를 사용하여야 한다.

• 록타이트^{TM}와 같은 윤활-접착제를 사용한다.

- 항복점 이상까지 볼트를 조인다.
- 볼트헤드를 에폭시로 고정한다.
- 잠금볼트나 잠금와셔를 사용한다.

여기서 주의할 점은 항복점 이상까지 볼트를 조이는 경우에는 충격하중에 취약할 수 있으며, 이렇게 조립된 기구를 분해하는 경우에는 볼트와 너트를 재사용하면 안 된다. 톱니형상과 같은 풀림방지 기구가 성형된 잠금볼트나 잠금와셔는 대부분이 계면의 형상결합으로 풀림을 방지하는 방식을 사용하기 때문에 복잡한 계면형상으로 인하여 접촉강성이 감소하게 된다. 이로 인하여 구조물의 조인트 강성이 저하될 우려가 있어서 구조물 조립용 요소로는 적합하지 않다.

4.4.2 올바른 조임순서

볼트를 조일 때에는 볼트 머리와 누름판 사이에 마찰력이 토크 형태로 작용하여 누름판을 시계방향으로 회전시키려고 한다. 따라서 볼트를 시계방향 또는 반시계방향으로 순차적으로 조이면 이 회전토크가 점점 증폭되어 누름판의 위치가 틀어져버린다. 볼트머리의 마찰력에 의한 부정렬 발생문제를 완화시키기 위해서는 볼트를 엇갈려 조여야 하며, 한 번에 다 조이지 말고 여러 번에 나누어 조여야 한다.

그림 4.27에서는 원형 플랜지의 볼트조임 순서를 보여주고 있다. 그림에 따르면, 대각선 방향으로 엇갈려 조여서 플랜지가 마찰토크에 의해서 한쪽 방향으로 회전하는 것을 방지한다는 것을 알 수 있다.

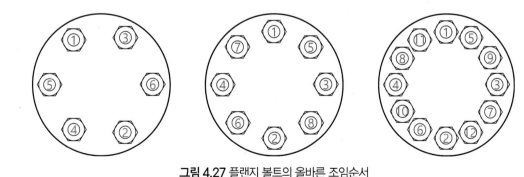

그림 4.27 플랜지 볼트의 올바른 조임순서

그림 4.28에서는 정밀 직선안내기구에 사용되는 LM 가이드의 LM 레일과 LM 블록의 볼트 조임순서를 보여주고 있다. LM 레일의 경우, 볼트를 한쪽 방향으로 순차적으로 조인다면 레일에 부가되는 회전토크가 점점 증가하여 레일이 활처럼 휘어질 우려가 있다. LM 블록의 경우에도 한쪽 블록을 먼저 조인다면 스테이지 상판이 회전하여 기준면 정렬이 틀어질 우려가 있다.

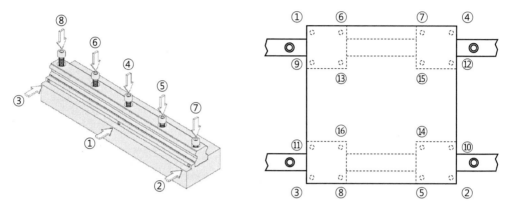

그림 4.28 LM 가이드 고정용 볼트의 올바른 조임순서

　이상에서 살펴본 것처럼, 볼트의 조임순서로 인한 부정렬 발생의 문제를 해소하기 위해서는 볼트 조임방법을 현장의 경험에 의존하지 말고 설계도면에 볼트의 조임 순서와 조임 방법을 세세하게 표기하여야 한다. 이를 통해서 볼트조인트와 조립체의 내구 신뢰성을 높일 수 있다.

4.4.3 정확한 체결토크 부가방법

　4.3.5절에서는 정위치예압방식의 예하중조절의 부정확성에 대해서 설명하였으며, 정확한 예하중을 부가하기 위한 정압예압방법에 대해서도 살펴보았다. 하지만 정압예압방법은 정확한 예하중 부가가 필요한 경우에 제한적으로 사용하는 방법이며, 조립강성이 중요시되는 일반적인 구조물 조립에는 정위치예압방식의 예하중 부가방법을 사용해야만 한다.

　정위치예압으로 볼트를 고정하기 위해서는 우선, 4.3.2절에서 설명했던 토크와 축력 사이의 상관관계식을 사용하여 부가할 예하중을 체결토크로 환산해야 한다.

$$T = \frac{F_B}{\eta} \frac{p + \mu\pi d_2}{\pi d_2 - \mu p} \times \frac{d_2}{2}$$

그런 다음 나사산을 윤활한 상태에서 필요한 토크를 정확히 가해야 한다. 가능하다면 부가된 토크나 볼트의 신장량을 검사하여야 한다. 원자로나 발전소의 보일러와 같은 중요한 체결부위의 경우에는 이런 측정과 검사가 필수적이다. 올바르게 조립된 체결용 볼트들은 자결작용이 있기 때문에 외적인 원인이 없이 스스로 풀리지는 않는다.

정확한 체결토크를 부가하는 방법은 너트회전방법, 토크렌치를 사용하는 방법, 소성변형 와셔를 사용하는 방법, 유압식 장력조절장치를 사용하는 방법 등이 있으며, 특이한 장력조절볼트의 사례도 살펴보기로 한다.

너트회전 방법은 **그림 4.29**에 도시되어 있는 것처럼, 일단 볼트와 너트를 조여서 예하중 없이 판재를 밀착시킨 다음에 아이마킹을 시행하고, 뒤이어서 1/3회전 또는 1/2회전 등 추가로 일정한 각도만큼 더 조여서 조임 각도로 예하중을 부가하는 방법이다. 4.3.5절의 정위치예압에서 이를 통해서 부가되는 예하중의 크기를 산출하는 방법에 대해서는 설명한 바 있다. 하지만 이 방법은 필요한 예하중을 조절하기 어렵고, 판재의 휨이나 가공상태의 부정확 등으로 인하여 두 판재 사이의 계면밀착상태를 확인하기 어렵기 때문에 건물이나 교량과 같은 대형 구조물의 볼트조인트 조립에 국한하여 사용하고 있다.[23]

(a) 판재 밀착상태에서 아이마킹 시행   (b) 1/3회전 너트조임을 시행한 이후의 아이마킹

그림 4.29 너트회전 방법의 아이마킹 사례

---

23 일반 기계에서는 아이마킹을 볼트 조임상태 표시용으로 사용하고 있다. 이런 경우에는 아이마킹의 위치가 정렬을 맞추고 있어야 한다. 이 때문에 너트회전방법에 사용된 정상적인 아이마킹의 각도 어긋남을 너트 풀림으로 오인할 우려가 있으니 이에 주의하여야 한다.

토크렌치는 M30 미만의 볼트의 조임토크를 관리할 수 있는 빠르고 손쉬운 조임방법이다. 하지만 결합용 나사의 조임효율은 49%에 불과하다. 즉, 나사를 조이기 위해서 부가하는 토크 중에서 단지 49%만이 실제의 장력(예하중)부가에 사용된다. 나머지 힘은 나사산과 탭 그리고 나사머리와 누름판 사이에서 마찰로 소모된다. 따라서 토크렌치를 사용하여 조이기 전에 사전 조임과 고무망치를 사용하여 볼트 머리에 마찰풀림 타격을 두 번 이상 반복하여 시행하여야 한다.

그림 4.30 (a)에서는 전자식 토크렌치를 보여주고 있다. 로드셀이 내장된 전자식 토크렌치는 매우 정밀한 분해능으로 토크값을 표시해주지만, 이 표시값은 로드셀에서 측정된 하중일 뿐이며, 실제 볼트의 축방향 누름력과는 다른 값이므로, 결코 이 표시값에 현혹되어서는 안 된다. **그림 4.30** (b)에 도시된 것처럼 정기적으로 교정한 토크렌치를 사용하여 나사산이 잘 윤활된 조건하에서 조이는 경우의 토크 불확실도는 ±20%에 달한다. 교정되지 않은 토크렌치를 사용하거나 나사산 무윤활 상태에서 토크렌치를 사용하여 조이는 경우의 불확실도는 ±60%에 달한다. 따라서 정기적인 토크렌치 교정과 나사조임 작업 전 나사산의 세척과 윤활이 매우 중요하다는 것을 명심해야 한다.

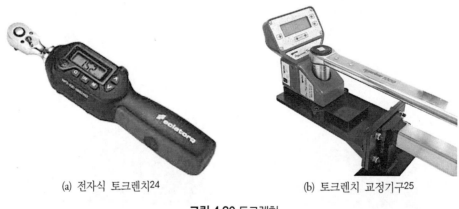

(a) 전자식 토크렌치[24] (b) 토크렌치 교정기구[25]

그림 4.30 토크렌치

그림 4.31 (a)에서는 **소성변형와셔**를 보여주고 있다. 이 와셔는 한쪽에 돌기들이 성형되어 있으며, 반대쪽 홈에는 컬러 실리콘이 매립되어 있다. 이 와셔는 너트측에 설치하여야 하며, 너트를

---

24 www.eclatorq.com
25 www.parla-tech.com

잡고 볼트를 돌려서 조이는 과정에서 와셔가 눌리면서 돌기가 압착되면 **그림 4.31** (b)에서와 같이, 홈 속의 컬러실리콘이 밀려나오게 된다. 따라서 볼트를 조이는 과정에서 와셔 밖으로 컬러 실리콘이 밀려나오면 조임을 멈추면 된다. 이 와셔는 너트회전법의 변형된 형태로서, 볼트와 와셔가 누름판을 밀착 상태에서 일정한 각도로 더 조이면 아이마킹 대신에 매립된 컬러실리콘이 밀려나와 조임상태를 표시하는 방법이다. 하지만 너트회전법과는 달리 실리콘 누출이 조임토크의 하한값 이상이 되었음을 표시해줄 뿐이며, 과도한 토크가 부가되었는지를 확인할 방법은 없다.

(a) 소성변형와셔의 형상　　　　　　　(b) 조임 후 실리콘 누출형상

그림 4.31 소성변형와셔의 사례[26](컬러 도판 p.752 참조)

그림 4.32에서는 **유압식 볼트 장력조절기구**를 보여주고 있다. 그림에서와 같이 볼트를 삽입한 후에 너트를 조여서 누름판을 밀착시킨 상태에서 볼트 위로 돌출된 나사부에 단면적이 A인 유압식 피스톤이 장착된 견인기구를 설치하여 필요한 예하중(F_B)에 해당하는 유압(P_B)을 부가한다. 그러면,

$$F_B = P_B \times A$$

의 관계에 따라서 볼트에 필요한 예압을 정확히 부가할 수 있다. 이로 인하여 볼트가 늘어나면서 미리 조여놓았던 너트는 누름판 위로 들려 올라가버린다. 너트 조임용 수공구를 사용하여 이 볼트를 다시 조여서 누름판에 밀착시킨 다음에 유압을 제거하면 볼트조인트에는 정확한 예하중이 부가된다. 유압식 장력조절기구는 유압공급장치와 배관 등 고가의 복잡한 기구들이 필요하지만, 가장 정확한 볼트 조임방법이다. 이 방법은 원자로나 발전소 보일러와 같이 고온과 고압이 부가

되는 중요 설비의 볼트조인트 조립에 널리 사용되고 있다.

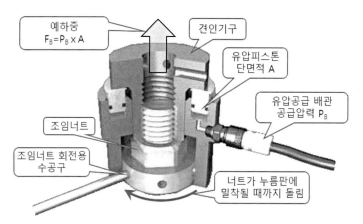

그림 4.32 유압식 볼트 장력조절기구의 사례(컬러 도판 p.752 참조)

그림 **4.33** (a)에 도시된 **장력조절볼트**는 나사의 선단부에 스플라인이 성형되어 있으며, 스플라인과 나사산 사이에 직경이 줄어든 넥이 성형되어 있다. **그림 4.33** (b)에 도시된 전용 공구를 사용하여 스플라인을 고정한 상태에서 너트를 돌리면 일정한 토크에서 넥이 파단되어버린다. 넥의 파단토크는 매우 일정하기 때문에 이 장력조절볼트를 사용하면 조임토크를 일정하게 관리할 수 있다. 다만, 여기서 주의해야 하는 점은 넥 부분에 긁힘이나 녹이 발생한다면 응력집중이 발생하여 정상 조임토크보다 훨씬 작은 토크에서 넥이 파단되기 때문에, 볼트의 세심한 보관, 세척 및 검사가 필요하다.

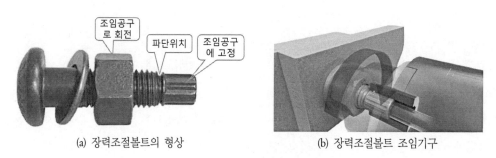

(a) 장력조절볼트의 형상   (b) 장력조절볼트 조임기구

그림 4.33 장력조절볼트의 사례[27]

---

27 www.tcbolts.com

이상에서 살펴본 것처럼, 대부분의 정압 예압식 볼트 조임에서 정확한 체결토크를 부가하기 위해서는 너트부를 회전시키는 방식이 사용되고 있으며, 탭이 성형된 기구물에 볼트를 설치하기 위해서 볼트 헤드를 조일 때에는 토크렌치를 사용하는 방법밖에 없음을 알 수 있다. 따라서 볼트 헤드를 조여서 정확한 체결토크를 부가해야 하는 경우에는 토크렌치를 매일 교정해야 하며, 조립 시 나사산의 세척과 윤활을 철저하게 수행해야만 한다.

4.4.4 볼트조인트의 파손과 풀림

볼트조인트에서 볼트 체결토크에 의해서 누름판과 볼트에 부가되는 예하중이 **그림 4.14**의 사례에서처럼, 외부 작용력에 의해서 상실되면 볼트가 풀려버린다. 일반적으로 볼트조인트에서 볼트가 풀려버리는 이유는 처음부터 조립 예하중이 부족하였거나, 조립계면에 남아 있던 거스러미들이 눌리면서 변형되었거나, 진동 및 전단력에 의해서 마이크로슬립이 발생하는 등의 다양한 이유로 볼트조인트의 예하중이 상실되었기 때문이다. 이와는 반대로 예하중이 너무 커도 볼트가 소성변형이 되어서 볼트가 풀리거나 심각한 경우에는 파손되어버린다. 그러므로 볼트조인트에 부가되는 외력의 종류와 크기를 예상하여 필요한 조립 예하중과 그에 따른 조립 토크를 산출해야 한다.

볼트파손의 형태는 크게 취성파괴, 연성파괴 및 피로파괴로 나눌 수 있다. 이 외에도 골링,[28] 전단파괴, 전해부식 그리고 수소취화[29] 등이 있지만 이 절에서는 다루지 않는다. **그림 4.34**에서는 파괴모드별 볼트의 파손형상을 보여주고 있다.

그림 4.34 볼트의 파괴모드[30]

---

28 galling: 윤활 부족으로 볼트소재가 누름판 구멍에 옮겨 붙는 현상.
29 hydrogen embrittlement: 철강소재 속의 수소에 의하여 생기는 취성.
30 provenproductivity.com/6-types-bolt-failure-prevent/

그림 4.34 (a)에서는 **취성파괴**된 볼트를 보여주고 있다. 인장하중과 직각방향으로 깨지듯이 파단이 발생하였다. 이는 충격하중에 의한 파단일 가능성이 가장 높다. **그림 4.34** (b)에서는 **연성파괴**된 볼트를 보여주고 있다. 파단영역에 소성 변형과 영구변형이 발생하였기 때문에 단면이 늘어나듯이 변형되어 있음을 확인할 수 있다. 이는 과도한 (정)하중이 부가되어 파단되었을 가능성이 높다. **그림 4.34** (c)에서는 **피로파괴**된 볼트의 단면형상을 보여주고 있다. 하단의 짙은 타원형 부위에서 표면 긁힘이나 소재 내에 함유된 이물 등에 의해서 크랙이 발생하여 오랜 기간 동안 서서히 결함이 성장하였기에 계면부식으로 인하여 크랙 부위의 표면변색이 일어났다. 이후에 임계하중을 넘어서면서 급격하게 파단이 진행되어서 나이테 모양의 줄무늬가 생겨났다. 하지만 이 나이테 형상이 생긴 영역은 아주 짧은 시간 동안 파단이 진행된 부위이다. 이처럼 볼트 파단 부위의 형상을 관찰하면 볼트파손의 원인을 추정할 수 있으며, 이를 통해서 대처방법도 달라진다.

그림 4.35 (a)에 도시되어 있는 것처럼, 볼트조인트의 조립과정에서 부정렬이 존재하면 볼트머리 주변에 원주방향으로 균일한 응력을 부가할 수 없다. 이로 인하여 어긋나게 조립된 볼트조인트에 외부진동이 가해지면 정렬상태가 변하면서 순식간에 조립예하중이 없어지므로 볼트조인트가 풀려버린다. 볼트를 세게 조여서 부정렬을 맞출 수는 없다. 이를 해결하려고 부품에 망치질을 하면 볼트에 전단력을 가하여 볼트파손의 원인이 되는 크랙을 생성할 우려가 있다.

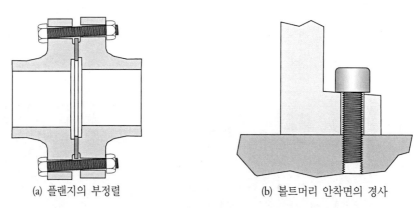

(a) 플랜지의 부정렬   (b) 볼트머리 안착면의 경사

그림 4.35 부정렬과 볼트머리 안착면 경사에 의한 볼트조인트의 풀림

그림 4.35 (b)에 도시되어 있는 것처럼, 볼트 머리가 안착되는 누름판 접촉부가 평면이 아니라면 부정렬의 경우와 마찬가지로 볼트를 아무리 세게 조인다고 하여도 볼트머리 주변에 원주방향으로 균일한 응력을 부가할 수 없다. 이로 인하여 이 볼트조인트는 외부진동에 의하여 즉시 풀려

버린다. 이런 경우에 연질의 와셔를 삽입하면 볼트 조임과정에서 와셔가 변형되면서 경사면 틈새를 메워줄 수 있으며, 이는 완벽하지는 않지만, 볼트 풀림 방지에 도움이 된다.[31]

누름판과 바닥판 사이에 이물질이나 거스러미가 존재하는 경우에도 외부진동에 의해서 이물질의 위치가 이동하면 볼트조인트가 풀려버린다. 결국 볼트조인트의 풀림을 방지하기 위해서는 조립할 바닥소재와 누름소재에 대한 인터페이스 계면의 준비와 관리가 매우 중요하다는 것을 알 수 있다.

4.4.5 이완방지기구의 효용성

결합용 나사는 리드각이 마찰각보다 작게 설계되었기 때문에 체결된 나사가 스스로 풀리지는 않는다. 하지만 진동과 충격이 가해지고 부정렬이나 이물질 등이 존재하면 볼트가 풀려버릴 우려가 있다. 볼트의 풀림이 큰 사고로 이어질 우려가 있는 기구물의 경우에는 다음과 같은 이완방지 대책을 적용하여야 한다.

- 예하중을 유지하기 위해서 볼트와 누름판 사이에 탄성스프링을 끼워 넣거나 넥다운 볼트와 같은 저강성 볼트를 사용한다.
- 볼트에 대하여 너트가 회전하지 않도록 **그림 4.36** (a)와 같이 분할핀으로 고정한다.
- **그림 4.36** (b)와 같이 혀붙이 와셔 등을 사용하여 볼트와 너트 각각의 회전을 제한한다.
- **그림 4.36** (c)와 같이 이중너트 잠금방식을 사용하여 볼트와 너트 사이의 마찰력을 증가시킨다.
- **그림 4.36** (d)와 같이 이붙이 와셔 등을 사용하여 볼트와 누름판 또는 너트와 누름판 사이의 계면 속으로 와셔의 치형이 파고들어 표면을 영구적으로 변형시켜버린다. 특히 이붙이 와셔는 조립표면이 완전히 변형되기 때문에 영구조립부품에 사용하는 것으로 분해 시에는 조립면의 가공을 다시 시행해야 한다.

나사의 풀림방지기구가 최초에 발명된 지는 100년이 넘었으며, 이상에서 열거한 이외에도 수없이 많은 풀림방지기구들이 발명되어 사용 중이고 지금도 다양한 풀림방지기구들이 고안되고

---

31 하지만 결합강성은 매우 낮아져버린다.

있다. 그런데 풀림 방지는 볼트조인트의 목적이 아니라 수단일 뿐이다. 즉, 볼트조인트의 중요한 목적은 풀림 방지가 아니라 조립 예하중의 유지에 있다. 조립 예하중이 상실되면 볼트조인트의 강성이 없어지면서 조립체가 더 이상 하나의 물체처럼 거동하지 못하게 된다. 따라서 볼트조인트에서는 올바른 예하중의 부가와 이를 유지하는 방안이 필요한 것이며, 볼트의 풀림방지 수단들은 단지 기구물이 분해되어 추가적인 피해가 발생하는 것을 막아주는 수단이라는 것을 명심해야 한다.

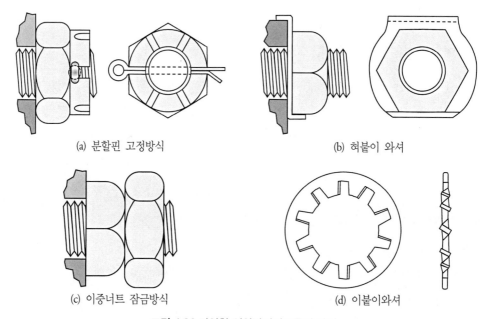

(a) 분할핀 고정방식

(b) 혀붙이 와셔

(c) 이중너트 잠금방식

(d) 이붙이와셔

그림 4.36 다양한 이완방지기구들의 사례

4.5 설계사례 고찰

이 절에서는 물류창고용 로봇의 주행축 지지레일 고정부 볼트파손 사례와 고속주행 대차의 구동축과 주행바퀴를 고정하는 볼트의 파손사례에 대하여 살펴보기로 한다. 이 사례들의 파손원인의 파악과 파손방지대책의 도출과정에 대한 고찰을 통해서 올바른 파손방지대책이 무엇인지에 대해서 고민해보는 시간을 갖기로 한다.

4.5.1 물류창고용 로봇

그림 4.37에 도시되어 있는 물류창고용 로봇은 폭이 좁고 높은 외팔보 형태의 직교로봇으로서, 최초에 개발되었을 때에는 별 문제없이 잘 작동하였다. 하지만 제한된 면적 내에서 창고 적재용량을 증가시키기 위해서 수직방향으로 높이를 늘렸으며, 생산성을 향상시키기 위해서 작동속도 역시 빨라지게 되었다. 이런 부하증가에도 불구하고 공학적인 고려 없이 변형설계 방식을 고수하다 보니 바닥에 설치된 LM 가이드 레일은 최초 설계에서와 동일한 모델을 사용하였다.

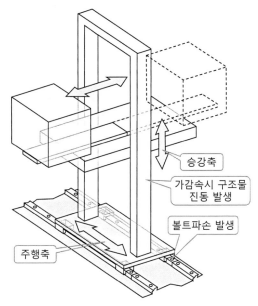

승강축

가감속시 구조물 진동 발생

볼트파손 발생

주행축

그림 4.37 물류창고용 로봇에서 일어난 볼트파손의 사례

어느 시점에선가 LM 가이드 레일을 고정한 볼트의 파손이 발견되었다. 길이가 긴 물류창고의 특성상 주행방향 안내레일은 다수의 LM 레일들을 연결하여 조립하였고, 특히 LM 레일의 연결부위에서 파손이 자주 발견되었기에 볼트파손의 원인으로 LM 레일의 부정렬이 지목되었다. 이를 해결하기 위해서 레일 연결부위에 대한 세심한 정렬맞춤을 시행하였지만, 볼트파손이 반복되었다. 이에 유한요소 해석을 이용한 동역학적 시뮬레이션을 시행한 결과, 급가속 및 급제동 시 발생하는 외팔보형 로봇에서 발생하는 모멘트 하중과 진동이 LM 가이드 고정 볼트에 과도한 동하중을 부가하는 것으로 판명되었다.

로봇의 급가속 및 급제동 시 발생하는 동하중과 충격하중에 의해서 볼트가 파손된다면 이 볼트의 파손을 방지하는 올바른 방법은 무엇이겠는가?

가장 근본적인 해결방법은 역학적인 해석을 통해서 하중지지용량이 더 큰 (실제로는 고정용 볼트가 더 큰) LM 가이드를 선정하는 것이다. 하지만 현실적으로는 거의 모든 설치치수들이 결정되어 있기 때문에 LM 가이드의 모델변경은 매우 어려운 일이었다. 또한 이미 사용 중인 다수의 시스템들에서 발생하는 문제도 해결해야 하였다.

LM 가이드의 모델을 변경하지 않은 상태에서 볼트파손문제를 해결하기 위해서는 사용하는 볼트의 조임조건이나 볼트의 유형을 변경하여야 한다. 이 장에서 설명했던 내용들을 기억해보면, 우선 4.3.1절의 하중-변형선도에서 설명했던 것처럼, 볼트가 파손을 일으키지 않으면서 동하중을 수용하기 위해서는 조립토크를 최소한으로 줄여서 동하중이 작용할 수 있는 마진을 확보해야 한다. 두 번째로, 4.3.4절에서 설명했던 것처럼, 충격에너지 흡수능력이 큰 (넥다운 볼트와 같은) 저강성 볼트를 사용해야 한다. 하지만 현장에서는 조임토크를 줄이는 방안에 대해서 강하게 반대하였고 저강성 볼트를 사용하는 방법에 대해서는 이해하지 못하여 결국 가장 강도가 높은 12.9등급 볼트를 사용하는 것으로 결정되었다. 볼트의 한계인장강도를 높이는 것은 볼트파손 방지에 약간 도움이 되지만, 기존에 사용하던 10.9등급 볼트를 12.9등급으로 높인다고 하여도 한계인장강도 차이는 20%에 불과하여 파손방지의 결정적인 대책으로는 부족하다는 것을 알 수 있다. 공학적인 대책이 무지의 상식에 압도되어버린 안타까운 상황이었다.

4.5.2 고속주행 대차

그림 4.38 (a)에 도시되어 있는 물류용 고속주행대차의 구동축-바퀴 연결구조는 3개의 볼트들이 120° 각도로 배치되어 있는 볼팅구조를 사용하였다. 이는 바퀴의 구동/제동토크가 볼트의 전단방향으로 작용하기 때문에 파손에 매우 취약한 불합리한 구조이다. 하지만 최초에 이런 유형의 주행대차가 개발되었을 때에는 1~2[m/s] 정도의 비교적 느린 속도로 운행되었으며, 기계적 강도에 아무런 문제가 없었다. 또한 초기의 주행 제어 시스템은 정지해 있는 선행차량을 감지하고 정지하는 데도 별다른 무리가 없었다. 하지만 물류생산성을 높이기 위해서 주행속도가 최초 설계 시보다 3배 이상 빨라졌다($v \rightarrow 3v$). 이로 인해 운동에너지는 9배 이상 증가하였지만$\left(E = \frac{1}{2}m(3v)^2 = 9 \times \frac{1}{2}mv^2 \right)$, 변형설계에 의존하다 보니 주행축에 대한 근본적인 강도개선이 이루어지지 않았다.

또한 과거보다 많은 숫자의 대차들이 고속으로 주행하는 상황을 트래픽 제어 시스템에서 완벽하게 통제하기 어렵다 보니 후속주행차량이 선행차량의 정지를 검출하고 급정지하는 상황이 자주 발생하였고 이로 인하여 주행축과 바퀴를 연결하는 볼트조인트에서 마이크로슬립이 발생하여 볼트들이 파손되는 상황이 발생하게 되었다. 이 사례에서도 볼트를 한계토크에 근접하는 값까지 조여놓았기 때문에 충격하중에 대한 허용마진이 매우 작았다. 따라서 조임토크를 낮추도록 권고하였지만 주행중에 바퀴풀림에 대한 우려로 이 권고는 즉시 거부되었다.

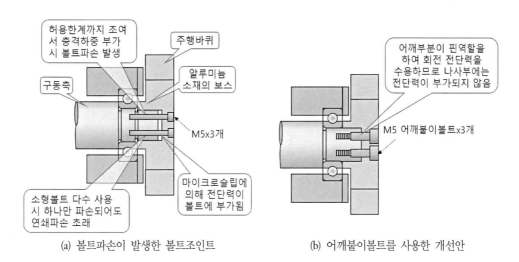

(a) 볼트파손이 발생한 볼트조인트   (b) 어깨붙이볼트를 사용한 개선안

그림 4.38 물류용 고속주행대차의 구동바퀴 볼트조인트 파손사례

 직경이 작은 축을 사용하여 고토크를 전달하는 정상적인 방법은 키를 사용하여 회전력을 전달하고 축은 하나의 직경이 큰 볼트로 고정하는 기능분리설계를 적용하는 것이다. 하지만 알루미늄 소재의 주행바퀴 보스부와 구동축 사이에 키를 설치하면 주행축 가감속 과정에서 마이크로슬립에 의해서 키홈이 점차로 넓어진다는 문제를 우려하였다. 이에 대응하기 위해서 스플라인 형태의 토크전달구조를 제안하였지만 가공비가 비싸진다는 이유를 들어 거부되었다. 설계를 담당한 엔지니어들이 기존의 설계에서 벗어나는 것을 두려워하는 상황이어서 **그림 4.38** (b)에 도시된 것과 같이 어깨붙이 볼트를 사용하여 전단력 지지와 볼트조임 기능을 분리하는 방법을 최종적으로 제안하였다. 몸통부 직경이 6[mm]인 어깨붙이볼트의 단면적은 골지름이 4.134[mm]인 M5 볼트의 단면적에 비해서 2.1배 더 크기 때문에 가감속 과정에서 발생하는 전단력을 충분히 견딜 수 있을 것으로 기대되었다.

05

강성설계

강성설계

5.1 탄성과 강성

일반적으로 정적인 시스템설계에서는 모든 구조물을 하중에 대해서 변형이 없는 **강체**로 간주하여 설계한다. 하지만 강체란 가상의 개념일 뿐이며, 모든 물체는 **탄성체**로서 하중을 받으면 변형을 일으킨다. 이 과정에서 가해진 일을 탄성 에너지로 흡수하여 축적하는 특성을 가지고 있다. 따라서 탄성체는 충격을 흡수하고 진동을 방지한다. 그리고 동적으로는 공진을 일으키고 고유진동 주파수를 갖는다. 여기서 **탄성**[1]은 물체가 변형에 저항하는 능력이다. 반면에 **강성**[2]은 탄성변형 영역 내에서 가해진 힘에 따른 변형의 비율이다.

후크의 법칙($F = K\delta$)에 따르면, 탄성체에 힘을 가하면 강성에 비례하여 변형이 발생한다. 하지만 이는 1차원으로 근사화된 선형식일 뿐이며 실제로는 3차원적인 물체의 체적변형이 일어난다. 따라서 이를 3차원으로 확장하기 이해서는 변형률 텐서를 사용한 행렬식을 사용해야 하지만, 이는 이 책의 범주를 넘어선다. 따라서 이 장에서는 후크의 법칙에 지배되는 선형탄성변형 영역 내에서 이루어지는 물체의 거동특성에 대해서 집중하여 살펴보며, 이를 통해서 구조물 설계이론까지 개념의 범위를 확장시켜보기로 한다.

이 장에서는 강성단위로 [N/m]와 [kgf/mm]의 단위가 혼용되어 있다. 이로 인한 혼동을 피하기 위해서 [N/m] 단위를 사용하는 강성계수에는 하첨자 N을 명기하여 K_N으로 표기하였다.

---

1   elasticity.
2   stiffness.

5.1절에서는 강성체와 선형해석의 기반이 되는 후크의 탄성법칙과 강성설계의 기본 원리들에 대하여 고찰한다. 5.2절에서는 탄성체의 기본요소인 스프링에 대해서 특징과 유형 및 활용방법 등을 논의한 후에 5.3절에서는 강성을 고려한 구조물 설계원리를 살펴보면서 이 장을 마무리하기로 한다.

5.1.1 후크의 탄성법칙

자동차의 서스펜션이나 볼펜의 스프링과 같은 다양한 탄성체들이 산업과 일상생활에서 널리 사용되고 있다. 기구설계 엔지니어는 **후크의 법칙**이라고 부르는 간단하면서도 매우 유용한 이론을 통해서 탄성체의 기본 설계원리를 이해하여야 한다.

17세기 영국의 물리학자인 로버트 후크는 힘을 가한 스프링과 탄성 사이의 상관관계에 대해서 다음과 같이 서술하였다.

늘어난 길이는 힘에 비례한다.[3]

이를 수학적으로 나타내면

$$F = -K_N \delta$$

이며, 여기서 F[N]는 탄성체 스프링에 부가된 힘, K_N[N/m]는 탄성체의 강성 그리고 δ[m]는 탄성체의 늘어난 길이이다. 이 식에서 음의 값은 힘과 변형이 서로 반대방향으로 작용한다는 것을 의미한다. 하지만 뉴턴의 3법칙에 따르면, 작용-반작용력은 서로 크기는 같고 방향은 반대이므로 $F = K_N \delta$로 놓아도 무방하다. 따라서 현재는 $F = K_N \delta$를 더 일반적으로 사용하며, 이 식을 **후크-뉴턴의 법칙**이라고도 부른다.

그림 5.1에서는 탄성체의 **힘-변형 곡선**을 예시하여 보여주고 있다. 그림에 따르면 초기변형이 0인 탄성체에 최초로 인장력을 가하면 원점에서 출발하는 실선의 경로를 따라서 변형이 발생하

---

3   라틴어로 서술하였으며, 원어는 'ut tensio, sic vis'이었다.

게 된다. 힘이 0 근처인 경우에는 재료 내부에 과거의 변형이력이나 잔류응력 등에 의해서 강성이 매우 작은 일명 **가상백래시**가 존재하며, 이보다 큰 힘이 가해지면 원래 소재가 가지고 있는 강성에 비례하여 변형이 일어난다. 이때의 힘-변형관계도 완전히 선형적이지는 않지만, 거의 직선에 가깝기 때문에 일반적으로 근사직선을 구하여 그 기울기를 상수값인 강성(K_N)이라고 부른다. 하지만 이는 변형이 매우 작은 범위에 국한하여 적용되며, 변형이 커질수록 비선형성이 증가하게 된다. 탄성한계 이전까지는 외력이 해소되면 변형이 없어지면서 원래의 길이로 돌아오지만, 이보다 더 큰 인장력이 부가되면 소성변형이 발생하게 된다. 후크의 법칙은 작용력이 해소되면 원래의 길이로 돌아오는 탄성한도 이내의 작용력에 대해서만 적용할 수 있다.

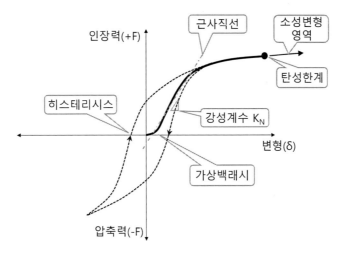

그림 5.1 탄성체의 힘-변형(또는 응력-변형률) 곡선

　그림 5.1을 통해서 소재의 히스테리시스 현상에 대해서도 살펴봐야 한다. 탄성한도 이내에서는 탄성체에 작용했던 인장력이 0이 되어도 소재의 힘 변형곡선은 원래의 경로를 따르지 않고 점선을 따라서 시계방향으로 움직이기 때문에, 원래의 길이로 되돌아오지 않고 약간의 변형이 남아있다.[4] 이는 소성변형과는 무관한 잔류변형량으로서, 이런 현상을 **히스테리시스**라고 부른다. 이 탄성체에 다시 압축력을 가하면 점선경로를 따라서 압축변형이 일어난다. 이렇게 압축된 탄성체에서 압축력을 해지하면 시계방향으로 새로운 경로를 따라서 움직이면서 다시 약간의 압축방향

4　자석의 자화 히스테리시스 곡선은 반시계방향으로 움직인다.

잔류변형이 남아 있게 된다.

이 히스테리시스 현상에 의한 잔류변형은 크기가 매우 작기 때문에 일반기계에서는 별다른 문제를 일으키지 않는다. 하지만 정밀기계의 경우에는 위치결정 정확도에 결정적인 불확실성을 초래하기 때문에 히스테리시스의 발생을 피하도록 설계해야만 한다. 히스테리시스의 발생이 해가 되는 부재나 조인트에는 인장 또는 압축방향으로 예하중을 부가하여 작용력이 0이 되지 않도록 만들면 잔류변형에 의하여 백래시가 발생하지 않으며, 위치결정의 불확실성을 크게 줄일 수 있다.

5.1.2 탄성체의 기본특성

이 절에서는 스프링의 연결, 탄성에너지의 흡수와 방출, 충격의 완화, 공진현상 등과 같이 후크의 법칙에 적용을 받는 **선형탄성체**의 기본적인 특성들에 대해서 살펴보기로 한다.

그림 5.2 (a)와 (b)에서는 각각, 직렬 연결된 스프링과 병렬 연결된 스프링의 조합을 보여주고 있다. 이들은 하나의 등가 스프링으로 치환할 수 있으며, 이때의 **등가 스프링 강성**(K_{eq})은 다음과 같이 나타낼 수 있다.

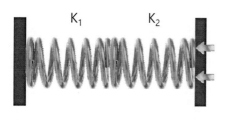

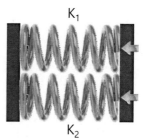

(a) 직렬연결 스프링

(b) 병렬연결 스프링

그림 5.2 스프링의 직렬연결과 병렬연결

직렬연결: $\dfrac{1}{K_{eq}} = \dfrac{1}{K_1} + \dfrac{1}{K_2} + \cdots$

병렬연결: $K_{eq} = K_1 + K_2 + \cdots$

이 식에 따르면 탄성체를 직렬로 연결하면 등가 스프링 강성이 감소하며, 등가 스프링 강성은 직렬로 연결된 구조루프 내의 가장 약한 구조체의 강성보다 더 작아진다는 것을 알 수 있다. 반면에 탄성체를 병렬로 연결하면 등가 스프링 강성은 개별 탄성체의 강성들이 단순 합산되는 방식으로 증가하며, 이렇게 강성이 증가하면 위치결정 정밀도가 높아진다($\delta = F/K_{eq}$). 예를 들어, 판재를 다수의 볼트로 조이면 사용하는 볼트의 숫자에 비례하여 조인트강성이 높아진다.

탄성체에 가해진 힘이 변형을 일으키면 하중-변형선도의 점유면적만큼의 에너지가 탄성체 내부에 저장된다. 즉,

$$E = \frac{1}{2}F\delta = \frac{1}{2}K\delta^2$$

예를 들어, 강성이 $K_N = 1{\times}10^7$[N/m]인 접시스프링을 1[mm]만큼 압축했을 때에 이 접시스프링에 저장된 에너지는

$$E = \frac{1}{2}\times 1 \times 10^7 \times 0.001^2 = 5[\mathrm{Nm}] = 5[\mathrm{J}]$$

이다. 탄성체는 원래의 길이로 복원되는 과정에서 외부에 대해 이 에너지만큼 일을 할 수 있다.

질량이 m[kgf]인 물체가 속도 v[m/s]로 강성이 K_N[N/m]인 탄성체에 충돌했을 때에 충격력의 최댓값 $F_{\max}$[N]은 다음 식으로 나타낼 수 있다.

$$F_{\max} = \sqrt{\frac{m}{g}}\,K_N \times v[\mathrm{N}]$$

이송 시스템의 완충기 스프링을 선정할 때에 이 식을 사용할 수 있다. 그리고 스프링의 강성이 작을수록 충격력의 최댓값이 감소한다는 것을 알 수 있다. 여기서 $g = 9.8[\mathrm{m/s^2}]$은 중력가속도를 나타낸다. 예를 들어, 질량이 1[kg]인 물체가 1[m/s]의 속도로 충돌하는 경우에 대하여 완충기를 설계하려고 한다. 강성 $K_N = 1{\times}10^3$[N/m]인 스프링을 사용하여 이를 완충하려고 한다면, 최대 작용력은

$$F_{\max} = \sqrt{\frac{1}{9.8} \times 1 \times 10^3 \times 1} = 319\,[\text{N}]$$

이 된다.

질량이 $m\,[\text{kgf}]$인 물체를 강성이 $K_N\,[\text{N/mm}]$인 탄성체로 지지하고 있다면 특정한 주파수에서 공진을 일으키며, 이 공진주파수는 다음 식으로 계산할 수 있다.

$$f = \frac{1}{2\pi}\sqrt{\frac{K_N}{m}}\,[\text{Hz}]$$

예를 들어, 어떤 시스템이 질량이 1[kg]인 물체를 $K_N = 1 \times 10^6\,[\text{N/m}]$인 스프링으로 지지하고 있다면 이 시스템의 공진주파수[5]는

$$f = \frac{1}{2\pi}\sqrt{\frac{1 \times 10^6}{1}} = 159\,[\text{Hz}]$$

이 시스템에 외부에서 이 주파수에 근접한 진동이 가해지면 공진현상이 일어난다. 공진은 에너지가 손실 없이 누적되는 현상이므로 공진이 오래 지속되면 누적된 에너지에 의해서 진폭이 증가하며, 이로 인해서 볼트가 풀리거나 응력이 집중된 부위에서 파손이 일어날 우려가 있다. 따라서 시스템 설계 시에는 외부 가진과 시스템의 공진주파수 사이의 상관관계에 대한 세심한 고찰이 필요하다.

그림 5.3에서는 **그림 2.27**에서 소개되었던 대면적 패터닝 장비의 사례를 보여주고 있다. 이 시스템은 모듈화 설계기법을 사용하여 설계되었으며, 구조물은 갠트리-갠트리포스트-베이스 등으로 구성되어 있다. 이 장비를 설계하는 과정에서 광학계의 초점조절 대역폭과 스테이지의 이송속도 그리고 기판의 표면 윤곽특성 등을 고려하여 구조물의 목표 고유주파수는 70[Hz]로 결정되었다. 갠트리와 갠트리포스트-베이스는 각각 다른 나라의 전문업체들에 발주하였으며, 이들에게 결합용 인터페이스의 사양과 더불어서 고유주파수 70[Hz]를 설계사양으로 제시하였다. 그런데 시스

---

5   엄밀하게 말해서는 비감쇄고유주파수라고 부른다.

템 설계검토과정에서 앞에 제시된 스프링의 직렬연결 관계식과 스프링의 고유주파수 관계식을
사용하여 (약식으로) 계산해보니, 갠트리와 갠트리포스트-베이스는 강성이 직렬로 연결된 구조이
므로, 이들 각각에 대해서 고유주파수 사양을 70[Hz]로 지정하여 발주하면 시스템의 고유주파수
가 60[Hz]대로 내려간다는 것을 발견하였다. 즉시 구조해석이 수행되었으며, 고유주파수가 65[Hz]
내외로 저하된다는 것을 확인하였다. 시스템의 요구 고유주파수를 충족시키기 위한 개별모듈의
고유주파수 값들을 다시 계산하였으며, 다행히도 너무 늦지 않게 설계변경을 통해서 이를 반영할
수 있었다.

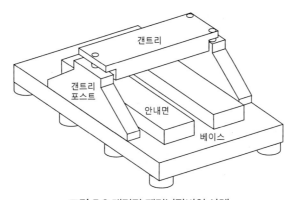

그림 5.3 대면적 패터닝장비의 사례

5.1.3 강성을 고려한 설계

동특성을 향상시키기고 최적화하기 위해서는 시스템의 질량을 줄이거나 구조물의 강성을 높
여야 한다. 현대적인 고속 초정밀 위치결정 시스템에서는 시스템의 응답속도를 높이기 위해서는
경량화 설계를 통해서 질량을 최소화하여야 하지만, 이로 인하여 구조물의 강성이 감소하면 시스
템은 고주파진동에 취약해지면서 위치결정 성능이 저하된다. 따라서 이런 시스템의 설계 시에는
시스템 강성을 극대화시키기 위한 세심한 노력이 필요하다.

강성을 고려하여 기구물을 설계하기 위해서는 실제의 강성값에 대한 대략적인 지식이 필요하
다. 체중이 100[kg](=1,000[N])인 사람이 스프링보드에 서면 약 100[mm](=0.1[m])가 처진다. 즉,
$K_N = F/\delta = 1\times10^4$[N/m] 정도의 강성을 갖는다. 길이 200[mm], 직경 10[mm]인 강철봉의 굽힘강
성은 약 1×10^8[N/m]이다. 일반적인 베어링들의 지지강성은 1×10^7[N/m] 정도이다. 일반적인 스프
링에서 구조물에 이르는 요소들의 강성은 $10^3 \sim 10^9$[N/m]의 범위를 갖는다.

그림 5.4에서는 볼스크루에 지지된 이송 테이블의 개략도를 보여주고 있다. 스테이지의 이송체 질량은 10[kg]이며, 최대가속도는 5[m/s²]이다. 볼스크루의 길이방향 강성이 1×10⁷[N/m]이라 할 때에 이 스테이지의 동적 위치결정 정확도는 얼마로 제한되겠는가?

$$F = m \times a = K_N \times \delta$$

의 관계식으로부터 스테이지의 가감속 시 발생하는 볼스크루의 탄성변형량 δ를 구할 수 있다.

$$\delta = \frac{m \times a}{K_N} = \frac{10 \times 5}{1 \times 10^7} = 5 \times 10^6 [\text{m}] = 5[\mu\text{m}]$$

이 변형량은 **그림 5.1**의 (가상)백래시에 해당하는 값이므로 가감속 기간 동안 발생하는 이 탄성변형 오차를 일반적인 방법으로는 제거하기 어렵다. 또한 가감속에서 등속운동으로 전환될 때에는 이보다 더 큰 오버슈트가 발생한다. 하지만 볼스크루의 재료감쇄가 충분하다면 이 진동은 곧장 소멸하므로 등속운동기간 동안에는 탄성변형에 의한 오차가 거의 발생하지 않는다.

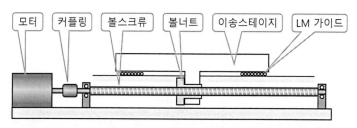

그림 5.4 볼스크루에 지지된 이송테이블의 동적 위치결정 정밀도 한계

그림 5.5에서는 반도체 칩의 픽앤플레이스에 사용되는 고정밀 고속이송 스테이지의 사례를 보여주고 있다. 픽앤플레이스용 이송 스테이지의 이동부 질량은 15[kg]이며, 리니어모터에 의해서 구동된다. 스테이지가 설치되어 있는 베이스 구조물은 공압식 제진기에 지지되어 있으며, FAB 바닥에서 베이스로 전달된 잔류진동은 0.01[m/s²]이다. 픽앤플레이스 기구에 요구되는 위치결정 정확도가 ±50[nm]라면, 리니어모터의 위치강성은 얼마가 되어야 하겠는가?

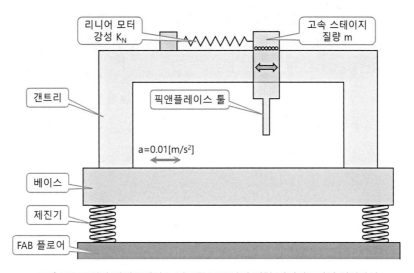

그림 5.5 고정밀 픽앤플레이스 기구를 구동하기 위한 리니어모터의 위치강성

이 사례에서도 역시 $F = m \times a = K_N \times \delta$로부터 필요한 리니어모터의 강성 K_N을 구할 수 있다.

$$K_N = \frac{m \times a}{\delta} = \frac{15 \times 0.01}{50 \times 10^{-9}} = 3 \times 10^6 [\mathrm{N/m}]$$

반도체 팹의 제한된 공간 내에서 시간당 웨이퍼 처리율(WPH) 극대화를 위해서 웨이퍼 스테이지를 빠르게 가/감속하면서도 리니어모터의 전기동력을 최소화[6]시키기 위해서는 스테이지의 경량화가 필요하다. 하지만 가벼운 스테이지는 외부교란에 대한 민감도가 높아진다. 고속 작동 시스템의 안정성과 동특성을 향상시키기 위해서는 시스템의 질량을 줄이거나 구조물 강성을 높여야만 한다. 하지만 전체 크기를 줄이지 않으면서 질량만 줄이면 구조물의 두께가 얇아져서 고주파 진동에 취약해진다.

따라서 구조물이나 동적 시스템의 설계 시에는 항상 강성의 최적화를 염두에 두고 고강성 설계를 위해서 노력해야만 한다. 특히 베어링이나 탄성구조물 내에 마찰과 히스테리시스가 존재하는 경우, 높은 구조물 강성은 정적 오차를 최소화시켜준다.

---

6   이는 에너지절감을 위해서가 아니라 리니어모터에서 발산되는 엄청난 열을 줄이기 위해서이다.

그림 5.6에서는 베어링이나 볼스크루와 같은 운동부의 마찰과 구동부의 강성이 위치결정의 불확실성에 끼치는 영향을 히스테리시스의 관점에서 설명하고 있다. 우측의 그래프에서 점선은 구조물 강성이 낮은 경우의 히스테리시스 루프이며, 실선은 동일한 기구를 고강성으로 구현한 경우를 보여주고 있다. 기구물의 강성이 증가하면 히스테리시스 루프의 기울기가 커지면서 히스테리시스 루프의 점유면적이 감소하며, 특히 작용력이 0인 수평축상에서의 두 절편 사이의 거리(δ_B)가 감소한다는 것을 알 수 있다. 이러한 위치결정의 불확실성을 **가상백래시**라고 부르며 다음 식으로 나타낼 수 있다.

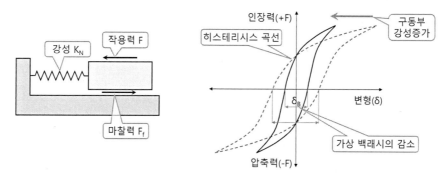

그림 5.6 운동부의 마찰과 백래시의 상관관계

$$\delta_B = \frac{2F_f}{K_N}$$

여기서 F_f는 운동부에 작용하는 마찰력이며, N_N은 이송 시스템의 강성이다. 가상백래시인 δ_B는 이송기구 내에 존재하는 유격에 의한 기계적 백래시에 비견할 수 있는 위치 비결정성으로, 정확도 향상을 방해하는 현상이므로 바람직하지 않다.

5.2 스프링

스프링은 탄성체의 특성과 기능을 적극적으로 활용하여 에너지를 흡수 및 축적하기 위해서 사용하는 기계요소이다. 이를 위해서 하중에 비해서 탄성변형이 크며, 탄성영역이 넓은 재료 및 형상을 선택하여 사용한다. 탄성체로는 금속, 고무, 압축공기 등 다양한 매질들이 사용되며, 전자기력을 사용하여 비접촉 가상강성을 구현하는 자기부상형 스프링요소도 널리 사용되고 있다. 플랙셔도 스프링의 중요한 유형이다. 하지만 플랙셔 스프링에 대해서는 3.5절에서 이미 논의하였으므로, 여기서는 다루지 않는다.

스프링은 기본적으로 힘의 작용방향에 따라서 인장형 스프링, 압축형 스프링, 굽힘형 스프링 그리고 전단형 스프링 등으로 나눌 수 있는데, 대부분의 소재들의 허용 전단응력은 허용인장/압축응력의 절반에 불과하기 때문에 전단형 스프링은 자주 사용되지 않는다. 또한 압축형 스프링은 자기방어 특성을 갖추고 있기 때문에, 인장형 스프링에 비해서 더 안전하다. 따라서 산업적 목적으로는 압축형 스프링이 더 일반적으로 사용된다. 하지만 압축형(코일) 스프링이라고 해서 스프링 소재 내에서 압축력이 작용하는 것은 아니다(실제로는 비틀림력이 작용한다).

스프링은 정적인 용도와 동적인 용도에서 모두 중요한 기능을 구현할 수 있다. 우선, 정적인 기능을 살펴보면,

- 하중의 조정: 스프링 저울은 힘을 측정, 안전밸브 스프링은 힘을 지지, 부르동관 스프링은 힘을 표시한다.
- 축적된 에너지의 이용: 시계의 태엽은 힘을 저축, 총포의 격발용 스프링은 힘을 방출한다.

스프링의 동적인 기능은 다음과 같이 분류할 수 있다.

- 복원성의 이용: 밸브 스프링은 위치 복원
- 진동 완화: 차량용 서스펜션 스프링은 진동 완화
- 충격 흡수: 승강기 완충 스프링은 충격 흡수

스프링의 유형은 코일스프링, 판형 스프링, 벌류트 스프링, 태엽형 스프링, 접시스프링, 토션바 등 매우 다양하다. 스프링의 유형별 특징과 설계방법에 대해서는 기계설계학[7]을 참조하기 바라며, 이 절에서는 대표적인 몇 가지 스프링들의 주요 특징과 적용사례들을 살펴보기로 한다.

---

7   정선모, 한동철, 장인배, 표준기계설계학, 동명사, 2015.

5.2.1 코일스프링 설계

봉재를 나선 형태로 감아 제작한 스프링을 통칭하여 **코일스프링**이라고 부른다. 코일 스프링은 **그림 5.7**에 도시된 것처럼, 작용력의 부가방향에 따라서 압축코일 스프링, 인장코일 스프링, 비틀림코일 스프링 등으로 분류할 수 있다. 전용기를 사용하여 코일스프링을 생산하면 아주 싸게 생산할 수 있다.

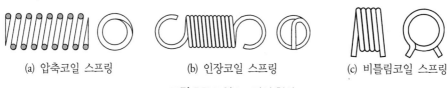

(a) 압축코일 스프링　　　　(b) 인장코일 스프링　　　　(c) 비틀림코일 스프링

그림 5.7 코일스프링의 형상

압축코일 스프링은 단위체적당 탄성에너지의 효율이 높고 제작비가 싸며 신뢰성이 높기 때문에, 계측기, 안전밸브, 현가장치 등에 널리 사용되고 있다. 특히 원추형, 장고형, 드럼형 등과 같이 코일의 형상을 변화시켜서 강성의 선형성을 비교적 용이하게 조절할 수 있다.

인장코일 스프링은 끝부분의 고리형상에 따라서 둥근훅, 반둥근훅 등과 같이 분류하며, 과도한 하중이 작용하면 코일이 풀리면서 늘어나버리기 때문에, 산업적인 관점에서는 안전하지 않다. 따라서 경하중에 국한하여 변위제한기구와 함께 사용하는 것을 원칙으로 하여야 한다.

비틀림코일 스프링은 선재를 코일 형태로 감고 양단에 걸쇠형상의 돌기를 만들어서 코일의 비틀림에 의한 회전토크를 생성하도록 만든 스프링이다. 간단한 뚜껑개폐기구 등에 사용할 수는 있지만, 산업적으로 의미 있는 작용력을 생성하기에는 무리가 있다.

하중을 측정하기 위해서 사용되는 로드셀은 탄성체의 표면에 스트레인게이지를 접착하여 탄성체의 변형에 따른 스트레인 게이지의 저항값 변화를 측정하여 하중으로 환산해주는 장치이다. 따라서 로드셀은 하중의 측정 범위가 지정되어 있으며, 이 범위를 넘어선 하중이 부가되면 로드셀에 내장된 탄성체가 소성변형을 일으켜서 로드셀이 파손된다. 따라서 로드셀을 사용하는 경우에는 **그림 5.8** (a)에 도시된 것처럼 하중 제한기구와 변위제한기구를 함께 사용해야만 한다.

예를 들어, 로드셀의 하중측정 범위는 0~100[kgf]이며, 한계하중은 200[kgf]라 할 때에 예하중 스프링의 설치와 기계적 멈춤쇠의 공극은 어떻게 설계하여야 하겠는가?

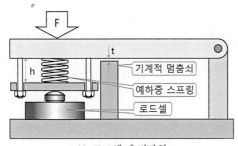

직경	22[mm]
높이	30[mm]
강성	20[kgf/mm]

(a) 로드셀 측정장치   (b) 과부하방지용 스프링의 제원[8]

그림 5.8 예하중이 부가된 로드셀 과부하 방지장치의 설계사례

설치과정에서의 편차를 감안하여 예하중 스프링의 예하중을 약 130[kgf]로 선정하며, 멈춤쇠는 150[kgf]에서 회전레버와 닿도록 설계하면 로드셀의 측정 범위를 확보하면서도 로드셀의 한계하중보다 50[kgf] 정도 여유가 있어서 안전한 설계가 될 것이다. **그림 5.8** (b)에서와 같이 외경이 22[mm]이며, 높이는 30[mm] 그리고 강성은 $K = 20$[kgf/mm]인 스프링을 코일스프링 제조업체의 카탈로그에서 선정하였다. 이 스프링을 6.5[mm]만큼 누르면, 즉 총 길이 $h = 23.5$[mm]가 되도록 조립하면,

$$F = K \times \delta = 20 \times 6.5 = 130[\mathrm{kgf}]$$

가 되므로, 로드셀 누름판에는 130[kg]의 예하중이 부가된다. 그러면 F가 0~130[kgf]의 범위까지는 외력이 그대로 로드셀에 전달되지만, 외력이 130[kg]를 넘어서면 스프링이 눌리기 시작한다. 130~150[kgf] 사이에는 스프링이 눌리면서 누름판이 아래로 더 내려오지만, 멈춤쇠와 누름판 사이의 간격 $t = 1$[mm]로 만들어놓으면,

$$F = K \times \delta = 20 \times 1 = 20[\mathrm{kgf}]$$

가 되므로, 외부하중이 150[kgf] 이상이 되면 누름판이 멈춤쇠에 닿아서 로드셀에는 더 이상의 하중이 부가되지 않는다. 이를 통해서 코일스프링을 사용하여 0~100[kgf]의 하중을 측정하면서도 과부하에 대하여 안전한 하중측정기구를 설계할 수 있다.

---

8   misumi.com

전형적인 고속작동기인 칩마운팅용 픽앤플레이스 기구는 진공 노즐 형태의 그리퍼 누름기구를 사용하여 육면체 형태의 칩들을 테이핑 릴에서 흡착하고, 프린트회로기판(PCB) 위치로 이동한 후에 기판 위의 정확한 위치에 칩을 안착시켜야 한다. 생산성을 높이기 위해서는 고속으로 칩을 기판에 내려놓아야 하지만 부품의 파손을 막으려면 접근 속도가 느려야 한다. **그림 5.9**에 도시되어 있는 것처럼, 그리퍼 누름기구는 코일스프링의 예하중을 받으면서 원통형 하우징에 설치되며, 이 하우징은 다수의 총열들이 원주상에 배치되어 있는 개틀링건처럼 생긴 픽앤플레이스 다축헤드에 고정된다.

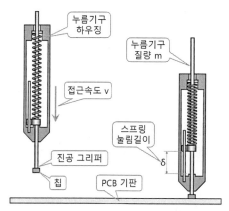

그림 5.9 칩마운팅용 누름기구의 설계[9]

만일 그리퍼 누름기구가 부품을 기판 위로 누르는 힘(F_p)이 충격력(F_b)보다 크다면 칩의 되튕김이 발생하지 않는다.

$$F_p = K_{spring}\delta > F_b$$

부품이 속도 v로 PCB 기판과 접촉할 때의 충격력은 5.1.2절의 식을 사용하여 구할 수 있다.

$$F_b = \sqrt{\frac{m}{9.8}}\,K_{spring} \times v$$

---

9   H. Soemers, Design Principles for Precision Mechanisms, Delft Press., 2011의 6장 내용을 참조하여 재구성하였다.

위 식들을 조합해보면

$$\delta > \sqrt{\frac{m}{9.8}} \times v$$

를 얻을 수 있다. 즉, 질량 m인 그리퍼가 속도 v로 PCB 기판 위에 칩을 내려놓을 때에 스프링이 δ보다 많이 눌리도록 그리퍼를 누르면, 칩은 되튕겨나가지 않고 잘 안착된다. 여기서 흥미로운 점은 그리퍼의 스프링 강성은 되튐방지 메커니즘에 아무런 영향을 끼치지 않는다는 점이다. 예를 들어, 질량 $m = 0.03$[kg]인 누름기구가 0.5[m/s]의 속도로 기판에 칩을 내려놓는다면, $\delta > 27$[mm]가 되도록 누름기구가 칩을 내리누른 후에 칩을 놓고 이탈하면 칩은 튕겨나가지 않는다.

5.2.2 접시스프링 설계

벨레빌 스프링[10]이라고도 부르는 **접시스프링**은 **그림 5.10** (a)에 도시되어 있는 것처럼, 중앙에 구멍이 뚫린 디스크를 원추형상으로 압착하여 가공한 스프링이다. 이 스프링은 좁은 공간 내에서 매우 큰 스프링력을 얻을 수 있으며, 강성의 선형적 특성이 뛰어나서 **그림 5.10** (b)에 도시된 것처럼, 직렬 및 병렬조합을 통해서 원하는 강성을 손쉽게 얻을 수 있다.

(a) 접시스프링

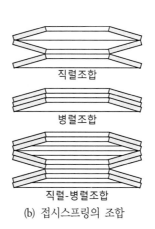

직렬조합

병렬조합

직렬-병렬조합

(b) 접시스프링의 조합

그림 5.10 접시스프링

---

10 belleville spring.

하지만 높이와 두께의 미소한 차이가 강성에 큰 영향을 끼치기 때문에 고정밀 스프링으로 만들 수는 없다. 접시스프링은 일정한 압력을 부가해야 하는 볼트조인트의 정압예압기구, 프레스의 완충 스프링 등과 같이 좁은 공간에 설치하여 정하중 또는 고반력이 필요한 기구에 널리 사용된다.

표 5.1에서는 표준 접시스프링의 호칭치수와 제원을 보여주고 있다. 기초 설계과정에서는 이 제원을 참조하여 설계할 수 있겠지만, 스프링의 특성상 사용하는 소재와 열처리조건에 따라서 강성과 하중특성이 큰 차이를 갖기 때문에 상세설계 시에는 제조사의 사양표를 반드시 확인할 것을 권고한다.

표 5.1 접시스프링의 제원과 하중지지용량[11]

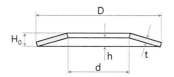

호칭 치수	안지름 d [mm]	바깥 지름 D [mm]	경하중용 스프링						중하중용 스프링					
			두께 t [mm]	높이 H_0 [mm]	변형 $\delta=0.5h$		변형 $\delta=0.75h$		두께 t [mm]	높이 H_0 [mm]	변형 $\delta=0.5h$		변형 $\delta=0.5h$	
					하중 [kgf]	최대응력 [kgf/mm²]	하중 [kgf]	최대응력 [kgf/mm²]			하중 [kgf]	최대응력 [kgf/mm²]	하중 [kgf]	최대응력 [kgf/mm²]
4	4.2	8.0	0.3	0.55	9	96	12	134	0.4	0.60	15	76	21	124
5	5.2	10.0	0.4	0.70	16	93	21	131	0.5	0.75	23	76	33	124
6	6.2	12.5	0.5	0.85	22	81	30	113	0.7	1.00	47	88	67	141
7	7.2	14.0	0.5	0.90	21	80	28	112	0.9	1.10	56	84	81	133
8	8.2	16.0	0.6	1.05	31	81	42	113	0.9	1.25	71	84	105	136
9	9.2	18.0	0.7	1.20	42	81	58	113	1.0	1.40	88	83	130	135
10	10.2	20.0	0.8	1.35	56	81	76	114	1.1	1.55	105	80	155	131
11	11.2	22.5	0.8	1.45	54	79	72	110	1.2	1.70	120	78	175	126
12	12.2	25.0	0.9	1.60	66	74	88	104	1.6	2.15	250	101	360	156
14	14.2	28.0	1.0	1.80	85	79	115	113	1.6	2.25	240	88	350	141
16	16.3	31.5	1.2	2.10	130	85	175	119	1.8	2.50	295	86	430	137
18	18.3	35.5	1.2	2.20	120	79	155	107	2.0	2.80	365	85	530	136
20	20.4	40.0	1.6	2.75	235	85	320	120	2.2	3.10	430	83	620	131
22	22.4	45.0	1.8	3.10	300	85	400	118	2.5	3.50	540	83	785	132
25	25.4	50.0	2.0	3.40	355	82	485	117	3.0	4.10	835	91	1220	145
28	28.5	56.0	2.0	3.60	340	79	455	112	3.0	4.30	800	80	1160	129
30	31	63.0	2.5	4.25	540	79	735	111	3.5	4.90	1060	84	1530	132

11 정선모, 한동철, 장인배, 표준기계설계학, 동명사, 2015.

그림 5.11에서는 조합된 접시스프링의 강성값 변화를 보여주고 있다. 접시스프링을 동일한 방향으로 겹치면 병렬조합이며, 서로 반대방향으로 마주보고 겹쳐 쌓으면 직렬조합이다. 접시스프링 하나의 강성을 K라 할 때에 5.1.1절에서 설명했던 병렬조합과 직렬조합의 강성식을 사용하여 ①, ② 및 ③번 조합의 강성을 계산하면 각각 다음과 같이 주어진다.

①번 병렬조합: $K_{eq} = K + K = 2K$

②번 직렬조합: $\dfrac{1}{K_{eq}} = \dfrac{1}{K} + \dfrac{1}{K} + \dfrac{1}{K} = \dfrac{3}{K} \rightarrow K_{eq} = \dfrac{K}{3} = 0.33K$

③번 직병렬조합: $\dfrac{1}{K_{eq}} = \dfrac{1}{K+K} + \dfrac{1}{K+K} + \dfrac{1}{K+K} = \dfrac{3}{2K} \rightarrow K_{eq} = \dfrac{2K}{3} = 0.67K$

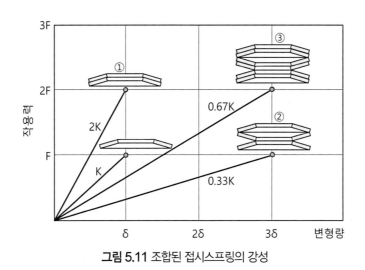

그림 5.11 조합된 접시스프링의 강성

접시스프링은 정밀한 부품이 아니기 때문에 근사식의 사용과 보수적인 설계를 통해서 하중 부가기구나 충격 흡수기구로 유용하게 사용할 수 있다.

접시스프링은 평와셔 처럼 완전히 압착하여 사용하는 부품이 아니다. 연질소재로 제작된 평와셔는 볼트를 조일 때에 볼트헤드 하부면의 굴곡이나 헤드가 안착될 누름판 표면의 굴곡에 따라서 변형되면서 볼트헤드와 누름판 표면 사이의 밀착성을 향상시켜서 볼트조인트의 강성을 높여준다. 반면에 스프링강을 열처리하여 만든 접시스프링은 표면 경도가 높기 때문에 볼트헤드나 누름판 표면의 굴곡에 맞춰서 변형되지 않으므로 볼트헤드와 누름판 표면 사이의 밀착성이 저하되어 볼트조인트의 강성을 낮추며 진동이 가해지면 볼트가 풀려버리는 결과가 초래된다. 따라서 접시스프링을 완전히 압착하여 사용하려 한다면 차라리 평와셔를 사용할 것을 추천한다. 일반적으로 접시스프링을 사용한 예하중 부가기구에서는 접시스프링의 누름량을 $\delta = 0.5h \sim 0.75h$의 범위에서 사용한다는 점에 주의하여야 한다.

접시스프링을 사용한 조임기구의 설계는 4.3.5절의 볼트조인트 정위치 예압기구의 사례를 참조하기 바란다.

타이밍벨트를 사용하는 로봇기구의 경우, 벨트장력은 벨트의 강성과 위치결정 정밀도에 직접적인 영향을 끼친다. 하지만 벨트는 사용과정에서 계속 늘어나기 때문에 장기간 정확한 장력을 유지시키기 위해서는 **그림 4.6**에 도시되어 있는 정위치예압기구보다는 **그림 5.12**에 도시되어 있는 정압예압기구를 사용하는 것이 유리하다.[12]

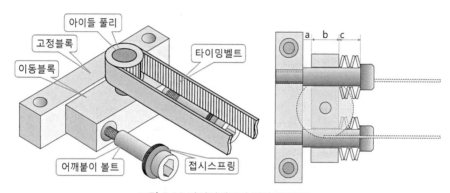

그림 5.12 타이밍벨트의 정압예압기구

접시스프링을 사용하여 타이밍벨트에 50[kgf]의 장력을 부가하는 정압예압기구를 설계해보자. 접시스프링은 **그림 5.12**에서와 같이 양쪽에 각각 4개의 접시스프링들을 직렬로 연결하여 사용하려고 한다.[13] 따라서 한쪽 접시스프링 조합에 부가되는 예하중은 25[kgf]이다. 우선 **표 5.1**에서 경하중용 접시스프링 6번을 선정한다. 이 스프링은 $\delta = 0.5h$일 때의 하중이 22[kgf]이므로 $0.5h : 22 = x : 25$의 비례식과 $h = H_0 - t = 0.85 - 0.5 = 0.35$[mm]의 관계를 사용하면,

---

12 이에 대해서는 8.2.3절을 참조하기 바란다.
13 이는 단지 예시일 뿐이다. 1개를 사용하면 허용변화폭이 감소하는 대신에 지지강성이 높아지며, 직렬로 설치하는 접시스프링들의 숫자가 증가할수록 벨트의 늘어짐에 대한 허용 변화폭이 늘어나는 대신에 지지강성이 감소한다.

$$x = 0.5h \times \frac{25}{22} = 0.568h = 0.568 \times 0.35 = 0.1988 \approx 0.2[\text{mm}]$$

따라서 높이 $H_0 = 0.85[\text{mm}]$인 접시스프링을 (높이가 0.65[mm]가 되도록) 0.2[mm]만큼 누르면 25[kgf]의 예하중이 부가된다. 이렇게 눌려진 접시스프링 4개를 직렬로 배치하며 $c = 4\times(0.85-0.2) = 2.6[\text{mm}]$가 된다. 6번 접시스프링의 내경이 6.2[mm]이므로 몸통직경 6[mm], 나사부는 M5인 어깨붙이 볼트를 사용하면 된다. 이동부의 폭 b는 어깨붙이 볼트의 몸통직경의 2배 이상이면 걸림 없이 잘 움직인다. 이 사례에서는 19[mm]로 선정한다. 이동유격 a는 누름량인 4×0.35=1.4[mm]보다 크면 된다. 여기서는 2.4[mm]로 선정한다. 이를 통해서 결정된 어깨붙이 볼트의 몸통부 길이는

$$L = a+b+c = 2.4 + 19 + 2.6 = 24[\text{mm}]$$

어깨붙이볼트의 나사부 길이는 나사부 외경의 두 배 정도를 선정하면 안전하다. 따라서 10[mm]로 선정한다. 여기서 4개의 접시스프링들이 직렬로 연결된 정압예압기구는 타이밍벨트의 절반길이가 0.8[mm] 늘어날 때까지 장력을 유지할 수 있다. 따라서 정압예압기구는 타이밍벨트가 조금만 늘어나도 즉시 장력이 없어지는 정위치예압기구에 비해서 매우 높은 작동 신뢰성을 가지고 있다. 만일 타이밍벨트의 늘어짐 여유를 이보다 크게 가져가려면 직렬로 연결할 접시스프링의 숫자를 증가시켜야 하지만, 이로 인하여 예하중 부가기구의 총 강성이 감소하여 가감속 시 공진진동이 발생할 우려가 있다. 따라서 정압예압기구의 변형량 허용폭과 강성 사이의 세심한 비교고찰이 필요하다

이렇게 설계된 타이밍벨트 정압예압기구는 어깨붙이 볼트를 토크조절 없이 나사부에 접착제를 발라서 조여주기만 하면 자동적으로 설계장력이 부가되며, 벨트의 늘어짐이 발생하여도 거의 장력의 변화 없이 오랜 기간 동안 안정적으로 장력을 유지할 수 있다.[14]

5.2.3 고무스프링

미국의 발명가 굿이어가 가황법[15]으로 고무의 구조안정성을 향상시킨 이후로 고무는 타이어를

---

14 접시스프링은 비교적 길이가 짧은 타이밍벨트의 정압예압 부가에 유용하다. 그런데 벨트의 길이가 길어지면 벨트의 늘어짐이 스프링의 탄성변형으로 수용할 수 없을 정도로 커진다.

비롯하여 완충이나 탄성이 필요한 기구의 구성부품으로 광범위하게 사용되기 시작하였다. 특히 **고무스프링**은 천연의 생고무나 실리콘 합성고무를 금속편에 접착시킨 형태를 주로 사용한다. 고무스프링은 다음과 같은 특징을 가지고 있다.

- 1개의 스프링 요소를 사용하여 2축이나 3축 방향의 완충작용을 동시에 수행할 수 있다.
- 강성값을 비교적 자유롭게 선정할 수 있다.
- 형상설계가 자유롭다.
- 금속과 강력하게 접착할 수 있다.
- 비틀림, 압축을 포함하여 다양한 힘의 조합이 가능하다.
- 소형, 경량으로 만들 수 있어서 지지장치의 설계가 단순화된다.
- 내부감쇄특성이 양호하여 진동의 감쇄에 유용하다.
- 고주파진동의 절연에 큰 효과가 있다.

고무스프링의 단점으로는

- 노화현상이 있어서 장기간 사용하면 갈라진다.
- 내유성이 작아서 기름과 접하면 녹아내린다.
- 인장력에 취약하다.

이상과 같은 고무스프링의 장점과 단점을 숙지하면 고속작동기의 진동감쇄나 정밀기기의 지지장치로 유용하게 사용할 수 있다.

고무스프링의 형상은 **그림 5.13**에 도시된 것처럼, 압축형, 전단형, 비틀림형 및 복합형으로 설계된다. 압축형은 수직방향의 큰 하중지지에 사용되며, 전단형은 수직방향 지지강성을 줄이기 위해서 사용된다. 복합형은 압축과 전단력을 동시에 받는 형태로서, 다축지지를 위해서 사용된다. 비틀림형은 토션하중 지지를 위해서 사용된다.

그림 5.24에서는 초소형 원심분리기의 롤-방향 및 피치방향 강성을 최소화시키는 고무스프링

---

15 고무에 유황을 섞어 가열하는 방법으로 고무에 탄성과 내구성, 수분 저항성 등이 생겨난다.

의 사례를 보여주고 있다. 그림에서는 모터의 출력축에 장착되는 원심분리용 로터가 생략되었다. 고무스프링의 강성은 비선형적 특성이 강하여 해석이 매우 어렵다 이 사례에서는 다양한 경도로 시제품을 몰딩하여 제작한 후에 이들을 시험하여 진동특성이 가장 양호한 경도를 선정하는 방식 으로 개발이 진행되었다. 이를 통해서 로터에 삽입되는 시료튜브의 무게 차이로 인한 언밸런스에 대한 자체 밸런싱 기능을 구현하여 고속회전 시의 진동을 최소화시켰다.

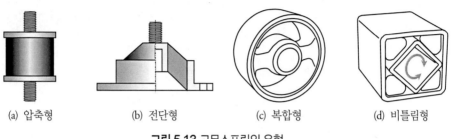

(a) 압축형　　　　(b) 전단형　　　　(c) 복합형　　　　(d) 비틀림형

그림 5.13 고무스프링의 유형

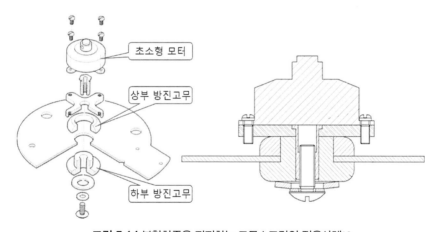

초소형 모터

상부 방진고무

하부 방진고무

그림 5.14 복합하중을 지지하는 고무스프링의 적용사례[16]

　고무제품은 다품종 소량생산에 특화되어 있으며, 저정밀 금형을 사용하기 때문에 금형비용도 염가이다. 따라서 비표준 고무제품의 설계와 적용을 주저할 필요가 없다.

16　장인배 외, 원심분리기용 방진구, 발명특허, 10-1112192-0000.

5.2.4 가상강성

전자석 작동기에서 생성되는 비접촉 전자기력을 사용하여 물체의 위치를 일정하게 유지시키면 전자석 작동기와 물체 사이를 가상의 스프링요소가 연결하고 있는 것처럼 물체가 거동하게 된다. 이를 **가상강성**이라고 부르며, 현대적인 정밀 메카트로닉스 기구에서는 리니어모터, 보이스코일 작동기, 가변 릴럭턴스 작동기 등과 같은 다양한 자기력 발생기구들을 서보 제어하여 가상강성을 구현하고 있다. 리니어 모터나 보이스코일 작동기와 같은 공심코일 작동기들에 대해서는 8.1.2절에서 논의되어 있으며, 자기부상에 사용되는 전자석 작동기들에 대해서는 7.7절에서 논의되어 있다.

그림 5.15에서는 CD 플레이어의 광디스크 하부면에 성형되어 있는 트랙과 이 트랙을 추종하는 광 픽업유닛을 보여주고 있다. CD 플레이어의 투명한 디스크 표면에는 피치 1.6[μm] 간격을 가지고 나선형으로 감긴 트랙에 폭 0.4[μm]인 홈들을 새겨서 영상과 음향 데이터를 기록한다. 레이저 광선을 사용하는 광학식 픽업이 이 트랙을 따라가면서 홈에 새겨진 이진정보들을 검출한다. 그런데 CD 픽업장치는 바닥 진동이나 디스크의 불평형 진동 등의 외란에 노출되므로, 이런 외란을 극복하고 안정적으로 트랙을 추종하여야 한다.

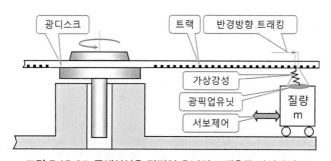

그림 5.15 CD 플레이어용 광픽업 유닛의 트랙추종 가상강성[17]

광 픽업유닛의 질량은 0.01[kg]이며, 반경방향 트래킹의 허용오차는 0.2[μm] 이내로 유지되어야 한다. 이 시스템에 가해지는 최대 외란은 최고 주파수 25[Hz]인 200[μm] 진폭의 충격이라고 정의되었다.

---

17   R. Schmidt. 저, 장인배 역, 고성능메카트로닉스의 설계, 동명사, 2015를 참조하여 재구성하였다.

광픽업유닛이 정현함수 형태로 진동한다는 가정하에 다음 식을 사용하여 피크 가속도를 구할 수 있다.

$$\ddot{x}_p(t) = x_p \omega^2 = x_p(2\pi f)^2 = 200 \times 10^{-6} \times (2\pi \times 25)^2 \approx 5\,[\mathrm{m/s^2}]$$

따라서 서보 제어기가 구현해야 하는 최소 반경방향 강성(가상강성)은 다음 식을 사용하여 구할 수 있다.

$$K_N \geq \frac{F_p}{\delta_r} = \frac{ma}{\delta_r} = \frac{0.01 \times 5}{0.2 \times 10^{-6}} = 2.5 \times 10^5\,[\mathrm{N/m}]$$

이 강성으로 인한 픽업 유닛의 비감쇠 고유주파수는 다음과 같이 계산된다.

$$f_0 = \frac{1}{2\pi}\sqrt{\frac{K_N}{m}} = \frac{1}{2\pi}\sqrt{\frac{2.5 \times 10^{-5}}{0.01}} \approx 800\,[\mathrm{Hz}]$$

실제의 픽업유닛에서는 보이스코일 작동기와 음의 귀환제어기를 사용하여 이 가상강성을 구현한다. 이 가상스프링의 작동특성은 수동적인 스프링-질량 시스템에 사용되는 기계적 시스템과 완벽하게 상응하는 특성을 가지고 있다.

5.3 구조물의 강성

기계나 메커니즘들은 의도된 기능을 수행하기 위해서 서로 연결된 구조를 형성하며, 이들 각자의 강성과 이들 사이의 상호 연결관계에 따라서 **구조물의 강성**이 결정된다.

기계의 뼈대라고 할 수 있는 구조물은 운동의 기준면을 제공하며 반력을 흡수하고 외란에 영향을 받지 않아야 한다. 구조물이 기준면으로 작용하기 위해서는 시효변형이 없고 형상 및 치수 안정성이 뛰어나야 하며, 반력과 외란에 견디기 위해서는 무겁고 강성과 감쇠가 커야 한다.

구조물 설계에서는 기본적으로 다음의 세 가지 설계원칙들을 고려해야 한다.

- 질량을 최소화하면서 강성을 최대화하여야 한다. 이를 위해서 가능한 한 많은 질량을 무게중심에서 멀리 위치시켜야 한다. 이를 통해서 강성대비 질량비율을 극대화시킬 수 있다.
- 모든 부재에 응력이 고르게 부가될 수 있도록 응력을 분산시켜야 한다. 구조물의 특정한 부위에 응력이 집중되면 기계의 신뢰성이 떨어지고 파손의 위험이 높아진다.
- 구조물을 해석이 쉽고 분리가 가능하도록 모듈화시켜야 한다. 이때 주의할 점은 모듈들이 조합된 총강성이 기계가 필요로 하는 조건을 충족시킬 수 있도록 각 모듈들의 강성을 할당해야 한다.

이 절에서는 구조물을 구성하는 보요소의 단면형상에 따른 강성과 직렬 및 병렬 구조배치에 따른 강성에 대한 고찰을 통해서 강성을 결정하는 기본 원리들에 대해서 살펴보면 플랜지와 같은 구조물의 보강방법 구조배치의 형식에 따른 특징과 장단점논의 그리고 곡률보상설계의 순서로 논의를 진행하겠다.

5.3.1 보요소의 강성[18]

기계구조나 건축물과 같은 구조물들은 기능적 부하의 전달과 더불어서 자중을 지지하는 기능을 수행해야 한다. 이런 구조물들은 안전성과 신뢰성을 우선으로 하는 대상이다. 따라서 응력이나 변형이 특정한 한계를 넘어서지 말아야 한다거나 고유주파수가 특정한 값을 넘어서야 한다는 등의 사양이 적용되며, 항상 보수적인 설계가 권장된다. 질량을 최소화하면서 강성을 최대화하기 위해서는 소재의 활용도가 최대화될 수 있는 위치에 소재가 정확히 위치해 있어야만 한다. 구조물의 무게는 최소화하면서 단위질량당 강성을 최대화하기 위해서 보요소를 사용하는 트러스 구조가 널리 사용되고 있다. 이 절에서는 보 요소의 단면형상에 따른 굽힘강성의 차이를 상호 비교하여 어떤 단면이 최적의 강성을 가지고 있는지를 살펴보기로 한다.

외팔보 형태로 배치된 보요소의 굽힘강성은 다음 식으로 나타낼 수 있다.

$$K_{bending} = \frac{3EI}{L^3}$$

---

18 H. Soemers, Design Principles for Precision Mechanisms, Delft Press., 2011의 1장 내용을 참조하여 재구성하였다.

여기서 E는 영계수(종탄성계수), I는 단면관성모멘트 그리고 L은 보요소의 길이다. 따라서 주어진 보요소의 단위질량 당 굽힘강성을 극대화한다는 것은 동일한 단면적에 대해서 단면관성모멘트를 최적화시키는 것과 같다. 그림 5.16에서는 동일한 길이×폭×두께를 갖는 판재를 사용하여 다섯 가지 유형의 단면형상을 갖는 보요소를 만들었을 때에 이 보요소들의 굽힘강성을 서로 비교하여 보여주고 있다. 그림 5.16 (a)에서와 같이, 판재의 폭 W를 한 변의 길이가 B인 정사각형으로 절곡하여($W = 4B$) 제작한 길이가 L인 사각형 각관을 비교의 기준으로 사용하였다. 이 각관의 굽힘강성을 K□라 하자. 그림 5.16 (b)에서와 같이 각관의 위와 아래의 폭은 0.5B, 높이는 1.5B인 좁고 높은 단면으로 각관을 제작하면, 이 각관의 굽힘강성은 K□보다 1.6875배만큼 증가한다. 그림 5.16 (c)에서와 같이 높이가 2B인 I-형 빔으로 만들면 굽힘강성은 정사각형 각관에 비해서 4배 증가한다. 그림 5.16 (d)에서와 같이 폭이 좁고 높은 형태의 I-형 빔은 굽힘강성이 K□보다 6.75배 그리고 그림 5.16 (e)와 같이 판재를 곧게 편 경우의 굽힘강성은 K□보다 8배 증가하지만, (d)나 (e)의 경우는 측면방향으로의 강성이 매우 약하여 좌굴(버클링)의 위험이 있으므로, 구조물로 사용하기 위험하다. 보요소의 사례에 따르면, 단면 관성모멘트를 고려한 설계를 통해서 필요한 방향으로의 구조물 강성을 크게 향상시킬 수 있다는 것을 알 수 있다.

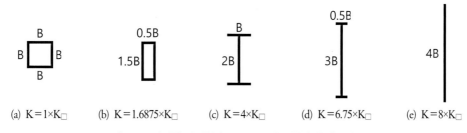

그림 5.16 다양한 단면형상 보요소들의 굽힘강성 상호비교[19]

보요소에 비틀림이 가해진다면 I-형 빔과 같은 열린 단면형 보요소보다는 실린더 형태의 닫힌 단면형 보요소가 유리하다. 보요소의 비틀림강성은 다음 식으로 나타낼 수 있다.

$$K_{torsion} = \frac{4GA^2t^2}{V}$$

19 H. Soemers, Design Principles for Precision Mechanisms, Delft Press., 2011.

여기서 G는 횡탄성계수, A는 닫힌 단면 보요소의 표면적, V는 소재의 체적, t는 소재의 두께이다. **그림 5.17**에서는 다양한 단면형상들의 비틀림강성을 $K_{\square}$를 기준으로 하여 서로 비교하여 보여주고 있다.

(a) $K=1\times K_{\square}$ (b) $K=0.59\times K_{\square}$ (c) $K=0.564\times K_{\square}$ (d) $K=0.04\times K_{\square}$ (e) $K=1.6\times K_{\square}$

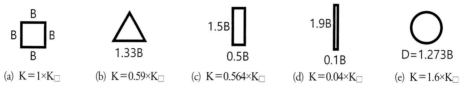

그림 5.17 다양한 단면형상 보요소들의 비틀림강성 상호비교[20]

그림 5.17에 따르면, 삼각형 단면 각관은 사각형 단면 각관에 비해서 비틀림강성이 59%에 불과하다는 것을 알 수 있다. 또한 정사각형 단면에 비해서 폭이 좁은 사각형 각관이 비틀림강성에 매우 취약하다는 것을 알 수 있다. **그림 5.17** (e)에 따르면, 원형단면의 비틀림강성은 사각단면의 비틀림강성에 비해서 1.6배에 달한다는 것을 알 수 있다. 원형단면 보요소의 비틀림강성에 대한 우수성을 좀 더 자세히 살펴보기 위해서 **그림 5.18**에서는 봉과 실린더형 단면을 가지고 있는 요소들의 비틀림강성, 강도 및 질량을 서로 비교하여 보여주고 있다.

그림 5.18의 첫 번째 행은 중실축이며, 두 번째와 세 번째 행은 중공축(실린더) 단면을 가지고 있는 보요소를 나타낸다. 그리고 첫 번째 열(**그림 5.18** (a))은 동일한 비틀림강성을 가지고 있는 단면들을 보여주고 있으며, 두 번째 열(**그림 5.18** (b))은 동일한 비틀림 강도 그리고 세 번째 열(**그림 5.18** (c))은 동일한 질량을 가지고 있는 보요소들의 단면치수를 보여주고 있다. 그림에 따르면 직경이 100[mm]이며 벽두께가 0.25[mm]인 실린더는 직경이 38[mm]인 중실축과 동일한 비틀림강성을 가지고 있으며, 직경이 27[mm]인 중실축과 동일한 비틀림하중에서 항복을 일으키지만 직경이 10[mm]인 중실축과 동일한 질량을 사용한다는 것을 알 수 있다. 따라서 얇은벽 실린더는 비틀림강성에 대해서 매우 효율적인 부재라는 것을 알 수 있다. 하지만 얇은벽 실린더형 요소는 좌굴에 취약하기 때문에, 실제 구조물에 적용할 경우에는 세심한 주의가 필요하다.

또한 실린더형 보요소는 완벽한 닫힌형상을 가지고 있는 경우에만 이렇게 뛰어난 강성을 가지

20 H. Soemers, Design Principles for Precision Mechanisms, Delft Press., 2011.

고 있다. 만일 **그림 5.19** (a)에서와 같이 실린더의 한쪽이 찢어져 있다면(즉 열린단면), 실린더의 비틀림강성은 급격하게 감소해버린다. 직경이 100[mm]이고, 벽두께가 1[mm]인 튜브의 경우에 열린단면 실린더의 비틀림강성은 완벽한 실린더형 요소의 약 1/10,000에 불과하다. 하지만 **그림 5.19** (b)에서와 같이 용접 등을 통해서 열린단면 실린더의 한쪽 끝을 클램핑하면 비틀림강성이 크게 향상된다. 하지만 이런 방식의 강성보강은 짧은 길이 범위에 국한하여 작용한다.

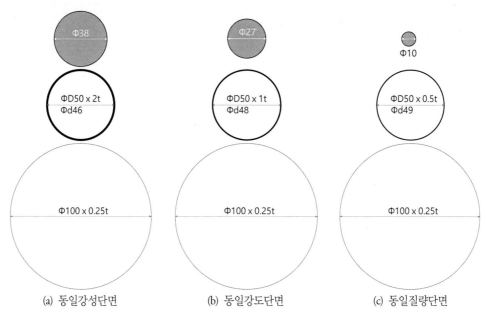

(a) 동일강성단면   (b) 동일강도단면   (c) 동일질량단면

그림 5.18 원형단면 보요소의 비틀림 강성, 강도 및 질량비교[21]

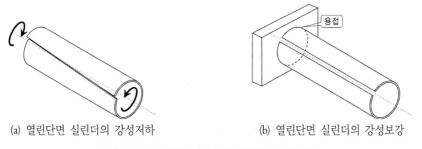

(a) 열린단면 실린더의 강성저하   (b) 열린단면 실린더의 강성보강

그림 5.19 열린단면 실린더에 가해지는 비틀림[22]

21 H. Soemers, Design Principles for Precision Mechanisms, Delft Press., 2011.
22 H. Soemers, Design Principles for Precision Mechanisms, Delft Press., 2011.

그림 5.20에서와 같이 45°로 절단된 두 개의 각관을 맞대어 용접하여 직각구조물을 만들면 굽힘모멘트에 의해서 유발된 각관표면의 인장 및 압축응력을 전달할 수 없다(좌굴이 일어난다). 하지만 절단면 내부에 보강판을 덧대어 용접하면 보강판이 인장측의 작용력을 압축측으로 전달시켜주면서 모멘트하중을 상쇄시켜주므로 구조물의 강성이 크게 향상된다.

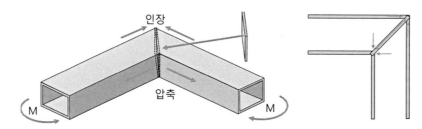

그림 5.20 45° 각관용접구조의 모멘트강성 강화방안[23]

각관과 같이 양쪽 면이 열린 박스형 구조물은 실린더와는 달리, 비틀림에 대해서 유연하다. 특히 비교적 짧은 사각단면 각관의 열린단면은 비틀림하중에 의해서 매우 쉽게 평행사변형으로 변형된다. **그림 5.21**에서는 열린단면 박스형 구조의 비틀림강성을 보강하는 여덟 가지 방법들을 보여주고 있다.

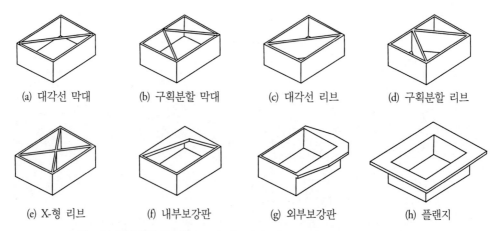

(a) 대각선 막대   (b) 구획분할 막대   (c) 대각선 리브   (d) 구획분할 리브

(e) X-형 리브   (f) 내부보강판   (g) 외부보강판   (h) 플랜지

그림 5.21 열린단면 박스형 구조의 비틀림강성을 보강하는 여덟 가지 방법들[24]

23 H. Soemers, Design Principles for Precision Mechanisms, Delft Press., 2011을 참조하여 재구성하였다.
24 D. Blanding 저, 장인배 역, 정확한 구속, 도서출판 씨아이알, 2016.

웨이퍼 세정이나 베이킹과 같은 후공정은 노광기가 웨이퍼 한 장을 노광하는 시간보다 오랜 처리시간이 소요되기 때문에 **그림 5.22**와 같은 선반형 프레임에 다수의 공정모듈들을 설치하여 노광기에 투입할 웨이퍼를 전처리하거나 노광기에서 배출된 웨이퍼의 후처리를 시행한다. 프레임의 앞쪽은 공정모듈의 탈착을 용이하게 만들기 위해서 서랍 형으로 설계되며, 뒤쪽도 로봇이 웨이퍼를 넣고 빼기 위한 공간이 필요하여 구조용 프레임에 대각선 보강부재를 설치할 수 없다. 프레임은 사각형 각관이나 알루미늄 프로파일을 사용하는데, 다수의 후공정 모듈들이 탑재되면, 수 톤의 중량을 지지해야 하기 때문에 구조물의 고유주파수가 낮아져서 로봇이 고속으로 기동하면 구조물이 진동하는 문제를 겪는다. 이를 극복하기 위해서는 각관 프레임 용접구조 설계 시 **그림 5.20**과 같은 조인트강성 증대방안과 **그림 5.21**의 내부보강판과 같은 비틀림강성 증대방안을 적용하여 구조물의 강성을 극대화시켜야만 한다.

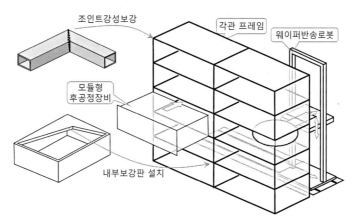

그림 5.22 후공정 장비용 선반형 프레임의 강성보강

5.3.2 구조배치와 강성

구조물의 강성은 장비나 구조물의 설계에서 매우 중요한 사안이다. 구조물의 강성이 크면 자중과 부하에 의한 변형이 작으며, 구조물의 강성 대 질량비가 크다면 고유주파수가 높아져서 외란에 의한 진동의 진폭이 감소한다.

구조물의 연결부는 하중과 부하의 전달경로로 작용한다. 이 힘의 전달경로 전체가 구조물의 강성을 결정하기 때문에, 구조물의 배치형상과 그에 따른 힘전달경로에 대한 설계에 대한 고찰이 필요하다. **그림 5.23**에서는 두 부재의 좌측은 회전조인트를 사용하여 벽체에 고정되어 있으며,

우측은 회전조인트를 사용하여 서로 연결되어 수직하중(W)을 지지하는 트러스구조의 부재들에 부가되는 하중에 대한 간단한 정역학적 계산사례를 보여주고 있다.

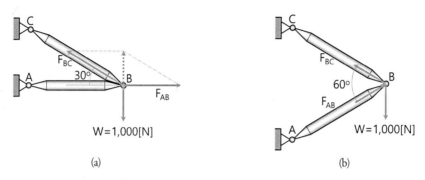

(a)   (b)

그림 5.23 수직하중을 지지하는 트러스의 설계사례

그림 5.23 (a)의 경우, 수평부재(AB)와 30° 각도로 배치된 경사부재(BC)를 사용하여 하중 $W = 1,000$[N]을 지지하고 있다. 이 경우에 AB 부재와 BC 부재에 가해지는 부하를 정역학적 평형식을 사용하여 계산해보면 다음과 같다.

$$\sum F_y = F_{BC}\sin30° - 1,000 = 0$$

$$\sum F_x = -F_{BC}\cos30° + F_{AB} = 0$$

$$\therefore F_{BC} = \frac{1000}{\sin30°} = 2,000\,[\text{N}]$$

$$F_{AB} = F_{BC}\cos30° = 1,732\,[\text{N}]$$

그러므로 **그림 5.23** (a)의 트러스 구조는 1,000[N]의 부하를 지지하기 위해서, F_{AB} 부재는 1,732[N]을, 그리고 F_{BC} 부재는 2,000[N]의 부하를 받고 있다는 것을 알 수 있다. 이 설계는 하중을 두 개의 부재로 나누어 지지했음에도 불구하고 두 부재에 부가된 부하가 지지하려는 하중보다 두 배나 더 커진, 매우 비효율적인 구조물이라는 것을 알 수 있다.

반면에, **그림 5.23** (b)의 경우에는 AB 부재를 아래로 30°만큼 아래로 기울여서 설치하였다. 이 경우에 AB 부재와 BC 부재에 가해지는 부하를 정역학적 평형식을 사용하여 계산해보면 다음과 같다.

$$\sum F_y = F_{AB}\sin 30° + F_{BC}\sin 30° - 1{,}000 = 0$$

$$\sum F_x = F_{AB}\cos 30° - F_{BC}\cos 30° = 0$$

$$\therefore F_{AB} = F_{BC}, \ \ 2F_{AB}\sin 30° = 1{,}000\,[\mathrm{N}]$$

$$F_{AB} = F_{BC} = \frac{1{,}000}{2\sin 30°} = 1{,}000\,[\mathrm{N}]$$

그러므로 **그림 5.23** (b)의 구조는 1,000[N]의 하중을 지지하면서 F_{AB} 부재와 F_{BC} 부재에 각 1,000[N]의 부하가 가해진다는 것을 알 수 있다. 이는 아주 만족스러운 결과는 아니지만, **그림 5.23** (a)에 비해서는 최대 부하가 절반으로 감소했다. **그림 5.23**의 사례에서 알 수 있듯이 동일한 강성을 가지고 있는 부재들을 사용하면서도 구조배치를 최적화하면 개별 부재에 가해지는 부하를 감소시킬 수 있다. 이를 통해서 구조물의 변형량이 감소하기 때문에 구조물의 **겉보기강성**을 높일 수 있다.

기계 또는 장비 내에서 구조물은 구성요소들을 서로 결합시키는 기반으로 사용된다. 이런 구조물의 설계 시에는 힘전달 루프와 열전달 루프의 최소화와 동적인 성능에 주의를 기울여야만 한다. 구조물의 형태는 기계설계의 초기단계에 결정되며, 상세설계가 시작되면 이를 변경하는 것이 극히 어렵다. 따라서 구조물의 설계 시에는 구조배치과정을 위상문제로 접근하는 노력이 필요하다.

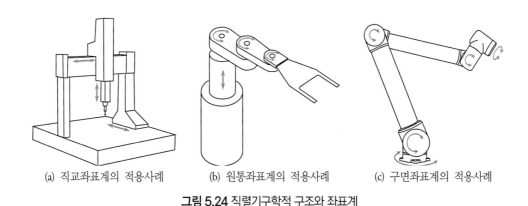

(a) 직교좌표계의 적용사례   (b) 원통좌표계의 적용사례   (c) 구면좌표계의 적용사례

그림 5.24 직렬기구학적 구조와 좌표계

5.3.2.1 직렬기구학적 구조

로봇이나 공작기계 그리고 3차원측정기 등과 같이 우리가 일상적으로 접하는 기계들은 구조물과 운동부가 직렬로 연결되어 있는 **직렬기구학**적 구조를 사용하고 있다. 이런 직렬기구학적 구조에서는 작동부들이 순차적으로 연결되어 있으며, 이들의 연결관계를 링크기구로 간주할 수 있다. 3차원 공간 내에서 엔드이펙터의 위치결정을 수행하는 링크기구를 구성하는 기본적인 방법은 **그림 5.24**에 도시된 것처럼, 직교좌표계, 원통좌표계 또는 구면좌표계를 사용하는 것이다. 이렇게 기구학적 구조를 나타내기 위해서 좌표계를 사용하는 이유는 기구학적 해석을 통해서 기구의 성능을 검증하고 제어를 용이하게 만들기 위해서이다.

직교좌표계($x-y-z$)를 사용하면 고강성, 고정밀 구조물을 설계하기가 용이하고, 특히 많은 수학공식들이 직교좌표계를 기반으로 유도되었기 때문에 공학적 검증이 용이하다는 장점이 있다. 하지만 직선운동 기구들은 회전운동기구에 비해서 고가이며, 구조가 복잡해질 수 있고, 작업체적이 작아진다는 단점을 가지고 있다. 일반적으로 고강성 공작기계, 초정밀 스테이지와 같은 많은 기기들이 직교좌표계를 사용하고 있다. **원통좌표계**($r-\theta-z$)를 사용하면 작업체적이 커지고 고속작동이 가능하며, 구동부의 구조가 단순하다는 장점이 있다. 하지만 아베의 오차가 정밀도를 제한하며, 팔길이가 길어질수록 강성이 저하된다는 단점 때문에 고정밀, 고강성 로봇을 구현하기가 용이하지 않다. 원통좌표계는 고속작동과 넓은 작업체적이 필요한 웨이퍼 반송용 로봇 등에서 널리 사용되고 있다. **구면좌표계**($r-\theta-\phi$)를 사용하면 원통좌표계보다 더 큰 작업체적을 구현할 수 있으며, 6축 로봇과 같은 다자유도 시스템을 구현하기가 용이하다. 하지만 원통좌표계에서와 마찬가지로 아베오차의 증폭과 강성저하로 인하여 정밀도에 한계가 있고, 관절구동에 사용되는 고비율 감속기[25]로 인한 관성부하와 출력토크 한계로 인하여 고속작동이 어렵다.

그림 5.25에서는 직교좌표계를 적용한 직렬구조 중에서 열린단면 프레임과 닫힌단면 프레임을 보여주고 있다. **그림 5.25** (a)는 소위 **C형 프레임**이라고 부르는 열린단면 프레임 구조로서, 전형적인 밀링가공기 등에서 널리 사용되고 있다. 이 구조는 작업영역에서의 접근성이 좋지만, 구조루프가 직각으로 꺾이는 횟수가 4회에 달하여 조립오차, 부하오차 및 열팽창오차 등이 아베오차의 형태로 누적되어 기계의 정밀도를 크게 저하시킨다. **그림 5.25** (b)에서는 앞서와 동일한 구조를

---

25 전형적으로 하모닉드라이브와 2단 유성기어를 사용하고 있다. 저자는 1.2.16절에서 소개한 고비율감속기인 버니어 드라이브를 발명하였으며, 이를 6축 로봇 등에 적용하려는 노력을 하고 있다. 8.2.1.4절 참조.

대칭 형태로 배치한 **문(게이트)형 프레임** 구조를 보여주고 있다. 이 구조는 열린단면 구조보다는 접근성이 떨어지지만 구조루프가 견고해지며, 대칭성 덕분에 아베오차의 누적이 최소화된다. 또한 무게중심, 강성중심 및 마찰중심 등이 대칭구조의 중앙 근처에 위치하기 때문에, 부하오차나 열팽창오차 등을 상쇄시키기 용이하다.

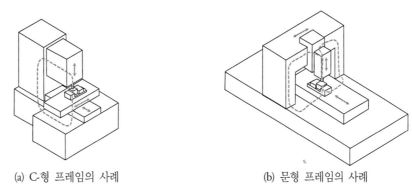

(a) C-형 프레임의 사례   (b) 문형 프레임의 사례

그림 5.25 열린단면 프레임과 닫힌단면 프레임의 비교26

일반적으로 직렬기구학을 사용하면 구조와 배치를 정의하기가 용이하고 위치결정용 작동기와 좌표계 사이의 상관관계가 일의적으로 정의되기 때문에 제어가 용이하다. 하지만 이송축들이 직렬로 연결되기 때문에 오차가 누적된다. 그리고 엔드이펙터의 구동을 위한 개별 이송축들의 부하와 동특성이 서로 다르다. 이로 인해서 이송축들의 강성과 위치결정 정밀도가 동일하지 않으며, 이송축 간의 상호커플링에 의한 복합오차가 발생한다. 이런 문제점들을 개선하기 위해서 병렬기구학적 구조가 제안되었다.

5.3.2.2 병렬기구학적 구조

하나의 이송축을 구동하기 위해서 최소한 두 개의 독립적인 구동체인을 사용하는 **병렬기구학**적 구조는 닫힌 기구학적 체인구조를 가지고 있다. 병렬기구학적 구조에서 위치결정용 작동기는 병렬로 배치되기 때문에 엔드이펙터의 위치나 배향을 바꾸기 위해서는 모든 작동기들이 동시에 움직여야만 한다. **그림 5.25**에서는 병렬기구학적 구조를 사용하여 3차원 공간 내에서 엔드이펙터

26　A. Slocum, Precision Machine Design, Prentice-Hall, 1992.

의 위치를 조절하는 두 가지 사례를 보여주고 있다.

　그림 5.26 (a)의 경우에는 두 회전조인트(R_1과 R_2)와 하나의 병진운동 조인트(T_1)를 사용하여 원통좌표계($r - \theta - z$)를 구현하였다. 이 경우에는 두 개의 힘전달경로가 병렬로 엔드이펙터의 부하와 자중을 지지하기 때문에 강성이 배가되어 위치결정 정밀도가 높아진다. **그림 5.26** (b)의 경우에는 베이스와 이동체 사이에 열두 개의 볼 조인트들을 사용하여 여섯 개의 병진운동 조인트 ($T_1 \sim T_6$)를 연결한 **스튜어트 플랫폼**의 형상을 보여주고 있다. 이 구조는 6자유도를 제어하기 위해서 6개의 작동기를 사용한 정확한구속설계로서, 병렬구조 설계에 자주 사용된다.

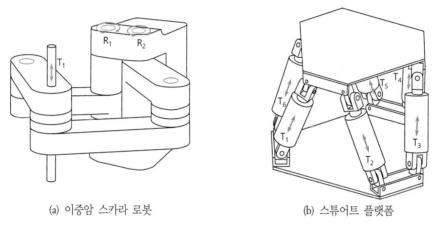

(a) 이중암 스카라 로봇　　　　　　　　　　(b) 스튜어트 플랫폼

그림 5.26 병렬기구학적 구조를 갖춘 로봇

　병렬기구학적 구조는 직렬기구학적 구조보다 높은 강성과 작은 이동질량을 구현할 수 있기 때문에 이론상 직렬기구에 비해서 더 높은 정확도를 구현할 수 있다. 또한 병렬기구학적 구조는 이송축 오차가 누적되지 않으며 모든 방향으로 동일한 정밀도가 구현된다. 또한 병렬구조에서는 기하학적 링크의 오차값들이 평균화된다. 병렬구조의 단점을 살펴보면 우선, 작업체적이 협소하며 특히 회전운동의 운동 범위가 제한적이다. 또한 구동 시 작동기들 사이의 걸림을 유발하는 특이점들이 존재하여 운동의 제어가 복잡하다. 현실적으로는 직렬기구학적 구조에 비해서 기구학, 동역학 및 구조설계에 대한 이해가 부족하기 때문에, 설계 엔지니어들이 쉽게 적용하기 어려워 한다는 점도 활용의 걸림돌로 작용하고 있다.

　현재 나노미터 수준의 위치결정 정밀도를 구현하는 초정밀 위치결정기구의 경우, 대부분이 대변위 스테이지와 미소변위 조절기구를 탑재한 이중 스테이지 형태를 취하고 있다. 여기서 미소변위 조절기구로는 **그림 3.50**에 도시된 것과 같이 압전 작동기와 플랙셔를 사용하는 병렬기구학적 구조를 사용하고 있다.

5.3.3 곡률보상설계

구조물을 가능한 한 강체와 유사한 수준으로 견고하게 설계하여도 자중과 부하에 의해서 처짐변형이 발생한다. 갠트리 구조물의 상부를 공기 베어링 안내면으로 사용하는 3차원 좌표측정기의 경우에 이런 처짐변형은 측정오차를 유발하기 때문에, 처짐변형에 따른 안내면 곡률을 최소화시킬 수 있는 방안이 필요하다. 이런 자중처짐에 의한 변형을 보상하기 위해서 미리 처짐과 반대방향으로 볼록하게 가공하는 보정방법을 **곡률보상**이라고 부른다. 이를 위해서는 가공 옵셋량을 미리 정확하게 산출하여야 하며, 일반적으로 유한요소해석법을 활용하면 처짐보상과 더불어서 편하중에 의한 각도오차 보상설계도 가능하다. 일단 곡률보상에 필요한 표면윤곽 프로파일이 구해지고 나면, 이 프로파일에 맞춰서 표면윤곽을 가공해야 한다. 하지만 프로파일 연삭기와 같은 2차원 윤곽성형능력을 갖춘 고가의 장비를 사용하여 이를 가공하거나 수작업 다듬질을 시행하는 것은 많은 비용이 소요되므로 바람직하지 않다. 활모양의 자중처짐에 대한 곡률보상은 가공물을 가공기 정반에 설치할 때에 계산된 보정량만큼의 두께를 가지고 있는 심플레이트를 가공물의 양단과 가공기 척(정반) 사이에 끼워 넣은 상태로 고정한 후에 지그를 사용하여 가공물의 최대처짐 위치를 가공기 척 표면에 압착시켜놓은 상태에서 가공물의 상부표면을 평면으로 가공하면 간단하게 곡률보상가공을 시행할 수 있다. 보상된 곡률은 오토콜리메이터를 사용하여 손쉽게 측정할 수 있다. 곡률이 보상된 안내면을 따라 움직이는 이송체의 무게가 무겁지 않다면 곡률보상이 효과적일 수 있다. 하지만 이송체의 무게가 매우 무거운 경우에는 오히려 보상된 곡률이 진직도를 저하시킬 우려가 있으니 주의가 필요하다.

대형의 구조물에서는 이송축의 처짐변형을 보상하기 위해서 곡률보상과 더불어서 매핑기법이 함께 사용된다. 이를 통해서 진직도 오차를 실제 안내면 진직도의 1/10 이하의 수준으로 줄일 수 있다.

그림 5.27에서는 반도체용 건식 식각장비 샤워헤드의 곡률보상 사례를 보여주고 있다. 반도체 웨이퍼의 건식 식각은 진공 중에서 이루어지며, 다수의 오리피스 구멍이 성형된 샤워헤드라고

부르는 세라믹 소재의 원판을 통하여 수십~수백[Pa] 수준의 식각용 가스를 주입한다. 이 과정에서 오리피스가 성형된 원판의 상부와 하부 사이에는 차압에 의하여 수~수십[N]의 힘이 가해지면서 원판이 아래로 수~수십[μm] 정도 불룩 튀어나오게 된다. 이로 인하여 유발된 웨이퍼의 중앙부와 주변부에서의 원판과 웨이퍼 표면 사이 간극 편차가 식각률 편차를 유발하게 된다. 이를 개선하기 위해서는 **그림 5.27** (b)에서와 같이 차압에 의한 변형량만큼 미리 위로 불룩 튀어나오게 (가공면에서 보면 중앙부가 오목하게) 가공하여야 한다. 이때의 가공윤곽 형상은 유한요소해석을 통해서 정확하게 산출할 수 있다.

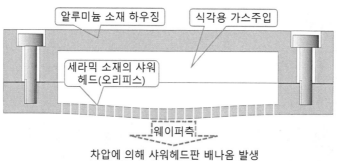

(a) 에처장비 샤워헤드의 배나옴 발생사례

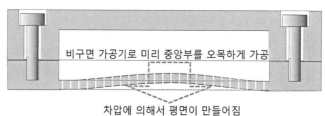

(b) 곡률보상기법을 활용한 배나옴 보상방안

그림 5.27 반도체 건식식각장비의 샤워헤드 배나옴 보상방안

06

동적 시스템 설계

Chapter
06

동적 시스템 설계

정밀기계를 구성하는 모든 요소들이 가지고 있는 자유도, 질량, 강성, 감쇄 등과 같은 각각의 동적 성질들은 정확도, 정밀도, 분해능, 정착시간, 과도응답, 고유주파수 등과 같은 시스템의 작동 성능에 영향을 끼친다. 따라서 구조물과 조인트를 포함하여 기계 시스템을 구성하는 기구물들에 대한 동역학적 성질들을 이해하는 것은 정밀기계의 설계에서 매우 중요한 사안이다. 5장에서는 강성에 대해서 살펴보았으며, 뒤이은 6장에서는 강성과 질량으로 이루어진 시스템이 스스로 운동 하거나 외란이 가해졌을 때에 발생하는 진동과 같은 불평형 응답의 특성을 이해하고 이를 효과적 으로 저감하는 방법에 대해서 논의한다.

6.1절에서는 동적 시스템 설계에 필요한 기초동역학 및 진동에 대해서 살펴보며, 6.2절에서는 푸리에변환에 기반을 둔 주파수응답과 보드선도에 대해서 다룬다. 6.3절에서는 재료의 감쇄에서 부터 입력성형에 이르는 다양한 감쇄기법에 대해서 살펴본다. 6.4절에서는 정밀기계의 위치결정 성능에 심각한 영향을 끼치는 외부진동의 전달을 저감하기 위한 진동차폐와 제진기술에 대해서 논의하며, 마지막으로 6.5절에서는 반력의 상쇄기술에 대해서 살펴보면서 6장을 마무리하겠다.

6.1 동적 시스템의 기초

물체에 작용하는 모든 힘들의 벡터 합이 0인 경우에는 물체가 **정적 상태**를 유지하지만, 만일 이 힘의 합이 0이 아니라면, 물체는 가속 또는 감속운동을 하며, 때로는 가감속 운동을 스스로 반복하는 진동을 일으킨다. 이렇게 물체가 움직이거나 진동하는 상태를 **동적 상태**라고 부른다.

기계 시스템의 동적 상태를 설명하기 위해서 일반적으로 **그림 6.5**에 도시된 것처럼 질량-댐퍼-스프링으로 이루어진 단순화된 모델을 사용한다. 이 절에서는 단순화된 질량-댐퍼-스프링모델의 해석에 필요한 기초이론들을 살펴보며, 이를 사용한 간단한 구조설계 사례도 소개한다. 이 절에서는 극단적으로 단순화된 진동모델에 국한하여 살펴볼 예정이다. 이 주제에 대해서 관심이 있는 독자들은 진동학[1]을 참조하기 바란다.

6.1.1 주파수와 주기

진동하는 물체의 변위나 교류전압의 변화와 같이 주기성을 가지고 시간에 따라서 물리량이 변하는 현상을 **진동**이라고 부른다. **그림 6.1**의 좌측에서는 반경 A와 ω의 각속도를 가지고 반시계 방향으로 회전하는 물체를 보여주고 있다. **각속도** ω[rad/s]와 하나의 사이클에 소요되는 시간인 **주기** T[s] 그리고 1초 동안 반복되는 사이클의 수인 **주파수** f[Hz=1/s] 사이에는 다음의 상관관계를 가지고 있다.

$$\omega = 2\pi f = \frac{2\pi}{T}$$

예를 들어, 주파수 $f = 10$[Hz]인 신호의 각속도는 $\omega = 62.8$[rad/s]이며, 주기는 $T = 0.1$[s]이다. 특히 주파수(f)와 각속도(ω)는 혼용하여 사용하기 때문에 숙련된 설계자들조차도 실수하기 쉽다. **그림 6.1**에 도시된 물체의 시간에 따른 y방향 진폭은 다음 식으로 타나낼 수 있다.

$$y(t) = A \sin(\omega t)$$

그림 6.1 우측에서는 이를 도표로 보여주고 있다. 회전하는 물체의 회전반경 A는 $y(t)$함수의 진폭이 되며, 주파수(f)가 아니라 무차원 회전속도인 각속도(ω)의 sin 함수를 사용하고 있음을 알 수 있다.

---

1   S. Rao, 기계진동학, Pearson, 2019.

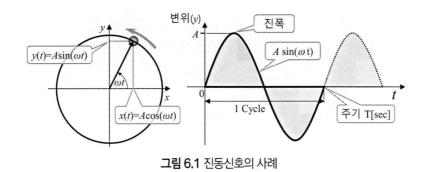

그림 6.1 진동신호의 사례

그림 6.2에서는 기구설계 엔지니어들이 자주 접하는 진동의 유형별 주파수대역을 보여주고 있다. **음향진동**은 음파에 의하여 진동에너지가 공기 중으로 전달되는 현상으로서, 주파수대역은 가장 높지만 전달되는 에너지는 $[\mu N]$ 단위에 불과하므로 초정밀 작동 시스템의 경우를 제외하고는 대부분의 경우, 이를 고려하지 않는다. 기계의 작동과정에서 발생하는 진동은 수~수백[Hz]의 작동주파수 대역을 가지고 있다. **기계진동**은 진동 에너지가 클 뿐만 아니라 특히 구조물의 공진주파수대역 내에 위치하기 때문에 이에 대한 세심한 고찰이 필요하다. 건물의 진동은 1~100[Hz]의 대역을 가지고 있으며, 주요 진동성분은 10[Hz] 주변에 위치한다. **건물진동**은 바닥에서 제진기를 통하여 구조물로 전달되며, 이를 효과적으로 제거하지 못한다면 계측 시스템이 교란되어 위치결정 시스템의 정밀도가 저하된다. 바람에 의한 건물과 지면의 진동인 **풍력진동**은 0.1~수[Hz]의 대역에 위치한다. 풍력진동의 세기는 풍속과 더불어서 건물의 단면적에 비례하여 증가한다. 최근 들어서 반도체 팹이 고층화 및 초대형화되는 추세를 감안한다면 풍력에 의한 진동도 중요한 진동 원인으로 포함시켜야 한다. 일반적으로 제진기는 수[Hz] 이상의 진동은 효과적으로 제거해주지만, 불행히도, 풍력진동 대역의 진동성분 제거에는 효과적이지 못하다. 이로 인한 저주파 진동이 정밀 위치결정 시스템을 교란시켜서 시스템의 성능을 저하시키고 반도체 생산 시스템의 수율을 떨어트리는 원인으로 작용한다. **지진진동**의 주파수 대역은 지진에 의한 직접진동과 맨틀 및 지구 핵에 반사되어 전달되는 간접진동으로 크게 나눌 수 있다. 직접진동의 경우에는 수[Hz]의 대역으로서, 기계진동의 영역과 일부 겹치고 있으며, 제진기를 사용하여 기계구조물로의 전달을 상당부분 제거할 수 있다. 반면에 0.01~0.1[Hz] 대역에 위치한 간접진동의 경우에는 영강성 제진기를 제외한 거의 모든 진동차폐수단으로 대응할 수 없다. 특히나, 주기가 매우 느리기 때문에 정밀 위치결정 시스템에서는 이로 인한 위치오차를 드리프트로 인식하기 쉽다.

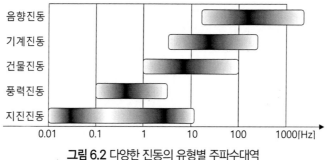

그림 6.2 다양한 진동의 유형별 주파수대역

6.1.2 진동하는 시스템

6.1.2.1 비감쇄진동

그림 6.3에서 도시되어 있는 스프링-질량 시스템의 사례를 살펴보기로 하자. 그림에서 강성 K_N인 스프링의 한쪽 끝은 벽체에 고정되어 있으며, 다른 한쪽 끝은 질량이 m인 물체에 연결되어 있다. 그리고 무중력 상태라고 가정하고 있기 때문에 물체는 수직방향(y)으로 자유롭게 움직일 수 있다.

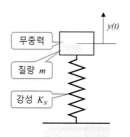

그림 6.3 스프링-질량 시스템의 진동모델

이 시스템에서는 감쇄를 가정하지 않았으므로, 일단 외란이 가해지면 라그랑주 방정식에 따라서 운동에너지와 위치에너지 사이의 상호변환이 반복되면서 영원히 진동하게 된다. 이때에 강성이 K_N인 스프링 위에 얹혀서 자유진동하는 질량이 m인 물체의 운동방정식은 다음과 같이 주어진다.[2]

---

2 라그랑주방정식으로부터 유도할 수 있지만, 이 책의 범주를 넘어서므로 생략한다. 이에 대해서는 진동학을 참조하기 바란다.

$$m\ddot{y}(t) + K_N y(t) = 0$$

수평축은 실수이며, 수직축은 허수인 복소평면에서 반시계방향으로 ωt의 각속도로 회전하는 단위벡터에 진폭을 곱하여 다음과 같이 복소수 형태를 가지고 있는 자유진동 시스템의 **변위함수** $Y(t)$를 가정할 수 있다.

$$Y(t) = A \times e^{i\omega t} = A \times [\cos(\omega t) + i\sin(\omega t)]$$

여기서 A는 진폭이며, i는 복소수를 의미한다. 변위함수 $Y(t)$의 허수부만을 취하면 질량체의 실제 변위인 $y(t)$를 구할 수 있다.

$$y(t) = Im[Y(t)] = A\sin(\omega t)$$

변위함수 $Y(t)$를 한 번 미분하여 허수부만을 취하면 질량 m의 운동속도 $v(t) = \dot{y}(t)$를 구할 수 있으며, 두 번 미분하여 허수부만을 취하면 질량 m의 운동가속도 $a(t) = \ddot{y}(t)$를 구할 수 있다.

$$v(t) = Im\left[\frac{dY(t)}{dt}\right] = Im[A \times i\omega e^{i\omega t}]$$
$$= Im[A\omega \times \{i\cos\omega t - \sin(\omega t)\}] = A\omega\cos(\omega t)$$
$$a(t) = Im\left[\frac{d^2 Y(t)}{dt^2}\right] = Im[A \times (-\omega^2)e^{i\omega t}]$$
$$= Im[-A\omega^2 \times \{\cos\omega t + i\sin(\omega t)\}] = -A\omega^2\sin(\omega t)$$

그림 6.4에서는 진폭이 1[mm]이며, 각속도는 2[rad/s]인 시스템의 변위 $y(t) = 0.001 \times \sin(2t)$, 속도 $v(t) = 0.001 \times 2 \times \cos(2t)$ 및 가속도 $a(t) = -0.001 \times 2^2 \times \sin(2t)$를 하나의 그래프에 도시하고 있다. 따라서 시스템의 동적 응답이 정현진동이라고 가정한다면 변위, 속도 또는 가속도 중 어느 하나만 알면 미분이나 적분을 통해서 나머지 값을 간단하게 구할 수 있음을 알 수 있다.

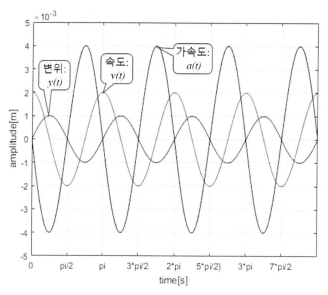

그림 6.4 정현진동의 변위, 속도 및 가속도

이제 자유진동 시스템의 변위함수 $Y(t)$를 사용하여 **그림 6.3**에 도시된 스프링-질량 시스템의 운동 방정식을 풀어보기로 하자.

$$m\ddot{Y}(t) + K_N Y(t) = 0$$

위 식에 $Y(t) = A \times e^{i\omega t}$와 $\ddot{Y}(t) = A \times (-\omega^2)e^{i\omega t}$를 각각 대입하여 정리하면 다음 식을 얻을 수 있다.

$$(-m\omega^2 + K_N) \times A \times e^{i\omega t} = 0$$

그런데 $Y(t) = A \times e^{i\omega t} \neq 0$이므로 위 식은 다음과 같이 정리된다.

$$-m\omega^2 + K_N = 0$$

따라서

$$\omega_n = \sqrt{\frac{K_N}{m}}\,[\text{rad/s}] \ \ \text{또는} \ \ f_n = \frac{1}{2\pi}\sqrt{\frac{K_N}{m}}\,[\text{Hz}]$$

을 얻을 수 있다. 이때의 각속도 ω를 **비감쇄 고유각속도**라고 부르며, 보통 하첨자 n을 추가하여 ω_n으로 표기한다. 또한 이를 주파수로 환산한 f_n은 **비감쇄 고유주파수**라고 부르지만, 통상적으로 그냥 **공진주파수**라고 부른다. 이 식은 매우 간단하면서도 구조물이나 부품의 공진주파수를 산출할 때에 아주 유용하게 사용할 수 있다. 예를 들어, 강성 $K_N = 1\times10^6[\text{N/m}]$인 스프링 위에 얹힌 질량 1[kg]인 물체의 공진주파수를 다음과 같이 구할 수 있다.

$$f = \frac{1}{2\pi}\sqrt{\frac{1\times10^6}{1}} = \frac{1{,}000}{2\pi} = 159\,[\text{Hz}]$$

6.1.2.2 감쇄진동

그림 6.3의 시스템에서는 감쇄를 가정하지 않은 이상적인 시스템이므로 발생한 진동은 영원히 지속된다. 하지만 현실세계에서는 운동에너지와 위치에너지 사이의 교환과정에서 강성요소의 재료 내에서 열이 발생하면서 진동의 진폭이 감소하게 된다. 이를 **감쇄**[3]라고 부르며, 속도에 비례하는 성질을 가지고 있다. **그림 6.5**에서는 감쇄요소인 댐퍼가 추가된 진동 시스템을 보여주고 있다.

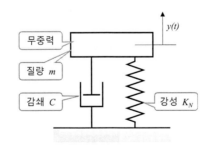

그림 6.5 스프링-댐퍼-질량 시스템의 진동모델

감쇄로 인하여 시스템의 운동방정식에는 속도항 $\dot{y}(t)$이 추가되어 다음과 같이 변한다.

---

3   damping.

$$m\ddot{y}(t) + C\dot{y}(t) + K_N y(t) = 0$$

이 시스템의 응답을 변위함수인 $Y(t) = A \times e^{i\omega t}$ 라고 가정하여 운동방정식을 풀어보기로 한다. $\dot{Y}(t) = A \times (i\omega) e^{i\omega t}$ 이며 $\ddot{Y}(t) = A \times (-\omega^2) e^{i\omega t}$ 이므로, 위의 운동방정식은 다음과 같이 정리된다.

$$(-m\omega^2 + iC\omega + K_N) \times A \times e^{i\omega t} = 0$$

그런데 $Y(t) = A \times e^{i\omega t} \neq 0$ 이므로

$$m\omega^2 - iC\omega - K_N = 0$$

이 된다. $\omega_n = \sqrt{K_N/m}$ 과 무차원 값인 감쇄비 $\zeta = C/(2\sqrt{K_n m})$ 를 사용하여 위 식을 정리하면,

$$\omega^2 - i2\zeta\omega_n\omega - \omega_n^2 = 0$$

이 2차식의 근을 구하면,

$$\omega_d = i\zeta\omega_n \pm \omega_n\sqrt{1-\zeta^2}$$

과 같이 정리된다. 복소수 평면에서 이 값의 실수부와 허수부가 이루는 각도가 감쇄공진각속도에서의 위상각이며, 양의 실수부가 실제의 감쇄공진이 일어나는 각속도이다. 이를 **감쇄 고유각속도**라고 부르며, 하첨자 d를 붙여서 ω_d라고 표기한다.

$$\omega_d = \omega_n\sqrt{1-\zeta^2}$$

그림 6.6에서는 강성 $K_N = 1 \times 10^6$[N/m]인 스프링과 다양한 감쇄비를 가지고 있는 댐퍼에 지지된 질량 $m = 1$[kg]인 물체에 100[N]의 외력을 가한 경우의 스텝응답을 보여주고 있다. 시스템에 감쇄가 존재하면 외란에 의해 진동하는 시스템의 진동에너지가 열로 변환되면서 진폭이 감소한다. 감쇄비가 클수록 진동은 빠르게 감소하여 안정상태를 찾아간다는 것을 알 수 있다.

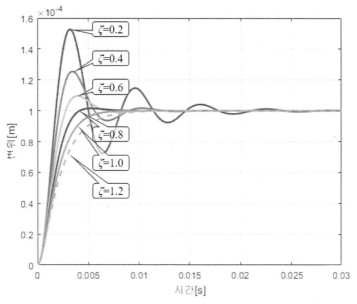

그림 6.6 스프링-댐퍼-질량 시스템의 스텝응답(컬러 도판 p.753 참조)

6.1.2.3 동적 요소의 럼핑

실제의 기계나 구조물은 **그림 6.3**에 도시되어 있는 것처럼 단순한 형태가 아니다. 하지만 대표 질량과 대표 강성값을 사용하여 극단적으로 하나의 질량요소가 하나의 강성요소에 접속되어 있는 형태로 단순화시킬 수 있다. 이보다 더 복잡한 시스템이라면 질량은 점에 집중되어 있으며, 공간은 탄성체로 연결되어 있는 스프링-질량의 연결구조로 모델링할 수 있다. 이를 동적요소의 **럼핑**[4]이라고 부른다. 예를 들어, **그림 6.7**에서와 같이 질량이 m_1과 m_2인 두 개의 물체가 강성이 K_{N1}과 K_{N2}인 스프링에 의해서 직렬로 연결되어 있는 경우에 시스템의 운동방정식은 다음과 같이 주어진다.

---

4   lumping.

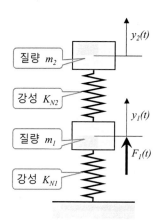

그림 6.7 2개의 물체가 스프링들에 의해서 직렬로 연결된 시스템의 사례

$$m_1 \ddot{y}_1(t) + K_{N1} y_1(t) + K_{N2}(y_1(t) - y_2(t)) = F(t)$$

$$m_2 \ddot{y}_2(t) + K_{N2}(y_2(t) - y_1(t)) = 0$$

위 식에 $Y_{1(t)} = A_1 \times e^{i\omega t}$ 와 $Y_2(t) = A_2 \times e^{i\omega t}$ 를 각각 대입하여 정리하면 다음 식을 얻을 수 있다.

$$\begin{bmatrix} -m_1 \omega^2 + (K_{N1} + K_{N2}) & -K_{N2} \\ -K_{N2} & -m_2 \omega^2 + K_{N2} \end{bmatrix} \begin{bmatrix} Y_1(t) \\ Y_2(t) \end{bmatrix} = \begin{bmatrix} F(t) \\ 0 \end{bmatrix}$$

위 식은 단순한 2×2 행렬식이기 때문에 손쉽게 역행렬을 구할 수 있다.

$$\begin{bmatrix} Y_1(t) \\ Y_2(t) \end{bmatrix} = \frac{1}{\{-m_1 \omega^2 + (K_{N1} + K_{N2})\}\{-m_2 \omega^2 + K_{N2}\} - K_{N2}^2}$$

$$\begin{bmatrix} -m_2 \omega^2 + K_{N2} & K_{N2} \\ K_{N2} & -m_1 \omega^2 + (K_{N1} + K_{N2}) \end{bmatrix} \begin{bmatrix} F(t) \\ 0 \end{bmatrix}$$

위의 해를 사용하면, 질량 m_1과 m_2의 시간응답을 손쉽게 구할 수 있다.

그림 6.8에서는 승용차의 서스펜션과 타이어를 모델링하여 쇼크업소버의 감쇄특성에 따른 차

체의 진동에 대한 운동방정식을 유도한 후에 매트랩™의 Step 함수를 사용하여 시간함수 그래프를 그린 사례를 보여주고 있다. 그림에 따르면 쇼크업소버의 감쇄값 $C_2 = 2,000[\text{Ns/m}]$까지는 감쇄값이 증가함에 따라서 오버슈트가 감소하지만, C_2값이 이보다 더 커지면 어느 순간부터 오히려 오버슈트가 증가하며 고주파진동으로 전환된다는 것을 알 수 있다. 이처럼, 극단적으로 단순화된 모델을 사용해서도 차량용 서스펜션에 대한 기본 특성을 살펴볼 수 있다. 이처럼 럼핑모델은 기계 시스템에 대한 상세설계가 완성되기 전의 초기설계 단계에서 시스템의 작동성능을 예측할 수 있는 매우 강력한 도구이다.

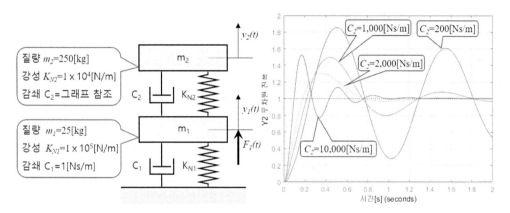

그림 6.8 차체-서스펜션-휠-타이어-지면으로 이루어진 시스템에 대한 럼핑된 2물체 모델[5](컬러 도판 p.753 참조)

만일 이보다 더 복잡한 시스템이라면 럼핑되는 절점(일명 노드점)의 숫자를 늘려야 하며, 이런 경우에는 행렬식이 기하급수적으로 증가하여 **그림 6.7**의 사례처럼 손으로는 풀 수 없게 된다. **그림 6.9**에서는 스패너를 다수의 스프링-질량체로 럼핑한 사례를 보여주고 있다. 그림에서 직선들은 스프링요소를 나타내며, 직선들이 서로 겹치는 부분인 절점들에는 질량이 집중되어 있다. 이런 모델의 운동방정식을 정리하여 행렬식으로 나타내면 매우 크기가 큰 행렬식이 구성된다. **유한요소해석법**은 이와 같이 구조물을 다수의 스프링과 질량이 연결된 구조로 럼핑시킨 행렬식 모델을 구성한 다음에 이를 풀어 정적인 변형이나 동적인 진동을 수학적으로 해석하는 방법이다. 이를 위해서 ADINA™, ABAQUS™, ANSYS™ 등과 같은 상용 코드들이 공급되고 있다. 하지만 유한

---

5 R. Schmidt 저, 장인배 역, 고성능메카트로닉스의 설계, 동명사, 2015를 참조하여 재구성하였다.

요소 해석은 구체적인 설계가 완성되어야 사용할 수 있는 도구이기 때문에 기구설계 엔지니어가 초기 설계과정에서 이를 활용하는 것은 어려운 일이다. 심지어는 유한요소 해석을 위해서 초기설계 단계에서 구체화된 설계모델을 만들어놓으면, 모든 사안들에 대한 세심한 고찰 없이 설계가 너무 빨리 진행돼서 나중에 심각한 문제를 발견하여도 설계를 처음 상태로 다시 되돌리기 어려워질 위험성이 있다.

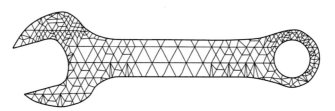

그림 6.9 스프링과 질량의 연결로 럼핑된 스패너의 유한요소 해석모델

기계의 초기설계 단계에서는 세부 형상이 구체화되지 않은 상태에서 시스템의 질량, 강성 및 고유주파수 등을 결정해야 한다. 이를 위해서 동적 요소들의 럼핑을 통해서 극단적으로 단순화된 스프링-질량 모델을 사용하여 단순계산을 수행하는 것이 바람직하다. 따라서 설계엔지니어들은 이 절에서 제시한 스프링-질량모델에 대한 손계산에 익숙해져야만 한다.

6.1.3 구조물진동

앞에서는 물체나 구조물에서 발생하는 진동을 스프링-댐퍼-질량으로 단순화하여 해석하는 방법에 대해서 살펴보았다. 이를 **이산 시스템**[6]이라고 부르며, 이산 시스템에서는 모델링된 자유도의 수만큼의 고유주파수들을 찾아낼 수 있다. 하지만 실제의 물체는 무한의 자유도를 가지고 있는 **연속 시스템**이므로 이론적으로는 무한한 숫자의 고유주파수를 가지고 있다. 연속 시스템의 해석을 위해서는 편미분방정식을 사용한 수치해석이 필요하지만, 이 책의 범주를 넘어서므로, 이에 대해서는 다루지 않는다.

구조물의 다양한 진동모드를 살펴보기 위한 가장 단순한 사례는 현의 진동이다. 장력을 받고 있는 현을 튕기면 현의 장력에 따라서 **그림 6.10**에 도시된 것처럼, 다양한 진동모드를 만들어낼

---

6   discrete system.

수 있다. 그림에서 L은 현의 길이 그리고 v는 파동의 전파속도이다.

현의 진동모드는 고정된 양쪽의 벽체 사이를 반사되면서 왕복하는 파동의 전파속도가 특정한 주파수조건과 일치하면 나타나는 일종의 공진현상으로서, 마치 파동이 정지한 듯한 착시현상을 나타낸다. 이때에 진폭이 0인 위치를 **마디**(노드)라고 부르며, 진폭이 최대가 되는 위치를 **배**(안티 노드)라고 부른다.

모드	모드형상	파장길이	주파수
1차		$2L$	$\dfrac{v}{2L}$
2차	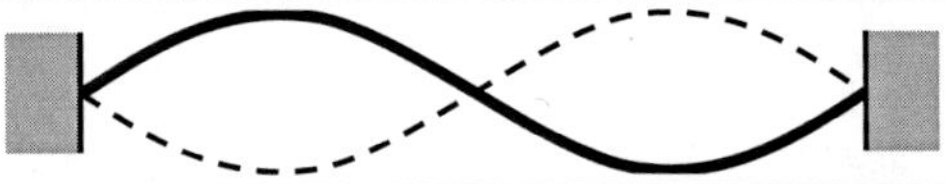	L	$\dfrac{v}{L}$
3차		$\dfrac{2L}{3}$	$\dfrac{3v}{2L}$
4차		$\dfrac{L}{2}$	$\dfrac{2v}{L}$

그림 6.10 장력을 받고 있는 현의 다양한 진동모드[7]

현이나 구조물의 진동에서 **1차 모드**가 가장 에너지가 크고 파괴력이 높기 때문에 대부분의 구조물이나 기구들에서는 1차 모드의 주파수를 찾아내며, 이를 작동속도보다 높게 설계하기 위해서 노력한다. 하지만 구조물 강성이 작거나 고주파로 작동하는 기기의 경우에는 고차모드에 노출된다. 이런 경우에는 해당 모드에 의해서 기계가 파손되지 않도록 대응책을 마련하여야 한다. 예를 들어, 직경이 작고 길이가 길며 고속으로 회전하는 터빈축의 진동 모드는 현의 진동과 매우 유사한 형태를 가지고 있다. 2차 모드와 인접한 속도로 회전하는 터빈축을 설계하는 경우에 이 회전축을 지지하는 베어링은 2차 모드를 이루는 3개의 노드점 위치에 베어링을 설치하여야 한다. 그런데 만일 이 터빈축의 작동속도가 3차 모드에 근접하게 된다면 회전축의 중앙부는 노드에서 안티노드로 변하기 때문에, 중앙에 설치한 베어링은 빠르게 마모되어 파손될 것이다.

현이 1차원적인 구조요소라면 판은 2차원적인 구조요소이다. 따라서 판의 진동은 현의 진동보

---

7   www.open.edu의 Creating musical sounds를 참조하여 재구성하였다.

다 조금 더 복잡한 양상을 가지고 있다. **그림 6.11**에서는 원판의 진동모드인 **제르니커 모드**를 보여주고 있다. 위상차 현미경을 발명한 광학물리학자이자 노벨상 수상자인 프리츠 제르니커는 광학영상의 오차를 설명하기 위한 다항식을 유도하였으며, 이 다항식은 광학영상의 오차뿐만 아니라 원판의 진동, 웨이퍼의 휨 등과 같은 원판형 물체에서 일어나는 다양한 물리적 현상들을 설명하는 중요한 다항식으로 사용되고 있다. **그림 6.11**에 따르면 평판의 진동 모드들은 현의 진동모드보다 훨씬 복잡하며 다양하게 나타난다는 것을 알 수 있다. 따라서 실제의 기구물에서 평판의 진동을 정확히 예측하고 효과적으로 통제하는 것은 매우 어려운 일이다. 따라서 일반적으로 기구물의 설계에서는 평판형 물체를 만들지 않으려고 노력하며, 평판형 물체의 강성을 높이기 위해서 리브 등을 덧댄다. 판재를 프레스 가공하여 제작하는 현대적인 모노코크바디 차체의 경우가 평판진동문제의 대표적인 사례이며, 이로 인하여 다양한 소음이 발생하게 된다. 따라서 차체설계 엔지니어들은 차체의 외형에 곡면이나 절곡형상 등을 추가하여 차체 판금물의 다양한 진동모드들을 통제하기 위해서 노력한다.

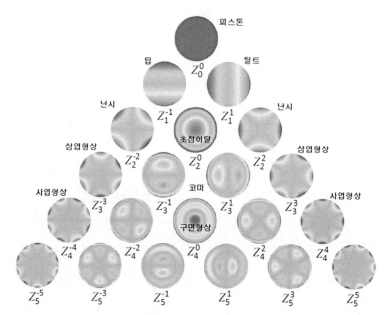

그림 6.11 원판에서 발생하는 21가지 왜곡모드들(제르니커 모드)[8](컬러 도판 p.754 참조)

---

8 R. Schmidt. 저, 장인배 역, 고성능메카트로닉스의 설계, 동명사, 2015.

그림 6.12에서는 건축물이나 기계 구조물로 자주 사용되는 I-형 빔의 다양한 진동모드들을 보여주고 있다. 실제 기계구조는 무한히 많은 진동모드들을 가지고 있다. 구조물의 설계가 완료되고 나면, 상용 유한요소해석 툴들을 사용하여 진동모드들을 점검해봐야 한다. 만일 구조부재들을 서로 연결하는 조인트 위치가 진동모드의 배(안티노드) 근처라면 체결용 볼트가 풀리기 쉽다.

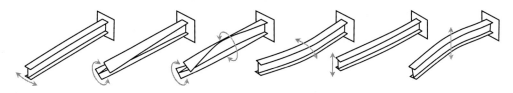

그림 6.12 I-형 단면 빔의 다양한 고유모드들

구조요소들을 볼트로 체결한 조인트 부위는 모델링이 매우 부정확하기 때문에 유한요소해석을 사용하여 조립구조물의 고유모드를 정확히 예측하는 것은 매우 어려운 일이다. 이런 경우에는 물리적 모델링 대신에 **시스템 식별**9방법을 통해서 동적 시스템의 주파수 응답을 측정한 후에 수학적인 전달함수 근사를 통해서 수학적 모델을 구하는 시험방법이 사용된다.

시스템 식별에서는 임펄스해머나 전자식 가진기를 포함한 다양한 방법을 사용하여 구조물에 가진입력을 넣고 가속도계와 같은 측정기를 사용하여 시스템의 출력을 측정한 다음에, 미분방정식 매개변수를 근사화하여 시스템의 수학적 모델을 추정한다. 측정대상물의 수학적 모델을 이미 알고 있다면, 모델의 매개변수만 식별하면 되며, 이를 **그레이박스식별**이라고 부른다. 만일 시스템의 차수나 모델을 알지 못한다면 시스템 식별 알고리즘을 사용하여 모델의 차수와 구조도 파악해야 한다. 이를 **블랙박스식별**이라고 부른다. 시스템 식별에 대한 보다 자세한 내용은 진동학과 제어공학을 공부하기 바란다.

이론적인 임펄스 함수는 무한히 짧은 시간 동안 무한히 큰 진폭이 발생하는 신호이다. 임펄스 함수에는 모든 주파수성분이 포함되어 있기 때문에, 동적 시스템의 전달함수에 대한 주파수응답 분석에 유용하게 사용된다. **그림 6.13** (a)에 도시된 것처럼 가속도계가 장착된 **임펄스 해머**를 사용하여 측정대상 물체의 한쪽을 타격하며, 측정대상 물체의 다른 쪽에 설치되어 있는 가속도계를 사용하여 타격에 의해서 전달된 신호를 측정한 후에 시스템 식별법을 적용하여 분석하면 시스템

9   system identification.

의 전달함수를 구할 수 있다. 임펄스 응답이나 스텝 응답은 매우 짧은 시간 동안 시스템에 투입된 에너지를 사용하여 시스템의 정보를 파악하기 때문에 시스템 분석과정에서 필연적으로 오차가 발생한다. 따라서 보다 정확한 시스템 분석을 위해서는 주파수 스윕방법이 사용된다. **그림 6.13** (b)에 도시되어 있는 **전자식 가진기**는 얇은 연결봉을 사용하여 측정대상 물체와 연결되며, 전자기 력을 사용하여 임의의 주파수와 파형으로 가진을 시행할 수 있다. 전자식 가진기는 가진 주파수 의 스윕이 가능하기 때문에 측정대상 물체에 다양한 주파수의 진동을 부가할 수 있으며, 임펄스 응답보다 정확한 전달함수를 구할 수 있다. 하지만 주파수 스윕 방법은 측정에 많은 노력과 오랜 시간이 소요된다.

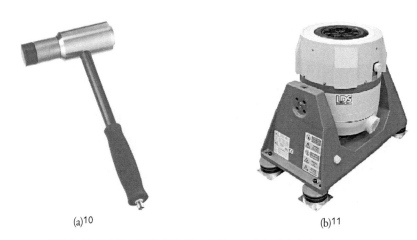

(a)[10]　　　　　　　　　　　　　　(b)[11]

그림 6.13 시스템 식별에 사용되는 임펄스 해머와 전자식 가진기의 사례

6.2 동적 요소의 주파수응답

시스템 또는 구조물에 외란이 가해졌을 때의 동적 응답을 **그림 6.6**이나 **그림 6.8**과 같이 **시간도 메인**에서 살펴보면 시스템이 가지고 있는 동적 특성을 제대로 파악하기 어렵다. 기계 시스템의 동적 성질을 탐구하기 위해서 임펄스 입력이나 주파수 스윕과 같이 넓은 주파수 스펙트럼을 가지

10　kistler.com

11　disensors.com

고 있는 표준 외란을 사용하면 시스템을 다양한 주파수로 가진시킬 수 있으며, 이를 **주파수도메인**에서 살펴보면 시스템이 가지고 있는 고유주파수를 포함하여 위상과 진폭 같은 다양한 동적 성질들을 파악할 수 있다.

다양한 주파수성분을 가지고 있는 외란에 대한 동적 시스템의 응답을 나타내기 위해서 일반적으로 보드선도와 나이퀴스트선도가 자주 사용된다. **보드선도**는 연속적인 주파수 외란에 대한 시스템의 응답을 진폭응답 그래프와 위상응답 그래프로 구분하여 나타내는 방법으로서, 주로 진동의 관점에서 시스템을 분석할 때에 유용한 방법이다. **나이퀴스트선도**는 연속적인 주파수외란에 대한 진폭응답과 위상응답을 하나의 그래프로 통합하여 나타내는 방법으로서, 주로 제어의 관점에서 시스템을 분석할 때에 유용한 방법이다.

6.2.1 푸리에 변환

프랑스의 수학자인 조셉 푸리에는 모든 주기신호는 사인 및 코사인 함수의 급수로 나타낼 수 있다는 것을 발견하였다. 이 급수를 **푸리에 급수**라고 부른다. 예를 들어, 함수 $\sin\vartheta$의 기본주기는 2π이다. 어떤 임의함수 $f(\vartheta)$의 기본주기가 2π라고 한다면, $f(\vartheta)$를 다음과 같이 나타낼 수 있다.

$$f(\vartheta) = \frac{a_0}{2} + \sum_{i=1}^{\infty} \left\{ a_i \cos(i\vartheta) + b_i \sin(i\vartheta) \right\}$$

여기서 계수 $a_i(i = 0,\ 1,\ 2,\ \cdots)$와 $b_i(i = 0,\ 1,\ 2,\ \cdots)$를 푸리에 계수라고 부른다.

그림 6.14에서는 구형파 신호에 대한 푸리에 급수전개 사례를 보여주고 있다. $\vartheta = \omega t = \pi t$인 경우에 5차항($i = 5$)까지 푸리에 급수를 전개하면 다음과 같다.

$$f(t) = \frac{4}{\pi} \left\{ \sin(\omega t) + \frac{1}{3}\sin(3\omega t) + \frac{1}{5}\sin(5\omega t) \right\}$$

매트랩™을 사용하여 이를 -1.5 < t < 1.5의 구간에 대해서 그래프로 나타내면 **그림 6.14**와 같아진다. 이 그래프에서 점선은 이상적인 구형파를 나타내며, 굵은 실선은 5차항까지 전개된 푸리에 함수를 보여준다. 또한 얇은 실선들은 푸리에 급수의 개별 성분들을 보여주고 있다.

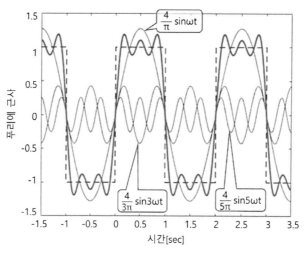

그림 6.14 구형파의 푸리에 급수전개 사례(컬러 도판 p.754 참조)

6.2.2 보드선도의 작성

그림 6.14의 시간도메인 그래프에 푸리에 급수의 개별 성분들을 모두 표시하면 개별 주파수 성분들의 의미나 영향 등을 파악하기 어려우며, 주파수성분들이 많아지면 그래프를 식별하기가 어려워진다. 이런 경우에는 시간 도메인보다는 주파수 도메인에서 신호를 분석하여야 한다. **그림 6.15**에서는 시간도메인에서 표시되었던 **그림 6.14**의 그래프를 주파수 도메인으로 변환하는 과정을 보여주고 있다. **그림 6.15**에서는 시간도메인의 깊이방향으로 주파수 축을 새로 만든 후에 주파

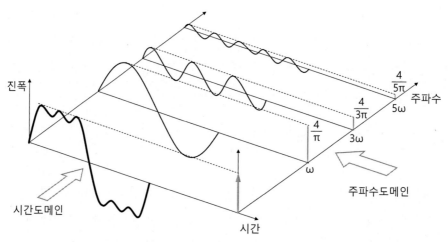

그림 6.15 시간도메인에 표시된 구형파 푸리에 급수전개 그래프를 주파수도메인으로 변환

수 성분별 진폭을 막대 형태로 나타내었다. 주파수 도메인의 그래프를 통해서 시간도메인에서 굵은 실선으로 표시되었던 구형파가 어떤 주파수성분들로 이루어졌는지를 손쉽게 파악할 수 있다.

이처럼 푸리에변환을 통해서 시간영역에서의 신호를 주파수성분으로 분리하여 그래프로 표시하면 공진과 같은 기계 동특성에 대한 핵심 설계정보를 얻을 수 있다.

미국의 엔지니어인 핸드릭 보드에 의해서 개발된 **보드선도**는 진폭선도와 위상선도가 한 쌍으로 이루어진다. 그래프의 수평축은 주파수(실제로는 각 속도)를 나타내며 진폭 보드선도의 수직축은 외란에 대한 응답진폭의 비율을, 위상 보드선도의 수직축은 외란에 대한 응답의 위상시프트를 나타낸다. **그림 6.16**에서는 **그림 6.8**의 사례에 대한 진폭과 위상 보드선도를 보여주고 있다. 그림서 수평축인 주파수는 10을 밑으로 하는 로그 스케일로 표시되어 있다. 주파수 스케일로는 [rad/s]나 [Hz]를 모두 사용한다. 진폭 스케일은 출력을 입력으로 나눈 값으로서, 외란입력은 [N] 단위를 사용하고 출력은 [m] 단위를 사용하는 것처럼 다양한 단위를 섞어서 사용할 수 있다. 그리고 다음 식처럼, 데시벨 단위를 사용한다.

$$\text{Magnitude} = 20\log_{10}\frac{V_{out}}{V_{in}}[\text{dB}]$$

예를 들어, **그림 6.16**의 1[rad/s]에서는, $V_{out} = V_{in} = 1$이므로,

$$\text{Magnitude} = 20\log_{10}\frac{1}{1} = 0[\text{dB}]$$

가 되었다는 것을 알 수 있다. 또한 $C_2 = 200[\text{Ns/m}]$인 경우에 6[rad/s]에서는 $V_{out} = V_{in} = 10$이므로,

$$\text{Magnitude} = 20\log_{10}\frac{10}{1} = 20[\text{dB}]$$

가 되었다. 그러므로 설계대상인 차량용 서스펜션은 6[rad/s] 미만의 저주파 외란입력은 그대로 서스펜션을 통하여 차량으로 전달되고 있으며, 특히 6[rad/s]에서는 공진을 일으키므로 노면진동

의 10배가 차체로 전달된다는 것을 알 수 있다. 그리고 그래프에서 알 수 있듯이, 약 65[rad/s]에 두 번째 공진이 존재하지만, 이때의 전달률은 대략적으로 -20[dB], 즉 노면 진동이 차체에 전달되는 비율은 1/10에 불과하다는 것도 확인할 수 있다.

그리고 C_2를 증가시키면 6[Hz]에서의 공진 진폭이 점차로 감소하지만, $C_2 = 10,000[\text{Ns/m}]$가 되면 공진주파수가 갑자기 20[rad/s]로 이동하면서 공진진폭도 $V_{out} = V_{in} = 20$으로 변하여,

$$\text{Magnitude} = 20\log_{10}\frac{20}{1} = 26[\text{dB}]$$

로 증가해버린다는 것을 알 수 있다. 차량용 서스펜션 설계의 사례에서 알 수 있듯이, 진폭 보드선도를 통해서 시스템의 파라미터 변화에 따른 제진특성 변화를 점검하여 가장 알맞은 파라미터를 설계에 반영할 수 있다.

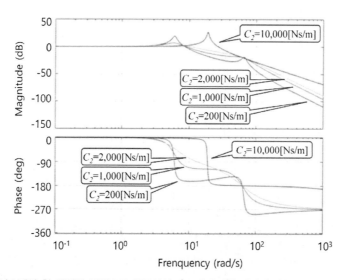

그림 6.16 차체-서스펜션-휠-타이어-지면으로 이루어진 시스템에 대한 럼핑된 2물체 모델의 보드선도12(컬러 도판 p.755 참조)

그림 6.16의 아래쪽에 도시된 위상각 보드선도를 살펴보면 $C_2 = 200[\text{Ns/m}]$인 경우에 두 공진

---

12 R. Schmidt. 저, 장인배 역, 고성능메카트로닉스의 설계, 동명사, 2015를 참조하여 재구성하였다.

주파수 사이의 대역인 6~65[rad/s]의 범위에서는 약 -180°의 위상각 지연이 발생하고 있음을 알수 있다. 위상각이 -180°로 반전되었다는 것의 의미는 노면의 돌출부를 바퀴가 통과할 때에 차체에는 위로 미는 힘이 아니라 오히려 아래로 잡아당기는 힘이 전달되며, 움푹 패인 곳을 바퀴가 통과할 때에는 차체에 위로 밀어내는 힘이 작용한다는 뜻이다. 이로 인해서 차량이 노면의 요철을 통과하면서 바퀴의 충격력을 쇼크 업소버가 흡수하여 차체로 전달되는 흔들림을 최소화시킬 수 있다. 차량이 비포장도로를 저속으로 통과할 때에는 이 감쇄특성이 매우 훌륭하게 작용하지만, 만일 이 상태로 노면진동 가진주파수가 65[rad/s] 이상인 고속도로를 고속으로 달리게 된다면 위상각이 -360°가 되면서 쇼크 업소버가 불안정해져버린다. 따라서 고속주행 시에는 $C_2 = 10,000[\text{Ns/m}]$로 변화시켜서 20[rad/s] 이상의 대역에서 위상각 -180° 반전을 통하여 쇼크 업소버가 고주파 고속도로 노면가진을 흡수토록 만들어야 한다. 실제의 상용차량들 중 일부에서는 앞서 설명한 것처럼, 쇼크 업소버의 감쇄비를 조절할 수 있는 옵션을 제공하고 있다.

6.2.3 동적 컴플라이언스

그림 6.5에 도시되어 있는 것과 같은 스프링-댐퍼-질량 시스템에 외란 $F(\omega)$가 가해졌을 때에 대한 운동방정식을 유도하면 다음과 같이 주어진다.[13]

$$-m\omega^2 Y(\omega) + iC\omega Y(\omega) + K_N Y(\omega) = F(\omega)$$

보드 선도의 전달함수는 출력변위 $Y(\omega)$를 입력외란 $F(\omega)$로 나눈 값이며, 이를 **컴플라이언스**(강성의 역수인 유연성)라고 부른다. 운동방정식은 질량, 댐퍼 및 스프링의 컴플라이언스들이 병렬로 합쳐진 것이라고 간주할 수 있다. 이때에 질량의 컴플라이언스는

$$C_m(\omega) = \frac{Y(\omega)}{F_m(\omega)} = -\frac{1}{m\omega^2}$$

로서, 분모에 각속도의 제곱 항이 있으므로 보드선도상에서 -40[dB/decade]의 기울기[14]를 갖는다.

---

13    $F(t) = F(\omega)e^{i\omega t}$, $Y(t) = Y(\omega)e^{i\omega t}$.
14   주파수가 10배 증가하는 동안 -40[dB]만큼 전달함수가 감소한다는 뜻.

따라서 보드선도에서 -40[dB/decade] 성분을 **질량직선**이라고 부른다. 댐퍼(감쇄)의 컴플라이언스는

$$C_d = \frac{Y(\omega)}{F_d(\omega)} = \frac{1}{i\,C\omega}$$

로서, 분모에 각속도의 항이 있으므로 보드선도상에서 -20[dB/decade]의 기울기[15]를 갖는다. 따라서 보드선도에서 -20[dB/decade] 성분을 **감쇄직선**이라고 부른다. 스프링(강성)의 컴플라이언스는

$$C_s(t) = \frac{Y(\omega)}{F_S(\omega)} = \frac{1}{K}$$

로서, 강성의 컴플라이언스에는 각속도의 항이 없으므로 보드선도상에서 수평선으로 나타난다. 따라서 보드선도에서 수평선 성분을 **강성직선**이라고 부른다. **그림 6.17**에서는 **그림 6.6**의 사례 ($\zeta = 0.2$)에 대한 진폭보드선도를 질량직선, 감쇄직선 및 강성직선과 함께 보여주고 있다.

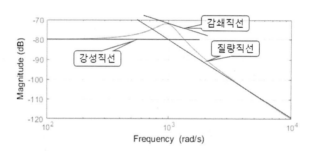

그림 6.17 스프링-댐퍼-질량 시스템의 진폭 보드선도 사례

이 사례에서는 외력 $F(t) = 100[\text{N}]$이며, 지지강성 $K_N = 1\times10^6[\text{N/m}]$였으므로 스프링의 컴플라이언스 $C_s(t) = 10^{-4}[\text{m}]$이며, 이를 데시벨 값으로 나타내면 $20\log_{10}(1\times10^{-4}) = -80[\text{dB}]$이다. 따라서 진폭보드선도에서 수평의 강성직선이 -80[dB]에 위치한다는 것을 알 수 있다. 다음으로, 질량이 1[kg]인 물체가 강성이 $K_N = 1\times10^6[\text{N/m}]$인 스프링 위에 얹혀있는 경우의 비감쇄 고유주파수는

---

15 주파수가 10배 증가하는 동안 -20[dB]만큼 전달함수가 감소한다는 뜻이다.

$$\omega_n = \sqrt{\frac{K_N}{m}} = \sqrt{\frac{1 \times 10^6}{1}} = 1,000 [\mathrm{rad/s}]$$

이므로, 질량직선은 강성직선과 1,000[rad/s] 위치에서 서로 교차하며 -40[dB/decade]의 기울기로 감

소한다. 마지막으로 이 사례에서 $\zeta = 0.2$이므로 공진점에서의 진폭인 **품질계수**[16]$Q = \dfrac{1}{2\zeta} =$

$\dfrac{1}{2 \times 0.2} = 2.5$이다. 따라서 $20\log_{10}(2.5) = 8[\mathrm{dB}]$이므로 감쇄직선은 질량직선과 강성직선의 교점에

서 8[dB] 높은 위치를 지나며, -20[dB/decade]의 기울기를 갖는다. 시스템의 공진은 이 감쇄직선에

의해서 억제되기 때문에, 어떠한 경우라도 최대 공진진폭이 이 감쇄직선 위로 상승할 수 없다.

　이 절에서는 보드선도의 작성방법과 보드 선도가 갖는 의미에 대해서 간략하게 살펴보았다.

보드선도는 동적 시스템의 설계에서 매우 중요한 도구이므로 이 주제에 대하여 이 책에서 다루는

것보다 더 많은 학습을 권하는 바이다.

6.3 동적 시스템의 감쇄

　정밀기계 시스템의 이동요소가 가속이나 감속하는 과정에서 힘의 불평형상태가 발생하면 기

계 시스템이 진동하게 되며, 이를 자유롭게 놓아두면 필요한 위치결정 정밀도를 안정적으로 유지

하는 준정적인 안정상태로 되돌아가는 데 오랜 시간이 소요되어 기계의 생산성이 떨어진다.

　기계에서 발생하는 진동을 빠르게 감소시키기 위해서는 강성이 아닌 감쇄에 의존해야 한다.

이 절에서는 재료의 감쇄특성에 대한 고찰에서 시작하여 동조질량감쇄기나 와전류감쇄기와 같은

수동형 감쇄기의 설계에 대해서 살펴본 후에 귀환제어를 사용하는 능동형 감쇄기와 입력성형기

법에 대해서 고찰해보기로 한다.

6.3.1 재료와 구조물의 감쇄

　기계의 구조소재에는 다양한 가진 메커니즘들에 의해서 진동이 유발되기 때문에 높은 강성과

16　공진점 피크의 최댓값을 나타내기 위해서 자주 사용되는 계수이다. R. Schmidt. 저, 장인배 역, 고성능메카트로닉스
　　의 설계, 동명사, 2015 참조.

더불어서 양호한 감쇄특성을 가져야 한다. 일반적인 공작기계의 구조소재로는 전통적으로 적당히 양호한 감쇄특성을 가지고 있는 **주철**을 사용해왔다. 그런데 높은 수준의 진동이 발생하는 중절삭 가공기나 고주파 진동에 노출되는 연삭가공기의 경우와 같이 더 큰 감쇄가 필요한 경우에는 구조물 내의 빈 공간에 감쇄계수가 큰 납덩어리나 콘크리트, 오일 등을 채워 넣고 밀봉하여 사용한다. 특히 소재의 감쇄가 매우 작은 강판이나 I-빔을 용접하여 기계 구조물을 제작하는 경우에는 이런 고감쇄 소재들을 내부에 충진하는 방법이 매우 효과적이다.

3차원 좌표측정기나 반도체장비에서 널리 사용되는 **화강암**은 주철에 비해서 종방향은 4배 이상이며, 횡방향은 30배 이상의 감쇄비를 가지고 있으므로, 고속작동에 적합하고, 외란에도 매우 강인하다. 하지만 화강암은 취성이 있어서 가공이 어렵고, 볼트 체결을 위한 인서트의 숫자를 늘리기가 어려워서 조인트 강성이 취약하다는 문제를 가지고 있다.

화강암의 단점을 개선하기 위해서, 화강암을 파쇄한 가루에 폴리머를 섞어서 몰딩한 **폴리머콘크리트**는 화강암보다 조금 더 큰 감쇄를 가지고 있으며, 성형성도 뛰어나다. 특히 인서트 설치를 포함한 형상설계가 용이하고 취성도 없기 때문에, 높은 감쇄특성이 필요한 연삭기나, 진동저감이 중요한 초정밀 고속 스테이지 등에 널리 사용되고 있다. 화강암은 물을 흡수하면 물성과 치수가 변한다는 단점이 있는 반면에 폴리머 콘크리트는 공수성 표면특성을 가지고 있어서 리니어모터의 수냉라인에서 자주 발생하는 리크에도 안전하다.

구조물의 일부로 콘크리트를 사용하면 주철보다 훨씬 더 큰 감쇄특성을 구현할 수 있다. 콘크리트로 제작한 주형을 사용하여 주조한 이후에 콘크리트 주형을 제거하지 않고 기계구조의 일부로 사용하면 무겁고 진동을 잘 흡수하는 베이스로 유용하게 사용할 수 있다. 하지만 콘크리트는 시효경화성이 있기 때문에 정밀기계의 구조요소로 사용하기에는 부적합하며 정밀기계 설치표면으로 겨우 사용할 수 있다.

표 6.1에서는 다양한 구조용 소재들의 **감쇄계수**를 요약하여 보여주고 있다. 감쇄계수는 합금의 조성, 주파수, 응력의 크기와 유형 그리고 온도에 심하게 의존한다. 하지만 구조물 감쇄의 가장 지배적인 원인은 조립 체결부위이다. 예를 들어, 볼트조인트의 계면과 나사산 체결부위는 표면 거칠기의 접촉들이 수많은 마이크로댐퍼처럼 작용하면서 전달에너지를 흡수한다. 하지만 이 과정에서 마이크로슬립이 발생하여 나사가 풀려버릴 위험이 있기 때문에, 연결 조인트에서 발생하는 의도치 않은 감쇄현상은 바람직하지 않다. 다만, 조인트 인터페이스에 고무스프링과 같은 강성-감쇄소재를 넣으면 힘전달경로의 총강성은 크게 저하되지만, 감쇄성능은 획기적으로 향상된다.

구조용 소재로 프로파일 형태로 압출된 알루미늄 소재를 자주 사용하고 있다. 그런데 일반적으로 알루미늄 프로파일 소재들의 감쇄계수는 매우 작기 때문에 구조물 진동에 매우 취약하다. 따라서 알루미늄 프로파일로 구조물을 제작하는 경우에는 구조물 진동에 대하여 각별한 주의를 기울여야만 한다.

표 6.1 다양한 구조용 소재들의 감쇄계수(300[K] 상온조건)[17]

소재	종방향 감쇄계수(ζ_1)	횡방향 감쇄계수(ζ_2)
알루미늄	5.00×10^{-6}	1.50×10^{-5}
알루미늄(6063-T5)	2.50×10^{-4}	2.50×10^{-3}
알루미늄(순수, 풀림)	3.50×10^{-6}	1.00×10^{-5}
베릴륨(18.6%)	7.50×10^{-3}	4.10×10^{-1}
구리(황동)	1.50×10^{-3}	3.00×10^{-3}
구리(순수, 풀림)	3.50×10^{-3}	1.00×10^{-3}
유리	1.00×10^{-3}	3.00×10^{-3}
화강암	2.50×10^{-3}	5.00×10^{-3}
철(주철, 풀림)	6.00×10^{-4}	1.50×10^{-3}
철(연철)	4.50×10^{-4}	7.00×10^{-4}
납	4.00×10^{-3}	7.00×10^{-3}
실리카(용융, 풀림)	5.00×10^{-7}	5.00×10^{-5}
모래 50[wt%], 충적	4.00×10^{-2}	9.95×10^{-2}
모래 100[wt%], 충적	9.96×10^{-1}	4.10×10^{-1}
폴리머콘크리트	3.50×10^{-3}	-
시멘트콘크리트	1.20×10^{-2}	-

6.3.2 감쇄기

외부에서 기계로 전달되는 진동을 저감하거나 기계 내부에서 발생한 진동이 외부로 전달되는 것을 저감하기 위해서는 기계와 외부 사이의 인터페이스에서 운동 에너지를 열에너지로 변환시키는 요소가 필요하다. 이를 **감쇄기**라고 부르며, 감쇄력은 변위의 미분값(속도)에 비례한다.

$$C_d \frac{dy(t)}{dt} = F_d(t)$$

---

17 A. Slocum, Precision Machine Design, Prentice-Hall, 1992. 일부 편집.

운동에너지를 열에너지로 변환시키기 위해서는 건마찰, 유체마찰, 와동전류 등의 원리들이 사용되며, 고무와 같은 점탄성 소재의 점성을 사용하거나 동조질량감쇄기에서처럼 위상각 반전현상을 이용하여 추가된 질량체의 운동에너지로 전환시켜버리기도 한다. 다양한 감쇄원리들 중에서 유체마찰이 가장 효과적이며 큰 운동에너지를 흡수할 수 있기 때문에 보편적으로 사용된다.

피스톤이 전후진하면서 오리피스를 통과하는 유체의 점성 마찰에 의해 감쇄력이 생성되는 텔레스코픽 방식의 **유체마찰 감쇄기**는 기본적으로 **그림 6.18**에 도시되어 있는 것처럼, 로드 관통형, 이중 튜브형 그리고 단일 튜브형의 세 가지 기본 형태를 가지고 있다. **로드 관통형 감쇄기**의 경우에는 피스톤의 변위에 따른 체적 차이를 없애기 위해서 실린더의 양측으로 로드를 관통시켜놓았다. 하지만 이 방식에서는 실린더 양단에 설치된 실들에 고압이 부가되며, 오일의 열팽창을 수용할 공간이 없다. **이중 튜브형 감쇄기**에서는 동심으로 배치된 튜브구조의 외부측에 피스톤 변위에 따른 체적 차이를 수용할 수 있도록 약간의 기체가 충진되어 있다. 따라서 이 감쇄기는 기체가 내부측 실린더로 유입되지 않도록 위를 향하여 설치되어야 한다. **단일 피스톤형 감쇄기**에서는 기체를 함유한 에멀전 형태의 오일을 사용하거나, 다이아프램이나 피스톤을 사용하여 일부 구획을 분리하여 기체를 충진시켜놓는다.

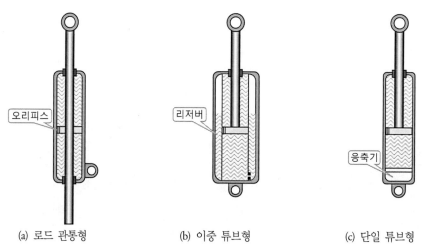

(a) 로드 관통형   (b) 이중 튜브형   (c) 단일 튜브형

그림 6.18 유체마찰 방식 텔레스코픽 감쇄기의 세 가지 유형들

감쇄기는 속도에 반응하는 요소이므로 위치 유지특성이 없기 때문에 일반적으로 지지기구에서는 스프링과 결합하여 사용한다. 감쇄기가 가장 일반적으로 사용되는 분야인 차량용 서스펜션

에서는 이를 **쇼크 업소버**라고 부른다.

오일을 사용하는 유체마찰 방식의 감쇄기는 밀봉용 실이 마모되면 오일이 누출되기 때문에 클린룸 환경에서는 사용하기 어렵다. 또한 바닥 진동이 고정밀 장비로 전달되는 것을 차단하기 위해서는 고감쇄 제진기보다는 공압식 저감쇄 제진기가 더 유용하다.[18]

6.3.3 동조질량감쇄기

구조물이 외란을 받으면 자신이 가지고 있는 고유한 특성인 고유주파수로 진동하게 된다. 이런 현상은 외팔보와 같이 얇고 긴 구조물에서 자주 나타나며, 일단 진동이 시작되면 다시 안정화되는 데 오랜 시간이 소요된다. 이렇게 특정한 주파수의 진동을 저감하기 위해서 **동조질량감쇄기**[19]를 사용할 수 있다.

동조질량감쇄기는 진동하는 구조물 위에 스프링과 댐퍼를 사용하여 질량체를 얹어놓은 형태의 감쇄기이다. 따라서 동역학적으로는 **그림 6.20**에서와 같은 2물체 시스템으로 모델링된다. 이때에 스프링-댐퍼-질량체는 구조물의 고유주파수에서 구조물과 반대 위상으로 진동하도록 선정된다. 이로 인하여 구조물의 진동이 상쇄되어 구조물 진동이 빠르게 감소한다.

그림 6.19에서는 동조질량감쇄기의 일종인 **스톡브릿지댐퍼**[20]의 사례를 보여주고 있다. 이 댐퍼는 횡방향 강성이 작은 봉형 탄성체의 양 끝에 질량체를 장착하고 있으며, 체결기구를 사용하여 봉의 중앙을 감쇄 필요한 구조물에 연결한다. 봉형 탄성체의 길이조절을 통해서 댐퍼의 고유주파수를 진동하는 구조물의 공진주파수보다 낮게 조절해놓으면 구조물 공진 시 댐퍼는 이미 공진주파수를 넘어서 -180°로 위상이 반전된 상태가 되므로 구조물과 반대위상으로 진동하면서 구조물의 진동 에너지를 흡수한다. 하지만 스톡브릿지댐퍼는 감쇄기가 포함되어 있지 않기 때문에 진동에너지를 열에너지로 변환시켜 소산시키는 데 오랜 시간이 소요되어 구조물 진동의 진폭을 낮추고 진동의 형태를 변환(공진주파수를 두 개로 나눈다)시키는 데에는 효과적이지만, 잔류진동이 오래 지속된다. 스톡브릿지댐퍼는 현수교의 와이어 안정화나, 전철 전력선 고정용 현수와이어의 안정화 등과 같이 대진동 구조의 안정화에 널리 사용되고 있다.

---

18 이에 대해서는 6.4.3절에서 논의할 예정이다.

19 tuned mass damper.

20 stockbridge damper.

그림 6.19 동조질량감쇄기의 일종인 스톡브릿지댐퍼의 사례[21]

그림 6.20에서는 감쇄기가 포함된 **그림 6.8**의 모델을 사용하여 동조질량감쇄기를 설계한 사례를 보여주고 있다. 감쇄의 대상이 되는 물체는 질량이 10[kg]이며, 강성과 감쇄는 각각 $2×10^7$[N/m]와 50[Ns/m]인 외팔보로 가정하였다. 이 외팔보의 끝에 질량이 0.5[kg]인 질량체를 강성은 $1×10^6$[N/m]이며 감쇄는 $C_2 = 200$[Ns/m]인 동조질량감쇄기를 설치한 경우에 대한 매트랩™ 해석결과를 보드선도로 보여주고 있다. 그래프에 따르면, 동조질량감쇄기를 장착하지 않은 외팔보의 고유주파수는 약 1,400[rad/s]에서 나타나며, 공진진폭은 50[dB](입력된 외란의 300배)였던 것이, 동조질량감쇄기를 장착하니까, 공진점 위치가 대략적으로 1,300[rad/s]와 1,500[rad/s]로 분리되면서 최대진폭이 30[dB] 수준(입력된 외란의 30배)으로 낮아졌다는 것을 알 수 있다. 즉, 외란이 입력되었을 때의 최대진폭이 동조질량감쇄기를 설치하면 1/10으로 감소한다는 뜻이다. 또한 감쇄기로 인하여 발생한 진폭이 빠르게 열로 변환되어 소멸한다.

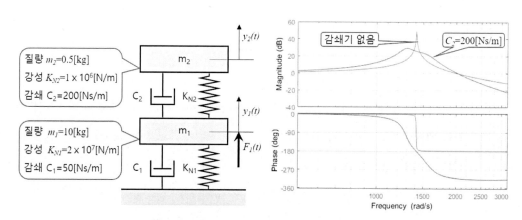

그림 6.20 감쇄기가 포함된 동조질량감쇄기의 설계사례

---

21   hubbell.com

감쇄는 운동의 속도에 비례하는 성질이므로, 동조질량감쇄기는 고주파 진동이나 대진동에 대해서는 매우 효과적인 감쇄요소이다. 하지만 진폭이 밀리미터 이하인 저주파 미소진동에 대해서는 거의 감쇄효과를 얻을 수 없다.

동조질량감쇄기는 진동이 크고 격렬한 구조물의 안정화에 매우 효과적이다. 로켓이나 미사일과 같이 극한의 가속진동에 노출되는 가늘고 긴 실린더형 구조물에서는 고차의 진동모드가 나타나며, 이로 인하여 초창기 발사체들의 구조물이 자주 파손되었다. 이런 구조물의 노드위치에 충격과 진동을 흡수하는 동조질량감쇄기를 다수 설치하여 구조물의 진동을 안정화시킬 수 있었다.[22] 이런 이유 때문에 동조질량감쇄기는 현재도 전략물자로 지정되어 자유로운 구입이 어려우므로, 필요시에는 직접 설계 및 제작하여 사용하여야 한다.

6.3.4 와전류 감쇄기

감쇄기로는 오리피스를 통과하는 오일의 항력으로 감쇄효과를 얻는 전통적인 유체식 감쇄기와 더불어서, 자기장으로 유도전류를 일으켜 감쇄효과를 얻는 와전류식 감쇄기도 널리 사용되고 있다.

1.2.1절에서 소개했던 **와전류 감쇄기**[23]는 비접촉 전자기력을 이용하여 운동에너지를 흡수하여 열에너지로 변환시키는 기구이다. 도전체에 투사된 자기장이 자속과 직각방향으로 움직이면 **그림 6.21**에 도시된 것처럼, 도전체 속에는 와동전류가 생성된다. 도전체 속을 흐르는 소용돌이 모양의 와동전류에 의해서 반발자기장이 형성된다. 이로 인하여 움직이는 자석에는 감쇄력이 작용하며, 도전체 속에서는 운동에너지가 손실된 만큼 열이 발생한다. 도전체로는 알루미늄이나 구리와 같은 비자성체를 주로 사용하며, 도전체 속에서 생성되는 와동전류는 도전체의 온도가 내려갈수록 더 강력해진다.

---

22   moog.com
23   eddy current damper.

그림 6.21 와전류 댐퍼의 작동원리

와전류 댐퍼의 감쇄능력은 자속밀도(B)의 제곱에 비례하므로, 영구자석이 클수록, 포화자속밀도가 클수록, 영구자석과 도전체 사이의 거리가 가까울수록 더 큰 감쇄력을 얻을 수 있다.[24] **그림 6.22**에서는 무거운 물체를 고속으로 이송하는 반도체 검사장비의 감속과정에서 발생하는 진동을 흡수하기 위해서 와전류 댐퍼를 적용한 사례를 보여주고 있다. 이송체의 하부에는 구리 소재의 판재를 수직방향으로 설치하였으며, 하부의 베이스판에는 리니어모터용 영구자석 어레이를 설치하였다. 이송체가 정지위치로 접근하면서 구리소재의 댐퍼가 영구자석 어레이 속으로 진입하면 와전류가 유도되면서 이송체는 감속된다. 이를 통해서 고속으로 이동하는 스테이지의 운동 에너지와 정지 시 발생하는 진동을 효과적으로 흡수할 수 있었으며, 이송체의 감속 과정에서 무거운 이송물에 가해지는 진동을 사양 수준 이하로 제한할 수 있었다.

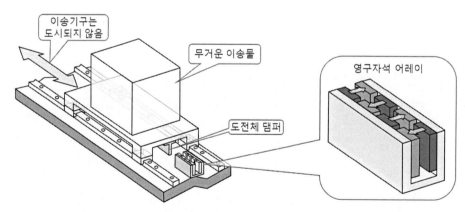

그림 6.22 반도체 이송장비에서 감속충격 흡수에 와전류 댐퍼를 적용한 사례

---

24 와전류 감쇄계수를 구하기 위해서는 자속밀도의 제곱에 대한 체적적분을 수행해야 하며, 이는 이 책의 범주를 넘어선다.

6.3.5 능동감쇄와 입력성형

유체마찰 방식의 감쇄기에서는 오리피스의 단면적을 조절하면 오리피스를 통과하는 유량과 유속을 변화시킬 수 있으며, 이를 통해서 감쇄력을 조절할 수 있다.

$$Q = C_d A v$$

여기서 Q는 유량, C_d는 유량계수, A는 단면적 그리고 v는 유속이다.

오리피스의 단면적을 조절하기 위해서 오리피스의 숫자나 오리피스의 열림량 등을 제어하는 방법이 사용되고 있으며, **그림 6.23**에서는 기계식 위치조절장치를 사용하여 니들밸브의 열림량을 제어하는 이중튜브형 감쇄기의 사례를 보여주고 있다. 능동형 감쇄기는 시스템의 무게가 변하거나 외란입력과 같은 시스템의 작동환경이 변하는 경우에 감쇄능력을 극대화시키고 공진발생을 억제하는 매우 유용한 수단이다.

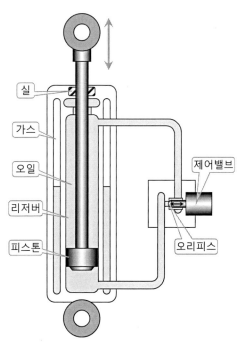

그림 6.23 감쇄력 제어가 가능한 능동식 이중튜브형 텔레스코픽 감쇄기의 사례

가속도계와 전자석 작동기를 사용해서도 능동형 감쇄기를 구현할 수 있다. **그림 6.24**에 도시된 전자석 작동기는 z방향 병진운동과 롤-피치 회전운동(1T-2R)이 구속되어 있는 플랙셔들에 지지되어 있는 영구자석이 설치된 질량체와 그 하부에 설치되어 있는 전자석들로 구성되어 있다. 전자석 작동기와 영구자석들 사이에 형성되는 견인자기력과 반발자기력을 사용하여 x 및 y방향 병진운동과 요-방향 회전운동을 구동할 수 있다. 하부 원판에 3축 가속도계를 설치한 후에 귀환제어 루프를 구성하면 플랙셔로 지지된 질량체를 구동하여 하부원판의 3축 방향 진동을 감쇄시킬 수 있다. 이 기구는 와이어 등에 의해서 허공에 매달려 있는 질량체의 진동을 빠르게 저감시킬 수 있다.

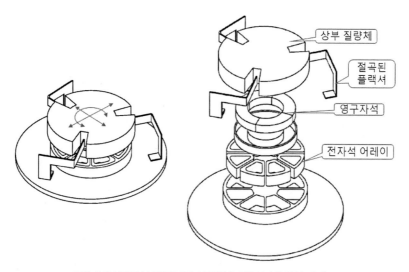

그림 6.24 전자석 작동기를 사용한 능동형 감쇄기의 사례[25]

진동을 저감하는 또 다른 방법은 기계의 기동이나 정지과정에서 발생하는 진동에 대해서 반대 위상의 가진을 주어 진동을 스스로 상쇄시키도록 만드는 **입력성형**[26] 기법을 사용하는 것이다. **그림 6.25**에서는 **그림 4.37**에서 소개했던 물류용 로봇에서 발생하는 진동과 이를 입력성형으로 저감하는 방안을 보여주고 있다. 입력성형을 적용하기 전인 **그림 6.25**의 우측 하부 그래프에 따르면 로봇이 우측방향으로 가속을 시작하면 로봇의 상단은 ①과 같이 뒤로 휘면서 지연출발을 하며,

---

25 장인배 외, 능동형 질량감쇄기 및 이를 포함하는 질량감쇄 시스템, 발명특허, 10-2017-0123380, 10-1987958-0000.
26 input shaping.

가속에서 등속으로 전환되는 순간에 ②와 같이 앞으로 휘면서 오버슈트를 나타낸다. 이로 인하여 로봇이 등속운동을 하는 동안 계속 앞뒤로 진동하게 되며, 로봇의 작동성능을 저하시킨다. 하지만 **그림 6.23**의 우측 상부 그래프에서와 같이 가속-등속-가속 통해서 로봇의 2차 가속에 의해서 유발된 진동이 로봇의 1차 가속에 의한 횡진동 고유주파수의 절반만큼 지연되어 발생하도록 만들면, 1차 가속에 의한 진동과 2차 가속에 의한 진동이 서로 상쇄되어 로봇의 작동성능이 크게 향상된다.

입력성형은 크레인기구에서 와이어에 매달린 중량물의 진동저감에 일반적으로 사용되는 매우 일반화된 진동감쇄기법이다. 하지만 이 기법은 기계 스스로 작동하는 과정에서 발생하는 진동의 저감에만 효과적이며, 외부에서 유입되는 외란에 대해서는 아무런 효과도 없다는 점을 명심하여야 한다.

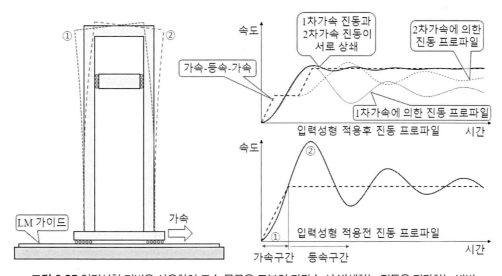

그림 6.25 입력성형 기법을 사용하여 고속 물류용 로봇의 가감속 시 발생하는 진동을 저감하는 방법

6.4 진동의 차폐

반도체나 디스플레이용 노광기나 검사기와 같은 초정밀 시스템에서 팹 바닥의 진동이 기기로 전달되어 계측프레임을 흔들면 계측값이 외란으로 오염되어 위치결정 정확도나 반복도가 치명적인 영향을 받는다. 이를 방지하기 위해서는 바닥진동을 저감하여야 하며, 바닥과 기계를 연결하

는 인터페이스 위치에 제진기라는 진동차폐기구를 설치하여 바닥 진동이 기계로 전달되는 전달률을 최소화시켜야만 한다.

이 절에서는 지표면에서 발생하는 다양한 진동의 주파수대역별 원인에 대하여 살펴본 후에, 바닥진동이 기계로 전달되는 전달률에 대한 이론적 고찰을 통해서 고감쇄 제진기와 저감쇄 제진기의 주파수 대역별 전달특성에 대하여 이해한다. 다음으로 다양한 유형의 제진기들에 대해서 살펴보며, 특히 저주파 제진을 위해서 개발된 영강성 제진기의 개념에 대해서도 살펴본다. 마지막으로, 기계의 작동과정에서 발생하는 반력을 제거하여 진동을 저감하는 반력상쇄기법에 대하여 살펴보면서 이 장을 마무리하기로 한다.

6.4.1 지표면 진동

그림 6.26에서는 도시지역에서 측정한 지표면 진동의 주파수 스펙트럼 사례를 보여주고 있다. 그림에서 적색은 지표면 진동속도가 $1[\mu m/s]$ 내외인 범위이며, 녹색은 지표속도가 $0.1[\mu m/s]$ 내외인 범위이다. 그리고 진청색은 지표 속도가 $0.01[\mu m/s]$ 내외인 범위를 나타낸다. 그림의 수직축은 주파수 대역을 로그 스케일로 표시하였으며, $0.01[Hz]$에서 시작하여 위로 올라갈수록 주파수가 증가한다. 수평축은 요일로서, 토요일부터 시작하여 우측으로 가면서 16일 동안의 지표면 진동을 보여주고 있다. 그래프에서 맨 위칸인 $10{\sim}100[Hz]$ 대역은 큰 진동성분(적색)이 뚜렷하지 않으며, 긴 수평선들이 다수가 관찰된다. 수평선들은 대부분이 계측기의 전기 노이즈 성분이다. $20{\sim}30[Hz]$ 대역에서 보이는 일부의 적색 성분들은 에어컨디셔너 등에 사용되는 4극 모터($30[Hz]$)와 6극 모터($20[Hz]$)의 회전성분이다. 두 번째 칸인 $1{\sim}10[Hz]$ 대역에는 주기성을 가지고 적색의 고진동 기간들이 관찰된다. 이들은 자동차나 지하철 등과 같은 인간활동과 관련된 진동성분으로서, 월~금요일 사이에 진동이 증가함을 볼 수 있다. 세 번째 칸인 $0.1{\sim}1[Hz]$ 대역에서는 경향성이 없는 진동성분들이 관찰되는데, 이들은 주로 바람에 의한 구조물과 지표면의 진동에 의한 것들이다. 마지막으로, 네 번째 칸인 $0.01{\sim}0.1[Hz]$ 대역에서는 비교적 짧은 기간 동안 강력한 저주파 진동성분이 관찰되는데, 이들은 지진에 의한 진동성분이다. 직하지진의 경우에는 이보다 높은 진동주파수를 갖지만, 측정기간 동안 관찰된 지진성분들은 매우 먼 곳에서 발생한 지진파가 지구내부를 통해서 전달된 것들이다. 지구는 허공에 떠 있는 종과 같으며, 지구상에서는 거의 매일 지진이 발생한다. 이 지진진동은 지구의 맨틀이나 내핵과 외핵에 반사되면서 저주파의 진동성분이

지구 전체로 전파된다.

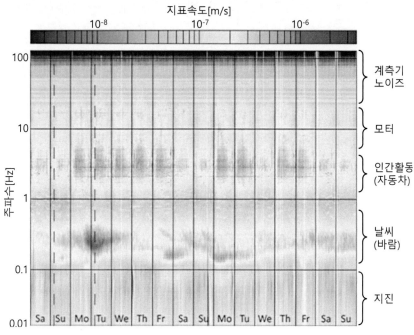

그림 6.26 지표면 진동 스펙트럼 사례[27](컬러 도판 p.755 참조)

뒤에서 살펴볼 대부분의 제진기들은 1[Hz] 이상의 고유주파수를 가지고 있다. 따라서 1[Hz] 이하의 바닥진동은 그대로 기계에 전달된다. 특히 주파수 대역이 0.01[Hz]인 지진진동은 주기가 100초에 달하기 때문에 진동으로 인식하지 못한다. 예를 들어, 마스크리스 노광기를 사용하여 8세대 디스플레이 패널 한 장을 노광하는 데는 약 100초 내외의 시간이 소요된다. 이 시간 동안 지진파가 패널 노광용 스테이지에 유입되었다면, 이로 인하여 시스템의 정렬이 흔들리면서 노광패턴에 줄무늬가 생기게 된다. 하지만 이런 불량의 원인을 지진에 의한 진동으로 판정하기는 매우 어려운 일이므로, 일반적으로 드리프트에 의한 불량이라고 판정해버린다. 이 때문에 필드 엔지니어들은 장비에서 발생한 재현성이 없는 드리프트의 원인을 찾아내기 위해서 엄청난 노력을 하게 된다.

그림 6.27에는 **진동기준 도표**가 제시되어 있다. 이 진동기준 도표는 1980년대에 진동에 민감한 반도체산업, 의료 및 제약산업 등에 적용하기 위해서 에릭 엉거와 콜린 고든에 의해서 개발되었

---

27 출처 불명, 네덜란드 북부지역(54°N6°E)의 지표면 진동 스펙트럼.

다. 현재는 진동에 민감한 모든 산업분야에서 기준으로 널리 사용되고 있다. 예를 들어, 반도체 생산용 팹의 경우에는 바닥진동 수준을 VC-F에서 VC-B 사이에서 결정한다. 노광기나 검사장비와 같이 진동에 민감한 장비는 독립제진대를 설치하여 VC-F에 근접하게 만든다. 반면에 일반 공정장비의 경우에는 VC-B에 근접한 수준이어도 장비의 운영에 문제가 없다.

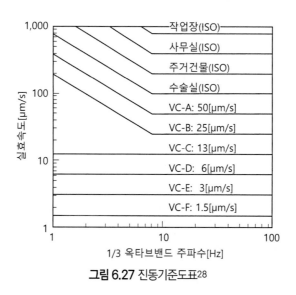

그림 6.27 진동기준도표[28]

6.4.2 진동 전달률

진동 전달률은 운동을 한쪽 영역에서 다른 쪽 영역으로 전달하는 시스템의 능력을 나타낸다. 우리의 관심대상인 정밀기계의 경우, 바닥의 운동(진동)이 제진기를 거쳐서 기계의 베이스로 전달되는 비율이다. 이 전달률을 사용하여 다음 절에서 살펴볼 제진기의 능력을 판정할 수 있다.

그림 6.28에서는 스프링(K_N)과 댐퍼(C)로 모델링된 제진기 위에 베이스(질량 m)가 얹혀 있으며, 제진기가 놓인 바닥이 진동($y_1(t)$)하는 경우에 대한 단순모델을 보여주고 있다.

이 시스템의 운동방정식은 다음과 같이 주어진다.

$$m\ddot{y}_2(t) + C\{\dot{y}_2(t) - \dot{y}_1(t)\} + K_N\{y_2(t) - y_1(t)\} = 0$$

28 H. Amick et al., *Evolving criteria for research facilities: I-Vibrations*, SPIE Conference 5933, 2005.

위 식에 $Y_{1(t)} = A_1 \times e^{iwt}$와 $Y_2(t) = A_2 \times e^{iwt}$를 각각 대입하여 전달함수 $H(\omega) = Y_2(\omega)/Y_1(\omega)$를 구하면 다음과 같이 정리된다.

$$H(\omega) = \frac{Y_2(\omega)}{Y_1(\omega)} = \frac{iC\omega + K_N}{m\omega^2 + iC\omega + K_N}$$

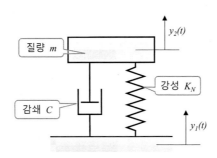

그림 6.28 제진기의 전달률 모델

그림 6.29에서는 질량이 $m = 1,000$[kg]인 베이스를 강성 $K_N = 40,000$[N/m]인 스프링과 $C = 31.62$[Ns/m]$(\zeta = 0.005)$, $C = 3,162$[Ns/m]$(\zeta = 0.5)$의 두 가지 감쇄값을 가지고 있는 제진기를 사용하여 지지하고 있는 경우의 진동 전달함수를 매트랩™으로 풀어 보드선도에서 비교하여 보여주고 있다. 이 시스템의 고유주파수는 $f_n = 1$[Hz]에 존재하며, 감쇄값이 작은 $C = 31.62$[Ns/m]일 때에 높은 공진피크를 갖는다. 반면에, 감쇄값이 큰 $C = 3,162$[Ns/m]인 경우에는 고유주파수에서의 공진피크가 거의 발생하지 않는다. 하지만 약 1.5[Hz] 이후의 전달률을 살펴보면 저감쇄 제진의

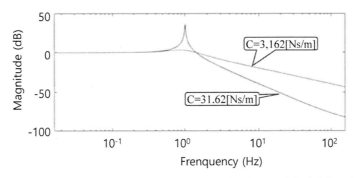

그림 6.29 1,000[kg] 무게의 베이스를 지지하는 제진기의 감쇄값에 따른 전달률(컬러 도판 p.756 참조)

경우에는 주파수가 높아질수록 전달률이 -40[dB/decade]의 기울기를 가지고 급격하게 감소하는 반면에, 고감쇄 제진의 경우에는 주파수가 높아질수록 전달률이 -20[dB/decade]의 기울기를 가지고 서서히 감소한다는 것을 알 수 있다.

전자의 경우는 공압식 제진기와 같은 저감쇄 제진기의 전형적인 작동특성이며, 후자의 경우는 유압식 제진기와 같은 고감쇄 제진기의 전형적인 작동특성이다. 이들 두 가지 제진기는 사용목적이 서로 다르다. 프레스기나 밀링기와 같은 산업용 공작기계들은 작동 중에 스스로가 작용-반작용력에 의해서 진동을 일으키며, 이를 효과적으로 흡수해줄 수단이 필요하다. 이런 경우에는 유압식 고감쇄 제진기가 바람직하다. 반면에, 반도체 장비에서 사용되는 계측프레임에는 운동요소가 설치되지 않으며 바닥에서 전달되는 진동을 차폐하여 계측기에 외란이 유입되지 않도록 만드는 것이 무엇보다도 중요하다. 이런 경우에는 **그림 6.26**에 도시되어 있는 1~100[Hz] 사이의 진동에 대한 전달률이 작은 저감쇄 공압식 제진기(**그림 6.32**)가 가장 적합하다. 또한 저감쇄 제진기에서 발생하는 높은 공진피크를 저감하기 위해서 능동형 **스카이훅 감쇄**를 적용하면 운동방정식이 다음과 같이 변경된다.

$$m\ddot{y}_2(t) + C\dot{y}_2(t) + K_N\{y_2(t) - y_1(t)\} = 0$$

이에 따라서 전달함수는 다음과 같이 바뀌며,

$$T(s) = \frac{y_2(s)}{y_1(s)} = \frac{K_N}{ms^2 + Cs + K_N}$$

이를 사용하여 보드선도를 그려보면, **그림 6.30**에서와 같이 공진 피크가 감소한다는 것을 확인할 수 있다.

이런 능동감쇄기법들의 성능은 센서의 측정능력에 의해서 제한된다. 특히 대부분의 센서들이 저주파 진동신호의 측정에 취약하며, 이로 인해서 고유주파수를 1[Hz] 미만으로 낮추어 6.4.1절에서 소개했던 바람이나 지진에 의한 진동성분들의 전달을 차폐하는 데 어려움을 겪고 있다.

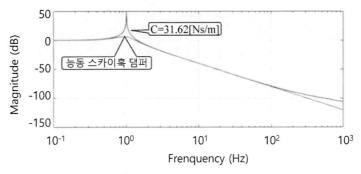

그림 6.30 공압식 저감쇄 제진기에 설치한 능동 스카이훅댐퍼의 공진피크 저감성능(컬러 도판 p.756 참조)

그림 6.31에서는 바닥에서 전달된 진동에 의해서 전자현미경의 광학유닛과 시편 이송용 스테이지 사이에서 상대운동이 발생하는 사례를 보여주고 있다. 베이스에 강체연결되어 있는 광학계와 이송 스테이지 사이에서 발생하는 상대위치오차(δ)는 다음 식을 사용하여 구할 수 있다.[29]

$$\delta = \frac{f_0^2}{f_1^2} \Delta, \quad f_1 = \frac{1}{2\pi} \sqrt{\frac{K_N}{m}}$$

스테이지의 질량은 $m = 1[\text{kg}]$, 스테이지 이송기구의 위치강성 $K_N = 10,000[\text{N/m}]$인 경우에 제진기를 통해서 전달된 바닥진동 주성분의 주파수 $f_0 = 5[\text{Hz}]$, 진폭 $\Delta = 10[\mu\text{m}]$이라면,

$$f_1 = \frac{1}{2\pi} \sqrt{\frac{10000}{1}} = 160[\text{Hz}]$$

$$\delta = \frac{f_0^2}{f_1^2} \Delta = \frac{5^2}{160^2} \times (10 \times 10^6) = 9.8 \times 10^{-9}[\text{m}] \approx 10[\text{nm}]$$

따라서 광학계와 스테이지 사이에서는 바닥에서 전달된 진동에 의해서 5[Hz] 주기로 약 10[nm] 진폭의 진동이 발생한다는 것을 알 수 있다. 이는 초정밀 측정 시스템에서 허용할 수 없는 수준의 진동이다. 그리고 이를 저감시키기 위해서는 스테이의 위치강성을 높여야 한다는 것을 알 수 있다.

29 R. Schmidt. 저, 장인배 역, 고성능메카트로닉스의 설계, 동명사, 2015.

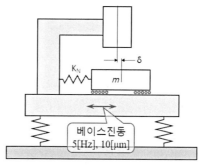

그림 6.31 전자현미경의 광학유닛과 시편 스테이지 사이의 상대운동 모델

6.4.3 제진기의 유형

제진기는 기계를 바닥에서 전달되는 진동으로부터(또는 그 반대로) 차폐하는 기구로서, 강성요소와 감쇄요소(또는 이를 등가로 대체하는 작동기요소)로 구성된다. 이 제진기 위에 베이스라고 부르는 질량체를 얹으며, 일반적으로 베이스는 기계 구조물의 바닥면으로 사용된다. 이렇게 구성된 제진기의 강성요소와 질량체 사이에서는 고유주파수 $f_n = \sqrt{K_N/m}$ 가 만들어지며, **그림 6.29**에서 알 수 있듯이, 제진기는 이 고유주파수를 초과한 대역의 진동전달을 차폐한다. 따라서 제진기의 고유주파수를 낮출수록 제진성능이 향상된다. 고유주파수를 낮추기 위해서는 기계구조물을 무겁게 만들거나 제진기의 지지강성을 낮춰야만 한다. 하지만 고유주파수가 낮아질수록 시스템 안정성이 취약해지기 때문에 공압식 수동 제진기의 경우에는 고유주파수가 약 1[Hz] 정도로 제한된다. 진동을 측정하여 귀환제어하는 능동식 제진기를 사용하면 고유주파수를 약 0.1[Hz] 내외까지 낮출 수 있지만, 제진성능은 센서의 노이즈차폐성능에 의존한다. 근래에 들어서 수동식 영강성 제진기술이 개발되면서 제진기의 성능이 획기적으로 향상되었으며, LIGO 시스템에 적용되어 초신성 폭발로 인한 중력파를 검출할 수 있게 되었다.[30] 하지만 영강성 제진기는 극도로 불안정하기 때문에, 아직까지는 과학적 용도에 대해서 제한적으로 사용되고 있다.

6.4.3.1 수동식 제진기

수동식 제진기는 그림 5.13에 도시되어 있는 것처럼, 고무와 같은 점탄성 소재를 사용하는 간

---

30   https://dcc.ligo.org/public/0072/P050030/000/P050030-00.pdf

단한 경우에서부터 유압댐퍼와 스프링으로 이루어진 유압식 제진기와 공압 피스톤을 사용하는 공압식 제진기 등 다양한 형태가 사용된다. 유압식 제진기는 **그림 6.18**에서 소개된 감쇄기의 피스톤로드에 스프링이 설치된 병렬구조가 일반적으로 사용되므로, 이 절에서 따로 설명하지 않는다.

낮은 전달률을 필요로 하는 정밀기계의 경우에는 일반적으로 **공압식 제진기**가 사용된다. 이 제진기는 **그림 6.32**에 도시되어 있는 것처럼 다이아프램형 피스톤으로 공기를 압축하는 과정에서 발생하는 보일의 법칙에 따른 단열압력상승에 의해서 강성이 구현된다.

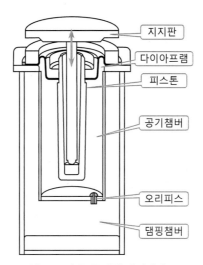

그림 6.32 수동 공압식 제진기의 구조

$$PV^n = Const.$$

여기서 P[Pa]는 압력, V[m³]는 체적 그리고 공기의 $n = 1.4$이다. 또한 공기챔버의 하단에 설치된 오리피스를 통과하는 공기의 마찰로 인하여 감쇄가 구현된다.

공압식 제진기의 강성값은 공기 챔버에 충진되는 압축공기의 초기압력에 의해서 결정된다.[31]

$$K_N = \frac{nP_iA^2}{V_i}\left\{1 - \left(\frac{A}{V_i}\right)y\right\}^{n+1}$$

---

31 R.Leach, S. Smith 저, 장인배 역, 정밀공학, 도서출판 씨아이알, 2019.

여기서 P_i는 초기충진 공기압력, V_i는 초기 피스톤 체적 그리고 y는 피스톤이 눌린 깊이이다.

다이아프램을 사용하는 공압식 제진기는 1[Hz] 수준의 낮은 고유주파수와 뛰어난 고주파진동 차폐특성으로 인하여 반도체나 디스플레이용 장비를 포함하여 정밀기계에 널리 사용되지만, 수평방향에 대해서는 비교적 높은 강성과 낮은 감쇄특성을 가지고 있는 것이 단점으로 꼽힌다.

공압식 제진기는 일반적으로 400[kPa] 내외의 압력을 부가하여 사용한다. 제진기에 사용되는 고무소재의 다이아프램은 한계압력이 약 500~550[kPa] 수준으로 설계되어 있으므로, 약 500[kPa] 이상의 압력이 부가되면 다이아프램이 터질 위험이 있다. 따라서 공압식 제진기의 압축공기 공급 시스템은 정압 공급용 레귤레이터와 더불어서 500[kPa] 이상의 압력이 부가되면 외부로 압력을 배출하는 릴리프 밸브가 설치되어야 한다. 일반적으로 장비 관리자들은 압축공기 압력의 저하를 불량으로 간주하기 때문에 압력저하에 대해서는 알람을 설치하여 관리하지만 압력 상승에 대해서는 둔감하다. 하지만 공압식 제진기의 경우에는 공급공기압력의 상승이 매우 위험하며, 레귤레이터는 수명이 있기 때문에 압력상승을 감지하여 경고하는 수단을 설치하여 공압식 제진기로 공급되는 공기압력을 감시하는 것이 바람직하다.

6.4.3.2 능동식 제진기

능동식 제진기는 센서소자를 사용하여 진동을 검출하고 귀환제어를 통하여 작동기가 교란력과 반대방향으로 작용하는 힘을 송출하는 방식으로 진동의 전달을 차폐한다. 능동 유압식 제진기는 **그림 6.23**에서 소개되어 있는 능동 유압식 감쇄기와 스프링이 병렬로 설치된 구조를 가지고 있으며, 이에 대해서는 이 절에서 따로 설명하지 않는다.

일반적으로 능동식 제진기는 변동하중을 상쇄하는 감쇄기이기 때문에 기계의 자중과 같은 정하중을 지지할 수 없다. 따라서 **그림 6.33**에 도시된 것처럼, 공압식 저감쇄 제진기와 병렬로 설치하여 공압식 제진기가 기계의 중량을 지지하는 스프링의 역할을 수행하며, 능동식 제진기는 외란을 흡수하는 감쇄기의 역할을 하도록 기능을 분리시켜서 사용한다.

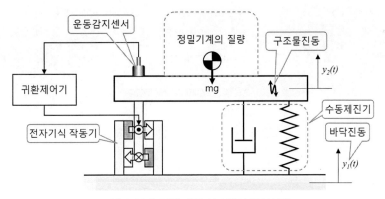

그림 6.33 능동형 제진 시스템의 구성사례

　진동하는 바닥과 계측프레임과 같이 민감한 기계구조물 사이에 설치되는 진동차폐용 능동형 작동기는 강성이 없는 **영강성**[32] 특성을 갖는 것이 바람직하다. 리니어모터나 보이스코일모터에 사용되는 **로렌츠 작동기**라고 부르는 **공심코일형 작동기**는 이동코일에 전류를 흘려서 로렌츠력 작용방향으로 전자기력을 가할 수 있지만, 전류가 흐르지 않으면 위치강성이 전혀 없는 영강성의 특성을 가지고 있다. **그림 6.34**에서는 전자식 영강성 작동기나 공압식 작동기를 사용하는 상용 능동형 제진기들의 사례들을 보여주고 있다.

　능동형 제진기의 또 다른 중요한 용도는 정밀기계의 작동과정에서 발생하는 무게중심 이동에 따른 평형력 보상이다. 공압식 제진기는 고유주파수를 낮추기 위해서 강성을 낮추어놓았으며, 공압 실린더의 반응속도가 느리기 때문에 기계의 무게중심이 변하면 장비 전체가 기울어지며, 고속 작동 시에는 심한 진동이 발생한다. 이를 보상하기 위해서는 능동형 제진기와 기계의 운동제어 알고리즘을 연동시켜야만 한다. 일반적으로 평형력 보상에는 전향제어 알고리즘이 사용되며, 시스템 동력학에 대한 수학적 모델링이 필요하다. 상용 능동형 제진기들의 일반적인 진동저감 성능은 큰 차이가 없지만, 평형력 보상을 위해서는 시스템 공급업체의 시스템 모델링, 전용 제어알고리즘 프로그래밍 그리고 이득조절 등의 기술지원이 절대적으로 필요하다. 따라서 고가의 능동형 제진기를 설치해야만 하는 경우라면 반드시 사전에 공급업체와의 기술지원 관련 협의를 수행할 것을 권한다.

32　zero stiffness.

| (a) IDE社[33] | (b) Kurashiki社[34] | (c) Meiritz社[35] |

그림 6.34 상용 능동형 제진기의 사례

6.4.4 바닥진동의 저감

반도체 및 디스플레이 패널을 생산하는 팹이 설치된 건물에는 다양한 종류의 설비들이 설치되어 작동하면서 건물에 다양한 유형의 진동을 전달한다. 팹의 지하에는 고속으로 회전하는 원심형 공기압축기가 다수 설치되어 압축공기를 생산하며, 이들로 인하여 30~100[Hz] 대역의 진동이 발생한다. 팹의 옥상에는 공조기와 배기가스(분진) 처리장치들이 설치되어 있으며, 이들은 10~30[Hz] 대역의 진동을 유발한다. 특히 배기가스의 분진을 걸러내는 백필터는 주기적으로 충격하중을 생성한다. 팹의 천정에는 공조 시스템이 설치되어 아래로 필터링된 공기를 방출하며, 천정에 설치된 레일을 타고 다수의 웨이퍼 운반용 대차(OHT)가 고속으로 운행한다. 팹의 하부에 위치한 보조층에서는 물펌프, 칠러, 진공펌프, 공압 컴프레서 등 다양한 회전기기들이 작동하면서 불평형진동과 맥동을 생성한다. 이런 다양한 원인들로 인하여 팹의 바닥은 다양한 진동성분에 의해서 흔들린다. 이런 다양한 진동성분들을 모두 제진기가 흡수하는 것은 무리이다. 원칙적으로 진동은 원인 쪽에서 해결하는 것이 간단하고 바람직하다. 따라서 회전기기는 밸런싱 기준을 엄격하게 관리하여야 하며 저진동 펌프를 채용해야 한다. 하지만 어쩔 수 없이 발생한 진동이 민감한 장비를 받치고 있는 제진기로 유입되어 초정밀 위치결정기구의 정확도와 분해능을 저하시키고 제품의 수율을 저하시키지 않도록 만들기 위해서는 독립기초형 제진대와 같은 무거운 구조물을 설치하거나 바닥진동을 저감하는 질량감쇄기를 설치하여야 한다.

그림 6.35에서는 질량이 무거운 콘크리트 베이스를 사용하여 고유주파수를 낮추고 외란의 영향을 최소화시킨 **독립기초형 제진대**의 사례를 보여주고 있다. 초정밀 측정용 계측실과 같이 진동

---

33 ideworld.com
34 kuraka.co.jp
35 meiritz.kr

에 민감한 계측기를 사용하는 공간의 바닥에 이처럼 대질량 독립기초형 제진대를 설치하여 주변의 바닥과 분리하면 넓은 대역의 진동외란을 효과적으로 차단할 수 있다.

그림 6.35 독립기초형 제진대의 사례[36]

반도체나 디스플레이를 생산하는 팹은 다층구조이며 펌프나 칠러와 같은 보조장비들을 운영하기 위해서 하부에 보조층을 설치한다. 특히 파티클에 민감한 클린룸 환경에 대질량 콘크리트 베이스를 설치하기가 어렵기 때문에, 노광기나 검사기를 설치할 구획을 구분하여 **그림 6.36**에 도시되어 있는 것처럼 철근지지대 위에 두꺼운 철판을 얹은 형태의 제진대를 설치한다.

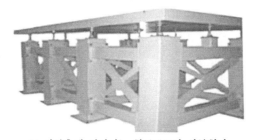

(a) 하부층에 설치되는 철골구조와 상부철판　　　(b) 주변 바닥과 분리된 제진대의 상부표면

그림 6.36 철골구조로 제작된 독립기초형 제진대[37]

36 amtek.co.kr

37 shinhanat.com

독립제진대를 설치하기 어려운 일반 팹에 설치된 장비에서 바닥진동에 의해서 생산품질에 문제가 발생하는 경우에는 해당 위치의 바닥진동을 저감하는 수단이 필요하다. 이런 경우에는 팹의 바닥을 이루는 보조층의 천정에 질량감쇄기를 설치하여 보조층의 바닥에서 기둥을 타고 전달되는 진동을 흡수하여야 한다. **그림 6.37** (a)에서는 이런 목적으로 설치되는 질량감쇄기의 운영개념을 보여주고 있다. 질량감쇄기는 수동형과 능동형 모두를 적용할 수 있으며, **그림 6.37** (b)에서는 능동형 질량감쇄기(위)와 수동형 질량감쇄기(아래)의 사례를 보여주고 있다.

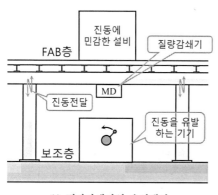
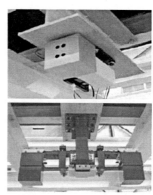

(a) 질량감쇄기의 운영개념   (b) 능동형 및 수동형 질량감쇄기

그림 6.37 바닥진동 저감을 위한 능동형 질량감쇄기의 설치[38]

6.5 반력의 상쇄

초정밀 스테이지와 같은 위치결정기구들이 움직이면 기계의 무게중심 위치가 변하면 개별 제진기들에 부가되는 정하중이 변하기 때문에 베이스가 기울어지게 된다. 이런 무게중심 변화에 따른 수평 유지에 능동형 제진기를 사용하는 방법이 있지만, 이는 웨이퍼 스테이지와 같이 스테이지의 무게가 가벼운 경우에나 가능한 일이며, 디스플레이 패널 노광용 스테이지와 같이 무게가 수십 톤에 이르는 스테이지의 경우에는 이를 능동형 제진기로만 보상하기에는 무리가 있다.

또한 일반적인 수직방향 진동저감용 제진기는 수평방향에 외란에 대한 대응능력이 없기 때문에 스테이지가 고속으로 작동하는 과정에서 발생하는 가감속의 반작용력이 베이스를 측면방향으

38 kumagaigumi.co.jp

로 가진시키면 이를 저감하기가 어렵다.

스테이지와 무게는 동일하며 방향은 반대로 움직이는 **평형질량**을 설치하면 스테이지가 움직이는 방향과 반대방향으로 동일한 거리를 평형질량이 움직이기 때문에 무게중심의 위치가 변하지 않는다. 또한 스테이지를 고속으로 구동하여도 평형질량이 반작용력을 상쇄시켜주기 때문에 수평방향 작용력의 총합을 항상 0으로 유지시킬 수 있다. 이렇게 평형질량을 사용하여 정밀 스테이지에서 발생하는 반력을 소거하는 방법을 **반력상쇄[39]기법**이라고 부른다.

LM 가이드 등에 안내를 받으며 볼스크루로 구동되고, 리니어스케일로 위치를 검출하는 전통적인 밀링 가공기의 위치제어 기구들은 **그림 6.38** (a)에 도시되어 있는 것처럼, 전통적인 개념의 견실한 일체형 프레임 구조를 사용한다. 하지만 스테이지의 가감속에 따른 반력이 계측 프레임을 흔들어버리며, 반력에 의해서 구조물이 변형을 일으키거나 진동하게 되므로, 측정의 기준위치가 오염되어 측정의 분해능과 정확도가 크게 훼손된다. **그림 6.38** (b)에서와 같이 스테이지와 반대방향으로 움직이는 평형질량을 설치하여 구동 반작용력을 상쇄시킨다면 힘전달 프레임 내부에서 만들어지는 힘전달 루프가 매우 짧아지기 때문에 구조물 전체를 견실하게 제작할 필요가 없어지고, 반력에 의한 변형과 진동이 일어나지 않으므로 별도의 제진기를 사용하여 설치한 계측 프레임은 항상 안정상태를 유지하게 되어 측정의 분해능과 정확도가 항상 최선의 상태를 유지하게 된다.

반력상쇄 기법은 현대적인 초정밀 기계나 초고속 작동기의 작동 신뢰성을 높이기 위해서 자주 사용되는 매우 세련된 설계기법이다.

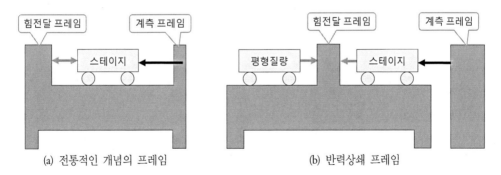

(a) 전통적인 개념의 프레임   (b) 반력상쇄 프레임

그림 6.38 반력상쇄의 개념[40]

---

39   reaction force cancellation.

40   H. Soemers, Design Principles for Precision Mechanisms, Delft Press., 2011을 참조하여 재구성하였다.

07

회전축과
베어링

Chapter 07

회전축과 베어링

모터는 동력을 생성하는 가장 효율적인 수단이며, 이렇게 만들어진 동력을 전달하여 유용한 일을 하도록 만든 장치가 기계이다. 따라서 기계설계의 가장 핵심은 모터를 포함한 동력전달계통을 구성하는 회전체와 이를 지지하는 베어링 시스템의 설계라고 말해도 과언이 아니다. 회전축에서는 회전속도가 높아지면 갑자기 진동이 증가하면서 안정성을 잃어버리고 파손되는 위험속도가 존재하기 때문에, 회전축을 설계하기 위해서는 회전축에서 일어나는 기본적인 진동 특성과 설계 방법에 대한 이해가 선행되어야 한다. 회전축이 파손되어 인명과 재산의 손실이 발생하는 사례는 수없이 많기 때문에 회전축 설계 엔지니어는 특히 안전에 주의해야 하며, 보수적인 설계가 중요시된다. 7.1절에서는 정적인 설계방법, 회전축에서 발생하는 응력집중문제, 동적인 설계방법, 밸런싱 그리고 안전과 보호장치의 순서로 회전축의 설계에 대한 기초이론을 간단하게 살펴볼 예정이다.

베어링은 회전축을 진동 없이 안정적으로 지지하면서 마찰로 인한 동력손실을 최소화하는 요소이다. 회전축지지용 베어링은 단순한 미끄럼 베어링에서 출발하여 동수압 베어링과 정수압 베어링, 볼/롤러 베어링, 공기 베어링 그리고 자기 베어링에 이르기까지 다양한 베어링들이 사용되고 있다. 이런 베어링들은 각각 명확한 장점과 단점들을 가지고 있다. 회전축의 용도에 따라서 사용할 수 있는 베어링의 유형은 제한되며, 대부분의 경우 사용하는 베어링의 종류에 따라서 회전축의 설계가 크게 달라진다. 회전축과 베어링은 동전의 양면과도 같은 기계요소들이기 때문에 함께 학습해야만 한다. 7.2절에서는 베어링의 종류와 개요에 대해서 전반적으로 논의하며, 7.3절에서는 깊은홈 볼 베어링, 앵귤러콘택트 볼 베어링 그리고 크로스롤러 베어링에 대해서 자세히 살펴보기로 한다.

공작기계를 중심으로 하여, 직교좌표계를 사용하는 고정밀 위치결정 시스템의 수요가 늘어나면서 직선운동 안내용 베어링은 단순 미끄럼 베어링에서 출발하여 LM 가이드, 정수압 베어링, 공기 베어링 등으로 발전하게 되었다. 공기 베어링은 초정밀 직선운동 안내용 베어링으로 널리 사용되었지만, 자기부상형 안내기구들이 반도체용 노광기를 시작으로 해서 그 활용 범위를 넓혀가고 있다. 7.4절에서는 직선안내용 구름 베어링인 LM 가이드에 대해서 살펴볼 예정이다. 7.5절에서는 동수압 베어링이나 정수압 베어링과 같은 미끄럼 베어링에 대해서 논의할 예정이며, 7.6절에서는 공기정압 베어링에 대해서 살펴본다. 마지막으로 7.7절에서는 비접촉 전자기력을 사용하는 자기 베어링에 대해서 견인식과 반발식으로 구분하여 논의할 예정이다.

회전축과 베어링은 이론적으로 매우 발전된 분야이다. (정밀)기계설계 교재들에서 회전체 역학이나 윤활공학에 대한 수학적 해석방법을 설명하기 위한 노력들이 시도되었지만, 이들을 간단하게 설명하지도 못하였으며, 그 설명이 충분치도 못하였다. 이 장에서는 설계과정에서 반드시 숙지해야만 하는 이론적 내용을 제외하고는 수학적 이론들을 대부분 생략하고 정성적인 설계원리들의 설명에 집중하였다. 하지만 이것이 수학적 이론이 중요하지 않다는 것을 의미하는 것은 결코 아니다. 보다 자세한 이론적 기반을 쌓고 싶은 엔지니어들은 회전체역학[1]이나 윤활공학[2] 전문 서적들을 공부하기를 권하는 바이다.

7.1 회전축 설계

회전축은 스팀터빈, 가스터빈, 터보발전기, 내연기관 엔진, 원심 컴프레서 등과 같은 산업용 기계에서 동력을 전달하기 위해서 사용된다. 기계의 생산성을 높이기 위해서 전달해야 하는 동력과 회전속도에 대한 요구가 증대됨에 따라서 이런 기기들의 회전축은 극한의 비틀림 및 진동을 받으며, 때로는 불안정 작동조건에 놓이게 된다. 그러므로 전달행렬법이나 유한요소법을 사용하여 고유주파수 해석과 모드선도의 도출과 같은 동특성을 해석하는 것은 설계의 관점에서 매우 중요한 일이다.

1   Agnieszka Muszynska, Rotordynamics, Taylor & Francis, 2005.
2   G. Stachowiak, A. Batchelor, Engineering Tribology, Elsvier, 2005.

회전축은 회전하는 과정에서 다양한 원인 때문에 로터의 휘돌림이 발생할 수 있는데, 가장 중요한 원인은 잔류불평형3이다. 잔류불평형의 휘돌림에 의한 원심력은 회전속도의 제곱에 비례하여 증가하며, 이 진동은 감쇄로 제어할 수 없기 때문에 회전축의 공진을 일반 기계에서 발생하는 공진현상과는 구분하여 **위험속도**4라고 부른다. 위험속도는 회전축과 베어링의 파손을 유발할 수 있으므로, 이 위험속도를 피해서 회전축을 운전하여야만 한다.

이 절에서는 정하중을 받는 회전축의 설계에 대해서 살펴본 다음에 동하중을 받는 회전축의 진동현상에 대해서 논의한다. 회전축 설계과정에서 만들어지는 다양한 단차형상들이 유발하는 응력집중에 대해서 고찰하며, 회전축에 잔류하는 불평형의 허용등급과 이 불평형을 제거하는 밸런싱에 대해서도 살펴본다. 마지막으로 회전축의 작동과정에서 발생할 수 있는 위험과 이로부터 인명을 보호하기 위한 안전과 보호장치에 대해서 논의할 예정이다.

이 책은 정확한구속의 원리가 적용되는 반도체나 디스플레이용 정밀기계의 설계를 주 대상으로 하여 집필되었기 때문에 여타 주제들에 비해서 회전축의 설계에 대해서 상대적으로 가볍게 다루고 있다. 하지만 회전축 설계는 탄성평균화의 원리가 적용되는 정밀기계의 대표적인 사례인 초정밀, 초고속 공작기계의 주축이나 관성항법장치용 자이로스코프와 같은 다양한 주제들이 포함된다. 특히 고속 회전체나 유연축을 설계하여야 한다면 회전체 역학과 회전체의 다양한 불안정 현상들에 대해서 추가적인 학습을 권하는 바이다.

7.1.1 정적 설계

회전축의 설계는 크게 **정적 설계**와 **동적 설계**로 구분할 수 있다. 정적 설계에서는 반드시 다음의 세 가지 사항들을 준수해야만 한다.

- 주어진 하중과 속도하에서 회전축이 파손되지 않도록 충분한 강도를 확보해야 한다.
- 처짐과 비틀림 변형을 일정한 한도 이내로 유지하여야 한다.
- 키홈, 단차 등에 의한 응력집중을 고려하면서 정하중, 반복하중, 충격하중 등에 대해서 충분한 강도를 갖도록 설계해야 한다.

---

3   unbalance.
4   critical speed.

회전축이 회전하면서 다양한 힘을 받으면 회전축 내부에 탄성변형이 축적되었다가 운동에너지로 전환되면서 진동이 발생하게 된다. 특히 이 진동의 주기가 회전축이 가지고 있는 고유진동 주파수인 위험속도에 도달하면 공진현상에 의해 격렬한 진동이 발생하며, 심각한 경우에는 축이나 베어링이 파손된다. 회전축 위험속도의 ±25% 범위를 **금지속도 범위**라 하며, 회전축의 작동속도가 이 범위 내에 들어가지 않도록 회전축을 설계하여야만 한다. 따라서 회전축의 동적 설계에서는 회전축의 위험속도를 구하여 회전축의 작동속도가 금지속도 범위에 들어가지 않도록 회전축의 크기와 형상을 조절하여야 한다.

회전축의 정적 설계에서는 우선, 회전축의 **최소 축직경**을 산출한다. 회전축은 사용하는 소재의 유형과 작용하는 하중의 유형에 따라서 파괴모드가 서로 다르다. 일반적으로 강철과 같은 연성재료의 축은 최대 인장응력에 의해서 파손된다는 가설인 랭킨의 최대 주응력설과 가장 잘 일치하며, 주철과 같은 취성재료의 축은 게스트의 최대 전단응력설과 가장 잘 일치한다.

지금부터 굽힘 모멘트(M)와 비틀림 토크(T)가 가해지는 회전축의 최소 축직경을 구하는 방법에 대해서 살펴보기로 한다. **최대 주응력설**에 따르면, 강철 등의 연성재료를 사용한 원형 중실축과 원형 중공축의 최소 축직경(d)은 각각 다음의 식을 사용하여 구할 수 있다.

$$d = \sqrt[3]{\frac{16}{\pi(1-x^4)\tau}\sqrt{M^2+T^2}}\,[\mathrm{mm}]$$

여기서 M은 축에 작용하는 굽힘 모멘트, T는 축에 작용하는 비틀림 토크, τ는 허용 전단응력 그리고 x는 중실축의 경우에는 0이며, 중공축인 경우에는 내경과 외경 사이의 지름비이다.

최대 전단응력설에 따르면 주철과 같은 취성재료로 제작한 원형 중실축과 원형 중공축의 최소 축직경은 각각 다음의 식을 사용하여 구할 수 있다.

$$d = \sqrt[3]{\frac{16}{\pi(1-x^4)\sigma}\left(M+\sqrt{M^2+T^2}\right)}$$

여기서 σ는 허용 인장응력이다.

회전축의 최소 축직경은 하중조건에 따라서 산출하는 방법이 다르다. 보다 자세한 내용은 기계설계학[5]을 참조하기 바란다.

　　그림 7.1에서는 회전축의 파손단면을 보여주고 있다. (a)는 연성재료로 제작된 회전축이 비틀림 토크에 의하여 파손된 사례이며, (b)는 취성재료로 제작된 회전축이 굽힘 모멘트에 의해서 파손된 사례이다. 특히 (b)의 경우에는 우측 파손단면 하부의 흰색 점 위치에 있던 기공이나 미소 크랙이 피로파손을 초래했다는 것을 추정할 수 있다.

(a) 비틀림 토크에 의한 회전축 파손사례　　　　(b) 굽힘 모멘트에 의한 회전축 파손사례

그림 7.1 회전축 파손단면[6]

　　회전축 정적설계의 두 번째 단계는 정적인 처짐량을 기준으로 하여 축 길이(ℓ)를 선정하는 것이다. 회전축은 얇고 긴 원형의 봉을 기본형상으로 하며, 그 중간에 다양한 부착물들이 설치되므로 회전축을 수평으로 설치하면 중력에 의해서 처지게 된다. 회전축의 처짐량(δ)과 처짐각도(β)는 하중의 크기와 위치, 축의 지름과 단면형상, 재질 등에 의존한다.

　　그림 7.2에서와 같이 집중하중과 균일 분포하중을 받으며, 양단이 단순지지되어 있는 원형단면 회전축의 경우에 처짐량과 처짐각도는 각각, 다음 식을 사용하여 계산할 수 있다.

$$\text{중앙집중하중: } \delta_1 = \frac{W\ell^3}{48EI}, \quad \beta_1 = \frac{W\ell^2}{16EI}$$

$$\text{균일분포하중: } \delta_2 = \frac{5w\ell^4}{384EI}, \quad \beta_2 = \frac{w\ell^3}{24EI}$$

5　　정선모, 한동철, 장인배, 표준기계설계학, 동명사, 2015.

6　　https://proactivefluidpower.com/solutions/troubleshooting/

여기서 $I = (\pi d^4)/32$ 이다. 바하의 회전축 변형 가이드라인에 따르면, 중앙집중하중(W)을 받는 회전축의 경우, 최대 처짐량은 $\delta_1 < \ell/3,000$ 으로 제한해야 하며, 분포하중(w)을 받는 회전축의 경우, 최대 처짐량은 $\delta_2 < \ell/3,200$ 으로 제한하여 설계해야 된다. 그리고 축의 최대 처짐각도 $\beta < 1,000$ [rad]로 제한되어야 한다.

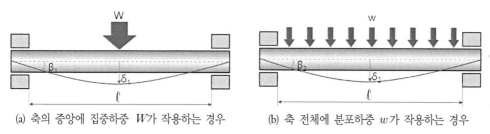

(a) 축의 중앙에 집중하중 W가 작용하는 경우   (b) 축 전체에 분포하중 w가 작용하는 경우

그림 7.2 하중을 받는 원형단면 회전축의 변형[7]

7.1.2 응력집중

회전축에는 베어링, 키, 커플링, 로터, 풀리 등 다양한 부착물들을 설치하기 위해서 단차를 만든다. 이런 단차형상에 비틀림 토크나 굽힘모멘트가 부가되면 1.3.2.2절에서 설명했던 것처럼 **응력집중**이 발생하며, 이로 인하여 회전축이 파손될 수 있다. 따라서 회전축의 형상설계를 진행하는 과정에서 응력집중계수를 산출하여 회전축의 최소 축직경의 안전성을 점검해보아야 한다.

그림 7.3과 **그림 7.4**에서는 각각, 다양한 설계치수를 가지고 있는 단달림 축에 굽힘 모멘트와 비틀림 토크가 가해졌을 때의 응력집중계수를 그래프로 보여주고 있다.

그림 7.3과 **그림 7.4**를 살펴보면 단달림 축의 경우에 축의 최소직경 대비 모서리직경의 비율 (r/d)이 작아질수록 응력집중 계수가 급격하게 증가한다는 것을 알 수 있으며, 단차위치에서의 축직경 변화(D/d)가 클수록 응력집중계수가 커진다는 점도 확인할 수 있다. 또한 **그림 7.3**과 **그림 7.4**를 비교해보면 동일한 직경비와 모서리 반경비에 대해서 굽힘 모멘트가 가해지는 경우의 응력집중 계수가 비틀림 토크가 가해지는 경우의 응력집중계수에 비해서 더 크다는 것을 알 수 있다. 따라서 회전축에 굽힘 모멘트가 가해지는 경우에는 설계 시 응력집중에 각별한 주의를 기울여야 한다.

---

7   정선모, 한동철, 장인배, 표준기계설계학, 동명사, 2015를 참조하여 재구성하였다.

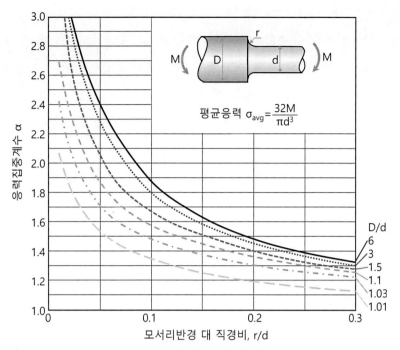

그림 7.3 굽힘 모멘트를 받는 단달림축의 응력집중계수

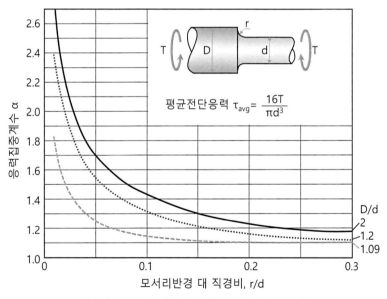

그림 7.4 비틀림 토크를 받는 단달림축의 응력집중계수[8]

---

8 정선모, 한동철, 장인배, 표준기계설계학, 동명사, 2015를 참조하여 재구성하였다.

그림 7.5에서는 그림 4.38에서 예시하였던 고속주행 대차에서 발생한 주행축 파손사례를 보여주고 있다. 주행축의 베어링과 주행바퀴 사이의 계면에는 단차를 만들 필요가 없음에도 불구하고 그림 7.5 (a)에서와 같이, 설계자는 관성적으로 단차를 만들었고, 주행바퀴를 고정하기 위해서 만든 볼트구멍의 탭들과 단차위치에 성형된 언더컷으로 인하여 축의 최소 살두께가 1[mm] 미만이 되어버렸다. 대차의 자중에 의하여 주행축에는 굽힘모멘트가 작용하므로 단차의 외경부에 심각한 응력집중이 발생하였으며, 회전축의 피로파손이 발생하였다. 이를 개선하기 위해서는 그림 7.5 (b)에서와 같이 단차를 없애서 응력집중의 원인을 없애야 한다. 회전축의 단차만 없애도 회전축 외곽부에서의 응력집중이 없어지면서 단차부분에서 발생하던 회전축의 파손문제가 근본적으로 해소된다.

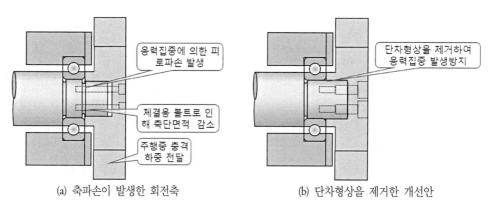

(a) 축파손이 발생한 회전축   (b) 단차형상을 제거한 개선안

그림 7.5 물류용 고속주행대차의 구동바퀴 회전축 파손사례

7.1.3 동적 설계

회전하는 축에 처짐이나 비틀림과 같은 변형이 발생하면 탄성변형 에너지가 운동에너지로 전환되면서 진동이 발생한다. 이 진동주기가 축 자체의 고유진동 주파수인 위험속도에 도달하면 공진현상에 의해서 격렬한 진동이 발생하며, 심각한 경우 회전축이나 베어링이 파손된다. 소형/저속 회전기계의 경우에는 회전축 파손이 그리 위험하지 않을 수 있겠지만, 고속으로 회전하는 회전축이나 대형 회전기의 파손은 인명과 재산의 심각한 손실을 초래할 위험이 있다. 따라서 회전축의 고유주파수 해석을 통해서 위험속도를 구한 후에 회전축의 작동속도가 위험 속도의 ±25% 밖에 위치하도록 회전축을 설계하여야 한다.

회전축의 설계는 기본적으로 위험속도 이전의 작동속도 범위에서만 작동하도록 설계한 **강체**

축과 위험속도를 넘어선 작동속도 범위에서만 작동하도록 설계한 **유연축**으로 구분된다. 강체축의 경우에는 위험속도를 되도록 높은 대역에 위치시키기 위해서 회전축을 짧고 두껍게(강성이 크게) 설계하며, 위험속도를 넘어가지 않기 때문에 감쇄가 거의 없는 볼 베어링을 사용하여 회전축을 지지할 수 있다. 강체축의 가장 대표적인 사례는 모터축이다. 반면에 유연축의 경우에는 되도록 에너지가 작은 저속에서 위험속도를 통과하도록 회전축을 얇고 길게(강성이 작게) 설계하며, 위험속도를 넘어야 하기 때문에 감쇄가 큰 유체 미끄럼 베어링을 사용한다. 유연축의 가장 대표적인 사례는 자동차 엔진용 크랭크샤프트 축이다. 자동차의 시동을 걸면 차체가 진동하면서 시동이 걸리는데, 이것이 크랭크샤프트가 위험속도를 넘어가면서 일으키는 과도진동 현상이다.

그림 7.6에서는 중앙에 원형 디스크 형태로 질량이 집중되어 있으며, 회전축은 질량이 없는 탄성체로만 이루어진 이상적인 회전축을 보여주고 있다. 이런 형태의 회전축을 **제프콧 로터**[9]라고 부르며, 회전축의 진동이론 해석에 자주 사용된다. 회전축에는 가공형상의 오차나 회전축의 비대칭 등에 의해서 불평형이 존재하며, 이로 인하여 무게중심 G는 기하학적 중심위치에서 r만큼 떨어진 위치에 놓인다고 가정하자. 이 회전축이 회전을 시작하면 **그림 7.6** (a)에서와 같이, 불평형 질량에 의해서 $F = mr\omega^2$의 원심력이 생성되며, 회전축은 이 원심력에 의해서 1회전당 1주기의 진동을 일으킨다. 회전속도(ω)를 상승시키면 회전축에서 발생하는 원심력은 회전속도의 제곱에 비례하여 증가하면서 **그림 7.7**에 도시된 진폭 보드선도의 ①번 영역에서처럼 진폭이 2차함수곡선을 따라서 증가한다. 회전축이 공진속도에 도달하게 되면 공진 진폭(δ)은 피크값을 나타내며, 이때에 회전축 내의 불평형질량 위치와 회전축의 최대변위 위치 사이에는 **그림 7.7** 위상보드선도의 ②번 위치에서처럼 -90°의 위상지연이 발생한다. 회전축이 공진속도를 통과하고 나면 **그림 7.7** 위상보드선도의 ③번 위치에서처럼 -180°의 위상지연이 발생하게 되며, 진폭보드선도의 ④번 위치에서처럼 회전축의 진동이 급격하게 감소한다. 이는 회전축이 공진속도를 통과하고 나면 **그림 7.6** (b)에서처럼 회전축은 r만큼 변형되면서(휘면서) 불평형 질량의 위치가 -180° 위상지연으로 인하여 회전축의 기하학적 중심위치로 들어가버리기 때문이다. 이를 통해서 더 이상 원심력이 발생하지 않으면서 회전축은 스스로 안정상태를 이룬다. 제프콧 로터는 2자유도 시스템이기 때문에 더 이상의 고유주파수(또는 진동모드)가 없으므로, 회전축의 회전속도를 더 높여도 더 이상 진동이 증가하지 않으면서 매우 안정적으로 작동상태를 유지한다.

---

9 Jeffcott rotor.

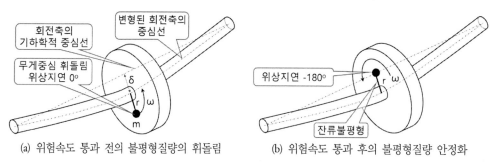

| (a) 위험속도 통과 전의 불평형질량의 휘돌림 | (b) 위험속도 통과 후의 불평형질량 안정화 |

그림 7.6 위험속도 통과전과 후의 불평형질량 위치

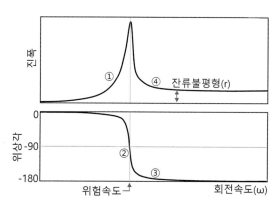

그림 7.7 제프콧 로터의 진폭보드선도와 위상보드선도

던컬리법은 다수의 로터가 장착된 회전축을 간단한 하위 시스템들로 단순화시켜서 각각의 위험속도들을 계산한 후에 이를 합산하는 과정을 통해서 시스템의 위험속도를 계산하는 선형해석 방법이다. **그림 7.8**에 도시되어 있는 것처럼 얇고 긴축에 3개의 로터가 설치되어 있는 회전축의 고유주파수를 던컬리법을 사용하여 계산하는 방법을 살펴보기로 하자. 로터가 설치되지 않은 얇고 긴축의 고유주파수 N_0는 다음 식으로 계산할 수 있다.

$$N_0 = 2,068 \frac{d^2}{\ell^2} \sqrt{\frac{E}{w_0}} \, [\text{rpm}]$$

여기서 $d[\text{mm}]$는 축직경, $\ell[\text{mm}]$은 축의 길이, $E[\text{kgf/mm}^2]$는 영계수 그리고 $w_0[\text{kg/mm}]$는 축의 단위길이당 질량이다. 좌측의 로터만 설치되어 있는 경우의 고유주파수 N_1은 다음 식을 사용하여 계산한다.

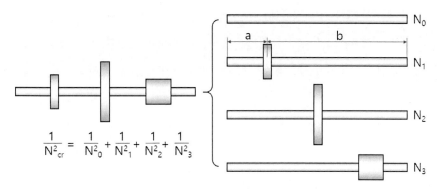

$$\frac{1}{N^2_{cr}} = \frac{1}{N^2_0} + \frac{1}{N^2_1} + \frac{1}{N^2_2} + \frac{1}{N^2_3}$$

그림 7.8 던컬리법을 사용한 제프콧 로터의 위험속도 계산

$$N_1 = 363d^2\sqrt{\frac{E(a+b)}{Wa^2b^2}}\ [\text{rpm}]$$

여기서 a[mm] 와 b[mm]는 **그림 7.8**의 우측에 도시되어 있는 것처럼 축 양단에서 로터까지의 거리이며, W[kg]는 로터의 질량이다.

N_2와 N_3도 위와 동일한 방식으로 계산하고 나면 다음 식을 사용하여 회전축과 로터들 모두가 조립된 회전축의 위험속도를 산출할 수 있다.

$$\frac{1}{N^2_{CR}} = \frac{1}{N^2_0} + \frac{1}{N^2_1} + \frac{1}{N^2_2} + \frac{1}{N^3_3}$$

만일 회전축에 장착되는 로터의 숫자가 이보다 더 작거나 더 많다고 하여도 이와 동일한 방식을 적용하여 회전축의 위험속도를 구할 수 있다.

지금부터는 60,000[rpm]급 초고속 원심분리기용 회전축의 설계사례에 대해서 살펴보기로 하자. 원심분리기는 원심력을 사용하여 시료의 비중 차이를 극대화시켜서 물질을 분리하는 장비이다. 원심분리기는 사선방향으로 시료 튜브를 꽂는 구멍이 다수 가공되어 있는 로터라고 부르는 역원추형 회전체를 모터축의 끝에 연결하고 1,000[rev/sec] 수준의 엄청난 속도로 회전시키는 구조를 가지고 있다.

질량체인 로터가 하나만 장착된 형태의 회전축인 제프콧 로터는 일단 위험속도를 통과하고 나면 회전속도를 아무리 증가시켜도 더 이상 진동이 증가하지 않는다. 그러므로 원심분리기와 같이 초고속 회전이 필요한 회전축의 경우에는 제프콧 로터와 같이 질량체가 하나만 장착된 유연축의 형태로 설계하여야 한다. 그런데 회전축을 구동하는 모터축은 대부분 볼 베어링으로 지지되어 있다. 강체 구름접촉을 통해서 회전축을 지지하는 볼 베어링은 감쇄가 거의 없기 때문에 회전축이 위험속도에 근접하여 진동이 증가하면 베어링이 파손된다. 따라서 모터를 초고속으로 회전시키기 위해서는 모터축을 짧고 강성이 높게 설계하여 모터축의 위험속도를 작동속도보다 높은 곳에 위치시켜야만 한다. 반면에, 모터축과 연결된 원심분리기용 로터는 불평형질량에 의한 진동을 줄이기 위해서 되도록 낮은 주파수에서 위험속도를 통과시켜서 안정상태로 만들어야 한다. 이런 모순된 요구조건을 충족시키기 위해서 **그림 7.9** (a)에 도시된 것처럼, 짧고 강성이 높게 설계된 모터축의 한쪽 끝에 얇고 유연한 축을 설치하고 그 끝에 원심분리용 로터를 설치한 유연축 구조가 널리 사용되고 있다. 그런데 사용자 실수 등으로 시료튜브들 사이의 무게 편차가 허용 수준을 넘어서면 과도한 진동이 발생하여 유연축이 공진속도를 넘어가는 과정에서 회전축이 부러질 위험이 있다. 따라서 유연축의 변위를 제한할 변위제한기구가 추가적으로 필요하다. 하지만 고속으로 회전하는 회전체가 정지해 있는 변위제한기구에 부딪치면 회전축이 갈려나가면서 오히려 더 큰 위험을 초래할 우려가 있는 실정이었다. 이런 문제를 해결하기 위하여 **그림 7.9** (b)와 같이 이중회전축 구조의 원심분리기가 제안되었다. 이 회전축의 경우에는 모터축을 중공축 형태로 제작하고 모터축의 하부에서 유연축과 모터축을 연결하는 구조를 채용하였다. 이를 통해서 모터축의

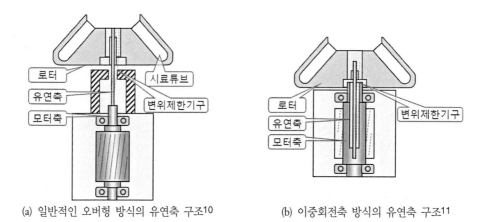

(a) 일반적인 오버형 방식의 유연축 구조[10]   (b) 이중회전축 방식의 유연축 구조[11]

그림 7.9 초고속 원심분리기의 유연축 설계

---

10   저자가 박사과정에 재학 중이던 1990년경에 산업체와의 산학공동개발을 통해서 이를 개발하였다.
11   장인배 외, 이중회전축을 구비한 원심분리기, 발명특허, 10-0773422-0000.

상부에는 동심 형태로 유연축과 모터축이 배치되며, 유연축의 상단에 로터를 설치한다. 로터의 불평형이 허용한계를 넘어서면 유연축의 과도한 변형을 모터축의 내경부가 받아줄 수 있다. 모터축과 유연축은 동일한 속도로 회전하므로, 유연축의 과도변형으로 인한 충돌 시 반경방향 상대속도성분 이외에는 유연축에 작용하는 상대운동이 없기 때문에 유연축의 갈림이 발생하지 않는다. 이 설계를 통해서 과도한 불평형에 의한 유연축의 파손 문제를 효과적으로 방지할 수 있었다.

회전체에 다수의 로터가 설치되거나 축이 길고 무겁다면 **그림 6.10**의 스트링 진동에서와 유사한 다수의 고유진동 모드들이 존재한다. 대부분의 경우에는 회전축이 활처럼 휘어지는 1차 모드만이 관심의 대상이지만, 1차 모드를 넘어서 2차 이상의 모드에 접근하는 극한의 회전속도를 요구받는 경우에는 고차 진동모드의 해석이 필요하다. 이런 고차 진동모드 해석에는 전달행렬법이나 유한요소법 등의 전산해석 방법을 사용하여야 하며, 이는 이 책의 범주를 넘어선다.

7.1.4 밸런싱

앞 절에서 살펴보았듯이, 로터의 불평형은 회전축의 진동을 초래하며, 이 진동은 베어링과 하우징을 통하여 구조물로 전파된다. 만약, 이 전달력이 큰 경우에는 회전축과 베어링이 파손될 수 있으며, 인접한 기계의 작동성능에도 영향을 끼칠 수 있다. 그러므로 로터의 불평형을 최대한 제거해야 하며, 이 과정을 **밸런싱**이라고 부른다.

로터를 두 수평 칼날 위에 놓고 굴리면 (높은 확률로) 무게중심이 가장 낮은 위치에서 회전축의 구름이 정지한다. 로터의 측면에 평형질량을 붙여가면서 로터를 굴려서 매번 다른 위치에서 로터가 멈출 때까지 이 과정을 반복하는 방법을 **정적인 밸런싱**이라고 부른다. 이 방법은 짧은 회전축에 대형의 디스크가 하나만 부착되어 있는 경우에 유효한 방법이다.

만일 회전축이 길고 처짐이 발생하며, 다수의 로터가 설치되어 있는 경우라면 불평형은 **동적인 밸런싱**을 통해서만 제거할 수 있다. 위험속도를 넘어가지 않는 강성축의 경우에는 불평형 위치나 크기가 많이 변하지 않기 때문에 영향계수법과 같은 강체축 밸런싱 기법을 사용하여 밸런싱을 수행할 수 있지만, 회전축이 변형되며, 변형량이 속도에 따라 변한다면 밸런싱 문제는 매우 복잡해진다(모달 밸런싱이 필요하다).

표 7.1에서는 기계의 유형별로 요구되는 밸런싱 품질을 보여주고 있다. **표 7.1**에서 잔류 불평형량이 $0.1[\text{kg·mm}/100\text{kg}]$라는 것은 회전축 무게 $100[\text{kg}]$당 $0.1[\text{kg}]$의 질량이 $1[\text{mm}]$ 편심된 위치에 존

재한다는 뜻이며, 밸런싱 거리는 기하학적인 중심과 무게중심 사이의 거리를 의미한다.

표 7.1 기계의 유형별로 요구되는 밸런싱 품질[12]

품질그룹	기계의 유형	잔류 불평형[kg·mm/100kg]	밸런싱 거리[μm]
A등급 고정밀 밸런싱	자이로로터 원심분리기 슈퍼피니시연삭기	0.0025~0.0120	0.2~1
B등급 정밀 밸런싱	초고속 모터 소형 가스터빈 과급기(슈퍼차저) 정밀연삭기 제트엔진 로터 소형원심분리기	0.005~0.025	0.5~1.75
C등급 고품질 밸런싱	소형 전기모터 터보 발전기 스팀터빈 가스터빈 중간속도 과급기 원심분리기	0.025~0.12	1.75~10
D등급 양호품질 밸런싱	상용 전기모터 팬, 송풍기 원심펌프 4실린더 크랭크축 플라이휠	0.05~0.25	5~25
E등급 평균품질 밸런싱	프로펠러축 기어열 대형플라이휠 농업기계	0.15~0.8	20~100

현장에서 수행되는 강체축 밸런싱의 경우에는 단일평면 밸런싱을 위한 **4회전 기법**이나 2평면 밸런싱을 위한 **7회전 기법**과 같은 실험적 기법들이 많이 사용되고 있으며, 밸런싱기를 제작하는 경우에는 **영향계수법**이 많이 사용되고 있다. **그림 7.10**에서는 영향계수법을 적용하기 위한 밸런싱 장치의 셋업을 보여주고 있다.

그림 7.10의 사례에서는 회전축에 2개의 밸런싱 평면을 설정하여 영향계수법으로 밸런싱을 시행하기 위한 셋업을 보여주고 있다. 회전축의 원점각도를 측정하기 위해서 회전축 표면에 키페이저 홈을 성형하고(반사 테이프를 붙이기도 한다) 0° 검출용 변위센서를 설치한다. 그리고 두 밸런

---

12 J. Rao, Roter Dynamics, 1996.

싱 평면에 인접하여 두 개의 변위센서를 설치한 후에 회전축의 진동변위를 측정한다. 이때에 세 개의 센서들은 회전축에 대해서 모두 동일한 각도로 설치되어야만 한다. 밸런싱을 수행하는 회전축의 회전속도는 실제 작동속도와 되도록 근접하게 설정하는 것이 좋지만, 안전상의 문제가 있다면 이보다 낮춰서 시행한다.

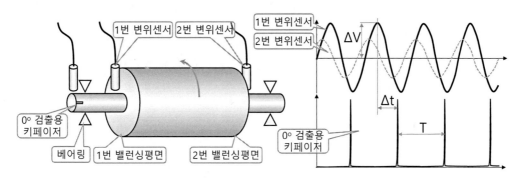

그림 7.10 영향계수법을 이용한 회전체 밸런싱기의 셋업과 검출신호

변위센서의 민감도를 미리 알고 있으므로 검출된 신호의 전압진폭으로부터 회전축 진동의 진폭을 환산할 수 있다. 예를 들어, 센서의 변위민감도가 10[V/mm]이며, 측정된 1번 진동신호의 전압진폭이 0.2V 라면, 1번 위치에서 회전축 진동의 진폭은 $W_{01} = 0.2/10 = 0.02$[mm]이다. 또한 키페이저와 측성신호 사이의 시간 차이가 $\Delta t = 10$[ms]이며, 키페이저의 주기(회전주기)가 $T = 30$[ms]라면, 위상각은 10[ms] : 30[ms] $= \varphi : 360°$의 비례식으로부터

$$\varphi = \frac{10}{30} \times 360° = 120°$$

와 같이 구할 수 있다. 이를 사용하면 1번 위치에서의 회전축 진폭을 다음과 같이 복소수로 나타낼 수 있다.

$$\boldsymbol{W_{01}} = W_{01}\cos(120°) + i\, W_{01}\sin(120°) = 0.02\cos(120°) + i\,0.02\sin(120°) = -0.01 + 0.173i\,[\text{mm}]$$

여기서 볼드서체는 복소수 값이라는 것을 의미한다. 이런 방식으로 회전체의 $\boldsymbol{W_{01}}$과 $\boldsymbol{W_{02}}$를

측정하면 다음과 같이 회전체의 진동에 대한 영향계수식이 만들어진다.

$$\begin{Bmatrix} W_{01} \\ W_{02} \end{Bmatrix} = \begin{bmatrix} \alpha_{11} & \alpha_{12} \\ \alpha_{21} & \alpha_{22} \end{bmatrix} \begin{Bmatrix} U_1 \\ U_2 \end{Bmatrix}$$

여기서 U_1과 U_2는 각각 1번 밸런싱 평면과 2번 밸런싱 평면에 존재하는 미지의 불평형량이다. 그리고 α_{11}은 U_1이 1번 면의 진동에 끼치는 영향, α_{12}는 U_2가 1번 면의 진동에 끼치는 영향, α_{21}은 U_1이 2번 면의 진동에 끼치는 영향 그리고 α_{22}는 U_2가 2번 면의 진동에 끼치는 영향이다. 이 행렬의 모든 성분들은 복소수이다. 1번 및 2번 면의 임의각도에 시험질량 $T[g]$을 부착하고 회전축을 돌려서 측정한 진동변위인 W_{11}, W_{12}와 W_{21}, W_{22}는 각각 다음 식으로 표시된다.

$$\begin{Bmatrix} W_{11} \\ W_{12} \end{Bmatrix} = \begin{bmatrix} \alpha_{11} & \alpha_{12} \\ \alpha_{21} & \alpha_{22} \end{bmatrix} \begin{Bmatrix} U_1 + T \\ U_2 \end{Bmatrix} \qquad \begin{Bmatrix} W_{21} \\ W_{22} \end{Bmatrix} = \begin{bmatrix} \alpha_{11} & \alpha_{12} \\ \alpha_{21} & \alpha_{22} \end{bmatrix} \begin{Bmatrix} U_1 \\ U_2 + T \end{Bmatrix}$$

이 세 개의 행렬식들을 사용하면 다음과 같이 영향계수들을 구할 수 있다.

$$\begin{Bmatrix} W_{11} - W_{01} \\ W_{12} - W_{02} \end{Bmatrix} = \begin{bmatrix} \alpha_{11} & \alpha_{12} \\ \alpha_{21} & \alpha_{22} \end{bmatrix} \begin{Bmatrix} T \\ 0 \end{Bmatrix} \rightarrow \alpha_{11} = \frac{W_{11} - W_{01}}{T}, \quad \alpha_{21} = \frac{W_{12} - W_{02}}{T}$$

$$\begin{Bmatrix} W_{21} - W_{01} \\ W_{22} - W_{02} \end{Bmatrix} = \begin{bmatrix} \alpha_{11} & \alpha_{12} \\ \alpha_{21} & \alpha_{22} \end{bmatrix} \begin{Bmatrix} 0 \\ T \end{Bmatrix} \rightarrow \alpha_{12} = \frac{W_{21} - W_{01}}{T}, \quad \alpha_{22} = \frac{W_{22} - W_{02}}{T}$$

이렇게 모든 영향계수들을 구하면 역행렬을 사용하여 기하학적 중심으로부터 무게중심까지의 불평형거리와 각도를 다음과 같이 구할 수 있다.

$$\begin{Bmatrix} U_1 \\ U_2 \end{Bmatrix} = \begin{bmatrix} \alpha_{11} & \alpha_{12} \\ \alpha_{21} & \alpha_{22} \end{bmatrix}^{-1} \begin{Bmatrix} W_{01} \\ W_{02} \end{Bmatrix}$$

그러므로

$$U_1 = \frac{\alpha_{22}W_{01} - \alpha_{12}W_{02}}{\alpha_{11}\alpha_{22} - \alpha_{12}\alpha_{21}}, \quad U_2 = \frac{-\alpha_{21}W_{01} + \alpha_{11}W_{02}}{\alpha_{11}\alpha_{22} - \alpha_{12}\alpha_{21}}$$

이렇게 구한 불평형량에 대한 밸런싱을 보정하기 위해서는 언밸런스와 반대의 위치에 보정질량을 붙이거나 언밸런스 위치에서 보정할 양만큼의 소재를 제거해야 한다. 예를 들어, 로터의 질량이 10[kg]이며, 좌우대칭 형상이라고 한다면 1번 밸런싱평면에서는 5[kg]의 질량에 대한 불평형량을 보정해야 한다. 위의 과정을 통해서 계산된 $U_1 = 0.01 + i\,0.0173 = 0.02\angle 60°$이며, 밸런싱 가공은 반경 50[mm] 위치에 시행할 수 있다면 다음 식을 사용하여 밸런싱 반경에서 제거해야 할 질량을 계산할 수 있다.

$$\Delta m = 5{,}000 \times \frac{0.02}{50} = 2\,[\mathrm{g}]$$

따라서 키페이저로부터 $\varphi = \tan^{-1}\left(\dfrac{0.0173}{0.1}\right) = 60°$ 각도의 반경 50[mm] 위치를 드릴링하여 2[g]만큼의 소재를 제거하면 불평형이 보정된다.

소형 DC모터의 경우에는 에폭시 수지를 회전자 코일권선의 표면에 붙이는 방법이 많이 사용되며, 자동차 휠 밸런싱의 경우에도 보정질량을 휠의 림 부분에 붙이는 방법을 사용한다. 반면에 대부분의 회전축에서는 드릴링 등을 통하여 로터에서 불평형질량을 제거하는 방법을 많이 사용한다. 이를 위해서는 회전축 설계 시 소재를 제거하여도 회전축의 성능에는 영향을 끼치지 않는 위치인 소위 **밸런싱 평면**이 마련되어 있어야만 한다. **그림 7.11**에서는 밸런싱 작업이 완료된 차량용 플라이휠 디스크의 사례를 보여주고 있다.

밸런싱을 위한 가공구멍들

그림 7.11 밸런싱 구멍들이 성형되어 있는 차량용 플라이휠 디스크의 사례[13]

7.1.5 안전과 보호장치

개념적인 회전축은 원형 단면의 봉형 구조이다. 하지만 실제의 회전축은 베어링과 로터가 설치되며, 키홈이나 플랜지, 볼트 등의 다양한 부착물들이 설치되어 있어서 원형도 아니며 표면이 매끄럽지도 않다. 하지만 일단 회전축이 회전을 시작하면 다양한 부착물들은 빠른 속도로 회전하면서 시야에서 사라지고 매끄럽고 반짝이는 실린더형 표면만 눈에 보인다. 이로 인해서 작업자들이 실수로 회전축에 손을 대는 사고가 자주 발생한다. 회전축의 돌출부가 순간적으로 손이나 장갑을 잡아채서 돌아가면 이를 힘으로 저지할 수 없으므로 손이 절단되거나 사망사고가 발생한다. 또한 회전축은 항상 강력한 원심력을 받기 때문에 회전체에 부착된 부착물들이 떨어져 나가거나 피로 파괴로 파손되어 파편이 발생하면 그 자체가 총알처럼 반경방향으로 튀어나가버린다. 따라서 작동하는 회전축 근처에서는 되도록 반경방향으로 접근하지 말아야 한다. 벨트나 와이어로프를 구동하는 과정에서 벨트나 와이어가 파열되면 이들이 채찍처럼 튀어나가면서 주변의 사람을 휘감아 당겨버린다. 이런 유형의 안전사고는 산업현장에서 자주 발생하기 때문에 기구설계 엔지니어들은 회전체 자체에 대한 안전설계뿐만 아니라 회전체 취급자들을 위한 안전설계도 필수적으로 시행해야만 한다.

그림 7.12 안전망이 매우 부실한 벨트 구동식 컴프레서의 사례

일반적으로 회전동력계는 구동모터-커플링-작동기의 형태로 연결된다. 대부분의 구동모터의 하우징은 충분히 안전하게 설계되어 있으므로, 별도의 안전장치를 설치할 필요가 없다. 하지만 구동모터와 작동기 사이를 연결하는 커플링은 대부분의 경우 노출되어 있으며, 조립을 위해서

---

13   https://www.crossmembers.com/product/1970-1980-chevy-sbc-400-engine-billet-steel-flywheel/

외경부에 볼트나 돌기들이 성형되어 있다. 구동축과 종동축의 사이를 연결하는 커플링의 외경부에는 반드시 튼튼하고 촘촘한 보호망을 설치해서 손이나 공구가 들어가지 않도록 차폐해야만 한다. 작동기기의 경우에는 하우징으로 밀폐하는 것이 원칙이지만, 벨트풀리나 호이스트 드럼과 같이 밀폐가 어려운 경우가 많다. 이런 경우에도 안전망을 필수적으로 설치해야만 한다.

보호망과 같은 안전장치를 설치하기 어려운 경우에는 작업자의 접근이 불가능하도록 공간을 나누어야 하며, 유지보수 등을 위해 작업자가 회전체 작동공간에 들어가는 경우에는 작업자가 직접 전원을 차단할 수 있도록 회전체 주변에 안전 스위치가 설치되어야 한다.

회전체 설계 시에는 항상 안전을 최우선 고려대상으로 삼아야 한다는 것을 명심하기 바란다.

7.2 베어링의 종류와 개요

회전축과 하우징 사이에 설치하여 회전축의 마찰을 감소시키며 회전축의 부하를 지지하거나 안내면과 이송체 사이에 설치하여 직선안내기구의 마찰을 감소시키는 요소인 **베어링**은 하중의 지지와 마찰의 감소에 사용되는 요소들과 매체에 따라서 **그림 7.13**과 같이 분류할 수 있다. 일부에서는 플랙셔 기구도 초정밀 이송용 베어링으로 분류하고 있지만, 3.5절에서 이미 살펴보았기 때문에 여기서는 다루지 않는다.

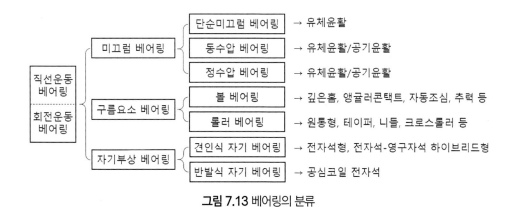

그림 7.13 베어링의 분류

미끄럼 베어링은 저널14과 베어링 표면 사이에 오일이나 물, 공기와 같은 점성유체를 주입하여 얇은 유체막 속에서 발생하는 압력으로 하중을 지지하는 베어링 요소이다. 미끄럼 베어링은 동마찰(μ_d)의 영역에서 작동하며, 감쇄가 커서 동수압 베어링은 위험속도를 넘어서 작동하는 유연축에 적합하다. 유체막의 압력생성 방법에 따라서 단순 미끄럼 베어링, 작동속도에 의해서 베어링 압력이 생성되는 동수압 베어링 그리고 외부가압 방식의 정수압 베어링 등이 사용된다. 특히 공기를 윤활매체로 사용하는 공기 베어링은 초정밀 기기에 사용된다.

고정된 안내면과 이동하는 안내면 사이에 구형 볼이나 실린더형 롤러를 삽입하여 구름접촉으로 물체를 지지하는 베어링을 **구름요소 베어링**이라고 부른다. 구름요소 베어링은 정지마찰(μ_s)의 영역에서 작동하는 요소이므로 구름요소와 안내면 사이에서는 미끄럼이 발생하지 않는다. 구름운동은 미끄럼마찰에 비해서 겉보기 마찰계수가 약 1/10에 불과하기 때문에 발열과 동력손실이 작다. 하지만 감쇄가 거의 없어서 위험속도에 근접하면 파괴된다. 볼을 구름요소로 사용하면 염가로 제작할 수 있으며, 정밀한 회전이 가능하지만 점접촉의 한계로 인하여 하중지지용량의 제한이 있다. 볼 베어링은 염가인 깊은홈 볼 베어링, 고정밀 앵귤러콘택트 볼 베어링, 회전축 처짐을 수용하는 자동조심 볼 베어링, 축방향 하중을 지지하는 추력 볼 베어링 등과 같이 다양한 유형의 베어링들이 공급되고 있다. 롤러는 볼에 비해서 제작이 어렵고 가공정밀도를 높이는 것은 더더욱 어렵다. 하지만 선접촉의 특성 때문에 매우 높은 하중지지용량을 구현할 수 있어서 고하중용 구름요소 베어링으로 널리 사용되고 있다. 반경방향 하중만 지지할 수 있는 롤러 베어링, 축방향 하중도 함께 지지할 수 있는 테이퍼롤러 베어링, 매우 큰 하중을 지지할 수 있는 니들 베어링 그리고 모멘트하중까지 지지할 수 있는 크로스롤러 베어링 등이 공급되고 있다. 구름요소 베어링은 회전운동 지지뿐만 아니라 LM 블록과 같이 직선운동 지지를 위한 형태로도 사용된다. 구름요소 베어링은 종류가 많으며, 각 유형별로 용도와 설치방법 등이 다르기 때문에 유형별 베어링의 특성과 설치 및 예압방법 등을 숙지하여야만 한다.

전자기력을 이용하여 영구자석이나 자성체에 힘을 가하여 부상력을 만들어내는 자기 베어링은 철심이 삽입된 전자석을 사용하여 작용력이 큰 **릴럭턴스력 작동기**와 철심이 없는 전자석을 사용하여 응답속도가 빠른 **로렌츠력 작동기**로 구분할 수 있다. 그런데 대부분의 릴럭턴스력 작동기는 물체를 잡아당기는 형태인 견인식 자기부상 베어링에 사용되며, 로렌츠력 작동기는 물체를 밀어내는 형태인 반발식 자기부상 베어링에 사용되기 때문에 **견인식 자기 베어링**과 **반발식 자기 베어링**으로 구분하는 것이 더 일반적이다. 견인식 자기 베어링 중에서 전자석만을 사용하여 물체

---

14 journal: 회전축상의 미끄럼 베어링 안착면을 저널이라고 부른다.

를 부상시키는 순수 전자석형 자기 베어링은 물체의 자중을 부상시키기 위해서 과도한 전류를 소비하기 때문에 발열문제가 있다. 이를 개선하기 위해서 영구자석이 물체의 무게를 잡아당기며, 외란에 대해서만 전자석이 반응하는 영구자석 편향식 자기 베어링이 개발되어 널리 사용되고 있다. 하지만 영구자석 편향식 자기 베어링은 순수 전자석형 자기 베어링에 비해서 외란에 대한 응답속도가 늦기 때문에 회전형 자기 베어링보다는 직선안내용 자기 베어링에 널리 사용된다. 일명 할박 어레이라는 영구자석 배열을 사용하여 자기장의 누설방향을 편향시킨 이후에 공심코일 형태의 전자석 작동기로 이에 대한 반발자기장을 만들어서 물체를 부상시키는 반발식 자기 베어링은 제어력의 크로스커플링 문제로 인하여 제어의 어려움이 있으며, 로렌츠력 작동기의 저효율성 때문에 제어력의 한계가 있지만, 작동기를 편측에만 설치할 수 있다는 장점 때문에 반도체 노광기용 스테이지를 비롯하여 다양한 경량물 이송기구에 적용이 늘어가고 있다. 과거에는 자기 베어링은 값이 비싸고 신뢰성이 낮으며, 사용이 불편한 베어링으로 인식되어 산업적 활용이 어려웠지만, 이제는 공기 베어링보다 싸고, 유지비용도 저렴하며, 진공과 같은 극한환경에서 사용할 수 있는 높은 신뢰성을 갖춘 초정밀 베어링으로 인식되고 있다.

베어링의 종류가 매우 많지만, 모든 경우에 대해서 완벽한 성능을 갖춘 베어링은 없다. 따라서 다음 사항들을 고려하여 용도에 알맞은 베어링을 선정하여야 한다.[15]

- 속도와 가속도한계: 베어링의 종류에 따라서 가감속 한계나 최고속도가 크게 다르다. 초고속 운전이 필요하다면 마찰이 작은 볼 베어링이나 마찰이 거의 없는 공기 베어링 및 자기 베어링을 사용하여야 한다.
- 운동 범위: 플랙셔나 크로스롤러가이드는 스트로크가 제한된다.
- 하중지지용량: 점접촉 볼 베어링에 비해서 선접촉 롤러 베어링의 하중지지용량은 매우 크다.
- 정확도, 반복도, 분해능: 초정밀 용도에는 정수압(공기정압) 베어링이 사용되며, 최근 들어서 자기 베어링의 사용도 늘고 있다.
- 예하중과 강성: 앵귤러콘택트 볼 베어링에 올바른 조립 예하중이 부가되면 높은 강성을 구현할 수 있다.
- 진동과 충격저항성: 볼 베어링은 감쇄가 거의 없지만, 유체를 사용하는 미끄럼 베어링은 감쇄

---

15 A. Slocum, Precision Machine Design, Prentice-Hall, 1992를 참조하여 재구성하였다.

가 커서 진동과 충격저항성이 양호하다.

- 마찰과 발열: 유체를 사용하는 미끄럼 베어링은 구름베어링에 비해서 마찰계수가 약 10배에 달하여 발열이 심하므로, 이를 냉각할 수단을 갖춰야 한다.
- 환경적 민감성, 밀봉성: 구름요소 베어링은 수분과 오염에 극도로 민감하다. 따라서 반드시 밀봉수단을 갖춰야만 한다.
- 크기, 형상, 무게: 미끄럼 베어링은 구름 베어링에 비해서 축방향 길이가 매우 길다.
- 지원장비: 정수압(공기정압) 베어링은 리저버 탱크, 압축기, 필터, 회수장치 등과 같은 매우 크고 유지비용이 비싼 지원장비들을 필요로 한다.
- 유지보수 요구조건: 미끄럼 베어링은 정기적으로 유체와 필터를 교체해야만 한다.
- 소재의 적합성: 알루미늄은 점착성이 강하여 베어링 소재로 부적합하다.
- 필요수명: 구름요소 베어링은 작동 중에 지속적으로 마멸된다. 따라서 설계 시 수명을 고려해야만 한다.
- 비용: 베어링의 등급별 가격은 매우 큰 차이를 가지고 있다. 앵귤러볼 베어링이나 LM 가이드는 정밀도 등급에 따라서 10배 이상 가격이 차이난다.

여기서 각 항목별로 간략하게 설명한 내용은 단지 일례일 뿐이다. 베어링마다 장점과 단점이 크게 다르며, 사용조건도 매우 다르다. 따라서 베어링 선정 시에는 위에 제시된 항목들을 체크리스트 삼아서 검토를 수행해야만 한다. 잘못 선정된 베어링 때문에 훌륭한 설계가 쓸모없는 쓰레기로 전락해버리는 사례를 주변에서 자주 접하고 있다. 설계자들이 베어링을 선정할 때에는 카탈로그나 관련 문헌들을 꼼꼼하게 검토하여 올바른 유형의 베어링을 선정해야 하며, 이를 위해서는 베어링에 대하여 많은 공부가 필요하다.

7.3 구름요소 베어링

구름요소 베어링은 기본적으로 **그림 7.14**에 도시되어 있는 것처럼, ① 외륜, ② 볼, ③ 실 또는 실드, ④ 리테이너 그리고 ⑤ 내륜의 다섯 가지 기본 구성요소들로 구성되어 있다.

내륜 및 외륜 사이에 삽입된 볼들은 미끄럼 없이 내, 외륜과 구름접촉을 하며, 구름마찰계수는

0.001에서 0.01의 값을 갖는다. 이는 미끄럼 접촉에 비해서 매우 작은 값이기 때문에 볼 베어링은 고속으로 회전하여도 발열이 크지 않아서 고속회전에 유리하다. 하지만 구름요소는 먼지에 극도로 취약하므로 일반적으로 볼들 사이에 그리스를 주입한 상태에서 내륜과 외륜 사이에 실이나 실드를 설치하여 밀봉한다. 베어링의 내륜이 회전하면 볼들은 회전하는 내륜과 정지한 외륜 사이를 구르면서 자전 및 공전한다. 이때에 볼들의 공전 속도는 내륜 회전속도의 절반이다. 따라서 전형적으로 볼 베어링은 회전속도 등배성분(1×성분)과 절반성분(½×성분)의 진동이 존재한다.

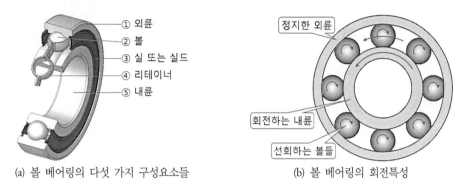

(a) 볼 베어링의 다섯 가지 구성요소들

① 외륜
② 볼
③ 실 또는 실드
④ 리테이너
⑤ 내륜

(b) 볼 베어링의 회전특성

정지한 외륜
회전하는 내륜
선회하는 볼들

그림 7.14 볼 베어링의 구성과 회전특성

구름 베어링은 **그림 7.15**에 도시되어 있는 것처럼, 표준화된 **호칭번호체계**를 가지고 있다. 호칭번호의 첫 번째 자리는 형식기호로서, 1번 자동조심볼 베어링부터 형식별로 번호 또는 문자가 지정되어 있다. 특히 가장 많이 사용되는 깊은홈 볼 베어링은 6번으로 지정되어 있다. 두 번째 자리는 폭계열 기호로서, 0번이 축방향 길이가 가장 짧으며, 번호가 커질수록 길어진다. 세 번째와 네 번째 자리는 안지름으로서, 내경 1~9[mm]까지는 내경으로 표시하며, 00은 내경 10[mm], 01은 내경 12[mm], 02는 내경 15[mm] 그리고 03은 내경 17[mm]이다. 04 이후의 숫자에는 5를 곱하면 내경값이 된다. 예를 들어, 608번 베어링은 내경이 8[mm]이지만 6008번 베어링의 내경은 40[mm]이다. 앵귤러 콘택트 볼 베어링이나 테이퍼롤러 베어링의 경우에는 여기에 접촉각 기호가 추가된다. 기본기호 뒤에는 다양한 보조기호들이 추가된다. 볼이나 롤러 사이의 간격을 유지시켜 주는 리테이너가 있으면 구름요소의 마모가 감소하지만 베어링에 삽입되는 구름요소의 숫자가 감소하여 하중지지용량이 줄어들고 진동이 증가한다. 깊은홈 볼 베어링에는 일반적으로 그리스를 충진한 후에 내륜과 외륜 사이에 링 형상의 마감재를 끼워 넣는데, 고무소재의 (밀봉용) 마감재를 **실**[16]이라고 부르며, 금속소재의 (보호용) 마감재를 **실드**[17]라고 부른다. 일반적으로 실 소재는 그리스의 누유를 저감시켜주며 오염물의 침입을 막아주는 특성이 뛰어나지만 마찰이 크다. 반면에 실드는 내륜과 약간의 틈새를 두고 조립되므로 마찰은 작지만 오염에 취약하고 작동 중에 그리스가 누유 되는 문제가 발생한다. 깊은홈 볼 베어링 이외의 대부분의 구름 베어링들에는 실이나 실드가 장착되지 않으므로, 누유를 방지하기 위해서 별도로 오일실을 설치하여야 한다.

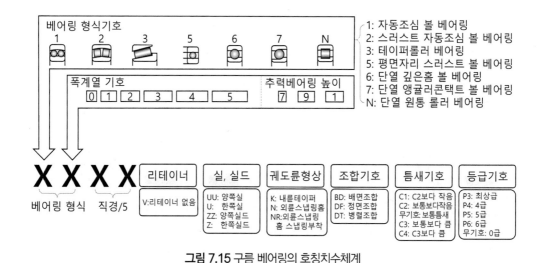

그림 7.15 구름 베어링의 호칭치수체계

앵귤러 콘택트 볼 베어링이나 테이퍼롤러 베어링과 같이 접촉각이 있는 베어링들은 보통 쌍으로 사용하며, 베어링 간의 조합에 따라서 배면조합이나 정면조합과 같은 배치형식을 미리 지정하여 쌍으로 구입하여야 한다. 개별 구입한 베어링을 조립하면 기준면이 서로 일치하지 않아서 올바른 작동성능이 구현되지 않으며, 베어링 수명이 심각하게 감소한다. 베어링의 제조과정에서 구름요소와 안내면 사이의 틈새를 조절할 수 있다. 틈새가 좁을수록 베어링의 강성이 커지지만 마찰이 증가하고 수명이 짧아진다. 반면에 틈새가 커지면 강성이 저하되고 진동이 증가하므로 사용목적에 알맞은 틈새를 선정하여야 한다. 베어링의 등급은 볼의 진구도나 안내면의 진원도와 관계된 인자로서, 주로 고등급 정밀 회전축에 사용되는 앵귤러 콘택트 볼 베어링에서 사용된다. 민수

---

16 seal.
17 shield.

용도에서는 P3급이 최상급이며, 탄도미사일에 사용되는 기계식 자이로스코프와 같은 군수용으로는 P2나 P1등급도 사용되고 있다.

7.3.1 깊은홈 볼 베어링

구름 베어링들 중에서 가장 대표적인 형식인 **깊은홈 볼 베어링**은 반경방향 하중지지와 더불어서 반경방향 하중지지용량의 20~40%에 해당하는 축방향 하중을 지지할 수 있다. 일반 등급의 깊은홈 볼 베어링의 회전오차는 수십[μm]에 달하며, 축방향 오차는 반경방향 오차의 2~4배에 달한다. 깊은홈 볼 베어링은 범용 베어링일 뿐이므로 고정밀 회전축이 필요하다면 앵귤러 콘택트 볼 베어링을 사용하여 스핀들 축으로 설계하여야 한다.

그림 7.16에서는 깊은홈 볼 베어링의 카탈로그 중 일부를 발췌하여 보여주고 있다. 그림 우측 상단의 표는 베어링에 반경방향 하중과 축방향 하중이 동시에 가해지는 경우에 이를 등가 반경방향 하우징으로 환산하는 방법을 보여주고 있다. 베어링에 가해지는 축방향 하중(F_a)과 선정된 베어링의 f_0 및 정등가하중(C_{0r})을 사용하여 $(f_0 F_a)/C_{0r}$ 값을 계산하여 e 값을 구한 후에 축방향 하중을 반경방향 하중으로 나눈 값인 F_a/F_r과 e 값을 비교하여 X와 Y 계수값을 구한다. 이를 사용하여 등가 반경방향 하중인 $P = XF_r + YF_a$를 구할 수 있다. 이 등가 반경방향하중은 베어링의 수명계산에 사용할 수 있다.

그림 7.16 하단의 표에서는 깊은홈 볼 베어링의 외형치수와 더불어서, 동등가 하중지지용량(C_r)과 정등가 하중지지용량(C_{0r})이 제시되어 있다. 동등가 하중지지용량은 베어링의 수명계산에 사용되는 값이며, 정등가 하중지지용량은 베어링에 사용된 볼의 직경이 1/10,000배만큼 눌림 변형을 일으키는 정하중값을 나타낸다. 또한 윤활방법과 마감형식에 따른 최고회전속도가 제시되어 있다. 특히 우측에는 베어링의 설치치수가 제시되어 있다. 볼 베어링은 단차가 성형된 축과 단차가 성형된 하우징 속에 끼워 넣어 조립한다. 베어링의 내륜과 외륜 모서리는 라운드 가공이 되어 있기 때문에 표에 제시되어 있는 **최소/최대 턱높이**를 지키지 않는다면 베어링이 제대로 자리를 유지할 수 없으며, 축이나 하우징의 마모와 흔들림이 발생하게 된다.

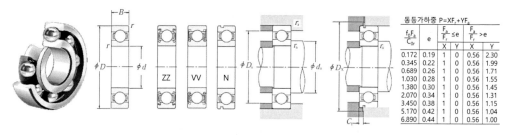

형번	외형치수 [mm]				하중지지용량 [kgf]		계수	한계속도[rpm]			베어링 설치치수[mm]					
								그리스		오일	d_a		D_a	r_a	D_x	C_y
	d	D	b	r_{min}	C_r	C_{0r}	f_0	ZZ,VV	DD	개방	min	max	max	max	min	max
6800	10	19	5	0.3	175	86	14.8	34000	24000	40000	12	12	17	0.3	-	-
6900		22	6	0.3	275	129	14.0	32000	22000	38000	12	12.5	20	0.3	25.5	1.5
6000	10	26	8	0.3	465	201	12.4	30000	22000	36000	12	13	24	0.3	29.4	1.9
6200		30	9	0.6	520	244	13.2	24000	18000	30000	14	16	26	0.6	35.5	2.9
6300		35	11	0.6	825	350	11.2	22000	17000	26000	14	16.5	31	0.6	40.5	2.9
6801		21	5	0.3	195	106	15.3	32000	20000	38000	14	14	19	0.3	-	-
6901		24	6	0.3	295	149	14.5	30000	20000	36000	14	14.5	22	0.3	27.5	1.5
16001	12	28	7	0.3	520	241	13.0	28000	-	32000	14	-	26	0.3	-	-
6001		28	8	0.3	520	241	13.0	28000	18000	32000	14	15.5	26	0.3	31.4	1.9
6201		32	10	0.6	695	310	12.3	22000	17000	28000	16	17	28	0.6	37.5	2.9
6301		37	12	1	990	425	11.1	20000	16000	24000	17	18	32	1.0	42	2.9
6802		24	5	0.3	212	128	15.8	28000	17000	34000	17	17	22	0.3	-	-
6902		28	7	0.3	440	230	14.3	26000	17000	30000	17	17	26	0.3	31.5	1.8
16002	15	32	8	0.3	570	289	13.9	24000	-	28000	17	-	30	0.3	-	-
6002		32	9	0.3	570	289	13.9	24000	15000	28000	17	19	30	0.3	37.5	2.9
6202		35	11	0.6	780	380	13.2	20000	14000	24000	19	20.5	31	0.6	40.5	2.9
6302		42	13	1	1170	555	12.3	17000	13000	20000	20	22.5	37	1.0	47	2.9

그림 7.16 깊은홈 볼 베어링 사양값 사례[18]

그림 7.17에서는 타이밍벨트용 풀리의 지지축에서 발생한 파손사례를 보여주고 있다. 베어링 카탈로그에는 그림 7.16에서와 같이 베어링을 설치할 축과 하우징의 턱 치수의 최대/최솟값들을 지정하고 있다. 그런데 설계자가 이를 확인하지 않고 최소턱높이보다 작게 회전축의 턱치수를 지정하였다. 또한 베어링의 축방향 고정은 멈춤링으로도 충분데, 이를 그림에서와 같이 나사로

---

18 nsk.com을 참조하여 재구성하였다.

체결하는 바람에 축을 아래로 잡아당기는 힘이 작용하게 되었다. 이런 두 가지 문제들이 결합되어 회전축 작동 중에 베어링 내륜이 회전축 턱을 갈아버리면서 타고 올라가는 파손이 발생하였다.

구름 베어링은 작동 중에 지속적으로 피로를 받으며 일정 수준에 도달하게 되면 피로박리를 일으킨다. **구름 베어링의 수명**은 동일한 조건하에서 작동 중인 베어링 그룹의 90%가 피로박리를 일으키지 않고 회전할 수 있는 총 회전수라 정의되어 있다. 외륜을 고정하고 내륜을 회전시키면서 방향과 크기가 변하지 않는 하중을 가했을 때에 구름 베어링의 수명은 다음 식을 사용하여 계산할 수 있다.

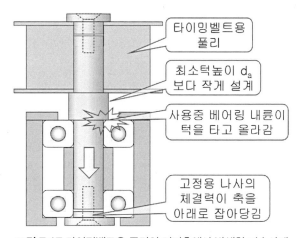

그림 7.17 타이밍벨트용 풀리의 지지축에서 발생한 파손사례

$$L_{rev} = 10^6 \times \left(\frac{C_r}{P} \right)^n [rev] \ \text{또는} \ L_h = \frac{10^6}{60 \times N} \left(\frac{C_r}{P} \right)^n [h]$$

여기서 L_{rev}는 회전축의 회전수명[rev]이며, L_h는 회전축의 시간수명[h]이다. N[rpm]은 회전축의 회전속도, C_r은 동등가하중, P는 등가 반경방향 하중 그리고 n은 볼 베어링인 경우에는 3, 롤러 베어링인 경우에는 10/3(=3.333)을 사용한다.

예를 들어, 내경이 15[mm]인 볼 베어링을 사용하여 25[kgf]의 반경방향 부하와 10[kgf]의 축방향 부하를 지지하면서 3,600[rpm]으로 회전하는 회전축을 설계하려고 한다. 보증수명이 1년(8,760[h])인 경우에 어떤 베어링이 적합하겠는가?

이 사례에서는 우선, 임의로 베어링 하나를 선정하여 축방향 하중(F_a)과 반경방향하중(F_r)으로부터 등가 반경방향하중(P)을 구해야 한다. 6902 베어링의 경우, $f_0 = 14.3$이며 $C_{0r} = 230$[kgf]이다. 따라서

$$\frac{f_0 F_a}{C_{0r}} = \frac{14.3 \times 10}{230} = 0.621$$

그림 7.16의 우측 상단 표에서 가장 가까운 값인 0.689행을 사용하여 등가 반경방향 하중을 계산하여야 한다. 이 행의 e값은 0.26이며, $F_a / F_r = 0.4 > e$이므로, $X = 0.56$, $Y = 1.71$이 선정되었다. 따라서 등가 반경방향 하중 P는 다음과 같이 계산된다.

$$P = 0.56 \times 25 + 1.71 \times 10 = 31.1 \, [\mathrm{kgf}]$$

이를 사용하여 6902 베어링의 수명시간을 산출하면,

$$L_h = \frac{10^6}{60 \times 3,600} \left(\frac{440}{31.1} \right)^3 = 13,110[\mathrm{h}] > 8,760[\mathrm{h}]$$

이므로, 보증수명을 만족한다는 것을 알 수 있다. 만일 6802 베어링을 사용한다면 수명은 약 1,900[h]에 불과하다. 따라서 구름 베어링의 선정 시에는 반드시 수명을 계산해봐야 한다.

회전축에 구름 베어링을 장착할 때에는 억지 끼워맞춤과 헐거운끼워맞춤의 조합을 사용한다. **표 7.2**에서는 회전축과 하우징의 회전상태에 따른 구름 베어링의 끼워맞춤 조건을 보여주고 있다. 예를 들어, 장력이 부가된 벨트를 구동하는 회전축은 내륜에 회전하중을 부가하며 외륜에는 정지하중이 부가된다. 이런 경우에는 내륜-억지 끼워맞춤, 외륜-헐거운끼워맞춤의 조합이 추천된다. 불평형하중이 존재하는 실린더가 회전하면서 원심력이 작용하는 경우에는 외륜에는 정지하중이, 내륜에는 회전하중이 부가된다. 이런 경우에도 내륜-억지 끼워맞춤, 외륜-헐거운끼워맞춤의 조합이 추천된다. 컨베이어용 롤러와 같이 회전하는 하우징에 벨트에 의해서 장력이 부가되는 경우에는 외륜에는 회전하중이, 내륜에는 정지하중이 부가된다. 이런 경우에는 내륜-헐거운끼워맞춤, 외륜-억지 끼워맞춤의 조합이 추천된다. 마지막으로 불평형 하중이 존재하는 회전축이 회

전하는 경우에는 외륜에는 회전하중이, 내륜에는 정지하중이 부가된다. 이런 경우에도 내륜-헐거운끼워맞춤, 외륜-억지 끼워맞춤의 조합이 추천된다. 실제 사례에서 특히 마지막 경우의 축과 하우징의 끼워맞춤 조건을 반대로 시행하는 경우가 많으니 이에 대한 각별한 주의가 필요하다.

표 7.2 회전축과 하우징의 하중상태에 따른 구름 베어링의 끼워맞춤 조건[19]

하중구분					
회전	내륜	회전	정지	정지	회전
	외륜	정지	회전	회전	정지
하중조건		내륜 회전하중 외륜 정지하중	내륜 회전하중 외륜 정지하중	외륜 회전하중 내륜 정지하중	외륜 회전하중 내륜 정지하중
끼워 맞춤	내륜	억지끼워맞춤	억지끼워맞춤	헐거운끼워맞춤	헐거운끼워맞춤
	외륜	헐거운끼워맞춤	헐거운끼워맞춤	억지끼워맞춤	억지끼워맞춤

열팽창 문제 때문에 내륜과 외륜을 동시에 억지 끼워맞춤을 하는 경우는 특수한 경우를 제외하고는 추천하지 않는다. 또한 모터의 경우에는 발열로 인한 열팽창이 발생하기 때문에 냉각대책이 마련되지 않는다면 내-외륜 모두 항상 헐거운끼워맞춤을 사용한다.

그림 7.18에서는 깊은홈 볼 베어링이 장착된 회전축의 설계사례를 보여주고 있다. 회전축은 대칭설계가 해가되는 대표적인 사례이다. 따라서 특별한 이유가 없다면 **고정-활동구조**의 비대칭 설계가 필요하다. 벨트풀리에서와 같이 축이 회전하면서 내륜-회전하중, 외륜-정지하중이 부가되는 경우라고 가정하자. 고정 및 활동 베어링 모두 내륜은 억지끼워맞춤을 시행하며, 축방향 단차와 록너트를 사용하여 축방향 이동을 제한하여야 한다. 외륜은 고정 및 활동 베어링 모두 헐거운끼워맞춤을 하지만 고정 베어링의 경우에는 하우징의 단차와 덮개판을 사용하여 축방향 이동을 제한하며, 활동 베어링은 하우징의 턱을 없애서 축방향으로 자유롭게 움직일 수 있도록 만들어야 한다. 이렇게 고정-활동 구조를 사용하는 이유는 회전축 작동 중에 마찰 등으로 인한 열팽창을 수용할 공간을 마련해주기 위해서이다.

---

19 nsk.com을 참조하여 재구성하였다.

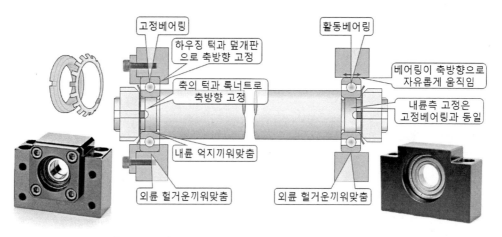

그림 7.18 깊은홈 볼 베어링이 장착된 회전축의 고정-활동구조 설계

그림 7.19에서는 컨베이어 벨트를 이송하는 롤러에 장착된 지지 베어링의 파손사례와 대응방안을 보여주고 있다. 기존의 설계는 **그림 7.19** (a)에서와 같이 회전축 구조가 대칭형상으로 설계되었으며, 롤러 작동 중에 벨트와의 마찰로 인해 발생하는 열팽창을 수용할 수 없기 때문에 볼 베어링이 자주 파손되었다. 하지만 이를 **그림 7.19** (b)와 같이 고정-활동 구조로 설계하여 롤러의 열팽창을 수용할 공간을 마련해준다면 더 이상 베어링 파손문제는 발생하지 않게 된다. 여기서 주의할 점은 축 고정에 어깨붙이 볼트를 사용하여야 전단력에 의한 볼트 파손을 방지하며, 벨트장력에 의한 회전축 정렬 뒤틀어짐도 막을 수 있다.

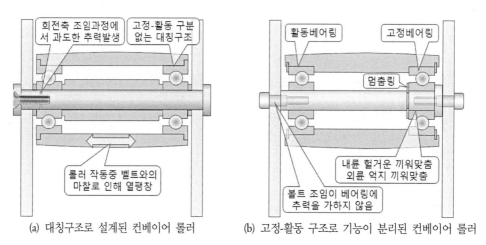

(a) 대칭구조로 설계된 컨베이어 롤러   (b) 고정-활동 구조로 기능이 분리된 컨베이어 롤러

그림 7.19 컨베이어 롤러 지지 베어링 파손사례

그림 7.20에서는 일반적인 서보모터의 회전축 단면도를 보여주고 있다. 모터는 회전동력을 전달하기 위한 요소로서 작동 중에 코일의 저항 때문에 다량의 열이 생성된다. 회전축의 열팽창을 수용하면서 기준면을 유지하기 위해서 그림 7.20에서처럼 파도스프링을 사용하여 회전축을 좌측의 베어링 쪽으로 누르도록 예하중을 부가한다. 또한 회전축의 직경방향 열팽창을 수용하기 위해서 베어링의 내륜과 외륜 모두 헐거운끼워맞춤으로 조립한다. 따라서 모터는 회전 시 오차운동이 매우 크며, 모터방향으로 축을 누르면 뒤로 밀리는 특성이 있다. 모터는 회전동력을 효율적으로 송출하는 기구일 뿐이다. 정밀한 회전이 필요하다면 상용 모터와 보조 스핀들 축을 유연 커플링으로 연결하여 사용하거나 모터 자체를 스핀들 축으로 설계하여야 한다.

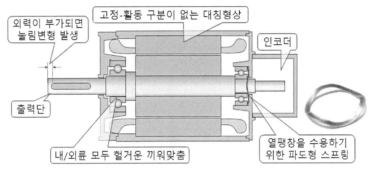

그림 7.20 서보모터의 회전축-베어링 구조

현장에서는 출력축이 위를 향하도록 모터를 수직으로 세우고 출력축에 타이밍풀리를 직접 설치하여 타이밍벨트를 구동하도록 설계된 기구를 자주 발견하게 된다. 이런 경우, 회전축과 로터의 자중이 파도스프링을 누르기 때문에 출력축 쪽의 모터하우징과 베어링 외륜 사이에 틈새가 발생하며, 이로 인하여 타이밍 기어 구동 시 진동과 벨트의 사행이 발생할 수 있다. 이런 경우에는 파도 스프링을 출력축 쪽에 설치해서 예하중 작용방향을 아래로 향하도록 만들어야 한다.

7.3.2 앵귤러 콘택트 볼 베어링

앵귤러 콘택트 볼 베어링은 고정밀 고속회전을 위해서 제작된 베어링으로서, 공작기계용 주축에 많이 사용되기 때문에 일명 스핀들 베어링이라고도 부른다. 내륜 및 외륜과 볼의 접촉점을 이은 직선이 베어링의 중심에 대해서 기울어져 있으므로 반경방향 하중과 더불어서 축방향 하중을 받을 수 있다. 이 각도를 **접촉각**이라고 부르며, 15°, 25°, 35°, 40° 등이 일반적으로 사용된다. 접촉각이 커질수록 축방향 하중지지능력이 증가하며, 접촉각이 작아질수록 고속회전에 유리하다.

그림 7.21에서는 앵귤러 콘택트 볼 베어링의 카탈로그 중 일부를 발췌하여 보여주고 있다. 원래의 카탈로그에서는 단일 베어링에 대한 하중지지용량과 최고속도가 표시되어 있지만, 일반적으로 앵귤러 콘택트 볼 베어링은 쌍으로 사용하기 때문에 **그림 7.21**에서는 베어링 2개가 쌍으로 설치된 경우에 대한 하중지지용량과 최고속도를 제시하였다. 앵귤러 콘택트 볼 베어링은 조립 시 축방향으로 예하중을 부가해야만 한다. 따라서 베어링의 수명을 계산할 때에는 반드시 조립예하중을 고려하여 **그림 7.21** 우측 상단의 표를 사용하여 동등가 하중(P)을 구해야 한다. 동등가 하중의 계산방법은 깊은홈 볼 베어링의 경우와 유사하기 때문에 여기서 다시 설명하지는 않겠다.

앵귤러콘택트 볼 베어링은 축방향 조립 예하중이 부가되어 볼이 접촉각 방향으로 내륜과 외륜과 접촉하여야 올바른 작동성능이 구현된다. 조립 예하중을 부가하는 방법은 4.3.5절의 볼트의 예압에서와 마찬가지로 **정위치예압** 방식과 **정압예압** 방식이 사용된다. 정위치예압은 스페이서 등을 사용한 강체예압 방식으로서, 마이크로미터 단위의 정확한 공차관리가 이루어지지 않으면 조립과정에서 베어링이 파손될 우려가 있다. 하지만 조립강성이 높아서 정밀회전이 구현된다. 반면에 접시스프링 등을 사용한 압력예압 방식인 정압예압 구조는 조립이 수월하지만, 조립강성이 낮아서 외부하중 등에 의해서 진동과 공진이 발생할 우려가 있다. 고정밀 스핀들 축의 경우에는 조립 예하중에 맞춰서 쌍으로 제작된 앵귤러 콘택트 볼 베어링을 사용한 정위치예압 방식을 사용한다.

정위치 예압방식으로 조립하는 목적으로 앵귤러 콘택트 볼 베어링을 사용할 때에는 미리 배면조합(DB)이나 정면조합(DF)을 지정하여 쌍으로 구입하여야 한다.[20] 앵귤러 콘택트 볼 베어링의 조립공차는 해당 쌍에 대해서만 유효하며, 같은 로트 내에서도 서로 호환되지 않는다. 따라서 한 쌍이 아닌 개별 구입한 베어링들을 조합하여 사용하는 경우에는 정압예압 방식으로 조립하여야 한다.[21]

---

20 하나의 박스에 한 쌍의 베어링이 함께 포장되어 판매된다.
21 0급 앵귤러 콘택트 볼 베어링의 경우에는 개별 구입한 베어링들을 사용하여 정위치 예압 방식으로 조립하여 사용할 수 있지만 정확한 예압을 기대하기 어렵다.

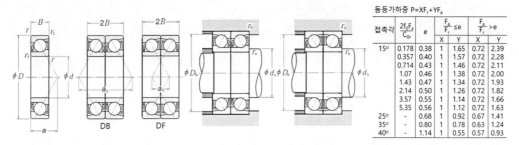

동등가하중 $P=XF_r+YF_a$

접촉각	$\dfrac{2f_0F_a}{C_{0r}}$	e	$\dfrac{F_a}{F_r} \le e$		$\dfrac{F_a}{F_r} > e$	
			X	Y	X	Y
15°	0.178	0.38	1	1.65	0.72	2.39
	0.357	0.40	1	1.57	0.72	2.28
	0.714	0.43	1	1.46	0.72	2.11
	1.07	0.46	1	1.38	0.72	2.00
	1.43	0.47	1	1.34	0.72	1.93
	2.14	0.50	1	1.26	0.72	1.82
	3.57	0.55	1	1.14	0.72	1.66
	5.35	0.56	1	1.12	0.72	1.63
25°	-	0.68	1	0.92	0.67	1.41
35°	-	0.80	1	0.78	0.63	1.24
40°	-	1.14	1	0.55	0.57	0.93

형번	외형치수 [mm]					DB, DF쌍의 하중지지용량		계수	DB, DF쌍의 한계속도[rpm]		부하중심위치 a_0		베어링 설치치수[mm]			
	d	D	b	r_{min}	r_{1min}	C_r[kgf]	C_{0r}[kgf]	f_0	그리스	오일	DB	DF	D_a max	d_b min	D_b max	r_b max
7900A5		22	6	0.3	0.15	475	296	-	32000	43000	13.5	1.5	19.5	-	20.8	0.15
7900C		22	6	0.3	0.15	500	310	14.1	38000	53000	10.3	1.7	19.5	-	20.8	0.15
7000A		26	8	0.3	0.15	890	530	-	24000	34000	18.4	2.4	23.5	11.2	24.8	0.15
7000C		26	8	0.3	0.15	880	510	12.6	36000	50000	12.8	3.2	23.5	-	24.8	0.15
7200A	10	30	9	0.6	0.3	900	555	-	22000	30000	20.5	2.5	25.0	12.5	27.5	0.30
7200B		30	9	0.6	0.3	825	510	-	16000	22000	25.8	7.8	25.0	12.5	27.5	0.30
7200C		30	9	0.6	0.3	895	530	13.2	32000	45000	14.4	3.6	25.0	-	27.5	0.30
7300A		35	11	0.6	0.3	1540	880	-	16000	22000	24.0	2.0	30.0	12.5	32.5	0.30
7300B		35	11	0.6	0.3	1450	825	-	14000	20000	29.9	7.9	30.0	12.5	32.5	0.30
7901A5		24	6	0.3	0.15	530	360	-	30000	43000	14.4	2.4	21.5	-	22.8	0.15
7901C		24	6	0.3	0.15	555	380	14.7	36000	50000	10.8	1.2	21.5	-	22.8	0.15
7001A		28	8	0.3	0.15	955	610	-	22000	30000	19.5	3.5	21.5	13.2	26.8	0.15
7001C		28	8	0.3	0.15	960	590	13.2	32000	45000	13.4	2.6	25.5	-	26.8	0.15
7201A	12	32	10	0.6	0.3	1330	820	-	20000	28000	22.7	2.7	27.0	14.5	29.5	0.30
7201B		32	10	0.6	0.3	1230	765	-	15000	20000	28.5	8.5	27.0	14.5	29.5	0.30
7201C		32	10	0.6	0.3	1310	785	12.5	30000	40000	15.9	4.1	27.0	-	29.5	0.30
7301A		37	12	1.0	0.6	1570	915	-	15000	20000	26.1	2.1	31.0	17.0	32.0	0.60
7301B		37	12	1.0	0.6	1460	855	-	13000	18000	32.6	8.6	31.0	17.0	32.0	0.60
7902A5		28	7	0.3	0.15	755	515	-	26000	34000	17.0	3.0	25.5	-	26.8	0.15
7902C		28	7	0.3	0.15	790	540	14.5	30000	43000	12.8	1.2	25.5	-	26.8	0.15
7002A		32	9	0.3	0.15	1010	700	-	19000	26000	22.6	4.6	29.5	16.2	30.8	0.15
7002C		32	9	0.3	0.15	1030	690	14.1	28000	38000	15.3	2.7	29.5	-	30.8	0.15
7202A	15	35	11	0.6	0.3	1430	950	-	18000	24000	25.4	3.4	30.0	17.5	32.5	0.30
7202B		35	11	0.6	0.3	1310	875	-	13000	18000	32.0	10.0	30.0	17.5	32.5	0.30
7202C		35	11	0.6	0.3	1440	925	13.2	26000	36000	17.7	4.3	30.0	-	32.5	0.30
7302A		42	13	1.0	0.6	2220	1440	-	13000	17000	29.5	3.5	36.0	20.0	37.0	0.60
7302B		42	13	1.0	0.6	2060	1340	-	11000	15000	36.9	10.9	36.0	20.0	37.0	0.60

그림 7.21 앵귤러 콘택트 볼 베어링 사양값 사례[22]

---

22 nsk.com을 참조하여 재구성하였다.

그림 7.22 (a)에서는 **배면조합** 앵귤러 콘택트 볼 베어링을 사용한 회전축의 조립사례를 보여주고 있다. 배면조합 베어링 쌍을 조립 전에 서로 맞대어놓으면 외륜은 서로 밀착되지만 내륜 사이에는 약간의 틈새가 존재한다. 따라서 내륜을 손톱으로 톡톡 두드려보면 달그락 거리는 소리가 난다. 베어링들을 회전축에 열박음한 다음에 록너트로 조여서 이 틈새를 밀착시키면 정확한 조립 예하중이 부가되며, 베어링의 내륜과 외륜 사이에 일점쇄선으로 표시된 방향을 따라서 접촉선이 형성된다. 이 모양이 O-형상을 갖는다 하여 일명 **O-배열**이라고도 부른다. 배면조합은 회전축의 작동 중 열팽창에 대한 수용능력이 뛰어나지만, 회전축 양단의 부정렬에 민감하므로, 하우징 가공과 베어링 조립 시 정렬맞춤에 주의하여야 한다. 외륜회전의 경우에는 열팽창에 취약한 구조이다.

그림 7.22 (b)에서는 **정면조합** 앵귤러 콘택트 볼 베어링을 사용한 회전축의 조립사례를 보여주고 있다. 정면조합 베어링 쌍을 조립 전에 서로 맞대어놓으면 내륜은 서로 밀착되지만 외륜 사이에는 약간의 틈새가 존재한다. 따라서 외륜을 손톱으로 톡톡 두드려 보면 달그락거리는 소리가 난다. 베어링들을 회전축에 열박음한 다음에 하우징의 덮개판을 조여서 이 틈새를 밀착시키면 정확한 조립 예하중이 부가되며, 베어링의 내륜과 외륜 사이에 일점쇄선으로 표시된 방향을 따라서 접촉선이 형성된다. 이 모양이 X-형상을 갖는다 하여 일명 **X-배열**이라고도 부른다. 정면 조합은 회전축 양단의 부정렬에 대한 내성이 크지만 회전축의 작동 중 열팽창에 대한 내성이 취약하다. 하지만 외륜회전의 경우에는 열팽창에 안정한 구조이다.

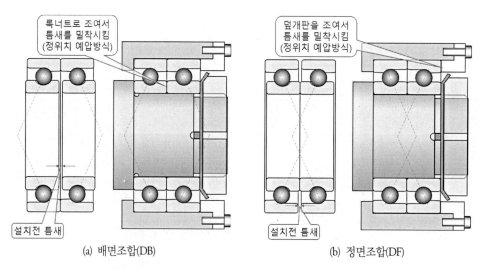

(a) 배면조합(DB) (b) 정면조합(DF)

그림 7.22 앵귤러 콘택트 볼 베어링의 배면조합과 정면조합23

그림 7.23에서는 정밀 가공된 스페이서 링들을 사용하여 정위치 예압방식으로 조립된 현대적인 초고속 스핀들의 사례를 보여주고 있다. 상용 밀링 스핀들에서는 중절삭 소요강성을 확보하기 위해서 앵귤러 콘택트 볼 베어링들을 2열, 3열 및 4열 등과 같이 복열로 조합하여 사용한다. **그림 7.24**에서는 상업적으로 판매되는 앵귤러 콘택트 볼 베어링의 복열조합을 보여주고 있다. 여기서 주의할 점은 한 세트로 구입한 베어링들 사이에서만 위의 조합으로 조립이 가능하며, 한 세트 내에서도 순서를 바꾸면 조립정밀도가 확보되지 않는다는 것이다. 한 세트로 구입한 베어링들의 외륜에는 순서와 조립방향이 마킹되어 있다.

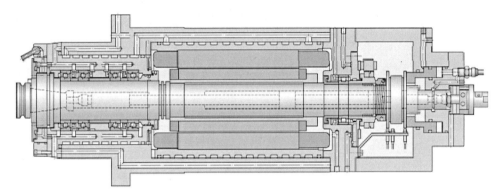

그림 7.23 빌트인 모터가 내장된 초고속 스핀들의 단면도[24]

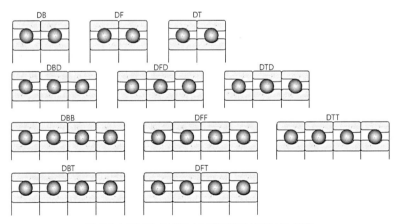

그림 7.24 앵귤러 콘택트 볼 베어링의 복열조합 사례

---

23 A. Slocum, Precision Machine Design, Prentice-Hall, 1992.을 참조하여 재구성하였다.

24 skf.com

그림 7.25에서는 반경방향 하중을 받는 회전축에 단열 베어링을 사용한 경우와 복열 베어링을 사용한 경우에 볼의 위치별로 베어링의 유연성 변화양상을 보여주고 있다. 단열 베어링을 사용한 경우에는 ① 볼과 볼 사이로 반경방향 하중이 부가되는 경우에 베어링이 가장 유연해지며, ② 볼 바로 위로 부하가 가해지는 경우에 베어링이 가장 강하게 하중을 지지한다. 그리고 회전축이 회전하면 하중이 볼 사이와 볼 위를 반복하여 오가면서 유연성은 정현함수의 형태로 증감하며, 이로 인하여 회전축의 오차운동이 발생하게 된다. 복열 베어링을 사용하면 ③ 볼과 볼 사이로 반경방향 하중이 부가되어도 단열 베어링에 비해서 양측의 볼들이 지지하는 거리가 짧기 때문에 유연성이 크게 증가하지 않는다. 또한 ④ 볼 바로 위로 부하가 가해지는 경우에는 단열베어링의 경우보다 더 강하게 하중을 지지할 수 있다. 따라서 복열 베어링을 사용하여 회전축을 지지하면 유연성이 단열 베어링의 경우보다 두 배의 주기로 증감하며, 진폭은 단열 베어링의 절반에 불과하여, 회전축의 오차운동을 크게 감소시킬 수 있다. 이런 이유 때문에 고정밀 스핀들 베어링의 경우에는 복열 구조를 사용하는 것이다.[25]

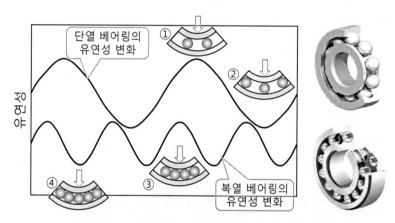

그림 7.25 단열 베어링과 복열 베어링의 유연성 비교[26]

구름 베어링은 윤활 방법에 따라서 **한계 회전속도**가 결정된다. 소위 **dN값**이라고 부르는 한계 회전속도는 베어링의 내경 d[mm]와 회전속도 N[rpm]을 곱한 값으로서, **표 7.3**에서와 같이 윤활방

25 그림 10.26에서는 볼 베어링에 지지된 회전축의 오차운동을 실제로 측정한 사례를 보여주고 있다.

26 A. Slocum, Precision Machine Design, Prentice-Hall, 1992을 참조하여 재구성하였다.

법에 따라서 큰 차이를 가지고 있다. 예를 들어, 오일에어 윤활법을 사용하여 단열 앵귤러 콘택트 볼 베어링을 구동하는 경우의 한계회전속도가 3,000,000[dN]이라는 것은 내경 100[mm]인 베어링을 30,000[rpm]으로 회전시킬 수 있으며, 내경 50[mm]인 베어링은 60,000[rpm]으로 회전시킬 수 있다는 뜻이다. 윤활유의 점도가 매우 높은 그리스를 사용하는 경우의 dN값이 가장 낮다. 상대적으로 점도가 낮은 오일 배스 속에 베어링을 절반 정도 담근 채로 사용하는 유욕법의 경우 dN값은 그리스 윤활의 1.5배 정도이다. 베어링 틈새로 오일은 한 방울씩 주입하는 적하급유법의 dN값은 그리스 윤활의 약 2배 정도에 이른다.

표 7.3 구름 베어링의 윤활방법에 따른 한계회전속도(dN값)

베어링 형식	그리스 윤활	윤활법					
		유욕법	적하 급유법	순환 급유법	분무 급유법	제트 급유법	오일에어법
단열고정 레이디얼	200,000	300,000	400,000	600,000	700,000	1,000,000	-
복열 자동조심	150,000	250,000	400,000	-	-	-	-
단열 앵귤러 콘택트	200,000	300,000	400,000	600,000	700,000	1,000,000	**3,000,000**
원통 롤러 베어링	150,000	300,000	400,000	600,000	700,000	1,000,000	-
원추 롤러 베어링	100,000	200,000	250,000	300,000	-	-	-
스러스트 볼 베어링	100,000	150,000	-	200,000	-	-	-
자동조심 롤러 베어링	100,000	200,000	-	300,000	-	-	-

공작기계에 사용되는 절삭공구의 소재가 고속도강[27]에서 CBN과 같은 세라믹 소재로 전환되면서 가공속도의 제한이 없어지게 되는 1980년대부터 초고속 스핀들을 만들기 위한 윤활방법의 개발경쟁이 시작되었다. **그림 7.26**에서는 구름 베어링에 사용되는 윤활방법과 적용분야를 개발시기와 dN값의 그래프로 보여주고 있다. 구름 베어링 고속작동을 위한 윤활방법 개발과정은 윤활유와 베어링 하드웨어에 의한 마찰발열 감소와 냉각방법의 개발이 주된 흐름이었다. 한계회전속도는 베어링의 냉각과 밀접한 관계가 있으므로 순환급유→분무급유→제트급유 순서로 베어링 냉각성능이 향상됨에 따라서 dN값은 크게 증가하게 되었다. 최종적으로 외륜을 누르는 볼의 원심력을 감소시키기 위해서 저밀도 세라믹 볼이 사용되었으며, 윤활유의 점성을 줄이기 위해서 3[ppm]

---

27 탄소강 기반의 공구강으로, 현대적인 의미의 고속으로 사용하면 공구가 타버린다.

정도 윤활유를 섞은 공기 제트를 베어링에 분사하는 소위 **오일에어 윤활**이라고 부르는 희박윤활 방법이 개발되었다. 또한 볼의 표면이 윤활유를 머금을 수 있도록 볼의 표면에 미세한 함몰형상을 성형하였다. 이를 통해서 일본의 NSK社는 한계회전속도가 3,000,000[dN]에 이르는 로버스트™ 시리즈 앵귤러 볼 베어링을 출시하였다.[28]

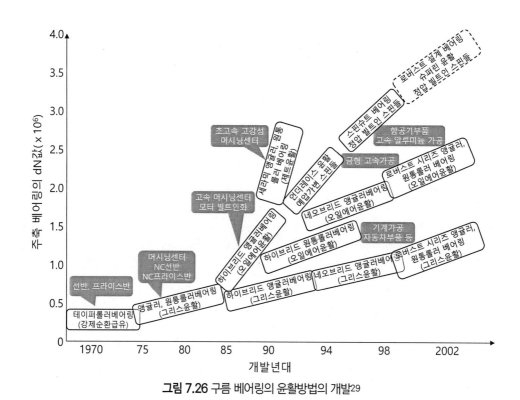

그림 7.26 구름 베어링의 윤활방법의 개발[29]

7.3.3 크로스롤러 베어링

크로스롤러 베어링은 90°의 V형 홈이 성형되어 있는 전동면 위에 직경 대 길이의 비율이 1에 근접하는 원통형 롤러들이 서로 교차하여 배열되어 있기 때문에 회전동력을 전달하면서 나머지 5자유도를 구속할 수 있는 베어링이다. 하나의 베어링으로 모든 방향의 하중을 지지할 수 있으며, 강성이 높고 매우 좁은 공간을 차지하므로 공업용 로봇의 관절부나 머시닝 센터의 선회 테이블,

---

28 nsk.com, 2012년에 출시하였다.

29 nsk.com를 참조하여 재구성하였다.

정밀 로터리 테이블, 하모닉드라이브와 같은 고정밀 감속기를 포함하여 정밀기계에서 자주 사용되는 베어링 요소이다.

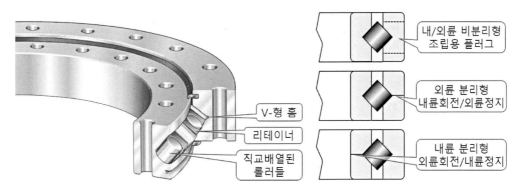

V-형 홈
리테이너
직교배열된 롤러들

내/외륜 비분리형 조립용 플러그
외륜 분리형 내륜회전/외륜정지
내륜 분리형 외륜회전/내륜정지

그림 7.27 크로스롤러 베어링의 단면형상[30]

크로스롤러 베어링은 내/외륜 일체형, 내륜분할형, 외륜분할형과 같은 세 가지 유형이 제작되는데, 내륜이 회전하며 외륜은 하우징에 고정되는 경우에는 외륜분리형, 외륜이 회전하며 내륜은 하우징에 고정되는 경우에는 내륜분리형이 사용된다. 이처럼 내륜 또는 외륜이 분리되어 있는 경우에는 하우징의 누름판을 사용하여 분리된 두 개의 궤도륜을 서로 압착해주어야 한다. 설치장소가 협소하여 궤도륜 누름판을 설치하기 어려운 경우에는 내/외륜 비분리형이 사용된다. 내/외륜 비분리형의 경우, 외륜측에 원형 구멍을 뚫어 이를 통하여 내륜과 외륜 사이에 원통형 롤러를 차례로 삽입한 다음에 플러그를 압입하여 베어링을 완성한다. 정밀가공과 전용지그를 사용하여 외륜측 V형 홈과 플러그의 V형 홈의 정렬을 맞추어놓지만, 롤러가 플러그 위를 통과할 때의 미세한 진동이나 걸림을 완전히 없앨 수는 없다는 점에 유의하여야 한다.

크로스롤러 베어링의 작동수명을 산출하기 위해서는 다음 식을 사용하여 크로스롤러 베어링에 부가되는 반경방향하중, 축방향하중 및 모멘트하중들로부터 동등가하중(P)를 구해야 한다.

$$P = X\left(F_r + \frac{2M}{d_p}\right) + YF_a$$

30 dlrtr.com

여기서 F_r[N]과 F_a[N]는 각각 베어링에 작용하는 반경방향 하중과 축방향 하중이며, M[N-m]은 모멘트하중, d_p[m]는 베어링의 피치원 반경이다. 계수 X와 Y는 다음 조건에 따라서 결정된다.

$$\frac{F_a}{F_r + 2M/d_p} \leq 1.5 \text{이면, } X = 1, \ Y = 0.45$$

$$\frac{F_a}{F_r + 2M/d_p} > 1.5 \text{이면, } X = 0.67, \ Y = 0.67$$

수명식은 깊은홈 볼 베어링의 경우와 동일하며, $n = 10/3$이다.

그림 7.28에서와 같이 스카라 로봇의 하부에 설치되어 있는 크로스롤러 베어링의 정격 수명을 계산해보기로 하자.

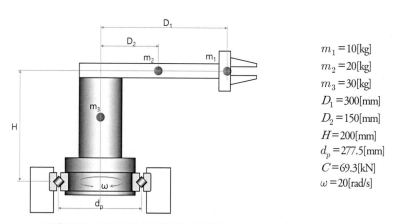

$m_1 = 10$[kg]
$m_2 = 20$[kg]
$m_3 = 30$[kg]
$D_1 = 300$[mm]
$D_2 = 150$[mm]
$H = 200$[mm]
$d_p = 277.5$[mm]
$C = 69.3$[kN]
$\omega = 20$[rad/s]

그림 7.28 스카라 로봇의 하부에 설치된 크로스롤러 베어링의 사례

반경방향 하중 F_r, 축방향 하중 F_a 그리고 모멘트하중 M은 각각 다음과 같이 계산된다.

$$F_r = m_1 D_1 \omega^3 + m_2 D_2 \omega^3 = 10 \times 0.3 \times 20^2 + 20 \times 0.15 \times 20^2 = 2,400 \, [\text{N}]$$

$$F_a = (m_1 + m_2 + m_3)g = (10 + 20 + 30) \times 9.807 = 588.4 \, [\text{N}]$$

$$M = m_1 g D_1 + m_2 g D_2 + (m_1 D_1 \omega^2 + m_2 D_2 \omega^2) \times H$$

$$= 10 \times 9.807 \times 0.3 + 20 \times 9.807 \times 0.15 + (10 \times 0.3 \times 20^2 + 20 \times 0.15 \times 20^2) \times 0.2$$

$$= 538.8 [\mathrm{Nm}]$$

그러므로

$$\frac{F_a}{F_r + 2M/d_p} = \frac{588.4}{2,400 + \dfrac{2 \times 538.8}{0.2775}} = 0.094 \leq 1.5$$

그러므로 $X = 1$, $Y = 0.45$이다. 따라서 동등가하중 P는 다음과 같이 구해진다.

$$P = X\left(F_r + \frac{2M}{d_p}\right) + YF_a = 1 \times \left(2,400 + \frac{2 \times 538.8}{0.2775}\right) + 0.45 \times 588.4 = 6,548.0 [\mathrm{N}]$$

$\omega = 20[\mathrm{rad/s}]$를 분당 회전수로 환산하면, $N = 60 \times \omega/(2\pi) = 191[\mathrm{rpm}]$이다. 롤러 베어링이므로 $n = 10/3$을 사용하여 크로스롤러 베어링의 수명시간을 산출해보면 다음과 같다.

$$L_h = \frac{10^6}{60 \times 191}\left(\frac{69,300}{6,548}\right)^{\frac{10}{3}} = 226,928 [\mathrm{h}]$$

따라서 이 설계의 베어링 수명은 연속 작동 시 약 26년에 달한다는 것을 알 수 있다.

7.4 LM 가이드

직선운동을 안내하는 구름요소 베어링을 일명 **LM 가이드**[31]라고 부른다. LM 가이드는 직선운동 안내면인 가이드 레일과 다수의 구름요소들이 내장된 LM 블록으로 구성된다. LM 블록 내부에 설치된 순환루프를 따라서 다수의 볼들이 구르면서 순환운동을 하며, 이런 순환루프들이 다수

---

31   Linear Motion Guide.

가 설치되어 안내면 방향을 제외한 5자유도의 운동을 구속한다. LM 가이드는 다수의 볼들이 하중을 분산하여 지지하기 때문에 큰 하중을 지지할 수 있으며, 오차가 평균화되므로 마이크로미터 수준에서는 높은 정밀도를 구현할 수 있다. LM 가이드는 공작기계, 자동이송 로봇 등의 직선이송에 널리 사용되고 있지만, 마이크로미터 미만의 고성능/고정밀 직선운동의 경우에는 유정압 베어링, 공기정압 베어링, 또는 자기부상 베어링을 사용하여야 한다.

7.4.1 LM 블록의 구조와 유형

그림 7.28에서는 LM 가이드를 구성하는 주요 구성요소들을 보여주고 있다. 정밀가공한 안내면과 순환되는 다수의 볼들이 탄성평균화 작용을 통해서 정밀한 직선운동을 구현해준다. 하지만 구름접촉 과정에서 헤르츠 접촉에 의해서 발생하는 마찰과 마멸을 최소화시키기 위해서 그리스 윤활이 필요하다. 따라서 정기적으로 그리스를 주입하여야 한다. 볼 베어링과 마찬가지로 LM 가이드는 오염에 극도로 취약하다. 따라서 이물질의 유입을 방지하기 위해서 엔드실, 사이드실, 인너실 등으로 밀봉해야 하지만, 이런 밀봉이 완벽하지 못하므로 항상 오염에 주의를 기울여야만 한다.

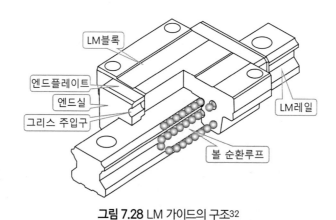

그림 7.28 LM 가이드의 구조32

일반적인 LM 가이드들에서는 **그림 7.29** (a)와 같이 조밀하게 볼들을 충진해놓기 때문에, LM 블록과 LM 레일 사이에서 하중을 받으면서 같은 방향으로 함께 굴러가는 볼들이 서로 맞닿은

---

32 thk.com을 참조하여 재구성하였다.

위치에서는 서로 반대방향으로의 상대운동에 따른 문지름이 발생하게 된다. 이로 인한 발열과 볼의 마멸을 방지하기 위해서 **그림 7.29** (b)에서와 같이 유연한 플라스틱 소재로 만든 리테이너를 사용하는 경우도 있지만, 이로 인하여 충진된 볼의 숫자가 감소하면 하중지지용량이 감소해버린다.

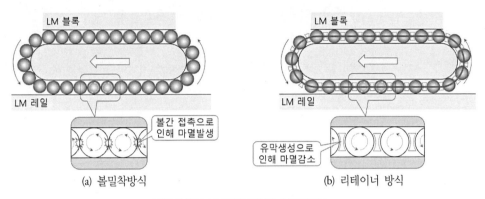

(a) 볼밀착방식　　　　　　　　　(b) 리테이너 방식

그림 7.29 LM 가이드의 볼 순환방식[33]

　　그림 7.30에서는 두 가지 형식의 안내면을 보여주고 있다. 고딕아치형 그루브는 볼보다 직경이 큰 원호 두 개를 서로 이어 붙여서 삼각형 형태의 그루브를 성형한 형태로서, 그 속에 볼을 넣으면 **그림 7.30** (a)에서와 같이, 삼각형 그루브의 두 빗변과 접촉을 이루게 된다. 이를 통해서 2열의 볼들만을 사용해서도 5자유도를 구속할 수 있다. 하지만 고딕아치형 그루브 속에서 볼들은 구름 운동을 하는 과정에서 약 40%에 이르는 심각한 슬립이 발생하게 된다. **2열 고딕아치 그루브 방식**은 4열 구조를 만들기 어려운 미니어처형 LM 가이드에서 널리 사용되고 있다. **그림 7.30** (b)에서는 **4열 원형아치 그루브 방식**을 보여주고 있다. 이 구조에서는 그루브 내에서 볼들은 한 점만 접촉을 이루기 때문에 볼들은 구름운동을 하면서 3% 미만의 슬립만 발생한다. 따라서 정밀한 운동이 가능하며 마멸과 발열이 최소화된다. 4열 원형아치 그루브 방식은 대부분의 정밀 LM 가이드에서 채용하는 형식이다.

　　그림 7.31에서는 안내면의 형상에 따른 하중지지특성의 차이를 보여주고 있다. **그림 7.31** (a)에서는 4열의 볼들 모두 안내면과 45°의 접촉각을 이루고 있다. 따라서 상하, 좌우의 4방향에 대한 하중지지능력이 동일하므로, 모든 방향으로 가해지는 하중을 동일한 강성으로 지지할 수 있다.

33　thk.com을 참조하여 재구성하였다.

반면에 **그림 7.31** (b)의 경우에는 레일의 상부면에 설치된 볼들의 접촉각도가 90°이므로 위에서 아래로 내리누르는 힘에 특히 높은 강성을 가지고 있다. 반면에 좌우방향이나 아래에서 위로 미는 방향으로의 하중지지용량과 강성은 약하다. 이런 유형의 가이드는 수직하중 지지에 특화되어 있으므로 대하중 지지에 유용하다. 저자는 수직하중 지지형 LM 가이드를 거꾸로 설치한 경우를 본 적이 있다. 아마도 설계 엔지니어가 다른 목적에 사용하던 형번을 습관적으로 가져다 쓴 것으로 생각되지만, 절대로 일어나서는 안 되는 일이다. 볼 베어링의 경우와 마찬가지로 사용목적에 따라서 매우 다양한 형태의 LM 가이드가 생산되고 있다. 설계 엔지니어는 설계의 목적에 알맞은 형식을 선정하기 위해서 제품 카탈로그를 꼼꼼하게 읽어봐야 한다.

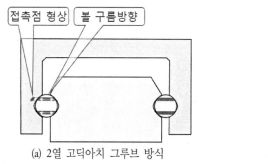
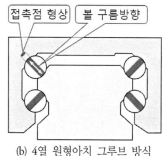

(a) 2열 고딕아치 그루브 방식　　　　(b) 4열 원형아치 그루브 방식

그림 7.30 안내면 그루브의 형상

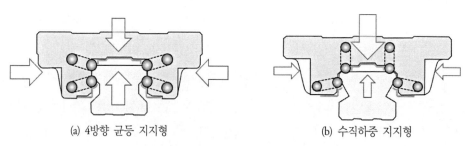

(a) 4방향 균등 지지형　　　　(b) 수직하중 지지형

그림 7.31 안내면의 형상에 따른 하중지지특성

7.4.2 안내구조의 설계

LM 가이드는 구름요소들이 안내면과 유격 없이 접촉하여 구르기 때문에 **그림 7.18**에서 예시되어 있는 구름 베어링의 경우와 마찬가지로 고정-활동구조를 사용하여 비대칭으로 설계하여야 한다. **그림 7.32**에서는 LM 가이드의 고정 활동구조를 보여주고 있다. 베이스는 구름 베어링의 회전

축에 해당하며, 테이블은 구름 베어링의 하우징에 해당한다. 따라서 LM 레일의 설치 취부는 고정측이나 활동측이 동일한 형상으로 설계되어 있다. 레일의 길이방향으로 일정간격마다 설치되어 있는 세트스크루들을 사용하여 레일을 기준횡방향 기준턱에 밀착시킨 다음에 고정용 볼트로 레일을 베이스에 고정한다. 이렇게 두 레일들을 평행하게 설치하고 나면 테이블에 설치되어 있는 세트스크루들을 사용하여 고정측의 LM 블록을 횡방향 기준턱에 밀착시킨 다음에 고정용 볼트들을 사용하여 LM 블록들을 테이블에 고정시킨다. 이때에 볼트를 조이는 방법이나 볼트를 조이는 순서는 4.4.2절과 **그림 4.28**을 참조하기 바란다.

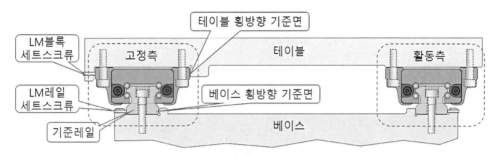

그림 7.32 LM 가이드의 고정-활동 구조

LM 가이드도 앵귤러 콘택트 볼 베어링과 마찬가지로 쌍으로 판매되며, 각 레일들에는 두 개 또는 지정된 숫자의 LM 블록들이 설치된 채로 공급된다. 이들 중에서 한쪽은 기준레일이며, 다른 쪽은 활동레일로 표기되어 있으며, 이 레일들에는 기준블록과 활동블록들이 각각 설치되어 있다. 조립 시에 반드시 이들을 지정된 위치에 지정된 방향으로 설치해야만 하며, 이를 임의로 바꾸면 LM 가이드의 이송 정밀도가 구현되지 않는다. LM 가이드의 안내면 배치방법은 매우 엄격하게 규정되어 있다. 저자는 테이블의 횡방향 기준면을 베이스의 횡방향 기준면과 반대쪽에 설계한 사례를 본적이 있다.[34] 이는 설계엔지니어 개인의 무지일 뿐만 아니라 설계검토에서 이를 걸러내지 못한 기업과 조직의 무능이기도 하다.

일반적으로 두 개의 평행 레일에 안내되어 직선운동을 하는 평면형 테이블에는 4개의 LM 블록들을 사용한다. 그런데 **그림 7.33** (a)에서와 같이 통상적으로 네 귀퉁이에 LM 블록들을 배치하

---

34 그림 4.37의 설계에서 발견되었다.

여 사용하면 책의 지면과 수직한 방향으로 발생하는 부정렬에 대해서 과도구속이 발생하여 마찰이 증가하거나 심각한 경우에는 베어링이 파손된다. **그림 7.33** (b)에서와 같이 한쪽 레일에 설치되는 두 개의 LM 블록들을 서로 인접하여 설치하면 3점 지지와 유사한 준 기구학적 시스템이 형성된다. 이를 통해서 레일 부정렬의 영향이 감소하며, 과도구속이 (거의)해소된다.

그림 7.33에서 하나의 레일 상에 설치되어 있는 LM 블록들 사이의 중심 간 거리를 길이(L) 그리고 LM 레일들 사이의 중심 간 거리를 폭(B)이라 할 때에, 길이 대 폭비(L/B)가 감소할수록 직선운동이 불안정해지며 보행문제가 발생하게 된다. 부드러운 운전을 보장하는 길이 대 폭비의 기준은 $L/B \geq 1.618$이며, 최소 1 이상은 되어야 요오차를 통제할 수 있다. 특히 테이블의 작동속도가 빨라질수록 길이 대 폭비는 커져야만 한다. 현대적인 반도체용 초정밀 스테이지나 디스플레이용 초대형 스테이지의 경우에는 길이 대 폭비가 $L/B < 0.1$에 이를 정도로 극단적으로 작은 막대형 스테이지를 사용하여 소위 H-드라이브 시스템을 구성한다. 이런 경우에는 요 운동을 통제하기 위해서 막대형 스테이지의 양측 모두에 작동기를 설치하고 주종제어를 적용한다. 이에 대해서는 8.3.3절에서 자세히 살펴보기로 한다.

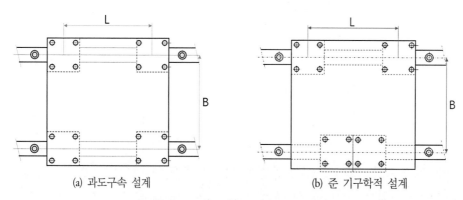

(a) 과도구속 설계   (b) 준 기구학적 설계

그림 7.33 LM 블록의 과도구속과 해소방안

7.4.3 LM 가이드를 사용한 직선운동 시스템 설계 시 고려사항

일반적으로 LM 가이드를 사용하는 직선이송 시스템은 최고속도가 $60 \sim 120[\text{m/min}]$ 이하로 제한되며, 최대가속도 역시 1[g] 이하로 제한된다. 특히 고속작동의 경우에는 윤활유 공급에 각별한 주의가 필요하며, 윤활유가 부족해지면 베어링 수명이 급격하게 감소한다.

LM 가이드 역시 구름요소 베어링에서와 유사한 수명특성을 가지고 있다. 이를 산출하기 위해서는 먼저 LM 블록에 가해지는 등가 수직하중을 구해야만 한다. 회전형 베어링의 경우에는 항상 일정한 속도로 작동한다고 가정하여 수명을 계산하지만, 직선운동 베어링의 경우에는 가속-등속-감속을 반복하기 때문에 등가 수직하중을 산출하는 과정이 약간 복잡하다.

그림 7.34 (a)에서는 한 쌍의 LM 가이드에 지지되어 있는 직선운동 테이블의 중앙에 질량이 m인 부하가 얹혀 있으며, 하부 편측으로 작동기가 설치되어 이 테이블을 구동하는 경우에 각 LM 블록들에 가해지는 수직방향 작용력과 수평방향 작용력을 표시하여 보여주고 있다. **그림 7.34** (b)에서는 이 시스템의 시간에 따른 속도선도를 보여주고 있는데, **가속-등속-감속**의 3단 운전을 하고 있음을 알 수 있다. 일반적으로 웨이퍼 스테이지와 같이 작동 중 가공력이 작용하지 않는 시스템의 경우에는 이와 같이 **3단 운전 모델**을 자주 사용하며, 급속이송, 황삭가공 및 정삭가공이 이루어지는 공작기계의 경우에는 **그림 8.11**에 도시되어 있는 7단 운전 모델이 자주 사용된다.

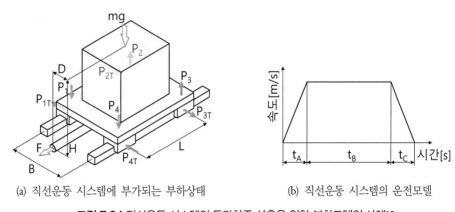

(a) 직선운동 시스템에 부가되는 부하상태   (b) 직선운동 시스템의 운전모델

그림 7.34 직선운동 시스템의 등가하중 산출을 위한 부하모델의 사례[35]

가속기간, 등속운행기간 및 감속기간 중에 각 LM 블록들에 가해지는 하중을 산출해보면 다음과 같다.

가속기간 중 LM 블록들에 가해지는 수직하중과 수평하중들은 각각 다음과 같이 구해진다.

$$P_{A1} = P_{A4} = \frac{mg}{4} - \frac{ma_A H}{2L}, \quad P_{A2} = P_{A3} = \frac{mg}{4} + \frac{ma_A H}{2L}$$

---

35   thk.com을 참조하여 재구성하였다.

$$P_{A1T} \sim P_{A4T} = \frac{ma_A D}{2L}$$

등속운행 기간 중에는 LM 블록들에 다음과 같이 수직하중만 가해진다.

$$P_{B1} \sim P_{B4} = \frac{mg}{4}$$

감속기간 중 LM 블록들에 가해지는 수직하중과 수평하중들은 각각 다음과 같이 구해진다.

$$P_{C1} = P_{C4} = \frac{mg}{4} + \frac{ma_C H}{2L}, \quad P_{C2} = P_{C3} = \frac{mg}{4} - \frac{ma_C H}{2L}$$

$$P_{A1T} \sim P_{A4T} = \frac{ma_A D}{2L}$$

여기서 구간별 가속도 $a_A = V/t_A$, $a_C = V/t_C$이다. 그리고 하첨자 A, B 및 C는 각각 가속구간, 등속구간 그리고 감속구간을 의미한다.

이렇게 구한 수직하중(P_n)과 횡방향 하중(P_{nT})들을 등가 수직하중($P_{n,eq}$)으로 환산하기 위해서는 구름 베어링에서와 마찬가지로 다음 식의 X와 Y 값을 구해야 한다.

$$P_{n,eq} = XP_n + YP_{nT}$$

여기서 X와 Y 계수의 값을 구하기 위해서는 구름 베어링에서와 유사하게 LM 가이드 카탈로그에 제시되어 있는 모델별 조견표를 참조하여야 한다.

이렇게 구한 등가 수직하중($P_{n,eq}$)들에 대해서 다음 식을 사용하면 각 LM 블록들에 가해지는 평균하중($P_{n,qvg}$)들을 구할 수 있다.

$$P_{n,avg} = \sqrt[3]{\frac{P_{An,eq}^3 L_1 + P_{Bn,eq}^3 L_2 + P_{Cn,eq}^3 L_3}{L}}$$

볼 대신에 롤러를 사용한 LM 가이드의 경우에는 3승과 3제곱근 대신에 각각 10/3승과 10/3제곱근을 사용한다. 그리고 각 구간별 이동거리인 L_1, L_2 및 L_3는 각각 다음 식들을 사용하여 구할 수 있다.

$$L_1 = \frac{1}{2}a_A t_1^2, \quad L_2 = a_A t_1 \times t_2, \quad L_3 = \frac{1}{2}a_c t_3^2$$

위 식들을 사용하여 모든 LM 블록들에 대하여 평균하중을 구한 다음에 가장 평균하중이 큰 LM 블록에 대해서 다음 식을 적용하여 작동수명을 계산한다. 볼을 사용하는 LM 가이드의 경우에는 수명식이 50[km]를 기준으로 하며, 다음과 같이 주어진다.

$$L_{km} = 50_{km} \times \left(\frac{C}{S_f \times P_{n,avg}}\right)^3$$

여기서 C는 동정격하중이며, S_f는 안전계수이고 L_{km}은 주행거리[km]로 수명을 환산한 것이다. 만일 이를 시간으로 환산하려면 주행거리 수명을 평균 작동속도로 나누어 다음과 같이 구할 수 있다.

$$L_h = \frac{L_{km} \times 1000[\text{m/km}]}{v_{avg}[\text{m/s}] \times 3600[\text{s/h}]} = \frac{L_{km} \times 1000}{\left(\dfrac{L}{t_1 + t_2 + t_3}\right) \times 3600}[\text{h}]$$

볼 대신 롤러를 사용한 LM 블록의 경우에는 수명식이 100[km]를 기준으로 하며, 다음과 같이 주어진다.

$$L_{km} = 100_{km} \times \left(\frac{C}{S_f \times P_{n,avg}}\right)^{\frac{10}{3}}$$

LM 가이드는 안내면과 사용하는 볼들의 정밀도 등급에 따라서 정밀도 등급이 보통급에서 UP

(초정밀급)에 이르기까지 세분화되어 있다. **표 7.4**에서는 정밀도 등급별 주요 사용처들을 요약하여 보여주고 있다.

표 7.4 LM 가이드의 정밀도 등급별 사용처[36]

적용분야		정도등급				
		보통	H	P	SP	UP
공작기계	머시닝센터, 선반, 보링기			○	○	
	지그보링기, 연삭기				○	○
	방전가공기			○	○	○
	펀칭프레스기		○	○		
	레이저가공기		○	○	○	
	목공기	○	○	○		
	NC드릴, 태핑기		○	○		
	파레트체인지, ATC	○				
	와이어컷팅기			○	○	
	드레서장치				○	○
산업용 로봇	직교좌표로봇	○	○	○		
	원통좌표로봇	○	○			
반도체 제조장비	와이어본더			○	○	
	프로버				○	○
	전자부품 삽입기		○	○		
	프린트기판 노광기		○	○	○	
기타기기	사출성형기	○	○			
	3차원 측정기				○	○
	사무기기, 반송기기	○	○			
	XY 테이블		○	○	○	
	도장기, 용접기, 의료기	○	○			
	디지타이저		○	○	○	
	검사장비			○	○	○

LM 블록은 사용 용도에 따라서 무예압(보통 클리어런스), 경예압(C1클리어런스) 그리고 중예압(C2 클리어런스)을 사용한다. 예압이 없으면 마찰이 작고 부하반전시 운동의 정체 없이 부드럽게 움직이지만 강성이 작고 충격하중에 의해서 볼들이 손상을 받기 쉽다. 반면에 예압이 크면

---

36 thk.com을 참조하여 재구성하였다.

위치정밀도가 높아지고 진동이나 충격에 강하지만, 고속작동 시 발열과 마모가 심하다. 따라서 하중방향이 일정하고 충격 및 진동이 작은 곳, 그리고 정밀도가 중요하지 않으며, 구동력을 최소화하고자 하는 곳에는 무예압 LM 가이드를 사용한다. 경하중으로 고정도를 필요로 하는 경우에는 경예압 LM 가이드를 사용하며, 높은 강도와 정밀도가 필요하거나 진동 및 충격이 걸리는 중절삭용 공작기계와 같은 경우에는 중예압 LM 가이드를 사용한다.

LM 가이드 내에서 볼들은 구름운동을 하므로 마찰저항이 미끄럼 베어링들에 비해서 매우 작다. 특히 기동 시 스틱슬립이 거의 발생하지 않으므로 매끄러운 운동을 구현할 수 있다. 하지만 마찰저항은 LM 가이드의 형식, 예압량, 윤활제의 점성저항, LM 가이드에 작용하는 하중 등에 따라서 변한다. 특히 모멘트하중이 부하되는 경우나 강성을 향상시키기 위해서 예압을 부가하는 경우에는 마찰저항이 크게 증가한다.

LM 블록에는 반드시 주기적으로 그리스를 보충해주어야만 한다. 클린룸 환경에서도 다수의 LM 가이드가 사용되고 있으며, 여기에 일반 석유계 그리스를 사용하면 시간이 경과함에 따라서 **그림 7.35**에서와 같이 대기 중으로 다량의 유분입자들이 방출된다. 이를 방지하기 위해서는 클린룸 전용 그리스나 진공용 그리스를 윤활유로 사용하여야 한다.

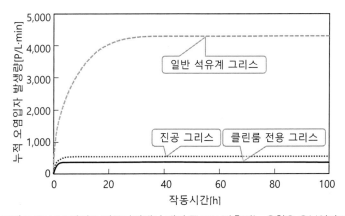

그림 7.35 LM 가이드 작동과정에서 대기 중으로 방출되는 윤활유 유분입자[37]

LM 블록 속을 순환하는 볼들 사이로 이물질이 유입되면 볼들과 안내면에 마모가 발생하고 볼들의 순환이 걸려버릴 수도 있다. 이를 방지하기 위해서 LM 블록에 엔드실, 사이드실 그리고 인

---

37   thk.com을 참조하여 재구성하였다.

너실 등과 같은 이물질 유입방지기구들을 설치하지만, LM 레일의 볼트 설치구멍을 통해서 이물질이 LM 블록 속으로 유입되는 것을 막을 방법은 없다. 따라서 **그림 7.36**에 도시되어 있는 것처럼, LM 레일의 볼트 설치구멍에 플라스틱 소재의 볼트머리 캡을 설치하거나, 박판 스트립 형태의 덮개판으로 볼트머리자리들을 차폐해야만 한다.

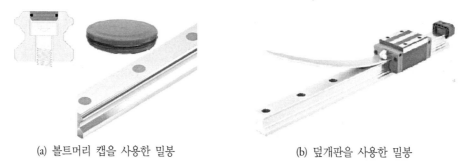

(a) 볼트머리 캡을 사용한 밀봉   (b) 덮개판을 사용한 밀봉

그림 7.36 LM 레일의 밀봉기구들[38]

7.4.4 LM 가이드의 설치

LM 가이드의 설계와 설치가 제대로 수행되어야만 LM 가이드의 목표성능이 구현된다. 그런데 설계 엔지니어는 도면에 설계치수만을 지정해놓을 뿐, 설치방법에 대해서는 조립현장의 작업지침이나 관행에 의존하는 경우가 대부분이다. 조립과정에서 발생하는 다양한 이유 때문에 발생하는 기기의 성능저하나 파손도 (증명할 방법이 없기 때문에) 설계자의 귀책으로 결론이 내려지는 경우가 많기 때문에, 특히 LM 가이드의 경우에는 설계도면에 설치방법이나 순서를 적시해놓는 것이 바람직하다.

LM 가이드 설치 시 주의할 점들이 매우 많지만, 안내기구의 성능에 가장 직접적인 영향을 끼치는 문제들 중 하나가 LM 레일 고정용 탭구멍 주변의 거스러미이다. LM 레일 안착면은 정삭 (또는 연삭) 가공되었기 때문에 육안으로는 구멍 테두리의 거스러미를 쉽게 발견할 수 없다. 특히 탭 성형과정에서 **그림 7.37**과 같이, 구멍의 테두리가 융기해 올라오기 때문에 이런 문제는 항상 발생한다. 단 하나의 거스러미만 존재하여도 이를 볼트로 조여서 눌러 없애는 것은 불가능하기 때문에 이런 융기부가 발생하는 것을 설계단계에서 근원적으로 차단하거나, 또는 조립 전에 이를 제거해야 한다.

38 hiwin.com

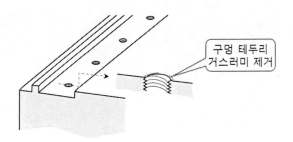

그림 7.37 구멍 테두리 거스러미 제거[39]

설계단계에서 이를 방지하는 방법은 안내면 가공 시 황삭가공을 시행한 이후에 구멍성형과 태핑가공을 시행하고 최종적으로 안내면을 정삭가공 하도록 설계도에 명기하는 것이다. 이를 통해서 탭구멍의 테두리에서 거스러미가 융기하는 것을 방지할 수 있다. 조립단계에서 이를 제거하기 위해서는 오일스톤(일종의 숫돌)을 사용하여 수작업으로 이를 제거하여야 한다. 오일스톤으로 안내면을 문질러 보면 융기부가 갈려나가면서 구멍 주변에 링 형태로 갈린 자국이 나타난다. 당연히 가공 후에는 표면을 깨끗이 세척해야 한다.

정밀기기에서는 화강암을 베이스나 테이블 소재로 자주 사용한다. 그런데 화강암은 취성이 있기 때문에 **그림 7.32**처럼 돌출된 횡방향 기준면을 가공하기가 어렵다. 이런 경우에는 **그림 7.38**에서와 같이 조립 기준용 직선자를 설치하고 다이얼인디케이터를 사용하여 LM 레일의 진직도와 평행도를 맞춰가면서 LM 레일을 고정해야 한다. 여기서 주의할 점은 조립기준용 직선자의 한쪽 모서리만을 측정기준으로 사용하여 고정측 레일의 측정과 활동측 레일의 측정을 수행하여야 하며, 설치과정을 수행하는 동안 조립기준 직선자가 움직이지 않아야 한다는 것이다. 이를 위해서 조립 기준용 직선자를 고정하기 위한 인서트[40]를 화강암 베이스에 미리 설계해놓아야 한다.

그림 7.39의 좌측 그림에서는 LM 가이드를 설치하기 위한 장착면의 수직방향 및 수평방향 진직도를 보여주고 있다. 좌측 가이드 장착면의 수직방향 진직도는 최대편차가 $105[\mu m]$에 달하며 수평방향 진직도는 최대편차가 $16[\mu m]$이다. 우측 가이드 장착면의 수직방향 진직도는 최대편차가 $80[\mu m]$에 달하며 수평방향 진직도는 최대편차가 $40[\mu m]$이다. 이렇게 큰 진직도 편차를 갖는 장착면 위에 LM 가이드와 직선이송 테이블을 설치한 후에, 이 테이블의 수평방향 및 수직방향

---

39 thk.com을 참조하여 재구성하였다.
40 화강암에 구멍을 뚫고 중앙에 탭이 성형된 금속 소재의 봉을 삽입한 후에 에폭시로 고정하여 볼트 고정위치로 사용한다.

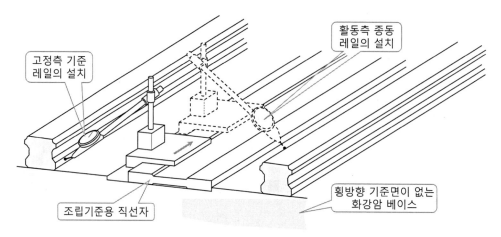

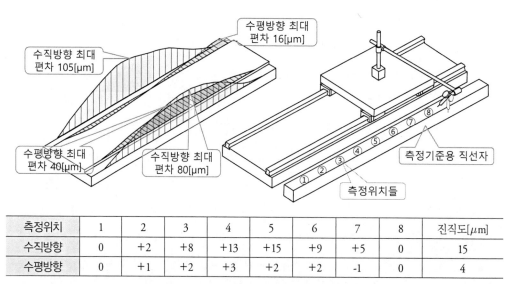

그림 7.38 횡방향 기준면이 없는 경우의 LM 레일 조립방법[41]

측정위치	1	2	3	4	5	6	7	8	진직도[μm]
수직방향	0	+2	+8	+13	+15	+9	+5	0	15
수평방향	0	+1	+2	+3	+2	+2	-1	0	4

그림 7.39 LM 가이드의 탄성평균화 특성[42]

진직도를 측정하였다. 우측의 그림처럼, 테이블의 편측에 측정 기준용 직선자를 설치하고 테이블의 중앙에 설치한 기구물의 끝에 다이얼 인디케이터를 연결하여 측정 기준용 직선자의 윗면과 측면을 측정하면서 길이방향으로 이송한 결과가 테이블에 제시되어 있다. 측정결과를 살펴보면,

41 thk.com을 참조하여 재구성하였다.
42 thk.com을 참조하여 재구성하였다.

우선 장착면의 수직방향 진직도는 각각 최대 105[μm]과 80[μm]으로 매우 큰 편차를 가졌었지만, 조립된 테이블의 수직방향 진직도는 불과 15[μm]에 불과하였다. 또한 수평장향 진직도 역시 장착면 진직도 편차는 각각 16[μm]과 40[μm]에 달하였지만, 테이블의 수평방향 진직도는 4[μm]에 불과하다는 것을 알 수 있다. 이는 LM 가이드가 가지고 있는 탄성평균화의 특성이 진직도 오차를 크게 감소시켜주고 있음을 알 수 있다. 따라서 LM 가이드를 설치하기 위한 장착면은 표면이 융기된 거스러미만 없다면 일반적인 정삭가공만으로도 충분히 원하는 진직도를 구현할 수 있다는 것을 알 수 있다. 하지만 LM 가이드를 사용하는 엔지니어들은 장착면을 연삭가공하여야만 LM 가이드의 정밀한 작동이 보장된다는 착각을 한다. 과거, 70년대에 미국의 군사고문단의 지도하에서 무기 국산화를 진행할 때의 에피소드를 한 가지 떠올려본다. 박격포 시제품을 제작하여 제출하면 군사고문단이 계속 불량판정을 하기에 포의 내경을 폴리싱 수준으로 연마했는데도 또 불량 판정을 받았던 사례가 있었다. 당시 공차의 기초개념이 없던 엔지니어들이 치수 공차를 맞춰야 하는데 쓸데없이 표면조도에 집착했기 때문이었으며, 설계의 수준이 그 시절과 그리 다르지 않음을 씁쓸하게 지켜보고 있다.

LM 가이드를 처음 접하는 사람은 대부분 LM 블록을 밀어서 레일에서 빼내본다. 그러면 예하중을 받으면서 끼워져 있던 볼들이 쏟아져버린다. 이렇게 블록이 빠져나온 LM 가이드는 세트 전체를 더 이상 사용할 수 없게 되니 각별한 주의가 필요하다(절대로 빠진 볼들을 주워 넣은 블록을 가이드에 다시 끼워서 사용해서는 안 된다). 또한 LM 가이드와 같은 정밀부품들은 절대로 맨손으로 만져서는 안 된다. 땀에 섞인 염분이 지문처럼 가이드 표면에 묻으면 오래지 않아 안내면이 부식되어버린다. LM 가이드를 포장된 상태이던 포장을 벗긴 상태이던 상관없이 수평으로 선반에 장기간 보관하면 중력에 의해서 레일이 변형되어 진직도가 저하된다. 정밀등급 LM 가이드는 생산 후 수 주 이내의 제품을 사용하여야 하며 반입 후 즉시 장착면에 조립하는 것이 바람직하다. 만일 장기간 보관하려면 레일(박스)을 수직으로 세워서 보관해야 한다.

7.5 미끄럼 베어링

서로 마주하고 있는 두 물체 사이에 상대운동이 발생하면 계면에서는 고체마찰, 불완전윤활마찰 그리고 완전윤활마찰 중 어느 한 가지 상태를 취하게 된다. 계면에 윤활제가 없다면 두 물체 사이에서는 **고체마찰**이 일어나며, 분자단위에서 거스러미들 사이의 융착과 파열이 반복되면서 발열과 마멸이 발생한다. 따라서 고체마찰은 기계설계 시 절대로 피해야 하는 상태이며, **건조마찰**이라고도 부른다. 계면에 윤활유가 주입되었으나 그 양이 부족하거나 부하가 과중하여 완전한 유막[43]이 형성되지 못하고 유막이 찢어지면서 일부 고체마찰이 발생하는 상태를 **불완전윤활마찰** 또는 **경계마찰**이라고 부른다. 상대운동 계면에 충분한 양의 유동성 윤활제나 고체 윤활제가 주입되어 고체면 사이를 완전히 분리하는 상태를 **완전윤활마찰**이라고 부른다. 이 상태에서는 두 물체 사이에 완전한 유막이 형성되어 발열과 마멸이 극히 작은 유체마찰 상태를 유지한다.

그림 7.40에서는 윤활상태에 따른 마찰계수의 변화를 나타낸 **스트리벡 곡선**을 보여주고 있다. 그래프의 수직축은 마찰계수를 나타내고 있으며, 수평축은 윤활조건으로서, 점도(η)에 속도(v)를 곱하여 부하(W)로 나눈 값을 사용하고 있다. 점도와 부하가 일정하다면 스트리벡 곡선은 속도의 함수이다. 스트리벡 곡선은 속도가 0인 경우인 정지상태에서 출발하며, 이때의 마찰계수 값은 정지마찰계수(μ_s)에 해당한다. 일반적인 금속표면의 정지마찰계수 값은 대략적으로 0.3 내외이다. 두 물체 사이에 상대운동이 발생하면 분자단위에서 거스러미들의 융착과 파열이 일어나는 고체마찰이 시작되지만, 윤활유의 공급을 고의로 억제하지 않는다면 곧장 불완전윤활마찰을 거쳐서 동마찰계수(μ_d)의 지배를 받는 완전윤활마찰 상태로 전환된다. 일반적인 윤활유의 동마찰계수 값은 0.05~0.1 사이의 값을 갖으며, 상대속도에 비례하여 점차적으로 증가하는 특성을 갖는다. 따라서 스트리벡 곡선에서 고체마찰영역과 불완전윤활마찰 영역은 거의 수직으로 떨어지는 그래프의 좁은 영역에 집중되어 있으며, 구분이 거의 불가능하기 때문에 중앙의 확대 그래프를 통해서 살펴봐야 한다. 스트리벡 곡선에서는 마찰영역을 구분하는 명확한 기준이 제시되어 있지 않지만, 미끄럼 베어링의 설계 및 해석과정에서 활용하기 위한 기준이 필요하다. 고체마찰 영역은 마찰계수가 대략적으로 정지마찰계수의 90%까지 감소하는 범위로 간주할 수 있다. 불완전윤활마찰 영역은 정지마찰계수의 90~50%의 영역으로 간주하면 무난할 것이다. 이 외의 모든 영역은 완전윤활 영역으로 간주해야 한다.[44]

고체마찰 영역: $\mu_s \leq \mu < 0.9 \times \mu_s$

---

43 fluid film: 유체가 수~수십[μm] 두께의 막 형태로 존재한다 하여 유막이라고 부른다.
44 이는 저자의 경험적 의견일 뿐이며, 명확한 기준은 없다.

불완전윤활마찰 영역: $0.9 \times \mu_s \leq \mu < 0.5 \times \mu_s$

완전윤활마찰영역: $\mu \geq 0.5 \times \mu_s$

불행히도 대부분의 교과서에서는 스트리벡 곡선의 고체마찰영역과 불완전윤활마찰 영역을 심하게 과장해서 그려 놓았다.[45,46] 이로 인하여 수많은 설계 엔지니어들이 실제의 베어링 작동영역에서는 존재하지도 않는 고체마찰이나 불완전윤활마찰을 개선하기 위한 허황된 연구를 수행한다.

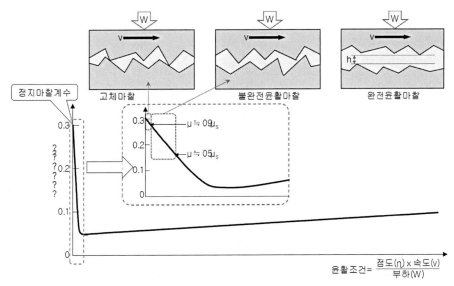

그림 7.40 마찰면의 윤활상태에 따른 마찰계수의 변화(스트리벡 곡선)

7.5.1 미끄럼 베어링의 형식과 특징

미끄럼 베어링은 완전윤활마찰 영역에서 사용하는 베어링으로서 로터의 회전작용에 의해서 스스로 유막압력을 생성하는 **동수압 베어링**과 외부에서 압력을 높인 윤활유를 베어링 틈새 속으로 강제 주입하는 **정수압 베어링**의 두 가지 형태로 나눌 수 있다.

그림 7.41 (a)에 도시된 직선운동 동수압 베어링의 경우에는 정지한 안내면 위에서 하부가 반원형 형상인 이동체가 윤활유막 위에 떠서 좌측에서 우측으로 움직이는 상황을 보여주고 있다. 이

---

45 R. Leach, S. Smith 저, 장인배 역, 정밀공학, 2019의 그림 7.30 참조.
46 S. Babu 저, 장인배 역, CMP 웨이퍼연마, 2021의 그림 1.4 참조.

때 이동체는 반시계방향으로 미소하게 기울어져서 앞부분의 유막 두께가 뒷부분의 유막두께보다 더 두꺼운 상태가 만들어진다. 이를 **유막쐐기**라고 부르는데, 이동체가 진행하면서 유체가 이동체 하부로 빨려 들어오면 유막쐐기형상 때문에 유속이 점점 빨라지게 된다. 이로 인하여 유막 내에는 그림에서와 같이 (동수)압력이 형성된다. 이 압력은 그림에서와 같이 유막이 가장 좁아지는 위치까지는 양의 압력을 나타내며, 다시 넓어지는 영역에서는 음의 압력을 나타내게 되어서 이동체를 반시계방향으로 회전시키면서 외부에서 부가되는 하중 W를 지지하게 되는 것이다. 이는 물 위에서 모터보트가 달리면 배의 앞부분이 들리는 것과 유사한 현상이다. 여기서 주의할 점은 그림에서 유막두께는 매우 과장해서 그린 것이며, 실제 틈새는 수~수십[μm]에 불과하다는 점에 유의하여야 한다. 직선운동 동수압 베어링의 대표적인 사례는 하드디스크 표면을 수~수십[nm] 높이로 떠다니면서 데이터를 읽고 쓰는 공기윤활 동수압 헤드이다.

그림 7.41 (c)에서는 회전운동 동수압 베어링을 보여주고 있다. 베어링 내에서 자중에 의해 반시계방향으로 회전하는 저널이 윤활유를 빨아들이면 그림에서와 같이 직경이 큰 베어링과 직경이 작은 저널 사이에 자연적으로 형성된 유막쐐기형상에 의해서 유막 내에 생성된 압력이 저널에 가해지는 수직부하를 지지하게 된다. 이때에 생성된 압력의 수평분력 합이 대칭적이지 않기 때문에 축중심의 이동궤적은 수직에 대해서 비스듬하게 경사각을 이루게 된다.[47] 동수압 베어링은 직선운동형이나 회전운동형이나 모두 운동이 없을 때에는 유막압력이 생성되지 않아서 고체접촉이 이루어진다. 하지만 운동이 시작되면 즉시 유막압력이 생성되므로 올바르게 설계된 베어링에서는 고체마찰에 의한 마멸은 거의 발생하지 않는다. 회전형 동수압 베어링의 경우에도 베어링과 저널의 직경 차이는 불과 수~수십[μm]에 불과하다. 회전운동 동수압 베어링의 대표적인 사례는 내연기관 엔진의 크랭크샤프트 베어링이다. 미끄럼 베어링을 설계하면서 설계 책에 나온 과장된 그림만 보고 실제로 베어링의 내경과 저널의 직경을 밀리미터 단위로 차이가 나게 설계하여 개발과제를 실패한 사례를 보았다. 미끄럼 베어링은 이론에 기초하여 설계하여야 올바른 작동성능이 구현되는 매우 세련된 기계요소이다.

그림 7.41 (b)와 (d)에서는 각각, 직선운동 정수압 베어링과 회전운동 정수압 베어링을 보여주고 있다. 정수압 베어링은 이동체 또는 베어링에 **오리피스**라고 부르는 직경이 작은 구멍을 성형하고 이를 통하여 외부에서 가압(P_s)된 윤활유를 강제로 주입한다. 이렇게 주입된 윤활유가 그루브와

---

47 회전축의 속도가 증가하면 축중심은 반원형 궤적을 따라서 움직인다.

랜드부를 통과하여 외부로 방출되면서 형성하는 압력 프로파일이 이동체나 저널에 가해지는 외력(W)과 평형을 이루면서 하중을 지지하고 유막두께를 안정화시킨다. 정수압 베어링은 스스로 압력을 생성하기 때문에 이동 방향이나 운동의 여부와 관계없이 항상 일정한 유막두께를 유지할 수 있다. 특히 오리피스의 직경과 그루브의 형상 및 면적을 최적화하여 설계하면 외력의 크기나 변동량에 무관하게 일정한 유막두께를 유지하는 소위 **무한강성** 베어링을 구현할 수 있다. 직선운동 정수압 베어링의 대표적인 사례는 반도체나 디스플레이장비의 직선이송지지에 널리 사용되는 다공질 공기정압 베어링이며, 회전운동 정수압 베어링은 초정밀 연삭기용 스핀들 베어링과 같은 고강성 고정밀 주축에 널리 사용되고 있다.

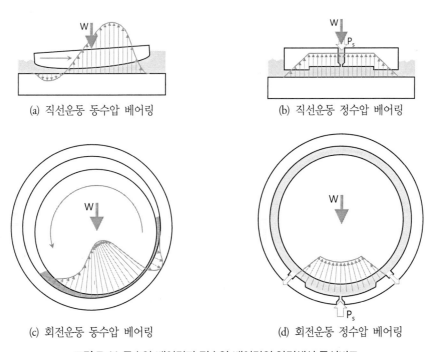

(a) 직선운동 동수압 베어링

(b) 직선운동 정수압 베어링

(c) 회전운동 동수압 베어링

(d) 회전운동 정수압 베어링

그림 7.41 동수압 베어링과 정수압 베어링의 압력생성 특성비교

표 7.5에서는 오일이나 물과 같은 유체를 윤활제로 사용하는 미끄럼 베어링과 구름 베어링의 특성을 서로 비교하여 보여주고 있다.[48] 구름 베어링은 미끄럼 베어링에 비해서 크기가 작고, 마찰도 훨씬 작으며, 고속성능이 우수하고 전 세계적으로 표준화되어 염가로 구입하여 손쉽게 사용

---

48 공기를 윤활제로 사용하는 경우에는 미끄럼 베어링의 특성이 달라진다.

할 수 있는 매우 뛰어난 베어링이다. 하지만 감쇄가 작거나 거의 없다는 결정적인 단점 때문에 충격하중이 가해지거나 회전축이 위험속도를 넘어서 작동하는 경우에는 사용할 수 없다. 반면에 미끄럼 베어링은 크기가 크고, 윤활유 공급과 필터링, 밀봉장치 등이 필요하여 회전축을 구동하기 위한 부가장비들이 복잡하고 크기가 커지는 문제들이 있다. 하지만 감쇄특성이 우수하여 충격하중에 견딜 수 있고 위험속도를 넘어서 회전축을 구동할 수 있다. 내연기관의 크랭크축이나 항공기의 가스터빈, 발전소의 증기터빈과 같이 길이가 길고 유연한 회전축을 위험속도를 넘어서 작동시키기 위해서 감쇄특성이 좋은 미끄럼 베어링을 사용한다.[49]

표 7.5 미끄럼 베어링과 구름 베어링의 특성비교

조건	미끄럼 베어링	구름 베어링
고속성능	마찰저항이 크고 오일휩의 우려	초고속 운전 가능, 탄성진동의 우려
저속성능	동수압 베어링은 불리	매우 양호
크기	베어링 직경에 비해 길이가 긺	베어링 직경에 비해 길이가 매우 짧음
내충격성	감쇄특성이 매우 커서 충격에 강함	강체 간 구름접촉을 하기에 매우 취약함
베어링 수명	눌어붙음에 주의하면 매우 긺	반복응력에 의해 제한을 받음
소음	비교적 작음	전동체와 리테이너 사이에서 소음 발생
온도특성	오일의 점성변화로 인해 취약함	강구는 취약, 세라믹 볼은 고온성능 양호
경제성	동압은 염가, 정압 베어링은 매우 고가	양산, 규격화되어 비교적 염가
하중방향	추력과 횡하중 분리	합성하중 지지 가능
부대장치	정압 베어링은 급유장치 필요	필요 없다. 단 고속용은 급유장치 필요
마찰특성	$\mu=0.1$ 내외의 오일 전단 마찰력 작용	$\mu=0.01$ 내외의 구름마찰력 작용
베어링 강성	동압은 작으나 정압은 매우 큼	볼에 비해 롤러 베어링은 매우 큼
교환성	규격화가 미흡함	규격화가 되어 교환성이 매우 좋음
하중지지용량	동압은 고속저하중, 정압은 고속고하중	고속하중에 유리함

미끄럼 베어링은 구름 베어링보다 마찰계수 값이 크기 때문에 고속으로 구동하면 다량의 열이 발생한다. 그리고 진원형 동수압 베어링은 휠 불안정성을 일으킬 우려가 있다. 미끄럼 베어링은 사용 중에 누유로 인한 환경오염의 문제가 자주 발생한다. 이 외에도 수없이 많은 단점들이 존재하지만, 미끄럼 베어링이 가지고 있는 높은 감쇄능력과 정수압 베어링이 가지고 있는 높은 강성, 그리고 공기정압 베어링이 가지고 있는 높은 정밀도는 다른 베어링이 대체하기 어려운 중요한

---

49 전투기용 가스터빈에 외부댐퍼를 장착한 볼 베어링을 사용한 사례도 있지만 일반적이지 않다.

특성이다. 특히 공기정압 베어링은 정밀기계에서 특별한 의미를 가지고 있는 중요한 베어링 요소이기 때문에 별도의 절로 구분하여 자세히 살펴볼 예정이다.

설계 엔지니어는 미끄럼 베어링이 가지고 있는 단점들을 충분히 이해하고 이들의 장점을 활용하는 기구들을 설계하여야 한다.

7.5.2 동수압 베어링

정지한 표면과 움직이는 표면 사이에 형성된 쐐기형상의 틈새 속으로 유입된 유체가 만들어내는 압력을 사용하여 물체를 지지하는 베어링을 **동수압 베어링**이라고 부른다. 윤활유체가 쐐기형상의 틈새 속으로 밀려들어가면서 생성되는 압력은 유체유동에 대한 나비에-스토크스 방정식에 적절한 경계조건을 적용하여 유도된 **레이놀즈 방정식**을 사용하여 다음과 같이 나타낼 수 있다.

$$\frac{\partial}{\partial x}\left(\frac{h^3}{\eta}\frac{\partial p}{\partial x}\right) + \frac{\partial}{\partial z}\left(\frac{h^3}{\eta}\frac{\partial p}{\partial z}\right) = 6\,U\frac{\partial h}{\partial x}$$

그림 7.41 (a)의 경우, x는 이동체의 이동방향 z는 지면에 수직한 이동체의 폭방향, $h(x)$는 x방향으로의 유막두께함수, $p(x,\,z)$는 위치별 압력 프로파일 그리고 U는 이동체의 이동속도이다. 이 식은 변수들 간의 교차커플링이 심한 편미분방정식이다. 이를 풀어서 x 및 z방향으로의 면적에 대한 압력분포를 구하기 위해서는 유한차분법(FDM)이나 유한요소법(FEM)을 사용한 반복계산을 수행하여야 한다.

그림 7.42에서는 하드디스크 헤드와 하드디스크 표면 사이의 좁은 공극에서 생성되는 압력분포를 공기분자의 평균 자유비행거리를 고려하여 수정된 레이놀즈 방정식을 풀어서 구한 사례를 보여주고 있다. **그림 7.42** (a)에서는 자기기록용 헤드의 바닥면을 뒤집어서 보여주고 있으며, 이 바닥면 중 한쪽의 스키형상 표면과 약 200[nm] 간극[50]을 두고 고속으로 회전하는 하드디스크 표면 사이에 존재하는 공기막에 대한 윤활해석을 수행하였다. 이를 통해서 구한 압력 프로파일과 공기막 두께의 변화로부터 베어링의 강성을 구할 수 있으며,[51] 윤활면의 면적과 쐐기형상의 최적화를 통해서 외란에 대해서 안정적인 동특성[52]을 구현할 수 있는 동수압 베어링을 설계할 수 있다.

---

50 현재의 자기기록장치에서는 공기막 간극이 약 20[nm] 수준으로 감소하였다.
51 장인배, 한동철, 마그네틱 헤드 슬라이더의 극소 공기막에 대한 정상상태 해석, 대한기계학회논문집, 1989.

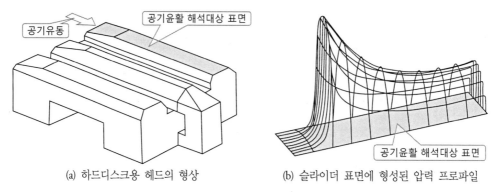

| (a) 하드디스크용 헤드의 형상 | (b) 슬라이더 표면에 형성된 압력 프로파일 |

그림 7.42 유한차분법(FDM)을 사용한 공기윤활 동수압 베어링의 해석사례[53]

그림 7.41 (c)에 도시된 것처럼, 베어링의 내면이 원통형상인 진원형 베어링은 유체 베어링들 중에서 가장 일반적인 유형이다. 하지만 진원형 동수압 베어링은 저널의 회전속도의 절반에 조금 못 미치는 유체의 평균선회속도(회전속도의 약 0.45배)인 반속 휠[54]이 회전축의 공진속도와 일치 하면 윤활유가 끊어오르면서 베어링이 파손된다. **그림 7.43**에서는 반속 휠이 발생한 순간의 회전 축 궤적을 보여주고 있다.

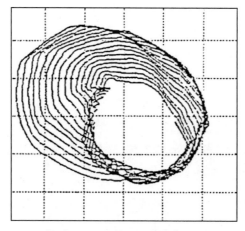

그림 7.43 동수압 베어링의 휠 발생사례[55]

---

52   장인배, 한동철, 마그네틱 헤드 슬라이더의 극소 공기막에 대한 동특성 해석, 대한기계학회논문집, 1990.
53   장인배, 한동철, 하드디스크와 헤드 시스템의 정상상태 해석, 대한기계학회 추계학술대회, 1987.
54   half speed whirl.
55   정성천, 장인배, 한동철, 동수압 저널 베어링으로 지지된 회전축계의 안정성 향상에 관한 연구, 한국윤활학회지, 1995.

따라서 휠 발생을 억제할 특별한 수단이 마련되지 않는다면 진원형 베어링을 사용하지 않으며, 그림 7.44에 도시된 것처럼 다활면 베어링이나 틸팅패드 베어링을 사용한다. 그림 7.44 (a)에 도시된 **2엽형 베어링**의 경우, 예를 들어 내경의 장반경은 ϕ50.050[mm], 단반경은 ϕ50.025[mm]이며, 저널의 외경은 ϕ50.000[mm]로 제작한다.[56] 그리고 장반경측에는 반원형 그루브를 성형하여 윤활유가 자유롭게 나가고 들어갈 수 있도록 만든다. 이런 베어링의 내경 형상이 레몬과 닮았다 하여 **레몬형 베어링**이라고도 부른다. 이렇게 제작한 베어링은 그림에 도시되어 있는 것처럼, 베어링의 하부측뿐만 아니라 상부측에도 유막쐐기형상이 형성되어 진원형 베어링의 경우에 저널이 베어링과 동심을 이루는 순간에 발생하는 반속 휠 불안정현상이 억제된다. 2엽형 베어링은 상하강성은 양호하지만, 좌우강성이 약하다는 단점을 가지고 있다. 이를 개선하기 위해서는 **그림 7.44 (b)**와 같이 형상이 조금 더 복잡한 **3엽형 베어링**이 사용된다. 하지만 2엽형 베어링이나 3엽형 베어링 모두, 동수압 베어링의 저속작동특성을 향상시키고 베어링 강성을 증대시키기 위해서 베어링 간극을 좁히면 발열과 심한 동력소모가 초래된다. 이를 개선하기 위해서 **그림 7.44 (c)**와 같은 **틸팅패드형 베어링**이 개발되었다. 그림에 도시된 것처럼 회전자유도를 가지고 있는 반달형의 베어링들을 원주방향으로 다수 설치해놓으면 저널 회전상태에 따라서 스스로 자세각도를 변화시킨다. 이로 인해서 모든 방향의 패드들에서 유막압력이 생성되기 때문에 하중조건이 변하여도 회전축은 베어링의 중심위치에서 크게 움직이지 않는다(즉 높은 위치강성이 구현된다). 외부에서 부가되는 하중과의 평형을 맞추기 저속에서는 틸팅패드의 쐐기각도가 커지지만, 회전속도가 빨라질수록 쐐기각도가 점점 더 작아지는 특성을 가지고 있다.

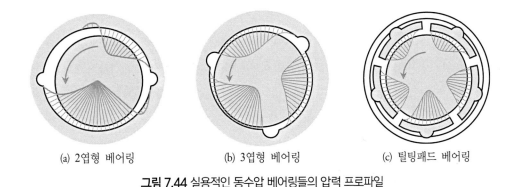

(a) 2엽형 베어링　　　　　(b) 3엽형 베어링　　　　　(c) 틸팅패드 베어링

그림 7.44 실용적인 동수압 베어링들의 압력 프로파일

56 　이 수치는 일례일 뿐이다. 크랭크샤프트 베어링의 경우에는 이보다 더 좁은 간극을 사용한다.

그림 7.44와 같은 2엽형 베어링의 타원형 내경은 어떻게 가공할까? 지그를 사용하여 실린더형 베어링의 외경부 좌/우측을 각각 12.5[μm]씩 눌러 탄성변형을 시킨 후에 내경을 $\phi 50.0375$[mm] 내외의 진원으로 가공하고 지그에서 분해하면 탄성력이 복원되면서 좌우는 늘어나서 $\phi 50.050$[mm] 에 근접하고 상하는 줄어들어서 $\phi 50.025$[mm]에 근접하게 된다. 이런 방식으로 좌우 누름량이나 내경 가공량을 몇 가지 시도해보면 원하는 치수로 정확하게 가공할 수 있게 된다. 3엽형 베어링 의 경우에는 누름쇠가 3개인 연동척 선반에서 조임토크를 조절하여 실린더형 베어링을 고정한 후에 내경을 진원형으로 가공하고 척에서 풀면 스스로가 3엽 형상으로 변형된다. 이 외에도 고가 의 프로파일 연삭기법을 사용하지 않고 매우 다양한 방법으로 다엽형상 베어링을 가공할 수 있다.

소형 물 펌프용 동수압 수윤활 베어링을 제작하면서 외국산 제품을 모방하여 **그림 7.44** (a)와 같이 제작하였으나 베어링이 자꾸 갈리는 사례를 접하였다. 베어링 내경의 좌우에 홈이 성형되어 있기에 장반경과 단반경을 얼마로 설계했느냐고 물었더니 그냥 진원형으로 가공하였다는 답을 들었다. 그래서 틈새는 얼마로 설계했냐고 물었더니 0.1[mm] 정도라고 답하였다.[57] 모든 기계요 소들은 그 뒤에 깊은 이론적 배경을 가지고 있다. 이를 제대로 탐구하지 않고서 모양만 베껴서 기계의 성능이 구현되리라고 기대한다면 기계공학을 너무 얕보는 처사이다.

동수압 베어링의 소재는 내마모성, 내구성, 충격저항성, 내식성 등이 좋아야 하며, 열변형이 적 고 마찰열의 소산을 위해서 열전도율이 좋아야만 한다. 일반적으로 회전축 또는 안내면과 베어링 은 동일한 소재를 사용하지 않는다. 작동 중에 윤활유 공급이 중단되어 마멸이 발생하는 경우에 는 교체가 용이한 베어링이 희생되도록 만들기 위해서 회전축이나 안내면은 강철소재를 표면경 화하여 사용하는 반면에 베어링은 연질소재를 사용한다. Fe-C-Si 합금인 주철은 단단하며 내마모 성이 강하다. 열전도도가 나쁘지만, 가격이 싸기 때문에 저압용 베어링 소재로 널리 사용된다. 구리합금은 단단하고 열전도도가 좋으며, 마멸이나 충격에 강하다. 황동은 Cu-Zn 합금으로 피로 강도가 크므로 중저속 및 고하중용 베어링 소재로 사용된다. 청동은 Cu-Sn 합금으로 압력에 잘 견뎌서 중속 고하중용 베어링 소재로 사용된다. 포금은 Cu-Zn-Sn 합금으로 청동과 황동의 중간 성질을 갖는다. 화이트메탈은 Sn-Pb-Zn과 같이 연한 금속들을 주성분으로 한 백색의 금속으로, 베어링 틈새로 이물질이 들어오면 베어링 소재 속으로 묻혀버리는 성질을 가지고 있다. 하지만

---

57 물은 점도가 오일의 약 1/30에 불과하다. 따라서 반경방향 틈새는 이보다 1/10 정도로 설계되어야 동수압 베어링으 로서의 기능을 수행할 수 있다.

재질이 연하기 때문에 청동, 주철, 주강 등 다른 금속 구조물 위에 얇게 라이닝 하여 사용한다. 특히 Sn기 화이트메탈을 **배빗메탈**이라 하여 동수압 베어링에서 널리 사용한다. **표 7.6**에서는 다양한 동수압 베어링 소재들의 기계적 특성 값들을 보여주고 있다.

표 7.6 동수압 베어링용 소재들의 기계적 특성[58]

베어링 재료	베어링경도(HB)	축경도(HB)	최대허용압력[Mpa]	최고허용온도[°C]
주철	160~180	200~250	3~6	150
포금	50~100	200	7~20	200
청동	80~150	200	15~60	200
인청동	100~200	300	6~10	250
화이트메탈(Sn기)	20~30	150 이하	6~8	150
화이트메탈(Pb기)	15~20	150 이하	8~10	250
알칼리경화납	22~26	200~250	10~14	250
카드뮴합금	30~40	200~250	10~18	170
연동	20~30	300	20~32	220~250
인청동	40~80	300	28	100
알루미늄합금	45~50	300	30 이상	150

7.5.3 정수압 베어링

하중을 받아 서로 접촉하려는 두 면 사이에 외부에서 가압된 윤활유를 주입하여 베어링 틈새 내에 압력을 형성하는 베어링을 **정수압 베어링**이라고 부른다. 정수압 베어링은 정지상태에서도 금속 간에 직접적인 접촉이 발생하지 않아야 하는 경우, 마찰로 인한 마멸현상이 전혀 없어야 하는 경우, 외부하중에 대해서 높은 베어링 강성이 필요한 경우에 자주 사용된다. 정수압 베어링의 구동을 위해서는 **그림 7.45**에 도시된 것처럼, 외부에 리저버 탱크, 필터, 가압 펌프, 유압공급용 배관, 유체 분배용 매니폴드 블록, (오리피스가 설치된) 베어링, 오일 회수라인, 유수분리기 등 다양한 구성요소들이 사용된다.

정수압 베어링은 **그림 7.45**에 도시되어 있는 것처럼, 그루브(또는 포켓)와 랜드 그리고 오리피스로 이루어진다. **오리피스**는 유량제한기구로서, 외부에서 가압되어 공급되는 유체의 유량을 제한하고 차압을 발생시켜서 뒤에서 설명할 오리피스 효과를 구현하기 위하여 사용된다. **그루브**는

---

58 정선모, 한동철, 장인배, 표준기계설계, 동명사, 2015를 참조하여 재구성하였다.

0.5~1[mm] 깊이의 홈이 성형된 영역이다. 그루브 내에서는 파스칼의 법칙이 작용하여 압력이 동일하게 유지되므로, 그루브 면적과 오리피스를 통과한 압력의 곱이 베어링의 하중지지용량을 결정한다. **랜드**부는 수~수십[μm] 수준의 좁은 틈새가 유지되는 링형 영역으로서, 오일이 대기 중으로 쉽게 흘러나가지 못하도록 막아주는 밀봉기구의 역할을 한다. 랜드부의 폭이 너무 좁으면 밀봉이 어렵고, 긁힘 등의 표면손상에 의해서 리크가 발생하면 오리피스효과가 없어지기 때문에 위험하다. 반면에 랜드부의 폭이 너무 넓으면 그루브의 면적이 좁아져서 하중지지용량이 감소해 버린다.

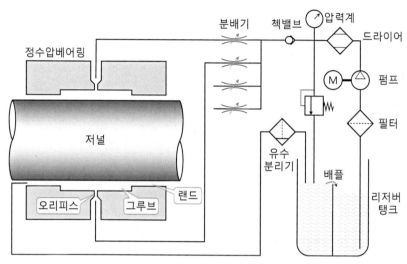

그림 7.45 정수압 베어링 구동 시스템의 사례

정수압 베어링에 공급하는 오일은 기어펌프 등을 사용하여 5~100[kg/cm²]의 압력으로 압축하여 공급한다. 고압의 유체는 직경이 작은 저항요소인 오리피스를 통과하면서 압력이 절반 수준으로 낮아지게 된다. 오일 베어링에서는 사용하는 오일의 점도와 설계특성에 따라서 직경이 0.2~1[mm] 정도인 오리피스를 사용하며, 공기 베어링의 경우에는 직경이 0.1[mm] 내외인 오리피스를 사용한다. 오리피스는 외력의 변화에 반응하는 적응성을 가지고 있다. **그림 7.46** (a)에서는 회전축에 가해지는 부하(W)를 지지하는 회전축의 상부 베어링과 하부 베어링의 압력분포를 보여주고 있다. 예를 들어, 오일펌프에서 공급되는 압력 $P_s = 10$[kgf/cm²]이며, 상, 하부 베어링의 단면적은 각각 10[cm²] 그리고 오리피스를 통과한 후의 하부 베어링 그루브 압력 $P_1 = 6$[kgf/cm²], 상부 베

어링 그루브 압력 $P_2 = P_1 - P_w = 4[\text{kgf/cm}^2]$이라고 한다면, 이 베어링은 $W = (P_1 - P_2) \times A =$ (6-4)×10 = 20[kgf]의 하중을 지지하면서 회전축을 지지하고 있는 상태이다. 그런데 **그림 7.46** (b)에서와 같이 회전축에 가해지는 부하가 $W + \Delta W = 40[\text{kgf}]$로 증가하여 축이 아래로 처지게 되면, 하부 베어링 틈새는 좁아지고 상부 베어링 틈새는 늘어나게 된다. 이로 인하여 하부 오리피스를 통과하여 유출되는 오일의 양은 감소하는 반면에 상부 오리피스를 통과하여 유출되는 오일의 양은 증가한다. 오리피스는 유량이 감소하면 오리피스 통과 시 발생하는 차압이 감소하며, 유량이 증가하면 오리피스 통과 시 발생하는 차압이 증가한다. 따라서 하부 베어링의 그루브 압력은 $P_1 + \Delta P = 7[\text{kgf/cm}^2]$으로 증가하고 상부 베어링 그루브 압력은 $P_2 - \Delta P = 3[\text{kgf/cm}^2]$으로 감소하게 된다.[59] 이를 통해서 $W + \Delta W = [(P_1 + \Delta P) - (P_2 - \Delta P)] \times A = (7-3) \times 10 = 40[\text{kgf}]$가 되면서 하중의 평형상태가 이루어진다. **그림 7.46** (c)에서와 같이, 회전축에 가해지는 부하가 $W - \Delta W = 0[\text{kgf}]$로 감소하면서 축이 위로 상승하게 되면, 하부 베어링 틈새는 늘어나고 상부 베어링 틈새는 좁아지게 된다. 이로 인하여 하부 베어링 그루브 압력은 $P_1 - \Delta P = 5[\text{kgf/cm}^2]$으로 감소하고, 상부 베어링 그루브 압력은 $P_2 + \Delta P = 5[\text{kgf/cm}^2]$으로 증가하게 된다. 이를 통해서 $W + \Delta W = [(P_1 - \Delta P) - (P_2 + \Delta P)] \times A = (5-5) \times 10 = 0[\text{kgf}]$가 되면서 스스로 하중의 평형상태를 찾아간다는 것을 알 수 있다.

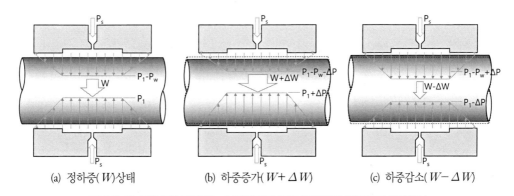

(a) 정하중(W)상태   (b) 하중증가($W + \Delta W$)   (c) 하중감소($W - \Delta W$)

그림 7.46 회전축에 가해지는 부하변동에 따른 베어링의 압력분포 변화양상

---

59 예시된 값은 단지 예시일 뿐이다. 실제의 압력변화량은 오일의 점도, 오리피스 직경, 그루브 깊이 등 다양한 인자들에 의해서 결정된다.

하지만 사례 설명에 예시된 숫자는 극단적으로 상황을 단순화시킨 것일 뿐이며, 실제로는 심한 비선형성과 변수들 사이의 교차커플링이 존재하기 때문에 베어링의 설계에는 수치해석적 기법이 사용되어야만 한다. 이를 통해서 오리피스와 베어링 틈새를 포함한 베어링 형상계수들을 최적화시키면 구조물 강성에 근접하는 $100[\text{kgf}/\mu\text{m}]$의 강성을 구현하는 것이 그리 어려운 일이 아니며, 무한강성에 근접하는 성능도 구현할 수 있다.

정수압 베어링은 정적오차 및 동적 오차가 매우 작으며, 원하는 평형위치에서 매우 높은 강성을 구현할 수 있다. 감쇄도 매우 크기 때문에 충격부하에 대한 내성이 크다. 정지상태에서도 안정된 부상상태를 유지하기 때문에 마모가 없고 무한수명을 구현할 수 있다. 하지만 장점만큼이나 단점도 크다. 오일공급 및 순환 시스템의 유지와 관리에 많은 노력이 필요하다. 일단 리크가 생겨서 한 방울씩 누유가 된다면 어느 순간에 리저버 탱크 속의 오일이 전부 밖으로 흘러나와 있게 된다.[60] 정수압 베어링의 오리피스효과를 극대화시키기 위해서 베어링 틈새를 좁게 설계하면 고속에서 큰 동력이 소모되며, 열 발생 및 온도상승이 초래된다. 그리고 앞에서는 보이지 않지만 파이프라인 뒤에 관리해야만 하는 다수의 지원장비들이 필요하다. 따라서 정수압 베어링을 사용하기 전에 반드시 정수압 베어링이어야만 하는가에 대한 심각한 고민을 해보기 바란다.

7.6 공기정압 베어링

상온에서 윤활유(약 $2.6\times10^{-2}[\text{Pa·s}]$)에 비해서 점성이 약 1,500배 더 작은 공기($1.8\times10^{-5}[\text{Pa·s}]$)를 가압하여 윤활유체로 사용하는 베어링을 **공기정압 베어링**이라고 부른다. 이로 인하여 베어링 간극은 $1\sim10[\mu\text{m}]$ 수준으로 좁아지게 된다. 공기정압 베어링은 정밀 회전축의 지지에도 뛰어난 성능을 보이지만, 반도체나 디스플레이 장비와 정밀계측장비의 직선운동 테이블을 지지하는 패드형 베어링으로도 널리 사용되고 있다.

공기정압 베어링을 구동하기 위해서는 **그림 7.47**에 도시되어 있는 것처럼 컴프레서, 드라이어, 필터, 리저버 탱크, 압축공기 공급용 배관, 매니폴드블록, 레귤레이터, (오리피스가 설치된) 베어링 등 다양한 구성요소들이 사용된다. 압축공기는 공기 중으로 방출되어도 무방하기 때문에 정수

---

60 흘러나온 100리터의 오일을 치우고 닦아내기 위해서는 엄청난 노력이 필요하다. 저자는 이걸 치워본 경험이 있다.

압 베어링과는 달리 회수라인이 설치되지 않는다. 수분과 유분은 공기 베어링의 오리피스를 막아 버리며 베어링 틈새로 스며들어 가면 표면장력에 의해서 베어링이 들러붙어버리는 영구적 손상이 발생한다. 따라서 압축공기의 생산에는 오일리스 컴프레서를 사용하여야 한다. 일반적으로 압축공기는 6~9[kgf/cm^2]의 압력으로 생산하며 레귤레이터를 사용하여 3~5[kgf/cm^2] 정도로 낮추어 공기 베어링으로 공급한다. 압축된 공기는 다량의 먼지와 수분을 함유하고 있다. 공기 베어링용 압축공기의 경우, 이슬점 온도가 -70[℃]인 흡착식 제습기를 사용하여 수분을 제거하는 것이 바람직하다. 또한 3단 필터 시스템을 사용하여 공기 중의 입자들을 완전히 제거한 압축공기를 사용하여야 한다. 표 7.7에서는 압축공기의 품질등급을 보여주고 있다. 공기 베어링의 경우에는 1등급이나 2등급 수준의 압축공기를 사용할 것을 추천한다.

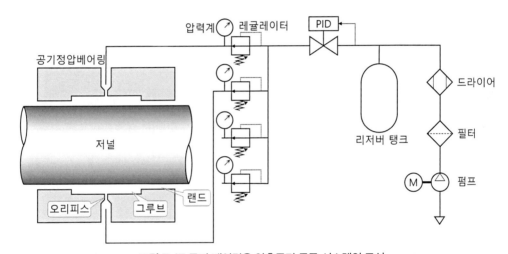

그림 7.47 공기 베어링용 압축공기 공급 시스템의 구성

표 7.7 압축공기의 품질등급별 사양

등급	최대 고체입자크기[μm]	이슬점 온도[℃]	유분함량[mg/m^3]
1	0.1	-70	0.01
2	1	-40	0.1
3	5	-20	1
4	15	3	5
5	40	7	>25
6	-	10	

공기정압 베어링의 반복도는 유체 공급 시스템의 안정도에 의존한다. 따라서 공기 베어링으로 공급되는 압력과 유량을 안정적으로 유지시키기 위하여 다양한 수단을 강구하여야만 한다. 리저버 탱크는 압축공기를 저장하는 요소로서 압축공기 공급압력의 요동을 방지하는 중요한 요소이다. 컴프레서실과 공기 베어링 사이의 배관길이가 길어진다면 추가적인 리저버 탱크를 공기 베어링과 인접한 위치에 설치하는 것이 바람직하다. 압축공기의 공급 공기압력은 생산과정에서의 컴프레서 작동상태와 말단에서의 압축공기 소모량 변화에 따라서 크게 변한다. 이를 수동식 레귤레이터가 완전히 안정화시킬 수 없기 때문에 공기 베어링으로 공급되는 공급 공기압력이 변하면 베어링의 평형위치가 변하게 된다. 공급공기압력의 요동을 방지하기 위해서는 공급측 공기압력을 측정하여 밸브 열림량을 조절하는 능동형 유량조절기[61]를 설치하는 것이 바람직하다. 베어링에 공급하는 압축공기의 압력을 하나로 맞추면 회전축의 자중에 의해서 회전축이 베어링 중심에서 약간 아래로 처질 수 있다. 오리피스마다 별도의 레귤레이터를 설치하여 개별압력을 조절하면 자중처짐을 보상할 수 있다. 이렇게 공압 해머현상, 압력요동 및 온도변화 등을 피할 수 있다면 공기정압 베어링은 수~수십[nm] 수준의 반복도를 구현할 수 있다.

공기 베어링은 조립 후에는 절대로 압축공기 공급을 중단해서는 안 된다. 공기공급이 중단되고 안내면과 베어링이 접촉하면 표면에 존재하는 수분이나 유분에 의하여 점착력이 발생하며, 이로 인하여 다시 압축공기를 공급하여도 베어링이 부상되지 않을 우려가 있다.

그림 7.48에서는 직선운동 지지용 원형 패드 베어링의 오리피스와 그루브 형상에 따라서 형성되는 압력 프로파일을 보여주고 있다. 베어링의 하중지지용량을 높이기 위해서는 패드 표면에 생성되는 압력 프로파일의 체적(그림 7.48에서는 면적)이 커야만 한다. 이를 위해서는 그림 7.48 (a)의 단일 오리피스보다는 그림 7.48 (b)의 다중 오리피스를 사용하는 것이 유리하지만, 직경이 0.1[mm] 내외인 오리피스 구멍을 방전가공으로 제작하는 데는 너무 많은 비용이 소요된다. 따라서 그림 7.48 (c)에서와 같이 단일오리피스와 그루브를 성형하는 방법을 자주 사용한다. 1990년대에 들어서 그림 7.48 (d)에서와 같이 다공질탄소를 사용한 공기 베어링이 등장하였다. 이 베어링은 소결된 탄소입자들 사이에 존재하는 무수히 많은 나노공극들이 오리피스처럼 작용하므로 높은 하중지지용량과 강성을 동시에 구현할 수 있게 되었다.[62]

---

61 장인배 외, 압축공기 공급압력 능동 서보제어시스템, 발명특허, 10-0644751-0000.

62 하지만 다공질 탄소는 구조강성이 약하기 때문에 고하중용 베어링으로는 적합하지 않다. 디스플레이용 대면적 스테이지의 지지에는 여전히 그루브와 오리피스가 성형된 금속 소재의 공기 베어링이 자주 사용되고 있다.

다공질 공기 베어링은 오리피스 제작의 어려움을 해소해주었을 뿐만 아니라 이물질이 혼입되어 오리피스가 막히는 문제도 상당부분 해소되었다. 이로 인해서 다공질 공기 베어링의 사용이 크게 늘었으며, 특히 화강암 표면을 안내면으로 사용하는 경우에 경질금속 공기 베어링은 안내면을 긁어버릴 위험이 있기 때문에 연질인 탄소소재의 다공질 베어링이 자주 사용된다.

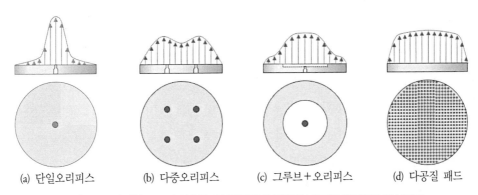

(a) 단일오리피스   (b) 다중오리피스   (c) 그루브＋오리피스   (d) 다공질 패드

그림 7.48 다양한 구조의 압축공기 공급기구를 장착한 패드형 베어링들의 사례[63]

그림 **7.49**에서는 다공질 원형패드 공기정압 베어링의 직경과 공기막 간극 변화에 따른 하중지지용량의 변화와 그래프의 기울기인 위치강성을 예시하여 보여주고 있다.

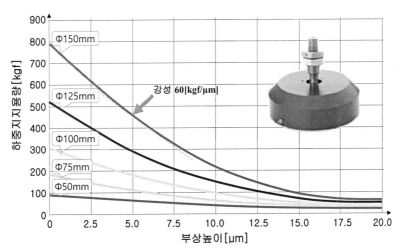

그림 7.49 다공질 패드형 공기정압 베어링의 부상높이에 따른 하중지지용량과 강성값 사례[64](컬러 도판 p.757 참조)

---

63   newwayairbearings.com을 참조하여 재구성하였다.

공급공기압력 4[kgf/cm²], 간극높이가 5[μm]인 경우에 직경 150[mm]인 다공질 원형패드 베어링의 위치강성은 60[kgf/μm]에 달한다. 무게가 약 2,000[kg]에 근접하는 대형 디스플레이용 스테이지의 경우, 전체 스트로크를 움직이면서 케이블 캐리어 등에 의해서 발생하는 수직방향 부하변동량을 1[kgf] 미만으로 관리한다. 따라서 이 베어링을 4개 사용하여 스테이지를 지지하면 부하변동에 의한 높이편차는 약 4[nm]에 불과하다(＝0.25[kgf]/60[kgf/μm]).

그림 7.50에서는 공기 베어링 안내면의 표면 요구조건을 보여주고 있다. 국부 편평도는 **그림 7.50** (a)에서 도시되어 있는 것처럼, 베어링 공극의 절반을 넘어서는 안 된다. 예를 들어, 공기 베어링 공극이 5[μm]이며, 공기베어링 패드의 직경이 100[mm]라면, 100×100[mm] 영역 내에서의 편평도 허용오차를 ±2.5[μm]로 지정하면 된다. 그런데 일부 엔지니어들은 이를 과대 해석하여 이 값을 안내면 전체의 편평도 기하공차로 지정한다. 하지만 이는 불필요한 가공비용 증가를 초래하며, 공기 베어링의 작동성능 향상에도 큰 도움을 주지 못한다. 표면조도는 **그림 7.50** (b)에 도시되어 있는 것처럼, 베어링 공극의 1/10 미만으로 관리되어야 한다. 예를 들어, 공기 베어링 공극이 5[μm]이면 표면조도는 0.5[μm] 미만으로 관리되어야 한다는 것이다. 이는 안내면 전체에 대해서 엄격하게 관리되어야 하는 매우 중요한 항목이다. 조립과정에서 안내면에 약간의 문지름이나 긁힘 자국이 발견되면 조립을 중단하고 표면 전체를 다시 다듬질해야만 한다.

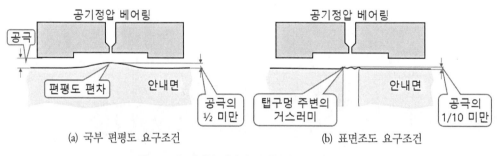

(a) 국부 편평도 요구조건   (b) 표면조도 요구조건

그림 7.50 공기정압 베어링 안내면의 표면 요구조건[65]

공기 베어링의 하중지지능력과 위치강성은 오리피스의 작동성능에 의해서 결정된다. 길이가 짧고 직경이 작은 오리피스는 방전가공 방식으로 제작하지만, 가공비가 비싸고, 입자 막힘이 자

---

64   newwayairbearings.com을 참조하여 재구성하였다.

65   ibspe.com, Airbearing application guide를 참조하여 재구성하였다.

주 발생하여 관리가 어렵다는 단점을 가지고 있다. 다공질 베어링의 개발을 통해서 이런 가공과 관리의 어려움은 해소되었지만, 고정밀, 고강성 용도의 베어링에서는 여전히 오리피스 구조가 사용되고 있다. 길이가 긴 튜브형태의 모세관은 오리피스와 유사한 작동특성을 가지고 있으며, 주사바늘의 형태로 대량생산되기 때문에 가격이 싸서 오리피스의 대용으로 사용하기가 용이하다. **그림 7.51**에서는 디스펜서 니들과 이를 오리피스로 사용한 공기 베어링의 구조를 보여주고 있다. 일반적인 피하주사용 니들은 끝부분이 경사절단이 되어서 분사되는 공기가 정면을 향하지 않는다. 이는 의도치 않은 하중지지 방향성을 초래할 수 있으므로 공기 베어링용 오리피스로 사용이 적절치 않다. 반면에 디스펜서용 니들은 **그림 7.51** (a)에 도시된 것처럼 수직절단이 되어 있으므로 분사되는 공기가 정면을 향한다. 특히 루어록 나사가 성형된 니들은 체결이 용이하기 때문에 공기 베어링용으로 적합하다. **그림 7.51** (b)에서와 같이 니들 앞쪽에 원형 필터종이를 설치하면 이물질에 의한 니들의 막힘도 방지할 수 있다.

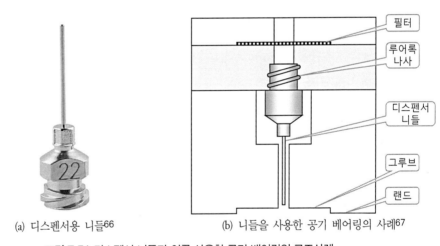

(a) 디스펜서용 니들[66] (b) 니들을 사용한 공기 베어링의 사례[67]

그림 7.51 디스펜서 니들과 이를 사용한 공기 베어링의 구조사례

그림 7.52 (a)에 도시된 회전형 공기정압 베어링의 경우나 **그림 7.52** (b)에 도시된 직선운동형 공기정압 베어링의 경우와 같이 일반적으로 대면형태로 사용된다. 이 경우에는 하부측 베어링에 비해서 상부측 베어링이 시스템의 자중을 지지하여야 하기 때문에 베어링의 면적을 크게 만들거

---

66   fhis-dispenser.com
67   A. Slocum, Precision Machine Design, Prentice-Hall, 1992를 참조하여 재구성하였다.

나 공급공기압력을 높이는 설계를 채택한다. 하지만 자중이 작은 경우에는 이를 무시하고 동일한 형상으로 베어링을 설계하며, 필요하다면 공급공기압력을 차등하여 조절한다.

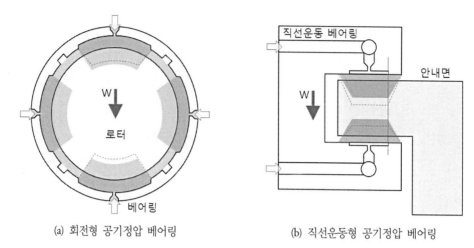

(a) 회전형 공기정압 베어링　　　　　　　　(b) 직선운동형 공기정압 베어링

그림 7.52 대면형 베어링 구조

　　그림 7.52에 도시된 대면형 베어링의 경우 회전축의 진원도나 안내면의 상하 평행도를 가공으로 맞추는 것은 비교적 용이하지만, 그림 7.53에서와 같이 단일패드를 사용하여 평면 위를 이동하는 스테이지를 제작한 경우에는 상황이 다르다. 이 경우, 안내면이 그림 7.50 (a)에서 제시한 국부 편평도를 맞추었다 하더라도 그림 7.33의 경우처럼 스테이지 외곽에 설치한 패드들과 안내면 사이의 글로벌 편평도는 국부편평도 사양값을 훨씬 넘어서버린다. 글로벌 편평도를 공기 베어링 국부 편평도 사양에 맞춰서 가공하는 것은 비현실적이며, 과도한 가공비용이 소요된다. 따라서 패드형 베어링의 뒷면에 그림 7.53에 도시된 것처럼 힌지조인트를 설치하여 베어링이 글로벌 편평도 프로파일을 따라가면서 작동하도록 만들어야 한다. 힌지조인트로는 볼형 조인트를 많이 사용하지만, 볼과 안내면 사이의 마찰력 때문에 패드가 기울기에 따라서 원활하게 자세를 바꾸지 못할 우려가 있다. 이에 대응하기 위해서는 마찰력이 없는 플랙셔형 조인트를 사용할 수도 있지만, 플랙셔를 사용하기 위해서는 하중지지용량 및 위치강성에 대한 고찰이 필요하다.

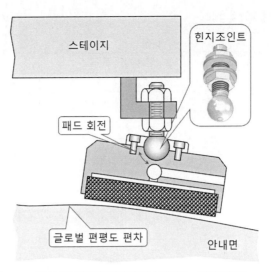

그림 7.53 패드형 베어링에 사용되는 힌지조인트

7.7 자기 베어링

전자석을 사용하여 물체를 잡아당기거나 전자석과 영구자석 사이의 반발력을 사용하여 물체를 밀어내는 방식으로 물체를 허공에 띄우는 **자기부상** 기법은 제2차 세계대전 당시 맨해튼 프로젝트에 참여한 빔[68] 교수에 의해서 초고속 원심분리기용 베어링으로 개발되기 시작하였다. 연산증폭기와 같은 능동형 반도체를 사용하여 안정적인 아날로그 제어기가 개발되면서 본격적인 상용화가 시작되었으며, 1990년대에 디지털 기술이 적용되면서 비로소 신뢰성을 갖춘 베어링 요소로 사용되기 시작하였다. 자기부상 기법은 자기부상열차와 같은 초고속 운송수단으로도 사용되고 있지만, 전통적인 윤활방식을 대체하는 베어링으로 큰 가능성을 가지고 있다.

표 7.8에서는 공기정압 베어링, 유정압 베어링 그리고 자기 베어링의 장점과 단점을 비교하여 설명하고 있다.

---

68   Professor J. Beam, Virginia State University.

표 7.8 베어링의 유형별 장단점 비교

베어링의 유형	장점	단점
공기정압 베어링	고속, 초정밀	가공정밀도, 제작비용
유정압 베어링	고강성, 고감쇄	점성마찰, 발열
자기부상 베어링	고속, 초정밀, 고강성, 진공대응	메카트로닉스의 이해

과거에는 자기 베어링이 고가이며, 표준화되어 있지 못하고, 복잡하며, 신뢰성이 떨어진다는 평가를 받아왔다. 하지만 현대적인 전자기술은 자기 베어링의 주요 구성요소인 초고속 다채널 디지털 신호처리용 프로세서(DSP), 단일칩 센서 증폭기 등을 지원하면서 더 이상 자기 베어링은 값비싼 베어링도 아니며 신뢰성에도 아무런 문제가 없는 고효율 초정밀 베어링으로 자리 잡게 되었다. 현재 자기 베어링이 갖는 문제는 센서, 작동기, 전자제어기, 소프트웨어적 제어 알고리즘이 통합된 메카트로닉스적 복잡 시스템에 대한 엔지니어들의 이해부족뿐이다.

자기 베어링은 **그림 7.54** (a)에 도시된 것처럼 철심형 전자석 코일과 강자성체 사이에 형성되는 견인 자기력을 사용하는 견인식 자기 베어링과 **그림 7.54** (b)에 도시된 것처럼, 공심형 전자석 코일과 영구자석 사이에 형성되는 반발자기력을 사용하는 반발식 자기 베어링으로 크게 구분할 수 있다. 견인식 자기 베어링은 철심형 코일과 부상물체 사이에 형성된 자기력선이 누설되지 않기 때문에 효율이 높으며, 큰 제어력을 만들어낼 수 있다. 하지만 부상물체와 철심코어 사이의 거리가 가까워질수록 견인력이 강해지는 음의 위치강성(K_y)을 귀환제어에 의한 양의 전류강성(K_i)으로 보상하여 양의 위치강성으로 바꿔줘야만 안정된 자기부상이 구현된다.

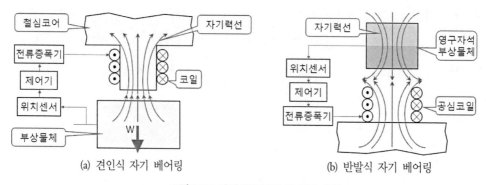

(a) 견인식 자기 베어링 (b) 반발식 자기 베어링

그림 7.54 자기 베어링의 두 가지 유형

$$K = K_y \times y + K_i \times i > 0$$

견인식 자기 베어링의 위치강성 안정화는 이론적으로도 완성되어 있고, 다채널 디지털 신호처리용 프로세서(DSP)를 사용한 제어 시스템 구축방법도 잘 구현되었다. 대부분의 자기 베어링은 전류효율이 높고 제어가 용이한 견인식을 채택하고 있지만, 견인식자기 베어링을 사용하여 X-Y 스테이지를 구성하기 위해서는 매달린 구조로 사용하거나 대면구조를 사용해야 한다는 구조적 단점이 있다.

반발식 자기 베어링은 공심형 코일을 사용하기 때문에 응답속도가 빠르지만, 견인식에 비해서 부상력이 약한 특징을 가지고 있다. 반발식 자기 베어링은 공심형 코일과 영구자석이 형성하는 동일방향의 자기력선들이 만들어내는 반발력을 사용하여 물체를 부상시키기 때문에 부상자석과 공심코일 사이의 거리가 가까워질수록 반발력이 강해지는 양의 위치강성을 가지고 있다. 하지만 영구자석과 코일 사이의 거리가 가까워지면 자기력선의 수직방향 성분보다 수평방향 성분이 커지는 심각한 교차커플링문제를 가지고 있다. 따라서 견인식 자기 베어링의 경우에는 자유도별로 단일입력-단일출력(SISO) 방식의 제어 시스템 구축이 가능하지만, 반발식 자기 베어링은 6자유도 모두를 동시에 제어해야 하는 다중입력-다중출력(MIMO) 방식으로 제어 시스템을 구축해야만 한다. 또한 자기부상 제어 범위를 늘리기 위해서는 할박어레이라고 부르는 특징적인 자석배열구조를 사용해야만 한다. 할박어레이를 사용한 반발식 자기 베어링을 사용하면, 코일이 배열된 바닥 위에서 떠다니는 구조로 스테이지를 구성할 수 있기 때문에, 기존의 웨이퍼 스테이지나 초정밀 검사장비용 스테이지를 직접 대체할 수 있어서 자기부상 스테이지는 급격히 반발식 스테이지로 재편되는 추세이다.

7.7.1 견인식 자기 베어링

7.7.1.1 가변 릴럭턴스방식 자기 베어링

일명 **이중가변 릴럭턴스**형 구조라고도 부르는 전자석으로만 이루어진 대면구조 **견인식 자기 베어링**이 **그림 7.55**에 도시되어 있다. 이 자기부상 기구는 한 쌍의 말굽형 전자석들 사이에 자성체를 위치시키고 전자석들에 흐르는 전류를 가감하여 견인자기력을 조절하므로 서 자성체를 말굽형 전자석 쌍의 중앙에 위치시킨다. 한 쌍의 말굽형 전자석 쌍들에서 발생하는 견인자기력은

다음 식으로 주어진다.[69]

$$F_y = \frac{\mu_0 A N^2}{4} \left(\frac{i_B^2}{(g_0 - y)^2} - \frac{i_T^2}{(g_0 + y)^2} \right)$$

여기서 $\mu_0 = 4\pi \times 10^{-7}$[Wb/A·turn·m]는 전자석과 자성체 사이에서의 투자율이며, A는 전자석 폴의 단면적, N은 코일의 권선 수, i_B와 i_T는 각각 하부 폴과 상부 폴에 공급되는 전류, g_0는 전자석과 자성체 사이의 공칭공극 그리고 y는 자성체의 상하방향 변위이다. 외란이 없는 정상상 태에서 F_y는 자성체의 자중 또는 부하와 동일한 값을 갖는다. 자성체에 외란이 가해지면 능동 제어기가 PID와 같은 제어알고리즘에 따라서 능동적으로 i_B와 i_T를 변화시켜서 자성체의 위치 를 안정화시키게 된다. 이상적으로는 자성체가 두 전자석의 중앙에 위치했을 때에 i_B와 i_T는 0이 되어도 무방하지만, 이렇게 되면 중앙 위치에서의 위치강성이 매우 작아진다. 따라서 중앙 위치 에서 필요한 강성을 확보하기 위해서는 i_B와 i_T에 편향성분을 포함시켜야 하며, 이로 인하여 과 도한 전류가 소모되며, 자기 베어링 코일의 발열이 문제가 된다.

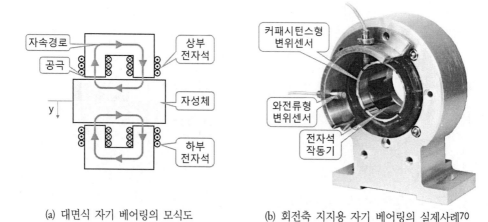

(a) 대면식 자기 베어링의 모식도　　(b) 회전축 지지용 자기 베어링의 실제사례[70]

그림 7.55 대면구조 견인식 자기 베어링의 구조

69　장인배 한동철, 자기 베어링의 성능한계를 고려한 작동특성 연구, 한국소음진동공학회지, 1995.
70　장인배, 커패시턴스형 센서가 내장된 자기 베어링의 작동성능향상에 관한 연구, 박사학위논문, 1994.

견인식 자기 베어링에는 프레스 가공한 얇은(0.1~1[mm]) 규소강판[71]을 적층하여 조립한 코어를 사용한다. 이렇게 적층형 코어를 사용하는 이유는 모터의 경우와 마찬가지로 코어 속으로 흐르는 자기장이 와동전류를 생성하여 발열하지 못하도록 만들기 위해서이다. 절연소재 보빈에 에나멜 코팅 동선을 감아서 만든 전자석을 이 코어들에 삽입하여 고정하면 전자석 작동기가 완성된다. 회전형 로터의 경우에는 부상체도 규소강판을 적층하여 제작하지만, 직선이송 안내면의 경우에는 제작과 정밀도 관리가 어려운 적층구조 대신에 모놀리식 구조로 제작하고 냉각수단을 설치하는 방식을 선호한다.

일반적으로 0.1~1[mm] 수준의 공극을 사이에 두고 자성체를 부상시키며, 와전류형 센서나 정전용량형 센서를 사용하여 자성체의 위치를 측정한다. 초정밀 시스템의 경우에는 레이저 간섭계나 고분해능 인코더를 사용하는 사례도 있다. 자기 베어링의 위치제어 정밀도는 위치센서와 서보제어기의 성능에 의존하며, 고속회전용 베어링의 경우에는 오차운동 진폭을 수백[nm]~수십[μm] 수준으로 제어할 수 있다.

자기 베어링은 부상체의 위치를 측정하여 이를 보상하는 기구이므로, 변위측정용 센서가 측정하는 대상 표면의 위치와 상태 그리고 강성에 따라서 베어링의 작동성능이 달라진다. 변위측정용 센서가 부상체의 실제위치를 측정하지 못하고 다른 값을 귀환시킨다면, 제어기는 부상체의 위치와 무관한 신호에 대하여 시스템을 안정화시키기 위해서 노력할 것이며, 부상체는 걷잡을 수 없이 진동하게 된다. 이런 불안정 현상을 **스필오버**[72]라고 부르며 자기 베어링 시스템을 파손시키는 주요 원인이다. 다음에서는 자기 베어링에서 발생하는 두 가지 불안정현상에 대해서 살펴보기로 한다.

첫 번째는 센서의 측정오차와 관련된 문제이다. **그림 7.56**에 도시된 것처럼, 원형의 로터를 부상시키는 자기 베어링의 경우에, 로터의 진원도 가공오차가 존재하면, 변위센서는 이를 로터의 변위로 인식하게 되며, 실제의 로터 형상이나 회전궤적과는 전혀 무관한 측정결과가 제어기로 귀환된다. 이로 인하여 작동기에 엉뚱한 귀환전류신호가 공급되어 회전축을 가진시켜버린다. 공작기계 등에 사용하는 자기부상방식 초정밀 스핀들축의 경우에는 센서 측정면의 진원도 가공과 관리에 세심한 주의가 필요하다. 일반 점위치를 측정하는 프로브형 변위센서의 경우에 이런 현상

---

71 표면이 부도체인 이산화규소(SiO₂)로 코팅된 강판.
72 spillover: 끓어 넘친다는 뜻.

이 특히 심하게 발생하며, 면위치를 측정하는 정전용량형 변위센서를 사용하면 이런 문제를 크게 완화시킬 수 있다.[73]

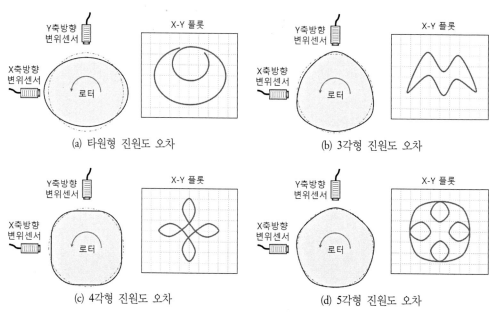

(a) 타원형 진원도 오차

(b) 3각형 진원도 오차

(c) 4각형 진원도 오차

(d) 5각형 진원도 오차

그림 7.56 원형로터의 진원도 오차에 따른 프로브형 센서의 측정오류문제

두 번째는 **위상각 반전**문제이다. 자기 베어링의 지지강성(K)과 부상체의 질량(m)에 의해서 고유주파수($f_n = \sqrt{K/m}/(2\pi)$)가 생성되며, 부상체에 이 고유주파수 이상의 주파수를 갖는 외부가진이 유입되면지지 시스템에서는 **그림 7.7**의 ③과 같이 위상각 반전($\varphi \approx$ -180°)이 일어난다. 이로 인하여 멀어진 물체를 잡아당기면 더 멀어지고 당기는 힘을 놓으면 더 가까워지는 **제어반전현상**이 발생하면서 시스템은 스필오버를 일으키게 된다. 이를 방지하기 위해서는 자기 베어링의 지지강성을 높이고(비례이득 증가) 고주파 외란이 유입되지 않도록 시스템을 설계해야 한다. 직선이송 시스템의 경우에는 고주파 외란의 유입차단이 비교적 용이하지만, 고속으로 회전하는 회전축의 경우에는 회전축의 불평형진동이 고주파 외란의 주요 원인이므로, 이를 효과적으로 저지할 대응책이 필요하게 된다. 기본적으로는 회전축을 경량의 강성축으로 설계하고 밸런싱을 통하

---

73 장인배 외, New design of cylindrical capacitive sensor for on-line precision control of AMB spindle, IEEE Trans. on Instrument and Measurement, 2001.

여 불평형을 최대한 억제해야만 한다. 유연축으로 설계해야 한다면, 유연축은 위험속도를 통과하고 나면 **그림 7.7**의 ④에서와 같이 잔류불평형만을 진폭으로 하여 안정적인 휘돌림 운동을 하므로 회전축이 위험속도를 통과한 이후부터는 저역통과 필터를 사용하여 센서가 측정한 회전축 순시위치정보는 제거하고 회전궤적의 중심위치에 대해서만 귀환제어를 수행하여야 한다.

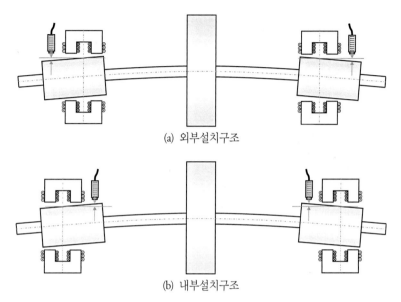

(a) 외부설치구조

(b) 내부설치구조

그림 7.57 센서의 설치위치에 따른 불안정현상

그림 7.57에서는 저자가 경험했던 위상각 반전문제와 이의 해결과정을 보여주고 있다. **그림 7.57** (a)에서는 제프콧 로터의 일종인 기구치 로터74와 여기에 장착된 자기 베어링 및 센서를 단순화하여 보여주고 있다. 이 회전축이 위험속도를 통과하여 굽힘진동을 하면 자기 베어링 위치에서 로터가 중심위치에 있는 경우에도 변위센서는 로터가 멀어졌다고 생각하고 상부측 작동기의 귀환이득을 증가시킨다. 하지만 위상각 반전현상 때문에 로터는 아래로 더 멀어지기 때문에 자기 베어링은 스필오버를 일으키면서 불안정해져버린다. 하지만 **그림 7.57** (b)에서와 같이 변위센서를 내부측으로 옮기면 변위센서가 동일한 경우를 가까워졌다고 감지하고 자기력을 줄이게 된다. 이로 인하여 로터는 위로 올라가면서 가까워지기 때문에 회전축의 진동궤적은 약간 증가하지만

---

74 Kiguchi rotor: 3개의 질량체가 장착된 유연축.

스필오버가 방지되면서 더 이상 불안정현상이 나타나지 않게 된다.[75]

그림 7.58에서는 이중가변 릴럭턴스식 자기 베어링을 사용하여 제작한 웨이퍼 스테이지용 자기부상 시스템의 사례를 보여주고 있다. 이 연구에서는 1.5축 전자석 작동기와 정전용량형 변위센서[76]를 내장한 작동기 모듈을 개발하였다. 작동기 모듈 4세트를 탑재한 자기부상 스테이지는 오차지도를 사용한 위치오차 보정을 통해서 전체 스트로크에 대해서 ±10[nm]의 위치결정 정확도를 구현하였다.

(a) 자기 베어링 모듈   (b) 자기 베어링이 탑재된 직선이송 스테이지

그림 7.58 웨이퍼 스테이지용 초정밀 자기부상 시스템[77](컬러 도판 p.757 참조)

견인식 자기 베어링은 자속의 누설이 작기 때문에 다축 제어 시 교차커플링 문제가 거의 없어서 단일입력-단일출력(SISO) 방식의 단순한 PID 제어로도 손쉽게 자기부상 시스템을 구축할 수 있다. 특히 매트랩™이나 랩뷰™와 같은 상용 플랫폼을 사용해서도 제어기 구축이 가능하다. 견인식 자기 베어링은 초고속 스핀들을 중심으로 상업화가 빠르게 진행되고 있다. 댄포스 터보코어社[78]는 냉매용 압축기에 자기부상 로터 사용하고 있으며, SKF社[79]는 자기부상 초고속 스핀들을 상용판매하고 있다. 아틀라스콥코社[80]는 블로워와 공기압축기에 자기부상 로터를 탑재하고 있다.

---

75 사실은 이보다 조금 더 복잡하다. 기구치 로터에 대한 모드해석을 수행해보면 노드점이 로터의 중앙이 아니라 약간 내부측에 편향되어 있기 때문에 변위센서를 내측에 설치하면 노드점 위치에 근접하여 저역통과필터처럼 작용하게 된다.

76 장인배 외, 자기 베어링 모듈에 내장되는 변위센서, 발명특허, 10-0274263-000.

77 김의석, 고정밀 거동제어를 위한 자기부상스테이지에 관한 연구, 박사학위논문, 1999.

78 danfoss.com

79 skf.com

80 atlascopco.com

7.7.1.2 영구자석 편향형 자기 베어링

전자석으로만 이루어진 작동기는 자중보상이나 강성확보를 위해서 흘려야 하는 편향전류로 인해서 과도한 발열이 초래된다는 단점을 가지고 있다. 이를 보완하기 위해서 영구자석을 사용하여 편향 자기장을 생성하는 소위 **영구자석 편향형 자기 베어링**이 제안되었다.

부상용 자성체가 공극의 중앙에 위치했을 때에 발생하는 자력의 상실을 방지하기 위해서는 영구자석의 자속경로와 전자석의 자속경로가 공유되어야 한다. 하지만 영구자석과 반대방향으로 전자석의 자기장이 부가되면 장기적으로 영구자석의 자속밀도가 감소하는 감자[81]현상이 발생할 우려가 있다. 따라서 영구자석과 전자석의 자속경로를 설계하기 위한 세 가지 설계원칙이 제시되었다.[82]

- 섭동자기장[83]을 생성하는 전자석의 자속경로가 영구자석을 관통하지 않아야 한다.
- 영구자석은 섭동자기장이 통과하는 폴 페이스 영역에서 배제되어야 한다.
- 자성체 코어는 자속밀도가 포화된 영구자석에 의한 자속과 전자석에 의한 자속을 함께 흘려도 포화가 발생하지 않을 정도로 충분한 단면적이 확보되어야 한다.

따라서 영구자석은 공통자속을 생성하고 전자석은 제어자속을 담당하는 기능분리 구조를 가져야 한다. 영구자석 편향형 작동기도 음강성이 발생하지만, 릴럭턴스형 작동기처럼 심하지는 않다.

표 7.9에서는 아홉 가지 형식의 영구자석-전자석 혼합방식 하이브리드 자기부상장치의 자속경로 구성방법들을 보여주고 있다. 표에서 **정지 시 자속경로**는 전자석에 전류를 공급하지 않은 상태에서 영구자석에 의해서만 형성된 자속경로를 보여주고 있으며, **상승 시 자속경로**는 전자석에 전류를 공급하여 부상체를 상승시키는 경우의 코일에 흐르는 전류의 방향과 영구자석과 전자석에 의한 합성자속경로를 단순화하여 보여주고 있다. **하강 시 자속경로**는 전자석에 전류를 공급하여 부상체를 하강시키는 경우의 합성 자속경로를 보여주고 있다. **표 7.9**에서 정지 시 자속경로가 부상체와 작동기 사이의 공극을 통과하면서 견인력을 가하는 **상시견인 방식**과 정지 시 영구자석의 자속은 부상체나 작동기 내부의 경로를 따라서 흐르기 때문에 공극에서 견인력이 발생하지

---

81 demagnetization: 영구자석의 자력이 감소되는 현상.
82 장인배 외, The high Precision linear motion table with a novel rare earth permanent magnet biased magnetic bearing suspension, Proceedings of ASPE, 1998.
83 perturbation magnetic flux: 귀환제어에 의해서 일시적으로 크기와 방향이 변하는 자기장.

않으며, 전자석에 의해서만 견인력이 생성되는 **전자견인 방식**으로 구분할 수 있다. 상시견인 방식은 공극에 바이어스 자기장이 존재하기 때문에 위치강성이 높지만, 초기에 어느 한쪽 작동기에 들러붙어 있는 부상체를 부상시키기 위해서 높은 전류가 필요하다. 반면에 전자견인 방식은 바이어스 자기장이 없어서 위치강성이 낮지만, 부상이 용이하고 영구자석의 릴럭턴스 경로를 변환시키는 방식으로 작동하기 때문에 전류이득이 크다. **표 7.9**에 제시된 구성형식은 영구자석과 전자석의 합성자속경로 구성의 방법을 제시한 도표이며, 전자석의 배치나 숫자를 변화시키면 다양한 설계변형이 가능하다. **그림 7.59**의 사례에서는 **표 7.9**의 8번 설계를 채용하여 영구자석 편향형 자기 베어링 모듈을 구현하였다.

  그림 7.59에서는 영구자석 편향형 자기 베어링을 사용하여 제작한 웨이퍼 스테이지용 자기부상 시스템을 보여주고 있다. 이 연구에서는 영구자석 편향형 1.5축 작동기와 정전용량형 변위센서를 내장한 작동기 모듈을 개발하였다. 이 작동기는 순수한 전자석식 작동기에 비해서 편향전류(와 그에 따른 발열)를 크게 줄일 수 있었으며, 작동기 모듈 4세트를 탑재한 자기부상 스테이지는 오차지도를 사용한 위치오차 보정을 통해서 전체 스트로크에 대해서 ±25[nm]의 위치결정 정확도를 구현하였다.

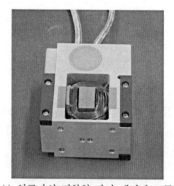 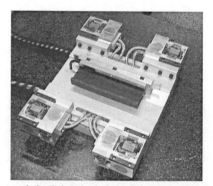

(a) 영구자석 편향형 자기 베어링 모듈   (b) 자기 베어링이 탑재된 직선이송 스테이지

그림 7.59 웨이퍼 스테이지용 초정밀 자기부상 시스템[84](컬러 도판 p.758 참조)

---

84 이상호, 영구자석 혼합형 자기 베어링을 이용한 초정밀 자기부상 스테이지의 미세운동제어특성, 박사학위논문, 2001.

표 7.9 아홉 가지 영구자석 편향형 자기 베어링의 구조

번호	정지 시 자속경로	상승 시 자속경로	하강 시 자속경로	비고
1				상시견인 적용사례 85
2				전자견인
3				상시견인
4				전자견인
5				전자견인
6				전자견인
7				상시견인

85 A. Molenaar, A Novel long stroke planar magnetic bearing actuator, Conference Proceedings Actuator 98, 1998.

표 7.9 아홉 가지 영구자석 편향형 자기 베어링의 구조(계속)

번호	정지 시 자속경로	상승 시 자속경로	하강 시 자속경로	비고
8				상시견인 적용사례 86
9				상시견인 적용사례 87

상시견인 방식으로 설계된 영구자석 편향형 베어링은 작동하지 않는 상태에서도 항상 대상물체에 자기장을 가하기 때문에 장기간 한 위치에 머물러 있거나, (전원을 꺼서) 안내면과 들러붙은 상태로 오랜 시간을 방치하면 안내면이나 부상체가 자화되어 해당 위치가 스스로 교란을 만들어 낼 우려가 있다.[88] 따라서 영구자석 편향형 자기 베어링은 공기 베어링의 경우와 마찬가지로 일단 조립해서 부상시키고 나면, 다시 분해하기 전까지는 계속 부상시켜서 움직여야만 한다.

영구자석 편향형 자기 베어링은 영구자석이 자중보상 기능과 전자석이 외란대응기능을 수행하는 기능분리구조를 사용하기 때문에 자기 베어링의 심각한 단점인 발열문제를 해소할 수 있어서 진공환경에서 사용되는 이송 시스템을 중심으로 다양한 전용설비들에서 자주 사용되고 있다. 하지만 대부분의 설계들은 앞의 아홉 가지 자로설계들 중 하나를 사용하지 않고 전자석 작동기의 측면에 병렬로 영구자석을 설치하는 설계를 사용하고 있다. 하지만 영구자석은 취성이 있기 때문에 충격에 취약하여 영구자석을 노출시키는 설계는 현명하지도 않고 안전하지도 않다.

7.7.2 반발식 자기 베어링

동일한 극성의 자기장이 서로 밀어내는 성질을 이용하여 물체를 부상시키는 **반발식 자기 베어**

---

86 장인배 외, High precision linear motion table with a novel rareearth permanent magnet biased magnetic bearing. ASPE Annual Meeting, 1998.

87 M. Scharfe Development of a Magnetic bearing momentum wheel for the AMSAT phase 3-D small satellite, Small Satellite Conference, 2001.

88 이것이 그림 7.58의 시스템보다 그림 7.59의 시스템의 위치결정 정확도가 2.5배 커진 이유인 것으로 추정된다.

링은 낮은 작동효율과 심각한 교차커플링 문제 때문에 견인식보다 안정적인 자기부상 시스템 구축이 어렵다. **그림 7.60** (a)에서는 두 개의 영구자석과 이들을 고정하면서 귀환자로를 형성해주는 자성체로 이루어진 물체를 그 하부에 수평방향으로 배치된 전선에 흐르는 전류를 사용하여 부상시키는 1축 자기부상 시스템의 구조를 보여주고 있다. 플레밍의 왼손법칙[89]에 따르면, 전선들을 통과하는 전류가 양의 X방향으로 흐르고, 자기장은 양의 Y방향으로 향하면 영구자석 부상체는 Z방향으로 부상력을 받게 된다. 하지만 이는 매우 이상적인 이야기에 불과하다. **그림 7.60** (b)의 정면도를 살펴보면, 대부분의 자기장은 영구자석의 측면으로 누설되기 때문에 코일위치에서의 자속밀도는 0.1~0.2[T]에 불과하여 충분한 부상력을 얻기 어렵다. 또한 자기장의 방향도 Y방향 성분과 Z방향 성분이 혼합되어 있는데, −Z방향 자기장과 +X방향 전류가 만나면 +Y방향으로의 기생작용력이 생기며, +Z방향 자기장과 +X방향 전류가 만나면 −Y방향으로의 기생작용력이 생기기 때문에 자석들의 위치에 따라서 X방향으로 배치된 코일들 각각에 흐르는 전류를 개별 제어하여 수평방향 힘을 상쇄시켜야만 안정적인 Z방향 부상이 이루어질 수 있다.

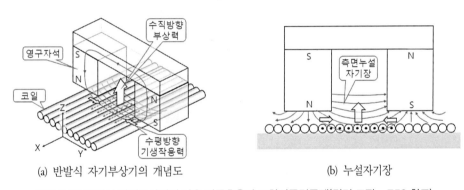

(a) 반발식 자기부상기의 개념도   (b) 누설자기장

그림 7.60 반발식 자기부상기의 낮은 작동효율과 교차커플링문제(컬러 도판 p.758 참조)

코일이 위치한 (수[mm] 떨어진) 먼 위치까지 영구자석의 자기장을 송출하기 위해서는 인접한 영구자석으로의 측면방향 자기장 누출을 최소화하여야 한다. **그림 7.61**에 도시된 **할박어레이**[90]는 외부로 자기장을 누출하는 두 영구자석 사이에 측면방향으로 영구자석을 배치하여 자기장의 측면방향 누출을 감소시킬 수 있다. 이를 통해서 코일이 위치한 (수[mm] 떨어진) 먼 위치에서의 자

---

89   그림 8.1 참조.
90   Halbach array.

속밀도를 0.4[T] 이상으로 증가시킬 수 있게 되었으며, 이를 통해서 자기장이 수평방향으로 흐르는 ②번 위치에서의 반발부상력을 증가시킬 수 있게 되었다. 또한 자기장의 주성분이 수직방향인 위치에서는 자기장과 코일에 흐르는 전류를 사용하여 수평방향으로의 이송력을 구현할 수 있다. ①번 영역에서는 아래로 향하는 자기장과 지면위로 나오는 전류에 의해서 우측으로의 이송력이 발생하며, ③번 영역에서는 위로 향하는 자기장과 지면 속으로 들어가는 전류에 의해서 우측으로의 이송력이 만들어진다. 따라서 다중입력-다중출력(MIMO) 제어기를 사용하며, 할박 어레이의 위치를 검출하여 개별 코일의 전류를 제어하면 수직방향 부상력과 수평방향 이송력을 동시에 제어할 수 있다. 즉, 하나의 할박 어레이를 사용하여 2자유도의 자기부상을 구현할 수 있으며, 3세트의 할박어레이를 부상시키면 반발식 6자유도 스테이지를 구현할 수 있다.

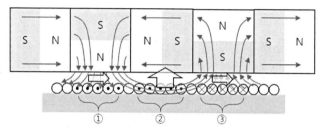

그림 7.61 할박어레이의 외부자기장 형성(컬러 도판 p.758 참조)

그림 7.62 (a)에서는 120° 각도로 배치된 3개의 할박 어레이를 6개의 레이스트랙형 전자석 코일로 부상시키는 초정밀 직선운동 스테이지의 사례를 보여주고 있다. 이를 통해서 100×100×0.1[mm]의 영역 내에서 10[nm]의 위치결정 정확도가 구현되었다. **그림 7.60** (b)의 경우에는 4세트의 할박 어레이를 갖춘 부상체와 서로 직교하는 다수의 전선들이 성형된 다층 프린트기판을 사용하여 6자유도 자기부상 스테이지를 구현한 사례를 보여주고 있다.[91]

반발식 자기부상 스테이지가 구현한 바닥면 위를 떠다니는 단순한 외형과 6자유도 자세제어기능은 초정밀 웨이퍼 스테이지에 매우 적합한 조건들을 갖추고 있다. ASML社는 공기 베어링을 사용하던 노광기용 웨이퍼 스테이지를 2010년에 출시한 트윈스캔™ 1950i 모델부터 반발식 자기부상 스테이지로 교체하였으며, 근래에는 진공 중에서 작동하는 극자외선 노광기용 스테이지(그

---

91 Xiaodong Lu, 교수는 이 자기부상 시스템의 상용화를 위해서 브리티시컬럼비아 대학 교수직을 사직하고 플래너모터社(planarmotor.com)를 창업하였다.

림 2.15 참조)에도 반발식 자기부상 스테이지가 탑재되고 있다.

　그림 7.63에서는 링 형상으로 배치된 할박 어레이와 8개의 피자조각 형상의 코일들로 이루어진 반발식 6자유도 회전 스테이지의 설계사례를 보여주고 있다. 이 설계에서 4개의 코일들은 링형 영구자석 어레이를 부상시키며, 4개의 코일들은 링형 영구자석 어레이를 회전시킨다. 영구자석이 회전하면 코일들의 역할을 서로 바꿔가면서 부상과 회전을 지속시킬 수 있다.

(a) PIMag-6D[92]

(b) Omnimotion X-Y[93]

그림 7.62 반발식 자기부상 스테이지의 사례(컬러 도판 p.759 참조)

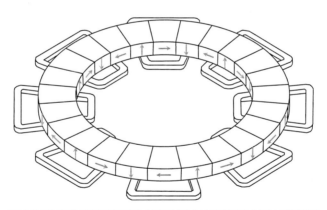

그림 7.63 링형 할박어레이를 사용한 반발식 6자유도 회전스테이지[94]

....

92　pikorea.co.kr

93　Xiaodong Lu, Six axis position Measurement system for levitated motion stages, CIRP Annals, Manufacturing Tech., 2012.

94　장인배 외, Supporting unit and substrate treating apparatus including the same, US Patent 9691601.

08

이송 시스템 설계

이송 시스템 설계

물체를 이송하여 정확한 위치에 위치시키는 위치결정 시스템은 로봇이나 스테이지의 형태로 구현된다. 5장에서 살펴본 바에 따르면, 원통좌표계나 구면좌표계를 기반으로 하는 다축 로봇기구들은 넓은 작업체적을 확보하기가 용이한 반면에 회전기구들이 가지고 있는 고유한 특성인 아베오차로 인하여 스튜어트 플랫폼과 같은 병렬기구학적 구조를 사용하지 않는다면 정밀 이송 시스템의 구현이 어렵다. 반면에 직교좌표계를 기반으로 하는 직선이송 시스템은 동력전달장치나 안내기구들이 복잡하고 고가이나, 높은 구조강성을 구현하기가 용이하여 정밀 이송에 널리 사용되고 있다. 이 장에서는 직교좌표계 기반 초정밀 직선이송 시스템의 구성과 설계원리에 대해서 살펴볼 예정이다.

이송 시스템은 작동기, 동력전달장치, 베어링과 안내기구, 센서와 모니터링 시스템, 서보제어기 등의 다양한 구성요소들이 통합된 복잡 시스템이다. 8.1절에서는 대변위 이송용 작동기로 사용되는 회전 및 직선운동 모터와 미소변위 작동기로 사용되는 보이스코일모터와 압전작동기에 대해서 살펴본다. 8.2절에서는 동력전달을 위한 감속기, 타이밍벨트, 랙과 피니언, 나사식 이송기구 등에 대해서 살펴볼 예정이다. 8.3절에서는 동적 부하와 무게중심, 스테이지 구조의 안정성, 고정밀 다축이송 시스템에 널리 사용되는 H-드라이브형 스테이지의 설계원리 그리고 이중 스테이지 구조에 대해서 살펴본다. 8.4절에서는 등가 회전관성 모멘트, 서보제어, 서보 시스템 구성요소들 사이의 동적 정합 그리고 응답성능의 순서로 서보 시스템 설계에 대해서 살펴본다. 마지막으로 8.5절에서는 커플링, 케이블 캐리어, 접촉/비접촉 전력공급장치 그리고 냉각의 순서로 이송 시스템에 사용되는 다양한 부가설비들에 대해서 살펴보면서 이 장을 마무리할 예정이다.

8.1 모터와 작동기

그림 8.1에서와 같이, 자계(B) 내에 전류(i)가 흐르는 도선을 두면 자기장 및 전류의 방향과 직각방향으로 힘(F)이 생성된다. 이를 **로렌츠력** 또는 **자기력**이라고 부르며, **플레밍의 왼손법칙**으로 작용력의 방향을 확인할 수 있다.

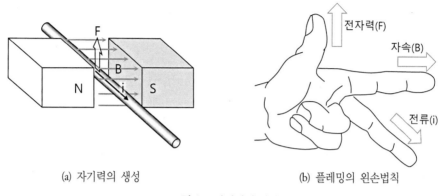

(a) 자기력의 생성   (b) 플레밍의 왼손법칙

그림 8.1 자기력의 생성

$$F = B \times i \times L$$

여기서 F는 자기력, B는 자속밀도[T], i는 전류[A] 그리고 L은 자계 내에 위치한 도선의 길이 [m]이다. 이렇게 자계 속에 도선을 배치하여 작용력이나 회전동력을 얻는 기구들이 모터와 전자식 작동기이다.

전자식 작동기는 계자(자기장), 전기자(코일) 및 이동자와 고정자(철심 또는 공심)으로 이루어지며, 모터의 경우에는 이 3대 구성요소들의 배치와 구동방식에 따라서 직류전동기, 유도전동기 및 동기전동기 등으로 구분한다.

8.1.1 서보모터의 종류와 특징

모터는 구동 전원에 따라서 직류전원을 사용하는 DC모터와 교류전원을 사용하는 AC모터로 구분할 수 있으며, AC모터는 다시 유도형 AC모터와 동기형 AC모터로 나눌 수 있다.

회전속도 및 가속도와 각도를 제어할 수 있는 모터인 **서보모터**는 인코더나 리졸버와 같이 회전각도나 속도를 측정할 수 있는 센서요소와 이를 귀환하여 원하는 성능으로 제어하는 폐루프 제어 시스템을 갖추고 있다. **표 8.1**에서는 세 가지 유형의 서보모터들의 장점과 단점을 구분하여 제시하고 있다.

표 8.1 서보모터의 유형별 장점과 단점

유형	장점	단점
DC서보	• 기동토크가 크다. • 효율이 높다. • 제어성이 좋다. • 속도 제어 범위가 넓다. • 가격이 싸다.	• 브러시 사용으로 오염이 발생한다. • 정류노이즈가 발생한다. • 브러시 수명이 짧다. • 정류속도에 한계가 있다. • 방열성능이 나쁘다. • 클린룸이나 방폭환경에 사용할 수 없다.
동기형 AC서보	• 내환경성이 좋다. • 정류한계가 없다. • 신뢰성이 높다. • 고속 및 고토크 작동이 가능하다. • 방열성능이 좋다.	• 기계적으로 취약한 희토류자석을 사용한다. • 인버터를 사용한다. • 기동토크가 작다. • 탈조가 발생할 수 있다. • 대형 모터 제작이 어렵다.
유도형 AC서보	• 내환경성이 좋다. • 정류한계가 없다. • 영구자석을 사용하지 않는다. • 방열성능이 좋다. • 초대형 모터 제작이 가능하다.	• 출력에 비해서 부피가 크다. • 인버터를 사용한다.

이 외에도 공심코일 작동기, 리니어모터, 압전작동기와 초음파모터 같은 다양한 종류의 모터들에 대해서도 살펴볼 예정이다.

8.1.1.1 DC모터와 PWM제어

직류전동기인 **DC모터**는 **그림 8.2** (a)에 도시된 것처럼, 정류자, 브러시, 회전자 및 계자로 이루어진다. **브러시**를 통해서 공급된 직류전류는 **정류자**를 통해서 **회전자** 코일에 공급되며, 두 개의 반달형 영구자석으로 만들어진 정적인 **계자**의 내측에 회전자가 위치하므로 회전자는 계자와 직각방향인 회전방향으로의 힘을 받게 된다. 두 반달형 영구자석의 내측에서는 자속이 모이기 때문에 자속밀도가 낮은($B \approx 0.4[T]$) 저가의 페라이트 자석을 사용하여도 회전자 코일의 위치에서 높은 자속밀도($B \approx 0.7[T]$)를 얻을 수 있다. 특히 DC모터는 소형화가 용이하여 주로 (초)소형 모터로 널리 사용되고 있다. 정류자가 한 쌍밖에 없는 **그림 8.2** (a)의 2극형 구조는 소형의 미니어처형 모터에서만 사용하는 극단적으로 단순화된 구조이다. 전기자와 계자의 자기장 방향이 서로 직각을 이룰 때에 최대의 회전력이 만들어지기 때문에 실제의 상용 DC모터에서는 다수의 정류자-코일의 쌍을 원주방향으로 배치하여 항상 최대 출력을 송출할 수 있도록 만든다. 또한 영구자석은 취성이 있어서 대형으로 제작하기 어려우므로 대형 직류전동기의 경우에는 계자를 전자석으로 제작하기도 한다.

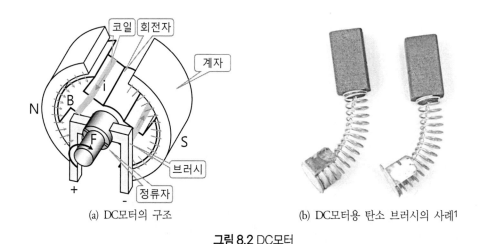

(a) DC모터의 구조   (b) DC모터용 탄소 브러시의 사례1

그림 8.2 DC모터

그림 8.2 (b)에서는 DC모터에 사용되는 **브러시**의 사례를 보여주고 있다. DC모터의 브러시는 탄소나 구리 분말에 MoS_2나 WS_2와 같은 금속 윤활제를 혼합하여 소결하여 제작한다. 브러시와 구리소재 정류자는 모터가 회전하는 동안 고체마찰을 이루면서 전류를 공급하기 때문에 지속적으로 마멸된다. 브러시의 수명은 전류밀도, 회전속도, 공기 중의 화학조성 등 다양한 인자들의 영향을 받으며, 대략적으로 수천시간 정도이다. 브러시의 수명이 다하고 나면 모터를 분해하여 내부에 쌓여 있는 브러시가루를 청소하고 새로운 브러시를 설치하여야 한다. 이는 매우 번거로운 일이며, DC모터를 산업적으로 사용하기에 부적합한 중요한 이유이다.

표 8.2에서는 상용 DC모터의 크기별 제원을 보여주고 있다. 크기를 나타내는 □60[mm]는 축방향으로 바라본 모터의 플랜지 단면이 한 변의 길이가 60[mm]인 사각형이라는 것을 의미한다. DC모터는 동일한 출력에 대해서 12[V], 24[V], 90[V]와 같이 다양한 전원전압 모델이 공급되며, 전원

---

1 carbon-spring.com

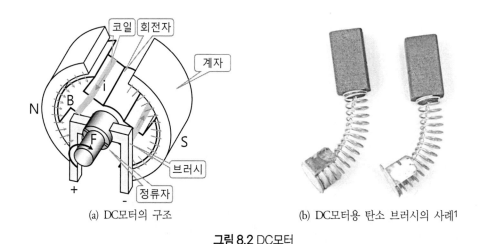

전압이 높아질수록 공급 전류 값이 감소한다. DC모터는 정격토크에 비해서 기동(최대)토크가 10배 이상 더 큰 특징을 가지고 있다. 따라서 마찰부하가 크거나 순간적으로 부하가 증가해도 이를 이기고 회전을 유지할 수 있는 능력이 탁월하다. 하지만 최대토크를 송출하기 위해서 큰 전류를 사용하므로, 걸림 등에 의해서 모터가 기동되지 않는 상태에서 계속 기동전류가 공급되면 모터가 타버리며, 심한 경우에는 화재가 발생한다. 정격제원은 모터가 과열되지 않으면서 연속작동을 할 수 있는 전류와 출력속도 및 부하토크를 의미한다. 따라서 구동계의 설계 시에는 모터의 최대(기동)토크와 정격토크를 모두 고려하여 적합한 모터를 선정하여야 한다. 이에 대해서는 유도전동기에서 자세히 설명할 예정이다. 그리고 **표 8.2**에서는 극히 소수의 모터들에 대한 일례를 보여주고 있을 뿐이며, 수많은 종류의 DC모터들이 공급되고 있다는 점을 잊지 말아야 한다.

표 8.2 DC모터의 사례[2]

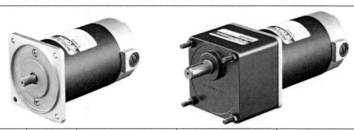

크기 [mm]	출력 [W]	전압 [V]	기동(최대)		무부하		정격(rms)		
			전류 [A]	토크 [kgf·cm]	전류 [A]	속도 [rpm]	전류 [A]	속도 [rpm]	토크 [kgf·cm]
□60	15	24	7.7	4.1	0.4	3,500	1.2	3,000	0.49
□80	25	24	29	18	0.8	3,050	1.9	2,900	0.81
□80	40	24	37	23	0.6	3,250	1.9	3,000	1.30
□90	60	24	36	19	1.15	3,300	4.3	3,000	1.95
□90	90	24	55	29	1.50	3,400	6.2	3,000	2.92
□90	120	24	64	39	1.50	3,250	6.8	3,000	3.90

DC모터의 회전속도는 공급전류에 비례하기 때문에 아날로그 전류제어나 디지털 펄스 폭 변조(PWM)방식으로 간단하게 속도제어기를 구성할 수 있다. **그림 8.3**에서는 연산증폭기[3]와 전계효

2   hcmfa.com을 참조하여 재구성하였다.
3   Operational Amplifier.

과 트랜지스터(FET)를 사용한 아날로그 방식의 DC모터 속도제어기와 연산증폭기를 전압비교기로 사용하여 펄스폭 변조방식으로 DC모터 속도제어기를 구성한 사례를 보여주고 있다.

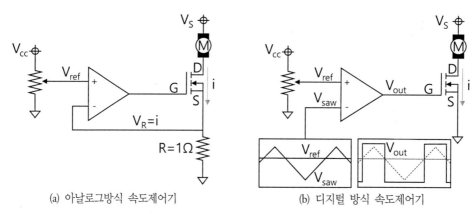

(a) 아날로그방식 속도제어기   (b) 디지털 방식 속도제어기

그림 8.3 DC모터의 속도제어

그림 8.3 (a)이 경우에는 연산증폭기와 전계효과 트랜지스터를 사용하여 아날로그 속도제어기를 구성하였다. 그림에서 1[Ω] 저항의 상류 측에서 연산증폭기의 음입력 측으로 귀환된 전압신호는 전류와 등가이다(즉 1[V]이면 모터에 1[A]가 흐른다는 뜻이다). 연산증폭기는 양입력단의 기준전압(V_{ref})과 음입력 측의 측정전압(V_R)을 비교하여 기준전압이 높으면 FET의 게이트를 열어 통과전류를 증가시키고, 기준전압이 측정전압보다 낮으면 FET의 게이트를 닫아서 통과전류를 감소시킨다. 연산증폭기의 작동대역은 1[MHz]에 이를 정도로 매우 빠르기 때문에, 이 연속작동을 통해서 모터는 항상 기준전압과 동일한 전류(그리고 속도)값을 흘리게 된다. 이 제어방법은 FET의 게이트 저항을 가감하는 방식이기 때문에 FET에서 다량의 열이 발생하므로 전력효율이 낮다는 단점이 있다. 하지만 펄스 폭 변조(PWM) 제어 특유의 고주파 노이즈와 모터소음이 발생하지 않기 때문에 뒤에서 설명할 리니어모터나 보이스코일모터의 초정밀 위치제어에서 유용하게 사용된다.

그림 8.3 (b)에서는 연산증폭기와 전계효과 트랜지스터를 사용하여 디지털 속도제어기를 구성하였다. 연산증폭기는 양입력단의 기준전압(V_{ref})과 음입력단의 삼각파형(V_{saw})을 비교하여 기준전압이 높으면 연산증폭기의 출력이 High 상태가 되어 FET의 게이트가 완전히 열리며, 모터에는 최대전류가 공급된다. 반면에 기준전압이 낮으면 연산증폭기의 출력이 Low 상태가 되어 FET

의 게이트가 완전히 닫히고 모터에는 전류가 공급되지 않는다. 그런데 이렇게 게이트를 열고 닫는 주기가 모터의 시상수보다 매우 빠르면, 모터는 개별 펄스에는 반응하지 않으며, 펄스폭을 펄스주기로 나눈 값인 듀티비에 비례하여 속도가 조절된다. 따라서 모터를 단순히 켜고 끄는 방식으로 속도를 조절하기 때문에 FET가 발열하지 않으므로 전력효율이 높지만, 특유의 고주파 노이즈와 소음이 발생한다는 단점이 있다.

그림 8.3은 단순화된 회로모델이며, 상용 서보제어기에서는 전압제한기나 전류제한기와 같은 보호회로와 더불어서 노이즈필터, 제어이득 조절 등의 기능들이 추가되므로, 이보다 더 복잡해진다.

그림 8.4에서는 일반 DC모터의 후방축에 봉형 자석이 심어진 알루미늄 소재의 원판형 로터를 장착한 후에 홀센서로 이 로터의 회전을 검출하여 DC모터의 회전속도를 제어하는 간단한 DC서보모터의 구조를 보여주고 있다. 발효기용 배양조에 사용되는 교반기는 수십~수백[rpm]의 비교적 느린 속도로 임펠러를 회전시켜야 한다. 기존의 교반기에는 로터리 인코더가 장착된 서보모터가 사용되었는데, 이들은 오염에 취약하며, 가격이 비싸고 구조도 복잡하였다. 저자가 고안한 DC서보모터는 극단적으로 단순한 구조로 물을 많이 사용하는 발효기에서 고장 없이 안정적인 작동을 하였으며, 제작비가 싸서 상용화가 용이하였다. 현재는 세계적인 발효기 회사들도 이 방식을 교반기용 모터의 회전속도 검출 센서로 일반적으로 사용하고 있다.

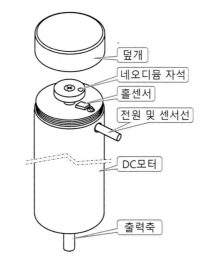

그림 8.4 DC모터 속도제어를 위한 인코더의 사례4

---

4   장인배 외, 발효기 구동용 상부구동형 교반기 시스템, 실용신안 20-0202700.

DC모터는 모터의 가격이 저렴하고 속도제어가 단순하여 서보기기에 자주 사용되지만, 브러시의 수명이 짧고 정류노이즈와 브러시에 의한 오염 등의 단점도 명확하기 때문에 사용에 제한이 존재한다. 하지만 이런 단점들을 정확히 이해하고 사용한다면 앞의 사례에서와 같이 서보제어용 모터로 훌륭하게 활용할 수 있다.

8.1.1.2 회전자계

3상 교류전원을 사용하여 AC모터를 구동하기 위해서는 **회전자계**라고 부르는 교류모터의 특징적인 회전하는 자기장을 만들어야 한다. **그림 8.5** (a)에서는 120° 간격으로 3개의 코일들이 감겨져 있는 AC모터용 계자코어를 보여주고 있으며, **그림 8.5** (b)에서는 이를 단순화하여 보여주고 있다. 3개의 코일은 각각 A상, B상 및 C상으로 구분하였으며, A상 코일은 A-A' 세트로서 전류흐름의 양의 방향은 A에서 지면 밖으로 나와서(⊙) A'에서 지면 속으로 들어가(⊗)는 방향이다. 만일 A상 코일에 음의 전압이 부가되었다면 A에서 지면 속으로 들어가며(⊗), A'에서 지면 밖으로 나올(⊙) 것이다.

그림 8.5 (c)에서는 A상, B상 및 C상 코일에 부가되는 전류의 순시값을 시간에 따라서 보여주고 있다. 그리고 그림의 하단에는 각 시기별로 A상, B상 및 C상 코일들에 부가되는 전류의 방향과 이들이 만드는 자기장의 방향을 함께 보여주고 있다. 그림에 따르면, 세 개의 코일들에 한 주기의 전류신호가 부가되면 내부에 형성되는 자계는 시계방향으로 한 바퀴 회전한다는 것을 알 수 있다. 계자 코어의 내부에 영구자석이나 전자석 로터를 설치한 다음에 이렇게 회전자계를 부가하면 로터는 이 회전자계에 따라서 회전할 것이다. 만일 로터가 영구자석으로 만들어졌다면 동기형 모터이고, 로터가 유도전자석으로 만들어졌다면 유도형 모터가 되는 것이다.

그림 8.5는 2극형 계자에서 형성되는 회전자계로서 교류 1주기당 자계가 1회전하는 특징을 가지고 있다. 예를 들어, **그림 8.6** (a)의 2극형 계자에 60[Hz]의 3상 교류전류가 부가되면 자계는 1초에 60회전, 또는 1분에 3,600[rpm]으로 회전한다. 그런데 계자의 극수를 늘리면 모터의 회전속도가 감소한다. **그림 8.6** (b)의 4극형 계자에 60[Hz] 3상 교류전류가 부가되면 자계는 1초에 30회전 또는 1분에 1,800[rpm]으로 회전한다. 또한 **그림 8.6** (c)의 6극형 계자에 3상 교류전류가 부가되면 자계는 1초에 20회전 또는 1분에 1,200[rpm]으로 회전한다. 극수가 많아질수록 릴럭턴스 경로길이가 짧아지기 때문에 모터의 효율이 높아지고 슬립이나 탈조의 위험이 감소한다. 따라서 대형의 모터일수록 회전속도를 늦추고 안정적으로 높은 토크를 송출하기 위해서 극수를 증가시킨다.

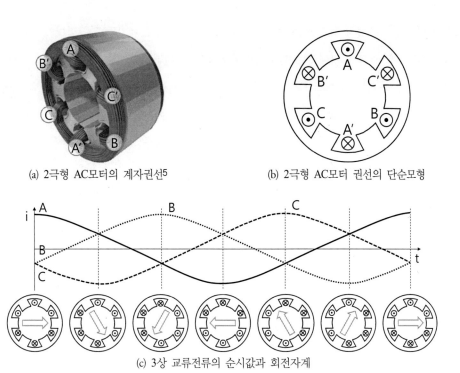

(a) 2극형 AC모터의 계자권선[5]

(b) 2극형 AC모터 권선의 단순모형

(c) 3상 교류전류의 순시값과 회전자계

그림 8.5 2극형 AC모터의 권선에 부가된 3상 교류전류가 형성하는 회전자계

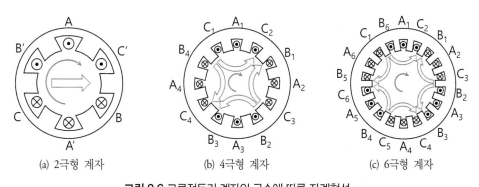

(a) 2극형 계자

(b) 4극형 계자

(c) 6극형 계자

그림 8.6 교류전동기 계자의 극수에 따른 자계형성

자계의 회전속도는 모터 코일에 공급되는 3상 전류의 주파수에 의존한다. 일반적으로 마이크로프로세서 등을 사용하여 디지털 스위칭 신호를 만들어낸 후에 능동 트랜지스터 어레이를 통해서 공급전력을 빠른 속도로 켜고 꺼서 모터에 공급되는 3상 전류의 주파수를 조절할 수 있다.

---

5   https://www.electrical4u.com/squirrel-cage-induction-motor/에서 발췌한 이미지를 편집하여 사용하였다.

이렇게 펄스폭을 조절하여 가변주파수 방식의 3상 전원을 만드는 기구를 **인버터**라고 부르며, AC 서보모터의 속도제어를 위해서는 필수적으로 사용되고 있다.

그림 8.7에서는 펄스폭 변조(PWM)방식의 3상 인버터에서 송출되는 스위칭 신호의 사례를 보여주고 있다. **그림 8.5** (c)에 도시된 아날로그 전류신호 대신에 스위칭 펄스폭을 조절하여도 모터의 코일에 공급되는 전류량을 조절할 수 있다. 이를 통해서 높은 효율로 자유롭게 모터에 공급되는 전류의 주파수를 조절할 수 있다. 하지만 인버터는 고주파 스위칭을 통해서 모터에 공급되는 전력을 송출하기 때문에, 모터에서는 인버터 고유의 고주파 소음이 발생하며, 강력한 노이즈를 방출한다. 이로 인하여 아날로그 신호들의 노이즈가 증가하므로 주의가 필요하다. 인버터에 의해서 생성된 맥동형 유도전류가 베어링을 손상시킨 사례에 대해서는 8.1.1.4절에서 다시 논의하기로 한다.

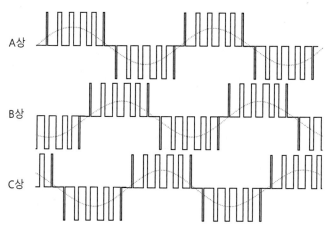

그림 8.7 펄스폭 변조방식 3상 인버터의 구동전압 송출신호 사례

8.1.1.3 동기형 AC서보모터

일명 **브러시리스 DC모터**(BLDC모터)라고도 부르는 **동기형 AC서보모터**는 회전자계 속에 영구자석으로 만들어진 로터를 설치하여 회전자계와 동기되어 회전하도록 만든 모터이다. **그림 8.8**에서는 동기식 AC서보모터의 두 가지 구조를 보여주고 있다.

그림 8.8 (a)는 축회전 구조로서 **그림 8.6**에서와 같이 링형 코어의 내부 측으로 회전자계가 생성되며, 그 속에 위치한 영구자석 로터가 동기회전을 하는 구조이다. 이 구조에서는 DC모터 계자의 경우와는 반대로, 영구자석의 자기장이 외경방향으로 퍼지기 때문에 모터 권선의 위치에 도달하

는 영구자석의 자기장이 약화되므로 자속밀도가 높은(B≈1.2[T]) 고가의 네오디뮴(NdFeB) 자석을 사용하여야 계자 코일의 위치에서 필요한 자속밀도(B≈0.7[T])를 얻을 수 있다. 이는 모터의 입장에서는 매우 불리한 조건이므로, 현대에 와서는 **그림 8.8** (b)에서와 같이, 하우징 회전구조(일명 통돌이구조)를 사용하게 되었다. 접착제를 사용하여 링형 로터의 내벽 측에 영구자석들을 붙인 하우징을 회전체로 사용하며, 코일들이 권선된 고정축에서 회전자계를 방출한다. 이런 구조에서는 영구자석의 자기장이 내경방향으로 모이기 때문에 코일위치에서 높은 자속밀도를 구현할 수 있다.[6]

(a) 축회전형   (b) 하우징 회전형

그림 8.8 동기형 AC서보모터의 구조

표 8.3에서는 동기형 AC서보모터의 크기별 제원을 예시하여 보여주고 있다. 동기형 AC서보모터는 브러시에 의한 아크방전의 염려가 없어서, DC서보모터에 비해서 고전압을 사용하므로, 동일한 크기에서 큰 출력을 송출할 수 있다. 하지만 정격토크와 기동(최대)토크의 차이가 크지 않기 때문에 정지마찰이 크거나 순간적으로 부하가 증가하면 모터가 회전자기장을 추종하지 못하고 제자리에서 진동하는 **탈조**가 발생할 우려가 있다. 일단 탈조가 발생하면 모터에 역토크가 부가되면서 로터가 갑자기 정지하여 제자리에서 진동하게 되며, 심각한 경우에는 영구자석이 파손된다. 서보모터의 출력한계는 코일의 냉각방법에 따라서 큰 차이를 가지고 있으며, (자연대류)공랭식 이외에도 강제대류 공랭식과 수냉식이 사용되고 있다. 이 표에서 제시된 동기형 AC서보모터의 종류와 제원은 일례일 뿐이며, 다양한 형태와 크기의 서보모터들이 공급되고 있다.

---

6   계자 코일에서 발생하는 열 방출의 측면에서는 축회전형이 유리하다.

표 8.3 동기형 AC서보모터(공랭식)의 사례7

크기 [mm]	출력 [W]	전압 [V]	기동(최대)		정격(rms)		
			전류 [A]	토크 [kgf·m]	전류 [A]	속도 [rpm]	토크 [kgf·m]
□55	400	380~400 또는 460~480	1.8	0.85	1.4	6,000	0.6
□72	470		1.7	1.1	1.4	6,000	0.8
□96	820		2.2	3	1.95	3,000	2.6
□126	1,480		4.5	6	3.7	3,000	4.7
□155	2,140		4.8	8	4.4	3,000	6.8
□192	3,770		11.2	18	8	3,000	12

그림 8.9에서는 서보모터의 작동 스케줄과 작용토크선도가 제시되어 있다. 여기서, 가속시간 $t_1 = 0.1[\text{s}]$, 정속주행시간 $t_2 = 0.6[\text{s}]$, 감속시간 $t_3 = 0.1[\text{s}]$ 그리고 대기시간 $t_4 = 0.2[\text{s}]$이며, 가속토크 $T_A = 7.0[\text{kgf·m}]$, 마찰토크 $T_F = 0.2[\text{kgf·m}]$이라 할 때, 어떤 동기형 AC서보모터를 선정하는 것이 옳겠는가?

이를 판단하기 위해서는 작동 스케줄을 고려하여 다음과 같이 정격(실효)토크값을 계산하여야 한다.

$$T_{rms} = \sqrt{\frac{t_1 T_1^2 + t_2 T_2^2 + t_3 T_3^2 + t_4 T_4^2}{t_1 + t_2 + t_3 + t_4}}$$

$$= \sqrt{\frac{0.1 \times 7.2^2 + 0.6 \times 0.2^2 + 0.1 \times (-6.8)^2 + 0.2 \times 0^2}{0.1 + 0.6 + 0.1 + 0.2}} = 3.23[\text{kg·m}]$$

따라서 최대토크($T_{\max} = T_A + T_F$)는 7.2[kgf·m] 이상이며, 정격토크(T_{rms})는 3.23[kgf·m]

7   siemens.com을 참조하여 재구성하였다.

이상인 모터를 선정하면 된다. **표 8.3**에 따르면, 2.14[kW]급인 □155[mm] 크기의 동기형 AC서보모터가 적합하다는 것을 알 수 있다.

동기형 AC서보모터는 영구자석과 회전자계 사이에서 생성되는 강력한 전자기력 때문에 유도형 AC서보모터와는 달리 슬립이 없으며, 작은 체적 내에서 높은 동력밀도를 구현할 수 있고, 회전축의 발열이 작으며 고속회전이 가능하다. 일반적으로 영구자석의 위치검출을 위해서 3개의 홀센서를 사용하며, 인버터를 사용하여 회전속도를 조절한다. 과거에는 이런 속도제어기가 복잡하고 고가였으며, 동기형 AC모터 역시 유도형 AC모터에 비해서 고가였기 때문에, 서보모터로서의 사용이 많지 않았었다. 하지만 1980년대 이후 네오디뮴 자석의 주 생산지인 중국이 개방되어 동기형 AC모터의 제작비용이 낮아지게 되었고,[8] 텍사스 인스트루먼트社의 DRV 시리즈 칩[9]들과 같은 저가의 원칩형 모터제어기들이 속속 시장에 출시되면서 동기형 AC서보모터의 사용이 급격하게 확대되었다.

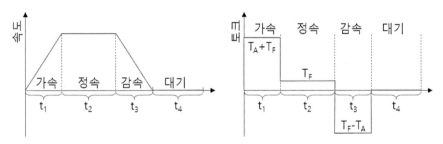

그림 8.9 서보모터의 작동 스케줄과 작용토크선도

현재 컴퓨터 냉각용 팬, 하드디스크 모터, 진공청소기, 세탁기, 드론, 전동 퀵보드, 전기자동차 등 모터가 사용되는 거의 모든 분야에서 동기형 AC서보모터가 사용되고 있다. 하지만 영구자석은 취성이 있기 때문에 충격에 취약하며, 대형으로 만들기 어렵다. 따라서 동기식 전동기는 전기자동차용으로 사용되는 100[kW]급의 중간규모 모터까지 제작이 가능하며, 수백[kW]급 이상으로 넘어가면 사용되는 자석의 비용도 급격하게 증가하고, 내구신뢰성도 떨어지기 때문에, 유도형 AC서보모터 이외에는 별다른 대안이 없는 실정이다.

---

8   중국은 세계 희토류 시장의 97%를 차지하고 있으며, 현재 네오디뮴 자석을 포함한 희토류 물질을 전략물자로 지정하여 수출을 통제하고 있다.

9   ti.com

8.1.1.4 유도형 AC서보모터

회전자기장 내측의 로터에 코일을 감아놓으면 마치 변압기처럼 회전자계에 의해서 로터에 전류가 유도되며, 로터가 전자석으로 변한다. 이 전자석이 회전자기장을 따라 돌도록 만든 모터가 **유도형 AC서보모터**이다. 실제의 경우에는 로터에 코일을 감는 대신에 **그림 8.10** (a)에 도시된 것처럼, 새장형 철심을 내장한 규소강판으로 적층된 로터를 사용한다. 이는 로터가 회전자계를 정확히 따라 회전하지 못하고 슬립이 발생하여도 로터에 발생하는 유도전류가 로터의 자기장을 항상 회전자계와 직각방향으로 유지시키기 위함이다.

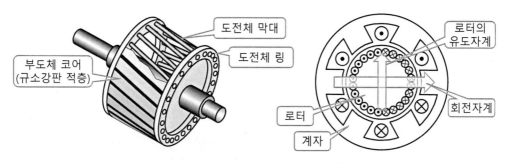

그림 8.10 유도형 AC서보모터의 로터를 구성하는 새장형 철심

표 8.4에서는 유도형 AC서보모터의 크기별 제원을 보여주고 있다. 출력특성은 동기형 AC서보모터와 유사하지만, 기동(최대)토크가 정격토크의 약 3배에 달한다는 것을 알 수 있다. 동기형 AC서보모터의 경우에는 기동(최대)토크가 작아서 고속회전 시 충격이나 과도한 부하가 가해지면 로터가 회전자기장을 따라가지 못하는 **탈조현상**이 발생할 우려가 있다. 반면에 유도형 AC서보모터는 기동(최대)토크가 커서 마찰토크나 외부부하에 대한 대응능력이 뛰어나며, 과도한 토크가 가해지면 슬립이 발생하면서 속도가 느려지고 열이 발생하지만, 탈조현상이 존재하지 않아서 고속에서도 안정된 작동성능이 보장된다. 또한 유도형 AC서보모터는 자석을 사용하지 않아서 대형화가 용이하다. 이 표에서 제시된 유도형 AC서보모터의 종류와 제원은 일례일 뿐이며, 다양한 형태와 크기의 서보모터들이 공급되고 있다.

앞 절의 모터 선정사례와 마찬가지로 최대토크는 7.2[kgf·m] 이상이며, 정격토크는 3.23[kgf·m] 이상인 모터를 **표 8.4**의 유도형 AC서보모터에서 찾아보기로 하자. 놀랍게도 유도형 AC서보모터보다 출력이 절반에 불과한 1[kW]급인 □130[mm] 크기의 모터를 선정할 수 있다는 것을 알 수 있다.[10] 가감속 성능이 중요한 시스템의 경우에는 동기형 AC서보모터보다 유도형 AC서보모터가 유리하다는 것을 알 수 있다. 이는 모터의 유형을 선정할 때에 매우 중요한 판단기준이 된다는 것을 명심해야 한다.

표 8.4 유도형 AC서보모터(공랭식)의 사례[11]

크기 [mm]	출력 [W]	전압 [V]	기동(최대)		정격(rms)		
			전류 [A]	토크 [kgf·m]	전류 [A]	속도 [rpm]	토크 [kgf·m]
□40	50		2.7	0.48	0.9	3,000	0.16
□40	100		2.7	0.96	0.9	3,000	0.32
□60	200		5.1	1.92	1.7	3,000	0.64
□60	400	AC220V 전원	7.8	3.81	2.6	3,000	1.27
□80	750		15.3	7.2	5.1	3,000	2.40
□130	1,000		15.3	14.3	5.1	2,000	4.77
□130	2,000		33.0	28.65	11.0	2,000	9.55

　웨이퍼 스테이지와 같이 작동 중에 가공력 부하가 가해지지 않는 이송 시스템의 경우에는 **그림 8.9**에서와 같이, 가속-정속-감속-대기의 4단 스케줄을 가정하여 정격 토크를 계산할 수 있지만, 무부하 급속이송, 대부하 중간속도의 중절삭가공 그리고 소부하 저속이송의 다듬질가공 등이 수행되는 공작기계의 경우에는 **그림 8.11**에서와 같이 다단으로 세분화된 스케줄을 가정하여 정격 토크(T_{rms})를 구해야만 한다. 그림에서 T_A는 가속토크, T_F는 마찰토크, T_H는 중절삭 토크이며, T_L은 다듬질가공 토크를 의미한다. 공작기계의 작동특성은 최대토크와 정격토크의 편차가 크기 때문에 공작기계의 구동에는 유도형 AC서보모터가 주로 사용된다.

10　DC 모터를 사용하는 경우라면 120[W]급인 □90 크기의 모터로도 충분하다.
11　hiwin.com을 참조하여 재구성하였다.

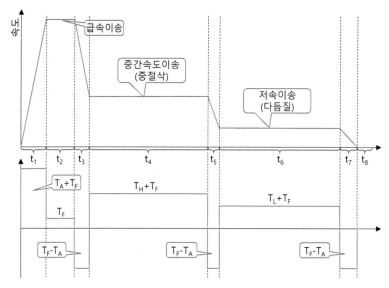

그림 8.11 공작기계의 작동 스케줄 사례

유도형 AC서보모터에서 회전자계가 로터에 유도전류를 생성하여 로터를 전자석으로 만드는 과정에서 코어 측으로 전류가 누설되지 않도록 표면이 부도체인 산화규소로 마감된 얇은 규소강 판들을 적층하여 로터를 제작한다. 그럼에도 불구하고 약간의 전류누설이 발생하므로 로터에서 열이 발생하고, 심각한 경우에는 화재로 이어진다. 또한 유도형 AC서보모터의 속도제어를 위해서 사용하는 인버터의 고주파 펄스에 유래한 누설전류는 로터를 지지하는 볼 베어링의 내륜과 외륜에 **그림 8.12**에 도시된 것처럼, PWM 펄스주기와 일치하는 스파크 손상을 일으킨다. 따라서 인버터를 사용하여 수십[kW] 이상의 유도형 AC서보모터를 구동하는 경우에는 냉각(또는 환기)과 회전축의 접지설계에 세심한 주의를 기울여야 한다.

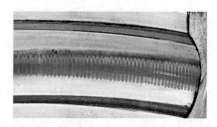

그림 8.12 인버터의 펄스 누설전류에 의해 볼 베어링의 외륜에 발생한 손상[12, 13]

---

12   https://www.reliableplant.com/Read/29719/bearing-protection-practices

13   저자는 근래에 냉매압축기의 미끄럼 베어링에서도 이와 유사한 현상이 발생하는 것을 경험하였다.

8.1.1.5 로터리 인코더

서보모터를 위치결정용으로 사용하는 경우, 위치검출기로 **로터리 인코더**와 리니어스케일이 일반적으로 사용된다. 모터의 회전각도를 측정하여 서보제어기로 귀환신호를 송출하는 로터리 인코더는 주로 모터축에 직결하여 사용하며, 리니어스케일은 출력단에 연결하여 사용한다. 이 절에서는 모터축 직결방식 로터리 인코더의 선정과 설치에 대해서 살펴보기로 하며, 귀환제어용 위치검출기의 설치위치(입력말단 대 출력말단)에 따른 제어성능에 대해서는 8.4.4절에서 살펴볼 예정이다.

그림 8.13에서와 같이 모터축에 직결된 로터리 인코더를 사용하여 볼스크루를 사용하는 직선이송 시스템의 위치제어를 수행하는 경우, 모터축에 직결하는 방법과 볼스크루(출력축)에 직결하는 방법을 사용할 수 있다.

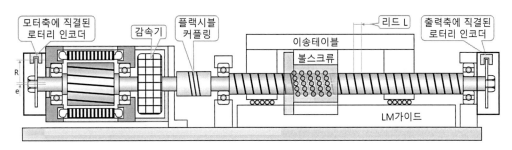

그림 8.13 직선이송 테이블의 위치제어를 위한 로터리 인코더의 설치

로터리 인코더를 모터축에 직접 연결하는 경우, 인코더 1펄스당 이송테이블의 이동거리 L_p는 다음 식을 사용하여 계산할 수 있다.

$$L_p[\text{mm/pulse}] = \frac{L \times R_T}{P}$$

여기서 $L[\text{mm}]$은 이송나사의 리드, R_T는 감속비, P는 인코더의 1회전당 펄스수이다. 1회전당 펄스수가 매우 다양한 로터리 인코더들이 상업적으로 판매되고 있으며, 절대위치 감지방식에 비해서 상대위치 감지방식의 인코더들이 널리 사용되고 있다. 예를 들어, 리드가 $L = 5[\text{mm}]$이며, 감속비는 $R_T = 1/10$, 인코더의 1회전당 펄스 수 $P = 500[\text{pulse/rev}]$라면, $L_p = (5 \times 0.1)/500 = 0.001[\text{mm}]$

이다.

반면에 인코더를 볼스크루(출력축)에 직결하는 경우, 인코더 1펄스당 이송테이블의 이동거리 L_p는 다음 식을 사용하여 계산할 수 있다.

$$L_p \text{[mm/pulse]} = \frac{L}{P}$$

따라서 위와 동일한 L_p값을 얻기 위해서는 $P = 5{,}000$[pulse/rev]인 인코더를 사용해야만 한다는 것을 알 수 있다($L_p = 5/5{,}000 = 0.001$[mm]). 모터축에 인코더를 직결하면 서보제어의 응답속도가 빨라지는 대신에 동력전달 과정에서 백래시가 유입되며, 출력축에 인코더를 설치하면 서보제어의 응답속도는 느려지지만 백래시가 감소된다. 따라서 원하는 시스템 성능에 따라서 인코더의 설치위치를 결정해야 한다.

다음으로, **그림 8.14**에서와 같이 모터축과 인코더의 조립과정에서 편심(e)이 발생한 경우에 회전축의 회전각도에 따라서 인코더에서 발생하는 측정오차는 다음 식으로 나타낼 수 있다.

$$P_{error} = \frac{P \times e \times \sin\theta}{2\pi \times R}$$

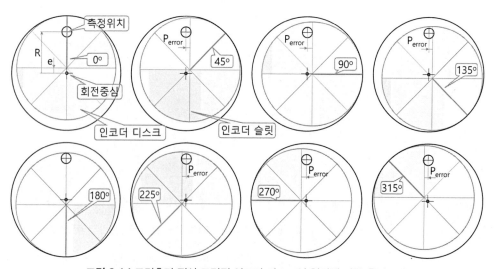

그림 8.14 모터축과 편심 조립된 인코더 디스크의 회전에 따른 측정오차

여기서 P는 인코더의 1회전당 펄스 수, e는 인코더와 회전축 사이에 발생한 조립 편심량, θ는 축의 회전각도 그리고 R은 포토커플러가 설치된 인코더의 슬릿 측정반경이다. 예를 들어, $P=5,000$[pulse/rev], $e=0.05$[mm], $R=25$[mm]라고 한다면 최대 측정오차 $p_{error,\max}=\pm1.59$[pulse]이며, **그림 8.14**의 윗줄에 도시된 것처럼, $\theta<180°$인 경우에는 인코더의 측정값이 회전축의 실제회전각도에 비해서 앞섬 오차가 발생한다. 반면에 $180°<\theta<360°$ 사이에서는 **그림 8.14**의 아랫줄에 도시된 것처럼, 인코더의 측정값이 실제 회전각도에 비해서 뒤짐 오차가 발생한다. 정밀 위치제어를 수행하는 경우에 인코더와 회전축 사이의 부정렬은 매우 심각한 위치오차와 속도 리플을 유발할 수 있으므로 주의가 필요하다. 또한 이 전달오차는 플렉시블 커플링의 경우에도 동일하게 발생한다. 따라서 모터의 출력축과 볼스크루 이송축의 정렬맞춤에도 매우 세심한 주의가 필요하다.

8.1.2 공심코일 작동기

영구자석과 강자성체 요크를 조합하여 공극 사이에 강력한 자기장을 형성한 다음에 이 공극에 전류가 흐르는 도선을 위치시키면 이 도선은 플레밍의 왼손법칙이 가리키는 방향으로 힘을 받게 된다. 철심을 사용하지 않는 **공심코일 작동기**는 낮은 투자율 때문에 생성되는 전자기력은 철심코일을 사용하는 작동기들에 비해서 매우 약하지만, 자기장에 의해서 특정한 방향으로 견인되지 않기 때문에 작동방향 이외의 방향에 대해서는 본질적으로 자기력이 작용하지 않는 **영강성**의 특성을 갖는다. 6.4절에서 논의한 바에 따르면, 이런 영강성 특성은 초정밀 기구의 진동차폐에 매우 중요한 조건이다.

보이스코일모터는 링형 영구자석과 요크를 사용하여 만들어낸 실린더 형상의 좁은 공극 속에 형성된 강력한 자기장 속에서 실린더형 공심코일에 전류를 흘려서 코일의 축선방향으로 자기력을 생성하는 작동기이다. 보이스코일모터는 리니어모터에 비해서 작동효율이 높지만 스트로크에 한계가 있어서 소변위 작동기로 주로 사용된다.

리니어모터는 직선으로 배치된 'ㄷ'자형 요크에 판형 영구자석들을 서로 마주보는 상태로 배치하고 레이스트랙형 공심코일을 공극에 배치하여 직선이송을 구현하는 대변위 작동기이다. 이 경우, 연속적으로 안정적인 이송력을 얻기 위해서 3쌍(6개)의 레이스트랙형 코일들을 일렬로 배치한 구조를 사용한다. 리니어모터를 포함한 공심코일 작동기는 낮은 효율 때문에 다량의 전류를 사용하므로 발열이 심하며, 최고속도나 최대 위치강성과 같은 작동성능 한계는 거의 냉각 및 방열성능에 의해서 결정된다.

8.1.2.1 보이스코일모터

그림 8.15 (a)에서와 같이, 강자성체 요크와 영구자석을 사용하여 실린더 형상의 공극이 존재하는 자속경로를 만들면 영구자석의 자속이 내부를 향하여 모이면서 좁은 영역에 강력한 자기력선들을 밀집시킬 수 있다. 이 속에 실린더형 공심코일을 배치하여 만든 1자유도 작동기를 **보이스코일모터**라고 부른다.[14] 이 실린더형 공심코일은 영구자석과 요크에 의해서 완벽하게 둘러싸여 있으므로 효율이 극대화된다. 보이스코일 모터는 히스테리스 힘이나 토크리플, 백래시 등이 없기 때문에 대부분의 다른 작동기술에 비해 초정밀 위치제어에 월등한 성능을 갖는다. **그림 8.15** (b)에서는 공극 내에서 보이스코일의 중심위치(x_c)의 변화에 따른 전류강성(F/i)의 변화특성을 보여주고 있다. 보이스코일의 중심이 영구자석의 중심위치(x_1)에 있을 때에 가장 위치강성이 크며 (즉, 단위전류당 가장 큰 힘을 낼 수 있으며), 편측으로 갈수록 위치강성이 급격하게 떨어진다는 것을 알 수 있다. 따라서 보이스코일 작동기는 대변위 작동기의 목적으로는 잘 사용되지 않으며, 미소변위 작동기로 널리 사용되고 있다.

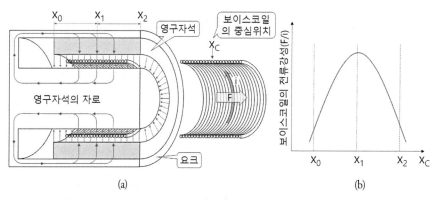

그림 8.15 실린더형 보이스코일모터의 구조

표 8.5에서는 실린더형 보이스코일모터의 제원을 예시하여 보여주고 있다. 여기서 외경은 요크의 외경을 의미하며, 다양한 스트로크로 설계가 가능하다. 표에서 알 수 있듯이 보이스코일모터의 (순시)최대출력은 정격출력의 3~6배에 달한다. 따라서 급가/감속과 같은 고속작동에 유리하

---

14 스피커와 동일한 구조를 가지고 있기 때문에 붙여진 이름이다.

다. 하지만 작은 체적 내에서 다량의 열이 발산되기 때문에 방열설계에 유의하여야만 한다. 여기서도 강조하지만, **표 8.5**는 보이스코일의 일례일 뿐이다. 보이스코일모터의 외형은 실린더형 이외에도 사각형이나 여타 다양한 형상이 제작되고 있으며, 다양한 크기와 스트로크를 가지고 있는 보이스코일 모터가 공급되고 있다.

표 8.5 실린더형 보이스코일모터의 사례15

외경

외경 [mm]	스트로크 [mm]	최대			정격(rms)		
		출력[W]	힘[N]	전류[A]	출력[W]	힘[N]	전류[A]
ϕ 12.7	6.4	43.44	3.53	6.20	2.89	0.91	1.60
ϕ 19	5	45.16	7.88	4.50	2.23	1.75	1.00
ϕ 20	10	51.84	7.60	3.80	2.18	1.56	0.78
ϕ 24	10	84.62	14.82	3.80	2.71	2.65	0.68
ϕ 30	15	163.52	29.40	4.00	4.06	4.63	0.63
ϕ 40	20	245.03	58.05	4.50	7.17	9.93	0.77
ϕ 60	25	263.13	119.00	7.00	12.90	26.35	1.55
ϕ 90	30	529.20	315.00	14.00	42.34	89.10	3.96

보이스코일모터는 최대 작용력과 정격(RMS)작용력을 기준으로 선정한다. 예를 들어, 100[g]의 물체를 최대 가속도 40[m/s²]으로 기동해야 한다면, 최대 작용력은 $F_{\max} = m \times a = 0.1 \times 40 = 4[\text{N}]$ 이다. 작동조건이 0.5초간 가속, 1초간 정속 그리고 0.5초간 감속하여 정지한다면 정격 작용력은 다음과 같이 구할 수 있다.16

$$F_{rms} = \sqrt{\frac{t_1 F_1^2 + t_2 F_2^2 + t_3 F_3^2}{t_1 + t_2 + t_3}} = \sqrt{\frac{0.5 \times 4^2 + 1 \times 0^2 + 0.5 \times (-4)^2}{2}} = 2.83[\text{N}]$$

---

15   akribis-sys.co.kr를 참조하여 재구성하였다.
16   마찰력 $F_2 = 0$이라고 가정하였다.

따라서 최대 작용력($F_{\max}$)의 관점에서는 $\phi 19$ 정도의 보이스코일모터로도 충분하지만, 정격출력(F_{rms})을 계산해보면 이보다 세 단계나 더 큰 $\phi 30$ 크기의 보이스코일모터가 필요하다는 것을 알 수 있다.

8.1.2.2 리니어모터

그림 8.16에서와 같이, 'ㄷ'자 형상의 강자성체 요크의 내측면 서로 마주보는 위치에 판형 영구자석들을 배치한 다음에 경주트랙 형상의 타원형 코일을 배치하면 길이방향으로 로렌츠 작용력을 생성할 수 있으며, 여타의 방향에 대해서는 위치강성이 0에 근접하는 이상적인 직선운동 작동기를 구현할 수 있다. 또한 3개(또는 6개)의 타원형 코일들을 일렬로 배치한 다음에 120°의 위상차이를 가지고 있는 3상 전원을 공급하면 무한의 길이를 연속 작동할 수 있는 **리니어모터**를 만들 수 있다.

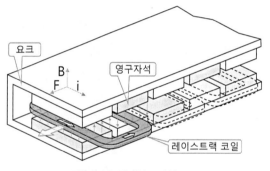

요크 / B / F / i / 영구자석 / 레이스트랙 코일

그림 8.16 리니어모터의 구조

리니어모터는 직접 직선작용력을 생성하기 때문에 감속기나 회전운동으로부터의 동력변환장치가 필요 없어서 기구가 단순해지며, 비접촉 구동의 특성상 운동의 정숙성이 보장되기 때문에 높은 가격에도 불구하고 반도체와 디스플레이용 생산 장비의 구동에 널리 사용되고 있다. 하지만 로렌츠력을 사용하여 고속 고강성 위치제어를 구현하려면 엄청난 전류를 쏟아 부어야만 한다. 이로 인한 발열과 냉각대책이 리니어모터의 작동성능을 제한하는 주요 원인으로 작용하게 된다. 일반적으로 (강제대류)공랭방식으로는 저출력 저속운전만이 가능하며, 수냉 시스템을 구축하여야 고출력 고속운전을 구현할 수 있다. 또한 리니어모터의 발열에 의한 시스템의 열팽창 문제도

시스템의 위치결정 정밀도를 저하시키는 주요 원인으로 지목되고 있다. 따라서 리니어모터를 사용한 직선운동 시스템의 설계 시에는 리니어모터를 방열이 용이한 이송용 스테이지의 편측에 설치하고 요크의 열린 면을 위로 향하게 배치하는 등과 같은 열관리 설계에 세심한 주의를 기울여야만 한다.

표 8.6에서는 리니어모터의 제원을 예시하여 보여주고 있다. 리니어모터는 냉각성능에 따라서 공급할 수 있는 전류량이 달라지기 때문에 예시의 경우에서는 자연냉각의 경우와 1.4[bar]의 압축공기를 사용한 공랭 시의 정격출력을 함께 제시하고 있다.

표 8.6 리니어모터의 사례[17]

무버 길이 [mm]	모터상수 $[N/\sqrt{W}]$	최대		정격(자연냉각)			정격(1.4[bar] 압축공기 공랭)		
		힘[N]	전류[A]	저항[°C/W]	힘[N]	전류[A]	저항[°C/W]	힘[N]	전류[A]
143.8	6.62	435.5	19.44	0.91	69.4	2.19	0.37	108.9	3.44
204.7	8.87	632.7	34.80	0.85	96.4	3.75	0.31	158.2	6.15
265.7	10.31	758.6	31.20	0.69	124.0	3.61	0.30	189.6	5.52
326.6	11.10	835.3	28.80	0.59	145.0	3.54	0.28	208.8	5.09
387.6	12.68	999.8	27.20	0.61	161.7	3.11	0.26	250.0	4.81

예를 들어, 질량이 20[kg]인 스테이지가 500[mm]의 거리를 480[ms] 동안 이동한 이후에 520[ms] 동안 대기($= t_4$)하며, **그림 8.9**의 속도 그래프에서 $t_1 = 160[ms]$, $t_2 = 160[ms]$ 그리고 $t_3 = 160[ms]$ 라 하자. 사다리꼴의 속도 프로파일이므로, 최고속도 $v(t)$는 다음 식을 사용하여 계산할 수 있다.

$$v(t) = \frac{2L}{t_1 + 2 \times t_2 + t_3} = \frac{2 \times 0.5[\text{m}]}{0.64[\text{s}]} = 1.5625[\text{m/s}]$$

17 aerotech.com의 BLM 모델을 참조하여 재구성하였다.

가속도는 다음과 같이 계산된다.

$$a(t) = \frac{v(t) - 0}{t_1} = \frac{1.5625\,[\mathrm{m/s}]}{0.16\,[\mathrm{s}]} = 9.766\,[\mathrm{m/s^2}]$$

따라서 가속에 필요한 힘은 다음과 같이 계산된다.

$$F_1 = -F_3 = m \times a = 20\,[\mathrm{kg}] \times 9.766\,[\mathrm{m/s^2}] = 195.32\,[\mathrm{N}]$$

마찰력은 무시하고($F_2 = 0$) 구간별 작용력을 사용하여 정격 작용력을 계산하면 다음과 같다.

$$
\begin{aligned}
F_{rms} &= \sqrt{\frac{t_1 F_1^2 + t_2 F_2^2 + t_3 F_3^2 + t_4 F_4^2}{t_1 + t_2 + t_3 + t_4}} \\
&= \sqrt{\frac{0.16 \times 195.32^2 + 0.16 \times 0 + 0.16 \times (-195.32)^2 + 0.52 \times 0}{1}} = 110.5\,[\mathrm{N}]
\end{aligned}
$$

따라서 정격출력이 110.5[N]보다 크고, 최대출력은 195.32[N]보다 큰 모델을 찾아보면 무버코일의 길이가 265.7[mm]인 자연냉각식 리니어모터나 무버코일의 길이가 204.7[mm]인 강제냉각식 리니어모터를 사용할 수 있다. 작동 중 리니어모터의 온도 상승량은 다음 식을 사용하여 계산할 수 있다.

$$
\begin{aligned}
\Delta T = R_T \left(\frac{F_s}{M_c} \right)^2 &= 0.69 \times \left(\frac{110.5}{10.31} \right)^2 = 79.3\,[^\circ\mathrm{C}] \cdots\cdots\cdots \text{자연냉각} \\
&= 0.31 \times \left(\frac{110.5}{10.31} \right)^2 = 35.6\,[^\circ\mathrm{C}] \cdots\cdots\cdots \text{강제냉각}
\end{aligned}
$$

여기서 $R_T[^\circ\mathrm{C/W}]$는 모터의 열저항 값이며, M_c는 모터상수이다. 상온이 20[℃]라고 한다면 자연냉각 시에는 리니어모터 무버코일(265.7[mm])의 온도가 99.3[℃]까지 상승한다. 이는 분명히 허용하기 어려운 온도이다. 반면에 강제냉각 시의 리니어모터 무버코일(204.7[mm])의 온도는 68.1[℃] 까지 상승하며, 이는 어느 정도 관리할 수 있는 온도이다. 따라서 무버코일의 길이가 204.7[mm]인 강제냉각 방식의 모델을 선정하는 것이 합당하다.

8.1.3 압전 작동기

자연계에 존재하는 32가지 결정형태들 중에서 21가지는 비대칭 구조(전기쌍극자)를 가지고 있다. 이런 비대칭 결정구조에 외력이 부가되어 변형이 발생하면 양성자와 전자들의 분포에 불평형(전기쌍극자 모멘트)이 초래되면서 전하가 생성되며, 이를 **직접압전효과**라고 부른다. 이 직접압전효과에 의하여 생성된 전극전압으로 가속도나 힘을 측정할 수 있다. 이와 반대로 비대칭 결정구조에 전기장을 가하면 전압이 부가된 방향으로 팽창이나 수축을 일으킨다. 이를 **역압전효과**라고 부르며, 이를 활용하여 작동기를 제작할 수 있다.

하지만 수정이나 로셀염과 같이 압전효과를 나타내는 대부분의 물질들은 유전율 상수값이 매우 큰 강유전성 소재들이다. 이런 강유전성 압전소자들은 히스테리시스 현상이 심하기 때문에, 측정기나 작동기의 용도로는 사용할 수 없으며, 스피커나 마이크와 같이 음향분야에 국한하여 사용되고 있다.

소위 **PZT**라고 부르는 티탄산지르콘산납과 **PLZT**라고 부르는 티탄산지르콘산란탄산납은 히스테리시스 현상이 작고, 선형성이 뛰어나서 센서와 작동기의 용도로 널리 사용되고 있다.

$10^{12} \sim 10^{15}$개의 원자들이 모여서 형성한 전기 쌍극자를 **바이스도메인**[18]이라고 부른다. 분극전의 자연 상태에서 만들어진 바이스도메인들의 쌍극자 분포는 **그림 8.17** (a)에서와 같이 임의방향으로 분산되어 있기 때문에 압전현상이 나타나지 않는다. 압전소재를 큐리온도에 근접하게 가열한 상태에서 강한 전기장(>2[kV/mm])을 가하면 **그림 8.17** (b)에서와 같이 바이스도메인들이 정렬을 맞추게 된다. 외부전기장을 유지하면서 온도를 서서히 낮추어 소재를 냉각하고 나면, 압전소재의 내부 바이스도메인들은 **그림 8.17** (c)에서와 같이, 거의 완벽하게 정렬된 상태가 유지된다. 이를 **분극** 또는 **극성화**라고 부른다.

---

18 Weiss domain.

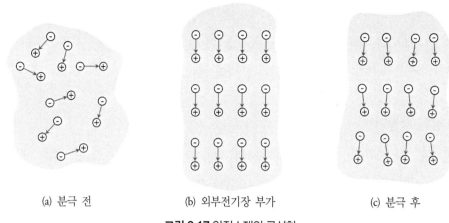

| (a) 분극 전 | (b) 외부전기장 부가 | (c) 분극 후 |

그림 8.17 압전소재의 극성화

압전 소재는 부도체이므로 소재 내부에서 전자의 이동은 발생하지 않는다. 따라서 압전소재 내에서 변형에 의해서 발생하는 총전하의 이동은 전자의 흐름에 의한 것이 아니며 개별 분자들의 미소한 전하이동들이 누적된 결과이다. 양쪽 표면에 전극이 증착된 얇은 판형 압전소재에 외력이 가해지면 전하량(q)은 다음과 같이 변하게 된다.

$$\Delta q = P \times F + C \times V$$

여기서 P[m/V]는 압전계수, F[N]는 외력, $C = \varepsilon A/t$는 정전용량 그리고 V는 전압이다. 또한 ε은 압전체의 유전율상수, A는 단면적 그리고 t는 판형 압전소재의 두께이다. 위 식에 따르면 전하량의 변화(Δq)는 판형 압전체에 가해지는 외력에 비례하는 성분($P \times F$)과 전극에 부가된 전압에 비례하는 성분($C \times V$)으로 이루어진다는 것을 알 수 있다. 전극에 부가되는 전압이 일정한 경우에, 이 전하량의 변화를 측정하여 외력을 측정할 수 있다(직접압전효과).

또한 정적인 예하중(F)을 받고 있는 판형 압전소재에 전압이 가해지면 판의 두께(t)는 다음과 같이 변하게 된다.

$$\Delta t = \frac{F}{K_N} + P \times V$$

여기서 $K_N = AE/t$[N/m]는 압전소재의 강성이다. 여기서 E는 압전소재의 영계수이다. 위

식에 따르면 압전체의 변형량(Δt)은 정적인 예하중에 의한 변형성분(F/K_N)과 전극에 부가된 전압에 비례하는 변형성분($P \times V$)으로 이루어진다는 것을 알 수 있다. 판형 압전체에 부가된 예하중이 일정한 경우에, 전극에 부가하는 전압을 변화시켜서 압전체의 두께를 변화시킬 수 있다 (역압전효과).

압전체를 작동기로 사용하기 위해서는 압전체의 특성과 압전체가 가지고 있는 다양한 비선형성들에 대하여 이해하고 있어야 한다. 압전체는 세라믹소재로 만들어지기 때문에 대부분 높은 강성을 가지고 있다. 따라서 최대전압을 가하여도 두께변화는 0.1[%] 정도에 불과하다. 특히 대변위 강성값은 미소변위 강성값의 절반에 불과한 비선형성이 존재한다. 압전소재에 전압을 부가하여 생성한 변형이 시간이 경과함에 따라서 감소하는 크리프현상이 존재한다. 이를 보상하기 위해서는 위치 피드백이 필요하다. 0.1[s] 후에 약 1~2[%]의 변형이 감소하며, 수 시간 이후에는 총변형의 10[%] 내외가 감소한다. 압전체를 구동하기 위해서 부가하는 전압의 상승에 따른 운동경로와 전압의 하강에 따른 운동경로가 서로 다른 히스테리시스가 존재한다. 그 크기는 이상적인 변형량의 약 15[%]에 달한다. 이를 보상하기 위해서 개루프보상이나 폐루프보상기법을 사용할 수 있다. 압전체의 압전계수 P[m/V]는 온도나 습도에 따라서 변하며, 시간에 따라서 분극특성이 저하되면서 압전계수가 감소한다. 이를 **노화현상**이라고 부르며, 수개월에서 수년의 주기를 가지고 있다.

2000년대 초반에 저자가 참여한 개발팀이 압전 초음파모터를 사용하여 렌즈를 이송시켜서 줌 기능을 구현한 카메라폰 모듈을 개발하였다.[19] 개발결과는 매우 성공적이었으며, 연속적으로 영상 줌이 가능한 카메라폰 모듈이 구현되었다. 하지만 이 당시 사용했던 초음파 모터용 링형 압전판에서 노화현상이 발견되었으며, 기술외적 문제[20]가 발생하여 상용화에 이르지는 못하였다.

8.1.3.1 압전 작동기의 설계

압전 작동기는 세라믹 소재로 만들기 때문에 강성이 높지만 깨지기도 쉽다. 압전 작동기는 변형량이 매우 작다. 따라서 작동기의 변형량을 증대시키기 위해서 양쪽 표면에 전극이 도금된 얇은 박판소재로 기본 모듈을 제작한 다음에 이들을 다수 적층 접착하여 막대형 작동기로 제작한

---

19 장인배 외, 카메라 모듈의 렌즈 이송장치, 발명특허 10-0550907-0000, 그림 8.20
20 발주처가 개발계획을 중단하였다.

다. 이로 인하여 적층형 압전작동기들은 압축부하에는 매우 강하지만 인장, 비틀림 및 전단부하에는 취약하다. 따라서 밀고 당기는 목적으로 압전 작동기를 사용하는 경우에는 미리 예하중을 부가하여 당김 시 압전체에 인장하중이 부가되지 않도록 만들어야 한다. **표 8.7**에서는 적층형 압전 작동기들의 제원을 예시하여 보여주고 있다.

표 8.7 육면체 적층형 압전 작동기의 사례[21]

외형	외형치수 [mm]	정격변위 [μm]	최대변위 [μm]	최대하중 [N]	강성 [N/μm]	정전용량 [μF]	공진주파수 [kHz]
	3×2×9	6.5	8	190	24	0.15	135
	3×2×13.5	11	13	210	16	0.27	90
	3×2×18	15	18	210	12	0.31	70
	3×3×9	6.5	8	290	36	0.21	135
	3×3×13.5	11	13	310	24	0.35	90
	3×3×18	15	18	310	18	0.48	70
	5×5×9	6.5	8	800	100	0.6	135
	5×5×13.5	11	13	870	67	1.1	90
	5×5×18	15	18	900	50	1.5	70
	5×5×36	32	38	950	25	3.1	40
	7×7×13.5	11	13	1,700	130	2.2	90
	7×7×18	15	18	1,750	100	3.1	70
	7×7×36	32	38	1,850	50	6.4	40
	10×10×13.5	11	13	3,500	267	4.3	90
	10×10×18	15	18	3,600	200	6.9	70
	10×10×36	32	38	3,800	100	13.0	40

그림 8.18에서는 예하중 부가된 변위증폭식 압전작동기구의 설계사례를 보여주고 있다. **그림 8.18** (a)에서 예하중용 스프링은 압전 작동기에 압축 예하중을 부가하여준다. 이 스테이지는 양측에 한 쌍의 4절 링크형 플랙셔들이 설치되어 있으며, 그 사이에는 이들과 평행하게 길이가 다른 압전 작동기가 설치되어 있다. **그림 8.18** (b)에서와 같이, 사절링크가 각도 θ만큼 회전하면서 상부 스테이지가 시계방향으로 길이 $L(=R\sin\theta)$만큼 이동한 경우에, 압전 작동기 조인트위치에서는 사절링크의 짧은 회전반경과 압전작동기의 긴 회전반경 사이에 (x_2, y_2)와 (x_3, y_3)만큼의

---

21 static.piceramic.com을 참조하여 재구성하였다.

위치 차이가 발생한다. 이 길이 차이(δ)가 바로 압전 작동기가 늘어난 길이이며, 다음과 같이 삼각함수를 사용하여 세 점의 위치를 계산하여 구할 수 있다.

$$x_1 = R\sin\varphi, \quad y_1 = R\cos\varphi$$
$$x_2 = x_1 + r\sin\theta, \quad y_2 = y_1 - r(1 - \cos\theta)$$
$$x_3 = R\sin(\varphi + \theta), \quad y_3 = R\cos(\varphi + \theta)$$
$$\therefore \delta = \sqrt{(x_3 - x_2)^2 + (y_3 - y_2)^2}$$

예를 들어, $r = 40[\text{mm}]$, $R = 50[\text{mm}]$, $\phi = 10[\text{deg}]$, 회전각 $\theta = 0.5[\text{deg}]$라고 한다면,

$$x_1 = 50\sin(10°) = 8.6824[\text{mm}], \quad y_1 = 50\cos(10°) = 49.2404[\text{mm}]$$
$$x_2 = 8.6824 + 40\sin(0.5°) = 9.0333[\text{mm}], \quad y_2 = 49.2404 - 40(1 - \cos(0.5°) = 49.2389[\text{mm}]$$
$$x_3 = 50\sin(10° + 0.5°) = 9.1118[\text{mm}], \quad y_3 = 50\cos(10° + 0.5°) = 49.1627[\text{mm}]$$
$$\therefore \delta = \sqrt{(9.1118 - 9.0333)^2 + (49.1627 - 49.2389)^2} = 0.1094[\text{mm}]$$

이므로, 압전 작동기의 늘어난 길이 $\delta = 0.1094[\text{mm}]$이며, 스트로크 $L = 40\sin(0.5) = 0.3490\text{mm}]$이다. 따라서 3.19배의 변위증폭이 이루어졌음을 알 수 있다. 만일 5×5×36[mm] 크기의 압전 작동기를 사용했다고 한다면 이 작동기의 강성은 25[N/μm]이므로, 제작된 스테이지의 수평방향 강성은 7.84[N/μm]으로 감소한다. 스테이지의 최대하중지지력도 작동기의 하중지지력인 950[N]의 1/3.19인 297.8[N]으로 감소한다는 것도 예상할 수 있다. 압전작동기는 변위가 매우 작기 때문에 시소형 플랙셔 어레이의 지렛대 효과를 사용하여 변위를 증폭하는 변위증배기구가 많이 사용된다. 하지만 변위가 증폭되면 이에 반비례하여 강성과 정밀도가 감소한다는 점을 명심해야 한다. 또한 이 설계사례에서와 같이, 스프링의 예하중을 받는 시소형 플랙셔 기구가 적층형 압전작동기에 압축예하중을 부가하면, 이 작동기구로 외부물체에 밀고 당기는 힘을 부가한다고 하여도 압전작동기에는 항상 압축력만이 안정적으로 부가되어 인장부하에 의한 파손이 방지된다.

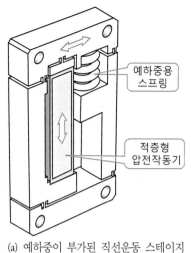

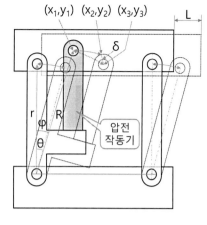

(a) 예하중이 부가된 직선운동 스테이지

(b) 등가해석모델

그림 8.18 변위증폭식 압전 작동기구의 사례

8.1.3.2 초음파모터

압전 작동기의 초음파 진동을 이용하여 물체를 이송하는 모터를 **초음파모터**라고 부른다. 초음파모터에서는 압전 초음파 작동기와 이동자가 예하중을 받으며 건마찰 상태로 접촉하고 있다. 하지만 압전 초음파 작동기가 진동하면서 순간적으로 접촉이 떨어지면 이동자가 움직일 수 있게 된다. 초음파모터는 1970~1980년대에 일본의 연구자들에 의해서 개발되었으며, 캐논社의 카메라 초점 조절기구에서 사용되면서 산업적 관심을 받게 되었다.

초음파 모터는 작동기와 이동자 사이의 접촉계면에서 마찰상태를 변화시키기 위해서 **진행파진동**[22]과 **정재파진동**[23]의 두 가지 방식을 사용할 수 있다. 하지만 정재파진동은 정-역방향 이송이 자유롭지 못하며, 반면에 진행파진동이 효율이 높고 접촉계면의 마모가 작기 때문에 진행파진동 방식이 널리 사용되고 있다. **그림 8.19**에서는 진행파진동을 사용한 초음파 작동기의 이송력 생성 원리를 보여주고 있다.

그림 8.19 (a)에서는 진행파에 의한 이송력의 생성원리를 보여주고 있다. 초음파 작동기와 이동 자가 예하중을 받으며 건마찰 상태로 접촉하고 있는 상황에서 압전초음파 작동기가 그림과 같이 진동하면서 진행파를 일으키면 이동자와의 경계면에서 작동기의 형상은 파도모양으로 변형되어

22　traveling wave vibration.

23　standing wave vibration.

접촉부가 면접촉에서 선접촉으로 전환된다(그림에서는 변형을 과장되게 표현하였다). 그리고 모든 접촉점들은 점선으로 표시된 입자운동궤적을 따라서 반시계방향으로 타원운동을 하게 된다. 이로 인하여 이동자는 진행파 방향과는 반대방향으로 밀려나가게 된다. 이는 마치 바다에 떠 있는 부유물이 파도의 진행방향과는 반대방향으로 밀려나가는 것과 같은 원리이다. **그림 8.19** (b)에서와 같이 압전초음파 작동기를 링 형상으로 배치하고 진행파를 회전시키면 링형 이동자를 회전시킬 수 있다.

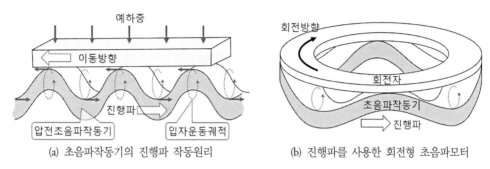

(a) 초음파작동기의 진행파 작동원리   (b) 진행파를 사용한 회전형 초음파모터

그림 8.19 초음파 모터의 작동원리

그림 8.20에서는 줌 기능을 갖춘 카메라폰 모듈을 구현하기 위해서 진행파 구동방식의 초음파모터를 활용한 사례를 보여주고 있다. 예하중 스프링에 의해서 배럴 구동용 경사면을 갖춘 안내면이 링형 압전체와 접촉하고 있다. 초음파모터가 진행파를 사용하여 안내면을 회전시키면 경사면을 따라서 렌즈 배럴이 수직방향으로 이동하면서 렌즈 어레이가 조립된 광학경통을 광축방향으로 이송한다. 이를 통해서 렌즈 어레이와 이미지센서 사이의 거리를 변화시켜서 성공적으로 줌 기능을 구현할 수 있었다.

표 8.8에서는 회전형 초음파모터의 제원을 보여주고 있다. 표에서 알 수 있듯이 초음파모터는 회전속도가 느리고 토크가 작으며, 정격토크와 최대토크의 차이가 크지 않아서 물체의 가속에 불리하다. 하지만 팬케이크형의 슬림한 구조를 가지고 있으며, 소비전력이 작고, 전원을 꺼도 강한 힘으로 위치를 유지하는 특성을 가지고 있다. 이는 배터리를 사용하여 초점과 줌을 조절하는 휴대용 카메라의 렌즈 조절기구에서 매우 유용한 성질이다.

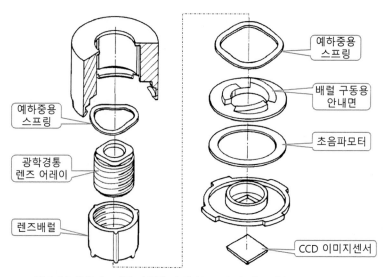

그림 8.20 초음파모터를 사용한 카메라폰 모듈의 렌즈 이송기구 설계사례[24]

표 8.8 회전형 초음파모터의 사례[25]

	스테이터직경 D[mm]	소비전력 [W]	정지토크 [mNm]	최대		정격	
				속도[rpm]	토크[mNm]	속도[rpm]	토크[mNm]
	20	0.7	50	600	30	410	15
	30	1.7	150	300	100	245	67
	45	3	450	250	300	150	180
	60	7	1,300	230	900	110	600
	75	12	1,800	200	1,200	150	750

애벌레가 기어가듯이 작동하기 때문에 **인치웜모터**라고 부르는 초음파모터도 압전초음파 작동기를 사용하지만 작동원리는 진행파나 정재파를 사용하는 초음파모터와는 전혀 다르다. **그림 8.21**에서는 인치웜모터의 작동선도를 보여주고 있다. 초음파모터는 가로로 설치된 이송용 압전체

24 장인배 외, 카메라 모듈의 렌즈 이송장치, 발명특허 10-0550907-0000.

25 dynetics.eu를 참조하여 재구성하였다.

와 세로로 설치된 두 개의 고정용 압전체 그리고 이동자와 안내기구로 구성되어 있다. 정지 시에는 고정용 압전체들이 이동자를 누르고 있어서 이동자는 정지상태를 유지한다. 좌측 고정용 압전체(①)를 이완시켜 이동자를 붙잡은 상태에서 우측 고정용 압전체를 수축(②)시킨 다음에 이송용 압전체를 수축(③)시키면 이동자는 우측으로 이동한다. 뒤이어 우측 고정용 압전체를 이완(④)시키고 좌측 고정용 압전체를 수축(⑤)시킨 다음에 이송용 압전체를 이완(⑥)시키면 이동자는 다시 우측으로 이동한다. 마지막으로 좌측 고정용 압전체를 이완(①)시키면 이동자 고정상태로 복귀한다. 진행파를 사용하는 초음파 모터는 각도분해능과 같은 위치결정성이 떨어지는 반면에 인치웜 작동기는 이송용 압전체의 작동 스트로크 조절을 통해서 나노미터 단위의 초미세 이동이 가능하며, 압전체의 특성상 위의 과정을 매우 빠르게 반복할 수 있기 때문에 상당한 수준의 이송속도를 구현할 수 있다.

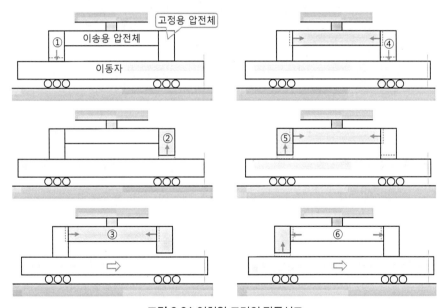

그림 8.21 인치웜 모터의 작동선도

표 8.9에서는 인치웜모터의 제원을 보여주고 있다. 인치웜 모터는 작은 크기에 비해서 비교적 큰 구동력을 가지고 있지만 소비전력이 작아서 발열문제가 없다. 하지만 가감속 능력이 떨어지고 작동부 표면의 오염에 매우 민감하기 때문에 청결도 유지에 극도로 주의해야만 한다.

진행파 구동방식 초음파모터나 인치웜 구동방식 초음파모터는 소비전력이 작아서 발열문제가 없으며, 전력이 공급되지 않는 정지상태에서 강력한 위치유지능력을 갖추고 있다. 이는 리니어모터나 보이스코일모터에서 구현할 수 없는 매우 강력한 기능이다. 따라서 초음파모터의 장점과 단점을 잘 이해한다면, 고속작동이 필요 없는 광학부품과 같은 경량기구들의 초정밀 위치결정에 매우 유용하게 사용할 수 있다.

표 8.9 직선형 인치웜 작동기의 사례[26]

| 17×19.6×7 모델 | 42×23.3×15 모델 | 65×29×29 모델 |

외형치수 [mm]	소비전력 [mW/Hz]	정지력 [N]	정격작동 범위		스텝길이	
			속도 범위[mm/s]	작용력[N]	최대[μm]	최소분해능[nm]
17×19.6×7	5	6.5	0~24	0~3	4.5	<1
22×21×17.5	10	20	0~24	0~10	4.5	<1
32.1×24.2×23.1	20	40	0~12	0~20	5.0	<1
42×23.3×15	7	15	0~12	0~8	4.5	<1
65×29×29	20	40	0~12	0~20	5.0	<1
80×50×50	200	300	0~0.3	0~150	4.0	<1
98×50×50	300	450	0~0.2	0~225	4.0	<1

8.2 감속과 동력전달

앞 절에서 살펴보았듯이 회전식 전기모터는 전기동력을 기계적 운동으로 변환시키는 경제적이며 효율성 높은 동력원이다. 하지만 회전식 전기모터의 정격 작동속도는 수천[rpm]의 빠른 속도 범위를 가지고 있는 반면에 관절형 로봇의 선회속도는 수~수십[rpm]의 매우 느린 속도로 작동하며, 직선이송기구의 작동속도 역시 수십~수백[mm/s] 범위의 느린 속도범위를 가지고 있기 때문에, 모터의 회전속도를 감속시키면서 작동토크는 증대시키기 위해서 고비율 감속기가 널리 사용되고 있다. 8.2.1절에서는 정밀로봇과 정밀기계에 널리 사용되는 유성기어, 하모닉드라이브 그리고 버니어드라이브와 같은 고비율 감속기들을 중심으로 하여 감속기에 대해서 살펴보기로 한다.

---

26 piezomotor.com을 참조하여 재구성하였다.

타이밍벨트는 관성이 작고 진동흡수특성이 양호하여 회전운동 및 직선운동방식의 고속작동기구에 널리 사용되는 동력전달기구이다. 하지만 장력부가방식에 따라서 동특성이나 강성변화가 심한 기계요소이다. 8.2.2절에서는 타이밍벨트를 사용한 동력전달계의 설계방법에 대해서 살펴보기로 한다.

고정밀 이송기구들은 아베오차를 줄이고 고강성을 구현하기 위해서 직교좌표계를 사용하기 때문에 모터의 회전동력을 직선운동으로 변환시키는 랙과 피니언, 나사식 이송기구 그리고 와이어 캡스턴구동기구와 같은 다양한 운동변환기구들이 사용된다. 8.2.3절에서는 랙과 피니언을 사용한 직선이송기구에 대해서 살펴보며, 마지막으로 8.2.4절에서는 볼스크루를 포함한 나사식 이송기구에 대해서 살펴보기로 한다.

8.2.1 감속기

원주면에 성형된 기어치형을 사용하여 운동을 전달하는 기구를 **기어**라고 부른다. 기어는 치형이 서로 맞물려 회전하기 때문에 운동전달이 확실하며, 작은 크기로 큰 동력을 전달할 수 있다. 특히 효율이 높고 속비변환이 용이하기 때문에, 회전동력을 전달하는 주요 동력전달기구로 널리 사용되고 있다. 하지만 **그림 8.22**에서와 같이 직경이 서로 다른 두 개의 기어를 사용하여 속도를 변속하면 치형의 간섭 때문에 5 : 1 이상의 감속비를 얻기가 어려우며, 일반적인 산업용 로봇들이 요구하는 수십~수백 : 1의 감속비를 얻기 위해서는 복잡한 다단감속 구조를 사용해야 한다. 이는 구조의 복잡성뿐만 아니라 백래시의 증가를 초래하기 때문에, 고정밀 위치결정용 감속기로 사용하기 어렵다. 이런 문제를 극복하기 위해서 오래전부터 유성기어 감속기와 하모닉드라이브가 사용되었다. 그런데 유성기어는 최대 감속비가 10 : 1에 불과하여, 고비율 감속을 위해서는 2단 구조를 사용하여야 한다. 하모닉드라이브는 100 : 1 내외의 고비율 감속이 용이하지만, 탄성 컵의 내구성 때문에 내구신뢰성의 문제를 가지고 있다. 최근 들어서 저자는 1단 감속으로 고비율 감속이 가능하며, 탄성체를 사용하지 않는 고비율 감속기인 버니어드라이브를 발명하였다. 이 절에서는 이런 고비율 감속기들의 특징과 장점 및 단점에 대해서 고찰하며, 고비율 감속기의 적용사례에 대해서도 살펴보기로 한다.

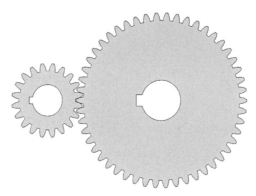

그림 8.22 스퍼 기어를 사용한 2.5:1 감속기의 사례(잇수비 20:50)

8.2.1.1 기어일반

두 기어치형이 서로 맞물려 돌아가면서 동력을 전달하기 위해서는 모든 기어의 물림위치에서 두 기어의 각속비가 일정하게 유지되어야 한다. **카뮈의 정리**에 따르면, 물고 돌아가는 2개의 기어가 일정한 각속비로 회전하려면 접촉점의 공통법선은 일정한 점을 통과해야만 한다. 반대로 접촉점의 법선이 일정한 점을 통과하는 곡선을 치형곡선으로 사용할 수 있다. **그림 8.23**에서는 산업적으로 널리 사용되는 두 가지 치형곡선인 사이클로이드 곡선과 인벌류트 곡선을 보여주고 있다.

그림 8.23 (a)의 **사이클로이드 치형**은 피치원 ①의 바깥쪽 원주상을 구르는 구름원 ② 상의 한 점이 만드는 에피사이클로이드 곡선 ③과 내측 원주상을 구르는 구름원 ④에 의한 하이포사이클로이드곡선 ⑤에 의해서 만들어진다. 이와 맞물리는 반대쪽 기어의 사이클로이드 곡선은 피치원 ⑥의 바깥쪽 원주상을 구르는 구름원 ⑦ 상의 한 점이 만드는 에피사이클로이드 곡선 ⑧과 내측 원주상을 구르는 구름원 ⑨에 의한 하이포사이클로이드곡선 ⑩에 의해서 만들어진다. 사이클로이드 치형은 미끄럼이 적기 때문에 마모상 유리하므로 정밀 측정기기의 기어 등에 사용되며, 최근 들어서 고비율 감속기에도 사용되고 있지만, 프로파일 가공이 필요하여 제작비용이 비싸다는 단점이 있다.

그림 8.23 (b)의 **인벌류트 치형**은 상부 기어의 피치원 ①과 하부기어의 피치원 ③이 서로 접한 상태에서 두 기어의 기초원 ②와 ④의 공통접선을 긋고, 임의의 점 P를 선택하여 접선의 시작점인 ⑤와 ⑥에서 각각 반원을 그려서 만들어진 곡선인 ⑦과 ⑧로 만들어진 치형이다. 인벌류트 곡선은 기초원에 의해서 결정되며, 피치원은 치형 생성에 아무런 영향을 끼치지 못한다. 이는 뒤에서 설명할 버니어 드라이브의 주요 설계원리이기도 하다. 인벌류트 치형은 사이클로이드 치형

에 비해서 미끄럼이 크지만, 호빙공구를 사용하여 손쉽게 가공할 수 있기 때문에 산업용 기어의
치형으로 널리 사용되고 있다.

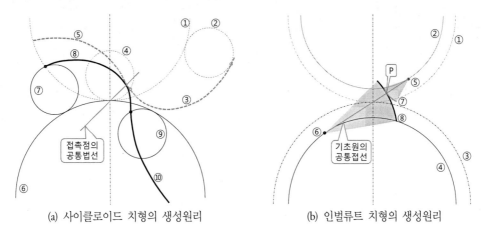

(a) 사이클로이드 치형의 생성원리   (b) 인벌류트 치형의 생성원리

그림 8.23 치형생성원리|27

일반적으로 기어치형의 크기는 모듈값(m)을 사용하여 나타낸다. 모듈은 피치원의 지름을 잇
수(Z)로 나눈 값이다.

$$m = \frac{D}{Z}[\text{mm}]$$

모듈은 기어의 표준화를 위해서 매우 중요한 인자로서, 일반적으로 모듈과 압력각이 동일한
기어끼리 서로 맞물려 사용한다.[28] **표 8.10**에서는 KS에 정의되어 있는 표준 모듈값들을 보여주고
있다(27~36은 DIN 규격임).

---

27   정선모, 한동철, 장인배, 표준기계설계학, 동명사, 2015를 참조하여 재구성하였다.

28   모듈이나 압력각이 다른 기어도 서로 맞물어 돌릴 수 있다. 다만, 표준화를 위해서 그런 조합을 사용하지 않을
뿐이다.

표 8.10 모듈(m)의 표준값[mm]29

0.2	0.25	0.3	(0.35)	0.4	0.45	0.5	(0.55)	(0.6)	(0.65)
0.7	(0.75)	0.8	0.9	1.0	1.25	1.5	1.75	2.0	2.25
2.5	2.75	3.0	3.25	3.5	3.75	4.0	4.5	5.0	5.5
6.0	6.5	7.0	8.0	9.0	10	11	12	13	14
15	16	18	20	22	25	27	30	33	36

한 쌍의 기어를 물려서 회전시킬 때에 한쪽 기어의 이끝이 상대쪽 기어의 이뿌리와 간섭을 일으켜서 회전할 수 없게 되는 경우가 있다. 이를 이의 간섭에 의한 **언더컷**이라고 부르며, 잇수가 작은 경우와 두 기어 사이의 잇수비가 큰 경우에 자주 발생한다. 언더컷이 생긴 기어의 이뿌리가 가늘어지며, 강도가 약해지기 때문에, 언더컷이 발생하지 않는 최소잇수 이상으로 기어를 제작해야만 한다. 다음 식을 사용해서 언더컷이 발생하지 않는 잇수의 범위를 계산할 수 있다.

$$Z_2 \leq \frac{Z_1^2 \sin^2\alpha - 4}{4 - 2Z_1 \sin^2\alpha}$$

여기서 Z_1은 작은 기어의 잇수, Z_2는 큰 기어의 잇수 그리고 α는 압력각이다. **표 8.11**에서는 압력각에 따른 작은기어 잇수(Z_1)의 최솟값과 실제로 사용 가능한 기어의 속도비를 제시하고 있다.

표 8.11 기어조합을 위한 기본 고려사항들30

압력각(α)	14.5°	15°	17.5°	20°	22°	24°	25°
언더컷 한계잇수(Z_1)	32	30	22	17	14	12	11
실용 한계잇수(Z_1)	26	25	18	14	12	10	9
작동속도	속도비의 한계						
	스퍼기어		베벨기어		더블헬리컬기어		
저속작동	7:1		5:1		12:1		
고속작동	5:1		3:1		8:1		

---

29 정선모, 한동철, 장인배, 표준기계설계학, 동명사, 2015를 참조하여 재구성하였다.
30 정선모, 한동철, 장인배, 표준기계설계학, 동명사, 2015를 참조하여 재구성하였다.

동력전달용 기어의 파손은 크게 이의 절단파손과 잇면의 손상으로 나눌 수 있다. 절단파손은 이의 뿌리부가 파손되는 경우로서, 과대하중에 의하여 단시간 만에 일어나며, 잇면의 손상은 피로에 의한 피팅, 박리 및 융착현상 등에 의해서 발생한다. 일반적으로 이의 절단파손에 대해서는 굽힘강도를 검토하여야 하며, 잇면손상에 대해서는 면압강도, 윤활문제에 의한 부식과 마모에 대해서는 스코링강도를 검토하여야 한다. 또한 표면 경화된 기어의 취성에 대해서는 굽힘강도, 인성에 대해서는 면압강도 그리고 고속 및 고부하에 대해서는 스코링강도를 살펴봐야 한다.

기어의 **굽힘강도** 검토에는 일반적으로 **루이스공식**이 널리 사용되고 있다.

$$W_t = \sigma_a b m y_0$$

여기서 W_t[kgf]는 피치원 방향의 허용접선하중, σ_a[kgf/mm^2]($= f_v \times \sigma_0$)는 기어재료의 허용굽힘응력, b는 이너비, m[mm]은 모듈 그리고 y_0는 치형계수이다. **표 8.12**에서는 스퍼기어의 치형계수를 예시하여 보여주고 있다.

표 8.12 스퍼 기어의 치형계수(y_0)[31]

잇수	12	14	18	20	24	30	38	50	75	100	150	300
압력각($\alpha = 14.5°$) 표준기어의 y_0	0.210	0.236	0.270	0.283	0.298	0.317	0.333	0.346	0.361	0.368	0.374	0.383
압력각($\alpha = 20°$) 표준기어의 y_0	0.245	0.277	0.309	0.320	0.337	0.359	0.384	0.409	0.435	0.446	0.460	0.472

기어의 잇면이 서로 맞물려 동력을 전달하는 과정에서 잇면에 접촉응력이 발생한다. 이 압력이 커지면 반복응력에 의한 피로현상인 피팅이 발생하여 잇면이 손상된다. **면압하중** 검토에는 헤르츠 공식을 기반으로 하여 유도된 허용면압하중(W_a)을 사용한다.

$$W_a = f_v K m b \frac{2Z_1 Z_2}{Z_1 + Z_2}$$

31　정선모, 한동철, 장인배, 표준기계설계학, 동명사, 2015를 참조하여 재구성하였다.

여기서 W_a[kgf]는 피치원 방향의 허용면압하중, f_v는 속도계수, K는 접촉면 응력계수, m[mm]은 모듈, b[mm]는 치폭 그리고 Z_1과 Z_2는 각각 큰 기어와 작은 기어의 잇수이다. **표 8.13**에서는 속도계수의 계산식과 응력계수 예시값을 보여주고 있다. 여기서 v는 원주속도이다.

표 8.13 속도계수(f_v)와 응력계수(K)[32]

구분	저속작동기어		중속작동기어		고속작동기어		비금속기어
기어가공상태	황삭가공		정삭가공		연삭가공		-
작동속도 범위[m/s]	<10		5~20		20~80		-
속도계수(f_v)	$\dfrac{3.05}{3.05+v}$		$\dfrac{6.1}{6.1+v}$		$\dfrac{5.55}{5.55+v}$		$\dfrac{0.75}{1+v}+0.25$
기어경도[HB]	압력각($\alpha=14.5°$)	압력각($\alpha=20°$)	기어경도[HB]	압력각($\alpha=14.5°$)		압력각($\alpha=20°$)	
150	$K=0.020$	$K=0.027$	300	$K=0.098$		$K=0.130$	
200	$K=0.040$	$K=0.053$	350	$K=0.137$		$K=0.182$	
250	$K=0.066$	$K=0.086$	500	$K=0.243$		$K=0.389$	

허용접선하중 또는 허용면압하중 W와 기어가 전달할 수 있는 전달동력 H 사이에는 다음의 관계식이 성립된다.

$$H_{PS}=\frac{Wv}{75}[\text{PS}], \quad H_{kW}=\frac{Wv}{102}[\text{kW}]$$

여기서 H_{PS}는 전달동력의 마력값[PS]이며, H_{kW}는 전달동력의 [kW]값이다.

예를 들어, 모듈 $m=1.5$[mm], 치폭 $b=25$[mm], 잇수 $Z_1=20$, $Z_2=75$, 압력각 $\alpha=20°$, 치면경도 $H_B=300$, 회전속도 $N_1=500$[rpm]일 때 이 기어열이 전달할 수 있는 마력은 얼마이겠는가?

큰기어의 접선속도 v는 다음과 같이 계산할 수 있다.

$$v=r\times\omega=\left(\frac{mZ_1}{2}\right)\times\left(\frac{N_1}{60}\times2\pi\right)=\left(\frac{1.5\times20}{2}\right)\times\left(\frac{500}{60}\times2\pi\right)=785.4[\text{mm/s}]$$

---

32 정선모, 한동철, 장인배, 표준기계설계학, 동명사, 2015를 참조하여 재구성하였다.

이 속도는 10[m/s] 미만의 느린 속도에 해당하므로 속도계수 f_v는 다음과 같이 계산된다.

$$f_v = \frac{3.05}{3.05 + 0.7854} = 0.7952$$

$\sigma_0 = 20[\text{kgf/mm}^2]$인 일반 기계강을 사용하였다고 가정하여 루이스공식으로 허용 접선하중 W_t를 구하면 다음과 같다.

$$W_t = \sigma_a bmy_0 = (f_v\sigma_0)bmy_0 = (0.7952 \times 20) \times 25 \times 1.5 \times 0.320 = 190.85[\text{kgf}]$$

여기서 치형계수 y_0는 큰 기어의 값인 0.435와 작은 기어의 값인 0.320 중에서 더 작은 값을 사용하였다.

다음으로 허용면압하중 W_a는 **표 8.13**에서 $\alpha = 20°$이며, $H_B = 300$인 경우의 $K = 0.130$을 대입하여 다음과 같이 계산할 수 있다.

$$W_a = f_v Kmb\frac{2Z_1Z_2}{Z_1 + Z_2} = 0.7952 \times 0.130 \times 1.5 \times 25 \times \frac{2 \times 20 \times 75}{20 + 75} = 122.4[\text{kgf}]$$

위에서 구한 두 값들 중에서 더 작은 값인 $W_a = 122.4[\text{kgf}]$를 사용하여 허용전달동력 H를 구할 수 있다.

$$H_{PS} = \frac{122.4 \times 0.7854}{75} = 1.28[\text{PS}], \quad H_{kW} = \frac{122.4 \times 0.7854}{102} = 0.94[\text{kW}]$$

실제의 기어는 윤활유막에 덮인 상태에서 맞물려 돌아가고 있다. 그런데 고속작동 중에 고하중이 작용하여 치면압력이 높아지면 유막이 파괴되면서 금속 간 접촉이 발생하게 된다. 기어치면의 금속간 접촉으로 인하여 표면의 순간온도가 상승하여 치면이 눌어붙는 현상을 **스코링**이라고 부른다. 스코링의 발생을 방지하기 위해서는 치면 접촉부의 미끄럼마찰에 의한 순간온도상승이 윤

활유의 발화온도보다 낮게 유지되도록 허용면압을 제한하여야 한다.[33]

지금까지는 스퍼 기어의 치형을 기준으로 하여 감속기 설계 시 고려사항들에 대해서 살펴보았다. 서로 맞물려 돌아가는 한 쌍의 기어를 두 기어축 사이의 상대적인 위치에 따라서 분류하면 **표 8.14**에서와 같이 다양한 유형들로 세분화된다. 감속기는 유형별로 작동효율, 감속비, 제작비용 등이 크게 다르기 때문에 선택 시 신중한 고려가 필요하다.

표 8.14 기어의 유형별 특징[34]

축배치	기어의 명칭	치형접촉	특징
평행	스퍼기어	직선	이끝이 직선이며 축선과 평행한 원통형상 기어
	래크기어	직선	스퍼기어의 반경을 무한대로 키워 직선형상으로 만든 기어
	헬리컬기어	점	이끝이 헬리컬 나선형상을 가지는 원통기어
	헤링본기어	직선	오른나사와 왼나사형상을 가지는 헬리컬기어를 맞붙인 기어
	안기어	직선	링형상의 내측에 기어치형을 성형한 기어
교차	베벨기어	직선	직각인 2축 사이에 운동을 전달하는 원추형 기어
	마이터기어	직선	직각인 2축 사이에 운동을 전달하는 잇수가 동일한 베벨기어
	앵귤러베벨기어	직선	직각이 아닌 2축 사이에 운동을 전달하는 원추형 기어
	크라운기어	직선	피치면이 평면인 베벨기어
	직선베벨기어	직선	스퍼기어 형상의 원추형 베벨기어
	스파이럴베벨기어	곡선	헬리컬기어형상의 원추형 베벨기어
	제롤베벨기어	곡선	나선각이 0도인 스파이럴 베벨기어
	스큐베벨기어	직선	크라운기어의 이끝이 직선이며 꼭짓점을 향하지 않는 베벨기어
엇갈림	스큐기어	직선	두 축이 교차하지도, 평행하지도 않는 2축 간의 운동을 전달하는 기어들을 총칭하여 스큐기어라고 부른다.
	나사기어	점	동일방향 헬리컬기어 한 쌍을 사용하여 구성한 스큐기어
	하이포이드기어	직선	2축이 교차하지 않는 베벨기어
	페이스기어	점	크라운 기어와 스퍼 또는 헬리컬 기어의 조합
	웜기어	곡선	나사형 웜과 장고형 웜휠이 조합된 고비율 감속기

이 절에서는 기어를 활용한 동력전달계 설계 시 필수적으로 고려해야 하는 사항들에 대해서 간략하게 살펴보았다. 하지만 기어는 매우 전문화된 설계영역이므로, 기어설계나 감속기 설계를 위해서는 보다 깊은 고찰과 계산이 필요하다. 이 주제에 대해서 관심이 있는 독자들은 기어 관련

---

33 R. Wydler, The calculation of scoring resistance in gear drives, Technical Document, Magg Gear Wheel Co.
34 정선모, 한동철, 장인배, 표준기계설계학, 동명사, 2015를 참조하여 재구성하였다.

전문 서적[35]을 참조하기 바란다.

8.2.1.2 유성기어

그림 8.24에 도시되어 있는 것처럼, 태양계의 행성처럼 기어들이 서로 맞물려서 자전과 공전을 한다고 해서 **유성기어**라고 부른다. 그림에서, 중앙의 태양기어와 안기어 사이에 하나 또는 다수의 유성기어를 설치한 후에 태양기어를 회전시키면 유성기어는 태양기어와 안기어 사이에서 자전과 공전을 하게 된다. 이때에 유성기어(캐리어)의 공전속도와 태양기어의 자전속도 사이에는 다음의 관계식이 성립된다.

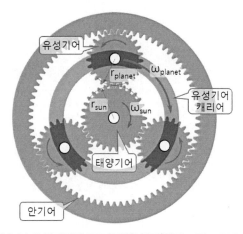

그림 8.24 유성기어의 구조와 작동원리(컬러 도판 p.759 참조)

$$\omega_{sun} = \frac{2(r_{sun} + r_{planet})}{r_{sun}} \omega_{planet}$$

예를 들어, 태양기어와 유성기어의 직경이 서로 동일한($r_{sun} = r_{planet}$) 유성기어라고 한다면, 속도비는 $\omega_{sun} = 4 \times \omega_{planet}$이 된다. 즉, 4:1 감속기가 구현된다. 또한 유성기어의 직경이 태양기어의 4배($r_{planet} = 4 \times r_{sun}$)인 유성기어면, 속도비는 $\omega_{sun} = 10 \times \omega_{planet}$이 된다. 즉, 10:1 감속기가 구현된다. 하지만 이보다 직경비가 더 커지면 기어의 미끄럼이 심해지고 고속 작동 시

35   S. Radzevich, Dudley's Handbook of Practical Gear Design and Manufactures, CRC Press, 2012.

언더컷이 발생할 위험이 커지기 때문에 유성기어의 감속비는 10:1이 한계이다. 따라서 10:1보다 더 큰 감속비가 필요하다면 유성기어 감속기를 직렬로 연결하여 2단 또는 다단으로 사용한다.

유성기어[36]는 표준 인벌류트 치형을 사용하기 때문에 제작이 용이하며, 작동효율이 높다. 스퍼기어의 특성상 견실성과 내구성이 뛰어나며 가혹운전이 가능하다. **표 8.15**에서는 상용 유성기어의 감속비에 따른 출력특성을 보여주고 있다. 표에서도 알 수 있듯이 감속비 10:1 이하는 1단 감속이 가능하지만, 이를 넘어서면 2단 감속이 필요하다. 또한 동일한 외형치수를 갖는 유성기어에서 감속비가 커진다고 해서 출력토크가 증가하는 것이 아니라 오히려 약간씩 감소하는 경향을 가지고 있다는 것도 알 수 있다. 이는 감속비가 커질수록 태양기어의 직경과 기어의 모듈을 줄여야 하기 때문이다. 최근 들어 협동로봇 등의 용도로 각광받고 있는 6축 로봇에는 전형적으로 100:1의 감속기가 사용된다. 이런 목적으로 유성기어를 사용하기 위해서는 2단형 감속기를 사용

표 8.15 상용 유성기어의 감속비에 따른 출력특성 사례[37]

하우징외경[mm]	50	70	90	120	150	감속비	단수
중량[kg]	0.60	1.40	2.80	6.70	9.84	-	1
	1.05	2.20	4.48	9.84	13.25	-	2
최대가속토크 [Nm]	27	85	293	630	1,168	5:1	1
	23	76	257	556	1,037	10:1	1
	29	90	238	504	1,049	20:1	2
	27	85	261	560	1,168	50:1	2
	23	76	229	495	1,037	100:1	2
정격출력토크 [Nm]	15	47	163	350	649	5:1	1
	13	42	143	309	576	10:1	1
	16	50	132	280	583	20:1	2
	15	47	145	311	649	50:1	2
	13	42	127	275	576	100:1	2

---

36 헬리컬 기어도 많이 사용된다.

해야 하는데, 감속기의 길이가 길고 무거워져서 다축 로봇에 사용하기에는 무리가 있다. 또한 전선이나 진공튜브와 같은 배선/배관을 회전축의 중앙으로 관통시키기 위해서는 중공축 구조가 필요한데, 유성기어의 경우에는 감속기 중앙에 태양기어가 위치하므로 이를 구현하기도 어렵다. 따라서 유성기어를 사용한 고비율 감속기는 축수가 작은 대형의 산업용 로봇에 주로 사용된다.

유성기어가 가지고 있는 이런 단점들을 개선하기 위해서 근래에 들어서 나브테스코社는 사이클로이드기어와 유성기어를 통합한 하이브리드형 유성기어를 공급하고 있다.[38] 하지만 다수의 부품이 사용되어 구조적으로 복잡하고 에피사이클릭기어(일종의 사이클로이드 치형)의 가공이 어렵기 때문에, 내구신뢰성과 가격경쟁력의 측면에서 효용성을 판단하여야 한다.

8.2.1.3 하모닉드라이브

1950년대에 월튼 머서에 의해서 발명된 고비율 감속기인 **하모닉드라이브**는 타원형상의 회전축, 내륜과 외륜이 타원형상으로 탄성변형 되는 얇은 링 볼 베어링인 웨이브제너레이터, 외경에 기어치형이 성형된 컵 모양의 탄성기어 그리고 내경에 기어가 성형된 안기어와 이들을 지지하는 베어링 등으로 이루어진다. **그림 8.25**에서는 하모닉드라이브의 구조를 간략화하여 보여주고 있다. 그림에서 안기어의 잇수는 Z개이며, 탄성 컵의 외경부에 성형된 기어의 잇수는 $Z-2$개이다. 그림에서는 타원형상의 축과 웨이브제너레이터를 단순화하여 보여주고 있다. 웨이브제너레이터가 탄성기어를 타원형상으로 변형시키면 그림에서와 같이 상하에서는 치형이 서로 맞물리지만 좌우에서는 치형이 서로 빠져나간다. 안기어와 탄성기어의 잇수 차이가 2개만큼 나기 때문에, 타원형상의 회전축이 시계방향으로 1회전할 때마다 탄성기어는 반시계방향으로 2이빨만큼 시프트된다. 결국 회전축이 $Z/2$회전하면 탄성기어가 1회전을 하게 된다.

하모닉드라이브는 구조가 단순하며, 경량화와 고비율 감속을 구현하기가 용이하다(오히려 30:1 미만의 저배율 감속이 어렵다). 특히 중공축 구조를 구현하기가 용이하여 다축로봇에 적용하기에 매우 적합하다. 따라서 근래에 협동로봇을 포함한 다축로봇 분야에서 하모닉드라이브의 사용이 대세를 이루고 있다. 하지만 탄성 컵이 지속적으로 대변형을 겪기 때문에 내구신뢰성을 확보하기가 매우 어려워서 극소수의 제품만이 시장에서 신뢰를 얻고 있다. 또한 1단의 소형 감속기에서

---

37 framo-morat.com을 참조하여 재구성하였다.
38 일명 RV-기어라고 부른다.

고비율 감속을 구현하기 위해서 극단적으로 작은 모듈값[39]을 사용하고 있어서 가혹운전이 어렵다는 점도 단점으로 꼽힌다. 표 8.16에서는 상용 하모닉드라이브의 감속비에 따른 출력특성을 보여주고 있다.

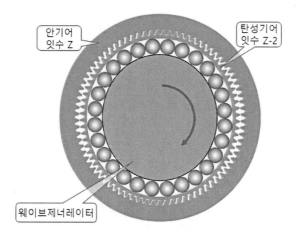

그림 8.25 하모닉드라이브의 구조와 작동원리(컬러 도판 p.760 참조)

표 8.16 상용 하모닉드라이브의 감속비에 따른 출력특성 사례[40]

모델번호	14	20	40	50	80	100	감속비
플랜지외경[mm]	50	70	135	170	265	330	
순간최대토크[Nm]	35	98	686	1,430	4,870	8,900	50:1
	54	147	1,080	2,060	7,910	14,100	100:1
최대가속토크[Nm]	18	56	402	715	2,440	4,450	50:1
	28	82	568	980	4,220	7,350	100:1
정격 출력토크[Nm]	5.4	25	137	245	872	1,580	50:1
	7.8	40	265	470	1,700	2,940	100:1

---

39 17형 100:1 감속 하모닉드라이브의 안기어 모듈값은 0.175에 불과하다.

표 8.16에 따르면, 하모닉드라이브는 유성기어와는 달리, 외형크기가 동일한 모델 내에서 감속비가 커지면 감속비 증가에 비례하지는 못하지만 토크값도 상당히 증가하는 것을 알 수 있다. 따라서 하모닉드라이브를 사용하면 외형크기나 무게를 증가시키지 않고 감속비만을 증대시켜서 토크를 증가시킬 수 있다. 이는 유성기어에 비해서 우수한 특성이다. 하지만 탄성변형이 가능한 웨이브제너레이터와 탄성 컵의 내구수명과 신뢰성 확보는 매우 어려운 일이기 때문에 현재도 국내와 외국의 수많은 업체와 개발팀들이 하모닉드라이브의 양산에 도전하고 있지만, 특정업체[41]의 독주를 막기에는 역부족인 상황이다.

8.2.1.4 버니어드라이브

그림 1.19에서 설명되어 있는 것처럼, 버니어캘리퍼스는 어미자 눈금(N개)과 아들자 눈금(N+1개)의 차이로 측정 분해능을 향상시키는 측정기구이다. 미분나사는 직렬 연결된 두 나사의 피치 차이를 이용하여 이송 분해능을 높인 이송기구이다. 이렇게 버니어의 원리는 측정이나 이송기구에서 이미 널리 사용되고 있다. 이런 버니어의 원리를 감속기구에 적용하면 극단적으로 단순한 고비율 감속기를 구현할 수 있다. **그림 8.26**에서는 **버니어드라이브**의 작동원리를 보여주고 있다.

그림 8.26에서 이끝원과 이뿌리원의 직경은 서로 동일하지만 잇수가 서로 다른 2개의 안기어들이 축방향으로 겹쳐서 배열되어 있다. 이 사례에서는 잇수가 $Z_f = Z_r + 2$ 개인 안기어는 하우징에 고정되어 있으며, 잇수가 Z_r 인 안기어는 출력축에 연결되어 회전한다. 캐리어에 지지된 유성기어(잇수 Z_p)는 잇수가 서로 다른 두 기어들을 동시에 물고 있는 상태에서 입력축의 회전에 따라서 자전 및 공전을 한다. 이 과정에서 잇수가 서로 다른 안기어를 동시에 물고 돌아가기 위해서는 출력축에 연결된 안기어가 조금씩 회전하여야 한다. 이는 버니어캘리퍼스의 아들자가 이동함에 따라서 어미자와 아들자가 눈금맞춤 위치가 순차적으로 이동하는 것과 동일한 원리이다. 위의 사례에서는 회전하는 안기어의 잇수가 Z_r 개이며, 고정안기어와의 잇수 차이가 2이므로 유성기어 $Z_r/2$ 회전당 출력축이 1회전 한다(즉, 감속비가 $Z_r/2{:}1$이다).

하지만 모듈이 m_r 인 (회전)안기어의 잇수가 Z_r 개이면 피치원 직경 $D_r = m_r Z_r$ 이며, (고정)안기어의 잇수가 $Z_f = Z_r + 2$ 개이면 피치원의 직경 $D_f = m_r(Z_r + 2)$ 이므로 두 안기어들의 모듈

---

40 hds-tech.jp을 참조하여 재구성하였다.
41 일본의 Harmonic Drive Systems社이다.

그림 8.26 버니어드라이브의 구조와 작동원리[42,43,44,45,46,47](컬러 도판 p.760 참조)

이 m_r로 동일하다면, 회전안기어와 고정안기어의 피치원직경은 $2m_r$만큼 차이가 나므로 하나의 유성기어로 두 안기어를 동시에 물 수 없다. 이 문제를 해결하기 위해서는 회전 안기어의 모듈 $m_r = m_p = D_r/Z_r$인 반면에 고정안기어의 모듈 $m_f = D_r/(Z_r+2)$가 되어야만 한다. 하지만 모듈 $m_p = m_r$인 유성기어로 모듈이 m_r과 m_f로 서로 다른 두 안기어를 동시에 물고 돌아가는 것은 불가능한 문제로 인식되었으며, 이를 **퍼거슨의 패러독스**라고 불러왔다. 하지만 인벌류트기어의 치형을 피치원의 직경으로 표준화하는 것은 설계의 편의를 도모하기 위해서일 뿐이며, 실제의 인벌류트 곡선은 서로 맞물리는 기초원들 사이의 접선에 의해서 결정된다. 따라서 회전 안기어와 고정 안기어의 기초원을 동일하게 만들고 고정안기어의 모듈과 압력각을 조절하면 $m_p = m_r$의 모듈을 갖는 유성기어로 m_f의 모듈을 갖는 고정 안기어를 물 수 있다. 이런 조건을 충족시키는 고정안기어의 모듈과 압력각은 다음 식을 사용하여 구할 수 있다.

$$m_f = m_r\left(\frac{Z_r - Z_p}{Z_f - Z_p}\right), \quad \alpha_f = \text{acos}\left[\left(\frac{Z_f - Z_p}{Z_r - Z_p}\right)\cos\alpha_r\right]$$

42 장재혁, 장인배, Design of Hight Ratio Gear Reducer using Vernier differential theory, Journal of Mechanical Design, 2020.
43 장재혁, 장인배, Differential Reducer with High Ratio, US Patent 10,975,946 B1.
44 장재혁, 장인배, High Ratio Differential Reducer, EP Patent 20187134.
45 장재혁, 장인배, 高比率差動型減速機, 일본특허 제6936367호.
46 장재혁, 장인배, 大速比差动减速器, 중국특허 202010861088.1.
47 장재혁, 장인배, 고비율 차동형 감속기, 발명특허 10-2118473-0000.

여기서 α_f와 α_r는 각각 고정안기어와 회전안기어의 압력각이다.

표 8.17에서는 버니어드라이브 감속기의 잇수 차이에 따른 감속비와 회전방향을 예시하여 보여주고 있다. 예를 들어, 회전안기어의 잇수(Z_r)가 100개이며, 고정안기어의 잇수(Z_f)가 99개라면, 회전안기어는 유성기어의 공전방향과 동일한 방향으로 회전하며, 감속비는 100:1이다. 그리고 고정안기어와 회전안기어는 단 하나의 위치에서만 치형이 서로 일치하기 때문에 유성기어를 하나밖에 물릴 수 없다. 만일 고정안기어의 잇수(Z_f)가 102개라면, 회전안기어는 유성기어의 공전방향과 반대방향으로 회전하며, 감속비는 50:1이다. 그리고 고정안기어와 회전안기어는 서로 반대방향의 두 위치에서 치형이 서로 일치하기 때문에, 하나 또는 두 개의 유성기어를 물릴 수 있다. 그러므로 버니어드라이브의 감속비는 다음 식으로 나타낼 수 있다.

$$감속비 = \frac{Z_r}{|Z_r - Z_f|} : 1$$

위 식에서 알 수 있듯이 유성기어의 잇수는 감속비에 아무런 영향을 끼치지 않는다.

표 8.17 버니어드라이브 감속기의 잇수 차이에 따른 감속비와 회전방향

회전안기어의 잇수	고정안기어의 잇수		감속비	설치 가능한 피니언의 수
	동일방향 회전	반대방향 회전		
100	96	104	25:1	1개, 2개, 4개
	97	103	33.3:1	1개, 3개
	98	102	50:1	1개, 2개
	99	101	100:1	1개
200	196	204	50:1	1개, 2개, 4개
	197	203	66.7:1	1개, 3개
	198	202	100:1	1개, 2개
	199	201	200:1	1개

버니어드라이브는 구조가 단순하고 표준 인벌류트 치형을 사용하므로 제작이 용이하다. 또한 유성기어와 달리 출력축 힘전달 경로에 유성기어 베어링이 포함되어 있지 않기 때문에 유성기어 베어링의 내구성이 탁월하며, 모터의 회전축 중심에 기어가 배치되어 있지 않아서 로봇용 감속기 에서 필요로 하는 중공축 적용이 용이하다. 하지만 유성기어가 입력축에 연결되어 고속으로 회전 하므로 소음이 발생하며, 기어치면에 길이방향으로 서로 반대방향의 힘이 작용하므로 치면 편마 모가 발생할 우려가 있다.

기존의 고비율 감속기인 유성기어나 하모닉드라이브 모두 장점과 함께 치명적인 약점들을 가 지고 있다. 따라서 새로운 고비율 감속기인 버니어드라이브가 가지고 있는 장점과 단점을 명확히 이해한다면, 많은 활용분야들을 찾을 수 있을 것으로 기대된다.

8.2.1.5 고비율/중간비율 감속기의 선정

이 절에서는 앞서 설명한 서모보터와 감속기들로 이루어진 파워트레인을 구성하는 설계사례 를 살펴보기로 한다. **그림 8.27**에서는 감속기로 구동되는 로봇암의 사례를 보여주고 있다.

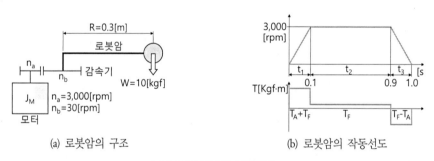

(a) 로봇암의 구조   (b) 로봇암의 작동선도

그림 8.27 로봇암 설계사례

로봇암은 회전관성모멘트가 J_M이며, 정격회전속도(n_M)가 3,000[rpm]인 모터를 사용하려고 한 다. 감속기는 100:1 감속기를 사용하여 로봇암의 회전속도(n_b)는 30[rpm]으로 감속하여 구동한다. 암의 길이(R)는 0.3[m]이며, 암의 끝에 10[kgf]의 집중부하(W)가 작용한다고 가정하였다. 모터축 에서 바라본 부하의 회전관성모멘트 J_W는 다음 식으로 계산할 수 있다.

$$J_W = \left(\frac{n_b}{n_M}\right)^2 \times (WR^2) = \left(\frac{30}{3,000}\right)^2 \times (10 \times 0.3^2) = 0.00009[\mathrm{kg} \cdot \mathrm{m}^2]$$

모터의 회전관성모멘트 J_M은 부하의 1/1.5라 하자.

$$J_M = J_W/1.5 = 0.00006[\text{kg} \cdot \text{m}^2]$$

따라서 총 회전관성모멘트는 이들 둘의 합으로 구해진다.

$$J_T = J_M + J_W = 0.0009 + 0.0006 = 0.00015[\text{kg} \cdot \text{m}^2]$$

최대 시동토크 T_A는 다음 식을 사용하여 구할 수 있다.

$$T_A = J_T \times \left(\frac{n_a}{0.9375 \times t_1} \right) = 0.00015 \times \left(\frac{3,000}{0.9375 \times 0.1} \right) = 4.8[\text{kgf} \cdot \text{m}]$$

여기서 0.9375는 사용된 100:1 감속기의 예시된 효율이다. 마찰토크 T_F는 시동토크 T_A의 5[%]라고 가정하자.

$$T_F = T_A \times 0.05 = 0.24[\text{kgf} \cdot \text{m}]$$

실효토크(T_T)는 **그림 8.26** (b)의 작동 스케줄을 고려하여 다음과 같이 계산할 수 있다.

$$
T_T = \sqrt{\frac{(T_A + T_F)^2 \times t_1 + T_F \times t_2 + (T_F - T_A)^2 \times t_3}{t_1 + t_2 + t_3}}
$$

$$
= \sqrt{\frac{(4.8 + 0.24)^2 \times 0.1 + 0.24^2 \times 0.8 + (0.24 - 4.8)^2 \times 0.1}{0.1 + 0.8 + 0.1}} = 2.16[\text{kgf} \cdot \text{m}]
$$

표 8.3에 제시된 동기형 AC서보모터의 경우에는 □126형이 적합하며, **표 8.4**에 제시된 유도형 AC서보모터의 경우에는 □80형이 적합하다. **표 8.15**에 제시된 유성기어 감속기의 경우에는 외경 $\phi70[\text{mm}]$형 2단 감속기가 적합하며, **표 8.16**에 제시된 하모닉드라이브의 경우에도 외경 $\phi70[\text{mm}]$

인 20형 모델이 적합하다는 것을 알 수 있다. 모터의 경우, 동기형 모터보다 유도형 모터를 사용하는 경우에 모터의 크기를 크게 줄일 수 있으며, 유성기어 감속기보다 하모닉드라이브가 외경이 동일하지만 길이가 더 짧기 때문에 유리하다는 것을 확인할 수 있다.

최근 들어서 물류와 이동수단으로 인휠 전기모터를 활용하는 방안이 큰 관심을 받고 있다. 하지만 모터로 휠을 직접 구동하면 기동토크가 부족하며, 정격 회전속도와 이동수단의 주행속도 사이에는 큰 차이가 있기 때문에 콤팩트하며 신뢰성이 높은 감속기가 필요하다. 지금부터는 무인반송차량(AGV), 전동 퀵보드, 전기자전거, 전동 스쿠터 그리고 전기자동차와 같은 다양한 이동수단의 운행속도와 휠 직경을 고려하여 인휠 모터용 감속기에 알맞은 감속비를 산출해보기로 한다.

우선 AGV와 같은 물류용 대차들은 직경이 200[mm] 내외인 휠을 사용하며 1~2[m/s]의 비교적 느린 속도로 운행한다. 따라서 중간속도인 1.5[m/s]에 대하여 휠의 회전속도를 계산해보면,

$$n_{AGV} = \frac{V}{r} \times \frac{60}{2\pi} = \frac{1.5}{0.1} \times \frac{60}{2\pi} = 143[\text{rpm}]$$

정격 회전속도(n_{servo})가 3,000[rpm] 내외인 동기형 인휠모터를 사용한다면, 감속비는 다음과 같이 계산된다.

$$\text{감속비} = \frac{n_{servo}}{n_{AGV}} = \frac{3000}{143} \approx 21$$

따라서 AGV용 휠은 대략적으로 20~25:1 정도의 감속비를 필요로 한다는 것을 알 수 있다.

이와 동일한 방식으로 전동 퀵보드, 전기자전거, 전동스쿠터, 전기자동차(저속과 고속 2단)에 대하여 필요한 감속비들을 계산한 결과가 표 8.18에 제시되어 있다.

이상에서 살펴본 바와 같이, 전동식 이동기구들은 대략적으로 6:1~21:1 범위의 중간비율 감속기를 필요로 하고 있다. 전기자동차의 고속주행모드에 대해서는 유성기어로 대응할 수 있겠으나, 저속의 속도 범위를 다단 유성기어로 감당하기에는 부피가 커지며 구조가 복잡해진다. 반면에 이 목적으로 하모닉드라이브로 사용하기에는 감속비가 너무 낮으며, 내구신뢰성이 취약하다. 이런 용도에 대응하기 위해서는 중간비율 감속이 가능하며 콤팩트한 새로운 감속기가 필요하다.

버니어드라이브는 구조가 단순하며, 콤팩트한 구조로 인휠모터에 내장하기가 용이하고, 20:1 내외의 중간비율 감속에 적용이 용이하기 때문에, 물류와 이동수단용 인휠모터 감속기로 적합하다.

표 8.18 다양한 전동식 이동기구들이 필요로 하는 감속비

종류	휠직경		주행속도		모터회전속도 n_M[rpm]	휠 회전속도 n_W[rpm]	감속비 n_M/n_W:1
	[mm]	[in]	[m/s]	[km/h]			
무인반송차량	200	8	평균 1.500	5.4	평균 3,000	143	21:1
전동퀵보드	150	6	최고 6.944	25	최고 12,000	884	14:1
전기자전거	660	26	평균 5.555	20	평균 3,000	160.7	19:1
전동스쿠터	610	24	최고 27.777	100	최고 12,000	869.7	14:1
전기자동차(저속)	550	22	최고 27.777	100	최고 12,000	964.5	12:1
전기자동차(고속)	550	22	최고 55.555	200	최고 12,000	1,929.1	6:1

8.2.2 타이밍벨트

벨트의 내측면에 기어처럼 등간격으로 치형이 성형되어 미끄럼 없이 정확한 동력전달이 가능한 벨트요소를 **타이밍벨트**라고 부른다. 외경에 타이밍벨트의 치형면과 서로 맞물리도록 치형이 성형된 타이밍풀리를 사용하여 타이밍벨트를 구동한다. 타이밍벨트는 관성이 작고, 큰 동력을 전달할 수 있기 때문에 고속 작동기구의 구동에 적합하며, 슬립이 없어서 스카라 로봇이나 직선운동 로봇과 같은 위치결정기구의 정확한 위치제어에 널리 사용되고 있다. 하지만 타이밍벨트의 장력조절과 예하중 부가방법과 이송스테이지의 위치에 따라서 벨트장력과 위치강성이 달라지기 때문에, 이송기구의 위치정밀도를 확보하기 위해서는 정확한 장력의 부가와 관리가 필요하다. 이 절에서는 타이밍벨트의 개요, 벨트 장력선도, 벨트장력의 부가방법 그리고 벨트탄성에 의한 위치오차 산출의 순서로 타이밍벨트를 사용한 동력전달계의 설계방법에 대해서 살펴보기로 한다.

8.2.2.1 타이밍벨트의 개요

그림 8.28에서는 하나의 타이밍벨트와 두 개의 타이밍풀리로 이루어진 동력전달장치의 사례를 보여주고 있다. 타이밍벨트의 피치길이 p는 벨트 굽힘의 중립축 위치로 정의된 벨트 피치라인에서 측정한 인접한 두 치형 사이의 거리이다. 타이밍풀리의 피치선은 타이밍풀리의 외경에 감겨있는 타이밍벨트가 이루는 피치라인과 일치한다. 따라서 타이밍풀리의 피치직경 d는 풀리의 외

경 d_0보다 더 크다. 타이밍풀리의 피치직경은 다음 식으로 정의된다.

$$d_1 = \frac{pZ_1}{\pi}, \quad d_2 = \frac{pZ_2}{\pi}$$

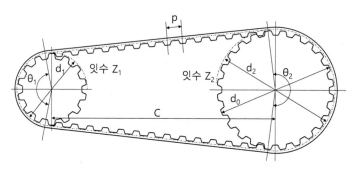

그림 8.28 타이밍벨트를 이용한 감속 동력전달장치의 사례

Z_1이 입력축 구동용 타이밍풀리의 잇수이며 Z_2는 출력축 구동용 타이밍풀리의 잇수라 할 때에, 타이밍벨트로 구동되는 동력전달계의 감속비는 다음 식으로 구할 수 있다.

$$감속비 = \frac{Z_2}{Z_1} : 1$$

타이밍벨트의 길이 $L = pZ_p$이며, Z_p는 벨트의 잇수라 할 때에, **그림 8.28**에 도시된 동력전달 기구의 중심 간 거리 C는 다음 식을 사용하여 근삿값으로 구할 수 있다.

$$C \approx \frac{Y + \sqrt{Y^2 - 2(d_2 - d_1)^2}}{4}, \quad Y = L - \pi \frac{d_1 + d_2}{2}$$

그리고 벨트의 감김각도 θ_1과 θ_2는 각각 다음 식과 같이 주어진다.

$$\theta_2 = 2\arccos\left(\frac{d_2 - d_1}{2C}\right), \quad \theta_1 = 2\pi - \theta_2$$

예를 들어, 피치 $p = 8$[mm]이며, 길이 $L = 2,000$[mm]인 타이밍벨트를 사용하여 중심 간 거리 $C \simeq 500$[mm]인 2:1 감속기를 설계하려 한다. 입력축 타이밍풀리의 잇수 Z_1과 출력축 타이밍풀리의 잇수 Z_2는 각각 얼마가 되어야 하겠는가?

이를 엄밀해로 풀 수도 있겠으나 일반적으로 스프레드시트를 사용해서 경우의 수를 조합하여 구하는 것이 빠르고 손쉬운 일이다. **그림 8.29**에서는 스프레드시트를 이용하여 다양한 잇수비에 따른 풀리들의 직경과 중심 간 거리를 계산한 사례를 보여주고 있다. 이를 통해서 입력기어의 잇수 $Z_1 = 82$, 출력기어의 잇수 $Z_2 = 164$이며, 풀리직경은 각각 $d_1 = 208.8$[mm], $d_2 = 417.6$[mm] 그리고 중심 간 거리 $C = 497.0$[mm]가 선정되었음을 알 수 있다.

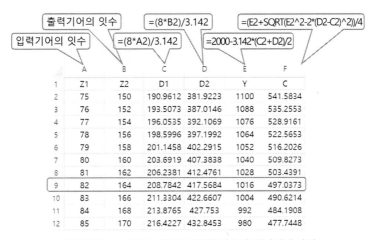

그림 8.29 스프레드시트를 사용한 감속기 배치설계 사례

직경이 작은 입력측 타이밍풀리의 감김각도 θ_2를 계산해보면,

$$\theta = 2 \times \arccos\left(\frac{417.6 - 208.8}{2 \times 497.0}\right) = 155.7\,[\text{deg}]$$

이 감김각도에 물려 있는 타이밍풀리의 잇수 Z_n은 다음과 같이 계산할 수 있다.

$$Z_n = Z_1 \times \frac{\theta°}{360°} = 82 \times \frac{155.7°}{360°} = 35.5$$

그러므로 35개의 이빨들이 벨트와 물려 있다고 간주할 수 있다. 이 값은 뒤에서 **표 8.20**을 사용한 벨트폭 계산에 사용된다.

표 8.19 타이밍벨트 사용조건에 따른 보정계수값[48]

사용조건(S_u)	최대출력이 정격출력의 300[%] 미만			최대출력이 정격출력의 300[%] 이상		
일간 사용시간[h]	3~5	8~12	12~24	3~5	8~12	12~24
경하중	1.2	1.3	1.4	1.4	1.5	1.6
중간하중	1.3	1.5	1.7	1.5	1.7	1.9
고하중	1.4	1.6	1.8	1.6	1.8	2.0
고속 고진동	1.5	1.7	1.9	1.7	1.9	2.1
충격하중	1.6	1.8	2.0	1.8	2.0	2.2
감속비	S_r		아이들러 위치			S_i
1.00~1.24	0.0		이완측 벨트 내부			0.0
1.25~1.74	0.1		이완측 벨트 외부			0.1
1.75~2.49	0.2		긴장측 벨트 내부			0.1
2.50~3.49	0.3		긴장측 벨트 외부			0.2
3.50 이상	0.4		-			-

지금부터는 타이밍벨트를 사용한 동력전달계의 설계에 대해서 살펴보기로 하자. 우선 타이밍벨트의 전달동력 P_t[kW]를 계산하여야 한다.

$$P_t = \frac{T \times n}{9.55 \times 10^3} \times S_f [\mathrm{kW}]$$

여기서 T[N·m]는 전달토크, n[rpm]은 회전속도 그리고 S_f는 안전계수이다. 특히 안전계수 S_f는 사용조건(S_u), 감속비(S_r) 그리고 아이들러 사용조건(S_i) 등에 따라서 다음과 같이 결정된다.

$$S_f = S_u + S_r + S_i$$

---

48 misumi.com, 전동 타이밍벨트의 선정방법을 참조하여 재구성하였다.

각각의 보정계수들은 **표 8.19**를 사용하여 결정한다. 예를 들어, □80 크기인 유도형 AC서보모터로 감속비가 2:1인 동력전달계를 설계하는 사례를 살펴보기로 하자. 이 서보모터의 최대토크 $T_{max} = 70.632[\text{N·m}](=7.2[\text{kgf·m}] \times 9.81[\text{m/s}^2])$이며, 최대출력은 정격출력의 3배 이상이다. 중간하중 조건으로 하루 18시간을 사용한다고 가정하자. 서보모터의 최대출력이 정격출력의 300[%]를 넘어서므로 $S_u = 1.9$이다. 감속비가 2:1이면 $S_r = 1.9$이고, 아이들러를 벨트 내부 이완측에 설치하여 사용하고 있다면, $S_i = 0$이다. 따라서 $S_f = 1.9 + 0.2 + 0 = 2.1$임을 알 수 있다. 그리고 $T = 70.632[\text{N·m}]$를 $n = 1,200[\text{rpm}]$의 속도로 전달한다면 이 동력전달기구의 전달동력 P_t는 다음과 같다.

$$P_t = \frac{70.632 \times 1,200}{9.55 \times 10^3} \times 2.1 = 18.64[\text{kW}]$$

표 8.20 피치 8[mm], 폭 12[mm]인 타이밍벨트의 전달동력[kW] 사례[49]

물림잇수 회전속도[rpm]	25	30	35	40	45	50	60	80
50	0.45	0.57	0.70	0.82	0.94	1.06	1.31	1.78
100	0.79	1.02	1.24	1.47	1.69	1.91	2.35	3.22
200	1.42	1.84	2.27	2.68	3.10	3.51	4.33	5.94
500	3.15	4.14	5.11	6.08	7.03	7.99	9.87	13.58
1,000	5.80	7.67	9.52	11.34	13.15	14.95	18.51	25.49
1,200	6.81	9.02	11.21	13.37	15.51	17.63	21.84	30.07
1,500	8.29	11.00	13.69	16.34	18.97	21.57	26.72	36.78
1,800	9.73	12.94	16.11	19.25	22.35	25.42	31.49	43.31
2,000	10.67	14.21	17.70	21.15	24.57	27.94	34.61	47.57
3,000	15.20	20.32	25.37	30.34	35.24	40.08	49.55	67.69
5,000	23.55	31.63	39.53	47.24	54.76	-	-	-

---

49 mitsuboshi.com을 참조하여 재구성하였다.

다음으로 벨트의 크기를 선정하여야 하는데, 우선 치형 크기를 선정하고 나서 벨트의 폭을 선정하면 된다. 치형의 크기와 작동특성은 벨트 제조업체마다 다르기 때문에, 제조업체에서 제공하는 전달동력-풀리회전속도 도표로부터 알맞은 치형크기를 선정하여야 한다. **표 8.20**에서는 피치 $p = 8[\text{mm}]$이며, 기본폭이 12[mm]인 타이밍벨트의 전달동력($P_B \times 12[\text{mm}]$)을 예시하여 보여주고 있다. 필요한 벨트 폭은 다음 식을 사용하여 계산할 수 있다.

$$B = \frac{P_t}{P_B}[\text{mm}]$$

여기서 P_t는 앞서 구한 전달동력 그리고 P_B는 선정된 벨트의 단위폭당 전달 가능한 동력 [kW/mm]이다(P_B는 **표 8.20**에 제시된 값을 12로 나누어야 한다). 앞서 전달동력 계산과정에서 이미 안전계수가 고려되었으므로, 여기서는 추가로 안전계수를 고려할 필요가 없다. 하지만 타이밍 풀리가 물고 돌아가는 벨트의 잇수가 6보다 작은 경우에는 추가로 안전계수를 고려하여야 한다.

앞서의 2:1 감속기 사례에서 입력기어의 물림잇수는 35였으며, 회전속도는 1,200[rpm]이었다. 이를 **표 8.20**에서 찾아보면 전달동력 $P_B = 11.21[\text{kW}]/12[\text{mm}]$임을 알 수 있다. 따라서 필요한 벨트폭은

$$B = \frac{18.64}{11.21/12} = \frac{18.64 \times 12}{11.21} = 19.95 \approx 20[\text{mm}]$$

따라서 폭 20[mm]인 타이밍벨트를 사용하면 된다.

8.2.2.2 벨트장력선도[50]

타이밍벨트는 구동축에서 종동축으로 토크를 전달하거나, 직선운동 플랫폼에 힘을 가한다. 그리고 컨베이어의 경우에는 벨트 표면이 부하를 전달한다. 타이밍벨트가 이런 다양한 힘들을 전달하면서 작동하는 동안 각 위치별로 벨트의 장력이 변하는데, 장력이 증가하는 쪽을 **긴장측**이라고

---

50   이절의 내용은 Gates Mectrol社에서 출간한 Timing Belt Theory를 참조하였다.

부르며, 장력이 감소하는 쪽을 **이완측**이라고 부른다. 타이밍벨트는 무부하 시에 일정한 장력이 부가되도록 조립하여야 하는데, 이를 **초기장력**이라고 부른다. 타이밍벨트가 부하를 전달하는 과정에서 이완측 장력이 초기장력보다 낮아지며, 때로는 0이 되면서 벨트가 늘어져버리는 경우가 발생한다. 이런 경우에 타이밍벨트 동력전달 시스템은 강성을 잃어버리면서 위치결정 정확도가 떨어지게 되며, 심한 경우에는 풀리와 벨트 사이에서 이빨 타고넘이가 발생하면서 벨트치형의 파손이 발생하게 된다. 이 절에서는 세 가지 적용사례를 통해서 타이밍벨트를 사용하여 동력을 전달하는 과정에서 발생하는 장력의 변화를 고찰하기 위해서 사용되는 벨트장력선도의 작성방법에 대해서 살펴보기로 한다.

그림 8.30에서는 타이밍벨트를 사용한 (감속)토크전달 시스템의 사례가 도시되어 있다. 그림에서 좌측의 작은 풀리가 구동풀리이며, 우측의 큰 풀리가 종동풀리이다. 벨트의 접선방향으로 작용하는 장력을 벨트의 법선방향 벡터로 표시하여 이들을 연결한 선이 **벨트 장력선도**이다. 이를 통해서 위치별 벨트에 부가되는 장력의 크기를 직관적으로 살펴볼 수 있다. 그림에서 초기예하중 T_i는 점선으로 표시되어 있다. 그림에서는 종동축 지지부에 연결된 스프링기구에 예하중 F_T를 가하여 초기예하중을 부가하도록 설계되어 있으며, $F_T = 2\,T_i\cos\theta$가 되도록 조절하여야 한다. 벨트 초기장력 부가를 위한 예압방법에 대해서는 다음 절에서 따로 설명할 예정이다.

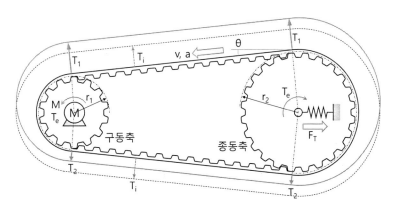

그림 8.30 타이밍벨트를 사용한 토크전달기구의 장력선도[51]

---

51 mectrol.com, Timing belt theory를 참조하여 재구성하였다.

좌측의 구동축 작은 풀리가 반시계방향으로 회전하면서 송출하는 토크 M은 긴장측 장력 T_1 과 이완측 장력 T_2의 차이값에 풀리의 피치원반경 r_1을 곱한 값과 같다.

$$M = T_e \times r_1 = (T_1 - T_2) \times r_1$$

이때에 T_e를 **유효장력**이라고 부르며, 구동 풀리가 벨트에 전달하는 힘과 같다. 벨트의 긴장측은 초기장력 T_i보다 $T_e/2$만큼 장력이 증가하며, 이완측은 초기장력 T_i보다 $T_e/2$만큼 장력이 감소한다. 즉,

$$T_1 = T_i + \frac{T_e}{2}, \quad T_2 = T_i - \frac{T_e}{2}$$

만일 $T_i < T_e/2$가 된다면 이완측의 벨트에는 늘어짐이 발생하게 된다. 따라서 이 토크전달 시스템의 구동력 한계는 $T_i \geq T_e/2$이며, 이를 구동 모멘트로 환산해보면,

$$M_{\max} \leq 2T_i \times r_1$$

이 됨을 알 수 있다.

그림 8.31에서는 타이밍벨트를 사용한 직선이송 시스템의 사례가 도시되어 있다. 좌측의 구동 풀리가 반시계방향으로 회전하면서 생성되는 유효장력은 다음 식과 같이 계산할 수 있다.

$$T_e = F_a + F_f + F_w + F_g + F_{ab} + F_{ai}$$

여기서, $F_a(= ma)$는 이동물체(플랫폼)의 가속력이며, F_f는 직선운동 베어링의 마찰력이다.

$$F_f = \mu_r mg \cos\beta + F_{fi}$$

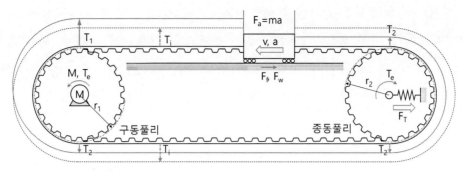

그림 8.31 타이밍벨트를 사용한 직선이송 시스템의 장력선도[52]

여기서 μ_r은 직선운동 베어링의 동마찰계수이며, g는 중력가속도, β는 직선이송 시스템의 설치경사각도 그리고 F_{fi}는 부하와 무관한 베어링의 마찰력 성분을 나타낸다. F_w는 플랫폼에 작용하는 외력, F_g(그림에는 도시되지 않음)는 수직 또는 경사지게 설치된 직선이송 시스템의 중력부하로서, 다음 식과 같이 계산된다.

$$F_g = mg\sin\beta$$

F_{ab}는 벨트관성의 가속력으로서, 다음 식과 같이 계산된다.

$$F_{ab} = \frac{w_b LB}{g} \times a$$

여기서 w_b는 벨트의 단위폭 및 단위길이당 질량, L은 벨트의 총 길이, B는 벨트의 폭이다. 마지막으로 F_{ai}는 벨트풀리의 가속력을 나타낸다.

$$F_{ai} = \frac{J\alpha}{r}$$

여기서 J는 풀리의 관성, α는 각가속도 그리고 r은 풀리의 반경이다.

---

52 mectrol.com, Timing belt theory를 참조하여 재구성하였다.

그림 4.37에 예시되었던 물류창고용 로봇 구동용 타이밍벨트의 초기장력 계산사례에 대해서 살펴보기로 하자. 수직방향으로 설치되어 있는 이송 스테이지의 무게는 30[kg]이며, 최대가속 0.5[g], $\mu_r = 0.01$, 계산을 단순화하기 위해서 $F_{fi} = F_w = F_{ai} = F_{ab} = 0$이라고 가정하자. 수직방향으로 설치되어 있기 때문에 상승 시와 하강 시의 유효장력이 서로 다른 값을 갖는다.

$$T_{e,up} = F_a + F_f + F_g = m[a + g \times \mu_r + g]$$
$$= 30 \times 9.81 \times [0.5 + 0.01 + 1.0] = 444.393[N]$$
$$T_{e,dn} = -F_a - F_f + F_g = m[-a - g \times \mu_r + g]$$
$$= 30 \times 9.81 \times [-0.5 - 0.01 + 1.0] = 144.207[N]$$

앞서 설명했던 것처럼, 이완측 장력이 0보다 작아지면서 벨트가 늘어지는 것을 방지하기 위해서는 초기장력 T_i가 $T_e/2$보다 커야만 한다. 상승 시의 유효장력이 더 크므로, 이를 기준으로 삼아서 다음과 같이 이 시스템의 초기장력을 산출할 수 있다.

$$T_i \geq T_{e,up}/2 = 444.393/2 = 222.2[N]$$

그림 8.32에서는 경사지게 설치되어 벨트의 표면이 물체를 이송하는 컨베이어 시스템의 사례를 보여주고 있다. 이 경우에는 부하가 분포하중의 형태로 작용하기 때문에 그림 8.31에서와는 달리, 긴장측 장력 T_1과 이완측 장력 T_2 사이가 연속적으로 변하게 된다.

부하에 의한 마찰력은 다음과 같이 계산할 수 있다.

$$F_f = \mu w_w L_w \cos\beta$$

여기서 w_w[N]는 단위길이당 부하이며, L_w는 부하를 이송하는 길이이다. 이와 마찬가지로, 중력부하 F_g는 다음과 같이 계산된다.

$$F_g = w_w L_w \sin\beta$$

나머지 항들은 **그림 8.31**의 사례에서와 동일한 방법으로 계산할 수 있다.

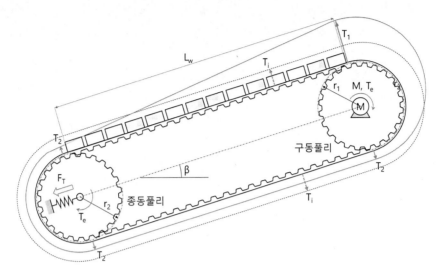

그림 8.32 경사지게 설치되어 물체를 이송하는 컨베이어벨트의 장력선도[53]

8.2.2.3 벨트장력의 부가[54]

타이밍벨트가 동력을 전달하면서 이완측 늘어짐이 발생하지 않도록 만들기 위해서는 벨트에 초기장력을 부가하여야 한다. 타이밍벨트의 장력을 부가하는 방법으로는 **그림 4.6**에 도시되어 있는 정위치 예압기구와 **그림 5.12**에 도시되어 있는 정압예압기구를 사용할 수 있다. 정위치 예압기구는 구조가 단순하고 체결기구의 위치강성이 높기 때문에 고속작동 시 공진의 위험이 작지만, 타이밍벨트는 사용 중에 크립이 발생하면서 늘어지기 때문에 장기간 일정한 장력을 유지하는 것이 불가능하다. 반면에 정압예압기구는 스프링의 탄성력을 이용하여 벨트의 장력을 조절하는 방법이다. 시스템의 작동특성에 맞춰서 정압예압기구의 공진회피설계가 이루어진다면 장기간 신뢰성 높은 장력유지가 가능하다.

그림 8.33에서는 다섯 가지의 장력부가기법들에 대한 장력선도를 보여주고 있다. 이 모델들에서는 벨트에 충분한 초기장력이 부가되어 있으므로, 작동 중에 벨트의 늘어짐이 발생하지 않는다고 가정하였다. 또한 예하중 부가용 스프링들은 벨트 강성보다 훨씬 더 유연한 것으로 간주한다.

---

53 mectrol.com, Timing belt theory를 참조하여 재구성하였다.

54 H. Soemers, Design Principles for Precision Mechanisms, Delft Press., 2011의 5장 내용을 참조하여 재구성하였다.

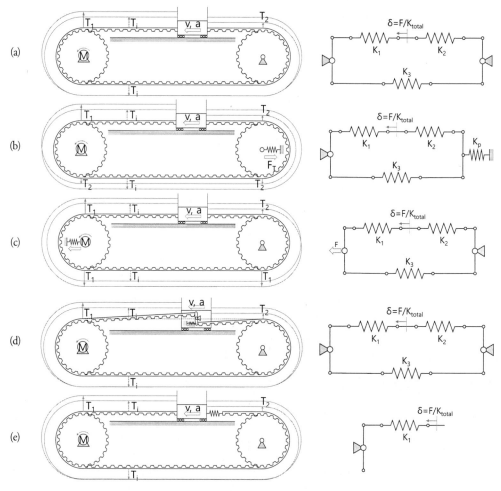

그림 8.33 다양한 초기장력 부가방법[55]

그림 8.33 (a)에서는 가장 널리 사용되고 있는 **정위치예압**방법을 보여주고 있다. 이 방법은 벨트의 길이가 짧은 경우에 국한하여 사용할 수 있으며, 온도와 같은 환경조건의 변화에 따라서 초기장력이 크게 변하며, 사용시간이 경과함에 따라서 벨트가 늘어나면서 장력이 감소하므로, 정기적으로 장력을 조절해주어야만 한다. 이 시스템의 벨트강성은 우측의 등가 스프링모델에서 각 위치별 벨트강성을 사용하여 다음과 같이 구해진다.

---

55 H. Soemers, Design Principles for Precision Mechanisms, Delft Press., 2011을 참조하여 재구성하였다.

$$K_{belt} = K_1 + \left(\frac{1}{K_2} + \frac{1}{K_3} \right)^{-1}$$

벨트의 강성은 벨트에 부가된 장력에 의존하는 비선형적인 특성을 가지고 있다. 따라서 각 장력별 강성 값들은 인장시험을 통하여 구하여야 한다.

그림 8.33 (b)의 경우에는 스프링을 사용하여 종동풀리에 예하중을 부가하는 전형적인 **정압예압**방법을 보여주고 있다. 이 방법을 사용하면 사용환경 변화나 벨트의 길이변화에도 불구하고 초기장력을 비교적 일정하게 유지할 수 있다. 그런데 벨트의 강성이 스테이지의 위치에 따라서 변하는 특성을 가지고 있다. 즉, 긴장측 벨트길이가 길어질수록 강성이 감소하며, 이로 인하여 이송체(스테이지)의 위치별 제어 정확도가 달라진다. 이 시스템의 벨트강성은 우측의 등가스프링모델을 참조하여 다음과 같이 구해진다.

$$K_{belt} = K_1 + \left(\frac{4}{K_p} + \frac{1}{K_2} + \frac{1}{K_3} \right)^{-1}$$

그림 8.33 (c)에서는 예압기구가 모터측에 설치되어 있으며, 종동풀리는 단순지지되어 있다. 이 개념을 언뜻 보기에는 (b)의 경우와 유사해 보이지만, 이송체에 가해지는 힘이 벨트의 양측에 절반씩 균등하게 분배된다. 이로 인하여 위치강성이 이송체의 위치에 큰 영향을 받지 않는다는 큰 차이점이 있다. 이 시스템의 벨트강성은 우측의 등가스프링모델을 참조하여 다음과 같이 구해진다.

$$K_{belt} = 4 \left(\frac{1}{K_1} + \frac{1}{K_2} + \frac{1}{K_3} \right)^{-1}$$

하지만 이 개념은 모터측 구동풀리의 조립이 어려우며, 원치 않는 동특성(공진)을 유발할 우려가 있으므로 지지기구의 고유주파수가 작동주파수 대역에 들어가지 않도록 세심한 동적 설계가 필요하다.

그림 8.33 (d)에서는 이송체 내부에 설치된 레버기구를 사용하여 벨트 장력을 부가하도록 설계되어 있다. 레버에 연결된 두 벨트에 동일한 장력이 부가되므로 (c)에서와 마찬가지로 이송체에

가해지는 힘이 벨트의 양측에 균등하게 분배된다. 이로 인하여 구동강성이 위치에 큰 영향을 받지 않는다. 더 좋은 점은 예하중 부가기구의 동적 질량이 작기 때문에 동특성이 더 좋다는 것이다. 이 시스템의 벨트강성은 우측의 등가스프링모델을 참조하여 다음과 같이 구해진다.

$$K_{belt} = 4\left(\frac{1}{K_1} + \frac{1}{K_2} + \frac{1}{K_3}\right)^{-1}$$

그림 8.33 (e)에서는 이송체와 벨트 사이에 초기장력 부가용 스프링을 설치하는 방법을 보여주고 있다. 이 개념은 기생 동특성이 작기는 하지만, (b)의 경우처럼 시스템 강성이 큰 위치의존성을 가지고 있다. 이 시스템의 위치강성은 우측의 등가스프링모델을 참조하여 다음과 같이 구해진다.

$$K_{belt} \approx K_1$$

시스템 강성은 타이밍풀리와 맞물린 영역에서의 물림강성 K_m 에도 영향을 받는다. 물림강성은 치형강성 K_t 와 유효물림잇수 Z_e 의 곱으로 주어진다.

$$K_m = K_t \times Z_e$$

그림 8.34에는 타이밍풀이에 실제로 물려 있는 잇수 Z_m 과 강성에 기여하는 유효 물림잇수 Z_e 사이의 관계가 도시되어 있다. 불행히도 타이밍벨트 제조업체에서 치형강성 데이터를 제공하는 경우가 많지 않다. 하지만 전단실험 등을 통해서 어렵지 않게 치형강성 K_t 를 구할 수 있다.

구동계의 총강성 K는 다음 식을 사용하여 구할 수 있다.

$$\frac{1}{K_{total}} = \frac{1}{K_{belt}} + \frac{1}{K_m}$$

최종적으로 타이밍벨트 구동계에서 발생하는 위치오차는 이송체(플랫폼) 위치에서의 작용력을 이 강성값으로 나누어 구할 수 있다.

$$\delta_{err} = \frac{F}{K_{total}}$$

예를 들어, 30[kg] 무게의 이송체를 0.5[g]의 가속도로 가속하는 경우에 **그림 8.33**에 도시된 다섯 가지의 예하중 부가방법별로 발생하는 위치오차를 계산해보기로 하자. 벨트의 위치별 강성값은 다음과 같다고 가정하며, 치형의 물림강성은 무시하기로 한다.

$$K_1 = 2{\times}10^6\text{[N/m]}, \ K_2 = 1.5{\times}10^6\text{[N/m]}, \ K_3 = 1{\times}10^6\text{[N/m]}, \ K_p = 2{\times}10^5\text{[N/m]}$$

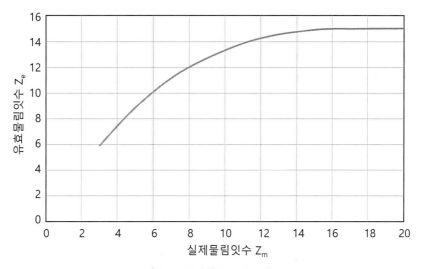

그림 8.34 물림잇수 보정 그래프[56]

(a)의 경우,

$$K_{belt} = K_1 + \left(\frac{1}{K_2} + \frac{1}{K_3} \right)^{-1} = 2{\times}10^6 + \left(\frac{1}{1.5 \times 10^6} + \frac{1}{1 \times 10^6} \right)^{-1} = 2.6{\times}10^6\text{[N/m]}$$

$$\delta_{err} = \frac{F}{K_{belt}} = \frac{30 \times 0.5 \times 9.81}{2.6 \times 10^6} = 56.6{\times}10^6\text{[m]} = 56.5[\mu\text{m}]$$

---

56   mectrol.com, Timing belt theory.

(b)의 경우,

$$K_{belt} = K_1 + \left(\frac{4}{K_p} + \frac{1}{K_2} + \frac{1}{K_3}\right)^{-1} = 2\times10^6 + \left(\frac{4}{2\times10^5} + \frac{1}{1.5\times10^6} + \frac{1}{1\times10^6}\right)^{-1}$$

$$= 2.046\times10^6 [\text{N/m}]$$

$$\delta = \frac{F}{K_{belt}} = \frac{30\times0.5\times9.81}{2.046\times10^6} = 71.9\times10^{-6}[\text{m}] = 71.9[\mu\text{m}]$$

(c)와 (d)의 경우,

$$K_{belt} = 4\left(\frac{1}{K_1} + \frac{1}{K_2} + \frac{1}{K_3}\right)^{-1} = 4\left(\frac{1}{2\times10^6} + \frac{1}{1.5\times10^6} + \frac{1}{1\times10^6}\right)^{-1}$$

$$= 8.667\times10^6 [\text{N/m}]$$

$$\delta = \frac{F}{K_{belt}} = \frac{30\times0.5\times9.81}{8.667\times10^6} = 17.0\times10^{-6}[\text{m}] = 17.0[\mu\text{m}]$$

마지막으로 (e)의 경우,

$$K_{belt} \approx K_1 = 2\times10^6 [\text{N/m}]$$

$$\delta = \frac{F}{K_{belt}} = \frac{30\times0.5\times9.81}{2\times10^6} = 73.6\times10^{-6}[\text{m}] = 73.6[\mu\text{m}]$$

이를 통해서 벨트 초기장력 부가방법에 따라서 벨트의 위치결정 정확도가 큰 차이를 나타낸다는 것을 확인할 수 있다. 그런데 (c)나 (d)의 위치결정 정확도가 가장 높지만, 벨트의 고장력 부가영역이 넓기 때문에 벨트수명이 짧아진다는 단점이 있음도 명심해야 한다.

그림 8.35에서는 타이밍벨트에 부가된 장력에 따른 벨트수명과 파손의 유형을 보여주고 있다. 벨트의 장력이 부족하면 타이밍풀리에 치형이 씹히는 형태의 치형마모가 발생하기 쉬우며, 심각한 경우에는 치형점프가 발생하면서 치형이 뜯겨져 나가버리게 된다. 반대로 벨트의 장력이 과도하면 심선이 파열되어 벨트가 절단되거나 플랭크면이 둥글게 마모된다. 두 경우 모두 벨트의 수명을 크게 저하시키기 때문에 올바른 장력의 유지가 매우 중요하다. 이 외에도 고온에 노출되거나 노화되면 벨트의 평면부가 갈라지는 현상이 나타나며, 오일에 노출되면 고무성분이 녹아버린다. 구동풀리와 종동풀리 모두 안내날개를 설치하는 경우에는 두 풀리의 부정렬에 의해서 벨트의

측면이 갈려나가게 된다. 이를 방지하기 위해서는 베어링의 고정-활동구조에서와 마찬가지로, 타이밍풀리의 안내날개는 구동풀리에만 설치하며, 종동풀리측에서는 벨트가 축방향으로 움직일 수 있도록 자유도를 주어야 한다.

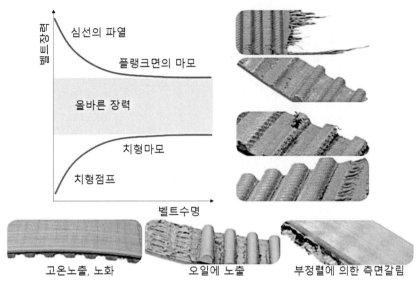

그림 8.35 타이밍벨트에 부가된 장력에 따른 벨트의 수명과 파손의 유형

8.2.3 랙과 피니언

스퍼 기어의 반경이 무한히 커지면 **그림 8.36**에 도시된 랙과 피니언기구에서처럼, 직선형태의 기어가 만들어지는데, 이를 **랙기어**라고 부른다. 이 랙기어 위에 **피니언**이라고도 부르는 스퍼기어를 얹어서 굴리면 피니언의 회전운동을 직선운동으로 변환시키는 단순하면서도 효율적인 동력전달기구를 만들 수 있다.

타이밍벨트를 사용한 직선이송기구의 경우에는 스트로크가 1~2[m]를 넘어서면 벨트강성의 한계 때문에 가감속 시 진동이 발생할 우려가 있으며, 위치결정 정확도가 저하된다.[57] 반면에 랙과 피니언을 사용한 동력전달기구는 높은 강성과 하중전달능력 그리고 낮은 관성을 가지고 있기 때문에 높은 가감속과 고부하 고속작동이 필요한 장축 직선이송 시스템의 동력전달에 적합하다.

---

57 저자는 타이밍벨트를 사용하여 반도체 팹 건물 내에서 수직방향으로 풉을 이송하기 위한 층고 50m짜리 수직이동 로봇(일종의 엘리베이터)을 설계한 경험이 있다.

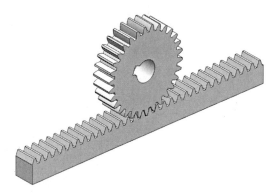

그림 8.36 랙과 피니언기구

    랙의 단면형상은 원형 또는 사각형상으로 설계할 수 있다. 특히 원형 형상은 슬리브 베어링으로 지지하거나 피스톤 형태로 만들 수 있기 때문에 **그림 8.37** (a)에 도시되어 있는 공압 피스톤을 사용한 회전기구와 같이 랙이 피스톤 형태로 움직이면서 피니언을 회전시키는 기구에도 유용하게 사용된다. 랙과 피니언은 기어기구이기 때문에 작동 시에 문지름 마찰에 의한 마멸과 소음이 발생하게 된다. 이를 방지하기 위해서는 (그리스)윤활이 필요하다. 그런데 클린룸 로봇과 같이 청정 환경에서 사용하는 이송 시스템에서 환경오염이 심한 그리스를 사용한다는 것은 어려운 일이다. 이를 해결하기 위해서 **그림 8.37** (b)에 도시된 것과 같은 **롤러피니언**이 공급되고 있다. 롤러피니언은 롤러 베어링이 피니언 치형을 대신하기 때문에 문지름 마찰이 발생하지 않으며, 사이클로이드 치형곡선으로 가공한 랙을 사용하기 때문에 치형윤활이 (거의) 필요 없다. 롤러피니언기구는 클린룸 내 물류창고 자동반송 로봇의 길이가 수~수십[m]에 달하는 이송축 구동에 사용되고 있다. **표 8.21**에서는 롤러피니언의 제원을 예시하여 보여주고 있다.

(a) 공압식 회전 작동기58

(b) 롤러 피니언59

그림 8.37 랙과 피니언 기구의 응용사례

표 8.21 롤러피니언의 사례[60]

랙	치형피치[mm]	16	20	25	32	40
	잇수	10	10	10	12	12
	피치원직경[mm]	50.9	63.7	79.6	121.7	152.7
	최대가속력[N]	1,000	1,500	2,200	3,600	6,000
	최대저지력[N]	2,000	3,000	4,400	7,200	12,000
피니언	1회전당 이동거리[mm]	160	200	250	384	480
	압력각[deg]	30.7	30.1	30.7	30.1	30.0
	모듈[mm]	4.8	6.0	7.5	9.5	12.0
	최고속도[m/s]	4	5	8	11	6
	시스템 수명[km]	9,600	12,000	15,000	23,040	28,800

그림 8.38에서는 롤러피니언을 사용한 이송 시스템의 설계사례를 보여주고 있다. 가속력 F_a는 다음과 같이 계산된다.

$$F_a = m \times a = m \times \frac{v_{\max}}{t_a} = 200 \times \frac{1}{0.5} = 400[\text{N}]$$

자중의 이송축방향 성분 F_g는 다음과 같이 계산된다.

$$F_g = W\cos\theta = m \times g \times \cos\theta = 200 \times 9.81 \times \cos 60° = 981[\text{N}]$$

마찰계수 μ에 이송축방향 저항력 F_f는 다음과 같이 계산된다.

---

58 hydraulicspneumatics.com

59 nexengroup.com

60 nexengroup.com을 참조하여 재구성하였다.

$$F_f = \mu mg \sin\theta = 0.01 \times 200 \times 9.81 \times \sin 60° = 17[\text{N}]$$

안전계수 S_f를 고려하여 이송체에 부가되는 총 작용력 F_t를 계산해보면,

$$F_t = S_f(F_a + F_g + F_f) = 1.2 \times (400 + 981 + 17) = 1{,}677.6[\text{N}]$$

표 8.21의 최대가속력을 살펴보면, 치형피치가 25[mm]인 모델의 최대가속력이 2,200[N]으로서, 총 작용력 1,677.6[N]을 넘어서기 때문에 알맞다는 것을 알 수 있다.

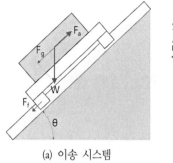

(a) 이송 시스템

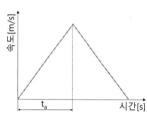

(b) 속도선도

이송체질량[kg]	200
최고속도[m/s]	1
가속시간[s]	0.5
안전계수 S_f	1.2
마찰계수 μ	0.01
경사각도[deg]	60

(c) 설계사양

그림 8.38 롤러피니언을 사용한 이송 시스템의 설계사례

8.2.4 나사식 이송기구

나사막대에 너트를 끼우고 나사를 회전시키면 너트가 나사막대의 길이방향으로 이동하게 된다. **나사식 이송기구**는 나사산의 회전운동을 나사산을 따라서 움직이는 너트의 직선운동으로 변환시키는 동력전달기구이다. 삼각형 단면의 나사산을 가지고 있는 일반적인 체결나사와는 달리, 운동용 나사는 사각형 단면이나 사다리꼴 단면을 사용한다. 나사식 이송기구는 구조가 단순하고 제작이 용이하여 저가형 위치결정기구에 자주 사용된다. 하지만 미끄럼마찰에 의존하는 나사식 이송기구는 스틱-슬립 현상이 존재하며, 백래시와 마찰계수가 커서 정밀한 위치결정 기구로 사용하기가 곤란하다.

나사막대의 외경에 성형된 나사산과 너트의 내경부에 성형된 나사산 사이에 다수의 볼들을 집어넣어 볼들이 선회하면서 너트를 이송하도록 만든 이송기구를 볼스크루라고 부른다. 볼스크루

는 백래시와 마찰계수가 매우 작은 정밀한 이송기구로서 공작기계와 같이 고부하 정밀이송이 필요한 시스템에 널리 사용되고 있다.

나사기구를 사용하여 운동을 변환하는 동력전달 요소는 나사산의 리드 오차로 인하여 운동의 비선형성, 속도편차, 예하중 및 강성의 변화 등이 발생한다. 구성요소 간의 간극에 의한 백래시는 토크 반전 시 운동의 정체현상을 유발한다. 또한 마찰에 의해 열 발생 및 마모가 유발된다. 그러므로 나사식 이송기구를 사용하여 직선이송 시스템을 구축할 때에는 다양한 오차의 원인들을 고려하고 이들에 대한 대응방안을 마련하여야 한다.

이 절에서는 볼스크루와 리드크스루, 롤러스크루 및 마찰구동방식 리드스크루 등과 같은 나사식 이송기구들의 설계사례에 대해서 살펴보기로 한다.

8.2.4.1 볼스크루

반원형 단면의 나사산이 성형되어 있는 나사축과 너트 사이에 다수의 볼들을 삽입하여 이들의 구름운동을 통해서 나사축의 회전을 너트의 직선운동으로 변환시켜주는 동력변환기구를 **볼스크루**라고 부른다. 볼스크루는 볼의 구름운동으로 동력을 전달하기 때문에 효율이 높으며, 마찰과 백래시가 작아서 고정밀 직선운동에 적합하다.

그림 8.39에서는 볼스크루 이송축 시스템의 구조를 보여주고 있다. 볼스크루는 회전운동을 하는 이송나사와 이를 지지하는 양측의 베어링 그리고 회전운동을 직선운동으로 변환시켜주는 볼너트로 구성된다. 이송나사를 지지하는 양측의 베어링은 **그림 7.18**에 도시된 볼 베어링에 지지된 회전축의 경우와 마찬가지로 고정-활동 구조를 갖추고 있어서 작동 중에 이송나사의 열팽창에

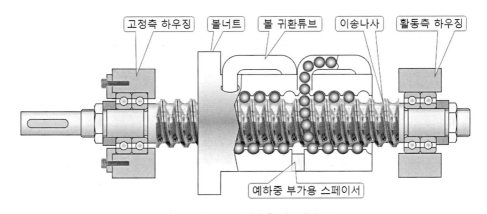

그림 8.39 볼스크루 이송축 시스템의 구조

의한 변형을 활동측 베어링이 길이방향으로 움직이면서 수용할 수 있으며, 고정측 베어링이 기준 위치를 유지해주는 기능분리 구조를 갖추고 있다. 볼너트는 내경측에 볼이 구르는 나선형 경로가 성형되어 있으며, 주기적으로 볼이 나선형 경로에서 빠져나와 귀환튜브를 통해서 다시 앞쪽으로 전달되는 하나 또는 두 개의 순환경로를 갖추고 있다. 볼너트에 두 개의 순환경로가 갖추어진 경우에는 스페이서를 사용해서 두 순환경로 사이의 틈새를 조절할 수 있는데(정위치예압), 스페이서의 두께가 나사의 피치보다 작은 경우에는 볼너트의 피치가 볼나사의 피치보다 좁아지게 되어 두 순환경로 사이에는 앵귤러콘택트 볼 베어링의 정면조합(X-배열)과 유사한 예하중이 부가된다. 반면에 스페이서의 두께가 나사의 피치보다 큰 경우에는 볼너트의 피치가 볼나사의 피치보다 넓어지게 되어 두 순환경로 사이에는 배면조합(O-배열)과 유사한 예하중이 부가된다. 전자의 경우에는 고정측과 활동측 베어링의 설치부정렬에 대한 설치관용도가 큰 반면에 고속작동 시 발생

표 8.22 볼스크루의 사례[61]

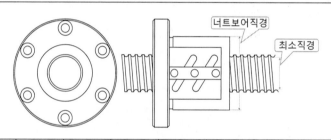

나사 직경 [mm]	리드 [mm]	피치원 직경 [mm]	최소직경 [mm]	너트보어 직경 [mm]	동정격 하중 [kgf]	정정격 하중 [kgf]	너트강성 [kgf/μm]	축질량 [kg/m]	축관성 [kg·m²/m]
20	6	20.75	17.2	48	846	1,784	39.8	2.13	1.23×10⁻⁴
	10	21.00	16.4	46	733	1,346	25.5	2.14	1.23×10⁻⁴
25	8	26.25	20.5	58	1,610	3,343	51.0	3.13	3.01×10⁻⁴
	10	26.30	21.4	58	1,610	3,364	51.0	3.27	3.01×10⁻⁴
32	8	33.25	27.5	66	1,814	4,302	62.2	5.39	8.08×10⁻⁴
	12	34.00	26.1	76	4,118	9,021	90.7	4.90	8.08×10⁻⁴
36	12	38.00	30.1	78	3,272	7,278	73.4	6.41	1.29×10⁻³
	20	37.75	30.5	70	1,794	3,904	43.8	7.24	1.29×10⁻³
45	12	47.00	39.2	90	6,646	18,186	167.2	10.54	3.16×10⁻³
	20	47.70	37.9	98	4,506	10,102	70.3	10.37	3.16×10⁻³
50	12	52.25	43.3	100	4,424	11,193	94.8	12.74	4.82×10⁻³
	20	52.7	42.9	105	7,390	18,685	125.4	13.10	4.82×10⁻³

하는 열팽창을 수용할 수 없으며, 후자의 경우에는 이와 반대로 부정렬 관용도는 작지만 열팽창 수용능력이 커서 고속작동에 유리하다. 두 경우 모두, 예하중 부가를 통해서 백래시를 저감하고 위치강성을 높여서 정밀한 위치결정 능력을 갖는다. **표 8.22**에서는 볼스크루의 제원을 예시하여 보여주고 있다.

그림 8.40에서는 **표 8.22**에 제시된 직경 36[mm] 크기의 볼스크루를 사용하여 볼스크루의 한계 축방향하중, 한계회전속도, 이송축강성 그리고 사용수명을 계산하는 사례를 보여주고 있다.

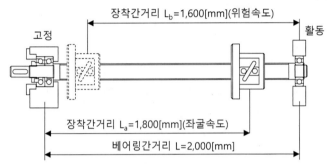

그림 8.40 볼스크루의 설계사례[62]

한계**축방향하중**은 볼나사의 좌굴하중과 한계인장하중 그리고 정정격하중을 계산하여 이들 중 최솟값으로 결정한다. 좌굴하중은 다음 식을 사용하여 계산할 수 있다.

$$P = \frac{n\pi^2 EI}{L_a^2} = \frac{2 \times \pi^2 \times (2.1 \times 10^4) \times (4.03 \times 10^4)}{1,800^2} = 5,155[\mathrm{kgf}]$$

여기서 n은 마운팅 방법에 따른 계수값으로, 고정-고정이면 4, 고정-활동이면 2 그리고 고정-자유이면 0.25이다. $E = 2.1 \times 10^4[\mathrm{kgf/mm^2}]$는 나사재료의 영계수이며, 나사축 최소직경부의 관성모멘트 $I = (\pi d^4)/64 = (\mathrm{pi} \times 30.1^4)/64 = 4.03 \times 10^4[\mathrm{mm^4}]$이다.

나사축의 한계인장하중은 **그림 8.41**에 제시된 그래프를 사용하여 구할 수 있다.

---

61 tech.thk.com을 참조하여 재구성하였다.
62 thk.com을 참조하여 재구성하였다.

그림 **8.41**에서 베어링 장착 간 거리인 2,000[mm]에서 수평선을 그어 볼나사 직경 36[mm]와 만나는 점에서 아래로 그어진 점선을 따라가 보면, 고정-활동 지지조건의 한계인장하중(축방향 부하)은 약 22[kN](약 2,242[kgf]) 이상이 된다는 것을 알 수 있다. 마지막으로, 볼나사의 정정격하중은 **표 8.22**에서 7,278[kgf]임을 알 수 있다. 이상의 세 가지 항목들 중에서 최솟값인 2,242[kgf]가 한계축방향하중이 된다.

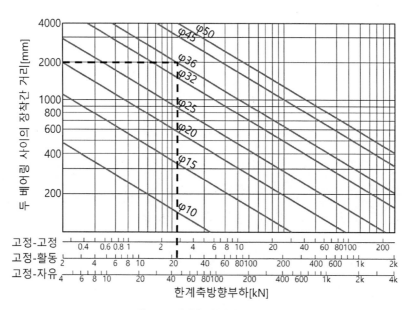

그림 8.41 나사축의 한계인장하중[63]

한계회전속도는 7.1.3절의 던컬리법을 사용하여 계산할 수 있다.

$$N = 2,068 \frac{d^2}{L^2} \sqrt{\frac{E}{w_o}} = 2,068 \times \frac{30.1^2}{2,000^2} \sqrt{\frac{21,000}{0.00641}} = 847.8[\text{rpm}]$$

여기서 w_0는 단위길이당 나사축 질량으로서 **표 8.22**에 제시되어 있다. 안전을 위해서 최대작동속도는 계산결과의 80[%]로 제한한다. 따라서 $N_{\max} = N \times 0.8 = 847.8 \times 0.8 = 678.2[\text{rpm}]$이 된다.

---

63 tech.thk.com을 참조하여 재구성하였다.

또한 볼스크루의 윤활한계인 DN값은 70,000이다. 이를 볼나사의 외경으로 나누어 윤활허용한계 속도 N_{lub}를 구할 수 있다.

$$N_{lub} = \frac{70,000}{36} = 1,944[\text{rpm}]$$

따라서 이들 중 작은 값인 678.2[rpm]이 한계회전수가 된다.

이송축강성은 나사축강성, 너트강성, 지지 베어링강성 등을 직렬 합산하여 구하여야 한다. 나사축강성은 다음 식을 사용하여 계산할 수 있다.

$$K_s = \frac{AE}{L_a} = \left(\frac{\pi}{4}d_1^2\right)\frac{E}{L_a} = \left(\frac{\pi}{4}\times 30.1^2\right)\times \frac{21,000}{1,800} = 8,301[\text{kgf/mm}]$$

너트강성은 **표 8.22**에서 $K_n = 73,400[\text{kgf/mm}]$이다. 볼스크루의 지지에 사용된 앵귤러콘택트 볼 베어링의 예압하중은 300[kgf]이며, 압력각은 30°, 피치원 반경은 16[mm] 그리고 볼 직경은 5.5[mm]라고 한다면 볼에 부가되는 예압하중 Q, 볼의 변형량 δ 그리고 베어링의 강성 K_a는 각각 다음과 같이 계산된다.

$$Q = \frac{F_{preload}}{R\sin\alpha} = \frac{300}{16\times \sin 30^o} = 37.5[\text{kgf}]$$

$$\delta = \frac{0.002}{\sin\alpha}\sqrt[3]{\frac{Q^2}{d_{ball}}} = \frac{0.002}{\sin 30^o}\sqrt[3]{\frac{37.5^2}{5.5}} = 0.0254[\text{mm}]$$

$$K_a = \frac{3F_{preload}}{\delta} = \frac{3\times 300}{0.0254} = 35,433[\text{kgf/mm}]$$

너트 브라켓이나 베어링 하우징의 강성은 크다고 가정하여 무시하면, 이송축강성은 다음과 같이 계산된다.

$$\frac{1}{K_{system}} = \frac{1}{K_s} + \frac{1}{K_n} + \frac{1}{K_a} = \frac{1}{8,301} + \frac{1}{73,400} + \frac{1}{35,433} = 1.623 \times 10^{-4} [\text{mm/kgf}]$$

그러므로 이의 역수를 취하면,

$$K_{system} = 6,161 [\text{kgf/mm}]$$

이 볼스크루를 사용하여 100[kgf]의 스테이지를 0.5[g]로 가속한다면 이 스테이지에서 발생하는 동적 위치오차를 다음과 같이 계산할 수 있다.

$$\delta_{d,err} = \frac{F}{K_{system}} = \frac{ma}{K_{system}} = \frac{100 \times 0.5 \times 9.81}{6161} = 0.0796 [\text{mm}] = 79.6 [\mu\text{m}]$$

볼스크루의 수명시간을 계산하기 위해서 다음과 같이 볼스크루 이송 시스템의 작동 스케줄을 가정하였다.

- 중절삭가공: 축방향하중 $F_1 = 1,400[\text{kgf}]$, 회전속도 $N_1 = 10[\text{rpm}]$, $t_1 = 6[\text{sec}]$
- 경절삭가공: 축방향하중 $F_2 = 200[\text{kgf}]$, 회전속도 $N_2 = 50[\text{rpm}]$, $t_2 = 3[\text{sec}]$
- 급속이송: 축방향하중 $F_3 = 15[\text{kgf}]$, 회전속도 $N_3 = 670[\text{rpm}]$, $t_3 = 1[\text{sec}]$

평균 축방향 하중은 다음과 같이 계산된다.

$$\begin{aligned} F_{avg} &= \sqrt[3]{\frac{F_1^3 N_1 t_1 + F_2^3 N_2 t_2 + F_3^3 N_3 t_3}{N_1 t_1 + N_2 t_2 + N_3 t_3}} \\ &= \sqrt[3]{\frac{1,400^3 \times 10 \times 6 + 200^3 \times 50 \times 3 + 15^3 \times 670 \times 1}{10 \times 6 + 50 \times 3 + 670 \times 1}} \\ &= 573.3 [\text{kgf}] \end{aligned}$$

평균 회전속도는 다음과 같이 계산된다.

$$N_{avg} = \frac{N_1 t_1 + N_2 t_2 + N_3 t_3}{t_1 + t_2 + t_3} = \frac{10 \times 6 + 50 \times 3 + 670 \times 1}{6 + 3 + 1} = 88[\text{rpm}]$$

이 설계에서 사용한 외경 36[mm], 리드 12[mm]인 볼나사의 동정격하중 $C = 3{,}272$[kgf]이다. 안전계수 $S_f = 1.2$를 감안하여 수명시간을 계산해보면 다음과 같다.

$$L_h = \frac{10^6}{60 N_{avg}} \left(\frac{C}{S_f F_{avg}} \right)^3 = \frac{10^6}{60 \times 88} \left(\frac{3{,}272}{1.2 \times 573.3} \right)^3 = 20{,}375[\text{h}]$$

따라서 약 20,000시간의 수명을 가지고 있다는 것을 알 수 있다. 이는 2년을 조금 넘는 수명에 해당한다. 일반기계라면 큰 문제가 없겠지만, 고가의 공작기계라면 10년 이상 사용해야 하므로 설계수명으로 충분치 못하다는 것을 알 수 있다.

8.2.4.2 기타 나사식 이송기구

리드스크루는 저마찰(플라스틱) 소재로 제작한 너트를 사용하는 나사식 이송기구로서, 구조가 단순하며 가격이 저렴하다. 백래시를 줄이기 위해서 정위치예압용 스페이서를 사용하는 볼스크루의 경우와는 달리, 리드스크루에서는 **그림 8.42** (a)에 도시되어 있는 것처럼, 길이방향으로 분할된 두 개의 너트 사이에 스프링을 삽입하는 정압예압방식을 자주 사용한다. 이 설계를 통해서 사용 중에 너트가 마멸되어도 백래시 없이 정확한 작동이 유지된다. 리드스크루에서는 **그림 8.42** (b)에 도시되어 있는 것처럼, 볼스크루로는 구현하기 어려운 대리드 다중나선구조를 손쉽게 구현할 수 있다. 이를 통해서 손쉽게 급속이송을 구현할 수 있다. 또한 리드스크루는 볼 구름 소음이 발생하지 않아서 정숙한 운전이 구현된다. 하지만 연질의 너트소재를 사용하기 때문에 추력은 수[kgf]에 불과하며, 위치강성도 수[N/mm]에 불과하다. **표 8.23**에서는 리드스크루의 제원을 예시하여 보여주고 있다.

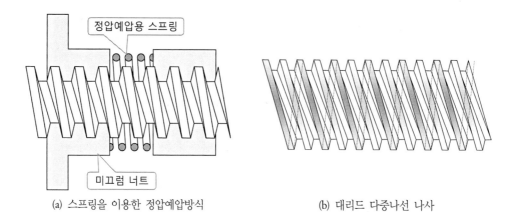

(a) 스프링을 이용한 정압예압방식　　　　　　　(b) 대리드 다중나선 나사

그림 8.42 리드스크루의 특징

표 8.23 리드스크루용 나사의 제원[64]

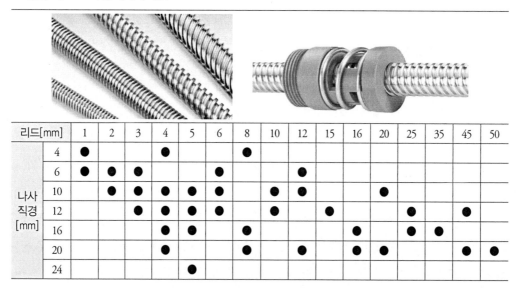

리드[mm]		1	2	3	4	5	6	8	10	12	15	16	20	25	35	45	50
나사 직경 [mm]	4	●			●			●									
	6	●	●	●			●			●							
	10		●	●	●	●	●		●	●			●				
	12			●	●	●	●		●		●			●		●	
	16				●	●		●				●		●	●		
	20				●			●		●			●	●		●	●
	24					●											

　　그림 8.43에 도시되어 있는 **롤러스크루**는 리드나사의 원주방향으로 다수의 나사들을 배치하여 이들의 선접촉으로 추력을 지지하는 고하중용 나사이송기구이다. 그림에서 나사롤러의 머리 쪽에는 원주방향으로 기어형상이 성형되어 있다. 이 기어치형은 내접기어와 맞물려 있으므로, 리드나사가 회전하면, 마치 유성기어처럼, 나사롤러는 리드나사의 주변을 자전 및 공전하게 된다. 이

64　thomsonlinear.com을 참조하여 재구성하였다.

과정에서 나사롤러와 너트 사이의 상대적인 축방향 운동을 없애기 위해서는 리드나사, 나사롤러 그리고 내접기어의 피치직경 사이에 다음의 관계가 성립되어야 한다.

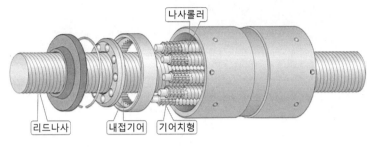

그림 8.43 롤러스크루[65]

내접기어의 피치직경=리드나사의 피치직경+2×나사롤러의 피치직경

나사롤러의 피치직경=내접기어의 피치직경/리드숫자

이 관계들이 충족되면 너트 내에서 공전에 의한 롤러의 전진이 롤러의 회전에 의해서 상쇄된다. 롤러스크루는 다수의 나사롤러들이 탄성평균화효과를 발휘하기 때문에 접촉응력이 최소화된다. 또한 볼의 구름과 재순환과정에서 발생하는 노이즈가 없어서 볼스크루보다 훨씬 더 정숙한 운전이 가능하다.

표 8.24에서는 롤러스크루의 제원을 예시하여 보여주고 있다. 예를 들어, 나사 직경 25[mm]에 리드가 8[mm]인 모델의 동등가하중과 정등가하중을 **표 8.22**에 제시되어 있는 볼스크루의 경우와 비교해보면, 동등가하중은 1,610[kgf] 대 7,757[kgf]로서 약 4.8배 더 크며, 정등가 하중도 3,343[kgf] 대 12,436[kgf]로 약 3.7배 더 크다는 것을 알 수 있다. 이는 롤러스크루가 프레스와 같이 고부하 이송이 필요한 경우에 탁월한 성능을 발휘할 수 있다는 것을 의미한다.

---

65 skf.com에서 발췌하여 재구성하였다.

표 8.24 롤러스크루의 사례[66]

리드나사 직경 d[mm]	리드길이 L[mm]	너트외경 D[mm]	너트길이 A[mm]	동정격하중 [kgf]	정정격하중 [kgf]	효율 η	축질량 [kg/m]
18	2	40	50	3,099	7,237	0.7	2.0
	8	40	50	3,873	6,269	0.87	2.0
25	8	53	78	7,757	12,436	0.89	3.9
	15	53	78	8,726	12,232	0.87	3.9
30	8	64	85	10,499	18,145	0.88	5.6
	15	64	85	12,130	18,552	0.88	5.6
36	12	68	80	10,907	18,451	0.89	8.0
	24	68	80	12,640	18,756	0.86	8.0
44	12	80	90	14,679	26,809	0.89	11.9
	24	80	90	17,125	27,217	0.88	11.9
48	15	100	127	26,300	49,541	0.89	14.2
	30	100	127	28,135	47,604	0.87	14.2

그림 8.44에서는 마찰구동방식 리드스크루를 보여주고 있다. 마찰구동방식 리드스크루에서는 이송축 방향에 대해서 경사각을 가지고 원주방향으로 배치되어 있는 세 개의 롤러들과 표면이 매끄러운 이송축 사이에서 구름접촉이 이루어진다. 롤러들의 설치 경사각도에 의해서 리드가 결정되며, 경사롤러들과 이송축 사이에 부가되는 예하중에 의해서 최대추력이 결정된다. 예하중을 증가시키면 이에 따라서 최대추력이 증가하지만, 과도한 하중이 부가되면 영구변형이나 피로에 의한 점부식이 발생할 우려가 있다. 일반적으로 두 개의 롤러는 고정해놓고 하나의 롤러에 정압 예압 방식으로 예하중을 부가하는 방식을 사용한다. 가공공차를 포함한 다양한 원인으로 인하여 약 $20 \sim 30[\mu\mathrm{m}]$ 수준의 백래시가 존재한다. 이런 유형의 작동기들은 중간 정도의 정확도와 하중 지지용량을 가지며, 제작비가 싸다. 특히 이송축이 매끄럽고 원형이어서 밀봉성이 뛰어나며 윤활이 필요 없다는 장점 때문에 다양한 용도에서 자주 사용되고 있다. 하지만 마찰구동방식의 특성상 오염에 매우 취약하므로 주의가 필요하다. 표 8.25에서는 마찰구동방식 리드스크루의 제원을

---

66 skf.com에서 발췌하여 재구성하였다.

보여주고 있다.

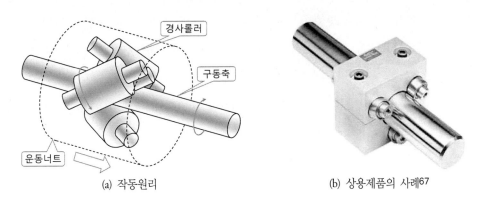

(a) 작동원리   (b) 상용제품의 사례67

그림 8.44 마찰구동방식 리드스크루의 사례

표 8.25 마찰구동방식 리드스크루의 사례68

축직경[mm]	리드[mm]	추력[N]
8	1.3	67
	2.5	67
12	2.5	266
	10	266
16	2.5	266
	15	266
25	5	444
	25	444
50	5	889
	50	889

8.3 스테이지 설계

웨이퍼나 공작물과 같은 시편을 붙잡고 (다자유도) 직선운동 수행하는 이동물체를 **스테이지**라고 부른다. 반도체 노광기용 스테이지나 CNC 머시닝센터용 스테이지와 같은 초정밀/고정밀 직

---

67   zero-max.com

68   zero-max.com을 참조하여 재구성하였다.

선이송 스테이지들은 생산성을 높이기 위해서 꾸준히 고속화되고 있다. 수직으로 쌓아올리는 적 층방식으로 설계된 다축이송 시스템은 이송축의 중심높이와 무게중심 높이가 서로 일치하지 않 아서 가감속 시 회전 모멘트가 생성되어 진동과 아베오차 같은 기생운동이 발생하게 된다. 이런 기생운동을 저감하여 다자유도($X-Y-\theta$) 스테이지를 고속으로 이송하면서도 초정밀 위치결정 성을 구현하기 위해서 구동력이 작용하는 이송축들의 높이와 무게중심들의 높이를 모두 일치시 킨 H-드라이브 구조가 제안되었다. 자기부상 스테이지의 설계에 대해서는 7.7절에 몇 가지 세례 들이 예시되어 있다. 이 절에서는 공기 베어링에 지지되는 스테이지 구조를 중심으로 하여, 8.3.1 절에서는 동적 부하와 무게중심이 스테이지 이송에 끼치는 영향, 8.3.2절에서는 스테이지 구조안 정성, 8.3.3절에서는 H-드라이브 이송구조 그리고 8.3.4절에서는 대변위-미소변위의 이송기능을 분리한 초정밀 이중 스테이지의 구조에 대해서 살펴보기로 한다.

8.3.1 동적 부하와 무게중심

그림 8.45에서는 공기 베어링으로 지지된 적층식 2자유도 스핀들 스테이지의 사례를 보여주고 있다. 단순화를 위해서 작동기와 수직방향 이송 기구들은 그림에서 생략되었다. 이 스핀들 스테 이지의 질량은 100[kg]이며, 최대 1[g]로 가속한다. 스테이지의 수직방향 및 모멘트방향 하중을 지 지하기 위해서 안내면의 위와 아래에 한 쌍의 공기 베어링들이 사용되었다. 각 공기 베어링들의 정상상태 공극은 5[μm]이며, 직경 80[mm]인 공기 베어링의 강성은 20[kgf/μm], 직경 65[mm]인 공기 베어링의 강성은 15[kgf/μm]라 하자. 이 스핀들이 좌측으로 1[g]의 가속력을 받는다면 각 베 어링의 공극은 얼마나 변하겠는가?

우선 A와 C 그리고 B와 D 공기 베어링들은 서로 대면 형태로 배치되어 있으므로 강성은 다음 과 같이 병렬 합산된다.[69]

$$K_{Left} = K_A + K_B = 20 + 15 = 35[\text{kgf}/\mu\text{m}]$$
$$K_{right} = K_C + K_D = 20 + 15 = 35[\text{kgf}/\mu\text{m}]$$

다음으로, 초기상태에는 스테이지가 정지해 있으며, 외력이 부가되지 않은 상태에서는 좌측과

---

69 직렬 형태로 배치되어 있다고 오해하기 쉽다.

우측의 베어링은 스테이지의 자중($W = mg$)을 절반씩 나누어 지지하고 있다. 즉,

$$F_{Right} = \frac{1}{2}mg, \quad F_{Left} = \frac{1}{2}mg$$

이 상태에서 서로 마주보고 배치되어 있는 공기 베어링들은 각각 5[μm]의 공극을 가지고 부상되어 있다고 가정한다.

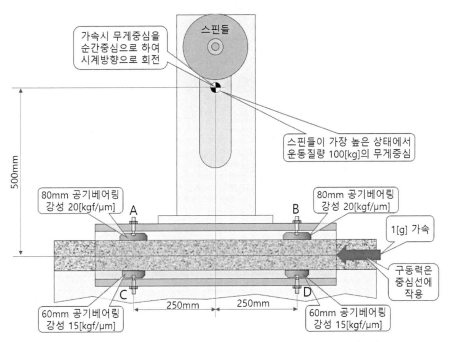

그림 8.45 공기 베어링에 지지된 스테이지의 가속 시 발생하는 동적부하[70]

이 시스템이 1[g]의 가속력을 받으며 좌측으로 운동하는 경우의 자유물체도는 **그림 8.46** (a)와 같이 그려진다. 자유물체도를 참조하여 모멘트 평형($\sum M = 0$)과 수직방향 작용력 평형식($\sum F_y = 0$)을 구하여야 한다. 스테이지가 좌측으로 움직이므로 수평방향은 힘의 평형을 이루지 못한다. 무게중심 위치에서 모멘트평형식은 다음과 같이 구성된다.

---

70 ibspe.com, Air bearing application guide를 참조하여 재구성하였다.

$$\Sigma M_W = F_{Right} \times 0.25 - mg \times 0.5 - F_{Left} \times 0.25 = 0$$

$$\therefore F_{Right} - F_{Left} = 2mg$$

수직방향 작용력 평형식은 다음과 같이 구성된다.

$$F_{Right} + F_{Left} = mg$$

위 두 식을 정리하면 우측 베어링에서 작용하는 힘(F_{Right})과 좌측 베어링에서 작용하는 힘 (F_{Left})을 구할 수 있다.

$$F_{Right} = \frac{3}{2}mg, \quad F_{Left} = -\frac{1}{2}mg$$

즉, 우측 베어링에는 초기상태보다 추가적으로 mg만큼의 부하가 더 가해지며, 좌측의 베어링에는 초기상태보다 $-mg$만큼 부하가 감해진다는 뜻이다. 초기상태와 가속력을 받는 순간 사이의 작용력 차이와 그로 인한 베어링 공극변화량은 각각 다음과 같이 계산된다.[71]

$$\Delta F_{Right} = \frac{3}{2}mg - \frac{1}{2}mg = mg, \quad \delta_{Right} = \frac{\Delta F}{K_{Right} \times g} = \frac{100}{35} = 2.857 [\mu\text{m}]$$

$$\Delta F_{Left} = -\frac{1}{2}mg - \frac{1}{2}mg = -mg, \quad \delta_{Left} = \frac{\Delta F}{K_{Left} \times g} = -\frac{100}{35} = -2.857 [\mu\text{m}]$$

따라서 **그림 8.46** (b)에서와 같이 우측의 베어링은 2.857[μm]만큼 주저앉으며, 좌측의 베어링은 2.857[μm]만큼 들려 올라간다. 이로 인한 스테이지의 회전량은 다음과 같이 계산할 수 있다.

$$0.25 \times \theta = 2.857 \times 10^{-6} \rightarrow \theta = 11.428 \times 10^{-6} [\text{rad}]$$

---

71 제시된 강성값의 단위가 [kgf/μm]이므로 중력가속도를 곱해주어야 한다.

그리고 무게중심의 위치오차는 다음과 같이 계산된다.[72]

$$\delta_x = 0.5 \times \sin\theta \simeq 0.5 \times \theta = 0.5 \times 11.428 \times 10^{-6} = 5.714\,[\mu m]$$

$$\delta_y = 0.5 \times \cos\theta \simeq 0$$

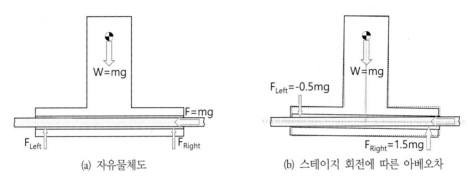

(a) 자유물체도   (b) 스테이지 회전에 따른 아베오차

그림 8.46 가속력을 받는 스테이지

이 예제를 통해서 무게중심과 이송축 중심높이가 일치하지 않는 경우에 시스템이 고속으로 작동하면 심각한 수준의 위치오차(또는 진동)가 발생한다는 것을 확인할 수 있다. 이를 극복하기 위해서는 모멘트 힘이 발생하지 않도록 이송축 작동기의 중심높이, 안내 베어링의 중심높이 그리고 스테이지의 무게중심이 모두 정확히 동일한 높이로 설계되어야만 한다. 작동기의 작용력이 스테이지의 무게중심에 작용하는 경우, 스테이지 가감속 시 모멘트가 발생하지 않으며, 베어링에 반력변화가 일어나지 않는다. 반면에 적층 구조로 다축 이송 시스템을 구성하면 가감속 시 모멘트가 발생하며, 베어링 반력이 변하기 때문에 다양한 기생운동과 진동이 초래된다. 따라서 초정밀 다축이송 시스템을 구성하면서 적층구조를 사용해서는 안 된다.

8.3.2 스테이지 구조안정성

1자유도 공기 베어링 스테이지는 모든 스테이지 설계의 기본이 된다. 그런데 1자유도를 풀어주고 나머지 5자유도를 정확히 구속하면서도 동적인 안정성을 유지하는 구조를 설계하는 것은 매

---

72 무게중심을 중심으로 스테이지가 시계방향으로 회전하므로 스테이지의 위치오차는 발생하지 않는다고 생각하기 쉽다. 하지만 안내면에 설치된 리니어스케일의 정보를 기준으로 위치제어가 이루어지기 때문에 결국 무게중심 위치가 변하게 된다.

우 어려운 일이다. 이 절에서는 1자유도 직선이송 스테이지의 다양한 공기 베어링 배치구조에 대해서 살펴보기로 한다.

평면 위에서 스테이지가 3자유도($X-Y-\theta$)를 가지며, 모든 방향을 무게중심 위치에서 구동하기 위해서는 다음 절에서 설명할 H-드라이브라고 부르는 특수한 이송구조를 사용하여야 한다. 이 H-드라이브에는 좁고 긴 막대형 보조스테이지가 사용되는데, 이를 **X-바**라고 부른다. **그림 8.47** (a)에서는 다섯 개의 공기 베어링들을 사용하여 5자유도를 구속하여 Y-방향(지면의 상하방향)으로 1자유도만을 가지고 있는 스테이지의 설계사례를 보여주고 있다. 하지만 이 설계는 그림에 표시된 화살표 방향(요-방향)으로의 안정성이 떨어지며, 공기 베어링의 예하중이 커질수록 불안정성이 증가한다. 이를 안정화시키기 위해서 **그림 8.47** (b)에서와 같이 7개의 공기 베어링들을 사용하여 스테이지를 지지하면 안정성이 향상되지만 과도구속이 발생하게 된다. 특히 X-방향(지면의 좌우방향)을 지지하는 베어링들 중에서 한쪽의 구속을 스프링지지로 풀어주지 않으면, 안내면의 평행도 오차에 의하여 베어링이 끼거나 갈려버릴 우려가 있다. 특히 **그림 1.7**에서 설명했던 것처럼, 베어링이 설치된 폭 대 길이의 비율이 1:1.618보다 작아지면 스테이지의 요-방향 안정성이 떨어지게 된다.

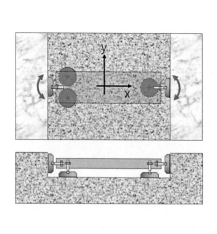

(a) 불안정한 X-바

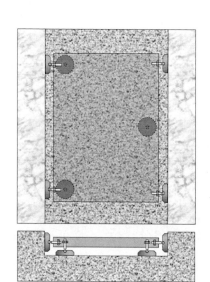

(b) 과도 구속된 스테이지

그림 8.47 불안정한 X-바[73]

---

73 ibspe.com, Air bearing application guide를 참조하여 재구성하였다.

그림 8.48에서는 안정성이 향상된 X-바 지지구조를 보여주고 있다. 그림 8.48 (a)에서는 볼 베어링 주축이나 LM 가이드 스테이지의 고정-활동구조에서와 마찬가지로 좌측은 수직 및 수평방향 위치고정, 우측은 수직방향 위치고정, 수평방향 위치 활동의 구조를 채택하고 있음을 알 수 있다. 폭이 좁은 턱을 사이에 두고 대면모드로 설치된 두 개의 공기 베어링은 서로 밀고 있지만, 그림 8.47 (a)에서처럼, 요-방향 회전모멘트를 생성하지 않으며, 스스로 안내면상의 최소거리를 찾아간다. 특히 예하중이 커질수록 안정성이 향상된다. 그림 8.48 (b)에서는 중앙에 수평방향 지지용 베어링을 배치한 대칭형태의 구조를 보여주고 있다. 수평방향 스트로크가 짧은 스테이지의 경우에는 (a)의 비대칭 설계에 비해서 대칭설계가 오히려 안정성이 높기 때문에 유리하다.

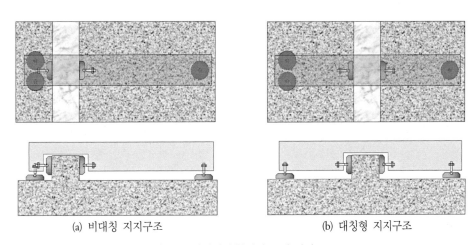

(a) 비대칭 지지구조   (b) 대칭형 지지구조

그림 8.48 안정성이 향상된 X-바 지지구조[74]

그림 8.49에서는 그림 1.52 (b)와 그림 1.53에서 예시되어 있는 이동브리지방식 3차원 좌표측정기의 공기 베어링 지지구조를 보여주고 있다. 그림 8.49 (a)의 경우에는 X-방향(지면의 좌우방향) 지지용 베어링을 베이스의 양측에 배치하였다. 이 경우 힘전달 경로가 브리지 전체를 통과하기 때문에, 공기 베어링의 압력에 의해서 브리지가 좌우로 벌어져버린다. 이로 인하여 안내기구의 기준위치를 잃어버리기 때문에 3차원 좌표 측정기의 위치결정 정확도가 떨어진다. 반면에 그림 8.49 (b)의 경우에는 X-방향 지지용 베어링이 편측으로 배치되어 볼 베어링 주축의 고정-활동 구조와 동일한 개념의 지지구조가 구현되었음을 알 수 있다. 또한 서로 마주보는 공기 베어링의

---

74 ibspe.com, Air bearing application guide를 참조하여 재구성하였다.

힘전달 경로가 매우 짧기 때문에 구조물 변형이 방지되며, 브리지에는 힘이 전달되지 않는다. 이로 인하여 3차원좌표측정기는 항상 일정한 측정 정확도를 유지할 수 있다.

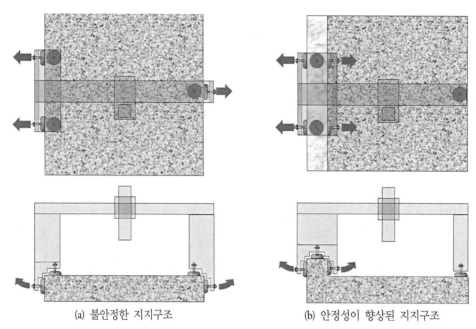

(a) 불안정한 지지구조   (b) 안정성이 향상된 지지구조

그림 8.49 이동브리지방식 3차원좌표측정기의 안정성이 향상된 지지구조[75]

8.3.3 H-드라이브 이송구조

그림 8.50에서는 H-드라이브형 3축($X-Y-\theta$) 이송스테이지의 사례를 보여주고 있다. 이송기구의 형상이 알파벳 H-형상을 가지고 있어서 이름이 붙여진 **H-드라이브**는 X-바라고 부르는 폭이 좁고 길이가 긴 막대형 보조 스테이지를 Y-축방향으로 이송하며, 스테이지는 이 X-바를 타고서 X-방향으로 움직인다. H-드라이브 구조에서는 X-바의 이송축 높이와 X-바의 무게중심의 높이를 맞추기가 용이하다. 또한 X-바의 측면에 설치된 이송축의 높이와 X-스테이지의 무게중심 높이를 맞추기도 매우 용이하다.

특히 X-바의 Y-축 구동은 양측에 설치된 두 개의 작동기(리니어모터나 볼스크루)들을 사용하는데, 이들이 동시에 이동하면 병진운동이 이루어지며, 이들의 변위에 편차를 주어 θ-방향(요-방향)

---

75 ibspe.com, Air bearing application guide를 참조하여 재구성하였다.

의 미소 회전운동까지 동시에 구현할 수 있다. 하지만 이 회전운동은 매우 작은 각도 범위로 제한되므로, 각도정렬과 같은 미세조절에 국한되어 사용될 뿐이다.

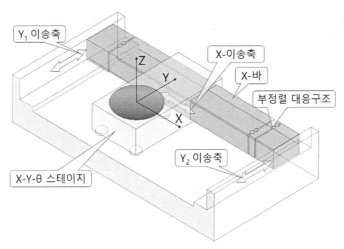

그림 8.50 H-드라이브형 3축($X-Y-\theta$) 이송스테이지의 사례

그런데 대변위 이송이 이루어지는 Y_1 이송축과 Y_2 이송축을 마이크로미터 미만 단위에서 완벽하게 평행을 맞추는 것은 (불가능에 가까울 정도로) 매우 어려운 일이다. 따라서 Y_1 이송축의 지지구조와 Y_2 이송축 지지구조 사이에는 **그림 8.48** (a)에 도시된 것처럼, 고정-활동 구조를 사용하는 것이 바람직하다. 만일 **그림 8.50**에서와 같이 양쪽이 막힌 형태의 안내면을 사용한다면 반드시 플랙셔나 스프링 예압기구 등을 사용하여 부정렬에 대응하여야 한다.

그림 8.51에서는 진공접착장비 상부챔버 수직방향 이송기구용 X-바의 과도구속 사례를 보여주고 있다. 판형 부품의 진공접착에 사용되는 챔버형 진공장비는 **그림 8.51** (a)에 도시된 것처럼 바닥판에 두 개의 수직이송용 로봇을 설치한 다음에 X-바로 이들을 서로 연결하고 X-바의 하부에 상부챔버를 설치하였다. 그리고 상부진공챔버와 하부진공챔버의 내부에는 진공접착용 기구들이 설치되어 있다. 제품의 정렬품질 관리를 위해서는 접착할 상부와 하부 소재들 사이의 상호 정렬이 매우 중요한데, 얇은 바닥판 위에 설치된 두 로봇의 평행도는 팹 바닥의 굴곡을 따라서 계속 변하기 때문에 정렬관리에 어려움이 존재하였다. 또한 상하운동을 안내하는 LM 블록에도 과도한 하중이 부가되어 베어링 손상과 과부하로 인한 걸림이 발생하는 문제가 존재하였다. 이를 개선하기 위해서 저자는 **그림 8.51** (b)에서와 같이 X-바 지지에 고정-활동 구조를 채용할 것을 제안하였

다. 그림에서는 활동측 안내기구가 1자유도를 가지고 있는 것으로 표현되었지만, 실제로는 직교형 LM 블록[76]을 사용하여 지면에 수직인 방향으로도 자유도를 주었다. 이를 통해서 기준면이 항상 안정적으로 유지되었으며, 두 수직이송축 로봇들에 부정렬이 발생하여도 베어링 손상이나 과부하로 인한 걸림이 발생하지 않게 되었다. X-바의 과도구속을 해지하는 방법은 기준면의 유지와 회전자유도의 부가 여부에 따라서 달라지므로, 이에 대한 세심한 고찰이 필요하다.

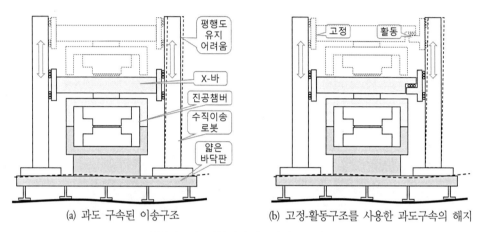

(a) 과도 구속된 이송구조   (b) 고정-활동구조를 사용한 과도구속의 해지

그림 8.51 진공접착장비 상부챔버 수직이송기구

8.3.4 이중 스테이지 구조

10[nm] 대에서 오랜 기간 동안 정체되었던 반도체의 최소선폭은 극자외선노광기술이 도입되면서 순식간에 7[nm]와 5[nm]를 돌파하고 이제는 나노미터 미만의 선폭을 바라보고 있다. 이를 구현하기 위해서는 안정된 광원, 극한정밀도를 갖춘 광학계와 더불어서 수백~수십[pm] 수준의 위치정확도를 갖춘 극초정밀 스테이지가 필요하게 되었다.

전통적인 웨이퍼 스테이지는 **그림 8.52**에 도시되어 있는 것처럼, H-드라이브 구조의 대변위 스테이지와 압전 작동기나 보이스코일 작동기를 사용하는 미소변위 스테이지의 **이중 스테이지 구조**를 채용하고 있다. 대변위 스테이지는 수백[mm]의 스트로크를 이동하면서 ±10~±100[μm] 수준의 위치분해능을 구현하며, 미소변위 스테이지는 ±10~±100[μm]의 스트로크를 이동하면서 수십~수백[pm]의 위치분해능을 구현하는 기능분리 제어구조를 채용하고 있다. 이렇게 대변위와

---

76 orthogonal LM block.

미소변위 작동기를 함께 사용하면, 각각의 작동기 모두 10^5개 이상의 위치분해수를 갖추면 충분하기 때문에[77] 2세트의 17비트($2^{17}=131,072$) 데이터만으로도 충분히 100[pm] 수준의 위치제어를 수행할 수 있다. 만일 이를 단일스테이지로 구동한다면 한 번에 전송해야 하는 데이터는 34비트가 되며, 이는 8.4.3.2절에서 설명할 서보 시스템의 루프시간을 제한하는 원인으로 작용하게 된다.

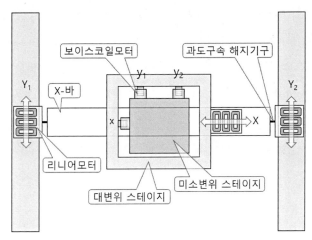

그림 8.52 초정밀 이중 스테이지 구조

그림 2.22에서 설명했듯이, ASML社에서 2010년부터 노광기용 스테이지에 자기부상 스테이지를 사용한 이후로 더 이상 노광기용 초정밀 스테이지에는 H-드라이브 구조가 사용되지 않는다. 하지만 대다수의 극초정밀 검사용 스테이지에서는 여전히 공기 베어링 H-드라이브 구조가 사용되고 있으며, 노광기용 자기부상 스테이지에서조차도 대변위와 미소변위를 구분하는 이중 스테이지 구조는 여전히 사용되고 있다.

8.4 서보 시스템 설계

서보 시스템에는 스테이지와 이를 지지하고 구동하기 위한 안내기구, 작동기, 동력전달기구,

---

77 1[m] 스트로크를 10[μm]으로 이송하는 경우 위치 분해수는 10^5개이다. 이와 마찬가지로 10[μm]의 스트로크를 100[pm]로 이송하는 경우의 위치분해수도 10^5개이다.

위치측정용 센서, A/D 및 D/A 변환기 그리고 제어기와 제어용 소프트웨어 등이 포함된다. 서보 시스템이 최적의 작동성능을 구현하기 위해서는 작동기의 출력특성과 부하(스테이지) 사이의 동적 매칭, 센서의 아날로그 출력신호와 디지털 변환 사이의 신호매칭, 제어이득 및 제어 타이밍과 작동기 응답특성 사이의 전력매칭 등 다양한 인터페이스 매칭이 필요하다. 하지만 **그림 2.7**에서 설명했듯이 이런 인터페이스 분야는 경계학문의 영역에 속하기 때문에 기계설계 엔지니어들에게 는 마치 블랙박스처럼 여겨지게 되어 올바른 고려와 설계가 이루어지지 못하는 형편이다. 서보 시스템의 설계를 위해서 기구설계 엔지니어들이 숙지해야 하는 최소한의 내용들로 이 절을 구성 하였다. 8.4.1절에서는 관성모멘트를 사용한 등가부하 산출방법, 8.4.2절에서는 서보제어에 대한 간략한 고찰, 8.4.3절에서는 서보 시스템을 구성하는 구성요소들 사이의 동적 정합, 8.4.4절에서는 서보 시스템의 응답성능 고찰의 순서로 논의를 진행하기로 한다. 하지만 결코 이 절에서 소개한 내용들만으로 서보 시스템을 설계하기에는 충분치 않으며, 더 많은 학습이 필요하다는 점을 명심 하기 바란다.

8.4.1 등가 회전관성모멘트

물체가 회전하면 회전을 지속하려는 성질을 갖게 된다. 이는 직선운동을 하는 물체가 운동을 지속하려는 성질인 관성에 대응하기 때문에 **관성모멘트**라고 부른다. 관성모멘트를 나타내는 부 호로는 통상적으로 I나 J를 사용한다. 모터의 회전동력을 사용하여 플라이휠을 회전시키는 경우 라면 단순히 관성모멘트를 합산하여 총부하를 구할 수 있겠지만, 서보 시스템의 설계를 위해서는 회전-감속운동이나 회전-직선운동과 같은 다양한 동력전달계로 구성된 파워트레인의 총등가 회 전관성모멘트를 계산하여야 한다. **표 8.26**에서는 다양한 경우의 **등가 회전관성모멘트** 산출방법을 보여주고 있다.

현장에서는 등가 회전관성모멘트[kg·m] 대신에 중력단위인 **플라이휠효과**($GD^2 = 4J$)[kgf·m] 를 사용하는 경우도 많다. 예를 들어, **표 8.26**의 첫 번째 사례인 원통형 물체의 등가 회전관성모멘트 $J = \dfrac{1}{2}Mr^2$인 반면에 플라이휠효과 $GD^2 = \dfrac{1}{2}WD^2$이며, $W = Mg$이다. 따라서 등가회전관성 모멘트 식의 질량에 중력가속도를 곱한 이후에 4배를 곱하면 플라이휠효과값 GD^2가 산출된다.

표 8.26 등가 회전관성모멘트 환산

회전체의 등가 회전관성모멘트			
회전중심이 무게중심과 일치하는 경우, 질량 M[kg]	$r = \dfrac{D}{2}$ $J = \dfrac{1}{2}Mr^2\,[\text{kg} \cdot \text{m}^2]$	회전중심이 무게중심과 일치하지 않는 경우, 질량 M[kg]	$r = \dfrac{D}{2}$ $J = \dfrac{1}{2}Mr^2 + MR^2\,[\text{kg} \cdot \text{m}^2]$
	$r_1 = \dfrac{D}{2},\; r_2 = \dfrac{d}{2}$ $J = \dfrac{1}{2}M(r_1^2 + r_2^2)\,[\text{kg} \cdot \text{m}^2]$		$J = MR^2\,[\text{kg} \cdot \text{m}^2]$
감속기	J_a — n_a[rpm] n_b[rpm] — J_b		$J = J_a + \left(\dfrac{n_b}{n_a}\right)^2 \times J_b\,[\text{kg} \cdot \text{m}^2]$

직선운동 물체의 등가 회전관성모멘트			
일반적인 경우, 질량 M[kg]	질량 M[kg] ⇒ 속도 V[m/min], n[rpm] $J = \dfrac{1}{4}M\left(\dfrac{V}{\pi \times n}\right)^2\,[\text{kg} \cdot \text{m}^2]$	수평 직선운동	질량 M_1[kg], M_2 직경 D M_4, M_3 $J = M_1 r^2 + \dfrac{1}{2}M_2 r^2 + \dfrac{1}{2}M_3 r^2 + M_4 r^2\,[\text{kg} \cdot \text{m}^2]$
나사 구동 방식, 질량 M[kg]	질량 M[kg], 피치 p[m/rev] $J = \dfrac{1}{4}M\left(\dfrac{p}{\pi}\right)^2\,[\text{kg} \cdot \text{m}^2]$	수직 직선운동	M_2 직경 D, 질량 M_1[kg] $J = M_1 r^2 + \dfrac{1}{2}M_2 r^2\,[\text{kg} \cdot \text{m}^2]$

그림 8.13에서는 LM 가이드의 안내를 받으며 볼스크루로 이송되는 워크테이블의 사례를 보여주고 있다. 지금부터 등가회전관성모멘트를 산출하여 이 워크테이블의 구동에 필요한 서보모터를 선정해보기로 하자.

설계할 서보 시스템은 플랙시블 커플링에 의해서 서보모터와 볼스크루가 감속기 없이 직결로 연결되어 있다. 운전조건은 **그림 8.9**에 도시되어 있는 것처럼, 가속($t_1 = 0.1[\text{s}]$) → 정속($t_2 = 0.6[\text{s}]$) → 감속($t_3 = 0.1[\text{s}]$) → 대기($t_4 = 0.2[\text{s}]$)로 이루어진다고 가정하자. 모터의 최대 회전수 $n_{\max} = 1{,}200[\text{rpm}]$이며, 안전계수 $S_f = 1.5$(일반적으로 1~2 사이에서 선정)를 사용한다.

동력전달부의 경우, 워크테이블의 중량은 100[kg]이며, 구동용 볼스크루는 전장 1,000[mm], 직경 20[mm], 피치 6[mm]를 사용한다. LM 가이드와 볼스크루에서 발생하는 마찰계수 $\mu = 0.01$(구름요소의 경우 $\mu = 0.005 \sim 0.02$)이라 하자.

총 등가 회전관성모멘트 J_T는 구동용 볼스크루의 관성(J_B), 워크테이블의 관성(J_W), 플랙시블 커플링 관성(J_C) 그리고 모터관성(J_M)으로 이루어진다.

$$J_T = J_B + J_W + J_C + J_M$$

우선, 볼스크루의 관성은 **표 8.26**으로부터 1[m]당 관성 $J_{B/m}$에 길이를 곱하여 구한다.

$$J_B = 1.23 \times 10^{-4} [\mathrm{kgf \cdot m^2/m}] \times 1[\mathrm{m}] = 1.23 \times 10^{-4} [\mathrm{kg \cdot m^2}]$$

다음으로, 워크테이블의 관성 J_W는 **표 8.26**으로부터,

$$J_W = \frac{1}{4} M \left(\frac{p}{\pi} \right)^2 = \frac{1}{4} \times 100 \times \left(\frac{0.006}{\pi} \right)^2 = 0.91 \times 10^{-4} [\mathrm{kg \cdot m^2}]$$

플랙시블커플링은 상대적으로 크기와 질량이 작기 때문에 여기서는 $J_C = 0$이라 하자. 마지막으로, 모터의 관성 J_M은 일단. 부하관성의 2/3라고 가정하며($= (J_B + J_W + J_C) \times 2/3$), 나중에 모터가 선정되면 다시 검산하여야 한다. 그러므로

$$J_T = \left(1 + \frac{2}{3} \right) \times (1.23 \times 10^{-4} + 0.91 \times 10^{-4}) = 3.57 \times 10^{-4} [\mathrm{kg \cdot m^2}]$$

최대 가속토크 T_A는 다음과 같이 계산된다.

$$T_A = \frac{2\pi}{60} \times \frac{J_T \times n_{\max}}{t_1} = \frac{2\pi}{60} \times \frac{3.57 \times 10^{-4} \times 1{,}200}{0.1} = 0.449 [\mathrm{kgf \cdot m}]$$

마찰토크 T_F에는 볼스크루와 너트, 볼스크루 지지 베어링 그리고 LM 가이드 베어링 등의 마찰에 의향 영향들이 고려되어야 한다. 이를 세분하여 계산하는 방법들이 있지만, 여기서는 단순

히 T_A의 10%라고 가정한다.

$$T_F = T_A \times 0.1 = 0.449 \times 0.1 = 0.045[\text{kgf} \cdot \text{m}]$$

그림 8.9에 도시되어 있는 토크선도를 참조하면 운전상태는 다음과 같이 정리된다.

$$\text{기동구간} \quad T_1 = T_A + T_F = 0.449 + 0.049 = 0.498[\text{kgf} \cdot \text{m}]$$
$$\text{정속구간} \quad T_2 = T_F = 0.045[\text{kgf} \cdot \text{m}]$$
$$\text{감속구간} \quad T_3 = T_F - T_A = 0.045 - 0.449 = -0.404[\text{kgf} \cdot \text{m}]$$

정격토크는 다음 식을 사용하여 계산할 수 있다.

$$
\begin{aligned}
T_E &= S_f \times \sqrt{\frac{T_1^2 \times t_1 + T_2^2 \times t_2 + T_3^2 \times t_3}{t_1 + t_2 + t_3 + t_4}} \\
&= 1.5 \times \sqrt{\frac{0.498^2 \times 0.1 + 0.045^2 \times 0.6 + (-0.404)^2 \times 0.1}{0.1 + 0.6 + 0.1 + 0.2}} \\
&= 0.309[\text{kgf} \cdot \text{m}]
\end{aligned}
$$

따라서 정격토크 $T_E = 0.309[\text{kgf} \cdot \text{m}]$ 이상이며, 최대토크 $T_1 = 0.498[\text{kgf} \cdot \text{m}]$ 이상인 모터를 선정하여야 한다. **표 8.4**에 따르면 불과 □40[mm] 크기인 100[W] 모터로도 충분히 시스템을 구동할 수 있다는 것을 알 수 있다.

8.4.2 서보제어

서보제어 시스템은 능동제어 운동 시스템으로서, 시스템의 주파수 의존적 동특성을 통제하면서 원하는 위치제어성능이나 가감속 성능을 구현하여야 한다. 서보제어를 통해서 동적 시스템의 정확도, 정밀도 및 주파수응답 등의 원하는 성능을 구현하기 위해서는 제어를 통해서 외란에 대응하면서 시스템의 동특성을 보상해야 한다.

제어 시스템은 **그림 8.53**에 도시되어 있는 것처럼, 플랜트, 제어기, 센서 등으로 구성되며, 아날로그 측정신호를 디지털 수치로 변환시켜주는 A/D 변환기와 디지털 수치를 전압이나 전류신호로 변환시켜주는 D/A 변환기가 추가되어 제어루프가 만들어진다.

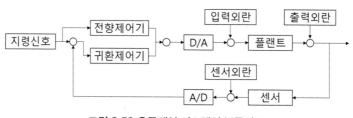

그림 8.53 운동제어 시스템의 블록선도

플랜트는 서보모터와 같은 작동기, 볼스크루와 같은 동력전달기구, LM 블록과 같은 안내기구 그리고 워크테이블 등으로 이루어진 하드웨어적 운동 시스템이다. **제어기**는 작동기에 전력신호를 송출하는 전자회로와 이를 구동하는 소프트웨어로 구성된다. 제어기로는 센서로 검출한 플랜트의 동작에 맞춰서 제어이득을 변화시키는 귀환제어기와 목표값 지령신호에 따라서 결정된 이득을 송출하는 전향제어기가 사용된다. **센서**는 암페어의 법칙이나 압전원리와 같은 물리적 변환원리들을 사용하여 플랜트의 동작을 전기신호로 변환시켜주는 요소이다. 센서소자의 특성이나 활용법에 대해서는 이 책의 범주를 넘어서기 때문에 자세히 다루지 않는다. 이 주제에 관심이 있는 독자들은 계측공학[78]을 참조하기 바란다.

칩마운터나 와이어본더와 같이 초고속 작동이 필요한 시스템의 경우에는 오차가 발생하면 이를 귀환하여 제어하기에 너무 많은 시간이 소요된다. 이런 경우에는 **개루프 제어**라고도 부르는 **전향제어**가 위력을 발휘하게 된다. 전향제어를 사용하여 지령신호를 완벽하게 추종하는 제어기를 구현하려 한다면 제어기의 전달함수($C_f(s)$)는 플랜트 전달함수($G_p(s)$)의 역수와 같아야 한다. 즉,

$$C_f(s) = \frac{1}{G_p(s)}$$

78　T. Beckwith, 계측공학, Pearson Education Asia, 2020.

만일 시스템이 극점을 가지고 있다면 제어기의 역수관계를 통해서 극점-영점 소거가 이루어지면서 시스템을 제어하게 된다. 하지만 복소수 평면상의 우반면에 위치하는 불안정한 극점을 전향제어기의 전달함수로 소거할 수는 없기 때문에, 전향제어 시스템을 적용하기 위해서는 플랜트의 모든 극점들이 복소수평면상의 좌반면에 위치되어야 한다. 즉, 근원적으로 안정하게 설계된 (또는 별도의 귀환제어루프를 통해서 안정화된) 플랜트에만 전향제어기를 적용할 수 있다.

전향제어기는 센서 없이도 제어가 가능하며, 시스템의 동특성을 미리 예측할 수 있다면 빠르고 정확한 제어가 가능하다. 예를 들어, 질량 $m = 20[\text{kg}]$이며 가속 $a = 30[\text{m/s}^2]$, 최고속도 $0.5[\text{m/s}]$인 웨이퍼 스테이지의 경우 최대가속력 $F = m \times a = 20 \times 30 = 600[\text{N}]$이며, 가속시간 $t = v/a = 0.5/30 = 0.0167[\text{s}]$이다. 만일 전향제어기의 작용력 오차가 최대가속력의 1/100,000인 0.006[N]이라고 한다면 0.0167[s]의 가속시간이 지난 후의 위치오차 δ는

$$\delta = 0.5 \left(\frac{\delta F}{m} \right) t^2 = 0.5 \times \left(\frac{0.006}{20} \right) \times 0.0167^2 = 41 \times 10^{-9}[\text{m}] = 41[\text{nm}]$$

로서, 이는 현대적인 반도체 칩의 최소선폭보다 여러 배 더 큰 값임을 알 수 있다. 따라서 초정밀 위치제어에 전향제어기를 사용하기 위해서는 정확한 시스템 모델링이 매우 중요하다는 것을 알 수 있다.

그리고 전향제어기는 플랜트의 극점위치들을 변화시키지 않기 때문에 전향제어기가 스스로 안정적인 한도 내에서는 어떠한 불안정성도 발생하지 않는다. 하지만 모델의 불확실성에 대한 보상이 불가능하며, 이미 알고 있는 외란을 제외한 어떠한 외란이나 노이즈에 대한 보상이 불가능하다. 따라서 외란이 없거나 완벽하게 통제된 시스템에 국한하여 전향제어기를 사용하여야 전향제어기의 단점을 극복하고 장점을 극대화하여 사용할 수 있다.

자기부상 스테이지와 같이 근원적으로 불안정한 시스템의 경우에는 귀환제어 없이는 작동이 불가능하다. **폐루프 제어**라고도 부르는 **귀환제어**에서는 플랜트의 실제 상태를 감지하고 지령입력과의 차이인 오차를 산출하여 제어입력을 만들어낸다. 귀환제어기의 전달함수는 다음과 같이 유도된다.

$$T(s) = \frac{G_p(s) C_b(s)}{1 + G_p(s) C_b(s)}$$

위 식에서는 센서의 이득을 1이라고 가정하였다. 귀환제어기를 사용하면 전향제어기처럼 분모에 플랜트 전달함수($G_p(s)$)만 있는 것이 아니라 분모의 플랜트 전달함수에 제어기 전달함수($C_b(s)$)가 곱하여지기 때문에, 플랜트의 극점위치를 변화시킬 수 있어서, 플랜트의 불안정한 극점을 안정화시킬 수 있다. 특히 플랜트를 불안정하게 설계할수록 제어마진이 넓어지며, 제어성이 향상된다. 따라서 귀환제어 시스템을 적용하는 경우에는 플랜트를 도립진자의 사례에서와 같이 불안정하게 설계하여야 한다. 귀환제어를 사용하면 시스템에 가해지는 외란에 대해서도 보상이 가능하므로, 시스템에 존재하는 다양한 불확실성을 수용하는 견실성을 갖추도록 시스템을 설계할 수 있다. 하지만 정밀 위치결정 시스템에 사용되는 고분해능 센서들은 매우 고가이므로 제어 시스템의 구축에 큰 비용이 소요된다. 귀환제어기는 기준신호와 측정값 사이의 오차에 이득이 곱해지는 형태이므로, 오차가 발생하여야 이를 보상할 수 있다. 하지만 반도체 노광기와 같이 위치결정 정확도가 수십~수백[pm]에 불과한 극초정밀 시스템의 경우에는 오차가 발생하면 귀환제어의 결과와는 관계없이 이미 해당 다이의 칩은 불량품이 된다.

귀환제어는 불안정한 시스템을 안정화시켜주지만, 제어 없이도 안정했던 시스템을 갑자기 불안정하게 만들 수도 있다. 도립진자형태의 전동차량인 세그웨이^{TM}는 귀환제어로 불안정한 시스템을 안정화시킨 대표적인 사례로서, 현재 다양한 파생탈것들이 개발되어 있다. 그런데 2010년에 세그웨이社 사장인 지미 헤셀든은 세그웨이를 타다가 절벽에서 추락하여 사망하였다. 이는 귀환제어의 한계를 보여주는 대표적인 사례로 여겨지고 있다.

최신의 극초정밀 자기부상 스테이지의 경우에는 **그림 8.53**에 도시되어 있는 것처럼 전향제어와 귀환제어를 병렬로 사용하고 있다. 귀환제어를 통해서는 근원적으로 불안정한 시스템을 안정화시키며, 전향제어를 통해서는 미리 지정된 경로를 따라서 초고속으로 과도응답 없이 스테이지를 구동한다. 이를 통해서 수십~수백[pm]의 위치결정 정확도를 갖추고 시간당 300장 이상의 웨이퍼를 처리할 수 있는 초고속 자기부상 스테이지가 구현되었다.

단일입력-단일출력(SISO) PID 제어기의 이득 $C_b(s)$는 비례이득 K_p, 미분이득 K_d 그리고 적분이득 K_i의 합으로 다음과 같이 구성된다.

$$C_b(s) = K_p + K_d s + \frac{K_i}{s}$$

비례이득은 스프링에 해당하여, 시스템의 강성을 결정하며, 미분이득은 감쇄기에 해당하여 공진진폭을 낮추고, 적분이득은 정상상태 오차를 저감시켜주는 역할을 한다. 이 제어방식은 작동모드가 단순하여 개별이득조절의 결과를 직관적으로 예상하기가 용이하며, 대체적으로 만족스러운 성능을 구현해주기 때문에 매우 고전적인 제어기법임에도 불구하고 여전히 산업계에서 주된 제어방식으로 사용되고 있다. 제어기의 작동성능과 동적 특성은 서보 시스템의 설계에 결정적인 영향을 끼치기 때문에 기본적인 제어이론에 대한 학습은 메카트로닉스기구를 설계하는 엔지니어에게 매우 중요한 사안이다.

상태-공간제어를 기반으로 하는 다중입력-다중출력(MIMO) 제어방식을 사용 하여 다양한 현대 제어기법들이 개발되었지만, 산업현장에서는 여전히 단일입력-단일출력 방식의 PID 제어기를 선호하고 있다. 이는 보다 현실적인 이유 때문이다. 예를 들어, 클린복을 입고 작업하는 팹에서 장비의 작동상태를 관찰하던 필드 엔지니어가 특정한 장비의 작동속도를 높이거나 낮추는 과정에서 제어이득을 조절하려고 하는 경우에, 시뮬레이션 없이 다중입력-다중출력 시스템의 이득행렬 중 특정한 값을 증가 또는 감소시켜서 원하는 결과를 얻어내는 것은 불가능한 일이다. 반면에 단일입력 단일출력(SISO) 제어방식으로 만들어진 PID 제어기라면 어떤 이득을 얼마만큼 변화시켜야 원하는 성능을 얻을 수 있는지를 직관적으로 알 수 있다.

제어공학은 수학적으로 잘 정리된 세련된 학문이다. 이 책에서는 기구설계 엔지니어가 서보 시스템을 설계하는 과정에서 고려해야 하는 사항들을 설명하는 과정에서 스치듯이 간략하게 지나갔지만, 제어에 대한 지식이 깊어질수록 더 성능이 좋은 서보 시스템을 설계할 수 있게 된다. 예를 들어, 정상상태오차가 중요한 시스템은 적분기능이 강조되어야 하며, 정착시간이 중요한 시스템은 비례와 더불어 미분기능이 강조되어야 한다. 이에 따라서 사용하는 작동기의 종류나 전자석 작동기의 코일 권선방법 등이 달라질 수밖에 없다.

8.4.3 서보 시스템 구성요소들 사이의 동적 정합

서보제어 시스템이 최상의 작동성능을 발휘하기 위해서는 스테이지나 베어링과 같은 구성요소들의 크기와 작동기의 출력용량, 시스템의 시상수와 작동기의 강성, 서보루프시간과 D/A변환기의 비트수 등 서보제어 시스템을 구성하는 모든 구성요소들의 크기와 성능지수 사이에는 적절한 비례관계가 유지되어야만 한다. 개념설계 단계에서 이런 모든 구성요소들 사이의 상대적인 값들이 잘못 선정되면 특정한 요소의 작동성능 한계에 따른 병목현상에 의해서 시스템의 성능이 결정된다.

기계요소들에 대한 최초의 크기선정 시에는 최대 정하중이나 최대 동하중을 가정한다. 이때에 지배적인 정적 설계인자는 강성이며, 지배적인 동적 설계인자는 고유주파수와 감쇄이다. 초정밀 위치결정용 스테이지로 이루어진 서보 시스템의 구성요소들에 대한 크기 선정 시에는 시스템에 가해진 변형을 유발하는 가장 작은 힘(토크)에 의한 시스템의 변형이 목표로 하는 정밀도의 허용 한계값보다 작도록 시스템의 정적인 강성을 설정해야 한다. 운동제어 시스템의 제어주기(루프사이클) 사이에는 시스템이 관성력에 의해서 운동을 지속하므로, 이 기간 동안 발생하는 운동오차가 목표로 하는 정밀도의 허용한계값보다 작도록 시스템의 제어주기를 결정해야 한다. 시스템의 효율을 극대화하고 열오차를 감소시키기 위해서는 전동비, 구동트레인요소들과 부하의 관성 그리고 작용외력 등이 적절한 비율을 유지해야만 한다.

8.4.3.1 임피던스 매칭과 관성매칭

그림 8.54에서는 내부저항(R_i)이 고려된 실제적인 전압원(V)[79]과 이에 직렬로 연결된 부하저항(R_o)으로 이루어진 간단한 직렬회로를 보여주고 있다. 이 시스템의 출력(V_o)은 부하의 저항값(R_o)에 이 회로를 타고 흐르는 전류(i_o)를 곱한 값과 같다.

$$i_0 = \frac{V_s}{R_i + R_o}$$

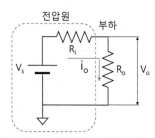

그림 8.54 내부저항이 고려된 실제적인 전압원에 직렬로 연결된 부하회로와 최대전력송출조건

---

79   내부저항이 0인 이상적인 전압원의 반대개념이다.

$$P_o = i_0^2 R_o = \left(\frac{V_i}{R_i + R_o}\right)^2 R_o = \frac{V_i^2}{R_o + 2R_i + R_i^2/R_o}$$

출력 P_o는 $R_o = R_i$일 때에 최대가 되며, 이는 전력식의 분모를 R_o에 대해 미분한 값이 0이 될 때에 해당한다.

$$\frac{d\left(R_o + 2R_i + \dfrac{R_i^2}{R_o}\right)}{dR_o} = -\frac{R_i^2}{R_o^2} + 1 = 0$$

따라서 서보제어 시스템의 작동기 전원을 선정할 때에 작동기의 임피던스와 전원의 내부임피던스값이 같도록 선정하면 $(R_0 = R_i)$ 최대전력송출조건을 충족시킬 수 있으며, 이를 **임피던스 매칭**이라고 부른다. 하지만 이 조건에 맞춰서 전원을 사용하면 출력성능은 좋아지지만 전원효율이 낮아지기 때문에, 에너지가 낭비되며 전원의 발열이 심해진다. 효율의 측면에서는 전원임피던스가 더 작은 전원을 사용한다.

이와 유사하게, 모터의 관성(J_M)과 부하의 관성(J_L)을 일치시키면 서보 시스템의 가감속 능력을 극대화시킬 수 있다. 이때에 부하관성 J_L은 다음과 같이 이루어진다.

$$J_L = \frac{J_W + J_B + J_C}{i^2} + J_G$$

여기서 J_W, J_B, J_C 및 J_G는 각각 워크테이블, 볼스크루, 플랙시블커플링 그리고 기어박스의 관성이며, i는 감속비이다. 이를 **관성매칭**이라고 부르며, 빠른 가감속이 필요한 고속작동기에서 설계기준으로 자주 사용한다. 하지만 전원의 경우에서와 마찬가지로, 작동기의 작동효율 측면에서 살펴보면, 관성매칭 조건에서는 작동기 최대출력의 절반밖에 사용하지 않으므로 필요 이상으로 큰 시스템이 설계된다. 이는 시스템 제작비용을 높이며, 더 많은 에너지를 소모하는 결과를 초래하기 때문에 관성비율 선정 시에는 주의가 필요하다. 아울러, 모터의 관성을 부하관성의 1/2~2/3 수준으로만 선정하여도 매우 빠른 가감속을 구현할 수 있다.

8.4.3.2 최소 소요 작동기 강성과 서보루프시간[80]

동적 시스템의 시상수(τ_{mech})는 운동하는 시스템의 질량(M)과 작동기의 위치강성(K)에 의해서 다음과 같이 결정된다.

$$\tau_{mech} = 2\pi\sqrt{\frac{M}{K}}$$

신호 발생을 방지하기 위해서는 제어 시스템의 시상수인 τ_{loop}가 기계 시스템의 시상수인 τ_{mech}보다 최소한 2배 이상 빨라야 한다.[81]

$$N_\tau = \frac{\tau_{mech}}{\tau_{loop}} > 2$$

저자는 초고속 회전체를 지지하는 자기부상형 베어링을 개발하는 과정에서 샘플링 주파수가 10[kHz]($\tau_{loop}=0.1$[ms])인 와전류형 변위센서를 사용하였다. 위의 식대로라면, 자기 베어링의 회전주파수가 5[kHz](=300,000[rpm])에 이를 때까지 자기부상 제어가 가능해야 한다. 하지만 실제의 경우에는 이의 1/10인 500[Hz](=30,000[rpm])을 넘어서면 외란에 대한 대응능력을 잃어버리기 때문에 극도로 불안정해지는 것을 경험하였다. 즉, $N_\tau > 20$이 되어야 한다. 또한 서보주기가 빨라지면 평균화 효과가 발생하여 전기모터로 전송되는 신호의 분해능이 향상된다. 따라서 초정밀 자기부상 스테이지의 경우에는 $N_\tau > 100$을 권장한다.

서보 시스템이 필요로 하는 작동기의 최소강성 K는 다음의 식을 충족시켜야 한다.

$$K \geq \frac{F_{\max}}{2^N}\sqrt[4]{\frac{2}{\pi^2}\times\frac{\delta_M}{\delta_K^5}}$$

---

80 A. Slocum, Precision Machine Design, Prentice-Hall, 1992. 10장 내용을 참조하여 재구성하였다.
81 이를 나이퀴스트-섀넌의 정리라고 부르며, 수많은 엔지니어들이 이 거짓말에 속아서 엄청난 대가를 치렀다.

여기서 $F_{\max}$[N]는 작동기의 최대출력, N은 D/A 변환기의 비트수, δ_K는 작동기의 변형량 그리고 δ_M은 질량가속 운동오차이다. 전형적으로 총 서보오차 $\delta_{servo} = \delta_K + \delta_M$이며, 잘 설계된 서보 시스템의 경우에는 $\delta_K = \delta_M$이 된다. 예를 들어, **그림 8.52**에서 예시되었던 대변위 작동기의 경우, 리니어모터의 최대 작용력 $F_{\max} = 1{,}000$[N], D/A 변환기의 비트수 $N = 17$, $\delta_K = \delta_M = 10[\mu\mathrm{m}]$이라면, 리니어모터가 구현해야 하는 최소 위치강성은 다음과 같이 구해진다.

$$K \geq \frac{1{,}000}{2^{17}} \sqrt[4]{\frac{2}{\pi^2} \times \frac{10^{-5}}{\left(10^{-5}\right)^4}} = 5.73 \times 10^6 [\mathrm{N/m}]$$

이와 더불어서 서보제어기의 시상수 τ_{loop}는 다음 식을 충족하여야 한다.

$$\tau_{loop} \leq \sqrt[8]{2^3 \times \pi^2 \times \delta_k \times \delta_M^3} \times \sqrt{2^N \times \frac{M}{F_{\max}}}$$

앞서와 동일한 경우에 대해서 서보제어기가 필요로 하는 서보루프시간 τ_{loop}를 구해보면 다음과 같다. 여기서 스테이지의 질량 $M = 30$[kg]라고 가정하였다.

$$\tau_{loop} \leq \sqrt[8]{2^3 \times \pi^2 \times 10^{-5} \times \left(10^{-5}\right)^3} \times \sqrt{2^{17} \times \frac{30}{1{,}000}} = 0.34[\mathrm{s}]$$

따라서 서보루프시간 τ_{loop}는 0.34[s]보다 짧아야 한다.

8.4.3.3 서보 시스템의 작동 대역폭

시스템의 관성과 강성이 결정되고 나면, 시스템의 작동 대역폭을 산출할 수 있다. **그림 8.55**에서는 리니어모터에 의해서 구동되는 스테이지를 스프링-질량-감쇄기로 모델링한 사례를 보여주고 있다.

이 시스템의 운동방정식은 다음과 같이 유도된다.

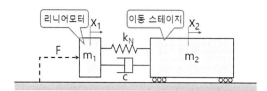

m_1	5[kg]
m_2	50[kg]
k_N	1×10^7[N/m]
c	10[N/m/s]

그림 8.55 리니어모터에 의해서 구동되는 스테이지의 스프링-질량-감쇄기 모델

$$\begin{bmatrix} m_1 & 0 \\ 0 & m_2 \end{bmatrix} \begin{Bmatrix} \ddot{x}_1 \\ \ddot{x}_2 \end{Bmatrix} + \begin{bmatrix} c & -c \\ -c & c \end{bmatrix} \begin{Bmatrix} \dot{x}_1 \\ \dot{x}_2 \end{Bmatrix} + \begin{bmatrix} k_N & -k_N \\ -k_N & k_N \end{bmatrix} \begin{Bmatrix} x_1 \\ x_2 \end{Bmatrix} = \begin{Bmatrix} F \\ 0 \end{Bmatrix}$$

따라서 리니어모터의 작용력 F에 대한 스테이지의 응답 x_2의 전달함수를 구해보면 다음과 같이 정리된다.

$$T(s) = \frac{x_2(s)}{F(s)} = \frac{cs + k_N}{m_1 m_2 s^4 + (m_1 + m_2)cs^3 + (m_1 + m_2)k_N s^2}$$

매트랩^{TM}을 사용하여 이 전달함수에 그림 8.55에 적시된 값들을 대입하여 개루프 전달함수를 계산해보면 그림 8.56과 같은 보드선도를 얻을 수 있다. 일반적으로 특수한 제어알고리즘을 사용하지 않는다면 개루프전달함수 응답곡선의 공진피크보다 3[dB] 높은 수평선이 응답곡선과 만나는 주파수 이상의 제어대역폭을 구현하기 어렵다. 그림 8.56의 점선에 따르면 이 시스템의 제어대역폭은 약 80[Hz] 수준인 것을 알 수 있다.

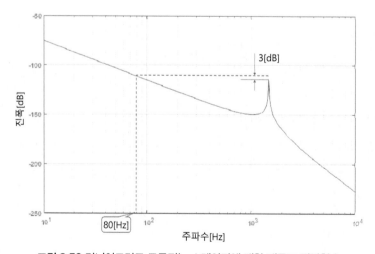

그림 8.56 리니어모터로 구동되는 스테이지에 대한 개루프 전달함수

8.4.4 응답성능

앞 절에서는 서보 시스템의 설계가 서보 시스템의 작동성능에 미치는 영향에 대해서 살펴보았다. 이 절에서는 서보 시스템의 센서 설치위치가 작동성능에 끼치는 영향에 대해서 살펴보기로 하자.

초정밀 서보 시스템의 설계 시에는 측정이 용이하도록 계측 시스템 또는 계측 프레임을 우선적으로 배치하여야 한다. 원하는 (물리)양의 정확한 측정을 보장받기 위해서는 측정위치와 피측정량의 중심축 사이의 불일치에 따른 아베오차가 최소화되도록 센서의 위치를 선정하여야 한다. 이와 더불어서 온도나 습도와 같은 외란이 유입되지 않으며, 물리적으로 센서를 보호할 수 있는 위치를 선정하여야 한다.

그림 8.13에서는 서보모터와 볼스크루로 구동되는 이송스테이지의 위치측정용 센서 설치위치에 대한 사례를 보여주고 있다. 일반적으로 서보모터의 출력축 반대쪽에 로터리 인코더를 설치하고, 모터의 회전각도를 사용하여 스테이지의 직선방향 위치를 환산하는 방법을 널리 사용하고 있다. 이 위치를 **동력전달계 입력말단**이라고 부른다. 이 위치에 설치된 센서를 사용하면 센서의 분해능 향상이 용이하며, 응답속도가 빠르기 때문에 제어대역폭이 넓어진다는 장점을 가지고 있다. 하지만 백래시나 히스테리시스와 같은 동력전달계통이 가지고 있는 비선형성에 따른 오차가 발생하게 된다. **그림 8.13**의 우측 볼스크루의 끝 쪽에 설치한 로터리 인코더나, 또는 스테이지의 측면에 설치하는 리니어스케일을 사용하여 스테이지의 위치를 측정하는 방법도 자주 사용되고 있다. 이 위치를 **동력전달계의 출력말단**이라고 부른다. 이 위치에 설치된 센서를 사용하면 스테이지의 실제 위치를 측정하기가 용이하며, 측정이 동력전달계통이 가지고 있는 비선형성의 영향을 받지 않는다는 장점을 가지고 있다. 하지만 백래시 등에 의해서 서보 시스템의 응답속도 지연이 발생하기 때문에 제어대역폭이 축소된다는 문제점이 발생하게 된다.

스카라 로봇과 같이 타이밍벨트로 구동되는 유연한 구동 메커니즘의 경우, 동력전달계 입력말단에 설치된 인코더의 회전각도를 사용하여 그리퍼의 위치를 제어하는 경우에는 공진주파수의 1/2까지 제어가 가능하다. 하지만 센서가 그리퍼의 실제 위치를 정확하게 측정하지 못할 우려가 있다. 반면에, 동력전달계 출력말단에 설치된 센서를 사용하여 그리퍼의 실제 위치를 측정하여 그리퍼의 위치를 제어하는 경우에는 공진주파수의 1/5까지밖에 제어할 수 없다. 특히 외란에 의한 정착시간이 느려지므로 서보 시스템의 응답성능이 크게 저하된다.

그림 8.57에서는 타이밍벨트로 구동되는 1축 위치제어 시스템의 위치결정 정확도 향상사례를

보여주고 있다. 기존의 시스템은 서보모터의 후방위치인 동력전달계 입력말단 위치에 로터리인 코더를 설치하여 이송스테이지의 위치를 제어하였으며, 위치결정 정확도는 ±50[μm] 수준이었다. 하지만 시스템 사양기준이 높아지면서 ±10[μm] 수준의 위치결정 정확도를 요구받게 되었다. 볼 스크루나 LM 가이드의 정밀도 수준은 향상된 사양을 충족시키기에 충분하였으며, 타이밍벨트의 백래시와 탄성으로 인한 동력전달 불확실성만이 문제가 되는 상황이었다. 기구설계엔지니어들은 타이밍벨트를 대신하여 (와이어캡스턴 기구와 같이) 백래시가 없고 정확한 동력전달이 가능한 수 단을 찾아내는 데 어려움을 겪고 있었다. 하지만 이 시스템은 고속작동을 필요로 하지 않았기 때문에 저자는 단순히 인코더의 위치를 동력전달장치 출력말단인 볼스크루의 끝으로 옮길 것을 조언하였고 이를 통해서 시스템의 설계변경이나 값비싼 동력전달장치 사용 없이 성공적으로 시 스템의 위치결정 정확도를 1/5로 낮출 수 있었다.

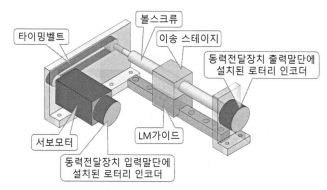

그림 8.57 타이밍벨트로 구동되는 1축 위치제어 시스템의 위치결정 정확도 향상방안

8.5 부가설비

서보 시스템에는 작동기, 센서, 안내기구, 동력전달기구, 스테이지 등과 같은 주요 구성요소들 뿐만 아니라 플랙시블커플링, 케이블 캐리어, 전선 및 전력공급장치, 냉각수 및 압축공기 공급장 치 등 다양한 부가설비들이 설치되거나 연결된다. 이 절에서는 서보 시스템에 설치되거나 연결되 는 수많은 부가장치들 중에서 중요한 요소들에 대해서 살펴보기로 한다. 8.5.1에서는 작동기와 동력전달기구 사이의 부정렬을 수용하면서 회전동력을 전달하는 커플링에 대해서 살펴보며, 8.5.2절에서는 전력선, 신호선, 냉각수배관, 공압 및 진공배관등과 같은 다양한 연결선들을 외부

에서 스테이지로 안내해주는 케이블 캐리어에 대해서 살펴본다. 8.5.3절에서는 이동하는 물체로 전력을 공급해주는 접촉식 및 비접촉 방식의 전력공급장치에 대해서 논의한다. 마지막으로 8.5.4절에서는 발열부의 냉각을 위한 냉각 시스템의 구성에 대해서 논의할 예정이다.

8.5.1 커플링

커플링은 반경방향 부정렬과 각도 부정렬을 수용하면서 두 회전축 사이에서 회전동력을 전달하는 기계요소이다. 커플링은 일반적으로 동력을 전달하는 회전방향으로는 강성이 크고, 이외의 모든 방향에 대해서는 유연하도록 설계하는 것이 원칙이다. 하지만 단순 **동력전달용 커플링**은 토크를 전달하면서 충격을 흡수하도록 설계되는 반면에 **서보제어용 커플링**은 동력전달 과정에서 어떠한 에너지도 저장하지 않으며, 백래시나 마찰 없이 즉각적으로 반응하도록 설계된다.

커플링은 3장에서 설명했던 정확한 구속조건이 적용되는 기계요소이다 따라서 원하는 자유도는 유지하면서 원치 않는 자유도를 정확히 구속할 수 있는 커플링과 고정기구를 설계할 수 있어야 한다. **그림 8.58**에서는 4자유도가 구속된 **유니버설 커플링**이 도시되어 있다. 이 커플링은 2개의 요크와 중앙에 설치된 ＋모양의 부재로 이루어져 있다. 이 커플링에서 3개의 부품들은 서로 직렬로 연결되어 있으며, 두 회전조인트가 하나의 점에서 서로 교차하고 있다. 이를 통해서 두 개의 회전자유도가 구현되지만, 축의 회전방향과 3개의 병진운동 자유도는 견고하게 구속되어 있다. 이를 통해서 입력축과 출력축 사이의 각도 부정렬을 수용하면서 회전동력을 전달할 수 있다.

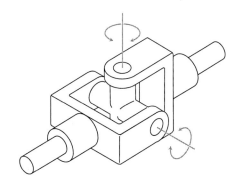

그림 8.58 4자유도(3T1R)가 구속된 서보제어용 유니버설 커플링[82]

---

82 D. Blanding 저, 장인배 역, 정확한 구속, 도서출판 씨아이알, 2016을 참조하여 재구성하였다.

그림 8.59에서는 3자유도가 구속된 **다이아프램 커플링**이 예시되어 있다. 다이아프램 커플링은 축방향 회전과 2개의 병진 자유도를 구속하지만, 다이아프램의 탄성 범위 내에서 입력축과 출력축 사이의 거리변화에 대한 병진자유도를 가지고 있다. 다이아프램의 탄성변형 허용 범위를 넓혀주기 위해서 탄성이 큰 스프링박판을 한 장 또는 여러 장 겹쳐서 사용한다. 하지만 버클링과 피로파괴의 위험이 있기 때문에 회전축 간의 정렬에 세심한 주의가 필요하다.

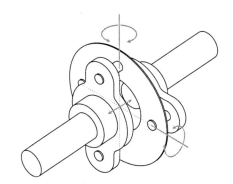

그림 8.59 3자유도(2T1R)가 구속된 서보제어용 다이아프램 커플링[83]

2개의 유니버설 조인트를 직렬로 연결하면 2자유도(1T1R)이 구속된 커플링이 만들어지며 다이아프램판 2개를 직렬로 연결하면 1자유도(1R)만이 구속된 커플링이 만들어진다. **그림 8.60**에 도시되어 있는 **벨로우즈 커플링**은 1자유도가 구속된 커플링의 대표적인 사례이다. 그런데 **그림 8.60** (a)에서와 같이 원호형상으로 커플링의 설치 부정렬이 발생하는 경우에는 정확한 구속조건이 성립되어 정확한 동력전달이 이루어지지만, **그림 8.60** (b)에서와 같이 S자 형상으로 설치된다면 동력을 전달하는 비틀림 회전방향으로 유연해져버린다. 이로 인하여 회전방향 비틀림 진동이 발생하며, 동력전달 오차가 생성된다. 또한 벨로우즈 커플링은 부정렬 변형이 유발하는 응력집중이 심하여 피로파괴가 발생하기 쉽기 때문에 고속회전에는 부적합하며, 회전축 간의 정렬맞춤에 특히 주의를 기울여야 한다.

이상에서 살펴본 바와 같이, 커플링의 자유도가 많다고 동력전달 특성이 좋은 것은 결코 아니다. 또한 커플링이 각도 부정렬을 허용해준다 하여도, **그림 8.14**에서 설명했던 속도리플 현상이 발생하기 때문에, 조립과정에서 회전축 간의 정렬을 정확히 맞추는 것은 매우 중요한 사안이다.

---

83   D. Blanding 저, 장인배 역, 정확한 구속, 도서출판 씨아이알, 2016을 참조하여 재구성하였다.

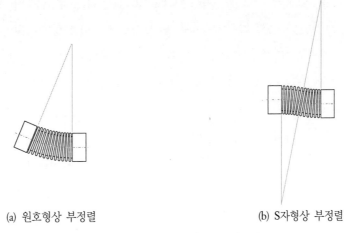

(a) 원호형상 부정렬   (b) S자형상 부정렬

그림 8.60 서보제어용 벨로우즈 커플링[84]

그림 **8.61**에 도시되어 있는 **헬리컬 커플링**이라고 부르는 나선형상의 커플링이 서보기구의 동력전달에 널리 사용되고 있다. 헬리컬 커플링은 원통형 금속의 표면에 나선형상으로 홈을 성형하여 스프링 구조로 제작한 커플링으로서, 회전방향을 포함하여 모든 방향으로 유연성을 갖추고 있어서 충격흡수 특성이 뛰어난 동력전달용 커플링이다. 하지만 스마트한 외형 때문에 종종 서보제어용 커플링으로 오인되고 있으며, 실제로 서보제어에 사용되고 있다. 가성비를 따지는 저가형 서보제어기기에서는 헬리컬 커플링을 사용할 수도 있겠으나, 동력전달 과정에서 비틀림 변형과 그에 따른 각도오차가 발생하며, 강성이 작아서 작동속도 범위 내에서 커플링공진이 발생할 우려가 있기 때문에, 위치결정 정확도나 동특성이 중요시되는 정밀 서보제어기기에서는 절대로 사용해서는 안 된다.

그림 8.61 동력전달용 커플링인 헬리컬 커플링

----

84   D. Blanding 저, 장인배 역, 정확한 구속, 도서출판 씨아이알, 2016을 참조하여 재구성하였다.

마지막으로, 커플링을 축에 조립하기 위해서 **그림 8.62** (a)에서와 같이 2개의 무두볼트를 사용하여 축을 직접 압착하는 구조를 자주 사용하곤 한다. 그런데 이런 유형의 축고정 기구는 볼트조임 과정에서 필연적으로 회전축을 커플링 구멍의 한쪽으로 밀어붙여서 부정렬을 유발하기 때문에 서보제어기구에서 사용해서는 안 된다. 또한 회전축 진동에 의해서 볼트조임이 풀어질 위험이 있다. **그림 8.62** (b)에 도시된 것과 같이 C형 클램프 구조는 볼트를 조이면 구멍의 내경이 줄어들면서 평균면으로 회전축의 중심을 맞추기 때문에 자동조심 기능을 갖추고 있다. 또한 회전축 진동이 직접적으로 볼트조임기구에 전달되지 않기 때문에 사용 중에 풀려버릴 위험성도 상대적으로 무두볼트 체결구조에 비해서 작다.

(a) 무두볼트를 사용한 직접체결방법   (b) C형 클램프 기구를 사용한 체결방법

그림 8.62 커플링 체결방법

8.5.2 케이블 캐리어

직선운동 스테이지에는 진공척 작동을 위한 진공튜브, 리니어모터 구동을 위한 전력선과 냉각수 공급용 배관, 위치센서, 온도센서, 진공센서, 리크센서 등 다양한 측정용 센서를 위한 배선들이 연결되어야 한다. 이런 배선 및 배관들이 굽힘변형을 받으면서 장기간 마모 및 파손 없이 사용하기 위해서는 안정적으로 이들을 붙잡고 일정한 굽힘반경을 유지시켜주는 **케이블 캐리어**기구가 사용된다. 케이블 캐리어 기구는 탄성판으로 전선을 지지하는 단순한 구조에서부터 관절형 조인트나 벨로우즈를 사용하는 안내기구와 2차원 및 3차원 안내기구 등과 같이 다양한 형태로 사용되고 있다.

그림 8.63에서는 2차원 관절형 케이블 캐리어와 그 속에 배치된 전선 및 배관들을 보여주고 있다. 케이블 캐리어는 케이블과 배관들을 수납할 수 있도록 내부가 비어 있으며, 길이가 짧은 모듈들이 서로 관절 형태로 연결된 일종의 외골격 구조를 가지고 있다. 케이블이 설치되는 내부

구획은 대부분의 경우 사각형의 단면형상을 가지고 있으며, 케이블을 삽입할 수 있도록 밖에서 열리는 구조로 만들어진다. 케이블 캐리어는 일반적으로 플라스틱 소재로 제작하며, 용도에 따라서 금속으로도 제작한다. 케이블 캐리어에 전선과 배관을 배치할 때에는 굽힘응력의 균형을 맞춰서 케이블 캐리어에 편하중이 걸리지 않도록 만들어야 한다. 또한 전력선의 신호간섭 문제도 고려해야 한다. 아날로그 신호선과 전력선이 서로 인접하여 평행하게 배치되어 있으면 용량결합에 의해서 교류노이즈가 신호선으로 넘어갈 우려가 있다. 따라서 물배관 및 진공배관을 중앙에 배치하고 좌우로 전력선과 신호선을 최대한 떼어놓는 것이 신호노이즈를 줄이는 현명한 방법이다.

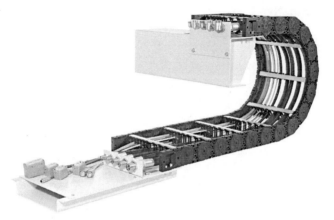

그림 8.63 플라스틱 소재로 제작된 2차원 관절형 케이블 캐리어의 사례[85](컬러 도판 p.761 참조)

케이블 캐리어의 양단에는 연결용 스테이션을 설치하여 전선 및 배관들을 연결하여야 한다. 이는 케이블 캐리어와 캐리어 내부에 설치된 배선 및 배관들은 반복굽힘응력을 받기 때문에 수명한계에 도달하면 손쉽게 교체할 수 있도록 만들기 위함이다.

케이블 캐리어의 고정측 스테이션은 일반적으로 이송 스테이지의 스트로크 중앙에 설치하며, 이런 경우에 케이블 캐리어의 최소길이($L_{carrier}$)는 스테이지의 스트로크(L_{stage})와 케이블 캐리어 굽힘 원주거리를 더한 길이와 같다.

$$L_{carrier} > L_{stage} + \pi \times R$$

85 https://upload.wikimedia.org/wikipedia/commons/5/5f/Diefenbacher_komplettsystem_001.jpg

여기서 R은 케이블 캐리어의 굽힘반경이다.

케이블 캐리어를 선정할 때에는 캐리어 내부의 수납공간과 최소굽힘반경을 살펴봐야 한다. 일반적으로 케이블 캐리어 내부공간의 60% 이상을 배선 및 배관으로 채워 넣으면 굽힘강성과 케이블 마모가 증가하므로 주의하여야 한다. 케이블 캐리어 속에서 180°로 굽어진 직경 d인 물배관의 원주길이는 내경측보다 외경측이 πd만큼 더 길다. 이로 인하며 배관에 수압이 가해지면 내경측보다 외경측이 더 많은 힘을 받으면서 곧게 펴지려 하기 때문에, 배관의 겉보기 강성이 증가한다. 따라서 물배관의 최소 굽힘반경은 부가되는 수압에 비례하여 증가하면서 케이블 캐리어의 원활한 굽힘작용을 방해한다. 따라서 물배관을 설치하여야 하는 경우에는 사용하는 수압과 그에 따른 강성 증가 그리고 배관의 최소굽힘반경 등을 살펴봐야만 한다. 특히 물배관의 경우에는 카탈로그상의 최소굽힘반경보다 1.5배 이상 더 큰 반경으로 사용하여야 내구수명을 보장받을 수 있다.

일반적으로 케이블 캐리어는 20[m] 이내의 거리를 왕복운동하는 이송 시스템에 국한하여 사용된다. 작동거리가 늘어나면 케이블 캐리어와 그 속에 설치된 전선의 무게가 과도하게 증가하며, 길이방향으로의 강성이 부족해져서 작동 중에 꺾일 위험성이 증가한다. 또한 겹침부위의 상호마찰에 의한 마모가 증가하여 내구수명도 문제가 된다.

고어社에서는 **그림 8.64**에 도시된 것처럼, 분진발생을 극단적으로 억제한 클린룸 장비용 평면형 케이블 캐리어를 공급하고 있다.[86] 저마찰 소재인 테플론(PTFE)으로 제작된 다수의 튜브들이

그림 8.64 플랫형 케이블의 사례[87]

---

86 일명 고어케이블이라고 부른다.
87 gore.com

측면방향으로 붙어 있는 형태의 캐리어 속에 원하는 전선이나 배관들을 삽입하여 별도의 안내기구 없이 케이블 강성만으로 굽힘반경을 유지한다. 이 개념은 구조가 단순하고 분진발생이 작아서 스트로크가 10[m] 미만인 반도체나 디스플레이용 장비에서 유용하게 사용되고 있다.

8.5.3 접촉/비접촉 전력공급장치

작동 거리가 수십[m] 이상으로 길어지면 케이블 캐리어의 무게가 증가하고 관리도 어려워지기 때문에 브러시 슬라이딩 방식의 접촉식 전력공급장치나 트랜스포밍 방식의 비접촉 전력공급장치를 사용하여 이동물체에 전력을 공급하여야 한다. 이런 경우에는 독립형 제어기를 이동체에 설치하고 외부에서는 무선통신 등의 수단을 사용하여 상태감시를 수행한다.

그림 8.65에서는 브러시 슬라이딩 방식을 사용하는 **접촉식 전력공급장치**의 사례를 보여주고 있다. 접촉식 전원 공급장치는 일명 **버스바**라고 부르는 직선형 전극과 전류 컬렉터라고 부르는 브러시로 이루어진다. 구리소재로 만들어진 버스바 전극은 'ㄷ'자 형상의 절연체 보호구 속에 설치되어 있으며, 3상 전원과 접지를 합하여 4개의 전극들이 평행하게 설치된다. 일정한 길이로 모듈화되어 있는 버스바들을 서로 연결하여 무한히 길이를 확장시킬 수 있으며, 곡선형 모듈도 공급하기 때문에 롤, 피치 및 요 방향으로의 선회구조도 구현이 가능하다. 버스바 위를 접촉하여 이동하면서 전류를 전송하는 전류컬렉터 전극은 다공질 구리소재에 윤활유를 함침시켜서 마모를 최소화시키도록 만들었으며, 스프링 예하중을 받는 사절링크 구조를 사용하여 버스바와 컬렉터 사이의 높낮이 변화에 무관하게 항상 일정한 접촉압력을 유지할 수 있도록 설계되었다. 또한

그림 8.65 접촉식 전력공급장치의 사례[88](컬러 도판 p.761 참조)

88 conductix.com

좌우 선회자유도를 갖추고 있어서 버스바 선회형상에 맞춰서 접촉을 유지하면서 버스바 레일을 따라갈 수 있다.

접촉식 전력공급장치는 오버헤드 크레인을 비롯하여 다양한 이송기구에 널리 사용되고 있으며, 특히 텔레리프트社에서는 모노레일 방식의 병원용 실내물류기구에 이를 적용하여 사용하고 있다.[89] 접촉식 전력공급장치는 설치거리의 제약이 없다는 장점을 가지고 있으며, 설치비용도 비교적 염가여서 케이블 캐리어의 훌륭한 대안이 되지만, 접촉방식이 가지고 있는 근원적인 한계인 내구수명과 미끄럼속도가 빨라지면 전극접촉의 불확실성이 증가한다는 문제를 가지고 있다. 이를 극복하기 위해서는 비접촉 전력공급 방식으로 넘어가야 한다.

그림 8.66에서는 전자기 변압의 원리를 사용하는 **비접촉 전력공급장치**의 사례를 보여주고 있다. 변압기는 폐쇄구조의 철심에 송전용 코일과 픽업용 코일을 감은 후에 송전용 코일에서 교류전력을 송출하여 픽업코일에 유도되는 전류를 이용하여 전압을 변환시키는 기구이다. 이때에 송전용 코일의 권선수(N_1)와 픽업코일의 권선수(N_2)에 따른 유도전류(i_2)와 유도전압(V_2)의 상관관계는 다음과 같다.

$$\frac{N_2}{N_1} = \frac{V_2}{V_1} = \frac{i_1}{i_2}$$

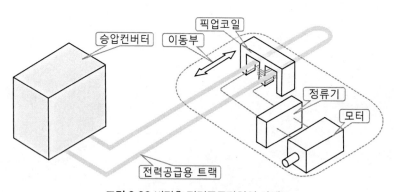

그림 8.66 비접촉 전력공급장치의 사례[90]

---

89 telelift-logistic.com
90 egreenpower.com을 참조하여 재구성하였다.

이를 **그림 8.66**의 비접촉 전력공급장치에 적용하는 경우에, 송전용 코일의 권선수 $N_1 = 0.5$, 픽업코일의 권선수 $N_2 = 300$, 송전전압과 전류는 각각 $V_1 = 100[\text{V}]$, $i_1 = 50[\text{A}]$라고 한다면, 픽업코일에 유도되는 전압과 전류는 각각 다음과 같이 계산된다.

$$V_2 = \frac{N_2}{N_1} \times V_1 = \frac{50}{0.5} \times 100 = 10,000[\text{V}]$$

$$i_2 = \frac{N_1}{N_2} \times i_1 = \frac{0.5}{50} \times 50 = 0.5[\text{A}]$$

하지만 픽업코일의 형상은 변압기처럼 자로가 완전히 닫혀 있지 못하므로, 효율은 이보다 매우 낮다. 위의 계산에서도 알 수 있듯이 픽업코일에서는 매우 높은 전압이 유도되기 때문에 신뢰성 있고 안전한 고전압 전력변환장치가 필요하며, 낮은 전력변환효율 때문에 에너지낭비가 심각하다. 또한 이동부에 설치되는 픽업코일과 정류기의 무게도 부담이 된다. 하지만 비접촉의 특성상 작동 중 접촉에 의한 마모가 없으며, 이동속도의 제한도 없기 때문에 반도체 팹의 천정을 이동하는 물류운반차량인 OHT와 같은 고속이송체의 전력공급에 적합하다.

8.5.4 무진동 냉각수 공급 시스템의 사례

초정밀 서보 시스템에 자주 사용되는 리니어모터는 8.1.2.2절의 사례에서 알 수 있듯이 다량의 전력을 소비하면서 발열한다. 이로 인하여 주변의 구조물들이 열팽창을 일으키면 위치결정 정확도가 저하되기 때문에 서보 시스템의 **냉각**은 중요한 사안이다. 저속, 저성능 시스템의 경우에는 일반적으로 방열판과 팬을 붙여서 공랭식으로 운영하지만, 데워진 공기가 주변을 교란시키기 때문에 초정밀 시스템에서는 적용하기 곤란하다.

초정밀 시스템에서 일반적으로 사용되는 수냉식 냉각 시스템은 칠러, 펌프, 단열배관, 열교환기 등으로 이루어진다. 그런데 가압된 물배관은 겉보기강성이 증가하기 때문에 외부의 진동을 초정밀 스테이지로 전달하는 경로가 되어버린다. 특히 물펌프에서 발생하는 압력진동이 배관을 통해서 스테이지로 전달되어 위치안정성을 해치는 원인으로 작용한다. 따라서 초정밀 스테이지를 설계하는 엔지니어는 스테이지로 전달되는 냉각수 공급 시스템의 구성에 대해서 각별한 주의를 기울여야만 한다. **그림 8.67**에서는 노광기용 스테이지나 웨이퍼 검사기용 스테이지와 같은 초정밀 스테이지에 사용되는 무진동 냉각수 공급 시스템의 구조를 보여주고 있다. 팹층에 설치된 스테이지에 공급되는 온도가 조절된 냉각수는 상부층에 설치된 칠러에서 펌핑작용 없이 수두 차이에 의한 중력유동으로 공급되며, 하부층에 설치된 리턴 탱크로도 수두 차이에 의한 중력유동으로 배출된다. 이렇게 만들어진 팹의 상부층과 하부층 사이의 15[m] 정도 되는 높이 차이를 수두 차이로 하여 냉각수 공급경로가 형성된다. 특히 상부층에서 팹층의 케이블 캐리어 연결 스테이션에 이르는 배관은 단열 처리하여 냉각수의 온도변화를 최소화시킨다. 하부층에 설치된 리턴탱크에 배수된 물을 상부층에 설치된 칠러로 운반하기 위해서 물펌프가 사용된다. 칠러 내부에도 두개의 공간이 나누어져 있어서 펌핑된 물이 배플을 넘어서 온도가 조절되는 구획으로 유입되도록 만든다. 이 구조에서는 펌핑 라인이 온도제어 시스템과 완전히 분리되기 때문에 수압진동에 의한 외란이 초정밀 위치결정 스테이지로 유입되지 않는다.

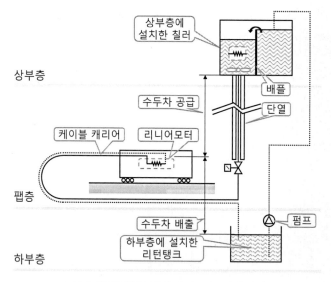

그림 8.67 무진동 냉각수 공급 시스템의 사례

09

광학기구설계

Chapter 09

광학기구설계

광학은 태초 우주의 빛을 관찰하는 허블 우주망원경이나 GMT 및 E-ELT와 같은 천체망원경에서 신의 입자라고 부르는 힉스보손을 관찰하는 강입자충돌기(LHC)에 이를 정도로 광대한 측정 범위를 아우르고 있다. 먼 거리의 관찰이나 미소 형상의 관찰을 위해서는 렌즈와 같은 광학요소뿐만 아니라 이를 고정하고 조절하는 광학기구들도 뛰어난 정밀도를 유지해야 하므로, 일찍부터 광학기구에는 정확한 구속과 같은 정밀기계의 설계원리들이 적용되었으며, 바이패드 및 휘플트리구조나 자중보상기구와 같은 선도적인 설계들이 상용 정밀기계로 흘러들어오는 선순환구조가 형성되어 있다.

광학기구는 응력과 변형, 공차와 정렬이라는 철저히 기계적인 개념에 기초하여 설계 및 제작되어야 하는 기계요소임에도 불구하고 역학을 중요시하는 주류 기계공학 교육과정에 쉽사리 편입되지 못하는 안타까움이 있었다. 하지만 광학기반의 광선추적기구인 라이다는 자율운전의 핵심 요소로 사용되고 있으며, 가상현실이나 증강현실과 같은 영상기반 기술들이 미래사회의 핵심 성장동력으로 인식되고 있는 현실을 감안한다면 광학기술이 빠르게 기계공학의 주요 학문분야로 자리 잡아야 할 것으로 생각한다.

9.1절에서는 빛과 광원, 기하광학과 물리광학의 개념과 같은 광학 일반에 대해서 살펴본다. 9.2절에서는 광학요소의 사용환경, 광학기구용 소재, 공차관리와 제조 등의 주제를 통해서 광학기구 기초에 대해서 다룬다. 9.3절에서는 렌즈마운팅, 광학시창의 마운팅 그리고 프리즘 마운팅 등의 주제를 통해서 굴절형 광학요소의 설치와 고정방법에 대해서 논의한다. 9.4절에서는 소형 비금속 반사경의 고정, 금속 반사경의 고정, 대형 반사경의 고정 그리고 반사 시스템의 정렬과 같은 주제

에 대한 논의를 통해서 반사형 광학요소의 설치와 고정방법에 대해서 논의한다. 9.5절에서는 광학요소에 가해지는 응력에 따른 일반적인 거동특성, 계면에서 발생하는 응력, 한계응력의 계산, 굴절 시스템의 무열화 설계기법, 반사 시스템의 무열화 설계기법 등의 주제를 통해서 광학 시스템에 부가되는 온도변화와 그에 따른 응력에 대한 대처방안을 살펴본다. 9.6절에서는 상업적으로 판매 중인 광학용 1자유도 위치결정기구와 적층형 다축이송 시스템들이 가지고 있는 문제점들에 대해서 논의하며, 상용 광학 테이블과 제진기에 대해서도 살펴본다. 마지막으로 9.7절에서는 최근 자율주행자동차의 핵심 센서로 관심을 받고 있는 3차원 라이다용 레이저 스캐너의 설계사례에 대해서 살펴보면서 이 장을 마무리할 예정이다.

9.1 광학 일반

카메라, 현미경, 망원경과 같은 고전적인 광학영상 시스템을 기반으로 발전해온 광학은 광학식 인코더, 레이저간섭계, 라이다와 같은 계측 시스템으로 외연이 확장되면서 공학적 중요성이 높아지게 되었다. 광학은 초정밀 서보제어 시스템의 작동성능과 신뢰성을 향상시켜주며, 영상정보처리와 딥러닝을 통하여 작동상태의 모니터링과 고장감지 같은 새로운 패러다임을 제시해주고 있다. 초정밀 기구설계 엔지니어에게 광학용 기구물의 설계는 더 이상 낯설거나 새로운 분야가 아니다. 하지만 광학에 대한 올바른 이해 없이 설계된 기구들은 광학성능을 저하시키고 심지어는 광학요소들을 파손시킨다. 이 절은 기구설계 엔지니어가 기본적으로 숙지해야만 하는 광학적 기초지식을 중심으로 구성되어 있다. 9.1.1절에서는 빛과 광원에 대해서 살펴보며, 9.1.2절에서는 입자로서의 빛의 거동을 살펴보는 기하광학에 대해서 다루고 있으며, 9.1.3절에서는 파동으로서의 빛의 거동을 살펴보는 물리광학에 대해서 다룬다.

광학은 더 이상 물리학의 범주에 속하는 이론적 학문이 아니라 기계공학적 범주 안에서 다루어야 하는 실용적 지식이 되었다.

9.1.1 빛과 광원

빛은 입자의 성질과 파동의 성질을 모두 가지고 있는 에너지이다. 1887년 헤르츠는 음극선 실험을 통해서 금속 등의 물질에 빛을 쪼이면 물질 속 원자에 속박되어 있던 전자들이 방출되는,

즉 광자와 충돌한 전자가 튀어나오는 현상을 발견하였다. 이 당시 전자기학에서는 빛이 파동이라는 결론을 내린 상태였으므로, 설명할 수 없는 현상이었다. 1905년 아인슈타인은 플랑크의 양자가설을 바탕으로 한 광양자설을 통하여 빛의 입자성을 제시하였으며, 1921년 노벨 물리학상을 수상하였다.

특정한 에너지레벨 미만에서는 빛이 입자처럼 거동하는데, 이를 **광자**라고 부르며, 다음과 같은 일정한 에너지를 가지고 있다.

$$E = hf_c = 3.311 \times 10^{-19} [\text{J}]$$

여기서 플랑크상수 $h = 6.626 \times 10^{34} [\text{J} \cdot \text{s}]$이며, 광자의 시간주파수 $f_c = 4.997 \times 10^{14} [\text{Hz}]$이다. 광자 하나가 가지고 있는 에너지는 매우 작으며, 우리가 인식할 수 있는 빛은 무한히 많은 숫자의 광자들이 모인 집합체라는 것을 알 수 있다. 따라서 입자로서의 빛을 다루는 기하광학에서는 일반적으로 개별광자의 거동을 추적하지 않는다. 하지만 수[nm] 수준의 임계치수를 가지고 있는 극자외선 노광용 포토레지스트 내에서 광전자의 반응모델과 같은 이론모델에서는 개별 광전자들의 확률분포모델[1]을 사용하고 있다.

빛은 **파동**의 성질을 가지고 있으며, 다양한 주파수(또는 파장길이)를 가지고 있는 빛들은 각자 다른 성질을 나타낸다. 특히 가시광선 대역에서의 빛은 파장별로 우리의 눈에 다른 색으로 인식된다. 회절과 간섭은 빛의 파동적 성질에 의하여 일어나는 대표적인 현상으로서 초정밀 측정의 중요한 수단으로 사용되고 있다.

9.1.1.1 파장별 특성과 활용분야

그림 9.1에서는 전자기파의 스펙트럼을 주파수와 파장 길이별로 나누어 보여주고 있다. 그림에서 좌측으로 갈수록 파장길이가 짧아지며, 우측으로 갈수록 파장길이가 길어진다. 가장 파장길이가 짧은 빛은 **γ-선**으로서, 1903년 러더포드에 의해서 이름이 붙여졌다. γ-선은 초신성 폭발이나 핵폭발과 같은 원자핵 분열과정에서 (들뜬 핵에서) 발생하는 방사선이다. 파장길이는 $10^{-11}[\text{m}]$ 이하로서 전자기파들 중에서 가장 짧으며, 에너지는 $10^5[\text{eV}]$ 이상으로서 매우 높아서 투과성이 매우

1 　한과 힌스버그의 확률모델이나 비아포어의 완전확률모델.

강하기 때문에 용접품질 검사와 같은 물체의 비파괴검사에도 널리 사용된다. **X-선**은 감마선 다음으로 파장이 짧은 전자기파로서 1895년 음극선을 연구하던 뢴트겐에 의해서 발견되었다. 자연계에서 발생하는 X-선은 들뜬 원자에서 발생하며, 인공적인 X-선은 고속의 전자를 회전하는 금속판에 충돌시켜서 생성한다(제동 X-선). 파장길이는 $10^{-11} \sim 10^{-8}$[m]의 범위를 가지며 에너지는 $10^2 \sim 10^5$[eV] 수준으로서, 투과성이 높은 고에너지 X-선을 **경질 X-선**이라고 부르며, 투과성이 약한 저에너지 X-선을 **연질 X-선**이라고 부른다. 고에너지 X-선은 의료영상이나 비파괴검사 등에 널리 사용되고 있으며, 연질 X-선은 극자외선(EUV)이라고도 부르는데, 최신의 극자외선노광기(EUVL)는 노광파장으로 13.5[nm] 파장을 사용하고 있다.[2]

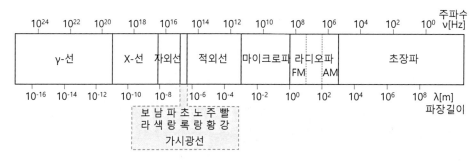

그림 9.1 전자기파의 스펙트럼

파장길이가 10~397[nm] 범위를 가지고 있는 전자기파를 **자외선**이라고 부른다. 가열성능이 좋은 적외선을 열선이라고 부르는 것처럼 자외선은 화학작용을 촉진시키기 때문에 **화학선**이라고도 부른다. 파장길이에 따라서 자외선을 더 세분하면, 10~121[nm] 파장길이를 **극자외선**(EUV), 122~200[nm] 파장길이를 **원자외선**, 190~290[nm] 파장길이를 **수정자외선**(수정을 투과하는 자외선) 그리고 290[nm] 이상의 파장길이를 **근자외선**이라고 부르기도 한다. 특히 극자외선의 파장길이는 연질 X-선의 파장길이와 중첩되어 있다. 자외선 파장들 중에서 불화크립톤(KrF) 레이저에서 방출되는 248[nm] 파장과 불화아르곤(ArF) 레이저에서 방출되는 193[nm] 파장이 대표적인 노광기용 파장으로 사용되었다.[3]

---

2   13.5[nm] 파장을 사용하는 노광기법을 초기에는 연질 X-선 노광이라고 불렀으나, X-선 근접노광과 구분하기 위하여 1993년 리처드 프리먼의 제안에 의해서 극자외선으로 명칭이 변경되었다.

3   이 대역을 심자외선이라고 부르기도 한다.

표 9.1 가시광선의 색상별 파장길이 범위와 주파수대역

색상	파장길이[nm]	주파수대역[THz]
빨강	620~750	400~484
주황	590~620	484~508
노랑	570~590	508~526
초록	495~570	526~606
파랑	470~495	606~636
남색	450~470	636~668
보라	380~450	668~789

파장길이가 380~770[nm] 범위를 가지고 있는 전자기파를 **가시광선**이라고 부른다. 사람의 눈으로 감지되는 가장 짧은 파장인 보라색은 파장길이가 400~450[nm] 범위이며, 가장 긴 파장인 빨강색은 635~700[nm]의 범위를 가지고 있다. **표 9.1**에서는 가시광선의 색상별 파장길이와 주파수 대역을 보여주고 있다. 길이측정용 간섭계에 자주 사용되는 헬륨네온(HeNe) 레이저의 파장길이는 632.8[nm]이다. 1800년도 초기에 프라운호퍼는 분산 분광계를 개발하여 태양광선의 스펙트럼 속에 존재하는 다양한 불연속선들을 관찰하였다. 이를 통해서 각각의 원자, 이온 및 분자들은 저마다 특유한 파장의 빛을 흡수한다는 것을 알아내었으며, 분광학의 기초가 되었다.

파장길이가 700[nm]~1[mm] 범위를 가지고 있으며 에너지 범위가 0.001~2[eV]인 전자기파를 **적외선**이라고 부른다. 1800년 허셸은 스펙트럼을 통과한 빛의 빨간색 바깥쪽에 설치한 온도계의 눈금이 올라가는 것을 발견하였다. 적외선은 인간의 시세포에는 감지되지 않지만 온열효과가 강하여 피부를 통해서 감지할 수 있다. 파장길이 700[nm]~3[μm] 범위를 **근적외선**이라고 부르며, 3~50[μm] 범위를 **중적외선** 그리고 50[μm]~1[mm] 범위를 **원적외선**이라고 부른다. 적외선은 열용량이 크기 때문에 적외선 열영상을 측정하여 물체 전체의 온도분포를 알아낼 수 있다. 1.530~1.565[μm] 범위의 적외선 신호는 광섬유 흡수손실이 가장 작기 때문에, 광통신망에 사용되고 있다.

파장길이가 1~300[mm] 범위를 가지고 있는 전자기파를 **마이크로파**라고 부른다. 파장길이 1~10[mm] 범위를 **극초고주파**(EHF), 10~100[mm] 범위를 **초고주파**(SHF) 그리고 100~1,000[mm] 범위를 **극초단파**(UHF)라고 부른다. 특히 극초고주파를 **밀리미터파**라고도 부르며, 무선통신, 방송통신 등의 통신 목적과 보안검색용 투시카메라나 근거리 탐색용 레이더 등에서 활발하게 이용되고 있다.

파장길이가 약 1[m]를 넘어서면 **라디오파**로 분류한다. 파장길이가 1~10[m] 범위를 **초단파**

[VHF], 10~100[m] 범위를 **단파**, 100[m]~1[km] 범위를 **중파**, 1~10[km] 범위를 **장파**라고 부른다. 이 대역은 라디오파라는 이름이 의미하듯이 라디오 방송이나 TV 방송의 신호전송에 주로 사용된다. 각각의 주파수 범위에 따라서 전자기파의 회절, 반사, 흡수 등과 같은 물리적인 성질들이 다르며, 이로 인하여 신호의 전송방법도 달라진다. 초단파나 단파는 직진성이 강하여 산과 같은 장애물을 통과할 수 없으므로 청취거리가 짧지만, 우수한 신호품질을 가지고 있다. TV 방송이나 FM 라디오방송이 이 대역을 사용한다. 장파나 중파는 지표면을 따라가는 성질을 가지고 있어서 일명 **지표파**라고도 부르며, 먼 거리까지 신호를 전달할 수 있다. AM 라디오 방송은 파장길이가 400[m] 내외인 중파를 사용하여 청취영역을 넓힐 수 있다. 중파나 단파는 지구 대기권 상층부에 있는 전리층에 반사 또는 굴절되어 되돌아오는 성질이 있다. 이를 **상공파**라고 부르며, 지평선을 넘어서는 먼 거리까지의 신호송신에 사용한다.

파장길이가 10~100[km] 범위를 가지고 있는 전자기파는 **초장파**(VLF)라고 부르며, 40[m] 이상의 해수층을 관통할 수 있기 때문에, 잠수함의 군용통신에 사용되지만, 신호의 저주파 특성상 모스부호 정도의 제한된 신호전송만 가능하다.

9.1.1.2 빛의 생성

빛은 열복사, 전자에너지의 자연방사, 전자에너지 유도방사 그리고 직접천이형 다이오드의 광전자방출과 같이 크게 네 가지의 방법으로 만들어낼 수 있다.

물체가 가열되면 **열복사**에 의해서 빛이 발생하며, 이를 **흑체복사**라고도 부른다. **빈[4]의 변위법칙**에 따르면, 흑체에서 방출되는 빛의 중심파장은 다음 식에 의존한다.

$$\lambda = \frac{b}{T}[\text{m}]$$

여기서 b는 빈의 변위상수로서 $2.9 \times 10^3[\text{m} \cdot \text{K}]$이며, T는 절대온도[K]이다. 예를 들어, 태양표면은 평균온도가 5,500[K]이므로, 태양에서 방출되는 빛의 중심파장은 527[nm]로서 녹색임을 알 수 있다.

---

4   Wilhelm Carl Werner Otto Franz Wien(1864~1928).

열복사는 파장대역이 넓기 때문에 조명으로서 유용하지만 공학적인 관점에서는 단색광원이 더 유용하다. 원자 내의 전자들은 외부에서 에너지가 유입되면 여기상태가 되며, 이 에너지를 방출하고 기저상태로 되돌아오는 과정에서 원자들이 가지고 있는 고유의 파장으로 광전자를 방출한다. 이를 **전자에너지 자연방사**라고 부르며, 플라스마 가스 방전램프의 경우, 고전압에서 이온화된 가스를 통해서 전류가 흐르면서 빛을 방출한다. 산업적으로 많이 사용되는 수은가스 방전램프의 경우에 365[nm](I-라인), 405[nm](H-라인) 그리고 436[nm](G-라인)등의 좁은 피크들을 가지고 있는 강력한 빛을 생성한다.

실리콘이나 게르마늄과 같은 간접천이형 소재로 만든 다이오드는 광자를 방출하지 않는다. 반면에 Ga, As, In, P 및 N과 같은 직접천이형 물질들이 도핑된 **다이오드**들은 P-N 접합의 전이영역에서 전자와 정공이 재결합하는 과정에서 단일파장의 광전자를 방출한다. GaAs는 적외선, AlGaAs는 적색, GaAsP는 황색 그리고 GaN은 청색 빛을 방출한다. 다이오드는 이상적인 점광원에 가까운 성질을 가지고 있어서 휘도가 높다. 다이오드는 반도체 레이저나 디스플레이 용도로 널리 사용되고 있다.

9.1.1.3 레이저

외부로부터 광량자를 흡수하여 여기상태에 있는 원자가 단시간 내에 에너지를 방출하면서 기저상태로 복귀할 때에 빛을 방출하는 현상을 **자연방사**라고 부른다. 그런데 여기상태의 원자에 새로운 광량자가 주입되면 펌핑작용에 의해서 강력한 단일파장의 빛이 방출되는데, 이를 **유도방사**라고 부른다. 이렇게 유도방사에 의해서 증폭된 빛을 **레이저**(LASER)[5]라고 부른다. 하지만 펌핑작용만으로는 고에너지 광선을 얻을 수 없기 때문에 **그림 9.2**에 도시되어 있는 루비레이저처럼, 광공진기를 사용하여 진폭을 높여야 한다.

플래시램프의 펌핑작용에 의해서 루비막대 속에서 자연 방사된 광자들이 루비막대의 광축방향으로 방사되면서 여기준위의 원자들을 자극하여 유도방사를 촉발시킨다. 이렇게 방사된 빛들은 양단에 설치된 반사경들에 의해서 반사되면서 루비막대의 길이방향을 왕복하게 된다. 이때에 반사경들 사이의 거리가 방사파장 길이(λ)의 정수배($n\lambda$)를 유지하고 있다면 반사된 빛은 진입하는 빛과 건설적 간섭을 일으키기 때문에 반사가 반복될수록 진폭이 증가하게 된다. 이를 **광공진**

5　LASER: Light Amplification by the Stimulated Emission of Radiation.

이라고 부르며, 이렇게 증폭된 광선 중 일부(5%)가 95% 반사경을 통해서 외부로 방출되면 우리가 레이저라고 부르는 동일한 주파수와 위상을 가지고 있는 광선이 된다.

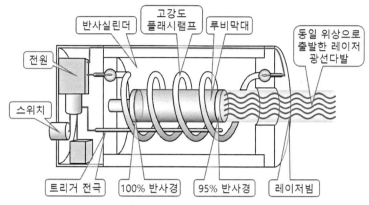

그림 9.2 루비레이저 광공진기의 구조(컬러 도판 p.761 참조)

동일한 주파수와 위상을 가지고 출발한 레이저 광선다발 속 광선들의 위상이 서로 어긋나버리게 되는 거리를 **가간섭 길이**라고 부르며, 다음 식으로 나타낼 수 있다.

$$L_c = \frac{\lambda^2}{2\Delta\lambda}$$

예를 들어, 파장길이가 623[nm]인 광원을 사용하여 가간섭 길이 2[m]를 구현하려고 한다면,

$$\Delta\lambda = \frac{\lambda^2}{2L_c} = \frac{(623 \times 10^{-9})^2}{2 \times 2} = 9.7 \times 10^{-14}[\text{m}]$$

이며, 광속 $c = 3.0 \times 10^8$[m]라 한다면, 623[nm] 광원의 주파수 f_{623nm} 는

$$f_{623nm} = \frac{3.0 \times 10^8}{623 \times 10^{-9}} = 4.8 \times 10^{14}[\text{Hz}]$$

허용 주파수 편차 Δf는 다음의 관계식을 사용하여 계산할 수 있다.

$$\Delta f = f_{623nm} \times \frac{\Delta\lambda}{\lambda} = 4.8 \times 10^{14} \times \frac{9.7 \times 10^{-14}}{623 \times 10^{-9}} = 75 \times 10^6 [\mathrm{Hz}]$$

따라서 레이저 광원의 허용 대역폭을 75[MHz] 이내로 유지하여야 한다.[6]

9.1.1.4 광속, 광도, 조도 및 휘도

효율적으로 관심영역에 광선을 전달하기 위해서는 조사된 에너지, 광원의 크기 및 조사방향 등이 모두 중요하다. 따라서 광원에서 방출되는 빛의 출력 P[W]만으로는 광원의 능력을 나타내기에 충분치 못하다. **그림 9.3**에서는 광원에서 방출되는 빛의 광속, 광도, 조도 및 휘도의 개념을 구분하여 보여주고 있다.

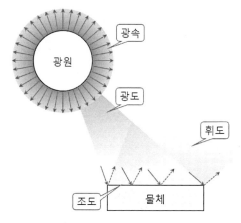

그림 9.3 광속, 광도, 조도 및 휘도의 개념

광속[7]은 광원에서 모든 방향으로 방출되는 빛의 양을 에너지로 나타낸 값이다. 기호는 Φ_v를

---

6 HeNe 레이저와 같은 현대적인 이중주파수 광원들의 대역폭은 2[MHz] 수준으로서, 약 75[m] 이내의 거리에서는 가간섭성이 잘 유지된다. 하지만 이보다 먼 거리에 대해서 가간섭성이 필요하다면 요오드안정화 레이저와 같은 고성능 레이저를 사용하여야 한다.

7 luminous flux.

사용하며, 단위는 [lm](루멘)이다. 입체각이 4π인 구면 전체로 발광하는 1[cd]의 점광원에서 방출되는 광속은 4π[lm]이다. 광원에서 퍼져 나가는 발산 광속, 평행하게 진행하는 평행광속, 한 점으로 모여드는 수렴광속, 도중에서 만나는 공심광속 등이 있다.

광도[8]는 광원에서 특정 방향으로 나오는 빛의 양으로서 기호는 I_v이며 단위는 [cd](칸델라)이다. 광원의 종류에 따라서 방향별로 방출되는 빛의 양이 다르기 때문에 광도는 광원의 조명능력을 나타내는 유용한 도구이다. 촛불 1개의 광도에 해당하는 1[cd]는 파장길이가 555[nm](녹색)인 단색광이 1/683[W/sr]만큼 조사될 때의 밝기로 정의된다.

조도[9]는 (평면)스크린과 같은 대상물체에 입사되는 빛의 양으로서, 기호는 E_v이며, 단위는 [lx](럭스)이다. 광원과 대상물체 사이의 거리가 가까울수록 광원에서 물체로 조사되는 각도가 커지기 때문에 조도가 증가하게 된다. 또한 광원방향에 대해서 대상물체가 직각에서 기울어질수록 조사각도가 감소하므로 조도가 감소하게 된다. 1[lm]의 조명에서 1[m²]의 면적에 조사된 광선의 조도는 1[lx]이다.

휘도[10]는 대상물체에서 반사된 빛의 양으로서, 기호는 L_v이며, 단위는 [cd/m²]이다. 예를 들어, 스크린에 조사되는 빛의 양은 조도이며, 반사되는 빛의 양은 휘도이다. 조도는 주로 조명의 성능을 나타내는 단위로 많이 사용하며, 휘도는 TV와 같은 디스플레이의 성능을 나타내는 단위로 많이 사용한다.

9.1.2 기하광학

기하광학은 빛을 광선의 집합으로 취급하여 빛의 진행특성이나 영상의 형성 등을 기하학적으로 연구하는 광학분야이다. 기하광학에서는 광선이 다음의 세 가지 성질을 가지고 있다고 가정한다.

- 광선은 서로 독립적이어서 상호 간섭을 일으키지 않는다.
- 동일한 매질 속에서는 직진한다.
- 다른 매질과의 경계면에서는 반사 및 굴절을 일으킨다.

---

8   luminous intensity.
9   illuminance.
10   luminance.

기하광학에서는 빛의 간섭이나 회절과 같은 파동에 의한 성질들을 고려하지 않으며, 빛을 직선으로 전파하는 광선의 다발로 취급한다. 이를 통해서 직진, 반사 및 굴절법칙에 따라 기하학적인 작도법을 이용하여 렌즈, 거울, 프리즘 등과의 상호작용을 설명할 수 있다. 기하광학은 현미경이나 망원경과 같은 광학기기 설계의 근간을 이룬다.

9.1.2.1 반사와 굴절

페르마의 최소시간의 원리에 따르면 빛이 특정한 위치에 도달하기 위해서 가장 짧은 시간이 소요되는 경로를 통과한다. 이는 반사와 굴절현상을 설명하는 가장 중요한 이론이다. **그림 9.4**에서는 밀도가 다른 두 매질(공기와 유리)의 계면에서 일어나는 반사와 굴절현상을 보여주고 있다.

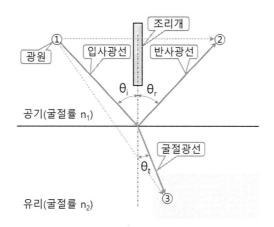

그림 9.4 반사와 굴절

그림 9.4에서 ①번은 광원이며, ②번과 ③번은 각각 관찰위치이다. 반사의 경우, ①번 광원과 ②번 관찰위치 사이의 직선경로에는 조리개가 설치되어 광선이 직접 관찰위치로 진행할 수 없다. 따라서 광선이 광원에서 ②번 관찰위치로 진행하기 위해서는 유리 표면에 반사되어야 한다. 반사를 통해서 ①번 광원에서 ②번 관찰위치로 도달하는 최단경로는 입사각도와 반사각도가 동일($\theta_i = \theta_r$)한 경우뿐이다. 따라서 계면에서 일어나는 반사의 경우에는 항상 입사각과 반사각이 동일하다.

굴절현상에 대해서 설명하기 위해서는 우선, 조밀한 매질을 통과하면서 일어나는 광속의 변화에 대해서 살펴봐야 한다. 광선의 진행속도(c)는 굴절률(n)이 큰 조밀한 매질에서 진행속도가 느려진다.

$$c_n = \frac{c}{n}$$

여기서 c는 공기 중에서의 광속(약 $3{\times}10^7$[m])이며, c_n은 조밀한 매질 내에서의 광속 그리고 n은 조밀한 매질의 굴절률이다.

굴절의 경우 ①번 광원에서 ③번 관찰위치로 도달하기 위해서 점선으로 표시된 직선경로를 따라간다면 광속이 빠른 공기 중 경로거리는 짧고 상대적으로 광속이 느린 유리중에서의 경로거리가 길기 때문에 실선으로 표시된 굴절경로에 비해서 더 오랜 시간이 소요된다. 따라서 공기 중에서 더 긴 경로를 진행하여 유리중에서의 진행경로를 단축시켜야 최소시간 내에 ③번의 관찰위치에 도달할 수 있을 것이다. **스넬의 법칙**을 통해서 최소시간의 원리를 따르는 굴절각도를 구할 수 있다.

$$n_1 \sin\theta_i = n_2 \sin\theta_t$$

그러므로 굴절각 θ_t는

$$\theta_t = \sin^{-1}\left(\frac{n_1}{n_2}\sin\theta_i\right)$$

그런데 $\sin\theta_t \le 1$이므로, 스넬의 법칙이 적용되는 입사각도에 제한이 존재한다.

$$\sin\theta_i < \frac{n_2}{n_1}$$

$n_2 > n_1$인 경우에는 항상 이 조건이 성립되지만, $n_2 < n_1$인 경우, 즉 조밀한 매질에서 희박한 매질로 입사되는 경우에는 입사각 θ_i가 이 각도를 넘어서면 입사된 광선은 더 이상 굴절되면서

희박한 매질 속으로 투과되지 않으며, 전반사가 일어난다. 예를 들어, 유리의 굴절률 $n_1 = 1.5$에서 공기의 굴절률 $n_2 = 1.0$ 쪽으로 광선이 진행된다면, 유리의 전반사 임계각은

$$\theta_i = \sin^{-1}\left(\frac{1.0}{1.5}\right) = 41.8°$$

이 된다. 즉, $\theta_i > 41.8°$이면 전반사가 일어나며, 광선은 유리계면을 투과하여 공기 중으로 굴절되지 않는다.

9.1.2.2 렌즈와 광선추적

스넬의 법칙이 적용되어 광선의 굴절이 일어나는 두 개의 곡면을 가지고 있으며 광선이 투과할 수 있는 투명한 소재로 만들어진 요소를 **렌즈**라고 부른다. 렌즈는 크게 **볼록 렌즈**와 **오목 렌즈**로 구분할 수 있으며, **그림 9.5**에 도시되어 있는 것처럼 곡면형상에 따라서 **양면볼록, 양면오목, 양의 메니스커스, 음의 메니스커스, 평면오목** 그리고 **평면볼록**의 여섯 가지로 세분할 수 있다.

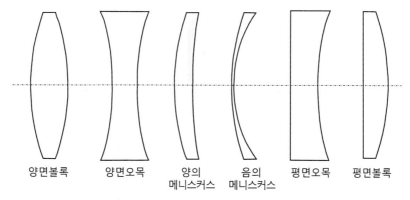

양면볼록   양면오목   양의   음의   평면오목   평면볼록
                      메니스커스   메니스커스

그림 9.5 렌즈의 곡면형상에 따른 렌즈의 유형[11]

렌즈로 입사되는 광선은 계면에서 굴절을 일으키는데, 렌즈의 형상에 의해서 광선이 모이거나 분산된다. **광선추적법**을 사용하면 이런 광선의 거동을 분석할 수 있다. **그림 9.6**에서는 양면볼록

11　R. Schmidt. 저, 장인배 역, 고성능메카트로닉스의 설계, 동명사, 2015.

렌즈로 입사되는 광선의 거동을 보여주고 있다. 양면볼록렌즈는 그림에서와 같이 렌즈의 중심선인 광축선상의 양측에 두 개의 초점 F_o와 F_i를 가지고 있으며, 초점거리는 f이다. 양측의 초점거리를 서로 다르게 만들 수 있으나 여기서는 양측의 초점거리가 서로 동일하다고 가정한다. 일반적으로 렌즈 좌측의 광축과 직교한 평면을 **물체평면**이라고 부르며, 렌즈 우측의 광축과 직교한 평면을 **영상평면**이라고 부른다.

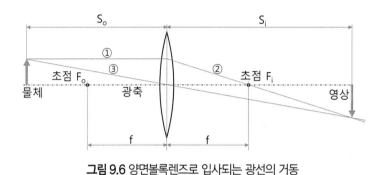

그림 9.6 양면볼록렌즈로 입사되는 광선의 거동

그림 9.6에서와 같이 거리가 $S_o(> f)$인 물체평면에 화살표 형상의 물체가 위치하는 경우에 이 물체의 영상이 맺히는 영상평면의 위치 S_i는 초점거리 f에 의해서 다음과 같이 결정된다.

$$\frac{1}{S_o} + \frac{1}{S_i} = \frac{1}{f}$$

이를 **가우스 렌즈공식**이라고 부른다. 이 식에 따르면, 물체의 위치가 멀어질수록 영상평면은 초점위치로 근접하게 되며, 물체의 위치가 초점에 근접할수록 영상평면은 멀어져간다는 것을 알 수 있다.[12]

영상평면에 맺히는 영상은 두 개의 광선경로를 추적하여 찾아낼 수 있다. 우선, 물체의 선단부에서 광축과 평행하게 진행한 광선 ①(이를 **근축광선**이라고 부른다)은 렌즈 중앙에서 굴절되어 ② 영상평면의 초점위치를 통과한다. 다음으로 물체의 선단부에서 출발하여 렌즈의 중앙을 통과

---

12 식을 풀어 구한 영상평면 위치 S_i가 음의 값을 갖는 것은 영상이 반전되었음을 의미한다.

하는 광선 ③은 굴절되지 않고 직진한다. 영상평면은 ②번 광선과 ③번 광선이 교차하는 위치에 형성된다.

그림 9.7에서는 양면오목렌즈로 입사되는 광선의 거동을 보여주고 있다. 양면오목렌즈 역시 양면볼록렌즈의 경우와 마찬가지로 렌즈의 양측에 두 개의 초점 F_o와 F_i를 가지고 있으며, 초점거리는 f로 동일하다고 가정한다. 거리가 $S_o(>f)$인 물체평면에 화살표 형상의 물체가 위치하는 경우, 물체의 선단부에서 출발하여 광축과 평행하게 진행한 근축광선 ①은 렌즈의 중앙에서 굴절되며 초점 F_o를 통과하는 직선의 경로②를 따라서 발산한다. 다음으로 물체의 선단부에서 출발하여 렌즈의 중앙을 통과하는 광선 ③은 굴절되지 않고 직진한다. 오목렌즈의 경우에는 영상평면상에서 ②번 광선과 ③번 광선이 서로 교차하지 않으므로 영상이 형성되지 않는다. 하지만 물체평면상에서 ②번 광선의 연장선과 ③번 광선이 서로 교차하면서 가상영상을 만들어내며, 이를 **허상**이라고 부른다.

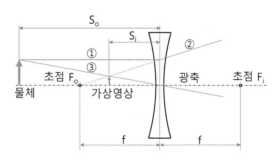

그림 9.7 양면오목렌즈로 입사되는 광선의 거동

9.1.2.3 광학오차

광학 시스템에서는 구면수차, 색수차, 코마, 난시, 상면만곡 등 다양한 종류의 영상왜곡이 발생한다. 이는 렌즈의 기하학적인 형상과 광선의 파장별 굴절률 차이 등 다양한 원인에 의해서 발생하며, 영상품질을 저하시키는 원인으로 작용한다.

그림 9.8에서는 광학 시스템에서 대표적으로 발생하는 광학오차들을 보여주고 있다. 렌즈의 표면은 일반적으로 구면형상으로 가공되며, 구면형상의 렌즈는 **그림 9.8** (a)에서와 같이 입사되는 근축광선이 광축에서 멀어질수록 초점거리가 짧아지는 특성을 가지고 있다. 이를 **구면수차**라고 부르며, 이를 보정하기 위해서는 렌즈의 곡률반경이 광축에서 멀어질수록 증가하는 비구면 렌즈

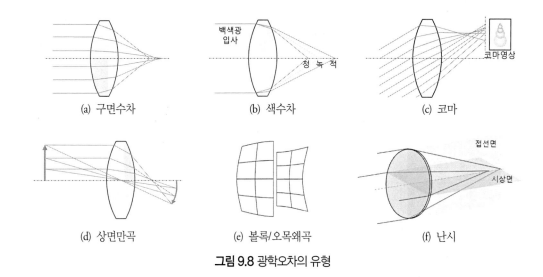

(a) 구면수차   (b) 색수차   (c) 코마

(d) 상면만곡   (e) 볼록/오목왜곡   (f) 난시

그림 9.8 광학오차의 유형

가 필요하지만, 비구면 렌즈는 가공하기가 어려워서 매우 비싸다. 일반적으로 광학소재의 굴절률은 **그림 9.8** (b)에 도시된 것처럼, 파장길이에 따라서 서로 다르기 때문에 파장별 초점위치에 편차가 발생한다. 이를 **색수차**라고 부른다. 이를 보정하기 위해서는 높은 굴절률과 높은 분산을 가지고 있는 크라운(볼록렌즈) 유리와 낮은 굴절률과 낮은 분산을 가지고 있는 플린트(오목렌즈) 유리를 광학접착하여 **색지움 렌즈**를 만들어야 한다. 영상이 광축과 비스듬하게 경사져서 입사되는 경우에 입사각이 커질수록 굴절률이 커진다. 이로 인하여 렌즈의 중앙을 통과하는 광선의 초점위치보다 렌즈의 측면을 통과하는 광선의 초점위치가 짧아지며, 영상분해능이 저하되어 **그림 9.8** (c)에서와 같이 초점영상이 유성의 꼬리처럼 늘어지면서 흐릿해져버린다. 이를 **코마**라고 부르며, 이를 개선하기 위해서는 경사입사되는 광선과 렌즈 사이의 각도가 모든 위치에서 동일하도록 평면-볼록 렌즈를 사용하여야 한다. **그림 9.8** (d)에서와 같이 물체의 각 위치들이 광축에서 멀어질수록 영상평면상에 영상이 맺히는 거리가 짧아지는 현상을 **상면만곡**이라고 부른다. 렌즈의 직경이 작아질수록 상면만곡현상이 심해지며, **그림 9.8** (e)에 도시된 것처럼, 볼록왜곡 또는 이와는 반대형상인 오목왜곡이 발생하게 된다. 휴대폰용 카메라와 같이 렌즈 직경이 작은 소형 카메라의 경우에 구면렌즈를 사용하면 특히 이 현상이 심하게 발생하지만, 비구면 형상으로 렌즈 몰딩을 제작한 후에 플라스틱 몰딩 방식으로 렌즈를 대량생산하면 상면만곡에 의한 볼록/오목 왜곡의 발생을 방지할 수 있으며, 비구면 제작에 소요되는 비용을 절감하고 있다. 렌즈의 수직방향 곡률과 수평방향 곡률이 서로 다르면 **그림 9.8** (f)에서와 같이, (수직방향)접선평면에 맺히는 초점위치와

(수평방향)시상면에 맺히는 초점위치가 서로 다르기 때문에 영상이 흐려진다. 이를 **난시**라고 부르며, 사람의 눈에서 특히 자주 발생한다.

이상에서 설명한 영상왜곡들 중에서 구면수차, 코마 및 상면만곡은 비구면 형상을 활용하여 저감하거나 보정할 수 있다. 하지만 노광기용 광학계와 같은 고성능 영상화 시스템의 경우에는 단일 비구면 렌즈만으로는 광학오차를 모두 보정할 수 없기 때문에 구면 및 비구면의 다중 렌즈 요소들을 조합하여 고품질의 영상을 만들어낸다.

9.1.2.4 렌즈의 조합

멀리 있는 물체를 확대하는 망원경이나 가까이 있는 물체를 확대하는 현미경의 경우와 같이 영상을 확대하거나 축소하면서 앞 절에서 설명한 오차들을 보정하여 고품질의 영상을 구현하기 위해서 둘 이상의 렌즈들을 조합하는 방식이 사용되고 있다. 이 절에서는 광선추적방법을 사용하여 두 개의 볼록렌즈들을 조합하는 경우의 영상 위치를 찾아내는 방법을 살펴보기로 한다.

그림 9.9에서는 두 개의 볼록렌즈들을 조합하여 만든 영상화 시스템들을 보여주고 있다. **그림 9.9** (a)에서는 두 렌즈의 사이의 간극이 렌즈의 초점거리보다 좁은 경우의 영상생성 원리를 보여주고 있다. 그림에서 F_{Ao}와 F_{Ai}는 각각 렌즈 A의 물체측과 영상측 초점위치이며, F_{Bo}와 F_{Bi}는 각각 렌즈 B의 물체측과 영상측 초점위치이다. 좌측의 물체에서 렌즈 A로 투영된 영상을 찾기 위해서는 우선, 물체 끝에서 광축과 평행하게 진행하는 근축광선 ①이 렌즈 A에서 굴절되어 F_{Ai}

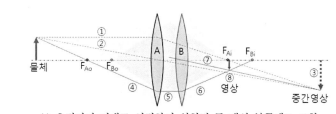

(a) 초점거리 이내로 인접하여 설치된 두 개의 볼록렌즈 조합

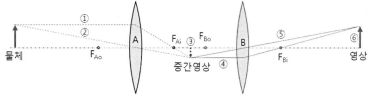

(b) 초점거리 이상으로 설치된 두 개의 볼록렌즈 조합

그림 9.9 두 볼록렌즈의 조합에 의한 영상생성 사례

를 향하여 진행한다. 다음으로 물체 끝에서 렌즈 A의 중심을 통과하는 광선 ②는 굴절되지 않고 직진한다. ①과 ②가 교차하는 위치에 중간영상 ③이 만들어진다. 다음으로 물체 끝에서 출발하여 렌즈 A의 초점 F_{Ao}를 통과한 광선 ④는 렌즈 A에서 굴절되어 근축광선 ⑤가 되며, 이 광선은 다시 렌즈 B에 의해서 굴절되어 ⑥의 경로를 따라서 렌즈 B의 초점을 향한다. 최종적으로 중간영상 ③에서 렌즈 B의 중심을 향하는 광선 ⑦과 광선 ⑥의 교점위치에 영상 ⑧이 만들어진다. **그림 9.9** (a)의 경우에는 두 렌즈가 마치 하나의 렌즈처럼 거동하게 되므로 영상이 반전된다. 렌즈조합에 의한 새로운 초점위치는 다음 식으로 계산할 수 있다.

$$\frac{1}{f} = \frac{1}{f_A} + \frac{1}{f_B} - \frac{d}{f_A f_B}$$

여기서 f_A 및 f_B는 각각 렌즈 A와 B의 초점거리이며 d는 두 렌즈 사이의 거리이다.

그림 9.9 (b)에서는 두 렌즈의 사이의 간극이 렌즈의 초점거리보다 먼 경우의 영상생성 원리를 보여주고 있다. 그림에서 F_{Ao}와 F_{Ai}는 각각 렌즈 A의 물체측과 영상측 초점위치이며, F_{Bo}와 F_{Bi}는 각각 렌즈 B의 물체측과 영상측 초점위치이다. 좌측의 물체에서 렌즈 A로 투영된 영상을 찾기 위해서는 우선, 물체 끝에서 광축과 평행하게 진행하는 근축광선 ①이 렌즈 A에서 굴절되어 F_{Ai}를 향하여 진행한다. 다음으로 물체 끝에서 렌즈 A의 중심을 통과하는 광선 ②는 굴절되지 않고 직진한다. ①과 ②가 교차하는 위치에 중간영상 ③이 만들어진다. 또한 물체 끝에서 F_{Ao}를 통과한 광선이 렌즈 A에서 굴절되면 근축광선이 만들어지며, 이 근축광선 역시 영상형성에 기여하지만, 광선추적결과는 동일하기 때문에 그림에서는 생략하였다. 다음으로 중간영상에서 광축과 평행하게 진행하는 근축광선 ④가 렌즈 B에 굴절되어 F_{Bi}를 향하여 진행한다. 다음으로 중간영상의 끝에서 렌즈 B의 중심을 통과한 광선 ⑤는 굴절되지 않고 직진한다. ④와 ⑤가 교차하는 위치에 최종영상이 만들어진다. 이 경우에도 중간영상 끝에서 F_{Bo}를 통과한 광선이 렌즈 B에서 굴절되면 영상생성에 기여하는 근축광선이 만들어지지만, 동일한 영상이 만들어지기 때문에, 그림에서는 생략하였다. **그림 9.9** (b)의 경우에는 두 렌즈 사이의 거리 d의 변화에 따라서 최종영상의 크기가 매우 증폭된다. 이는 **줌렌즈**의 작동 원리이다.

마지막으로, 두 볼록렌즈들 사이의 거리를 두 렌즈의 초점위치가 서로 일치하도록 조절하면 입사광선의 초점위치가 존재하지 않는 무한초점이 구현된다. 이런 무한초점 광학 시스템을 **이중**

텔레센트리라고 부르며, 광학식 노광장치에서 레티클과 웨이퍼의 휨에 의해서 노광선폭이 변하는 것을 막아주는 중요한 광학원리이다.

9.1.2.5 조리개, 개구수 및 초점심도

조리개는 광학렌즈의 전체 직경 중에서 일부만으로 광선을 통과시키기 위해서 동공의 크기를 제한하는 요소이다. 개구수(NA)는 대물렌즈의 광선포집각도를 정량적으로 나타내기 위한 무차원 수이다. 조리개와 개구수는 광학영상의 품질을 나타내는 매우 중요한 인자들이다. 이 절에서는 개구수와 조리개가 광학영상 품질에 끼치는 영향에 대해서 살펴보기로 한다.

광학계의 분해능(해상력의 역수)은 에어리 디스크의 반경을 사용하여 정의하며, 개구수(NA)가 클수록 향상된다고 알려져 있다. **에어리디스크**란 빛이 작은 구멍(바늘구멍)을 통과할 때에 생기는 회절과 간섭으로 인한 동심원 형태의 간섭무늬로, **그림 9.10** (a)와 같이, 점분산함수를 형성한다. 이론상 **그림 9.10** (b)에서와 같이, 두 광원의 중심이 에어리 디스크의 직경만큼 떨어져 있어야 구분이 가능하다.

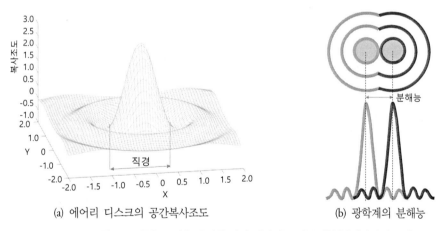

(a) 에어리 디스크의 공간복사조도　　　　　(b) 광학계의 분해능

그림 9.10 좁은 구멍을 통과한 빛이 생성하는 점분산함수(에어리디스크)[13]

그림 9.11에서는 조리개의 직경과 에어리디스크의 직경 사이의 상관관계를 보여주고 있다. 그림에 도시되어 있는 것처럼, 조리개의 직경이 커지면, 조리개 테두리에서 빛의 회절이 감소하여

13　S. Rizvi 저, 장인배 역, 포토마스크기술, 도서출판 씨아이알, 2016.

에어리 디스크의 직경이 감소하며, 조리개의 직경이 작아질수록 조리개의 테두리에서 빛의 회절이 증가하여 에어리 디스크의 크기가 증가한다. 따라서 회절을 줄이기 위해서는 조리개를 최대한 개방하여 사용해야 한다. 하지만 구면수차나 색수차와 같은 수차들은 조리개의 직경이 작을수록 감소한다. 이렇게 광학계의 영상품질을 결정하는 두 가지 요소인 회절과 수차는 조리개 값에 따라서 서로 상반된 경향을 가지고 있기 때문에, 이들을 어떻게 절충하느냐가 광학계 설계의 중요한 판단기준으로 사용된다.

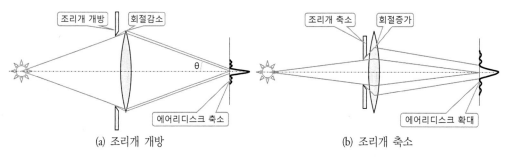

그림 9.11 조리개의 직경과 에어리디스크 직경의 상관관계

광학 시스템의 **개구수(NA)**는 빛을 받아들이거나 내보낼 수 있는 각도 범위를 나타내는 무차원 수로서 다음 식으로 정의된다.

$$NA = n\sin\theta$$

여기서 n은 매질의 굴절률이며, θ는 **그림 9.11** (a)에서 정의된 포획각도이다. 개구수는 렌즈의 영상분해능을 나타내는 지표이기 때문에 중요하다. 웨이퍼 노광기의 경우에는 높은 분해능으로 패턴을 노광하기 위해서 포획각도를 최대한 크게 광학렌즈를 설계하여야 한다. 이를 위해서 렌즈와 웨이퍼 사이의 간격을 매우 좁게 만든다. 하지만 입사각은 기하학적인 한계 때문에 일정 한도 이상으로 더 증가시킬 수 없으며, 이런 상황에서 개구수를 더욱 높이기 위해서는 굴절률을 증가시켜야 한다. 오일($n = 1.3 \sim 1.4$)이나 물($n = 1.44$) 속에서 액침노광을 시행하면 개구수를 크게 증가시킬 수 있다.

반도체 노광기가 구현할 수 있는 광학임계치수(최소선폭)는 다음 식에 의해서 결정된다.

$$CD = k_1 \frac{\lambda}{NA}$$

여기서 k_1 계수는 광학계의 특성계수 값으로서, 최신의 노광기는 약 0.25의 값을 가지고 있다. λ는 노광용 광원의 파장길이로서, ArF 광원은 $\lambda_{ArF} = 193[\text{nm}]$이며, EUV 광원은 $\lambda_{EUV} = 13.5[\text{nm}]$ 이다. 두 광원이 구현할 수 있는 광학임계치수를 비교해보면,

$$CD_{ArF} = 0.25 \times \frac{193}{1.35} = 36[\text{nm}]$$

$$CD_{EUV} = 0.25 \times \frac{13.5}{0.55} = 6[\text{nm}]$$

여기서 ArF 광원의 경우에는 $NA = 1.35$라고 가정하였으며, EUV 광원은 $NA = 0.55$라고 가정 하였다.[14,15] 위 계산결과를 통해서 노광용 광원의 파장길이와 개구수가 광학 분해능에 끼치는 영향을 서로 비교해볼 수 있을 것이다.

개구수는 현미경 대물렌즈의 수광원추각과 같이 근거리 광학계의 광선포집능력을 나타내는 데 주로 사용되는 반면에 사진기나 망원경의 대물렌즈에서는 **f값**을 사용한다.

$$f값 = \frac{1}{2NA}$$

개구수(NA)가 크거나 f값이 작다는 것은 더 많은 회절차수들이 포획되어 광학영상 시스템의 분해능이 좋아진다는 것을 의미한다.

초점심도(dS)는 광학 시스템에서 물체의 광축방향 위치 허용오차 값으로서 다음 식으로 주어 진다.

---

14 2021년 현재 최신의 EUV 노광기인 ASML NXE3400B의 개구수 $NA = 0.33$이다. 하지만 ASML社에서는 $NA = 0.55$인 차세대 극자외선 노광기를 개발 중에 있다.
15 실제로 생산되는 반도체의 선폭이 각각의 광원이 구현할 수 있는 광학임계치수보다 짧은 이유는 위상시프트 마스 크와 다중패터닝 기법을 사용하기 때문이다.

$$dS = \pm S_o \frac{c}{d} = \pm \frac{n\lambda}{NA^2}$$

여기서 c는 광학계의 최소분해능으로서, 에어리원반의 직경과 같다. 개구수에 의해서 결정되는 에어리원반의 크기 때문에 초점위치에서 영상의 크기는 무한히 작아질 수 없다. 물($n = 1.44$) 속에서 ArF($\lambda = 193$[nm]) 광원과 $NA = 1.35$인 광학계를 사용하여 노광을 수행하는 경우에 초점심도는 다음과 같이 주어진다.

$$dS = \pm \frac{1.44 \times 193}{1.35^2} = \pm 152 [\text{nm}]$$

이 값은 노광용 스테이지의 웨이퍼 척 편평도, 웨이퍼 휨 허용오차, 웨이퍼 스테이지의 광축방향 위치결정 정밀도 그리고 광학계의 초점조절 정밀도 등의 오차할당 기준으로 사용되는 중요한 설계사양이다.

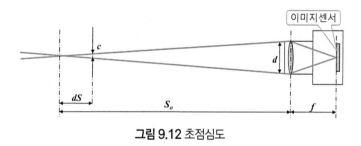

그림 9.12 초점심도

9.1.3 물리광학

빛은 입자의 성질을 가지고 있는 한도 내에서는 직진성을 유지하지만, 스케일이 축소되어 파동의 성질을 가지고 있는 범위로 들어가면 회절이나 간섭과 같은 현상을 일으킨다. 토머스 영은 폭이 좁은 두 개의 슬릿에 빛을 통과시키면 스크린에 불연속적인 간섭무늬가 나타나는 이중슬릿 실험을 통하여 빛의 파동설을 제기하였으며, 맥스웰 방정식을 통해서 빛이 전자기파동임이 인정되었다. 뒤이어 아인슈타인이 광전원리를 통해서 빛의 입자성을 주장하였으며, 이후로는 빛이 파동의 성질과 입자의 성질 모두를 가졌다고 받아들이고 있다.

전자기 파동의 주파수 $f = 10^{15}$[Hz][16]에 이르는 매우 높은 주파수를 가지고 있기 때문에 이를

---

16 $\lambda = 300$[nm]인 경우의 주파수이다.

직접 측정하는 것은 불가능하다. 하지만 서로 유사한 파장의 파동들은 서로 맥놀이 간섭을 일으키는데, 이 맥놀이 주파수는 비교적 낮기 때문에 관찰과 측정이 용이하다. 물리광학에서는 빛의 파동성과 이로 인하여 만들어지는 맥놀이간섭을 활용하여 길이측정을 포함한 다양한 광학적 측정을 수행하고 있다.

이 절에서는 빛의 파동성을 기반으로 하는 다양한 광학적 현상들에 대해서 살펴보기로 한다.

9.1.3.1 파면

그림 9.13에 도시되어 있는 것처럼, 가상의 점광원에서 모든 방향으로 동시에 출발한 광선들은 동일한 위상으로 진동하면서 모든 방향으로 동일한 광속으로 멀어진다. 이들의 위치는 점광원을 중심으로 하는 구면을 형성하게 된다. **파면**은 광원으로부터 동일한 광학경로 길이상에 위치하는 점들을 이은 가상의 표면으로서 동일한 전자기파 진폭을 가지고 있다.

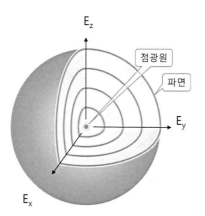

그림 9.13 점광원에 의해서 형성된 파면

파면은 다음과 같은 세 가지의 특성을 가지고 있다.

- 광선의 진행방향은 항상 파면과 직교한다.
- 확산하거나 수렴하는 광선은 굽은 파면을 형성하며, 평행광선은 평면파면을 형성한다.
- 파면들 사이의 거리는 광선의 파장길이와 같으며, 빛의 속도로 이동한다.

그림 9.14에서는 다양한 굴절현상을 파면개념을 이용하여 설명한 사례들을 보여주고 있다. 그림 9.14 (a)의 경우에는 점광원에서 방출된 빛이 평면에 입사되는 경우의 굴절현상을 설명해주고 있다. 굴절계수가 큰 물질 속에서는 광선의 속도가 느려지므로 파면 사이의 간격이 좁아지기 때문에 광선의 진행방향이 꺾이면서 굴절현상이 일어난다는 것을 알 수 있다. 그림 9.14 (b)에서는 볼록렌즈에서 일어나는 파면의 왜곡현상과 이로 인한 초점의 생성현상을 설명하고 있으며, 그림 9.14 (c)에서는 가열된 공기와 같이 밀도가 다른 물질을 통과하면서 일어나는 광선경로의 왜곡현상을 설명하고 있다.

(a) 평면입사광선의 굴절현상　　(b) 볼록렌즈의 굴절현상　　(c) 밀도 차이에 의한 굴절현상

그림 9.14 파면을 이용한 굴절현상의 설명[17]

파면은 광선의 진행과 굴절 그리고 간섭 등의 현상을 설명하는 매우 유용한 개념이다. 하지만 완벽한 파면은 존재하지 않는다는 점을 명심해야 한다.

9.1.3.2 편광

전자기 파동은 **그림 9.15** (a)에 도시된 것처럼, 서로 직교하면서 진동하는 전기장 E와 자기장 B의 조합으로 이루어진다. 하지만 광선의 파동을 나타내기 위해서는 전기장 E만을 사용한다. **그림 9.15** (b)에서는 공간 중으로 전파되는 광선의 전기장 파동만을 보여주고 있다. 공간 중으로 전파되는 광선은 **그림 9.15** (a)에서와 같이 일정한 배향을 가지고 전파되는 것이 아니라 **그림 9.15** (b)에 도시되어 있는 것처럼 나선 형태로 돌면서 전파된다. 이를 수학적으로 설명하면 수평방향 전기장 파동 E_x와 수직방향 전기장 파동 E_y가 서로 위상 차이를 가지고 있는 상태이다. 만일

17　R. Schmidt. 저, 장인배 역, 고성능메카트로닉스의 설계, 동명사, 2015.

두 방향의 전자기 파동들이 동일한 위상을 가지고 있다면 광선은 나선형 선회 없이 평면상에서 파동을 일으키면서 직진한다.

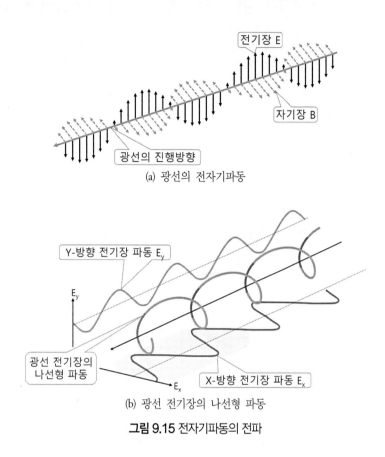

(a) 광선의 전자기파동

(b) 광선 전기장의 나선형 파동

그림 9.15 전자기파동의 전파

　광선 파동의 간섭 현상은 전자기 파동이 일정한 배향을 가지고 있는 경우에 발생하는 성질이다. 이를 **편광**이라고 부른다. 편광을 만들기 위해서는 슬릿형태의 결정 격자구조[18]를 가지고 있는 편광필터를 사용한다. 서로 배향이 동일한 편광끼리 일으키는 간섭 현상을 사용하여 물체의 길이를 측정하는 기구를 레이저 간섭계라고 부르며 길이측정의 표준으로 사용되고 있다. 광선의 간섭 현상을 이용하기 위해서 서로 직교하는 두 개의 전자기 파동을 사용하는데, 수평방향 전기장파동을 E_x, 수직방향의 전기장파동을 E_y라고 부른다. 두 방향의 전기장파동이 함께 진행하는 경우에

18　실제로는 복굴절 성질을 가지고 있는 결정체를 사용한다.

는 앞서 설명했던 것처럼 상호간섭 없이 나선형으로 선회하면서 진행한다.[19] 편광필터를 사용하면 손쉽게 방향별 성분들을 분리할 수 있으며, 1/4 파장판을 두 번 통과시키거나 1/2 파장판을 통과시키면 E_x 성분이 90° 회전하여 y-평면 파동성분으로 바뀌거나 E_y 성분이 90° 회전하여 x-평면파동성분으로 바뀌기 때문에, 이들 사이에 간섭을 일으킬 수도 있다.

그림 9.16에 도시된 것처럼, 편광이 굴절계수가 큰 물질과 만났을 때에 편광의 전기장파동 방향에 따라서 굴절되거나 반사된다. 유리면과 경사진 방향으로 진동하는 전기장 파동인 E_y 편광은 투과성이 좋기 때문에 굴절되면서 유리 속으로 입사되는 반면에, 유리면과 평행방향으로 진동하는 전기장 파동인 E_x 편광은 반사성이 좋기 때문에 유리표면에 반사된다. 편광의 반사 및 굴절특성은 레이저 간섭계(빔분할기)의 중요한 작동원리이다.

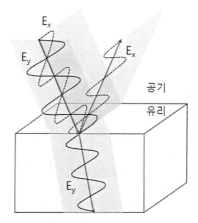

그림 9.16 편광의 투과와 반사

9.1.3.3 간섭

두 개의 전기장 파동이 동일한 배향으로 진행한다면, **간섭**이 발생한다. 예를 들어, 진폭이 E이며, 위상 차이가 φ인 두 광선(전기장 파동)이 간섭을 일으키는 경우에 합성된 전기장 파동은 다음 식으로 나타낼 수 있다.

---

19   이를 타원편광이라고 부른다.

$$E_i = E\sin(\omega t) + E\sin(\omega t + \varphi) = 2E\cos\left(\frac{\varphi}{2}\right)\sin\left(\omega t + \frac{\varphi}{2}\right)$$

합성된 전기장파동의 위상은 두 파동 위상의 평균이며, φ값에 따라서 진폭이 0에서 $2E$까지 변한다는 것을 알 수 있다. $\varphi = 0°$인 경우에는 두 파동의 진폭이 서로 합쳐져서 최댓값인 $2E$가 되며, 이를 **건설적 간섭**이라고 부른다. 반면에 $\varphi = 180°$인 경우에는 두 파동의 진폭이 서로 상쇄되어 진폭이 최솟값인 0이 되며, 이를 **파괴적 간섭**이라고 부른다.

동일한 배향으로 진행하는 두 전기장파동의 주파수 사이에 미소한 차이가 존재한다면 두 파장의 간섭패턴에는 건설적 간섭과 파괴적 간섭이 일정한 주기를 가지고 반복되는 소위 **맥놀이** 현상이 발생하게 된다. 앞서 설명했던 것처럼, 전자기 파동의 주파수 $f = 10^{15}$[Hz]에 이르는 매우 높은 주파수를 가지고 있기 때문에 이를 직접 측정하는 것은 불가능하다. 하지만 서로 유사한 파장의 맥놀이 주파수는 비교적 낮기 때문에 관찰과 측정이 용이하다.

그림 9.17에서는 주파수가 유사한 두 전기장파동(f_1과 f_2)에 의해서 발생하는 맥놀이현상의 사례를 보여주고 있다. 예를 들어, $f_1 = 1.00000000 \times 10^{15}$[Hz]인 광선(전기장 파동)을 물체에 조사했더니 도플러 효과에 의해서 $f_2 = 1.00000002 \times 10^{15}$[Hz]의 광선이 반사되는 경우에, 입사광선과 반사광선의 진행경로를 서로 일치시키면 맥놀이 형태의 광학 간섭이 일어난다. 간섭광선의 주파수 f_H는 f_1과 f_2의 평균과 같으며, 맥놀이 주파수 f_L은 f_1과 f_2의 차이를 절반으로 나눈 값과 같다.

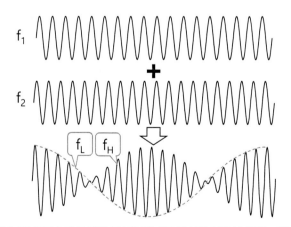

그림 9.17 주파수가 유사한 두 전기장파동 간섭에 의해 발생하는 맥놀이

$$f_H = \frac{f_1 + f_2}{2} = \frac{1.00000000 + 1.00000002}{2} \times 10^{15} = 1.00000001 \times 10^{15} [\text{Hz}]$$

$$f_L = \left| \frac{f_1 - f_2}{2} \right| = \left| \frac{1.00000000 - 1.00000002}{2} \right| \times 10^{15} = 1 \times 10^7 [\text{Hz}] = 10 [\text{MHz}]$$

여기서 간섭된 전자기 파동의 고주파성분인 $1.00000001 \times 10^{15}$[Hz]를 직접 측정할 방법은 없지만 건설적 간섭과 파괴적 간섭이 반복되는 10[MHz]의 맥놀이 파형은 손쉽게 관찰할 수 있다. 이 경우 이동하는 물체의 속도는 다음과 같이 계산할 수 있다.

$$v = \lambda \times \Delta f$$

예를 들어, $\lambda = 300$[nm]인 레이저[20]를 조사하여 $f_L = 10$[MHz]를 얻었다면, $\Delta f = 2 f_L$이므로, 물체의 이동속도는 다음과 같이 계산된다.

$$v = 300 \times 10^{-9} \times 2 \times 10^7 = 6 [\text{m/s}]$$

또한 반사파의 주파수가 증가했으므로 물체는 가까이 다가오고 있는 상태이다.

9.1.3.4 회절

그림 9.18에 도시된 것처럼, 단일 파장의 평행파 전기장 파동이 좁은 틈새를 지나가면서 휘어지는 현상을 **회절**이라고 부른다. **그림 9.18** (a)에서와 같이 평행광원이 하나의 좁은 틈새를 통과하면 마치 점광원처럼 반원형태의 파면이 만들어진다. 회절파면의 앞쪽에 스크린을 설치한 후에 스크린에 투영된 회절파형을 관찰하면 그림에서와 같이 불연속적인 무늬들이 나타나는데, 이는 광선이 좁은 틈새를 통과하여 회절되면서 **그림 9.10**에서 설명했던 점분산함수 형태의 광강도분포를 나타내기 때문이다. 단일파장 평행파 전기장 파동이 하나 이상의 좁은 틈새를 통과하면서 회절을 일으키면 **그림 9.18** (b)에서와 같이, 각각의 틈새를 통과한 회절파들이 상호간섭을 일으키

---

20   $\lambda = c/f = 3 \times 10^8 / 10^{15} = 3 \times 10^{-7} [\text{m}] = 300 [\text{nm}]$.

게 된다. 이때 두 틈새의 중앙에서 법선방향으로 나타나는 건설적 간섭을 0차 간섭이라고 부르며, 그 좌측과 우측으로 각각 -1차와 +1차, -2차와 +2차 등의 건설적 간섭들이 나타나게 되어 스크린에 투영된 회절영상은 단일슬릿의 경우보다 훨씬 더 많은 불연속선들이 나타난다.

리니어 스케일이나 광학식 포토마스크(레티클)의 패턴은 투명한 유리소재의 표면에 크롬을 코팅한 후에 이를 식각하여 제작한다. 그런데 패턴의 밀도가 125[lines/mm]보다 높아지면 광선이 슬릿을 통과하는 과정에서 회절을 일으키기 때문에 광학 분해능이 오히려 저하되는 문제가 존재하였다. 이로 인하여 광학식 리니어스케일의 분해능 한계나 광학식 포토마스크의 패턴크기 한계 등의 제한이 발생하였다. 하지만 현재는 오히려 회절격자의 간섭특성을 활용하여 리니어 스케일이나 로터 인코더의 분해능을 향상시키는 방법이 개발되었으며, 광학식 포토마스크의 경우에도 위상시프트 마스크와 같은 회절식 마스크가 개발되면서 회절을 계측과 패터닝에 적극적으로 활용하는 단계에 이르게 되었다.

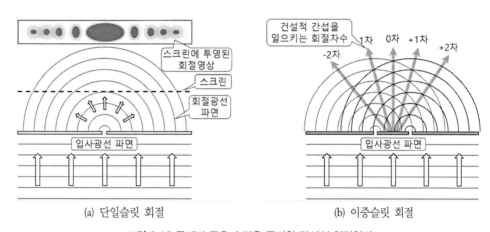

(a) 단일슬릿 회절 (b) 이중슬릿 회절

그림 9.18 틈새가 좁은 슬릿을 통과한 광선의 회절현상

9.2 광학기구 기초[21]

이 절에서는 광학 계측장비를 설계하는 과정에서 요구되는 성능을 충족시키기 위해서 설계엔지니어가 고려해야만 하는 환경적 문제, 소재 그리고 공차관리 및 제조문제에 대해서 다루고 있

---

21 이 절은 P. Yoder 저, 장인배 역, 광학기구설계, 도서출판 씨아이알, 2017의 1장 내용을 참조하여 저술하였다.

다. 광학기구는 반도체 검사장비용 현미경과 같이 안정된 환경에서 사용하는 경우도 있지만, 대기권을 재진입하는 탄도미사일의 경우와 같이 극한의 환경에 노출되기도 한다. 광학 계측기구의 효과적인 설계를 위해서는 계측기구의 성능과 가용수명에 영향을 끼칠 수 있는 온도, 압력, 진동, 충격, 수분, 오염, 부식, 고에너지방사선, 마손, 침식 및 곰팡이 등과 같은 열악한 환경조건에 대해서 숙지하고 있어야 한다. 환경에 대한 내구성을 극대화시키고 올바른 작동을 보장하기 위해서는 세심한 소재선정이 중요하므로, 자주 사용되는 광학소재와 기구소재들에 대해서도 살펴본다. 마지막으로 광학부품 및 기계부품들의 공차선정과 가공에 대해서 간략하게 살펴보면서 이 절을 마무리할 예정이다.

9.2.1 사용환경

모든 계측기의 설계 시에는 제품이 사용되는 환경조건과 영구적인 손상 없이 견뎌야 하는 극한조건들을 확인하여야 한다. 특히 온도, 압력, 진동 및 충격과 같은 환경조건들은 하드웨어 요소에 정적 및 동적인 힘을 가하여 변형이나 치수변화를 초래할 수 있다. 이로 인하여 부정렬, 내부응력의 누적, 복굴절, 광학부품의 파손, 또는 기계부품의 변형 등이 초래된다. 또 다른 중요한 환경적 고려사항은 수분, 오염, 부식, 마식, 침식, 고에너지 방사선, 레이저손상 및 곰팡이 증식 등이다. 이런 환경들은 광학제품의 성능을 저하시키며 장비의 지속적인 손상을 초래한다.

광학기구 설계 엔지니어는 초기설계단계부터 계측기가 노출될 것으로 예상되는 열악한 환경을 정의하여, 이들에 의한 영향을 최소화시킬 수 있는 적절한 대비책을 마련해야 한다.

9.2.1.1 온도

광학기구 설계 시 고려해야 하는 주요 **온도효과**들에는 고온 및 저온한계, 열충격, 공간온도변화율 그리고 시간온도변화율 등이 있다. 군용장비는 일반적으로 $-62 \sim +71[℃]$의 온도 범위에서 보관 및 운반이 가능해야 하며, $-54 \sim +52[℃]$의 온도 범위에서 정상적으로 작동해야 한다. 반면에 상용 장비들은 일반적인 상온인 약 20[℃]를 중심으로 하는 비교적 좁은 온도 범위에서 작동할 수 있도록 설계된다. 지구궤도를 선회하는 인공위성에 탑재되는 광학기구는 절대영도(0[K])에 근접한 온도에 노출되는 반면에 용광로 내부를 관찰하는 광학기구는 수백 도를 넘는 온도에서 작동해야 한다.

접촉에 의해서 열에너지가 직접 전달되는 전도, 액체나 기체물질의 운동에 의해서 열에너지가 전달되는 대류 그리고 광선의 파동에 의해서 열에너지가 전달되는 복사와 같은 세 가지 모드에 의해서 광학기구로의 열전달이 이루어진다. 완벽한 열평형상태는 존재하지 않으므로, 광학기구 내에서의 온도구배에 의해서 조립 또는 연결된 부품들 사이에서는 불균일한 수축과 팽창이 반복된다. 지구궤도를 선회하는 인공위성에 설치된 광학기구들은 지구그림자 속으로 들어가고 나오는 과정에서 급격한 온도변화가 발생한다. 대부분의 광학소재들은 열전도도가 낮은 비금속 소재인 반면에 이를 고정하고 지지하는 구조용 기구들에는 열전도도가 높은 금속 소재들이 사용된다. 따라서 이런 열충격은 광학성능에 현저한 영향을 끼칠 수 있으며, 심각한 경우에는 광학소재의 파손이 초래된다.

느린 온도변화는 부품의 치수변화나 부정렬을 유발하며, 광학부품의 불균일 열팽창에 의해서 영상품질의 저하나 영상의 비대칭이 발생한다.

고속으로 비행하는 전투기나 광학조준식 미사일에 설치된 시창과 돔의 경우에는 빠르게 흐르는 공기로 인하여 마찰성 표면가열이 발생한다. 이런 경우에는 특수한 코팅과 온도 민감성이 극소화된 소재를 사용하여 열에 의한 문제를 최소화시켜야 한다.

9.2.1.2 압력

대부분의 광학기구들은 대기압력하에서 사용하도록 설계된다. 하지만 잠수함의 잠망경은 가압환경에 노출되며, 극자외선 노광기는 진공환경에서 사용된다. 주기적인 고도변화에 노출되는 고고도 정찰기에 탑재된 광학계측기의 경우에는 압력변화에 의한 펌핑작용을 겪으면서 리크를 통해서 공기, 수증기, 먼지 및 여타의 대기성분들이 스며들게 된다. 이는 계측장비를 오염시켜서 응결, 부식, 산란과 같은 문제를 유발한다. 대부분의 광학기구들은 하우징에 밀봉되지만, 이런 경우에는 차압이 생성되지 않도록 의도적으로 리크 경로를 만들어놓으며, 이물질의 유입을 방지하기 위해서 필터와 건조기를 설치해놓는다.

광학기구에 사용되는 플라스틱, 페인트, 실란트, O-링, 용접 및 브레이징 소재 등은 고온 진공상태에서 가스를 방출한다. 일부 소재들은 지상의 다습환경에서 수분을 흡수하여 진공 중에서 방출한다. 우주공간에서 이런 소재들에서 방출된 가스는 광학표면에 들러붙어서 광학성능을 저하시킨다.

렌즈들 사이, 렌즈 고정용 림과 기계적 마운트 사이, 반사경 모재의 내부공동, 나사산과 O-링에 의해서 부분적으로 밀봉된 공간 등에 포획된 기체들이 저압환경에 노출되면 기체방출에 의한 오염과 더불어서 차압에 의한 광학부품의 변형이 초래될 수 있다.

9.2.1.3 진동

계측장비에는 주기적이거나 임의적인 **진동외란**이 부가된다. 광학기구에 주기적인 정현진동이 가해지는 경우에는 마치 스프링에 연결된 질량체처럼 평형위치를 중심으로 진동한다. 이 경우, 5.1.2절에서 설명했던 것처럼, 광학기구의 질량과 구조물의 강성에 따라서 특정한 주파수에서 공진을 일으키게 된다. 예를 들어, 질량이 2[kg]인 프리즘을 강성이 1.5×10⁵[N/m]인 브래킷으로 고정한 경우에 이 광학 조립체의 고유주파수를 다음과 같이 계산할 수 있다.

$$f_N = \frac{1}{2\pi} \sqrt{\frac{K_N}{m}} = \frac{1}{2\pi} \sqrt{\frac{1.5 \times 10^5}{2}} = 43.6 [\text{Hz}]$$

위 사례의 프리즘과 브래킷은 전차의 잠망경에 부착되어 복잡한 구조루프를 형성하고 있다. 이런 시스템의 경우에 구조물과의 공진 커플링을 방지하기 위해서는 순차적으로 연결되는 하위 시스템들의 기본 공진주파수가 프리즘 지지구조의 고유주파수보다 두 배 이상 높아야 한다.

중력이나 가속도에 의해서 부가되는 외부하중에 의해서 광학요소 내에서는 미소한 응력이 부가될 수 있다. 일반 기계부품의 경우에는 이 응력이 아무런 문제를 일으키지 않지만, 광학유리와 같은 취성소재의 파괴강도를 쉽게 넘어서기 때문에 극도로 주의해야 한다. 광학부품에 가해지는 응력의 허용한도는 일반 기계부품에 가해지는 응력의 허용한도보다 최소한 1/10만큼 작아야 한다.

부가되는 변형응력에 대한 광학부품의 저항력을 증가시키기 위해서는 렌즈, 시창, 쉘, 프리즘 및 반사경과 같은 취성의 광학부품들을 탄성한도 이내로 지지하기 위해서 모든 구조물 부재에 적절한 강도를 부여하여야 하며, 지지해야 하는 질량은 최소화하여야 한다.

광학 시스템에 임의진동이 부가되는 경우에는 부가되는 가속의 파워스펙트럼밀도(PSD)를 사용하여 정량화시킨다. 1자유도로 임의 진동하는 물체의 실효(rms)가속응답 ξ는 다음 식으로 근사화시킬 수 있다.

$$\xi = \sqrt{\frac{\pi f_N PSD}{4\eta}}$$

여기서 파워스펙트럼밀도(PSD)는 특정한 주파수 범위에 대해서 정의되며, η는 유효 감쇄계수이다. 광학 시스템 설계 시 공칭 가속도 범위 $a_G = 3\xi$가 되도록 설계 및 시험해야 한다고 제시하고 있다. 앞서의 사례에 대해서 $60 \sim 1,200$[Hz] 범위에서 유입되는 임의진동의 가속 스펙트럼 PSD = $0.1 \times g^2$[Hz]이며, 시스템의 감쇄계수 $\eta = 0.055$라면, 이 시스템의 가속도 응답은 다음과 같이 계산된다.

$$\xi = \sqrt{\frac{\pi \times 43.6 \times 0.1 \times g^2}{4 \times 0.055}} = 7.9\text{g}$$

따라서 이 전차용 잠망경은 지정된 주파수 범위에 대해서 $a_G = 3 \times 7.9\text{g} = 23.7\text{g}$ 또는 232.5[m/s^2]의 공칭가속도로 설계 및 시험되어야 한다.

표 9.2에서는 전형적인 군용 및 항공우주용 광학부품의 파워스펙트럼밀도 기준값들을 보여주고 있다.

표 9.2 군용 및 항공우주 환경에 대한 가속도 파워스펙트럼밀도(PSD) 기준값[22]

환경	주파수[Hz]	파워스펙트럼밀도(PSD)
해군전함	$1 \sim 50$	0.001
항공기	$15 \sim 100$	0.03[g^2/Hz]
	$100 \sim 300$	+4[dB/°Ctave]
	$300 \sim 1,000$	0.17[g^2/Hz]
	>1,000	-3[dB/°Ctave]
토르-델타 발사체	$20 \sim 200$	0.07[g^2/Hz]
타이탄 발사체	$10 \sim 30$	+6[dB/°Ctave]
	$30 \sim 1,500$	0.13[g^2/Hz]
	$1,500 \sim 2,000$	-6[dB/°Ctave]
아리안 발사체	$5 \sim 150$	+6[dB/°Ctave]
	$150 \sim 700$	0.04[g^2/Hz]
	$700 \sim 2,000$	-3[dB/°Ctave]
스페이스셔틀	$15 \sim 100$	+6[dB/°Ctave]
	$100 \sim 400$	0.10[g^2/Hz]
	$400 \sim 2,000$	-6[dB/°Ctave]

---

22 P. Yoder 저, 장인배 역, 광학기구설계, 도서출판 씨아이알, 2017.

9.2.1.4 충격

충격은 시스템의 고유주파수 f_N주기의 절반보다 짧은 기간 동안 외부로부터 가해지는 부하로 정의할 수 있다. 충격으로 인하여 입력펄스가 증폭되며, 울림이 지속된다. 구조부재에 충격이 가해지면 탄성 또는 심지어 소성변형이 발생하여 광학정렬이 훼손되며, 제조공정 중에 잔류응력이 부가되어 있는 광학부품의 경우에 파손이 발생하게 된다. 따라서 일반적인 설계지침에서는 최악의 경우에 가해지는 충격의 두 배를 기준으로 시스템을 설계할 것을 권장하고 있다.

충격은 X-Y-Z방향에 대해서 중력가속도의 배수로 나타낸 가속도계수(a_G)를 사용하여 정의한다. 일반적인 수동 조작식 광학계측장비의 충격레벨은 $a_G = 3$을 사용한다. 계측과정에서 발생할 수 있는 최악의 충격조건은 종종 운송과정에서 발생한다. 공기부양식 저진동 서스펜션이 장착된 전용 운반차량을 사용하지 않는다면 충격레벨 $a_G > 25$에 쉽게 노출된다. 항공운송 시에도 돌풍이나 착륙충격에 의해서 과도한 충격하중이 포장용기를 통해서 광학기구로 전달될 수 있다. 광학기구 전용 포장용기의 충격기준으로는 $a_G = 15$를 자주 사용한다.

충격시험의 경우에는 충격의 지속시간과 펄스형상을 정의한다. 예를 들어, 일반적인 충격시험의 경우에는 $10 \leq a_G \leq 500$의 범위에 대해서 지속시간 $6 \sim 16$[ms]인 정현파 반주기 형태의 펄스를 X-Y-Z방향으로 각각 3회씩 가하도록 지정한다.

광학기계의 충격저항성을 향상시키기 위해서는 충격흡수용 마운트를 사용한 구조물의 차폐, 가능한 한 넓은 면적으로 하중이 분산되도록 설계, 소재의 선정과 가공공정의 세심한 관리 그리고 구동물체의 질량 최소화와 적절한 물리적 강성 및 강도부여 등이 필요하다.

9.2.1.5 수분, 오염 및 부식

수분, 오염 및 부식에 대한 광학장비의 저항성을 높이기 위해서는 청결하고 건조한 환경에서 조립이 시행되어야 하며, 리크 경로를 밀봉해야 하고, 무엇보다도 광학부품과 구조부품 사이의 소재궁합이 잘 맞아야 한다.

광학부품이나 여타 민감한 표면에 **수분**이 농축되지 못하도록 계측장비의 내부 공동에 질소나 헬륨과 같은 건조기체를 충진한 후에 밀봉한다. 계측기 내부의 압력을 의도적으로 외부 대기압력보다 높게 유지시키면 수분의 유입을 완벽하게 차단하지는 못하지만, 먼지와 같은 외부입자들에 의한 **오염**을 막아준다.

부식은 소재와 주변환경 사이의 화학적 또는 전기화학적 반응이다. 두 개의 서로 다른 소재들이 맞닿아 있는 계면에 수분이 유입되면 부식이 발생한다. 금속의 부식을 최소화하기 위해서는 전기전도도가 유사한 금속부품들을 사용해야 하며 공정 도중에 부식성 잔류물질들을 세심하게 세척하고 수분노출을 철저하게 통제해야 한다. 부식은 다양한 형태로 나타나는데, 진동충격이 표면의 산화층과 같은 보호막을 파손시키는 **마손**,[23] 전기전도도가 높은 금속에서 낮은 금속 쪽으로 전자가 흘러들어가면서 부식을 일으키는 **갈바닉 침식**, 수소가 금속 내부로 확산되어 취성파괴를 일으키는 **수소취화**, 소재 표면에 구멍결함이 파고들어가면서 인장응력을 부가하는 **응력부식균열** 등이 있다.

알루미늄과 알루미늄 합금은 건조한 환경하에서 부식저항성이 크다. 하지만 수분, 알칼리 및 염분 등에 노출되면 부식이 급격하게 진행된다. 알루미늄 표면을 양극산화시키면 부식저항성이 향상된다. 티타늄은 부식저항성이 높은 고강도 경량금속이다. 마그네슘은 수분 속의 염분이나 대기 중 오염물질에 의해서 손상받기 쉽다. 스테인리스강은 합금 조성에 따라서 부식저항성이 크게 다르다(**표 1.4** 참조).

9.2.1.6 기타

감마선이나 X-선, 중성자, 양성자 및 전자 등의 형태를 가지고 있는 **고에너지 방사선**에 노출되는 광학부품들은 이런 방사선에 상대적으로 둔감한 용융실리카와 같은 광학소재를 사용하여야 한다. 약간의 세륨 산화물이 함유된 용융실리카의 경우에는 방사선에 노출되기 전에는 청색, 가시광선 및 자외선에 대해서 투과율이 약간 낮지만, 방사선에 노출시키고 나면 넓은 스펙트럼 범위에 대해서 뛰어난 투과율이 유지된다.

광학렌즈나 반사경이 강한 응집성을 가지고 있는 레이저에 장시간 노출되고 나면 표면이 뿌옇게 변하는 **백화현상**이 발생한다. 반사경이나 광학필터의 경우에는 이를 완화하기 위해서 레이저가 조사되는 초점위치를 주기적으로 이동시키는 방법을 사용하고 있다.

적외선 투과성 크리스털과 같은 연질의 광학표면이 모래와 같은 마멸성 입자들이 섞인 고속의 공기유동에 노출되면 마식과 침식이 발생하게 된다. 헬리콥터의 경우에는 모래나 마멸성 입자에 의한 손상이 자주 발생하는 반면에 항공기의 경우에는 빗방울, 얼음 및 눈에 의한 손상이 자주

---

23 fretting.

발생한다. 경질소재를 사용한 박막 코팅으로 제한된 한도 내에서 표면을 보호할 수 있다.

열대환경과 같은 고온다습 환경에 광학기기가 노출되면 곰팡이에 의하여 광학계와 코팅이 손상될 가능성이 높아진다. 광학기기와 이를 보관하는 케이스에는 코르크, 가죽 그리고 천연고무와 같은 유기물질을 사용해서는 안 된다. 지문 속의 유기물질들도 곰팡이의 증식을 돕기 때문에 절대로 광학부품을 맨손으로 만져서는 안 된다. 장기간에 걸친 곰팡이의 생장은 유리와 코팅을 부식시키며 투과율과 영상품질에 해를 끼친다.

9.2.2 광학기구 소재

광학식 계측장비를 구성하는 광학소재에는 광학유리, 플라스틱, 크리스털 및 반사경모재 등이 포함되며, 셀, 리테이너, 스페이서, 광학부품 마운트 및 구조물에는 금속과 복합재료들이 사용된다. 그리고 접착제와 실란트도 광학기구의 중요한 소재들이다. 이 절과 더불어서 1.3절에서 소개된 소재들의 특성들을 함께 살펴볼 것을 권한다.

9.2.2.1 광학유리

전 세계의 제조업체들은 오재 전부터 수백 가지의 다양한 광학등급 유리를 생산해왔다. **그림 9.19**에서는 스코트社에서 생산하는 **광학유리**의 유리지도를 예시하여 보여주고 있다. 그림에서 유리의 유형들은 황색(헬륨)광선에 대한 굴절계수(n_d)와 아베수(ν_d)에 따라서 분류되어 있다. 여기서 아베수가 작을수록 렌즈소재의 색수차가 증가한다. 유리지도는 화학 조성을 기반으로 하여 명칭이 부여되어 있으며, 경계선들로 구분되어 있다.

용융된 광학유리를 냉각하는 과정과 풀림처리 과정에서 유리소재의 표면에는 압축응력이 남으며, 내부에는 인장응력이 존재하게 된다. 이런 소재를 절단하거나 표면을 가공하는 과정에서 응력상태가 계속 변하기 때문에 가공품질에 편차가 발생한다. 이로 인한 굴절률의 변화(복굴절)는 간섭계를 사용하여 쉽게 측정할 수 있다. 광학 시스템을 설계하는 과정에서 허용잔류복굴절을 지정하고 마운팅에 의해 광학부품에 가해지는 힘을 최소화시켜야 한다.

복굴절 허용오차는 광학경로 차이(OPD)를 사용하여 다음과 같이 나타낼 수 있다.

$$OPD = K_s \times \sigma \times t \ \ [\text{mm/cm}]$$

여기서 $K_s[\text{mm}^2/\text{kgf}]$는 내부응력과 광학경로 차이 사이의 상관관계를 나타내는 응력광학계수이며, $\sigma[\text{kgf}/\text{mm}^2]$는 광학부품 내부의 잔류응력 그리고 $t[\text{mm}]$는 광학부품의 두께이다.

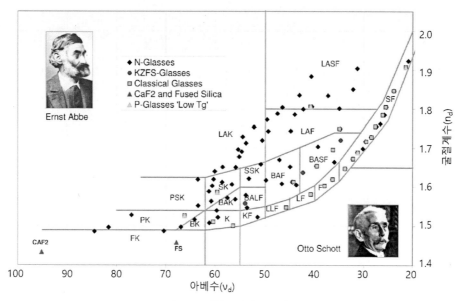

그림 9.19 광학유리의 유리지도[24]

표 9.3에서는 다양한 광학유리들의 응력광학계수를 제시하고 있다. 예를 들어, N-BK7 소재 ($K_s = 27.7 \times 10^{-6}[\text{mm}^2/\text{kgf}]$)로 제작한 10[mm] 두께의 광학렌즈의 표면에 0.02[kgf/mm²]의 압력이 부가된다면,

$$OPD = 27.7 \times 10^{-6} \times 0.02 \times 10 = 5.54 \times 10^{-6}[\text{mm/cm}] = 5.54[\text{nm/cm}]$$

의 광학경로 차이가 발생한다. 일반적으로 광학요소의 허용 복굴절은 편광계나 간섭계의 경우에 2[nm/cm], 노광용 광학계와 천체망원경은 5[nm/cm], 카메라, 망원경, 현미경 대물렌즈는 10[nm/cm] 그리고 망원경의 접안렌즈나 뷰파인더의 경우에는 20[nm/cm]을 넘어서면 안 된다. 위의 계산결과

---

24 P. Hartmann, et.al., Optical glass and glass ceramic historical aspects and recent developments: a Schott view, Applied Optics, 2010.

인 5.54[nm/cm]는 노광용 광학계의 경우라면 기준미달이며, 광학현미경이라면 권장기준을 충족한다는 것을 알 수 있다.

표 9.3 다양한 광학유리들의 응력광학계수($\lambda = 589.3$[nm], $T = 21$[℃])[25]

유리명칭	K_s[10^{-6}mm²/kgf]	유리명칭	K_s[10^{-6}mm²/kgf]	유리명칭	K_s[10^{-6}mm²/kgf]
N-FK5	28.5	N-BaF4	25.3	N-SF1	26.7
K10	30.6	F4	27.9	N-LaF3	15.0
N-ZK7	35.6	N-SSK8	23.2	SF10	19.1
K7	28.9	F2	27.6	N-SF10	28.6
N-BK7	27.2	N-F2	29.7	N-LaF2	13.9
BK7	27.5	N-SK16	18.6	LaFN7	17.4
N-K5	29.7	SF2	24.7	N-LaF7	25.2
N-LLF6	28.7	N-LaK22	17.9	SF4	13.3
N-BaK2	25.5	N-BaF51	21.8	N-SF4	27.1
LLF1	29.9	N-SSK5	18.6	SF14	15.9
N-PSK3	24.3	N-BaSF2	29.8	SF11	13.0
N-SK11	24.0	SF5	22.4	SF56A	10.8
N-BaK1	25.7	N-SF5	29.3	N-SF56	28.8
N-BaF4	29.5	N-SF8	28.9	SF6	6.4
LF5	27.8	SF15	21.6	N-SF6	27.7
N-BaF3	26.8	N-SF15	29.8	LaFN9	17.3
F5	28.6	SF1	17.7		

9.2.2.2 광학 플라스틱과 광학 크리스털

광학 플라스틱은 유리보다 연하여 긁히기 쉽고 정밀한 형상으로 폴리싱 가공하기가 어렵다. 플라스틱의 열팽창계수는 유리나 크리스털에 비해서 더 큰 값을 갖는다. 플라스틱은 대기 중의 수분을 흡수하는 경향을 가지고 있으며, 이로 인하여 굴절률이 약간 변한다.

그럼에도 불구하고 광학 플라스틱은 밀도가 작아서 경량제작이 가능하며 저가의 인젝션 몰딩 기법을 사용하여 손쉽게 대량생산할 수 있다는 큰 장점을 가지고 있다. 플라스틱을 사용하면 렌즈, 시창, 프리즘 또는 반사경과 기계적 마운트를 일체형으로 제작할 수 있다 이를 통해서 별도의

25 P. Yoder 저, 장인배 역, 광학기구설계, 도서출판 씨아이알, 2017을 참조하여 재구성하였다.

부품 없이도 소자들을 설치할 수 있어서 전체적인 제조비용을 절감할 수 있다. **표 9.4**에서는 광학 플라스틱으로 사용할 수 있는 몇 가지 플라스틱 소재들의 물성 값들을 보여주고 있다.

표 9.4 광학플라스틱의 물성26

명칭	굴절률 n	열팽창계수 $\times 10^{-5}[1/°C]$	밀도 $[g/cm^3]$	허용온도한계 $[°C]$	열전도도 $\times 10^{-5}[cal/(s \cdot cm°C)]$	수분흡수 $[\%/24h]$
PMMA	1.4918	6.0	1.18	85	4~6	0.3
폴리스티렌	1.5905	6.4~6.7	1.05	80	2.4~3.3	0.03
NAS	1.5640	5.6	1.13	85	4.5	0.15
SAN	1.5674	6.4	1.07	75	28	0.28
폴리카보네이트	1.5855	6.7	1.25	120	4.7	0.2~0.3
폴리메틸펜텐	-	11.7	0.835	115	4.0	0.01
나일론	-	8.2	1.185	80	5.1~5.8	1.5~3.0
폴리아릴레이트	-	6.3	1.21	-	7.1	0.26
폴리술폰	-	2.5	1.24	160	2.8	0.1~0.6
CR39	1.504	-	1.32	100	4.9	-
폴리에테르술폰	-	5.5	1.37	200	3.2~4.4	-
폴리클로로트리플루오로에틸렌	-	4.7	2.2	200	6.2	-

적외선이나 자외선 스펙트럼 대역의 투과가 필요한 경우에는 크리스털들을 광학소재로 사용하여야 한다. 광학 크리스털은 알칼리 유리, 알칼리 토류 할로겐 화합물, 적외선 투과유리 및 여타의 산화물, 반도체 및 칼코게나이드 등 네 가지 그룹으로 나눌 수 있다. **표 9.5**에서는 다양한 광학크리스털들의 물성 값들을 보여주고 있다. 이들 중 일부는 가시광선도 투과시킬 수 있지만, 광학유리에 미치지 못한다. 그리고 대부분의 크리스털 소재들은 연하기 때문에 광학등급으로 폴리싱하기가 어렵다.

---

26 P. Yoder 저, 장인배 역, 광학기구설계, 도서출판 씨아이알, 2017을 참조하여 재구성하였다.

표 9.5 광학크리스털의 물성[27]

유형	소재	굴절률 n @λ[μm]	열팽창계수 α $\times 10^{-10}$[1/°C]	영계수 E $\times 10^3$[kgf/mm²]	밀도 [g/cm³]	응력광학계수 K_s [10^{-6}mm²/kgf]
알칼리유리와 알칼리토류 할로겐 화합물	BaF₂	1.458@3.8	6.7@75[K]	5.42	4.89	16.59
	CaF₂	1.411@3.8	18.4	7.74	3.18	12.27
	KBr	1.537@2.7	25.0@75[K]	2.74	2.75	35.64
	KCl	1.472@3.8	36.5	3.03	1.98	32.10
	LiF	1.367@3.0	7@20[°C]	6.61	2.63	14.65
	MgF₂	1.356@3.8	14($\parallel$),8.9($\perp$)	17.22	3.18	5.49
	NaCl	1.522@3.8	39.6	4.09	2.16	22.98
	KRS5	2.446@1.0	58	1.61	7.37	54.67
적외선투과유리와 산화물	ALON	1.761@2.0	5.65	32.9	3.69	2.92
	Al2O3	1.684~3.8	5.6($\parallel$),5.0($\perp$)	40.8	3.97	2.32
	코닝7940	1.412@3.3	0.58@0~200[°C]	7.44	2.202	13.33
적외선투과반도체	다이아몬드	2.382@2.5	0.8@293[K]	116.5	3.51	0.94
	InSb	3.99@8.0	4.9	4.38	5.78	-
	GaAs	3.1@10.6	5.7	8.45	5.32	10.90
	Ge	4.026@3.8	6.0@300[K]	10.57	5.323	8.90
	Si	3.427@3.8	2.7~3.1	13.35	2.329	7.04
칼코게나이드	AsS₃	2.412@3.8	26.1	1.61	3.43	57.78
	AMTIR-1	2.605@1.0	12.0	2.24	4.4	42.24
	ZnS	2.257@3.0	4.6	7.59	4.08	12.29
	ZnSe	2.438@3.0	7.1@273[K]	7.17	5.27	13.11

9.2.2.3 반사경 소재

반사경은 반사표면과 이를 지지하는 지지구조물들로 이루어진다. 반사경의 크기는 직경 수 밀리미터의 소형에서부터 직경 수십 미터의 거대 천체망원경에 이르기까지 다양하다. 반사경의 본체는 유리, 저열팽창 세라믹, 금속, 복합재 또는 플라스틱으로 제작한다. **표 9.6**에서는 일반적으로 사용되는 반사경 소재들의 기계적 성질들을 보여주고 있다.

---

27 P. Yoder 저, 장인배 역, 광학기구설계, 도서출판 씨아이알, 2017을 참조하여 재구성하였다.

표 9.6 광학반사경용 소재들의 물성28

명칭	열팽창계수 α $\times10^{-6}[1/°C]$	영계수 E $\times10^3[kgf/mm^2]$	밀도 $[g/cm^3]$	비열 $[J/kg \cdot K]$	열전도도 $[W/m \cdot K]$	최고 평탄도 $[\text{Å rms}]$
듀란50	3.2	6.29	2.23	835	1.02	-
파이렉스7740	3.3	6.42	2.23	1,050	1.13	~5
붕규산크라운E6	2.8	5.97	2.18	-	-	~5
용융실리카	0.58	7.44	2.21	741	1.37	~5
ULE7917	0.015	6.89	2.21	766	1.31	~5
제로도	0±0.05	9.24	2.53	821	1.64	~5
제로도M	0±0.05	9.07	2.57	810	1.60	~5
Al6061-T6	23.6	6.95	2.68	960	167	~200
베릴륨 I-70A	11.3	29.5	0.08	1,820	194	60~80
베릴륨 O-30H	11.46	30.9	1.85	1,820	215~365	15~25
구리 OFHC	16.7	11.9	8.94	385	392	40
몰리브덴 TZM	5.0	32.4	10.20	272	146	10
탄화규소 RB-30%Si	2.64	31.6	2.92	660	-	-
탄화규소 RB-12%Si	2.68	38.0	3.11	680	147	-
탄화규소 CVD	2.4	47.5	3.21	700	146	-
SXA금속매트릭스	12.4	11.9	2.90	770	130	-
흑연에폭시 GY-70	0.02	9.48	1.78	-	35	-

9.2.2.4 기계요소용 소재

광학 계측장비의 하우징, 렌즈경통, 셀, 스페이서, 리테이너, 프리즘 및 반사경 마운트 등에는 전형적으로 알루미늄합금, 베릴륨, 황동, 인바, 스테인리스강 그리고 티타늄과 같은 금속소재들이 사용되고 있다. 특히 금속소재들 중 일부는 반사경 표면으로도 함께 사용된다. 기계요소용 금속소재들의 주요 특성에 대해서는 1.3.1절을 참조하기 바란다.

알루미늄 합금의 경우, A1100 합금은 강도가 낮고 연성이어서 스피닝이나 딥드로잉이 용이하며, 기계가공, 용접 및 브레이징이 가능하다. A2024는 강도가 높고 가공성이 좋은 반면에 용접은 어렵다. A6061은 중간 정도의 강도를 가지고 있는 범용 구조용 알루미늄 합금으로서, 가공성과 용접성이 양호하며 브레이징이 가능하다. 대부분의 알루미늄 합금들은 용도에 맞게 성질을 변화시키기 위해서 열처리나 표면처리를 함께 시행한다. 알루미늄 표면을 양극산화시키면 치수가 크

---

28 P. Yoder 저, 장인배 역, 광학기구설계, 도서출판 씨아이알, 2017을 참조하여 재구성하였다.

게 증가하지만, 화학적 부식이나 마멸에 대한 저항성이 높아진다. 특히 검은 색 양극산화 코팅은 광선반사를 저감시켜주므로 광학부품에서 자주 사용된다.

베릴륨은 가볍고 강성이 높으며 열전도성이 높고, 부식 및 방사선에 대한 저항성이 크다. 하지만 독성 때문에 베릴륨을 사용한 작업은 극히 위험하며, 소재 가격과 가공비가 높기 때문에 방사선에 대한 저항성과 무게 절감이 필수적인 우주용 장비에 자주 사용된다.

황동은 부식 저항성이 매우 높고 열전도도가 좋으며 가공이 용이하지만 매우 무겁다. 황동은 나사가공품이나 해상용으로 널리 사용되며, 화학반응에 의해서 검은 색으로 변색된다.

철과 니켈의 합금인 **인바**는 열팽창계수가 작기 때문에 우주나 극저온 환경에서 사용되는 고성능 계측장비에 자주 사용되는 소재이다. 인바는 밀도가 높고 가공과정에서 열안정성이 변할 우려가 있기 때문에 가공 후에 풀림처리를 시행하여야 한다. **슈퍼인바**의 상온열팽창계수는 인바보다 더 작지만 -50[℃] 이하에서는 사용하지 않는 것이 좋다. 인바소재는 잘 산화되기 때문에 표면을 크롬으로 코팅하여 사용한다.

철과 크롬의 합금인 **스테인리스강**은 강도가 높고 일부 유리소재의 열팽창계수와 일치하기 때문에 광학 마운트에 자주 사용된다. 노출된 표면에 형성되는 크롬 산화층은 부식에 대한 저항성을 가지고 있다. STS416은 가공이 용이하며 검은색으로 착색 하거나 검은색으로 크롬도금이 가능하다. STS17-4PH는 치수안정성이 뛰어나다. 스테인리스강은 유사소재와 용접이 가능하며, 이종 금속들과의 브레이징이 가능하다.

티타늄은 크라운유리와 열팽창계수가 근접하며, 밀도는 알루미늄보다 60% 정도 높다. 항복강도가 높기 때문에 플랙셔로도 사용이 가능하다. 티타늄은 주조와 브레이징이 가능하지만 절삭가공이 매우 어려우며, 전자빔이나 레이저를 사용한 용접을 제외하고는 용접이 어렵다.

하우징, 스페이서, 프리즘 및 반사경의 마운트와 같은 구조요소와 카메라, 쌍안경, 사무기기나 상용 광학계측장비의 경통 소재로 플라스틱, 유리에폭시, 탄소파이버 에폭시, 폴리카보네이트 등이 사용된다. 이들은 가벼우며, 가공 및 주조가 용이하다. 하지만 치수안정성이 떨어지며 대기 중에서 수분을 흡수하며 진공 중에서 가스를 방출하는 단점을 가지고 있기 때문에 사용 시에 주의가 필요하다.

표 9.7에서는 기계적인 부품의 제작에 사용되는 다양한 복합소재들의 장점, 단점 그리고 용도 등을 비교하여 보여주고 있다.

표 9.7 광학기구 부품제작에 사용되는 금속 복합재와 폴리머 복합재[29]

소재	장점	단점	전형적인 용도
금속 매트릭스			
SiC/Al (불연속 SiC 입자)	• 등방성 • 풍부한 데이터 • 동일한 질량의 알루미늄에 비해 1.5배의 영계수와 강도	• 대부분 용접불가 • 절삭이 가능하지만 과도한 공구마모 • 기존 알루미늄 합금에 비해 낮은 연성	• 트러스부품 • 브래킷 • 반사경과 광학벤치
B/Al (연속붕소섬유)	• 질량대비 강도 높음 • 낮은 열팽창계수	• 이방성 • 항공용으로 제한적사용 • 고가	트러스 부재
폴리머 매트릭스			
아라미드/에폭시 (케블라/에폭시 매트릭스의 Spectra섬유)	• 충격저항성 • 그라파이트/에폭시보다 낮은 밀도 • 강도 대 질량비 높음	• 수분흡수 • 가스방출 • 낮은 압축강도 • 음의 열팽창계수	태양전지판 구조부재
탄소/에폭시 (고강도섬유)	• 강도 대 질량비 매우 높음 • 탄성 대 질량비 높음 • 낮은 열팽창계수 • 항공용	• (매트릭스 의존성)가스 방출 • (매트릭스 의존성)수분 흡수	• 트러스부재 • 샌드위치 패널 전면판 • 광학벤치
그라파이트/에폭시 (고탄성섬유)	• 탄성 대 질량비가 매우 높음 • 강도 대 질량비 높음 • 낮은 열팽창계수 • 높은 열전도도	• 낮은 압축강도 • 낮은 변형률에서 파손 • 수분흡수 • (매트릭스 의존성)수분 흡수	• 트러스부재 • 샌드위치 패널 전면판 • 광학벤치 • 모노코크 실린더
유리/에폭시 (연속유리섬유)	• 낮은 전기전도도 • 가공공정이 잘 확립되어 있음	• 그라파이트/에폭시보다 높은 밀도 • 그라파이트/에폭시보다 낮은 강도와 탄성	프린트회로기판

9.2.2.5 접착제와 실란트

접합렌즈나 빔분할기의 제작에 사용되는 **광학용 접착제**는 관심 스펙트럼 대역에 대해서는 투명하면서도 접착특성이 양호하고 수축률은 허용 수준 이내로 유지되면서도 수분 및 유해환경에 견딜 수 있어야 한다. 일반적으로 사용되는 대부분의 접착제들은 열경화성 또는 자외선 광경화성을 가지고 있다. **표 9.8**에서는 일반적인 광학 접착제들의 특성을 요약하여 보여주고 있다.

광학부품과 기구물들을 서로 접착하기 위해서 사용되는 **구조용 접착제**는 일액형 에폭시, 이액형 에폭시, 폴리우레탄 및 아크릴계 접착제들이 있다. 대부분의 접착제들은 고온에서 잘 경화되며 경화 중에 약간의 수축이 발생한다. 이들의 열팽창계수는 광학소재나 구조용소재의 약 10배에

---

29 P. Yoder 저, 장인배 역, 광학기구설계, 도서출판 씨아이알, 2017을 참조하여 재구성하였다.

달하며, 강성은 이들의 수백분의 일에 불과하다. **표 9.9**에서는 대표적인 구조용 접착제들의 특성을 요약하여 보여주고 있다.

표 9.8 일반적인 광학 접착제의 물성[30]

항목	수치값	항목	수치값
경화 후 굴절률 n	$1.48 \sim 1.55$@25[℃]	경화 중 수축률	~4%
열팽창계수 α	$\sim 63 \times 10^{-6}[1/℃]$@27~100[℃]	경화 전 점도	$275 \sim 320$[cP]
전단계수 G	~ 39.3[kgf/mm²]	밀도 ρ	~ 1.22[g/cm³]
영계수 E	~ 112[kgf/mm²]	경화 후 경도	~85(쇼어 D)
푸아송비 ν	~0.43	진공 중 가스방출질량	<3%

표 9.9 대표적인 구조용 접착제의 물성[31]

유형	명칭	경화시간 @[℃]	점도 [cP]	전단강도 [kgf/mm²]@[℃]	사용온도 [℃]	열팽창계수 ×10⁻⁶[1/℃]	접착두께 [mm]	영계수 [kgf/mm²]
일액형	2214 회색	60분@121	페이스트	3.2@24	-53~121	49@0~80	-	527
이액형	Milbond	3시간@71	-	1.5@25	-54~70	62@-54~20	0.4	16.1@20
	2216 회색	30분@93	~80,000	1.8@25	-55~150	102@0~40	0.1	7,000
	2216 투명	60분@93	~10,000	1.4@25	-55~150	81@-50~20	0.1	7,000
우레탄	3532 갈색	24시간@24	30,000	1.4@24	-	~0.13	-	-
	U-05FL 백색	24시간@24	-	5.2@25	-	-	0.08~0.2	-
자외선경화	349	8~36초	~9,500	1.1	-54~130	80	<0.35	-
	OP-30	10~30초	400	0.5	<150	111@125	-	1.8
	OP-60-LS	5~30초	80,000	3.2	-45~180	27@<50	-	700
시아노아크릴	460	1분@22	45	1.2	-	80	-	-

광학기구의 밀봉에는 경화 후에도 유연하여 스스로 형태를 맞춰서 변형되며 적당히 접착성도 갖춘 상온경화형 탄성중합체를 일반적으로 사용한다. 진동, 쇼크 및 온도변화의 조건에서 광학부품을 밀봉하면서 정위치에 고정해야 하는 경우에 기계요소들 사이의 공극이나 렌즈와 마운팅 사이의 공극에 실란트를 주입한다. **표 9.10**에서는 대표적인 탄성중합체 실란트들의 특성을 요약하여 보여주고 있다.

---

30 P. Yoder 저, 장인배 역, 광학기구설계, 도서출판 씨아이알, 2017을 참조하여 재구성하였다.
31 P. Yoder 저, 장인배 역, 광학기구설계, 도서출판 씨아이알, 2017을 참조하여 재구성하였다.

표 9.10 대표적인 탄성중합체 실란트들의 물성[32]

유형	명칭	경화시간 @[°C]	점도 [cP]	경도 (쇼어 A)	사용온도 [°C]	열팽창계수 ×10^{-6}[1/°C]	3일후 수축률[%]	인장강도 [kgf/mm²]
일액형 실리콘	732(DC)	24시간@25	-	25	-60~77	-		0.2
	RTV112(GE)	24시간@25	200	25	<204	270	1.0	0.2
이액형 실리콘	93-500(DC)	7일@77	-	40	-65~200	300	-	-
	RTV88(DC)	24시간@25	8,800	40	-54~260	210	0.6	0.6
	RTV88(GE)	24시간@25	300	55	-115~260	200	1.0	0.5
	RTV560(GE)	72시간@25	99	45	-54~204	250	1.0	2.4

(DC)는 다우코닝社, (GE)는 제너럴일렉트릭社

9.2.3 공차관리와 제조

광학기구의 설계과정에서 요소부품의 치수에 대한 허용편차와 조립과정에서 발생하는 상대적 정렬에 대한 허용편차는 부품과 조립체의 검사기준으로 사용되며, 광학기구의 성능과 제작비용에 큰 영향을 끼친다. 너무 엄격하게 공차를 지정하면 성능은 향상되지만 생산과 검사에 소요되는 시간과 비용이 증가한다. 반면에 과도하게 공차를 완화하면 생산품질이 저하되며 제품의 신뢰성이 떨어지게 되므로, 균형 잡힌 공차관리가 필요하다. 광학계측기구의 경우에는 엄밀한 공차관리를 위해서 부품의 숫자와 조립위치를 최소화하는 노력이 필요하다.

9.2.3.1 오차할당

광학기구를 설계하는 과정에서 각 요소부품들의 가공과 조립과정에서 발생하는 오차의 허용편차값인 공차를 지정해야만 한다. 이를 **오차할당**이라고 부르며, 성능 사양과 기계적인 제한조건에 대한 정의에서 출발하여 가공공차가 기입된 도면에 이를 때까지 오차할당이 진행된다. 오차할당의 수학적인 원리에 대해서는 10장에서 자세히 다룰 예정이다. 설계를 최적화하고 요구되는 성능을 충족시키기 위해서는 최선의 결과가 얻어질 때까지 오차의 분배와 재분배가 반복되어야 한다. **그림 9.20**에서는 광학기구에 대한 오차할당과 공차배정과정의 블록선도를 보여주고 있다.

성능사양의 정의과정에 대해서는 2.1.3절 시스템엔지니어링과 V-모델을 참조하기 바란다. 반복계산을 통해서 모든 요소부품들과 조립체에 올바른 오차 값들을 지정하는 과정은 이전의 경험과

---

32 P. Yoder 저, 장인배 역, 광학기구설계, 도서출판 씨아이알, 2017을 참조하여 재구성하였다.

문헌정보들에 기초하여 초기공차를 배정하는 작업으로부터 시작된다. **표 9.11**에서는 광학 시스템 설계 시에 공차를 배정해야 하는 치수와 변수들을 보여주고 있다.

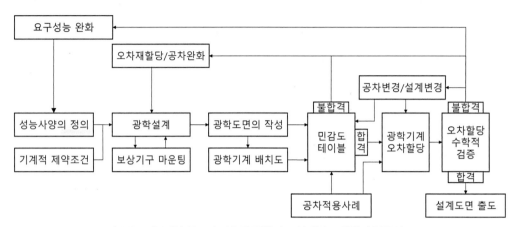

그림 9.20 반복계산 루프가 적용된 광학기구 설계의 오차할당 블록선도[33]

표 9.11 광학계측기구 설계 시 공차를 배정해야 하는 치수와 변수들[34]

표면형상	투과
• 반경 • 표준형상과의 편차 • 비구면 변형	• 광학소재 • 필터의 스펙트럼 특성 • 코팅특성
표면분리	**표면 다듬질**
• 요소두께 • 축방향 간극	• 품질(긁힘과 함몰) • 조도, 산포도 등
정렬	**굴절률**
• 표면경사 • 요소경사와 편심 • 구성품 경사와 편심 • 프리즘 또는 반사경의 각도와 경사	• 중심파장값 • 총분산도(아베수) • 부분분산 • 등방성
물리적 특성	
• 열특성(열팽창계수 및 dn/dT) • 안정성 • 내구성	

33 P. Yoder 저, 장인배 역, 광학기구설계, 도서출판 씨아이알, 2017을 참조하여 재구성하였다.
34 P. Yoder 저, 장인배 역, 광학기구설계, 도서출판 씨아이알, 2017을 참조하여 재구성하였다.

9.2.3.2 공차관리

광학요소와 기구요소들에 적용된 공차는 시스템의 성능에 큰 영향을 끼친다. **표 9.12**에서는 광학기구의 주요 성능인자들에 적용되는 공차기준을 저정밀기준, 고정밀기준 및 한계공차기준으로 구분하여 제시하고 있다. 비용의 절감을 위해서 과도하게 공차를 완화하면 시스템의 신뢰도가 급격하게 저하되며, 반면에 공차한계에 근접하면 가공비용이 급격하게 증가하므로, 최적의 공차를 할당하고 관리하는 것은 매우 중요한 일이다.

표 9.12 광학기구의 주요 성능인자들에 적용되는 공차기준[35]

성능인자	단위	저정밀공차역	고정밀공차역	한계공차역
굴절률 n	-	0.003	0.0003	0.00003
시험판으로부터의 반경이탈	간섭무늬 개수*	10	3	1
구경 또는 평면으로부터의 이탈	간섭무늬 개수*	4	1	0.1
요소 직경	[mm]	0.5	0.075	0.005
요소 두께	[mm]	0.25	0025	0.005
요소 경사각	[arcmin]	3	0.5	0.25
공극 두께	[mm]	0.25	0.025	0.005
기계적 편심	[mm]	0.1	0.01	0.005
기계적 경사	[arcsec]	3	0.3	0.1
프리즘 형상오차	[mm]	0.25	0.01	0.005
프리즘 및 시창의 각도오차	[arcmin]	5	0.5	0.1

* 간섭무늬 하나는 546[nm](녹색 수은등)의 절반파장에 해당한다.

세심하게 선정된 소수의 조절장치를 사용할 수 있다면 공차 할당 값들을 완화할 수 있다. 예를 들어, 광축방향으로의 초점조절기구를 사용할 수 있다면 렌즈 스페이서의 가공공차를 완화시킬 수 있다.

렌즈나 여타 광학부품들의 가격은 치수나 여타 매개변수들의 공차 값에 크게 의존한다. 저정밀 렌즈는 광학부품 제조공장에서 특별한 노력, 특수공구 또는 전용 시험장비 없이도 표준 제조공정과 검사공정으로 제조할 수 있다 하지만 공차기준이 높아지면 공차기준의 상승보다 빠른 비율로 제조비용이 상승하게 된다.

---

35 P. Yoder 저, 장인배 역, 광학기구설계, 도서출판 씨아이알, 2017을 참조하여 재구성하였다.

9.2.3.3 제조공정

광학기구의 제조공정에는 구매, 보관, 원소재의 취급, 부품가공, 부품검사, 예비조립 및 최종조립, 시험 및 품질관리 등이 포함된다. 올바르게 설계되지 않은 광학 시스템은 생산할 수 없으며, 작동하지도 않기 때문에 설계과정에서 가공, 조립, 검사 및 계측과 관련된 모든 사항들이 세심하게 고려되어야만 한다. 가공, 조립 및 시험이 용이하면 하드웨어의 신뢰성이 향상된다. 또한 분해가 용이하면 나중에 발견될 수 있는 내부문제를 해결하기가 용이하며 유지보수도 쉽다.

광학부품을 제작하기 위해서는 성형, 연마, 폴리싱, 모서리가공, 코팅, 접합, 접착 등의 공정이 수행된다. 일부 광학부품들은 단일점 다이아몬드선삭(SPDT)을 사용하여 제작한다. 표 9.13에서는 광학부품들의 가공에 사용되는 성형, 표면다듬질 및 코팅방법들을 제시하고 있다. 적합한 가공방법 조합을 선정하는 과정에서 도금 및 코팅을 포함하여 어떠한 공정들도 최종적으로 완성된 부품의 내부나 표면에 잔류응력을 발생시키지 않아야 한다.

금속 부품을 제작하는 가장 일반적인 방법은 절삭이나 연삭과 같은 기계가공, 화학 및 방전가공, 박판성형, 주조, 단조, 압출 그리고 단일점 다이아몬드선삭 등이다. 조립과정은 광학부품과 기계부품들 사이의 접합, 마운팅 및 정렬과정이 수반된다. 전체 제조과정 중의 다양한 시점에 시행되는 검사 및 시험은 광학기구의 성능에 중요한 역할을 한다.

표 9.14에서는 광학기구에 사용되는 기계부품들의 가공에 사용되는 다양한 가공방법들을 제시하고 있다.

광학부품 및 기구부품들의 제조 및 조립공정을 문서화하여 기록하는 것은 매우 중요한 일이다. 한 번 잘못된 작업지침이 만들어지고 나면 이를 바로잡는 데 오랜 시간과 노력이 들어가며, 현장의 반발도 심하기 때문에 처음부터 올바른 지침을 만들 수 있도록 노력해야 한다.

하드웨어 조립 및 재조립 과정에서 내부가 오염될 우려가 있다. 전기적인 납땜이나 현합조립용 리밍 등에 의해서 계측장비 내부가 오염될 우려가 있으므로, 이에 대한 작업지침과 후속 세정지침도 명확히 규정해놓아야만 한다.

광학계측장비의 조립과정에서 광학부품 및 기구부품들과 더불어서 광원, LED, 레이저, 검출기, 작동기, CCD 센서, 온도제어기, A/D 및 D/A변환기, 제어기, 전원 등의 부가 시스템이 통합되어야 한다. 이들도 마찬가지로 제작 및 시험이 필요하며, 조립과정에 대해서 명확한 기준이 마련되어야만 한다.

표 9.13 광학용 소재들에 대한 기계가공, 다듬질 및 코팅 기법들[36]

소재	가공방법[a]	표면다듬질상태 조절방법	코팅
알루미늄 합금 6061, 2024	SPDT, SPT, CS, CM, EDM, ECM, IM	ELN+SPDT+PL 정제오일+다이아몬드를 이용한 폴리싱	MgF$_2$, SiO, SiO$_2$, AN, AN+Au, ELNiP과 다른 모든 코팅들
알루미늄 매트릭스 Al 또는 Al+SiC	HIP, CS, EDM, ECM, GR, PL, IM, CM, SPT(어려움)	ELN+SPDT+PL	MgF$_2$, SiO, SiO$_2$, AN, EN+Au와 다른 모든 코팅들
저규소 알루미늄 주물 A-201, 520	SPDT, SPT, CS, CM, EDM, ECM, IM	ELN+SPDT+PL 오일+다이아몬드를 이용한 폴리싱	MgF$_2$, SiO, SiO$_2$, AN, EN+Au 등
과공정 알루미늄-규소합금 A-393.2 바나실+저규소 알루미늄 A-356.0	CS, EDM, CE, IM, SPDT, SPT, GR, CM (Al-SiC 복합재보다 가공용이)	ELN+SPDT+PL	ELN과 ELNP 코팅
베릴륨 합금	CM, EDM, ECM, EM, GR, HIP SPDT는 안 됨	ELN+SPDT+PL 오일+다이아몬드를 이용한 폴리싱	IR인 경우는 코팅안 함 또는 ELN 코팅
마그네슘 합금	SPDT, SPT, CS, CM, EDM, ECM, IM	GR, 오일+다이아몬드를 이용한 폴리싱	알루미늄과 유사한 코팅, ELN
SiC 소결, CVD, RB, 탄소+규소	HIP/맨드릴+GR, CVD/맨드릴+GR, 탄소몰딩+실레인에서 SiC로의 반응[b]	GR+PL	진공공정
실리콘	HIP/맨드릴, GR, CVD/맨드릴	GR+PL	진공공정
강철 오스테나이트계열 PH-17-5, 17-7 페라이트계열 416	CM, EDM, ECM, Gr, CM, EDM, ECM, GR SPDT는 안 됨	ELN 또는 ELNiP+SPDT+PL	ELN, ELNiP와 다른 모든 코팅들
티타늄합금	CM, HIP, ECM, EDM, GR, SPDT는 안 됨	PL, IM	ELN+다른 모든 코팅 Cr/Au
유리, 수정 저팽창 ULE, 제로도	CS, GR, IM, PL, CE, SL	PL, IM, CMP, GL (레이저 또는 화염)	진공공정 Cr/Au, CR, Ti-W, Ti-W/Au SiO, SiO$_2$, MgF$_2$, Ag/Al$_2$O$_3$

주의 a AN=양극산화, CE=화학적에칭, CM=일반기계가공, CMP=화학적기계연마, CS=주조, CVD=화학기상증착, ECM=전해가공, EDM=방전가공, ELNiP=전해 니켈-인 합금도금(ELN 대체 가능), ELN=무전해 니켈도금(일반적으로 질량비로 약 11%까지), GL=광택, GR=연마, HIP=열간등방압력성형, IM=압연, PL=폴리싱, SPDT=단일점다이아몬드선삭, SPT=다이아몬드 이외의 공구를 사용하는 정밀선삭, SL=몰드의 슬럼프 주조
b 텍사스주 디케이터 소재의 PocO Graphite, Inc.에서 개발한 흥미로운 새로운 공정

36 P. Yoder 저, 장인배 역, 광학기구설계, 도서출판 씨아이알, 2017.

표 9.14 광학기구에 사용되는 금속 기계부품의 제작에 사용되는 기본 공정들[37]

공정	공정에 대한 설명	장점	단점
기계가공	절삭이나 연삭을 통해서 소재가공	• 다양한 형상을 만들 수 있으며 모든 치수공차와 표면다듬질을 구현할 수 있다. • 소재의 강도를 저하시키지 않는다. • 수치제어 공작기계로 자동 가공할 수 있다.	• (가공시간과 가공량에 따라서) 가격이 비싸질 수 있다. • 고가의 공구가 필요할 수 있다. • 유해한 잔류응력이 초래될 수 있다.
화학적 밀링 (에칭)	화학용액 속에 부품을 담가서 소재를 가공	• 기계가공보다 얇은 벽 가공이 가능하다. • 소재를 두 방향으로 곡률을 가지고 있는 형상으로 가공이 가능하다.	• 가공형상이 매우 제한된다. 표면 다듬질이 거칠다. • 측면방향 치수 정확도 조절이 매우 어렵다. • 기계식 평면가공이 더 싸다.
박판성형	굽힘에 의한 성형 일반적으로 박판을 사용하지만 때로는 판재를 사용	• 염가이며 소량생산에 경제적이다.	• 연성재료만 가공이 가능하다. • 두꺼운 소재는 큰 굽힘반경이 필요하므로 활용에 제한이 있다.
주조	용융소재를 몰드 속으로 부어넣은 후에 굳힘	• 다양한 형상성형이 가능하다. • 방식마다 비용이 다르다.	• 주조공정에 따라 다르다.
단조	두드림으로 다이 속에서 고온금속을 성형	• 소재의 결방향으로 높은 강도 및 피로저항성을 갖는다.	• 결과 다른 방향으로는 낮은 강도와 저항성을 갖는다. • 소량생산에는 비싸다.
압출	고온 금속을 다이를 통해서 짜내서 균일단면 부품 생산	• 경제적이며 표면 다듬질이 양호하다. • 다양한 표준형상을 사용할 수 있다.	• 횡방향 특성이 나쁘다.

완성된 장비의 검사도 제조공정의 중요한 부분이다. 가공공정, 공차, 조립 등의 모든 과정들이 완성된 제품의 성능에 영향을 끼친다. 제작중의 분석과 검사를 통해서도 단계별로 치수와 성능을 확인하지만, 최종적으로 완성된 시스템의 작동성능, 내환경성, 운반의 안전성 등에 대하여 검사하여야만 한다. 직접 시험이 어려운 경우에는 유한요소해석과 같은 수치해석을 통해서 모든 상황에 대한 검증이 필요하며, 심각한 경우에는 하드웨어의 재설계와 개조가 필요하다.

37 P. Yoder 저, 장인배 역, 광학기구설계, 도서출판 씨아이알, 2017.

9.3 굴절형 광학요소들의 설치와 고정[38]

접속기구는 광학계측장비에 온도변화나 외적인 가진이 부가되어도 광학부품들이 움직이지 못하도록 제한하는 기계적인 구속기구이다. 렌즈, 시창, 필터, 쉘, 프리즘 또는 반사경과 같은 **굴절형 광학요소**들은 모든 작동조건에 대해서 편심, 틸트 및 축방향 간극이 지정된 공차값 이내로 관리되어야 하며, 응력, 표면변형 및 복굴절이 지정된 사양 수준 이내로 유지되어야 한다. 3장에서 논의했던 정확한 구속을 기반으로 하는 접속기구들은 광학요소에 굽힘 모멘트를 부가하지 않는다. 하지만 점접촉에 의하여 유발되는 응력은 국부적인 광학성능을 교란시키기 때문에 모든 광학요소들을 진정한 기구학적 방법으로 고정하는 것은 바람직하지 않다. 점접촉 대신에 면접촉을 사용하는 준 기구학적인 접속기구의 경우, 응력의 분산에 필요한 면적과 이로 인한 모멘트의 발생 사이의 절충이 필요하다.

축대칭 형상을 가지고 있는 렌즈요소를 고정하기 위해서 림 형태의 접속기구를 사용하는 비기구학적 마운팅 또는 과도구속 마운팅이 자주 사용된다. 이런 고정기구는 기계적 구조설계를 단순화시켜주지만 광학요소의 두께가 얇은 경우에는 변형에 의해서 광학성능이 저하된다. 이 절에서는 굴절(투과)형 광학요소인 렌즈, 광학시창 및 프리즘의 설치와 정렬방법에 대해서 살펴보기로 한다.

9.3.1 렌즈의 설치와 정렬

9.3.1.1 렌즈마운팅과 예하중 부가

렌즈의 외경이 기계적 마운트의 내경과 거의 일치하는 설치구조를 **림-접촉구조**라고 부른다. **그림 9.21** (a)에서는 일반적인 림-접촉구조를 보여주고 있다. 이 구조에서는 렌즈와 경통 사이의 간극을 $\Delta r = 0.005$[mm]에 이를 정도로 매우 정밀하게 관리하지만, 광학계 성능의 관점에서는 불충분하다. 따라서 예하중을 가하여 축방향으로 설치된 고정용 턱에 단단히 고정하지 않는다면 광축의 틸트가 발생할 수도 있다. 예를 들어, $\Delta r = 0.005$[mm]이며, 렌즈의 두께 $t = 5$[mm]인 경우, 최대 틸트각은

$$\theta_{tilt} = \frac{2\Delta r}{t} = \frac{2 \times 0.005}{5} = 0.002[\text{rad}]$$

---

38 이 절은 P. Yoder 저, 장인배 역, 광학기구설계, 도서출판 씨아이알, 2017의 3~6장을 참조하여 재구성하였다.

에 달하게 된다. 반면에 렌즈를 유격이 작은 경통 속으로 삽입하는 과정에서 렌즈의 틸트가 발생하면 렌즈 모서리가 경통의 내벽에 걸려버리면서 이가 빠질 우려가 있으며, 걸려버린 렌즈를 다시 빼내기도 매우 어렵다. **그림 9.21** (b)에서는 렌즈 림을 구면형상으로 연마한 설계를 보여주고 있다. 이 경우에는 렌즈를 어떤 각도로 삽입하여도 스스로 중심을 맞추면서 걸림 없이 조립된다.

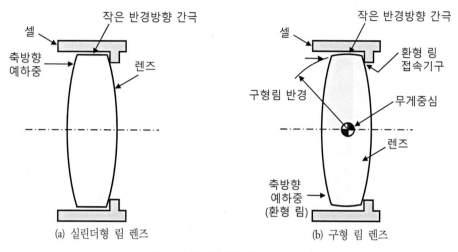

그림 9.21 림 접촉방식 렌즈 마운팅[39]

림-접촉설계의 부정확성을 개선하기 위해서 렌즈의 표면이 마운트와 접촉하며, 림은 경통과 접촉하지 않는 접속기구를 사용할 수 있다. 이를 **표면접촉 마운트**라고 부른다. **그림 9.22**에서는 다양한 표면접촉마운트 설계들을 보여주고 있다. 경통의 내경측에 턱을 만들어 높으면 턱의 날카로운 모서리[40]와 렌즈가 환형으로 접촉하게 된다. 이런 모서리접촉방법은 가공이 단순하지만 충격력이 부가되거나 응력집중의 발생이 우려되는 경우에는 적용하기 어렵다. 이 외에도 접선접촉, 토로이드 곡면접촉, 구면접촉, 베벨면 접촉, 탄성중합체를 이용한 몰딩 그리고 버니싱을 이용한 형상결합과 같이 다양한 표면접촉 마운트방법들이 사용되고 있다. **접선접촉**은 볼록렌즈 표면의 고정 시에 응력을 분산시켜주기 때문에 거의 이상적인 접속기구로 간주된다. 반면에 **토로이드 곡면접촉**은 접선접촉을 사용할 수 없는 오목렌즈에 유용하다. 렌즈의 표면형상과 파장길이의 몇

---

39 P. Yoder 저, 장인배 역, 광학기구설계, 도서출판 씨아이알, 2017을 참조하여 재구성하였다.
40 실제로는 버니싱 가공을 통하여 $r = 0.05$[mm] 내외의 라운드가 존재한다.

배 이내에서 완벽하게 합치되는 구형표면을 사용하는 **구면접촉**은 가공비가 매우 비싸기 때문에, 극한의 진동이나 충격이 예상되는 경우나 열전달의 이유 때문에 유리와 금속 사이의 밀접한 접촉이 필요한 경우에 제한적으로 사용된다. 광학부품의 날카로운 모서리가 손상되는 것을 방지하기 위해서 렌즈의 양쪽 표면에 만들어진 베벨평면을 사용하여 렌즈를 고정하는 방법도 자주 사용된다. 렌즈를 원하는 위치에 고정시킨 다음에 림 주변에 탄성중합체를 주입하여 몰딩하는 방법은 다양한 우주목적에 성공적으로 사용되고 있다. 이런 경우에는 온도에 따라 탄성중합체가 팽창 및 수축할 수 있도록 의도적으로 한쪽을 구속하지 않는다. 유연성이 있는 돌출된 금속 림을 버니싱가공하여 렌즈의 표면형상에 맞춘 현합조립식 표면접속기구를 만들 수 있다. 하지만 이 방법은 정확한 예압하중을 보장받을 수 없기 때문에 예하중용 탄성체를 삽입하여 함께 조립하기도 한다.

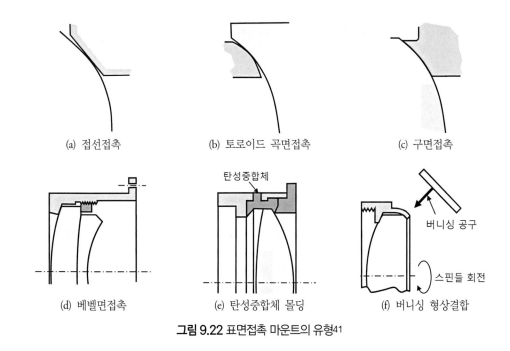

(a) 접선접촉   (b) 토로이드 곡면접촉   (c) 구면접촉

(d) 베벨면접촉   (e) 탄성중합체 몰딩   (f) 버니싱 형상결합

그림 9.22 표면접촉 마운트의 유형[41]

렌즈를 표면접촉 마운트에 확실히 안착시키기 위해서 **그림 9.23**에 도시된 것과 같이, 나사식 리테이너링, 스냅링, 클램프링 및 다중스프링 클립과 같은 다양한 예하중 부가기구들이 사용된다.

---

41 P. Yoder 저, 장인배 역, 광학기구설계, 도서출판 씨아이알, 2017을 참조하여 재구성하였다.

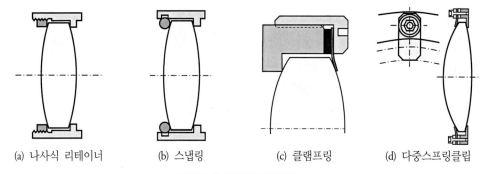

(a) 나사식 리테이너　　(b) 스냅링　　(c) 클램프링　　(d) 다중스프링클립

그림 9.23 예하중 부가기구[42]

렌즈를 마운팅하기 위해서 가장 자주 사용되는 기법은 셀의 턱에 렌즈의 림을 끼우고 나사가 성형된 **리테이너링**을 사용하여 고정하는 것이다. 조립과정에서 렌즈의 중심을 정밀하게 맞추기 위해서는 렌즈와 마운트 사이의 접촉면을 폴리싱하여야 한다. 또한 렌즈의 굽힘을 최소화하려면 조립과정에서 렌즈의 광축과 마운트의 동심을 정확히 유지하여야 한다. 예를 들어, 피치직경(D)이 55[mm]인 나사가 성형된 리테이너를 사용하여 40[N]의 예하중(P)으로 렌즈를 고정하려는 경우에 필요한 조임토크(T)는 다음 식을 사용하여 약식으로 계산할 수 있다.[43]

$$T = \frac{P \times D}{5} = \frac{40 \times 55}{5} = 440[\text{N} \cdot \text{mm}]$$

하지만 나사식 리테이너링을 사용한 정위치예압방식의 예압부가로는 정확한 예하중을 부가하기 어려우며, 온도변화에 따라서 예압이 크게 변할 우려가 있다.

스프링강선으로 제작되어 있으며, 원주상의 한 점이 절단되어 있는 환형의 링을 **스냅링**이라고 부른다. 경통의 내벽에 성형된 홈에 스냅링을 끼워 넣어서 링의 탄성으로 렌즈를 압착할 수 있다. 이때에 링의 직경과 홈의 크기 그리고 렌즈의 설치치수 등은 기하학적인 상관관계를 사용하여 설계할 수 있다. 하지만 이 기법은 정확한 예하중의 산출이나 부가가 어렵고 렌즈 표면과 링 사이의 접촉을 유지하는 것이 어렵다.

42　P. Yoder 저, 장인배 역, 광학기구설계, 도서출판 씨아이알, 2017을 참조하여 재구성하였다.
43　이는 나사의 조임효율(η)을 0.4로 가정한 것이다. 참고로 결합용 나사의 최대 조임효율은 $\eta = 0.48$이다.

클램프링이라고 부르는 환형의 박판을 압착하여 렌즈를 고정하는 방법은 정압예압 방식을 사용하고 있기 때문에 누름판의 변형량으로부터 정확한 예하중을 산출할 수 있으며, 온도변화에 대해서 상대적으로 일정한 예하중을 유지할 수 있다.

클램프링은 탄성평균화 방식의 고정방법인 반면에 120° 간격으로 배치된 3장의 **스프링클립**을 사용하는 렌즈 고정방법은 과도구속에 의한 렌즈의 응력발생을 최소화시켜주는 장점이 있다. 원하는 예하중을 부가하기 위해서 필요한 스프링 클립의 변형은 다음의 사례에서와 같이 계산할 수 있다.

예를 들어, $L = 8[\text{mm}]$, $b = 10[\text{mm}]$, $t = 1[\text{mm}]$인 3장의 Ti6A14V 티타늄 스프링 클립을 사용하여 렌즈에 30[kgf]의 조립 예하중을 부가하려고 한다면 클립의 변형량(Δx)은 다음과 같이 계산할 수 있다. 여기서 소재의 푸아송비 $\nu_{Ti} = 0.34$이며, 영계수 $E_{Ti} = 1.16 \times 10^3[\text{kgf/mm}^2]$ 그리고 N은 사용된 클립의 수이다.

$$\Delta x = \frac{4PL^3(1 - \nu_{Ti}^2)}{E_{Ti}bt^3N} = \frac{4 \times 30 \times 8^3(1 - 0.34^3)}{1.16 \times 10^3 \times 10 \times 1^3 \times 3} = 1.7[\text{mm}]$$

예하중 부가기구들에 의해서 부가된 예하중은 광학부품을 압착하여 내부응력을 생성한다. 미소표면적에 집중된 힘은 국부적으로 큰 응력집중을 초래하며, 심각한 경우에는 광학부품의 파손이 초래된다. 정상적인 경우라 하여도 등방성 광학소재에 힘이 부가되면 복굴절이 초래될 수도 있다. 광학표면에 작용하는 힘들이 대칭이 아니라면 매우 작은 작용력편차만으로도 광학표면이 변형된다. 광축에 가까운 표면의 변형보다는 테두리쪽 표면의 변형이 더 큰 광학성능 오차를 유발하기 때문에 렌즈의 마운트와 예하중의 부가는 광학기구 설계에서 매우 세심하게 다뤄야 하는 사안들이다.

9.3.1.2 밀봉

군사용 또는 항공우주용과 환경노출이 심한 상용 광학계측장비들은 주변 환경으로부터 수분이나 여타의 오염물질들이 침투하지 못하도록 광학부품과 기계부품 사이의 좁은 간극을 **밀봉**할 필요가 있다. **그림 9.24**에서는 렌즈를 셀에 밀봉하기 위한 세 가지 표준방법들이 제시되어 있다. (a)의 경우에는 압착된 O-링이 렌즈의 림과 셀의 벽 사이에 끼워져 있다. (b)의 경우에는 O-링이 셀의 벽, 렌즈림의 모서리 그리고 리테이너링 사이에서 압착되어 있다. 그런데 O-링을 사용하는 경우에는 조립 시 O-링의 씹힘, 꼬임 및 파손에 주의하여야 하며, 광축에 대해서 정확히 직각방향으로 설치되어야 한다. (c)의 경우에는 외부에 설치된 주입구를 통해서 주사기로 실란트를 주입하여 셀과 렌즈 사이의 공동을 채우는 현합성형 개스킷의 사례이다. 여기서 실란트를 주입하는 동안 렌즈를 고정하고 있어야 하며, 하부로부터 주입된 실란트가 내부의 공기를 밀어내고 위로 밀려나올 때까지 실란트를 주입하여야 한다.

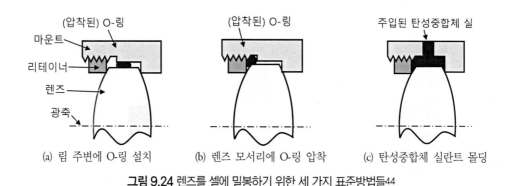

(a) 림 주변에 O-링 설치   (b) 렌즈 모서리에 O-링 압착   (c) 탄성중합체 실란트 몰딩

그림 9.24 렌즈를 셀에 밀봉하기 위한 세 가지 표준방법들[44]

광학계의 줌이나 초점맞춤 메커니즘에 사용되는 이동요소들은 **그림 9.25**에 도시된 것처럼 **동적 밀봉**이 적용되어야 한다. (a)의 경우에는 틈새에 설치된 O-링이 이동요소의 움직임에 따라서

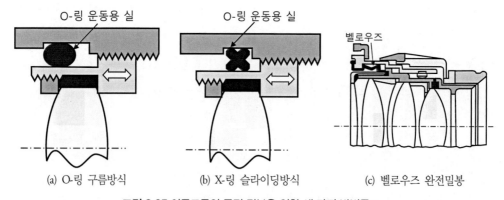

(a) O-링 구름방식   (b) X-링 슬라이딩방식   (c) 벨로우즈 완전밀봉

그림 9.25 이동모듈의 동적 밀봉을 위한 세 가지 방법들[45]

---

44   P. Yoder 저, 장인배 역, 광학기구설계, 도서출판 씨아이알, 2017을 참조하여 재구성하였다.
45   P. Yoder 저, 장인배 역, 광학기구설계, 도서출판 씨아이알, 2017을 참조하여 재구성하였다.

함께 구른다. (b)의 경우에는 X-단면 형상의 실이 축방향으로 미끄러지지만 구르지 않는다. 보다 철저한 밀봉을 위해서는 (c)의 경우처럼 벨로우즈를 사용하여 완전밀봉상태를 유지하여야 한다.

마지막으로, 하우징에 사용하는 주물부품의 내부에는 기공이 존재할 수 있으므로, 리크를 방지하기 위해서는 **함침**을 통해서 기공과 미세한 틈새를 메워야 한다.

9.3.1.3 플랙셔 고정

최고의 영상품질을 얻기 위해서는 광학 조립체 내에서 기계적 표면과 같은 기준면에 대해서 극도로 정밀한 축방향, 경사방향 및 편심공차를 가지고 조립되어야 한다. 그리고 충격, 진동, 대기압력 및 온도변화와 같은 작동환경에 노출되어도 정렬이 완벽하게 유지되어야 한다. 그리고 이런 환경에 노출된 이후에 히스테리시스를 일으키지 않고 반복적으로 원래의 정렬위치로 복귀되어야 하다. 하지만 앞서 설명한 기계적 접촉에 의존하는 예압방식은 렌즈의 상대운동을 완벽하게 막아주지 못한다. **그림 9.26**에 도시된 것처럼, 광축에 대하여 대칭구조로 설치된 **플랙셔**들을 사용하여 렌즈를 고정하면 진동이나 충격에 대한 탄성변형 여유가 확보되며, 온도변화에 의한 소재의 팽창률 차이가 틸트나 편심을 일으키지 않는다. **그림 3.3**과 **그림 3.22**에 도시된 이각대는 **그림 9.26**의 지지구조를 채용한 대표적인 사례이다.

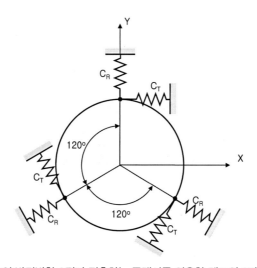

그림 9.26 렌즈의 반경방향 3점과 접촉하는 플랙셔를 이용한 렌즈의 6자유도 구속개념[46]

---

46 P. Yoder 저, 장인배 역, 광학기구설계, 도서출판 씨아이알, 2017을 참조하여 재구성하였다.

그림 9.27에 도시된 실시사례에서는 세 장의 얇은 블레이드 모듈들을 렌즈의 림에 접착제로 붙였으며 셀과는 나사로 고정하였다. 조립이 가능한 구조를 가지고 있으므로 플랙셔는 티타늄이나 베릴륨으로 제작하며 셀은 스테인리스강과 같은 이종소재로 제작할 수 있다.

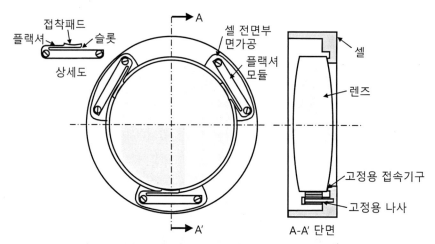

그림 9.27 조립형 플랙셔 모듈을 사용한 렌즈 마운팅기구의 사례[47]

그림 9.28에서는 와이어방전가공으로 제작하는 렌즈 마운트용 일체형 플랙셔기구의 세 가지 설계개념들을 보여주고 있다. 이들은 120° 간격으로 세 세트가 렌즈의 림 주변으로 설치되며, 렌즈와 플랙셔 사이의 고정은 접착제를 사용하므로, 일단 접착이 시행되고 나면 분해가 불가능하다.[48]

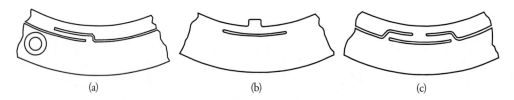

(a) (b) (c)

그림 9.28 렌즈를 고정하기 위한 세 가지 플랙셔기구의 설계개념[49]

---

47 P. Yoder 저, 장인배 역, 광학기구설계, 도서출판 씨아이알, 2017을 참조하여 재구성하였다.

48 여기서 주의할 점은 실제의 플랙셔 조인트는 매우 얇아서 선으로 표시되기 때문에 그림 9.28을 포함한 모든 플랙셔기구들의 그림들이 과장되게 표시되어 있다는 것이다. 따라서 그림의 비율대로 플랙셔를 만들면 너무 단단해서 플랙셔로의 역할을 전혀 할 수 없다. 그러므로 필요한 유연강성을 정확히 계산하여 올바른 치수로 플랙셔를 설계해야만 한다.

49 P. Yoder 저, 장인배 역, 광학기구설계, 도서출판 씨아이알, 2017을 참조하여 재구성하였다.

9.3.1.4 다중렌즈 조립

다중렌즈의 조립 시에도 앞에서 설명했던 개별렌즈의 조립방법은 계속 반복된다. 다중렌즈 조립에서는 이와 더불어서 마운트 내에서 인접한 광학요소들을 분리하기 위해서 공통적으로 사용되는 스페이서의 설계와 제작, 요소 간에 조절해야 하는 정렬의 자유도를 변화시킬 수 있는 단순조립, 현합조립, 탄성중합체 몰딩, 포커칩조립 그리고 모듈조립과 같은 조립기법, 조립이 완료된 조립체의 밀봉과 배기기법, 초점조절, 초점거리변화, 배율변화 등을 위한 렌즈이동 메커니즘 등이 고려되어야 한다.

다수의 렌즈들 사이를 축방향으로 분리시켜주는 기계적 요소를 **스페이서**라고 부른다. **그림 9.29**에서는 전형적인 렌즈 스페이서의 형상치수를 예시하여 보여주고 있다. 대부분의 스페이서들은 직경에 비해서 폭이 매우 작기 때문에 선삭가공과정에서 평면왜곡이 발생하여 가공하기가 매우 어렵다. 이를 극복하기 위해서는 모재를 최종치수에 근접하도록 황삭가공한 다음에 열처리를 통해서 응력을 해지한다. 다음으로 **그림 9.30** (a)에서와 같이 치구 속에 넣고 주석과 같은 저온용융 금속으로 함침 시킨 다음에 내경을 연삭한다. 스페이서를 치구에서 분리한 다음에 **그림 9.30** (b)에서와 같이 다수의 스페이서들을 정밀한 아버에 끼워서 외경을 가공한다. 이들 통해서 동심도와 외경치수 정확도를 확보한다. **그림 9.30** (c)에서와 같이 스페이서들을 내경과 직각도가 정밀하게 가공된 치구 속에 삽입하고 상부표면을 연삭하고 모서리를 버니싱한다. 스페이서를 뒤집은

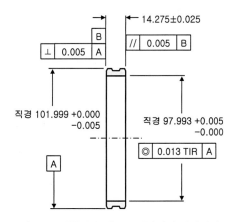

그림 9.29 전형적인 렌즈 스페이서의 설계사례[50]

---

50   P. Yoder 저, 장인배 역, 광학기구설계, 도서출판 씨아이알, 2017.

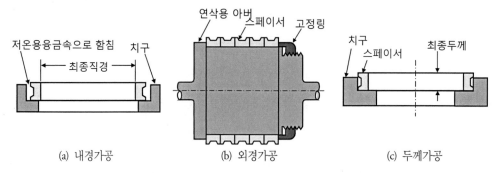

(a) 내경가공   (b) 외경가공   (c) 두께가공

그림 9.30 정밀 스페이서 가공을 위한 가공공정들[51]

다음에 반대면도 연삭 및 모서리 버니싱을 시행하면 스페이서의 가공이 완료된다. 이 과정을 통해서 90°의 날카로운 모서리 접속기구를 가지고 있는 스페이서가 제작된다. 이 과정에 단일점 다이아몬드선삭이나 프로파일연삭과 같은 공정이 추가되면 앞서 설명한 다양한 형상의 접속기구들도 제작할 수 있다.

그림 9.31에서는 렌즈와 스페이서들을 조립할 셀의 설계사례를 보여주고 있다. (a)의 도면에서 경통의 내경기준면 A와 경통의 중앙부에 성형되는 턱의 직각도가 렌즈와 스페이서들의 조립 기준면으로 작용하기 때문에 정밀한 기하공차가 지정되어 있음을 알 수 있다. 좌측 첫 번째 스페이

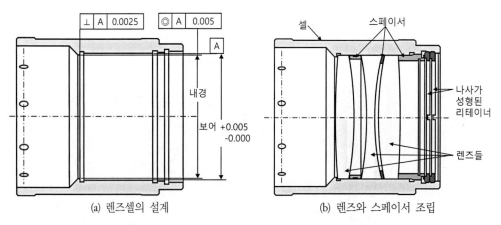

(a) 렌즈셀의 설계   (b) 렌즈와 스페이서 조립

그림 9.31 스페이서를 사용한 고성능 릴레이용 렌즈 조립체[52]

51   P. Yoder 저, 장인배 역, 광학기구설계, 도서출판 씨아이알, 2017.
52   P. Yoder 저, 장인배 역, 광학기구설계, 도서출판 씨아이알, 2017.

서의 외경과 셀의 내경 사이 최대 공극은 20[μm] 수준으로 지정되기 때문에, 스페이서를 삽입하는 과정에서 걸림이 발생하지 않도록 세심한 주의가 필요하다. 두 번째 스페이서는 약 50[μm] 정도의 두께를 가지고 있는 박판으로서, 스테인리스 강판을 펀칭이나 에칭으로 가공하여 제작하며, 리테이너로 예하중을 가하면 변형되어 렌즈 표면과 완벽하게 들어맞을 수 있도록 충분히 유연해야 한다. 우측의 스페이서는 나사가 성형된 리테이너링으로 압착하는 과정에서 따라 돌아서 렌즈의 표면을 긁고 광축의 정렬을 훼손시키지 않아야 한다. 나사가 성형된 압착용 리테이너링은 두 개를 직렬로 사용하여 조이고 접착제를 발라서 진동충격에 의한 풀림을 방지해야 한다.

모든 렌즈들과 마운트들이 지정된 치수와 공차로 가공되면 추가적인 현합가공이나 정렬 없이 조립이 가능한 설계를 **단순조립설계**라고 부른다. 이런 설계는 염가의 대량생산 제품에 주로 사용된다. **그림 9.32**에서는 군용 망원경용 고초점 접안렌즈의 단순조립 사례를 보여주고 있다. 스페이서를 사용하여 0.75[mm]의 유격을 두고 한 쌍의 접합렌즈들을 대칭 형태로 조립하며, 나사가 성형된 리테이너로 이들을 고정한다. 성능 요구조건이 중간 수준인 대부분의 군용 및 상용 렌즈 조립체들은 비용이 가장 중요시되므로 전통적으로 단순조립설계를 사용한다. 조립 후 성능검사 시 공차 범위를 넘어서는 불량품은 수정 없이 폐기해버리기 때문에 불량품 발생률을 허용 가능한 수준 이하로 유지할 수 있도록 광학부품 제조공장 및 기계부품 제조공장의 실정을 고려한 세심한 공차선정이 매우 중요하다.

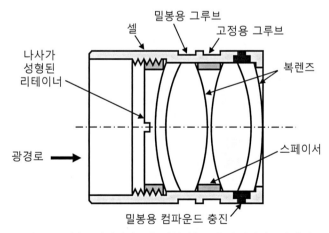

그림 9.32 단순조립설계된 군용 망원경용 고초점 접안렌즈의 사례[53]

---

53   P. Yoder 저, 장인배 역, 광학기구설계, 도서출판 씨아이알, 2017.

고가의 주문형 광학기구에서는 **현합조립**방법이 자주 사용된다. 특정한 렌즈에 대해서 측정한 외경과 거의 일치하도록 선반이나 다이아몬드선삭가공으로 내경을 가공해야 한다. **그림 9.33**에서는 두 개의 렌즈로 이루어진 조립체의 측정과 끼워맞춤에 대해서 보여주고 있다. (a)에서는 가공된 렌즈들에서 측정해야 되는 위치를 ①~⑤로 표시하여놓았다. (b)의 조립도에서 따르면, 현합조립에 사용된 개별 부품들의 생산로트와 파트번호까지 개별 관리되어야 하며, 측정해야 하는 위치들이 ⑥~⑩으로 표시되어 있다. 알파벳 A~E로 표기되어 있는 표면들은 지정된 공차 범위 내에서 현합 가공된다. 특히 1번 렌즈의 접선형 접속기구 표면인 D는 렌즈를 삽입한 후에 렌즈의 꼭짓점으로부터 플랜지까지의 거리가 57.105±0.01[mm]가 되도록 조립 후 측정과 분해 후 가공을 반복해야 한다.

그림 9.34에 도시되어 있는 항공정찰용 카메라의 대물렌즈와 같이 극한의 온도와 압력변화에 대해서 급격한 반경방향 작용력을 유발하지 않으면서 단일 소재로 제작된 마운트에 서로 다른 소재의 렌즈를 조립하기 위해서는 탄성중합체 몰딩방식이 유용하다. 상온경화형 실란트(RTV)로 만들어진 환형의 링에 의해서 4개의 단일렌즈들과 하나의 복렌즈가 개별적으로 마운트 되어 있다. 경통 내에서 렌즈의 운동을 막기 위해서 추가적으로 나사가 성형된 리테이너를 사용하여 각 렌즈들을 경통의 턱에 추가적으로 구속하였다.

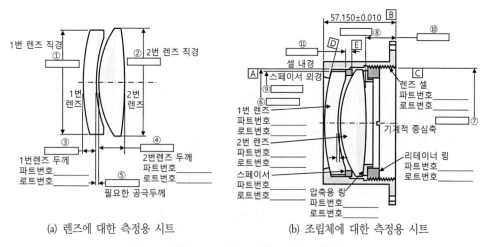

(a) 렌즈에 대한 측정용 시트   (b) 조립체에 대한 측정용 시트

그림 9.33 현합조립방법을 사용하는 복렌즈 조립체[54]

54 P. Yoder 저, 장인배 역, 광학기구설계, 도서출판 씨아이알, 2017.

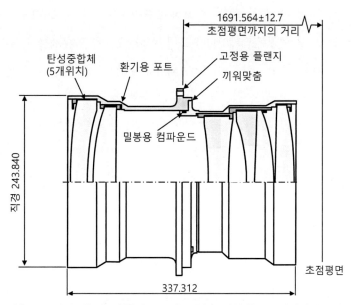

그림 9.34 탄성중합체 몰딩방식으로 렌즈들을 고정한 항공용 카메라의 사례[55]

정밀하게 가공된 셀들에 렌즈를 조립한 다음에 이 셀들을 다시 경통에 조립하는 방식을 **포커칩방식**이라고 부른다. **그림 9.35**에서는 포커칩 방식으로 제작된 저왜곡 텔레센트리 투사렌즈를 보여주고 있다. 모든 렌즈들은 스테인리스강으로 제작된 셀들 속에서 최대편심 12.7[μm], 쐐기형상에 의한 모서리두께의 최대편차 2.5[μm] 그리고 틸트에 의한 모서리표면의 최대편차 2.5[μm] 이내로 정렬을 맞춘 후에 3M 2262B/A 에폭시를 주입하여 0.381[mm] 두께의 환형 링 형태로 함침한다. 에폭시가 경화된 다음에는 셀의 축방향 두께를 최종 가공한다. 이 셀들을 스테인리스강 소재의 경통 속으로 삽입한 다음에 리테이너로 고정한다.

일련의 광학요소들을 사전에 정렬을 맞춰서 교체가 가능한 모듈로 만들어놓으면 광학계측기구의 조립, 정렬 및 유지보수가 단순해진다. 하지만 모듈형 장비는 모듈 교체시 성능저하가 없어야 하므로 동일한 성능의 모듈화되지 않는 장비보다 설계와 제작이 어렵다. 하지만 대량생산의 경우에 이런 어려움은 조립 및 유지보수 과정에서 대부분 보상된다. **그림 9.36**에서는 군용 쌍안경의 대물렌즈에 사용되는 3중 렌즈 모듈의 사례를 보여주고 있다. 이 모듈은 초점거리가 152.705[mm]이며 외경이 50.000[mm]인 망원렌즈 구조를 가지고 있다. 이 대물렌즈의 하우징에는 알루미늄 소재

---

55 P. Yoder 저, 장인배 역, 광학기구설계, 도서출판 씨아이알, 2017을 참조하여 재구성하였다.

를 사용하였으며, 테이퍼형 스페이서를 삽입하여 볼록렌즈들을 하우징의 턱에 설치하였다. O-링의 좌측에 얇은 압착링을 덧대어 리테이너를 조이는 과정에서 O-링이 찌그러지는 것을 방지하였다. 오목렌즈는 초점거리를 조절할 수 있도록 외경에 나사가 성형된 조정용 셀 속에 설치되며 O-링으로 밀봉되어 있다. 이 셀은 위치조절이 끝난 후에 탄성중합체 실란트로 밀봉하여 고정한다. 모든 부품들을 건조대기 속에서 밀봉한 다음에 하우징의 외경(A-면), 모듈 턱의 기준면(B-면) 그리고 망원경 본체와의 접촉면을 가공한다. 가공 중에 대물렌즈에 의해서 만들어지는 영상을 동일한 광축선상에 설치된 접안렌즈나 현미경으로 관찰하여 가공품질을 관리하여야 한다.

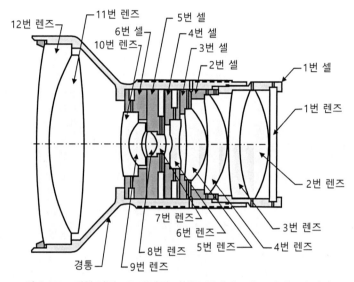

그림 9.35 포커칩 기법으로 제작된 저왜곡 텔레센트리 투사렌즈의 사례[56]

---

56 P. Yoder 저, 장인배 역, 광학기구설계, 도서출판 씨아이알, 2017.

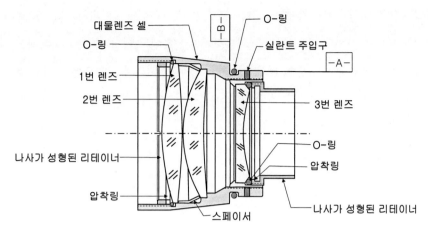

그림 9.36 군용 쌍안경 대물렌즈로 사용되는 3중 렌즈 모듈의 사례[57]

9.3.1.5 초점조절기구

대부분의 광학장비들은 사용 중에 초점과 같은 간극조절이 필요하다. 이런 조절을 위해서는 렌즈 조립체 내에서 특정한 렌즈나 렌즈그룹을 광축방향으로 이동시켜야 한다. 이동과정에서 광축의 중심이탈이나 기울기를 최소화한 정밀한 운동이 필요하다. **그림 9.37**에서는 차동나사를 사용하여 초점조절 링을 회전시켜서 카메라용 대물렌즈 요소들 사이의 거리를 변화시키는 메커니즘을 보여주고 있다.

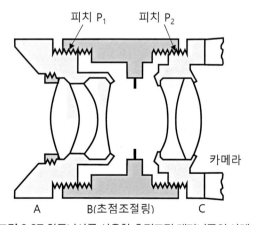

그림 9.37 차동나사를 사용한 초점조절 메커니즘의 사례[58]

---

57 P. Yoder 저, 장인배 역, 광학기구설계, 도서출판 씨아이알, 2017.

초점조절링(B)의 양측 내경부에는 각각 피치 $P_1(=0.79375[\text{mm}])$과 피치 $P_2(=0.52920[\text{mm}])$인 나사가 성형되어 있다. 이 초점조절링을 회전시키면 양측에 성형된 피치가 서로 다른 나사들의 상호작용으로 인해서 마치 이들이 매우 가는 나사피치에 의해서 구동되는 것처럼 양측 렌즈들 사이의 거리를 정밀하게 조절할 수 있다. 이 초점조절링이 1회전할 때에 모듈 A와 모듈 B 사이의 거리는 두 피치거리의 차이만큼 이동한다.

$$\delta_{DIF} = P_1 - P_2 = 0.79375 - 0.52920 = 0.26455[\text{mm}]$$

망원경의 경우에는 카메라와는 달리 초점이 유지되어야 하는 십자선이 없기 때문에 접안렌즈를 조절하여 물체의 초점을 맞출 수 있다. **그림 9.38** (a)에 도시된 쌍안경의 경우, 중앙 힌지에 설치된 회전기구를 사용하여 두 접안렌즈를 동시에 광축방향으로 이송시켜서 초점을 조절하며 좌우시력보정을 위해서 **그림 9.38** (b)에서와 같이 한쪽 접안렌즈는 굵은나사를 사용하여 내부렌즈셀 전체가 회전하면서 축방향으로 움직이는 별도의 초점조절기구를 갖추고 있다. 이런 유형의 접안렌즈 초점조절 메커니즘은 군용 쌍안경에서 사용되는 전형적인 설계형태이다. 하지만 초점조절 과정에서 광축이 회전하면서 미소하게 기울어지기 때문에 오래 망원경을 사용하면 눈의 피로가 심해진다는 단점이 있다.

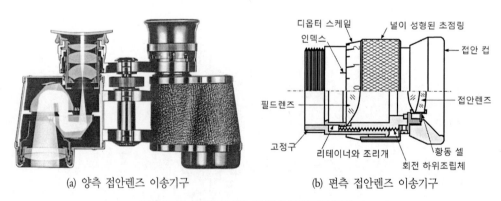

(a) 양측 접안렌즈 이송기구   (b) 편측 접안렌즈 이송기구

그림 9.38 초점조절 기능을 갖춘 쌍안경의 사례[59]

58　P. Yoder 저, 장인배 역, 광학기구설계, 도서출판 씨아이알, 2017을 참조하여 재구성하였다.
59　P. Yoder 저, 장인배 역, 광학기구설계, 도서출판 씨아이알, 2017.

9.3.2 광학시창의 고정

광학시창, 필터, 쉘 및 돔과 같은 광학요소들은 영상을 생성하지 않는다. 이들은 외부환경으로부터 내부의 계측장비를 보호하거나 입사광선의 스펙트럼 특성을 변화시키는 목적을 가지고 있다. 이런 광학부품에는 광학유리, 용융실리카, 광학 크리스털 그리고 플라스틱 등의 소재가 사용된다. 광학필터를 제외하면 이들은 먼지, 수분 및 오염물질의 침투를 막고 외부와의 압력 차이를 견디는 목적으로 사용된다. 이런 요소들의 설계 시 주의할 점은 기계적인 힘, 열응력 그리고 밀봉 성능의 유지 등이다.

9.3.2.1 시창의 단순고정

그림 9.39에서는 광학 시스템의 내부를 외부환경으로부터 차폐시키기 위한 소형 시창의 고정 사례를 보여주고 있다. 이 군용 조준경의 레티클 보호용 시창으로는 직경 20[mm], 두께 4[mm]인 원형 필터유리가 사용된다. 시창은 스테인리스강(STS303)으로 제작한 쉘에 상온경화형 실란트를 사용하여 밀봉하여 붙인다. 이 설계에서 필터유리와 금속 쉘 사이의 반경방향 간극은 1.27±0.127[mm]이다. 유리와 쉘 사이에 일시적으로 심을 삽입하여 중심을 맞춘 후에 함침한다. 이 방법은 예상되는 차압이 매우 작아서 실란트 접합면에 큰 힘이 부가되지 않는 경우에 적합하다.

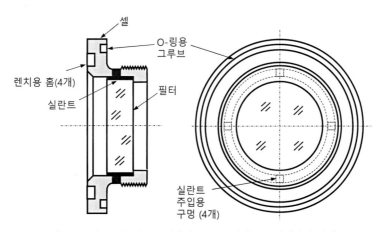

그림 9.39 탄성중합체로 몰딩하여 고정된 저성능 유리시창의 사례[60]

---

60 P. Yoder 저, 장인배 역, 광학기구설계, 도서출판 씨아이알, 2017.

그림 9.40에서는 인듐 실을 사용한 극저온 진공밀봉용 시창의 고정구조를 보여주고 있다. 시창은 게르마늄으로 제작하였으며, 133.3×33[mm] 크기의 레이스트랙 형상을 가지고 있다. 77~373[K]의 온도 범위에 대해서 시창을 밀봉고정하기 위해서 인듐 와이어로 제작한 개스킷을 시창의 넓은 경사면을 갖는 림과 셀의 내측 모서리에 끼워 넣은 다음에 스프링 판으로 눌러서 240[kgf]의 예하중을 부가하면 인듐 내에는 0.85[kgf/mm²] 크기의 최대응력이 만들어지는 것으로 판명되었다. 스프링 소재로는 열팽창계수가 작고 영계수가 큰 티타늄을 사용하였다. 스프링 강판이 시창 모서리 둘레를 균일하게 압착할 수 있도록 반경방향으로 다수의 슬릿을 성형하였다. 시창 프레임에는 열팽창계수가 게르마늄과 유사한 Nilo42(Ni$_{42}$Fe$_{58}$) 소재를 사용하였다. 이 사례에서는 쐐기의 하부측 좁은 틈새를 0.254[mm]로 선정하였으며, 누름판 앞에 설치된 쐐기형 피스톤과 쐐기 사이의 틈새는 양측 모두 0.0254[mm]로 선정하였다. 이 시스템은 77[K]에서 293[K]까지의 온도 사이클을 200회 이상 수행하는 동안 리크가 발생하지 않았다.

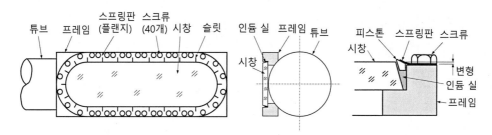

그림 9.40 예하중을 받는 인듐 실을 사용한 극저온 시창의 설치와 밀봉[61]

9.3.2.2 특수시창의 고정

특수시창에는 전방관측 적외선장비(FLIR), 저조도 텔레비전(LLLTV), 레이저 거리측정기/표적 지시기 등 군용 전자광학 센서들, 항공우주정찰용 카메라 그리고 심해탐사장비용 광학 시스템 등이 포함된다. 항공기용 전자광학센서나 카메라들은 기체의 날개나 동체 내의 환경이 조절된 격실에 설치되며 항공역학적인 외형을 갖춘 광학시창에 의해서 외부환경과 분리된다. 이 시창의 품질은 매우 높아야만 하며 열악한 환경하에서 장기간 견딜 수 있어야 한다.

그림 9.41에서는 0.45~0.9[μm] 파장대역의 영상을 관찰하는 저조도 텔레비전 카메라용 시창

61   P. Yoder 저, 장인배 역, 광학기구설계, 도서출판 씨아이알, 2017.

을 보여주고 있다. 이 시창은 대략적으로 380×250[mm] 크기의 타원형 시창으로서, 두 장의 크라운유리를 접합하여 두께 19[mm]로 제작된다. 알루미늄 소재의 프레임은 주조 후에 절삭가공 하여 제작하며, 곡면형상인 카메라용 시창과 12개의 나사로 고정된다. 유리의 한쪽 면에는 접합 전에 전도성 코팅을 시행한 후에 도선을 연결해놓았으며, 가열을 통해서 고고도에서 결빙을 방지하고 성에를 제거할 수 있다. 노출된 시창은 입자, 비 및 얼음 등과의 충돌에 의해서 손상되기 쉬우므로 시창의 교체가 가능하도록 설계되었다. 이 설계는 양쪽 방향에 대해서 $7.75×10^{-3}[kgf/mm^2]$의 차압에 견딜 수 있도록 설계되었다.

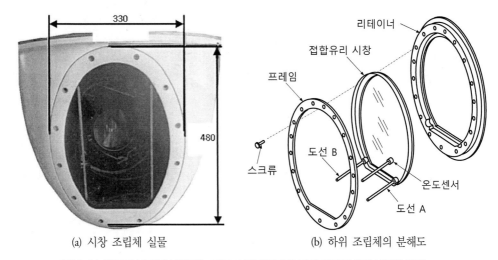

(a) 시창 조립체 실물　　　　　　　　　(b) 하위 조립체의 분해도

그림 9.41 항공기 날개에 부착되는 저조도 텔레비전용 타원형 접합유리시창의 사례[62]

그림 9.42에서는 비행경로상의 양쪽 수평선을 가로지르는 파노라마 사진을 찍기 위해서 설계된 전형적인 분할시창의 형상을 개략적으로 보여주고 있다. 항공역학적인 저항을 줄이기 위해서 시창의 외형을 동체의 외곽형상과 일치시키며, 이런 유형의 시창들을 **컨포멀시창**이라고 부른다. 이 시창의 경우에는 내측 시창은 BK7을 사용하였으며, 외측 시창은 용융실리카를 사용하였다. 항공기는 고속으로 비행하기 때문에 경계층효과로 인하여 시창의 외벽이 가열되며, 이로 인하여 카메라와 주변장비가 가열된다. 이를 최소화시키기 위해서 외부유리에는 복사율이 낮고 가시광선 투과율이 높은 금을 얇게 코팅한다. 그리고 모든 시창표면에는 투과율을 극대화시키기 위한

62　P. Yoder 저, 장인배 역, 광학기구설계, 도서출판 씨아이알, 2017.

비반사코팅이 시행되었다.

하부에 고정된 사각형 시창의 크기는 대략적으로 320×320[mm]이며 두께는 10[mm]이다. 유리판의 테두리에는 베벨가공과 폴리싱가공을 시행하여 충격에 대한 안정성을 높였으며, 유연성을 갖춘 접착제로 접합하여 온도변화에 따른 열팽창을 수용할 수 있도록 만들었다.

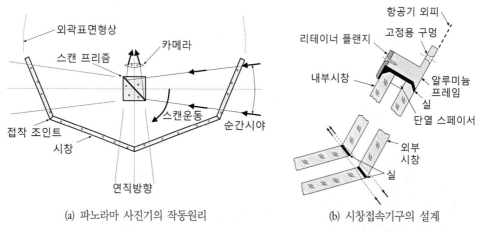

(a) 파노라마 사진기의 작동원리   (b) 시창접속기구의 설계

그림 9.42 항공기용 컨포멀시창의 형상과 접속기구 설치방법[63]

컨포멀 시창의 또 다른 중요한 용도는 미사일 유도 시스템이다. 이 경우에는 넓은 관측시야를 확보하기 위해서 쉘이나 돔 형태의 시창을 사용한다. **그림 9.43** (a)에서는 외경 127[mm], 돔의 두께는 5[mm], 구경각 210°인 **돔형 시창**을 보여주고 있다. 일반적으로 돔형 시창은 크라운유리, 용융실리카, 게르마늄, 황화아연, 셀렌화아연, 실리콘, 불화마그네슘, 사파이어, 스피넬 그리고 CVD 다이아몬드와 같은 적외선투과소재들로 제작된다. 내구성이 뛰어난 용융실리카나 다이아몬드를 제외하면, 대부분의 소재들은 고속비행 중에 대기 중의 먼지, 빗방울, 얼음 등과의 충돌에 의한 침식과 손상에 취약하다. 돔의 고정을 위해서는 **그림 9.43** (b)~(d)에 도시되어 있는 것처럼 하우징에 탄성중합체를 사용하여 함침하거나 연질의 개스킷을 삽입한 다음에 링 형상의 플랜지로 압착하여 고정한다. 이런 광학부품은 극심한 진동과 충격에 노출되기 때문에 접촉면에 직접 금속 리테이너로 고정하는 방식을 사용하지 않는다. 전형적으로 메니스커스 형상을 가지고 있는 시창

---

63 P. Yoder 저, 장인배 역, 광학기구설계, 도서출판 씨아이알, 2017.

들은 영상왜곡이 발생하며, 이를 보정하기 위한 수차보정용 광학계가 추가적으로 필요하다. 또한 고속비행으로 인해서 발생하는 공기역학적인 문제와 고온발생 때문에 문제가 매우 복잡해진다. 하지만 이런 설계기법들은 이 책의 범주를 넘어서므로 다루지 않으며, 이에 대해서 관심이 있는 독자들은 광학기구설계[64]를 공부하기 바란다.

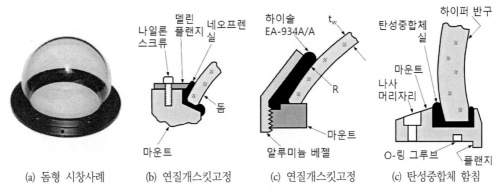

(a) 돔형 시창사례　　(b) 연질개스킷고정　　(c) 연질개스킷고정　　(c) 탄성중합체 함침

그림 9.43 돔형 시창의 사례와 고정방법들[65]

9.3.2.3 차압설계

시창은 지지조건에 따라서 견딜 수 있는 차압이 서로 다르다. **그림 9.44**에서는 원형시창의 지지방법에 따른 지지조건상수값(K_w)의 차이를 보여주고 있다. 파괴강도가 $S_f[\text{kgf/mm}^2]$이며 직경이 $D[\text{mm}]$인 원형 시창에 $\Delta P[\text{kgf/mm}^2]$의 차압이 가해지는 경우에 시창의 최소두께 $t[\text{mm}]$는 안전계수 f_s를 고려하여 다음 식으로 계산할 수 있다.

$$t = 0.5D\sqrt{\frac{K_w f_s \Delta P}{S_f}}$$

예를 들어, 직경 $D = 150[\text{mm}]$이며, 파괴강도 $S_f = 30[\text{kgf/mm}^2]$인 사파이어 시창에 $0.1[\text{kgf/mm}^2]$의 차압이 가해진다고 한다. 안전계수 $f_s = 4$인 경우에 단순지지인 경우($K_w = 1.25$)에 필요한 시창의 두께는

64　P. Yoder 저, 장인배 역, 광학기구설계, 도서출판 씨아이알, 2017.
65　P. Yoder 저, 장인배 역, 광학기구설계, 도서출판 씨아이알, 2017.

$$t_{simple} = 0.5 \times 150 \times \sqrt{\frac{1.25 \times 4 \times 0.1}{30}} = 9.7 \, [\text{mm}]$$

그리고 클램프지지인 경우($K_w = 0.75$)에 필요한 시창의 두께는

$$t_{clamp} = 0.5 \times 150 \times \sqrt{\frac{0.75 \times 4 \times 0.1}{30}} = 7.5 \, [\text{mm}]$$

이를 통해서 지지방법에 따라서 필요한 시창의 두께가 크게 달라진다는 것을 알 수 있다.

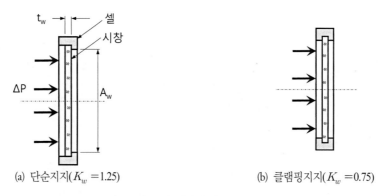

(a) 단순지지($K_w = 1.25$)   (b) 클램핑지지($K_w = 0.75$)

그림 9.44 시창의 지지조건[66]

그림 9.45에서는 플렉시글라스(폴리메타크릴산메틸)로 제작된 심해 탐사정용 **고압시창**의 두 가지 설계사례들을 보여주고 있다. (a)에 도시되어 있는 90° 원추형 시창은 림 전체가 차압을 지지하는 구조를 사용하고 있다. 차압이 낮은 경우에 시창에 조립 예하중을 부가하기 위해서 리테이너로 네오프렌 소재의 개스킷을 압착하도록 설계되어 있다. 원추각 공차는 ±30[arcmin]으로 지정되었으며, 시창의 치수공차는 ±25[μm]으로 지정되었다. 시창의 림과 이에 맞닿는 금속의 표면 거칠기(rms)는 32[μm]으로 지정되었다. (b)에 도시된 평면형 시창의 경우에는 중앙부에 설치된 O-링을 사용하여 밀봉하며 차압이 낮은 경우의 위치유지를 위해서 멈춤링이 사용되었다. 시창과 지지기구 사이의 반경방향 틈새는 0.13~0.25[mm]로 지정되었다. 두 시창 모두 조립 전에 림에

66   P. Yoder 저, 장인배 역, 광학기구설계, 도서출판 씨아이알, 2017.

진공그리스를 도포하였다.

직경 $D = 100$[mm]인 시창에 대한 내압시험에 따르면, 이들은 (해저 약 2.7[km] 깊이에서의 수압에 해당하는) 약 2.75[kgf/mm²]의 차압에서 파괴되었다.

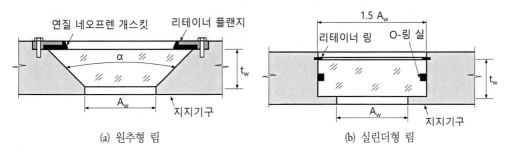

그림 9.45 심해탐사정용 시창의 지지구조 설계[67]

9.3.3 프리즘 마운팅

영상의 자세와 방향을 변경시키기 위해서 광선의 진행방향을 꺾거나 광축을 이동시키는 광학요소를 **프리즘**이라고 부른다. **그림 9.46**에서는 직각 프리즘의 광선경로를 보여주고 있다. 입사광선 a-b가 점선으로 표시된 가상의 사각형 유리를 통과하여 직진한다면 a″-b″을 향할 것이다. 그런데 직각의 프리즘은 45°로 반사표면이 설치되어 있으므로, 이 반사표면을 따라서 종이를 접어보면 실선으로 표시된 실제의 광선경로를 찾아낼 수 있다. 원래의 프리즘 경로를 펼쳐서 만들어진

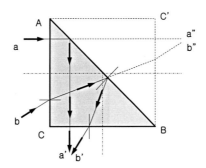

그림 9.46 직각프리즘의 터널선도[68]

---

67 P. Yoder 저, 장인배 역, 광학기구설계, 도서출판 씨아이알, 2017.
68 P. Yoder 저, 장인배 역, 광학기구설계, 도서출판 씨아이알, 2017.

직진하는 가상의 광선경로를 **터널선도**라고 부른다. 이 방법은 모든 유형의 프리즘에 적용할 수 있으며, 이를 통하여 광학계측장비의 설계에 필요한 구경과 그에 따른 프리즘의 크기 산출과정을 단순화시켜준다.

9.3.3.1 준 기구학적 고정

프리즘의 형상은 매우 다양하며 그에 따른 광학적 특성은 이 책의 범주를 넘어서므로 다루지 않는다. 프리즘은 다수의 평면이 다양한 각도로 배치된 각진 형상의 유리 덩어리이다. 이를 고정하는 과정에서 응력이 부가되면 광학경로의 왜곡이 발생하며, 열팽창이나 충격에 의해서 파손되기 쉬우므로 렌즈와는 다른 고정방법들이 사용되어야 한다. 특히 3장에서 설명했던 기구학적 구속원리를 적용한 위치결정기구들이 자주 사용되므로, 이에 대한 학습이 필요하다. **그림 9.47**에서는 프리즘을 고정하는 준 기구학적 고정방법들을 보여주고 있다. 기구학적 구속에서는 점접촉이 사용되지만, 연질의 유리소재와의 점접촉은 내부응력을 생성하여 국부굴절률을 변화시키고, 심지어는 파손을 유발할 우려가 있기 때문에 적용하기가 어렵다. 대신에 연삭가공으로 정밀하게 정렬을 맞춘 제한된 면적의 평면들을 사용하여 기구학적으로 자유도를 구속하는 **준 기구학적 구속**방법이 사용된다. (a)의 경우, 바닥판에 설치된 3개의 패드들이 3점(실제로는 면)접촉을 이루고 있으며, 측면에 설치된 3개의 원주기둥들도 각각 (선)접촉을 이루어 총 6점의 (선)접촉이 이루어

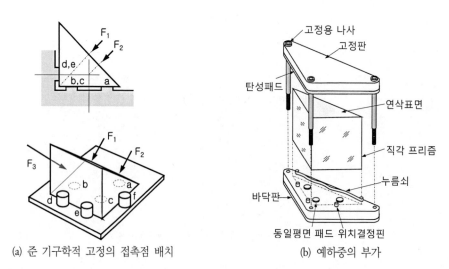

(a) 준 기구학적 고정의 접촉점 배치　　　　(b) 예하중의 부가

그림 9.47 프리즘의 준 기구학적 고정[69]

진다. 이와 더불어서 F_1, F_2 및 F_3의 고정력들이 프리즘에 부가되면 프리즘은 6자유도가 구속되어 안정적인 위치가 유지된다. 프리즘을 구속하기 위해서는 (b)에서와 같이 스프링 판이나 탄성패드 등을 사용하여야 한다. 바닥면에 설치된 3개의 패드들에 대해서는 탄성패드를 사용하여 프리즘을 압착하며, 측면에 설치된 3개의 원주기둥들에 대해서는 판형 스프링으로 만들어진 누름쇠를 사용하여 프리즘을 압착하여 고정한다. 예를 들어, 0.1[kg] 무게의 프리즘에 최대가속 100[m/s^2]이 부가되는 경우에 이 프리즘을 고정하기 위한 고정력은 다음과 같이 계산할 수 있다.

$$F = m \times a = 0.1 \times 100 = 10[\text{N}]$$

9.3.3.2 누름쇠 고정기구설계

준 기구학적으로 구속된 프리즘 요소에 고정력(예하중)을 부가하기 위해서 **누름쇠**라고 부르는 판형 스프링이 자주 사용된다. 여기서 누름쇠는 하중을 부가하는 기구일 뿐, 구속되는 자유도의 수와는 무관하다. 하지만 올바른 방향으로 누름력을 부가하여야 정확한 구속이 이루어지므로, 누름쇠의 형상이나 설치기구를 설계할 때에는 주의가 필요하다. 이에 대해서는 3.2.3절에서 논의된 올바른 고정력의 부가를 참조하기 바란다.

그림 9.48에서는 4장의 리프스프링 누름쇠를 사용한 펜타프리즘 고정기구를 보여주고 있다. 여기서 프리즘은 3개의 원주형 기둥과 1장의 수평방향 누름쇠를 사용하여 2개의 병진 자유도와 1개의 회전자유도를 구속하며 3장의 수직방향 누름쇠들을 사용하여 바닥면에 돌출된 3개의 패드면 위에 압착하여 1개의 병진자유도와 2개의 회전자유도를 구속한다. 이때에 수직방향 누름쇠의 변형량(δ)와 누름쇠의 굽힘각도(φ)는 다음 식을 사용하여 계산할 수 있다.

$$\delta_v = \frac{4FL^3(1-\nu^2)}{Ebt^3N}$$

$$\varphi = \frac{6FL^2(1-\nu^2)}{Ebt^3N}$$

여기서 $F(=ma)$는 프리즘에 가해지는 최대 작용력, L은 누름쇠의 자유단길이, b와 t는 각각

69 P. Yoder 저, 장인배 역, 광학기구설계, 도서출판 씨아이알, 2017.

누름쇠의 폭과 두께, E는 영계수, ν는 소재의 푸아송비 그리고 N은 동일방향을 누르는 누름쇠의 숫자이다.

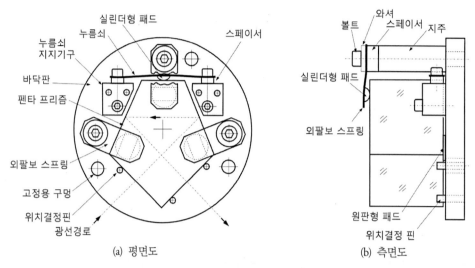

(a) 평면도   (b) 측면도

그림 9.48 누름쇠를 사용한 펜타프리즘 고정사례[70]

예를 들어, 펜타프리즘에 최대작용력 $F = 1[\mathrm{kgf}](\simeq 10[\mathrm{N}])$의 힘이 가해질 수 있으며, $E = 1.3 \times 10^4 [\mathrm{kgf/mm^2}]$, $\nu = 0.35$인 BeCu 소재로 만들어진 누름쇠의 외형치수는 $L = 10[\mathrm{mm}]$, $b = 5[\mathrm{mm}]$, $t = 0.3[\mathrm{mm}]$이고, 3장이 사용된 경우에, 각 누름쇠의 필요한 변형량과 굽힘각도는 다음과 같이 계산할 수 있다.

$$\delta_v = \frac{4 \times 1 \times 10^3 (1 - 0.35^2)}{1.3 \times 10^4 \times 5 \times 0.3^3 \times 3} = 0.667 [\mathrm{mm}]$$

$$\varphi = \frac{6 \times 1 \times 10^2 \times (1 - 0.35^2)}{1.3 \times 10^4 \times 5 \times 0.3^3 \times 3} = 0.1 [\mathrm{rad}]$$

그리고 수평방향 누름쇠의 변형량은 다음 식을 사용하여 계산할 수 있다.

---

70   P. Yoder 저, 장인배 역, 광학기구설계, 도서출판 씨아이알, 2017.

$$\delta_h = \frac{0.0625FL^3(1-\nu^2)}{Ebt^3}$$

예를 들어, 앞서와 모든 조건이 동일하며 L만 30[mm]인 누름쇠를 사용하여 3개의 위치결정핀들에 대해 수평방향으로 프리즘을 압착하려 한다면 필요한 변형량은 다음과 같이 계산된다.

$$\delta_h = \frac{0.0625 \times 1 \times 30^3 (1-0.35^2)}{1.3 \times 10^4 \times 5 \times 0.3^3} = 0.844[\text{mm}]$$

그런데 **그림 9.49** (a)에서와 같이, 외팔보형 스프링이 깨지기 쉬운 프리즘 테두리와 직접 접촉하면 부가되는 예하중에 의해서 프리즘이 손상받기 쉽다. 이를 보완하기 위해서 **그림 9.49** (b)에서와 같이, 쐐기형 와셔를 사용하여 스프링을 경사지게 설치하여 예하중이 부가된 후의 변형 형상이 프리즘의 상부표면과 평행을 이루도록 만들 수 있다. 그런데 이 설계는 도면상에서는 그럴 듯해 보이지만 실제의 경우에는 가공오차나 조립오차로 인하여 스프링판의 정렬이 비틀어지면 점접촉이 이루어질 우려가 있다. **그림 9.49** (c)나 (d)의 경우와 같이, 스프링의 선단부를 절곡하거나 실린더형 패드를 (브레이징) 부착하여 사용할 수도 있다. 이 경우에는 선접촉이 이루어지지만, 접촉응력이 완벽하게 없어지는 것은 아니기 때문에 세심한 설계와 조립이 필요하다.

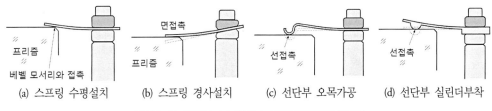

그림 9.49 외팔보 스프링형 누름쇠의 접촉면 설계[71]

9.3.3.3 접착식 마운트

에폭시나 이와 유사한 접착제를 사용하여 프리즘의 바닥면을 기구물에 접착하면 최소한의 복

---

71 P. Yoder 저, 장인배 역, 광학기구설계, 도서출판 씨아이알, 2017.

잡성을 가지고 강력한 결합을 구현할 수 있다. 세심하게 설계 및 제작된 접착면의 기계적 강도는 군사 및 항공용도에서 요구하는 극심한 충격과 열악한 환경조건에도 견딜 수 있다.

접착식 마운트를 사용하는 경우에는 접착제의 특성과 유통기한,[72] 접착층의 두께와 면적, 접착할 표면의 청결도, 소재 간 열팽창계수 차이, 조립부품들의 취급과정 등에 대해서 세심하게 고려해야 한다. **표 9.9**에서는 이런 목적에 사용되는 전형적인 접착제들을 제시하고 있다.

필요한 최소 접착면적($A_{\min}$)은 다음 식을 사용하여 결정한다.

$$A_{\min} = \frac{ma_G S_f}{G}$$

여기서 m[kg]은 프리즘의 질량, $a_G = a_{\max}/g$는 프리즘에 가해지는 최대 가속도를 중력가속도로 나눈 값, S_f는 안전계수 그리고 G[kgf/mm²]는 접착제의 전단강도이다. 예를 들어, 최대가속 $a_G = 250$이 부가되는 $m = 0.1$[kg]인 프리즘을 3M社에서 제조하는 2216(회색) 에폭시를 사용하여 접착하는 경우에 필요한 접착면적은 얼마가 되어야 하는가?

표 9.9에서 2216(회색) 에폭시의 전단강도 $G = 1.8$[kgf/mm²]이며, 안전계수 $S_f = 4$로 가정하면,

$$A_{\min} = \frac{0.1 \times 250 \times 4}{1.8} = 55.5 \, [\mathrm{mm}^2]$$

이다. 이를 원형으로 접착한다면, 직경 $D = 8.5$[mm]인 원형 접착면으로 충분하다. **그림 9.50**에서는 이 사양으로 제작된 군용 잠망경에 사용되는 루프펜타프리즘의 사례를 보여주고 있다.

유리와 금속 사이의 접착 신뢰성을 높이기 위해서는 유리소재 접촉표면에 대한 정교한 연삭이 필요하다. **연삭깊이조절**이라고 부르는 연삭공정 관리를 통해서 표면하부에 감춰진 균열들을 완벽하게 제거하면 소재의 인장강도를 현저히 증가시킬 수 있다. 표면을 폴리싱 처리한 유리표면의 접착은 연삭깊이조절을 통해 만들어진 유리표면에 비해서 인장강도가 떨어진다.

---

72 지정된 유통기한을 넘어서면 접착 신뢰성을 담보할 수 없다.

루프펜타프리즘

접착 조인트

브래킷

그림 9.50 금속 브래킷에 에폭시로 접착되어 있는 루프펜타프리즘의 사례[73]

일반적으로 유리-금속 접착모서리에 과도한 접착제가 누출되어 필렛이 생성되지 않도록 주의해야 한다. **그림 9.51** (a)에 도시된 것처럼, 접착제는 프리즘과 마운트 사이의 계면에만 도포되어야 한다. 계면의 필렛부에서의 접착제 열팽창량은 유리와 금속 계면에서의 팽창량보다 크기 때문에 **그림 9.51** (b)의 경우처럼 외부로 접착제가 누출되어 필렛을 형성하는 경우에, 외부에 형성된 접착제 필렛이 극심한 온도변화에 노출되면 유리조인트를 파손시켜버릴 수 있다.

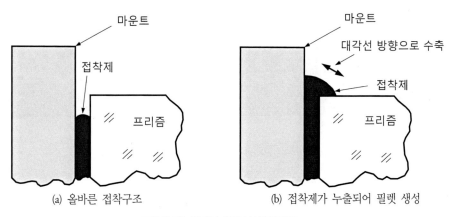

마운트

접착제

프리즘

(a) 올바른 접착구조

마운트

대각선 방향으로 수축

접착제

프리즘

(b) 접착제가 누출되어 필렛 생성

그림 9.51 올바른 에폭시 접착구조[74]

---

73 P. Yoder 저, 장인배 역, 광학기구설계, 도서출판 씨아이알, 2017.
74 P. Yoder 저, 장인배 역, 광학기구설계, 도서출판 씨아이알, 2017.

9.4 반사형 광학요소의 설치와 고정75

투명한 유리소재를 사용하는 렌즈와 같은 굴절형 광학요소는 구경이 커질수록 질량과 체적이 기하급수적으로 증가하기 때문에 구경의 제한이 있다. 반면에 **반사형 광학요소**는 중앙이 오목하거나 볼록한 원판형 구조물을 사용하기 때문에 벌집형 구조와 같은 초경량 고강성 구조를 사용하여 거대구경 광학요소를 설계하기가 용이하다. **그림 9.52** (a)에 도시되어 있는, 미국이 주도하여 제작하는 초거대 천체망원경인 자이언트 마젤란 망원경(GMT)의 경우에는 직경 12[m]에 달하는 반사경 7개를 조합한 구조를 가지고 있으며, **그림 9.52** (b)에 도시되어 있는, 유럽이 주도하여 제작하는 초거대 천체망원경인 E-ELT의 경우에는 직경이 1.4[m]인 육각형 반사경 798개를 조합하여 직경 36[m]짜리 반사 망원경을 제작 중에 있다.

(a) GMT76　　　　　　　　　　　　　　　　　(b) E-ELT77

그림 9.52 초거대 천체망원경의 사례(컬러 도판 p.762 참조)

9.4.1 소형 비금속 반사경의 고정

반사경은 광선의 굴절과 같은 프리즘의 용도나 영상생성과 같은 렌즈의 용도로 모두 사용할 수 있다. 평면, 구면, 비구면 또는 토로이드 형상의 광학표면을 가지고 있는 **소형 반사경**의 제작

75　이 절은 P. Yoder 저, 장인배 역, 광학기구설계, 도서출판 씨아이알, 2017의 8~11장의 내용을 참조하여 저술하였다.
76　gmt.org
77　eso.org

에는 속이 찬 모재를 사용한다. 모재의 두께는 전형적으로 직경의 1/5나 1/6을 사용하지만, 용도에 따라서는 이보다 더 얇거나 두꺼운 모재를 사용할 수도 있다. 비금속 모재로는 붕규산염 크라운유리, 용융실리카 또는 초저열팽창계수유리나 제로도와 같은 소재들이 사용된다. 반면에, 금속 모재로는 알루미늄이 주로 사용되지만, 베릴륨, 구리, 몰리브덴, 실리콘, 실리콘카바이드와 같은 다양한 소재들이 사용된다. 반사경의 표면에는 알루미늄, 은, 금 등을 사용하여 금속박막을 코팅하며, 표면을 보호하기 위하여 불화마그네슘이나 일산화규소 유전체코팅을 시행한다. 또한 굴절에 의한 유령영상 생성을 저감하기 위한 비반사코팅이 추가적으로 시행된다.

직경 1[m] 미만의 크기를 가지고 있는 **소형 비금속 반사경**의 기계적 고정에도 프리즘의 경우와 마찬가지로 기계식 클램프나 탄성중합체 고정과 같은 단순 지지방법이 널리 사용되고 있다. 이 경우에는 프리즘의 경우와 동일한 설계원리가 적용되기 때문에 이 절에서 다시 설명하지는 않을 예정이다. **그림 9.53**에서는 접착식으로 제작된 다양한 소형 비금속 반사경들의 사례들을 보여주고 있다.

(a) 펜타반사경(일부)　　　　(b) 포로반사경(일부)　　　　(c) 역반사경

그림 9.53 접착식으로 제작된 소형 비금속반사경들의 사례[78]

광학장비에서 플랙셔는 광학요소를 기계 구조물과 분리시키고 열팽창에 의한 힘이 광학요소의 자세와 표면윤곽에 끼치는 영향을 최소화시켜준다. 또한 플랙셔는 기계식 조인트와는 달리 걸림이나 마찰이 없기 때문에 무한히 높은 분해능을 가지고 있다. **그림 9.54**에서는 120° 각도로 배치되어 있는 세 개의 박판형 플랙셔에 지지되어 있는 원판형 반사경을 보여주고 있다. 각각의 플랙셔들은 굽은 화살표로 표시된 방향으로 회전운동을 할 수 있으며, 미소운동에 대해서는 이를

78　P. Yoder 저, 장인배 역, 광학기구설계, 도서출판 씨아이알, 2017.

직선운동으로 간주할 수 있다. 3개의 플랙셔들이 이루는 직선운동방향들은 반사경의 무게중심 위치에서 교차해야 한다. 이를 위해서는 모든 플랙셔들을 동일한 소재와 형상으로 제작해야 하며, 120° 각도로 배치하는 것이 가장 이상적이다. 플랙셔들이 지면방향으로 일정한 두께를 가지고 있다면 지면방향으로는 충분한 강성이 확보할 수 있다. 이 조립체는 극심한 온도변화에 노출되어도 반사경에 조립 응력을 부가하지 않으며, 중심위치가 변하지 않는다. 다만 플랙셔의 길이가 약간 변하기 때문에 반사경이 미세하게 회전할 뿐이다. 이를 **무열화 설계**라고 부르며, 광학기구 설계에서 매우 중요하게 취급하는 설계원리이다.

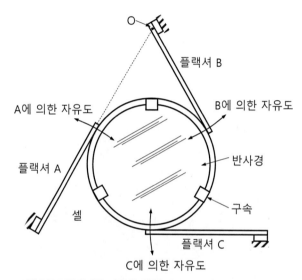

그림 9.54 플랙셔를 사용한 원형 반사경 고정기구의 개념도[79]

최근까지 구경이 크지 않은 소형의 반사경들은 강체로 간주하여 준 기구학적으로 고정하거나, 심지어는 비기구학적으로 고정하여도 성능에 큰 영향을 끼치지 않을 것이라고 생각해왔다. 무중력 상태인 우주에서는 이 가정이 타당하지만 지상에서 사용하는 반사경이라면 문제가 달라진다. 또한 지상에서 교정하여 우주에서 사용하는 반사경의 경우에도 문제가 된다. **그림 9.55**에서는 단순 지지된 원형 반사경과 사각형 반사경에서 일어나는 처짐 현상과 이를 산출하기 위한 계산식을 제시하고 있다.

---

79   P. Yoder 저, 장인배 역, 광학기구설계, 도서출판 씨아이알, 2017.

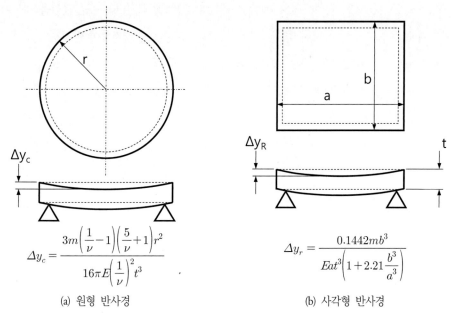

$$\Delta y_c = \frac{3m\left(\dfrac{1}{\nu}-1\right)\left(\dfrac{5}{\nu}+1\right)r^2}{16\pi E\left(\dfrac{1}{\nu}\right)^2 t^3}$$

$$\Delta y_r = \frac{0.1442mb^3}{Eat^3\left(1+2.21\dfrac{b^3}{a^3}\right)}$$

(a) 원형 반사경

(b) 사각형 반사경

그림 9.55 림 부분이 단순 지지된 반사경의 중력 처짐[80]

예를 들어, 반경 $r=300[\text{mm}]$이며, 두께 $t=100[\text{mm}]$인 용융실리카 소재 원형 반사경의 자중 처짐을 계산해보자. **표 9.6**에 따르면, 용융실리카의 비중 $\rho=2.21[\text{g/cm}^3]$, $E=7.44\times10^3[\text{kgf/mm}^3]$ 그리고 **표 9.16**에 따르면, $\nu=0.17$이다. 반사경의 질량은 다음과 같이 계산된다.

$$m = \pi r^2 \times t \times \rho = \pi \times 30^2 \times 10 \times 2.21 = 62,486[\text{g}] \simeq 62.5[\text{kg}]$$

따라서 처짐량 Δy_c는 다음과 같이 계산된다.

$$\Delta y_c = \frac{3\times62.5\times\left(\dfrac{1}{0.17}-1\right)\left(\dfrac{5}{0.17}+1\right)\times300^2}{16\times\pi\times7.44\times10^3\times\left(\dfrac{1}{0.17}\right)^2\times100^3} = 0.0001936[\text{mm}] = 193.6[\text{nm}]$$

80　P. Yoder 저, 장인배 역, 광학기구설계, 도서출판 씨아이알, 2017.

이는 $\lambda = 632.8[\text{nm}]$인 적색광선의 파장길이의 약 1/3에 달하는 매우 큰 값임을 알 수 있다.

힌들 마운트는 기구학적 지지방법을 사용하면서도 다중점을 지지하여 반사경의 중력 처짐을 개선하는 방법이다. 힌들 마운트는 **그림 9.56** (a)에 도시된 것처럼, 원형의 구조물을 원형판 전체 면적의 1/3이 되는 반경(R_i)과 전체면적의 2/3이 되는 반경(R_o)위치에 3개의 지지점들이 배치된 삼각형 중간구조물들을 반사경의 원주방향으로 120° 간격마다 설치하며, 이 삼각형 중간구조물의 도심위치를 외부에서 지지하는 형태의 다층 지지구조를 사용하고 있다. 이를 통해서 9개의 각 지지점들은 원판의 총질량을 균일하게 나누어 지지하게 된다. **그림 9.56** (b)에 도시된 18점 지지 방식의 경우에는 두 개의 삼각형 중간판들을 하나의 가로막대로 지지하며, 다시 이 가로막대의 중앙을 외부 하우징에서 지지하는 구조를 채용하고 있다. 이때에 사용되는 가로막대의 형상이 **그림 9.57**에 도시되어 있는 것처럼, 두 마리의 말이 끄는 마차의 마구와 비슷하게 생겼기 때문에 **휘플트리**라고 부른다.

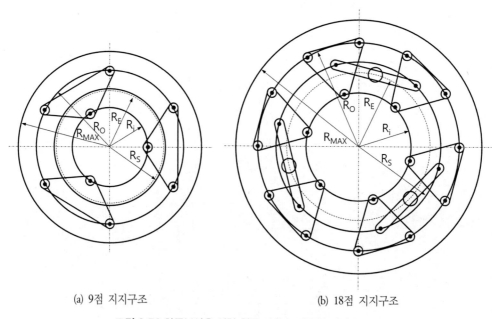

(a) 9점 지지구조　　　　　　(b) 18점 지지구조

그림 9.56 하중분산을 위한 힌들 마운트 다중점 지지구조[81]

81　P. Yoder 저, 장인배 역, 광학기구설계, 도서출판 씨아이알, 2017.

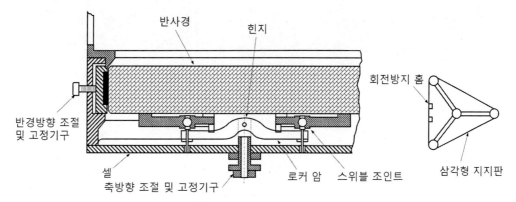

그림 9.57 18점 지지구조의 2차 지지용 가로막대 기구인 휘플트리의 형상[82]

9.4.2 금속 반사경의 고정

비금속 반사경의 경우와는 달리, **금속 반사경**의 경우에는 모재를 직접 가공하여 접속기구를 성형할 수 있다. 금속 반사경의 반사표면과 접속기구의 제작에는 전통적으로 단일점 다이아몬드 선삭가공(SPDT)이 사용되고 있다. 이 가공기법을 사용하여 6061 알루미늄 모재를 80~120[Å] 수준의 표면조도로 가공할 수 있으며, 비정질 소재를 도금한 표면에 대한 가공으로는 40[Å]의 조도를 구현할 수 있다. 하지만 단일점 다이아몬드선삭가공은 철계합금, 전해니켈도금 그리고 실리콘 소재에 대해서는 공구마모가 심하기 때문에 부적합하다. 반면에 알루미늄, 황동, 구리, 베릴륨동, 무전해니켈도금 표면, 불화칼슘 등의 불화물, 게르마늄 등의 소재에는 적용이 용이하다. 일반적으로 폴리싱이 용이한 취성재료들에 대해서는 단일점 다이아몬드선삭을 적용하기가 부적합한 반면에, 폴리싱이 어려운 연성 재료들에 대해서는 적용하기가 적합하다.

그림 9.58에서는 단일점 다이아몬드 선삭 가공된 면들을 이용하여 축방향 및 반경방향 정렬을 관리하는 설계사례를 보여주고 있다. 그림에서 실린더형 내경접촉면과 토로이드형상의 외경면이 공차 없이 정밀한 미끄럼 끼워맞춤이 되도록 단일점 다이아몬드선삭가공하여 중심맞춤을 관리한다. 축방향 위치는 내측 부품의 축선과 직교하는 플랜지 바닥의 평면부를 단일점다이아몬드선삭가공으로 조절한다. 관통볼트들을 사용하여 두 부품을 체결하면 별다른 정렬 없이도 두 부품의 광축 정렬과 축방향 위치가 공차 범위 이내에서 구현된다.

---

82 P. Yoder 저, 장인배 역, 광학기구설계, 도서출판 씨아이알, 2017.

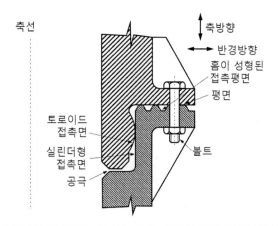

그림 9.58 단일점 다이아몬드선삭가공을 이용한 정렬맞춤기구의 사례[83]

극저온과 같은 극한온도, 레이저나 태양풍과 같은 고에너지 열복사, 극한의 충격이나 진동과 같은 열악한 환경조건에 대해서 금속반사경을 고정하기 위해서는 반사경 몸체에 고정기구를 내장하는 방법이 유용하다. **그림 9.59**에 도시된 무응력 고정기구의 경우에는 반사경 몸체와 고정기구 사이의 응력전달 경로를 분리시켜주는 슬롯이 성형되어 있기 때문에 구조물에 반사경을 볼팅하는 과정에서 발생한 힘이 광학표면에 전달되지 않는다.

(a) 단면구조　　　　　　　　　(b) 실시사례

그림 9.59 소형 금속 반사경의 무응력 고정기구[84]

83　P. Yoder 저, 장인배 역, 광학기구설계, 도서출판 씨아이알, 2017.
84　P. Yoder 저, 장인배 역, 광학기구설계, 도서출판 씨아이알, 2017.

강체형의 금속 반사경을 응력 없이 지지하기 위해서 일체형 플랙셔 암을 갖춘 반사경 고정기구가 사용된다. **그림 9.60**에 도시된 반사경(뒷면)의 경우에는 플랜지 방전가공을 통해서 조립용 플랙셔들을 성형하였다. 이 플랙셔는 ±0.025[mm]의 병진변형과 ±0.1[deg]의 굽힘변형을 수용하여 고정력에 의한 광학표면의 변형을 최소화시켜준다.

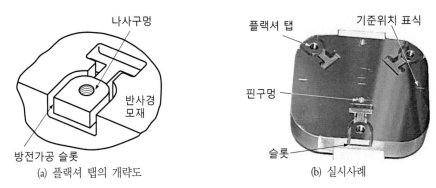

(a) 플랙셔 탭의 개략도 　　　　　　　　(b) 실시사례

그림 9.60 일체형 플랙셔기구를 사용한 반사경 무응력 고정기구[85]

9.4.3 대형 비금속 반사경의 고정

직경이 1[m]를 넘어서는 **대형 비금속 반사경**의 경우에는 크기가 커질수록 질량이 급격하게 증가하기 때문에 질량 최소화와 지지구조 최적화가 점점 더 중요해진다. 이 절에서 살펴보는 반사경들은 3점 지지나 림 지지를 적용하기에는 너무 유연하기 때문에 **다점지지**를 적용해야 한다. 반사경의 뒷면에 설치하는 광축방향 및 반경방향 지지기구와 반사경의 위치와 방향을 조절하기 위한 이동식 지지기구들에 대해서 살펴보려고 한다. 여기서 논의하는 반사경들은 근래에 들어서 설계기술이 급속하게 발전을 이루고 있는 거대 천체망원경 분야에 집중되어 있다.

9.4.3.1 광축이 수평인 경우의 지지

광축이 수평방향으로 고정되어 있거나, 반사경이 움직이는 과정에서 수평을 향하면 광축에 대해서 비대칭적인 표면변형이 발생한다. 또한 반사경의 단면 두께가 균일하지 않다면(오목하다면) 반사경에 굽힘모멘트도 함께 생성된다. 소형 반사경의 경우에는 V-블록이나 두 개의 실린더형

85　P. Yoder 저, 장인배 역, 광학기구설계, 도서출판 씨아이알, 2017.

멈춤기구로 반사경을 지지할 수 있지만, 대형 반사경의 경우에는 지지위치에 과도한 응력이 부가되기 때문에 이를 분산해줄 수단이 필요하다. **그림 9.61**에서는 순차연결된 지지기구를 사용하여 원형 반사경을 지지하는 방법을 보여주고 있다. 이런 지지 메커니즘을 **휘플트리 배열**이라고 부른다. 지지점들은 180°/7 = 25.7°의 각도를 가지고 8개의 위치에 등간격으로 배치되어 있다.

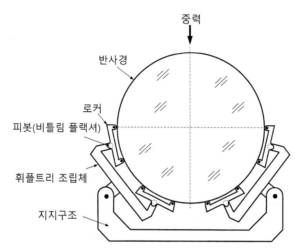

그림 9.61 광축이 수평방향으로 놓인 원형 반사경의 다중점 지지사례[86]

하지만 보다 이상적인 지지방법은 반사경의 원주면 상에서 반경방향으로 작용하는 밀고 당기는 힘에 의해서 디스크가 평형을 이루는 것이다. **그림 9.62**에서는 직경이 460[mm]인 고성능 반사경을 이런 방법으로 지지한 사례를 볼 수 있다. 수직방향과 ±45° 방향으로 반사경의 림에 부착되어 있는 여섯 개의 금속 플랙셔들을 사용하여 각각 지정된 크기의 힘으로, 상부의 3개는 잡아당기는 힘을, 그리고 하부의 3개는 미는 힘을 작용하고 있다. 이때에 각 위치별 작용력은 사전에 해석을 통해서 결정되며, 로드셀을 사용하여 모니터링하여야 한다. 이 플랙셔들은 실린더형 강체 셀에 부착되어 있으며, 수평방향으로는 유연하다. 이 방법을 사용하여 ASML社는 λ = 633[nm]에 대해서 $\lambda/200$ 이내로 광학표면의 변형을 억제하였다.

이 외에도 체인이나 수은이 채워진 튜브를 사용하여 반사경의 림을 원주방향으로 감싸는 형태로 하중을 분산하여 대형 반사경을 지지하는 방법들이 개발되어 사용되고 있다.

---

86 P. Yoder 저, 장인배 역, 광학기구설계, 도서출판 씨아이알, 2017.

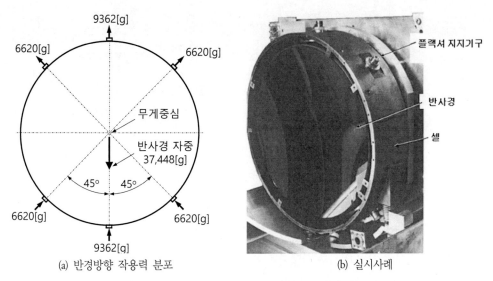

(a) 반경방향 작용력 분포

(b) 실시사례

플랙서 지지기구

반사경

셀

무게중심

반사경 자중
37,448[g]

9362[g]
6620[g]
6620[g]
45° 45°
6620[g]
6620[g]
9362[g]

그림 9.62 밀고 당기는 방식을 사용한 원형반사경 다중점지지[87]

9.4.3.2 광축이 수직인 경우의 지지

원형 반사경의 광축이 수직방향으로 고정되어 있다면 중력은 광축에 대해서 대칭적으로 작용한다. 반사경 질량분포에 비대칭이 없다면 표면변형은 광축을 중심으로 대칭적으로 발생하기 때문에, 표면윤곽 형상오차를 폴리싱으로 제거하거나 최소화시킬 수 있다.

그림 9.63에서는 **공기주머니**를 사용하는 반사경 지지기구를 보여주고 있다. (a)에서와 같이 넓은 접촉면적을 갖도록 원형의 공기주머니를 사용하는 방법과 (b)에서와 같이 선형 접촉을 이루도록 환형의 공기주머니를 사용하는 방법이 널리 사용되고 있다. 이 외에도 다중점 지지방식의 경우에는 반사경 뒷면의 국부 영역을 지지하는 원형의 분할된 공기주머니를 사용한다. 공기주머니는 네오프렌이나 네오프렌이 코팅된 데이크론 시트로 제작한다. 높은 산의 정상과 같이 고고도에 설치되는 반사경의 경우에는 오존 저항성 네오프렌이 사용된다. 정밀한 압력조절기를 사용하여 공기주머니의 압력을 조절하지만, 공기주머니 지지에는 낮은 압력이 사용되기 때문에, 동적인 목적으로는 이 방법을 사용할 수 없다. 따라서 공기주머니 방식의 지지기구는 광축의 폴리싱 가공이나 성능시험 시에 가장 성공적으로 사용되고 있다.

87　P. Yoder 저, 장인배 역, 광학기구설계, 도서출판 씨아이알, 2017.

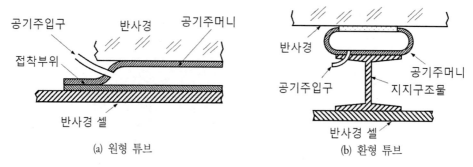

(a) 원형 튜브

(b) 환형 튜브

그림 9.63 공기주머니를 사용한 반사경의 지지[88]

그림 9.64에서는 구름형 다이아프램을 사용한 대형 반사경 다중점 지지기구의 사례를 보여주고 있다. (a)에서는 반사경 지지용 플레이트가 설치된 구름형 다이아프램으로 상부가 밀봉된 반사경을 국부 지지하는 피스톤의 단면형상을 보여주고 있다. 이런 지지기구를 다수 사용하면 광축이 수직방향을 향하는 대형 반사경을 균일하게 지지할 수 있다. 특히 개별 피스톤들의 공기압력을 조절하여 비균일 질량분포를 가지고 있는 반사경의 변형특성을 보상할 수 있다. (b)에서는 다수의 구름형 다이아프램을 사용하는 대형 반사경 지지기구의 실시사례를 보여주고 있다.

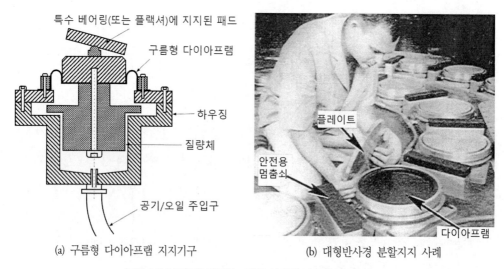

(a) 구름형 다이아프램 지지기구

(b) 대형반사경 분할지지 사례

그림 9.64 구름형 다이아프램을 사용한 반사경의 지지[89]

---

88 P. Yoder 저, 장인배 역, 광학기구설계, 도서출판 씨아이알, 2017.
89 P. Yoder 저, 장인배 역, 광학기구설계, 도서출판 씨아이알, 2017.

대형 반사경의 분할지지에 필요한 지지점의 수는 다음의 경험식을 사용하여 구할 수 있다.

$$N = \left(\frac{0.375 D^2}{t} \right) \sqrt{\frac{\rho}{E\delta}}$$

여기서 D[m]는 반사경의 직경, t[m]는 두께, ρ[kg/m³]는 비중, E[kgf/m²]는 영계수 그리고 δ[m] 는 반사경의 허용 최대변형량이다. 예를 들어, 직경이 1[m], 두께 150[mm]인 용융실리카 소재의 반사경을 광축이 수직을 향하도록 지지하는 경우에, 표면변형을 6[nm] 이내로 유지하려면 몇 개 의 지지점들이 필요하겠는가? **표 9.6**에 따르면 $\rho = 2.21 \times 10^3$[kg/m³]이며 $E = 7.44 \times 10^9$[kgf/m²]이다.

$$N = \left(\frac{0.375 \times 1^2}{0.15} \right) \sqrt{\frac{2210}{7.44 \times 10^9 \times 6 \times 10^{-9}}} = 17.59 = 18[점]$$

하지만 이 경험식은 반사경 강성이 비교적 크고 양면이 평행이며 직경 대 두께비가 6:1 이하인 경우에만 적용할 수 있다. 이 외의 경우에는 유한요소법을 사용하는 것이 최선의 방안이다.

9.4.3.3 광축이 움직이는 경우의 지지기구

그림 9.65에서는 임의의 각도로 광축이 움직이는 대구경 반사경을 지지하기 위해서 사용되는 평형질량 보상기구를 사용하는 반사경 부상기구의 구조를 보여주고 있다.

그림 9.65 (a)에 도시된 것처럼, 반사경의 뒷면과 림의 다수 위치에 배치된 질량보상 메커니즘 들이 반사경 자중의 광축방향 성분과 반경방향 성분에 비례하는 힘을 반사경에 가한다. 보상질량 은 반사경 질량에 비해서 가볍지만 레버 메커니즘에 의해서 작용력이 증폭된다. 전형적으로 전달 률 증폭비는 5~10:1 범위에서 설계된다. 이 메커니즘은 반사경의 각도변화에 따라서 자동적으로 보상력의 방향별 성분들이 변하기 때문에 반사경이 저속으로 움직이는 한도 내에서 항상 일정한 자중보상이 가능하다. **그림 9.65** (b)에는 맥도널드 천문대에 설치된 직경 2.08[m] 크기의 속이 찬 주반사경을 지지하기 위해서 사용되는 레버 메커니즘이 도시되어 있다. 이 메커니즘의 경우에는 온도변화에 의해 반사경의 직경이 변하면 구름접촉 위치가 이동하게 되며, 접촉마찰로 인하여 약간의 히스테리시스가 발생하게 된다. 이로 인하여 지지력의 오차가 발생하면 광학표면이 왜곡

된다. 이를 극복하기 위해서는 접촉식 조인트 대신에 무한분해능을 가지고 있는 플랙셔 조인트를 사용하여야 한다. **그림 3.42**에서는 이런 목적에 알맞은 교차판 플랙셔기구를 보여주고 있다.

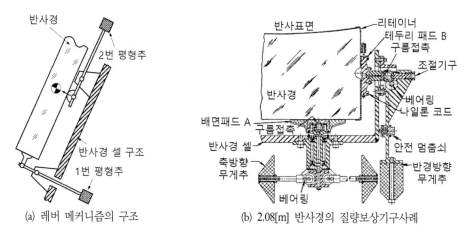

(a) 레버 메커니즘의 구조 (b) 2.08[m] 반사경의 질량보상기구사례

그림 9.65 평형질량 보상기구를 사용하는 반사경 보상기구[90]

9.4.3.4 대형 반사경용 힌들 마운트

E-ELT와 같은 초거대 반사망원경의 주반사경은 다수의 육각형 반사경들로 분할되어 있으며, 이들 각각은 힌들 지지기구를 사용하여 하중점을 분할하여 지지한다. **그림 9.66**에서는 마우나케 아산에 설치되어 있는 10[m] 구경의 켁 망원경을 구성하는 직경 1.8[m]짜리 육각형 반사경 요소를 36점으로 분할 지지하는 힌들 마운트를 보여주고 있다.

제로도 소재로 제작된 개별 반사경 요소들은 육각 형상으로서, 최대직경은 1.8[m]이며, 두께는 78[mm]이므로, 직경 대 두께 비는 24:1이다. 광학표면은 오목한 비구면 형상으로서, 곡률반경은 36[m]이다. (a)의 배치도에서, 3개의 휘플트리는 각각 12점을 지지하며 구조물과는 3점으로 연결된다. 휘플트리에 사용되는 모든 힌지들에는 마찰 없이 회전이 가능한 플랙셔 피봇이 사용되었다. 실제로 제작된 반사경 (b)의 경우, 3개의 지지점에는 실린더형 작동기가 설치되어 있어서 반사경의 미세 자세조절이 가능하다. 또한 반사경의 주변부에는 위치측정용 센서들이 설치되어 인접한 반사경들과의 상호정렬 위치를 측정한다.

---

90 P. Yoder 저, 장인배 역, 광학기구설계, 도서출판 씨아이알, 2017.

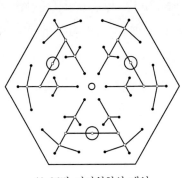

(a) 36점 지지위치의 배열

(b) 실제 제작된 반사경 요소의 뒷면

그림 9.66 켁 망원경용 육각형 반사요소를 지지하는 힌들 마운트91

9.5 온도변화와 응력92

온도변화는 광학 시스템을 구성하는 광학부품과 기계부품들의 치수를 변화시키며 접속기구 내에서 접촉응력에 영향을 끼친다. 이런 응력은 광학성능을 저하시킬 뿐만 아니라 광학소재의 손상 허용한계를 넘어서면 파손이 발생할 수도 있다. 이 절에서는 광학부품의 파손을 통계적으로 예측하는 방법과 한계응력의 계산방법에 대해서 살펴본 후에 굴절 시스템과 반사 시스템의 무열화 설계기법에 대해서 논의하기로 한다.

9.5.1 일반특성

광학 표면의 좁은 면적에 압축력이 부가되면 국부적으로 응력과 이에 비례하는 변형이 발생한다. 이 응력이 광학 소재의 손상 허용한계를 넘어서면 파손이 발생할 수 있다. 경험법칙에 따르면, 유리소재는 대략적으로 0.7[kgf/mm²] 이상의 인장응력이 부가되면 파손이 발생할 수 있다. 하지만 이는 대략적인 가이드라인일 뿐, 유리소재의 손상한계는 통계적인 방법에 의존해야만 한다. 허용 수준 이하의 변형률에 의해서 유발되는 응력이라도 복굴절을 일으켜서 광학요소의 성능을 저하시킨다.

91 P. Yoder 저, 장인배 역, 광학기구설계, 도서출판 씨아이알, 2017.
92 이 절은 P. Yoder 저, 장인배 역, 광학기구설계, 도서출판 씨아이알, 2017의 13~14장을 참조하여 재구성하였다.

유리와 금속 사이의 접촉은 점, 선 및 좁은 면적으로 이루어지며, 이를 통해서 가해진 작용력이 유리소재와 금속소재를 탄성적으로 변형시킨다. 변형률 $\varepsilon = \Delta\ell/\ell$로서 무차원 값이다. 여기서 ℓ은 소재의 치수(길이)이며, $\Delta\ell$은 부가된 힘에 의한 변형량이다. 응력 $\sigma = F/A$로서, F는 부가된 힘이다. A는 작용면적이며 $[N/m^2]$이나 $[kgf/mm^2]$과 같은 단위를 사용한다. 렌즈 접속기구의 경우, 변형은 렌즈의 양측 표면에서 환형으로 나타나지만, 표면상태와 접촉조건에 따라서 편차와 집중이 발생한다.

주어진 응력에 대해서 광학요소의 생존여부를 예측하는 최선의 방법은 예상되는 수준의 응력이 부가되었을 때에 이미 표면에 존재하는 결함이나 균열이 성장하는 경향을 추정하는 것이다. 응력이 부가되면, 소재의 표면에 존재하는 미소균열의 선단부에 이 응력이 집중되며, 파손을 유발하는 크랙으로 발전할 우려가 있다.

광학부품의 표면가공과정에서 취성을 가지고 있는 유리소재의 표면과 표면하부에는 다양한 종류의 크랙과 국부적인 잔류응력이 발생하여 광학부품의 내구수명을 크게 저하시킨다. 연마입자 평균직경의 3배만큼 표면을 연마한 후에 더 미세한 연마입자를 사용하여 이 과정을 반복하는 연삭깊이 조절을 통해서 표면의 미소균열과 표면하부의 국부응력을 최소화시킬 수 있으며, 응력을 받는 광학부품의 수명을 극대화시킬 수 있다. **표 9.15**에서는 표면결함을 최소화시킬 수 있는 광학소재의 연삭관리 스케줄을 예시하여 보여주고 있다.

표 9.15 광학소재의 연삭관리 스케줄 사례[93]

가공방법	연마제	평균입도[mm]	가공량[mm]	
			기존방식	연삭관리
밀링	150번 다이아몬드가루	0.102	-	-
정밀연삭	2FAl$_2$O$_3$	0.0304	0.0381	0.3048
정밀연삭	3FAl$_2$O$_3$	0.0203	0.0177	0.0914
정밀연삭	KHAl$_2$O$_3$	0.0139	0.0127	0.0609
정밀연삭	KOAl$_2$O$_3$	0.0119	0.0076	0.0406
폴리싱	바네사이트루즈	-	-	-

93   P. Yoder 저, 장인배 역, 광학기구설계, 도서출판 씨아이알, 2017.

일정한 수준의 응력을 받고 있는 광학부품이 파손에 이르는 시간을 산출하기 위해서 통계학적인 사건발생의 가능성에 기초한 **와이블 이론**을 사용한다. **그림 9.67**에서는 다양한 크기의 표면손상을 가지고 있는 BK7 유리소재에 부가된 응력에 따른 파손시간의 변화경향을 그래프로 보여주고 있다. 이 경우에 상대습도는 높게 유지되었으며, 99%의 신뢰성과 95%의 신뢰도를 가지고 있다. 상단의 곡선은 미군 규격 MIL-O-13830A 규격에 따라서 긁힘과 패임 품질이 60-10으로 폴리싱된 표면에 응력이 가해진 경우의 기대수명 값이다. 두 번째 곡선은 234[m/s]의 속도로 비행하면서 대기 부유물질들이 15° 각도로 충돌했을 때에 생기는 표면손상에 따른 기대수명 값이다. 세 번째 곡선은 29[m/s]로 이동하면서 90° 각도로 표면에 충돌하는 모래바람에 의한 표면손상에 따른 기대수명 값이며, 마지막 곡선은 비커스 경도계의 다이아몬드로 시편의 중앙에 폭 $50 \sim 100[\mu m]$, 길이 $20 \sim 25[\mu m]$인 균열을 하나 만들어놓았을 때의 기대수명이다. 이를 통해서 광학소재에 부가되는 응력과 환경에 의해서 부가되는 표면 손상이 광학부품의 파손수명에 큰 영향을 끼친다는 것을 확인할 수 있다. 여타의 광학유리소재들에 대해서도 적절한 정보가 없는 경우라면 이 곡선들을 활용할 수 있을 것이다.

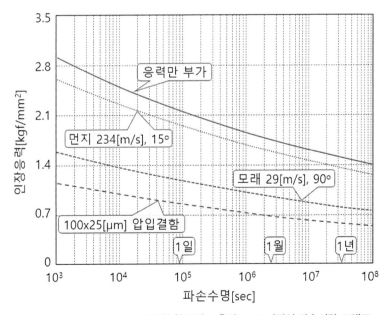

그림 9.67 응력과 더불어서 다양한 환경에 노출된 BK7 시편의 파손시간 그래프[94]

---

94 P. Yoder 저, 장인배 역, 광학기구설계, 도서출판 씨아이알, 2017를 참조하여 재구성하였다.

9.5.2 응력의 계산

9.5.2.1 한계응력의 검토

현실적으로는 광학 표면의 실제 품질을 알기 어려우므로 통계적 파손예측 결과를 확신을 가지고 적용할 수는 없다. 그래서 유리소재의 **한계응력**에 대한 약식계산을 자주 사용한다. 유리소재의 경우에는 일반적으로 한계압축응력 $35[kgf/mm^2]$과 한계인장응력 $0.7[kgf/mm^2]$을 기준값으로 사용하고 있다.

유리와 금속의 접촉면에 예하중이 부가되어 탄성압축이 발생하면 압축영역의 경계에서 연직방향으로 인장응력이 발생한다. 이때에 인장응력(σ_T)과 압축응력(σ_C) 사이에는 다음의 상관관계가 성립된다.

$$\sigma_T = \frac{\sigma_C(1-2\nu)}{3}$$

유리소재는 한계압축응력에 비해서 한계인장응력이 매우 작기 때문에 조립 예하중을 포함하여 광학소재에 부가된 압축응력을 사용하여 인장응력을 환산한 후에 이 값이 한계인장응력을 넘어서는지를 확인해야 한다. **표 9.16**에서는 다양한 광학소재들의 푸아송비(ν)와 응력비(σ_T/σ_C)를 제시하고 있다.

광학소재에 가해지는 부하에 의해서 유발되는 응력이 복굴절을 유발하여 편광을 사용하는 광학요소의 성능을 저하시킬 수 있다. **복굴절**에 의하여 유발되는 광학경로 차이는(OPD) 응력광학계수(K_s), 소재에 가해지는 응력(σ) 그리고 소재두께 t에 의해서 다음 식으로 타나낼 수 있다.[95]

$$OPD = K_s \times \sigma \times t\,[mm/cm]$$

고정력에 의한 광학표면의 변형과 그에 따른 복굴절 효과는 주로 고정력이 작용하는 국부적인 영역에서만 발생한다. 하지만 대부분의 경우, 이 영역은 구경의 바깥쪽에 위치하므로 영상형성에 관여하는 구경영역 내에서는 이 영향이 거의 작용하지 않는다.

---

95 9.2.2.1절 참조.

표 9.16 다양한 광학소재들의 푸아송비와 접촉응력비율(σ_T/σ_C)[96]

유형	소재	푸아송비	접촉응력비율(σ_T/σ_C)
광학유리	K10	0.192	0.205
	BK7	0.208	0.195
	LaSFN30	0.293	0.138
적외선 크리스털	BaF_2	0.343	0.105
	CaF_2	0.290	0.140
	KBr	0.203	0.198
	KCl	0.216	0.189
	LiF	0.225	0.183
	MgF_2	0.269	0.154
	ALON	0.240	0.173
	Al_2O_3	0.270	0.153
	용융실리카	0.170	0.220
	Ge	0.278	0.148
	Si	0.279	0.147
	ZnS	0.290	0.140
	ZnSe	0.280	0.147
반사경 소재	파이렉스유리	0.200	0.200
	오하라E6	0.195	0.203
	ULE	0.170	0.220
	제로도	0.240	0.173
	제로도M	0.250	0.167

9.5.2.2 부가응력의 계산

그림 **9.68**에 도시되어 있는 것처럼, 구면형상의 금속 패드를 사용하여 평면이나 곡면형상의 광학표면을 예하중 F를 가하여 고정하면 개념적으로는 점접촉이 발생한다. 하지만 3.3.3.6절에서 소개한 헤르츠 탄성이론에 따르면 실제로는 점접촉이 아니라 작은 원형의 면접촉이 이루어진다. 이 원형의 접촉면적은 다음과 같이 주어진다.

$$A_c = \pi r_c^2, \quad r_c = 0.721 \sqrt[3]{\frac{FK_2}{K_1}}$$

---

96 P. Yoder 저, 장인배 역, 광학기구설계, 도서출판 씨아이알, 2017를 참조하여 재구성하였다.

여기서 r_c는 접촉면의 반경으로서, 두 표면의 형상과 직경, 소재특성 그리고 예하중 등에 의존한다. 그리고 F는 개별 스프링에 의해서 부가되는 예하중이다. K_1과 K_2는 각각 다음과 같이 계산된다.

$$\text{평면: } K_1 = \frac{1}{D_2}, \quad \text{볼록표면: } K_1 = \frac{D_1 + D_2}{D_1 D_2}, \quad \text{오목표면: } K_1 = \frac{D_1 - D_2}{D_1 D_2}$$

$$K_2 = \frac{1 - \nu_G^2}{E_G} + \frac{1 - \nu_M^2}{E_M}$$

여기서 하첨자 G는 유리소재를 나타내며, M은 금속소재(누름기구)를 나타낸다. 그리고 ν와 E는 각각 푸아송비와 영계수를 의미한다.

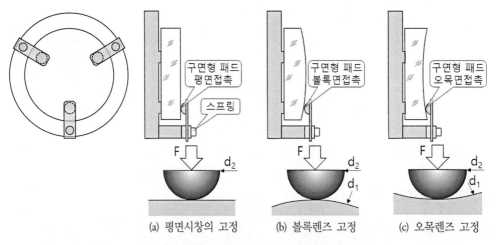

그림 9.68 구형 패드를 사용한 원형의 광학소재 고정[97]

이 모든 경우에 대해서 접촉영역 내에서 발생하는 최대 압축응력과 평균 압축응력은 각각, 다음과 같이 주어진다.

---

97 P. Yoder 저, 장인배 역, 광학기구설계, 도서출판 씨아이알, 2017를 참조하여 재구성하였다.

$$\sigma_{c,\max} = 0.918 \sqrt[3]{\frac{K_1^2 F}{K_2^2}} \quad , \quad \sigma_{c,avg} = \frac{F}{A_c}$$

예를 들어, 6061 소재로 제작한 직경(D_2) 1,000[mm]짜리 볼록구면 패드를 사용하여 0.5[kgf]의 예하중으로 N-BK7 소재의 직경(D_1)이 800[mm]인 볼록렌즈를 고정하는 경우의 최대 인장하중을 계산해보자. 각 소재들의 영계수와 푸아송비는 다음과 같다.

$$E_M = 6.958 \times 10^3 [\text{kgf/mm}^2], \ \nu_M = 0.332$$
$$E_G = 8.434 \times 10^3 [\text{kgf/mm}^2], \ \nu_G = 0.206$$

이를 사용하여 K_1과 K_2를 구해보면,

$$K_1 = \frac{800 + 1000}{800 \times 1000} = 0.00225 \, [1/\text{mm}]$$

$$K_2 = \frac{1 - 0.206^2}{8.434 \times 10^3} + \frac{1 - 0.332^2}{6.958 \times 10^3} = 0.000241 \, [\text{mm}^2/\text{kgf}]$$

이 값들을 사용하여 최대응력을 계산해보면,

$$\sigma_{c,\max} = 0.918 \sqrt[3]{\frac{0.00225^2 \times 0.5}{0.000241^2}} = 3.23 \, [\text{kgf/mm}^2]$$

이는 한계압축응력인 35[kgf/mm²]보다 훨씬 작은 값임을 알 수 있다. 9.5.2.1절에서 제시된 식을 사용하여 인장응력을 계산해보면,

$$\sigma_T = \frac{3.23 \times (1 - 2 \times 0.206)}{3} = 0.633 \, [\text{kgf/mm}^2]$$

그런데 계산된 인장응력은 한계인장응력인 0.7[kgf/mm²]에 근접한다는 것을 알 수 있다. 안전을

위해서는 인장응력을 낮추기 위한 설계변경이 수행되어야 한다.

그림 9.69에서는 그림 9.47이나 그림 9.48의 경우와 같이, 평면형 광학표면을 선접촉 방식으로 지지하기 위해서 사용되는 실린더형 패드와 광학표면 사이의 접촉관계를 보여주고 있다. 그림에서 실린더형 패드의 길이는 b이며, 직경은 D_2이다. 접촉표면은 예하중 F를 받는다. 이때에 발생하는 접촉면적의 폭인 Δy는 다음 식으로 구할 수 있다.

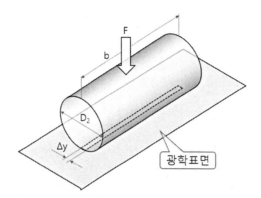

그림 9.69 실린더형 패드와 광학표면 사이의 선접촉 모델[98]

$$\Delta y = 1.600\sqrt{\frac{K_2 F}{K_1 b}}$$

여기서 K_1과 K_2는 구면-평면 접촉 시의 계산식과 동일하다. 그리고 접촉영역에서 발생하는 최대압축응력은 다음의 방정식을 사용하여 구할 수 있다.

$$\sigma_{c,\max} = 0.564\sqrt{\frac{2F}{D_2 K_2}}$$

구면접촉의 사례에서와 마찬가지로, 최대압축응력을 사용하여 최대인장응력을 계산한 후에 이를 한계응력값과 비교하여 설계의 안전성을 검토할 수 있다.

---

98   P. Yoder 저, 장인배 역, 광학기구설계, 도서출판 씨아이알, 2017를 참조하여 재구성하였다.

9.5.3 반사 시스템의 무열화 설계기법

온도변화는 광학 시스템에서 표면반경, 공극, 렌즈두께, 굴절률 그리고 구조부재의 치수 등 무수한 변화를 유발한다. 이로 인하여 초점이탈이나 시스템 부정렬 등이 발생한다. 광학기구가 고온이나 저온에 노출되면 접촉부의 예하중이 변하면서 심각한 문제를 일으킬 수 있다. 하지만 세심한 광학기구 설계를 통해서 이런 문제들을 대부분 제거하거나 크게 완화시킬 수 있다. **무열화**는 온도변화를 보상하기 위하여 광학부품, 지지기구 및 구조물의 설계를 통해서 광학장비의 성능을 안정화시키는 설계기법이다. **그림 9.70**에서는 광학 시스템 전체가 베릴륨으로 제작된 우주망원경의 사례를 보여주고 있다.

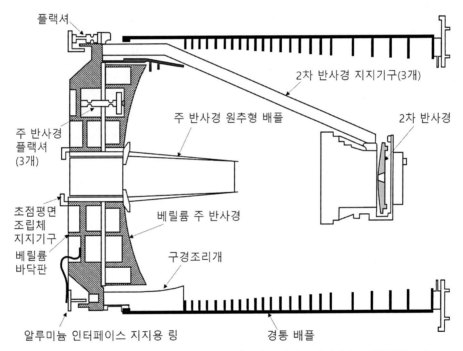

그림 9.70 전체가 베릴륨으로 제작된 구경 610[mm]인 리치-크레티앙 우주망원경의 사례[99]

이 망원경의 모든 구조 및 광학요소들은 경량화를 위해서 베릴륨으로 제작되었다. 영상품질에 영향을 끼칠 수 있는 모든 부품들이 동일한 열팽창계수를 가지고 있으므로, 지상에서의 가공 및

---

99 P. Yoder 저, 장인배 역, 광학기구설계, 도서출판 씨아이알, 2017.

조립과정과 우주공간에서의 작동환경에서 일어나는 온도변화에 대해서 모든 요소들과 간극들은 동일한 비율로 변한다. 이로 인해서 온도변화가 초점이나 영상품질에 영향을 끼치지 않기 때문에 이런 시스템을 무열 시스템이라고 부른다.

하지만 일반적인 반사망원경의 경우에는 ULE나 제로도와 같이 열팽창계수가 작은 소재들을 사용하여 반사경을 제작하며, 구조물은 알루미늄과 같이 열팽창계수가 큰 소재를 사용한다. 이렇게 반사경과 구조물이 서로 다른 열팽창계수를 가지고 있다면 열팽창계수가 서로 다른 소재들을 조합하여 온도변화의 영향을 보상하여야 한다. **그림 9.71**에서는 정지궤도 기상관측위성(GEOS)용 망원경의 무열설계 사례를 보여주고 있다.

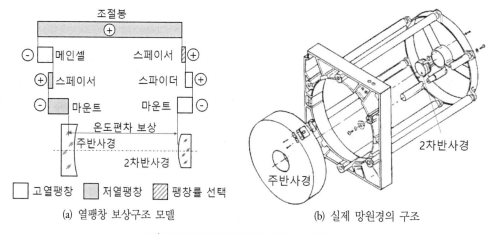

(a) 열팽창 보상구조 모델   (b) 실제 망원경의 구조

그림 9.71 GEOS 망원경의 무열구조 설계[100]

인바 소재로 된 여섯 개의 튜브들을 사용하여 알루미늄 소재로 제작된 주반사경용 스파이더와 2차반사경용 스파이더 사이를 고정하였다. 인공위성은 지구궤도를 돌면서 1~54[℃]의 온도변화를 겪으며, 이 온도 범위에 대해서 반사경들 사이의 거리가 일정하게 유지되도록 조립부재들의 소재와 길이 그리고 조립방향 등을 결정하였기 때문에 이 망원경은 축방향으로 무열화가 실현되었다. 특히 구조부품들의 외부는 열복사율을 극대화시킬 수 있도록 검은색으로 칠해진 알루미늄 방열판을 덧대었으며, 내부는 열복사율을 최소화하도록 금으로 도금하였다.

----

100 P. Yoder 저, 장인배 역, 광학기구설계, 도서출판 씨아이알, 2017를 참조하여 재구성하였다.

9.5.4 굴절 시스템의 무열화 설계기법

굴절 광학계는 온도 변화에 의해서 치수와 함께 굴절률도 변하기 때문에 반사 시스템에 비해서 무열화 설계가 더 어렵다. 굴절광학계에 큰 온도변화가 부가된다면, 온도의 영향이 최소화되도록 렌즈를 설계하며, 잔류열효과를 보상해주도록 구조물을 설계하여야 한다.

굴절 광학계의 무열화 설계에는 모든 소재의 열팽창계수와 광학계수의 굴절계수 그리고 이 굴절계수의 온도에 따른 변화율 등이 고려되어야 한다. 만일 대기 중에서 사용하는 광학계라면 대기온도변화에 따른 굴절률 변화도 함께 고려해야만 한다.

그림 9.71에서는 경통의 길이(L)와 얇은 렌즈의 초점거리(f)가 서로 같은 단순 고정기구의 사례를 보여주고 있다. 이 시스템의 온도가 ΔT만큼 변할 때에 단일요소 얇은 렌즈의 초점거리 f는 다음과 같이 변한다.

$$\Delta f = -\delta_G f \Delta T$$

여기서 δ_G는 렌즈소재의 열에 의한 초점이탈계수로서 다음과 같이 주어진다.

$$\delta_G = \frac{dn_G/dT}{n_G - 1} - \alpha_G$$

여기서 dn_G/dT는 온도변화에 대한 유리소재의 굴절률 민감도이며, α_G는 유리소재의 열팽창계수로서, **표 9.5**나 유리소재에 대한 카탈로그에서 구할 수 있다.

그림 9.72에서는 $L = f$인 광학경통의 사례를 보여주고 있다. 이 시스템의 온도가 ΔT만큼 증가하면 경통의 길이는 $\Delta L = \alpha_M L \Delta T$만큼 늘어난다. 이와 동시에 렌즈의 초점거리는 $\Delta f = \delta_G f \Delta T$만큼 증가한다. 만일 $\alpha_M = \delta_G$가 되도록 소재를 선정할 수 있다면 이 시스템은 무열화되며, 모든 온도에 대해서 영상평면을 경통의 끝단에 위치시킬 수 있다.

두꺼운 렌즈를 사용하는 실제의 광학 시스템을 무열화하기 위해서는 렌즈들을 조합하여 열팽창에 따른 온도의 영향을 상쇄시키며, 서로 다른 열팽창계수를 가지고 있는 여러 소재들을 조합하여 온도변화에 따른 경통길이변화와 초점거리 변화를 같게 만들어야 한다. 이를 위해서 인바,

알루미늄, 티타늄, 스테인리스강, 복합소재, 플라스틱 등의 다양한 소재들을 조합하여 사용할 수 있다. 그리고 무열화를 위해서 다음과 같은 방법들을 활용할 수 있다.

- 특정한 열팽창계수를 가지고 있는 다양한 소재로 제작한 막대나 튜브
- 서로 다른 길이와 열팽창계수를 가지고 있는 두 개 이상의 부재들을 직렬로 연결
- 서로 다른 열팽창계수를 가지고 있는 두 개 이상의 부재를 반대로 연결
- 열팽창계수가 서로 다른 소재로 제작된 이각대 구조
- 특정한 열팽창계수를 가지고 있는 왁스로 채워진 피스톤실린더를 사용하는 작동기
- 형상기억합금 작동기

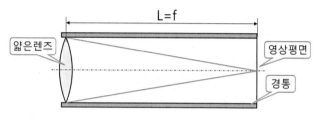

그림 9.72 단순 렌즈고정기구의 무열화 설계[101]

그림 9.73에서는 온도변화에 따른 지지기구의 길이변화를 초점거리 변화와 동일하게 설계하는 두 가지 방법을 보여주고 있다. 이를 구현하기 위해서는 열에 의한 초점이탈계수 δ_G와 열팽창계수 α_1 및 α_2 그리고 초점거리 f 사이에 다음의 방정식이 성립되어야 한다.

$$\delta_G f = \alpha_1 L_1 + \alpha_2 L_2$$

여기서 $L_1 = f - L_2$이며, $L_2 = f \dfrac{\alpha_1 - \delta_G}{\alpha_1 - \alpha_2}$ 이다.

---

101 P. Yoder 저, 장인배 역, 광학기구설계, 도서출판 씨아이알, 2017를 참조하여 재구성하였다.

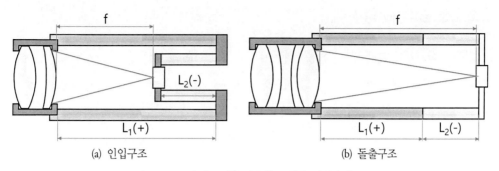

(a) 인입구조   (b) 돌출구조

그림 9.73 두 가지 소재를 사용한 무열화 설계사례[102]

하나 이상의 광학부품의 위치를 능동적으로 제어하여 광학 시스템의 초점거리를 무열화시킬 수도 있다. 이런 능동식 보상기구에서는 시스템 내의 온도분포를 측정하며 모터구동 메커니즘을 사용하여 반사경이나 렌즈의 위치를 조절한다. **그림 9.74** (a)에서는 두 개의 스테핑모터를 독립적으로 구동하는 무열화 시스템의 사례를 보여주고 있다. 렌즈 하우징에 부착된 두 개의 서미스터들을 사용하여 시스템의 온도를 측정한다. 시스템 제어기는 **그림 9.74** (b)의 조견포를 참조하여 이동식 렌즈의 세팅값을 자동적으로 조절한다.

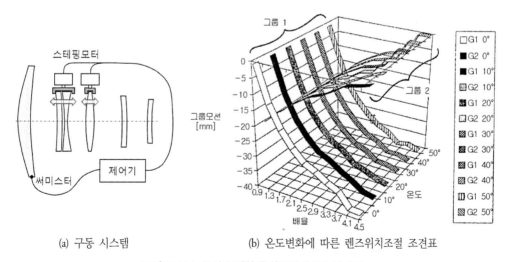

(a) 구동 시스템   (b) 온도변화에 따른 렌즈위치조절 조견표

그림 9.74 능동식 무열화 초점조절기구의 사례[103]

---

102 P. Yoder 저, 장인배 역, 광학기구설계, 도서출판 씨아이알, 2017를 참조하여 재구성하였다.
103 P. Yoder 저, 장인배 역, 광학기구설계, 도서출판 씨아이알, 2017를 참조하여 재구성하였다.

9.6 상용 광학기구의 사례

전용 광학기구를 설계 및 개발하는 과정에서 광학기구의 성능검증을 위한 실험용 셋업에는 렌즈나 프리즘과 같은 광학요소의 정밀 위치조절과 자세조절을 위하여 다양한 형태와 크기의 다자유도 정밀 이송 시스템이 필요하다. 이를 지원하기 위해서 광학기구업계에서는 일찍부터 광학부품들과 고정밀 다축 이송기구들을 표준화 및 모듈화하여 공급하고 있다. 이런 모듈들은 광학기구뿐만 아니라 다양한 정밀 시스템에서 활용되고 있기 때문에 정밀기계설계 엔지니어라면 반드시 숙지해야 하는 분야이다. 이 절에서는 뉴포트社104의 광학기구들을 중심으로 하여, (레이저)광학 시스템의 구축에 자주 사용되는 상용 광학기구의 사례들에 대해서 살펴보기로 한다.

9.6.1 1자유도 위치결정기구

렌즈나 프리즘과 같은 소형 광학요소의 위치조절 및 자세조절을 위해서 스트로크가 짧은(25[mm] 내외) 소형직선운동 스테이지와 회전운동 스테이지들을 적층한 다자유도 위치조절 시스템들이 자주 사용된다. 물론, 이런 목적으로 5.3.2.2절에서 소개했던 스튜어트 플랫폼과 같은 병렬기구학적 구조를 사용할 수도 있겠으나, 이는 일반적이지 않기 때문에 이 절의 논의에서는 제외하기로 한다. 스트로크가 짧은 소형 직선 및 회전운동 스테이지에는 설치공간이 작고 운동방향을 제외한 방향으로의 강성이 큰 비순환식 볼 (또는 크로스롤러) 베어링이 자주 사용된다. 이런 스테이지들은 기본적으로 7.4절에서 다루었던 LM 가이드 안내구조의 설계원리에 따라서 설계되지만, LM 가이드와는 작동특성이 다르기 때문에 이에 대한 고찰이 필요하다.

그림 9.75 (a)~(c)에서는 각각, 스트로크가 짧은 직선운동 스테이지와 회전운동 스테이지의 사례를 보여주고 있다. 이들 중에서 (a)의 직선운동 스테이지와 (b)의 회전운동 스테이지(고니오 스테이지라고 부른다)는 스트로크가 짧기 때문에 비순환 방식의 구름요소 베어링을 사용한다. 반면에, (c)의 회전운동 스테이지는 축대칭 형상을 가지고 있어서 일반 순환식 구름요소 베어링을 사용할 수 있다. **그림 9.76**에서는 비순환방식 구름요소 베어링을 사용하는 경우의 위치별 힘(부하) 전달 경로의 변화를 보여주고 있다. 스테이지가 좌측 끝에 위치하는 경우와 중앙에 위치하는 경우 그리고 우측 끝에 위치하는 경우의 힘전달 경로가 서로 다르며, 무게중심 위치도 변한다는

---

104 newport.com

것을 알 수 있다. 이로 인하여 구조물의 강성변화, 공진모드의 변화 등이 발생하게 되며, 이는 민감한 광학 시스템의 성능과 신뢰도에 영향을 끼칠 수 있으므로, 시스템 설계 시 구조해석 등을 포함한 세심한 고찰이 필요하다.

스트로크가 짧은 위치결정기구의 구동에는 일반적으로 **그림 9.77**에 도시된 것처럼 마이크로미터나 초음파 모터가 사용된다. (a)에 도시된 일반적인 마이크로미터는 한 눈금의 거리가 10[μm]이지만, 정밀이송이 필요한 경우에는 (b)에 도시된 것처럼 한 눈금의 거리가 2[μm]인 모델을 사용할 수 있다. 서보제어가 필요한 경우에는 (c)에 도시된 초음파모터를 사용할 수도 있겠지만, 이런 유형의 모터는 실시간 위치제어에는 부적합하다.

(a) 직선운동 스테이지　　　(b) 회전운동 스테이지　　　(c) 회전운동스테이지

그림 9.75 스트로크가 짧은 스테이지의 사례[105]

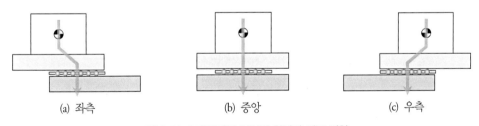

(a) 좌측　　　(b) 중앙　　　(c) 우측

그림 9.76 스테이지의 위치별 힘전달 경로 변화

(a) 일반 마이크로미터　　　(b) 정밀 마이크로미터　　　(c) 초음파모터

그림 9.77 스트로크가 짧은 스테이지의 이송에 사용되는 작동기구[106]

105 newport.com
106 newport.com

9.6.2 적층형 다축이송 시스템

일반적으로 위치결정 기구들은 단일축으로 사용하기보다는 다축을 적층하여 사용하게 된다. 이렇게 이송축들을 쌓은 적층형 구조를 **직렬구조**라고 부르며, 5.3.2절에서는 직렬구조와 병렬구조에 대해서 논의한 바 있다. **그림 9.78**에서는 전형적인 적층형 3축 이송기구를 보여주고 있다.

대부분의 경우 광학기구는 **그림 9.78**에서와 같이 돌출된 형태로 설치되기 때문에(이를 오버헝 구조라고 부른다), 이송 시스템에는 자중과 더불어서 모멘트하중이 부가된다. 대부분의 소형 광학기구들은 질량이 10[kg]를 넘어서지 않는 비교적 가벼운 물체들이기 때문에 정적인 부하에 대해서는 구조물이나 베어링이 거의 완벽하게 하중을 지지하면서 주어진 위치결정 기능을 정밀하게 수행할 수 있다. 하지만 동적인 부하에 대해서는 전혀 이야기가 달라진다.

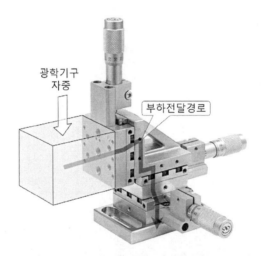

그림 9.78 오버헝 구조로 부하를 지지하는 적층형 3축 이송기구의 사례[107]

비순환 베어링을 사용하는 스테이지는 위치별로 무게중심과 힘전달경로가 달라진다. 또한 스프링 예하중과 마이크로미터 선단부의 점접촉에 의해서 위치가 결정되는 이송방향의 위치강성도 매우 약하다. 게다가 적층형 구조로 인하여 아베오차가 누적되며, 5.1.2절에서 설명했던 것처럼, 강성은 직렬연결에 의해서 더욱 약해지기 때문에, 고유주파수가 시스템 작동주파수의 영향 범위 이내로 근접하게 될 우려가 있다. 이로 인하여 적층형 다축이송 시스템에 바닥진동이나 (웨이퍼)

---

107 newport.com을 참조하여 재구성하였다.

스테이지의 가감속에 따른 진동 등이 전달되면 위치결정 시스템의 안정성을 담보하기가 어려워진다. 위치조절이 끝난 이후에 해당위치를 고정하여 구조물 강성을 높여주는 별도의 멈춤기구를 설치하면 안정성 향상에 도움이 되며, 광학기구 배치를 강성중심과 무게중심을 일치시키도록 설계하는 것도 바람직하다. 하지만 이런 유형의 스테이지는 강성이 작기 때문에 무게중심 위치를 변화시키기 위해서 질량을 추가하면 고유주파수가 낮아지므로 바람직하지 않다.

9.6.3 광학 테이블과 제진기

일반적으로 광학기구를 설치하고 성능을 시험하기 위한 플랫폼으로 **광학테이블**을 사용한다. 광학 테이블은 **브레드보드**라고 부르는 나사홈이 성형되어 있는 평판과 이를 지지하는 (공압식)제진기들로 이루어진다. **그림 9.79**에서는 전형적인 브레드보드의 외형과 내부구조를 보여주고 있다. (a)에서는 브레드의 외형을 보여주고 있다. 브레드보드의 상판은 평판 위에 25×25[mm]의 격자형태로 M6 탭이 성형되어 있으며, 경량화를 위해서 (b)에서와 같이 내부는 허니컴 격자구조로 만들어져 있다. 이를 통해서 강성 대 질량비를 높여서 테이블의 구조공진 주파수를 극대화시켜놓았다. 하지만 이를 위해서 상부스킨을 얇게 만들었기 때문에, 겉보기에는 강체처럼 보이지만 실제로는 박판이라는 점을 명심해야 하며, 브레드보드 상판에 기계적인 힘을 가해서는 안 된다.[108]

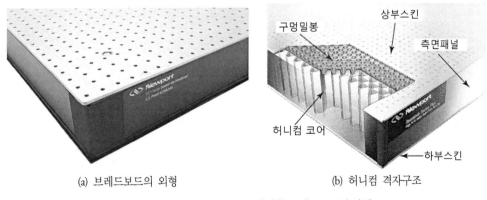

(a) 브레드보드의 외형 (b) 허니컴 격자구조

그림 9.79 허니컴 격자구조를 내장한 브레드보드의 사례[109]

---

108 저자는 상판에 유압작동기를 설치하여 기구를 작동시키는 과정에서 상부스킨이 파손된 사례를 보았다.

109 newport.com

광학테이블 위에 얹혀 있는 각종 기구물들은 정하중에 대해서만 안정화되어 있으므로, 바닥진동과 같은 동하중이 전달되어선 안 된다. 바닥진동을 차폐하기 위해서는 일반적으로 6.4.3절에서 소개했던 다양한 유형의 제진기들이 사용된다. 특히 **그림 6.32**에 도시된 공압식 제진기가 가장 널리 사용되고 있다. 제진기와 이를 이용한 바닥진동의 차폐에 대해서는 6.4절을 참조하기를 바란다.

9.7 3D 라이다용 광학기구 설계사례

저자가 이 책을 저술하는 동안 외부에서 3차원 라이다 설계에 대한 의뢰가 들어왔다.[110] 이에 저자는 잠시 이 책의 저술을 멈추고 3D 라이다용 초고속 광선 선회기구 설계를 진행하였으며, 이 절에서는 그 결과를 간략하게 소개한다.[111]

라이다[112]는 광선을 선회시키면서 주사광선이 반사되어 되돌아오는 비행시간을 토대로 주변 물체와의 거리를 산출하는 광학식 거리측정장치이다. 자율주행자동차의 주변감시용 센서로 사용되는 2D 라이다는 주사광선이 수평방향으로 회전하기 때문에 주사선보다 높거나 낮은 위치의 물체들을 감지할 수 없다는 문제를 가지고 있다. 이를 보완하기 위해서 광학영상 카메라를 함께 사용하여 높이방향 정보를 추출하고 있지만, 영상정보는 안개와 같은 기상상황에 취약하며,[113] 흰색의 물체를 인식하지 못하는 문제[114] 등이 발생하고 있다. 이를 보완하기 위해서는 수평방향 선회뿐만 아니라 수직방향 선회도 가능한 3차원 레이저 스캐너 기구의 개발이 필요하다.

고속으로 주행하는 자율주행 차량에 탑재하기 위한 3차원 라이다는 주변상황에 대한 3차원 공간정보를 빠르게 탐색해야만 한다. 이를 위해서 레이저 스캐너에 대해서 다음과 같은 개발 목표사양이 제시되었다.[115]

- 초당 25프레임 이상의 3차원 공간정보 획득

---

110 여러 이유 때문에 이 의뢰는 결국 과제화되지 못하였다.
111 장인배 외, 이중선회방식의 3차원 스캐닝장치, 발명특허 10-2021-0017833.
112 LiDAR: Light Detection And Ranging.
113 라이다에 사용되는 적외선 레이저는 강력한 투과성을 가지고 있어서 기상상황에 대해서 상대적으로 영향을 덜 받는다.
114 이로 인하여 T사의 자율주행 차량에서 사망사고가 발생하였다.
115 정확한 목표사양은 기업 비밀이므로 고의로 수치를 변경하여 제시하였다.

- 방위각 270° 이상 스캔

- 고저각 ±24° 이상 스캔(3.2° 간격)

이를 구현하기 위해서 **그림 9.80** (a)에 도시된 것처럼, 방위각 선회와 고저각 선회가 동시에 가능한 반사경 선회기구를 개발하였으나 작동 신뢰성과 내구성 확보가 어려워서 고속 스캔을 구현하지 못하고 있다. 이런 문제를 해결하기 위해서 **그림 9.80** (b)에서와 같이, 상하방향으로 서로 다른 각도로 배치된 다수의 레이저 송수신장치를 탑재하여 이를 회전시키는 스캐너를 개발하였지만, 복잡한 구조와 크기로 인하여 고속회전이 불가능한 상태이다.

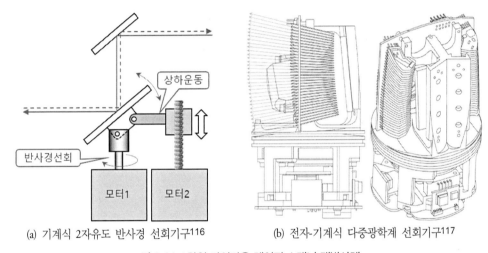

(a) 기계식 2자유도 반사경 선회기구[116]　　(b) 전자-기계식 다중광학계 선회기구[117]

그림 9.80 3차원 라이다용 레이저 스캐너 개발사례

48°의 고저각을 3.2° 간격으로 스캐닝하기 위해서는 16회의 스캔이 필요하며, 1초에 25프레임을 추출하기 위해서는 반사경이 16×25×60＝24,000[rpm]의 고속으로 회전하여야 한다. **그림 9.80** (a)의 기계식 반사경 이송기구나 **그림 9.80** (b)의 다중 PCB 기판구조는 이런 고속회전 시 발생하는 원심력이나 불평형진동을 견딜 수 없다. 따라서 저자는 서로 마주보고 회전하는 두 개의 반사경들만을 사용하여 고저각과 방위각을 변화시키는 스캐너 기구를 고안하게 되었다.[118]

---

116 panasonic.com
117 US Patent 8767190B2, Velodyne社의 특허이다.
118 이 절에서는 개발 결과물만을 예시하여 설명하고 있지만, 실제로는 10여 가지의 나름 쓸 만한 3차원 레이저 스캐닝

그림 9.81 (a)에서는 45°로 기울어진 채로 아래를 향하여 배치된 반사경에 아래에서 위로 반사경의 중앙을 꼭짓점으로 하여 ω_1의 각속도를 가지고 원추형으로 선회하는 광선이 조사되는 상태를 보여주고 있다. 이 광선은 상부 반사경에 의해 직각방향으로 꺾여서 수평방향에 대해서 원추형으로 선회하면서 퍼지게 된다. 이때의 고저각과 방위각은 다음 식에 의해서 결정된다.

$$\text{고저각 } \varphi = \alpha \sin(\omega_1 t)$$
$$\text{방위각 } \theta = \alpha \cos(\omega_1 t)$$

앞서 제시된 목표사양을 충족시키기 위한 원추각도 $\alpha = 24° \simeq 0.42[\text{rad}]$이며, $\omega_1 = 78.5[\text{rad/s}]$ ($= 750[\text{rpm}]$)이다.

모터를 사용하여 상부에 설치된 경사 반사경을 수평방향으로 ω_2의 속도로 회전시키면 광선은 원추형으로 선회하면서 수평방향으로 회전하기 때문에 **그림 9.81** (b)에서와 같이 나선형의 선회광선이 만들어지게 된다. 이때의 고저각과 방위각은 다음 식에 의해서 결정된다.[119,120]

$$\text{고저각 } \varphi = \alpha \sin(\omega_1 t)$$
$$\text{방위각 } \theta = \alpha \cos(\omega_1 t) + \omega_2 t$$

앞에서 제시된 목표 사양을 충족시키기 위한 상부 경사 반사경의 회전속도 $\omega_2 = 2,513[\text{rad/s}]$ ($= 24,000[\text{rpm}]$)이다. 수직방향으로 조사되는 원추형 선회광선을 직각으로 꺾어 수평방향 선회광선으로 변환하는 데는 반사경 이외에도 직각 프리즘을 사용할 수 있다.

이제는 원추형 선회광선을 만드는 방법에 대해서 살펴보기로 하자. **그림 9.82** (a)에서는 45°와

방법들이 고안되었으며, 이들 모두 워킹목업으로 제작되었다. 이들 중 일부는 수학적인 광선추적의 어려움, 광학초점의 분산, 비구면 반사경의 생산비용문제 등과 같은 다양한 이유 때문에 더 이상의 개발은 진행하지 않았다. 그리고 일부 모델들은 저사양 3차원 라이다에 적합하기에 이후 기회가 되면 특허 출원과 상용화를 진행할 예정이다.

119 실제로는 상부 경사반사경은 매우 고속으로 회전하며, 하부 이중반사경은 매우 저속으로 회전하기 때문에 외부로 방출되는 광선은 수평선처럼 보인다.

120 광선의 위치는 두 모터의 각속도에 의해서 결정된다. 따라서 모터를 정속으로 구동하면 모터의 각도위치를 측정하는 인코더를 설치할 필요가 없으며, 주기적으로 0점만 갱신해주면 된다. 이로 인하여 고속모터에 인코더를 설치하여 발생하는 진동과 내구성 문제를 해결할 수 있다. 0점 갱신 방법은 특허로 출원되어 있으며, 이 책에서 따로 설명하지 않는다.

$\alpha°$로 기울어진 두 개의 반사경을 사용하여 원추각이 $\alpha°$인 원추형 선회광선을 만드는 방법을 보여주고 있다. **그림 9.82** (b)에서와 같이 이들 두 반사경을 하나의 로터에 설치한 후에 이를 중공축 모터로 회전시키면 중공축 중심을 통과하여 위로 향하여 조사된 레이저가 원추형 선회광선으로 변환된다는 것을 알 수 있다. **그림 9.82** (c)와 (d)에 도시되어 있는 펜타프리즘(5각형 프리즘)을 사용해서도 동일한 형태의 원추형 선회광선을 만들어낼 수 있다.

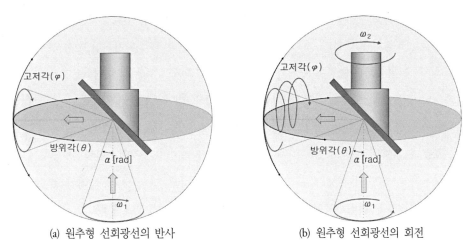

(a) 원추형 선회광선의 반사

(b) 원추형 선회광선의 회전

그림 9.81 원추형 선회광선의 반사와 회전

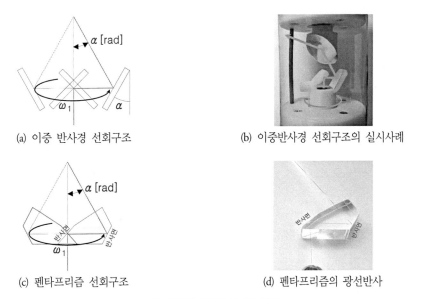

(a) 이중 반사경 선회구조

(b) 이중반사경 선회구조의 실시사례

(c) 펜타프리즘 선회구조

(d) 펜타프리즘의 광선반사

그림 9.82 원추형 선회광선 생성방법

중공축 모터에 설치된 이중반사경을 사용하여 **그림 9.82**에서와 같이 원추형 선회광선을 만들 수 있으며, **그림 9.81**에서와 같이, 상부모터와 여기에 설치된 경사 반사경, 또는 직각 프리즘을 사용하여 이 원추형 선회광선을 회전시킬 수 있다. 이를 통해서 수평방향으로 360° 회전과 상하방향으로 ±α°의 선회가 가능한 라이다용 3차원 레이저 스캐닝기구를 만들 수 있다.

그림 9.83에서는 앞서 설명한 반사식과 굴절식을 사용하여 구현할 수 있는 네 가지 광학조합을 보여주고 있다. 반사-반사식은 순수하게 반사경들만을 사용하여 구현한 레이저 스캐너 기구이며, 굴절-반사식은 펜타프리즘과 경사 반사경을 사용하는 조합이다. 반사-굴절식은 이중반사경과 직각 프리즘을 사용하는 조합이며, 굴절-굴절식은 펜타프리즘과 직각 반사경을 사용하는 조합이다. 여기서, 상부 모터와 하부 중공형 모터는 생략되었다. 그림에서, 하부의 빔 분할기 프리즘은 하우징에 고정되어 있어서, 조사된 레이저를 반사하여 이중선회 반사경으로 안내하며, 물체에서 반사되어 되돌아온 반사광을 투과시켜서 검출기로 안내해주는 역할을 한다. **그림 9.84**에서는 목업 제작된 프로토타입 3차원 레이저 스캐너의 외형을 보여주고 있다. 상부모터로는 드론용 2,000[kV]의 출력특성을 가지고 있는 BLDC모터를 사용하였으며, 상부 경사반사경에 대한 현장 밸런싱을 통해서 불평형질량을 최소화하였다. 그리고 **그림 3.48**에 도시된 플랙셔 형태의 유연지지구조를 사용하여 고속회전 시에 발생하는 잔류불평형에 의한 진동을 흡수하였다.[121] 이를 통해서 경사반

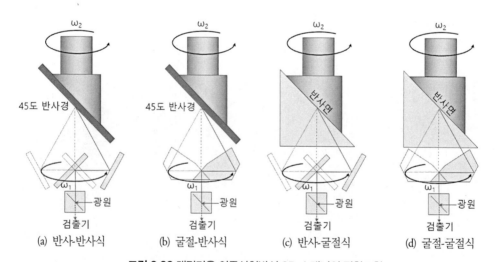

그림 9.83 대면거울 이중선회방식 3D 스캐너의 광학조합

---

121 그림 5.14에 도시되어 있는 고무스프링 형태의 방진구를 적용해본 결과, 경사반사경의 잔류불평형에 의한 고속진동의 저감에는 그리 효과적이지 못하였다.

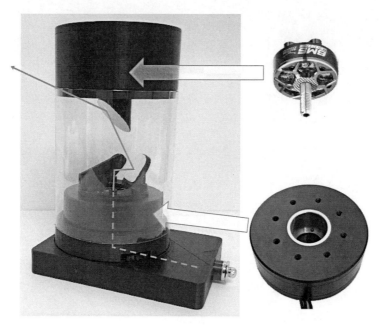

그림 9.84 대면거울 이중선회방식 3차원 레이저 스캐닝 기구의 프로토타입

사경을 30,000[rpm] 이상의 속도까지 무리 없이 회전시킬 수 있었다. 이는 초당 31프레임에 해당하는 매우 높은 속도이다. 하부모터는 중공축 내경이 22[mm]인 GBM6208 BLDC모터를 사용하였다. 이와 같이 3D 프린팅 목업단계에서 이미 개발목표사양을 상회하는 결과를 얻을 수 있었다.[122]

이렇게 설계된 대면거울 이중선회방식 3차원 레이저 스캐닝기구는 다음과 같은 특징을 가지고 있다.

- 서로 마주보고 회전하는 반사경만을 사용하여 3차원 레이저 스캐닝을 실현하였다.
- 슬립링 등 고가, 저신뢰 부품을 사용하지 않는다.
- 전장부품이 회전하지 않는다.
- 초고속 스캐닝이 가능하다.
- 밸런싱이 용이하다.

---

122 개념설계, 상세설계, 솔리드모델링, 3D 프린팅, 모터와 속도제어기의 선정과 구매, 속도제어 회로구성, 현장밸런싱 등 전체 개발과정을 저자 혼자서 수행하였다. 이런 종류의 설계과제는 설계엔지니어에게 항상 어려운도전이지만, 그 도전을 하나씩 성취해나가는 과정은 큰 즐거움으로 다가온다.

- 내구성과 신뢰성이 탁월하다.
- 광학렌즈를 사용하지 않는다.
- 이론상 무한초점이 구현된다.
- 단순한 삼각함수를 사용하여 광선위치를 추적할 수 있다.

하지만 다음과 같은 기술적 허들을 극복하여야 자율주행 자동차용 라이다로 상용화가 가능하다.

- 모터의 고속회전에 따른 발열통제와 소비전력 저감
- 비반사 코팅된 광학경통의 제작비용 절감
- 광학반사경 부품의 제작비용 절감

이와 더불어서 초고속 스캐닝과정에서 생성되는 엄청난 양의 위치정보를 처리할 수 있는 초고속 신호처리 기술도 함께 개발되어야 한다.

10

오차할당의
원리와 기법

Chapter 10

오차할당의 원리와 기법

오차는 목표값 또는 공칭값과 참값 사이의 편차이다. 1.5절의 끼워맞춤과 공차에서는 오차를 공차의 형태로 다루었다. 공차는 기계의 가공에서 발생하는 개별부품의 오차나 끼워맞춤과 같은 단순조립의 오차를 다루기 위한 편리한 방법이다. 하지만 가공 및 조립오차 이외에도 백래시와 같은 기계적 오차, 열팽창, 측정오차, 진동 등 다양한 원인의 오차들이 결합되는 시스템 관점에서의 오차 누적이나 위치결정용 스테이지와 같이 귀환제어 시스템에서 발생하는 과도응답 제어오차 등을 체계적으로 다룰 수 있는 방법이 필요하다.

10.1절에서는 측정의 불확실도, 에너지 변환을 통한 물리량의 측정, 계측과 교정, 이산화 오차 그리고 동적 신호의 이산화와 위신호 등의 주제를 통해서 측정과 오차에 대해서 살펴본다. 10.2절에서는 계통오차, 임의오차 및 히스테리시스오차, 정규분포와 스튜던트-t 분포, 서로 다른 오차 원인들의 조합과 같은 주제들을 통해서 오차의 통계학에 대해서 논의한다. 10.3절에서는 동차변환행렬의 구성, 직선운동조인트와 회전운동 조인트의 동차변환행렬에 추가되는 오차운동들과 같은 주제에 대한 논의를 통해서 다축 시스템의 오차할당에 사용되는 동차변환행렬의 구성과 조작 방법에 대해서 살펴본다. 10.4절에서는 가공오차, 조립오차, 과도구속, 정적부하 및 온도변화 등에 의해서 유발되는 (준)정적오차와 가감속 및 진동 등에 의해서 유발되는 동적 오차와 같이 기계 시스템에서 발생하는 오차의 원인들에 대해서 살펴본다. 10.5절에서는 센서의 설치와 고정 그리고 센서의 설치환경 등의 주제에 대한 논의를 통해서 메카트로닉스 시스템의 핵심 구성요소인 센서의 설치와 고정문제에 대해서 고찰한다. 10.6절에서는 오차할당의 기본원칙, 오차할당과 계층도표 그리고 가상 스테이지의 오차할당 사례 등에 대한 논의를 통해서 오차할당의 모델에 대해

서 살펴보면서 이 장을 마무리할 예정이다.

10.1 측정과 오차

참값은 도면이나 제어명령 상에서나 존재하는 가상의 수치값이다. 실제의 물리량은 측정을 통해서 추정할 수밖에 없기 때문에 측정의 방법과 측정과정에 포함되는 다양한 오차들에 의해서 왜곡되어버린다. 오차를 정확히 추정하기 위해서는 측정표준을 사용하여 측정한 참값을 목표값(공칭값)과 비교해 보아야 한다. 10.1.1절에서는 측정의 기준으로 사용되는 단위계들의 정의와 이들이 가지고 있는 불확실도에 대해서 살펴본다. 10.1.2절에서는 다양한 물리량들을 측정하여 전압이나 전류와 같은 전기신호로 변환시키는 데 사용되는 다양한 에너지변환원리들에 대해서 살펴본다. 10.1.3절에서는 물리량을 측정하기 위한 계측기를 교정하기 위해서 사용되는 방법들에 대해서 논의한다. 10.1.4절에서는 아날로그 측정신호를 이진수로 변환시키는 이산화 과정에서 발생하는 오차에 대해서 살펴본다. 10.1.5절에서는 동적 신호의 이산화 과정에서 발생하는 위신호 문제에 대해서 살펴보면서 10.1절을 마무리한다.

계측에 사용되는 센서와 이들의 신호처리에 사용되는 연산증폭기는 현대적인 초정밀 메카트로닉스 시스템의 설계를 위해서는 반드시 숙지해야 하는 중요한 주제이다. 이에 대해서는 전문 계측공학 서적[1]들을 참조하기 바란다. 아울러, 오차를 다루기 위해서는 측정(계측)과 관련된 이슈들에 대해서도 세심한 고찰이 필요하다. 하지만 이는 이 책의 범주를 넘어서므로, 이 주제에 관심이 있는 독자들은 정밀공학[2]을 읽어볼 것을 추천한다.

10.1.1 측정의 표준과 불확실도

오차를 평가하기 위해서 측정 시스템이 높은 정확도와 신뢰도를 가지고 있어야만 한다. 하지만 양자역학에서는 위치와 운동량이 동시에 확정적인 값을 가질 수 없으며, 위치의 불확정성과 운동량의 불확정성이 플랑크상수($h = (6.626093 \pm 0.000001) \times 10^{-34}$[Js])에 의해서 제한된다. 이를 기반으

---

1   Richard S. 외, 기계계측공학, 시그마프레스, 2016.
2   R. Leach, S. Smith 저, 장인배 역, 정밀공학, 2019.

로 하여 하이젠베르크는 위치(σ_x)와 임펄스(σ_p) 또는 에너지(σ_E)와 시간(σ_t) 같은 두 매개변수들이 가지고 있는 표준편차의 곱은 다음 식에서 제시된 값보다 작아질 수 없다고 제시하였다.[3]

$$\sigma_x \times \sigma_p \geq \frac{h}{4\pi} \text{이며}, \ \sigma_E \times \sigma_t \geq \frac{h}{4\pi}$$

이를 **하이젠베르크의 불확정성원리**라고 부르며, 측정의 표준을 아무리 정확하게 정의한다고 하여도 이 불확정성 한계를 넘어설 수는 없다.

표 10.1 SI 단위계의 일곱 가지 기본단위

물리량	심벌	명칭	단위정의 기준량	기준값
시간	s	초	세슘133의 방사주파수	$f = 9,192631,770[\text{Hz}]$
길이	m	미터	광속	$c = 299,792,458[\text{m/s}]$
질량	kg	킬로그램	플랑크상수	$h = 6.626,070,15 \times 10^{-34}[\text{J·s}]$
전류	A	암페어	전기소량	$e = 1.602,176,634 \times 10^{-19}[\text{C}]$
온도	K	켈빈	볼츠만상수	$k = 1.380,649 \times 10^{-23}[\text{J/K}]$
물질량	mol	몰	아보가드로상수	$N_A = 6.022,140,76 \times 10^{23}[\text{1/mol}]$
광도	cd	칸델라	540[THz] 방사광의 방사효율	$K_{cd} = 683[\text{lm/W}]$

표 10.1에서는 현재 세계적인 표준으로 사용되고 있는 SI 단위계의 일곱 가지 기본단위들과 이들이 사용하는 기준값들을 보여주고 있다.

시간은 초[s]를 기본 단위로 사용하고 있다. 1초는 관습적으로 1일의 1/86,400으로 정의되어 있다. 하지만 실제 지구의 자전주기는 조금씩 변하며, 약간씩 느려지고 있기 때문에, 1일을 등분하여 정의된 초는 공학적인 관점에서 매우 부정확하다. 현대적인 시간의 표준은 1967년에 1초를 세슘133 원자가 0[K]의 온도에서 두 초미세 기저상태를 오가는 전이주기의 9,192,631,770배라고 정의하였다. 이렇게 정의된 시간의 불확실도는 $5 \times 10^{-16}[\text{s}]$인 것으로 평가되고 있다.

길이의 표준인 미터[m]는 1791년에 지구 4분원의 $1/10^7$으로 정의되었다. 하지만 실제 지구는 진구가 아니기 때문에 이를 공학적인 표준으로 사용하기 어려워서 1889년에 백금-이리듐 합금으

---

3   R. Schmidt. 저, 장인배 역, 고성능메카트로닉스의 설계, 동명사, 2015.

로 국제 원형미터를 제작하여 길이의 표준으로 사용하여 왔다. 하지만 이 표준기는 온도에 따라서 길이가 변하며, 취급과정에서 손상과 변형이 일어나기 때문에 현대적인 표준으로 사용하기 어려워졌다. 1960년에 1[m]를 진공에서 Kr-86 원자가 $2p_{10}$에서 $5d_5$로 전이하면서 방출하는 파장의 1,650,763.73배로 정의하였다. 이는 현대공학적인 측면에서 매우 정확한 정의였다. 그런데 빛의 속도는 파장길이에 무관하게 서로 동일하다. 따라서 특정한 파장의 빛이 아니어도 길이의 표준으로 사용할 수 있기 때문에 1983년에 이르러서는 길이의 표준을 진공 속에서 빛이 1/299,792,458[s] 동안 진행한 거리로 확대하여 정의하게 되었다. 이로서, 모든 파장의 레이저들을 길이의 표준으로 사용할 수 있게 되었다. 가장 정확하다고 평가되는 요오드 안정화 레이저의 불확실도는 1×10^{-11}[m]에 달한다.

질량의 표준인 킬로그램[kg]은 1795년에 1리터 물의 질량으로 정의되었다. 1889년에 백금-이리듐으로 제작된 분동 형상의 표준질량은 1.4×10^{-7}[kg]의 불확실도를 가지고 있었다. 이 표준질량의 취급에 극도의 주의를 기울였지만, 현대적인 표준의 정확도 요구사양을 충족시키기에는 어려움이 많아서 2019년에 일종의 전자저울인 키블저울로 대체되었다. 플랑크상수에 기초하여 질량을 정의하는 키블저울의 불확실도는 (2017년 현재) 9.1×10^{-9}[kg]인 것으로 평가되고 있다.[4]

전류의 표준인 암페어[A]는 1초 동안 1쿨롱의 전하가 특정한 위치를 통과하는 것으로 정의된다. 전자 하나가 가지고 있는 전하량은 $1.602,176,634 \times 10^{-19}$[C]이므로, 1초 동안 $6.241,509,074 \times 10^{18}$개의 전자가 운반한 전하량으로 정의되며, 불확실도는 1×10^{-8}[A]인 것으로 평가된다.

온도의 표준인 켈빈[K]은 모든 입자들의 엔트로피가 0이 되는 절대영도(0[K]=-273.15[℃])를 기준으로 삼는다. 그리고 절대영도와 빈 표준 평균 바닷물(VSMOW)[5]의 삼중점(0.01[℃]) 사이를 273.16등분하여 1[K] 또는 1[℃]를 정의하였다. 하지만 이런 방식의 정의는 불확실도가 0.5~1[mK]에 불과할 정도로 매우 부정확하였기 때문에 2018년부터는 유전율상수 가스온도측정법(DCGT)과 음향온도측정법을 사용하여 볼츠만상수 $k_B = 1.380,649 \times 10^{-23}$[J/K]일 때에 다음 식을 만족시키는 온도로 다시 정의하였다.[6]

4 https://en.wikipedia.org/wiki/Kibble_balance
5 https://en.wikipedia.org/wiki/Vienna_Standard_Mean_°Cean_Water
6 https://cryogenicsociety.org/36995/news/nist_explains_the_new_kelvin_definition/

$$E = k_B T$$

여기서 E[J]는 에너지이며, T[K]는 절대온도이다.

물질량은 원자나 분자 등의 물질의 양을 정의하는 단위로서 몰[mole]을 기본단위로 사용한다. 1몰은 아보가드로상수에 해당하는 $6.022,140,76 \times 10^{23}$개의 원자, 분자, 이온, 또는 전자들로 이루어진 물질의 양이며, 특히 탄소(C-12) 1몰[mole]은 12그램[g]으로 정의된다.

광도는 인간이 전자기파를 시각으로 인식하는 감도인 시감도에 기초하여 광원의 밝기를 나타내는 값으로서 칸델라[cd]를 기본 단위로 사용하고 있다.[7] 1칸델라[cd]는 주파수가 540[THz]인 단색광을 방출하는 광원이 1스테라디안[sr]당 1/683와트[W]의 비율로 에너지를 발산할 때의 밝기로 정의된다.

이상과 같이 7개의 기본단위들에 대한 정의와 더불어서 **그림 10.1**에 도시된 것처럼, 평면각[rad]과 입체각[sr]이라는 두 개의 보조단위가 정의되고 나면 이들을 조합하여 다양한 유도단위들이 만들어진다. 평면각[rad]의 경우에는 원호를 이루는 반지름의 길이와 원호길이가 서로 동일한 각도를 1[rad]로 정의한다. 입체각[sr]의 경우에는 구체의 중심에서 시작된 원뿔의 구체표면에서의 표면적이 반경(R)의 제곱(R^2)이 되는 원뿔각도를 1[sr]로 정의한다.

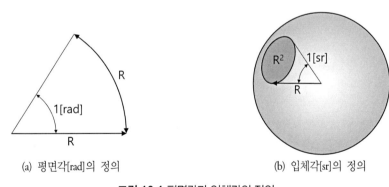

(a) 평면각[rad]의 정의　　　　(b) 입체각[sr]의 정의

그림 10.1 평면각과 입체각의 정의

7　https://ko.wikipedia.org/wiki/%EA%B4%91%EB%8F%84

표 10.2에서는 일곱 가지 기본단위와 두 가지 보조단위를 사용하여 정의되는 다양한 유도단위계들을 예시하여 보여주고 있다.

표 10.2 기본단위에서 유도되는 다양한 조립단위들의 사례

면적 [m²]	휘도 [cd/m²]	광도 [cd]	광속 [Lm=cd·sr]	입체각 [sr]
길이 [m]	체적 [m³]	밀도 [kg/m³]	조도 [Lx=Lm/m²]	질량 [kg]
압력 [Pa=N/m²]	에너지 [J=N·m]	힘 [N=kg·m/s²]	몰질량 [kg/mol]	물질량 [mol]
전압 [V=W/A]	일률 [W=J/s]	점도 [Pa·s]	흡수선량 [Gv=J/kg]	몰에너지 [J/mol]
자속밀도 [T=Wb/m²]	자속 [Wb=V·s]	방사능 [Bq=T/s]	비열 [J/K]	온도 [K]
전기저항 [Ω=V/A]	정전용량 [F=C/A]	컨덕턴스 [S=A/V]	인덕턴스 [H=Wb/A]	주파수 [Hz]
전류 [A]	전기량 [C=A·s]	시간 [s]	각속도 [rad/s]	평면각 [rad]

이 절에서 살펴본 것처럼, 모든 공학단위들은 7개의 표준단위에 대한 정의에서 출발하여 유도 및 조립되었다는 것을 알 수 있으며, 7개의 표준단위 정의 자체가 불확실성의 한계를 가지고 있기 때문에 필연적으로 모든 단위계들은 불확실성을 포함하고 있다는 것을 명심하여야 한다.

10.1.2 에너지변환을 통한 물리량의 측정

측정 시스템 내에서의 모든 정보교환에는 전압과 전류가 사용된다. 따라서 센서는 측정대상 물리량을 전압 또는 전류신호로 변환시켜준다. 예를 들어, 서모커플 온도 센서는 서로 다른 금속들 사이의 전위 차이를 사용하여 열에너지를 전압 또는 전류에너지로 변환시키는 일종의 에너지 변환장치인 것이다. 이런 에너지 변환기구들은 **그림 10.2** (a)에 도시된 것처럼 직접 전기신호를 생성하는 방식과 **그림 10.2** (b)에 도시된 것처럼, 외부전원의 도움을 받아서 전기신호를 생성하는 방식으로 구분할 수 있다. 앞서 예시한 서모커플이나 영구자석의 운동을 코일의 유도전류로 변환시키는 속도센서 등이 **직접생성방식**의 사례이며, 온도변화에 따라서 저항값이 변하는 백금측온저항체(Pt-100)로 구성된 휘트스톤 브리지에 정전압을 가한 후에 브리지의 출력전압을 측정하여 온도를 측정하는 사례는 **간접생성방식**의 사례에 해당한다.

(a) 직접생성방식   (b) 간접생성방식

그림 10.2 전기신호 생성방식에 따른 센서의 구분

표 10.3에서는 다양한 **에너지변환원리**들을 보여주고 있다. 이런 에너지변환방법들은 센서와 작동기 소자들에서 다양한 형태로 사용되고 있다. 표에서 **전**은 전기효과, **음**은 음향, **광**은 광학효과, **자**는 자기효과, **λ**는 파장, **물**은 물성, **반**은 반도체 등을 나타낸다. 물리량의 계측과정에서 사용되는 에너지변환작용은 열이나 전자기 간섭의 영향을 쉽게 받기 때문에 다양한 노이즈들이 측정신호에 유입되어 오차의 원인으로 작용하게 된다. 센서와 신호조절요소의 노이즈 제거에 사용되는 휘트스톤 브리지나 인스트루먼트 앰프 그리고 각종 능동필터와 전자기 차폐 등의 주제들은 이 책의 범주를 넘어서기 때문에 여기서 자세히 다루지 않는다. 하지만 정밀기계설계 엔지니어라면 반드시 숙지해야 하는 내용이므로, 계측공학[8]에 대한 별도의 학습을 권한다.

표 10.3 센서 및 작동기에서 사용되는 다양한 에너지변환 원리들[9]

분야	명칭	변환	분야	명칭	변환
광학	제만효과	광→자	자전	홀효과	자/전→전
	파셴-백효과	광→자		자기저항효과	전/자→저항
	슈타르크효과	전→광		플레이너 홀효과	전/자→전
	도플러효과	음/광→주파수		줄효과	전/자→주파수
	라만효과	광→광		에칭 하우젠효과	전/자→온도
	광파라메트릭효과	$\lambda=\lambda_1+\lambda_2$	자광	패러데이효과	자→편광
음향	음향전기효과	음→전		진동성자기광효과	자→주파수
	음향자기효과	음→자	열자	네른스트효과	열/자→전
	드하스-판알펜효과	음/자→주파수		리기-르뒤크효과	자→온
	ΔE효과	자→힘	자왜	줄효과	자→일그러짐
	마스킹효과	음→음		빌러리효과	자→일그러짐
	회절효과	음→음		위데만효과	자→일그러짐

---

8   T. Beckwith, 계측공학, Pearson Education Asia, 2020.

9   1980년대에 출판된 제목 미상의 서적에서 인용하여 재구성하였다.

표 10.3 센서 및 작동기에서 사용되는 다양한 에너지변환 원리들(계속)

분야	명칭	변환	분야	명칭	변환
반도체	터널효과	전>1[nm]	압전	압전효과	압→전
	축적효과	전/반		역압전효과	전→일그러짐
	제너효과	전/반		압저항효과	압→저항
	전자사태효과	전/반	전자방사	에디슨효과	열→전자
	전계효과	전/증착		열전자효과	열→전
	건효과	반/전파		애벌란시효과	전→잡음
	음영효과	증착		플리커효과	전→잡음
	조셉슨효과	초전도→전		크래이머효과	온도→전자
금속	표피효과	주파수→전/자		쇼트키효과	물/전→전자
	아즈벨-카너 효과	온→전/자		공간전하효과	전계→전하
	볼타효과	물→전	유전체	존슨-라벡효과	전/반→힘
열	제벡효과	온→전	방사선	오제효과	X선→전자
	펠티어효과	전→열		콤프톤효과	X선→물→X선
	톰슨효과	온/전→열		메스바우어효과	γ선방출흡수
	파이로 전기효과	열→전	방전	페닝효과	물→전
광전체	광전도효과	광→저항		주변효과	전→방전
	광전자방출효과	광/전→전자		람스아우어-타운젠트효과	전자
	결정광전효과	광→전		펀치스루효과	반도체전류누설
	광전자효과	광/자→전	자성	열자기효과	온→자
	베크렐효과	광→전		바크하우젠효과	자→온
	포켈스효과	광→광		자기열량효과	자→열
	구덴-폴효과	광/전→광	화학	코튼효과	저항→굴절률
	라운드효과	전→광		포화효과	전자파흡수

10.1.3 계측과 교정

정확히 교정된 센서만이 정확하게 원하는 공정을 감시 및 제어할 수 있다. 대부분의 아날로그 센서들은 출력전압이 시간에 따라서 조금씩 변하는 특성을 가지고 있다. 이를 **드리프트현상**이라고 부르며, 이 때문에 센서에 대한 주기적인 **교정**이 필요하다. 계측 시스템의 교정은 정밀한 시스템을 정확한(또는 진실한) 시스템으로 만드는 핵심 공정이다. 모든 측정의 불확실도는 측정에 사용된 센서 또는 검출기의 교정에 의존하게 된다. 교정과정과 교정 산출물의 불확실도는 교정 시스템이 가지고 있는 다양한 유형의 오차성분들에 대한 세심한 평가로부터 산출할 수 있다. 일반적으로 다음의 오차유형들을 지배적인 인자들로 간주한다.

- 센서의 반복성과 불확실도
- 교정장치의 반복성과 불확실도
- 교정용 계측기와 교정장치간 링크의 반복성과 불확실도

여기에 온도변화나 신호 이산화에 따른 절사와 같은 추가적인 오차요인들이 포함되어 총불확실도가 이루어진다. 교정장치의 **계통불확실도**[10]는 교정장치가 얼마나 국제표준에 잘 부합하는가의 함수이며 보통, 교정장치마다 불확실도에 대한 인증서가 함께 제공된다.

교정대상인 센서의 출력 안정성을 판별하기 위해서는 센서가 안정된 환경 속에 설치되어 (거리와 같은) 고정된 양을 측정할 수 있도록 교정장치를 만들어야만 한다. 프로브형 센서를 교정하는 경우라면, 프로브 몸체와 동일한 재료를 사용해서 센서 고정구를 만들어야 하며, 센서를 설치한 다음에 매우 오랜 시간 동안 측정을 수행하여 출력값이 안정상태를 유지한다는 것을 확인하여야 한다. 전기회로나 센서 자체에서 발생하는 어떤 종류의 드리프트도 측정 시스템의 안정성에 영향을 끼치는 인자이므로, 이를 측정하여야 한다.

센서의 교정은 정적인 교정과 동적인 교정으로 구분할 수 있다.

정적인 교정의 경우, 측정에 영향을 끼치는 온도, 진동 및 전기적 노이즈와 드리프트 등의 외란인자들이 모두 안정화될 때까지 충분한 시간을 기다린 후에 센서의 응답을 측정하여야 한다. 한 점(또는 위치)에 대해서 다수의 측정을 수행하며, 이 측정값들을 평균화한다. 이렇게 측정된 다수의 점들(또는 위치들)에 대한 측정값들을 근사곡선이나 n차 다항식으로 근사화하여 사용한다.

동적인 교정의 경우, 측정 시스템에 미리 알고 있는 외란을 가한 후에 이에 대한 센서의 응답을 측정하여 전달함수를 구하여야 한다. 가속도계나 속도계와 같은 진동측정용 센서를 교정하기 위해서는 진동의 주파수와 진폭을 측정할 수 있는 교반 테이블을 사용하여 동적 교정을 수행한다. 교반 테이블의 지령 입력신호로는 백색 노이즈나 스윕사인 파형을 사용한다. 테이블의 전달함수를 알고 있다면, 고속푸리에변환과 같은 디지털 신호처리기법들을 사용하여 센서의 전달함수를 구할 수 있으며, 이를 사용하여 센서의 동적 전달함수에 대한 교정이 가능하다.

센서를 교정하기 위해서는 센서를 실제 사용조건과 물리적으로 동일한 상태로 설치하여야 한다. 센서의 교정 시스템은 원하는 센서의 측정 정확도보다 5~10배 더 정확한 수준으로 만들어야

---

10   systematic uncertainty.

한다. 특히 측정과정에서 일상적으로 발생하는 아베오차를 제거하기 위해서는 교정표준을 측정하는 축을 센서의 측정축과 일치시켜야만 한다.

그림 10.3 (a)에서는 이송축이 측정축과 일치하는 마이크로미터를 사용하여 선형가변차동변압기(LVDT)의 영점과 선형성을 측정하는 정적 교정장치의 사례를 보여주고 있다. 이 교정장치에 사용된 마이크로미터는 한 눈금 간격이 10[μm]이기 때문에, 센서의 교정 정확도는 이보다 5~10배 더 큰 50~100[μm]에 불과하다.[11] 만일 센서를 1[μm] 수준의 정확도로 교정하고 싶다면, 교정용 이송 시스템은 50~100[nm]의 위치결정 정확도를 갖춰야만 한다. 교정용 이송 시스템에 정적 마찰이 존재하는 구름요소 안내기구를 사용한다면 측정을 수행하는 순간에 서보제어 시스템을 꺼서 히스테리시스 현상에 따른 정지위치 진동을 없애야 하며, 마찰에 의해서 발생되는 열에 항상 유의하여야 한다.

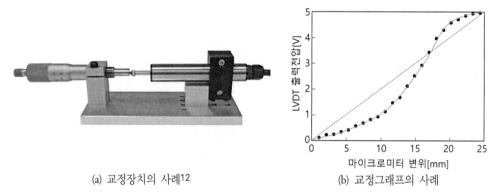

(a) 교정장치의 사례[12]   (b) 교정그래프의 사례

그림 10.3 마이크로미터를 사용한 선형가변차동변압기(LVDT)용 교정기의 사례

그림 10.3 (b)에서는 교정기의 마이크로미터 이송거리에 따른 선형가변차동변압기의 출력전압 그래프를 예시하여 보여주고 있다. 대부분의 아날로그 센서들이 그러하듯이 이 선형가변차동변압기의 사례에서도 출력전압은 마이크로미터 변위에 대해서 완만한 'S'자의 곡선을 나타내고 있다.[13] **직선화교정**은 측정기의 출력이 직선적이라는 가정하에서 측정결과를 근사직선으로 변환시켜서 기울기와 영점만을 맞추는 방법이다. 이런 직선화교정은 **그림 10.4**에 도시되어 있는 것처럼,

---

11 이는 경험적인 수치이며, 오차할당과 매우 밀접한 관계를 가지고 있다.

12 vjtech.co.uk

13 이 그래프에서는 오차를 매우 과장하여 표시하였다.

종점연결방법, 최소제곱법, 최소영역법14 등의 세 가지 방법으로 세분화된다.

그림 10.4 (a)에 도시되어 있는 **종점연결법**은 측정의 최솟값과 최댓값을 단순 연결한 직선으로 근사화하는 방법으로서, 데이터의 비선형성이 그리 크지 않은 경우에 적용할 수 있지만, 측정오차가 크게 발생할 우려가 있어 공학적으로는 잘 사용되지 않는다. **그림 10.4 (b)**에 도시되어 있는 **최소제곱법**은 측정 데이터들의 개별오차의 제곱합이 가장 작은 직선으로 근사화하는 방법으로, 근사직선의 추출이 비교적 용이하며, 측정 전 구간에 대해서 오차가 작기 때문에 공학적으로 자주 사용되는 방법이다. **그림 10.4 (c)**에 도시되어 있는 **최소영역법**은 측정 데이터들을 모두 두 평행한 직선 사이에 포함시킬 수 있는 가장 면적이 좁은 기울기를 구한 후에 이들 두 직선의 중심직선으로 데이터를 근사화하는 방법이다. 최소영역법은 측정 전 구간에 대한 오차가 위 세 가지 방법들 중에서 가장 작기 때문에 ISO(12780) 표준으로 사용되지만, 반복계산을 수행하는 전용의 계산 프로그램 없이는 이를 구하기가 용이하지 않으므로 현장에서는 최소제곱법을 일반적으로 사용하고 있다.

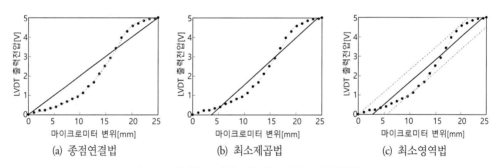

(a) 종점연결법   (b) 최소제곱법   (c) 최소영역법

그림 10.4 직선화 교정에 사용되는 세 가지 직선추출방법

센서 변환기나 제어기에 마이크로프로세서가 일반적으로 탑재되는 현대에 와서는 직선화 교정이 가지고 있는 오차를 줄이기 위해서 다구간 직선화 교정방법이나 비선형 교정방법과 같은 다점교정방식을 사용하는 추세이다. **다구간 직선화 교정**의 경우에는 **그림 10.4**의 직선화 교정방법을 그대로 사용하는 대신에 직선화 구간을 잘게 나누어 측정의 비선형성에 의한 영향을 최소화하는 방법을 사용한다. 반면에 **비선형 곡선근사 교정**의 경우에는 전체 측정구간에 대하여 측정한 데이터를 고차 다항식으로 변환시켜서 사용한다. 현대화된 디지털 신호처리 칩(DSP)을 사용하면

---

14   minimum zone reference line.

두 방법 모두 거의 실시간으로 데이터 처리가 가능하다.

10.1.4 이산화오차

센서에 의해서 에너지변환원리를 통해서 측정된 물리량은 아날로그 전류나 전압신호로 송출된다. 이를 디지털(이진수) 값으로 변환하는 과정을 **이산화**[15]라고 부른다. 이진수는 비트수(n)로 표시된다. 비트수가 커질수록 숫자간 간격이 좁아지기 때문에 이산화오차가 감소하지만 송신할 데이터가 기하급수적으로 증가한다는 문제가 있다. 따라서 허용 오차한도를 고려하여 필요 최소한의 비트수를 사용하여 측정값을 이산화시켜야 한다. **표 10.4**에서는 0~5[V]의 아날로그 신호를 n비트의 이진수로 이산화하는 경우에 발생하는 이산화오차를 보여주고 있다. 0~5[V]의 아날로그 신호를 4비트로 이산화하는 경우에 발생하는 최대 이산화오차는 0.3125[V]이며, 8비트로 이산화하는 경우의 최대 이산화오차는 0.01195[V]에 달한다는 것을 알 수 있다. 10비트로 이산화하는 경우라면, 센서의 전체 출력을 1,024개로 등분하며, 최대 이산화오차는 0.00488[V]이다. 즉, 대략적으로 10비트는 1,000등분에 5[mV] 오차를 갖는다고 기억해두면 매우 유용하다. 산업적으로는 12비트 이상의 이산화가 자주 사용되고 있으며, 32비트 이상의 이산화를 사용하는 사례도 접하게 된다. 하지만 아날로그 신호의 노이즈를 충분히 저감하지 못한 상태에서 높은 비트수의 이산화를 사용하면 노이즈 스파이크로 인하여 이산화된 수치값이 크게 변하는 문제가 발생하게 된다.[16] 또한 디지털 통신에 부담을 주어 제어속도가 느려질 우려가 있다. 따라서 이산화오차가 최적화되는 필요 최소한의 비트수로 이산화를 적용해야만 한다.

표 10.4 0~5[V]의 아날로그 전압신호를 이산화시키는 경우에 발생하는 이산화오차

비트수	등분의 수	이산화오차값[V]
4	16등분	0.3125
8	256등분	0.01195
10	1,024등분	0.00488
12	4,096등분	0.00122
16	65,536등분	7.63×10^{-5}
32	4.29×10^9등분	1.16×10^{-9}

---

15 discretization.
16 이로 인하여 제어기의 미분이득이 과도하게 증가할 우려가 있다.

그림 10.5에서는 0~5[V]의 아날로그 신호를 4비트의 이진수로 이산화시키는 경우에 발생하는 아날로그 전압 대비 디지털 출력 사이의 상관관계를 그래프로 보여주고 있다. 수평축은 0~5[V]의 아날로그 출력전압을 보여주고 있으며, 수직축은 이를 4비트 디지털 숫자로 변환시킨 결과를 보여주고 있다. 그림에서 점선은 아날로그 센서의 실제 출력직선을 나타내며, 실선은 이를 4비트로 이산화한 경우의 출력값을 아날로그 등가전압으로 나타낸 것이다. 이 그래프를 살펴보면, 아날로그 출력전압이 연속적으로 증가함에 따라서 이산화 출력값은 불연속적으로 변하기 때문에 이산화오차(음영으로 표시된 영역)가 주기적으로 변화한다는 것을 알 수 있다. 이는 계측과 제어의 측면에서는 매우 불합리한 현상이다. 이상적인 계측기는 모든 측정 범위에 대해서 균일한 오차 수준을 가져야 하는데, 이산화로 인하여 측정영역에 따라서 오차가 변하기 때문에 측정의 신뢰도가 일정하지 않다는 것이다. 물론 이산화의 비트수를 증가시키면 이런 문제가 완화되지만, 앞서 언급했던 것처럼, 통신부하문제가 발생한다.

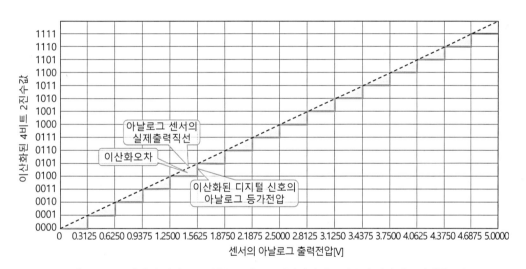

그림 10.5 0~5[V]의 아날로그 신호를 4비트로 이산화시키는 경우에 발생하는 이산화오차

10.1.5 동적 신호의 이산화와 위신호

디지털 방식의 계측기나 제어기는 일정한 주기마다 아날로그 신호를 디지털 값으로 변환시킨다(이산화). 이 변환주기를 **샘플링주기**라고 부르며, 다음 신호변환이 수행되기 전까지는 이전에 이산화한 값을 유지한다. 그런데 시간에 따라 출력이 동적으로 빠르게 변하는 아날로그 전압신호

를 이산화하는 경우, 이 아날로그 신호를 추종할 수 있을 정도로 샘플링주기가 충분히 빨라야만 한다. 만일 샘플링주기가 입력되는 신호에 비해서 너무 느리면 위신호 현상을 유발할 우려가 있다.

그림 10.6에서는 100[Hz]의 주파수를 갖는 정현 입력신호를 다양한 샘플링주기로 이산화한 경우를 보여주고 있다. (a)의 경우에는 샘플링주파수가 입력신호보다 느린 80[Hz]인 경우를 보여주고 있다. 그림에 따르면 샘플링 주기가 입력신호보다 느린 경우에는 입력신호를 매우 느린 주기로 변하는 정현신호로 나타내고 있음을 알 수 있다. 이렇게 입력신호를 전혀 다른 형태의 신호로 표현하는 현상을 **위신호**[17]라고 부른다. (b)의 경우에는 샘플링 주파수가 입력신호의 2.3배인 230[Hz]인 경우를 보여주고 있다. 비록 샘플링 주파수가 입력신호보다 2배 이상 높아서 소위 계측공학에서 자주 언급하는 나이퀴스트-섀넌의 조건[18]을 충족하고는 있지만, 측정결과는 맥놀이를 나타내고 있다. (c)의 경우에는 샘플링 주파수가 입력신호의 5배인 600[Hz]인 경우를 보여주고 있다. 이제야 겨우 입력신호와 주기성이 일치하고 있지만, 이산화 신호는 입력신호에 비해서 심하게 왜곡되어 있어서 도저히 계측결과로 활용하기 어려우며, 위상지연도 크게 나타나고 있음을 알 수 있다. 마지막으로, (d)의 경우에는 샘플링 주파수가 입력신호의 20배인 2[kHz]인 경우를 보여주고 있다. 이 경우에는 비록, 정확도는 떨어지지만, 이산화신호가 입력신호를 잘 나타내고 있으며, 위상지연도 그리 크지 않기 때문에 이를 귀환제어에 사용해도 위신호나 위상지연에 의한 제어계의 불안정성을 유발하지 않고서 안정적인 제어가 가능하다. 저자가 속한 연구팀에서는 과거, 자기 베어링으로 지지된 초고속 회전축을 개발하는 과정에서 샘플링 주파수가 10[kHz] 내외인 벤틀리-네바다社의 와전류형 변위센서를 사용하였다. 이 센서를 사용하여 안정적으로 측정 및 제어할 수 있는 회전축 휘돌림 진동성분은 샘플링 주파수의 1/20인 500[Hz](30,000[rpm])이었다. 하지만 이보다 높은 속도로 회전축을 구동하는 과정에서 약 600[Hz](36,000[rpm]) 부근에서 자기 베어링의 제어특성이 불안정해지면서 회전축과 충돌하여 시스템이 파손되었다. 이 속도는 샘플링 주기가 1회전당 16.7회로서, 20회에서 불과 3.3회 줄어든 것에 불과하지만, 이로 인한 신호왜곡과 위상지연이 파멸적인 결과를 초래한 것이었다.[19]

---

17 aliasing.
18 샘플링주파수는 입력신호 주파수의 두 배 이상이 되어야 한다는 조건. 이 조건에 현혹되어 수많은 엔지니어들이 실패를 겪었다.
19 최근에 국가출연 연구소와 공동으로 자기 베어링에 지지되는 초고속 회전체를 개발하던 기업에서 자문요청이 들어왔다. 자기 베어링 시스템의 견실성이 부족하여 조금만 외란이 들어와도 불안정해진다는 것이었다. 사용하는 센서의 사양을 확인해보니 샘플링 주파수가 5[kHz]였고, 회전체 작동속도는 500[Hz]였다. (이 외에도 몇 가지 문제

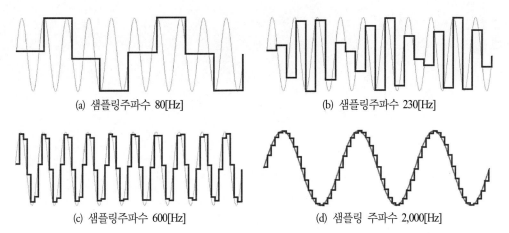

(a) 샘플링주파수 80[Hz]

(b) 샘플링주파수 230[Hz]

(c) 샘플링주파수 600[Hz]

(d) 샘플링 주파수 2,000[Hz]

그림 10.6 다양한 샘플링주파수를 사용하여 100[Hz] 정현신호를 이산화한 측정신호들(컬러 도판 p.762 참조)

10.2 오차의 통계학

그림 10.7에서는 위치결정용 $X-Y$ 스테이지에서 발생하는 위치오차를 분류하는 방법을 보여주고 있다. 그림의 좌측 하단에 원점이 위치하며, 그림의 우측 상단 중앙의 십자선이 스테이지가 위치해야 하는 목표값(위치)이다. 하지만 기계, 제어 및 계측 등 다양한 원인 때문에 스테이지는 정확히 목표값에 도달하지 못하며 편차가 발생하게 된다. 스테이지가 여러 번 왕복하면서 목표위치에 접근한다고 할 때에, **정확도**[20]는 개별 측정된 위치값과 목표값 사이의 오차값인 반면에 **진실도**[21]는 다수의 측정된 위치값들을 평균한 중심값과 목표값 사이의 오차값이다. 그림의 X축과 Y축상에는 방향별로 측정된 다수의 위치값들을 도수분포 그래프로 표시하여 보여주고 있으며, 수학적 연산을 통해서 평균값($\overline{X}$ 및 $\overline{Y}$)과 표준편차값(σ)을 구할 수 있다.

$$\overline{X} = \frac{\sum_{n=1}^{N} x_i}{N}, \quad \overline{Y} = \frac{\sum_{n=1}^{N} y_i}{N}$$

들이 있었지만) 샘플링 주파수를 10[kHz]로 높이면 외란에 대한 불안정 문제를 상당부분 해결할 수 있을 것이다.

20 accuracy.

21 trueness.

$$\sigma_x = \sqrt{\dfrac{\displaystyle\sum_{n=1}^{N}(x_i - \overline{X})^2}{N}}, \quad \sigma_y = \sqrt{\dfrac{\displaystyle\sum_{n=1}^{N}(y_i - \overline{Y})^2}{N}}$$

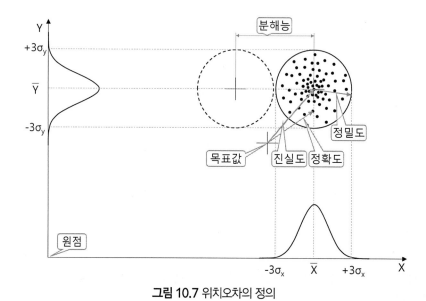

그림 10.7 위치오차의 정의

여기서 N은 샘플링된 데이터의 숫자이며, σ는 $N \rightarrow \infty$인 이상적인 경우의 표준편차값이다. 만일 N이 무한히 크지 않다면, 표준편차는 10.2.2절에서와 같이 s_x로 계산되며, 스튜던트-t 분포를 사용하여 이를 보정하여야 한다.

산업계에서는 일반적으로 전체 확률의 99.7%를 차지하는 $\pm 3\sigma$를 오차 범위로 지정하는 경향이 있다. 그림에서와 같이, 다수의 측정위치들을 평균한 중심값에서 3σ를 반경으로 하는 원을 그릴 수 있으며, **정밀도**[22]는 이 원의 반경, 즉 오차의 3σ를 의미하며, **반복도**[23]라고도 부른다. 이렇게 만들어진 반경이 3σ인 원들을 서로 인접하여 배치하면 이 원들의 중심 간 거리가 6σ가 되었을 때에 이 원들이 서로 겹치지 않고 분리가 된다. 즉, 스테이지를 특정한 위치로 보냈을 때에 인접한 다른 위치로 갈 확률이 0.3% 미만이 된다. (기계적인 의미에서의) **분해능**[24]은 이렇게 명확히

---

22 precision.
23 repeatability.
24 resolution.

위치를 구분할 수 있는 최소거리인 6σ 거리를 의미한다. 제어적 의미에서 분해능은 두 점간의 이동시 프로그래밍 가능한 최소한의 스텝을 의미하며, 기계가 구현할 수 있는 분해능과는 구분하여야 한다. X방향 및 Y방향의 표준편차값이 서로 다를 수 있지만, 설명을 단순화하기 위해서 이 사례에서는 서로 동일하다고 가정하였다.

그림 10.8을 통해서 진실도, 정확도 및 정밀도에 대한 개념을 살펴보기로 하자. 그림에서 중앙의 십자선 중심이 목표위치를 나타내고 있으며, 점들은 개별 측정값들을 나타내고 있다. (a)의 경우, 3회의 측정값들은 목표값의 주변에 위치하여 있으므로 이들의 개별 측정값들은 모두 (b)의 측정값들보다 정확하다. 그리고 3회 측정의 평균값인 진실도는 거의 목표값과 일치하고 있다는 것을 알 수 있다. 반면에 (b)의 경우에는 개별측정값들과 목표값 사이의 오차인 정확도나 3회의 측정평균값인 진실도 모두 (a)의 경우에 비해서는 떨어진다. 하지만 3σ 표준편차를 기반으로 하는 정밀도는 (a)의 경우에 비해서 월등하다는 것을 알 수 있다.

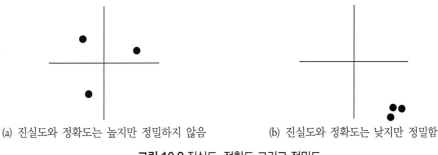

(a) 진실도와 정확도는 높지만 정밀하지 않음   (b) 진실도와 정확도는 낮지만 정밀함

그림 10.8 진실도, 정확도 그리고 정밀도

정밀기계를 설계할 때에 진실도(정확도)와 정밀도가 모두 뛰어나게 설계하는 것은 너무 많은 비용이 소요되기 때문에 바람직하지 않다. 경제적인 문제 때문에 둘 중 하나를 희생해야 한다면 진실도를 희생시키고 시스템을 정밀하게 설계한 후에, 이렇게 만들어진 시스템을 진실(정확)하게 교정하여 사용하는 것이다. 이 책의 제목이기도 한 **정밀기계설계**가 가지고 있는 의미를 깊이 명심해야 한다.

10.2.1 계통오차, 임의오차 및 히스테리시스 오차

그림 10.9에서는 정밀이송 스테이지를 특정한 위치로 이동시킨 후에 정지위치를 반복하여 측

정한 결과를 도수분포표로 보여주고 있다. **그림 10.9** (a)의 경우에는 반복측정의 결과가 일정한 (정규분포의) 경향을 가지고 있으며, 평균과 표준편차를 사용하여 발생할 오차의 크기를 확률적으로 예측할 수 있다. 이런 유형의 오차를 **계통오차**[25]라고 부르며, 오차의 발생에 영향을 끼치는 인자를 파악하여 그 영향을 보상하는 것이 비교적 용이하다. **그림 10.9** (b)의 경우에는 반복측정의 편차가 예측할 수 없는 방식으로 발생하고 있다. 따라서 수학적으로는 평균이나 표준편차값을 구할 수 있지만, 이를 사용하여 오차의 원인을 파악하여 보상하는 것이 매우 어렵다. 이런 유형의 오차를 **임의오차**[26]라고 부른다. 센서의 측정 노이즈와 같은 성분들이 임의오차에 해당한다. **그림 10.9** (c)의 경우에는 반복측정의 편차가 두 개의 봉우리 형태로 나타나고 있음을 알 수 있다. 이를 보다 자세히 구분하여 스테이지의 접근방향에 따라서 나타내면, 예를 들어 좌에서 우로 접근하는 경우의 오차발생 그래프와 우에서 좌로 접근하는 경우의 오차발생 그래프는 각각 계통오차(또는 정규분포)의 경향을 나타낸다는 것을 알 수 있다. 이런 유형의 오차를 **히스테리시스오차**[27]라고 부르며, 동력전달계통에 백래시와 같은 유격이 존재하는 경우에 자주 발생한다. 이런 유형의 오차는 계통오차의 경우와 마찬가지로 보상이 비교적 용이하다.

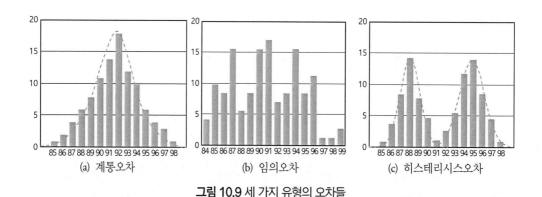

(a) 계통오차　　　　(b) 임의오차　　　　(c) 히스테리시스오차

그림 10.9 세 가지 유형의 오차들

애버네티 등[28]은 **표 10.5**에 제시되어 있는 것처럼, 계통오차를 다섯 가지 유형으로 세분하였다. 방향과 크기를 알 수 있는 큰 오차값인 ①형 오차는 교정을 통해서 용이하게 제거할 수 있다.

25　systematic error.

26　random error.

27　hysteresis error.

28　Abernethy, R.B. and Thompson, J.W, Jr. Measurement Uncertainty Handbook. Revised 1980.

반면에 방향과 크기는 알 수 있지만, 크기가 작은 ②형의 임의오차들은 제거할 수 없으므로 오차할당을 활용한 불확실도 해석 시 기본 오차값으로 할당되어야만 한다. 크기를 모르는 큰 오차값인 ③형의 오차에 대해서는 리니어스케일과 같은 적절한 현장 계측수단을 구비하는 경우에는 제거가 가능하다고 추정할 수 있다. 크기와 방향을 모르는 크기가 작은 오차값인 ④형의 오차와 방향을 알 수 있는 크기가 작은 오차값인 ⑤형의 오차들은 히스테리스와 같은 바이어스 오차들로서, 이 또한 ②형 오차와 마찬가지로 기본 오차값으로 할당하여야 한다.

표 10.5 계통오차의 다섯 가지 유형

오차의 크기	방향과 크기를 아는 경우	크기를 모르는 경우	
대	①형: 교정으로 제거 가능	③형: 제거 가능하다고 추정	
소	②형: 제거할 수 없는 임의오차	④형: 방향 모름	⑤형: 방향 확인

그림 10.10에서는 터닝센터에서 발생하는 위치오차의 사례를 보여주고 있다. 하딘지社의 슈퍼슬랜트 초정밀 터닝센터의 공구 스테이션을 반복적으로 전진 및 후진시키면서 Z방향 공칭위치별 변위오차를 측정하였다. 그림에 따르면 최초로 기계를 켜고 예열되지 않은 상태에서는 전진 및 후진에 따른 위치오차가 계속 변하면서 임의오차의 특성을 나타내고 있지만, 수 시간(약 8시간)이 경과하여 터닝센터가 충분히 예열되고 나면, 전진방향 및 후진방향의 위치오차는 각각 산포가 좁은 계통오차의 경향을 갖는 전형적인 히스테리시스 오차의 특성을 보이고 있음을 알 수 있다.

오차할당 기법을 사용한 불확실도 해석 시 **그림 10.10**의 임의오차와 히스테리시스 오차를 단순합산하여 총오차를 추정하면 실제와는 다른 과도한 크기의 시스템 오차값이 산출된다. 실제의 터닝센터 시스템은 충분한 예열기간을 거친 이후에 교정하여 사용하기 때문에 크기가 큰 ①형 오차와 ③형 오차는 거의 제거되고 방향 확인이 가능한 히스테리시스에 의한 ⑤형의 바이어스 오차와 더불어서 크기가 작은 ②형과 ④형의 오차들만 남아 있게 된다. 따라서 이 시스템에서 최종적으로 오차할당에 포함되어야만 하는 오차성분은 크기와 방향을 알 수는 있지만, 크기가 작아서 제거할 수 없는 계통오차인 ②형 오차와 크기와 방향을 알 수 없으며, 크기가 작은 오차성분인 ④형 오차만을 포함시켜야 한다.

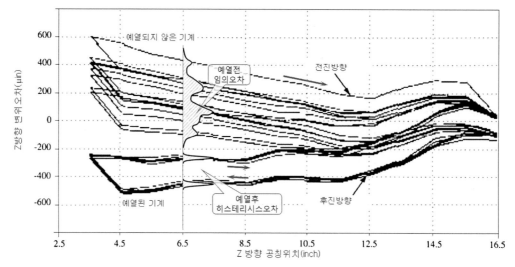

그림 10.10 임의오차와 히스테리시스오차가 발생하는 터닝센터 공구이송축의 사례[29]

10.2.2 정규분포와 스튜던트-t 분포

계통오차의 분포를 수학적으로 나타내기 위해서 **정규분포**[30]나 **가우스분포**[31] 곡선을 자주 사용한다. 정규분포의 경우, 변수 x가 특정한 값을 가질 확률 $p(x)$는 다음 식으로 정의된다.

$$p(x) = \frac{1}{\sigma\sqrt{2\pi}}\exp\left[-\frac{1}{2}\frac{(x-\overline{x})^2}{\sigma^2}\right]$$

여기서 $\overline{x}$는 변수 x의 전 구간($-\infty < x < \infty$) 평균값이며, σ는 표준편차를 나타낸다. **그림 10.11**에서는 전 구간에 대한 $p(x)$의 **확률밀도함수**를 보여주고 있다. 여기서, $p(x)$를 $-\infty < x < \infty$ 범위에 대해서 적분하면 총합이 1이 된다. 즉, 확률밀도함수가 차지하는 전체면적이 1이 된다.

그림에 따르면 $\overline{x} \pm \sigma$의 신뢰구간에 위치하는 오차의 확률은 68.26%, $\overline{x} \pm 2\sigma$의 신뢰구간에 위치하는 오차확률은 95.45% 그리고 특히 산업현장에서 자주 사용하는 6σ의 신뢰구간($\overline{x} \pm 3\sigma$)은 전체 확률의 99.7% 이상을 포함하고 있음을 알 수 있다.[32]

---

29 Alexander H. Slocum, Precision Machine Design, Prentice Hall, 1992.을 참조하여 재구성하였다.

30 normal distribution.

31 Gaussian distribution.

32 소수점 절사 때문에 그래프에 표시된 개별 확률과 구간오차확률에 차이가 발생하였다.

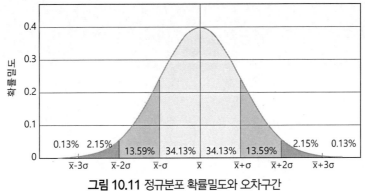

그림 10.11 정규분포 확률밀도와 오차구간

정규분포는 모집단이 무한히 큰 경우에 적용되는 이상적인 확률밀도 함수이다. 하지만 실제의 경우에는 샘플링된 데이터의 숫자가 유한하기 때문에 이를 감안하여 확률밀도함수를 보정하여야 한다. 만일 샘플링된 데이터의 숫자인 N이 유한하다면, 샘플의 표준편차 s_x는 다음과 같이 정의 된다.

$$s_x = \sqrt{\frac{\sum_{i=1}^{N}(x_i - \overline{x})^2}{N-1}}$$

그리고 원하는 확률인 $P[\%]$의 신뢰구간은 다음 식을 사용하여 구할 수 있다.

$$\overline{x} - t_{\nu, P} \times s_x < x < \overline{x} + t_{\nu, P} \times s_x$$

여기서 보정계수로 사용되는 스튜던트-t 변수인 $t_{\nu, P}$는 **표 10.6**을 사용한다. 기네스社의 양조공 장에서 일하던 윌리엄 고셋은 최고의 효모 투입량을 알아내기 위해서 통계학적인 기법을 사용하 였다. 고셋이 개발한 **스튜던트-t 분포**[33]는 유한한 샘플 데이터로부터 정규분포를 추정하기 위한 일종의 보정기법이다. 예를 들어, 샘플의 숫자가 20개이며, 99[%]의 신뢰구간을 구하기 위해서는 위 식을 사용하여 계산한 샘플의 표준편차 s_x에 **표 10.6**에서 음영으로 표시된 $\nu = 20$인 줄에서

---

33 스튜던트는 윌리엄 고셋의 필명이다.

t_{99}에 해당하는 보정계수인 2.845를 곱하여 다음과 같은 신뢰구간을 결정할 수 있다.

$$\bar{x} - 2.845 \times s_x < x < \bar{x} + 2.845 \times s_x$$

하지만 샘플의 숫자(ν)가 10 이하인 경우에는 스튜던트-t 분포로 추정한 결과가 큰 오차를 나타낼 수 있다. 일반적으로 $\nu \geq 20$이면 정규분포에 근사한 결과를 얻을 수 있다.

표 10.6 스튜던트-t 분포표[34]

ν	t_{50}	t_{90}	t_{95}	t_{99}
1	1.00	6.314	12.706	63.657
2	0.816	2.920	4.303	9.925
3	0.765	2.353	3.182	5.841
4	0.741	2.132	2.770	4.604
5	0.727	2.105	2.571	4.032
6	0.718	1.943	2.447	3.707
7	0.711	1.895	2.365	3.499
8	0.706	1.860	2.306	3.355
9	0.703	1.833	2.262	3.250
10	0.700	1.812	2.228	3.169
11	0.697	1.796	2.201	3.106
12	0.695	1.782	2.179	3.055
13	0.694	1.771	2.160	3.012
14	0.692	1.761	2.145	2.977
15	0.691	1.753	2.131	2.947
16	0.690	1.746	2.120	2.921
17	0.689	1.740	2.110	2.898
18	0.688	1.734	2.101	2.878
19	0.688	1.729	2.093	2.861
20	0.687	1.725	2.086	2.845
21	0.686	1.721	2.080	2.831
30	0.683	1.697	2.042	2.750
40	0.681	1.684	2.021	2.704
50	0.680	1.679	2.010	2.679
60	0.679	1.671	2.000	2.660
∞	0.674	1.645	1.960	2.576

34　Richard S. 외, 기계계측공학, 시그마프레스, 2016.

10.2.3 서로 다른 오차원인들의 조합

10.2.1절의 마지막에서 설명한 것처럼 임의오차와 히스테리스오차 및 계통오차를 단순 합산하여 총오차를 추정하면 실제와는 다르게 시스템에서 발생하는 오차를 과도하게 추정할 우려가 있다. 특히 서로 다른 원인에 의해서 발생하는 오차들을 기계적으로 단순 합산하는 것은 보수적인 오차예측방법일 수는 있겠지만, 현실성이 없으며, 과잉사양 선정에 따른 과도한 제작비용을 초래할 위험성이 있다. 이를 방지하기 위해서 상호 독립적인 오차들의 평균값과 표준편차값들을 조합하여 **제곱합의 제곱근**[35]을 구하여 사용할 수 있다.

$$\bar{x}_{total} = c_1\bar{x}_1 + c_2\bar{x}_2 + \cdots + c_n\bar{x}_n$$

$$s_{totlal} = \sqrt{(c_1 s_1)^2 + (c_2 s_2)^2 + \cdots (c_n s_n)^2}$$

여기서 c_i, $\bar{x}_i$와 s_i는 각각, 는 i번째 요소의 민감도, 평균 및 표준편차를 나타낸다. 국제표준화기구(ISO)의 불확실도 측정지침[36]에 따르면, 계통오차와 임의오차들로 이루어진 95[%]의 불확실도($\pm 2\sigma$에 해당)들을 서로 단순 합산하면 99[%]의 불확실도($\pm 3\sigma$)가 얻어진다. 반면에 제곱합의 제곱근을 사용하여 이 불확실도들을 합산하면 95[%]의 불확실도가 그대로 유지된다.

예를 들어, 공칭길이가 10[mm]인 알루미늄 소재의 부품과 공칭길이가 20[mm]인 스테인리스 소재의 부품을 조립하였을 때에 총 길이의 열팽창 불확실도를 추정하는 방법에 대해서 살펴보기로 하자. 상온에서 두 부품 각각 20개의 시편들을 측정한 결과,

$$\bar{x}_{Al} = 0.010025\,[\mathrm{m}],\ s_{Al} = 0.000030\,[\mathrm{m}]$$

$$\bar{x}_{STS} = 0.019980\,[\mathrm{m}],\ s_{STS} = 0.000025\,[\mathrm{m}]$$

이며, 상온+30[°C]의 온도환경하에서 이 부품들로 이루어진 조립체가 사용된다고 하자. 작동온도하에서 조립체의 오차 신뢰구간은 다음과 같이 구할 수 있다. 알루미늄 소재와 스테인리스강

---

35   root of the sum of squares.
36   Guide to the Expression of Uncertainty in Measurement, p.101, ISO, 1993.

소재의 열팽창에 따른 무차원 민감도 c_{al}과 c_{STS}는 각각 다음과 같이 구할 수 있다.

$$c_{Al} = \frac{\overline{x_{Al}} + \alpha_A \times \overline{x_{Al}} \times \Delta T}{\overline{x_{Al}}}$$

$$= \frac{0.010025 + 0.0000236\,[\text{m/m°C}] \times 0.010025\,[\text{m}] \times 30\,[\text{°C}]}{0.010025}$$

$$= 1.000708$$

$$c_{STS} = \frac{\overline{x_{STS}} + \alpha_{STS} \times \overline{x_{STS}} \times \Delta T}{\overline{x_{STS}}}$$

$$= \frac{0.019980 + 0.0000172\,[\text{m/m°C}] \times 0.019980\,[\text{m}] \times 30\,[\text{°C}]}{0.019980}$$

$$= 1.000516$$

여기서 알루미늄 소재(A6061)의 열팽창계수 $\alpha_{Al} = 23.6\,[\mu\text{m/m°C}]$와 스테인리스강(STS303)의 열팽창계수 $\alpha_{STS} = 17.2\,[\mu\text{m/m°C}]$는 **표 1.9**를 참조하였다. 여기서 사용된 방법 이외에도 다양한 방식으로 무차원 민감도를 정의할 수 있다. 이렇게 구한 민감도값들을 사용하여 조립부품의 평균치수 $\overline{x}$과 표준편차 s을 계산해보면,

$$\overline{x}_{total} = c_{Al} \times \overline{x_{Al}} + c_{STS} \times \overline{x_{STS}}$$

$$= 1.000708 \times 0.010025 + 1.000516 \times 0.019980$$

$$\simeq 0.0300224\,[\text{m}] = 30.0224\,[\text{mm}]$$

$$s_{total} = \sqrt{(c_{al} \times s_{al})^2 + (c_{STS} \times s_{STS})^2}$$

$$= \sqrt{(1.000708 \times 0.000030)^2 + (1.000516 \times 0.000025)^2}$$

$$\simeq 0.00003908\,[\text{m}] = 39.08\,[\mu\text{m}]$$

그리고 10.2.2절에서 예시했던 스튜던트-t 계수를 사용하여 99[%] 신뢰구간을 구해보면, 샘플의 숫자가 20개이므로, $t_{20,99} = 2.845$이며,

$$\overline{x}_{total} - 2.845 \times s_{total} < \overline{x}_{total} < \overline{x}_{total} + 2.845 \times s_{total}$$

가 된다. 여기에 앞서의 계산결과들을 대입하여 99% 신뢰구간을 구할 수 있다.

$$30.0224 - 2.845 \times 0.03908 < \overline{x}_{total} < 30.0224 + 2.845 \times 0.03908$$

이를 정리하면,

$$\overline{x}_{total} = 30.0224 \, [\text{mm}]$$

$$29.9112 \, [\text{mm}] < \overline{x}_{total} < 30.1336 \, [\text{mm}]$$

이상과 같이 제곱합의 제곱근과 스튜던트-t 보정계수를 사용하여 가공오차를 가지고 있는 두 부품으로 이루어진 조립체의 오차 신뢰구간을 산출하는 방법을 살펴보았다.

10.3 동차변환행렬[37]

동일한 방향의 오차조합은 10.2.3절에서 설명했던 제곱합의 제곱근을 사용해서 손쉽게 구할 수 있다. 그런데 6자유도를 가지고 있는 물체에 서로 다른 방향으로 발생하는 (위치)오차들이 총 (위치)오차에 끼치는 영향을 구하기 위해서는 조금 더 복잡한 방법이 필요하다.

4×4크기의 행렬식으로 이루어진 **동차변환행렬**[38]을 사용하면, 3차원 공간 내에서 강체로 이루어진 물체의 6자유도 운동을 추적할 수 있다. 10.3.1절에서는 동차변환행렬의 구성과 좌표변환 원리에 대해서 살펴보며, 10.3.2절에서는 직선운동 조인트의 동차변환행렬에 추가되는 오차운동들, 10.3.2절에서는 회전운동 조인트의 동차변환행렬에 추가되는 오차운동들에 대해서 살펴본다.

---

37 이 절은 Alexander H. Slocum, Precision Machine Design, Prentice Hall, 1992.을 참조하여 재구성하였다.

38 homogeneous transformation matrices.

10.3.1 동차변환행렬의 구성

동차변환행렬은 직선이송이나 회전이송기구들로 이루어진 다자유도로봇의 작동과정에서 엔드이펙터 끝점의 궤적을 추적하기 위해서 사용되는 4x4크기의 행렬식이다. 예를 들어, 기준좌표 (X_R, Y_R, Z_R)와 기준좌표에서 강체 구조물로 이루어진 이송기구에 연결된 1번 조인트(X_1, Y_1, Z_1) 사이의 연결을 다음 식으로 나타낼 수 있다.

$$\begin{bmatrix} X_R \\ Y_R \\ Z_R \\ 1 \end{bmatrix} = \begin{bmatrix} R_{ix} & R_{iy} & R_{iz} & P_x \\ R_{jx} & R_{jy} & R_{jz} & P_y \\ R_{kx} & R_{ky} & R_{kz} & P_z \\ 0 & 0 & 0 & 1 \end{bmatrix} \begin{bmatrix} X_1 \\ Y_1 \\ Z_1 \\ 1 \end{bmatrix}$$

여기서 하첨자 i, j, k는 단위벡터들이며, $R_{ix} \sim R_{kz}$는 기준좌표축에 대한 X_1, Y_1, Z_1축들의 방위를 나타내는 방향코사인이다. 그리고 P_x, P_y, P_z는 기준좌표축에 대한 X_1, Y_1, Z_1의 카테시안 좌표값이다.

예를 들어, **그림 10.12**에 도시되어 있는 것처럼, 기준좌표에 대해서 1번 조인트는 (1, 2, 3)에 위치해 있으며, 1번 조인트 좌표계를 기준으로 (0.5, 0.5, 0.5) 위치에 가공시편이 물려 있다고 하자. 이 가공시편의 좌표값을 기준좌표값으로 환산하면 다음과 같다.

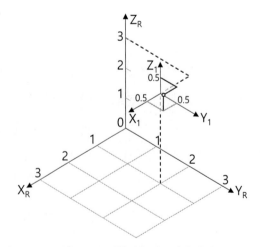

그림 10.12 평행이동 좌표계의 사례

$$\begin{bmatrix} X_R \\ Y_R \\ Z_R \\ 1 \end{bmatrix} = \begin{bmatrix} 1 & 0 & 0 & 1 \\ 0 & 1 & 0 & 2 \\ 0 & 0 & 1 & 3 \\ 0 & 0 & 0 & 1 \end{bmatrix} \begin{bmatrix} 0.5 \\ 0.5 \\ 0.5 \\ 1 \end{bmatrix} = \begin{bmatrix} 1.5 \\ 2.5 \\ 3.5 \\ 1 \end{bmatrix}$$

위의 사례는 기준좌표축에 대해서 1번 조인트가 평행 이동한 경우이며, 만일 1번 조인트가 회전운동을 한다면 방향코사인 값들이 나타나게 된다. 1번 조인트기 기준좌표축에 대해서 각각, θ_x, θ_y 및 θ_z 만큼 회전한다면, 동차변환행렬은 각각 다음과 같이 주어진다.

$$\begin{bmatrix} X_R \\ Y_R \\ Z_R \\ 1 \end{bmatrix} = \begin{bmatrix} 1 & 0 & 0 & P_x \\ 0 & \cos\theta_x & -\sin\theta_x & P_y \\ 0 & \sin\theta_x & \cos\theta_x & P_z \\ 0 & 0 & 0 & 1 \end{bmatrix} \begin{bmatrix} X_1 \\ Y_1 \\ Z_1 \\ 1 \end{bmatrix}$$

$$\begin{bmatrix} X_R \\ Y_R \\ Z_R \\ 1 \end{bmatrix} = \begin{bmatrix} \cos\theta_y & 0 & \sin\theta_y & P_x \\ 0 & 1 & 0 & P_y \\ -\sin\theta_y & 0 & \cos\theta_y & P_z \\ 0 & 0 & 0 & 1 \end{bmatrix} \begin{bmatrix} X_1 \\ Y_1 \\ Z_1 \\ 1 \end{bmatrix}$$

$$\begin{bmatrix} X_R \\ Y_R \\ Z_R \\ 1 \end{bmatrix} = \begin{bmatrix} \cos\theta_z & -\sin\theta_z & 0 & P_x \\ \sin\theta_z & \cos\theta_z & 0 & P_y \\ 0 & 0 & 1 & P_z \\ 0 & 0 & 0 & 1 \end{bmatrix} \begin{bmatrix} X_1 \\ Y_1 \\ Z_1 \\ 1 \end{bmatrix}$$

예를 들어, **그림 10.13**에서와 같이, 1번 조인트가 기준좌표에 대해서 (1, 2, 3)에 위치해 있으며, Y축 방향으로 30도 회전한 상태라 하자. 1번 조인트 좌표계를 기준으로 (0.5, 0.5, 0.5) 위치에 가공시편이 물려 있다면, 이 가공시편의 좌표값을 다음과 같이 기준 좌표값으로 환산할 수 있다.

$$\begin{bmatrix} X_R \\ Y_R \\ Z_R \\ 1 \end{bmatrix} = \begin{bmatrix} \cos30^o & 0 & \sin30^o & 1 \\ 0 & 1 & 0 & 2 \\ -\sin30^o & 0 & \cos30^o & 3 \\ 0 & 0 & 0 & 1 \end{bmatrix} \begin{bmatrix} 0.5 \\ 0.5 \\ 0.5 \\ 1 \end{bmatrix} = \begin{bmatrix} 1.683 \\ 2.5 \\ 3.183 \\ 1 \end{bmatrix}$$

이런 조인트들이 순차적으로 연결된 다중이송축들에 대해서는 동차변환행렬들을 차례로 곱해서 전체 시스템에 대한 하나의 동차변환행렬식을 구해야만 한다. 식을 단순화하기 위해서 동차변환행렬식을 T로 표시하기로 하자. 예를 들어, 기준좌표계에 대한 1번 조인트의 동차변환행렬식은 $^RT_1$로 나타낼 수 있다. 이런 방식으로 기준 좌표계에서 n번 조인트까지의 동차변환행렬식은 다음과 같이 주어진다.

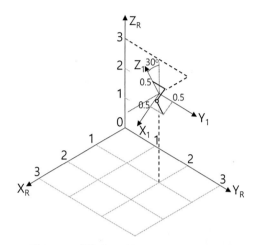

그림 10.13 평행이동＋회전 이동한 좌표계의 사례

$$^RT_n = {}^RT_1 \times {}^1T_2 \times \cdots \times {}^{n-1}T_n$$

이런 동차변환행렬식을 손으로 일일이 계산하는 것은 매우 번거로운 일이며, 실수하기도 쉽다. 오히려, 스프레드시트나 매트랩과 같은 공학계산 툴들을 사용하면 손쉽게 계산할 수 있다. 특히 정밀기계설계의 저자인 슬로컴 교수는 동차변환행렬을 이용한 다자유도 시스템의 오차할당 계산용 스프레드시트[39]를 제공하고 있다.

10.3.2 직선운동 조인트의 동차변환행렬에 추가되는 오차운동들

10.3.1절에서는 이상적인 강체조인트의 동차변환행렬 구성방법에 대해서 살펴보았다. 하지만 실제의 조인트들은 강체가 아니며, 조인트들 사이의 상대운동에는 10.2절에서 살펴보았던 다양한 오차성분들이 추가된다. 이 절에서는 직선운동 조인트에서 발생하는 운동오차들을 고려하여 동

---

39 https://ocw.mit.edu/search/ocwsearch.htm?q=cshelp.xls

차변환행렬식을 구성하는 방법에 대해서 살펴보기로 한다. **그림 10.14**에서는 1자유도 직선운동 조인트에서 발생하는 여섯 가지의 오차운동들을 보여주고 있다.

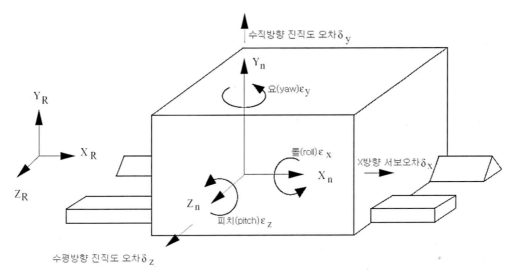

수직방향 진직도 오차 δ_y

Y_n

요(yaw) ε_y

Y_R

롤(roll) ε_x

X_R

X_n

X방향 서보오차 δ_x

Z_R

Z_n

피치(pitch) ε_z

수평방향 진직도 오차 δ_z

그림 10.14 1자유도 직선운동 조인트에서 발생하는 여섯 가지 오차운동들[40]

그림 10.14에 도시된 직선운동 스테이지는 하나의 평면형 안내면과 V자 형태의 두 평면으로 이루어진 안내면의 지지를 받아 X방향으로 직선운동이 이루어진다. 여기서 이송 스테이지는 강체라고 가정하며, 직선이송용 안내면은 미끄럼 베어링, 공기 베어링 또는 LM 가이드와 같은 베어링 요소를 사용한다고 가정할 수 있다. 일반적으로 베어링 요소는 구조물에 비해서 강성이 작으며, 내부 유격과 히스테리시스를 가지고 있기 때문에 이송 도중에 오차가 발생한다. 이로 인하여 이송체에는 세 가지 **회전오차**(ε_x, ε_y, ε_z)와 세 가지 **병진오차**(δ_x, δ_y, δ_z)가 발생하게 된다. 특히 세 가지 회전오차 성분은 각각 롤-오차(ε_x), 요-오차(ε_y) 및 피치-오차(ε_z)라고 부른다. 예를 들어, 기준좌표축에 대하여 (a, b, c)에 위치한 1번 조인트가 **그림 10.14**에서와 같이 세 가지 회전오차 (ε_x, ε_y, ε_z)와 세 가지 병진오차(δ_x, δ_y, δ_z)를 가지고 있다면, 동차변환행렬식은 다음과 같이 이루어진다.

---

40   Alexander H. Slocum, Precision Machine Design, Prentice Hall, 1992.

$$\begin{bmatrix} X_R \\ Y_R \\ Z_R \\ 1 \end{bmatrix} = \begin{bmatrix} 1 & -\varepsilon_z & \varepsilon_y & a+\delta_x \\ \varepsilon_z & 1 & -\varepsilon_x & b+\delta_y \\ -\varepsilon_y & \varepsilon_x & 1 & c+\delta_z \\ 0 & 0 & 0 & 1 \end{bmatrix} \begin{bmatrix} X_1 \\ Y_1 \\ Z_1 \\ 1 \end{bmatrix}$$

직선이송 안내기구에서 발생하는 오차값들을 초기설계단계에서 추정하는 것은 정밀도와 같은 이송 시스템의 기본성능을 예측하기 위해서 매우 중요한 사안이다. 동차변환행렬은 정밀 시스템의 6자유도 오차를 추정할 수 있는 매우 위력적인 방법이기는 하지만 개별 오차성분들은 어떻게 추출할까? 10.2.3절에서는 부품의 가공오차를 조합하여 오차성분을 추출하는 방법에 대해서 살펴보았다. 지금부터는 LM 가이드를 사용하는 직선이송 시스템의 여섯 가지 오차성분들을 추정하여 동차변환행렬을 구성하는 사례에 대해서 살펴보기로 하자.

그림 10.15 (a)에서는 LM 가이드 4개를 사용하는 직선이송 스테이지의 좌표할당을 보여주고 있다. 기준좌표축은 이송체의 강성중심 위치에 설정한다. 이 **강성중심** 위치는 시스템에 외력이 가해졌을 때에 회전운동이 발생하지 않은 위치이다. 그리고 1번 조인트 좌표축의 위치는 세 가지 회전오차(ε_x, ε_y, ε_z)와 세 가지 병진오차(δ_x, δ_y, δ_z)에 의해서 기준좌표축과는 약간 다른 위치에 놓이게 된다. **그림 10.15** (b)에서는 LM 가이드의 정밀도 등급과 안내면 길이에 따른 수직(Y)방향 오차를 그래프로 표시하여 보여주고 있다. 예를 들어, 레일의 길이는 1[m]이며, 초정밀 등급의 LM 가이드를 사용하는 경우라면 $\delta_y \simeq 6[\mu\mathrm{m}]$이 발생한다는 것을 알 수 있다. 강성중심 위치에서의 y방향 오차 δ_y는 4개의 LM 블록들의 y방향 오차값들의 평균이라고 간주할 수 있으므로,

$$\delta_y = \frac{\delta_{y1} + \delta_{y2} + \delta_{y3} + \delta_{y4}}{4} = 6[\mu\mathrm{m}]$$

이 된다.[41] 이와 마찬가지로 강성중심 위치에서의 z방향 오차 δ_z도 다음과 같이 나타낼 수 있다.

$$\delta_z = \frac{\delta_{z1} + \delta_{z2} + \delta_{z3} + \delta_{z4}}{4}$$

---

41 모든 LM 블록들의 오차들이 동일한 방향으로 발생하는 최악의 경우에 해당한다.

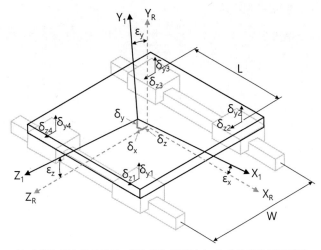

(a) 4개의 LM 블록들로 이루어진 직선이송 스테이지의 좌표할당

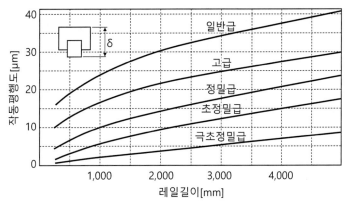

(b) LM 가이드의 정밀도 등급과 안내면 길이에 따른 오차

그림 10.15 LM 가이드에 안내되는 직선이송 스테이지의 사례[42]

표 10.7에서는 LM 블록의 유형별 하중지지특성을 보여주고 있다. 예를 들어, 4방향 하중지지형의 경우에는 $\delta_z = \delta_y$라고 간주할 수 있다. 반면에 수직방향 하중지지형의 경우에는 수평방향 하중지지능력이 수직방향의 40[%]에 불과하므로 $\delta_z = \delta_y / 0.4$임을 추정할 수 있다.

LM 레일의 이송방향 오차인 δ_x는 LM 가이드가 아니라 리니어모터나 볼스크루와 같은 작동기의 이송 위치정밀도에 의해서 결정된다.

---

42 thk.com을 참조하여 재구성하였다.

표 10.7 LM 블록의 유형별 하중지지특성[43]

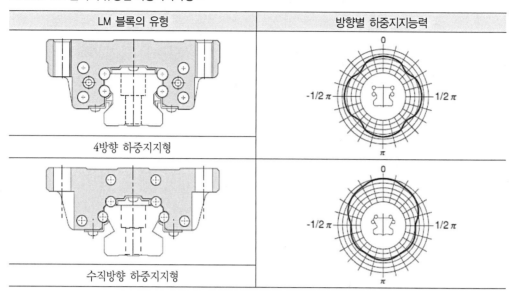

LM 블록의 유형	방향별 하중지지능력
4방향 하중지지형	
수직방향 하중지지형	

$$\delta_x = \delta_{servo}$$

각도오차는 스테이지의 네 귀퉁이에 설치되어 있는 LM 블록 쌍이 서로 반대방향으로 오차를 발생시킨다는 가정하에서 다음과 같이 구할 수 있다.

$$\varepsilon_x = \frac{\dfrac{\delta_{y2} + \delta_{y3}}{2} - \dfrac{\delta_{y1} + \delta_{y4}}{2}}{W}$$

$$\varepsilon_y = \frac{\dfrac{\delta_{y3} + \delta_{y4}}{2} - \dfrac{\delta_{y1} + \delta_{y2}}{2}}{L}$$

$$\varepsilon_z = \frac{\dfrac{\delta_{y1} + \delta_{y2}}{2} - \dfrac{\delta_{y3} + \delta_{y4}}{2}}{L}$$

---

43 thk.com을 참조하여 재구성하였다.

실제의 경우에는 스테이지에 예하중이나 자중 등을 부가하여 오차들이 서로 반대방향으로 발생되는 극한적인 하중조건이 발생되지 않도록 기계를 설계하기 때문에, 이런 상황은 거의 발생하지 않으므로, 이는 매우 보수적인 가정이다.

10.3.3 회전운동 조인트의 동차변환행렬에 추가되는 오차운동들

회전체는 볼 베어링, 공기 베어링 또는 자기 베어링과 같은 회전지지요소의 지지를 받으며 회전축 주변을 회전한다. 회전체에는 잔류불평형질량이 존재하기 때문에 회전과정에서 회전체는 베어링에 $F = mr\omega^2$의 원심력을 부가하게 되며, 회전축의 진원도오차, 베어링의 히스테리시스와 베어링 결함 등이 조합되어 다양한 형태의 회전축오차가 발생하게 된다.

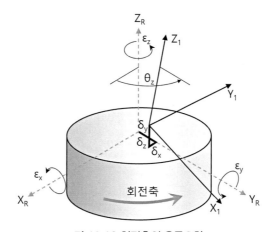

그림 10.16 회전축의 운동오차[44]

그림 10.16에서는 회전축이 반시계방향으로 θ_z만큼 회전한 상태에서 세 가지 회전오차(ε_x, ε_y, ε_z)와 세 가지 병진오차(δ_x, δ_y, δ_z)가 포함된 1번 좌표축의 위치를 기준좌표축들에 대해서 보여주고 있다. 기준좌표계에 대한 1번 좌표축의 위치를 나타내는 동차변환행렬은 다음과 같이 주어진다. 여기서 S는 sin, C는 cos를 나타낸다.

---

44 Alexander H. Slocum, Precision Machine Design, Prentice Hall, 1992.을 참조하여 재구성하였다.

$$
\begin{bmatrix} X_R \\ Y_R \\ Z_R \\ 1 \end{bmatrix} = \begin{bmatrix} C\varepsilon_y C\theta_z & -C\varepsilon_y S\theta_z & S\varepsilon_y & \delta_x \\ S\varepsilon_x S\varepsilon_y C\theta_z + C\varepsilon_x S\theta_z & C\varepsilon_x C\theta_z - S\varepsilon_x S\varepsilon_y S\theta_z & -S\varepsilon_x C\varepsilon_y & \delta_y \\ -C\varepsilon_x S\varepsilon_y C\theta_z + S\varepsilon_x S\theta_z & S\varepsilon_x C\theta_z + C\varepsilon_x S\varepsilon_y S\theta_z & C\varepsilon_x C\varepsilon_y & \delta_z \\ 0 & 0 & 0 & 1 \end{bmatrix} \begin{bmatrix} X_1 \\ Y_1 \\ Z_1 \\ 1 \end{bmatrix}
$$

그런데 일반적으로 오차항들은 매우 작은 값을 가지고 있기 때문에 $\varepsilon_x \varepsilon_y$와 같은 2차 항들은 무시할 수 있으며, 미소각 근사(즉, $\cos\varepsilon = 1$, $\sin\varepsilon = \varepsilon$)를 사용하면, 위 식은 다음과 같이 단순화된다.

$$
\begin{bmatrix} X_R \\ Y_R \\ Z_R \\ 1 \end{bmatrix} = \begin{bmatrix} \cos\theta_z & -\sin\theta_z & \varepsilon_y & \delta_x \\ \sin\theta_z & \cos\theta_z & -\varepsilon_x & \delta_y \\ \varepsilon_x \sin\theta_z - \varepsilon_y \cos\theta_z & \varepsilon_x \cos\theta_z + \varepsilon_y \sin\theta_z & 1 & \delta_z \\ 0 & 0 & 0 & 1 \end{bmatrix} \begin{bmatrix} X_1 \\ Y_1 \\ Z_1 \\ 1 \end{bmatrix}
$$

이 행렬식은 서브마이크로미터 수준의 회전축 오차계산에서는 엄밀해와 별반 차이가 없다. 하지만 나노미터 단위의 회전축 오차를 산출해야만 한다면 엄밀해를 사용할 것을 추천한다.

회전축에서 발생하는 여섯 가지의 오차성분들을 추정하는 것은 직선운동의 경우보다 더 난해하다. **그림 10.17**에서는 공기 베어링 주축에서 발생하는 반경방향 오차운동에 대한 극좌표선도를 보여주고 있다. 그림에 따르면, 회전축의 중심은 매 회전마다 다른 궤적을 따라 회전하고 있으며, X방향과 Y방향의 진폭이 서로 다르다는 것을 알 수 있다.[45] 회전궤적의 내부와 외부를 감싸면서 내경은 가장 크고 외경은 가장 작은 두 동심원을 구한 후에 이들의 평균원을 구하면 이를 회전축의 **기본오차운동**[46]으로 간주할 수 있다. 이는 직선근사의 사례에서 설명했던 **그림 10.4** (c)의 최소영역법에 해당한다.

반경방향 오차운동 성분인 δ_x와 δ_y에는 이 기본오차운동의 반경과 편심량을 더한 값을 사용할 수 있다. δ_z는 회전축의 축방향 오차운동으로서, LM 가이드의 경우와 마찬가지로 베어링의 반경방향 강성대비 축방향강성의 비율로부터 추정하거나, 별도의 센서를 사용하여 변위를 모니터링하여야 한다. 회전축을 지지하는 베어링들 사이의 간격이 넓다면 일반적으로 회전축의 경사운동

---

45 이는 수평으로 놓인 축에 중력이 작용하기 때문이다.

46 fundamental error motion.

성분(ε_x, ε_y) 성분들은 매우 작아서 무시할 수 있다. 하지만 만일 베어링들 사이의 간격이 좁거나 (크로스롤러) 베어링을 하나만 사용하는 경우라면, 10.3.2절의 사례에서와 같이 반경방향 오차들이 서로 반대방향으로 작용한다는 가정하에서 경사오차값들을 산출하여야 한다. 마지막으로 회전축방향(Z) 각도오차성분인 ε_z는 θ_z에 포함되어 있으며, 고속 회전축의 경우에는 일반적으로 무시한다. 하지만 정밀 로터리 테이블의 경우에는 $\theta_z + \varepsilon_z$와 같이 오차항을 추가하여 식을 재구성하여야 한다. 이 외에도 회전축의 공진과 진동모드, 전/후향 휠, 자이로스코프효과 등으로 인해서 다양한 회전축 오차성분들이 발현된다. 회전체에서 발생하는 오차운동과 불안정현상은 일반 기계진동과는 다른 전문적인 영역이다. 회전체 진동과 관련되어서는 별도로 회전체역학[47]을 공부할 것을 추천한다.

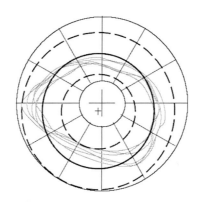

그림 10.17 회전축 오차운동의 궤적과 기본오차운동의 극좌표선도[48]

10.4 기계 시스템에서 발생하는 오차의 원인

이 절에서는 이송축들이 포함된 정밀기계 시스템에서 자주 접하게 되는 오차들을 원인별로 구분하여 살펴보기로 한다. 기계 시스템에서 발생하는 오차들은 작동 환경과 시간의 경과에 따라서 지속적으로 변한다. 하지만 변화 속도가 비교적 느린 오차들은 (준)정적 오차로 취급하며, 반면에 진동이나 고속 서보제어 등에 의해서 발생하는 크기와 방향이 빠르게 변하는 오차 성분들은 동적

47 Agnieszka Muszynska, Rotordynamics, Taylor & Francis, 2005.
48 Alexander H. Slocum, Precision Machine Design, Prentice Hall, 1992.

오차로 취급한다.

이 절에서는 아베의 원리를 포함하여 1.2절에서 다루었던 각종 설계원리들에 의해서 발생하는 오차들과 측정오차나 이산화오차 그리고 서보오차 등 10.1절에서 다루었던 계측오차들은 제외하고, 일반적으로 기계 시스템에서 발생하는 오차들은 발생 원인에 따라서 다음과 같이 구분할 수 있다.

- (준)정적 오차
- 가공오차나 형상오차
- 조립오차
- 과도구속 등에 의해서 유발되는 기구학적 오차
- 정적부하에 의해서 유발되는 오차
- 온도변화에 따른 열팽창 오차
- 재료의 시효불안정성 오차
- 동적 오차
- 동적부하에 의해 유발되는 오차
- 가감속에 의해서 유발되는 오차
- 진동 및 공진에 의해서 유발되는 오차

(준)정적 오차들 중에서 열팽창 오차는 시간단위, 재료의 시효불안정성 오차는 연간단위의 매우 긴 주기성을 가지고 있으며, 이런 장주기 오차들에 대한 측정과 보상은 일반적으로 매우 어렵다.

10.4.1 (준)정적 오차

10.4.1.1 가공오차나 형상오차

단위부품 레벨에서 발생하는 **형상오차**는 기계를 구성하는 각 요소부품들의 가공 및 제작과정에서 발생한다. 1.5.1절~1.5.4절에서 논의된 끼워맞춤과 공차라는 주제를 통해서 부품 가공 시 발생하는 오차들의 허용공차 영역을 IT 등급으로 표준화하여 관리하는 방법에 대해서 살펴보았다. 1.5.5절과 특히 **표 1.19**에서는 다양한 가공방법들이 구현할 수 있는 표면 거칠기의 범위에 대해서 제시하고 있다. 1.5.6절의 기하공차에서는 부품의 윤곽형상 편차를 관리하기 위한 기하공차에 대해서 설명하고 있으며, 1.5.7절에서는 가공부품의 검수를 위한 원칙과 편평도 측정을 포함한 다양한 형상오차 측정방법들이 논의되어 있다.

부품레벨에서의 설계 시 가공방법에 따라서 부품의 표면상태가 서로 다르게 만들어진다. 예를 들어, 밀링가공과 같은 절삭가공 표면은 가공과정에서 소재들이 뜯겨져나가면서 **그림 10.18** (a)에 도시된 것처럼, 거스러미들이 돌출된 형태의 표면을 만들어낸다. 이런 경우에는 맞닿은 표면 간에 상대운동이 발생하는 경우에 상대표면을 긁어버린다. 이런 유형의 거스러미들을 제거하여 표면 거칠기를 향상시키기 위해서 일반적으로 연삭가공을 사용한다. 하지만 연삭가공은 편평도 향상을 위해서 사용하는 매우 비싼 가공방법이며, 만일 표면조도 향상이 주요 목적이라면, 전해연마와 같은 저가의 가공공정 만으로도 훌륭하게 표면조도를 향상시킬 수 있다.[49] 반면에, **그림 10.18** (b)에 도시된 것처럼, 래핑가공을 통해서 평면형태의 표면 속으로 골들이 성형된 표면이 성형된 경우에는 수치상으로는 (a)의 경우와 표면 거칠기값이 동일하지만, 전혀 다른 표면성질을 갖는다. (b)의 경우에는 오일 함유특성이 우수하여 미끄럼 베어링 표면으로 사용하기가 용이하다.

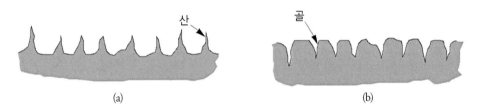

그림 10.18 가공방법에 따른 표면 거칠기[50]

그림 10.19에서는 밀링가공기의 X-Y 테이블에서 발생하는 위치오차를 **더블볼바**[51]를 사용하여 검사한 사례를 보여주고 있다. 그림에 따르면 위치오차는 약 $30[\mu m]$ 반경의 원형오차 성분과 X축 및 Y축선상에서 발생하는 $15 \sim 20[\mu m]$ 수준의 스파이크 성분으로 이루어져 있음을 알 수 있다. 여기서 원형오차 성분은 교정이 가능한 계통오차이기 때문에 테이블 제어기의 이득값이나 오프셋값을 조절하여 손쉽게 제거할 수 있다. 반면에, 스파이크 오차는 볼스크루 구동기가 가지고 있

---

49 산업현장에서 실제로 일어나는 가장 심각한 과잉가공 사례이다.
50 Alexander H. Slocum, Precision Machine Design, Prentice Hall, 1992.
51 double ball bar.

는 백래시와 동력전달계통의 히스테리시스에 의한 성분으로서, 이를 보상하거나 제거하기가 매우 어렵다. 따라서 밀링가공으로 원형 부품을 제작하면 필연적으로 X축과 Y축의 축선상에 예측하기 어려운 가공오차와 형상오차가 발생하게 된다. 반면에 선반을 사용하여 원형 부품을 선삭가공하면 진원도가 향상된 부품을 제작할 수 있다.

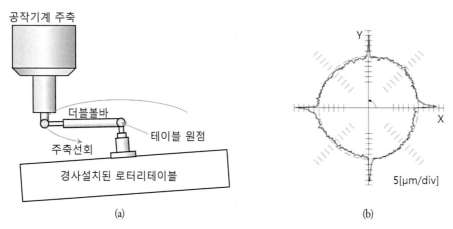

그림 10.19 더블볼바를 사용하여 측정한 밀링 테이블의 위치오차[52]

부품의 가공오차와 형상오차는 기계공작법과 밀접한 연관관계를 가지고 있다. 따라서 이 주제에 관심이 있는 독자들은 기계공작법[53]을 공부할 것을 추천한다.

10.4.1.2 조립오차

조립오차는 여러 개의 부품들을 조립하는 과정에서 발생하며, 오차가 누적되는 특징을 가지고 있다. 이런 조립부품의 오차누적을 관리하는 방법에 대해서는 10.2.3절에서 이미 소개한 바 있다. 이 절에서는 이를 조금 더 확장하여 다수의 부품이 조립되는 경우의 공차선정 원리에 대해서 살펴보기로 하자.

그림 10.20에서는 5개의 부품들로 이루어진 건식 웨이퍼 에칭 장비용 진공챔버의 사례를 보여주고 있다. 설계목표는 샤워헤드의 하부표면과 척의 상부표면 사이의 조립 후 간극을 주어진 공

52 Zhiming Feng, Guofu Yin, Research on Measuring and Optimization Method of Dynamic Accuracy of CNC Machine Tools, Sensors & Transducers, Vol.174, Issue 7, July 2014, pp.217-221

53 S. Kalpakjian, S: Schmid, 기계공작법, 퍼스트북, 2015.

차 범위(C_{-c}^{+0}) 이내로 유지하는 것이다. 이 공차를 관리하기 위해서는 개별 부품들의 공차는 어떻게 선정해야 하는가?

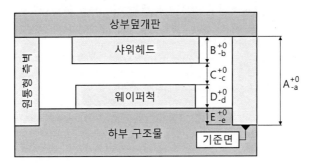

그림 10.20 다수의 부품들로 이루어진 조립체의 공차관리 사례

각 부품들의 치수와 공차는 제곱합의 제곱근에서 논의되었던 원칙에 따라서 다음의 조건을 충족해야만 한다.

$$A = B + C + D + E$$
$$a^2 = b^2 + c^2 + d^2 + e^2$$

이 사례에서는 설명을 단순화하기 위해서 조립면의 편평도와 같은 기하공차를 무시하였다. 하지만 실제의 경우에는 **그림 5.27** (a)에 도시된 샤워헤드 배나옴 현상을 포함하여 모든 평면의 기하공차들 역시 제곱합의 제곱근 식에 포함되어야만 한다.

개별 부품들의 공차가 올바르게 선정되었다고 해서 조립체의 오차가 완벽하게 통제되는 것은 아니다. 분해-조립이 필요한 부위에 자주 사용되는 볼트조인트는 조립과정에서 볼트 머리가 플랜지에 마찰토크를 가하기 때문에 단순 볼트조립만으로는 정확한 위치에 부품을 조립하는 것이 매우 어렵다. 볼트조인트 조립과정에서 올바른 위치를 유지시키기 위해서는 **그림 4.11**에 도시된 것처럼, 위치결정용 핀을 사용하는 기능분리구조를 채용하거나, 조립 기준면을 만들어야 한다. **그림 7.18**에 도시되어 있는 회전축의 고정-활동 구조나 **그림 7.32**에 도시되어 있는 LM 가이드의 고정-활동 구조와 같이 올바른 조립 기준면의 설계는 조립오차를 관리하는 데 매우 중요한 영향을 끼친다.

특히 볼트조인트의 경우에는 볼트 조임순서에 의해서도 조립오차가 크게 변하기 때문에 **그림 4.28**에 도시되어 있는 올바른 볼트 조임 방법과 순서도 철저히 준수해야 한다. 조립오차의 많은 부분이 볼트와 관련되어 있기 때문에 이 주제에 관심이 있는 독자들은 4장의 내용을 꼼꼼히 읽어 볼 것을 추천한다. 그리고 분해-조립이 필요한 부품들 이외에는 볼트조인트의 사용을 최소화하려는 노력이 필요하다.

10.4.1.3 과도구속에 의해서 유발되는 기구학적 오차

공간상의 3개의 점은 항상 평면을 이루지만 공간상의 4개의 점들을 하나의 평면상에 위치시키는 것은 매우 어려운 일이다. 3장의 정확한 구속에서는 탄성평균화와 정확한 구속이론의 차이점과 장단점에 대해서 살펴보았다.

과도구속은 결합강성을 높여주기 때문에 부품 간의 상대운동이 없는 구조물의 조립에 자주 사용된다. 반면에 부품 간의 상대운동이 있는 (직선)안내 기구에 과도구속이 사용되면 높은 가공정밀도가 요구되며, 정렬맞춤에 필요이상으로 많은 노력이 필요하다.

서로 평행한 4개의 칼럼에 8개의 베어링을 설치하여 프레스판을 이송하는 프레스기구는 과도구속으로 인하여 베어링에 끼임이 발생하며 프레스판 상하운동 과정에서 보행문제를 일으킨다. 이런 안내장치가 부드럽고 원활하게 작동하도록 만들기 위해서는 4개의 칼럼들의 평행도를 매우 정밀하게 맞추어야 한다. 또한 작동 중의 온도편차와 변형의 발생을 최소화시키고 직선이송 베어링의 유격공차를 정밀하게 관리해야만 한다. 따라서 과도 구속된 기구가 원활하게 작동하도록 만들기 위해서는 가공과 조립에 상당한 노력을 기울여야만 한다는 것을 알 수 있다. 하지만 이를 **그림 3.2**에 도시된 사례에서처럼 5개의 베어링들만을 완전구속하고 3개의 베어링들은 예압을 받으며 측면방향으로 움직일 수 있도록 만들면 과도구속이 해지되기 때문에 4개의 칼럼들 사이의 평행도가 어긋나거나 열팽창 등의 문제로 조립정밀도나 베어링 유격이 변한다 하여도 큰 영향 없이 원활한 작동이 가능하다.

그림 10.21에서는 4개의 다리들을 사용하여 평면형상의 테이블 상판을 지지하는 두 가지 사례를 보여주고 있다. 4개의 다리들을 사용하여 평면을 지지하면 과도구속을 피할 수 없기 때문에 (a)의 경우에는 테이블 상판을 얇게 만들어서 상판이 휘어지면서 스스로 자리를 잡도록 만들었다. 이를 통해서 4개의 테이블의 다리들 중 하나가 떠서 테이블이 흔들리는 것을 막을 수는 있지만 상판의 편평도를 유지할 수는 없게 된다. (b)의 경우에는 두 개의 다리를 연결하는 별도의 가로보

를 설치하고 이 가로보의 중앙에서 테이블을 지지하도록 만들어서 3점 지지를 구현하였다. 이 경우에는 가로보 중앙의 지지점이 약간의 유연성을 가지고 있어서 바닥의 굴곡에 따른 변형을 수용할 수 있어야 하지만, 테이블 상판을 두껍게 만들어도 편평도의 유지와 완전한 접지조건을 동시에 구현할 수 있다. 기존의 기계설계학은 탄성평균화 설계이론을 기반으로 하고 있으며, 이를 학습한 엔지니어들은 과도구속에 익숙해하며 기구학적 설계원리의 적용을 주저하는 경향이 있다. 하지만 과도구속은 기구학적 오차를 유발하기 때문에 조립과 작동의 정밀도가 요구되는 정밀기계에서는 득실을 따져가면서 적용해야만 한다.

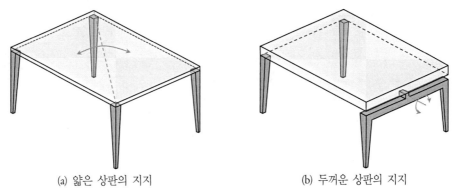

(a) 얇은 상판의 지지   (b) 두꺼운 상판의 지지

그림 10.21 4개의 다리를 사용한 테이블 상판의 지지사례

10.4.1.4 정적부하에 의해서 유발되는 오차

구조물에 부가되는 정적부하의 영향에 대해서는 구조물의 강성에 대해서 살펴보는 5.3절에서 자세히 논의하였다. 중력은 물체의 질량을 수직방향으로 작용시키는 대표적인 정적부하이다. 지구상의 모든 물체에 작용하며 후크의 법칙에 따라서 자중에 의한 처짐 변형을 유발한다. 예를 들어, **그림 10.22** (a)에서와 같이, 길이가 L인 보요소를 양단에서 (단순)지지하는 경우, 보의 중앙 부위에서 발생하는 처짐변형량은 다음과 같이 주어진다.[54]

$$\delta_{max} = \frac{5qL^4}{384EI} = 0.013\frac{qL^4}{EI}$$

---

54 특이함수를 이용한 처짐공식의 유도는 이 책의 범주를 넘어서므로 생략한다. 이에 대해서는 고체역학을 참조하기 바란다.

여기서 q[kgf]는 보요소의 단위길이당 질량, E는 영계수 그리고 I는 단면관성모멘트이다. 반면에, **그림 10.22** (b)에서와 같이 $a = 0.223L$인 위치로 지지점을 이동시키면 보의 처짐변형량은 다음같이 변하면서 최소화된다.

$$\delta_{\max} = \frac{1}{EI}\left[\left\{\frac{qL^3}{48} - \frac{qL}{4}\left(\frac{L}{2} - a\right)^2\right\}a - \frac{qa^4}{24}\right] = 0.000265\frac{qL^4}{EI}$$

이를 통해서 양단지지에 비해 처짐변형을 약 50배나 줄일 수 있다는 것을 알 수 있다. 이는 구조물에서 발생하는 정적 부하에 의해서 유발되는 오차를 최소화시키기 위한 중요한 개념이다.

양단지지형 갠트리의 경우에는 **그림 10.22** (a)의 지지구조를 사용해야만 하므로, 별도의 방법이 필요하다. 이런 경우에는 갠트리 상부의 베어링 안내면을 처짐을 감안하여 미리 위로 볼록하게 가공하는 **곡률보상**방법이 사용된다. 곡률보상 가공을 위해서 프로파일 연삭기를 사용하는 것은 매우 비싸고 비효율적인 방법이다. 오히려 일반 평면연삭기의 정반 위에 갠트리 모재를 올려놓을 때에 미리 계산한 갠트리 중앙부 처짐량과 동일한 두께의 심을 갠트리 양단에 끼워 넣으면 갠트리가 자중에 의해서 처지면서 스스로 자리를 잡게 된다. 이 상태로 갠트리 모재를 정반에 고정한 후에 상부 평면을 연삭하면 곡률보상이 이루어진 평면이 만들어진다.[55]

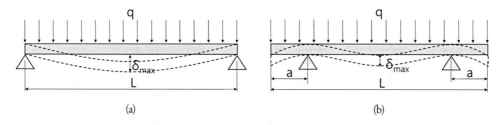

그림 10.22 보의 지지위치에 따른 정적 처짐량 비교

보의 처짐을 감소시키기 위한 **자중보상**기구의 사례는 매우 많다. 예를 들어, 현수교의 경우에는 현수 케이블과 상판 사이를 현수재로 연결하여 교량 상판의 자중을 보상함으로써 교량 상판의 처짐을 방지하고 구조물 안정성을 확보하였다.

---

55   5.3.3절 참조.

그림 10.23에서는 매우 무거운 스테이지가 길이가 긴 갠트리 위를 이동하는 시스템의 자중보상 구조를 보여주고 있다. 수 톤의 무게를 가지고 있는 이동 스테이지가 길이가 5[m]를 넘어서는 화강암 소재 갠트리 위를 이동하는 구조로서, 스테이지의 자중에 의한 갠트리 처짐이 스테이지의 허용 위치정밀도 한계를 넘어서게 되었다.[56] 이를 극복하기 위해서 갠트리를 더 두껍게 만들면 시스템이 매우 거대해지는 악순환 구조를 가지고 있었다. 저자는 이중갠트리 구조를 사용하여 화강암 갠트리 위에 철재의 보조 갠트리를 설치하고 영구자석[57]을 사용하여 스테이지의 자중 중 약 80[%] 정도를 철재 구조물에 넘겨주는 방식으로 자중을 보상하면 갠트리 처짐을 허용 오차한 계 이내로 유지할 수 있다고 제안하였다.[58] 하지만 안타깝게도 보수적인 의사결정구조를 가지고 있는 조직에서는 혁신설계를 채택하기가 매우 어렵다.

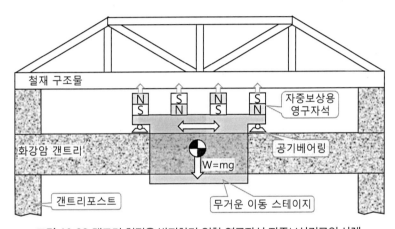

그림 10.23 갠트리 처짐을 방지하기 위한 영구자석 자중보상기구의 사례

중력의 영향과는 달리 **예하중**은 기계의 (오차를 감소시켜서) 정밀도를 높여주고 안정성을 향 상시켜준다. 예하중은 히스테리시스를 감소시키고 선형성을 높여준다. 동하중이 작용하는 경우 에는 양진을 편진으로 바꿔준다. 수평축의 경우에는 회전축의 자중이 예하중으로 작용하기 때문 에 **그림 10.17**에 도시된 것처럼, 수직방향 오차운동이 수평방향 오차운동보다 더 작게 나타난다. 만일 이 회전축을 수직방향으로 배치하면 중력에 의한 예하중이 없어지면서 오차운동은 원형궤

---

56 그림 2.28의 사례에서 발생한 문제이다.
57 영구자석은 취성이 있기 때문에 실제의 영구자석 견인기구는 그림과는 다르게 설계된다.
58 자중을 100[%] 보상하면 공기 베어링 예하중이 없어져서 히스테리시스 오차와 위치불안정성이 발현된다.

적으로 변한다(오차운동이 증가한다). 다관절 로봇의 경우, 암이 수평방향인 경우에는 회전관절 조인트 구동용 감속기의 기어에 중력부하가 예하중으로 작용하므로 백래시가 없어져서 안정적으로 작동한다. 하지만 암이 도립진자처럼 수직으로 서면 이 예하중이 없어지기 때문에 기어치형의 맞물림 백래시 유격에 의한 진동이 발생하면서 로봇이 불안정해진다.

끝으로, LM 가이드나 볼스크루를 납품받아 수평상태로 장시간 보관하면 자중에 의하여 처짐변형이 발생한다. 이를 방지하기 위해서는 장기 보관 시 제품박스를 세로로 세워서 보관해야 한다.

10.4.1.5 온도변화에 따른 열팽창 오차

열팽창은 정밀기계에서 가장 큰 오차의 원인으로서, 오차할당의 가장 큰 부분을 차지하고, 이를 효과적으로 통제하기 위해서는 매우 많은 노력과 비용이 소요된다. 온도 변화는 재료의 열팽창계수와 곱해져서 재료의 치수변화를 유발하며, 이로 인하여 구조물의 치수변화와 계측기의 원점위치변화를 초래한다. **표 1.9**에서는 정밀기계에 사용되는 다양한 소재들의 열팽창계수들이 제시되어 있다. **그림 10.24**에서는 클린룸 환경에서 사용되는 정밀장비의 설계 시 고려해야 하는 열에 의한 영향들을 보여주고 있다.

열원으로는 칠러나 공조 시스템과 같은 보조 시스템의 발열, 클린룸 실내환경, 작업자인 인간의 체온 그리고 장비 자체의 발열 등을 꼽을 수 있다. 이 열들은 전도, 대류 및 복사를 통해서 주변으로 전파되며, 웨이퍼, 계측프레임, 광학시스템, 구조프레임 등에 영향을 끼친다. 이로 인하여 유발된 형상오차와 치수오차가 오차할당 모델의 총열오차로 취급된다. 클린룸 내부의 온도는 23[℃]로 일정하게 유지되어야 하지만, 이는 기대일 뿐 현실은 전혀 그렇지 못하다. 특히 칠러나 공조기와 같은 보조 장비들 주변온도는 매우 높기 때문에 이를 효과적으로 차폐하는 노력이 필요하다. 체온은 클린룸 온도보다 10[℃] 이상 높기 때문에 심각한 온도교란 인자이다. 구조물이 화강암으로 제작된 디스플레이용 노광기의 환경조절 챔버 속으로 작업자가 들어갔다 나오면 다시 노광작업이 가능한 열평형상태에 도달하는 데 수 시간이 소요된다. 이를 개선하기 위해서 구조물을 금속으로 제작하고 물순환 방식의 정밀 온도조절장치를 설치하였다. 이를 통해서 작업자가 출입한 이후에 열평형 상태에 도달하는 시간을 30분 이내로 줄일 수 있었다. 과거 초정밀장비에는 열팽창계수가 작고 구조안정성이 높은 슈퍼인바나 화강암과 같은 소재를 사용하였다. 하지만 이런 소재들은 대부분 열전도도가 낮아서 열평형상태에 도달하는 데 오랜 시간이 소요된다는 단점이 있다. 반면에, 알루미늄과 같이 열전도도가 높은 금속들은 열팽창계수가 크지만, 짧은 시간

내로 열평형상태에 도달한다. 0.01~0.001[℃]의 온도제어 정확도가 구현되는 정밀 칠러를 사용하여 금속 구조물에 물을 순환시키면 열팽창을 거의 완벽하게 통제할 수 있다. 근래에 들어서 ASML 社를 비롯한 선진 장비회사들에서는 (경량)금속 구조물을 사용하는 비중이 점점 높아지고 있다.

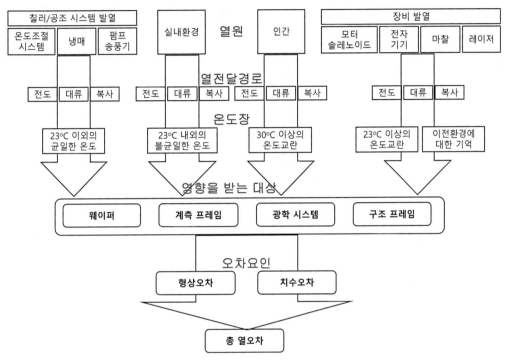

그림 10.24 클린룸 환경에서 사용되는 정밀장비의 설계 시 고려해야 하는 열에 의한 영향들[59]

반도체 장비에서 자주 사용되는 리니어모터는 수[kW]의 전력을 소모하는 심각한 발열체이다. 리니어모터의 코일헤드에서 발생하는 열을 효과적으로 통제하지 못한다면 구조물과 인접 위치에 설치되는 리니어스케일을 심각하게 변형시킬 우려가 있다. 일반적으로 수냉식 열교환기를 코일헤드의 편측에 설치하지만, 이것만으로는 완벽하게 발열을 통제할 수 없다. **그림 2.27**의 초정밀 스테이지에서는 코일헤드 전체를 캔 형태로 밀봉하여 냉각수를 순환시키는 방식으로 매우 좋은 결과를 얻을 수 있었지만, 구조가 복잡해지고 금속 캔이 투자율 손실을 초래하여 리니어모터의 효율이 떨어지는 문제가 있었다.[60]

---

59 Alexander H. Slocum, Precision Machine Design, Prentice Hall, 1992.을 참조하여 재구성하였다.
60 그림 2.27의 사례에 적용하였다.

그림 10.25에서는 웨이퍼용 히팅척에 대한 **무열화 설계**의 사례를 보여주고 있다. **그림 10.25** (a)에서와 같이 연결봉을 사용하여 히팅척을 단순 지지하는 경우에는 베이킹과 같은 웨이퍼 열처리공정 중에 웨이퍼용 척의 온도가 상승하면 지지대가 반경방향으로 밀리면서 파손되거나 변형되어버린다. 만일 **그림 10.25** (b)에서와 같이 120° 간격으로 배치되어 있는 박판형 플랙셔 기구를 사용하여 히팅척을 지지하면, 플랙셔가 유연한 측면방향으로 변형하면서 척의 반경방향 열팽창에 의한 지지점의 위치변화를 수용할 수 있다. 또한 척의 열팽창이 척의 높이변화를 유발하지 않으며, 열중심 설계 덕분에 온도가 변해도 척의 중심은 항상 일정한 위치를 유지한다.

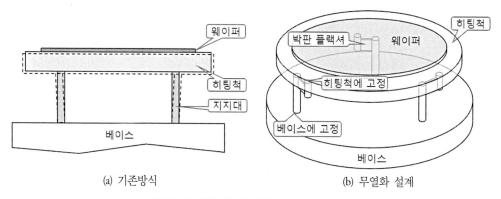

(a) 기존방식 (b) 무열화 설계

그림 10.25 웨이퍼용 히팅척의 무열화 설계사례[61]

저자가 참여했던 개발조직에서 만든 패터닝 장비[62]가 특정한 위치에서 패턴의 왜곡이 발생하였다. 오랜 시험과 시행착오 끝에 기판을 붙잡는 진공척의 해당 위치 온도가 주변보다 미세하게 높다는 것을 발견하였다. 그 원인은 시스템 구동용 소프트웨어 프로그래밍 과정에서 척의 하부에 설치되어 있는 진공척 구동용 쌍안정형[63] 솔레노이드 밸브를 작동시킨 후에 다시 끄는 명령을 넣지 않아서 솔레노이드 밸브가 발열했기 때문이었다. 이후에 제작한 패터닝장비에서는 장비에 탑재된 작동표시용 LED를 포함한 모든 전자부품의 발열을 철저하게 통제하였으며, 이를 통해서 시스템의 열영향을 성공적으로 통제할 수 있었다.

---

61 그림 9.54의 개념을 사용하여 설계하였다.
62 그림 2.26의 장비사례이다.
63 bi-stable.

10.4.1.6 재료의 시효불안정오차

기어나 베어링 안내면과 같이 금속표면의 내마모성을 향상시키기 위해서 표면경화를 시행하면, 심부의 오스테나이트 조직과 표면의 마르텐사이트 조직 사이의 밀도 차이로 인하여 내부응력이 생성되며, 장기간에 걸쳐서 변형이 유발되는 **시효불안정**성이 존재한다. 밀링이나 선삭가공 시 가공표면에서도 국부경화에 따른 잔류응력이 생성되며, 특히 광학표면의 가공시에 발생한 잔류응력은 광학성능에 치명적인 시효변형을 유발하기 때문에 열처리 등을 사용하여 이를 풀어주어야만 한다.

하나의 고체 속에 다른 고체가 별개의 상으로 석출되면서 모재가 단단해지는 현상을 **석출경화**라고 부른다. 석출경화 중에서 특히 시간이 지남에 따라서 재료의 강도가 높아지는 현상을 **시효경화**라고 부르며, 시간이 경과함에 따라서 석출물이 성장하면서 강도가 증가한다. 이런 효과가 나타나는 합금은 알루미늄(Al)계, 구리(Cu)계 철(Fe)계, 니켈(Ni)계 등 다양하며, 합금의 강도를 증가시키기 위해서 자주 사용된다. 이런 시효경화 과정에서 일어나는 결정조직의 변화는 재료의 윤곽형상과 치수를 변화시킬 수 있으므로 정밀한 치수관리가 요구되는 부품의 경우에는 시효경화성 소재를 사용해서는 안 된다.[64]

10.4.2 동적 오차

회전축의 불평형진동, 스테이지의 가감속과 같은 동적인 외력(또는 가진)에 의해서 발생하는 **동적 오차**는 정적 오차와는 달리 공진과 같이 주파수에 의존적인 특성을 가지고 있다. 이 절에서는 정밀 시스템에서 발생하는 동적 오차의 원인들에 대해서 살펴보며, 가감속에 의해서 유발되는 오차 그리고 진동과 공진에 의해 유발되는 오차에 대해서 차례대로 살펴보기로 한다.

10.4.2.1 동적 오차의 원인들

반도체 노광기나 전공정 및 후공정에 사용되는 각종 정밀 시스템의 운영을 위해서는 스테이지를 포함하는 메인 시스템과 더불어서 터보분자펌프와 같은 진공펌프들, 반송로봇, 공조기, 칠러, 물펌프 등 다양한 보조 시스템이 연계되어 작동하게 된다. 이들 대부분에 사용되는 회전 모터의

---

64 특히 7000계열 고강도 알루미늄 합금의 경우에는 강력한 시효경화특성으로 인하여 입계취성파괴가 일어나기도 한다.

로터에는 다소간의 불평형질량이 잔류하기 때문에 회전과정에서 불평형진동이 발생하며, 이 진동성분이 동적 오차를 일으키는 원인으로 작용한다. 특히 송풍용 팬은 정밀 밸런싱이 매우 어렵기 때문에 불평형진동이 매우 크며, 사용 중에 먼지나 오염물질들이 블레이드의 표면에 증착되면 불평형 상태가 변하면서 진동이 증가하게 되므로, 송풍용 팬의 진동을 세심하게 모니터링하고 허용 수준 이내로 관리하는 노력이 필요하다.

송풍용 팬에서 송출되는 공기는 풍압과 풍속을 가진 층류유동의 형태를 가져야 하지만, (배기)덕트를 통과하거나 가이드베인에 부딪히면 진폭이 크고 주파수가 낮은 공력진동을 유발한다. 유사한 속도로 회전하는 다양한 모터들이 작동하는 과정에서 발생하는 음향소음들이 서로 간섭을 일으키면 저주파 음향 맥놀이가 발생하며, 이 맥놀이가 넓은 면적을 가지고 있는 환경조절용 챔버의 벽면을 가진시킬 우려가 있다. 음향 가진력은 수~수십$[\mu N]$에 불과하지만, 이들이 합해져서 음향 맥놀이가 일어나면 가진력이 결코 무시할 수 없는 수준까지 증폭될 우려가 있으므로, 음향맥놀이의 발생여부를 세심하게 관찰하여야 한다.

반도체용 정밀 시스템에서 널리 사용되는 리니어모터는 엄청난 열을 발산하기 때문에 이를 효과적으로 냉각하기 위해서 냉각수를 순환시켜야만 한다. 온도조절장치인 칠러에서 펌프로 가압되어 송출된 냉각수는 공급관로를 통해서 리니어모터에 공급되며, 회수관로를 통해서 칠러의 리저버 탱크로 회수된다. 냉각수를 가압하기 위해서 기어펌프나 베인펌프와 같은 맥동식 펌프가 자주 사용되는데, 이런 펌프들은 펌핑과정에서 압력의 맥동이 발생하며, 이 맥동은 배관을 통해서 리니어모터를 가진시킨다. 이런 배관진동을 방지하기 위해서는 자기부상 원심펌프[65]와 같은 펌핑 시 맥동이 발생하지 않는 펌프요소를 사용하여야 하지만, 이는 매우 고가이어서 사용이 제한적이다. **그림 8.67**에서는 중력유동을 사용하는 무진동 냉각수 공급 시스템의 사례를 보여주고 있다.

솔레노이드 밸브를 사용하여 냉각수 공급라인을 여닫는 경우에는 배관라인에 **수격작용**[66]이라고 부르는 강력한 충격파가 전달된다. 따라서 정밀 시스템의 배관은 항상 일정한 수량이 흐를 수 있도록 만들어야 하며, 수온만을 제어하여 온도를 제어해야만 한다.[67]

플라스마와 같은 강력한 전자기파를 사용하는 장비에서는 전력선 주변에 강력한 전자기장이

---

65 levitronix.com

66 water hammering.

67 밸브를 닫을 때에 빠르게 닫힘-열림-닫힘의 제어신호를 부가하면 그림 6.25에서 입력성형기법이 로봇의 과도응답을 줄여주는 것처럼, 배관 내에서 수격작용에 의한 충격파를 효과적으로 감소시켜준다.

형성되면서 배선에 진동이 발생할 우려가 있다. 이를 방지하기 위해서는 고전력 배선을 구조물에 단단히 체결해놓아야 한다.

소위 인버터라고 부르는 PWM 속도제어기를 사용하여 압축기나 팬을 구동하는 방식이 널리 사용되고 있다. 이런 디지털 방식의 모터 속도제어기를 사용하면 AC 전동기의 회전속도를 용이하게 제어할 수 있지만, 음향주파수 대역에서 특유의 전파 노이즈와 진동이 발생하게 된다. 이로 인하여 각종 센서에 측정 노이즈가 유입되고 모터진동이 증가하며, 회전축을 지지하는 베어링의 볼과 안내면 사이에 아킹이 발생하여 **그림 8.12**에 도시된 것처럼 특유의 줄무늬가 생성되면서 진동이 급격하게 증가할 우려가 있다.

회전축의 지지에 사용되는 베어링의 유형에 따라서도 동적 외란의 특성이 달라진다. 공기 베어링이나 유체동압 베어링과 같은 미끄럼 베어링의 경우에는 **그림 10.17**에 도시된 것처럼 약간의 궤적편차를 가지고 타원형 궤적을 그린다는 것을 알 수 있다. 반면에 볼 베어링과 같은 구름요소 베어링의 경우에는 **그림 7.25**에서와 같이 외부하중에 의해서 1회전당 볼의 개수만큼 유연성이 변하면서 고주파 진동이 발생하게 된다. 이로 인하여 볼 베어링에 지지된 회전축은 회전축 1회전당 1회의 진동성분이 원형 궤적을 이루며, 회전축 회전속도에 볼의 개수만큼 곱한 고주파 진동성분이 추가되어 **그림 10.26**에 도시된 것과 같은 회전축 진동이 발생하게 된다. 이로 인한 고주파 외란은 비록 크기는 작지만, 기계를 구성하는 구조요소와 공진을 일으킬 우려가 있기 때문에, 주의를 기울여야 한다.

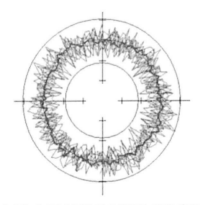

그림 10.26 볼 베어링에 지지된 회전축의 오차운동 사례[68](컬러 도판 p.763 참조)

건물 자체의 진동과 바닥진동 역시 동적 외란의 중요한 원인이다. 이에 대해서는 6.4절 진동의 차폐를 참조하기 바란다.

10.4.2.2 가감속에 의해서 유발되는 오차

유한한 강성을 가지고 있는 베어링들에 의해서 지지되며 유한한 강성을 가지고 있는 작동기에 의해서 구동되는 정밀 위치결정 스테이지를 가속 및 감속하는 과정에서 다양한 형태의 동적 오차들이 발생하게 된다. 8.3.1절에서는 공기 베어링에 지지된 적층식 2자유도 스핀들 스테이지가 가속력을 받았을 때에 베어링 공극에서 발생하는 동적 위치오차에 대해서 설명하였으며, 8.4.2절에서는 개루프 전향제어기로 구동되는 초정밀 스테이지의 가속과정에서 발생하는 작용력 오차가 만들어내는 위치오차의 사례에 대해서 살펴보았다.

그림 10.27에서는 위치결정 스테이지의 스텝응답을 통해서 스테이지의 가속과정에서 발생하는 동적 위치오차를 보여주고 있다. 스테이지 가속구간에서는 작동기가 스테이지 질량체에 가속력을 부가하며, 가속이 종료되고 등속운동으로 전환되면 순간적으로 스테이지에 부가되던 작용력이 없어진다. 가속이 종료되는 순간에 스테이지에는 작용력의 급격한 변화로 인해서 목표위치를 지나쳐버리는 오버슈트 현상이 발생하게 된다. 가속력을 줄이면 오버슈트가 감소하지만, 이는 작동속도를 느리게 만들기 때문에 바람직하지 않다. 제어기의 감쇄를 증가시켜서 오버슈트를 줄이는 방법이 널리 사용되지만, 이 또한 정착시간을 증가시키기 때문에 응답성이 떨어진다. 동적시

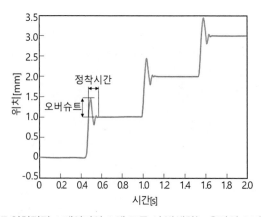

그림 10.27 위치결정 스테이지의 스텝 구동 시 발생하는 응답의 오버슈트현상[69]

---

69   dovermotion.com을 참조하여 재구성하였다.

스템의 빠른 응답을 보장하면서 오버슈트와 같은 동적 오차를 감소시키기 위해서는 6.3.5절에서와 같이 능동감쇄기를 사용하거나 입력성형과 같은 제어기법을 적용해야 한다.

10.4.2.3 진동 및 공진에 의해서 유발되는 오차

진동과 공진은 동적 시스템에서 발생하는 대표적인 오차성분들이다. 특히 일부의 진동성분들은 기계 시스템에 매우 유해하며, 심지어는 기계를 파손시킬 위험성도 가지고 있다.

그림 10.28에서는 베어링 간 정렬이 서로 어긋난 회전축에서 발생하는 진동 스펙트럼을 보여주고 있다. 그림에서 회전축의 회전속도에 해당하는 진동성분은 1×로 표시되어 있으며, 회전속도의 두 배에 해당하는 진동성분은 2×로 표시되어 있다. 부정렬은 일반적으로 다음과 같은 세 가지의 기본 형태를 갖는다.

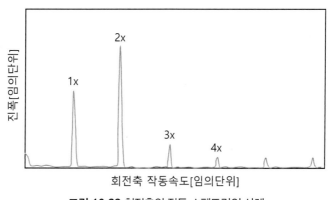

그림 10.28 회전축의 진동 스펙트럼의 사례

- 축의 휨이나 베어링들의 부정렬
- 동력전달 트레인 내에서 회전축 중심선들 간의 반경방향 옵셋
- 동력전달 트레인 내에서 회전축 중심선들 간의 각도 옵셋

부정렬에 기인한 진동은 특징적으로 큰 2× 진동성분을 가지고 있다. 부정렬은 회전축에 마찰과 변형력을 생성하여 로터와 베어링을 변형시키고 조화공진과 같은 부차적인 현상을 유발한다.

대부분의 경우 기계 시스템의 설계 시 회전축의 1× 진동주파수에 대해서는 구조물이나 부가설비들의 공진회피설계를 시행한다. 하지만 2× 진동주파수까지 진동회피설계를 시행하는 것은 매우 어려운 일이며, 인버터를 사용하여 모터의 작동속도를 가변시키는 경우에는 특정 속도에서 회전축의 2× 진동성분이 구조물 공진을 일으키는 사례를 접할 수 있다.

평상시에는 안정적이던 시스템이 특정한 조건과 만나면 갑자기 불안정해지면서 공진을 일으키는 사례도 있다. **그림 7.41**에서는 동수압 베어링에서 발생하는 휠 불안정현상에 대해서 설명하고 있으며, **그림 7.57**에서는 자기 베어링 시스템에서 발생하는 불안정 현상인 스필오버에 대해서 설명하고 있다. 진동과 공진은 정밀기계를 설계하는 엔지니어에게 항상 염려와 고민을 가져다주는 매우 어려운 주제이다. 이 주제에 관심이 있는 독자들은 기계진동학[70]을 공부할 것을 추천한다. 그런데 회전축에서 발생하는 진동은 일반 기계진동학 만으로는 충분히 설명되지 않는 특이한 현상들이 존재한다. 따라서 특히 회전체의 진동에 관심이 있는 독자들은 별도로 회전체역학[71]을 공부할 것을 추천한다.

10.5 센서의 설치와 고정

센서는 메카트로닉스 시스템의 필수요소이다. 센서의 정렬은 측정의 신뢰도에 결정적인 영향을 끼치기 때문에 기계적인 설치와 정렬은 매우 중요한 사안이다. 일반적으로 센서를 전기적 소자로만 생각하고 기계적인 설치와 고정문제를 간과하는 경향이 있다. 하지만 센서도 질량과 강성을 가지고 있는 기계요소이기 때문에 진동과 외란에 노출되면 심각한 측정오차를 발생시킨다. 따라서 센서의 설치와 고정문제에 대한 세심한 고찰이 필요하다.

10.5.1 센서의 설치

2.1절에서 설명했듯이 현대적인 초정밀 시스템의 설계 시에는 계측이 용이하도록 계측 시스템 (또는 계측 프레임)을 우선적으로 배치하여야 한다. 원하는 물리량의 정확한 측정이 보장되는 위치에 센서를 설치하여야 하며, 이를 통해서 측정위치와 피측정량의 중심축 불일치에 따른 아베오차를 최소화하여야 한다. 센서의 배치설계가 끝나고 나면, 센서를 설치하기 위한 기구물의 설계가 진행된다.

---

70 S. Rao, 기계진동학, Pearson, 2019.
71 Agnieszka Muszynska, Rotordynamics, Taylor & Francis, 2005.

센서의 설치각도 오차는 **그림 10.29**에서와 같이 측정거리의 코사인 오차를 유발한다. 최대 스트로크가 0.5[m]인 웨이퍼스테이지와 같은 정밀 시스템의 경우, 코사인 오차에 의한 이송방향 최대 허용오차를 1[nm] 이내로 유지하기 위해서는 거리측정용 레이저 간섭계나 리니어스케일의 설치각도를 63[μrad] 이내로 관리해야만 한다. 즉, 1[m] 밖에서 측면방향 부정렬을 63[μm] 이내로 설치해야 한다는 뜻이다. 회전축의 경우에는 **그림 8.14**의 사례에서와 같이, 센서의 설치위치의 부정렬은 주기적인 측정 오차를 유발한다. 이런 기본적인 설치 요구조건을 충족시키기 위해서는 센서 고정용 지그를 매우 세심하게 설계 및 가공해야만 한다. 일반적으로 센서의 정렬 기준면을 베어링 안내면과 함께 연삭하는 것이 매우 유용하다. 필요하다면 정렬조절을 위한 기구물을 설치해야 하지만 9.6.2절에서 설명했던 것처럼, 이로 인하여 센서의 위치강성이 약해질 우려가 있으므로, 추천하지 않는다.

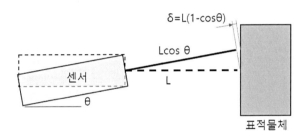

그림 10.29 센서의 설치각도 부정렬에 따른 코사인 오차의 사례[72]

그림 10.30에서는 정밀이송 스테이지에 레이저 간섭계나 리니어스케일을 설치하는 두 가지 방법을 비교하여 보여주고 있다. (a)의 경우에는 베이스에 바미러 또는 리니어스케일을 설치하고 위치검출용 헤드는 이송 스테이지에 설치하는 **스케일고정-헤드이동방식**을 보여주고 있다. 이 방법은 길이가 길고 강성이 작아서 다루기 어려운 스케일을 베이스에 고정하기 때문에 측정정밀도를 확보하기가 용이하지만, 이송체가 위치측정용 헤드에 연결된 두꺼운 배선을 끌고 다녀야만 하기에 배선의 굽힘강성이 스테이지의 위치정밀도를 저하시킬 우려가 있다. 반면에 (b)의 경우에는 이동 스테이지에 바미러 또는 리니어스케일을 설치하고 위치검출용 헤드는 베이스에 고정하는 **헤드고정-스케일이동방식**을 보여주고 있다. 이 방식을 사용하여 스테이지의 전체 스트로크에

72 A. Slocum, Precision Machine Design, Prentice-Hall, 1992.

대한 위치를 측정하기 위해서는 필연적으로 막대형 스케일이 스테이지의 양측으로 돌출되어야만 한다. 따라서 길이가 길고 강성이 작은 스케일을 이동 스테이지에 안정적으로 고정하기 위하여 매우 세심한 주의가 필요하다. 또한 스테이지에는 편측하중이 부가되므로 스테이지 구동 시에 회전 모멘트가 발생할 우려가 있다. 하지만 위치검출용 헤드와 배선이 고정되기 때문에 다음 절에서 설명할 측정 케이블의 진동에 따른 노이즈를 줄일 수 있다. 따라서 기본적으로 헤드고정-스케일이동방식을 사용할 것을 권장하며, 공간상의 제약 등으로 인하여 어쩔 수 없는 경우에만 제한적으로 스케일고정-헤드이동 방식을 사용할 것을 추천한다.

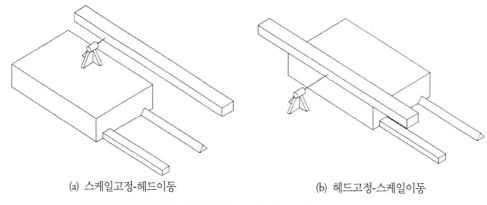

(a) 스케일고정-헤드이동   (b) 헤드고정-스케일이동

그림 10.30 정밀 이송스테이지에 리니어 센서를 장착하는 두 가지 방법[73]

10.5.2 센서의 고정

그림 10.31 (a)에서는 근거리 측정용으로 자주 사용되는 프로브형 센서의 사례를 보여주고 있다. 프로브형 센서는 외경부에 나사가 성형되어 있는 실린더 형태의 금속몸통 속에 검출용 소자가 매립되어 있으며, 연결용 전선을 보호하기 위한 유연성 금속외피[74] 또는 실드케이블로 마감되어 있다. **그림 10.31** (b)에서와 같이, 측정할 목표위치와 마주보고 있는 인접한 구조물에 L-형 플랜지와 같은 기구물을 사용하여 이런 프로브형 센서를 고정하는 사례를 자주 접할 수 있다. 그런데 이 고정방식은 매우 심각한 문제들을 가지고 있다. 센서 프로브나 케이블이 견고하게 고정되어 있지 않기 때문에, 이 고정기구에 가감속이나 진동이 부가되는 경우에 고정위치나 자세가 변

---

73   Alexander H. Slocum, Precision Machine Design, Prentice Hall, 1992.
74   spiral cable.

할 우려가 있다. 특히 센서 케이블의 진동은 직접적으로 프로브에 전달되어 측정 결과에 직접적인 영향을 끼친다. 얇은 L-형 브래킷은 진동과 공진에 매우 취약한 구조이다. 그리고 얇은 브래킷을 볼트로 고정하는 과정에서 국부 변형이 발생하기 쉬우므로 센서의 기준면도 매우 불확실하다. 센서와 연결용 케이블도 기계의 일부분이므로 질량과 강성을 가지고 있는 기계요소로 취급하여야 하며, 가감속과 진동에 영향을 받지 않도록 확실하게 고정하여야만 한다.[75]

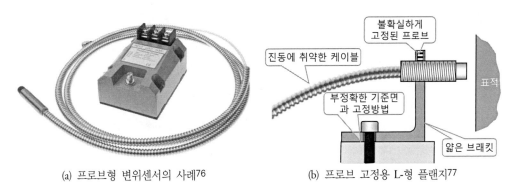

(a) 프로브형 변위센서의 사례[76] (b) 프로브 고정용 L-형 플랜지[77]

그림 10.31 프로브형 변위센서와 이를 고정하기 위한 플랜지형 기구물

그림 10.32에서는 센서 케이블의 진동이 센서 프로브로 전달되지 않도록 만드는 두 가지 진동차폐 고정구조를 보여주고 있다. 기본적으로 센서에는 기계적인 힘이 가해지지 않아야 한다. 센서를 고정하는 너트가 센서와 함께 제공되지만, 너트는 정렬과정에서 센서를 잡아주는 역할로만 사용해야 하며, 렌치를 사용하여 너트를 조여서는 안 된다. 일단 센서 정렬이 맞춰지고 나면, 수축률이 낮은 에폭시로 센서 몸체와 고정구 사이의 틈새를 메워서 고정한다. 특히 센서에 연결된 케이블은 이중고정을 통해서 외부 진동이 센서로 전달되는 것을 방지하여야 한다.

---

75 현장에서 마그네틱 베이스와 이에 연결된 봉재를 사용하여 센서를 고정하여 동적 물리량을 측정하는 경우를 자주 볼 수 있다. 이 경우에는 연결봉의 진동이 측정대상물의 변위보다 더 크게 발생할 수 있다.

76 pch-engineering.dk

77 Alexander H. Slocum, Precision Machine Design, Prentice Hall, 1992를 참조하여 재구성하였다.

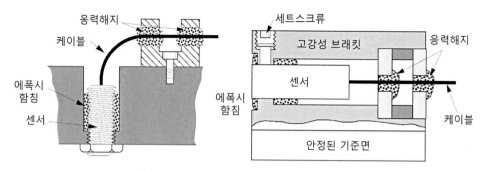

10.32 센서 케이블의 진동을 차폐하는 센서 프로브 고정방법78

그림 10.33에서는 저자가 참여한 개발그룹에서 대면적 디스플레이 패널용 액침식 홀로그램 노광기를 개발하는 과정에서 겪었던 측정신호 품질향상 사례를 보여주고 있다. 하부에는 노광대상 유리기판이 진공 척에 고정되어 있으며, 그 위로 좁은 틈새를 사이에 두고 프리즘 스캐너가 수평방향으로 고속 이동한다. 이 틈새에는 탈이온수가 주입되며 그림에는 생략되었지만, 프리즘이 이동하는 동안 물이 외부로 새어나가지 않도록 순환밀봉구조가 설치되었다. 노광패턴 영상은 우측에서 수평방향으로 프리즘에 입사된 후에 직각으로 반사되어 유리기판에 조사된다. 필요한 패턴 정밀도를 확보하기 위해서는 프리즘이 유리기판 위를 이동하는 동안 프리즘과 유리기판 사이의 틈새를 수십[nm] 편차 이내로 균일하게 유지해야만 하였다. 이를 위해서 공초점 현미경 형태의 광학식 간극측정기를 사용하여 프리즘의 8개 위치에서의 수막간극을 측정하였으며, 압전구동방식 스튜어트플랫폼에 프리즘을 설치하여 귀환제어 루프를 구축하였다. 광학식 간극측정기는 예비실험을 통해서 원하는 분해능을 가지고 있음을 확인하였지만, 실제로 시스템을 구동해본 결과, 광학식 간극측정기에 심각한 노이즈가 유입되어 위치제어 자체가 불가능하였다. 과제수행의 최종단계에서 발생한 문제였기 때문에 이를 해결할 방법도, 시간도 부족한 절박한 상황이었다. 저자는 신호선의 진동을 의심하였기에 그림의 좌측과 같이 아무런 지지 없이 연결된 광학식 간극측정기 파이버선을 그림의 우측과 같이 이중고정방식으로 고정할 것을 제안하였다. 개선의 결과는 매우 드라마틱하였으며, 예비실험에서와 동일한 수준의 측정 분해능이 구현되었기 때문에 스튜어트플랫폼을 사용한 수막간극제어가 완벽하게 수행되어서 성공적으로 홀로그램 패턴노광이 구현되었다.

---

78 Alexander H. Slocum, Precision Machine Design, Prentice Hall, 1992.

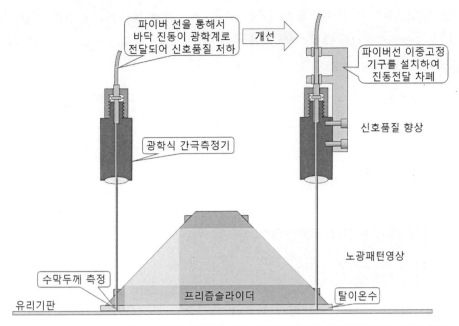

그림 10.33 광파이버 케이블의 진동을 차폐하여 신호품질을 향상시킨 사례(컬러 도판 p.763 참조)

10.5.3 센서의 설치환경

아베오차와 같은 센서의 측정오차를 줄이기 위해서는 센서를 가능한 한 표적(또는 관심영역)과 인접하여 설치해야만 한다. 하지만 센서가 표적에 가까워질수록 온도, 진동, 전자기차폐 등과 같은 측정환경은 열악해진다. 대부분의 경우 센서는 하우징을 사용하여 환경밀봉과 전자기차폐를 시도하기 때문에 측정환경의 변화가 거시적인 관점에서 센서의 성능인 측정 민감도에는 큰 영향을 끼치지 못하지만, 미시적인 관점에서 센서의 성능인 신호 대 노이즈비율(S/N)이나 분해능과 같은 신호품질에는 심각한 영향을 끼칠 수 있다.

센서 케이블은 앞 절에서 설명한 것처럼 기계적 진동을 차폐해야 할 뿐만 아니라 전자기 차폐와 기생 정전용량에 의한 용량결합 차폐에도 주의하여야 한다. 기계 시스템에 전력선을 연결하는 과정에서 전력선의 길이가 남으면 코일처럼 감아서 장비의 바닥(또는 천정)에 방치하는 경우가 있다. 이 경우 전력선 주변에 생성되는 교류 자기장이 증폭되어 주변에 강력한 자기교란을 일으킨다. 만일 센서 케이블들도 길이가 남는다고 코일형태로 말아서 전력선 주변에 방치한다면 전자기 결합과 용량결합이 동시에 발생하여 신호품질이 심각하게 영향을 받게 된다. 장비를 설치하는 과정에서 여분의 전선을 절단하여 제거하지 않고 코일형태로 감아두는 일은 절대로 없어야 한다.

8.5.2절 케이블 캐리어에서 설명했던 것처럼, 냉각수용 물배관이나 공압 및 진공배관을 케이블 캐리어의 중앙부에 배치한 다음에 신호선과 전력선을 좌우로 나누어 배치하여 용량결합에 의한 신호교란을 억제하여야 한다.

모터는 강력한 전자기 노이즈를 방출하는 노이즈원이다. 특히 펄스폭변조(PWM) 방식으로 속도를 제어하는 경우에는 모터와 모터에 연결되는 전선 그리고 속도제어용 인버터가 강력한 고주파(스위칭) 노이즈를 방출한다. 이로 인하여 센서신호에 높은 수준의 노이즈가 유입되며, 신호품질이 심각하게 저하된다. 이를 완화하기 위해서 실드케이블을 사용하고 센서 주변을 철판으로 밀봉하는 패러데이차폐를 시도하지만, 스위칭 노이즈를 완벽하게 제거하기는 매우 어렵다. 따라서 고정밀 기기의 경우에는 모터의 속도 제어에 펄스폭변조(PWM) 구동방식 대신에 아날로그 방식의 구동기를 사용할 것을 추천한다. 그리고 정말로 심각한 경우에는 센서 측정 시에 모터 속도 제어기를 끌 것을 권하기도 한다.

10.6 오차할당 모델

정밀 시스템의 개발은 시스템을 기능적으로 구분하고 원하는 시스템 정밀도를 구현하기 위해서 각 기능들이 구현해야 하는 목표성능과 허용마진을 할당하는 **오차할당**에서부터 시작된다. 2.1.1절에서는 복잡 시스템을 기능적으로 구분된 플랫폼과 모듈로 구성하는 방법에 대해서 살펴보았다. 일단 이 플랫폼과 모듈들에 대한 목표성능과 허용마진이 올바르게 할당되고 나면, 해당 성능을 구현하는 업무는 전문조직이나 업체로 넘어가기 때문에 과제 관리자는 개발 진행상황에 대한 세심한 모니터링을 통해서 과제를 성공으로 이끌 수 있는 것이다. 개발과정을 숙련된 엔지니어의 경험과 지식에만 의존하는 경우에는 과제 진행과정에서 미처 고려하지 못했던 일들이 발목을 잡으며, 이를 해결하는 과정에서의 시행착오로 인하여 시간과 비용이 낭비되며, 심각한 경우에는 개발과제가 실패로 끝나버리게 된다. 개발과제를 성공적으로 수행하기 위해서는 개발 초기단계에 세심한 사양할당과 오차할당이 필요하다.

10.2절과 10.3절에서는 오차할당과정에서 필요한 수학적 개념과 다자유도 시스템에 대한 오차할당을 위한 동차변환행렬에 대해서 살펴보았다. 오차할당의 신뢰도는 개별 기능에 할당된 허용오차값의 정확도에 의존한다. 10.4절과 10.5절에서 살펴보았듯이 오차의 발생 원인은 매우 다양

하며, 특정 오차값을 사전에 정확하게 예측하는 것은 매우 어려운 일이다. 일부의 경우에는 유한 요소법(FEM)과 같은 수학적 모델을 사용하며, 다른 경우에는 예비실험을 통해서 미리 오차값을 측정해놓아야 한다. 이 절에서는 오차할당에 사용되는 기본 원칙들에 대해서 논의하고, ASML社의 트윈스캔 노광기에 대한 오차할당 사례를 살펴보면서 이 장을 마무리한다.

10.6.1 오차할당의 기본 원칙

10.6.1.1 민감한 방향

그림 10.34에서는 선삭가공기에 설치된 공작물과 공구의 배치도를 보여주고 있다. 그림에서 공작물은 Z_W-축을 중심으로 회전하고 있으며, 공구는 Y_T방향과 Z_T방향으로 이송된다. 공작물의 회전정밀도와 더불어서 공구의 Y_T방향과 Z_T방향 이송정밀도는 이 선삭가공기의 가공정밀도에는 직접적인 영향을 끼친다. 하지만 공구의 X_T방향 운동은 공작물의 가공정밀도에 별다른 영향을 끼치지 못한다. 따라서 공구의 관점에서 Y_T방향과 Z_T방향은 **민감한 방향**이며, X_T방향은 **둔감한 방향**이 된다. 선삭가공기를 제작하면서 모든 방향에 대해서 정밀도를 관리하는 것은 비용이 많이 들고 불필요하다. 정밀도의 관리가 필요한 민감한 방향만을 추출하고 이들에 자원을 투입하는 것이 오차할당에서 기본적으로 지켜야 하는 자원의 분배지침이다.

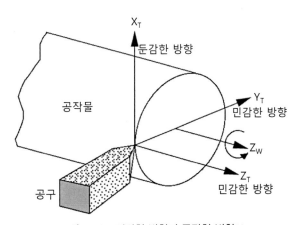

그림 10.34 민감한 방향과 둔감한 방향[79]

---

79 Alexander H. Slocum, Precision Machine Design, Prentice Hall, 1992.

10.6.1.2 자원의 분배지침

1.2.2절에서 설명한 동일가치설계의 개념에 따르면 현대적인 기계(시스템)를 구성하는 다양한 구성요소들의 구축에 동일한 자원을 할당하여야 한다. 이런 시스템을 구성할 때에는 어느 특정한 구성성분에 타 성분들에 비해서 더 높은 사양값을 할당한다 하여도 여타 구성요소들의 성능이 이를 뒷받침하지 못하면 원하는 사양을 구현할 수 없는 것이다.

예를 들어, 반도체용 광학식 검사장비를 개발한다고 하면, 광학계, 기구 시스템, 동적 시스템, 제어 및 계측 그리고 환경조절과 같이 5개의 구성요소들로 시스템을 구분하고[80] 이 다섯 가지 분야에 가능한 한 동일한 허용오차를 할당한 후에, 각 분야에 가능한 한 동일한 자원을 투입하는 것이 자원분배의 시작이 될 것이다.

10.6.2 오차할당과 계층도표

그림 10.35에서는 ASML社에서 공급하는 트윈스캔 노광기의 구조와 시스템에서 발생하는 주요 오차의 원인들을 함께 표시하여 보여주고 있다. 트윈스캔 노광기는 베이스프레임, 계측프레임, 웨이퍼 스테이지, 레티클 스테이지, 노광용 광학계와 각종 계측 시스템 그리고 환경제어 시스템 등으로 구성되어 있다. 이 시스템에서는 진동, 열, 치수 및 형상오차, 전기적 노이즈 등 다양한 원인들에 의해서 오차가 발생하게 된다. 이들 중 계통오차에 해당하는 대부분의 오차들은 사전계측과 보정을 통해서 보정할 수 있지만, 임의오차와 보정할 수 없는 계통오차 성분들이 영구적인 오차성분들로 남아 있게 된다.

그림 10.36에서는 **그림 10.35**에 도시되어 있는 트윈스캔 노광기의 각 구성요소들에 대하여 실제로 할당된 오차값의 사례를 보여주고 있다. 그림에서 제시되어 있는 중첩의 허용오차값인 80[nm]는 1999년 당시의 기술 수준이며, 선도적인 노광기술의 임계치수가 3[nm] 이하로 내려가고 있는 2023년 현재의 중첩 허용오차값은 수백[pm]에 이르고 있다는 점을 감안하여 이 도표를 검토하여야 한다.

그림 10.36에서는 설명을 단순화하기 위해서 오차들을 단순 합산하여 총 오차값을 구하였지만, 실제의 경우에는 10.2.3절에서 설명했던 제곱합의 제곱근을 사용하여 총 오값을 구하여야 한다.

---

80 반도체 검사장비를 이렇게 5개의 구성요소로 구분하는 것은 전적으로 저자의 주관이며, 실제의 경우 이와는 달라질 수도 있다.

이 도표에서는 공정의 중첩이라는 총오차를 구성하는 세부항복들을 계층도표를 사용하여 세분화하여 각 항목별로 오차값을 할당하고 있음을 알 수 있다. 이런 계층도표의 작성에는 스프레드시트가 매우 유용하게 사용된다. 정밀 시스템 개발과제의 초기에는 이 도표의 구성항목들이 수십 줄에 불과하지만, 과제가 진행됨에 따라서 도표를 구성하는 계층의 숫자나 항목의 숫자가 기하급수적으로 늘어나게 된다.

그림 10.37에서는 그림 10.33에서 잠시 언급했던 홀로그램 노광기의 개발과정에서 작성하였던 스프레드시트의 일부분을 예시하여 보여주고 있다. 그림에서 각 항목의 기술적 주의 수준을 글자색으로 구분하였으며, 특히 적색으로 표기된 항목들은 기술적 해결이 시급한 문제들이었다.

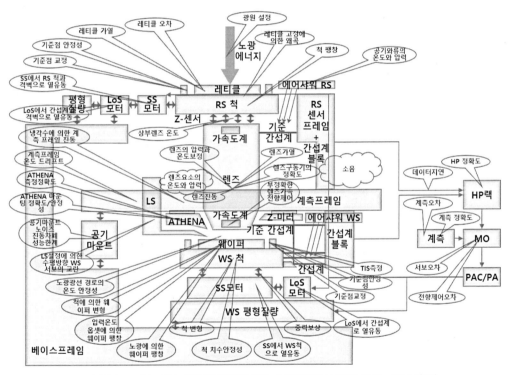

그림 10.35 트윈스캔 노광기의 구조와 주요 오차원인들[81] (컬러 도판 p.764 참조)

---

81 asml.com을 참조하여 재구성하였다.

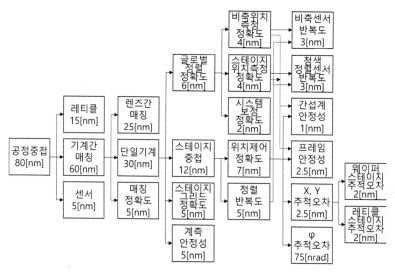

그림 10.36 트윈스캔 노광기에 할당된 오차값의 사례[82]

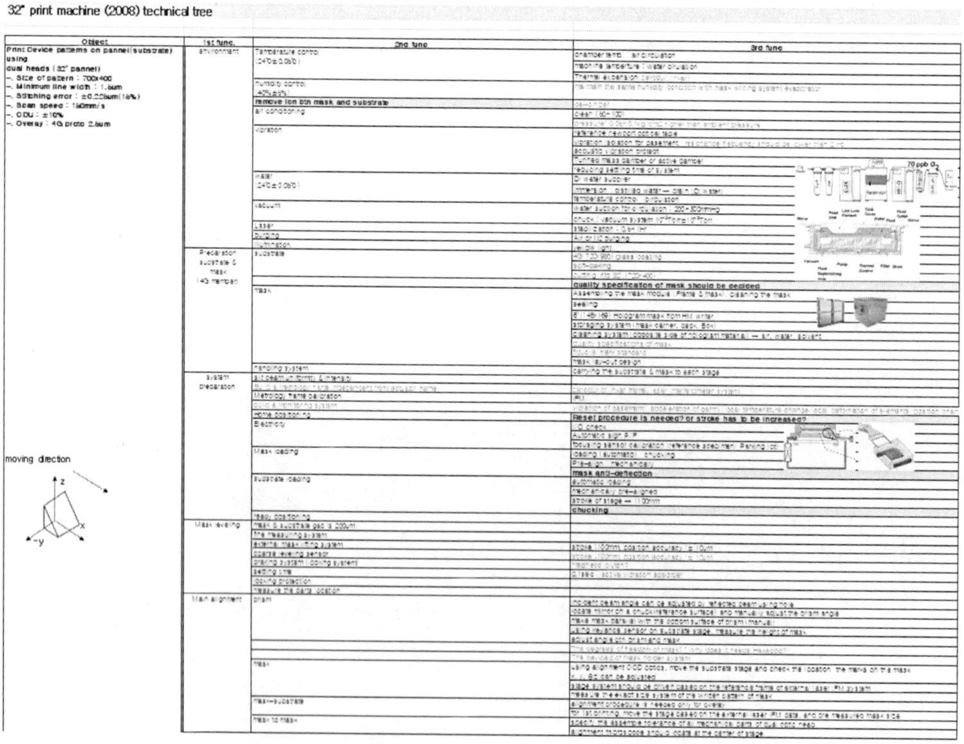

공정중첩 80[nm]
- 레티클 15[nm]
  - 렌즈간 매칭 25[nm]
- 기계간 매칭 60[nm]
  - 단일기계 30[nm]
    - 스테이지 중첩 12[nm]
      - 글로벌 정렬 정확도 6[nm]
        - 비축위치 측정 정확도 4[nm]
          - 비축센서 반복도 3[nm]
        - 스테이지 위치측정 정확도 4[nm]
          - 청색 정렬센서 반복도 3[nm]
        - 시스템 보정 정확도 2[nm]
      - 위치제어 정확도 7[nm]
        - 간섭계 안정성 1[nm]
        - 프레임 안정성 2.5[nm]
        - X, Y 추적오차 2.5[nm]
          - 웨이퍼 스테이지 추적오차 2[nm]
          - 레티클 스테이지 추적오차 2[nm]
        - φ 추적오차 75[nrad]
      - 정렬 반복도 5[nm]
    - 스테이지 그리드 정확도 5[nm]
    - 계측 안정성 5[nm]
  - 매칭 정확도 5[nm]
- 센서 5[nm]

그림 10.37 홀로그램 노광기의 오차할당에 사용된 스프레드시트의 사례(컬러 도판 p.764 참조)

---

82 asml.com을 참조하여 재구성하였다.

10.6.3 가상스테이지 오차할당 사례

이 절에서는 가상의 스테이지를 개발하기 위한 초기 오차할당의 사례를 고찰해보기로 한다. 현재 사용되는 대부분의 웨이퍼 스테이지들은 공기 베어링을 사용하고 있다. 하지만 최신의 노광기에 탑재되는 웨이퍼 스테이지들은 반발식 자기부상 스테이지를 사용하고 있으며, 이를 통해서 진공 중에서의 작동이 가능하게 되었다. 최신의 노광기술에서는 13.5[nm]의 극자외선이 사용되고 있으며, 극자외선 공정용 마스크나 웨이퍼의 검사에 노광파장과 동일한 13.5[nm] 극자외선을 사용하기 위해서는 진공환경하에서 작동할 수 있는 자기부상형 웨이퍼 스테이지의 개발이 필요하다.

웨이퍼 스테이지는 일반적으로 대변위 스테이지와 미소변위 스테이지가 결합된 이중 스테이지 구조를 사용하고 있으며, 이 절에서는 Y-방향(스캔방향) 스트로크 500[mm], X-방향(스텝방향) 스트로크 300[mm]이며, 위치정확도는 ±1[μm]인 가상의 대변위 스테이지를 오차할당의 대상으로 삼는다. 여기서, 스테이지의 무게는 50[kg], 최대가속은 1[g]로 가정하였다.

10.6.3.1 기본오차의 할당

스테이지 시스템에서 발생하는 오차는 광학계, 기구와 구조물, 동적 오차, 제어 및 계측 그리고 환경 등의 5개 영역으로 구분하였으며, 이들에 대해서 다음과 같이 균일하게 1/5씩 오차를 할당하였다.[83]

- 광학계 오차: ±450[nm]
  - 광원의 신뢰도, 광학계 설치정확도, 빔위치 측정정확도
  - 열팽창과 진동
  - 초점조절기와 같은 렌즈 구동기의 작동 정확도
- 기구와 구조물오차: ±450[nm]
  - 형상오차, 과도구속오차, 중력부하
  - 치수안정성, 열팽창
- 동적 오차: ±450[nm]

---

83 여기에서 예시된 오차의 원인들은 일례일 뿐이며, 실제의 설계에서는 매우 구체적이고 다양한 항목들이 추가된다.

－가감속과 반력제어, 무게중심 위치이동

－제진기의 진동차폐성능한계

• 제어 및 계측오차: ±450[nm]

－이산화오차, 정확도, 보간방법, 설치, 교정, 노이즈

－데이터지연, 서보오차

• 환경오차: ±450[nm]

－전도, 대류 및 복사 열전달 경로별 열관리

－습도, 압력등 기타 환경관리

－건물진동, 전압, 공급공기압력, 진공압력, 칠러 냉각수온도 등 작동환경의 요동

－인접 장비와의 기계적 간섭, 전기적간섭, 신호간섭 등

이렇게 배정된 오차값들에 대한 제곱합의 제곱근을 구해보면,

$$e_{total} = \pm\sqrt{5 \times 450^2} = \pm1,006.2[nm]$$

로서, 개발목표를 (거의) 충족시킨다는 것을 알 수 있다. 개발의 초기단계에서 이렇게 할당된 오차는 결코 최종적인 할당값이 아니며, 세부항목에 대한 고찰과정에서 자원분배의 원칙에 따라서 오차를 가감하여야 한다.

지금부터는 항목별로 세분화하여 오차를 할당해보기로 한다. 개발의 초기단계에서는 설계자의 경험적 지식에 의존하여 대부분의 오차들은 임의로 할당하지만, 초기계산이 가능한 오차들은 계산과정을 적시하여 오차할당의 근거를 남겨놓아야 한다. 이렇게 할당된 초기 오차할당값들의 신뢰 수준을 미리 확인하고 필요시 실험적으로 검증하여 할당된 오차의 신뢰 수준을 높여야만 한다. 다음에서는 위의 다섯 가지 오차항목들 중에서 일부 단순계산이 가능한 기구와 구조물오차 그리고 동적 오차에 대해서 조금 더 세분하여 살펴보기로 한다.

10.6.3.2 기구와 구조물 오차

여기서는 기구와 구조물 오차를 베어링 강성에 의한 스테이지의 위치오차, 자기 베어링 안내면

의 진직도, 자기 베어링의 오차운동, 케이블 캐리어의 강성변화에 따른 작용력 편차, 측정용 광학계 관련 오차 그리고 기타의 오차항목 등 여섯 가지 항목들로 세분하였으며, 각각 ±180[nm]씩을 할당하였다. 이들의 제곱합의 제곱근은 ±441[nm]($=\pm\sqrt{6\times180^2}$)로서, 할당된 ±450[nm]의 오차를 만족시킬 수 있다.

- 베어링 강성에 의한 스테이지의 위치오차: ±180[nm]
- 자기 베어링의 위치강성 $K_N = 1.4\times10^7$[N/m]이라고 가정
- 스테이지의 가감속 오차는 $\Delta a = \pm0.05$[m/s²]라고 가정
- 위치오차 $\Delta x = \dfrac{m\Delta a}{K_N} = \dfrac{50\times(\pm0.05)}{1.4\times10^7} = \pm178.6\times10^{-9}$[m] $=\pm178.6$[nm]
- 이를 통해서 자기 베어링의 위치강성과 스테이지 가감속오차의 사양이 결정된다.
- 스테이지 진직도: ±180[nm]
- 스테이지 제어에 사용되는 2D 인코더의 설치 및 교정 후 위치 정확도를 ±180[nm] 이내로 관리하여야 한다.
- 자기 베어링 오차운동: ±180[nm]
- 자기 베어링 전향제어 및 귀환제어과정에서 발생하는 오버슈트 및 제어불확실도를 ±180[nm] 이내로 관리하여야 한다.
- 케이블 캐리어의 작용력 편차: ±180[nm]
- 스테이지의 위치별로 변하는 케이블 캐리어의 작용력 변화를 ±2.52[N] 이내로 통제하여야 한다.
- $\Delta F = K_N \times \Delta x = (1.4\times10^7)\times(\pm180\times10^{-9}) = \pm2.52$[N]
- 측정용 광학계 관련 오차: ±180[nm]
- 웨이퍼의 편평도, 기준위치측정 등 기타 측정 시스템의 설치 직각도, 영점위치보정 등의 모든 오차들을 ±180[nm] 이내로 관리하여야 한다.
- 기타오차: ±180[nm]
- 베어링 안내면, 웨이퍼 척 등 기구물의 형상오차, 과도구속오차, 계측프레임 중력부하오차, 소재의 시효변형 등 기타 오차들을 ±180[nm] 이내로 관리하여야 한다.

10.6.3.3 동적 오차

동적 오차는 스테이지의 가감속 진동에 따른 오차, 제진기를 통해서 전달된 베이스의 진동, 스테이지의 위치에 따른 오차 그리고 기타 오차성분들로 구성된다고 가정하였으며, 이들 각각에 ±225[nm]의 오차를 할당하였다. 이렇게 할당된 오차들의 제곱합의 제곱근은 ±450[nm]로서, 할당된 오차값을 만족시킬 수 있다.

- 스테이지의 가감속 진동에 따른 오차: ±225[nm]
  - 스테이지 가감속의 반작용력을 상쇄하기 위한 반력상쇄를 통해서 베이스판에서 발생하는 최대가속을 $\Delta a = \pm 0.003[\text{m/s}^2]$ 미만으로 통제한다고 가정
  - 자기 베어링의 위치강성 $K_N = 1.4 \times 10^7[\text{N/m}]$로 가정
  - 8.4.3.2절을 참조하여 동적 시스템의 시상수를 계산해보면,

  $$-\tau_{mech} = 2\pi \sqrt{\frac{m}{K_N}} = 2\pi \sqrt{\frac{50}{1.4 \times 10^7}} = 0.01187[\text{s}]$$

  $$-\Delta F = m \times \Delta a = 50 \times (\pm 0.003) = \pm 0.15[\text{N}]$$

  $$-\delta_{mech} = \frac{1}{2}\frac{\Delta F}{m}\tau_{mech}^2 = \frac{1}{2} \times \frac{(\pm 0.15)}{50} \times 0.01187^2 = 211 \times 10^{-9}[\text{m}] = \pm 211[\text{nm}]$$

- 제진기를 통해서 전달된 베이스진동오차: ±225[nm]
  - 공압식 제진기와 능동형 제진기를 조합하여 바닥진동 저감
  - 바닥으로부터 베이스판에 전달되는 최대가속 $a = \pm 0.063[\text{m/s}^2]$ 미만으로 관리
  - 자기 베어링의 위치강성 $K_N = 1.4 \times 10^7[\text{N/m}]$로 가정

  $$-\Delta x = \frac{ma}{K_N} = \frac{50 \times (\pm 0.063)}{1.4 \times 10^7} = \pm 225[\text{nm}]$$

- 스테이지 위치에 따른 오차: ±225[nm]
  - 능동형 제진기를 사용하여 스테이지의 위치이동에 따른 무게중심 변화를 보상
  - 이로 인한 스테이지 위치오차를 ±225[nm] 미만으로 통제하여야 한다.
- 기타 동적 오차: ±225[nm]
  - 기타 동력학적 오차요인들을 ±225[nm] 미만으로 통제하여야 한다.

이상과 같이 가상스테이지의 오차사양을 충족시키기 위해서 오차를 할당하는 기준과 방법에

대해서 살펴보았다. 하지만 이 사례는 예시일 뿐이며, 실제 시스템의 오차할당 과정에서는 보다 세분화된 기준과 보다 세밀한 고찰이 필요하다. 하지만 여기서 예시된 방법은 정밀기계의 초기 사양값 결정 시에 매우 큰 위력을 발휘한다. 특히 민감한 변수나 오차원인을 사전에 발굴하고 이를 집중적으로 관리할 근거를 제시해준다. 저자는 **그림 10.23**에 예시된 사례의 초기 기획과정에서 오차할당을 통해서 갠트리의 자중 처짐이 시스템 오차를 지배하는 핵심 인자임을 미리 간파하여 다양한 대안들을 제시하였다. 하지만 아무리 좋은 설계기법을 제안한다고 하여도 이를 수용할 수 있는 열린 의사결정 체계가 필요하다는 점을 강조하면서 이 책을 마무리한다.

컬러 도판

▌Chapter 01

(a)   (b)

그림 1.2 모터사이클 자세안정 기술의 사례(본문 p.6)

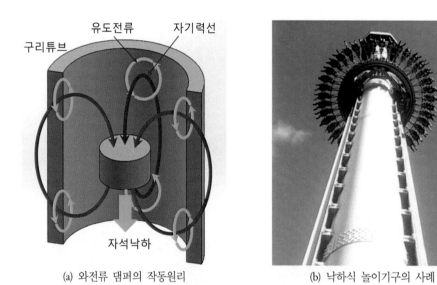

(a) 와전류 댐퍼의 작동원리   (b) 낙하식 놀이기구의 사례

그림 1.3 렌츠의 법칙(본문 p.7)

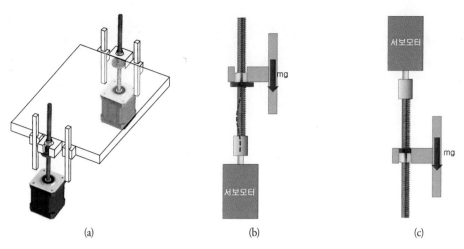

(a) (b) (c)

그림 1.17 챔버 뚜껑 개폐기구의 설계사례(본문 p.21)

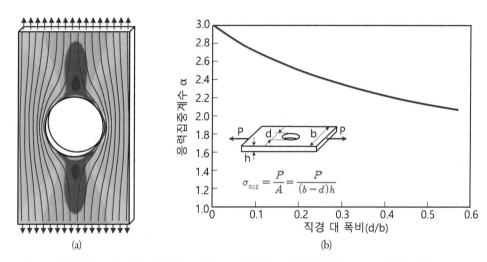

(a) (b)

그림 1.24 중앙에 구멍이 뚫린 판재를 양단에서 잡아당기는 경우에 발생하는 응력집중현상(본문 p.34)

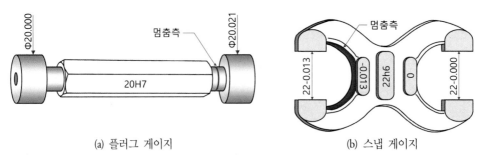

(a) 플러그 게이지   (b) 스냅 게이지

그림 1.40 한계게이지의 사례(본문 p.70)

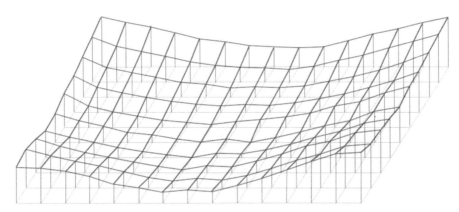

그림 1.57 각도측정기법을 사용한 2차원 편평도 측정사례(본문 p.96)

▌Chapter 02

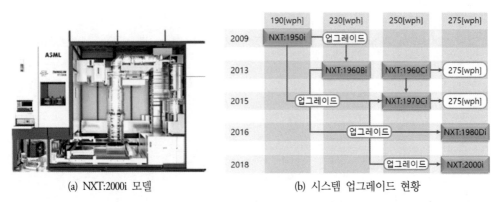

(a) NXT:2000i 모델   (b) 시스템 업그레이드 현황

그림 2.3 모듈화 설계된 ASML社 Twinscan NXT 시리즈의 업그레이드를 통한 생산성 향상 사례(본문 p.104)

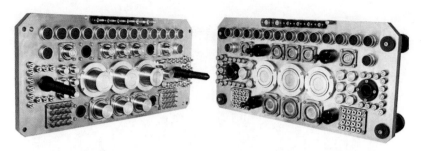

그림 2.4 모듈 간 인터페이싱을 위한 멀티커넥션 시스템의 사례(본문 p.104)

그림 2.7 메카트로닉스 시스템의 학문영역과 적용분야(본문 p.107)

(a) 일본 도요타社의 자동차 생산라인

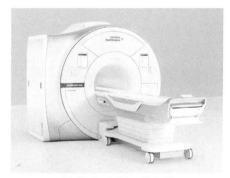

(b) 독일 씨멘스社의 MRI

그림 2.8 메카트로닉스의 패러다임 시프팅(본문 p.108)

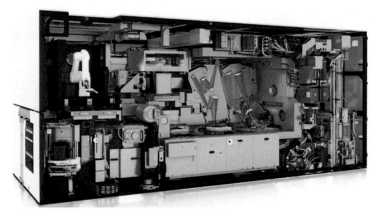

그림 2.15 ASML社의 극자외선 노광기인 NXE:3400C의 사례(본문 p.123)

(a) 수직형 사출성형기

(b) 수평형 사출성형기

그림 2.20 이중벽주름관사출성형기의 사례(본문 p.136)

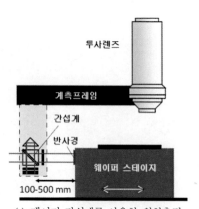

(a) 레이저 간섭계를 사용한 위치측정

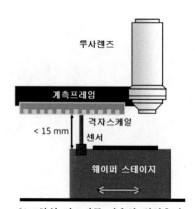

(b) 2차원 인코더를 사용한 위치측정

그림 2.21 트윈스캔™ 웨이퍼스테이지의 위치측정방식(본문 p.136)

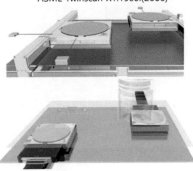

H-드라이브 공기베어링
ASML Twinscan XT:1900i(2006)

자기부상 스테이지
ASML Twinscan NXT:1950i(2010)
NXT1980Di(2015)

그림 2.22 트윈스캔™ 웨이퍼스테이지의 지지 베어링 변화(본문 p.137)

▌Chapter 03

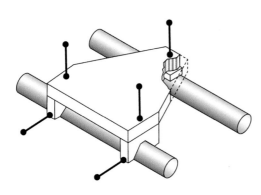

(a) 접촉식 안내기구의 사례   (b) 공기 베어링 스테이지의 사례

그림 3.28 5자유도 정확한 구속장치의 사례(본문 p.182)

Chapter 04

그림 4.25 표면 다듬질용 숫돌들의 사례(본문 p.243)

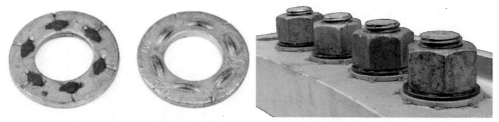

(a) 소성변형와셔의 형상　　　　　　(b) 조임 후 실리콘 누출형상

그림 4.31 소성변형와셔의 사례(본문 p.249)

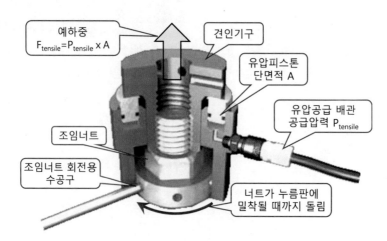

그림 4.32 유압식 볼트 장력조절기구의 사례(본문 p.250)

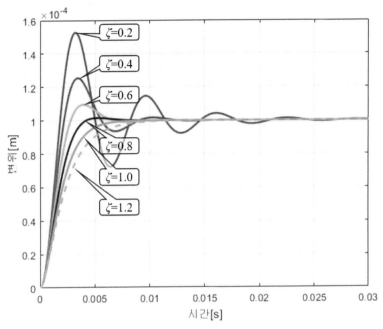

Chapter 06

그림 6.6 스프링-댐퍼-질량 시스템의 스텝응답(본문 p.307)

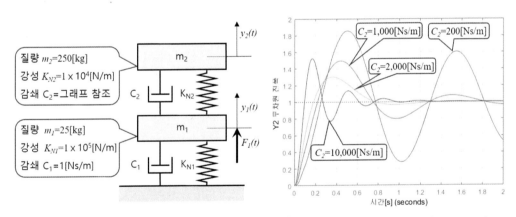

그림 6.8 차체-서스펜션-휠-타이어-지면으로 이루어진 시스템에 대한 럼핑된 2물체 모델(본문 p.309)

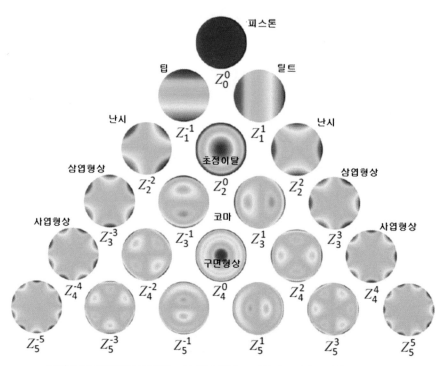

그림 6.11 원판에서 발생하는 21가지 왜곡모드들(제르니커 모드)(본문 p.312)

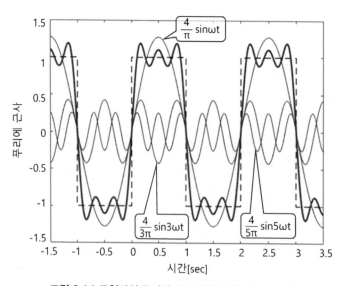

그림 6.14 구형파의 푸리에 급수전개 사례(본문 p.316)

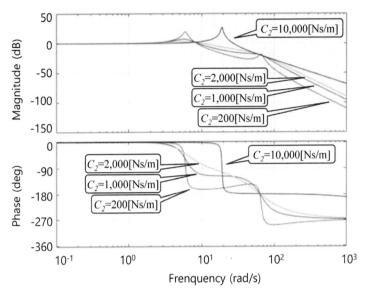

그림 6.16 차체-서스펜션-휠-타이어-지면으로 이루어진 시스템에 대한 럼핑된 2물체 모델의 보드선도(본문 p.318)

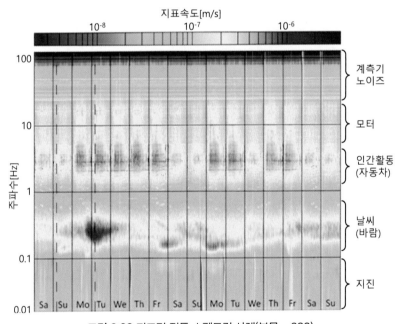

그림 6.26 지표면 진동 스펙트럼 사례(본문 p.333)

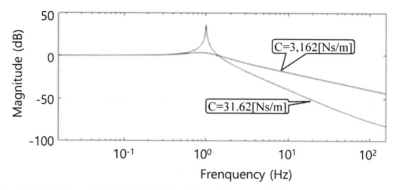

그림 6.29 1,000[kg] 무게의 베이스를 지지하는 제진기의 감쇄값에 따른 전달률(본문 p.335)

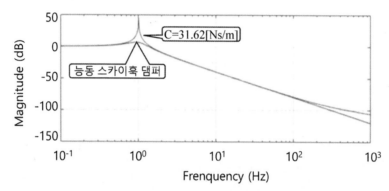

그림 6.30 공압식 저감쇄 제진기에 설치한 능동 스카이훅댐퍼의 공진피크 저감성능(본문 p.337)

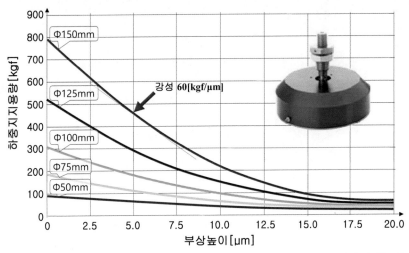

그림 7.49 다공질 패드형 공기정압 베어링의 부상높이에 따른 하중지지용량과 강성값 사례(본문 p.419)

(a) 자기 베어링 모듈

(b) 자기 베어링이 탑재된 직선이송 스테이지

그림 7.58 웨이퍼 스테이지용 초정밀 자기부상 시스템(본문 p.430)

(a) 영구자석 편향형 자기 베어링 모듈

(b) 자기 베어링이 탑재된 직선이송 스테이지

그림 7.59 웨이퍼 스테이지용 초정밀 자기부상 시스템(본문 p.432)

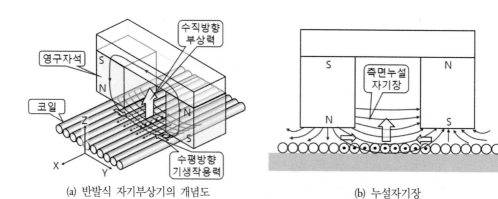
(a) 반발식 자기부상기의 개념도   (b) 누설자기장

그림 7.60 반발식 자기부상기의 낮은 작동효율과 교차커플링문제((본문 p.435)

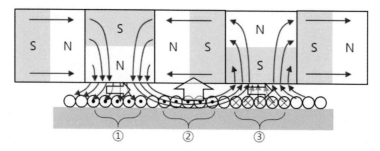
그림 7.61 할박어레이의 외부자기장 형성(본문 p.436)

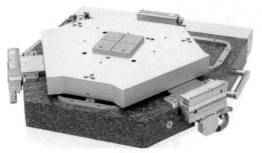

(a) PIMag-6D (b) Omnimotion X-Y

그림 7.62 반발식 자기부상 스테이지의 사례(본문 p.437)

∎ Chapter 08

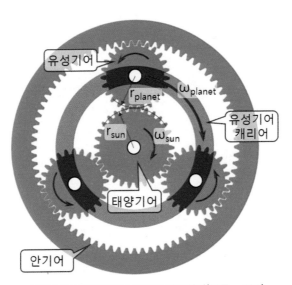

그림 8.24 유성기어의 구조와 작동원리(본문 p.483)

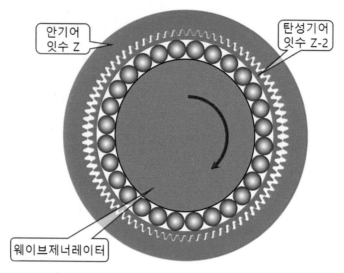

안기어
잇수 Z

탄성기어
잇수 Z-2

웨이브제너레이터

그림 8.25 하모닉드라이브의 구조와 작동원리(본문 p.486)

고정된
안기어
잇수 Z+2

회전하는
안기어
잇수 Z

유성기어

입력축에 연결된
유성기어 캐리어

그림 8.26 버니어드라이브의 구조와 작동원리(본문 p.488)

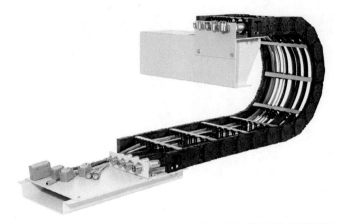

그림 8.63 플라스틱 소재로 제작된 2차원 관절형 케이블 캐리어의 사례(본문 p.553)

그림 8.65 접촉식 전력공급장치의 사례(본문 p.555)

▍Chapter 09

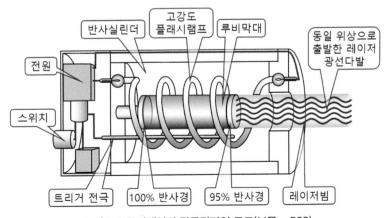

그림 9.2 루비레이저 광공진기의 구조(본문 p.568)

(a) GMT   (b) E-ELT

그림 9.52 초거대 천체망원경의 사례(본문 p.640)

Chapter 10

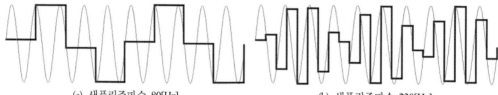

(a) 샘플링주파수 80[Hz]   (b) 샘플링주파수 230[Hz]

(c) 샘플링주파수 600[Hz]   (d) 샘플링 주파수 2,000[Hz]

그림 10.6 다양한 샘플링주파수를 사용하여 100[Hz] 정현신호를 이산화한 측정신호들(본문 p.693)

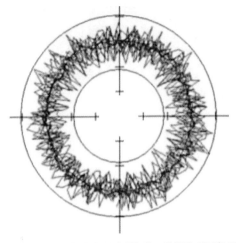

그림 10.26 볼 베어링에 지지된 회전축의 오차운동 사례(본문 p.727)

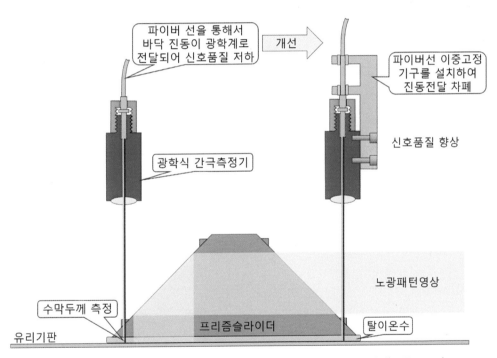

그림 10.33 광파이버 케이블의 진동을 차폐하여 신호품질을 향상시킨 사례(본문 p.735)

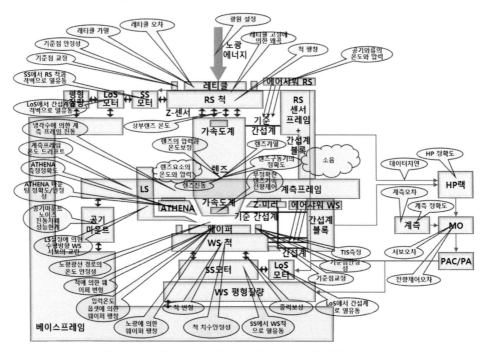

그림 10.35 트윈스캔 노광기의 구조와 주요 오차원인들(본문 p.739)

32" print machine (2008) technical tree

그림 10.37 홀로그램 노광기의 오차할당에 사용된 스프레드시트의 사례(본문 p.740)

찾아보기

저자 소개

장 인 배

학력 및 경력

1983.03-1987.02	서울대학교 공과대학 기계설계학과(학사)
1987.03-1989.02	서울대학교 대학원 기계설계학과(석사)
1989.03-1994.08	서울대학교 대학원 기계설계학과(박사)
1995.04-2021.현재	강원대학교 메카트로닉스공학 전공 교수
2005.01-2005.12	버지니아 주립대학교 기계공학과 교환교수
2006.03-2008.02	강원대학교 공과대학 부학장
2006.09-2008.08	여학생 공학교육 선도대학 사업단 단장
2011.09-2013.08	강원대학교 산학협력단 부단장
1999.03-2007.05	(주)바이오트론(기술자문)
2007.06-2011.07	한일과학산업(주)(기술자문)
2002.06-2016.09	한국유체(주)(기술자문)
2007.10-2021.현재	삼성전자 생산기술연구소(기술자문)
2011.03-2021.현재	삼성전자 생산기술연구소 FE-Pro 과정(1기~11기)(교육 및 과제자문)
2011.07-2016.09	(주)비티(기술자문)
2014.04-2020.5	세메스(기술자문)
2017.10-2021.현재	AP시스템(AP 홀딩스, 코닉오토메이션)(기술자문)
2019.08-2021.현재	삼성전기(기술자문)
2016.08-2017.2	LINC 사업단(부단장)
2017.03-2020.6	LINC+ 사업단(단장, 교무위원)

저서 및 역서

2021	CMP 웨이퍼연마CMP, 도서출판 씨아이알(번역서, 단독)
2020	웨이퍼 세정기술, 도서출판 씨아이알(번역서, 단독)
2020	극자외선노광(2판), 출판되지 않음(번역서, 단독)
2019	정밀공학, 도서출판 씨아이알(번역서, 단독)
2019	웨이퍼레벨 패키징, 도서출판 씨아이알(번역서, 단독)
2018	유기발광다이오드 디스플레이와 조명, 도서출판 씨아이알(번역서, 단독)
2018	3차원 반도체, 도서출판 씨아이알(번역서, 단독)

2018	유연 메커니즘: 플랙셔힌지의 설계, 도서출판 씨아이알(번역서, 단독)
2017	극자외선노광(1판), 출판되지 않음(번역서, 단독)
2017	광학기구설계, 도서출판 씨아이알(번역서, 단독)
2016	정밀메커니즘의 설계원리, 출판되지 않음(번역서, 단독)
2016	포토마스크기술, 도서출판 씨아이알(번역서, 단독)
2016	정확한 구속: 기구학적 원리를 이용한 기계설계, 도서출판 씨아이알(번역서, 단독)
2015	고성능 메카트로닉스의 설계, 동명사(번역서, 단독)
2011	전기전자회로실험, 동명사(저서, 단독)
2010	표준기계설계학, 동명사(저서, 3인 공저)
2005	정밀기계설계, 출판되지 않음(번역서, 단독)

정밀기계설계

초판발행 2021년 7월 30일
초판인쇄 2021년 8월 6일
초 판 2 쇄 2023년 5월 2일

저   자 장인배
펴 낸 이 김성배
펴 낸 곳 도서출판 씨아이알

책임편집 최장미
디 자 인 안예슬
제작책임 김문갑

등록번호 제2-3285호
등 록 일 2001년 3월 19일
주   소 (04626) 서울특별시 중구 필동로8길 43(예장동 1-151)
전화번호 02-2275-8603(대표)
팩스번호 02-2265-9394
홈페이지 www.circom.co.kr

I S B N 979-11-5610-985-3 (93560)
정   가 38,000원